# 南京農業大学
## NANJING AGRICULTURAL UNIVERSITY

南京农业大学档案馆 编

年鉴

2019

中国农业出版社
农村读物出版社
北　京

国家科学技术奖获奖项目展示

　　1月，周光宏教授团队的科研成果"肉品凝胶与风味控制关键技术研发及产业化应用"获国家科技进步奖二等奖。

　　3月5日，教育部宣布关于南京农业大学校长任命的决定，陈发棣同志任南京农业大学校长。

4月20～21日，学校举办第九届建设与发展论坛暨党政领导干部培训班，本届论坛主题为"新目标、新战略、新征程：新时代南京农业大学建设与发展重大战略问题研讨"。

# 中华人民共和国教育部

教外函〔2019〕39号

## 教育部关于同意设立南京农业大学
## 密西根学院的函

江苏省人民政府：

《江苏省人民政府关于商请同意南京农业大学与美国密西根州立大学合作举办联合学院的函》（苏政函〔2018〕51号）收悉。根据《中华人民共和国中外合作办学条例》及其实施办法，经专家评议并审核研究，现就有关事项函复如下：

一、同意设立南京农业大学密西根学院，学院隶属于南京农业大学，为不具有法人资格的中外合作办学机构，其英文译名为MSU Institute，Nanjing Agricultural University。

二、合作设立南京农业大学密西根学院的中外合作办学者分别为南京农业大学和美国密西根州立大学。办学地址为江苏省南京市玄武区卫岗1号。

三、南京农业大学密西根学院开展本科、硕士学历教育，开设环境工程（082502H）和食品科学与工程（082701H）两个本科专业，以及食品科学与工程、农业经济管理、植物病理学和农业信息学等四个硕士专业。增设专业需按国家有关规定办理。

四、南京农业大学密西根学院办学总规模为280人。本科生

5月，教育部发文正式批准学校与美国密歇根州立大学合作设立联合学院，即"南京农业大学密歇根学院"。这标志着学校教育国际化和中外合作办学事业迈向新阶段。

5月25日，2019年第16届"瑞华杯"江苏省课外学术科技作品竞赛暨"挑战杯"全国竞赛江苏省选拔赛决赛在学校举行。

6月1日，以"红色筑梦点亮人生，青春领航振兴中华"为主题的第五届江苏"互联网＋"大学生创新创业大赛"青年红色筑梦之旅"活动由学校承办举行。

　　7月29日，由南京农业大学和南京国家现代农业产业科技创新示范园区共同主办的长三角乡村振兴战略研究院（联盟）成立大会在南京国家农创园展示中心举行。此前的3月21日，南京农业大学与南京国家农创园签署了长三角乡村振兴战略研究院共建协议。

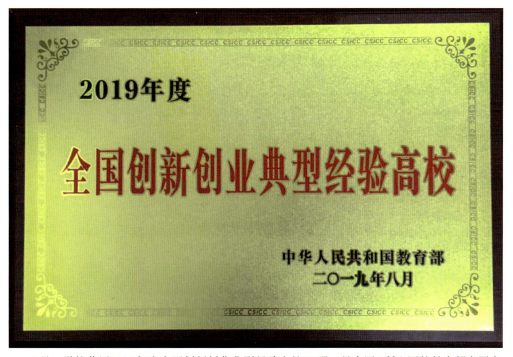

　　8月，学校获评2019年度全国创新创业典型经验高校50强，是全国8所入围的教育部直属高校之一，也是江苏省入围的4所高校中唯一教育部直属院校。

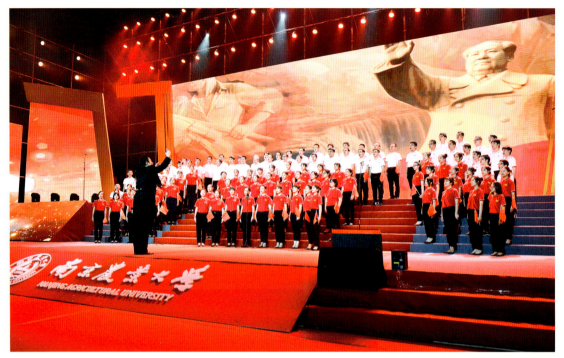

8～9月，学校开展庆祝中华人民共和国成立70周年"我和我的祖国"主题宣传教育活动。全校师生通过"我和我的祖国"千人合唱比赛、"我爱你，中国"快闪MV、集中观看国庆阅兵、"青春向祖国告白"等多种形式唱响爱国奉献、强农兴农奋进之歌。

9月5日，习近平总书记给全国涉农高校书记校长和专家代表回信。回信引发全校师生的热烈反响，"以立德树人为根本，以强农兴农为己任"，总书记回信精神为农业高校建设发展指明了方向、提供了遵循。9月17日，《光明日报》发表校党委书记陈利根署名文章《"大科学"根植于"大土地"》，对学校贯彻落实总书记回信精神进行了系统阐述。

　　9月10日，学校隆重举行庆祝第35个教师节盛典，大会主题为"庆祝新中国七十华诞　弘扬新时代尊师风尚"。

　　9月，学校报送的"南农麻江'10+10'行动计划探索精准扶贫乡村振兴新路径"定点扶贫项目，从教育部58所直属高校申报的63个项目中脱颖而出，入选教育部第四届直属高校精准扶贫精准脱贫十大典型项目，并且是连续3届入选。

　　9月27日，根据上级统一部署，学校党委启动"不忘初心、牢记使命"主题教育。

2019年，作为振兴高等农林教育的重大战略，新农科建设奏响"三部曲"。学校专家参与了"三部曲"的整体策划，包括《安吉共识》《北大仓行动》《北京指南》及相关重要文本的研究与起草工作，为构建新农科建设体系贡献南农智慧。

10月16日，学校举行纪念邹秉文农科教结合办学思想100周年研讨会。

　　10月26日，作物表型组学研究重大科技基础设施建设项目在白马教学科研基地启动。同期，由学校主办的第六届国际植物表型大会在南京召开。学校牵头建设的"作物表型组学研究设施"已列入《国家重大科技基础设施建设"十三五"规划》和"教育部首批国家重大科技基础设施"培育项目。项目建成后，将有望大幅度提升作物新品种育成效率，促进生物种业产业快速发展。

　　10月28日，2019年GCHERA世界农业奖颁奖典礼在南京农业大学体育中心举行。来自智利天主教大学的何塞·米格尔·阿奎莱拉凭借其在食品工程科学领域的突出贡献，摘得该奖。

　　11月5日，南京农业大学NAU-CHINA团队荣获2019年国际基因工程机械设计大赛(iGEM)金奖，并获得Best Model单项奖提名以及Special shout for safety work。其中，Best Model单项奖提名是学校参赛以来首次获单项奖最高荣誉。这是学校蝉联的第四块金牌。

　　11月22日，中国科技期刊卓越行动计划办公室公布中国科技期刊卓越行动计划入选项目，学校《园艺研究》(Horticulture Research)入选领军期刊类项目，是江苏省和农业高校中唯一的领军类期刊。学校现发行3本英文学术期刊，包括与Nature集团合作创办的《园艺研究》、与Science集团合作创办的《植物表型组学》《生物设计研究》。

　　12月16日，中国共产党南京农业大学第十二次代表大会隆重开幕，全面开启农业特色世界一流大学建设新征程。

# 《南京农业大学年鉴》编委会

# 编　辑　说　明

　　《南京农业大学年鉴2019)》全面系统地反映2019年南京农业大学事业发展及重大活动的基本情况，包括学校教学、科研和社会服务等方面的内容，为南京农业大学教职员工提供学校的基本文献、基本数据、科研成果和最新工作经验，是兄弟院校和社会各界了解南京农业大学的窗口。《南京农业大学年鉴》每年出版一期。

　　一、《南京农业大学年鉴2019》力求真实、客观、全面地记载南京农业大学年度历史进程和重大事项。

　　二、年鉴分学校综述、重要文献、2019年大事记、机构与干部、党的建设、发展规划与学科建设、人事人才与离退休工作、人才培养、科学研究与社会服务、对外合作与交流、发展委员会、办学条件与公共服务、学术委员会和学院栏目。年鉴的内容表述有专文、条目、图片、附录等形式，以条目为主。

　　三、本书内容为学校在2019年1月1日至2019年12月31日间发生的重大事件、重要活动及各个领域的新进展、新成果、新信息，依实际情况，部分内容在时间上可能有前后延伸。

　　四、《南京农业大学年鉴2019》所刊内容由各单位确定的专人撰稿，经本单位负责人审定，并于文后署名。

《南京农业大学年鉴2019》编辑部

# 目　　录

# 八、人才培养 ···························································· (169)

# 一、学校综述

## [南京农业大学简介]

南京农业大学坐落于钟灵毓秀、虎踞龙蟠的古都南京，是一所以农业和生命科学为优势和特色，农、理、经、管、工、文、法学多学科协调发展的教育部直属全国重点大学，是国家"211工程"重点建设大学、"985优势学科创新平台"和"双一流"建设高校。现任校党委书记陈利根教授，校长陈发棣教授。

南京农业大学前身可溯源至1902年三江师范学堂农学博物科和1914年私立金陵大学农科。1952年，全国高校院系调整，以金陵大学农学院、南京大学农学院（原国立中央大学农学院）为主体，以及浙江大学农学院部分系科，合并成立南京农学院；1963年，被确定为全国两所重点农业高校之一；1972年，搬迁至扬州与苏北农学院合并，成立江苏农学院；1979年，回迁南京，恢复南京农学院；1984年，更名为南京农业大学；2000年，由农业部独立建制划转教育部。

南京农业大学现有农学院、工学院、植物保护学院、资源与环境科学学院、园艺学院、动物科技学院、无锡渔业学院、动物医学院、食品科技学院、经济管理学院、公共管理学院、人文与社会发展学院、生命科学学院、理学院、信息科技学院、外国语学院、金融学院、草业学院、马克思主义学院、体育部20个学院（部）；63个本科专业、30个硕士授权一级学科、20个专业学位授予权、17个博士授权一级学科和15个博士后流动站；全日制本科生17 000余人，研究生9 000余人；教职员工2 800余人，其中：中国工程院院士2人，国家特聘专家、国家杰出青年科学基金获得者等47人次，国家级教学名师3人，全国优秀教师、模范教师、教育系统先进工作者5人，入选国家其他各类人才工程和人才计划140余人次，国家自然科学基金委员会创新研究群体1个，国家和省级教学团队6个。

南京农业大学人才培养涵盖本科生教育、研究生教育、留学生教育、继续教育及干部培训等各层次，建有"国家大学生文化素质教育基地""国家理科基础科学研究与教学人才培养基地""国家生命科学与技术人才培养基地"和植物生产、动物科学类、农业生物学虚拟仿真国家级实验教学中心，是首批通过全国高校本科教学工作优秀评价的大学之一。2000年，获教育部批准建立研究生院；2014年，首批入选国家卓越农林人才培养计划；2019年，金融学、社会学、生物科学、农业机械化及其自动化、食品科学与工程、农学、园艺、植物保护、种子科学与工程、农业资源与环境、动物科学、动物医学、农林经济管理、土地资源管理14个专业获批国家级一流本科专业建设点，英语、水产养殖学2个专业获批省级一流本科专业建设点。在百余年的办学历程中，学校秉承以"诚朴勤仁"为核心的南农精神，培养具有"世界眼光、中国情怀、南农品格"的拔尖创新型和复合应用型人才，先后造就包括50多位院士在内的30余万名优秀人才。

南京农业大学拥有一级学科国家重点学科4个，二级学科国家重点学科3个，国家重点培育学科1个。在第四轮全国一级学科评估中，作物学、农业资源与环境、植物保护、农林经济管理4个学科获评A＋，公共管理、食品科学与工程、园艺学3个学科获评A类。有8个学科进入江苏高校优势学科建设工程。农业科学、植物与动物科学、环境生态学、生物与生物化学、工程学、微生物学、分子生物与遗传学、化学8个学科领域进入 ESI学科排名全球前1％，其中农业科学、植物与动物科学2个学科进入前1‰，跻身世界顶尖学科行列。

南京农业大学建有作物遗传与种质创新国家重点实验室、国家肉品质量安全控制工程技术研究中心、国家信息农业工程技术中心、国家大豆改良中心、国家有机类肥料工程技术研究中心、农村土地资源利用与整治国家地方联合工程研究中心、绿色农药创制与应用技术国家地方联合工程研究中心等67个国家及部省级科研平台。"十二五"以来，学校到位科研经费60多亿元，获得国家及部省级科技成果奖200余项，其中作为第一完成单位获得国家科学技术奖12项。学校主动服务国家脱贫攻坚、乡村振兴战略，凭借雄厚的科研实力，创造了巨大的经济效益和社会效益，多次被评为"国家科教兴农先进单位"。2017—2019年，学校连续3届入选教育部直属高校精准扶贫精准脱贫十大典型项目。

南京农业大学积极响应国家"一带一路"倡议，不断提升国际化水平，对外交流日趋活跃，先后与30多个国家和地区的160多所境外高水平大学、研究机构保持着学生联合培养、学术交流和科研合作关系。与美国加利福尼亚大学戴维斯分校、康奈尔大学、比利时根特大学、新西兰梅西大学等世界知名高校，开展"交流访学""本科双学位""本硕双学位"等数十个学生联合培养项目。2019年，经教育部批准与美国密歇根州立大学合作设立南京农业大学密歇根学院*。建有"中美食品安全与质量联合研究中心""中国-肯尼亚作物分子生物学'一带一路'联合实验室""动物健康与食品安全"国际合作联合实验室、"动物消化道营养国际联合研究中心""中英植物表型组学联合研究中心""南京农业大学-加利福尼亚大学戴维斯分校全球健康联合研究中心""亚洲农业研究中心"等多个国际合作平台。2007年，成为教育部"接受中国政府奖学金来华留学生院校"。2008年，成为全国首批"教育援外基地"。2012年，获批建设全球首个农业特色孔子学院。2014年，获外交部、教育部联合批准成立"中国-东盟教育培训中心"。2012年，倡议发起设立"世界农业奖"，已连续7届分别向来自康奈尔大学、加利福尼亚大学戴维斯分校、俄亥俄州立大学、波恩大学、阿尔伯塔大学、比利时根特大学、加纳大学和智利天主教大学等高校的8位获奖者颁发奖项。

南京农业大学拥有卫岗校区、浦口校区和白马教学科研基地，总面积9平方公里，建筑面积74万平方米，图书资料收藏量235万册（部）、外文期刊1万余种和中文电子图书500余万种。2014年，与 Nature 集团合办学术期刊 *Horticulture Research*，并于2019年入选中

---

　＊　学校设立南京农业大学密西根学院，为规范有关译名表述，本书统一表述为南京农业大学密歇根学院。

国科技期刊"卓越计划"领军类期刊；2018 年，与 Science 集团合办学术期刊 *Plant Phe-nomics*；2019 年，与 Science 集团合办学术期刊 *BioDesign Research*。

展望未来，作为近现代中国高等农业教育的拓荒者，南京农业大学将以立德树人为根本，以强农兴农为己任，加强内涵建设，聚力改革创新，服务国家战略需求，着力培养知农爱农新型人才，全面开启农业特色世界一流大学建设的崭新征程！

注：资料截至 2019 年 12 月。

（撰稿：王明峰　审稿：袁家明　审核：张　丽）

# [南京农业大学 2019 年党政工作要点]

## 中共南京农业大学委员会
## 2018—2019 学年第二学期工作要点

本学期党委工作的指导思想和总体要求：以习近平新时代中国特色社会主义思想为指导，深入贯彻党的十九大和十九届二中、三中全会精神，全面贯彻落实全国教育大会精神，坚持和加强党对学校工作的全面领导，坚持立德树人根本任务，不断加强和改进党建与思想政治教育工作，向纵深推进全面从严治党，加快"双一流"建设与新校区建设，深化综合改革和"十三五"发展规划实施，以优异成绩迎接学校第十二次党代会的胜利召开。

### 一、全面贯彻党的教育方针，牢牢把握高等教育发展机遇

**1. 深入学习贯彻习近平新时代中国特色社会主义思想和党的十九大精神** 坚持马克思主义指导地位，坚持社会主义办学方向，持续推进习近平新时代中国特色社会主义思想进校园、进课堂、进师生头脑，树牢"四个意识"，坚定"四个自信"。贯彻新时代党的建设总要求，认真传达学习第二十六次全国高校党的建设工作会议和 2019 年全国教育工作会议精神，着力加强党对学校工作的全面领导。开展好"不忘初心、牢记使命"主题教育。

**2. 切实组织好学校第十二次党代会的筹备与召开工作** 深入总结学校第十一次党代会以来的发展历程和宝贵经验，科学描绘加快创建世界一流农业大学的宏伟蓝图与建设路径。顺利推进基层党组织换届选举工作，不断统一思想、凝聚共识，切实增强基层党组织的创造力、凝聚力和战斗力，奋力谱写学校事业改革与发展的新华章。

**3. 加快推进"双一流"建设** 完善学科评价评估机制，探索建立"双一流"绩效评价指标体系以及学科发展状态监测系统。开展全校学科建设摸底调研，做好学科发展态势分析报告。开展新一轮学科点负责人聘任。推进江苏省优势学科与重点学科建设。加快推进"十三五"发展规划实施，启动"十四五"规划前期专项研究工作。

**4. 加快推进新校区建设** 高标准做好新校区总体规划和专项规划，高质量完成一期建设项目方案设计，高效率推进全面开工前各项准备。加强统筹协调，加快征地拆迁，签订建设协议，做好农场拆迁安置，主动参与新校区建设全过程监督，积极推动人才公寓建设。

### 二、不断加强和改进学校党的建设，切实提高党建与思想政治工作科学化水平

**5. 加强和改进宣传思想工作** 建立健全立德树人系统化落实机制，根据高校思想政治工作质量提升工程实施纲要意见，推动"三全育人"综合改革，将思想政治工作贯穿教育教

学全过程，组织召开全校党建与思政工作会议。举办"师德大讲堂"，研究出台师德考核具体实施办法，签订师德承诺书，制订师德负面清单，落实师德"一票否决"。开展"最美教师""教书育人楷模""师德标兵"等评选。发挥校报育人的阵地作用，做好新闻发布的"源头把关"，围绕新中国成立70周年、五四运动100周年等重要纪念日开展宣传教育活动。

**6. 强化领导班子和干部队伍建设** 从严从实推动干部监督管理常态化，稳步提升干部工作科学水平，完成新一轮中层干部换届聘任，做好干部选拔任用工作纪实与新提任中层干部培训。研究修订中层干部考核实施办法，深化干部监督管理。拓宽干部实践锻炼渠道，适时启动中层干部海外培训与校内挂职锻炼，继续做好"援挂扶"干部的服务工作。

**7. 巩固和加强党的基层组织建设** 深入实施基层党组织"对标争先"建设计划，不断推进基层党建"书记项目"管理与实施，做好基层党建的标准化建设，开展专题组织生活会和民主评议党员工作，加大对软弱涣散支部及不合格党员的组织处理力度。实施教师党支部书记"双带头人"培育工程，建立健全"双培养"工作机制，制订津贴调整方案，建好"双带头人"党支部书记工作室。加强组织员队伍建设，做好党员领导干部调训和师生党员培训工作。

**8. 加强党对意识形态工作的领导和思政课建设** 加强党对意识形态工作的领导，层层压紧压实各级责任，牢牢掌握意识形态工作领导权。全面摸底排查党委巡察所反映出的共性问题，开展师生思想动态大调研，守牢思想文化阵地，确保意识形态领域的安全稳定。加强"思政课程"与"课程思政"建设，做好马克思主义学院高水平师资引进与青年人才培养，加强学科建设，推进"马工程"重点教材的统一使用，深化课程改革，创新教育教学方式方法。

**9. 加强大学文化建设** 深挖学校文化资源，讲好南农故事。完成《名师大家口述史》采编、印刷工作，做好《图说南农简史》图书出版，完成《讲述南农人自己的故事NAUer 2019》书籍制作。做好全国高校中华优秀传统文化成果等推荐申报，做好校园文化建设项目结题验收与立项工作。创新文化传播途径，做好文化产品的创意设计与开发。发挥中华农业文明博物馆、校友馆等历史文化资源的教育功能。

### 三、深化全面从严治党，推进党风廉政建设和反腐败工作

**10. 坚持全面从严治党** 严明政治纪律和政治规矩，坚决做到"两个维护"。全面推进党委巡察工作，推动全面从严治党向纵深发展。深化运用监督执纪"四种形态"，巩固发展反腐败斗争压倒性胜利，时刻防范"四风"隐形变异新动向。加强廉政风险防控工作，加大对权力运行过程的监督，做好对重大工程、重点领域、关键岗位干部的约谈教育。加强和改进对干部人事、基建、维修工程、招投标管理以及招生工作的监督，确保各项规章制度严格规范执行。做好信访举报工作。

**11. 全面加强依法治教** 贯彻全国教育法制工作会议精神，进一步修订《南京农业大学章程》。健全法律顾问工作机制，做好校内规章制度、重大合同与涉及师生重大利益处理和处分的合法性审查。健全法务制度体系，强化涉法涉诉管理，畅通权利救济渠道，开展法制宣传教育。

**12. 加强审计和招投标工作** 做好领导干部经济责任、科研经费、财务收支、资产管理、绩效、工程管理、工程项目复审等各类审计工作。做好内部控制审计评价审前准备工

作。完善采购管理制度体系，制订快速采购管理实施细则。推进信息化建设，实施"互联网＋政府采购"模式，健全招标采购综合管理平台，完善评标专家库和供应商库建设等。

## 四、全力推进"双一流"建设，切实加快世界一流农业大学建设步伐

**13. 深化教育教学改革** 推进一流本科教育建设，坚持以本为本，深化人才培养模式改革。完成 2019 版人才培养方案修订工作，做好"本研衔接，寓教于研"拔尖创新人才培养模式的推广应用，积极推进新农科建设。加快卓越农林人才教育培养计划 2.0 的研究与实施。做好国家、江苏省精品在线开放课程认定和江苏省高校品牌专业建设的考核与申报工作。启动金课工程，改革课程内容和考核方式。建立创新创业学院内设机构，制订创新创业教育三年行动计划（2019—2021）。深入实施学生工作"四大工程"，推进大类招生制度改革，提升毕业生就业质量和升学出国率。做好心理健康教育、评奖资助和少数民族学生事务管理。做好继续教育和大学体育工作。

**14. 提升研究生和留学生培养质量** 加强博士生创新能力培养体系建设，深化专业学位研究生教育综合改革。强化研究生培养及教学管理，深入实施研究生教育国际化，加强研究生课程体系建设和教育管理信息化建设。做好学位授权点自我评估抽评与动态调整工作。推动来华留学教育内涵式发展，优化招生布局、提高生源质量，推进英文授课专业课程体系建设，加强国际学生规范化管理与个性化服务工作，培养"知华、友华、爱华"国际青年人才。

**15. 加强师资队伍建设** 全面落实学校人事制度改革指导意见，加紧研制与改革相关的配套细则。切实做好高端领军人才、学术团队和青年拔尖人才的引进与培养。完善"钟山学者"计划人才选拔培养体系。扩大博士后在站规模，提高博士后培养质量。组织召开第二届钟山国际青年学者论坛。推进专业技术职称申报系统改版升级。做好绩效工资改革的调研与方案设计工作。稳妥推进教职工养老保险的社会化进程。

**16. 提升科技创新能力** 加快推进国家重大科技基础设施、国家重点实验室、前沿科学中心、交叉研究中心等重大平台的研究、培育、建设工作。积极筹备国家重大项目预测及交叉学科研究培育，密切跟踪"十四五"重大专项布局，着力培育抢占制高点科技大项目。推进重大成果培育，积极组织国家、省部级各类奖励申报与评价工作。切实抓好江苏省"科技改革 30 条"的贯彻落实，制定完善相关举措。

**17. 增强社会服务能力** 全力服务乡村振兴战略，成立长三角乡村振兴战略研究院（联盟），加强乡村振兴基地建设。落实"两地一站一体"工作任务，完善"双线共推"服务方式。全面落实 2019 年中央单位定点扶贫工作责任书，进一步巩固与提升精准扶贫成果，塑造造血功能持久力。拓宽科技成果转移转化渠道，探索筹建科技成果培育基金。加强智库建设。

**18. 深化国际交流与合作** 做好中美联合学院的评议整改，启动联合学院建设及招生准备工作。深入实施"国际合作能力提增计划"，优化校际合作的全球布局及相关平台建设，拓展与"一带一路"沿线国家的交流和合作。适应外专项目管理改革新要求，做好"高端外国专家引进计划""111 计划"等各类聘专项目的申报、执行与绩效管理工作。加强孔子学院建设与援外工作内涵建设，进一步增强学校教育援外工作影响力。研究制订"农业对外合作复合型人才培养模式试点方案"和"南农学子国际竞争力提增计划"，努力提升学校人才

培养国际化水平。

**19. 做好服务保障工作** 加强预算经费统筹管理，调整优化支出结构，完善财务管理制度，全面实施政府会计制度。做好个税改革衔接，加快推进电子票据管理改革。全力推进各类基建工程与维修项目实施，完成重点工程竣工备案交付。加快白马教学科研基地建设速度，完善服务保障条件。加强后勤信息化建设，健全社会企业监管体系。做好公房调配、资产管理与后勤保障工作。加强校属企业国有资产监管，推进企业体制改革。加强网络安全、校园信息化与大数据平台建设，做好文献资源与现代教育技术保障体系建设。加强实验室安全监管、危险化学品管理和环保设施建设，规范设备采购及大型仪器管理。做好年鉴编印出版。优化医疗保障服务。

## 五、凝聚改革力量与共识，多方助力学校和谐发展

**20. 积极争取办学资源** 紧密与各上级主管部门联系，争取政策、条件与经费支持。密切与社会各基金会、慈善总会、知名企业沟通，广泛筹措社会捐赠。做好学校校友会工作，汇聚广大校友支持办学力量。做好教育发展基金会工作，强化资金运作管理与监督，推动校友投资基金平台做大做强。

**21. 做好统战群团和老龄工作** 强化民主党派组织建设，筹备成立学校欧美同学会（中国留学人员联谊会）和党外知识分子联谊会。推进学校民主政治建设，做好教代会和工会委员会的换届工作。巩固创新基层团组织建设，召开共青团南京农业大学第十四次代表大会，指导各基层团组织开展换届工作。认真落实党和国家有关老龄工作的方针、政策，切实加强老龄组织和校院两级关工委建设。丰富师生精神文化生活。

**22. 维护校园安全稳定** 密切关注信息动态，做好信息搜集、研判与报送。落实安全责任制，构建全校大安全体系，创建平安校园示范校。扎实开展消防管理工作，继续推进警校联动。进一步完善突发事件处置预案，做好重点领域隐患的排查与整改。做好保密工作。

（党委办公室提供）

# 南京农业大学
# 2018—2019 学年第二学期工作要点

## 一、新校区建设

高标准做好新校区总体规划和专项规划，高质量完成新校区一期建设项目方案设计。主动对接各级政府部门，完成新校区一期征地相关工作，落实新校区剩余土地空间规划指标，启动二期土地预审工作。加大新校区内部单位搬迁和整体拆迁推进力度，确保新校区一期建设及配套人才公寓建设计划顺利实施。落实各项招标与合同签订工作，协调加快各种建设程序报批，稳妥推进土地交付、资产处置和拆迁安置工作，加强新校区指挥部队伍建设，为下半年全面开工做好准备。

## 二、教学与人才培养

**1. 本科教学** 贯彻落实全国教育大会和新时代全国高等学校本科教育工作会议精神，推进"以本为本"教育教学改革。完成 2019 版人才培养方案修订工作，推广应用"本研衔接，寓教于研"拔尖创新型人才培养模式，分类培养拔尖创新和复合应用两类人才。继续做好江苏高校品牌专业和校级品牌专业建设，开展专业认证工作。积极推进"新农科"建设，推动新兴专业设置和现有专业改造升级。启动金课工程，改革课程内容和考核方式。完成国家、省级精品在线开放课程认定申报工作。建立创新创业学院内设机构，制订学校创新创业教育三年行动计划（2019—2021），改革国家和省级创新创业训练项目评审立项机制。推进现代信息技术与教育教学深度融合，做好虚拟仿真实验教学项目建设规划和实施管理。

**2. 研究生教育** 实施研究生思想政治工作质量提升工程，全面落实导师立德树人职责要求。深化专业学位教育体制机制改革，推动特色农业产业的人才培养模式改革试点，推进实践教学体系和基地建设，提高专业学位研究生实践创新能力和培养质量。推动本研课程衔接，提升研究生课程质量。推进研究生教育国际化，推动海外访学与参加国际学术会议。强化江苏省研究生培养创新工程项目管理，提升博士生科研创新能力。加强研究生学籍管理。做好学位授权点动态调整。

**3. 留学生教育和继续教育** 改进留学生招生工作思路与办法，多措并举提高生源质量。打造英文授课专业及项目品牌，加强导师队伍建设，着力提高留学生培养质量。推进规范化管理与个性化服务，增强国际学生的遵纪守法意识和荣誉感、归属感。做好成人教育招生宣传工作，调研申报专接本、中接专、助学业余班新增专业。加强教学质量把控体系建设，拓展培训领域。

**4. 招生就业** 做好 2018 年招生就业工作总结。持续关注各省市高考招生制度改革动向，研究推进学校大类招生制度改革，加强研究生招生宣传，提高生源质量。进一步开拓毕业生高端就业市场，提升本科和硕士毕业生升学与出国率，促进广大毕业生更高质量和更充分就业。健全大学生创业实践孵化工作体制机制，提升双创教育质量。

**5. 学生教育管理**　贯彻落实教育部《高校思想政治工作质量提升工程实施纲要》精神，完善育人工作制度体系，全面推动学校"三全育人"工作，进一步健全学生工作"四大工程"工作机制，优化辅导员队伍结构，加强和规范学生工作研究团队建设。推进学校学生工作领导小组常态化运行，不断提升学生思想政治教育工作水平。

### 三、科学研究与服务社会

**1. 科研平台建设**　加快推进作物表型组学研究重大科技基础设施建设，筹建作物免疫学国家重点实验室，加快在白马基地建设农业转基因生物安全基地，培育建设前沿科学中心。推进作物表型组学、食品营养与人类健康等交叉研究中心建设，探索建立体制机制改革示范区。加强各类协同创新中心建设。

**2. 项目管理与成果申报**　筹备国家重大项目预研及交叉学科研究培育，密切跟踪"十四五"重大专项布局。拓展"一带一路"等国际合作科技资源，积极争取军工科研二级保密资质，加强中央高校基本科研业务费管理。组织国家、省部级等各类奖励申报评价工作。做好高质量专利培育工作。积极落实江苏省"科技改革30条"，制订完善相关制度文件。

**3. 产学研合作与服务社会**　服务乡村振兴战略，成立长三角乡村振兴战略研究院。完善"两地一站一体"大学农技推广模式和"双线共推"服务方式，推动学校学科链与地方产业链对接，提升社会服务能力。全面落实2019年中央单位定点扶贫工作责任书，进一步巩固与提升精准扶贫成果，塑造造血功能持久力。规范技术转移机构管理，拓宽科技成果转化渠道，筹建科技成果培育基金，成立南京农大伙伴企业俱乐部，做好成果宣传推荐。继续组织编写发布《江苏新农村发展报告（2018）》和《江苏农村发展决策要参》。

### 四、人事与人才工作

**1. 高水平师资队伍建设**　加大师资和人才队伍建设力度，重点做好各类国家级人才项目的申报和跟踪服务工作，继续做好人才引进工作，完善人才考核机制。完善"钟山学者"岗位层次、任务目标和考核机制，形成更加动态开放的校内人才选拔培养体系。

**2. 人事管理**　总结人事制度改革试点学院经验，研制配套细则。提高博士后在站规模与培养质量。做好绩效工资改革调研与方案设计工作，完成全校人员养老保险改革申报和基数确定工作。

### 五、"双一流"建设与综合改革

**1. "双一流"建设**　完善学科评价评估机制，探索建立符合学校实际的"双一流"绩效评价指标体系。探索建立学科发展状态监测系统，及时调整相关政策举措和建设投入经费。开展全校学科建设情况摸底调研，完成《学科发展态势分析报告》。推进省优势学科建设工程三期立项学科和"十三五"省重点学科建设。

**2. 综合改革**　进一步推进综合改革，系统梳理综合改革任务推进情况。启动"十四五"规划前期研究专项。召开学校第九届建设与发展论坛。

### 六、现代大学制度建设

**1. 学校规章制度"立改废"工作**　根据国家相关法律法规和政策要求，结合学校实际情况，修订《南京农业大学章程》。

**2. 发展委员会工作** 推动辽宁、陕西、湖北等校友会建立和部分地方校友会换届，加强与海外校友的联络沟通，筹建日本校友会和澳大利亚校友会。加强与企业界校友分会的联系，做大做强"南农仁朴股权投资有限公司"校友投资基金平台。加强与各类捐赠单位交流沟通，建立捐赠回馈机制。

**3. 学术委员会工作** 按期召开学术委员会工作会议，推进学术委员会的专门委员会、学术分委员会换届工作。组织开展"2018年度南京农业大学重大科技进展"评选活动。

**4. 教代会工作** 做好教代会和工会委员会的换届工作，加强对二级教代会工作的指导和监督，切实做好教代会提案答复工作，提高教职工民主参与、民主管理、民主监督的积极性。

## 七、国际合作与信息化工作

**1. 国际合作** 完成学校与密歇根州立大学申报联合学院审批立项，适时启动联合学院建设及招生准备工作。以优化"一带一路"布局为抓手，实施好2019年度"国际合作能力提增计划"，进一步推进国际双边、多边合作与相关综合性合作平台建设。适应外专项目管理改革新要求，加强项目整合，突出绩效导向，精心做好"高端外国专家引进计划""国际化示范学院推进计划""111计划"等项目的申报与管理工作。办好农业特色孔子学院，发挥教育援外平台优势，开发一批优质培训项目。研究制订"农业对外合作复合型人才培养模式试点方案"和"南农学子国际竞争力提增计划"，提升学校人才培养国际化水平及影响力。

**2. 信息化建设** 加强校园信息化与大数据平台建设。完善学校科研管理与服务信息化体系，建立网上科研服务大厅，推进学校科研成果数据中心与学者库建设。完成教师综合绩效考核系统。做好网络安全工作。

## 八、财经工作

**1. 财务管理** 落实政府会计制度改革要求，完善预算管理办法、财务报销等财务管理制度，修订科研经费管理办法。构建项目支出预算管理新模式，调整优化经费投入支出结构。推进绩效管理与预算编制、执行有机融合，加强项目库管理，强化项目预算评审机制。正式启用电子票据管理系统，建设"南京农业大学统一支付平台"和"实验材料采供平台"。落实国家新个税政策，做好"六大专项"纳税扣除工作。

**2. 招投标与审计工作** 优化招标程序，简化办事流程，提高采购效率。推进"互联网＋政府采购"模式，继续完善招标采购综合管理平台。加强招投标工作规范化建设。强化审计监督管理职能，对重点领域进行全面审计，做好本轮中层干部换届离任经济责任审计。加强审计工作信息化建设。

## 九、学校基础建设

**1. 卫岗校区基本建设** 推进第三实验楼一期各专项验收工作，争取年底完成整体竣工备案验收；加快二期施工进度，力争年底交付使用。完成卫岗校区智能温室收尾验收工作。做好卫岗校区重点工程项目闭合工作。

**2. 白马基地建设** 全力推进植物生产综合实验中心和作物表型组学研发中心的设计招

标、报建报审工作，力争年底开工，完成国拨资金年度支付工作。继续开展高标准实验田土壤改良等基础条件工程建设。做好学生生活区（二期）报批建设工作。启动空间利用规划调整工作。

## 十、公共服务与后勤保障

**1. 图书与档案工作**　开展省高校图书馆专利信息传播与利用基地培育工作，建设南京农业大学知识产权信息服务中心。推进文献资源、现代教育技术保障体系建设，开展大学生阅读推广活动。完成 2018 年学校年鉴编印出版工作。继续做好江浦农场及农遗室档案接收、编目和整理保管工作。推进档案信息化建设和基建图纸文书类档案数字化工作。

**2. 后勤保障**　做好 2020 年改善基本办学条件专项申报工作。完成部分单位行政办公用房调整工作。确保水电系统正常运行与供给。完成教学区快递点选址建设。推进家属区基础条件改善、物业公司监管考核及维修基金划转工作。完成青石村危旧房加固及住户回迁。加强资产管理与后勤服务信息化建设。完善社会企业监管体系，建立校内市场竞争机制。改善基础服务设施条件，筹建食品安全检测实验室。提升自管物业和社会物业管理服务水平，推进垃圾分类工作。完成医院信息化管理系统升级，优化体检流程，推进药房智能化管理，提高医疗服务水平。

**3. 校办产业**　加强国有经营性资产监管，推动校办企业体制改革和清理规范工作。积极推进学校各类科技成果转化。建立资产有偿使用制度。

**4. 平安校园建设**　落实学校、学院、实验室三级安全责任，推进安全教育进课堂和实验室准入制度。加强实验室安全监管、危险化学品管理、环保设施建设和规章制度制定，完善责任追究制。创新方式方法，加强安全知识宣传教育。扎实开展消防管理工作，落实消防安全工作单位责任制。继续推进警校联动，加强校园安全、交通秩序和各类车辆出入管理。拟定平安校园示范校创建计划。

（校长办公室提供）

# 南京农业大学
# 2019—2020 学年第一学期党政工作要点

学校本学期工作的指导思想和总体要求：坚持以习近平新时代中国特色社会主义思想为指导，认真学习贯彻党的十九大精神，紧扣全国教育大会和全国高校思想政治工作会议等任务部署，贯彻落实习近平总书记给全国涉农高校师生的回信精神，不断加强党对学校工作的全面领导，以立德树人为根本，以强农兴农为己任，持续推进综合改革和"十三五"发展规划实施，以学校第十二次党代会召开为契机，全面开启农业特色世界一流大学建设新征程。

## 一、全面贯彻党的教育方针，全方位提升学校办学层次和水平

**1. 深入开展"不忘初心、牢记使命"主题教育**　认真学习领会习近平总书记在"不忘初心、牢记使命"主题教育工作会议上的讲话精神，严格按照"守初心、担使命，找差距、抓落实"的总要求，精心制订"不忘初心、牢记使命"主题教育实施方案，以处级以上领导干部为重点，在全校自上而下开展主题教育，将学习教育、调查研究、检视问题、整改落实贯穿主题教育全过程。认真开好专题民主生活会。

**2. 高质量开好学校第十二次党代会**　立足高等教育强国建设新起点、新征程，全面总结学校第十一次党代会以来取得的各项成绩和经验体会，科学规划学校未来 5 年乃至更长时期的发展蓝图。组织全体师生党员开展学校第十二次党代会精神的宣传与学习，统一思想、凝心聚力，奋力谱写学校事业改革与发展的新华章。

**3. 全面深化综合改革**　抓紧启动一批具有全局影响的改革。推进学校管理重心下移，构建"明晰关系、明确职责、规范权限、严格管理、强化考核"的校院两级管理体系。深入推进人事制度改革，制订学院绩效考核与分配办法，全面开展专任教师教学、科研与公共服务考核。深化行政机构改革，建立与一流大学建设与发展相适应的管理体系。组织开展教育思想大讨论，扎实推进"以本为本"的教育教学改革。加快科研机制体制创新，推进科研交叉平台、学术特区建设。全面深化学校信息化建设改革。

**4. 全面推进新校区开工建设**　进一步细化完善新校区建设模式，充分发挥各方力量，为新校区建设的"安全、质量、进度、效益"提供有力保证。牢牢把握"高起点规划、高标准设计、高质量建设"总体要求，统筹推进单体方案报批、初步设计和基础设施、景观绿化等各类专项设计工作。全面完成新校区一期征地转用、"三通一平"和各项前期工作。有序实施农场拆迁，加强过渡期管理等工作。

## 二、全面加强党的领导和建设，切实提升党建工作科学化水平

**5. 以党的政治建设为统领**　坚持和完善党委领导下的校长负责制，充分发挥党委在管党治党、办学治校中的领导核心作用。加强对全校上下贯彻落实中央、教育部和学校重大战略部署情况的政治监督。引领师生深入落实立德树人根本任务，紧紧围绕"两个维护""四个意识""九个坚持""六个下功夫"等任务部署，扎根中国大地办大学，培养社会主义建设

者和接班人。

**6. 加强宣传思想工作** 完善校院两级党委理论学习中心组学习制度,健全基层党支部和党员常态化学习机制。结合庆祝新中国成立70周年等重要时间节点,开展"我和我的祖国""青春告白祖国"等主题教育活动,大力培育和践行社会主义核心价值观。组织开展习近平总书记回信寄语全国涉农高校广大师生有关精神的学习。加强师德师风建设,隆重举行教师节盛典,继续举办"师德大讲堂"活动。建立健全师德监督机制,实行师德"一票否决制"。加强理论研究与正面宣传,壮大主流思想舆论,完善舆情工作机制。

**7. 巩固和加强党的基层组织建设** 充分发挥二级党组织政治核心作用和党支部战斗堡垒作用。抓好各级领导班子建设。深入推进"两学一做"学习教育常态化制度化。全面落实基层党建工作责任制,实施基层党组织"对标争先"建设计划。做好基层党建"书记项目"管理,推进"双带头人"教师党支部书记工作室建设。发挥党校主渠道主阵地作用,加强党员和干部教育培训工作。

**8. 推进领导班子和干部队伍建设** 坚持新时期好干部标准,建立健全科学规范的干部选拔任用制度和考核实施办法。拓宽干部锻炼渠道,通过"援挂扶"平台,让干部在实践锻炼中开拓视野、增长才干。健全年轻干部选育管用机制,适时启动校内干部挂职锻炼。制定激励广大干部新时代新担当新作为实施意见,建立激励和容错纠错机制。从严从实推动干部监督管理常态化。

**9. 强化统一战线工作** 高度重视民族和宗教工作。推进实施校级领导干部与党外知识分子谈心、走访、联系工作制度。认真做好民主党派工作,支持和帮助民主党派基层组织加强思想、组织、制度建设。加强无党派人士工作,建立健全无党派人士信息库。强化党外人士教育培训和实践锻炼。筹备成立学校欧美同学会(中国留学人员联谊会)和党外知识分子联谊会。

**10. 加强党对意识形态工作的领导** 牢牢把握意识形态工作的领导权与话语权。完善党委意识形态工作责任制实施办法,健全工作机制,加强意识形态阵地建设与管理。重视网络安全,强化网络舆情应急管理。实行"一会一报""一事一报"的审查、批准、备案制度。组织开展师生思想大调研,全面分析师生思想动态。做好各类新闻发布的"源头把关"。

**11. 坚持全面从严治党** 严明政治纪律和政治规矩,继续推进政治巡察,强化政治监督。严格执行中央八项规定精神,坚决整治形式主义、官僚主义等"四风"问题。持续巩固教育部党组上一轮巡视整改成果。贯通运用监督执纪"四种形态",一体推进"不敢腐、不能腐、不想腐"的长效机制建设。加强廉政风险防控和监察工作。做好领导干部经济责任、科研经费、财务收支、资产管理、基建工程等各类审计工作。规范信访举报工作。

### 三、坚持立德树人,切实培养德智体美劳全面发展的社会主义建设者和接班人

**12. 强化学生价值引领** 贯彻落实学校"三全育人"工作方案,完善"十大育人体系",全面推进领导干部深入基层联系学生工作,构建"三全育人"思政工作大格局。推进学生工作"四大工程",开展招生政策调研和调整,做好学生日常教育管理,组织上好"开学第一课",加强就业指导与服务。高度重视学生工作队伍建设,逐步推行年级辅导员制度,研究修订班主任队伍建设等有关规定。

**13. 深化本科教育教学改革** 大力培养知农爱农新型人才。筹建"金善宝书院",探索

拔尖创新人才培养的书院制"荣誉教育"。推动新兴专业设置和现有专业改造升级，完善本科专业大类设置方案，优化通识核心课程体系。做好一流本科专业建设"双万计划"，推进农业特色通识核心课程建设与教材建设。召开"双创教育大会"，完善创新创业学院内设机构，优化"产教融合"育人模式，提升大学生创客空间管理工作智能化水平，开展全校性创新创业咨询指导师资培训。做好大学体育工作。

**14. 提高研究生培养质量和水平**　健全研究生招生考试规章制度，推进自命题改革。创新培养模式，优化五年制直博生培养体系。全面加强学位论文质量监管，开展学位论文质量风险评估。组织开展专业学位研究生培养建设项目立项，加强研究生专业实践训练基地建设。制订学制超期研究生学位申请过渡办法，建立博士生分流淘汰机制，修订学位申请和学位授予办法。加强学术和师德失范行为警示教育。

**15. 加强留学生教育和继续教育**　优化国际学生招生布局，探索在主要生源国和重点合作高校建立海外生源库。全面加强国际学生管理工作，健全相关管理制度和协同机制。推进留学生教育课程体系建设，完善中国语言文化和中国概况类课程模块。做好成人招生生源组织和改革项目相关工作，推进专接本、中接专、二学历招生工作。加强继续教育教学质量监控体系建设，拓展培训渠道和领域。

**16. 深化思政课改革创新**　深入学习贯彻习近平总书记在学校思政课教师座谈会上的讲话精神，贯彻落实《关于深化新时代学校思想政治理论课改革创新的若干意见》，加强党委对思政课建设的领导，推进思政课教师队伍建设和"马工程"教材使用，不断创新具有南农品牌特色与品格特征的思政教育模式，以"秋味思政"微课堂等项目建设为载体，深入推进思政课教学改革。充分发挥课堂教学在高校思想政治工作中的育人功能，形成"课程思政"和"思政课程"同向同行的育人格局。

**17. 发挥群团组织育人功能**　深入学习贯彻习近平总书记在纪念五四运动100周年大会上的重要讲话精神，不断增强共青团组织的政治性、先进性和群众性，提升实践育人工作实效，服务青年成长成才。不断强化校院两级工会组织对教职员工的服务功能，发挥工会组织的育人纽带作用。切实加强校院两级关工委和退教协会、老年科协、老年体协等建设，积极发挥老龄组织育人功能。

**18. 强化大学文化建设**　加强文化建设顶层设计，用优秀的中华传统文化和独具品格的"诚朴勤仁"南农文化塑造师生正确的世界观、人生观、价值观。完成学校年鉴编印出版工作，启动校庆120周年校史研究。推进"名家大师口述历史"工作。开展南京农学院复校口述史和学校档案文化研究梳理。持续深化NAU文创设计工作室建设。加大校园文化产品创意设计与开发。注重发挥中华农业文明博物馆、校史馆、校友馆等历史文化资源的教育功能。

## 四、全面聚焦一流建设，促进学校事业高质量快速发展

**19. 加快推进"双一流"建设**　按照国家"双一流"建设总体要求，结合学校"十三五"发展规划和综合改革方案，不断加快"双一流"建设进程。完成"双一流"建设中期自评，探索建立符合学校实际的"双一流"绩效评价指标体系，积极筹备第五轮学科评估。立足学校更高建设和发展目标，开展"十四五"发展规划编制前期研究。

**20. 加强师资队伍建设**　坚持把一流师资队伍建设作为人才工作的核心。拓宽高层次人

才招聘渠道，做好国家级人才项目申报和跟踪服务。研发人力资源在线调查系统，做好"高精尖缺"领军人才的精准引进和服务。修订《南京农业大学"钟山学者"计划实施方案》，完成相关选聘工作。推进职称评审制度和博士后（含师资博士后）选留、考核及薪酬等有关改革举措。加大人才培育力度，实现高端人才计划项目新突破。健全教师发展评估体系。

**21. 提升科技创新能力** 做好国家重大科技基础设施、国家重点实验室、国家重点研发计划重点专项等培育、建设和申报工作。筹划推进 2020 年国家科技奖励工作的前期摸底、成果评价与组织申报。注重培育高价值专利。出台学术特区管理办法，推进作物表型组学交叉研究中心实体化运行。筹备召开第六届国际植物表型大会，启动国际作物表型组学研究计划。不断提高科协工作能力和水平。组织召开学校人文社会科学技术大会。

**22. 增强社会服务能力** 全面服务国家乡村振兴战略，推动长三角乡村振兴战略研究院（联盟）建设。继续实施以"双线共推"服务方式为特色的"两地一站一体"农技推广服务模式。统筹开展扶贫工作，扎实推进"南农麻江 10＋10 行动"计划。出台科技服务相关管理办法，继续做好横向项目管理与成果转移转化等。发布《江苏新农村发展系列报告（2019）》，组织编写《江苏农村发展决策要参》。

**23. 深化国际交流与合作** 加快密歇根学院筹建工作，为 2020 年招生做好准备。继续实施"国际合作能力提增计划"，深化与境外高水平学术机构的合作，拓展"一带一路"国际伙伴关系。加强"111 计划"管理服务工作，做好高端外国专家引进项目申报。加强农业特色孔子学院建设，打造教育援外品牌。理顺全校国际化工作体制机制，提高管理服务效率和资源整合能力。办好第七届 GCHERA 世界农业奖颁奖典礼暨第十届 GCHERA 世界大会。

### 五、构建现代大学治理和保障体系，提升依法自主办学治校能力

**24. 加强现代大学制度建设** 坚持和加强党对学校工作的全面领导。启动《南京农业大学章程》修订工作。推进学校民主管理制度化、规范化，做好教职工代表大会和工会会员代表大会的换届选举工作。修订学术委员会章程和议事规则，定期召开学术委员会工作会议。筹备召开第十四次团员代表大会。指导学生会、研究生会和其他学生组织充分发挥"四自"功能。

**25. 全面推进依法治校** 贯彻落实"三重一大"决策制度。做好校内规章制度、重大合同、涉及师生重大权益处理和处分的合法性审查。完善学校法务制度体系，研究出台合同管理办法，建立健全校内权益救济制度。推动学校标识的法律保护与商标注册工作。开展宪法法治教育和专项法治培训。

**26. 加强支撑可持续发展的资源建设** 加强与上级主管部门联系，争取政策、条件与经费支持。建立资产有偿使用制度。继续推进地方和行业校友分会组织机构建设。做好校友企业间"人才、科技、资本"的高效对接，促进政产学研资源的有机融合和科技成果快速转化。加强资金运作管理与监督，建立校园聚合支付平台，做大做强校友投资基金。加强校友分会组织体系建设，促进海内外校友的联络与合作，做好"校友返校日"系列活动组织策划。完成南京农大技术服务公司整体划转与管理交接工作。

**27. 推进校园信息化建设** 成立学校信息化建设领导小组，启动智慧校园建设。加强大数据平台和信息化重大项目建设。加快智慧教室建设。开发教师教学工作量核算系统和面向

学院、教师的考核系统等。推进外事系统上线运行，优化外国文教专家项目管理，建设教师因公派出综合管理服务系统。推进档案信息化建设和基建图纸文书类档案数字化。加强智慧交通建设，做好校园安防系统。建设食堂采购管理平台。完善学校科研成果数据中心与学者库，做好专家成果入库工作。

**28. 加强财务管理和招投标工作**　做好学校预算执行情况的绩效评估，探索实施预算执行绩效报告和财务量化评价报告制度。推行科研财务助理制度，简化科研经费报销流程。修订科研经费管理办法、会计档案管理办法，出台电子支付、虚拟校园卡管理制度。推进"互联网＋"物资集中采供平台运行。完善评标专家库和供应商库建设，加强供应商与招标代理管理考核。召开学校财务工作会议。

**29. 有序推进各项基础建设工作**　加快推进第三实验楼二期施工进度，启动三期报批报审工作。推进作物表型组学研发中心、植物生产综合实验中心开工建设。做好牌楼学生宿舍1号楼、2号楼规划的报建报审工作。做好白马高标准实验田土壤改良，加快建设白马动物实验基地粪污处理中心、实验网室修建工程、白马农业转基因生物安全基地等。完成青石村危旧房改造。做好幼儿园扩建工程立项。

**30. 提升校园服务保障水平**　推进平安校园建设，实施安全教育进课堂和实验室准入制度。加强实验室安全监管、危险化学品管理、环保设施建设和应急预案制订。全面推进IPV6第二代互联网建设。建立健全文献资源、现代教育技术保障体系。制订无形资产管理办法。推进家属区物业管理社会化。在学生宿舍、教学楼宇安装直饮水设备。深入开展垃圾分类管理工作。落实好离退休老同志政治生活待遇。完善医院管理系统，提高医疗服务水平。

（党委办公室、校长办公室提供）

# [南京农业大学 2019 年行政工作报告]

2019 年，学校紧紧围绕建设农业特色世界一流农业大学目标，贯彻落实全国教育大会精神、习近平总书记给全国涉农高校的书记校长和专家代表回信精神以及"十三五"发展规划，深入推进"双一流"建设，扎实开展各项综合改革任务，在全校师生的共同努力下，学校人才培养、科学研究、社会服务、文化传承和国际合作等领域的各项事业不断取得新成绩。

## 一、人才培养质量持续提升

**1. 本科教学** 全程参与新农科建设"三部曲"的策划、重要文本的写作，召开新农科建设江苏行动研讨会和白马论坛，制订《南京农业大学一流本科课程建设实施方案》。成立金善宝书院，推进荣誉教育体系建设。14 个专业获批国家级一流本科专业建设点，农学、植物保护 2 个专业通过农林专业类三级认证，食品科学与工程专业顺利通过美国食品科学技术学会 IFT 食品专业国际认证；6 个专业通过江苏省高校品牌专业建设工程一期项目验收，其中 3 个获评优秀。加强新专业建设，获批全国农林院校首个人工智能专业，组织申报数据科学与大数据技术新专业。推进在线开放课程建设与应用，79 门课程正式上线开课，39 门课程完成拍摄制作，14 门获批省级在线开放课程。12 部教材入选江苏省高等学校重点教材。加强教育教学改革研究项目建设，7 项课题获得省级教改立项建设。

**2. 研究生教育** 启动研究生规划教材建设项目，18 本教材入选科学出版社"十三五"研究生规划教材。加强研究生教学管理，推动研究生教育教学改革及创新项目建设，获批 186 个江苏省研究生培养创新工程项目。加强专业学位研究生培养基地建设，入选 19 个省级研究生工作站、1 个省级优秀研究生工作站，遴选推荐江苏省产业教授 19 人。组织申报教育部优秀案例教师和视频案例，入选优秀视频案例 1 项。高质量完成研究生国家公派项目，累计 106 人获得国家留学基金管理委员会资助公派出国；实施博士生国外访学项目，派出博士生海外访学团 3 批次共 85 人。增列博士生指导教师 53 人，学术型硕士生指导教师 75 人，专业学位硕士生指导教师 34 人。全年授予博士学位 387 人，授予硕士学位 2 328 人。获评江苏省优秀博士学位论文 8 篇、江苏省优秀学术型硕士论文 5 篇、江苏省优秀专业学位硕士论文 6 篇。荣获江苏省研究生教育教学改革成果奖一等奖 1 项。

**3. 留学生教育** 健全招生录取机制，确保生源质量。强化中国政府奖学金项目统筹设计，2019 年项目获批率达 100%。全年招收国际学生 1 108 人。探索实施"趋同化管理"和"个别指导"相结合的培养体制机制。开展第四期国际研究生英文授课课程立项建设。学校被评为 2019 年度"江苏省来华留学生教育先进集体"。组织参加"庆祝新中国成立 70 周年在苏留学生图文、视频征集"等活动，为培养"知华、友华、爱华、亲华"国际人才打下基础。

**4. 继续教育** 严格执行招生政策，稳定学校成教招生规模。优化合作站点，拓展招生渠道，终止合作 1 个函授站，新增 3 个教学点，录取继续教育新生 7 168 人，第二学历、专接本和中接专学生 1 369 人；积极申报江苏省成人招生改革项目，招生 2 600 余人。保障高质量服务供给，1 个重点专业、1 门精品资源共享课程通过江苏省验收；举办各类专题培训班 114 个、培训学员 10 000 人次，取得良好的社会效益和经济效益。

**5. 招生就业** 推进生源质量提升工程，改革研究生招生机制，全面推动自命题科目改革，生源质量稳步提升。在全国 31 个省（自治区、直辖市）录取分数线超一本线平均值继续增长，江苏录取分数线再创新高。全年录取本科生 4 394 人、硕士生 2 423 人、博士生 586 人。加强就业指导与服务，开展精准化职业生涯辅导，打造就业指导活动网格化体系，本科生就业率 96.34%、硕士生就业率 96.11%、博士生就业率 94.84%，本科生深造率 39.74%。"双创"教育成果显著，大学生科技创业平行基金组织首次评审，2 个驻园团队获得投资；创客空间新入驻 15 支团队，学校获评"2019 年度全国创新创业典型经验高校"。

**6. 素质教育** 推动"三全育人"综合改革，不断完善理想信念、南农情怀、学风建设、科技竞赛、社会实践、志愿服务、文化艺术、大学体育和心理健康等教育引导工作。2019 年，学生团队获"挑战杯"全国大学生课外学术科技作品竞赛二等奖 2 项、三等奖 2 项，"国际基因工程机械设计大赛"全球一等奖，"国际食品与农业企业管理协会案例竞赛"一等奖，"日本京都大学国际创业大赛"一等奖等一系列国际国内赛事奖项。

## 二、师资队伍建设保持良好势头

朱艳教授入选教育部"长江学者奖励计划"特聘教授项目，陶小荣、高彦征入选国家自然科学基金委员会的杰出青年科学基金项目，高彦征入选教育部"国家百千万人才工程"，粟硕、张峰教授入选中组部"万人计划"青年拔尖人才计划，粟硕、韦中获得国家自然科学基金委员会的优秀青年科学基金项目；另新增省级各类人才项目 40 余人次。赵方杰、潘根兴、徐国华、沈其荣教授入选 2019 年科睿唯安全球高被引科学家。召开第二届钟山国际青年学者论坛，积极参加海外招聘会，承办致公党第十届"引凤工程"南京农业大学宣讲会，全年 38 名引进人才全职到岗，招聘教师 99 人、师资博士后 34 人。

全面推进学校人事制度改革，构建 KPI 评价指标体系，着手制订各学院人事制度改革方案。出台《南京农业大学"钟山学者"计划实施办法（2019 年修订稿）》，完成第三批"钟山学术新秀"考核，遴选第四批"钟山学术新秀"36 人。完成 2019 年职称评审工作，聘任正高职称 33 人，副高职称 49 人，中级职称 14 人。深入推进教职工养老保险改革，调整职工住房公积金及逐月住房补贴缴存基数，缩小人才派遣人员与在职人员薪酬待遇差距，进一步提升教职工薪酬待遇水平。举办教师节盛典，表彰立德树人典范，崇学尚德良好氛围日益浓厚。

## 三、国际交流与学科建设成绩显著

**1. 国际交流** 响应"一带一路"倡议，与农业农村部筹划制订 2020 年农业外交官储备人才培训班培训计划。南京农业大学密歇根学院正式获批，筹备工作有序推进。举办第七届 GCHERA 世界农业奖颁奖典礼，校长陈发棣被推选为 GCHERA 副主席。持续优化国际合作伙伴全球布局，新签合作备忘录 25 个，续签校际合作协议 10 个，获批国家聘请外国文教专家项目经费 1 044 万元，完成 60 多个高端外国专家引进计划项目执行工作，"农业生物灾害学科创新引智基地"顺利通过 10 年建设评估，成功进入 2.0 计划。做好师生因公派出工作，落实教育部授予学校一定外事出访审批权相关要求，修订《南京农业大学因公出国（境）审批管理办法（暂行）》，全年出国（境）访问交流教师 473 人次、学生 901 人次。教育援外工作不断拓展，获批教育部"中非友谊"农业机械应用技术进修生培训项目、畜牧养殖与兽医技术进修生培训项目，探索孔子学院"中文＋职业技能"发展模式，在肯尼亚和赤道几内亚举办 3 期农业技术培训班，提升孔子学院在非洲的影响力。

**2. 学科建设** 顺利通过"双一流"建设中期评估，开展全校学科建设情况摸底调研，做好 8 个立项省优势学科相关建设工作，聘任新一轮学科点负责人。学校发展呈现良好态势，QS 世界大学"农业与林业"学科排名进位至第 25 名，连续 3 年保持 U. S. News "全球最佳农业科学大学"第 9 名，国际学术影响力进一步提升。

## 四、科技创新与服务社会能力持续增强

**1. 科学研究** 年度到位科研经费 8.03 亿元，其中纵向经费 6.64 亿元、横向经费 1.39 亿元。以第一完成单位获国家科学技术发明奖二等奖 1 项、部省级奖励 16 项。获批国家自然科学基金 214 项，首次突破 200 项大关，获国家重点研发计划项目 4 项；共获国家社会科学基金立项 14 项，数量列全国农林高校首位，其中国家社会科学重大招标项目 2 项、国家社会科学重点项目 2 项。发表 SCI 论文 1 798 篇、SSCI 论文 50 篇。获授权专利、品种权、软件著作权等 360 余个。英文期刊 *Plant Phenomics* 和 *BioDesign Research* 接连上线；*Horticulture Research* 入选"中国科技期刊卓越行动计划"领军期刊，获 1 500 万元立项支持。

**2. 平台建设** 作物表型组学研究重大科技基础设施顺利通过高校"十四五"重大科技基础设施培育项目评审，成立中荷植物表型组学联合研究中心，成功举办国际植物表型大会。全面推进"作物与生物互作"国家重点实验室筹建工作，新增中国-肯尼亚作物分子生物学"一带一路"联合实验室 1 个国家级平台、南京水稻种质资源教育部野外科学观测研究站和智慧农业教育部工程研究中心 2 个省部级平台。5 个省部级重点实验室、观测站分别顺利通过绩效考核与竣工验收。

**3. 服务社会** 不断推进"两地一站一体"农技推广模式实施，完成 2018 年度挂县强农项目验收与 2017 年度中央财政农技推广项目验收，有序推进新农村服务基地建设与管理，本年度准入建设基地 9 个。大力推动科技成果转移转化，成立南京农业大学伙伴企业俱乐部，"猪重要传染病免疫防控技术及新型疫苗的创制与开发"入选中国高校产学研合作十大案例和中国高等教育博览会"校企合作双百计划"典型案例。严格落实《中央单位定点扶贫责任书》目标任务，深入实施"南农麻江 10＋10 行动"计划，入选教育部精准扶贫精准脱贫十大典型项目、首届高校新农村发展研究院脱贫攻坚十大典型案例，获贵州省委书记、省长联合署名感谢信和"2019 年贵州省脱贫攻坚先进集体"。编发《江苏农村发展报告 2018》《江苏农村发展决策要参》，与南京国家现代农业产业科创园联合共建"长三角乡村振兴战略研究院"。

## 五、办学条件与服务保障水平进一步提高

**1. 财务工作** 财务运行稳中有升，办学条件有所改善，资金保障能力显著增强。全年

各项收入 20.92 亿元、支出 21.17 亿元。推进招标采购管理水平不断提升，完成包括中国银行 5 年 1.15 亿元信息化建设项目在内的各类招投标 430 余项、金额 5.3 亿元。完善制度建设，简化科研经费使用流程，逐步放宽经费审核额度限制，减少审核部门数量。做好预决算管理工作，加强刚性约束。

**2. 基本建设与新校区工作**　成立学校基本建设工作领导小组，优化工作流程，年度完成基建总投资 1.2 亿元，维修改造任务 32 项，新增办学用房 1 156 平方米、改造出新约 40 000 平方米。农业农村部景观农业重点实验室建设项目、国家作物种质资源南京观测实验站建设项目、南京农业大学（淮安盱眙）现代农业试验示范基地建设项目和牌楼 1 号、2 号项目获教育部批准，第三实验楼二期、作物表型组学研发中心、植物生产综合实验中心、土桥基地水稻实验站实验楼 4 项楼宇施工建设有序进行，第三实验楼三期前期工作顺利启动。全力推进白马基地临时学生宿舍和食堂等工程的规划建设与报批办理。

理顺新校区建设合作机制，完成新校区总体规划优化调整、单体方案设计及部分专项设计。单体初步设计、征地报批和拆迁工作稳妥推进，内环道路施工顺利启动，为新校区全面开工建设提供了重要保障。

**3. 校园信息化与档案工作**　进一步推进校园主数据库建设，为学校数据治理奠定基础。新增数据库 12 个，落实"视频资源公共服务平台"建设计划，建立了城东 IPV6 分中心 100G 互联及多个 IPV6 出口，实现了白马园区光纤互通并完成了弱电管道设计规划和办公区网络改造方案。开展存量档案数字化扫描工作，共完成文书档案 716 卷、成绩档案 1 058 卷。完成年鉴编写和年度立卷归档工作，新征集到邹秉文、孙文郁等珍贵校史档案资源。

**4. 校友会与基金会工作**　新建日本校友会、陕西校友会、山东潍坊校友分会、河南新乡校友分会，江西企业界、宠物、金融、园林行业校友分会，以及无锡校友会工学分会；完成四川和泰州校友会组织机构换届工作。开展第二届"校友返校日"系列活动，加强校友工作宣传力度。多渠道筹措办学资金，新签订捐赠协议 53 项，协议金额 1 664 万元；捐赠到账资金 1 150 余万元，申请中央捐赠配比资金 640 万元。设立樊庆笙教育基金、陈本焅教育基金和园林学科发展基金等。

**5. 资产管理与后勤保障**　全年新增固定资产 1.84 亿元，固定资产总额达到 28.83 亿元。优化配置公房资源，完成第三实验大楼二期分配审议方案、青年教师公寓部分房源腾空及卫岗校区行政办公用房自查整改工作。启动学校所属企业的市场化处置脱钩剥离工作，组织落实南京农大技术服务公司交接工作，清理关闭 8 家企业，参与组建"南京长三角农村产权服务有限公司"。全面完成公务用车制度改革工作。推进家属区基础设施建设和青石村危房改造。设立南京农业大学学生食堂饭菜价格平抑基金，完成新一轮社会餐饮企业、社会物业企业等公开招标，完善考核制度。全面推动医联体建设，与社会企业深度合作，促进医院发展。

**6. 监察审计工作**　完善监督体系，持续深化"三转"，努力构建"执纪监督＋互联网"监管体系。强化信访举报办理和问题线索处置，全年共受理纪检监察信访 17 件，已办结 10 件；处置问题线索 25 项，其中初核 7 项、了结 17 项。推进审计全覆盖，以高质量审计提升资金使用效率，全年完成各类审计项目 243 项，累计 27.79 亿元，核减建设资金 750.78 万元。

**7. 安全稳定工作**  强化实验室安全教育，推进实验室安全准入制度，逐步完善安全责任体系。开展危险化学品、压力容器等专项整治和实验室安全督导每月检查工作，全面实行实验室危废上门收集。不断规范设备采购，大力推进大型仪器开放共享。加强校园交通科学规划与消防安全管理工作，扩大安全教育品牌效应。强化警校联动，与省、市、区内保通力配合，全力维护校园安全稳定。

（校长办公室提供）

# ［南京农业大学国内外排名］

国际排名：《美国新闻与世界报道》（*U. S. News*）公布的"全球最佳农业科学大学"（Best Global Universities for Agricultural Sciences）排名中，南京农业大学居第 9 位；在其公布的"全球最佳大学排名"中，南京农业大学位列全球排名第 663 位，在中国内地大学中列第 47 位。英国《泰晤士高等教育》（THE）世界大学排行榜公布的世界大学排名中，南京农业大学位列 801～1 000 名，在入选的中国内地大学中排名第 43 位。2019 年 QS 世界大学学科排名中，南京农业大学在"农业与林业"中列第 25 位；上海软科 2019 年世界大学学术排名中，南京农业大学排名提升至 401～500 位。台湾大学公布的世界大学科研论文质量评比结果（NTU Ranking）南京农业大学位列世界排名 498 位，在农业领域的世界总体排名从 2018 年的 36 位上升到 30 位，其中农学学科排名第 9 位，植物与动物科学学科排名第16 位。

国内排名：南京农业大学位列中国管理科学研究院大学排行榜第 38 位，在中国科教评价研究院、浙江高等教育研究院、武汉大学中国科学评价研究中心和中国科教评价网（www. nseac. com）联合发布的中国大学本科院校综合竞争力总排行榜中位列第 64 位，在中国校友会中国大学排名中位列第 38 位，软科中国最好大学排名第 69 位。

（撰稿：王乾斌　审稿：李占华　审核：张　丽）

# [教职工与学生情况]

## 教 职 工 情 况

| 在职总计（人） | 专任教师 | | | 行政人员（人） | 教辅人员（人） | 工勤人员（人） | 科研机构人员（人） | 校办企业职工（人） | 其他附设机构人员（人） | 离退休人员（人） |
|---|---|---|---|---|---|---|---|---|---|---|
| | 小计（人） | 博士生导师（人） | 硕士生导师（人） | | | | | | | |
| 2 806 | 1 691 | 603 | 844 | 541 | 256 | 107 | 120 | 0 | 91 | 1 703 |

## 专 任 教 师

| 职称 | 小计（人） | 博士（人） | 硕士（人） | 本科（人） | 本科以下（人） | 29岁及以下（人） | 30～39岁（人） | 40～49岁（人） | 50～59岁（人） | 60岁及以上（人） |
|---|---|---|---|---|---|---|---|---|---|---|
| 教授 | 543 | 529 | 6 | 8 | 0 | 1 | 83 | 190 | 223 | 46 |
| 副教授 | 602 | 465 | 83 | 54 | 0 | 7 | 254 | 213 | 127 | 1 |
| 讲师 | 476 | 256 | 163 | 57 | | 30 | 273 | 134 | 39 | |
| 助教 | 70 | 0 | 46 | 24 | | 57 | 10 | 3 | 0 | |
| 无职称 | 0 | 0 | 0 | 0 | 0 | 0 | 0 | 0 | 0 | 0 |
| 合计 | 1 691 | 1 250 | 298 | 143 | 0 | 95 | 620 | 540 | 389 | 47 |

## 学 生 规 模

| 类别 | 毕业生（人） | 招生数（人） | 人数（人） | 一年级（2019）（人） | 二年级（2018）（人） | 三年级（2017）（人） | 四、五年级（2016、2015）（人） |
|---|---|---|---|---|---|---|---|
| 博士生（＋专业学位） | 396 | 572（＋10） | 2 158（＋24） | 582 | 536 | 983 | 81 |
| 硕士生（＋专业学位） | 2 082（＋150） | 2 411（＋358） | 7 083（＋956） | 2 769 | 3 091 | 2 179 | 0 |
| 普通本科 | 4 084 | 4 199 | 17 348 | 4 433 | 4 289 | 4 269 | 4 357 |
| 成教本科 | 2 542 | 2 715 | 8 702 | 2 715 | 2 776 | 2 297 | 914 |
| 成教专科 | 3 230 | 3 214 | 12 700 | 3 214 | 4 163 | 5 323 | 0 |
| 留学生 | 478 | 492 | 387（＋360） | 457 | 92 | 105 | 93 |
| 总计 | 12 812（＋150） | 13 603（＋368） | 48 378（＋1 340） | 14 170 | 14 947 | 15 156 | 5 445 |

## 学 科 建 设

| 学院 | 20个 | 博士后流动站 | 15个 | 国家重点学科（一级） | 4个 | 省、部重点学科（一级） | 15个 |
|---|---|---|---|---|---|---|---|
| | | 中国工程院院士 | 1人 | 国家重点学科（二级） | 3个 | | |
| | | "千人计划"入选者 | — | 国家重点（培育）学科 | 1个 | 省、部重点学科（二级） | 0个 |
| | | "青年千人计划"入选者 | — | | | | |

（续）

## 学 科 建 设

| 本科专业 | 63 个 | 博士学位授权点 | 一级学科 | 17 个 | 国家重点实验室 | 1 个 | 省、部级研究院（所、中心、实验室） | 80 个 |
|---|---|---|---|---|---|---|---|---|
| | | | 二级学科 | 0 个 | 国家工程研究中心 | 5 个 | | |
| 专科专业 | 51 个(继续教育学院) | 硕士学位授权点 | 一级学科 | 30 个 | 国家工程技术研究中心 | 2 个 | | |
| | | | 二级学科 | 1 个 | | | | |

## 资 产 情 况

| 产权占地面积 | 560.31 万平方米 | 学校建筑面积 | 64.49 万平方米 | 固定资产总值 | 28.21 亿元 |
|---|---|---|---|---|---|
| 绿化面积 | 94.95 万平方米 | 教学及辅助用面积 | 32.96 万平方米 | 教学、科研仪器设备资产 | 12.76 亿元 |
| 运动场地面积 | 6.61 万平方米 | 办公用房 | 3.55 万平方米 | 教室间数 | 290 间 |
| 教学用计算机 | 9 634 台 | 生活用房 | 27.98 万平方米 | 一般图书 | 267.2 万册 |
| 多媒体教室间数 | 259 间 | 教工住宅 | 0 万平方米 | 电子图书 | 338.88 万册 |

注：截止时间为 2019 年 9 月。

（撰稿：严楚越　审稿：袁家明　审核：张　丽）

# 二、重要文献

## [领导讲话]

### 以立德树人为根本　以强农兴农为己任
### 全面开启农业特色世界一流大学建设新征程

#### ——在中国共产党南京农业大学第十二次代表大会上的报告

陈利根

（2019 年 12 月 16 日）

各位代表、同志们：

　　现在，我代表中国共产党南京农业大学第十一届委员会，向大会作报告，请各位代表审议。

　　中国共产党南京农业大学第十二次代表大会，是在中国特色社会主义进入新时代、开启教育强国新篇章、全面振兴本科教育新起点，在"双一流"建设竞争加剧、提质增速、争先进位的关键时期，召开的一次十分重要的会议。

　　大会的主题是：高举中国特色社会主义伟大旗帜，以习近平新时代中国特色社会主义思想为指导，深入贯彻落实党的十九大、十九届四中全会精神，紧扣全国教育大会和全国高校思想政治工作会议等任务部署，切实扛起习近平总书记给全国涉农高校的书记校长和专家代表的回信重托，以立德树人为根本，以强农兴农为己任，加强内涵建设，聚力改革创新，服务国家战略需求，着力培养知农爱农新型人才，全面开启农业特色世界一流大学建设的崭新征程！

#### 一、过去五年的工作回顾

　　第十一次党代会以来，在教育部党组和江苏省委的坚强领导下，学校党委全面贯彻落实党的十八大、十九大和历次全会、全国高校思想政治工作会议、全国教育大会以及习近平总书记给全国涉农高校的书记校长和专家代表的回信精神，全面贯彻落实党的教育方针，始终扎根中国大地，不断加强党的全面领导，坚持立德树人根本任务，坚定实施"1235"发展战略与"三步走"发展路径，初步实现了世界一流农业大学的建设目标。

党的全面领导不断加强。学校党委认真履行管党治党、办学治校主体责任，牢牢把握办学方向，总揽全局、协调各方的领导核心作用不断增强。加强政治建设，坚决把好政治方向、坚定政治立场、提高政治站位。始终坚持党委领导下的校长负责制，健全完善了党委全委会、党委常委会、校长办公会等一系列议事决策制度体系。推进学习型、廉洁型班子建设，强化"一岗双责"。抓好"关键少数"，带动"绝大多数"，切实加强党对学校改革发展、教育教学、科学研究和社会服务的全面统领。深入组织"三严三实"专题教育，开展"两学一做"学习教育和"不忘初心、牢记使命"主题教育，引领全校师生增强"四个意识"，坚定"四个自信"，坚决做到"两个维护"，紧紧围绕"九个坚持""六个下功夫"，努力办好中国特色社会主义大学。

办学治校能力不断增强。强化顶层设计，修订大学章程，逐步完善现代大学治理体系。科学编制"十三五"发展规划与综合改革方案，有效推进学校事业发展全面发力、整体提升。通过全校师生的共同努力，学校连续3年进入"全球最佳农业科学大学"前十，跃居世界大学学科排名"农学与林学"第25位，跻身软科世界大学学术排名400强。

人才培养体系不断完善。深入贯彻落实全国教育大会精神和新时代全国高等学校本科教育工作会议精神，始终坚持人才培养的中心地位，参与中国新农科建设"三部曲"的策划，并发挥了重要引领与示范作用。召开全校一流本科教育推进会，全面修订本科人才培养方案，出台加强一流本科教育的若干意见。深入实施卓越农林人才教育培养计划和江苏品牌专业建设工程，顺利完成教育部本科教学审核评估和农学类、工程教育类的多个专业认证。积极推进人才培养模式改革，获国家级教学成果奖4项、省级教学成果奖7项。不断健全研究生教育质量保障体系，召开研究生教育工作会议，优化博士培养体系与制度，深化专业学位研究生教育综合改革，推进研究生教育国际化。开展学位授权点自我评估和动态调整，改进导师遴选和评价机制，新增图书情报与档案管理一级学科博士学位授权点，累计获国家级和省部级研究生教育教学成果奖7项。人才培养质量显著提高，共获省优秀博士学位论文41篇，连续4次获得国际基因工程机械设计大赛金奖，并在国际学生案例竞赛、"创青春"全国大学生创业大赛等一系列国内外比赛中，屡次斩获佳绩。来华留学生规模逐年递增，生源结构不断优化，生源质量与教育质量显著提高，顺利通过教育部来华留学质量认证。继续教育取得较好的社会效益和经济效益。

学科建设取得重要进展。统筹学科发展规划，促进学科交叉融合，分层分类推进学科建设。作物学、农业资源与环境入选"双一流"建设学科。8个学科进入 ESI 排名前1%，其中，农业科学、植物与动物科学2个学科进入前1‰。在第四轮学科评估中，7个学科进入 A 类，其中，4个学科获批 A+，A+学科数并列全国高校第11位。

师资队伍建设取得重要成效。深入实施人才强校战略，5年来，累计招聘和引进教师347人，其中高层次人才98人，外籍教师17人。截至目前，学校专任教师总数达到1 691人，博士学位占比达到73.9%，入选国家级人才项目60人次、部省级人才项目171人次。实施"钟山学者"计划，完善师资队伍培养体系。推行师资博士后制度，累计招聘师资博士后120人，逐步建立"非升即走"的用人机制。稳步推进人事制度改革，研制教学、科研和公共服务工作量核算办法，创建信息化考核平台，完成学院试点；完善职称系列设置，推进分类管理；科学做好二三级专业技术岗位和高级专业技术职务评聘，完成职级评定；深入推行职员制改革，构建多元化的人事管理制度体系。

科技创新取得重要突破。科研经费稳步提升，5 年来，累计到位科研经费 46.5 亿元，年均增长 12%，实现国家自然科学基金创新群体零的突破，新增国家科技重大专项课题 12 项、重点研发计划项目 13 项、国际合作重点项目 10 项。以第一单位获省部级以上科技奖励 62 项，其中，国家科技奖励 7 项，1 次入选中国科学十大进展，2 次入选中国高等学校十大科技进展，累计发表 SCI 论文 9 273 篇，较上个 5 年增长 161%，其中，在 Nature、Science 等国际顶级期刊发表研究论文 6 篇。国家重点实验室和国家肉品质量安全控制工程技术研究中心在新一轮评估中均获优秀。作物表型组学研究重大科技基础设施列入国家"十三五"规划以及教育部"十四五"培育项目。新增国家级平台 3 个。人文社科立项国家重大重点项目 15 项，继续领跑全国同类高校。

社会服务作出重要贡献。坚持立足江苏、辐射全国，紧密对接国家和区域现代农业发展需求，5 年来，共签订技术开发、转让、咨询、服务等合同近 2 100 项，合同总金额达 8.83 亿元，较上个 5 年增长 253%。牵头成立江苏省新农村发展研究院协同创新战略联盟，发起建立"长三角乡村振兴战略研究院（联盟）"。构建了"双线共推"推广模式和"两地一站一体"大学农技推广服务方式。遵循"三优势"结合导向，在江苏、安徽、辽宁、云南、山东等地联合共建综合示范基地、特色产业基地、地方技术转移中心等 50 余个不同类型的乡村振兴服务基地。精准扶贫成效显著，助力井冈山在全国率先脱贫"摘帽"，麻江县顺利退出贫困县序列，连续 3 次入选教育部直属高校精准扶贫精准脱贫十大典型项目。发布《江苏新农村发展系列报告》，多项意见建议获国家与省部领导批示或采用。

国际交流与合作迈出重要步伐。国际合作网络持续优化，"一带一路"布局初步形成。建成"全球健康联合研究中心""亚洲农业研究中心"等 9 个国际合作平台，"动物消化道营养国际联合研究中心"被科学技术部认定为国家级国际科技合作基地，首批入选农业农村部"农业对外合作科技支撑与人才培训基地"和科学技术部中国-肯尼亚作物分子生物学"一带一路"联合实验室。"南京农业大学密歇根学院"获教育部批准。获各类聘专引智项目 557 项，其中新增"111 计划"4 项，聘请海外学术大师、学术骨干等外国专家 2 700 余人次。《园艺研究》入选首批卓越计划领军类期刊。5 年累计派出师生 4 959 人次，教师、学生分别较同期增长 16% 与 17%。农业特色孔子学院建设获国家领导肯定，世界农业奖国际影响力不断扩大。

条件建设迎来重要机遇。5 年来，学校总收入为 96.15 亿元，年均增幅 7.46%；总支出 96.48 亿元，年均增长 13.27%。新校区建设正式奠基，白马教学科研基地基础设施初具功能。完成青年教师公寓、体育中心、大学生创业中心、智能温室、第三实验楼一期和二期建设。作物表型组学研发中心、植物生产综合实验中心获教育部立项批复，并开工建设。完成电力增容、管线改造与雨污分流，完成教室、学生宿舍的空调安装。校园信息化水平明显提高。后勤社会化改革进一步深入。医疗保障水平不断提升。校办产业逐步规范。安全生产管理持续加强。

基层党建工作全面加强。扎实推进基层党建工作标准化建设，制定学校基层党支部工作标准，出台党组织书记抓党建工作述职评议考核办法，完善二级党组织委员会与党政联席会议事规则。推进基层党组织"对标争先"建设计划与教师党支部书记"双带头人"培育工程。抓好基层党建"书记项目"立项，建设党支部书记工作室。严格党员发展程序，累计发展师生党员 4 316 人。实现党员记实管理，规范党费收缴，开展组织关系排查。1 个二级党组织入选新时代高校党建"标杆院系"，2 个党支部分别入选全国高校"双带头人"教师党支部书记工作室和高校"百个研究生样板支部"。

思想政治教育工作全面抓实。深入贯彻落实全国高校思想政治工作会议精神和习近平总书记系列重要讲话精神，强化思想政治引领，牢牢把握意识形态工作领导权、管理权、话语权。注重理论学习内容的顶层设计。构建思想政治教育大格局，印发全面推进"三全育人"工作实施方案，制定领导干部深入基层联系学生工作制度，全体校领导均担任本科生班主任。成立党委教师工作部，开设"师德大讲堂"，举办教师节庆典，建立师德考察和监督机制。成立学校意识形态工作领导小组，建立意识形态工作联席会制度，签订意识形态工作责任书。加强马克思主义学院与思想政治理论课建设，召开思想政治理论课教师座谈会，制定关于深化思想政治理论课改革创新、加强马克思主义学院建设的实施方案。围绕党的十九大、建党 95 周年、改革开放 40 周年、新中国成立 70 周年等重要时间节点和学校重大纪念日，广泛开展理想信念教育、社会主义核心价值观教育。

干部队伍素质全面提升。建立干部队伍建设长效机制，制定、修订学校处级干部选拔任用与管理考核实施办法。完善选人用人机制，坚持"凡提四必"，实现干部选拔任用全程纪实。将民主推荐作为选拔干部的必要程序，完成新一轮中层干部换届聘任。推进干部轮岗交流，加大能上能下力度。创新优秀年轻干部识别发现培养机制，积极组织到基层、艰苦地区挂职锻炼，参加援疆、援藏、定点扶贫、"科技镇长团"、驻村第一书记等项目。干部的出国（境）、个人事项、社会兼职等监督不断规范。

管党治党全面深入。不断加强党委对党建工作、全面从严治党、党风廉政建设的统一领导，成立"党的建设和全面从严治党工作领导小组"。定期召开全面从严治党工作会议，组织签订落实全面从严治党主体责任责任书。出台落实主体责任、监督责任实施意见。制定学校贯彻落实中央八项规定精神实施细则。定期组织约谈，加强党风廉政建设责任制专项检查和专门考核。持续深化上一轮巡视反馈意见整改，积极配合教育部党组做好新一轮巡视工作。大力推进政治巡察，制定党委巡察工作办法，试点先行、分批推进。不断完善审计、招投标工作的制度与流程。

大学文化全面升华。始终弘扬以"诚朴勤仁"为核心的南农精神，深入推进文化传播和育人载体创新，依托校园文化建设项目立项、文化建设成果评选，打造文化精品。通过学校历史文献梳理、口述史研究、文化系列丛书编撰、宣传片制作等形式，深挖文化资源、创新传播路径、讲好南农故事。推进各类校园文化产品的创意设计开发。学校文化软实力不断提升。

和谐校园建设全面推进。努力提升教师的获得感、幸福感、荣誉感，不断提高待遇水平，2018 年全校薪酬支出较 2014 年增加 3.28 亿元。广泛凝聚发展力量与改革共识，不断完善教代会制度，充分发挥工会桥梁纽带作用。统战力量持续加强，积极配合做好民主党派组织换届、成员发展与各级人大代表、政协委员的推荐，紧密沟通协商，落实联席与列席会议制度。扎实推进党的群团工作改革，着力激发广大学生的青春活力。充分发挥校友力量，积极争取社会资源，基金会资产总额突破亿元。积极发挥离退休老同志作用，老龄工作和校院两级关心下一代工作水平整体提升。

5年来，学校事业的发展是快速的，综合改革的推进是有效的，新校区的即将动工是令人振奋的，办学条件与师生待遇的改善是喜人的。可以自信地说，我们已经基本迈过了"三步走"的第一步，正式跨入建设发展新的阶段。

"树高百丈连着根，水流千里终有源"。这些成绩的取得，离不开教育部党组和江苏省委、省政府的正确领导，离不开历届校领导班子、全体共产党员和所有师生的接续奋斗，离不开离退休教职工、广大校友与社会各界的同力同行。在此，我代表学校第十一届委员会，向历届校领导班子成员、全校各级党组织、全体师生员工和离退休老同志，向所有长期关心、支持学校改革发展的各级领导、广大校友和各界朋友，表示衷心的感谢和崇高的敬意！

回顾过去5年的工作，我们深刻体会到：

学校发展的方向决定于党的旗帜引领，决定于对国家与民族的使命担当；创新的动力源自于对中国农业的世纪坚守，源自于引领并改变世界的梦想追求；发展的源泉根植于"诚朴勤仁"的南农精神，根植于代代南农人的不懈奋斗。因此：

我们必须坚定不移地加强党的全面领导。坚决维护习近平总书记党中央的核心、全党的核心地位，坚决维护党中央权威和集中统一领导。牢牢掌握党对学校工作的领导权，不断加强党的建设，始终坚持社会主义办学方向，扎根中国大地办大学。

我们必须坚定不移地坚持立德树人根本任务。弘扬师德师风，为党育人，为国育才，锤炼"大为、大德、大爱"的南农品格，着力培养德智体美劳全面发展的社会主义建设者和接班人。

我们必须坚定不移地服务国家战略需求。主动对接创新驱动、乡村振兴、脱贫攻坚、长三角一体化、"一带一路"、山水林田湖草系统治理等国家重大任务部署，为保障国家粮食安全、推进农业农村现代化作出更大贡献。

我们必须坚定不移地深化改革创新。大刀阔斧地推进综合改革，转变评价考核机制，激发办学活力；转变惯性思维，丰富创新内涵，改进工作方式，提升大学治理能力，提高治理效能。

我们必须坚定不移地扩大开放办学。要形成国内与国外联动、高等学校与科研院所协同、政府资源与社会力量并重的开放格局，争取发展资源、广聚办学合力、抢占发展先机。

我们必须坚定不移地依靠广大师生。要与师生建立更广泛、更深厚的血肉联系，构建更紧密的"共同体"，同立愚公志、齐心谋发展，共同追逐世界一流的南农梦想。

这些体会，既是学校长期以来的经验总结，也是今后必须坚持的基本原则，必须坚定不移地贯彻落实到办学治校的每个环节、每项工作。

在总结成绩的同时，我们还要清醒地认识到，学校的工作还有一些问题和不足：

一是对全国教育大会精神的贯彻落实，还没有深入系统地融入"双一流"建设的体系之中。

二是新农科建设与学校人才培养方案有效衔接的制度设计还要进一步优化，人才的培养质量有待提升。

三是学科的总体布局还需进一步优化，一流学科的数量还不够多，学科建设引领学校建设发展的能力还要不断提升。

四是师资队伍的整体质量还需进一步提高，高水平领军人才的引进与培养力度尚不能满足学校发展的客观需求，特别是院士遴选仍未取得进展。

五是科技创新与社会服务对接国家战略需求的能力，承担大项目、产出大成果、服务国家经济社会发展的能力还要进一步提高。

六是学校综合改革还要持续深入，制度体系还需进一步完善，改革推进还不平衡，执行力度还要加强，学校的发展与师生的期盼还有差距。

七是党建和思想政治工作还存在薄弱环节，基层党组织建设还要继续加强，学校"三全育人"作用发挥得还不够充分，党员干部干事创业的干劲还要增强，干部与师生的联系还不够紧密。

对于这些问题，我们必须高度重视，并在今后的工作中切实加以改进。

## 二、新时代南京农业大学的历史使命和战略目标

中国特色社会主义进入新时代，我国高等教育开启新篇章，学校的建设发展也迎来了崭新的历史机遇。我们要以更高的政治站位、更深的历史维度、更广的国际视野，主动融入全球发展，主动对接国家战略，主动服务地方需求，准确研判发展形势，科学谋划战略目标，切实肩负起新时代的使命与担当。

### （一）新时代学校所实现的历史跨越

南京农业大学自建校之日起，就始终与国家和民族的命运紧密相连，"报国、强农、育英才"是学校始终恪守的发展主线，对祖国的深深热爱、对大地的浓浓眷恋、对真理的不懈追求、对学子的授业解惑，这就是南农人的"初心"与"使命"。

我们与国家和民族共命运，从内忧外患中走出来。20 世纪初，三江师范学堂在闭关锁国、积弱积贫、图强思变中应运而生，在"欲富强其国，先制造科学家是也"的感召下，纵横四千里西迁、飞越"驼峰航线"，一大批学术拓荒者、奠基人投身到报国强农的历史洪流，南农先贤用实际行动诠释了"科学救国"的雄心壮志，谱写了"大学与大地"的壮阔史诗。

我们与新中国共成长，从艰苦奋斗中走出来。自 1952 年全国院系调整成立南京农学院以来，以"北大荒七君子"为代表的一批南农学子，主动奔赴边疆、战天荒、建粮仓，用"粮之安全"守护"国之安全"，以"地之肥沃"支撑"民之温饱"，这就是代代南农人躬身大地的稼穑之歌。

我们与改革开放同步伐，从快速发展中走出来。自 1979 年复校以来，南农就更加紧密地与国家发展同频共振，循时而进，1984 年更名南京农业大学，成为全国首批博士、硕士、学士学位授予单位，4 个学科入选首批国家重点学科，学校进入国家"211 工程"行列，实现了从单科性大学向多科性大学的关键性跨越。

我们与新世纪共奋进，从建设世界一流农业大学的奋斗探索中走出来。进入 21 世纪，南京农业大学主动融入世界高等教育坐标系，确立了建设世界一流农业大学的战略目标，争做国家大课题、破解发展大难题、解决"三农"大问题，始终坚持科技与教育的双轮驱动，走出了一条建设世界一流的探索之路。

同志们！

"坚守初心"就一定能把握未来的发展方向，"勇担使命"就必然会续写百年南农新的辉煌！

## （二）新时代学校发展所面临的机遇与挑战

党的十九大报告明确了新时代中国特色社会主义发展"两个阶段"的战略安排，指出要优先发展农业农村、优先发展教育事业，中央 1 号文件连续 16 年聚焦"三农"。同时，在世界百年未有之大变局中，在纷繁复杂的局势下，如何把握发展趋势，在国内外高校日趋激烈的竞争中脱颖而出，我校的发展迎来了机遇，更面临着挑战。

高等教育发展迈入新阶段。当前，世界高等教育正处于深刻的根本性变革之中，随着我国教育现代化与高等教育领域综合改革的纵深推进，高等教育体系更趋完备，从高等教育大国迈向高等教育强国，我国高等教育已经站在新的起点，更加注重内涵式发展，这是我们必须把握的重要机遇。

人才培养提出新要求。随着新农科建设"三部曲"的奏响与国家"六卓越一拔尖"计划2.0 的启动实施，学校教育教学亟须推动全方位"质量革命"，从知识体系、专业学科体系、人才培养体系与院系组织体系等方面及时作出调整，切实培养农业现代化的领跑者、乡村振兴的引领者、美丽中国的建设者，这是我们必须坚守的根本任务。

科技创新展现新特征。当前，以人工智能、大数据、量子信息以及生物技术为代表的新一轮科技革命和产业变革正在深刻改变传统农业形态，未来农业的规模化、组织化和现代化程度将不断加强，功能更加多样、业态愈发创新，提升基础科学研究能力、掌握关键核心技术，这是我们成为现代农业强有力参与者和引导者的必由之路。

服务国家面临新任务。"一流大学"必须始终以服务国家发展为己任，把"大科学"书写于"大土地"。乡村振兴与脱贫攻坚、生态文明与美丽中国、科教兴国与推进农业农村现代化，都是新的时代命题，要下好先手棋、抢占制高点，打造南农品牌、作出南农贡献，这是我们服务国家建设需求的责任担当。

国际交流与合作进入新局面。建设世界一流大学与一流学科，意味着高校的舞台是世界舞台、坐标是国际坐标、竞争是全球竞争，加快学校国际化转型升级，持续提升国际影响力，这是我们新时期发展提质增速、变轨超车的重要举措。

当前，国家对新时代高等教育的改革与发展，赋予了新的遵循、新的路径、新的理念。我们必须要因时而兴、乘势而上、抢占先机，为实现学校高质量、跨越式发展蓄势发力。

## （三）新时代学校建设发展的战略目标

随着"双一流"建设的深入推进，学校"1235"发展战略的深入实施与"三步走"第一阶段建设任务的基本完成，"十四五"发展规划即将启动，学校的建设与发展正迈入崭新的历史时期。建设教育强国、实现民族复兴，必须建设世界一流大学，这是高等教育发展的必然趋势；提高国内地位、扩大国际影响，必须达到世界一流水平，这是南农发展的必然选择。这两个"必然"，决定着我们必须把世界一流作为新的发展定位。

习近平总书记的重要回信，为涉农高校的建设发展指明了方向，也为两个"必然"提供了遵循。这意味着学校的建设发展目标必须跨越提升，"1235"发展战略也必须在新时代中提档升级。站在新的历史起点，南京农业大学建设发展的总体思路是：以立德树人为根本，以强农兴农为己任，不断深化改革创新，坚定实施"1335"发展战略，跨越"两个阶段"，切实提升学校综合实力与竞争力，扎根中国大地，加快建成农业特色世界一流大学。

为实现这一目标，全校上下必须凝聚新时期的发展共识，准确把握"1335"发展战略的深刻内涵。

一个目标：就是扎根中国大地，将建设农业特色世界一流大学作为发展目标，培养一流人才、创造一流成果、作出一流贡献，引领社会进步发展。

三个结合：就是将"世界一流、中国特色、南农品格"三者的有机结合作为发展理念，特色鲜明地竖起中国高等教育旗帜，扩大国际办学影响。

三个聚焦：就是聚焦"坚持立德树人、服务国家战略、谋求师生幸福"三项重点任务，依靠师生建设世界一流，带领师生共享学校改革发展成果。

五大工程：就是全力实施"党建统领、育人固本、学科牵引、国际合作、条件建设"五大工程，全力推动新时代南京农业大学高质量、快速发展。

为实现这一目标，学校发展将划分为两个阶段：

第一阶段：从现在开始到 2035 年，先用 5 年的时间，不断加强学校内涵建设，全面建成"两校区一园区"办学格局，形成一系列一流人才培养的代表性范例，构建特色突出、门类合理的学科生态布局，打造具备一流国际竞争力的师资团队，建成一批具有全球影响力的学术高地、创新平台和智库，成为服务国家战略的重要引擎。再用 10 年左右的时间，基本建成符合世界一流发展需求的现代大学治理体系，主要办学指标达到世界一流大学水平，稳居世界大学 500 强。

第二阶段：到 2050 年，汇聚一批活跃在国际学术前沿、服务国家重大战略需求的一流科学家和创新团队；培养一批具有历史使命感和社会责任感，富有创新精神和实践能力的优秀人才；产出一批解决中国乃至世界重大难题的科技创新与社会服务成果；成为农业与生命科学领域国际顶尖学者与全球优秀学子的汇聚中心，能够引领全球科技创新，推进人类文明进步与社会发展，建设成为一所特色更加鲜明、优势更加突出、学科更加综合的世界一流大学。

为实现这一目标，学校建设将以实施五大工程作为重要支撑：

——深入实施党建统领工程。坚持党对学校工作的全面领导，建立符合世界一流特征的现代大学制度体系。全面构建党委统领全局、行政管理高效、学术探索自由、民主参与广泛、责权界限明晰、整体协同有力的运行框架。建立机构设置合理、师资配备精良、资源效能最大、自主动力最强、外部支撑有力、考核激励并重的治理体系，增强整体创新活力，引领学校一流发展。

——深入实施育人固本工程。坚持"立德树人"根本任务，牢固确立人才培养的中心地位，对标一流特征，对接农业创新、产业发展新需求，深化人才培养模式改革，实现多科交叉融合。弘扬大学文化，加强理想信念教育，做好价值引领，构建人才培养"高地"，打造"质量南农"品牌，切实培养德智体美劳全面发展的社会主义建设者和接班人。

——深入实施学科牵引工程。坚持以学科建设为龙头，构建结构合理、协同发展的学科体系，建立健全学科建设目标、绩效与资源配置良性互动的学科发展机制。努力汇聚契合"双一流"建设特征，符合学校发展需求的国内外优秀人才。准确把握科技发展前沿，促进关键技术交叉融合，面向经济社会主战场，紧密对接国家战略需求，以农业科技创新引领乡村振兴，全面服务地方经济社会发展。

——深入实施国际合作工程。顺应"一带一路"和"双一流"建设需要,将国际化全面融入人才培养、科学研究、社会服务与大学文化建设体系之中。加强全球合作网络战略布局,深入推进中外联合办学,深化与世界一流大学的科技合作,积极扩大中外人文交流,主动服务农业"走出去"战略,为构建人类命运共同体、推动全球农业可持续发展与生态文明建设,贡献中国智慧,提供南农方案。

——深入实施条件建设工程。全面建成"两校区一园区"的办学格局,优化各校区功能定位,实施美丽校园建设计划,把江北新校区建设为现代化大学校园的示范中心、把卫岗校区建设为校际校地深度合作的交流中心、把白马基地建设为实践教学"高地"和重要科技成果孵化与重大科技创新展示中心,同时利用地方资源,共建集教学实习培训、产学研融合、创新创业等功能于一体的校区基地,整体建成创新氛围浓厚、思维碰撞活跃、人文气息厚重、优势资源集聚的世界一流大学校园。

### 三、扎根中国大地,聚力改革创新,全面推进未来5年学校事业高质量快速发展

同志们!未来5年,是党和国家"两个一百年"奋斗目标的历史交汇期,是"双一流"建设新一轮的调整期。我们要以习近平新时代中国特色社会主义思想为引领,深入贯彻落实党的十九大、十九届四中全会和习近平总书记重要回信精神,全面加强党的领导,以立德树人为根本、以强农兴农为己任,不断优化学科布局、深化综合改革,在新的历史方位上,扛起新时代学校建设发展的新使命新担当,接续梦想、再创辉煌!

#### (一)坚持立德树人,着力培养一流人才

立足新时代,不断加强价值引领。全面推进习近平新时代中国特色社会主义思想进教材、进课堂、进头脑。下大力气加强马克思主义学院与思想政治理论课建设,开辟教师招聘"绿色通道",职称评聘单列计划、单设标准、单独评审,着力打造马克思主义理论教学、研究、宣传和人才培养的坚强阵地;不断加强课程思政建设,挖掘专业课程中的思政教育资源,切实培养能够树立远大理想、热爱伟大祖国、担当时代重任、勇于砥砺奋斗、拥有过硬本领与高尚品德的社会主义建设者和接班人。

立足新农科,科学谋划总体布局。牢牢把握"四大使命",构建与世界一流大学相适应的一流人才培养体系。坚持"以本为本",推进"四个回归",深入实施学校加强一流本科教育"二十条意见",全面推进"大国三农"教育。完善本科大类招生与分类培养相结合的人才培养体系。开展卓越研究生教育,实施以目标与需求为导向的研究生分类培养模式,培养一批高层次、高水平、国际化的创新型农林人才。大力推进创新创业教育。对接现代高素质农民素养发展新要求,以终身学习理念,构建高素质农民新格局。

立足新理念,着力推动质量革命。立"金专",优化学科专业结构,鼓励学科交叉融合,改造提升传统专业,建设若干新兴专业,打造30个左右国家一流专业和江苏省品牌专业;加强通识教育,实现现代信息技术与教育教学深度融合,建设100门左右国家级"金课"。加强博士研究生原始创新能力培养,合理优化学位授权点布局,推进课程体系与国际接轨。制定全方位教学评价体系和全过程学生学业评价标准,着力培养能够胜任解决全球和人类生存与发展问题的领军人才。

立足新需求，持续深化教学改革。探索建立书院制荣誉学院，设立高阶性、创新性、研究性、国际化和跨学科的荣誉课程。推进课堂教学改革，全面推行互动式、讨论式、研究式等教学方法；实施小学分课程、小班化教学，推进智慧教室建设。完善科研育人机制，大力推进本科生全员导师制，构建"师生学术共同体"。深化科教协同、产教融合、本研衔接的人才培养模式，建设 30 个左右高水平校内外实践教学"高地"，获得 3～4 项国家级教学成果奖与研究生教育成果奖。

### （二）坚持特色发展，着力建设一流学科

把准国际科技前沿动态，重点推进一流学科建设。用现代生物技术、信息技术、工程技术改造和提升传统优势学科，进一步强化学科优势。力争作物学、农业资源与环境、植物保护、农林经济管理、园艺学、食品科学与工程等优势学科保持世界一流水平，生物学、公共管理等学科的优势领域保持国内领先水平。

把准一流大学建设特征，不断优化学科布局。科学定位文理工科，加快推进学科体系综合化，做好学科发展动态监测、成效评价和优化调整，逐步形成"强势农科、优势理工科、精品社科、特色文科"的学科布局。

把准学科建设内涵，大力推进优势学科建设。汇聚优质资源，科学精准施策，不断彰显学科特色、增强学科优势。力争兽医学、畜牧学、草学、农业工程、科学技术史、环境科学与工程、风景园林学等学科在全国第五轮学科评估中进位升级。

把准国家重大战略需求，积极加强新兴交叉学科建设。科学谋划、提前布局，着力培植新兴生长点，不断拓展新兴交叉学科领域。大力推动作物表型组学、营养与健康、智慧农业、农业大数据与人工智能等新兴交叉研究，进一步完善交叉学科建设特区的管理运行机制。

把准农业与生命科学优势特色，切实推进基础学科建设。用一流学科的强大优势来辐射带动基础学科跨越式发展，形成基础学科建设亮点。重点建设理学、人文社会科学等基础学科，全面提升基础学科对一流学科的支撑能力。

### （三）坚持人才强校，着力汇聚一流师资

强化师德师风，切实将政治建设摆在师资队伍建设首位。加强师德师风建设，始终坚持"有理想信念、有道德情操、有扎实学识、有仁爱之心"的"四有"好老师标准，引导教师始终坚定政治方向，潜心教书育人。严把选才用才的政治关口，进一步完善师德考察与监督机制，在入职、评聘、晋升过程中，强化师德师风评价，弘扬师道尊严。

强化学术领军，持续做好高水平人才与创新团队的引进与培养。探索高层次人才的选留与集聚新机制，围绕学校发展目标和学科建设需要，充分依托钟山国际青年学者论坛、海外人才宣讲会等载体，创新高水平人才招聘形式，大力引进一批活跃在国际学术前沿、满足国家重大战略需求的一流科学家、学科领军人物和创新团队。深入实施"钟山学者"计划，全面推动不同层次的人才遴选，不断扩大培养群体范围，切实加强青年骨干教师培养。建立开放、动态的人才引育机制，优化师资队伍结构，力争院士培养取得突破，着力打造一支高素质专业化创新型教师队伍。

强化制度改革，不断激发师资队伍建设的自身活力。坚持"学校定边界""学院定方案"

的原则，学校考核学院，学院考核教师，发挥学院的主体作用。不断优化教师岗位设置，完善聘任、考核与分配制度，形成"遴选有标准、人才有年限、考核有任务、滚动有上下"的人才建设新局面。同时，着力建设素质高、能力强的实验技术、成果转移转化服务与行政管理人才队伍，逐步构建与一流大学目标相适应的人力资源体系。

### （四）坚持科技创新，着力创造一流成果

遵循科技创新规律，深化科研体制机制改革。深入贯彻落实党中央、国务院关于推进科技领域"放管服"改革要求和江苏"科技改革30条"意见，进一步优化科研项目和经费管理，最大限度地用活政策规定，把科研人员从烦琐的事务性工作中解放出来，给予科研团队最大的自主权，保护知识产权，坚守学术道德规范，营造最适宜的科技探索环境，不断增强原始创新能力。

遵循国家战略牵引，深入开展组织化研究。树立"大科学"观念，紧跟生命科学前沿，针对农业农村发展、生态文明、健康中国、美丽中国建设等国家亟须解决的共性关键问题，加强战略性、前瞻性布局，打破学科专业壁垒，推进学科交叉融合与国际科研合作，集中学校优势力量，开展"自上而下"有组织的研究，不断提高解决国家重大需求的能力。力争培育1～2个国家自然科学基金创新群体、1个基础科学研究中心，争取到位经费突破50亿元。

遵循科学研究需求，加强重大科研平台建设。构筑学术研究高地，加快作物表型组学研究重大科技基础设施建设，力争国家立项；启动国际作物表型组计划，力争列入国家大科学计划。加大第二个国家重点实验室培育力度，争取国家立项建设。推动学术特区建设，成立食品营养与人类健康和乡村振兴交叉研究中心，建立完善学术特区运行管理的体制机制。

### （五）坚持服务社会，着力作出一流贡献

围绕长三角区域一体化等国家战略需求，建设乡村振兴示范"样板间"。集聚长三角区域高校院所的科技与人才资源，深化"两地一站一体"和"双线共推"服务推广，提高成果转化的实用性与有效性，实现产教深度融合。加强乡村振兴示范基地建设，致力主导产业技术攻关，促进重大科技成果转移转化与示范推广；选择典型县市、乡镇，建设一批以农业应用技术研发、产业科研试验和区域示范为特色的示范基地与示范点，全力助推农业农村现代化和乡村振兴。

围绕国家技术转移体系构建的大格局，打造一批千万级成果转移转化团队。加强对科技成果转移转化工作的统筹协同，探索符合科技创新创业与市场经济规律、具有南农特色的科技成果转移转化服务体系；培养一批复合型专业人才队伍，拓宽转移转化渠道，构建政产学研合作新模式；发挥"南农伙伴企业俱乐部"平台作用，强化资源共享与成果推介，促进科技成果转移转化要素的深度融合。

围绕打赢脱贫攻坚战的目标，贡献精准扶贫的南农方案。全面整合资源，结合贵州麻江地区区域特征，持续扩大"南农麻江10＋10行动"计划模式影响，用学校金牌条件，助力贫困地区特色产业，打造品牌产品，帮助贫困地区产业迭代升级，增强精准扶贫内生动力，不断加大产业扶贫、教育扶贫、智力扶贫和消费扶贫力度，做好脱贫攻坚和乡村振兴的有效衔接。

围绕农业经济发展与社会民众需求，加强高端智库建设。积极响应中央号召，以国家战略需求为牵引，全面加强以金善宝农业现代化研究院为代表的高端智库建设，针对全国"三农"问题，深入开展调查研究，准确把握国际农业与农村发展的动态规律，为我国农业迈上新台阶提供决策咨询和智力支撑。

### （六）坚持开放办学，着力开展一流合作

全面布局全球合作网络，不断提升学校国际影响力。研究和制定学校国际化中长期发展战略，明确新时期国际交流与合作转型升级的方向和路径。拓展与世界一流大学和科研院所的深度合作，努力扩大"一带一路"沿线国家"朋友圈"。不断优化全球合作网络布局，搭建高水平多边合作新平台和"一带一路"合作联盟。与联合国粮食及农业组织和国际农业研究磋商组织相关机构开展合作，加强区域、国别研究和智库建设，主动参与全球性议题，树立南农形象，发出南农声音，扩大国际影响。

全面提升国际化办学水平，不断增强人才培养质量和竞争力。理顺全校人才培养国际化工作体制机制，以提质增效为核心拓展和整合各类涉外教育资源，积极推动学生国际交流，提升学生国际视野；以南农密歇根学院建设为契机，深入探索中外联合办学与卓越人才培养国际化新模式；加强农业对外合作复合型人才培养，实施农业外事外交人才培训计划；改善留学生生源结构与教育质量，办好办强农业特色孔子学院，为"一带一路"建设和农业"走出去"提供有力的人才支撑。

全面深化国际科技合作，不断放大创新能力和学术引领作用。深入实施"国际合作能力提增计划"，建立国际协同创新网络，建设一批高水平国际合作联合实验室与交叉学科国际研究中心，集聚一批"高精尖缺"领域外国专家，围绕相关重大科技问题组织重大项目，形成国际领先的合作成果。聚焦"一带一路"农业科技合作新需求，加强与沿线国家共建国际联合实验室、技术示范基地、科技示范园区、产业研究院等合作平台，创新科技援外及技术转移模式，为南南合作和发展中国家农业发展作出新贡献，增强学校在全球农业治理中的话语权。

全面拓展办学资源筹措渠道，广泛寻求社会合作。进一步紧密与主管部门、相关部委和地方政府的沟通联系，积极探索服务地方经济社会、行业企业的途径与办法，促进与地方政府、行业企业深度融合，广泛开展战略合作，用服务和贡献争取资源。积极引入"企业＋政府＋科研机构"的三螺旋模式，优化全产业链的合作布局。充分挖掘校友资源，整合校友力量。

### （七）坚持综合改革，着力推进一流管理

推进内部治理改革，完善现代大学制度。深入贯彻落实党的十九届四中全会精神，进一步明晰权责界限，不断健全与完善党委领导下的校长负责制，运用法治思维和法治方式，推进学校治理体系和治理能力现代化，科学完善依法办学、自主管理、民主监督、社会参与的中国特色现代大学制度，彻底释放学校办学活力，提升办学效率。

推进行政机构改革，提高行政运行效率。优化机构设置，系统梳理学校党政机关及群团组织、院系、直属单位等内设机构的工作职责，加强相关管理机构的协调机制建设，打破部门壁垒，探索"大部制"模式运行，推行"管服分离"，节省办学成本，提高工作效率。

推进管理模式改革，科学优化行政管理体系。促进管理重心下移，构建"明晰关系、明确职责、规范权限、严格管理、强化考核"的校院两级管理体系，制订 KPI 评价与绩效考核办法，扩大院系统筹各类资源的自主权，做强学院"关键中场"。

推进管理机制改革，全面提高管理服务效能。坚持绩效评价导向，创新考核形式，加强对科研团队、教学团队、学术特区的专项考核，做好目标任务清单落实的成效考核，突出业绩与特色工作的评价激励，加强工作实效与贡献考核等。

推进资源配置改革，逐步提升收入分配统筹能力。以"双一流"建设为目标导向，以学校建设发展重点为需求导向，优化资源配置方式，完善资源有偿使用制度，严控综合运行成本，推动资源使用效益最大化、效率最优化。优化筹集资源再分配制度，完善校办企业、继续教育等绩效奖励分配机制，提高院系、部处争取校外资源的积极性与主动性，促进学校办学资源的快速增长。

### （八）坚持依靠师生，着力创建一流条件

不断改善办学条件。按照"高起点规划、高标准设计、高质量建设"总体目标，坚持"设计、土地、筹资、建设"多线并进，妥善处置江浦农场资产，全力推进新校区建设进程，完成 76 万平方米各类办学用房建设与建成资产顺利入户，确保 120 周年校庆前新校区投入使用；完善白马教学科研基地配套科研和生活用房规划建设，在牌楼片区建成一批师生生活服务设施；同时，充分论证教师公寓建设模式，与地方政府紧密合作，加紧启动项目立项和用地手续办理，力争"十四五"中期建成一批配套教师公寓，保障新校区运行，尽最大努力回应师生期盼，大幅改善教师住房与生活条件。

不断打造美丽校园。建设人文校园，挖掘校园大学精神、文化与育人元素，发挥中华农业文明博物馆、校友馆、档案馆的人文育人功能，做好校园景观设计与建设，打造校园地标；建设智慧校园，加强大数据、移动互联、人工智能等新技术在校园管理过程中的广泛应用，加快数字图书馆建设，以信息化建设推动管理服务流程再造，实现数据共享、简化工作流程、提高服务满意度；建设平安校园，全面落实安全生产责任制，加强实验室管理、危化品管控、消防设施建设，做好突发事件、隐患事故防控，落实保密工作各项要求，构建校园安全稳定综合防控体系，切实建设成风景秀美、智能便捷、安全舒适、师生喜爱的美丽家园。

不断改善师生待遇。持续优化以满足师生需求、回应师生需要为导向的服务体系，切实提升专业化、人性化管理服务水平，提高服务效率、质量与满意度。不断加强校医院、食堂、活动中心、体育场馆等条件建设，营造健康文化，提高健康保障。进一步加强幼儿园条件与师资队伍建设，紧密与附属实验小学合作关系，最大限度地解决教职工后顾之忧。不断改善民生，统筹规划教师薪酬福利与学生奖助贷体系，稳步提高工资待遇，确保在同类高校居中上水平，让师生最大限度地享受学校建设发展成果，感受属于南农人的骄傲与幸福！

### 四、坚持党对学校工作的全面领导，不断深化全面从严治党，为建设农业特色世界一流大学提供坚强政治保障

推动学校事业高质量发展，关键是不断加强党对学校工作的全面领导，必须始终坚持党要管党，全面从严治党，不断加强和改进党建与思想政治教育工作。

## （一）不断深入学习贯彻习近平新时代中国特色社会主义思想，切实加强党对学校工作的全面领导

始终把政治建设摆在首位，牢牢把握社会主义办学方向。深入学习贯彻《中共中央关于加强党的政治建设的意见》精神，坚决贯彻落实习近平总书记重要指示批示和党中央决策部署，坚决把好政治方向、坚定政治立场、提高政治站位，全面提升学校党内政治生活质量，教育并引领广大师生增强"四个意识"，坚定"四个自信"，坚决做到"两个维护"，严守党的政治纪律和政治规矩，切实培养德智体美劳全面发展的社会主义建设者和接班人。

始终坚持民主集中制，切实贯彻落实党委领导下的校长负责制。不断健全党对学校工作全面领导的体制机制，完善党委领导下校长负责制的议事决策制度体系。充分发挥学校党委"把方向、管大局、作决策、抓班子、带队伍、保落实"的关键作用，紧紧抓牢"学校党委-二级党组织-党支部-党员"工作的组织体系，确保党委领导的全方位、全过程、全覆盖。

## （二）不断改进思想政治教育工作，牢牢掌握意识形态工作的领导权、管理权和话语权

扎实开展理想信念教育，全面推进习近平新时代中国特色社会主义思想学习的全维度、全覆盖。持续巩固"不忘初心、牢记使命"主题教育成果，扎实做好检视问题整改落实，持续抓好各级领导班子中心组学习与政治学习，分层、分批、分类组织好中层干部、教师党员和学生的政治理论学习，依托新媒体等网络平台，不断创新思想政治教育形式，确保学习效果，加强专题理论研究，科学指导实践运用，真正做到用习近平新时代中国特色社会主义思想铸魂育人。

始终坚持"立德树人"根本任务，不断完善"大思政"格局。深入贯彻落实全国教育大会和全国高校思想政治工作会议精神，实施思想政治教育"一揽子"工程，全面推进"三全育人"十大育人体系整体实施，不断改革思想政治工作模式与范例，挖掘思政"金课"。结合重要时间节点，开展形式多样的主题教育活动。积极构建"经纬交错""纵横结合"的"三全育人"网络化格局，着力解决好青年学生世界观、人生观、价值观这个"总开关"问题。

切实加强党对意识形态工作的领导，建设具有强大凝聚力和引领力的社会主义意识形态。巩固马克思主义在意识形态领域的指导地位，落实意识形态工作责任制。加强阵地建设，强化新闻宣传与思想引领，做好舆论引导，汇聚学校发展正能量。注重调查研究，全面了解和深入分析师生思想动态，增强对意识形态工作形势与风险点的分析研判，确保意识形态领域的安全稳定。

## （三）不断强化基层党组织与干部队伍建设，切实筑牢学校建设发展的组织根基

以增强组织力为重点，扎实推动基层党组织建设。全面实施基层党组织"对标争先"建设计划，深入推进基层党建"书记项目"，认真落实基层党建工作主体责任，继续开展基层党组织书记抓党建工作述职评议考核工作，深入推进基层党支部标准化规范化建设。以"三会一课"、谈心谈话、民主评议党员等组织生活制度为抓手，切实提高组织生活质量。大力

实施教师党支部书记"双带头人"培育工程，建立健全教师党支部书记选拔任用、培养教育、作用发挥、管理监督、激励保障机制。

以提高素质为重点，全面提升干部队伍领导和推进学校事业科学发展的能力。把政治标准放在选人用人首位，强化党委领导和把关作用，完善推荐考察制度，建立有利于优秀人才脱颖而出的选人用人机制。做好干部队伍建设整体规划，进一步完善有利于年轻干部发现识别、培养锻炼、管理监督和选拔使用全链条机制。加强年轻干部的政治历练，系统开展干部轮训与实践锻炼。健全干部监督约束机制，加强日常监督，建立与完善考核、评价、激励和容错纠错机制，彻底激发党员干部干事创业的整体活力。

以保证质量为重点，不断优化党员教育与发展制度体系。从严从实做好党员发展，坚持数量与质量并重、培养与发展并举，加大在高层次知识群体中发展党员的力度。继续完善党员教育培训体系。

### （四）不断巩固和推进党风廉政建设和反腐败工作，坚定不移把全面从严治党引向深入

持续压紧压实"两个责任"，构建横向协同发力、纵向传导压力的全面从严治党工作格局。把全面从严治党贯穿于办学治校全过程，进一步把党委主体责任落细落实，推动主体责任和监督责任的贯通协同、合力联动。坚决贯彻落实教育部党组新一轮巡视反馈意见，扎实开展问题整改，主动"回头看"，将巡视成果迅速转化为学校事业发展的强大动力。高质量推进校内政治巡察全覆盖，推动全面从严治党向基层延伸。

持续挺纪在前，强化党内监督，一体推进"不敢腐不能腐不想腐"的机制建设。坚持严字当头、全面从严、一严到底。贯通运用监督执纪"四种形态"，着力在第一种形态上下更大功夫，抓早抓小，防微杜渐。加强廉政风险防控体系建设，让权力在阳光下运行，扎紧制度的笼子，用制度管权管人管事，紧盯重点领域、重要关口和关键环节，有效防控廉政风险。完善监督体系，着力在政治监督、日常监督、形成监督合力上探索创新，精准追责问责。

持续巩固强化作风建设，以全面从严治党的实际成效取信于广大师生员工。牢固树立"作风建设永远在路上"的理念，以"钉钉子"精神，坚持不懈抓好作风建设。巩固落实中央八项规定精神及其实施细则成果，建立落实"一线规则"的制度体系，持之以恒正风肃纪，以优良党风促校风、带学风、转作风。加大对消极应付、不作为、乱作为的追责问责力度，树立真抓实干导向，建设风清气正的廉洁校园。

### （五）不断加强统战群团工作，切实构建学校建设发展的师生"命运共同体"

大力加强党外代表人士队伍建设，全面加强民主党派、侨联、欧美同学会和党外知识分子联谊会等组织建设，进一步密切与各民主党派的沟通协商，健全并完善联谊交友、建言献策与参政议政制度体系。不断加强工会建设，完善民主管理机制，着力解决教职工关心关注的热点难点问题，保障合法权益。全面加强共青团、学生会、研究生会、学生社团与关工委建设，帮助学生树立坚定理想信念，培养其"为增长才干而求知求学，为服务祖国和民族而干事创业"的家国情怀。持续用心、用爱、用力做好离退休老同志的管理与服务工作，充分发挥其在学校各项事业发展中的重要作用。凝聚广泛共识，团结一切力量，构建牢固的师生"命运共同体"。

各位代表，同志们！

不忘初心是南农人的血脉传承，兴农报国是南农人的使命担当，矢志一流是我们的不懈追求。面对新时代的呼唤、面对先辈们的重托、面对师生与校友的期盼，南京农业大学的建设与发展，必须胸怀"中流击水"的担当与魄力，必须扛起新形势的使命与责任，必须拥有站在新方位的意识和视野，必须坚定开拓新时代的勇气与信心，在冲击世界一流的赛道上，奋力争先、勇往直前！

"路虽远行则将至，事虽难做则必成"，建设世界一流大学不会一帆风顺，不可避免地会面临一些困难与挑战，新校区建设迫在眉睫，"双一流"建设任务艰巨，办学资源日益趋紧，这些都是时代赋予我们的命题与考验。南农人从来都是不惧困难，从来都是"逢山开路，遇水架桥"，从来都是干字当头，我们要用苦干、实干、巧干，创出一片南农新的天地！

老师们、同学们、同志们！

新时期呼唤新作为，新时代必须有新担当。建设世界一流大学是我们这一代人的历史使命，不达目的不罢休、一张蓝图绘到底。让我们紧密团结在以习近平同志为核心的党中央周围，高举中国特色社会主义伟大旗帜，认真学习贯彻习近平新时代中国特色社会主义思想，深入贯彻落实党的十九届四中全会精神，以习近平总书记的回信精神为指引，全面实施"1335"发展战略，以胸怀天下的家国情怀、时不我待的紧迫意识、团结拼搏的实干精神，一棒接着一棒跑，共同为实现农业特色世界一流大学的南农梦、师生梦奋力拼搏，为实现中华民族伟大复兴的中国梦作出新的更大贡献！

# 时不我待建设新农科
# 勇担使命开启新征程

陈利根

（2019 年 6 月 28 日）

尊敬的吴岩司长，各位领导、专家、同仁：

　　大家上午好！

　　今天我们齐聚安吉，共商教育大计，发布《安吉共识》。此时此刻，我们深感使命光荣、重任在肩！

　　刚刚吴岩司长的讲话立意深远、催人奋进，刻画了新农科建设的蓝图，我们完全赞同，一定会加快落实推进、全力谋求高质量发展。

　　南京农业大学是我国近现代高等农业教育的先驱之一，1914 年首开了中国四年制农业本科教育的先河，提出了"农科教结合"的办学理念。百年来，谱写了一部"大学"与"大地"的壮阔史诗。进入新时代，在全国教育大会和全国高校本科教育工作会议精神的引领下，南京农业大学坚持"以本为本"，召开一流本科教育推进会，吹响了一流本科教育的集结号。

　　今天，我们在美丽的安吉，共同发出中国新农科建设宣言，体现的是我们农林教育对"绿水青山"的美好向往，对中国高等农林教育识变求变的主动探索，对脱贫攻坚、乡村振兴、生态文明和美丽中国建设的使命担当，对引领全球农业农村发展、保障世界粮食安全的大国情怀。

　　南京农业大学地处长三角地区与长江经济带前沿，我们有信心在教育部的领导下，与各农林高校携手并肩，切实践行"绿水青山就是金山银山"的理念，率先推动新农科建设，争做时代排头兵。

　　第一，以新理念抓总体布局。我们将以"共识"为建设发展新农科的总纲，坚持"立德树人"的根本任务与"世界眼光、中国情怀、南农品质"的办学理念，认真开展本科人才培养方案的新一轮修订，抓紧实施学校加强一流本科教育的二十条意见，全面推进"大国三农"教育和创新创业教育，迅速将"新农科"理念融入传统的教育教学体系之中。

　　第二，以新使命育卓越人才。我们将牢牢把握"四大使命"，紧紧聚焦"四个面向"，把根深深地扎在中国大地。积极搭建科教协同、产教融合、本研衔接的人才培养路径，依托新农村发展研究院等载体，开展农业企业全领域合作，协同攻关，积极推进人才培养与"三农"事业紧密衔接、与产业需求无缝对接，切实培养面向未来"三农"事业的卓越接力者。

　　第三，以新要求推质量革命。我们将进一步强化本科教学的中心地位，大力推动"八项改革任务"，加大本科教学投入，改进教学方式与学习方式。优化学科专业结构，紧跟需求调整专业布局，开设人工智能专业。立"金专"，鼓励学科交叉融合，用现代生物技术、信息技术、工程技术改造提升传统专业；强"金课"，优化农科特色通识核心课程体系，探索建立书院制荣誉学院，推进智慧教学建设，着力推动"课堂革命"；建"高地"，着重打造农科教合作基地，牵头建设一批高质量的区域共建共享实践基地。

第四，以新格局立世界前沿。我们将致力引领"全球发展"，广泛开展世界高等农林教育领域"深度合作"。通过世界农业奖对话等平台，加强与世界涉农大学和国际组织的交流，发出"南农声音""中国声音"；通过与世界一流大学的联合培养，拓宽学生的国际视野，引领其走向学术前沿。全力推进"一带一路"科教合作计划，助力国家农业"走出去"。

站在新的起点，我们将积极响应时代呼唤，主动承担历史使命。与各农林高校结成紧密的"新农科建设共同体"，"真刀真枪"地掀起一场"质量革命"，为写好农林人才培养大文章，推动农业农村现代化大跨越，做好服务国家战略需求大课题，作出南农人的历史性新贡献。

今天，我们一起从安吉出发！

# 向上的青春 要向下扎根

## ——2019 级本科生入学典礼"新生第一课"

陈利根

（2019 年 9 月 8 日）

亲爱的同学们：

大家上午好！

"钟山挺秀是你的风骨，长江浩然是你的雄魂"。

当校歌刚刚响起的时候，你们就正式成为"南农人"。这个崭新的名字，将会在你们今后的人生里刻下不可磨灭的印记。首先，我谨代表南京农业大学向大家告别漫长的高考马拉松、迈入大学的门槛表示热烈的祝贺；代表学校全体师生员工和海内外广大校友，向你们加入南京农业大学这个大家庭表示最热烈的欢迎！同时，我还要向含辛茹苦教育、培养你们的父母、亲人和老师们表示最崇高的敬意！

同学们，当你们刚刚来到南京农业大学的时候，一封饱含着习近平总书记勉励和期望的回信也来到了南农。9 月 5 日，就在这个周四，习近平总书记回信寄语全国涉农高校广大师生。这充分体现了以习近平同志为核心的党中央对高等农业教育的高度重视，体现了对涉农高校长期以来，为国家"三农"事业贡献的充分肯定，体现了对农业大学师生的殷切希望。作为南农人，我们深感骄傲和自豪！

37 年前，我与你们一样，怀着憧憬迈入了这所校园，就读于园艺专业，后攻读土地资源管理专业，获博士学位。我在这里求学、在这里工作，把激扬的青春燃烧在这里，将人生的种子播撒在南京农业大学这片沃土。后来，无论是在塞外边疆乌鲁木齐，还是在晋商故里太谷，我对母校的思念与日俱增，对脚下大地的深情日益渐浓。

岁月不居，时节如流。当人生的指针指向高校的象牙塔，该如何定义大学生活？该怎样定位崭新而又未知的人生旅途？也许大家会遭遇迷茫与困惑，有幸的是，只要蓄满青春能量，就一定能做世界上最亮的光。

今天的第一课，我想以"向上的青春，要向下扎根"为主题，围绕"初心、使命、担当"这三个关键词，与大家聊聊青春，谈谈我们脚下的这片土地。

第一，是"初心"。

2002 年，习近平同志曾公开发表过一篇回忆文章《我是黄土地的儿子》。他在文章中提到："15 岁来到黄土地时，我迷茫、彷徨；22 岁离开黄土地时，我已经有着坚定的人生目标，充满自信。"

南京农业大学就是你们脚下的"黄土地"。那么，大家是否了解此时你们脚下的这片土地，是否知道属于南农的历史与辉煌？

胡适曾经说过："民国三年以后的中国农业教育和科研中心就是在南京。"

我们的前身三江师范学堂是当时实施新教育后规模最大、设计最新的一所师范学堂，是对中国高等教育事业贡献巨大、分支最多、追根溯源名校最多的学府。

金陵大学是康奈尔的姊妹大学，素有"江东之雄""钟山之英"之称，享誉海内外，在中国近代教育史上具有重要影响，农林学科更是堪称中国之先驱。

国立中央大学是中华民国时期中国最高学府，也是中华民国国立大学中系科设置最齐全、规模最大的大学。1948年，在普林斯顿大学的世界大学排名中，中央大学已超过日本东京帝国大学（现东京大学），居亚洲第一。其对中华民族的复兴与发展，对中国高等教育的建设与改革，作出了不可磨灭的历史贡献。

可以说，南农开创了我国现代农业四年制本科教育的先河，是中国近现代高等农业教育的先驱，我们曾经站在中国高等农业教育的最顶端。

同学们！此时此刻，身处南京农业大学校园，大家脚下的这片沃土，就是你们树立目标、坚定自信的地方，是你们梦想起航的地方！

下面，我将用"四个走出来"，向同学们展开南农引领顶尖、厚植情怀、追求卓越、不忘初心的历史画卷，讲述"大学"与"大地"的宏伟诗史。

一是我们与国家和民族共命运，从内忧外患中走出来。

可以说，1902年，三江师范学堂是在清朝闭关锁国、积弱积贫的背景下应运而生的，南京农业大学从此开始了与国家同呼吸、与民族共命运，开始了对中国农业命脉的世纪坚守。

从顶尖的学术地位来看：

作为中国农业科研和教育的重镇，南农是中国现代农业教育体系的开创者，是中国科学社、中国农学会、中国杂草研究会、中国畜牧兽医学会、中国农业遗产研究室的创始者；开创了棉花育种学、现代兽医学、土壤农化科学、植物数量遗传学、农业工程学等研究领域；创建了第一个生物研究所、第一个植物检疫机构；创办了第一个近代学术刊物（《科学》月刊），为我国高等农业教育事业奠定了坚实的根基。

同学们都知道莫言、屠呦呦先后获得了属于我们中国人自己的诺贝尔奖。同时，同学们也要知道，1938年的一项诺贝尔文学奖与南农也有着密切的联系。这就是我校卜凯教授的夫人赛珍珠，在陪着其丈夫进行乡村调查的过程中，孕育了诺贝尔文学奖作品《大地》。

同时，是我们首先提出"水稻长江起源说"，最早引入草原科学与法国梧桐，最早发现"活化石"水杉，实现橡胶北移，参与联合国粮食及农业组织（FAO）、中央农业实验所的创建，等等。

这就是我们的学术地位！

从杰出的人才培养来看：

我们培养了一大批对教学、科研领域产生重要引领作用的学术大师。

他们在中国植物分类学、真菌学、植物病理学、植物形态学、植物生态学、原生动物学、鱼类分类学、林学、昆虫学等领域产生了重大的影响。中国第一个生物系、第一个生物学研究机构、第一个植物生态学专门组、中国南方第一个植物标本室，等等，都是由我校校友所创建。

我们也培养了一大批教育家、科学家，他们或曾担任北京农业大学、中正大学、西北农学院、内蒙古大学、甘肃农业大学等高校的重要领导职务，或在国务院学位委员会、中国农业科学院、中国农学会、中国动物学会、中国植物学会等机构身担要职。

纵览百年南农，我们累计培养造就了 50 余位院士在内的 30 余万优秀人才。今天，你们也成为其中之一。

同学们，祝贺你们！

从突出的社会贡献来看：

南农人始终情系家国天下、心系民生疾苦，以推动国家的农业科技、农业教育事业的发展，解决国家粮食安全问题，实现农业增产、增效，服务地方与区域经济社会发展为己任，牢牢地守护着农业这一国家命脉。

邹秉文是中国高等农业教育的主要奠基人，一生致力于中国农业教育发展，确立了农业大学的教学、科研和推广三者相辅相成的体系，培养了一大批我国第一代现代农学家、一大批新中国各农业大学和农业科研机构的重要骨干，为我国近代植棉业、农产品检验事业与农业合作事业、农业改进事业作出了突出贡献。

著名微生物学家、兽医学家盛彤笙留学德国期间，用短短的 4 年时间在治学严谨的德国拿到了医学和兽医学两个博士学位。为了改善我国人民由于食用动物性食物不足，而导致体魄羸弱的时状，他从医学转到当时不为国人所重视的兽医学，用所学所得为国民身体素质的提升作出了重要的贡献，挺起了中国人的脊梁。

像这样的例子还有很多，你们理应为成为南农人而骄傲。我提议，让我们以热烈的掌声向南农的先辈们表达最崇高的敬意！

二是我们与新中国共成长，从艰苦奋斗中走出来。

自 1952 年全国院系调整、成立南京农学院之时，我们就一直坚持用"粮之安全"守护"国之安全"，以"地之肥沃"支撑"民之温饱"。

从保障国家粮食安全来看：

金善宝先生培育出的"南大 2419"小麦品种，缩短了春小麦新品种的选育时间，在全国年推广总面积达 6 000 万亩*以上，养活了数以亿计的中国人，是我国推广面积最大、范围最广、时间最长的小麦良种。该成果获 1978 年全国第一次科学大会奖。

20 世纪 50 年代中期到 80 年代初，曹寿椿教授团队历时 23 年，成功选育和推广了小白菜新品种"矮杂 1 号、2 号、3 号"，占南京市新品种的 2/3，累计推广面积超 70 万亩，增收节支近 7 000 万元，在产生巨大经济效益和社会效益的同时，有效地解决了南方地区"三天不吃青，两眼冒金星"的问题。

从引领科技创新发展来看：

1975 年，程遐年、陈若篪课题组成立并开始立项研究我国稻褐飞虱的远距离迁飞规律和预测预报，获江苏省首届科学大会奖、国家科技进步奖一等奖，达到国际先进水平。

1978 年，张孝羲团队首次证实并探明了稻纵卷叶螟的迁飞特征及迁飞路径，填补了稻纵卷叶螟为本源性害虫的历史记载空白。

除此以外，我们还解决了 20 世纪 50 年代的猪"喘气病"和 60 年代的鸭"大头瘟"；开

---

\* 亩为非法定计量单位。1 亩＝1/15 公顷。

辟了棉花杂种优势利用新途径；发现了三色依蝇蛆对猪体的危害；合成了饲料添加剂抗球虫新药，等等。

从解决地方经济社会发展重大需求来看：

新中国成立初期，帝国主义国家对我国实行经济封锁，严禁橡胶等重要战略物资向我国出口。土壤学家朱克贵教授等人自带行李和干粮，用半年的时间跋山涉水、披荆斩棘，完成了海南岛东北地区的考察任务，为实现橡胶北移、建设华南橡胶基地作出了重要贡献。

从 50 年代起，李鸿渐教授利用杂交优势，选育出了"南京大萝卜"等新品种。"抗美援越"期间，一个个炮弹似的大萝卜被源源不断地运往前线，为解决前线战士吃菜问题发挥了重要作用。

在 60 年代初的三年困难时期，国内遍地饥荒，韩正康教授经过研究探索，解决了当时猪饲料极端短缺、养猪生产濒临崩溃的现实问题。

南农人就这样扛着担子、俯下身子，一点点地挖掘大地给予我们的珍贵宝藏，诠释了以"诚朴勤仁"为核心的南农精神。

三是我们与改革开放同步伐，从快速发展中走出来。

自 1979 年复校南京以来，南农就更加紧密地与民族的崛起同频共振、循时而进。

从学校建设发展的转型来看：

1981 年，我校成为全国首批博士、硕士、学士学位授予单位；1984 年，更名为南京农业大学；1989 年，作物遗传育种、植物病理学、农业经济与管理、传染病学与预防兽医学 4 个学科首批入选国家重点学科；1996 年，学校通过农业部组织的"211 工程"部门预审，逐步实现了从单科性大学到多科性大学、再到研究型大学的阶段性跨越。

从 1980 年招收本科生 340 人，到 1993 年扩招至 1 640 人，到 1999 年的 2 200 人，再到现在的 4 500 余人，从 2 000 名左右的在校学生到 3 万余人的办学体量。从复校伊始的 6 个系 9 个专业，到现在的 19 个学院 63 个本科专业，南农正在给予大家更多的选择、更好的成长机会、更广阔的发展空间。

从推动中国农业的发展来看：

我们知道杂交水稻的研究，奠定了袁隆平"世界杂交水稻之父"的地位。但是请大家记住，我校的陆作楣教授也为杂交水稻事业作出了不可磨灭的贡献，正是他所提出杂交稻"三系七圃法"的原种生产技术，才攻克了杂交水稻大面积制种的难题。1980—1991 年间，在全国 13 个省份推广应用 2.63 亿亩，创经济效益 31.2 亿元。"三系七圃法"技术获得国家教委科技进步奖一等奖，陆作楣教授因此受到江泽民同志的亲切接见。

盖钧镒院士曾说："只要每天早上中国人自己的碗里装的是自己的豆腐，中国人的杯子里盛的是自己的豆浆，我的坚持就有意义。"他组织搜集、整理大豆种质资源 1.5 万余份，创新大豆群体和特异种质 2 万余份，主持参与研究了 20 多个大豆新品种，在长江中下游推广种植 3 000 多万亩实现产业化，平均亩产提高 10%。盖院士将一甲子的岁月献给了一粒直径不到 1 厘米的大豆。择一事终一生，足矣。这就是盖钧镒院士对中国大豆事业的深深情怀与重要贡献。

从多元化的毕业生去向来看：

除了前面我提到在农业、科技、教育领域的优秀代表外，还有很多校友在政界、金融企业界等也发挥着重要作用。

江苏省政协副主席、南京大学党委书记胡金波，省人大副主任曲福田，农业农村部副部长张桃林、于康震，广东省政协主席王荣，中国农业科学院原院长翟虎渠，自然资源部原副部长、现民盟中央副主席曹卫星等都是你们的学长。

天津天士力集团董事长闫希军、中国牧工商集团董事长薛廷伍、广东澳华集团董事长王平川、南方基金公司董事长张海波、华泰证券副总裁姜健、光大银行总行行长葛海蛟、中国农业银行江苏省分行行长张建良以及 7 名省行行长中的 4 位也都曾求学于南农。

同学们！

南京农业大学给了你们一个全面发展的平台，希望大家以这些杰出的校友为榜样，一步一步走向各行各业的舞台中央。

四是我们与新世纪共奋进，从建设世界一流农业大学的奋斗探索中走出来。

进入新世纪，南京农业大学主动融入世界高等教育先进水平的坐标系，确立了建设世界一流农业大学的战略目标，争做国家大课题、破解发展大难题、解决"三农"大问题，始终坚持科技与教育的双轮驱动，走出了一条建设世界一流的探索之路。

从国际国内办学影响来看：

南京农业大学是国家"211 工程"重点建设大学、"985 优势学科创新平台"和"双一流"一流学科建设高校。目前，学校进入美国新闻与世界报道"全球最佳农业科学大学"前十，跃居 QS 世界大学学科排名"农学与林学"第 25 位，跻身软科世界大学学术排名 400 强。我校有 8 个学科领域进入 ESI 全球排名前 1%。其中，农业科学、植物与动物科学进入全球前 1‰，迈入世界一流学科前列，达到世界一流水平。在第四轮学科评估中，我校作物学、农业资源与环境、植物保护、农林经济管理 4 个学科获批 A＋，7 个学科进入 A 类，A＋学科数位居全国高校第 11 位、江苏省第 2 位。

这就是南农在中国乃至世界的办学影响！

从高质量的人才培养来看：

学校牢固确立本科教学中心地位，提出了"世界眼光、中国情怀、南农品质"的育人理念，继 1999 年，顺利通过教育部组织的本科教学工作评估优秀之后，2007 年再次获得优秀；2016 年，又顺利通过教育部本科教学工作审核评估。

2018 年，在全国教育大会召开以后，我们召开了学校一流本科教育推进会，提出了"大为、大德、大爱"的育人目标，参与了教育部《安吉共识》的发布，出台了加强一流本科教育的二十条意见，全面推进"大国三农"教育和创新创业教育，迅速将"新农科"理念融入传统的教育教学体系之中。

大力推动"八项改革任务"，积极搭建科教协同、产教融合、本研衔接的人才培养路径。优化学科专业结构，紧跟需求调整专业布局，开设人工智能专业；立"金专"，鼓励学科交叉融合，用现代生物技术、信息技术、工程技术改造提升传统专业；强"金课"，优化农科特色通识核心课程体系，探索建立书院制荣誉学院，推进智慧教学建设，着力推动"课堂革命"；建"高地"，着重打造农科教合作基地，牵头建设一批高质量的区域共建共享实践基地，不断加大本科教学投入，改进教学与学习方式。

就在上周，9 月 2 日，中共中央政治局常委、国务院总理李克强主持召开国家杰出青年科学基金工作座谈会，全国 80 位杰青代表参加，我校就有 2 位。

同时，近几年，在我们的青年学生群体之中，也涌现出一大批优秀的杰出代表：

陈希，2000 级金融系本科生，在南农度过了本科到研究生的七年，并从康奈尔大学的博士后，获得耶鲁大学的教职。陈希说，决定他走向成功的最重要的原因之一，就是在主持田野调查期间，所养成的独立思考、发现并解决问题的能力，而这个能力恰恰是在南农获得的。

原龙，我校生命科学学院 2019 届毕业生，本科毕业后获得了哈佛大学的 offer。从入学起，他便给自己制订了一个 "schedule"，对于学习的安排精确到了每一天每一个小时。很多人向他请教过学习方法，原龙说，"认真学习"并不是一个多高的要求，比智商更重要的是专注。

我校动物医学院毕业生孙雅薇，现在也是我们学校的老师，她是中国女子百米栏第一人，被称为 "女刘翔"，在校期间作为江苏省唯一一个普通高校大学生参加伦敦奥运会，曾连续两届获得亚洲田径锦标赛冠军。

还有我校国际基因工程机器大赛（iGEM）团队，连续 3 年蝉联国际金奖，而跟我们一起竞争的是斯坦福、哈佛、麻省理工、清华大学等国内外顶尖高校。

从引领世界科技前沿来看：

校长陈发棣教授团队，率先研发了菊花离体缓慢生长保存技术，建立起了菊花近缘种质抗蚜、耐寒等重要抗性评价体系，获得 2018 年国家科学技术发明奖二等奖。团队创建了中国菊花种质资源保存中心，这也是目前世界最大的菊花基因库。

"长江学者"王源超教授团队，入选了国家自然科学基金委员会创新研究群体、科学技术部重点领域创新团队，并在 Science 等顶级刊物发表了多篇高水平研究论文，受到了国外同行 "Army" 的赞誉。

刘崧生、顾焕章、钟甫宁、朱晶四代学科带头人在坚守中交替，在全国堪称佳话。朱晶、樊胜根等在著名国际研究机构中担任一系列重要职位，被国际同行称为 "南农军团"。

同时，我们的棉花基因组测序、梨基因组测序领先全球，牵头建设作物表型组学研究重大科技基础设施，实现了从跟跑、并跑，到局部领跑的跨越。

从服务国家战略需求与解决重大社会问题来看：

我们是全国首批成立新农村发展研究院的高校之一。"十二五"以来，我校累计到位科研经费近 50 亿元，两次入选中国高等学校十大科技进展，共获国家科技成果奖 11 项。其中，2018 年，菊花种质创制、梨新品种选育、杀菌剂产业化应用 3 项成果获国家科技成果奖。

基于对长期以来农业科技推广模式的探索与梳理，提出了基于高校的新型链条式农技推广模式，撰写的政策建议获时任全国政协主席俞正声批示，并获时任农业农村部部长韩长赋的高度肯定，进而作为农业院所体制机制创新典型，连续两次入选教育部精准扶贫精准脱贫十大典型项目。近 5 年，技术转让项目共计 1 000 余项，累计创造经济效益和社会效益超过500 亿元。

周光宏教授及其团队研发出的冷却肉品质控制、低温肉制品质量控制、传统肉制品质量控制等关键技术，解决了我国肉类产业面临的重要科学技术难题，在国内数十家企业得到转化应用。

沈其荣教授及其团队将农业废弃物转化成能克服土壤连作生物障碍的微生物有机肥，解决了病死畜禽处理的难题。

陆承平教授研制出的猪链球菌 2 型疫苗，为控制猪链球菌病疫情的暴发和流行作出了重要贡献。疫苗在四川、江苏等地推广使用 16.1 万头份，新增利润 2 156 万元，新增税收 841

万元，间接经济效益达 15.2 亿元……

从广泛的国际交流与合作来看：

学校积极响应"一带一路"倡议，与 30 多个国家和地区的 160 多所高校、研究机构保持合作关系。

倡导并设立了 GCHERA 世界农业奖，这是世界唯一由发展中国家提出的农科类奖项，联合国粮食及农业组织（FAO）、联合国环境署（UNEP）、联合国教科文组织（UNESCO）、经济合作与发展组织（OECD）、世界银行（WB）等国际组织都对该奖项给予了高度的关注和支持，目前已成功举办 6 届。

建立了全球首个农业特色"孔子学院"，获国家领导人高度肯定；成立南农-密歇根州立大学"亚洲农业研究中心"，中美联合学院获教育部批准建设，填补了我国涉农高校国际合作办学的空白。

与 Nature 集团合办 *Horticulture Research*，与 Science 集团合办 *Plant Phenomics*，期刊极具行业国际影响力，等等。

同学们！

"明镜所以照形，古事所以知今。"

这"四个走出来"诠释的就是南农百余年来以"诚朴勤仁"为核心的南农精神，刻画的就是南京农业大学为党育人、为国育才，守护国家粮食安全的"初心"。今天，就是把这个"初心"的种子，播撒在你们的心中，引领着你们朝着人生的理想，出发！

第二，是"使命"。

我们要找准的是，什么是大学的使命？什么是青年学生的使命？

同学们如果认真研读习近平总书记的回信，就会找到答案。

习近平指出，新中国成立 70 年来，全国涉农高校牢记办学使命，精心培育英才，加强科研创新，为"三农"事业发展作出了积极贡献。

习近平强调，中国现代化离不开农业农村现代化，农业农村现代化关键在科技、在人才。新时代，农村是充满希望的田野，是干事创业的广阔舞台，我国高等农林教育大有可为。希望你们继续以立德树人为根本，以强农兴农为己任，拿出更多科技成果，培养更多知农爱农新型人才，为推进农业农村现代化、确保国家粮食安全、提高亿万农民生活水平和思想道德素质、促进山水林田湖草系统治理，为打赢脱贫攻坚战、推进乡村全面振兴不断作出新的更大的贡献。

习近平总书记的回信，正恰恰深刻阐述了大学的使命与青年的使命。

一方面，大学的使命。

那就是始终坚持立德树人根本任务，始终扛起强国兴农的责任担当，切实培养德智体美劳全面发展的社会主义建设者和接班人。

如何肩负这一使命？就是要办出世界一流大学，切实做到培养一流人才有成效、引领科技创新有突破、服务国家战略有实招，面向"三农"主战场，作出南京农业大学的时代贡献，向党和国家交上满意的答卷。

具体来说，面对建设教育强国、实现民族复兴的时代需求，面对学校自身的发展需要，建设世界一流大学就是南京农业大学发展的必然选择与时代使命。

今年下半年，学校将召开第十二次党代会，吹响全面开启农业特色世界一流大学建设新征程的冲锋号角。

另一方面，青年学生的使命。

从宏观层面来说，就是要矢志一流、追求卓越，积极成长为德智体美劳全面发展的社会主义建设者和接班人。

从微观层面来说，结合总书记回信精神来看，就是要成长为农业农村现代化的推进者、国家粮食安全的守护者、提高农民生活水平与思想道德素质的服务者、美丽中国与乡村振兴等国家战略的贡献者，成长为能够胜任解决全球和人类生存与发展问题的领军人才、参与我国农业政策制定的决策人才以及创建新兴大型农业企业的企业人才，等等。

那么，如何扛起肩上的使命？这就是我今天下面所要讲的第三部分的内容"担当"。

2019 年大学新生绝大多数都是"00 后"，成长于中国发展的黄金岁月，欣逢新时代开启的难得机遇，人生黄金期与实现"两个一百年"的奋斗目标完全吻合；成长成才和迈向中华民族伟大复兴的中国梦同频搏动。青年是国家的未来、民族的希望，党和国家历来高度重视青年、关怀青年、信任青年，始终坚持把青年作为党和国家事业发展的生力军。青年的"担当"是时代的力量，要担当使命，我想就要做到"六个有"。

一是要有至诚报国的大理想。

习近平总书记说："青年的理想信念关乎国家未来。青年理想远大、信念坚定，是一个国家、一个民族无坚不摧的前进动力。青年志存高远，就能激发奋进潜力，青春岁月就不会像无舵之舟漂泊不定。"一个人理想信念的坚定，塑造的是一个人的"灵魂"；所有人理想信念的坚定，是一个国家与民族的"根基"。

原金陵大学农学院院长章之汶曾说："我是中国人，要为中国人民做点事情。"在担任联合国粮食及农业组织远东办事处顾问的时候，他说："这不是我个人的荣誉，中国人能在世界组织中有一席位置，这是中国人民的骄傲。"

彭加木是广东人，他从中央大学农化系毕业后，在中国科学院上海生物化学研究所工作，却放弃优渥的条件和出国的机会，先后 15 次深入新疆考察、3 次进入罗布泊，在中国近代史上第一次解开了罗布泊的奥秘。1980 年，他在罗布泊考察中失踪。在他之前，考察罗布泊的都是外国人，他在给郭沫若的信中说：我志愿到边疆去，这是夙愿。我具有从荒野中踏出一条道路的勇气！我要为祖国和人民夺回对罗布泊的发言权。

历史深刻表明，爱国主义自古以来就流淌在中华民族的血脉之中，去不掉，打不破，灭不了，这是中国人民和中华民族维护民族独立和国家尊严的强大精神动力。因此，爱国是第一位的，它是人世间最深层、最持久的情感，这是一个人立德之源、立功之本。

有一段话让我深受感动，"你所站立的地方，正是你的中国；你怎么样，中国便怎么样；你是什么，中国便是什么；你若光明，中国便不黑暗"。希望在座的每一位同学能够积极地迎头向上，能做事的做事，能发声的发声，有一分热，发一分光，就如萤火一般，如黑暗中没有炬火，那你们便是唯一的光！

二是要有扎根土地的大情怀。

向上的青春一定要向下扎根，扎根土地后，才能真正看见人生的高度。以天为幕、以地为席，重农固本、耕读传家，这就是南农人对大地的情怀，也是南农人对农业命脉的世纪坚守。

"为什么我的眼里常含泪水？因为我对这土地爱得深沉……"

李扬汉先生将其一生献给了祖国大地、献给了中国杂草事业，为了考察农田杂草，他每天都工作 10 小时以上，年逾古稀时，仍带领课题组成员与研究生赴川、陕、甘、新等 13 个省份，历时 9 年主编完成了《中国杂草志》。创建了中国第一个杂草标本室，开创了外来检疫性杂草检验与防治的先河，守住了国门，有效阻止了毒麦、菟丝子等有害杂草的入侵。他熟悉每一个学生、了解学生的家庭情况，与学生一起打"八段锦"。在 90 岁高龄时，还经常在紫藤树下吹箫曲、桃李廊前说大地，用生命感怀着对中国农业与杂草事业的追求，用真情传递着对大地的眷恋。

1957 年，南京农学院的 34 名毕业生主动请缨，要求到北大荒拓荒，最终吕士恒等 7 人获选奔赴东北，克服极端的自然环境，将青春燃烧在北大荒，用所学的农业知识拓荒北大荒，将万亩荒地开垦成千里沃野，为国家的粮食生产作出巨大贡献。1979 年，《中国青年报》派出记者赴黑龙江采访"北大荒七君子"，写出了《美好的年华应该怎样度过》的长篇报道，登载于 1979 年 5 月 24 日《中国青年报》头版。1979 年 5 月 26 日，《人民日报》头版全文转载了该文，从此"北大荒七君子"的事迹传遍全国。

三是要有学贯中西的大学问。

学习，是青年的首要任务。

青年人要将学习作为一种责任，作为一种精神追求，作为一种生活方式，勤于学习、善于学习。

被誉为"棉田守望者"的冯泽芳，求学期间，他学研不辍，本科期间就发表论文 7 篇、译文 1 篇，还编著了一本中专教材。他坚持以实验铺就理论创新之路，埋首于棉花育种，在农业科学研究和农业高等教育领域不断耕耘，给中国的棉花生产来个"翻天"式的革新，对中国现代棉作科学的发展有着划时代的意义。

中国现代兽医教育和家畜传染病学的奠基人之一罗清生在学术上坚持实事求是，不迷信权威。作为我国最早获兽医博士学位的学者之一，他坚信"精湛的理论是构建在丰富的实践基础之上的"。他穷其一生钻研家畜传染病学，撰写了 30 余篇学术论文和 10 余部学术著作，填补了国内家畜传染病学的学科空白，为推进我国现代兽医科学事业的发展与进步，作出了不可磨灭的贡献。

要求得大学问，不仅要有认真的勤勉态度，还要有广阔的全球视野，才能成为浩瀚星辰中最闪亮的星。从老一辈南农人的个人成长经历来看，邹秉文、过探先、沈宗瀚、冯泽芳、金善宝、秉志均曾求学于康奈尔大学，胡先骕求学于哈佛大学，邹树文求学于伊利诺伊大学，罗清生求学于堪萨斯州立大学，蔡无忌求学于法国阿尔福兽医学校，梁希求学于日本东京大学，等等。他们远渡重洋求真知，归国后成为各个领域的奠基人、开拓者或创始人。

同学们，无志者常立志，有志者立常志，要实现人生目标一定要首先明确努力方向。开学第一天，我在参加植物实验 181 班班会时，班上一位同学收到了 1 年前写给自己的信。入学时，她将考上金善宝实验班作为目标写给了未来的自己；1 年后，愿望达成，再次读到这封信的时候，她感到是激动、更是满满的收获。在此，我提议，在座的同学们不妨也给 4 年后的自己写一封信，定下一个"小目标"。当你们毕业的时候，我们还在这里，一起把信打开，再谈昨日希望，再话人生梦想。

同学们，大学的青春时光，人生只有一次，应该好好珍惜。此时不努力，更待何时？

四是要有怀瑾握瑜的大境界。

"才者，德之资也；德者，才之帅也"。塑造"大度"与"从容"的人生境界，高尚的品德与健全的人格不可或缺。

我校农业经济管理专业多年来始终排名全国前列，这是南农响当当的拳头学科。在这其中，作为全国农经管理领域的领军人钟甫宁教授，对学科的建设、学院的发展作出了巨大贡献。钟甫宁教授从1968年下乡插队到1978年考入江苏农学院农业经济系，从1989年学成回国到2015年被评为"江苏社科名家"，一直关注、倾心于中国农村经济发展的现实问题，致力于农业经济理论研究、学科建设和人才培养，还牵头设立了支持学校农林经济管理学科发展的"盛泉恒元"基金500万元。可以说，钟老师为学科、为南农倾注了太多的心血，多年来，不为名利所累，儒雅淡泊，良好的道德修养令人倾倒、为我们所尊敬，值得我们所有南农人向之学习。

姜小三，资环学院的一名普通老师，从接到援疆任务到上报名单，他只有短短5个小时时间考虑去留。他说："我是父亲、丈夫、儿子，但我更是一名共产党员。"援疆3年，父亲两次重病手术他没能陪在身边，却像家长一样陪在生病学生身边不分昼夜照看；儿子高考奔赴考场他没能陪在左右，却为了学院的建设发展四处奔走；他因为工作繁忙耽误了因风沙使眼睛受到感染的治疗，落下了慢性结膜炎的顽疾，他用爱和行动诠释了南农教师的责任与担当。他的学生都亲切地喊他"达达"（维语中爸爸的意思），离开新疆之际，师生们挥泪告别、献上集体写的一封公开信《三年，感谢您的到来》。大爱无疆，这就是我们南农人的大爱。

道不可坐论，德不能空谈。修德，既要立意高远，又要立足平实，要从做好小事、管好小节开始起步，学会劳动、学会勤俭，学会感恩、学会助人，学会谦让、学会宽容，学会自省、学会自律。面对复杂的世界大变局，要明辨是非、恪守正道，打牢道德根基，在人生道路上才能走得更正、走得更远。

五是要有勇立潮头的大毅力。

青年要积极投身实践，在新时代放飞青春梦想。奋斗的青春最美丽。要谋求人生事业的成功，就必须练就"坐得冷板凳，练得铁肩膀"的过硬本领。

我们的老校长刘大钧院士，当年和同事们在恶劣的科研环境中，一次又一次地重复着辐射育种试验，从1961年开始到1975年高产小麦"宁麦3号"正式定名，他为此花费了整整14年的时间，为长江中下游地区粮食的增产和农民的增收作出了重大贡献。刘大钧先生为小麦育种奉献了自己的一生，诠释了"一生只为麦穗忙"的敬业精神。

从水稻遗传育种学家朱立宏先生、到万建民院士、再到周峰博士，可以说是三代人用了几十年时间的不懈探索，才有了 Nature 论文的发表，才有了"中国科学十大进展"的斩获。

2013届博士生王海滨，半年间3次前往青藏高原，在用尽8罐氧气瓶后，继续攀登5座高峰，在海拔5 108米的米拉山口找到宝贵的紫花亚菊种质资源，填补了《中国植物志》的记载空白。

2016届博士生金琳，以每天超过13个小时的科研投入，发表了影响因子41.5的研究论文，并获评目前唯一的校长奖学金特等奖。

可见，一个人、一件事的成功不是偶然的。要想成功，你们必须要有先人一步的洞察，要有九天揽月的勇气，要有矢志不渝的坚持。

六是要有实干兴邦的大作为。

王国维在《人间词话》中曾提到了治学的第三个境界，"众里寻他千百度，蓦然回首，那人却在，灯火阑珊处。"意为成大事业者，必须有专注的精神，反复追寻、研究，下足功夫，自然会豁然贯通，有所发现，有所发明。

植物分类学家、中国科学院院士（曾任云南大学生物系主任）秦仁昌不畏艰辛，广泛调查和采集蕨类植物，对当时全世界1万多种的"水龙骨科"进行了开创性的研究，建立了新的蕨类植物分类系统，解决了当时蕨类植物学难度最大的课题，被称为"秦仁昌系统"。

农业机械专家、中国工程院院士（现任东北农业大学教授）蒋亦元执着探索，潜心研究35年，创造出割前脱粒水稻收获机器系统，突破了国际公认难题，取得了"国际首创国际先进"的成果。

我校园艺学院的张绍玲教授，下定决心打破梨研究的谜团。自20世纪末开始，他走遍全国20多个省份，搜集各种梨的种质资源。终于在2012年，破解梨的遗传密码，绘制梨的全球"族谱"，还将梨的繁衍和变迁历史一直追溯到了几百万年前。

有句话说得好，不奋斗，你的才华如何配得上你的任性？踏着时代的鼓点，以国家的发展轨迹定义个人的成长坐标，把个人追求融入民族复兴的伟大理想，才能不负韶华期许，不枉时代垂青。相信自己，你们既拥有走近世界舞台中央的开阔视野，也具备推动国家从富起来到强起来的强大力量。


同学们！

刚刚，我向大家展示了南京农业大学的历史与辉煌，以我们身边自己的故事，诠释了南农人的"初心、使命与担当"，让你们了解，什么才是真正的南京农业大学，什么才是真正的南农精神，什么才是真正的南农人。

今天，回顾历史，不是让同学们沉浸在过去，而是希望你们站在巨人的肩膀，不忘初心、牢记使命，奋进新时代，去开创一个更加光明的未来，共同拼搏出属于南京农业大学，拥抱属于你们自己的更好明天！

同学们！

向上的青春，要向下生长。我们既要仰望星空，更要脚踏实地。未来已来，使命必达。漫漫人生旅途，注定不会一马平川。顺境不骄、逆境不馁，那些在战胜自我中涂抹青春亮色的大学岁月，终将成为人生财富。用力划桨，才有分量；向前奔跑，才能抵达。愿你们青春灿烂，成为这世界上最亮的光。

# 在南京农业大学"不忘初心、牢记使命"主题教育工作动员部署会议上的讲话

陈利根

（2019 年 9 月 17 日）

尊敬的李廉组长、刘永章副组长，

教育部第七巡回指导组的各位领导，

同志们：

大家下午好！

按照中央统一部署，今年 9 月到 11 月，学校将在全体党员干部与师生中开展"不忘初心、牢记使命"主题教育。这是以习近平同志为核心的党中央，在新形势下始终坚持思想建党、理论强党的有力举措，对于推动全面从严治党向基层延伸、保持发展党的先进性和纯洁性具有十分重要的意义。

根据教育部党组有关要求，深入开展"不忘初心、牢记使命"主题教育是当前我校重大而紧迫的政治任务，是贯彻落实党要管党、从严治党要求的重要抓手，是密切党同师生群众血肉联系的有效途径，是新形势下学校全面加快"双一流"建设、深化综合改革、推进"十三五"规划实施的客观要求，对于有效解决党员干部、师生自身存在问题，不断增强"四个意识"，坚定"四个自信"，坚决做到"两个维护"，进一步统一思想共识，凝聚师生力量，实现学校事业高质量、跨越式发展具有至关重要的意义与影响。

下面，我就推进学校主题教育讲三点意见。

## 一、深入学习贯彻习近平总书记主题教育讲话精神，深刻领会开展"不忘初心、牢记使命"主题教育的重大意义

今年 5 月 31 日，中央召开主题教育工作会议，习近平总书记发表重要讲话，站在历史与现实相贯通、理论与实践相结合的高度，深刻阐述了开展主题教育的重大意义。

习近平总书记指出，中国共产党人的初心和使命就是"为中国人民谋幸福，为中华民族谋复兴"。总书记强调，开展这次主题教育，是党中央统揽伟大斗争、伟大工程、伟大事业、伟大梦想作出的重大部署，对统筹推进"五位一体"总体布局、协调推进"四个全面"战略布局，决胜全面建成小康社会、夺取新时代中国特色社会主义伟大胜利、实现中华民族伟大复兴的中国梦，具有重大而深远的意义，是新时代中国特色社会主义思想武装全党的迫切需要，是推进新时代党的建设的迫切需要，是保持党同人民群众血肉联系的迫切需要，是实现党的十九大既定目标任务的迫切需要。

因此，全校师生党员要从全局出发，认真学习贯彻习近平总书记重要讲话和主题教育工作会议精神，充分认识开展"不忘初心、牢记使命"主题教育的重大意义，切实把思想行动

统一到中央的决策部署上来，统一到国家对高等教育发展的客观需求上来，统一到学校建设与发展的实际需要上来，统一到解决师生关心关注的热点问题上来。

**第一，深刻理解开展主题教育对于用习近平新时代中国特色社会主义思想武装全党的重大意义**

习近平新时代中国特色社会主义思想是中国共产党人在新时代最新最大最重要的理论成果，是马克思主义中国化的最新成果，是中国特色社会主义理论体系的重要组成部分，对于凝聚全党全国各族人民的思想共识和智慧力量、决胜全面建成小康社会，对于加快推进教育现代化、建设教育强国、办好人民满意的教育具有重大的现实意义。我们要通过开展主题教育，深刻领会习近平新时代中国特色社会主义思想，牢牢把握精神实质，始终坚持将其作为学校建设发展的总纲领，作为教育引领师生树立坚定理想信念的根本遵循。

**第二，深刻理解开展主题教育对于全面加强和改进学校党的建设的重大意义**

总书记强调，"全面从严治党永远在路上，我们党要同一切影响党的先进性、弱化党的纯洁性的问题作坚决斗争，努力建设更加坚强有力的政党。"我们就是要以开展主题教育为契机，以政治建设为统领，不断加强党对学校工作的全面领导，不断提升学校党建和思想政治工作的精准度与实效性，不断增强深化综合改革的责任感与紧迫感，不断推进全面从严治党向纵深发展，以实实在在的党的建设成果为学校各项事业发展保驾护航。

**第三，深刻理解开展主题教育对于解放思想全力破解学校建设发展难题的重大意义**

总书记指出，"改革关头勇者胜，我们要以敢于啃硬骨头、敢于涉险滩的决心，义无反顾推进改革。"当前，学校的建设发展进入了转型定向、提质增速的关键时期，我们如果没有超前的意识，就不会拥有建设世界一流的眼光；没有观念的转变，就没有思想的大解放；没有担当的精神，就会缺乏推动事业发展的底气与信心，只有坚持不懈地同自身改革发展中存在的问题作斗争，才能开创出学校事业发展的崭新局面。

**第四，深刻理解开展主题教育对于推动农业特色世界一流大学建设的重大意义**

总书记表示，实现"两个一百年"奋斗目标，是当代中国共产党人最重要最现实的使命担当。具体对我校而言，建设农业特色世界一流大学就是服务教育强国的主动作为，就是学校全体党员师生义不容辞的使命担当。我们要在开展本次主题教育过程中，不断激发广大师生党员干事创业的决心，找出与世界一流的差距，找出与国家需要的差距，找出与师生期盼的差距，以"钉钉子"精神狠抓整改落实，切实加快农业特色世界一流大学建设进程。

## 二、准确把握目标要求，创新落实重点措施，真正肩负起新时代高校立德树人的崇高使命

党中央对这次主题教育的总要求、目标任务、方法步骤作出了明确规定，为我们提供了根本遵循。

**第一，是要准确把握"守初心、担使命，找差距、抓落实"总体要求**

守初心，这个初心就是为党育人、为国育才，始终坚持以立德树人为根本，以强农兴农为己任；就是南农"诚朴勤仁"的百年精神，矢志一流、扎根大地；就是南农人报国兴农、追求真理、育才造士、服务"三农"、情系师生的真实写照。

担使命，这个使命是时代赋予我们实现中华民族伟大复兴的历史重托，是培养德智体美劳全面发展的社会主义建设者和接班人的神圣职责，是创新驱动、引领世界科技发展潮流的

目标追求,是服务农业农村现代化、推动实施乡村振兴战略和建设美丽中国的责任担当。

找差距,就是要对照习近平新时代中国特色社会主义思想和党中央决策部署,找一找在增强"四个意识"、坚定"四个自信"、做到"两个维护"方面存在哪些差距。对照党章党规,找一找在知敬畏、存戒惧、守底线方面存在哪些差距。对标世界一流、对照师生期待,找一找在办学理念与制度设计存在哪些差距,找一找在服务师生与作风形象等方面存在哪些差距,有的放矢进行整改。

抓落实,就是要把新时代中国特色社会主义思想转化为加强学校党的建设和推进学校改革发展稳定的实际行动,把初心使命变成党员师生锐意进取、开拓创新的精气神和埋头苦干、真抓实干的自觉行动,用刀刃向内的自我革命精神,破解学校发展难题,解决师生关注问题,真正让全体师生感受到属于南农人的骄傲与幸福。

"守初心、担使命,找差距、抓落实"是一个相互联系的整体,要全面把握,贯穿主题教育全过程。

**第二,牢牢把握主题教育的目标任务**

开展这次主题教育,根本任务是深入学习贯彻习近平新时代中国特色社会主义思想,锤炼忠诚干净担当的政治品格,为实现伟大梦想共同奋斗。具体目标是理论学习有收获、思想政治受洗礼、干事创业敢担当、为民服务解难题、清正廉洁作表率,即"五个做到":

一是谨记学思践悟,做到理论学习有收获。

重点教育引导党员干部、师生在原有学习的基础上取得新进步,加深对新时代中国特色社会主义思想和党中央大政方针的理解,学深悟透、融会贯通,增强贯彻落实的自觉性和坚定性,切实将学习成果转化为推动学校"双一流"建设、新农科人才培养、重大领域科技创新、服务国家战略需求、破解改革发展难题的方法论。

二是坚持党性原则,做到思想政治受洗礼。

重点教育引导党员干部、师生坚定对马克思主义的信仰、对中国特色社会主义的信念,传承红色基因,增强"四个意识"、坚定"四个自信"、做到"两个维护",自觉在思想上政治上行动上同党中央保持高度一致,始终忠诚于党、忠诚于人民、忠诚于马克思主义。让党员干部有信仰,做先行者;让全体教师有信仰,做引领者;让广大学生有信仰,做践行者。

三是把握奋斗精神,做到干事创业敢担当。

重点教育引导党员干部、师生以强烈的政治责任感和历史使命感,保持只争朝夕、奋发有为的奋斗姿态和越是艰险越向前的斗争精神,以"钉钉子"精神抓工作落实,坚决摒弃一切明哲保身、得过且过、敷衍塞责、懒政怠政等消极行为,做一流大学的建设者、综合改革的拥护者、教书育人的垂范者、科技创新的引领者、服务国家的贡献者,答好时代命题,扛起使命担当。

四是树立群众意识,做到为民服务解难题。

重点教育引导党员干部坚守师生立场,树立以师生为中心的发展理念,增进同师生群众的感情,自觉同师生想在一起、干在一起,着力解决师生的操心事、烦心事,真正把师生对于个人成长的诉求、对于管理服务的需求、对于美好生活的追求作为我们的奋斗目标,以为师生谋利、为师生尽责的实际成效取信师生。

五是保持政治本色,做到清正廉洁作表率。

重点教育引导党员干部保持为民务实清廉的政治本色,正确处理公私、义利、是非、情法、亲清、俭奢、苦乐、得失的关系，自觉同特权思想和特权现象作斗争，坚决预防和反对腐败，清清白白为官、干干净净做事、老老实实做人。教育引导党员教师严格执行师德师风"红十条"，立育人之德、树德才兼备之才。教育引导党员学生培养廉洁自律意识和法制观念。

**第三，全面推进主题教育的重点措施**

这次主题教育不划阶段、不分环节，不是降低标准，而是提出更高要求。我们要把本次主题教育同庆祝新中国成立70周年结合起来，同学习贯彻总书记寄语涉农高校师生回信精神结合起来，同落实立德树人根本任务结合起来，同全面深化综合改革结合起来，同加快建设农业特色世界一流大学结合起来，重点做好以下"四个方面"。

一是做到学习教育的"三个学"。

即：学而信、学而用、学而行。

学而信，就是要读原著、学原文、悟原理。采取理论学习中心组学习、举办读书班等形式，分专题进行研讨交流。采取多种形式，在中国故事、中国共产党故事、新时代中国特色社会主义故事中学习，在李保国、黄大年等时代楷模和邹秉文、金善宝等南农先辈的事迹中学习，增强学习教育针对性、实效性、感染力，做到理论学习的入脑入心、刻骨铭心。

学而用，就是要联系新中国成立70年来的历史现实未来，联系我国农业农村现代化，联系高等教育发展新形势新任务，联系学校"双一流"建设的客观现实，真正将创新理论的立场、观点、方法和学校建设发展任务、个人学习工作实际紧密结合起来，做到学有所得、学有所用、学有所获。

学而行，就是要在知行合一上下功夫，就是要着眼于改造主观世界，进一步增强党性观念和宗旨意识，把新思想作为思想武器和认识工具，真正把学习成果转化为推动学校综合改革、政策制定、教学、科研与社会服务的具体行动。

二是做到调查研究的"三个实"。

即：听实话、办实事、见实效。

听实话，就是要听真问题，不怕红脸出汗，按照中央和教育部重大决策部署，紧扣国家重大战略所需，围绕制约学校建设发展中存在的瓶颈问题、师生反映强烈的热点问题和党的建设面临的棘手问题，深入教学科研一线、师生员工中间、校外合作单位等广泛开展调研。

办实事，就是要不务虚、不作秀，不为了调研而调研，不为了开会而开会，不给基层增加负担，真正从师生实际需要出发，实打实地做好调研工作。

见实效，就是要直面学科建设问题、直面人才培养问题、直面师资队伍问题、直面办学资源问题，在调研中把情况弄清楚，把症结分析透，把对策想明白，拿出破解难题的真招实招。

三是做到检视问题的"三个度"。

即：有广度、有深度、有精度。

有广度，就是要通过"师生提、自己找、互相帮、集体议、上级指"等多种方式，最大范围地查找个人存在的差距，将问题一条一条列出来。

有深度，就是既要虚心听取师生意见，更要深入自我剖析，检视反思自身政治站位、思想觉悟、能力素质、道德品行、作风形象等方面存在的问题，从主观上、思想上深挖问题的根源。

有精度，就是要做到对标对表，选好参照系，查摆出政治上、工作上、学习上、品行上存在的差距，把问题找实，把措施想透，把努力方向定准。

同时，还要做到防止大而化之、隔靴搔痒、避重就轻、避实就虚；防止以上级指出的问题代替自身查找的问题、以班子问题代替个人问题、以他人问题代替自身问题、以工作业务问题代替思想政治问题、以旧问题代替新问题。针对查摆出来的问题，要对症下药，切实把问题解决好。

四是做到整改落实的"三个点"。

即：抓重点、抓难点、抓亮点。

抓重点，就是要重点整治不担当不作为的问题、基层党组织软弱涣散的问题等中央明确规定的 8 个方面专项整治任务。就是要重点整治上一轮教育部视巡整改中反映的重大问题，以及上 2 个年度党员领导干部民主生活会查摆的突出问题。

抓难点，就是要狠抓制约学校建设发展的学科布局、机构设置、综合改革的难点问题，狠抓少数干部干事创业热情不高、教师创新意识不足与教学投入不够的难点问题，狠抓高水平领军人才短缺、承担科技大项目和产出科技大成果能力不足，以及生源质量、就业质量、升学出国率与学校实力不相称的难点问题。

抓亮点，就是通过卓有成效的整改落实，形成工作的新亮点与新业绩。要形成党建与思想政治建设的标杆院系，要选塑干事创业与师德师风的楷模典型，要拿出解决制约学校建设发展难题有效举措，并且产出具有重大引领的科技成果，打造服务国家战略需求的品牌项目。

在整改落实过程中，要把"改"字贯穿始终，立查立改、即知即改，能够当下改的，明确时限和要求，按期整改到位；一时解决不了的，要盯住不放，通过不断深化认识、增强自觉，明确阶段目标，持续整改。

主题教育结束前，要开出高质量的领导班子民主生活会，针对主题教育中检视反思的问题，联系整改落实的情况，以整风精神开展批评和自我批评，来一次"诊断把脉、排毒治病"，并建立巩固和提高教育成果的长效机制。

## 三、高度重视、加强领导，切实提高主题教育质量

这次主题教育时间紧、任务重、要求高，学校各级党组织要切实增强责任感紧迫感，加强组织领导，科学谋划推进，高质量完成好各项工作任务。

**第一，要加强工作领导**

这次主题教育在学校党委领导下开展，学校已经成立主题教育领导小组及办公室，我任组长。领导小组要加强与教育部巡回指导组的联系，严格按照要求，抓好整个主题教育的领导和推进工作。

领导小组办公室设在组织部，统筹协调主题教育工作开展。学校督导组，要切实抓好督促指导，对开展主题教育消极对待、敷衍塞责的严肃批评，对走形变样、问题严重的，给予组织处理。

**第二，要抓住"关键少数"**

"关键少数"担负关键责任、应有关键作用，学校各级党组织要坚决扛起主体责任，主要负责同志要当好"第一责任人"，班子成员要认真履行"一岗双责"。各级领导干部要以身

作则，做到带头学、带头改、带头抓，形成"头雁效应"、一级做给一级看、一级带着一级干，层层传导压力，人人接受洗礼。

**第三，要强化宣传引导**

主题教育全党关心、全校关注，搞好宣传引导十分重要。要充分发挥主流媒体和"两微一端"等新兴媒体作用，深入诠释开展主题教育的重大意义和目标要求，做好宣传报道、舆论引导，推动广大党员干部与师生把思想和行动统一到中央和学校部署上来。要注重典型引路，用先进典型的奋斗故事教育引导广大党员。

**第四，要力戒形式主义**

全校各级党组织要把讲求实效贯穿主题教育全过程，既确保"规定动作"做到位，又要创新"自选动作"，真正让师生党员"入脑入心"。还要切实把主题教育和当前各项中心工作结合起来，坚持两手抓两促进。在评价主题教育时，决不能简单地以记了几本笔记、建了多少台账、学了多少积分来评价，更不能把主题教育变味成会议上说来说去、材料上写来写去。我们的主题教育效果好不好，归根结底要看解决问题、推动工作的实效。


同志们！

回望百年南农坚守初心，紧跟时代呼唤勇担使命。全校广大党员、干部要自觉把思想和行动统一到习近平总书记重要讲话精神上来，统一到中央和教育部重大决策部署上来，统一到学校事业改革发展大局上来，要以高度的政治自觉、务实的作风举措，圆满完成主题教育各项任务，以优异的成绩迎接新中国成立 70 周年，为实现农业特色世界一流大学的南农梦，为实现中华民族伟大复兴的中国梦作出新的更大贡献！

# 在第九届建设与发展论坛上的总结发言

陈发棣

（根据 2019 年 4 月 20 日录音整理）

同志们：

经过大家的精心准备和共同努力，学校第九届建设与发展论坛暨党政领导干部培训班即将圆满结束。我代表学校对每位老师精心准备大会报告、积极建言献策表示衷心的感谢！

我们这次论坛花了一天半的时间，选择在这么一个安静幽雅的地方，目的就是让大家从繁忙的工作中解放出来，畅所欲言、碰撞交流，聚焦学校重大问题，探讨学校在新时代下的新目标、新战略、新作为。一天半的会听下来，我感觉收获很大，很有启发，开拓了工作思路，觉得我们这次论坛达到了预期的效果。这次论坛主要有三个方面的特点：

## 一、主题突出

从 2003 年第一届论坛到现在，学校已经举办了八届建设与发展论坛，每届都会选择不同的主题，每次都能围绕主题，形成发展的共识和举措，对学校一段时间的建设与发展起到积极的作用。本次论坛，大家坚持"问题导向、目标导向、战略导向"，选择从新的历史时期，影响学校发展最突出的问题入手破题，报告内容丰富，特别是浙江大学严建华副校长的报告，结合浙江大学的实践，从构建创新学科生态系统的角度出发，对创建中国特色世界一流大学的科学定位与战略发展作了精辟阐述，主题突出，站位高，立意新！值得我们思考和借鉴。

## 二、分析透彻

昨天早上，陈书记作了一个非常好的主旨报告，从把握高等教育的发展趋势、高校办学规律、国家发展战略、世界高水平大学的特征等出发，结合学校实际，提出了学校发展的新目标新思路，同时也提出了许多新命题，希望大家会后认真思考和研究。

昨天一天，共有 12 个单位分别围绕着我校重点领域的方方面面进行了深入思考。有大学发展定位、大学内部治理的思考；新农科背景下人才培养的考虑和做法；有交叉学科发展建议；有优势学科、工科、理科的发展对策；有服务乡村振兴的探讨；有人事制度改革、团队建设、师德师风和立德树人方面的建议与思考。大家问题分析透彻，思想性、现实性、前瞻性都比较强，对我们今后的发展提供了很好的思路，希望大家认真吸收。当然，因为时间的限制，我们还有许多方面的工作没能在会上交流，昨天交流的这些领域，也没能够很好地展开，后面我们还可以分专题再进行深入研讨。

## 三、主动作为

昨天的报告和今天的分组讨论，大家交流积极活跃，畅所欲言，氛围宽松。刚才 4 个小组又进行了交流发言，我明显感觉到，大家都能清醒地认识到学校发展中存在很多亟待解决的老问题、新难点；都能够积极思考和探索，勇于改革和创新，突破思维定势，主动作为；都能够准确把握学校目前发展的实际，正确认识高等教育面临的新形势新任务，通过深入的调研，找准学校在世界高校以及同类院校中所处的位置，有效规划学校的未来发展。

相信在大家的共同努力下，我们一定能够抓住机遇，深化改革，努力探索"世界一流、中国特色、南农品格"的建设新路子，为世界高等教育发展贡献"南农智慧、南农经验、南农方案"。

同志们，2019 年，是中华人民共和国成立 70 周年，是深入贯彻落实全国教育大会精神的开局之年，是基本实现教育现代化的攻坚之年，是"十三五"规划即将收官、"十四五"规划即将启动、"双一流建设"即将验收的承启之年，也是学校第十二次党代会召开之年。我们选择在这样的重要时期召开会议，意义不言自明！

在这样一个新的历史关口，我们有必要在"十三五"建设发展的基础上，共同思考新时期学校"十四五"甚至未来更长时期的发展。上任一个多月以来，我先后走访调研了部分学院、机关部处，也到中国农业大学、西北农林科技大学等兄弟院校了解了一些情况，结合这次的报告和大家分组讨论的想法，我谈谈个人的体会和思考。

## 一、我们有哪些问题

虽然我们已经走过了百余年的办学历史，一直走在我国高等农业教育发展的前列。特别是最近几年，学校各项事业都取得了较快发展，各项指标也都非常不错。但是，也必须清醒地看到，我们有很多亟待解决的问题，有些是老问题，有些是新问题：

1. 在新的历史时期，我校的发展定位还需要进一步达成共识。

2. 人才培养的中心地位还缺乏有力的制度支撑和政策保障，学生升学率和出国率普遍不高，跟建设世界一流大学差距很大，研究生生源质量下滑严重。

3. 学科发展很不平衡，学科交叉创新的体制机制还没有实质性突破，人才引进与学科布局之间的匹配性还有待提高，在一些重点发展学科、一些相对弱势学科引进人才有很大难度，在优势、农业学科方面引进人才相对较充裕；学院在学科建设过程中顶层设计意识不强，学科建设的持续发力尚显不足，呈现"基础不强，高原不高，高峰不足"的现象，缺乏新兴学科、交叉学科、ESI 潜力学科等新的增长点。

4. 重大原始创新能力、学术声誉、国际影响力与世界一流还有较大差距，引领行业和社会发展的标志性成果还不够，重大科技成果产出与转化能力仍需加强；高水平论文数量与论文引用率有待提升。

5. 评价体系还存在重科研、轻教学，重个人、轻团队，重论文发表、轻社会贡献的倾向，基于水平和贡献的评价体系和薪酬体系尚未完全建立。

6. 具有全球影响力的顶尖人才与创新团队数量还偏少，培养和引进力度有待加强，引进高层次人才的创新引领效应还未充分体现；在国家重大政策建议中的话语权不够，在国家改革进程中缺少"南农声音"。

7. 学校对社会需求的反应还不够及时，融入国家战略的意识还不够强，在落实乡村振兴战略、"一带一路"倡议、生态文明建设等方面，还不够到位，缺乏抓手；针对国家重大战略需求组建攻关团队，牵头承担国家重大科技项目的能力还有待进一步提升；及时跟踪把据国家行业、产业和地域重大问题的意识还不够强。

8. 教育国际化程度和国际交流合作的深度广度有待进一步提高。

9. 适应学校管理重心下移的治理结构还不够完善；对学院部门及个人的考核评价机制还没有完全建立，办学活力还没有有效激发；"十三五"发展规划与综合改革方案实施的成绩、进展、不足，还缺乏精准、动态的考量。

10. 管理模式科学化、过程信息化程度仍需加强，工作、办事效率还有待提高；管理队伍的建设还跟不上新时代、新任务的要求，干部队伍敢于担当、善于作为的作风还需加强，主动作为和自我加压意识还不够！

## 二、我们应该干什么

我重点强调五个方面的工作：

### （一）充分科学论证学校的发展定位

办学定位的实质是"建设什么样的大学"问题，是学校制定人才培养、科学研究、社会服务等相关政策的依据和学校全体师生员工行动的指南。

就这个问题，我讲两点。

第一，新的历史时期我们要建一个什么样的大学？昨天发展规划与学科建设处作了很好的分析。我认为，建设世界一流大学是新时代赋予南京农业大学新的历史使命，也是代代南农人的"南农梦"。但是，究竟要建设成怎样的世界一流大学，以及如何建成这样的大学，需要大家共同谋划与践行。会后，建议学校专门组织研讨，观大势、谋全局、思对策。

第二，未来我们要有什么样的学科布局？什么样的学科布局决定了我们建设一个什么样的大学。我们要积极谋划未来 5 年、15 年甚至更长时间的学校学科布局，要建立以社会需求和学术贡献为导向的学科专业动态调整机制。以后对大学的评价会更多关注在经济社会、产业行业中的贡献，我们应该针对行业产业、经济社会的需求，提前谋划未来的学科布局，学科布局也就决定了未来学校发展的方向。应该科学定位理工学科发展，加快推进学科综合化，形成"强势农科、优势理工科、精品社科、特色文科"的世界一流大学学科布局。同时，要紧密结合国家重大战略需求和区域发展要求，在人工智能、智慧农业、营养与健康、大数据研究等新兴学科、交叉学科领域科学谋划、提前布局，以重大原创性成果引领学科发展方向，不断拓展新的学科生长点，增强学科发展后劲。要有计划有组织地推动作物表型组学、营养与健康等交叉研究中心的建设，完善学术特区管理运行机制。

### （二）始终把一流人才培养作为立校之本

第一，围绕新农科、新工科建设进行人才培养改革。继续深化教育教学改革，重点围绕新农科、新工科重构新的知识体系、专业学科体系、院系组织结构体系、人才培养体系，以顺应新农科、新工科的各种变化与发展。特别是在新农科方面，发展"新农科"，培育"新农人"，服务"新农村"，是党和国家赋予我们农业大学的重要使命，我们必须要抓住机遇，敢于争先！大家要积极参与新农科相关专业设置的规划论证，增加我们在新农科人才培养方面的话语权和主导权。要以超前的眼光和积极的行动来进行谋划与布局。现在，经济社会和技术发展都非常快，大家要主动思考未来农业会是什么样子？我们应该如何谋划、调整布局面向未来农业的学科专业？目前的学科专业能否适应未来农业的发展？怎样培养面向未来农业的农科人才？这些都值得我们大家深入思考。

第二，构建"一体化"育人体系。要立足学生差异化发展要求，进一步推进本研贯通培养，特别是要将保研政策与本科生的人才培养改革相结合，发挥教授影响力，尽可能让本科生提前进入实验室，提前修读硕士生相关课程。我们之前也有相关的政策，但没有很好的落地，我们在本科生培养方案改革方面，怎么样跟保研政策结合在一起？希望大家在如何提高我们的研究生生源质量方面多想点子、多动脑筋，采取各种有效措施，切实提高升学率以及研究生的培养质量。

第三，不断打开人才培养的新局面。2018 年快结束时，我们召开了一流本科教育推进会，吹响了本科教育改革的"集结号"。前几天，我们又在白马教学科研基地召开了本科教育教学改革论坛（白马论坛）。本次教育教学改革论坛是我校 2018 年一流本科教育推进会的延续，从学校、学科、专业、教师和学生层面为我校加强本科人才培养、建设一流本科教育明确了目标、指明了方向，吹响了我校一流本科教育的"冲锋号"。

### （三）攻坚克难，全力推进人事人才工作

一是全力推进人事制度改革。在人事制度改革方面，我们跟兄弟院校相比还有很大的差距！去年，园艺学院和理学院进行了试点，昨天园艺学院作了介绍，应该说试点还是比较成功的，大家可以借鉴。接下来，我们要有步骤地在全校推进人事制度改革，各个学院可以根据学院特点进行个性化的设计，要把奖励绩效与人事制度改革挂钩，形成绩效激励的人力资源管理体系，引导和激励各学院与广大教师结合自身实际，大胆创新、扎实工作，逐步建立起与现代大学制度相适应的人力资源管理机制。

二是继续加强高水平师资队伍建设。既要筑巢引凤，加快高层次人才引进力度，也要固巢留凤，推进高层次人才和有影响力的创新团队建设。我们将进一步完善并实施"钟山学者"计划，要在原有基础上进一步优化，并对前期的各类"钟山学者"进行考核，制定新一期遴选的标准，将更加突出业绩和贡献导向，处理好引进人才与本土人才、标签人才与非标签人才、教学型人才与教学科研型人才、科研型人才与推广型人才等关系，建立一定规模的校内人才动态发展机制，形成"遴选有标准、人才有年限、考核有任务、滚动有上下"的人才建设新局面。

### （四）积极拓展办学资源

办学资源丰富是世界一流大学的关键特征，办学资源丰富才能汇聚人才，才有追求一流的资本。我们不仅要积极思考如何获得充足的财政拨款、研究经费、捐赠与社会资助，更要想办法、出实招。

一要大力争取主管部门、部委和省级政府的支持。主动加强与主管部门、部委和省级政府的沟通交流与汇报，大家要多往部里跑、往省里跑，争取更多的办学资源与科研项目。

二要积极争取地方政府、行业企业的办学资源，通过服务贡献来换资源。农业大学必须顶天立地，我们要积极思考服务地方经济社会、行业企业的路径与办法，加快推动形成产学研紧密结合的农业科技创新体系，促进科技与产业深度融合。积极引入"企业＋政府＋科研机构"的金三角模式，打通全产业链的合作，即将基础研究、应用研究与成果转化相结合，

给政府、科研机构和企业带来利益，实现共赢。我相信，我们能有多大贡献，我们就能获得多大支持，就能得到政府和行业部门源源不断的资源。

三要充分利用校友资源。校友资源是我们得天独厚的宝贵财富。校友资源是不可估量的，是永远充满生机的资源，我们要充分利用，加强与校友的交流，特别是做好服务，实现学校和校友的互惠互利、共生共赢。

### （五）深入推进大学内部治理结构改革

第一，积极推进内部治理结构改革。内部治理结构改革其实就是要激发师生的活力和学院的活力。改革的关键，衡量改革的成败，就看能不能激发这两个活力。学校要不失时机着眼于内部管理机制再造，建立一个责、权、利清晰的治理结构，增强大学自主发展、自我约束、自我管理的能力。一要系统梳理学校党政机关及群团组织、院系、直属单位等内设机构的工作职责，定编定岗，加强相关管理机构的协调机制建设。推进岗位分类评价制度，为各管理岗位制定个性化的工作要求、服务标准以及考核目标，实现学校发展压力和动力的有效传导，提升管理效率。二要开展校院两级管理的试点工作。大学的管理重心在院系，只有激发院系自我管理和自主发展，把更多的责任权力下放到学院，加强对学院的考核，学校才能又好又快地发展。通过改革，构建"明晰关系、明确职责、规范权限、严格管理、强化考核"的校院两级管理体系。三要坚决倡导依法治校，做到按法律办事、按规则办事，减少人治。提高师生员工的法律素养，创建良好的法治环境，做到用法治来深化改革，推动发展，化解矛盾，营造公平公正、风清气正的氛围，让大家顺心舒心安心工作。四要构建与世界一流大学相适应的校园环境和综合保障体系，打造美丽校园、绿色校园、智慧校园、平安校园、和谐校园，提升校园服务保障水平。特别是平安校园建设，现在我们实验室安全压力特别大，大家要高度重视。

同志们，有时候一个学校的"软实力"建设甚至会对一个学校的发展带来不可估量的影响。如北京交通大学的实验室爆炸事件，给学校带来短时间内无法挽回的损失，学校因此不仅没有增加博士指标，还减了60个指标，一正一反损失了近100个博士指标，学校因此错过了申报自主审核单位的机会。这个事件方方面面的不良影响还在继续，可以说严重影响了一流大学建设的进程。所以，我们不要掉以轻心，要引以为戒。

第二，做好资源配置机制改革。首先，我们要想办法筹集更多的经费，并统筹学校各种办学资源，要统筹"双一流专项"、"江苏省四大专项"、中央高校基本科研业务费、修购专项等各级各类建设专项经费，不能各自为政。其次，我们要想办法提高学校的办学效率，特别是各项建设资金的使用效率，各部门各学院实施的项目要统筹，各部门各学院要围绕学校的中心工作和目标任务，明确当年和一个阶段的重点工作，在经费预算时统筹考虑，提高资金使用绩效，加强对各项建设资金的绩效考核。一要制定学科建设绩效评价指标体系，实施"以目标定任务，按任务配资源"的学科资源配置模式，形成立项、建设、考核、滚动与评价等激励和约束机制，精准投入，精准施策。二要深入推进学校在管理体制、教师评价、科研评价、人才引进等方面的综合改革，杜绝"五唯"评价倾向，进一步完善与实施目标责任制，加强学院和机关部门目标考核，目标考核要跟绩效相挂钩，细化目标任务制定、考核，形成目标考核的科学机制和办法，提升办学效率。教育部给每所学校有一个绩效总量控制，绩效总量包括各学院单位的奖励性绩效。为了更好地掌握和调控学校的绩效总量，请人事处和计财处拿一个具体的管理办法，各学院单位在发放奖励绩效时要向人事处统一报批。

最后，我再提两点希望：第一，学校发展过程中面临很多问题，我今天只提了几个方面，我没有提到的问题并不代表不重要，希望各单位都要在工作中能够找准问题，进行深入思考并在工作中加以破解。有目标、有问题、有路径，单位才能够有发展。第二，在制定新时期发展目标、发展战略和发展规划时，要加强顶层设计，大胆假设，细心求证，科学规划，充分讨论，细化不同发展阶段目标和重点任务，分清应该马上做的事情、应该马上解决的问题和矛盾、应该进一步调查研究的问题、应该将来计划的问题，把这些问题和事情制订详细计划和完成时间，并把这些任务分解落实到人、落实到时间节点，持之以恒，久久为功，才能够推动事业的发展。

同志们，本次建设与发展论坛马上要结束了，但我们的工作才刚刚翻开了新的篇章。希望此次论坛结束后发展规划与学科建设处要认真梳理，把论坛报告汇编成册，以在更大的层面让大家学习和参考。希望论坛的成果经过提炼和总结，更好地服务于学校的重大决策，服务于第十二次党代会。

同志们，潮平两岸阔，风正一帆悬，让我们共同努力，为实现伟大的中国梦、南农梦而不懈奋斗！

# 新时代赋予新使命　　新阶段要有新作为

## ——在南京农业大学第五届教职工代表大会第十三次会议上的工作报告

陈发棣

（2019 年 4 月 24 日）

各位代表、同志们：

现在，我代表学校，向大会报告学校工作，请予审议。

## 一、2018 年工作回顾

2018 年，学校紧紧围绕世界一流农业大学建设目标，遵循教育发展规律，扎实推进"双一流"建设，深入实施"1235"发展战略，各项事业持续快速发展。

### （一）全面贯彻习近平新时代中国特色社会主义思想，不断提高办学治校的科学化水平

**1. 牢牢把握社会主义办学方向**　学校召开党委常委会、中心组学习会和党务工作例会，专题组织学习全国教育大会、全国组织工作会议精神和习近平总书记在庆祝改革开放 40 周年等大会上的重要讲话精神。开展全体中层干部、党支部书记集中培训。利用校报、校园网、新媒体等宣传阵地，强化舆论引导与氛围营造，引领全校师生树牢"四个意识"，坚定"四个自信"，做到"两个维护"。

**2. 切实加强党委对学校工作的全面领导**　坚持并完善党委领导下的校长负责制。坚持立德树人根本任务，扎根中国大地办大学，切实培养德智体美劳全面发展的社会主义建设者和接班人。坚持民主集中制原则，严格落实党委常委会、校长办公会等六大议事规则决策制度。着力推进学习型、廉洁型班子建设，强化"一岗双责"意识，增强班子成员的常委意识、党建意识、规矩意识和规则意识。以"关键少数"带动"基础多数"，切实把好学校建设发展的政治方向。

**3. "双一流"建设开启新征程**　深入落实《关于高等学校加快"双一流"建设的指导意见》，全面提升学校学科综合竞争力和国际影响力。完成"双一流"建设资金校内分配测算与专项资金项目申报。开展第四轮学科评估结果分析。完成 8 个省高校优势学科考核验收，并全部获第三期立项建设，入选学科数位列江苏省部属高校第三位。完成省"十三五"重点学科中期检查工作。组织开展学校"十三五"规划中期检查。

**4. 新校区建设取得重大进展**　新校区总体规划正式获批，一期单体建设获教育部正式立项，一期土地通过自然资源部预审，有序推进各项规划设计与江浦农场拆迁安置工作；与江北新区开展全面战略合作，共建新校区，隆重举行新校区奠基仪式。

## （二）抢抓"双一流"建设机遇，切实加快世界一流农业大学建设步伐

**1. 人才培养质量持续提升**　本科生教育。召开一流本科教育推进会。开展 2019 版本科专业人才培养方案修订，开展大类招生专业分流。获国家级教学成果奖二等奖 3 项。推进品牌专业建设，组织开展国际认证。22 门课程获国家、江苏省精品在线开放课程认定，12 部教材入选江苏省高等学校重点教材，立项数居江苏高校第二位。实施"卓越教学"课堂教改实践，入选教育部首批国家虚拟仿真实验教学项目 1 项和"新工科"研究与实践项目 3 项。18 位专家入选教育部高等学校教学指导委员会委员。

研究生教育。深化博士培养体系和专业学位研究生教育综合改革。资助博士生学科前沿专题讲座课程，开展创新技能培训。推进研究生教育国际化，97 人入选公派项目。举办第四届研究生教育工作会议。完善导师遴选，增列博士生导师 82 人、学术型硕士生导师 119 人、专业学位硕士生导师 69 人，增列人数创历史新高。开展学校所有学位授权点自我评估和调整。全年授予博士学位 408 人，授予硕士学位 2 168 人。获省优秀博士学位论文 7 篇。

招生就业。全年录取本科生 4 268 人、硕士生 2 828 人、博士生 558 人，各层次生源质量均稳步提高。加强就业创业指导与服务，全年来校招聘用人单位 1 620 家，本科生就业率 96.68%、升学率 39.75%；研究生就业率 95.04%。

素质教育。不断加强学风建设与第二课堂专业化建设，统筹推进思想引领、创新创业、社会实践、志愿服务、大学体育和心理健康等工作。2018 年，学生团队在国际基因工程机械设计大赛、"创青春"全国大学生创新创业大赛、第十九届省运会等一系列国际国内比赛中获得佳绩。

留学生教育。顺利通过来华留学质量认证，完善学校国际留学生管理规定。全年招收各类留学生 1 252 人。推进全英文授课专业建设，新立项本、研全英文课程 26 门，留学生教育质量进一步提高。

继续教育。录取继续教育新生 6 030 人、第二学历和专接本学生 819 人。举办各类专题培训班 133 个，培训人次再创新高。

**2. 师资队伍建设稳步推进**　创新引才方式，召开首届钟山国际青年学者论坛。全年引进国家特聘专家、"长江学者"等高层次人才 22 人，引进 4 名外国专家和 2 个外国科研团队，招聘教师 95 人、师资博士后 36 人。入选科学技术部领军人才、中组部青年拔尖人才等各类人才项目 38 人次。有序推进人事制度改革，制订教学、科研、社会服务等工作量核算办法，完善博士后"非升即走"制度；完成 2018 年专业技术职务评聘工作，聘任正高 36 人、副高 57 人；完成专业技术岗位晋级聘用工作，聘任教授二级岗 12 人、三级岗 29 人。提升薪酬待遇，提高绩效奖励、住房补贴、租金补贴和基本养老金等。积极推进养老保险改革。

**3. 科技创新能力不断增强**　年度到位科研经费 7.59 亿元，其中，纵向经费 6.46 亿元、横向经费 1.13 亿元。3 项成果获国家科学技术奖二等奖；获批国家重点研发计划项目 2 项、社会科学基金重大项目 2 项、自然科学基金项目 192 项；发表 SCI 论文 1 773 篇、SSCI 论文 40 篇；获省（部）级奖励 10 项，获授权专利、品种权、软件著作权 300 余件；与 Science 合作创办英文期刊《植物表型组学》。

作物表型组学研究重大科技基础设施列入教育部和江苏省共建计划。启动第二个国家重点实验室（作物与生物互作）培育建设。现代作物生产协同创新中心获省部共建；获批农业

农村部重点实验室建设项目 1 项，10 个省部级重点实验室、工程研究中心分别顺利通过绩效考核与验收评估。

**4. 社会服务工作成效显著** 成立社会合作处，第二次入选教育部精准扶贫精准脱贫十大典型项目，并在教育部教育扶贫论坛上作大会交流。致力服务国家乡村振兴战略，不断优化"双线共推"推广模式和"两地一站一体"大学农技推广服务方式。发布《江苏新农村发展报告 2017》。全年共签订各类横向合作项目 415 项，合同金额超 2 亿元。

**5. 国际交流合作持续深化** 响应"一带一路"倡议，启动"国际合作能力提增计划"。举办"2018 世界农业奖颁奖典礼暨'一带一路'农业科教合作论坛"。与密歇根州立大学共建联合学院顺利通过教育部专家评议，顺利启动"亚洲农业研究中心"第二批合作研究项目。新增"111"引智基地 1 项，新签和续签校际合作协议 29 个，完成聘专项目 116 项，聘专经费超过 1 000 万元。

鼓励师生出国研修访学，全年出国（境）访问交流教师 465 人次、学生 838 人。孔子学院影响力不断提升。

**6. 办学条件与服务保障水平进一步提高** 财务工作。学校财务状况总体运行良好。全年各项收入 21.55 亿元、支出 23.28 亿元。做好预算编制改革，强化绩效管理，推进政府会计制度实施。不断完善财务管理制度体系，正式启用公务卡结算管理。

校区与基本建设。全年完成基建总投资 8 974 万元，在建工程 8 项，维修改造 31 项。牌楼大学生实践与创业指导中心、第三实验楼一期陆续交付使用，二期工程有序推进，卫岗智能温室施工完毕。白马教学科研基地工程建设进展顺利。作物表型组学研发中心、植物生产综合实验中心获教育部立项，核准建设总经费 2.11 亿元。其中，计划支持经费 1.5 亿元。

图书、信息化与档案工作。建成网上办事大厅和今日校园移动应用平台，完成教师绩效考核信息系统构建。新增数据库 18 个，成立学校知识产权信息服务中心。档案信息化建设持续加强，完成年鉴编写工作。

资产管理与后勤服务。全年新增固定资产 1.47 亿元，固定资产总额达到 26.99 亿元。做好公房调配、资产管理与雨污分流建设工作。实施公务用车制度改革。完成"明厨亮灶"工程，完善社会化监管体系，推进后勤信息化建设。推进智慧医院建设，引进优质医疗资源，提升医疗服务水平。加强对经营性资产监管，积极推进校办企业体制改革，提高企业规范化建设。

审计和招投标工作。加强和完善审计制度与工作流程建设，认真开展重点领域和重点环节审计。全年完成各类审计项目 346 项，累计 11.09 亿元，核减建设资金 1 669.77 万元。完善招投标规章制度，明确规范标准，建成信息化管理平台，完成各类招标 420 余项，总计 2.67 亿元。

安全生产工作。开展实验室安全教育，建立安全责任体系，健全实验室安全常态化检查与整治整改制度，改进危废处置方法。强化信息管控，组织安全生产宣传、消防和应急救护演练，持续推进警校联动，切实保障校园安全。

改善民生工作。提高教职工薪酬待遇水平，调整校内岗位绩效标准、上下班交通费标准、退休职工基本养老金，提高老职工公积金和新职工住房补贴，全年增资总额近 7 800 万元。积极推进养老保险社会化改革。

### （三）不断加强党建和思想政治工作，为学校高质量发展提供坚强保障

**1. 不断加强与改进宣传思想工作**　坚持以习近平新时代中国特色社会主义思想为引领，加强党委对意识形态工作的领导，健全思想政治教育体制机制。成立学校意识形态工作领导小组与宗教工作领导小组，建立意识形态工作联席会制度。制订全面推进"三全育人"工作实施方案，构建思想政治教育大格局。结合纪念改革开放40周年、复校40年等契机，开展理想信念教育和爱国主义教育。加强马克思主义学院建设，不断深化思政课教学改革。

加强师德师风建设。举办首届教师节盛典，开设师德大讲堂。成立教师思想政治工作领导小组和师德建设与监督委员会，建立师德考察和监督机制，实行师德"一票否决制"。

深入推进"两学一做"学习教育常态化制度化。组织全校领导干部开展党的十九大专题学习培训。实施基层党组织"对标争先"建设计划，1个基层党委入选"全国党建工作标杆院系"。建立党员管理记实机制，发放党员活动证。

**2. 巩固加强基层党组织和干部队伍建设**　加强基层党组织标准化建设。制定学校基层党建工作标准及党组织书记抓党建工作述职评议考核办法，开展党组织书记述职评议考核。实施教师党支部书记"双带头人"培育工程，完成基层党建"书记项目"立项，开辟党支部书记工作室，1个教师党支部入选全国首批高校"双带头人"教师党支部书记工作室项目。深入推进党校教育培训改革创新，不断完善入党教育培养体系，全年累计发展师生党员955人。规范党费收缴、使用和管理，增强对困难党员、对口帮扶地区的帮扶力度。

深化党政干部管理制度改革。完成中层干部任期考核并开展新一轮换届聘任。修订完善处级干部选拔任用实施办法，优化选聘标准，拓宽民主选拔渠道，建立干部选拔任用工作责任追究机制与能上能下机制。新增3个正处级机构，增设14个处级岗位，新选拔任用正处级干部25人、副处级干部1人，退出领导岗位正处级干部12人、副处级干部4人，轮岗交流55人。严格落实干部个人有关事项报告制度，累计核查42人次，诫勉4人，批评教育6人。规范领导干部兼职和因公（私）出国（境）管理。

**3. 创新文化传播载体和文化育人形式**　打造校园文化精品。开展校园文化精品项目建设，创作话剧《金善宝》、舞台剧《校友馆的思索》、校园歌曲《启程》等文化作品；继续推进大师名家口述史编撰工作，完成"南农记忆"部分教授访谈录，书写大学与大地的史诗。深耕新闻报道的农业"土壤"，开展科普宣传，讲好南农故事。开设"秾华40年"栏目，完成学校英文网站改版。全年，共受到新华社、中央电视台、《中国教育报》等中央媒体报道126次。

**4. 凝聚多方力量与改革共识助推学校事业发展**　积极推进学校民主管理。召开第五届教职工代表大会第十二次会议，听取学校相关工作报告，征集提案16件，并逐一组织协调督办。统战工作继续加强。发挥好省统战工作协作片牵头单位作用，完成上级关于加强新形势下高校统一战线自查自纠工作。新发展民主党派成员23人，提交议案、建议和社情民意18项。深入推进共青团改革，全面加强团的建设。广泛凝聚校友力量，组织开展首届校友返校日系列活动，新建台湾校友分会等7个地方、行业校友组织，完成上海、广东等5地校友会理事会换届；新签捐赠协议23项，总计2 230万元，基金会资产总额突破亿元。成立离退休工作处，落实好老同志的政治待遇、生活待遇，切实发挥离退休老同志作用。

**5. 深入推进党风廉政建设**　建立健全全面从严治党主体责任体系，着力推动全面从严

治党向纵深发展。全面开展学校党委巡察工作。出台学校贯彻落实中央八项规定精神的实施细则。开展新任处级干部廉政谈话与党风廉政教育。严肃监督执纪问责。开展督导检查，加强重点领域监督。规范信访举报工作，全年共办理信访 35 件，处置问题线索 37 条，立案审查 3 件；约谈函询 31 人次，发送纪检监察建议书 2 份；给予组织处理 1 人、党纪处分 1 人、政纪处分 2 人。

各位代表、同志们！

2018 年学校各项事业取得可喜进展，办学水平与社会声誉显著提升，学校在《美国新闻与世界报道》"全球最佳农业科学大学"排名中列第 9 位，进入 QS 世界大学"农业与林业"学科前 50，首次跻身软科世界大学学术排名 400 强。这些成绩的取得，是广大师生员工团结协作、共同奋斗的成果。在此，我代表学校，向全校师生员工表示崇高的敬意和衷心的感谢！

### 二、今后一段时期的重点工作

在总结成绩的同时，我们也清醒地认识到，学校教育领域综合改革已进入"深水区"，已经由"增量改革"变为"存量改革"。学校的工作与当今世界高等教育发展趋势相比、与国家重大战略需求相比、与"双一流"建设的目标要求相比、与师生和校友的热切期盼相比，还存在不足与差距：

一是人才培养的中心地位还缺乏有力的制度支撑和政策保障，分类培养的模式机制需进一步优化；教育国际化程度和国际交流合作的深度广度有待进一步提高。

二是学科发展还不平衡，学科交叉集成的体制机制还没有实质性突破，人才引进与学科布局之间的匹配性还有待提高；学科建设的持续发力尚显不足，呈现"基础不强，高原不高，高峰不足"的现象。

三是重大原创能力、学术声誉、国际影响力与世界一流还有较大差距，引领行业和社会发展的标志性成果还不够，牵头承担重大项目能力不足，重大科技成果产出与转化能力仍需加强；高水平论文数量与论文引用率有待提升。

四是评价体系还存在重科研、轻教学，重个人、轻团队，重论文发表、轻社会贡献的倾向，基于水平和贡献的评价体系和薪酬体系尚未完全建立。

五是具有全球影响力的顶尖人才与创新团队数量还偏少，培养和引进力度有待加强，引进高层次人才的创新引领效应还未充分体现。

六是对社会需求的反应还不够及时，融入国家战略的意识、及时跟踪把握国家行业产业和地域重大问题的意识还不够强；在国家重大政策建议中的话语权不够。

七是适应学校管理重心下移的治理结构还不够完善，基层党组织的思想认识和组织抓力仍需加强；对学院部门及个人的考核评价机制还没有完全建立，办学活力尚未有效激发；干部队伍敢于担当、善于作为的作风还需加强；缺乏对"十三五"发展规划与综合改革方案实施的精准、动态考量。

八是办学空间、办学资源仍没有实质性突破，对新校区建设进程中，以及建成后如何发挥作用、可能存在的问题，考虑、设计的还不全面。

面对以上问题，在今后一段时期，我们要围绕国家重大战略需求、世界一流农业大学建设目标、"双一流"建设需要与综合改革中心任务，重点做好以下几个方面的工作：

一是深入贯彻落实习近平新时代中国特色社会主义思想和党的十九大精神，切实加强党委对学校工作的全面领导，坚决倡导依法治校。

二是充分科学论证历史新阶段学校的发展定位，积极谋划未来 5 年、15 年甚至更长时间的学科布局，建立以社会需求和学术贡献为导向的学科专业动态调整机制，不断拓展新的学科生长点，增强学科发展后劲，以"一流学科"建设推进学校高质量发展。

三是坚持立德树人根本任务，面向 2035 教育现代化，牢牢抓住全面提高人才培养能力这个核心点，围绕新农科、新工科建设进行人才培养改革，构建"一体化"育人体系，开展 2019 版人才培养方案修订工作，全力培养德智体美劳全面发展的社会主义建设者和接班人。

四是全面推进"双一流"建设，积极推进内部治理结构改革和资源配置机制改革，持续推进"十三五"发展规划和综合改革方案实施，提高办学资源利用效率。

五是贯彻落实《关于全面深化新时代教师队伍建设改革的意见》，深化人事制度改革，继续加强师资队伍建设，不断改革教师聘任、考核及分配制度，加快建设高素质创新型教师队伍，为一流人才培养奠定坚实基础。

六是推进重大科技基础设施建设和第二个国家重点实验室筹建工作，深化科研创新改革，促进学科交叉融合，提升基础研究水平，产出原创性成果，提升服务乡村振兴战略等国家重大战略需求的原始创新能力。

七是积极拓展办学资源，大力争取主管部门、各级政府部门和行业企业的支持，充分利用校友资源，同时也要通过服务贡献换资源，不断提升服务社会的意识和能力。

八是加快"两校区一园区"建设，特别是新校区建设进度，打造美丽校园、绿色校园、智慧校园、平安校园、和谐校园，探索多校区管理运行机制，提升校园服务保障水平，构建与世界一流大学相适应的校园环境和综合保障体系。

各位代表、同志们！

2019 年是中华人民共和国成立 70 周年，是全面建成小康社会、实现第一个百年奋斗目标的关键之年，是深入贯彻落实全国教育大会精神的开局之年，是基本实现教育现代化的攻坚之年，是"十三五"规划即将收官、"十四五"规划即将启动、"双一流"建设即将验收的承启之年，也是学校第十二次党代会召开之年。新时代赋予新使命，新阶段要有新作为，我们要深入学习贯彻习近平新时代中国特色社会主义思想，扎根中国大地办大学，齐心协力、勇于担当，以更深层次改革和更高水平创新，推动学校更高质量发展！

# 奋斗的青春最精彩

陈发棣

（2019 年 6 月 20 日）

亲爱的 2019 届毕业生同学、各位老师、各位来宾：

大家上午好！

首先，我代表学校，向通过努力奋斗顺利完成大学学业、取得学位的同学们致以最热烈的祝贺！向专程前来参加毕业典礼的家长朋友们表示热烈的欢迎！

同学们，几年前，你们在最好的年华遇见南农。几年来，庄严的主楼、参天的梧桐见证了你们的奋斗与成长！你们常常"仰望星空"，展现了南农学子的创新思维；你们初登学术舞台，展现了南农才俊的卓越才华；你们服务"三农"与社会，展现了神农传人的责任担当；你们笑迎各方友人，展现了楠小秾的热情好客。

几年来，你们勤于思考、拼搏进取，收获累累硕果：你们中，有为连续 3 年蝉联 iGEM 大赛金奖作出重要贡献的生科院吴亚轩同学；有"创青春"全国大学生创业大赛金牌团队的农学院王宇同学；有"中国大学生自强之星提名奖"获得者的园艺学院施峥嵘同学；有深入基层和农村、用热血谱写社会实践新篇章的工学院陈子健同学；还有创作上演话剧《北大荒七君子》的人文学院张紫雯同学，等等。无不展现你们勇立潮头、争先创优的奋斗气概，更体现了南农学子的新时代担当。在此，我代表学校向你们表示衷心的感谢！

大学里的一千多个日日夜夜，是你们奋斗和成长的黄金岁月，你们收获了知识，增长了能力，修炼了品行；你们见证了学校的"大发展"，母校见证了你们的"小成长"，你们每一个小小的成长，都是母校收获的最大惊喜与满足！

今天，你们踌躇满志、整装待发！即将开启新的征程！借此机会我给大家提几点希望。

第一，修身养德，做栋梁之才。

如果把大学比作广袤、富饶的农田，那你们就如同生长其中的壮苗，经过老师们的精心引导与培育，同学们已处于成长的"拔节孕穗期"。在此，希望同学们做自身德行修为的终身"园丁"，"该施肥时施肥、该浇水时浇水、该修剪时修剪"。使自己成为政治强、情怀深、自律严、人格正的贤德之人，成为"可信、可敬、可靠"的神农传人。

同学们，毕业后你们将经历"抽穗扬花期""坐果发育期"，这些时期都是人生成长的关键期。希望同学们能够勇敢地去经历、去实践。只有在不断地经风雨、见世面中，才能长才干、壮筋骨；只有在深入实践中不断锤炼，方能在"入山问樵、入水问渔"中练就"逢山开路、遇水搭桥"的本领，才能成为国家的栋梁之才！

第二，用奋斗的底色书写靓丽的青春。

同学们，奋斗是南农人的底色，一代代南农人用奋斗书写了南农百余年辉煌。

今天，你们将走出校门、走向社会，开始独立面对挑战与机遇。我希望同学们传承南农人奋斗的基因，勇于担当，矢志奋斗，做实干家。社会洪流浩浩荡荡，不进则退，唯有不停奋斗，不断成长，才能立于不败之地，才能在今后的"社会大考"中取得骄人的成就。"道路千万条，奋斗第一条"，要知道：奋斗是青春最亮丽的底色。奋斗的青春才是无悔的，奋斗的青春才是精彩的！"自信人生二百年，会当水击三千里"。让奋斗成为青春的底色，让奋斗的青春在农业大业中绽放异彩！

第三，让奋斗的青春与家国情怀同频共振。

同学们，中华民族历来崇尚家国大义，"家是最小国，国是千万家"。作为炎黄子孙、农耕传人，秉承中华文化基因、努力为国奋斗是我们义不容辞的责任。当今，中国发展进入新时代：经济建设成就斐然，科技发展日新月异，生态环境不断优化，民生水平持续提高！其中，农业是国家自立、社会安定的基础，作为一名新时代的神农传人，更要"人民的衣食铭刻心中，祖国的强盛身当重任"，更要"心中为念农桑苦，耳里如闻饥冻声"。主动服务国家发展战略，积极投身粮食安全、美好生活、乡村振兴和美丽中国建设，让中国近14亿人的饭碗牢牢端在自己手上，让天更蓝、水更秀、山更青！让身运、家运、国运共辉煌！

同学们，毕业后的你们如同母校播撒于神州大地的一粒粒种子，愿你们：做一粒传承南农精神的种子、一粒推动农业发展的种子、一粒托起中国梦的种子！

今日，你们以母校为荣；明日，母校以你们为荣。母校乐意分享你们的成功与喜悦，更愿意与你们一同面对挫折与困境！母校永远是你们的坚强后盾，是你们永远的家！欢迎常回家看看！

最后，祝大家前程似锦！幸福安康！

# 以问题为导向，坚定信心，全面深化改革，推动我校在农业特色世界一流大学建设新征程中阔步前行

陈发棣

（2019 年 8 月 31 日）

同志们：

新学期好！首先，我代表学校，向暑期坚守岗位、辛勤工作的师生员工表示衷心的感谢！

2019 年，是新中国成立 70 周年，是深入贯彻落实全国教育大会精神、实现教育现代化的关键之年；2019 年，也是我校全面实现"十三五"发展规划的攻坚之年。我们即将召开第十二次党代会，描绘学校未来发展的新蓝图；全面启动人事制度改革，旨在打造一支充满活力的高水平师资队伍；切实推进"以本为本"教育教学改革，着力建设一流本科教育；我们还将迎来"双一流"建设中期评估、第五轮全国学科评估等重要"考试"。学校发展将迎来一系列新的机遇和挑战，处在新的历史关头，面对新目标、新战略、新征程，要求我们要有坚如磐石的信心、只争朝夕的干劲、坚韧不拔的毅力、敢为人先的锐气，推进学校的改革、建设和发展不断取得新突破。

今天我主要讲三个方面的内容："十三五"发展目标达成度；当前学校发展面临的主要瓶颈问题；下一步工作思路与举措。

## 一、回顾建设成效，对照分析"十三五"目标达成度

2016 年，学校提出：经过"十三五"建设，若干核心指标实现重点突破，部分优势学科率先进入世界一流学科行列或前列，聚集一批国际一流的学术大师和学术领军人才，培养具有全球眼光的拔尖创新人才，提升科技创新能力和服务社会能力，形成独特的核心竞争力，使学校的整体办学水平和国际办学地位跃上新台阶，初步实现世界一流农业大学的建设目标。2020 年，"十三五"建设即将收官，"双一流"建设也将迈入决胜阶段，非常有必要分析既定目标的达成度，以便我们查找不足，明确今后努力的方向。总体上，"十三五"发展规划指标的达成度可分为提前完成、有望完成、差距较大三类。

**1. 已经提前完成的指标**　学科建设指标：原定目标，7 个学科群进入世界一流学科行列（也就是 ESI 前 1‰），目前已经有 8 个学科群进入，其中 2 个学科群进入世界一流学科前列（也就是 ESI 前 1‰，也已经达成）；1～2 个一级学科全国排名第一或前 5%（参照第四轮学科评估结果，A＋和 A 为前 5%，我们有 5 个），5～6 个一级学科全国排名前三或前 10%（也就是 A 类学科，目前我们有 7 个）。

人才培养指标：计划全日制在校本科生规模稳定在 17 000 人左右（目前在校生 17 278

人），各类在校研究生规模达到 10 000 人（目前全日制和专业学位一共是 10 988 人），本科生具有海外学习经历比例达 5% 以上（目前是 8.38%），博士生海外研修比例达 30% 以上（目前是 40.7%）；国家级教学成果奖 1～2 项（目前是 3 项）、国家级教学类实验中心 1 个（2016 年后，国家不评教学类实验中心了，改以项目形式评选，我们一共入选 3 项）。

科学研究指标：累计发表 SSCI 论文 100 篇（目前发表 113 篇），新建 2 个左右国家级科技创新平台（目前新建 3 个：现代作物生产省部共建协同创新中心、动物消化道营养国际联合研究中心、中国-肯尼亚作物分子生物学"一带一路"联合实验室）。

基本建设指标：统筹校区资源，积极推进新校区建设，改善教学、科研及生活条件（3 年多来，我们新建了第三实验楼、智能温室；扩建了牌楼宿舍，改善了学生宿舍条件；白马园区各项功能逐步启用；新校区也已奠基，各类规划正在有条不紊地推进）。

**2. 有望在"十三五"末完成的指标** 主要是科学研究和社会服务指标：累计发表 SCI/EI 论文 7 000 篇（目前发表 6 345 篇），新增国家级科技奖励 6 项（目前已完成 3 项，今年又有 1 项通过答辩），5 年到位科研总经费达到 30 亿元（目前到位经费 26.14 亿元）；实现成果转化和横向经费总收入 5 亿元（目前收入 4.5 亿元）。

**3. 差距较大的指标** 师资队伍建设指标：新增院士 1～2 人（目前还没有突破），新增国家特聘专家、"长江学者奖励计划"特聘教授、国家杰出青年科学基金获得者 20 人（目前新增 8 人，今年新增杰出青年科学基金获得者 2 人、"长江学者"公示 2 人），新增"青年千人计划"专家、"长江学者奖励计划"青年项目、国家优秀青年科学基金获得者 30 人（目前新增 13 人）。

人才培养指标：学历留学生 800 人（目前是 491 人），生师比 16 左右（目前是 19.52）。

科学研究指标：教育部高校人文社科成果奖励 2 项（目前尚未有所突破）。

社会服务指标：推广新品种、新技术、新产品、新模式 2 000 项以上（目前是 700 余项）。

财务与资产指标：至 2020 年，学校年经费总收入达到 30 亿元（去年是 22.09 亿元），资产总值达到 70 亿元（目前是 52.28 亿元）。

应该说这些指标与既定目标差距巨大，各职能部门要主动作为，要认真思考、积极谋划，要有具体的举措，任务到人，要扎实推进，力求突破，努力达成既定目标。

总之，回顾近年来的工作，学校的人才培养体系得到进一步完善，科技创新取得多项突破，师资队伍建设成效显著，社会服务工作稳步推进，国际交流合作取得新进展，服务保障能力进一步提升，学科实力与国际影响力大幅提高。这些成绩的取得，离不开全体南农人的辛勤付出和无私奉献。在此，我代表学校，向全体师生员工，尤其是常年奋斗在一线的老师和同学们，表示衷心的感谢和崇高的敬意！

## 二、着眼更高定位，认真梳理主要瓶颈问题

当前，我国正处于由高等教育大国迈向高等教育强国的关键历史时期。我校必须准确把握世界高等教育、尤其是我国高等教育的发展趋势，抓住机遇，顺势而为，超前布局，以更高远的历史站位、更宽广的国际视野、更深邃的战略眼光，对推进学校更高水平的发展作出总体部署和战略设计。从上面的分析可以看出，学校近几年的建设发展取得了良好成效，在一些领域也走在了中国高等农业教育发展的前列。但是，我们也必须清醒地认识到，立足于

世界一流的更高奋斗目标来看，学校的发展形势依然严峻，还有很多问题亟待解决。包括：

**1. 师资队伍建设方面** 我校教师队伍整体水平和质量正在稳步提升，师资的年龄、职称、学缘等结构指标均得到明显改善。人才是师资队伍建设的核心要素，从高层次人才数量、分布等关键指标来看，我们与部属农业院校相比，仍存在较大差距。

一是高层次人才的数量不足。通过截至 7 月的人才数量统计发现，中国农业大学的高端人才（院士、国家特聘专家、"长江学者"、杰出青年科学基金获得者等）有 88 人次、华中农业大学 50 人次，而我校仅有 31 人次；在四青人才方面，中国农业大学有 52 人次、华中农业大学 46 人次、我校 33 人次，尤其是青年千人数量，我们仅有 6 人，远低于中国农业大学和华中农业大学的 13 人和 17 人，四青人才队伍建设亟待加强。

二是人才发展缺乏总体规划和顶层设计，部分传统优势学科存在人才瓶颈。学校、学院均未建立人才总量、结构发展的总体规划。从不同学科人才队伍来看，相较于中国农业大学和华中农业大学，我校农林经济管理、公共管理、植物保护 3 个学科的高端人才具有一定优势，而生物学、兽医学、畜牧学高端人才明显不足。

三是考核和薪酬体系不够科学。聘期考核机制尚未实行，年度考核基本流于形式。评价体系还存在重科研、轻教学，重个人、轻团队，重论文发表、轻社会贡献的倾向，绩效优先，基于水平和贡献的评价尚未完全建立。薪酬体系偏偏平化，人才津贴体系不完善，薪酬的激励作用发挥不充分。

**2. 人才培养方面** 我们积极开展了一些富有成效的改革探索：包括推进本硕博培养体系的贯通，搭建"本研衔接"的人才培养"立交桥"，形成了"寓教于研"的人才培养"方法链"；以卓越农林人才教育培养计划为契机，通过 8 个专业试点开展分类培养，确立了"大类招生、按类培养、专业分流、专业培养"的人才培养模式，率先启动了"农业人工智能专业"的建设等。同时，也要看到，我们的教育教学改革与新时代、新农科的契合度还不够。

一是在国家高考大类招生改革背景下，对农业高校招生尤为不利。以第一批招生改革的浙江省为例，自 2017 年实施"专业＋院校"平行投档以来，中国农业大学、西北农林科技大学 2017 年招生名次降幅在 1 000 名以内，华中农业大学 2017 年降幅在 2 600 名；沈阳农业大学降幅最为明显，2017 年一本线上断档，下降 3 万名，2018 年继续下降 3 万名，2019 年缩减招生计划后回升 1 万名。目前，我校在浙江省投放的都是比较热门的专业，我们还积极优化专业投放和加大招生宣传。所以，浙江生源质量还是稳步提升的。但 2021—2022 年改革全面铺开后，所有专业直接对外招生，包括一些冷门专业，届时很有可能出现生源排名大幅下降的问题。应该说，大类招生改革后，"一本线"上招生院校和计划增加，农业院校和农科专业普遍不受考生和家长青睐，竞争压力巨大！此外，我校大类专业组合不尽合理、个别大类招生计划过多、部分大类专业较为冷门，大类招生方案仍待进一步完善，亟须与国家教育改革要求紧密对接。我们必须积极采取措施加以应对。

二是人才培养中心地位的制度支撑和政策保障还应进一步加强。课程体系不够完善，教学仍以传统的方式方法为主。本科生专业知识面偏窄，动手能力不强，难以与社会需求顺畅对接。我们以康奈尔大学等世界一流涉农高校为样本进行研究发现，跨学科专业设置及人才培养制度设计是世界一流涉农高校的共性特征。

如康奈尔大学积极推进跨学科专业设置，植物科学已建设成为交叉本科专业，涉及的学科包括作物学、园艺学、土壤科学、植物生物学、植物遗传学和植物病理学等。

加利福尼亚大学戴维斯分校的涉农课程体系中广泛融入了人文、艺术领域的课程，包括历史、经济、管理、教育、心理学、人类学和艺术学等。

霍恩海姆大学注重以国家、地区经济和社会发展对农业生产的重大需求为中心，提升农业知识和技术的时效性。以作物学为例，按照种质创新、育种新技术、新品种选育、良种繁育等科技创新链条设计，内容涵盖基础研究、前沿技术、共性关键技术、品种创新与示范应用等，课程体系涵盖了产业链核心阶段的关键知识内容。这些都值得我们学习借鉴。

再看我们学生的升学与出国情况。近年来，我校学生升学率虽有小幅提升，但在部属农业高校中排名第四，2018年仅为39.8%，与其他几所高校存在较大差距，中国农业大学达57.8%，华中农业大学46.9%。出国率虽然逐年递增，排名暂列第二，但与中国农业大学也还有较大差距。中国农业大学在2015—2018年间，本科生出国率始终保持在17%以上，我们去年刚刚超过8%，还不到中国农业大学的一半。

研究生生源质量下滑严重。近年来，全日制"985、211、双一流"硕士生源数占比不到三成，博士生源占比也仅为六成左右。

**3. 学科建设方面** 根据世界第三方权威评价机构发布的相关信息，我校整体建设及学科发展表现出比较明显的成长潜力。2016年底以来，学校ESI学科整体排名已从全球959位上升到目前的819位，农业科学从46位上升到20位，植物与动物科学从119位上升到68位，环境与生态学从482位上升到372位。但也存在着学科发展不平衡、交叉融合不够等老问题。

一是学科发展不平衡。高峰学科不足，部分传统优势学科呈下滑趋势，高原平坦；基础学科不强，理工不足，人文薄弱，部分学科发展缓慢。农业等优势学科的引进人才较多；而一些需要重点发展和一些相对弱势的学科则难以引进人才。从2018年国家自然科学基金资助数据来看，4所部属农业院校的优势均在生命学部，但在除管理学部以外的其他学部，我校获资助项目少于其他3所高校。

二是学科交叉创新的推进力度需要继续加强。目前，除了作物表型组学研究中心以外，其他学科交叉融合更多地还停留在方案设计上，尚无实质性的突破。新兴学科、交叉学科、ESI潜力学科等的新增长点不足，对我校"双一流"建设和未来综合竞争力将产生不利影响。

**4. 科学研究和社会服务方面** 近年来，学校在科研经费与平台、高水平科技成果与社会服务等方面均取得了一定突破。在刚刚发布的2019年国家自然科学基金项目上，我校获批的资助数首次突破200项，创造了历史！然而，我们在重大原始创新能力、学术声誉、国际影响力等方面与世界一流还有较大差距。

一是重大原创性成果培育机制有待加强。针对国家重大战略需求组建攻关团队、牵头承担国家重大科技项目的能力还有待进一步提升，及时跟踪把握国家行业、产业和地域重大问题的意识还不强，引领行业和社会发展的标志性成果还不多，科研成果的熟化度不高，转化效率和社会效益有待提升，支撑重大成果培育产出的政策和制度有待完善。

二是亟须建立健全学术特区运行机制。从世界一流大学来看，瓦格宁根大学在学科建设上，普遍实现了校内学科的交叉融合，如植物科学学部设有园艺供应链研究组，农业技术与食品科学学部设有人类营养研究组，环境科学学部设有景观园林研究组等；从国内一流大学来看，浙江大学设立求是高等研究院，实行单独行政管理；上海交通大学成立自然科学研究院，研究人员由专兼职人员、访问教授和博士后组成，实行 3 年一次国际评估，研究院同时兼具研究生招生培养功能；华中科技大学脉冲强磁场实验装置重大科技基础设施，近 5 年来已为包括哈佛、剑桥等世界一流高校在内的全球 69 家科研单位提供了 900 余项科研服务，为其入选"双一流"学科提供了重要支撑。

目前，我校已成立作物表型组学交叉研究中心作为"学术特区"试运行，但先行先试的配套管理制度、运行机制还不完善；缺乏交叉学科研究、工程建设和实验技术等高水平团队与人才，尚不能满足先导研究、重要基础研究和交叉前沿技术研究支撑需求。

三是科研成果奖励机制需改革完善。现行的科研奖励机制在促进学校科研工作的发展上发挥了重要作用。随着学校事业的发展，目前主要依靠期刊影响因子及学科排名的科研奖励评价方式已不能满足形势变化，对更高水平的科研论文和成果产出激励作用有限，无法更好地实现量变到质变的跨越式发展需求。

此外，人文社科研究不够接地气，论文数量和论文引用率有待进一步提升；在国家重大政策建议中的话语权不足，缺少"南农声音"。

**5. 机构改革和治理结构方面**　　目前，适应学校管理重心下移的治理结构还不够完善，机构设置和岗位职责有待优化，办学活力还待进一步激发。

一是学校现有机构规模与管理效率不成比例。华中农业大学最近对机构进行了改革，成立了本科生院、人力资源部、科学技术发展研究院、财务与资产管理部、资产经营与后勤保障部等 20 个部门，共有管理人员 333 人（不含租赁人员和学院小机关人员）。相比而言，我校目前机关部处有 36 个，共有管理人员 564 人（不含租赁人员和学院小机关人员），数量偏多，职能分散，同时存在机构边界模糊、职能交叉重复等现象，总体运行水平和效率与世界一流大学差距较大。

二是管理岗位工作职责设置欠科学，存在工作量饱满程度差异性较大，部分岗位工作效率不高，甚至有相互推诿的现象。管理人员的考核方式主要以定性考核为主，缺乏定量考核，干多干少一个样，工作主动性和积极性有待进一步激发和调动。干部队伍敢于担当、善于作为、主动谋划、自我加压的工作作风还需加强。

**6. 校园信息化建设方面**　　"十三五"以来，学校已建成科学研究、社会服务、财务报销等网上办公系统，对学校管理服务效能提升起到了积极作用。但与兄弟高校相比，我们信息化建设已经落在后面了。

一是学校信息化建设顶层设计应加强，全校一盘棋的指导思想和建设措施反映不够充分，总体建设进度较慢，信息化建设的重点领域不够突出。2016 年至今，学校信息化建设项目总共立项 92 个，建设经费逾 2 000 万元，目前学校有 170 个网上办公服务应用系统（含老版 OA、教务系统等），没有良好的整合与协调，业务系统存在小而散、重复建设的现象，影响学校信息化建设的整体效率。

二是校内信息系统间数据共享还远没有实现，尤其是人事、教务、科研、财务、资产等基础数据仍存在信息孤岛现象，严重降低了业务系统的使用效率，"一套数据走校园"的目标难以实现，办事的效率没有得到根本改观。

**7. 学校资产管理和外部资源获取方面**　　学校资产管理意识不强、效益有待提升。华中农业大学每年无形资产获利向学校上缴达 2 000 万元，我们的资产收益相对较少，缺乏科学的资产管理抓手。如何盘活学校现有资产，建立资产有偿使用机制，如何充分发挥经营用房、实验温室等有形资产和学校声誉、商标等无形资产的价值与效用。此外，学校向政府部门、事业单位、行业企业主动争取资源的意识有待加强，能力有待提高。

**8. 新校区建设方面**　　新校区建设不仅是关乎学校发展的大事，也是关系每一位教职工切身利益的大事。目前，新校区已完成单体方案设计、智慧校园和能源专项规划。学校正在加快推进土地征转、新校区一期建筑和专项设计工作。接下来，学校还要积极探索多校区管理运行机制，构建科学、高效、联动的校区发展体系。如何协调南京市保障新校区建设进度，研究学院布局和配套建设教师公寓；如何高标准配套硬件设备建设、管理服务措施等，都需要提前思考和谋划。

**9. 国际化工作方面**　　近年来，我校国际交流与合作形成了新的亮点和特色，产生了良好的国际国内影响。中外合作办学取得突破，"南京农业大学密歇根学院"正式获批；组建了2个高水平国际合作平台；新增"111计划"项目3项；孔子学院建设和教育援外工作实效突出，得到国家领导和上级部门的充分肯定。

但也应该看到，学校在国际化发展战略研究方面还比较滞后；主动对接"一带一路"倡议及"农业走出去"战略不到位；人才培养国际化依然较为薄弱，在中国大学国际化相关评价指标中处于同类重点院校中下游；留学生生源质量和培养质量有待提升，国际学生管理工作水平有待提高；部分国际科技合作平台运行及产出效率一般。

## 三、功成必定有我，扎实推进各项改革举措

同志们，建设世界一流大学是新时代赋予我们新的历史使命。"世界一流"就应该有一流的学科专业、一流的人才培养、一流的师资队伍、一流的科学研究、一流的社会服务、一流的国际合作、一流的保障设施、一流的管理服务和一流的大学文化。通过刚才的分析，我们已经看到制约学校发展的主要问题，接下来我们就要在"干"字上下真功夫、真下功夫。

学校事业的发展根本在人，关键靠制度！我们要认真梳理、修订学校规章制度，为干事创业、真抓实干的人给予制度撑腰，充分调动全校师生员工的积极性，开启推动学校世界一流发展的新征程。

**1. 强化学校战略研究，做好顶层设计**　　第一，学校要整合战略科学家、研究智库、杰出校友、相关学科专家等优势资源，成立发展规划和战略研究中心，瞄准世界前沿，对接国家重大需求，组织高端战略对话，汇聚高端战略人才，以多学科融合方式，开展国家政策、学科交叉、人才发展、学院布局、资源配置等战略研究，为学校宏观决策提供科学高效的咨询和建议。当前，全校上下要解放思想，转变观念，打破思维定式的限制，"跳出农科看农科"，抓紧凝练出学校下一步发展的新战略，确立世界一流大学的发展目标。同时，精准选树对标高校（如瓦格宁根、加利福尼亚大学戴维斯分校）开展对标找差。制订对标建设任务细化方案，精准出台赶超举措，逐步缩小同标杆高校之间的差距。

第二，制订学校深化改革行动方案（改革路线图）。研制"广覆盖、全领域"发展问题的破解方案，将学校跨越攻坚的"战略图"呈现在全校师生面前。更为重要的是，在做好顶层设计的同时，学校还要稳扎稳打，制订分步实施"战术"方案，一年主攻1~2个方向，善作善成，久久为功，不断作出让大家看得见、体会得到、真心拥护的改革成效。当前改革的重点领域有：全面推进人事制度改革、"新农科"背景下的一流本科教育改革、校园信息

化建设、学校机构职能梳理与优化、资源分配机制改革等。

**2. 以现代人力资源理念深化人事制度改革**　具体人事制度改革我在 7 月 20 日已经讲过，今天重点强调人才工作。

第一，各学院要结合自身实际，重点做好师资队伍发展规划，尤其是高层次人才和科研团队发展规划。科学制订发展总规模、职称和学历结构、引进和培育方案等，实行精准引才，引进一批高层次人才，培育一批具有示范引领作用的高水平团队，保障师资队伍高水平建设和可持续发展。

第二，改革人才引进机制，加强对学院人才队伍建设的绩效考核。各学院要"以人才引人才"，发挥知名教授的学术影响力，利用科研合作、国际会议、访问交流等多种途径，与海外人才建立密切的合作关系，为学校搭建有效的引才渠道；还要"以感情留人才"，帮助人才凝练科学研究方向，做好职业发展规划，协助做好项目申报，助力尽快实现科研突破，让人才找到集体归属感，把引进工作做实做细。在学院考核体系中，要将人才引进成效作为考核学院的重要指标，对于工作成效显著的学院给予人才引进绩效奖励。

第三，改革人才考核和收入分配机制。完善"钟山学者"计划，改进人才遴选和评价方式，突出品德、能力和业绩导向，科学设置考核评价周期和考核办法，激励高层次人才投身重大原始创新研究；加大对具有较大学术潜力青年教师的培养力度，点燃他们的科研激情和希望；同时，完善人才协议工资制、项目工资制等绩效工资分配方式，健全人才津贴体系，拉开收入差距，建立以业绩和贡献为核心的收入分配机制。

**3. 始终把一流人才培养作为立校之本**　第一，始终坚持"立德树人"根本任务，构建"一体化"育人体系。扎实推进"以本为本"的教育教学改革，重点围绕"新农科""新工科""新文科"建设需要和大类招生改革要求，修订人才培养方案，构建"农科特色通识核心课程体系"。成立"金善宝书院"，探索荣誉教育体系，加强拔尖人才培养，基本思路是：按五大学部搭建"5＋1 教育框架"，即植物科学、动物科学、社会科学、生命科学、工程科学 5 个本科试验班和五年制直博生计划。推进科教协同、产教融合的人才培养模式，完善本研衔接育人机制，培养具有"世界眼光、中国情怀、南农品质"的拔尖创新和复合应用型人才。

第二，推进大类招生改革。全面对接国家高考招生改革要求，科学设置跨学院组合的招生大类，建立与大类招生相适应的"通识教育""专业分流""专业教育"等人才培养机制，努力培养"宽口径、厚基础、广适应""能够解决人类生存与健康问题的卓越领导者"。

第三，以学科交叉推动高质量复合型人才培养。借助学科交叉融合培养复合型人才，是世界一流涉农高校人才培养模式的典型特征。人才培养改革要在学科交叉融合和新兴学科的基础上，以"人工智能"专业获批为契机，探索设立诸如"数据科学与大数据技术"等具有未来发展潜力的新兴专业，优化知识和能力结构，拓展人才培养的新内涵及实施路径，努力将学生培养成满足未来产业需求的高素质人才。

**4. 加快交叉融合，不断拓展学科增长点**　第一，要优化学科布局，发挥作物学、农业资源与环境、植物保护、农林经济管理 4 个 A＋学科的龙头效应，进一步突出农业和生命科学优势与特色，同时加强人文社科和基础学科的建设力度，建成"强势农科、优势理工科、精品社科、特色文科"；对于一些缺乏竞争力、生源少、就业难的学科要进行调整，推动学校向多科性世界一流大学迈进。

第二，凝练一批交叉学科或学科新方向。科学谋划人工智能、智慧农业、营养与健康、大数据研究等新兴学科，用现代生物技术、信息技术、工程技术改造和提升传统优势学科，促进农学与经济学、管理学、工学等学科交叉融合，以重大原创性成果引领学科发展方向，不断拓展新的学科增长点，增强学科发展后劲。

**5. 对接国家需求，提升科技创新能力** 第一，加强服务国家战略、区域行业需求的科技创新能力，追踪学科前沿研究，凝练研究方向、寻找研究主题、搭建研究平台，协同开展科研攻关，积极承担国家重点研发计划和重大专项任务，筹建第二个国家重点实验室等高水平科研平台，在原始创新和服务国家战略中取得重大突破，作出应有贡献。

第二，完善学术特区机制，重点推进作物表型组学重大基础设施建设；完成交叉学科建设处岗位设置，确定功能定位；实施 PI 制度，探索年薪制、项目制的薪酬管理制度。

第三，研究建立"学校＋学院"的二级科研奖励体系。在学校人事制度改革全面推行后，学校层面主要奖励标志性、引领性的科研成果；其他论文和成果将纳入学院考核奖励体系，由学院按实际情况进行绩效考核与奖励分配。

**6. 推进机构改革，激发干部干事创业热情** 第一，做好"三定方案"，适度压缩机构规模。世界一流大学需要有一流的管理和服务。依据国家有关规定，科学测算，做好学校"三定方案"，即定部门职责、定内设机构、定人员编制。学校要重点借助新校区建设和学科布局调整的历史契机，打破管理上的条块分割，理顺业务流程，优化机构设置和人员配备，合理做好人员分流工作，完善配套的规章制度体系，进一步提升管理水平和效率。

第二，推进校院两级管理体制改革，实现管理重心下移，把更多的责任权力下放到学院，发挥学院在人才培养、学科专业建设等工作中的主体作用。同时，加强对学院的绩效考核，不断激发学院自我管理和自主发展的积极性，构建"明晰关系、明确职责、规范权限、严格管理、强化考核"的校院两级管理体系。

第三，坚决倡导依法治校，减少人治。加强师生员工的法律素养，提高干部依法办事意识和能力，完善学校制度规范体系，用制度和规范来保障改革、推动发展、化解矛盾，营造公平公正、风清气正的氛围。坚决不让在一线埋头苦干的老实人吃亏。

第四，提高干部干事创业热情。身为领导干部，就要有担当，有多大的担当才能干出多大的事业。学校将大家放在领导干部这样一个岗位上是信任，更是重托，大家要站在学校建设发展的高度上，将对未来发展的思考和规划落到实处，带头作为，真抓实干，主动加压，做到心中有底、脑中有策、手上有招、善作善成。同时，按照"三个区别开来"的要求，建立容错纠错机制，健全绩效为核心的量化考核体系，激励广大干部改革创新、放手干事业。

**7. 全面提升学校信息化建设水平** 一是加强顶层设计，打破部门之间的堡垒，围绕服务师生，系统梳理并科学构建涵盖学校所有业务流程体系的信息化模块，以人为本、数据为核心，建设学校网上办事服务应用。在信息化建设时，要按照学校事业发展需要确立项目建设优先级别，充分考察立项项目的可执行性及与学校统一平台的兼容性、数据共享性。以"微应用"的建设理念，构建功能性强、可扩展性好、用户体验优的网上办公服务平台，为学校智慧校园建设奠定重要基础。

二是加强对数据资产的统一规范管理。每个数据都应确定唯一的数据来源。数据的生产应用实行"谁生产谁负责、谁使用谁提出"的准则，加强数据标准的规范执行，保障数据质量，为数据"多跑路"打下基础（刚才说了，我们现在一些业务，虽然在不同部门，但都是相同的。我就举一个例子，像我们的门禁系统，都是门禁系统。但是，学生宿舍的门禁、校门口的门禁、办公楼的门禁，都是不一样的。它的数据管理，都是门禁系统，不同部门都没打破。所以，一定要统一数据的规范管理）。

三是依托"互联网＋"现代技术支持，提升管理水平和服务效能。将信息化与教育教学、科学研究、社会服务、学校管理等工作深度融合，建立线上线下有机结合的办公机制，实现日常办公数字化、虚拟化，让数据"多跑路"、让师生少跑路，简化办事流程，方便师生员工，在信息系统中已存在的材料，尽量做到不再重复填报（上一次校长办公会我们也已经明确，请董校长、闫校长牵头，成立专门的学校信息化建设领导小组，全力推进学校信息化建设、智慧校园建设）。

**8. 拓宽渠道，多方面筹措办学资源** 一是服务国家和地方战略赢得政府支持。我们要积极服务乡村振兴、创新驱动、长三角一体化等国家战略，积极参与"强富美高"新江苏建设，做好成果转化、政策咨询与智库工作，建成一批高水平研究中心，集聚一批"高精尖缺"领域人才，围绕相关重大科技问题组织重大项目、形成国际领先合作成果，加快形成产学研紧密结合的农业科技创新体系，给政府、科研机构和企业带来良好效益，实现共赢。

二是提升资产使用效益。加大对资产经营公司、翰苑宾馆、继续教育学院以及部分学院等具有创收功能单位的管理，促进资产提质增效；盘活知识产权、社会声誉等学校无形资产，探索完善学校无形资产市场化运营体制。

三是充分利用好校友资源。校友资源是我们得天独厚的宝贵财富。我们要加强与校友的交流，特别是做好服务，实现学校和校友的互惠互利、共生共赢。同时，还要充分利用校友在政府、行业内的关系和影响，努力拓宽学校的外部资源获取渠道。

**9. 提升国际化水平，增强学校国际影响力** 第一，要积极响应国家"一带一路"倡议，主动对接"农业走出去"战略以及农业对外合作需要。布局和建立"一带一路"科教合作新联盟，加强与沿线国家国际联合实验室等合作平台共建，主动参与国际合作和全球性议题，创新科教援外及技术转移模式，增强学校在全球未来农业治理中的话语权。

第二，理顺全校人才培养国际化工作机制。进一步拓展和整合各类涉外教育资源，提高学生国（境）外留学访学比例，增强学生国际视野和全球眼光。特别要重点推进密歇根学院各项筹建工作，借鉴国内外先进教育理念与管理经验，努力把联合学院建成农业特色中外合作办学的样板和引领学校国际化人才培养的"特区"。

第三，切实加强留学生教育管理工作。在把好现有主要生源国及生源学校学生入口关的同时，吸引更多发达国家学生就读。同时，加强留学生的行为规范和遵纪守法教育，不断优化管理模式。持续推进全英文授课专业及课程资源建设、导师指导和培养过程监控评价等相关工作。

同志们！

历史将我们推向了建设"世界一流"的新起点，时代的冲锋号角已经吹响，任务艰巨，使命光荣。让我们以习近平新时代中国特色社会主义思想为指导，深入贯彻落实党的十九大和全国教育大会精神，全面深化综合改革，深入推进"十三五"发展规划，不忘初心、牢记使命，以优异的成绩向学校第十二次党代会献礼，全面开启农业特色世界一流大学建设新征程！

# 在 2019 级研究生新生开学典礼上的讲话

陈发棣

（2019 年 9 月 9 日）

同学们、老师们：

大家上午好！

今天，我们在这里隆重举行 2019 级研究生新生开学典礼，热烈欢迎来自全国各地的3 381 位新生。在此，我代表学校，对以优异的成绩考入南京农业大学、向人生的理想迈出重要一步的同学们表示最诚挚的祝贺！也向辛勤培育你们的家人和老师，表示最衷心的感谢！

今年，是国家发展历程上的重要一年，我们将迎来新中国成立 70 周年；今年，也是学校发展历程上的重要一年，我们将召开第十二届党代会，确立学校发展的宏伟目标；今年，更是同学们人生历程上的重要一年，你们成为一名光荣的南农人，将在这所百年名校继续你们的学术之路。

考研不容易，去年，全国 238 万名同学加入考研大军，最终录取率不到 1/3；考上南农更不容易，在报考我校的 13 000 名同学中，只有最优秀的 1/5 完成了跨越，成就了今天我们彼此的相聚！

同学们在报考时，肯定已经对南农作了全面了解。南农是一所多学科协调发展、特色鲜明的"双一流"建设高校，更是一所底蕴深厚、成果累累、人才辈出的国际知名大学，一直走在中国近现代高等农业教育的前沿。南农开创了中国四年制农业教育的先河，创办了中国最早的植物病虫系、农业经济系、农业工程系等，先后培养了以 57 名院士为代表的 30 余万名优秀学子，为我国高等教育进步、农业科技发展作出了重要贡献。

同学们，研究生生涯，可以说是你们人生当中最重要的一段时期，不仅会为今后的事业打下基础，更会对思维逻辑的塑造与价值观的成型产生深远影响。在此，我想跟大家谈三点希望，与你们共勉。

一是矢志一流，勇攀学术珠峰。

同学们，世界已进入第四次产业革命阶段，各类前沿理论与高新技术层出不穷，正重构人们的生活、学习和思维方式。作为一名新时代的研究生，大家要有更强的独立思考能力与创新研究能力。无论你从事何种研究，都要契合时代需要，矢志一流。"追求一流的学术"将成为大家研究生生涯的关键词。

追求一流的学术，就要具备一流的学术特质，要敢于打破思维的限制、专业的局限和学科的藩篱，用顶天立地的学术视野、天马行空的学术思维来发现一流的学术问题；追求一流的学术，就要选取前沿的研究方向，要大量查阅高质量的文献，密切关注和思考学术问题，积极从事创新性的前沿研究；追求一流的学术，还要掌握先进的研究方法，探求科学奥秘需要你们学会站在前人的肩膀上，善于借助前人的科学思维和实验方法，努力发现新知识、探索新方法、构建新理论、产出大成果，为推动我国农业科技创新和产业进步作出应有贡献。尤其是作为所在研究领域的生力军，博士生更要聚焦国际国内前沿，潜心重大原始创新研究，厚积薄发、争创一流。

二是百折不挠，锤炼科研本领。

学术研究大部分时间是孤独的。虽然有导师的指导、同学的陪伴，但更多的时候，大家都要为了一个猜想、一个问题、一组数据，反复研读浩如烟海的文献资料，重复操作冰冷无言的实验仪器。在获得成功之前，你们往往会经历较长的探索与沉默期，"衣带渐宽终不悔，为伊消得人憔悴"很可能成为同学们研究生生涯的常态，这也是一名优秀研究生必须拥有的状态。

一名优秀的研究生，不仅要具有丰富的想象力、严谨的科学态度，更是要有百折不挠的研究状态。你们稍加观察就会发现，在那些科研产出高的实验室，往往是灯火通明至深夜，甚至到天明，老师和学生经常牺牲节假日和周末时间，不畏辛劳，为了学术初心而不懈努力。"板凳要坐十年冷，文章不写一句空"，同学们只要坚韧不拔、持之以恒、百折不挠，成功就一定在不远的前方等你们！

三是心怀天下，服务国家需求。

有些同学读研，是因为有着更高的学术追求；有些同学读研，是希望能够找到更好的工作，等等。然而作为一名研究生，在确立个人小目标的同时，更要树立为国家的科技进步、社会的创新发展做研究的大目标。

根据今年的国家统计数据显示，全国总人口约为 13.9 亿人，具有研究生学位的不到 900 万人，也就是千分之六左右；具有博士学位的更是不到 80 万人，也就是不到万分之六。研究生在学历层次和知识结构上处于金字塔尖，是集社会、学校和家庭的优势资源培养出来的高学历人才，有能力、更有责任为国家发展、民族复兴而贡献力量。

就在 9 月 5 日，习近平总书记给全国涉农高校的书记校长和专家代表回信，对广大师生予以勉励和期望。他指出，中国现代化离不开农业农村现代化，农业农村现代化关键在科技、在人才。新时代，农村是充满希望的田野、是干事创业的广阔舞台，我国高等农林教育大有可为。希望同学们要牢记国家需求，心怀天下，肩负起强农兴农的使命担当，让人生理想与中华民族伟大复兴的中国梦同向而行、同频共振，努力成为"知农爱农"新型人才，在"两个一百年"奋斗目标的历史交汇期，为推进国家的乡村振兴、创新发展、经济繁荣、社会进步作出应有贡献。

我希望，以上三点会助力大家成为有理想、有担当、有成就的研究生，最终成为一名具有"世界眼光、中国情怀、南农品质"的卓越南农人。

同学们，南京农业大学将向着"世界一流"的新发展目标加速前行，希望你们能够和学校一起，以饱满的热情投入学习和科研中，以优异的成绩，为个人发展、学校建设、祖国强盛，献上满意的答卷！

将至已至，未来已来。科技创新，时不我待！祝愿你们尽快校准学术航向，稳健驶入科学技术的星辰大海，早日达到科学认知的真理彼岸！

# ［重要文件与规章制度］

## 学校党委发文目录清单

| 序号 | 文号 | 文件标题 | 发文时间 |
|---|---|---|---|
| 1 | 党发〔2019〕10号 | 关于印发《南京农业大学全面推进"三全育人"工作的实施方案》的通知 | 20190128 |
| 2 | 党发〔2019〕58号 | 关于印发《南京农业大学关于领导干部深入基层联系学生工作的实施方案》的通知 | 20190529 |
| 3 | 党发〔2019〕59号 | 关于转发《关于对全省学校安全风险隐患专项整治开展监督的工作方案》的通知 | 20190612 |
| 4 | 党发〔2019〕59号附件 | 关于印发《关于对全省学校安全风险隐患专项整治开展监督的工作方案》的通知 | 20190430 |
| 5 | 党发〔2019〕64号 | 关于印发《南京农业大学师德失范行为处理办法》的通知 | 20190627 |
| 6 | 党发〔2019〕74号 | 关于印发《南京农业大学科研工作监督管理暂行办法》的通知 | 20190816 |
| 7 | 党发〔2019〕82号 | 关于印发《南京农业大学关于开展"不忘初心、牢记使命"主题教育的实施方案》的通知 | 20190916 |
| 8 | 党发〔2019〕92号 | 关于印发《南京农业大学关于严格规范领导人员参加各类研讨会和论坛等有关事项的若干规定》的通知 | 20191021 |
| 9 | 党发〔2019〕93号 | 关于印发《南京农业大学网络安全事件应急预案》的通知 | 20191021 |
| 10 | 党发〔2019〕99号 | 关于印发《南京农业大学关于深化思想政治理论课改革创新、加强马克思主义学院建设的实施方案》的通知 | 20191114 |
| 11 | 党发〔2019〕103号 | 关于印发《南京农业大学校园新媒体建设与管理办法》的通知 | 20191115 |
| 12 | 党发〔2019〕112号 | 关于印发《南京农业大学党员领导干部联系基层党支部工作制度》的通知 | 20191211 |

（撰稿：周菊红　审稿：孙雪峰　审核：张　丽）

# 学校行政发文目录清单

| 序号 | 文号 | 文件标题 | 发文日期 |
|---|---|---|---|
| 1 | 校研发〔2019〕16 号 | 关于印发《南京农业大学研究生转学、转学科和转导师管理规定》的通知 | 20190110 |
| 2 | 校外发〔2019〕30 号 | 关于印发《南京农业大学国际学生学费、住宿费收缴费管理办法》的通知 | 20190117 |
| 3 | 校科发〔2019〕59 号 | 关于印发《南京农业大学省级科研经费和项目管理办法》的通知 | 20190227 |
| 4 | 校外发〔2019〕67 号 | 关于印发《南京农业大学国际学生住宿管理办法》的通知 | 20190302 |
| 5 | 校研发〔2019〕163 号 | 关于印发《南京农业大学研究生科研记录管理办法》的通知 | 20190412 |
| 6 | 校学发〔2019〕184 号 | 关于印发《南京农业大学家庭经济困难学生认定工作实施办法》的通知 | 20190430 |
| 7 | 校教发〔2019〕245 号 | 关于印发《南京农业大学教育教学奖励办法（修订）》的通知 | 20190523 |
| 8 | 校学发〔2019〕271 号 | 关于修订《南京农业大学本科招生工作考核与奖励办法》的通知 | 20190603 |
| 9 | 校科发〔2019〕326 号 | 关于印发《南京农业大学支持建设新型研发机构实施细则（试行）》的通知 | 20190620 |
| 10 | 校科发〔2019〕335 号 | 关于印发《南京农业大学自然科学校级科研机构管理办法》的通知 | 20190625 |
| 11 | 校实发〔2019〕338 号 | 关于印发《南京农业大学实验室安全责任追究办法（试行）》的通知 | 20190625 |
| 12 | 校实发〔2019〕352 号 | 关于印发《南京农业大学科研设备采购限时办结实施细则》和《南京农业大学科研急需设备采购实施细则》文件的通知 | 20190701 |
| 13 | 校学发〔2019〕357 号 | 关于修订《南京农业大学助学金评定办法》的通知 | 20190702 |
| 14 | 校学发〔2019〕358 号 | 关于修订《南京农业大学国家奖学金管理办法》《南京农业大学国家励志奖学金管理办法》《南京农业大学国家助学金管理办法》的通知 | 20190702 |
| 15 | 校研发〔2019〕379 号 | 关于印发《南京农业大学家庭经济困难研究生认定及资助管理办法（试行）》的通知 | 20190715 |
| 16 | 校教发〔2019〕398 号 | 关于修订《南京农业大学本科生创新拓展学分实施办法》的通知 | 20190719 |
| 17 | 校社合发〔2019〕417 号 | 关于印发《南京农业大学技术合同管理办法》《南京农业大学横向科技项目管理办法》《南京农业大学科技成果转移转化管理办法》的通知 | 20190801 |
| 18 | 校科发〔2019〕418 号 | 关于印发《南京农业大学国家自然科学基金项目管理办法》的通知 | 20190805 |
| 19 | 校科发〔2019〕419 号 | 关于印发《南京农业大学国家重点研发计划项目管理暂行办法》的通知 | 20190701 |
| 20 | 校科发〔2019〕431 号 | 关于印发《南京农业大学中央高校基本科研业务费专项资金管理办法》的通知 | 20190821 |
| 21 | 校社合发〔2019〕432 号 | 关于印发《南京农业大学科技成果资产评估项目备案工作实施细则》《南京农业大学对外科技服务项目投标管理办法》的通知 | 20190821 |
| 22 | 校资发〔2019〕452 号 | 关于印发《南京农业大学行政办公设备、家具配置管理办法》的通知 | 20190903 |

（续）

| 序号 | 文号 | 文件标题 | 发文日期 |
|---|---|---|---|
| 23 | 校财发〔2019〕459 号 | 关于印发《南京农业大学科研经费管理办法（2019 年修订）》的通知 | 20190912 |
| 24 | 校财发〔2019〕484 号 | 关于印发《南京农业大学大额资金使用管理办法（2019 年修订）》的通知 | 20190924 |
| 25 | 校财发〔2019〕485 号 | 关于印发《南京农业大学差旅费管理暂行办法（2019 年修订）》的通知 | 20190924 |
| 26 | 校财发〔2019〕486 号 | 关于印发《南京农业大学会议费管理暂行办法（2019 年修订）》的通知 | 20190924 |
| 27 | 校财发〔2019〕487 号 | 关于印发《南京农业大学培训费管理暂行办法（2019 年修订）》的通知 | 20190924 |
| 28 | 校法发〔2019〕488 号 | 关于印发《南京农业大学合同管理办法（试行）》的通知 | 20190925 |
| 29 | 校人发〔2019〕496 号 | 南京农业大学关于印发《南京农业大学"钟山学者"计划实施办法（2019 年修订稿）》的通知 | 20190927 |
| 30 | 校学发〔2019〕555 号 | 关于印发《南京农业大学-南京紫金科技创业投资有限公司大学生科技创业平行基金管理办法（试行）》《南京农业大学-南京紫金科技创业投资有限公司大学生科技创业平行基金实施细则（试行）》 | 20191111 |
| 31 | 校发〔2019〕570 号 | 关于印发《南京农业大学学生食堂饭菜价格平抑基金管理办法》的通知 | 20191118 |
| 32 | 校档发〔2019〕571 号 | 关于印发《南京农业大学实物档案管理办法（试行）》的通知 | 20191115 |
| 33 | 校基发〔2019〕580 号 | 关于印发《南京农业大学基本建设管理办法》等六项规章制度的通知 | 20191122 |
| 34 | 校发〔2019〕603 号 | 关于印发《南京农业大学教育发展基金会学生国际交流基金配套办法（试行）》的通知 | 20191206 |
| 35 | 校实发〔2019〕621 号 | 关于印发《南京农业大学大型仪器设备开放共享管理办法》等 3 个文件的通知 | 20191230 |
| 36 | 校外发〔2019〕625 号 | 关于印发《南京农业大学因公出国（境）管理暂行办法》的通知 | 20191231 |

（撰稿：王明峰　审稿：袁家明　审核：张　丽）

# 三、2019 年大事记

## 1 月

22 日，2018 年度高等学校科学研究优秀成果奖结果公布，以学校为第一完成单位获奖 3 项，其中一等奖 2 项、二等奖 1 项。沈其荣教授团队研究成果"利用秸秆和废弃动物蛋白制造木霉固体菌种及木霉全元生物有机肥"获 2018 年教育部技术发明奖一等奖，核心专利分别获 2017 年和 2018 年中国专利奖优秀奖；周光宏、徐幸莲教授团队研究成果"低温肉制品质量控制关键技术及装备研发与产业化应用"荣获高等学校科学研究优秀成果奖科技进步一等奖；刘红林教授团队研究成果"卵泡闭锁与卵母细胞成熟的分子调控机制"荣获高等学校科学研究优秀成果奖自然科学二等奖。

## 2 月

22 日，教育部高等教育教学评估中心公布了理农人文社科类通过专业认证的试点专业名单。学校农学、植物保护两个专业通过认证，有效期为 6 年。

22 日，学校举行中共南京农业大学十一届十五次全委（扩大）会议。会上，副校长陈发棣作了题为"学校学科与师资队伍现状与建议"的专题报告；副校长丁艳锋作了题为"学校科技发展的战略任务及其引发的思考"的专题报告；副校长胡锋作了"深化'一带一路'国际交流与合作服务国家战略与学校'双一流'建设"的专题报告；党委副书记盛邦跃作了"凝心聚力，周密部署，扎实做好学校第十二次党代会筹备工作"的专题报告。校党委书记陈利根作大会总结讲话，分析和研判了学校当前建设发展所面临的新情况新问题。

27 日，QS 全球教育集团发布了第九次世界大学学科排名。学校由第 47 位跃升至第 25 位。同时，在"环境科学"学科中首次进入前 300，列第 251～300 位；在"生物科学"学科中列第 351～400 位，排名位次明显提升。

## 3 月

5 日，南京农业大学召开干部教师大会，会议宣布教育部关于南京农业大学校长任命的决定，陈发棣同志任南京农业大学校长。

3 月，最新版基本科学指标数据库 ESI（Essential Science Indicators）显示，学校化学（Chemistry）进入世界排名前 1％行列。

3 月，教育部下发《教育部关于公布 2018 年度普通高等学校本科专业备案和审批结果的通知》（教高函〔2019〕7 号）文件，学校人工智能专业（农业领域）获批为 2018 年度普通高等学校新增审批本科专业。该专业由农学院牵头，信息科技学院和工学院联合建设，计划自 2019 年开始招生。

# 4 月

3 日，科学技术部副部长徐南平到白马园区调研。

16 日，学校师生自编自导自演的原创红色话剧《红船》在大学生活动中心首次上演。全剧重现毛泽东、董必武、李达、李汉俊等 13 位"一大"代表创立中国共产党的光荣历程。

20~21 日，学校举办第九届建设发展论坛，本届会议主题为"新目标、新战略、新征程：新时代南京农业大学建设与发展重大战略问题研讨"。论坛邀请浙江大学副校长严建华作辅导报告，报告题为"中国特色世界一流大学的科学定位与战略发展——构建创新学科生态系统的实践与思考"。

24 日，学校召开南京农业大学第五届教职工代表大会第十三次会议。会上，校长陈发棣作学校工作报告《新时代赋予新使命新阶段要有新作为》。会议听取副校长闫祥林作的《学校财务工作报告》；校学术委员会副主任钟甫宁作的《学校学术委员会工作报告》；校工会主席余林媛作的《学校教代会提案工作报告》。

# 5 月

21 日，教育部发文正式批准学校与美国密歇根州立大学（Michigan State University，简称 MSU）合作设立联合学院，即"南京农业大学密歇根学院"。这标志着学校教育国际化和中外合作办学事业迈向新阶段。

# 6 月

13 日，科学技术部正式审批通过了首批 14 家"一带一路"联合实验室。南京农业大学农学院与园艺学院联合申报的中国-肯尼亚作物分子生物学"一带一路"联合实验室获得批准建立。

6 月 20 日、21 日，学校隆重举行 2019 届本科生、研究生毕业典礼暨学位授予仪式。

6 月 22~26 日，国际食品与农业企业管理协会第 29 届年度论坛与研讨会的国际学生案例竞赛环节中，学校代表队勇夺研究生组冠军。

27 日，根据全国哲学社会科学工作办公室的公示结果，学校 2019 年国家社会科学基金年度项目立项总数达 10 项，其中重点项目 1 项、一般项目 5 项、青年项目 4 项。

28 日，教育部新农科建设工作组主持召开了"新农科建设安吉研讨会"，全国 50 多所涉农高校党委书记和校长、教育部新农科建设工作组成员、教育部高等学校农林类教学指导委员会主任委员和有关知名专家共 160 多人参加了本次会议。本次会议由浙江省教育厅、浙江农林大学和安吉县人民政府承办。学校党委书记陈利根、校长陈发棣、副校长董维春、教务处处长张炜应邀参加了本次会议。

# 7 月

20 日，学校召开深入推进人事制度改革工作专项部署会议，标志着人事制度改革正式进入实质性推进阶段。校党委书记陈利根就深入推进人事制度改革进行整体部署。

# 8 月

15 日，教育部办公厅公布了《关于公布 2019 年度全国创新创业典型经验高校名单的通知》，学校成功获评 2019 年全国创新创业典型经验高校 50 强，是全国 8 所入围部属高校之一，也是江苏省入围 4 所高校中唯一部属院校。

31 日，中共南京农业大学委员会召开十一届十七次全委（扩大）会议。全体校党委委员、校纪委委员、校领导、中层干部出席会议，各级人大代表、政协委员、民主党派主要负责人、教师代表和离退休代表参加了会议。校长陈发棣作新学期工作报告，校党委书记陈利根主持会议并作大会总结报告。

# 9 月

8 日、9 日，学校隆重举行 2019 级本科生、研究生开学典礼。

17 日，学校与美国科学促进会（AAAS，*Science* 出版方）宣布合作出版 *BioDesign Research*（《生物设计研究》）期刊。该刊是继 *Horticulture Research*（《园艺研究》）、*Plant Phenomics*（《植物表型组学》）之后创办的第三本英文学术期刊，也是第二次与 AAAS 合作出版期刊。

23 日，学校报送的"'南农麻江 10＋10 行动'计划探索精准扶贫乡村振兴新路径"定点扶贫项目，成功入选教育部第四届直属高校精准扶贫精准脱贫十大典型项目。这是学校连续第三届入选该项目。

# 10 月

10 日，学校党委召开党委委员、纪委委员工作会。会上，校党委书记陈利根传达了教育部党组关于学校党委副书记、纪委书记的任免决定。高立国同志任中共南京农业大学委员会委员、常委、副书记、纪委书记，免去盛邦跃中共南京农业大学委员会副书记、常委、纪委书记职务。

20 日，南京农业大学举办伙伴企业俱乐部成立大会。大会审议通过了《南京农业大学伙伴企业俱乐部章程》、俱乐部首届理事会机构等。

23 日，江苏省委副书记任振鹤一行来到南京农业大学调研。

26 日，作物表型组学研究重大科技基础设施建设项目在南京农业大学白马教学科研基地正式启动。

19～20 日，农业农村部副部长余欣荣赴学校调研指导。

# 11 月

19 日，科睿唯安学术研究事业部发布了 2019 年"高被引科学家"名单，全球近 60 个国家的 6 216 人次来自各领域的高被引科学家入榜。中国内地上榜人数为 636 人次，南京农业大学赵方杰、潘根兴、徐国华、沈其荣 4 位专家学者入选。

22 日，中国科技期刊卓越行动计划办公室公布"关于下达中国科技期刊卓越行动计划入选项目的通知"，南京农业大学《园艺研究（英文）》（*Horticulture Research*）入选领军期刊类项目，项目周期 5 年。这是期刊继 2018 年获得"中国科技期刊国际影响力提升计划项目（D 类项目）"后，再次获得国家级期刊类项目。

# 12 月

16 日，中国共产党南京农业大学第十二次代表大会隆重开幕。大会的主题是：高举中国特色社会主义伟大旗帜，以习近平新时代中国特色社会主义思想为指导，深入贯彻落实党的十九大、十九届四中全会精神，紧扣全国教育大会和全国高校思想政治工作会议等任务部署，切实扛起习近平总书记给全国涉农高校的书记校长和专家代表的回信重托，以立德树人为根本，以强农兴农为己任，加强内涵建设，聚力改革创新，服务国家战略需求，着力培养知农爱农新型人才，全面开启农业特色世界一流大学建设的崭新征程。陈利根同志代表中共南京农业大学第十一届委员会向大会作了题为《以立德树人为根本以强农兴农为己任——全面开启农业特色世界一流大学建设新征程》的党委工作报告。

大会以无记名投票的方式，选举产生了中国共产党南京农业大学第十二届委员会委员、新一届纪律检查委员会委员。大会表决通过了《中国共产党南京农业大学第十二次代表大会关于中国共产党南京农业大学第十一届委员会工作报告的决议》和《中国共产党南京农业大学第十二次代表大会关于中国共产党南京农业大学纪律检查委员会工作报告的决议》。

19 日，经 IFT（Institute of Food Technologists，美国食品科学技术学会）高等教育评审委员会全体成员认定，学校食品科学与工程本科专业历时 2 年，顺利通过 IFT 食品专业国际认证评审，有效期 5 年（2020—2025 年）。

28 日，教育部党组书记、部长陈宝生来南京农业大学调研指导工作。调研期间，陈宝生部长还在学校主持召开在宁部分直属高校负责人座谈会，东南大学、河海大学、南京农业大学以及中国药科大学四校校领导和有关部门负责人参加座谈会。

31 日，教育部办公厅发文公布了 2019 年度国家级和省级一流本科专业建设点名单，金融学、社会学、生物科学、农业机械化及其自动化、食品科学与工程、农学、园艺、植物保护、种子科学与工程、农业资源与环境、动物科学、动物医学、农林经济管理、土地资源管理 14 个专业获批国家级一流本科专业建设点，英语、水产养殖学 2 个专业获批省级一流本科专业建设点。

# 四、机构与干部

## [机构设置]

### 机 构 设 置

（截至 2019 年 12 月 31 日）

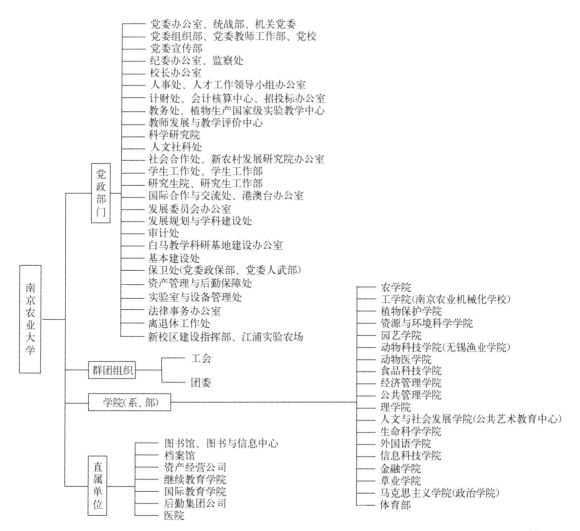

机构变动如下：

## （一）党组织

撤销中共南京农业大学实验牧场直属支部委员会（2019 年 4 月）。

## （二）行政机构

撤销实验牧场副处级建制（2019 年 4 月）。

（撰稿：唐海洋　审稿：吴　群　审核：李新权）

# ［校级党政领导］

党委书记：陈利根

党委副书记、校长：周光宏（任至 2019 年 2 月）

校长：陈发棣（2019 年 2 月起任现职）

党委副书记：王春春　刘营军

党委副书记、纪委书记：盛邦跃（任至 2019 年 8 月）

　　　　　　　　　　　高立国（2019 年 8 月起任现职）

党委常委、副校长：胡　锋　丁艳锋　董维春　闫祥林

（撰稿：唐海洋　审稿：吴　群　审核：李新权）

# ［处级单位干部任职情况］

## 处级干部任职情况一览表

(2019.01.01—2019.12.31)

| 序号 | 工作部门 | 职　务 | 姓名 | 备　注 |
|---|---|---|---|---|
| 一、党政部门 | | | | |
| 1 | 党委办公室、党委统战部、机关党委 | 党委办公室主任、党委统战部部长、机关党委书记 | 孙雪峰 | |
| | | 机关党委常务副书记、党委办公室副主任、党委统战部副部长 | 庄　森 | 2019 年 4 月任党委统战部副部长 |
| | | 党委办公室副主任、党委统战部副部长 | 丁广龙 | 2019 年 1 月任现职 |
| 2 | 党委组织部、党委教师工作部 | 党委常委、党委组织部部长、党委教师工作部部长 | 吴　群 | 2019 年 12 月任党委常委 |
| | | 党委组织部副部长 | 许承保 | |
| | | 党委教师工作部副部长、党委组织部副部长 | 郑　颖 | 2019 年 1 月任党委组织部副部长 |
| 3 | 党委宣传部 | 党委宣传部部长 | 刘　勇 | 2019 年 4 月任现职 |
| | | 党委宣传部副部长 | 刘志斌 | 2019 年 1 月任现职 |
| 4 | 纪委办公室、监察处 | 纪委副书记、纪委办公室主任、监察处处长 | 胡正平 | 2019 年 12 月任纪委副书记 |
| | | 纪委办公室副主任、监察处副处长 | 梁立宽 | 2019 年 4 月任现职 |
| 5 | 校长办公室 | 校长办公室主任 | 单正丰 | |
| | | 校长办公室副主任 | 袁家明 | 2019 年 4 月任现职 |
| | | 校长办公室副主任 | 鲁韦韦 | 2019 年 4 月任现职 |
| 6 | 人事处、人才工作领导小组办公室 | 人事处处长、人才工作领导小组办公室主任 | 包　平 | |
| | | 人事处副处长 | 白振田 | 2019 年 2 月任现职 |
| | | 人事处副处长、人才工作领导小组办公室副主任 | 黄　骥 | 2019 年 1 月任现职 |
| 7 | 计财处、招投标办公室、会计核算中心 | 计财处处长、招投标办公室主任 | 陈庆春 | |
| | | 计财处副处长、会计核算中心主任 | 杨恒雷 | 2019 年 1 月任会计核算中心主任 |
| | | 招投标办公室副主任 | 胡　健 | |
| | | 计财处副处长 | 高天武 | 2019 年 1 月任现职 |
| 8 | 教务处、植物生产国家级实验教学中心 | 教务处处长、植物生产国家级实验教学中心主任、创新创业学院院长（兼） | 张　炜 | |
| | | 教务处副处长（正处级） | 缪培仁 | |
| | | 教务处副处长、公共艺术教育中心副主任（兼） | 胡　燕 | |
| | | 植物生产国家级实验教学中心副主任、教务处副处长 | 吴　震 | |

（续）

| 序号 | 工作部门 | 职　务 | 姓名 | 备　注 |
|---|---|---|---|---|
| 9 | 教师发展与教学评价中心 | 教师发展与教学评价中心主任 | 范红结 | |
| | | 教师发展与教学评价中心副主任 | 丁晓蕾 | 2019 年 1 月任现职 |
| 10 | 科学研究院 | 科学研究院常务副院长 | 姜 东 | |
| | | 科学研究院副院长（正处级） | 俞建飞 | |
| | | 科学研究院重大项目处处长 | 陶书田 | |
| | | 科学研究院实验室与平台处处长 | 周国栋 | |
| | | 科学研究院科研计划处处长 | 陈 俐 | |
| 11 | 人文社科处 | 人文社科处处长 | 黄水清 | |
| | | 人文社科处副处长 | 卢 勇 | |
| 12 | 社会合作处、新农村发展研究院办公室 | 社会合作处处长、新农村发展研究院办公室主任 | 陈 巍 | |
| | | 社会合作处副处长、新农村发展研究院办公室副主任 | 李玉清 | 2019 年 1 月任现职 |
| | | 社会合作处副处长、新农村发展研究院办公室副主任 | 马海田 | 2019 年 1 月任现职 |
| | | 社会合作处副处长、新农村发展研究院办公室副主任 | 严 瑾 | 2019 年 4 月任现职 |
| 13 | 学生工作处、党委学生工作部 | 学生工作处处长、党委学生工作部部长、创新创业学院副院长（兼） | 刘 亮 | |
| | | 学生工作处副处长 | 李献斌 | |
| | | 学生工作处副处长、党委研究生工作部副部长 | 吴彦宁 | 2019 年 1 月免党委学生工作部副部长 |
| | | 党委学生工作部副部长 | 黄绍华 | 2019 年 1 月任现职 |
| 14 | 研究生院、党委研究生工作部 | 研究生院常务副院长、学位办公室主任 | 吴益东 | |
| | | 党委研究生工作部部长、研究生院副院长 | 姚志友 | |
| | | 研究生院副院长、研究生院培养处处长 | 张阿英 | |
| | | 研究生院招生办公室主任 | 倪丹梅 | 2019 年 1 月任现职 |
| | | 研究生院院长办公室主任 | 林江辉 | 2019 年 4 月任现职 |
| | | 研究生院学位办公室副主任 | 朱中超 | 2019 年 4 月任现职 |
| 15 | 国际合作与交流处、港澳台办公室 | 国际合作与交流处处长、港澳台办公室主任 | 陈 杰 | |
| | | 国际合作与交流处副处长、港澳台办公室副主任 | 董红梅 | 2019 年 1 月任现职 |
| | | 国际合作与交流处副处长、港澳台办公室副主任 | 魏 薇 | |
| 16 | 发展委员会办公室 | 发展委员会办公室主任 | 张红生 | |
| | | 发展委员会办公室副主任、校友会副秘书长（兼） | 郑金伟 | |
| | | 发展委员会办公室副主任 | 狄传华 | 2019 年 4 月任现职 |
| 17 | 发展规划与学科建设处 | 发展规划与学科建设处处长 | 罗英姿 | |
| | | 发展规划与学科建设处副处长 | 李占华 | 2019 年 1 月任现职 |

（续）

| 序号 | 工作部门 | 职 务 | 姓名 | 备 注 |
|---|---|---|---|---|
| 18 | 审计处 | 审计处处长 | 顾义军 | |
| | | 审计处副处长 | 顾兴平 | |
| 19 | 白马教学科研基地建设办公室 | 白马教学科研基地建设办公室主任 | 陈礼柱 | |
| 20 | 基本建设处 | 基本建设处处长 | 桑玉昆 | |
| | | 基本建设处副处长 | 赵丹丹 | |
| | | 基本建设处副处长 | 郭继涛 | 2019 年 4 月任现职 |
| 21 | 保卫处、党委政保部、党委人武部 | 保卫处处长、党委政保部部长、党委人武部部长 | 崔春红 | |
| | | 保卫处副处长、党委政保部副部长、党委人武部副部长 | 何东方 | |
| 22 | 资产管理与后勤保障处 | 资产管理与后勤保障处处长 | 孙 健 | |
| | | 资产管理与后勤保障处副处长 | 周留根 | |
| | | 资产管理与后勤保障处副处长 | 周激扬 | 2019 年 4 月任现职 |
| 23 | 实验室与设备管理处 | 实验室与设备管理处处长 | 钱德洲 | |
| | | 实验室与设备管理处副处长 | 田永超 | 2019 年 1 月任现职 |
| 24 | 法律事务办公室 | 法律事务办公室主任 | 尤树林 | 2019 年 12 月不再担任纪委副书记 |
| | | 法律事务办公室副主任 | 施晓琳 | 2019 年 1 月任现职 |
| 25 | 离退休工作处 | 离退休工作处党工委书记、处长 | 梁敬东 | |
| | | 离退休工作处党工委副书记、副处长 | 卢忠菊 | 2019 年 1 月任现职 |
| | | 离退休工作处副处长 | 杨 坚 | 2019 年 1 月任现职 |
| 26 | 新校区建设指挥部、江浦实验农场 | 新校区建设指挥部常务副总指挥 | 夏镇波 | |
| | | 新校区建设指挥部党工委书记 | 倪 浩 | |
| | | 新校区建设指挥部副总指挥、江浦实验农场场长 | 乔玉山 | |
| | | 新校区建设指挥部党工委副书记、综合办公室主任 | 张亮亮 | 2019 年 4 月任现职 |
| | | 新校区建设指挥部土地事务办公室主任、江浦实验农场副场长 | 欧维新 | 2019 年 4 月任现职 |
| 二、群团组织 | | | | |
| 1 | 工会 | 工会主席 | 余林媛 | 2019 年 1 月任现职 |
| | | 工会副主席 | 陈如东 | 2019 年 3 月任现职 |
| 2 | 团委 | 团委书记、创新创业学院副院长（兼） | 谭智赟 | 2019 年 1 月任现职 |
| | | 团委副书记、公共艺术教育中心副主任（兼） | 朱媛媛 | 2019 年 4 月任团委副书记，5 月任公共艺术教育中心副主任（兼） |
| 三、学院（系、部） | | | | |
| 1 | 农学院 | 农学院党委书记 | 戴廷波 | |
| | | 农学院党委副书记、院长 | 朱 艳 | 2019 年 1 月任院党委副书记 |
| | | 农学院党委副书记 | 殷 美 | |
| | | 农学院副院长 | 王秀娥 | |
| | | 农学院副院长 | 赵晋铭 | |
| | | 农学院副院长 | 李刚华 | 2019 年 4 月任现职 |
| | | 农学院副院长 | 曹爱忠 | 2019 年 4 月任现职 |

（续）

| 序号 | 工作部门 | 职　　务 | 姓名 | 备　　注 |
|---|---|---|---|---|
| 2 | 工学院 | 工学院党委书记 | 李昌新 | |
| | | 工学院党委副书记、院长，南京农业机械化学校校长 | 汪小旵 | 2019年1月任院党委副书记 |
| | | 工学院党委副书记、副院长 | 孙小伍 | 2019年1月任现职 |
| | | 工学院党委副书记、纪委书记 | 张兆同 | |
| | | 工学院副院长、南京农业机械化学校副校长 | 沈明霞 | |
| | | 工学院副院长、南京农业机械化学校副校长 | 薛金林 | |
| | | 工学院副院长、办公室主任 | 李　骅 | |
| | | 工学院纪委办公室主任、机关党总支书记、监察室主任 | 张和生 | |
| | | 工学院学生工作处处长 | 施雪钢 | |
| | | 工学院教务处处长 | 丁永前 | |
| | | 工学院人事处处长 | 毛卫华 | |
| | | 工学院科技与研究生处处长 | 周　俊 | |
| | | 工学院计财处处长 | 郑　岚 | 2019年1月任现职 |
| | | 工学院总务处处长 | 杨　明 | 2019年1月任现职 |
| | | 工学院图书馆馆长 | 康　敏 | 2019年1月任现职 |
| | | 工学院培训部主任 | 周应堂 | 2019年1月任现职 |
| | | 工学院农业机械化（交通与车辆工程）系党总支书记 | 李中华 | 2019年1月任现职 |
| | | 工学院农业机械化（交通与车辆工程）系主任 | 何瑞银 | |
| | | 工学院机械工程系党总支书记 | 刘　平 | |
| | | 工学院机械工程系主任 | 肖茂华 | 2019年4月任现职 |
| | | 工学院电气工程系主任 | 卢　伟 | |
| | | 工学院管理工程系主任 | 李　静 | |
| | | 工学院基础课部党总支书记 | 桑运川 | |
| | | 工学院基础课部主任 | 屈　勇 | |
| 3 | 植物保护学院 | 植物保护学院党委书记 | 邵　刚 | |
| | | 植物保护学院党委副书记、院长 | 王源超 | 2019年1月任院党委副书记 |
| | | 植物保护学院副院长 | 张正光 | |
| | | 植物保护学院副院长 | 叶永浩 | |
| | | 植物保护学院副院长 | 王兴亮 | 2019年4月任现职 |
| 4 | 资源与环境科学学院 | 资源与环境科学学院党委书记 | 全思懋 | |
| | | 资源与环境科学学院院长 | 邹建文 | |
| | | 资源与环境科学学院副院长 | 李　荣 | |
| | | 资源与环境科学学院副院长 | 张旭辉 | 2019年4月任现职 |
| | | 资源与环境科学学院副院长 | 郭世伟 | 2019年4月任现职 |

（续）

| 序号 | 工作部门 | 职　务 | 姓名 | 备　注 |
|---|---|---|---|---|
| 5 | 园艺学院 | 园艺学院党委书记 | 韩　键 | |
| | | 园艺学院党委副书记、院长 | 吴巨友 | 2019 年 1 月任院党委副书记 |
| | | 园艺学院副院长 | 房经贵 | |
| | | 园艺学院副院长 | 张清海 | 2019 年 4 月任现职 |
| | | 园艺学院副院长 | 陈素梅 | 2019 年 4 月任现职 |
| 6 | 动物科技学院 | 动物科技学院党委书记 | 高　峰 | |
| | | 动物科技学院党委副书记、院长 | 毛胜勇 | 2019 年 1 月任院党委副书记 |
| | | 动物科技学院党委副书记 | 吴　峰 | 2019 年 4 月任现职 |
| | | 动物科技学院副院长 | 张艳丽 | |
| | | 动物科技学院副院长 | 孙少琛 | 2019 年 4 月任现职 |
| | | 动物科技学院副院长 | 蒋广震 | 2019 年 4 月任现职 |
| 7 | 动物医学院 | 动物医学院党委副书记、院长 | 姜　平 | 2019 年 1 月任院党委副书记 |
| | | 动物医学院党委副书记（主持工作） | 周振雷 | |
| | | 动物医学院党委副书记 | 熊富强 | |
| | | 动物医学院副院长 | 曹瑞兵 | |
| | | 动物医学院副院长 | 苗晋锋 | |
| 8 | 食品科技学院 | 食品科技学院党委书记 | 朱筱玉 | |
| | | 食品科技学院党委副书记、院长 | 徐幸莲 | 2019 年 1 月任院党委副书记 |
| | | 食品科技学院党委副书记 | 邵士昌 | 2019 年 4 月任现职 |
| | | 食品科技学院副院长 | 李春保 | 2019 年 1 月不再担任肉品质量安全控制工程技术研究中心常务副主任 |
| | | 食品科技学院副院长 | 辛志宏 | |
| | | 食品科技学院副院长 | 金　鹏 | |
| 9 | 经济管理学院 | 经济管理学院党委书记 | 姜　海 | |
| | | 经济管理学院院长 | 朱　晶 | |
| | | 经济管理学院党委副书记 | 宋俊峰 | 2019 年 4 月任现职 |
| | | 经济管理学院副院长 | 耿献辉 | |
| | | 经济管理学院副院长 | 林光华 | |
| | | 经济管理学院副院长 | 易福金 | 2019 年 4 月任现职 |
| 10 | 公共管理学院 | 公共管理学院党委书记 | 郭忠兴 | |
| | | 公共管理学院党委副书记、院长 | 冯淑怡 | 2019 年 1 月任院党委副书记 |
| | | 公共管理学院党委副书记 | 张树峰 | |
| | | 公共管理学院副院长 | 于　水 | |
| | | 公共管理学院副院长 | 刘晓光 | 2019 年 4 月任现职 |
| | | 公共管理学院副院长 | 郭贯成 | 2019 年 4 月任现职 |

（续）

| 序号 | 工作部门 | 职　　务 | 姓名 | 备　　注 |
|---|---|---|---|---|
| 11 | 理学院 | 理学院党委书记 | 程正芳 | |
| | | 理学院党委副书记、院长 | 章维华 | 2019年1月任党委副书记 |
| | | 理学院党委副书记 | 刘照云 | |
| | | 理学院副院长 | 吴　磊 | |
| | | 理学院副院长 | 朱映光 | 2019年4月任现职 |
| | | 理学院副院长 | 张　瑾 | 2019年4月任现职 |
| 12 | 人文与社会发展学院 | 人文与社会发展学院党委书记 | 姚科艳 | |
| | | 人文与社会发展学院院长、公共艺术教育中心主任（兼） | 姚兆余 | |
| | | 人文与社会发展学院党委副书记 | 冯绪猛 | |
| | | 人文与社会发展学院副院长 | 路　璐 | |
| | | 人文与社会发展学院副院长 | 朱利群 | 2019年4月任现职 |
| 13 | 生命科学学院 | 生命科学学院党委书记 | 赵明文 | |
| | | 生命科学学院党委副书记、院长 | 蒋建东 | 2019年1月任院党委副书记 |
| | | 生命科学学院党委副书记 | 李阿特 | |
| | | 生命科学学院副院长 | 崔　瑾 | |
| | | 生命科学学院副院长 | 陈　熙 | 2019年4月任现职 |
| 14 | 外国语学院 | 外国语学院党委书记 | 石　松 | |
| | | 外国语学院副院长（主持工作） | 曹新宇 | |
| | | 外国语学院党委副书记 | 韩立新 | 2019年4月任现职 |
| | | 外国语学院副院长 | 游衣明 | |
| | | 外国语学院副院长（埃格顿大学孔子学院中方院长） | 李震红 | |
| 15 | 信息科技学院 | 信息科技学院党委书记 | 郑德俊 | |
| | | 信息科技学院院长 | 徐焕良 | |
| | | 信息科技学院党委副书记 | 王春伟 | 2019年4月任现职 |
| | | 信息科技学院副院长 | 何　琳 | |
| | | 信息科技学院副院长 | 刘　杨 | 2019年1月任现职 |
| 16 | 金融学院 | 金融学院党委书记 | 刘兆磊 | |
| | | 金融学院党委副书记、院长 | 周月书 | 2019年1月任院党委副书记 |
| | | 金融学院党委副书记 | 李日葵 | |
| | | 金融学院副院长 | 张龙耀 | |
| | | 金融学院副院长 | 王翌秋 | 2019年4月任现职 |
| 17 | 草业学院 | 草业学院党总支书记 | 李俊龙 | |
| | | 草业学院院长 | 郭振飞 | |
| | | 草业学院党总支副书记、副院长 | 高务龙 | |
| | | 草业学院副院长 | 徐　彬 | |

（续）

| 序号 | 工作部门 | 职　　务 | 姓名 | 备　注 |
|---|---|---|---|---|
| 18 | 马克思主义学院（政治学院） | 马克思主义学院党总支书记、马克思主义学院（政治学院）院长 | 付坚强 | |
| | | 马克思主义学院党总支副书记 | 杨博 | 2019 年 4 月任现职 |
| | | 马克思主义学院（政治学院）副院长 | 姜萍 | |
| 19 | 体育部 | 体育部党总支书记、主任 | 张禾 | |
| | | 体育部党总支副书记 | 许再银 | |
| | | 体育部副主任 | 陆东东 | |
| | **四、直属单位** | | | |
| 1 | 图书馆、图书与信息中心 | 图书馆党总支书记 | 查贵庭 | |
| | | 图书馆馆长、图书与信息中心主任 | 倪峰 | |
| | | 图书馆党总支副书记、副馆长、图书与信息中心副主任 | 宋华明 | 2019 年 1 月任党总支副书记 |
| | | 图书馆副馆长、图书与信息中心副主任 | 唐惠燕 | |
| 2 | 档案馆 | 档案馆馆长 | 朱世桂 | |
| | | 档案馆副馆长 | 张鲲 | 2019 年 1 月任现职 |
| 3 | 资产经营公司 | 资产经营公司总经理 | 许泉 | |
| | | 资产经营公司直属党支部副书记（主持工作） | 夏拥军 | |
| 4 | 继续教育学院 | 继续教育学院党总支书记、院长 | 李友生 | |
| | | 继续教育学院党总支副书记 | 於朝梅 | 2019 年 1 月任现职 |
| | | 继续教育学院副院长 | 肖俊荣 | 2019 年 1 月任现职 |
| 5 | 国际教育学院 | 国际教育学院院长 | 韩纪琴 | |
| | | 国际教育学院副院长 | 李远 | |
| | | 国际教育学院副院长 | 童敏 | |
| 6 | 后勤集团公司 | 后勤集团公司总经理 | 姜岩 | |
| | | 后勤集团公司党总支书记 | 刘玉宝 | |
| | | 后勤集团公司党总支副书记、副总经理 | 胡会奎 | 2019 年 1 月任党总支副书记 |
| | | 后勤集团公司副总经理 | 孙仁帅 | |
| 7 | 医院 | 医院直属党支部书记 | 石晓蓉 | 2019 年 1 月任现职 |

（撰稿：唐海洋　审稿：吴　群　审核：李新权）

# ［常设委员会（领导小组）］

**中共南京农业大学第十二届委员会**

（一）中共南京农业大学第十二届委员会委员（29人，以姓氏笔画为序）

丁艳锋　王春春　王源超　毛胜勇　付坚强

包　平　朱　艳（女）　刘　亮　刘　勇　刘营军

闫祥林　孙雪峰　李昌新　吴　群　吴巨友

吴益东　余林媛（女）　陈　杰　陈利根　罗英姿（女）

单正丰　胡　锋　姜　海　夏镇波　高立国

郭忠兴　黄水清　章维华　董维春

（二）党委常委（9人，以姓氏笔画为序）

丁艳锋　王春春　刘营军　闫祥林　吴　群

陈利根　胡　锋　高立国　董维春

（三）党委书记、副书记

党委书记：陈利根

党委副书记：王春春　刘营军　高立国

**中共南京农业大学纪律检查委员会**

（一）中共南京农业大学新一届纪律检查委员会委员（11人，以姓氏笔画为序）

尤树林　全思懋　庄　森　李俊龙　张　炜　张兆同　陈庆春

胡正平　姜　岩（女）　顾义军　高立国

（二）纪委书记、副书记

纪委书记：高立国

纪委副书记：胡正平

**南京农业大学党的建设和全面从严治党工作领导小组**

组　　长：陈利根　党委书记

副组长：盛邦跃　党委副书记、纪委书记

　　　　刘营军　党委副书记

　　　　闫祥林　党委常委、副校长

成　　员：党委办公室、纪委办公室（监察处）、党委组织部（教师工作部）、党委宣传
部、校长办公室、人事处、计财处、教务处、科学研究院、人文社科处、学生
工作处（部）、研究生院（研究生工作部）、审计处主要负责人

**南京农业大学全面依法治校工作领导小组**

组　　长：陈利根

副组长：陈发棣　盛邦跃　沈其荣

成　　员（以姓氏笔画为序）：

尤树林　包　平　刘　亮　刘　勇　孙雪峰　李昌新　余林媛　张　炜
罗英姿　单正丰　胡正平　姜　东　姚志友　梁敬东　谭智赟

**南京农业大学第八届学术委员会专门委员会**

（一）教育教学指导委员会

主任委员：董维春

副主任委员：刘营军　张　炜　强　胜

委　　员（29人，以姓氏笔画为序）：

毛胜勇　冯淑怡　朱　艳　刘　亮　严火其　李友生　李俊龙　吴　群
吴　磊　吴巨友　吴益东　邹建文　汪小旵　张　禾　陈　巍　陈礼柱
范红结　林光华　周月书　郑德俊　姜　平　姜　东　洪晓月　姚兆余
徐幸莲　曹新宇　蒋高中　韩纪琴　缪培仁

秘书长：缪培仁（兼）

（二）学术规范委员会

主任委员：丁艳锋

副主任委员：姜　东　黄水清

委　　员（25人，以姓氏笔画为序）：

丁艳锋　包　平　刘红林　严火其　杨　红　吴益东　余林媛　应瑞瑶
沈明霞　沈振国　张红生　陆兆新　陈　杰　陈　巍　陈东平　陈劲枫
欧名豪　赵茹茜　查贵庭　俞建飞　姜　东　徐国华　黄水清　韩召军
韩纪琴

秘书长：俞建飞（兼）

（三）教师学术评价委员会

主任委员：陈发棣

副主任委员：沈其荣

委　　员（15人，以姓氏笔画为序）：

丁艳锋　王源超　包　平　朱　艳　朱　晶　朱伟云　沈其荣　张绍铃
陈发棣　陈利根　周光宏　郑小波　赵方杰　钟甫宁　章文华

秘书长：包平（兼）

**南京农业大学第十二届学位评定委员会**

主　　席：陈发棣

副主席：陈利根　董维春

委　　员（以姓氏笔画为序）：

丁艳锋　王思明　王源超　毛胜勇　冯淑怡　朱　艳　朱　晶　李祥瑞

姬长英　黄水清　章文华　盖钧镒　董维春　蒋建东　韩召军

　　　　吴巨友　吴益东　邹建文　汪小旵　沈其荣　张　炜　陈发棣　陈利根

　　　　欧名豪　罗英姿　钟甫宁　侯喜林　姜　平　徐　跑　徐幸莲　郭振飞

学位评定委员会办公室主任：吴益东

学位评定委员会办公室副主任：朱中超

## 南京农业大学扶贫开发工作领导小组

组　　长：陈利根　陈发棣

副组长：盛邦跃　丁艳锋　闫祥林

成　　员（以姓氏笔画为序）：

　　　　石晓蓉　包　平　朱筱玉　全思懋　刘　亮　刘　勇　许　泉　孙雪峰

　　　　李友生　吴　群　吴益东　余林媛　张红生　陈　巍　陈庆春　邵　刚

　　　　罗英姿　周振雷　单正丰　赵明文　胡正平　姜　东　姜　岩　姜　海

　　　　姚科艳　高　峰　黄水清　韩　键　谭智赟　戴廷波

## 南京农业大学安全工作领导小组

组　　长：陈利根　陈发棣

副组长：刘营军　丁艳锋　闫祥林

成　　员（以姓氏笔画为序）：

　　　　石晓蓉　刘　亮　孙　健　孙雪峰　吴益东　张　炜　单正丰　姜　东

　　　　姜　岩　钱德洲　倪　峰　桑玉昆　崔春红

## 南京农业大学审计工作领导小组

组　　长：陈发棣

副组长：盛邦跃　闫祥林

成　　员：党委组织部、监察处、校长办公室、人事处、计财处、审计处等部门主要负责人

## 南京农业大学科学技术协会领导小组

主　　席：陈发棣

副主席：陈利根　丁艳锋

成　　员（以姓氏笔画为序）：

　　　　于　水　马海田　王秀娥　卢　勇　吴巨友　何　琳　沈明霞　张正光

　　　　张艳丽　陈　熙　苗晋锋　金　鹏　周月书　姜　东　姜　萍　姚志友

　　　　耿献辉　郭世伟　郭振飞　曹新宇　章维华　路　璐　谭智赟

## 南京农业大学大学生就业工作领导小组

组　　长：陈利根　陈发棣

副组长：刘营军　董维春

成　　员（以姓氏笔画为序）：

| | | | | | | | |
|---|---|---|---|---|---|---|---|
| 王源超 | 毛胜勇 | 付坚强 | 冯淑怡 | 朱 艳 | 朱 晶 | 刘 亮 | 孙雪峰 |
| 吴 群 | 吴巨友 | 吴彦宁 | 吴益东 | 邹建文 | 汪小旵 | 张 炜 | 张红生 |
| 陈庆春 | 周月书 | 单正丰 | 姜 平 | 姜 东 | 姚兆余 | 姚志友 | 徐 跑 |
| 徐幸莲 | 徐焕良 | 郭振飞 | 曹新宇 | 崔春红 | 章维华 | 蒋建东 | 谭智赟 |

**南京农业大学本科生招生工作领导小组**

组　长：陈发棣

副组长：刘营军　董维春　闫祥林

成　员（以姓氏笔画为序）：

　　　　刘　亮　孙　健　张　炜　陈庆春　胡正平　黄绍华

秘　书：黄绍华（兼）

**南京农业大学研究生招生工作领导小组**

组　长：陈发棣

副组长：盛邦跃　董维春

成　员（以姓氏笔画为序）：

　　　　刘　亮　吴益东　张　炜　姚志友　倪丹梅

秘　书：倪丹梅（兼）

**南京农业大学浦口校区管理委员会**

主　任：刘营军

副主任：李昌新　汪小旵　张兆同

委　员（以姓氏笔画为序）：

　　　　冯绪猛　朱媛媛　孙小伍　李　骅　沈明霞　施雪钢　高天武　黄绍华

　　　　韩立新　缪培仁　薛金林

（撰稿：王明峰　审核：袁家明　审稿：李新权）

# ［民主党派成员］

## 南京农业大学民主党派成员统计一览表

（截至 2019 年 12 月）

| 党派 | 民盟 | 九三 | 民进 | 农工 | 致公 | 民革 | 民建 |
|---|---|---|---|---|---|---|---|
| 人数（人） | 187 | 189 | 15 | 11 | 8 | 7 | 2 |
| 负责人 | 严火其 | 陈发棣 | 姚兆余 | 邹建文 | 刘 斐 | | |
| 总人数（人） | 419 | | | | | | |

注：2019 年，共发展民主党派党员 26 人。其中，九三 10 人、民盟 14 人、农工党 1 人、民进 1 人。

（撰稿：阙立刚 审稿：孙雪峰 审核：李新权）

# ［学校各级人大代表、政协委员］

全国第十三届人民代表大会代表：朱　晶
江苏省第十二届人民代表大会常委：姜　东
玄武区第十八届人民代表大会代表：朱伟云
浦口区第四届人民代表大会代表：施晓琳
江苏省政协第十二届委员会常委：陈发棣
江苏省政协第十二届委员会委员：周光宏（界别：教育界）
江苏省政协第十二届委员会委员：严火其（界别：中国民主同盟江苏省委员会）
江苏省政协第十二届委员会委员：窦道龙（界别：农业和农村界）
江苏省政协第十二届委员会委员：王思明（界别：社会科学界）
江苏省政协第十二届委员会委员：姚兆余（界别：中国民主促进会江苏省委员会）
江苏省政协第十二届委员会委员：邹建文（界别：中国农工民主党江苏省委员会）
南京市政协第十四届委员会常委：崔中利（界别：农业和农村界）
玄武区政协第十二届委员会常委：洪晓月
玄武区政协第十二届委员会委员：沈益新
浦口区政协第四届委员会委员：丁启朔
栖霞区政协第九届委员会委员：汪良驹

（撰稿：阚立刚　审稿：孙雪峰　审核：李新权）

# 五、党的建设

【中共南京农业大学第十二次代表大会】12月16～17日，中国共产党南京农业大学第十二次代表大会成功召开。

会前，学校专门成立以陈利根同志为组长的筹备工作领导小组，下设秘书组、组织组、宣传组和会务组，保障各项准备工作有序开展。大会筹备期间，下发会议通知文件、起草请示报告和讲话材料41件。指导院级基层组织自下而上选举产生196名党员代表，酝酿推荐35名校党委委员候选人和14名校纪委委员候选人。大会听取了陈利根同志代表中共南京农业大学第十一届委员会向大会作的题为《以立德树人为根本以强农兴农为己任——全面开启农业特色世界一流大学建设新征程》党委工作报告和高立国同志代表中共南京农业大学纪律检查委员会向大会作的题为《聚焦监督执纪问责深化全面从严治党——为建设农业特色世界一流大学提供坚强保障》纪委工作报告。通过大会选举，顺利产生第十二届党委委员29名、纪委委员11名；党委全委会顺利选举产生校党委常委9名、党委书记、副书记；纪委全委会顺利选举产生校纪委书记、副书记。

学校第十二次党代会是一次继往开来、统一思想、科学谋划学校事业改革发展的大会。大会总结了过去5年来，学校党的建设和各项事业发展所取得的重要成绩，全面梳理了百余年来学校发展所积累的经验体会和担负的历史使命，深入剖析了当前存在的问题与不足，在深入学习党的十九大和十九届二中、三中、四中全会精神，准确把握全国教育大会与全国高校思政工作会议任务部署，深刻领会习近平新时代中国特色社会主义思想以及寄语涉农高校师生回信精神的基础上，研究确立了新时代学校建设发展"1335"战略任务和重大举措，就是要围绕建设农业特色世界一流大学这一根本目标，将"世界一流、中国特色、南农品格"有机结合起来，聚焦"坚持立德树人、服务国家战略、谋求师生幸福"，大力实施"党建统领、育人固本、学科牵引、国际合作、条件建设"五大工程，不断推动学校实现新的跨越式发展。

（撰稿：盛　馨　审核：孙雪峰　审稿：周　复）

## 组 织 建 设

【概况】党委组织部（教师工作部、党校）认真贯彻落实学校第十二次党代会精神，积极推进党的建设、干部队伍建设。

以"不忘初心、牢记使命"主题教育为统领，切实推动党建工作高质量开展。及时成立主题教育领导小组，制订"不忘初心、牢记使命"主题教育实施方案，以表格化、清单化的形式分解细化工作任务。创新学习模式，确保学习教育全覆盖；抓深调查研究，推进调研成果转化运用；建立检视问题清单，开展对照党章党规找差距专题会议；推进在破解热点难点问题上出实招、破难题，高质量召开专题民主生活会。各级领导干部认真履行职责，作出表率，扎实推进主题教育往深里走、往心里走、往实里走。在新华社和学习强国平台等校外媒体登载 15 次，为主题教育营造良好的氛围。

以学校第十二次党代会胜利召开为契机，切实加强党对学校工作的全面领导。认真做好筹备期间各类请示报告、文件通知、讲话材料的起草工作和各工作组的协调工作。指导各二级基层党组织选举产生出席学校第十二次党代会代表 196 名，做好学校"两委"委员酝酿推荐工作。会议期间，规范有序组织召开各次会议，顺利选举产生了新一届党委和纪委领导班子。会议结束后，及时将相关材料汇编成册。根据大会确定的"1335"发展战略，认真落实相关任务，不断强化基层党组织与干部队伍建设，切实筑牢学校建设发展的组织根基。

突出标准化建设，全面提升基层党建工作质量。一是扎实推进"对标争先"建设计划。结合党支部建设"提质增效"三年行动计划，扎实推进二级党组织和基层党支部党建示范创建与质量创优工作，2 个党支部入选第二批全国党建工作样板支部培育创建单位，遴选 2 个学院党组织、10 个党支部作为学校党建工作标杆院系和样板支部培育创建单位，不断推进已入选全国党建标杆院系单位建设。二是不断发挥基层党建"书记项目"引领作用。全面完成 2019 年度"书记项目"结项工作，同时启动 2020 年度立项工作。各单位党组织书记高度重视基层党建工作，带头立项、亲自挂帅，推动解决了一批基层党建热点难点问题，逐步形成党建工作品牌。三是着力加强基层党支部标准化建设。圆满完成由党委书记陈利根牵头的题为"推进基层党支部标准化建设"的书记履职"亮点项目"，印发《党员领导干部联系基层党支部制度》等规范性文件，划拨专项建设经费 30 余万元，从支部设置、工作职责、组织生活、考核激励等方面推进党支部标准化建设。全校 27 个二级党组织均新建或升级改造标准化党建活动场所，300 余个基层党组织完成换届选举，全体党员领导干部深入一线，联系基层党支部，成立基层支部书记抓党建述职评议考核工作督查组，深入基层一线进行督导检查，构建了职责清晰明确、联系机制落实到位、考核激励务实有效、活动场所固定的基层党支部标准化体系，相关工作经验全文刊发在教育部门户网站。四是全面实施"双带头人"培育工程。"双带头人"教师党支部书记覆盖率已达 93.5％，换届聘任时提任 2 名"双带头人"，推动支部书记在教职工职称评审、人才项目评聘、表彰奖励中发挥政治把关作用。建成使用南京农业大学教师党建示范基地，构建"双带头人"教师党支部书记工作室"1＋7"工作格局，创新性开展了"春风花语润桃李""红色党建引领绿色饮食""秋情颂歌，艺心向党"等一系列品牌活动，多次获得新华社、学习强国平台等媒体报道。

强化政治建设，全力打造高素质干部队伍。一是不断完善制度建设。按照中组部和教育部干部工作新精神新要求，进一步修订完善《南京农业大学处级干部选拔任用实施办法》，制订《南京农业大学干部选拔任用工作纪实办法》，不断提升干部选拔任用工作的科学化规范化水平。出台《南京农业大学关于进一步激励广大干部新时代新担当新作为的实施意见》，为激励广大干部以更强的担当、更大的作为投身学校农业特色世界一流大学建设提供制度保障。二是扎实做好干部选任。圆满完成中层副职干部换届聘任工作，突出政治标准，厘清岗位职责，优化推荐方式，新提拔 37 名处级副职干部，其中 1980 年以后出生干部约占 60％，进一步优化了领导班子结构，提升了干部队伍活力。顺利完成 2018 年新提任的 33 名处级领导干部的试用期满考核，全面客观掌握干部试用期间履职情况和现实表现，为学校干部队伍建设奠定良好基础。三是切实加强干部培养。组织开展优秀年轻干部集中调研，树立鲜明政治导向，拓宽选拔视野渠道，发现、培养和选拔校院两级优秀年轻干部，建好学校干部队伍"蓄水池"。加强干部实践锻炼，全年选派 31 名干部和教师参加援藏、援疆、定点扶贫、科技镇长团等项目，助力地方经济社会发展的同时提升干部综合素质和实践能力。四是着力强化干部监督。积极探索干部监督管理常态化、立体化、规范化。严格执行个人有关事项报告制度，全年共抽查核实 71 人次，诫勉处理 5 人，批评教育 13 人，填报不一致率降低至20％左右。对全校中层干部在企业（社团）兼职及经商办企业情况进行摸底排查，对 5 名中层干部违规经商办企业情况进行了清理。建立新的中层干部因私出国（境）证件管理系统，不断规范审批和申领程序。全年审批领导干部因私出国（境）32 人次，集中保管领导干部因私证件 241 件。引导和督促干部努力做到严以修身、严以用权、严以律己，促进干部健康成长。

坚持党校姓党，积极探索符合新时代要求的党校培训机制。认真做好《中国共产党党员教育管理工作条例》《中国共产党党校（行政学院）工作条例》的贯彻落实，将"不忘初心、牢记使命"主题教育贯穿始终，通过采用分层、分类指导的方式，不断提高培训的针对性和实效性。一是不断健全干部教育培训体系。以建设"党性硬、作风好、本领强"的干部队伍为目标，主要依托"中国教育干部网络学院在线学习平台"，通过"必修＋选修"等形式，针对不同类型的干部制定个性化的学习安排。全校 217 名中层干部、70 名"双带头人"、116 名教师党支部书记、160 名学生党支部书记、78 名学工干部参加了培训。二是继续完善入党教育培养体系。以发展"结构优、质量高、作用大"的党员为目标，线上依托"南京农业大学入党教育培训在线学习平台"、线下开展主题活动、集中研讨等实践教学相结合，全面实现入党教育培训全程化覆盖。截至 2019 年 12 月 31 日，参训师生已达 17 000 余人次。三是认真落实党员干部调训工作。全年选派 22 名处级及以上领导干部、3 名扶贫挂职干部、30 名学生党支部书记以及 2 名青年党员骨干参加教育部、中组部和江苏省等培训项目。

（撰稿：毕彭钰　审稿：吴　群　审核：周　复）

[附录]

## 附录 1　学校各基层党组织党员分类情况统计表

（截至 2019 年 12 月 31 日）

| 序号 | 单位 | 党员人数（人） | | | | | | | 在岗职工人数（人） | 学生总数（人） | 研究生数（人） | 本科生数（人） | 党员比例（%） | | | |
| --- | --- | --- | --- | --- | --- | --- | --- | --- | --- | --- | --- | --- | --- | --- | --- | --- |
| | | 合计 | 在岗职工 | 离退休 | 学生党员 | | | 流动党员 | | | | | 在岗职工党员比例 | 学生党员比例 | 研究生党员占研究生总数比例 | 本科生党员占本科生总数比例 |
| | | | | | 总数 | 研究生 | 本科生 | | | | | | | | | |
| | 合计 | 6 851 | 2 131 | 565 | 4 155 | 2 838 | 1 317 | 52 | 3 349 | 24 573 | 7 417 | 17 156 | 63.63 | 16.91 | 38.26 | 7.68 |
| 1 | 农学院党委 | 596 | 136 | 17 | 443 | 358 | 85 | 11 | 220 | 1 687 | 848 | 839 | 61.82 | 26.26 | 42.22 | 10.13 |
| 2 | 植物保护学院党委 | 378 | 107 | 19 | 252 | 214 | 38 | 1 | 148 | 1 213 | 763 | 450 | 72.30 | 20.77 | 28.05 | 8.44 |
| 3 | 资源与环境科学学院党委 | 378 | 114 | 14 | 250 | 195 | 55 | 3 | 141 | 1 524 | 752 | 772 | 80.85 | 16.40 | 25.93 | 7.12 |
| 4 | 园艺学院党委 | 531 | 108 | 16 | 407 | 328 | 79 | 3 | 152 | 2 048 | 805 | 1 243 | 71.05 | 19.87 | 40.75 | 6.36 |
| 5 | 动物科技学院党委 | 348 | 94 | 17 | 237 | 191 | 46 | 2 | 131 | 900 | 432 | 468 | 71.76 | 26.33 | 44.21 | 9.83 |
| 6 | 动物医学院党委 | 399 | 92 | 24 | 283 | 222 | 61 | | 123 | 1 461 | 586 | 875 | 74.80 | 19.37 | 37.88 | 6.97 |
| 7 | 食品科技学院党委 | 353 | 74 | 8 | 271 | 216 | 55 | 1 | 102 | 1 267 | 512 | 755 | 72.55 | 21.39 | 42.19 | 7.28 |
| 8 | 经济管理学院党委 | 375 | 55 | 12 | 308 | 218 | 90 | | 82 | 1 545 | 423 | 1 122 | 67.07 | 19.94 | 51.54 | 8.02 |
| 9 | 公共管理学院党委 | 343 | 69 | 5 | 269 | 204 | 65 | 11 | 80 | 1 231 | 313 | 918 | 86.25 | 21.85 | 65.18 | 7.08 |
| 10 | 理学院党委 | 172 | 78 | 14 | 80 | 32 | 48 | 2 | 112 | 649 | 118 | 531 | 69.64 | 12.33 | 27.12 | 9.04 |
| 11 | 人文与社会发展学院党委 | 225 | 75 | 8 | 142 | 81 | 61 | | 110 | 1 168 | 267 | 901 | 68.18 | 12.16 | 30.34 | 6.77 |
| 12 | 生命科学学院党委 | 331 | 87 | 14 | 230 | 164 | 66 | 1 | 140 | 1 227 | 540 | 687 | 62.14 | 18.74 | 30.37 | 9.61 |
| 13 | 外国语学院党委 | 144 | 55 | 8 | 81 | 36 | 45 | 1 | 87 | 793 | 116 | 677 | 63.22 | 10.21 | 31.03 | 6.65 |

（续）

| 序号 | 单位 | 党员人数（人） | | | | | | | 任岗职工人数（人） | 学生总数（人） | 研究生数（人） | 本科生数（人） | 党员比例（%） | | | |
|---|---|---|---|---|---|---|---|---|---|---|---|---|---|---|---|---|
| | | 合计 | 在岗职工 | 离退休 | 学生党员 | | | 流动党员 | | | | | 在岗职工党员比例 | 学生党员比例 | 研究生党员占研究生总数比例 | 本科生党员占本科生总数比例 |
| | | | | | 总数 | 研究生 | 本科生 | | | | | | | | | |
| 14 | 信息科技学院党委 | 151 | 37 | 6 | 108 | 53 | 55 | 2 | 56 | 914 | 146 | 768 | 66.07 | 11.82 | 36.30 | 7.16 |
| 15 | 金融学院党委 | 237 | 38 | 1 | 198 | 136 | 62 | 3 | 46 | 1 225 | 341 | 884 | 82.61 | 16.16 | 39.88 | 7.01 |
| 16 | 工学院党委 | 927 | 298 | 103 | 525 | 128 | 397 | 6 | 433 | 5 440 | 334 | 5 106 | 68.82 | 9.65 | 38.32 | 7.78 |
| 17 | 机关党委 | 443 | 338 | 105 | | | | | 455 | | | | 74.29 | | | |
| 18 | 后勤集团公司党总支 | 100 | 53 | 47 | | | | | 128 | | | | 41.41 | | | |
| 19 | 草业学院党总支 | 81 | 29 | 0 | 52 | 43 | 9 | 8 | 39 | 242 | 82 | 160 | 74.36 | 14.46 | 35.36 | 3.75 |
| 20 | 继续教育学院党总支 | 23 | 16 | 7 | | | | | 23 | | | | 69.57 | | | |
| 21 | 图书馆党总支 | 61 | 46 | 15 | | | | | 73 | | | | 63.01 | | | |
| 22 | 马克思主义学院党总支 | 52 | 24 | 10 | 19 | 19 | 0 | | 32 | 39 | 39 | 0 | 75.00 | 48.72 | 48.72 | 0 |
| 23 | 体育部党总支 | 32 | 27 | 5 | | | | | 40 | | | | 67.50 | | | |
| 24 | 新校区建设指挥部 | 66 | 23 | 43 | | | | | 65 | | | | 35.38 | | | |
| 25 | 离退休工作委员会 | 29 | 6 | 23 | | | | | 7 | | | | 85.71 | | | |
| 26 | 资产经营公司直属党支部 | 48 | 32 | 16 | | | | | 282 | | | | 11.35 | | | |
| 27 | 医院直属党支部 | 28 | 20 | 8 | | | | | 42 | | | | 47.62 | | | |

注：1. 以上各项数字来源于 2019 年党内统计。2. 流动党员主要是已毕业组织关系尚未转出、出国学习交流等人员。

（撰稿：毕彭钰　审稿：吴　群　审核：周　复）

# 附录 2 学校各基层党组织党支部基本情况统计表

（截至 2019 年 12 月 31 日） 单位：个

| 序号 | 基层党组织 | 党支部总数 | 学生党支部数 | | | 教职工党支部数 | | 混合型党支部数 |
|---|---|---|---|---|---|---|---|---|
| | | | 学生党支部总数 | 研究生党支部数 | 本科生党支部数 | 在岗职工党支部数 | 离退休党支部数 | |
| | 合计 | 376 | 208 | 135 | 73 | 141 | 27 | |
| 1 | 农学院党委 | 20 | 14 | 10 | 4 | 5 | 1 | |
| 2 | 植物保护学院党委 | 18 | 12 | 11 | 1 | 5 | 1 | |
| 3 | 资源与环境科学学院党委 | 17 | 11 | 7 | 4 | 5 | 1 | |
| 4 | 园艺学院党委 | 27 | 22 | 17 | 5 | 4 | 1 | |
| 5 | 动物科技学院党委 | 17 | 12 | 9 | 3 | 4 | 1 | |
| 6 | 动物医学院党委 | 20 | 15 | 13 | 2 | 4 | 1 | |
| 7 | 食品科技学院党委 | 19 | 14 | 11 | 3 | 4 | 1 | |
| 8 | 经济管理学院党委 | 23 | 18 | 12 | 6 | 4 | 1 | |
| 9 | 公共管理学院党委 | 16 | 11 | 8 | 3 | 4 | 1 | |
| 10 | 理学院党委 | 12 | 6 | 4 | 2 | 5 | 1 | |
| 11 | 人文与社会发展学院党委 | 15 | 6 | 3 | 3 | 8 | 1 | |
| 12 | 生命科学学院党委 | 16 | 10 | 6 | 4 | 5 | 1 | |
| 13 | 外国语学院党委 | 11 | 4 | 2 | 2 | 6 | 1 | |
| 14 | 信息科技学院党委 | 10 | 5 | 3 | 2 | 5 | | |
| 15 | 金融学院党委 | 11 | 8 | 6 | 2 | 3 | | |
| 16 | 工学院党委 | 64 | 35 | 9 | 26 | 23 | 6 | |
| 17 | 机关党委 | 27 | | | | 26 | 1 | |
| 18 | 后勤集团公司党总支 | 7 | | | | 6 | 1 | |
| 19 | 草业学院党总支 | 5 | 4 | 3 | 1 | 1 | | |
| 20 | 继续教育学院党总支 | 2 | | | | 1 | 1 | |
| 21 | 图书馆党总支 | 5 | | | | 4 | 1 | |
| 22 | 马克思主义学院党总支 | 4 | 1 | 1 | | 2 | 1 | |
| 23 | 体育部党总支 | 3 | | | | 2 | 1 | |
| 24 | 新校区建设指挥部党工委 | 3 | | | | 2 | 1 | |
| 25 | 离退处党工委 | 2 | | | | 1 | 1 | |
| 26 | 资产经营公司直属党支部 | 1 | | | | 1 | | |
| 27 | 医院直属党支部 | 1 | | | | 1 | | |

注：以上各项数据来源于 2019 年党内统计。

（撰稿：毕彭钰 审稿：吴 群 审核：周 复）

# 附录 3　学校各基层党组织年度发展党员情况统计表

（截至 2019 年 12 月 31 日）　　　　　　　　　　　　　　　　单位：人

| 序号 | 基层党组织 | 总计 | 学生 | | | 在岗教职工 | 其他 |
|---|---|---|---|---|---|---|---|
| | | | 合计 | 研究生 | 本科生 | | |
| | 合计 | 1 135 | 1 118 | 298 | 820 | 17 | |
| 1 | 农学院党委 | 65 | 65 | 19 | 46 | | |
| 2 | 植物保护学院党委 | 44 | 44 | 20 | 24 | | |
| 3 | 资源与环境科学学院党委 | 65 | 63 | 25 | 38 | 2 | |
| 4 | 园艺学院党委 | 86 | 85 | 35 | 50 | 1 | |
| 5 | 动物科技学院党委 | 44 | 44 | 15 | 29 | | |
| 6 | 动物医学院党委 | 63 | 63 | 15 | 48 | | |
| 7 | 食品科技学院党委 | 54 | 54 | 29 | 25 | | |
| 8 | 经济管理学院党委 | 61 | 61 | 12 | 49 | | |
| 9 | 公共管理学院党委 | 64 | 64 | 13 | 51 | | |
| 10 | 理学院党委 | 33 | 32 | 4 | 28 | 1 | |
| 11 | 人文与社会发展学院党委 | 59 | 58 | 13 | 45 | 1 | |
| 12 | 生命科学学院党委 | 59 | 58 | 20 | 38 | 1 | |
| 13 | 外国语学院党委 | 41 | 41 | 10 | 31 | | |
| 14 | 信息科技学院党委 | 43 | 43 | 14 | 29 | | |
| 15 | 金融学院党委 | 58 | 58 | 16 | 42 | | |
| 16 | 工学院党委 | 269 | 263 | 21 | 242 | 6 | |
| 17 | 机关党委 | 2 | | | | 2 | |
| 18 | 资产与后勤党委 | 1 | | | | 1 | |
| 19 | 草业学院党总支 | 13 | 13 | 8 | 5 | | |
| 20 | 继续教育学院党总支 | | | | | | |
| 21 | 图书馆党总支 | 1 | | | | 1 | |
| 22 | 马克思主义学院党总支 | 10 | 9 | 9 | | 1 | |
| 23 | 体育部党总支 | | | | | | |
| 24 | 江浦实验农场党工委 | | | | | | |
| 25 | 离休直属党支部 | | | | | | |
| 26 | 校区发展与基本建设处直属党支部 | | | | | | |
| 27 | 资产经营公司直属党支部 | | | | | | |

注：以上各项数字来源于 2019 年党内统计。

（撰稿：毕彭钰　审稿：吴　群　审核：周　复）

# 党 风 廉 政 建 设

**【概况】**学校党委、纪委以习近平新时代中国特色社会主义思想为指导，坚持稳中求进总基调，推进全面从严治党、党风廉政建设和反腐败工作。学校纪委履行协助职责和监督责任，强化监督执纪问责，扎实推进各项工作取得了新成效。

督促落实主体责任。制订发布党风廉政建设和反腐败工作任务分解表。组织学习新修订的《中国共产党问责条例》等党内法规，学习贯彻教育部党组、驻部纪检监察组有关会议文件精神。协助开展"不忘初心、牢记使命"主题教育，发挥监督职能职责，安排人员列席二级党组织检视问题、调研成果交流会议及领导班子民主生活会，纪检监察干部走访调研近30家二级党组织和单位，了解实际情况，听取意见建议，督促基层党组织、党员干部有力有序地开展好主题教育。配合教育部党组巡视工作，协助巡视组召开二级党组织纪检委员座谈会，按照巡视组要求，实事求是汇报情况，客观公正反映问题，认真如实提供材料，严肃查办巡视移交的问题线索。协助做好党代会筹备工作，组织起草纪委工作报告，全面回顾5年来的纪检监察工作，总结经验，提出建议。进一步推进作风建设，紧盯重要时间节点进行常态化提醒，严明纪律规矩，打好"预防针"。

加强监督执纪工作。校纪委召开4次全会，深入学习、深刻领会中央精神和上级要求，分析学校全面从严治党方面存在的问题与不足，认真谋划工作思路和举措，研究制订2019年度纪检监察工作要点，印发《关于加强监督执纪　推进落实意识形态工作责任制的通知》，部署开展对党的政治纪律和政治规矩执行情况监督检查。开展经常性纪律教育，对新提任的23名处级正职、31名处级副职干部进行集体廉政谈话，介绍有关党内法规制度和纪律规矩，提出廉政勤政要求。组织中层以上领导干部学习《党的十九大以来查处违纪违法党员干部案件警示录》，组织8个二级单位70名科级以上干部赴江苏省金陵监狱，开展廉政警示教育活动。组织师生员工参与第七届全国高校廉洁教育活动暨"携手打击腐败"公益广告作品征集活动，征集廉政文化作品47件，校内评选表彰25件。强化信访举报和问题线索处置工作，准确把握纪检监察信访受理范围，深化综合分析机制，每月对信访举报情况进行汇总研判。全年共办理信访48件；处置问题线索34项，其中，约谈7项、初步核实7项、了结17项。深化运用监督执纪"四种形态"，发现苗头性倾向性问题，适时开展谈话提醒、批评教育、约谈函询等监督执纪工作，注重监督执纪质量，着力实现政治效果、纪法效果和社会效果的有机统一。全年共提醒谈话4人，批评教育1人。在江苏省纪委开展的案件质量检查考评中荣获优秀。

运用多种方式开展监督工作。落实教育部有关部署和要求，开展领导干部利用名贵特产类特殊资源谋取私利问题整治、履行经济责任重要风险自查自纠工作。落实江苏省纪委监委有关部署和要求，对学校安全风险隐患专项整治工作开展监督。在学校中层干部换届工作中，做好党风廉政意见回复工作，参与拟提拔干部考察工作，严把廉洁关，促进选好用好干部，防范选人用人上的不正之风和腐败问题。与党委组织部联合开展中层干部在企业和社会团体任职（兼职）及投资企业情况统计摸底，加强监督检查，严格清理规范。强化对招生工作的监督，对特殊类型招生方案拟订、评委抽取、面试测试环节进行重点监督，提高招生人员安全保密和遵纪守法意识。加强对建设工程和招投标管理工作的监督，实时远程监控开评标活动，及时受理中标公示的异议和投诉，防止以权谋私、暗箱操作、弄虚作假等问题。制订出台学校《科研工作监督管理暂行办法》，进一步优化对科研项目、科研经费和科研行为的监督管理机制。走访研究生院、计财处、招投标办公室、审计处等单位，开展座谈，督促做好廉政风险动态防控工作。集中检查多家机关部处办公用房情况，严格依规把握办公用房标准尺度，坚决杜绝做选择、搞变通、打折扣等现象，对面积超标的，督促相关部门坚决清理整改。

加强纪检监察队伍建设。持续深化"三转"，进一步聚焦主责主业，退出 5 个议事协调机构。修订《纪律检查委员会会议议事规则》，健全相互制约的内部运行机制。按照驻教育部纪检监察组部署，对纪律处分决定执行情况开展了全面自查。按照江苏省纪委部署，开展纪检内网建设，构建"执纪监督＋互联网"监管体系。加强纪检监察干部教育管理，按要求召开党员领导干部专题民主生活会、党员组织生活会，开展民主评议党员。组织纪检监察干部参加教育系统纪检监察业务培训，组织开展江苏省教育纪检监察学会南农分会课题研究。

**【召开全面从严治党工作会议】** 3 月 20 日，南京农业大学 2019 年全面从严治党工作会议在金陵研究院三楼报告厅召开。会议主题是：深入学习贯彻习近平新时代中国特色社会主义思想，全面贯彻落实党的十九大、十九届二中、三中全会和教育系统全面从严治党工作视频会议精神，部署学校 2019 年全面从严治党工作。校党委书记、校党的建设和全面从严治党工作领导小组组长陈利根出席会议并讲话。校党委副书记、纪委书记盛邦跃主持会议并作工作报告。全体在校校领导、中层干部、党风廉政监督员、校办企业负责人、专职纪检监察审计干部参加会议。陈利根代表学校党委就深入推进全面从严治党向纵深发展作出部署。他指出，学校各级党组织和全体党员干部要准确把握全面从严治党总体要求，要站在推进高等教育事业发展、构建"师生共同体"和增强忧患意识化解重大风险的高度，深刻认识全面从严治党的科学内涵和特殊意义，要紧密结合"双一流"建设和学校发展实际，着力破解当前学校全面从严治党所面临的问题和挑战，要坚持围绕学校中心工作和根本任务，聚焦发力推进全面从严治党向纵深发展。盛邦跃总结了 2018 年学校党风廉政建设和反腐败工作，指出当前工作中存在的不足和亟待改进的方向，对 2019 年工作进行了部署。盛邦跃指出，各单位要统一思想，提高站位，紧密结合自身实际，认真排查本单位存在的突出问题，深入分析研判，提出切实有效的解决办法，确保全面从严治党各项工作落实落细。

（撰稿：孙笑逸　审稿：胡正平　审核：周　复）

# 宣传工作、思想与文化建设

**【概况】** 学校宣传思想文化工作以习近平新时代中国特色社会主义思想为指导，深入贯彻落实党的十九大、十九届四中全会和全国教育大会、全国高校思想政治工作会议、学校思想政治理论课教师座谈会精神，紧密围绕学校中心工作，积极营造健康向上的校园主流思想舆论，为推进学校"双一流"建设提供了强有力的思想保证、精神动力、舆论支持和文化氛围。

思想政治建设。深入学习贯彻习近平新时代中国特色社会主义思想和党的十九大、十九届四中全会精神，加强对全校理论学习内容的顶层设计，定期发布校、院两级中心组学习计划，围绕"不忘初心、牢记使命"主题教育、党的十九届四中全会精神等专题开展集中学习。组织马克思主义学院教师成立宣讲团，面向全校师生开展党的十九届四中全会精神宣讲。强化意识形态工作责任制，对全校意识形态工作现状与问题进行总结梳理，完善制度体系，出台《中共南京农业大学委员会意识形态工作责任制实施细则》《南京农业大学校园新媒体建设与管理办法》，强化网络舆情监测预警，及时应对处置舆情。推进思政课程与课程思政同向同行，制订深化思政课改革创新实施方案，支持排演话剧《红船》，促进思政课实践教学。充分挖掘特色课程的思政元素，策划《"秾"味思政·尚茶》《农博馆里的"稻作课"》等具有传播力、影响力和引导力的课程思政。

文化建设。组织开展庆祝新中国成立 70 周年主题宣传教育活动，通过"我和我的祖国"合唱比赛、"我爱你，中国"快闪 MV、"青春告白祖国"教育实践、集中观看国庆阅兵等形式，引导全体师生唱响爱国奉献、强农兴农之歌，营造团结奋进校园精神文明。深入推进中华优秀传统文化、革命文化和社会主义先进文化教育，立项校园文化精品项目 24 项，继续开展"南京农业大学名家大师口述史"编撰工作，重点推进"高校档案文化属性与价值分析""百年南农先贤往事钩沉及育人课程建设""话剧《红船》排演"等项目实施，以品牌塑造深化南农文化影响力。创新文化传播和文化育人载体，强化校园网络文化优秀作品的挖掘和培育，1 件作品获评全国大学生网络文化节作品征集二等奖、1 项工作案例获评全国高校网络教育优秀作品推选展示优秀奖。

对外宣传。一是紧密遵循党和国家政策导向、牢牢把握学校中心工作，在习近平总书记给涉农高校回信、新农科"三部曲"发布、"不忘初心、牢记使命"主题教育、学校第十二次党代会召开等重要节点，第一时间通过新华社、《光明日报》、人民网等主流媒体平台，刊发多篇专题稿件、校领导专访和署名文章，在国家和社会的发展大势上，内聚人心、凝结共识、擂响"南农强音"。二是科技新闻传播矩阵化、新锐化、故事化，借助学校重大项目和重要成果，在做好科技新闻专题深度报道的同时，尝试微视频等全新传播手段，通过生动的科研故事，"有声有色"地还原科研过程、"一五一十"地祛魅科研之惑、"原原本本"地融汇科研精神、"有血有肉"地再现科研人物。三是开门做策划、打好组合拳。联动部门、学院和目标媒体提前介入重大事件策划，敏锐捕捉新闻热点，策划挖掘了开学第一课"使命之问"、教师节盛典"两代 90 后"对话传师德、新中国成立 70 周年"我与祖国共庆生"、麻江"大山支部小院座谈会"等一批外宣亮点。通讯《科技协同绘就持久长效定点帮扶"路线图"》刊载于扶贫日当天《中国教育报》头版头条，同时受到新华社、《中国科学报》等多家媒体关注报道并被教育部官方网站转载。据不完全统计，2019 年各级各类媒体关注并报道南农的新闻 1 800 余篇次（含转载），其中新华社、《新华每日电讯》《光明日报》《中国青年报》《中国教育报》等主流媒体刊发专题报道 135 篇、头版报道 23 篇。

对内宣传。一是坚持"都市型党报"的办报思路，结合国家、学校重大主题，策划"中华人民共和国成立 70 周年"专版、"中共南京农业大学第十二次代表大会"专版、"'不忘初心、牢记使命'主题教育"系列报道等，5 件作品获中国高校校报好新闻奖，20 件作品获江苏省高校校报好新闻奖。持续发挥校报"办报育人"功能，获 2019 年江苏省大学生记者挑战赛一等奖。二是坚持新闻网价值引领，牢牢把握宣传思想关键阵地，与线索提供单位提前沟通、掌握宣传报道主动权，充分尊重高校新闻宣传和网络传播的规律，严把新闻审核质量关，提高稿件信息"含金量"，处理各类新闻线索 1 400 余条（篇），完成"南农要闻"稿件采写 65 篇。三是强化新媒体快速反应，学校微信公众号推送图文 384 条，微博原创新闻 785 条，热搜话题榜年内上榜 4 次。四是做好重大事件专题宣传，新建学校第十二次党代会、"不忘初心、牢记使命"专题网站，设计制作学校重要活动首页宣传图 29 张，制作《闪光的足迹 光辉的历程——南京农业大学历次党代会回顾》《全面开启农业特色世界一流大学建设新征程——十一次党代会以来工作回顾》《百年传承育英才 薪火相继筑辉煌——2019 南京农业大学简介》《图文解读中共南京农业大学第十二次代表大会报告》等专题橱窗 11 期，做好重要活动的环境宣传、摄影工作，为庆祝新中国成立 70 周年、学校第十二次党代会、迎新、省部级领导来校视察等百余场次大型会议和活动营造良好宣传氛围。

（撰稿：王　璐　审稿：刘　勇　审核：周　复）

## ［附录］

## 新闻媒体看南农

### 南京农业大学 2019 年对外宣传报道统计表

| 序号 | 时间 | 标题 | 媒体 | 版面 | 作者 | 类型 | 级别 |
|---|---|---|---|---|---|---|---|
| 1 | 1-2 | 逾 1 500 万新型职业农民活跃在田间地头——听他们说说种地的事儿（讲述·特别报道） | 人民日报 | 6 | 记者：姚雪青 | 报纸 | 国家级 |
| 2 | 1-2 | 加快"双一流"建设　向世界一流农业大学迈进 | 新华日报 | 8 | 周光宏 | 报纸 | 省级 |
| 3 | 1-8 | 揽三奖！南京农业大学 3 项成果获2018 年国家科学技术奖 | 新华社 | | 张盼盼 | 通讯社 | 国家级 |
| 4 | 1-8 | 激发创新　激励奋斗——近年来国家科学技术奖励回眸 | 人民日报 | 头版、2 版 | 记者：余建斌 赵永新 冯华 | 报纸 | 国家级 |
| 5 | 1-9 | 乡村治污绿智慧　土里埋着"金豆豆" | CCTV | | | 电视报道 | 国家级 |
| 6 | 1-9 | 我国科学家发现菊花基因库核心种质资源 | 新华社 | | 沈伟 | 通讯社 | 国家级 |
| 7 | 1-9 | 共有五十项通用项目获奖，总数居全国各省份第一——江苏智慧，闪耀中国科技"阅兵场" | 新华日报 | 12 | 记者：蔡姝雯 王拓 葛灵丹 | 报纸 | 省级 |
| 8 | 1-9 | 走近国家科技进步奖二等奖获得者张绍铃——"遗传密码"，让梨好看又好吃 | 新华日报 | 13 | 记者：王拓 | 报纸 | 省级 |

（续）

| 序号 | 时间 | 标题 | 媒体 | 版面 | 作者 | 类型 | 级别 |
|---|---|---|---|---|---|---|---|
| 9 | 1-9 | "应用之花"：成就国之重器，绽放寻常人家 | 新华日报 | 14 | 记者：杨频萍 王拓 葛灵丹 | 报纸 | 省级 |
| 10 | 1-10 | 南农"金"菊牵起产业链 搭起扶贫桥 结出富民果 | 科技日报 | | 许天颖 张晔 | 报纸 | 国家级 |
| 11 | 1-10 | 中国"梨首席"：把梨子的那些事儿一揽子"问到底" | 科技日报 | | 记者：陈洁 张晔 | 报纸 | 国家级 |
| 12 | 1-10 | 一场全面打响的粮食保卫战——记周明国教授团队获2018年国家科技进步奖二等奖 | 科技日报 | | 记者：赵烨烨 张晔 | 报纸 | 国家级 |
| 13 | 1-15 | 攀登学术高峰 收获研究成果——南京农业大学3项成果获2018年国家科学技术奖 | 中国科学报 | 6 | 记者：王方 通讯员：许天颖 陈洁 赵烨烨 | 报纸 | 国家级 |
| 14 | 1-18 | 江苏省政协委员姚兆余：加快制定农村互助养老政策法规 | 中国青年报 | | 记者：李超 蔡漪铃 | 报纸 | 国家级 |
| 15 | 1-22 | 助力乡村振兴 南京农业大学发布2018《江苏农村年度发展报告》 | 中国江苏网 | | 王雅婷 | 网站 | 省级 |
| 16 | 1-22 | 江苏农村发展蓝皮书发布 乡村振兴部署初见成效 | 新华日报 | 6 | 记者：邹建丰 | 报纸 | 省级 |
| 17 | 1-23 | 南京农业大学举办江苏省高等学校"现代农业"大学生万人计划学术冬令营 | 新华社 | | 杨云 | 通讯社 | 国家级 |
| 18 | 1-23 | 把生机还给土地——记第六届中华农业英才奖得主、南京农业大学教授沈其荣 | 新华日报 | 13 | 记者：王拓 通讯员：陈洁 | 报纸 | 省级 |
| 19 | 1-23 | 镌刻下中国乡村振兴的"江苏脚印"——《江苏农村发展报告2018》发布会暨乡村振兴论坛侧记 | 新华社 | | 杨云 | 通讯社 | 国家级 |
| 20 | 1-25 | 25个校企学术冬令营受热捧 | 交汇点 | | 记者：蒋廷玉 王拓 杨频萍 | 网站 | 省级 |
| 21 | 1-28 | 致敬第六届中华农业英才奖获奖人沈其荣 | CCTV7 | | | 电视报道 | 国家级 |
| 22 | 1-28 | 全球升温小麦产量增与减有说法了 | 科技日报 | 头版 | 记者：张晔 通讯员：许天颖 | 报纸 | 国家级 |
| 23 | 1-29 | 南农大朱艳教授课题组定量评估增温对全球小麦生产力的影响 | 新华社 | | 记者：王拓 通讯员：许天颖 | 通讯社 | 国家级 |

（续）

| 序号 | 时间 | 标题 | 媒体 | 版面 | 作者 | 类型 | 级别 |
|---|---|---|---|---|---|---|---|
| 24 | 1-29 | 现代农业冬令营｜科技与美学的奇妙碰撞——植物病原微生物摄影展 | 新华社 | | 杨云 | 通讯社 | 国家级 |
| 25 | 1-30 | 80后科研骨干这样"忙年" | 新华日报 | 13 | 记者：杨频萍 王拓 | 报纸 | 省级 |
| 26 | 2-2 | 外国留学生写春联学剪纸欢度中国年 | 中新社 | | 记者：杨彦宇 | 通讯社 | 国家级 |
| 27 | 2-2 | 南京农大作物疫病团队聚焦"作物大战病原菌" | 中国科学报 | | 记者：窦道龙 | 报纸 | 国家级 |
| 28 | 2-11 | 读说唱演 入脑入心——江苏高校以"青年视角"创新思政教育 | 新华社 | | 胡碧霞 | 通讯社 | 国家级 |
| 29 | 2-13 | 气候无常变化，农业精准预言 | 中国科学报 | 5 | 记者：王方 | 报纸 | 国家级 |
| 30 | 2-14 | 摄像头｜南京农业大学"玫瑰白菜"亮相 能吃能看惹人眼 | 新华社 | | | 通讯社 | 国家级 |
| 31 | 2-14 | 南京农业大学"玫瑰白菜"亮相 能吃能看"娇嫩欲滴" | 中国新闻网 | | 记者：泱波 | 网站 | 国家级 |
| 32 | 2-14 | 读说唱演 入脑入心 | 新华每日电讯 | 头版 | 记者：陈席元 眭黎曦 | 通讯社 | 省级 |
| 33 | 2-20 | "大豆院士"盖钧镒：为25 000种国产大豆建种质资源库 | 新华日报 | | 记者：王拓 张宣 | 报纸 | 省级 |
| 34 | 2-25 | 首个植物重复基因数据库揭示多样性奥秘 | 科技日报 | 头版 | 记者：张晔 通讯员：许天颖 | 报纸 | 国家级 |
| 35 | 2-26 | 稻瘟病致病源自"里应外合" | 中国科学报 | 5 | 记者：王方 | 报纸 | 国家级 |
| 36 | 2-26 | 首个植物重复基因数据库问世 | 中国科学报 | 头版 | 记者：王方 | 报纸 | 国家级 |
| 37 | 2-27 | 病原菌"里应外合"：南农大揭示稻瘟病致病的重要成因 | 新华社 | | 杨云 | 通讯社 | 国家级 |
| 38 | 2-27 | 南农大张绍铃教授团队最新成果揭示植物多样性奥秘 | 新华社 | | 沈伟 | 通讯社 | 国家级 |
| 39 | 3-1 | 江苏农民不爱种大豆？专家呼吁：种高蛋白大豆回报高又实惠 | 江苏卫视 | | 刘康亮 赵梦琰 | 电视报道 | 省级 |
| 40 | 3-1 | 厉害了！南京有群"植物医生"他们的"病人"覆盖全国各地 | 龙虎网 | | 记者：王缘 肖惠丹 | 网站 | 市级 |
| 41 | 3-3 | "90后"硕士夫妻的农场梦 | 新华社 | | 张盼盼 | 通讯社 | 国家级 |
| 42 | 3-4 | 南农研支团发放爱心物资助力龙山镇教育扶贫 | 中国青年网 | | 记者：李川 | 网站 | 国家级 |
| 43 | 3-4 | 代表委员盛会上吐露追梦心声：逐梦路上永不停步，奋力奔向美好未来 | 新华日报 | | 付奇 石小磊 倪方方 任松筠 | 报纸 | 省级 |
| 44 | 3-5 | 培根铸魂：为人民抒写，为时代立传 | 新华日报 | | 记者：顾敏 王拓 王梦然 顾星欣 | 报纸 | 省级 |

（续）

| 序号 | 时间 | 标题 | 媒体 | 版面 | 作者 | 类型 | 级别 |
|---|---|---|---|---|---|---|---|
| 45 | 3-6 | 保障教育民生 凸显为民情怀 | 中国教育报 | 6 | 记者：缪志聪 | 报纸 | 国家级 |
| 46 | 3-7 | 南京江宁短视频刷屏，代表委员热议生态之美 | 现代快报 | A4 | 记者：安莹 张瑜 徐红艳 徐岑 赵丹丹 | 报纸 | 省级 |
| 47 | 3-7 | 大会开幕前 抵京人大代表在做什么？一个字："忙"！ | 荔枝网 | | 记者：刘雨薇 钱一鸣 | 网站 | 省级 |
| 48 | 3-8 | 决战脱贫攻坚，决胜高水平全面小康 | 新华日报 | | 记者：王拓 郁芬 黄伟 杨频萍 | 报纸 | 省级 |
| 49 | 3-8 | 农作物也有"微表情"？江苏代表联名呼吁帮科学家加快做好这件大事！ | 现代快报 | | 记者：鹿伟 胡玉梅 仲茜 | 报纸 | 省级 |
| 50 | 3-10 | 全国人大代表朱晶就"三严三实"贯彻落实情况接受新闻联播采访 | 新闻联播 | | | 电视报道 | 国家级 |
| 51 | 3-11 | 谁来振兴我们的乡村 | 中国科学报 | 头版 | 记者：陆琦 | 报纸 | 国家级 |
| 52 | 3-13 | 盆栽养不活？南京有家"植物医院"，免费帮你救治花草 | 现代快报 | A9 | 记者：仲茜 | 报纸 | 省级 |
| 53 | 3-13 | 农村居家养老服务需求的影响因素 | 中国人口报 | | 姚兆余 陈日胜 蒋浩君 | 报纸 | 国家级 |
| 54 | 3-13 | 全国人大代表、南京农业大学朱晶教授：做好新时代农业农村人才工作 | 江苏科技报 | A2 | 记者：夏文燕 通讯员：许天颖 | 报纸 | 省级 |
| 55 | 3-16 | 痴迷数学，南农小伙华丽转身屡获奖 | 南京日报 | A11 | 记者：谈洁 通讯员：许天颖 | 报纸 | 市级 |
| 56 | 3-16 | 真·硬核学霸！大二转系还能拿国家奖学金！ | 央视移动新闻网 | | 记者：杨清 卫韬 王雅婷 | 网站 | 国家级 |
| 57 | 3-21 | 南京农业大学"化学"学科领域进入 ESI 世界排名前 1% | 交汇点 | | 记者：王拓 | 网站 | 省级 |
| 58 | 3-22 | 院士工作站落户南京浦口，33 家单位牵手"农业硅谷" | 现代快报 | | 记者：徐苏宁 通讯员：林静 | 报纸 | 省级 |
| 59 | 3-22 | 必看！南农学子进社区支招保健品骗局，粉碎食品安全谣言！ | 扬子晚报 | | 记者：王赟 通讯员：许天颖 周凌蕾 | 报纸 | 省级 |
| 60 | 3-22 | 南农大共 8 个学科领域进入 ESI 前 1% | 扬子晚报 | | 记者：王赟 通讯员：陈金彦 许天颖 | 报纸 | 省级 |
| 61 | 3-22 | 黄大年同志先进事迹报告团来宁宣讲：让更多"黄大年"式科研团队涌现 | 交汇点 | | 记者：王拓 通讯员：陈洁 许天颖 杨海峰 | 网站 | 省级 |
| 62 | 3-24 | 长三角乡村振兴战略研究院落户南京国家农创园 | 交汇点 | | 记者：王拓 通讯员：严谨 许天颖 | 网站 | 省级 |

（续）

| 序号 | 时间 | 标题 | 媒体 | 版面 | 作者 | 类型 | 级别 |
|---|---|---|---|---|---|---|---|
| 63 | 3-24 | 南京国家农创园成功举办高校院所专场推介会暨重点入园项目集中签约仪式 | 新华社 | | 记者：林静　赵建 | 通讯社 | 国家级 |
| 64 | 3-26 | 南京农业大学化学学科进入 ESI 世界排名前 1% | 江苏省教育厅 | | | 网站 | 省级 |
| 65 | 3-26 | 送你一份南京高校赏花攻略，看看哪家最美 | 现代快报 | | 记者：仲茜　余乐　通讯员：姜晨　田天　郭嘉宁 | 报纸 | 省级 |
| 66 | 3-26 | 高产稳产怎么产 | 中国科学报 | 5 | 记者：王方 | 报纸 | 国家级 |
| 67 | 3-30 | 高端人才需求旺，"走出去"成新方向 | 新华日报 | 3 | 记者：王拓　葛灵丹 | 报纸 | 省级 |
| 68 | 3-30 | 13 万年薪+30 天年假，去非洲种棉花？我考虑一下 | 现代快报 | | 记者：仲茜　通讯员：许天颖　姜晨 | 报纸 | 省级 |
| 69 | 3-30 | 农业对外合作"猎英行动计划"走进南农　上演"猎英"盛宴 | 中国新闻网 | | 记者：央波 | 网站 | 国家级 |
| 70 | 3-30 | 南农大春季招聘助力农业人才"走出去" | 新华社 | | 严悦嘉 | 通讯社 | 国家级 |
| 71 | 3-31 | 思政课如何常讲常新？200 多位老师分享自己心得 | 现代快报 | A2 | 记者：仲茜　通讯员：王伟 | 报纸 | 省级 |
| 72 | 3-31 | 教育部公布大学新增专业，大数据和人工智能成为"爆款" | 交汇点 | | 记者：杨频萍　王拓 | 网站 | 省级 |
| 73 | 3-31 | 南京农业大学举行师德大讲堂 | 江苏公共频道 | | | 电视报道 | 省级 |
| 74 | 4-2 | 南京农业大学开"植物医院"：免费帮植物看病 | 央视新闻频道 | | | 网站 | 国家级 |
| 75 | 4-2 | 辟谣、防骗：南农"食安卫士"走进社区 | 南京广播电视台 | | | 电视报道 | 市级 |
| 76 | 4-2 | 我国育成高产高抗水稻新品系 | 新华社 | | 记者：陈席元　眭黎曦 | 通讯社 | 国家级 |
| 77 | 4-3 | 润物"有"声　南农通过公共艺术平台创新思政教育 | 荔枝网 | | 周洋 | 网站 | 省级 |
| 78 | 4-3 | 润物"有"声，南农大通过公共艺术平台创新思政教育　诠释传统文化 | 新华社 | | 记者：许天颖 | 通讯社 | 国家级 |
| 79 | 4-4 | 40 年风雨坚守，他让一朵麦穗开遍祖国大地 | 现代快报 | | 记者：宋经纬　通讯员：王璐 | 报纸 | 省级 |
| 80 | 4-4 | 南农大开展"缅怀校园先贤"清明主题纪念活动 | 中国青年网 | | 王璐　李润文 | 网站 | 国家级 |

（续）

| 序号 | 时间 | 标题 | 媒体 | 版面 | 作者 | 类型 | 级别 |
|---|---|---|---|---|---|---|---|
| 81 | 4-4 | 不能忘却！南农举办活动缅怀校园先贤，他们中竟然有…… | 荔枝网 | | 记者：徐华峰　王教群　通讯员：王璐 | 网站 | 省级 |
| 82 | 4-9 | 高产又高抗的水稻基因发现 | 科技日报 | 3 | 记者：马爱平 | 报纸 | 国家级 |
| 83 | 4-9 | 抗病基因与植物病毒的智能战 | 中国科学报 | 5 | 记者：李晨　通讯员：陈洁　王亦凡 | 报纸 | 国家级 |
| 84 | 4-10 | "冷热"常转换，考生应理性 | 新华日报 | | 记者：杨频萍　王拓 | 报纸 | 省级 |
| 85 | 4-10 | 南农原创"青团"驴打滚，月销上万只 | 梨视频 | | | 网站 | 省级 |
| 86 | 4-12 | 够胖才能上！"别人家学校"又开减脂课了，网友：能蹭课吗？ | 江苏公共频道 | | | 电视报道 | 省级 |
| 87 | 4-12 | "蕙"质"兰"心，速来品赏！南农大产学研合作助兰花精品进万家 | 江苏卫视 | | 记者：徐华峰　王教群 | 电视报道 | 省级 |
| 88 | 4-12 | 南京农业大学现代农业试验示范基地落户淮安盱眙 | 江苏卫视 | | | 电视报道 | 省级 |
| 89 | 4-12 | 首席科学家团队携手常熟民企　共同推进餐厨垃圾科学安全资源化利用事业 | 苏州日报 | | 记者：商中尧 | 报纸 | 市级 |
| 90 | 4-12 | 花开南农　春色满园繁花似锦 | 交汇点 | | 记者：余萍 | 网站 | 省级 |
| 91 | 4-12 | 校园赛车助力青春运动会 | 交汇点 | | 记者：万程鹏 | 网站 | 省级 |
| 92 | 4-16 | 中国教育技术协会高等农业院校分会第八届会议在南京农业大学召开 | 中国江苏网 | | 王凰 | 网站 | 省级 |
| 93 | 4-18 | 江苏国际农机展览会在宁举办　采蘑菇的机器人亮相 | 南报网 | | 记者：冯芃　通讯员：范文钦 | 网站 | 市级 |
| 94 | 4-18 | 《红船》上的一堂思政课：南农大舞台剧创新思政育人工程 | 中央广播电视总台国际在线 | | 记者：王拓　通讯员：许天颖　姜姝 | 电视报道 | 国家级 |
| 95 | 4-18 | 南京农业大学师生上演原创话剧《红船》传承红色记忆 | 中新网 | | 顾名筛 | 网站 | 国家级 |
| 96 | 4-21 | 微观世界　创意十足 | 交汇点 | | 记者：万程鹏　通讯员：许天颖 | 网站 | 省级 |
| 97 | 4-21 | 世界读书日将至，大学生的"读书月"这样过…… | 交汇点 | | 记者：万程鹏　通讯员：许天颖 | 网站 | 省级 |
| 98 | 4-22 | 南京农业大学举办读书嘉年华"腹有诗书气自华" | 中国新闻网 | | 顾名筛 | 网站 | 国家级 |
| 99 | 4-23 | 透过显微镜头，小小"病原菌"也有浓浓文艺范 | 中国新闻社 | | 记者：李艳丹　许天颖 | 通讯社 | 国家级 |

（续）

| 序号 | 时间 | 标题 | 媒体 | 版面 | 作者 | 类型 | 级别 |
|---|---|---|---|---|---|---|---|
| 100 | 4-24 | 众戏曲名家走进南京农业大学"古韵流传" | 中国新闻网 | | 顾名筛 | 网站 | 国家级 |
| 101 | 4-24 | 让课堂思政有"魂" 让大学文化有"根"：戏曲古韵飘香南农大 | 新华社 | | 朱志平 许天颖 | 通讯社 | 国家级 |
| 102 | 4-24 | 有才！这群学生用病原菌"画"出壮丽山河！ | 紫金山新闻 | | 鲁心培 | 网站 | 市级 |
| 103 | 4-25 | 中国主导制修订的8项ISO国际标准立项全部获批 | 人民网 | | 记者：乔雪峰 | 网站 | 国家级 |
| 104 | 4-26 | 以案释法！知识产权审判"搬"进校园 | 龙虎网 | | 记者：周璇 | 网站 | 市级 |
| 105 | 4-26 | 啜一杯茶谈一席话 南京高校师生围席煮茶"秾"味思政 | 中国新闻网 | | 泱波 许天颖 | 网站 | 国家级 |
| 106 | 4-26 | 南农大博导开讲"茶香"思政课 传承传统文化 | 人民网 | | 楠秾宣 | 网站 | 国家级 |
| 107 | 4-29 | 青春集结 致敬祖国：南农大五四团日活动精彩开幕 | 新华社 | | 许天颖 聂欣 | 通讯社 | 国家级 |
| 108 | 4-30 | 朱晶：农业科技要从"增产"走向"降本" | 新华日报 | 18 | 记者：杨丽 | 报纸 | 省级 |
| 109 | 4-30 | 知识产权案庭审走进高校课堂 | 江苏公共新闻 | | | 网站 | 省级 |
| 110 | 4-30 | 有机肥料的"开路先锋" | 中国科学报 | 5 | 记者：王方 | 报纸 | 国家级 |
| 111 | 5-1 | 继承发扬五四精神 吹响青春冲锋号——习近平总书记在纪念五四运动一百周年大会上重要讲话引起热烈反响 | 中国教育报 | 3 | 记者：赵秀红 | 报纸 | 国家级 |
| 112 | 5-2 | 用奋斗点亮青春 | 中国教育报 | 头版 | 记者：焦以璇 | 报纸 | 国家级 |
| 113 | 5-7 | 双"素"合璧 花开有时 | 中国科学报 | 5 | 记者：王方 | 报纸 | 国家级 |
| 114 | 5-8 | 南京高校学子"青年，奋进！"吹响青春集结号 | 中新网 | | 顾名筛 | 网站 | 国家级 |
| 115 | 5-9 | 以菌"克"菌：南农大发现黏细菌与植物病原真菌互作新机制 | 新华社 | | 严悦嘉 | 通讯社 | 国家级 |
| 116 | 5-10 | 南农大"孵化"农业职业经理人 助力新型职业农民发展 | 新华社 | | 沈伟 | 通讯社 | 国家级 |
| 117 | 5-10 | 让新型职业农民学到新理论、新技能 | 农民日报 | | | 报纸 | 国家级 |
| 118 | 5-10 | 二氧化碳扮演什么角色？南农大最新研究揭开全球气候变化"算术难题" | 交汇点 | | 记者：王拓 通讯员：许天颖 | 网站 | 省级 |

（续）

| 序号 | 时间 | 标题 | 媒体 | 版面 | 作者 | 类型 | 级别 |
|---|---|---|---|---|---|---|---|
| 119 | 5-11 | "传承红色基因，牢记青春使命"——南京农业大学浦口校区纪念五四运动一百周年文艺晚会 | 江苏卫视 | | | 电视报道 | 省级 |
| 120 | 5-11 | "我爱我的祖国"校园歌会 | 交汇点 | | 记者：万程鹏<br>通讯员：韦蔚 | 网站 | 省级 |
| 121 | 5-14 | 哪里来的"幺蛾子"？——大数据算出入侵性害虫草地贪夜蛾迁飞路径 | 科技日报 | 3 | 记者：张晔<br>通讯员：许天颖 | 报纸 | 国家级 |
| 122 | 5-14 | 草地贪夜蛾入侵待防控 | 中国科学报 | 5 | 记者：李晨<br>通讯员：许天颖 | 报纸 | 国家级 |
| 123 | 5-15 | 南农举行"孝"道文化月活动 | 南报网 | | 记者：谈洁<br>通讯员：许天颖 林延胜 | 网站 | 市级 |
| 124 | 5-15 | "思政课堂"升级"情景现场" 南农大举办纪念五四演讲比赛 | 新华社 | | 记者：姜姝 | 通讯社 | 国家级 |
| 125 | 5-15 | 科技创新，改变生产生活与生态 | 交汇点 | | 记者：蔡姝雯 蒋廷玉<br>杨频萍 王拓 张宣<br>吴红梅 | 网站 | 省级 |
| 126 | 5-16 | 南京农业大学演讲比赛弘扬爱国精神 | 中国新闻网 | | 寒单 | 网站 | 国家级 |
| 127 | 5-16 | 南农举行"孝"道文化月活动 | 南京日报 | A7 | 记者：谈洁<br>通讯员：许天颖 林延胜 | 报纸 | 市级 |
| 128 | 5-19 | 梨能酿酒？亲子鉴定准确吗？实验室开放日活动为你解答 | 现代快报 | | 记者：仲茜<br>通讯员：许天颖 | 报纸 | 省级 |
| 129 | 5-20 | 插花课中谈思政 南农大党建课越上越"美" | 南京新闻广播 | | 记者：赵雪子 | 电视报道 | 市级 |
| 130 | 5-20 | "春风花语"来上课，南农大的这堂思政课让学生上得过瘾！ | 扬子晚报 | | 记者：王赟<br>通讯员：许天颖 | 报纸 | 省级 |
| 131 | 5-21 | 梨也有"公""母"之分？南农大"科技活动周"亮点纷呈 | 扬子晚报 | A12 | 记者：王赟<br>通讯员：张芳 许天颖 | 报纸 | 省级 |
| 132 | 5-22 | 最炫思政课 学习黄大年 做"四有好老师" | 江苏教育频道 | | | 电视报道 | 省级 |
| 133 | 5-23 | 以菌"克"菌 定向抗病 | 中国科学报 | 4 | 记者：王方 | 报纸 | 国家级 |
| 134 | 5-25 | "挑战杯"江苏省选拔决赛揭幕 多项大学生科创作品亮相 | 中国新闻网 | | 记者：杨频萍 王拓 | 网站 | 国家级 |
| 135 | 5-25 | 江苏省大学生课外学术科技作品竞赛决赛在宁开幕 | 交汇点 | | 记者：万程鹏<br>通讯员：赵烨烨 | 网站 | 省级 |

| 序号 | 时间 | 标题 | 媒体 | 版面 | 作者 | 类型 | 级别 |
|---|---|---|---|---|---|---|---|
| 136 | 5-25 | 63位世界顶尖名校"大牛"来了，南农向全球招揽英才！ | 扬子晚报 | | 记者：王赟 通讯员：许天颖 刘红梅 | 报纸 | 省级 |
| 137 | 5-25 | 南农大第二届钟山国际青年学者论坛举行 面向全球揽才 | 人民网 | | 记者：许天颖 刘红梅 | 网站 | 国家级 |
| 138 | 5-25 | 这台"大黄蜂"很机智，让害虫无处可逃！ | 扬子晚报 | | 记者：王赟 通讯员：赵烨烨 | 报纸 | 省级 |
| 139 | 5-27 | 南农大成立省内首家大运河农业文明研究专题分院 | 新华社 | | 记者：王赟 通讯员：许天颖 | 通讯社 | 国家级 |
| 140 | 5-27 | 引进与培养并举 面向全球揽才！世界顶尖名校博士生汇聚南农大钟山国际青年学者论坛 | 中国日报网 | | | 网站 | 国家级 |
| 141 | 5-27 | 研究大运河农业文明 我省有了专门研究院 | 扬子晚报 | A2 | 记者：王赟 通讯员：许天颖 | 报纸 | 省级 |
| 142 | 5-29 | 关注草地贪夜蛾 南京农业大学发布迁飞路径预测 | CCTV13 | | | 电视报道 | 国家级 |
| 143 | 5-30 | 南农大梨工程技术研究中心张绍铃：让梨好种、好看、好吃 | 南京日报 | A8 | | 报纸 | 市级 |
| 144 | 6-1 | 棚友、膜豆、秸秆气化炉，江苏百余项大学生创新创业项目服务"三农" | 现代快报 | | 记者：仲茜 通讯员：王璐 赵烨烨 | 报纸 | 省级 |
| 145 | 6-1 | "互联网＋"与创业梦的碰撞！看大学生如何用互联网思维帮助乡村振兴 | 交汇点 | | 记者：王拓 | 网站 | 省级 |
| 146 | 6-1 | 传承红色基因 打造思政大课堂 江苏大学生"青年红色筑梦之旅"联盟成立 | 荔枝新闻 | | 记者：王尧 何斐 王建华 徐授科 | 网站 | 省级 |
| 147 | 6-1 | 去南农大赏能吃又好看的新百合 | 扬子晚报 | A8 | 记者：王赟 通讯员：许天颖 | 报纸 | 省级 |
| 148 | 6-1 | 南京农业大学首届百合展精彩亮相 | 中新网 | | 顾名筛 | 网站 | 国家级 |
| 149 | 6-2 | 南农大研制出快速检测苹果枝枯病的试纸条 | 新华社 | | | 通讯社 | 国家级 |
| 150 | 6-3 | 用优质学科资源涵育拔尖人才 | 中国教育报 | 头版 | 记者：万玉凤 通讯员：许天颖 | 报纸 | 国家级 |
| 151 | 6-5 | 现代农业（花卉）产业技术体系成果展开展 首届百合展带你闻香食果 | 江苏科技报 | A5 | 记者：何佳芮 通讯员：许天颖 | 报纸 | 省级 |
| 152 | 6-6 | 芒种至，"农博馆"里"稻"农事 | 交汇点 | | 记者：万程鹏 通讯员：许天颖 | 网站 | 省级 |
| 153 | 6-6 | 芒种至 南京农业大学"农博馆"里"稻"农事 | 中新网 | | 楠秾宣 | 网站 | 国家级 |

（续）

| 序号 | 时间 | 标题 | 媒体 | 版面 | 作者 | 类型 | 级别 |
|---|---|---|---|---|---|---|---|
| 154 | 6-12 | 毕业之夏绽秾华：南农大举办首届青年艺术邀请展 | 新华社 | | 记者：王璐 李立 | 通讯社 | 国家级 |
| 155 | 6-12 | 南京农业大学首届青年艺术邀请展"夏绽秾华" | 中新网 | | 记者：王爽 通讯员：王璐 李立 | 网站 | 国家级 |
| 156 | 6-13 | 南农科学家找到战胜小麦"癌症"的生物武器 | 中新网 | | 寒单 | 网站 | 国家级 |
| 157 | 6-13 | 南京农大成功克隆小麦抗赤霉病关键基因 | 中国科学报 | | 王方 | 报纸 | 国家级 |
| 158 | 6-14 | 小麦"癌症"小麦治 关键基因来助阵 | 科技日报 | 头版 | 记者：张晔 通讯员：陈洁 | 报纸 | 国家级 |
| 159 | 6-16 | 父亲节教老爸健康饮食 南农创新课堂上办暖心"家宴" | 扬子晚报 | A4 | 记者：王赟 通讯员：陈宏强 陈洁 许天颖 | 报纸 | 省级 |
| 160 | 6-17 | 科学家揭秘昆虫妈妈如何"选产房" | 新华社 | | 记者：陈席元 | 通讯社 | 国家级 |
| 161 | 6-18 | "虫口夺粮"：重拳出击草地贪夜蛾 | 中国科学报 | 5 | 记者：李晨 | 报纸 | 国家级 |
| 162 | 6-18 | 梨产业可以省力又高产 | 中国科学报 | 6 | 记者：王方 通讯员：谢智华 | 报纸 | 国家级 |
| 163 | 6-20 | 此去星辰大海，愿少年不虚此行 | 新华日报 | 7 | 记者：杨频萍 王拓 | 报纸 | 省级 |
| 164 | 6-20 | 扎根大地报国情深！南农师生唱响《我爱你，中国》 | 现代快报 | | 记者：仲茜 | 报纸 | 省级 |
| 165 | 6-21 | 统筹推进脱贫攻坚与乡村振兴 | 中国社会科学报 | 头版 | 记者：王广禄 | 报纸 | 国家级 |
| 166 | 6-21 | 逐梦巩留的青春承诺 | 农民日报 | 8 | 记者：陈兵文 | 报纸 | 国家级 |
| 167 | 6-22 | 南京农业大学毕业生告别校园"扎根大地" | 中新网 | | 记者：许天颖 | 网站 | 国家级 |
| 168 | 6-25 | 基因手段"镉"离籼米 | 中国科学报 | 5 | 记者：王方 | 报纸 | 国家级 |
| 169 | 6-25 | 阻击小麦"癌症" | 中国科学报 | 5 | 冯丽妃 | 报纸 | 国家级 |
| 170 | 6-27 | 聚焦脱贫攻坚 南农大举办定点扶贫麻江蓝莓展销会 | 新华社 | | 记者：雷颖 | 通讯社 | 国家级 |
| 171 | 6-30 | 高校师生用"唱"出来的党课献礼"七一" | 交汇点 | | 记者：万程鹏 通讯员：许天颖 | 网站 | 省级 |
| 172 | 7-1 | "唱"出来的党课！南农师生这样献礼"七一"！ | 扬子晚报 | | 记者：王赟 通讯员：姚科艳 陈洁 许天颖 | 报纸 | 省级 |
| 173 | 7-1 | 南京农大开讲"农"味思政课 | 中国教育报 | 头版 | 记者：潘玉娇 通讯员：陈宇豪 | 报纸 | 国家级 |
| 174 | 7-2 | "神出鬼没"甲基砷导致水稻早青立病 | 中国科学报 | 5 | 记者：李晨 | 报纸 | 国家级 |

（续）

| 序号 | 时间 | 标题 | 媒体 | 版面 | 作者 | 类型 | 级别 |
|---|---|---|---|---|---|---|---|
| 175 | 7-4 | 梨工程学霸承包梨园！妻女齐上阵 | 梨视频 | | | 网站 | 省级 |
| 176 | 7-10 | 擦亮大运河文化带这一国家名片 | 求是网 | | 路璐 | 网站 | 国家级 |
| 177 | 7-13 | 挖掘传播马庄经验 南农学子实地调研 | 新华社 | | 记者：林凯 刘宇轩 | 通讯社 | 国家级 |
| 178 | 7-13 | "马克思主义·青年说"南农专场举行 | 省委新闻网 | | 记者：王拓 魏晓敏 | 网站 | 省级 |
| 179 | 7-13 | "马克思主义·青年说"南京农业大学专场活动在徐州马庄村举行 | 新华社 | | 通讯员：姜姝 许天颖 | 通讯社 | 国家级 |
| 180 | 7-18 | 献礼祖国七十载，南农学子与老人们追忆峥嵘岁月重温红色经典 | 荔枝网 | | 记者：王尧 | 网站 | 省级 |
| 181 | 7-19 | 青春之夏迎苍绿：南农大首批录取通知书今早发出 | 新华社 | | 许天颖 | 通讯社 | 国家级 |
| 182 | 7-19 | 有了这项"神技能"，岛上最具侵略性的蚊子被"团灭"…… | 荔枝网 | | 周洋 | 网站 | 省级 |
| 183 | 7-19 | 南农大新生录取通知书"启程" 一抹绿成就青春底色 | 中新网 | | 许天颖 | 网站 | 国家级 |
| 184 | 7-19 | 一大波高校录取通知书抢"鲜"看 | 扬子晚报 | A4 | 记者：王赟 杨甜子 蔡蕴琦 | 报纸 | 省级 |
| 185 | 7-19 | 南农校长为新生送上录取通知书 | 南京日报 | A8 | 记者：谈洁 通讯员：许天颖 | 报纸 | 市级 |
| 186 | 7-20 | 南农大率先试点垃圾分类 强化师生环保意识 | 新华社 | | 李长钦 李鸣 许天颖 | 通讯社 | 国家级 |
| 187 | 7-20 | 南京农业大学开展"垃圾分类行动"树环保意识 | 中新网 | | 李长钦 李鸣 许天颖 | 网站 | 国家级 |
| 188 | 7-20 | 为餐厨垃圾找出路，南京农业大学率先试点垃圾分类 | 扬子晚报 | | 记者：王赟 通讯员：李长钦 李鸣 许天颖 | 报纸 | 省级 |
| 189 | 7-21 | 南农大10万百合花中开课：8成是女生 | 梨视频 | | | 网站 | 省级 |
| 190 | 7-23 | 失联近30年，台湾67岁老教师用一口地道的南京话找到亲人 | 现代快报 | | 记者：蔡梦莹 通讯员：许天颖 | 报纸 | 省级 |
| 191 | 7-23 | 支教留守儿童、解决农户困难……南京这群大学生赴贵州山区助力乡村振兴 | 龙虎网 | | 记者：王缘 通讯员：杨弘毅 赵亚南 | 网站 | 市级 |
| 192 | 7-29 | 瘟神稻瘟病菌是如何"镇压叛乱"打胜仗的 | 中国青年报 | 8 | 记者：李润文 通讯员：陈洁 | 报纸 | 国家级 |

（续）

| 序号 | 时间 | 标题 | 媒体 | 版面 | 作者 | 类型 | 级别 |
|------|------|------|------|------|------|------|------|
| 193 | 7-30 | 稻瘟病菌控制致病力新机制被揭示 | 中国科学报 | 5 | 李晨　许天颖 | 报纸 | 国家级 |
| 194 | 7-30 | 南京农业大学党委书记陈利根：立足"大学"与"大地"建设农业特色世界一流大学 | 人民网 | | 孟二波　唐璐璐 | 网站 | 国家级 |
| 195 | 7-31 | 长三角乡村振兴战略研究院（联盟）在宁成立 | 江苏卫视公共频道 | | | 电视报道 | 省级 |
| 196 | 7-31 | 科学家5年"灭蚊大战"获突破 | 新华日报 | 18 | 记者：王梦然　王拓 | 报纸 | 省级 |
| 197 | 8-6 | 好酷！七夕来一束最in中国风的荷花！南农大成功培育十多种荷花切花品种 | 扬子晚报 | | 记者：王赟　通讯员：许天颖 | 报纸 | 省级 |
| 198 | 8-6 | 长三角乡村振兴战略研究院（联盟）成立 | 中国科学报 | 6 | 许天颖 | 报纸 | 国家级 |
| 199 | 8-6 | 小伙学梨工程专业，毕业后建了个"梨乐园" | 央视新闻 | | | 网站 | 国家级 |
| 200 | 8-7 | 七夕，送她一朵荷花吧！ | 中国科学报 | 6 | 记者：袁一雪　通讯员：许天颖 | 报纸 | 国家级 |
| 201 | 8-7 | 南农大培育出十余个荷花切花品种 | 科技日报 | 3 | 记者：金凤　通讯员：许天颖 | 报纸 | 国家级 |
| 202 | 8-7 | 叶绿素含量有多少　测一测反射光就知道 | 科技日报 | 3 | 记者：张晔　通讯员：马吉锋　许天颖 | 报纸 | 国家级 |
| 203 | 8-8 | 用青春填满北大荒粮仓 | 中国教育报 | 2 | 高俊　朱世桂 | 报纸 | 国家级 |
| 204 | 8-8 | "寻找最夏天"：南农学子走进牛首山景区 | 南京广播电视台 | | | 电视报道 | 市级 |
| 205 | 8-13 | 小记者探访湖熟梨园，对梨界新秀"夏露"赞不绝口 | 现代快报 | | 记者：仲茜 | 报纸 | 省级 |
| 206 | 8-13 | 新农科：新在"农"，也新在"科" | 中国科学报 | 5 | 记者：韩天琪 | 报纸 | 国家级 |
| 207 | 8-14 | 来点光照，水稻对稻瘟病菌免疫力就能提高 | 科技日报 | 头版 | | 报纸 | 国家级 |
| 208 | 8-14 | 青年科研骨干的"第三学期" | 新华日报 | 13 | 记者：杨频萍　王拓 | 报纸 | 省级 |
| 209 | 8-16 | 好吃、好看、好种！梨中新贵"夏露"揭开面纱 | 龙虎网 | | 记者：王缘　通讯员：谢智华　许天颖 | 网站 | 市级 |
| 210 | 8-18 | 梨中新贵"夏露"摘果上市，抗病性更好 | 科技日报 | | 记者：金凤　通讯员：谢智华　许天颖 | 报纸 | 国家级 |
| 211 | 8-18 | 先当花再当菜，南农大十八年育出"百财玫瑰" | 中国江苏网 | | 通讯员：赵烨烨 | 网站 | 省级 |
| 212 | 8-20 | 发挥高校智慧，助力乡村振兴 | 中国科学报 | 6 | 刘如楠 | 报纸 | 国家级 |

（续）

| 序号 | 时间 | 标题 | 媒体 | 版面 | 作者 | 类型 | 级别 |
|---|---|---|---|---|---|---|---|
| 213 | 8-22 | 维生素含量高　新品白菜形似"黄玫瑰" | 科技日报 | 5 | 金凤<br>通讯员：赵烨烨 | 报纸 | 国家级 |
| 214 | 8-26 | 土壤微生物群落装配"黑箱"被打开 | 中国科学报 | 头版 | 记者：李晨 | 报纸 | 国家级 |
| 215 | 8-29 | 上黄山、下南海，采花捉虫打比赛！你的暑假够不够精彩，快来分享一下吧 | 现代快报 | | 记者：仲茜 | 报纸 | 省级 |
| 216 | 9-1 | "哨兵"触发稻瘟病抗性关键"闸门"开关，万建民院士团队揭示水稻稻瘟病抗性分子机制 | 交汇点 | | 记者：王拓<br>通讯员：许天颖 | 网站 | 省级 |
| 217 | 9-2 | 这里的葡萄为何一亩能卖8万元？ | 新华社 | | 记者：董峻　韩佳诺 | 通讯社 | 国家级 |
| 218 | 9-2 | "哨兵"触发稻瘟病抗性关键"闸门"开关：南农大万建民院士团队揭示水稻稻瘟病抗性分子机制 | 新华社 | | 许天颖 | 通讯社 | 国家级 |
| 219 | 9-3 | 中国重要农业文化遗产主题展全国巡展在宁举行 | 江苏卫视 | | | 电视报道 | 省级 |
| 220 | 9-4 | 农业文化遗产主题展来宁巡展 | 新华日报 | 7 | 记者：王拓 | 报纸 | 省级 |
| 221 | 9-5 | 好吃更好看！80余葡萄品种"齐聚"放光彩 | 新华社 | | 沈伟 | 通讯社 | 国家级 |
| 222 | 9-5 | "顶天立地"催生科技"奇果异香"：南农系列菊花新品品种入选国家杰出青年科学基金25周年成果展 | 新华社 | | 许天颖 | 通讯社 | 国家级 |
| 223 | 9-6 | 激励青年人才勇闯科技"无人区" | 科技日报 | 3 | 记者：操秀英 | 报纸 | 国家级 |
| 224 | 9-6 | 江苏兴化·垛田故事：浓浓故乡情悠悠稻米香 | CCTV7 | | | 电视报道 | 国家级 |
| 225 | 9-7 | 习近平总书记回信寄语全国涉农高校广大师生在宁引发热烈反响 | 南京新闻频道 | | | 电视报道 | 市级 |
| 226 | 9-7 | 沃土肥田：生物质炭基肥料的生态贡献 | 农民日报 | | 潘根兴 | 报纸 | 国家级 |
| 227 | 9-7 | 南农迎新日，来了一对双胞胎"园林迷"，她们梦想参加切尔西花展 | 扬子晚报 | | 记者：王赟<br>通讯员：楠秾宣 | 报纸 | 省级 |
| 228 | 9-7 | 南京农业大学迎新　满满报国志爱国情　6000公里走访　精准扶助困难学生 | 江苏公共新闻 | | | 网站 | 省级 |
| 229 | 9-7 | 牢记嘱托，不忘农林人的初心与使命 | 中国教育报 | 7 | 董鲁皖龙　蒋亦丰<br>万玉凤　冯丽 | 报纸 | 国家级 |

（续）

| 序号 | 时间 | 标题 | 媒体 | 版面 | 作者 | 类型 | 级别 |
|---|---|---|---|---|---|---|---|
| 230 | 9-7 | 南京大学生合唱快闪携新生"青春告白祖国" | 中国新闻网 | | 李霈韵 | 网站 | 国家级 |
| 231 | 9-7 | 超暖超燃！精准资助、快闪迎新南农还给每位新生送"大礼" | 江苏卫视 | | 记者：徐华峰 王教群 通讯员：楠秋宣 | 电视报道 | 省级 |
| 232 | 9-8 | 高校迎新，总有一样"暖"到你 | 新华日报 | 3 | 记者：杨频萍 王拓 | 报纸 | 省级 |
| 233 | 9-8 | 强农兴林 把科技成果写在大地上 | 南京日报 | A1 | 记者：谈洁 通讯员：许天颖 陈洁 李政 | 报纸 | 市级 |
| 234 | 9-8 | 南农新生前来"抱稻"，他们眼中的人工智能是怎样的？ | 现代快报 | | 记者：仲茜 通讯员：许天颖 | 报纸 | 省级 |
| 235 | 9-9 | 南农4 395名本科新生用爱心告白祖国 | 人民网 | | 张鑫 唐璐璐 | 网站 | 国家级 |
| 236 | 9-10 | 两项农业成果入选国家杰青科学基金25周年成果展 | 中国科学报 | 6 | 记者：李晨 | 报纸 | 国家级 |
| 237 | 9-10 | 张绍铃：心底有个"种梨梦" | 中国科学报 | 6 | 记者：王方 通讯员：谢智华 许天颖 | 报纸 | 国家级 |
| 238 | 9-11 | 千言万语道不尽：老师您辛苦了 | 新华日报 | 2 | 记者：王拓 杨频萍 葛灵丹 | 报纸 | 省级 |
| 239 | 9-11 | 南京农业大学庆祝教师节盛典"立德树人" | 中新网 | | 杨海峰 许天颖 | 网站 | 国家级 |
| 240 | 9-12 | 将家国"初心"植心田！南农新生第一课提出"使命之问" | 交汇点 | | 记者：王拓 文字：许天颖 盛馨 聂欣 | 网站 | 省级 |
| 241 | 9-12 | 南农开学第一课提出"使命之问"青年学子爱心告白祖国 | 新华社 | | 许天颖 王爽 | 通讯社 | 国家级 |
| 242 | 9-12 | 两代"90后"对话传师德：南农大举行庆祝第35个教师节盛典活动 | 新华社 | | 杨海峰 许天颖 王爽 | 通讯社 | 国家级 |
| 243 | 9-16 | 这些高校收到了习主席的回信：要建好这个学科 | 中国教育报 | 11 | | 报纸 | 国家级 |
| 244 | 9-16 | 头条面对面：南农有个"大黄蜂" | 南京电视台 | | | 电视报道 | 市级 |
| 245 | 9-16 | 不可忽视的农田降氮减排 | 中国科学报 | 5 | 韩扬眉 | 报纸 | 国家级 |
| 246 | 9-20 | "大科学"根植于"大土地" | 光明日报 | 15 | 陈利根 | 报纸 | 国家级 |
| 247 | 9-20 | 我的美好生活｜这辈子和植物打交道，我光荣而幸福 | 新华社 | | | 通讯社 | 国家级 |
| 248 | 9-23 | 摘三项金奖！南农菊花"惊艳"世界园艺博览会国际竞赛 | 荔枝网 | | 王尧 徐华峰 | 网站 | 省级 |

（续）

| 序号 | 时间 | 标题 | 媒体 | 版面 | 作者 | 类型 | 级别 |
|---|---|---|---|---|---|---|---|
| 249 | 9-23 | 总书记关心的百姓身边事｜"农"字头照样"大"作为——丰收时节看涉农高校人才在希望的田野 | 新华社 | 2 | 记者：孙杰 范世辉 姚友明 陈席元 王昆 王君璐 | 通讯社 | 国家级 |
| 250 | 9-23 | "童年"生长环境决定作物"成年"健康 | 中国科学报 | 头版 | 李晨 | 报纸 | 国家级 |
| 251 | 9-23 | 奶酪和酒酿结合 南农学生开发出"中国风"新品 | 南报网 | | 记者：谈洁 通讯员：许天颖 | 网站 | 市级 |
| 252 | 9-23 | 南农研支团开展公益游学助学生与梦想共成长 | 中国青年网 | | 记者：刘喆 | 网站 | 国家级 |
| 253 | 9-23 | 杰青基金，鼓励青年人才勇闯科研"无人区" | 新华日报 | 17 | 记者：杨频萍 王拓 王梦然 | 报纸 | 省级 |
| 254 | 9-23 | 南农大学者改良栽培技术，助云南优质稻亩产近翻番 | 科技日报 | | 记者：金凤 通讯员：许天颖 | 报纸 | 国家级 |
| 255 | 9-24 | 南京农业大学迎新文艺汇演"青春告白祖国"迎新文艺汇演 | 中新网 | | 姚敏磊 | 网站 | 国家级 |
| 256 | 9-24 | 强国一代有我在！南京农业大学举办"青春告白祖国"迎新文艺汇演 | 新华社 | | 姚敏磊 郭嘉宁 | 通讯社 | 国家级 |
| 257 | 9-24 | 南京多所大学党委书记上讲台，开讲"大学第一课" | 南京日报 | A11 | 谈洁 许天颖 田天 童莉 | 报纸 | 市级 |
| 258 | 9-26 | 你见过吗？拿了国际金奖的南农菊花长这样！ | 扬子晚报 | | 记者：王赟 通讯员：许天颖 | 报纸 | 省级 |
| 259 | 9-27 | 南农菊花在世界园艺博览会国际竞赛中摘三项金奖 | 新华社 | | 张盼盼 | 通讯社 | 国家级 |
| 260 | 9-27 | 千人合唱礼赞祖国！听，南农师生唱响强农兴农奋进之歌 | 扬子晚报 | | 记者：王赟 通讯员：王璐 | 报纸 | 省级 |
| 261 | 9-29 | 国产葡萄3～5年内即将迎来上市潮 | 南报网 | | 记者：谈洁 | 网站 | 市级 |
| 262 | 9-30 | 稻瘟病是如何被预警的 | 中国青年报 | 5 | 记者：李润文 通讯员：许天颖 | 报纸 | 国家级 |
| 263 | 10-7 | 重阳赏菊正当时 | 央视新闻直播间 | | | 电视报道 | 国家级 |
| 264 | 10-7 | 《我们的征程》：南农七君子：向一片不可能之地要一切可能 | CCTV2 | | | 电视报道 | 国家级 |
| 265 | 10-7 | "菊世无双"花海献礼国庆 | 中国科学报 | 5 | 许天颖 | 报纸 | 国家级 |
| 266 | 10-7 | 南农大老中青三代教师与祖国共庆生 | 新华社 | | 张盼盼 | 通讯社 | 国家级 |

（续）

| 序号 | 时间 | 标题 | 媒体 | 版面 | 作者 | 类型 | 级别 |
|---|---|---|---|---|---|---|---|
| 267 | 10-8 | 南农菊花花海献礼国庆 | 新华社 | | 许天颖 | 通讯社 | 国家级 |
| 268 | 10-8 | 南京首家高校戏团，这里水袖轻扬19年 | 新华日报 | 5 | 记者：王拓 | 报纸 | 省级 |
| 269 | 10-16 | 厉害了！南京农业大学摆出了一片菊花海 | 新华社 | | | 通讯社 | 国家级 |
| 270 | 10-16 | 第四届直属高校精准扶贫十大典型项目扫描 | 中国教育报 | 6 | | 报纸 | 国家级 |
| 271 | 10-16 | 真学真问求真知，走进田野悟共识 | 新华日报 | 9 | 记者：沈峥嵘 王拓 | 报纸 | 省级 |
| 272 | 10-16 | 世界粮食日 致敬这位毕生致力"解决中国农业问题"的大先生 | 荔枝网 | | 徐华峰 王教群 | 网站 | 省级 |
| 273 | 10-16 | 江苏部分高校探索将思政课融入专业教学实践 | 新华日报 | | 记者：沈峥嵘 王拓 杨频萍 蔡姝雯 叶真 | 报纸 | 省级 |
| 274 | 10-17 | 南农扎实推进"不忘初心、牢记使命"主题教育 | 新华社 | | 记者：赵烨烨 许承保 | 通讯社 | 国家级 |
| 275 | 10-17 | 邹秉文农科教结合办学思想100周年研讨会在南京召开 | 中新网 | | 许天颖 | 网站 | 国家级 |
| 276 | 10-17 | 世界粮食日，南农大师生纪念这位农学先贤 | 现代快报 | | 记者：仲茜 通讯员：许天颖 王爽 | 报纸 | 省级 |
| 277 | 10-17 | "南农麻江10＋10行动"计划 | 教育部官方网站 | | 俞曼悦 | 网站 | 国家级 |
| 278 | 10-18 | "菊海盛宴"等你来打卡 | 现代快报 | A11 | 记者：仲茜 通讯员：许天颖 实习生：陈志豪 | 报纸 | 省级 |
| 279 | 10-18 | 绘就麻江定点扶贫"路线图" | 中国科学报 | 6 | 王方 许天颖 | 报纸 | 国家级 |
| 280 | 10-19 | 厉害了！南京农业大学摆出了一片菊花海 | 中国新华新闻电视网 | | | 网站 | 国家级 |
| 281 | 10-20 | 南京农业大学成立伙伴企业俱乐部 | 新华社 | | 严瑾 邵存林 郭嘉宁 | 通讯社 | 国家级 |
| 282 | 10-20 | 南农成立伙伴企业俱乐部，"抱团"服务"三农" | 现代快报 | | 记者：仲茜 通讯员：许天颖 | 报纸 | 省级 |
| 283 | 10-21 | 【专家署名文章】广西龙胜依托农业文化遗产探索脱贫攻坚新路径 | 农民日报 | 3 | 卢勇 谭光万 | 报纸 | 国家级 |
| 284 | 10-21 | 南京农业大学：科教协同绘就持续长效定点帮扶"路线图" | 中国教育报 | | 万玉凤 | 报纸 | 国家级 |
| 285 | 10-22 | 主题教育进行时｜南京农业大学："爱国·育人·红色"三条主线贯穿主题教育 | 学习强国 | | 赵烨烨 许承保 | 网站 | 国家级 |

（续）

| 序号 | 时间 | 标题 | 媒体 | 版面 | 作者 | 类型 | 级别 |
|---|---|---|---|---|---|---|---|
| 286 | 10-23 | 南京农业大学举办百校联动名校行暨2020届毕业生专场招聘会 | 新华社 | | 周建鹏 | 通讯社 | 国家级 |
| 287 | 10-24 | 借助高科技记录植物特征高效育种 | 南京日报 | A6 | 记者：谈洁通讯员：姜爱良 许天颖 | 报纸 | 市级 |
| 288 | 10-24 | 南农探索高校产业扶贫新模式 | 南京日报 | A10 | 记者：谈洁通讯员：许天颖 | 报纸 | 市级 |
| 289 | 10-24 | 全球作物表型研究"中国方案"呼之欲出 | 科技日报 | 头版 | 记者：张晔 | 报纸 | 国家级 |
| 290 | 10-24 | 我国首次举办国际植物表型大会 | 中国科学报 | | 李晨 姜爱良许天颖 | 报纸 | 国家级 |
| 291 | 10-24 | 专访院士盖钧镒：是时候推动作物表型的研究 | 现代快报 | | 记者：仲茜通讯员：许天颖 姜爱良 | 报纸 | 省级 |
| 292 | 10-24 | 植物研究"表型时代"需要中国声音 | 中国科学报 | 头版 | 记者：李晨 | 报纸 | 国家级 |
| 293 | 10-25 | 1.8万个岗位！"农"字号企业求贤若渴！养猪业来抢南农学生！ | 扬子晚报 | | 记者：王赟通讯员：周建鹏 | 报纸 | 省级 |
| 294 | 10-26 | 作物表型组学研究重大科技基础设施建设项目启动 | 中国科学报 | | 李晨 姜爱良许天颖 | 报纸 | 国家级 |
| 295 | 10-28 | 动科类人才需求增加！近四万个岗位来南京高校"抢人" | 现代快报 | A5 | 记者：仲茜通讯员：周建鹏 唐瑭 | 报纸 | 省级 |
| 296 | 10-28 | 董莎萌：用大数据"治疗"马铃薯癌症 | 科技日报 | 5 | 记者：金凤 | 报纸 | 国家级 |
| 297 | 10-28 | 最新！世界农业奖在南农揭晓！擅长研究油炸食品及膨化加工的智利专家获奖 | 紫牛新闻 | | 记者：王赟 | 网站 | 省级 |
| 298 | 10-28 | 2019GCHERA世界农业奖在南农揭晓 | 新华社 | | | 通讯社 | 国家级 |
| 299 | 10-28 | 南京农业大学举办2020届毕业生专场招聘会 | 中新网 | | 通讯员：周建鹏 | 网站 | 国家级 |
| 300 | 10-29 | 多所世界涉农高校博士生共议食品安全与人类健康 | 交汇点 | | 记者：王拓 | 网站 | 省级 |
| 301 | 10-30 | 换个方式理解"生命规律" | 新华日报 | 14 | 记者：王甜 王拓 | 报纸 | 省级 |
| 302 | 10-30 | 16个国家的200多名研究生齐聚南农，共话"舌尖上的安全" | 紫牛新闻 | | 记者：王赟通讯员：孙国成 王雪飞 | 网站 | 省级 |

（续）

| 序号 | 时间 | 标题 | 媒体 | 版面 | 作者 | 类型 | 级别 |
|---|---|---|---|---|---|---|---|
| 303 | 11 - 1 | 在希望的田野上干事创业 | 江苏教育报 | 头版 | 记者：任素梅<br>通讯员：陆江峰 方彦蘅 许天颖 | 报纸 | 省级 |
| 304 | 11 - 1 | 运动会上演情景剧，这个学校办了一堂特别的体育思政课 | 扬子晚报 | | 记者：王赟<br>通讯员：楠秾宣 | 报纸 | 省级 |
| 305 | 11 - 4 | 南农大以党建为引领 催生扶贫内生动力 | 新华社 | | 严瑾 徐敏轮 | 通讯社 | 国家级 |
| 306 | 11 - 5 | 大山小院里开了场别开生面的座谈会——南农大走进贵州麻江河山村开展精准扶贫 | 学习强国 | | 记者：郭蓓<br>通讯员：严瑾 徐敏轮 楠秾宣 | 网站 | 国家级 |
| 307 | 11 - 7 | 菊花首次在"世界屋脊"栽培成功 | 新华社 | | 记者：何佳芮<br>通讯员：许天颖 | 通讯社 | 国家级 |
| 308 | 11 - 7 | 昆仑山下菊花香 | 新华社 | | 记者：董峻 | 通讯社 | 国家级 |
| 309 | 11 - 12 | 我国第一块"细胞培养肉"诞生 | 中国科学报 | 头版 | 李晨 | 报纸 | 国家级 |
| 310 | 11 - 12 | "校友经济"，业界新风口 | 新华日报 | 5 | 记者：杨频萍 王拓 | 报纸 | 省级 |
| 311 | 11 - 12 | 别开生面有声有色：南农大二级党组织特色主题教育"进行时" | 新华社 | | 记者：赵烨烨 许承保 | 通讯社 | 国家级 |
| 312 | 11 - 17 | 南京农业大学第十五届校园美食节开幕 | 新华社 | | 张盼盼 | 通讯社 | 国家级 |
| 313 | 11 - 17 | 一场"舌尖盛宴"等你来！全国高校首个"食品营养与质量监测中心"落户南农 | 扬子晚报 | | 记者：王赟<br>通讯员：刘璐 楠秾宣 | 报纸 | 省级 |
| 314 | 11 - 17 | 园林小菊化身富民"金"菊 | 新华社 | | 记者：骆晓飞 陈席元 | 通讯社 | 国家级 |
| 315 | 11 - 18 | 南京农业大学美食飘香打开师生"味蕾" | 中新网 | | 通讯员：许天颖 | 网站 | 国家级 |
| 316 | 11 - 18 | 3年推广了150万亩！"宁粳8号"大米好吃又好种 | 科技日报 | | 记者：金凤<br>通讯员：许天颖 | 报纸 | 国家级 |
| 317 | 11 - 18 | 太湖稻麦两熟地区水稻亩产首次突破1000公斤 | 科技日报 | | 记者：金凤<br>通讯员：许天颖 | 报纸 | 国家级 |
| 318 | 11 - 18 | 高原菊花地方生产标准发布，园林小菊在青藏高原绽放 | 科技日报 | | 记者：金凤 | 报纸 | 国家级 |
| 319 | 11 - 19 | 水稻高产破纪录的背后 | 中国科学报 | | 王方 许天颖 | 报纸 | 国家级 |
| 320 | 11 - 21 | Chinese scientists develop lab - grown meat from animal cells | 新华网 | | | 网站 | 国家级 |
| 321 | 11 - 22 | 实践教学让思政课"立"起来 | 中国教育报 | 3 | 记者：万玉凤<br>通讯员：陈洁 | 报纸 | 国家级 |

（续）

| 序号 | 时间 | 标题 | 媒体 | 版面 | 作者 | 类型 | 级别 |
|---|---|---|---|---|---|---|---|
| 322 | 11-24 | 南农召开新时代高校生命科学教学改革与创新研讨会 | 交汇点 | | 记者：王拓<br>通讯员：宋菲 许天颖 | 网站 | 省级 |
| 323 | 11-25 | 中国传统文化风情展示亮相南京农业大学 | 中新网 | | 泱波 | 网站 | 国家级 |
| 324 | 11-27 | 别人的大学！南农开设选修课 | 龙虎网 | | 记者：王缘 朱安龙<br>通讯员：蔡漪铃 | 网站 | 市级 |
| 325 | 11-27 | "宁粳8号"出米率达72% | 中国科学报 | | 张晴丹 | 报纸 | 国家级 |
| 326 | 11-30 | 彩色小麦来了，营养价值更高 | 南京日报 | A08 | 记者：谈洁<br>实习生：余心言<br>通讯员：许天颖 | 报纸 | 市级 |
| 327 | 12-1 | 你见过五颜六色的小麦吗？蓝色小麦是长寿食物 | 紫牛新闻 | | 记者：王赟<br>通讯员：周琴<br>实习生：卢文倩 | 网站 | 省级 |
| 328 | 12-2 | 一起打卡南京农业大学实验室 | 江苏公共新闻 | | | 网站 | 省级 |
| 329 | 12-2 | 我国第一块肌肉干细胞培养肉面世 | 科技日报 | 头版 | 记者：金凤 | 报纸 | 国家级 |
| 330 | 12-2 | 新时代人民日报通用语料库发布 | 交汇点 | | 记者：王拓 | 网站 | 省级 |
| 331 | 12-3 | 土壤噬菌体组合能显著抑制青枯病 | 科技日报 | 4 | 记者：金凤<br>通讯员：许天颖 | 报纸 | 国家级 |
| 332 | 12-3 | 新时代人民日报通用语料库发布 | 新华社 | | 张盼盼 | 通讯社 | 国家级 |
| 333 | 12-4 | 青年专家三次进藏觅得珍贵菊种 | 新华日报 | 15 | 记者：王拓 | 报纸 | 省级 |
| 334 | 12-5 | 科学家提出防控植物青枯病的"鸡尾酒疗法" | 新华社 | | 记者：陈席元 | 通讯社 | 国家级 |
| 335 | 12-5 | 噬菌体：根际菌群的"作战方案" | 中国科学报 | 头版 | 记者：李晨<br>通讯员：许天颖 | 报纸 | 国家级 |
| 336 | 12-5 | 南京农业大学：土传病害噬菌体疗法的微生态机制首次被揭示 | 新华社 | | 韦中 许天颖 | 通讯社 | 国家级 |
| 337 | 12-7 | 南农教授"传经送宝"到农村 | 交汇点 | | 记者：王拓<br>通讯员：侍婷 | 网站 | 省级 |
| 338 | 12-7 | 更阳光、更高效！江苏40所高校携手成立采购联盟 | 现代快报 | | 记者：仲茜<br>通讯员：陈琳 胡健 | 报纸 | 省级 |
| 339 | 12-8 | 2 200名南农学子济济一堂 做"农"字号创业者 | 荔枝网 | | 记者：王尧 徐华峰<br>王教群 | 网站 | 省级 |
| 340 | 12-11 | 昂首迈向农业特色世界一流大学 | 新华日报 | 3 | 许天颖 | 报纸 | 省级 |
| 341 | 12-11 | 第二课堂"成绩单"来啦！南农这堂公开课满满正能量 | 扬子晚报 | | 记者：王赟<br>通讯员：毕彭钰 | 报纸 | 省级 |

（续）

| 序号 | 时间 | 标题 | 媒体 | 版面 | 作者 | 类型 | 级别 |
|---|---|---|---|---|---|---|---|
| 342 | 12-11 | 智慧农业长啥样？15 支研究生队伍带来的项目让人眼前一亮 | 现代快报 | | 记者：潘荣文 | 报纸 | 省级 |
| 343 | 12-11 | 白菜家庭再添新成员？"黄金玫瑰白菜"培育成功 | 央视网 | | | 网站 | 国家级 |
| 344 | 12-11 | "虫口夺粮，虫鸣花香"昆虫学思政公开课在南农大开讲 | 新华社 | | 李子成　楠秾宣 | 通讯社 | 国家级 |
| 345 | 12-13 | 南京农业大学青年学生开展缅怀南京大屠杀遇难同胞系列活动 | 新华社 | | 姚敏磊　楠秾宣 | 通讯社 | 国家级 |
| 346 | 12-13 | 国家公祭日丨翻译史实累计 50 万字 | 学习强国 | | 江苏学习平台 | 网站 | 国家级 |
| 347 | 12-16 | 做好一名"农"字号创业者 | 新华日报 | 9 | 记者：王拓 | 报纸 | 省级 |
| 348 | 12-16 | 中共南京农业大学第十二次代表大会开幕 | 新华社 | | 王爽　楠秾宣 | 通讯社 | 国家级 |
| 349 | 12-21 | 南京农业大学：全面开启农业特色世界一流大学建设新征程 | 光明网 | | 记者：郑晋鸣 | 网站 | 国家级 |
| 350 | 12-23 | 带着问题去，奔着问题改：南农大不忘初心促整改，牢记使命抓落实 | 新华社 | | 记者：赵烨烨 | 通讯社 | 国家级 |
| 351 | 12-23 | 多措并举推动乡村人才振兴 | 经济日报 | 9 | 吴国清 | 报纸 | 国家级 |
| 352 | 12-23 | 新研究的杀菌保鲜包装技术：把食品放在电场中"过"一下 | 新京报 | | 记者：张一川　通讯员：许天颖 | 报纸 | 国家级 |
| 353 | 12-23 | 潮科技！食品在高压电场中"过"一下，既杀菌又保鲜 | 科技日报 | | 记者：金凤　通讯员：许天颖 | 报纸 | 国家级 |

# 师 德 师 风 建 设

【概况】党委教师工作部以习近平新时代中国特色社会主义思想为指导，深入学习贯彻党的十九大和全国教育大会精神，坚持党的教育方针，紧扣立德树人根本任务，加强教师思想政治教育和师德师风建设，着力打造一支高素质专业化创新型教师队伍，助推农业特色世界一流大学建设。

加强理论学习，提高教师思想政治素质和职业道德水平。创新教育方式，在井冈山举办第一期"立德树人"中青年骨干教师思政培训班，举办第一期"与压力共舞"教师沙龙活动，搭建供广大教职工学习研讨、思想交流、经验分享的跨学院、跨学科平台。运用"互联网＋"，继续做好"初心诵"等线上教育平台。举办第二期和第三期"师德大讲堂"，分别邀请黄大年同志先进事迹报告团、盖钧镒院士作专题报告。在广大教师中深入开展"十项准则""教师职业道德规范""负面清单"等师德制度、规范宣讲和学习，切实增强师德教育效果，引导广大教师崇师德、强素质。

搭建实践平台，增进教师履职尽责能力。与井冈山大学合作成立南京农业大学教师革命传统教育基地和教师社会实践基地，有计划有步骤地分期分批组织开展中青年教师社会实践活动，让教师在实践中了解世情、党情、国情、社情、民情、校情，开拓视野，锤炼品格，增强服务学校建设与发展的素质和能力。

完善奖惩制度，引导教师潜心教书育人。评选立德树人楷模、师德标兵、最美教师，举办庆祝第 35 个教师节盛典，对教学科研、管理服务中涌现出来的先进典型进行表彰，举行退休教师荣休仪式和新教师入职宣誓仪式。通过微电影、网站、微信等新媒体平台和橱窗、报纸等线下实体宣传，生动展现师德模范教师典型事迹，营造崇尚师德、争创典型的良好舆论环境和校园氛围。落实《教育部关于高校教师师德失范行为处理的指导意见》，制订师德负面清单，出台学校教师违反师德行为的处理办法，严格师德惩处，发挥制度规范约束作用。

强化监督考核，筑牢教师全面发展之基。在院士申报、"长江学者""钟山学者"等各级各类人才项目工作中，对相关评审人员和申报人员的政治思想素质和师德师风情况进行考察把关；在教师职称评审和岗位聘任中加入思想政治和师德师风状况考察；在评奖评优等工作中将师德表现作为前置首要条件进行把关。及时跟踪师德投诉举报平台，掌握师德信息动态，做好师德重大问题报告和师德舆情快速反应，做好师德投诉举报受理工作。对师德问题做到有诉必查、有查必果、有果必复，有效防止师德失范行为。

（撰稿：权灵通　审稿：刘　勇　审核：周　复）

# ［附录］

## 2019 年南京农业大学
## 立德树人楷模、师德标兵和最美教师获奖名单

### 一、2019 年南京农业大学立德树人楷模

钟甫宁　韩召军

### 二、2019 年南京农业大学师德标兵

王　锋　李　放　杨　红　吴益东　郭世伟

### 三、2019 年南京农业大学最美教师

王庆亚　卢冬丽　朱　娅　刘晓玲　李　伟

李坤权　张　炜　张仁萍　陈素梅　茆意宏

周治国　耿文光　黄瑞华　蔡忠州　熊富强

# 统　战

【概况】学校党委积极落实中央统战工作会议、全省高校统战工作会议精神，按照《中国共产党统一战线工作条例（试行）》文件要求，进一步加强民主党派班子建设、制度建设，充分发挥民主党派和无党派人士的智力优势，团结凝聚统一战线成员，在服务学校事业高质量发展进程中作出了积极贡献。

民主党派组织建设不断增强。坚持政治标准，严格发展程序，把好入门关口，为统一战线参政议政储备人才，不断优化各党派的成员结构。全年共发展民主党派成员26人，其中九三学社10人、民盟14人、农工党1人、民进1人。

强化团结意识，全面凝聚统一战线力量。成立学校统一战线工作领导小组，推动实施校级领导干部联系民主党派和党外人士工作。组织开展无党派人士认定工作。积极向省市区各级政协、人大、欧美同学会等推荐代表人士。牵头组织召开江苏高校统战六片会议。加强党外代表人士的教育和培养，积极推荐党外人士参加中央和省市社会主义学院培训。全年获批江苏省高校统战理论课题1项，荣获全省学习习近平总书记关于统一战线思想主题征文二等奖1项。

鼓励党外代表人士参与学校民主管理。发挥民主党派组织和党外人士在学校建设发展中的重要作用。邀请各民主党派和无党派人士代表列席党代会、新学期工作会议、教职工代表大会等重要会议，积极征求民主党派对学校事业发展的建议，及时通报学校重要工作，认真听取党派意见。充分发挥监督作用，建立学校特邀党风廉政监督员制度，特邀党风廉政监督员全部由党外人士担任，并对年终考核、干部聘任等工作予以监督。

支持党外人士参政议政。民盟举办新时期人才队伍建设与南京农业大学发展论坛，九三学社举办"不忘初心、立德树人"青年论坛，致公党举办江苏省第十届海外博士江苏行（"引凤工程"10周年活动）。全年，各民主党派向各级人大、政协、民主党派省委提交议案、建议和社情民意26项，承担上级组织调研项目9项，组织参与大型社会服务活动31次。

民主党派工作成绩喜人。校民盟被评为"民盟中央盟务工作先进集体""民盟江苏省委庆祝中华人民共和国暨人民政协成立70周年先进集体"；校九三学社被九三中央评为"组织工作先进集体"；校民进支部被民进江苏省直工委评为"先进支部"；校致公党支部被致公党江苏省委评为"引凤工程先进集体"。全年，各民主党派成员获省级以上表彰16项。

（撰稿：阙立刚　审稿：孙雪峰　审核：周　复）

# 安　全　稳　定

【概况】保卫处（党委政保部）坚持"预防为主、防治结合、加强教育、群防群治"的原则，以巩固江苏省平安校园创建成果，迎接平安校园示范高校创建考核为工作主线，认真落实各项安保措施，确保了校园的安全稳定，全年未发生有影响的重大事故。

强化信息管控，确保校园安全稳定。围绕新中国成立70周年重大庆典、重大节假日、重大会议、校内大型活动等敏感节点以及突发事件，深入开展各项维稳工作。一是围绕新中国成立70周年重大庆典活动，从不稳定因素排查、安全检查、隐患整改、预案建设和信息收集研判等方面开展专项维稳工作；二是重点关注民族学生动态，创新民族生管理方式，加大与上级单位的联系，及时统计与上报各种民族生动态信息，做到心中有底、心里有数，全年配合各维稳单位开展工作80余次；三是利用互联网、大数据等新兴科技及门禁、校园监控等技防设施系统采集数据，研究分析重点关注人群的活动规律；四是加强情报信息收集、甄别、处理和密报工作，全年上报重点《信息快报》10份。

创新校园安全宣传工作思路，提倡滴灌式安全教育，点对点、点对面开展活动，将安全知识和技能送到每位师生眼前。做好全校安全宣传工作，在新生军训过程中集中开展安全知识讲座、消防应急疏散演练和应急救护培训，做好全校师生防诈骗、安全防护宣传进宿舍工作。以"校园安全月""119消防安全宣传月"为契机，开展安全知识培训及演练活动。宣传材料"安全锤"、"平安堡"警校联动、"手机海报"得到多家新媒体及电视台争相报道，阅读传播量达到4亿人次以上。重视2019级本科生大学生安全教育课程建设，聘请全校一线资深教师主讲，强调过程教育，确保每一名新生掌握日常学习、生活、实验中应知应会的安全知识。侧重典型案例分析，宣传防诈反诈知识，对校内外典型盗窃诈骗案例进行剖析，广泛发布安全防范提醒。联合南京市巡特警大队、禁毒大队、孝陵卫派出所、石门坎消防中队、下马坊警务站开展安全巡查与主题安全教育。打造"平安南农"校园安全宣传主阵地，通过公众号定期发布安全提醒和校园警情通报，弘扬安全文化，营造安全防范氛围。

强化警校联动，专项整治常抓不懈。密切联系孝陵卫派出所、下马坊警务服务工作站、交警一大队孝陵卫中队，加强警校联动，充分发挥警力进校园优势最大化，民警深入校园开展巡逻、处置突发事件、保障重大活动。5月学校承办第16届"挑战杯"江苏省决赛期间，组织安保力量，加强警校共建，圆满完成交通组织及安保任务。上半年抓获运动场夜间猥亵、偷盗校园自行车犯罪嫌疑人并移交警方；下半年抓获男扮女装进女浴室嫌疑人并移交警方。全年校园治安案件有效压降，盗窃案件发案率持续下降，非接触性诈骗案件发案率也于近3年以来首次实现负增长，全年诈骗案件比去年少发15%，校园和周边治安环境稳定。

加强消防安全管理工作，推进消防安全稳中向好。严格按照"党政同责，一岗双责，齐抓共管，失职追责"的要求，认真分析安全生产形势，盯住薄弱环节和突出问题，加大安全检查、隐患排查与整改力度，做好校内安全检查巡查。一是对重大隐患及整改情况进行通报，解决了部分楼宇疏散通道、管网漏水、违规使用易燃材料搭建等问题，确保发现即整改、整改即到位。二是加强消防设施建设，新增了6处微型消防站，及时快速处置突发事件。三是加大宣传教育和培训演练的范围，开展"11·9消防安全宣传月"系列活动，组织灭火和疏散演练、消防知识培训和竞赛等活动，加强岗位一线人员的消防器材使用和消控室业务培训，面向全校师生员工普及安全知识和技能。积极参加上级部门组织的安全知识竞赛并荣获个人二等奖和微型消防站技能竞赛三等奖；认真做好消防安全"四个能力"建设，年度学校消防安全工作表现突出，崔春红同志获得南京市消防安全委员会授予的先进个人表彰。四是着手筹建学生社团"消防志愿者协会"，以学生为主体，以自我管理、自我教育和自我防范的模式开展消防安全教育活动，增强学生消防安全意识、提高安全技能。五是完善消防工作机制，强化主体责任，召开学校安全工作会议，签订消防安全责任书，以平安校园示范校建设为载体持续推进安全管理，确保校园安全稳定。

加强教学区交通秩序管理工作，确保校内交通有序。科学规划交通，实现大门人、车分流，确保校内车辆畅通无阻、停放有序。一是对卫岗校区进行静态交通设施和交通流线整体设计，为科学施策奠定基础；二是对大门机动车通道进行重新规划，解决门口处机动车拥堵问题；三是对机动车管理系统进行全面升级改造；四是全面出新大门门岗设施，提升学校形象。在非机动车管理方面，继续清理处置废旧非机动车，释放有限停车空间；多次召开座谈会专题调研校园非机动车管理，制订发布《南京农业大学教学区电动车管理办法》并完成采购 RFID 芯片为全面开展电动车管控做好准备。

系统规划技防建设，发挥技防效用最大化。坚持高标准、高起点，不断加大投入，完善各项安防系统。一是切实完善信息化管理平台，充分发挥技防功能，新增了 6 栋楼宇的消防重点部位主机联网报警系统，实现校园主机联网全覆盖；二是进一步完善校园监控系统，对监控摄像机进行数字化、高清化升级，更换了 32 个摄像头，对牌楼校区、财务室、校门口等重点部位加强监控建设。

（撰稿：班　宏　程　强　许金刚　审稿：崔春红　何东方　审核：周　复）

# 人　武

【概况】党委人民武装部（以下简称人武部）紧紧围绕国防要求和学校实际，深入推进大学生应征入伍工作，精心组织实施大学生军事技能训练，结合国际国内形势，认真落实国防教育活动，加强军校共建，全面做好双拥工作等。

激发热情，做好应征参军工作。3 月 20 日，在校园网发布《关于开展 2019 年应征报名的通知》，制作《南京农业大学 2019 年大学生应征报名政策咨询》宣传册提供给各学院用于宣传动员，并走访各学院；制作征兵宣传标语以及《南京农业大学 2019 年大学生应征报名政策咨询》4 块大型展板在学生生活区悬挂、集中展出。在学生生活区设立大学生征兵政策现场咨询点，安排专人现场集中发放宣传册，解说报名入伍、国家资助的具体流程，解读大学生入伍的各项优惠政策，并进行现场登记。4 月 29 日，建邺区人武部部长刘冬一行 5 人来学校参加全国大学生征兵工作视频会议。会后，学校继续召开征兵工作动员会，校人武部长崔春红对 2018 年度征兵工作进行了总结和表彰奖励，对做好 2019 年学校大学生征兵工作作了再动员再部署，并下拨征兵工作经费，提出征兵工作明确要求。5 月 11 日，集中在建邺区报名应征的学生在卫岗校区进行再动员、明确体检注意事项、统一采集人像等，巩固前期应征报名效果。9 月，成立退伍大学生民兵排，并参与到军训训练和成果汇报中，活跃军训氛围，激发大学生参加军事训练和参军热情。全年学校 31 名学生被列为新兵。

周密筹划，开展军事技能训练。9 月 8～23 日，组织开展 2019 级共 4 395 名本科新生军训（分卫岗校区和浦口工学院校区）。9 月 11 日，校党委副书记刘营军教授参加军训动员大会，对全体参训学生提出殷切希望。军训期间，开展了以"建国 70 年，迷彩军旅梦"为主题的征文、摄影及板报比赛、安全宣传页评比、教唱校歌等内容丰富、形式多样的活动，深化了学生的自我教育，体现了强有力的思想政治工作保障功能。积极响应教育部"消防安全进军训"号召，军训期间组织学生进行"安全讲座＋应急演练＋灭火实战＋应急救护＋卫生防疫"五大模块教育，收到良好效果。此次军训，南京战区临汾旅70多名官兵担任教官，各学院辅导员担任政治指导员，通过严密的组织，顺利完成了大纲规定的军训内容，达成了军事训练的目标。

响应要求，组织国防教育活动。各级党政组织、学生社团在充分利用清明节、国家安全日、12·9运动纪念日、12·13国家公祭日等时间节点在校内广泛开展各种形式的爱国主义教育和国防教育，组织学生到学校爱国主义教育基地如南京总统府、中山陵、雨花台烈士陵园、梅园新村、航空烈士公墓、南京大屠杀纪念馆等多家单位参观与学习，促进学生国防教育活动常态化，培养学生爱国热情，强化国防意识。4月28日，在学校纪念五四运动100周年"青春报告"主题团日活动中，93岁的抗战老兵、学校离休教师郭锐敏和8位退役大学生士兵同台深情对话，他倾情讲述了是怎么样的青春热血激发了自己投身抗日的经历，同时勉励青年学子应当肩负"保家卫国"的坚定信念与担当。7月18日，理学院"寻革命足迹，焕时代精神"实践团到南京欧葆庭颐养中心，拜访一位已逾九旬的新四军老兵丁位西，听他讲述抗战先辈们的事迹。此外，还邀请军内外著名专家来校开办国家安全和国防教育讲座，均收到良好效果。5月23日，邀请国防大学政治学院舆论斗争教研室教授、知远战略与防务研究所研究员、军事学博士、硕士生导师顾伟为学校师生作了题为"美国国家安全战略与军事战略"的报告；6月19日，邀请美洲郑和学会会长、前香港生物科技研究院副院长李兆良为学校师生作了题为"明代中国环球航行测绘与定居美洲的证据及现代意义"的报告；12月12日，邀请中央电视台特约军事评论员韩旭东来校作了题为"动荡的安全形势——我们的责任与担当"的专题报告。在学生纠察队基础上成立国旗护卫队，配齐军礼服、模拟枪等装备，转变职能，重新架构，开展日常训练，保障校内重大活动升旗仪式。

积极组织，推动军校共建升级。利用学校技术力量，配合部队做好精准扶贫。先后多次派出农业方面的专家帮助临汾旅官兵到其对口扶贫单位南京市栖霞区太平村开展专项技术扶贫工作。开展军校联谊活动，与临汾旅足球队、篮球队进行足篮球友谊赛。春节前，到部队慰问官兵，开展拥军爱兵活动。为应征入伍学生举行欢送会，发放慰问金和纪念品；为烈军属、转业、复员、退伍军人（包括从部队退伍复学在校的学生）发放春节慰问金。

（撰稿：班　宏　程　强　许金刚　审稿：崔春红　何东方　审核：周　复）

# 工会与教代会

【概况】校工会结合主题教育的开展，提出了"不忘初心，重塑形象"的建设目标，紧紧围绕学校中心工作，确定了"聚人心，维权益，展风貌"的工作定位。2019年成功召开第五届教职工代表大会第十三次会议。启动思政工会建设，进行专题调研，落实"三会一课"制度、民主生活会制度、思想政治工作制度。全年共召开党务工作会议20余次，并恢复工会工作例会，集中探讨工会在学校"双一流"建设中如何发挥作用等议题；支部党员形成有为才有位、强练内功的共识，工作人员先后参加了上级工会举办的各类业务培训 15 人次；首次赴安徽红色教育基地开展体验式主题教育活动，先后参观泾县云岭新四军旧部纪念馆、芜湖王稼祥纪念馆，接受革命传统教育，传承革命精神。首次组织学校部门工会主席培训考察，以激发内生力。

完善福利发放、劳模慰问、送温暖工程工作。开展传统节日和生日慰问 5 次，金额分别达 584 万余元；会员结婚、生育、退休离岗、会员本人或至亲离世慰问 200 余人次，合计金额 20 余万元；发放各类文体活动奖品金额 30 余万元；受理 108 位因病住院会员的补助申请，经核定 73 位会员得到大病互助基金补助，共发放补助金 45.92 万元。

学校工会获得省教科工会 20 万元的"教工之家"建设经费资助。完成全校 24 个部门工会委员会的换届选举工作。

围绕中心工作，不断提升文体活动内涵。结合节日性质，组织主题系列活动。分别于妇女节、劳动节和国庆节前夕，开展了"巾帼风采""劳动之美""礼赞新中国"三大主题活动；策划了《南农教工风采录》系列丛书，并出版第一辑《光影永恒——女教工优秀摄影作品集》。根据工会群众性的特点，组织覆盖面广泛、体现团队精神的文体活动。举办运动会、龙舟赛、羽毛球赛、乒乓球赛、棋牌赛共 11 场，参与者超过 2 500 人次。组织教职工参加上级工会活动，以弘扬师德风尚与社会担当精神。发挥学校优质科技和人才资源助力企业发展，探索校企联盟新模式，开展"助力企业发展服务回报社会"系列活动；童菲老师参加省教科工会主办的诵读红色经典汇报展演作品——《等待》荣获一等奖；校羽毛球协会在第九届中国高等农林院校教职工羽毛球联谊赛中获得第七名。

【召开第五届教职工代表大会第十三次会议】4 月 24 日，会议在金陵研究院三楼会议室举行，大会听取了校长陈发棣所作的《学校工作报告》、副校长闫祥林所作的《学校财务工作报告》、钟甫宁教授所作的《学校学术委员会工作报告》、校工会主席余林媛所作的《教代会提案工作报告》。

【教代会提案办理情况】此次会议共收到 27 份提案建议，内容涉及学校教学、科研、管理、服务等方面。提案经各分管领导批阅后及时交相关部门承办，做好组织协调、督办，及时反馈提案处理意见等。其中，25 名提案人对提案的处理意见表示满意，满意率为 92.5%。

【启动劳模及优秀教职工暑期疗休养】经过近一个月对两省七市的前期考察，于 2019 年 7 月 16 日带领 30 名专家教授，赴浙江省总工会疗养院参加为期 5 天的首期疗休养。结束后的调研结果显示，专家满意率为 100%。

（撰稿：童 菲 审稿：陈如东 审核：周 复）

# 共 青 团

【概况】学校共青团在学校党委的领导下，深入学习贯彻落实习近平新时代中国特色社会主义思想和党的十九大精神，把贯彻落实全国教育大会和团十八大精神进一步引向深入，以立德树人为根本，以强农兴农为己任，深入实施学生工作"四大工程"，推动"三全育人"综合改革和共青团改革向纵深发展，抓住"三横三纵"工作脉络，形成共青团工作网络，紧握重点、突出亮点、点面结合，带领全校团员青年在建设农业特色世界一流大学的征程中展现了新气象。荣获"挑战杯"国赛二等奖2项、三等奖2项，江苏省"互联网＋"大学生创新创业大赛一等奖2项、二等奖3项、三等奖5项，日本京都大学生国际创业大赛一等奖和IFAMA竞赛第一名等荣誉。大学生社会实践活动受到新华社、团中央官方网站等省级以上媒体425篇次报道，6名教师、9个团队、13名学生受到省级以上表彰，学校团委荣获团省委和团中央"社会实践先进单位"。"秦淮环保行——保护母亲河"项目获全国第九届"母亲河"奖、"植物医院"项目入选全国青年志愿服务第二批入库项目、"'清酵'环保酵素推广"项目获江苏省志愿者服务展示交流会银奖、"博爱青春"项目获省优秀项目奖，学校团委获江苏大学生志愿服务"苏北计划"优秀组织奖、第二届江苏发展大会暨首届全球苏商大会志愿者工作先进集体。2人荣获"中国大学生自强之星"称号，3人获得"全国农村致富带头人"称号。

加强团组织建设。深入贯彻落实共青团改革实施方案，健全各类团干部培训体系，注重多领域、多岗位培养锻炼团干部。加强学生骨干培养，结合中长期青年发展，构建以新生团干培训班、大学生骨干培训班、青年马克思主义者培训班、团务助理培训班等为依托的分层分类团校培养体系，抓实团学骨干培训。本年度，全校各级团学骨干参与各类培训学习达1000余人次，2人获评江苏省"优秀共青团员"，1人获评江苏省"优秀共青团干部"。继续推进实施"新生班级团务助理工程"，遴选145名优秀学生骨干担任团务助理，以新生适应性课堂"新生十课"为导向，结合"最美全家福"设计大赛主题活动，指导新生团支部加强自身建设。继续深化"先锋支部培育工程"，创新项目特色，引导团支部在服务青年成长成才中发挥基础性作用，共有199个支部完成结项。2019年，学校获评江苏省"五四红旗团委"1项、江苏省"五四红旗团支部"1项。

持续优化第二课堂成绩单制度。依托第二课堂成绩单，构建实践育人体系，服务学生成长成才。常态化实施工作月报制度，健全第二课堂成绩单学时反馈机制。启动对2016级学生第二课堂成绩单学时的结算工作。创新开展第二课堂积分兑换活动，评选"学时达人"，提升学生积极参与第二课堂主动性。立足学校实际，自主研发第二课堂成绩单系统并完成试运行，进一步推动第二课堂成绩单科学化、精细化发展。本年度，全校累计审核发布第二课堂活动5868个，参与人次达39万余人次。

**【承办"我和我的祖国"大合唱比赛】**9月25日，由学校团委承办的"我和我的祖国"大合唱比赛在学校体育中心举行，南京农业大学党委书记陈利根，校长陈发棣，党委副书记、纪委书记盛邦跃，党委副书记刘营军，副校长胡锋、丁艳锋、董维春、闫祥林与全校师生数千人一同高声歌唱，用歌声献礼新中国成立70周年。盖钧镒院士应邀出席活动。全校27个学院和单位的19件合唱作品参加了比赛，比赛分为"初心·坚守""使命·奋斗""改革·巨变""筑梦·启航"4个篇章。《唱支山歌给党听》《在希望的田野上》《红船向未来》《我爱你中国》等一首首脍炙人口的经典歌曲，凝聚了师生爱国爱党的赤子之情，也唱出了南农人建功新时代、开启新征程的坚定决心。

**【积极承办省内双创重点赛事】**着力激发全校师生在创新创业竞赛参与上的热情和潜力，提高学生创新创业能力，服务学校农业特色世界一流农业大学的发展战略，高标准高质量承办第 16 届"瑞华杯"江苏省大学生课外学术科技作品竞赛,迎来省内 98 所高校的 312 个项目,组织全校近千名师生志愿者投身赛事服务工作,认真做好各项服务工作,同时举办"挑战杯"30 年创新创业菁英论坛,有效提升了学校在全省创新创业教育事业中的地位和影响力,助推学校一流本科教育建设。

**【大力推进涉农创业就业培育工作】** 为贯彻实施乡村振兴战略,推动农业农村高质量发展,学校及共青团江苏省委等 12 家厅局级单位共同实施"新农菁英"培育发展计划。牵头开展"新农菁英"就业见习计划,重点帮助以大学生为重点的青年群体参与涉农就业见习与农业创业实践,在全省范围内共招募涉农见习岗位 3 601 个,吸引 1 181 名青年积极赴岗参与就业见习活动。联合 6 所涉农联盟成员单位共同搭建"新农菁英"课程库。围绕农民所想、农村所需、农业所盼,依托涉农高校平台优势,积极整合农业高效学科、农业专家资源,承办第三期江苏省乡村振兴"新农菁英"训练营,提升涉农创业青年创业能力。

(撰稿:翟元海 审稿:谭智赟 审核:周 复)

# 学 生 会

**【概况】** 学生会在学校党委、江苏省学生联合会领导和学校团委的指导下,以"全心全意为同学服务"为宗旨,围绕学校党政工作中心,着力做好学校联系学生的桥梁和纽带,以引领学生思想、维护学生权益、营造学术氛围、繁荣校园文化、提高学生综合能力为重点开展各项工作。

开展纪念"一二·九"运动 84 周年校园火炬接力活动,让学生铭记历史,传播澎湃的"后浪"活力。开展"三走"嘉年华活动,推进大学生"走下网络、走出宿舍、走向操场"主题群众性课外体育锻炼活动常态化、机制化,促进大学生身心健康、体魄强健。举办毕业季"跳蚤市场"活动,为学生之间提供了一个互惠互利的交易平台,营造了厉行节约的校园氛围。承办"青春告白祖国"系列活动,将爱国与荣校相结合,引导学生怀着向党初心,坚持一路前行。

**【"爱心柒公里"公益跑】** 10 月 16 日,南京农业大学 2019 年"爱心柒公里"公益跑启动仪式顺利举办。78 位参与学生以"爱心柒公里"公益跑的方式,号召大家积极运动,支持公益,体现出南农青年对新中国成立 70 周年的见证和陪伴祖国一路走下去的坚定决心。

**【三方会谈】** 2019 年"三方会谈"活动,学生们走进教务处和后勤部门,邀请各院系学生代表与部门负责人、主管老师面对面交谈,全面倾听学生心声。依托"三方会谈"活动,建立健全定期合理有序向学校反馈意见和建议的制度,探索维护学生正当权益的长效机制。

(撰稿:翟元海 审稿:谭智赟 审核:周 复)

# 六、发展规划与学科建设

## 发 展 规 划

【概况】发展规划与学科建设处以推动学校事业高质量发展为己任，牢固树立大局意识和全局观念，坚持问题导向和目标导向，积极打造"学习型、业务型"部门，在学校发展战略研究、相关专项改革的调研实施、"双一流"建设进展评估等方面扎实推进，为学校改革与发展提供了相关政策建议和决策咨询。

积极推进学校内部治理体系建设，全面系统梳理学校党政管理机构职能，对学校的机构改革进行了充分的前期调研论证；深入开展高等农业教育研究，为"新农科"相关规划提供科学合理的决策依据；牵头举办了学校第九届建设发展论坛，组织探讨学校重大发展战略问题；编制"双一流"建设年度报告，监测与评估相关实施进度，提出相关推进建议。起草关于高等农业院校办学资源短缺问题及相关建议的报告，分析了高等农业院校面临的办学资源紧张的特殊性困难，并向主管部门提出加大支持力度的系列政策建议。此外，立足学校发展，撰写学校谋求发展新定位的评论员文章；及时跟踪学校在各类排行榜的排行状况，统计报送 THE 世界大学排行榜、大学影响力排行榜等相关数据。

【梳理学校党政管理机构职能】制订学校《党政管理机构职能梳理工作方案》，走访调研了28个党政管理机构和8个直属单位，摸清全校职能现状，梳理交叉职能，明晰职能边界，汇编完成《全校各部门、单位主要职能清单》《学校党政管理机构主要职能矩阵表》，撰写形成《南京农业大学党政管理机构职能调研报告》，在充分论证的基础上提出职能优化相关方案，为学校构建职责明晰、制度规范、精简高效、充满活力的党政管理体系提供决策咨询。

【开展新时代农科高等教育战略研究】承担了中国工程院"新时代农科高等教育战略研究"项目相关子课题研究。完成了项目报告第二章"我国农科高等教育的发展历程与趋势"和第四章"新时代农科高等教育的责任与使命"主要部分的内容撰写与文字梳理共计十余万字，为新时代我国农科高等教育战略规划提供决策依据和参考。子课题系统回顾了我国农科高等教育的发展历程，研判农科高等教育发展的内外部环境变化，阐述新时代下培育"新农科"的必要性，在规划层面提出"优化农科高校区域布局"，在制度层面提出"搭建新农科教育学历立交桥"的对策建议。同时，承办并组织了"新时代农科高等教育战略研究"项目第四次专题研讨会。

【举办第九届建设发展论坛】牵头组织开展了学校"第九届建设发展论坛"，论坛主题为"新目标、新战略、新征程：新时代南京农业大学建设与发展重大战略问题研讨"，全体校领导，各学院、各单位党政主要负责人与会,深入探讨学校在新时代背景下的目标定位、改革重点、建设任务与路径举措,为学校目前及今后的建设与发展谋篇定策。

(撰稿:辛 闻 审稿:李占华 审核:张丽霞)

# 学 科 建 设

【概况】根据学校的总体部署,学校加快"双一流"建设,深入推进"双一流"建设方案落实落地。学校 8 个学科领域进入全球排名前 1%。其中,农业科学、植物与动物科学领域进入全球排名前 1‰,跻身世界一流学科行列。

按照教育部要求,完成 2018 年"双一流"建设年度进展报告编制工作。面向 2 个一流学科群和各相关职能部门,对照"双一流"建设总体方案、实施办法、指导意见,以及学校整体和各学科建设方案,对 2018 年学校"双一流"建设进展作全面梳理和总结。

根据教育部要求,学校开展了"双一流"建设中期自评工作,制订自评工作方案,组织学校相关学科及职能部门对照建设方案,对标世界一流大学,寻找差距、查摆问题,编制了《南京农业大学"双一流"建设中期自评报告》并报送教育部。

组织相关学科及职能部门完成了 2016—2019 年学校"双一流"建设动态监测数据网上预填报工作。

完成了学校 2019 年各学院"双一流"建设资金校内分配测算,并组织各学院编制了本年度经费使用计划。完成了学校 2020—2022 年中央高校建设世界一流大学(学科)和特色发展引导专项资金项目的申报。完成了学校 2018 年度"双一流"建设项目支出绩效自评工作。根据教育部《关于对"双一流"建设引导专项资金绩效评价结果反映的问题进行整改的函》要求,对照问题和学校"双一流"建设方案,结合学校中期评估发现的问题进行梳理分析,完成了学校"双一流"建设引导专项资金绩效评价结果反映问题的整改方案并报送教育部。

根据第四轮全国学科评估核心指标和第五轮学科评估的变化趋势,组织各学科填写第五轮学科评估摸底表,认真梳理和分析学科发展的状态,查找学科建设中存在的差距和问题。组织召开由校领导、各学院院长和书记、一级学科点点长、相关职能部门主要负责人参加的学科建设交流会,分析研判学校第五轮全国学科评估面临的形势,提前做好动员部署安排。在第五轮学科评估摸底表的基础上,形成了《南京农业大学 2016—2019 年学科发展态势分析报告》。

根据省财政厅、省教育厅要求,组织学校 8 个省优势学科及 2 个"双一流"省补助学科撰写了项目年度报告、编制了 2018—2021 年专项资金预算及绩效。组织相关学科填报专项资金使用整改情况表,督促相关学科加快经费使用进度,提高资金使用绩效。

根据《南京农业大学关于开展新一轮学科点负责人聘任的通知》要求,组织相关学院和学科按照院长提名、广泛征求教师意见、经学院学术分委员会、学院党政联席会审议后报送的程序开展学科点负责人提名工作,经发展规划与学科建设处形式审核后形成学科点负责人推荐名单，报学校学术委员会、校长办公会审议通过后，由学校发文聘任。

完成了教育部学位中心组织的《关于学科评估"问卷调查研究"的意见》《第五轮学科评估调研提纲建议》等学科评估的调研反馈材料。

（撰稿：潘宏志　陈金彦　审稿：李占华　审核：张丽霞）

## ［附录］

## 2019 年南京农业大学各类重点学科分布情况

| 一级学科<br>国家重点学科 | 二级学科<br>国家重点学科 | "双一流"建设<br>学科 | 江苏高校优势学科<br>建设工程立项学科 | "十三五"省<br>重点学科 | 所在学院 |
|---|---|---|---|---|---|
| 作物学 | | 作物学 | | | 农学院 |
| 植物保护 | | | 植物保护 | | 植物保护学院 |
| 农业资源与环境 | | 农业资源与环境 | | 生态学 | 资源与环境科学学院 |
| | 蔬菜学 | | 园艺学 | | 园艺学院 |
| | | | 畜牧学 | 畜牧学 | 动物科技学院 |
| | | | | 草学 | 草业学院 |
| | 农业经济管理 | | 农林经济管理 | | 经济管理学院 |
| 兽医学 | | | 兽医学 | | 动物医学院 |
| | 食品科学（培育） | | 食品科学与工程 | | 食品科技学院 |
| | 土地资源管理 | | 公共管理 | 公共管理 | 公共管理学院 |
| | | | | 科学技术史 | 人文与社会发展学院 |
| | | | 农业工程 | 机械工程（培育） | 工学院 |
| | | | | 化学（培育） | 理学院 |

# 七、人事人才与离退休工作

## 人 事 人 才

【概况】人事处按照校党委和行政的统一部署，深入贯彻学校"1235"发展战略，落实立德树人根本任务，坚持人才强校，重视人才驱动，进一步推进人事制度改革，做好高水平人才与团队引进、培养工作，加强师资队伍建设，提高教职工薪酬待遇水平，激发全体教职工活力，为建设农业特色世界一流大学提供人才支撑与智力保障。

人事制度改革稳步推进。在总结试点学院改革经验的基础上，进一步凝聚共识，形成合力，全面推进学校人事制度改革，已取得阶段性成果。一是统筹做好顶层设计。7月20日，学校召开深入推进人事制度改革部署会议，学校党政主要负责同志到会，并就改革相关工作作出总体部署，提出具体要求。二是构建KPI评价指标体系。各牵头单位结合工作实际，开展调研、测算等工作，于11月底基本完成KPI评价指标和KPI绩效津贴核拨办法的研制工作。期间，人事处通过走访调研、座谈等工作形式为各单位评价指标体系的建立提供政策咨询和保障，目前已完成各单位KPI评价方法在全校范围的测算工作。三是制订各学院人事制度改革方案。先后两次开展学院党政一把手座谈交流会，明确学院改革工作的路径、方法，引导各学院根据自身特点研究制订学院考核教师的实施细则，目前各学院均已形成改革方案并报送人事处。

多措并举迎纳海外人才。一是推进原有工作优化升级。将每年5月打造为"南京农业大学人才引进主题月"。举办第二届钟山国际青年学者论坛，吸引了来自14个国家、20余所世界名校的66名青年学者参会，通过开展论坛主题报告、分论坛交流、国家重点实验室参观等活动，宣传学校的人才政策，近20位优秀博士与会期间与学校签订引进意向协议。二是主动出击国际人才市场。积极参加美国、英国4场海外招聘会，结合专家报告、招聘宣讲、现场咨询等方式，共吸引156名优秀海外学者到场交流，建立了稳定畅通的联系机制，部分学者已与学校签约。三是积极参与组织校外各类人才交流活动。依托校外各类人才交流活动平台，积极宣传学校人才政策，提高学校的知名度和引才的吸引力，成功承办致公党第十届"引凤工程"南农宣讲会。截至目前，本年度已有38名引进人才全职到岗，同比增长72.7％。

人才培育成果丰硕。一是健全校内人才培育体系。制订出台《南京农业大学"钟山学者"计划实施办法（2019年修订稿）》，指导校内人才培育工作。目前"钟山学者"计划特聘教授、首席教授、学术骨干各个层次的人选遴选工作已基本完成，本年共遴选出4个层次220人，其中特聘教授12人、首席教授A岗19人、首席教授B岗54人、学术骨干A岗24

人、学术骨干 B 岗 75 人、学术新秀 36 人。二是人才获奖、项目获中层出不穷。在 2019 年已公布的国家级人才项目中，朱艳教授入选教育部"长江学者奖励计划"特聘教授项目，陶小荣、高彦征入选国家自然科学基金委员会的杰出青年科学基金项目，高彦征入选教育部"国家百千万人才工程"，粟硕、张峰教授入选中组部"万人计划"青年拔尖人才计划，粟硕、韦中获得国家自然科学基金委员会的优秀青年科学基金项目；另新增省级各类人才项目 40 余人次。三是高水平学术成果不断涌现。赵方杰、潘根兴、徐国华、沈其荣教授入选 2019 年科睿唯安全球高被引科学家。沈其荣、张绍玲、王源超、胡水金、窦道龙、陈劲枫等一大批领军人才分别在 *Nature Biotech*、*Nature Comm*、*PNAS*、*Plant Cell*、*Genome Research* 等高水平期刊上发表高质量论文。程宗明教授担任主编的南京农业大学《园艺研究（英文）》（*Horticulture Research*）入选中国科技期刊卓越行动计划领军期刊类项目。

博士后工作取得新的突破。2019 年入站博士 112 人，师资博士后 34 人，目前在站博士后人数 355 人。本年度，学校获得国家博士后科学基金特别资助 11 项，面上资助 45 人，博士后创新计划 1 人，国家自然科学基金青年项目 42 项。继续推进"非升即走"管理制度，组织了两期师资博士后聘期考核，共有 30 位师资博士后参加，其中 18 人获评入职，5 人延长一年考核期，7 人按期出站。举办第二届博士后钟山青年学者论坛、第三届博士后羽毛球友谊赛，结合博士后群体的需求和特色，邀请高水平专家对博士后的科研工作把脉指导，搭建沟通交流的平台。

职称评审工作。落实国家关于"高校要将师德表现作为评聘的首要条件"的要求，对存在师德失范行为的申报人员不予评聘。同时，总结经验、广泛调研，进一步完善修订《南京农业大学专业技术职务评聘办法管理办法》，开发上线全新的职称评审系统，实行同行专家评议材料线上送审，大幅提高工作效率。2019 年职称评审工作启动后，共收到 231 人申报，其中正高 88 人、副高 115 人、中级 28 人；最终评审通过 96 人，其中正高 33 人、副高 49 人、中级 14 人。

教师招聘工作。学校于 2019 年 4 月、6 月、10 月组织了 3 批教学科研岗位公开招聘面试考核会，审核通过录取人员 99 人，其中教学科研岗位人选 47 人，具有海外留学或工作经历的人员占到总人数的 53.2%，来自一流大学建设高校的人员占到总数的 2/3；师资博士后岗位人选 52 人。

目前，学校专任教师总数为 1 691 人。其中，正高级职称的教师 543 人，副高级职称的教师 602 人，高级职称的教师比例达 67.7%；取得博士学位的有 1 250 人，占教师总数的 73.9%；35 岁以下的 349 人，占教师总数的 20.6%；45 岁以下的 1 014 人，占教师总数的 60.0%。教师队伍年龄结构较为合理，年富力强的中青年成为学校教师队伍的主体。

推进师资队伍国际化建设。按照 CSC 面上项目、高等学校青年骨干教师出国研修项目及江苏省境外研修项目要求，学校积极选拔、推荐学校青年骨干教师出国研修。2019 年度共计 35 人获得国家留学基金管理委员会和江苏省各类出国研修项目资助，派出出国访学人员 43 人，选派 22 名专任教师或科研人员参加上海外国语大学-南京理工大学英语培训班和江苏省高校教师英语强化培训班。学校持续加强对出国留学人员的业绩考核，本年度共组织两批 41 人执行一年及以上科研访学任务的专任教师或科研人员参加学校组织的公派留学回国人员绩效考核。

薪酬待遇水平进一步提升。继续做好幸福南农建设，整体提高教职工工资和福利待遇。

一是根据相关政策要求，调整职工住房公积金及逐月住房补贴缴存基数，年增加支出 1 345 万元。二是结合人事制度改革举措，完善校内薪酬体系，发放机关工作人员年终考勤奖，年支出约 781.8 万元。三是缩小人才派遣人员与在职人员薪酬待遇差距，提高人才派遣人员固定工资的工作津贴发放标准，硕士（及以上）调增 1 200 元/月，本科调增 1 000 元/月，本科以下调增 800 元/月，全年增加支出 289 万元。

教职工养老保险改革深入推进。深入贯彻国家及江苏省相关文件精神，按照江苏省养老保险中心待遇核定工作要求，整理全校 2014—2018 年改革后 236 份退休人员档案，填报退休人员个人《机关事业单位基本养老保险参保人员养老保险待遇申领表》。经过省养老保险中心上门复审，学校复审通过 153 人，通过率达到 64.83%，居省内部属高校第一位。

**【举办高层次人才座谈会】** 1 月 8 日，南京农业大学高层次人才座谈会在翰苑学术交流中心 4 楼会议室举行。陈利根致辞，肯定了高层次人才为南农的教学科研作出的贡献。包平向校领导和高层次人才汇报了学校 2018 年人才工作的业绩情况。与会高层次人才分别就教学科研工作、学科建设发展、团队组建情况等方面向校领导作了汇报交流，并提出建议。

**【举办第二届"钟山国际青年学者论坛"】** 5 月 25 日，南京农业大学第二届"钟山国际青年学者论坛"拉开帷幕。陈发棣致开幕词。吴晓蓓代表致公党江苏省委向与会嘉宾和青年学者介绍了致公党"引凤工程"与南京农业大学合作的卓越成效。郭新宇介绍了江苏高校高层次人才队伍建设情况和具有吸引力的各类江苏人才项目。沈其荣教授以自己在南农工作生活 40 余年的经历，介绍了学校的科研实力与校园文化。包平教授从学校的历史沿革、校区发展建设、人才建设成效等方面全面介绍了学校当前人才发展的优势和支持人才发展的政策制度。海外高层次引进人才杰出代表董莎萌教授和刘蓉教授分享了各自加盟南农的真实心路历程。论坛期间，来自牛津大学、剑桥大学、哈佛大学、康奈尔大学、哥伦比亚大学、新加坡国立大学、东京大学、弗莱堡大学、索邦大学、瓦格宁根大学等 58 所学校的 60 余名青年学者在以学科专业划分的 6 场分论坛上作了精彩的报告，并参加了部分学院组织的学术交流活动。

**【人事制度改革全面启动】** 7 月 20 日，学校召开深入推进人事制度改革工作专项部署会议，标志着人事制度改革正式进入实质性推进阶段。包平简要回顾了学校人事制度改革方案研制的历程，并对下一步深入推进人事制度改革的实施方案进行详细解读。陈利根、陈发棣就深入推进人事制度改革进行整体部署，明确下一步重点改革学院绩效考核和基于考核结果的分配制度，采用关键业绩指标（KPI）评价法对学院整体绩效进行评价，并依据评价结果打包核拨学院绩效津贴，学院自主开展教师绩效考核，并自主进行绩效津贴的二次分配。同时，基于定编定岗的多元化聘任制度和党政机关及直属单位的绩效考核与分配办法也将同步推进实施。

**【举办第二届博士后钟山青年学者论坛】** 11 月 4 日，南京农业大学第二届博士后钟山青年学者论坛在淮安市白马湖举行。包平代表学校致欢迎辞；朱永兴介绍白马湖"生态优先、绿色发展"的理念和工作成效；黄瑞华以淮安研究院为例，就高校如何与地方政府开展产学研合作、服务社会发展作了介绍；王源超以自己科研工作生活 28 年的亲身经历传递给青年博士后在科研中所应具备的科研素质和精神；高彦征教授从自己开展土壤有机污染与控制一系列的研究故事中，告诉青年博士后如何选取国家需求的方向撰写故事新颖的论文，同时凝练出青年学者成功的要素："成功＝$f$（计划＋行动）×科研习惯×健康"。

（撰稿：陈志亮　审稿：包　平　审核：张丽霞）

# [附录]

## 附录 1　博士后科研流动站

| 序号 | 博士后流动站站名 |
|---|---|
| 1 | 作物学博士后流动站 |
| 2 | 植物保护博士后流动站 |
| 3 | 农业资源与环境博士后流动站 |
| 4 | 园艺学博士后流动站 |
| 5 | 农林经济管理博士后流动站 |
| 6 | 兽医学博士后流动站 |
| 7 | 食品科学与工程博士后流动站 |
| 8 | 公共管理博士后流动站 |
| 9 | 科学技术史博士后流动站 |
| 10 | 水产博士后流动站 |
| 11 | 生物学博士后流动站 |
| 12 | 农业工程博士后流动站 |
| 13 | 畜牧学博士后流动站 |
| 14 | 生态学博士后流动站 |
| 15 | 草学博士后流动站 |

## 附录 2　专任教师基本情况

### 表 1　职称结构

| 职务 | 正高 | 副高 | 中级及以下 | 合计 |
|---|---|---|---|---|
| 人数（人） | 543 | 602 | 546 | 1 691 |
| 比例（%） | 32.1 | 35.6 | 32.3 | 100 |

### 表 2　学历结构

| 学历 | 博士 | 硕士 | 其他 | 合计 |
|---|---|---|---|---|
| 人数（人） | 1 250 | 294 | 147 | 1 691 |
| 比例（%） | 73.9 | 17.4 | 8.7 | 100 |

表3 年龄结构

| 年龄（岁） | 30及以下 | 31～35 | 36～45 | 46～54 | 55以上 | 合计 |
|---|---|---|---|---|---|---|
| 人数（人） | 95 | 254 | 665 | 437 | 240 | 1 691 |
| 比例（%） | 5.6 | 15.1 | 39.3 | 25.8 | 14.2 | 100 |

# 附录3 引进高层次人才

农学院：李　超　程雪姣

植物保护学院：王　明

园艺学院：薛佳宇

资源与环境科学学院：陈　静　高　翔　贾舒宇

动物科技学院：刘金鑫

动物医学院：刘云欢　刘　星

草业学院：张　阳

公共管理学院：任广铖

经济管理学院：杨　璐

科学研究院：金时超

理学院：孙　浩　邱博诚

生命科学学院：徐　颖　陈虎辉　王保战

食品科技学院：赵　雪

工学院：张　诚　计智伟

# 附录4 新增人才项目

## 一、国家级

（一）"长江学者"特聘教授（1人）

（二）万人计划青年拔尖人才

粟　硕　张　峰

（三）国家自然科学基金委员会杰出青年科学基金

陶小荣　高彦征

（四）国家自然科学基金优秀青年科学基金

粟　硕　韦　中

（五）国家百千万人才工程

高彦征

（六）Clarivate Analytics 全球高被引科学家

赵方杰　潘根兴　徐国华　沈其荣

（七）高校科研优秀成果奖

邹建文　强　胜　洪晓月　房经贵　毛胜勇

## 二、省部级

（一）农业农村部神农中华农业科技奖

周治国　沈其荣　柳李旺　姜　平　张绍铃

（二）江苏省特聘教授

宋庆鑫　徐益峰

（三）江苏省高校优秀科技创新团队

窦道龙

（四）江苏省科学技术奖

姜　平　胡元亮　柳李旺　房经贵

（五）江苏省"333"工程科研项目资助

第二层次培养人才：高彦征　王源超

第三层次培养人才：陈会广

（六）江苏省"青蓝工程"

冯淑怡（创新团队）

马贤磊　吴　磊　张　群（中青年学术带头人）

吴俊俊　安红利　郑冠宇（优秀青年骨干教师）

（七）南京留学人员科技创新项目择优资助

许冬清　李丹丹　董　慧　杨馨越

（八）江苏省"六大人才高峰"

创新人才团队项目：张正光

高层次人才项目（农业行业）：张　峰　粟　硕　侯毅平

（九）江苏省"双创计划"

杜焱强　高振博　李　欣　刘金彤　王浩浩

杨天杰　张　楠　郑　焕（"双创博士"）

# 附录 5　新增人员名单

## 一、农学院

王　磊　江　瑜　孙小雯　和玉兵　贾艳晓　高秀莹

黄　驹　董　慧　蒋小平　滕　烜　魏珊珊　Milton Brian Traw

## 二、植物保护学院

王一鸣　严智超　杨志香　宋修仕　罗舜文　封　筱

赵　晶　徐　毅　薛　清

## 三、园艺学院

乔　鑫　孙莉琼　何玉华　陈　飞　褚阳阳

## 四、动物医学院

甘　芳　安　琪　李　梦　杨　振　吴　蕾　张国敏　高雁伲
唐　姝　常广军

## 五、动物科技学院

孙展英　张　羽　张婧菲　邵传东　侯黎明

## 六、草业学院

朱海凤

## 七、资源与环境科学学院

于振中　王孝芳　王金阳　刘　婷　沈宗专　张　建
赵　迪　荀卫兵　Alexandre Jousset

## 八、生命科学学院

乔文静　刘宇婧　李周坤　张水军　林　峰　倪　岚
郭晶晶　常　明

## 九、理学院

卢倩倩　李　翔　李　歆　周玲玉　骈　聪

## 十、食品科技学院

丁世杰　李丹丹　陈美容　邵春妍　周立邦

## 十一、工学院

李　虎　黄继超

## 十二、信息科技学院

石燕青　桂思思

## 十三、工学院

王　洁　李延斌

## 十四、经济管理学院

朱芳芳　杨馨越　宋春池　贺　达　梁雨桐　路　行

## 十五、公共管理学院

王　佩　田　雨　严　超　韩鸿娇　颜玉萍

## 十六、人文与社会发展学院

朱慧劼　刘　春　翁李胜　黎海明

## 十七、外国语学院

朱禹函　曹　璇

## 十八、金融学院

王　超　汤晓建　李迎军　杨　萌　张　娆　张萌萌

## 十九、党委办公室、党委统战部、机关党委

高立国

## 二十、学生工作处、党委学生工作部

黄　瑾

## 二十一、科学研究院

孔　敏　赵永辉　穆　悦　Ninomiya Seishi

## 二十二、保卫处、党委政保部、党委人武部

毛书照

## 二十三、后勤保障部

柏　天　雷　赟

# 附录 6　专业技术职务聘任

## 一、专业技术职务评审

### （一）正高级专业技术职务

**1. 教授**

农学院：王海燕　刘蕾蕾　汤　亮　贾海燕

工学院：李坤权

植物保护学院：刘红霞　张　峰　侯毅平

园艺学院：丁绍刚　徐迎春　黄小三

资源与环境科学学院：方　迪　李　荣　郑冠宇　徐　莉

动物科技学院：张艳丽

动物医学院：庾庆华

食品科技学院：王　鹏　张　充　胡　冰

经济管理学院：王学君　孙顶强

人文与社会发展学院：孙永军　陆　红

生命科学学院：王　卉　张　群

　　　　　　　谭明普（自 2019 年 1 月 1 日起计算）

信息科技学院：王东波

外国语学院：李　红

马克思主义学院：姜　萍　葛笑如

**2. 研究员**（农技推广）

园艺学院：钱春桃

资源与环境科学学院：姜小三

**3. 教授级高级实验师**

植物保护学院：马洪雨

**（二）副高级专业技术职务**

**1. 副教授**

（1）科研系列

农学院：王吴彬　张小虎　唐　设　程金平　谢　全

工学院：王永健

资源与环境科学学院：卞荣军　刘志鹏　李舒清　骆　乐　徐志辉　程　琨

　　　　　　　　　邹山梅（自 2017 年 12 月 31 日起计算）

园艺学院：吴　寒　安玉艳（自 2017 年 12 月 31 日起计算）

动物科技学院：郑卫江　魏胜娟

　　　　　　　刘军花（自 2017 年 12 月 31 日起计算）

　　　　　　　余凯凡（自 2017 年 12 月 31 日起计算）

公共管理学院：严思齐

人文与社会发展学院：苏　静　伽红凯　张爱华　黎孔清

生命科学学院：沈　宏

理学院：陈荣顺　祝　洁

马克思主义学院：孟　凯

（2）学生思政教育系列

食品科技学院：朱筱玉（自 2019 年 6 月 24 日起计算）

工学院：罗玲英

学生工作处：黄绍华

**2. 副研究员**

（1）科研系列

植物保护学院：沈丹宇

动物科技学院：申　明

动物医学院：甘　芳　唐　姝

人文与社会发展学院：朱冠楠　李昕升

生命科学学院：邱吉国

（2）教育管理研究系列

园艺学院：韩　键

人文与社会发展学院：姚科艳

科学研究院：石学彬

研究生院：王　敏

**3. 高级实验师**

工学院：鲜洁宇

植物保护学院：王秋霞

园艺学院：齐开杰

食品科技学院：白　云

生命科学学院：王国祥　成　丹　汪　瑾

**4. 副研究馆员**

图书馆：胡文亮

**（三）中级专业技术职务**

**1. 讲师**

（1）科研系列

外国语学院：霍雨佳

（2）学生思政教育系列

农学院：姚敏磊

植物保护学院：汪　越

**2. 助理研究员**（教育管理研究系列）

保卫处：王乙明

实验室与设备管理处：华　欣

后勤集团公司：刘晓婷

资产管理与后勤保障处：周激扬

**3. 其他系列**

（1）会计师

资产经营公司：王胜楠

（2）工程师

基本建设处：许竞恺

（3）馆员

图书馆：李新权

（4）主管护师

医院：吴　蕾　姜　娟　秦玉玲

工学院：尹　茜

# 二、专业技术职务初聘和同级转聘

**（一）专业技术职务初聘**

**1. 讲师**

（1）教师系列

　　于　引　于洪霞　于　娜　王　玉　王　帅（农学院）

王吴彬　卞荣军　孔　晓　卢茂春　田中伟　代德建
朱钟湖　刘战雄　严　威　李玉花　杨天杰　吴六三
吴　昊　吴蓓蓓　张红林　陈丽颖　陈　凯　林尽染
侍　婷　周　萌　胡苑艳　俞道远　袁　阳　顾兴健
徐禄江　彭英博　彭　澎　谢婉滢　蔺辉星　薛　超
薛　慧　魏全伟

（2）学生思政教育系列

黄笑迪

**2. 助理研究员**（教育管理研究系列）

丁妤姣　于　璐　王洪梅　巩　欢　刘　妍　刘昊晰
刘　锦　刘　璐　束浩渊　吴　蕾（科学研究院）
汪欢欢　宋　野　陆　玲　陈　菊　高　婵　蒋淑贞
雷　云　雷　静

**3. 实验师**

仇亚伟　孙海凤　何香玉　范　霞　施志玉　姜雪婷

**4. 馆员**

谭敏敏

**5. 助教**（学生思政教育系列）

王　哲　吕美泽　李子成　李　鸣　李欣欣　陈宏强
陈　跃　林延胜　周凌蕾　郑冬冬　赵　瑞　夏丽君
顾　潇　郭宗煜　曹夜景　湛　斌　甄亚乐

**6. 研究实习员**（教育管理研究系列）

唐海洋　刘泽华　王亦凡　赵　晨　夏木夏提·阿曼秦
岂建军

**7. 助理馆员**

王露阳　彭　琛

**（二）专业技术职务同级转聘**

**1. 副教授**

田艳丽

**2. 副研究员**（教育管理研究系列）

周应堂

**3. 高级实验师**

卢亚萍

**4. 讲师**

（1）科研系列

刘传俊

（2）学生思政教育系列

孙冬丽　许　娜

**5. 助理研究员**（教育管理研究系列）

王剑虹　王凌云　王惠萍　辛　闻　陈一楠　苗　婧

范馨亚　郭晓鹏　郭翠霞

**6. 实验师**

张正伟　金美付

**7. 工程师**

郑　敏

**8. 研究实习员**（教育管理研究系列）

肖伟华　陈　哲　阙立刚

# 附录7　学校教师出国情况一览表（3个月以上）

| 序号 | 单位 | 姓名 | 性别 | 职称 | 派往国别学校 | 出国时间 |
|------|------|------|------|------|-------------|---------|
| 1 | 人文与社会发展学院 | 黄　颖 | 女 | 讲师 | 美国密歇根州立大学 | 20190110—20190415 |
| 2 | 公共管理学院 | 沈苏燕 | 女 | 讲师 | 美国密歇根州立大学 | 20190110—20190415 |
| 3 | 信息科技学院 | 王东波 | 男 | 副教授 | 比利时荷语鲁汶大学 | 20180628—20190415 |
| 4 | 动物科技学院 | 贾　超 | 男 | 讲师 | 美国密歇根州立大学 | 20190110—20190415 |
| 5 | 草业学院 | 肖　燕 | 女 | 副教授 | 瑞士苏黎世联邦理工学院 | 20181223—20191222 |
| 6 | 信息科技学院 | 胡　滨 | 男 | 副教授 | 美国密歇根州立大学 | 20190110—20190415 |
| 7 | 食品科技学院 | 王绍琛 | 女 | 讲师 | 美国密歇根州立大学 | 20190110—20190415 |
| 8 | 动物医学院 | 顾金燕 | 女 | 副教授 | 美国俄亥俄州立大学兽医学院 | 20181225—20191230 |
| 9 | 外国语学院 | 石志华 | 女 | 讲师 | 美国佐治亚州立大学 | 20190220—20190820 |
| 10 | 信息科技学院 | 刘金定 | 男 | 副教授 | 美国密歇根州立大学 | 20190301—20200229 |
| 11 | 园艺学院 | 郑　华 | 女 | 讲师 | 日本千叶大学 | 20190226—20200224 |
| 12 | 动物科技学院 | 温　超 | 男 | 讲师 | 美国弗吉尼亚理工大学 | 20190314—20200313 |
| 13 | 公共管理学院 | 周　军 | 男 | 副教授 | 美国杜克大学 | 20190320—20200319 |
| 14 | 金融学院 | 刘　丹 | 女 | 副教授 | 美国新泽西州立罗格斯大学 | 20190327—20200326 |
| 15 | 经济管理学院 | 田　曦 | 男 | 副教授 | 联合国粮食与农业组织总部 | 20190325—20200324 |
| 16 | 动物科技学院 | 李平华 | 男 | 副教授 | 丹麦奥胡斯大学 | 20190430—20200520 |
| 17 | 园艺学院 | 陈　洁 | 女 | 实验师 | 美国加利福尼亚大学戴维斯分校 | 20190518—20190817 |
| 18 | 公共管理学院 | 符海月 | 女 | 副教授 | 美国亚利桑那州立大学 | 20190730—20200729 |
| 19 | 理学院 | 汪快兵 | 男 | 副教授 | 新加坡南洋理工大学 | 20190804—20200803 |
| 20 | 动物医学院 | 汤　芳 | 女 | 副教授 | 澳大利亚莫纳什大学 | 20190901—20200901 |
| 21 | 工学院 | 孔繁霞 | 女 | 教授 | 英国牛津大学 | 20190723—20200122 |
| 22 | 生命科学学院 | 邱吉国 | 男 | 副教授 | 美国华盛顿大学 | 20190815—20200814 |
| 23 | 草业学院 | 张风革 | 女 | 讲师 | 英国帝国理工大学 | 20190825—20200824 |
| 24 | 生命科学学院 | 贺　芹 | 女 | 副教授 | 英国帝国理工大学 | 20190825—20200824 |
| 25 | 草业学院 | 刘秦华 | 男 | 副教授 | 美国伊利诺伊大学香槟分校 | 20190825—20200825 |
| 26 | 草业学院 | 胡　健 | 男 | 讲师 | 美国密歇根州立大学 | 20190831—20200814 |
| 27 | 工学院 | 陈　可 | 女 | 讲师 | 加拿大阿尔伯塔大学 | 20190904—20200904 |

（续）

| 序号 | 单位 | 姓名 | 性别 | 职称 | 派往国别学校 | 出国时间 |
|------|------|------|------|------|--------------|----------|
| 28 | 信息科技学院 | 舒 欣 | 男 | 副教授 | 芬兰奥卢大学 | 20190801—20190731 |
| 29 | 理学院 | 卢礼萍 | 女 | 副教授 | 美国亚利桑那州立大学 | 20190912—20200912 |
| 30 | 园艺学院 | 王 燕 | 女 | 副教授 | 美国康奈尔大学 | 20190910—20200909 |
| 31 | 动物科技学院 | 吴望军 | 男 | 副教授 | 美国普渡大学 | 20190927—20200926 |
| 32 | 食品科技学院 | 吴俊俊 | 男 | 副教授 | 美国加利福尼亚大学伯克利分校 | 20190930—20200930 |
| 33 | 动物医学院 | 杨 平 | 男 | 副教授 | 美国田纳西大学 | 20191014—20201013 |
| 34 | 资源与环境科学学院 | 唐 仲 | 男 | 副教授 | 美国达特茅斯学院 | 20190827—20200826 |
| 35 | 生命科学学院 | 崔为体 | 男 | 副教授 | 美国马里兰大学 | 20191019—20201018 |
| 36 | 金融学院 | 吴承尧 | 女 | 讲师 | 英国华威大学 | 20191020—20200415 |
| 37 | 生命科学学院 | 陈 晨 | 女 | 副教授 | 德国图宾根大学 | 20191101—20201031 |
| 38 | 草业学院 | 原现军 | 男 | 副教授 | 美国佛罗里达大学 | 20191126—20201125 |
| 39 | 动物医学院 | 吴文达 | 男 | 副教授 | 捷克赫拉德茨克拉洛韦大学 | 20191213—20200618 |
| 40 | 农学院 | 程金平 | 男 | 副教授 | 日本东京大学 | 20191220—20201215 |
| 41 | 园艺学院 | 谷 超 | 男 | 副研究员 | 新西兰植物与食品研究所 | 20191208—20201207 |
| 42 | 农学院 | 张小虎 | 男 | 副教授 | 美国田纳西大学 | 20191220—20201220 |

## 附录8　退休人员名单

王效华　石艳红　冯咏梅　任兴建　刘友兆　刘　杨　刘胜前　刘　磊　杜　俊
李　询　李新福　吴　红　吴金全　吴晓光　吴景文　邱克顺　何小玲　余　玲
邹　静　沈秀萍　张小玉　张　云　张　兵　张金凤　张春兰　张婉怡　陆红缨
陈青春　陈根梅　陈晓玲　陈朝霞　陈善琴　陈道文　陈　静　范有宝　范　晴
金　蓉　周世月　周　兴　屈卫群　赵　庆　郝日明　郝思萍　侯广旭　贺子义
秦淳霞　袁静亚　钱志强　徐雪萍　高风德　席庆奎　巢素梅　韩　梅　景桂英
程方实　程　倩　谢蕴玉　潘全民　潘其嫒　魏素宁　潘学凤　戴逸芳

## 附录9　去世人员名单

王立田　王永功　王　达　冯启华　纪以翔　李宝兰　李恩华　杨惠琳　肖乃华
何寿年　沈　镝　张谷雄　陈育民　陈爱玲　陈道新　林志中　昌金荣　周仁凤
郑素斌　秦济英　耿宁芬　高祖民　梁静泉　潘秀兰　薛因端

# 离退休与关工委

【概况】离退休工作处（党工委）是学校党委和行政领导下的负责学校离退休工作的职能部门，同时接受教育部和中共江苏省委老干部局工作指导。离退休工作处下设老干部管理科、退休管理科两个科室。离退休工作处党工委下设两个党支部,分别为离退休工作处办公室党支部及离休党支部。南京农业大学关心下一代工作委员会是校党委领导下的工作机构,设秘书处,下设办公室,挂靠离退休工作处。学校对离退休教职工实行校、院系(部、处、直属单位)二级服务管理的工作机制。其中,离休干部以学校服务管理为主,退休教职工以院系(部、处、直属单位)服务管理为主。同时,充分发挥关工委、退教协、老科协、老体协等协会,老年大学以及二级单位(院系、部、处、直属单位)的集体力量,围绕学校中心工作,贯彻落实党和政府关于离退休教职工的政治待遇与生活待遇,全面做好离退休人员服务管理工作。截至 12 月底,全校共有离退休教职工 1 698 人,其中离休 27 人、退休 1 671 人。

党工委组织建设及党建工作。党工委中心组、处领导班子认真贯彻学习制度,坚持理论学习与实践教育相结合,扎实开展党性教育活动。3 月,认真完成学校第十二次党代会代表的选举工作,选举梁敬东、陈养田为代表参加 12 月 16～17 日的党代会并认真履职。6 月 25日,经组织部批复成立了离休党支部和办公室党支部。办公室党支部由在职和退休党员混编而成,成立在职党员小组和退休党员小组。各支部根据实际情况开展工作,充分发挥了基层党组织的战斗堡垒作用。离休党支部党员平均年龄超过 90 岁,每周组织专题学习活动,进行政治理论学习,认真做好老同志的思想政治工作,让老同志们的思想统一在党中央周围,支部党日活动——"忆峥嵘岁月,谈初心使命"获得 2019 年度校最佳党日活动三等奖。

"不忘初心、牢记使命"主题教育活动。6 月 28 日,离休党支部召开"忆峥嵘岁月,谈初心使命"主题座谈会,庆祝中国共产党成立 98 周年;7 月 12 日,组织全校离退休党支部书记,赴贵州遵义开展"不忘初心、牢记使命"主题党性教育活动;10 月 22 日,组织部分退休党员赴淮安周恩来纪念馆瞻仰参观;10 月 23 日,组织离休支部党员、老同志,前往颐和路社区将军馆、海洋国防教育馆开展主题教育学习实践活动;11 月 14 日,组织部分党员赴上海一大会址开展主题教育实践活动;11 月 21 日,组织各支部党员集中观看《榜样 4》专题节目并召开学习交流会。

庆祝新中国成立 70 周年活动。在离退休老同志中开展庆祝新中国成立 70 周年"七个一"系列纪念活动,包括"一次专题辅导报告、一本纪念画册、一次征文、一系列文艺汇演、一次新农村建设考察、一次畅谈美好生活座谈、一次'我看新中国成立 70 周年新成就'专题调研"等系列活动。举办"我和我的祖国"主题离退休教职工征文比赛、"读懂中国"主题学生征文比赛,并将获奖作品合编成集。"复校 40 周年"主题及老年大学国画书法班学员作品经评审编印画册——《翰墨丹青颂祖国》。组织老同志参加学校"我和我的祖国"——庆祝新中国成立 70 周年合唱比赛,获得三等奖,离退休工作处党工委荣获"优秀组织奖"。

9 月 27 日,学校举行"庆祝中华人民共和国成立 70 周年"纪念章颁发仪式。校党委书记陈利根,校党委副书记、纪委书记盛邦跃分别为费旭等 27 位离退休干部颁发了纪念章,祝贺并感谢他们为祖国和学校作出的贡献。

离退休教职工管理工作。落实离退休老同志政治待遇和生活待遇。学校党委和行政高度重视离退休管理工作,学校主要领导和分管领导多次到离退休工作处调研指导工作,亲自参加离退休老同志有关活动,如春节团拜会、元旦联欢会等,不定期从不同层面向老同志通报学校发展情况,传达中央及上级文件精神等,学校重大活动均邀请离退休老同志代表参加,相关重大决策在老同志中征集意见等。2019 年,根据江苏省委组织部等四部门文件精神,落实离休干部高龄护工费补贴发放工作,全年发放离休干部高龄护工费补贴 48.48 万元;及时落实离休人员优先就诊政策，在校医院就诊窗口设置醒目标识。落实部分离休干部提高医疗待遇政策。经学校研究决定，提高离退休人员福利费标准至每人每年 1 300 元。提高离退休人员房贴基数，人均涨幅 83 元/月。

加强全校离退休工作队伍建设。进一步完善校离退休工作领导小组、各二级单位离退休工作小组。认真开展调研，交流工作心得，提升管理水平。

组织开展形式丰富、有益身心健康的活动。4 月 27 日，承办"中国老教授协会农业专业委员会 2019 年文化交流研讨会，中国老教授协会常务副会长江树人、农业专业委员会会长韩惠鹏以及来自 13 所农业院校的代表 50 余人出席；145 幅摄影作品在教职工活动中心进行了为期一周的展览。5 月 26 日，举办第 16 届老年人健身运动会，校党委副书记刘营军出席开幕式，699 名老年运动员参加了飞镖、地滚球、羽毛球、沙袋掷准、篮球定点投篮等 8 个项目的竞赛。6 月 26 日，校党委副书记、纪委书记盛邦跃为学校离退休老同志作题为《坚持四个自信，从容走向世界》的"读懂中国"专题学习辅导报告。6 月 29 日，举办"庆祝中华人民共和国成立 70 周年·我和我的祖国"文艺汇演，讴歌新中国 70 年的辉煌成就，展现学校离退休教职工乐观向上、健康时尚的精神风貌。9 月 30 日，举办集体祝寿会，为七十、八十、九十华诞的老寿星集体祝寿，校党委书记陈利根参加并致祝寿辞。11 月 22 日，与江苏省农业科学院离退处联合举办了"不忘初心、牢记使命"离退休教职工主题教育活动，参观江苏省农业科学院溧水植物科学基地并举行了文艺演出。11 月 29 日，江苏省讲师团成员、省委党校党史党建教研部主任、学校关工委专家讲师团成员张加华教授为离退休教职工作《开辟"中国之治"新境界——学习贯彻党的十九届四中全会精神》专题报告。12 月 12 日，举行 2020 元旦离退休老同志联欢会，校党委书记陈利根及各单位分管老龄工作的负责人、离退休教职工 800 余人参加联欢会，党委副书记、纪委书记高立国主持联欢会。举办"秋冬季节的养生要点""老年人如何安全使用智能手机"等受老同志欢迎的知识培训与讲座。12 月 27 日，校党委副书记、关工委主任王春春为老同志作校第十二次党代会精神专题报告会。

离退休老同志慰问及关爱工作。坚持走访慰问制度，坚持"节日送祝福，床前送慰问"，做到两个全覆盖：一是离休干部年度慰问全覆盖，二是重病老同志慰问全覆盖。提高了离退休人员住院及困难人员慰问标准。全年上门慰问和去医院走访慰问生病住院的老同志百余人次。做好高龄独居老人的调研工作，走访慰问独居老人，给他们送去组织的关心和温暖。做好日常接待老同志来访，做好解难帮困和去世善后等工作。组织每季度集中为离休老同志报销医药费。认真做好 29 位老同志的去世善后工作。

老年群团组织管理服务工作。坚持每月例会制度，每月组织召开由校领导、职能部门和各老年组织负责人参加的例会，进行工作交流，及时通报校情；组织开展多种多样的文体活动，丰富老同志精神文化生活。老科协认真组织学校老专家，对有需求的农企及农户开展科技咨询服务等工作；程遄年获全省离退休干部先进个人及 2014—2018 年度江苏省老科协"优秀老科技工作者"称号。老体协承办了在宁高校老年门球赛、在宁高校首届桌上冰壶球展示交流活动，参加在宁高校老体协主办的各项展示交流活动；2019 年度江苏省在宁高校老年体育工作评选中，学校获得"先进集体"称号，张剑仲等 3 人被评为"先进工作者"，鲁霞等 14 人被评为"先进个人"，吴明先等 3 人被授予"优秀通讯员"称号。加强老年大学软硬件建设。在学校各部门大力支持下，申请专项经费用于老年大学完成教学设备升级改造，新增 4 个招生专业，扩招 7 个班级，学员规模达到 300 多人，比上年同期增长 70％以上，一定程度满足了学校及周边离退休教职工的学习需求。

关工委自身建设。校党委发文任命校党委副书记王春春为校关工委主任，原校党委副书记盛邦跃为常务副主任（党发 2019〔106〕号）；任命离退休工作处党工委书记、处长梁敬东为关工委秘书长，党工委副书记、副处长卢忠菊为关工委副秘书长（党发 2019〔44〕号）。4 月，根据校关工委工作部署，各学院党委对二级关工委班子成员进行了调整。

校关工委领导班子每月召开工作例会和委员工作会议，传达上级关工委指示精神，研究制订工作方案，重大事项经过集体研究讨论决定。为更好发挥老同志作用，结合"不忘初心、牢记使命"主题教育，校关工委多次组织校院两级关工委老同志进行学习，学习习近平总书记系列重要讲话精神等。6 月 26 日，校党委副书记盛邦跃为老同志作"我和我的祖国"专题辅导报告。11 月 29 日，举办党的十九届四中全会精神专题报告会，江苏省委党校教授张加华为老同志作专题报告。组织老同志与兄弟高校开展调研学习交流活动，组织各二级关工委开展工作交流研讨活动。邀请校职能部门领导为老同志作专题报告，让老同志们及时了解师生思想动态。多次组织老同志进行参观游览等活动。校关工委领导多次上门看望慰问生病的老同志或老同志家属，为他们送去组织的温暖。

校关工委工作团队被评为"江苏省教育系统 2018 年度关工委优秀工作团队"。

关工委主题教育活动。积极组织开展"读懂中国"活动，组织广大学生与学校"五老"结对交流，广大学生在深受教育的同时，以微视频、征文等形式对活动进行了凝练和总结，活动共计收到 177 篇主题征文及 18 个微视频。经评审，评选出征文一等奖 2 篇、二等奖 3 篇、三等奖 8 篇，微视频一等奖 2 个、二等奖 3 个、三等奖 12 个，二级关工委活动参与率达到 100％。深入开展社会主义价值观主题教育活动，孙觉炎、顾平两位教师的案例在"社会主义核心价值观'精品教育项目'案例（2019 年）"评选活动中获江苏省二等奖。开展"祖国万岁""祖国是我家"主题读书征文活动，活动共收到各学院关工委报送的征文 236 篇。经评审，评选出征文一等奖 10 篇、二等奖 20 篇、三等奖 30 篇和优秀组织奖 5 个。在选送省教育系统关工委的征文中，分别获得一等、二等、三等奖各 2 篇，省级获奖作品共计 6 篇。在离退休党员中开展了"我和我的祖国"主题征文活动；5 月 10 日，关工委老同志与公共管理学院共同举办"世纪之约难忘五四"师生联欢活动；5 月 11 日，工学院老年声训班的老同志及学生艺术团近百位大学生在润泽园广场举办了"老少共唱红歌，70 华诞献祖国"红歌活动；6 月 14 日，校关工委联合外国语学院关工委举办"喜迎党代会，唱响新时代——我和我的祖国"红歌快闪活动；6 月 26 日，校党委副书记、纪委书记、关工委主任盛邦跃为老同志作题为《坚持四个自信，从容走向世界》的专题学习辅导报告。积极组织参加教育部关工委第三届"心中的感动——记教育系统关心下一代优秀人物活动，学校组织报送的 10 篇征文中，9 篇获得优秀奖。"中国梦·南农梦·我的梦"系列主题教育实践活动，在坚持与学生班级共建的工作平台打造基础上，校关工委充分发挥指导作用，积极推动二级关工委开展主题教育活动，各学院关工委充分利用共建活动的平台，深入开展育人工作。各二级关工委围绕中心工作，积极组织开展革命传统教育、专业思想教育、就业教育等，举办各类活动，营造了积极向上、老少携手、共建共享、共同提高的良好氛围。

二级关工委工作。"一院一品"，3 月，校关工委对各学院关工委 2018 年度"一院一品"工作品牌予以评审，评选出一等奖 2 项、二等奖 3 项、三等奖 5 项，对各学院关工委 2019

年度申报的品牌项目进行评选，确定了重点项目 7 个、一般项目 9 个。平台建设工作，10 月，各二级关工委打造党建指导、思政教育、教研督导、立德树人讲师团、乡村振兴、心理咨询（人际交往）、关爱帮扶、就业指导、老少共建、"校友回母校"活动、"书香人生"读书会、强农兴农故事会等系列平台 21 个。讲师团建设，10 月，各二级关工委组织 16 名老专家、老教授组成讲师团。11 月 29 日，校关工委聘任江苏省委党校教授张加华为校关工委专家讲师团成员，聘期 3 年。

（撰稿：孔育红　审稿：卢忠菊　审核：张丽霞）

# 八、人才培养

## 大学生思想政治教育与素质教育

【概况】围绕学校建设农业特色世界一流大学的战略目标，紧扣全国高校思想政治工作会议和全国教育大会等任务部署，以立德树人为根本，以强农兴农为己任，深入实施学生工作"四大工程"，推动"三全育人"综合改革，不断完善大学生教育管理服务工作体系，扎实开展大学生思想政治教育、心理健康教育、素质教育、社团建设、志愿服务、社会实践、国防教育、军事技能训练等各项工作。

思想政治教育。完善大学生思想政治理论课程体系，形势与政策、中国近代史纲要、思想道德修养与法律基础、毛泽东思想和中国特色社会主义理论体系概论、马克思主义原理 5 门课程覆盖全校本科生；中国特色社会主义理论与实践研究、自然辩证法概论、马克思主义与社会科学方法论、中国马克思主义与当代 4 门课程覆盖全校一年级研究生。深化实践教学改革，编排话剧《红船》，把思政课讲台搬到舞台上；通过"品读经典""热点问题探讨""每周播报"让学生成为课堂的主人；组织学生走访南京各类红色教育基地，出版《百年南京摄见集》。依托"青年大学习"网上主题团课，广泛开展"青年大学习"行动。举办"思·正杯""中国梦"系列主题演讲比赛，组织"献礼党代会 学子共绘百米长卷""集中学习总书记回信精神"等活动，构建学生思政"体验教育"模式，增强思政工作吸引力。

引导青年坚定理想信念。结合新中国成立 70 周年、五四青年节、国家公祭日等重大时间节点，深入开展主题团日、学习交流、报告分享、知识竞赛、实践寻访等活动。举办"正青春·好学习"学风建设活动、"瑞华杯"南京农业大学最具影响力学生评选暨表彰活动等，发挥氛围感染和朋辈示范作用。举办全校规模的开学典礼、入学教育、毕业典礼、学位授予仪式等活动，发挥"第一课"和"最后一课"的重要教育作用。开展"钟山讲堂""汇贤大讲堂""研究生神农科技文化节"等品牌活动，邀请马德华、陈圣杰等名家走进校园，与学生近距离交流，拓宽视野、提升素养。

心理健康教育。扩充和优化必修课大学生心理健康教育课程结构，将团体辅导融入课堂教学，编订新版课程教案，完成 2019 级新生的授课工作。开展全校新生心理健康普查并建立个人心理档案，每年提供个体咨询服务 1 000 余人次，课程外开展主题团体辅导 70 余场，受益人数近 1 000 余人次。加强心理健康教育队伍建设，全年开展学工队伍心理健康专题培训 4 场、心理委员培训 4 轮 18 场、专兼职心理健康教师业务学习 32 场。以"3·20"心理健康教育宣传周、"5·25"心理健康教育宣传月为契机开展广场咨询、心理情景剧比赛、心理知识竞赛等主题教育活动，编辑并发放学生刊物《暖阳》4 期，全年心理健康教育宣传活动参与学生近 10 000 余人次。学校成功申请中国心理学会心理危机干预工作委员会全国高校心理委员研究协作组理事单位，获全国心理情景剧大赛三等奖，仙林大学城手语操比赛二等奖，全国百佳心理委员 1 人，省大学生心理健康教育工作优秀工作者 1 人。

素质教育。以国家大学生文化素质教育基地为平台，开展丰富多彩的素质教育活动，发挥基地的示范和辐射功能。举办苏剧《国鼎魂》、"绝世佳音——走进南京农业大学""一脉相承"戏曲名家师徒专场等高雅艺术进校园活动，参加江苏高校"我和我的祖国"合唱展示活动，举办"青春告白祖国"庆祝新中国成立 70 周年文艺汇演暨 2019 年迎新生联欢晚会及大学生艺术团专场等，组织学生赴贵州麻江龙山中学开展曲艺文化进校园活动，开展"青穗讲堂"，邀请饶雪漫、唐中宝、董进等名家走进校园，与学生面对面交流思想，提升人文素养。

志愿服务。围绕志愿服务项目化、专业化、品牌化目标，引导学生在各类志愿服务工作中为成长成才增添厚重底色。全年全校 1.7 万人次参与志愿服务活动，累计服务时长达 20.37 万小时。选送"苏北计划""西部计划"志愿者 16 人，研究生支教团 11 人，先后组织 1 700 余名志愿者参与江苏省青年联合会第十二届委员会全体会议、第二届江苏省发展大会、第十六届"瑞华杯"江苏省课外学术科技作品竞赛暨"挑战杯"全国竞赛江苏省选拔赛决赛等省级大型赛会的志愿服务中。"保护母亲河——秦淮环保行"项目获全国第九届"母亲河"奖，"植物医院"项目入选全国青年志愿服务第二批入库项目，校红十字会开展的"博爱青春"项目获江苏省高校红十字会"博爱青春"暑期志愿服务活动优秀项目奖。学校先后荣获 2018 年度江苏大学生志愿服务"苏北计划"优秀组织奖、第二届江苏发展大会暨首届全球苏商大会志愿者工作先进集体。

社会实践。以"小我融入大我，青春献给祖国"为主题，精心组建包括团中央"助力新时代文明实践中心"和"七彩假期"专项活动团队 2 支、江苏省"力行杯"社会实践立项团队 13 支等在内的 133 支社会实践团队，组织来自各学院 153 名专业教师和 5 000 余名学生深入农村、社区、企业等基层一线，扎实有序开展活动。累计服务村镇、社区 180 余个，举办各类知识培训讲座 215 场，受到新华社、团中央官方网站等省级以上媒体 425 篇次报道。学校荣获 2019 年全国及江苏省大中专学生志愿者暑期文化科技卫生"三下乡"社会实践活动先进单位称号。7 支团队、6 名教师、13 名学生获得省级表彰。

社团建设。学校登记注册校级社团 67 个。其中，思想宣传类社团 6 个、文化艺术类社团 12 个、学术科技类社团 13 个、体育竞技类社团 14 个、公益实践类社团 8 个、助理类社团 14 个。登记注册院级社团 84 个。2019 年，学校继续实施"学生社团品牌载体建设工程"，立项资助社团重点项目 12 个。2019 年 5 月，大学生法律协会在第三届江苏省大学生知识产权知识竞赛中获得优秀奖；748 学社的《基于深度学习的食品安全事件自动分析系统》获得第十一届中国大学生计算机设计大赛二等奖，《基于句子对齐的历史典籍翻译及智能检索系统》获得 2019 江苏省大学生计算机设计大赛特等奖；2019 年 5 月，龙狮协会获得第十届江苏省大学生龙狮精英赛暨江苏省青少年龙狮锦标赛二等奖；辩论协会代表学校获得第二届世界中医药联合会中医药主题辩论赛江苏区预选赛第五名；南农创行获得创行中国｜社会创新大赛区域赛三等奖；羽毛球协会获得 2019 海之言杯羽毛球团体赛（南京）南京高校羽协团体交流赛冠军。

国防教育。通过网络教育，建立军事理论精品课在线授课模式，累计点击学习人数达

400万人次。结合国家安全日、国家公祭日等契机广泛开展形式多样的爱国主义教育和国防教育，组织学生到爱国教育基地参观学习，促进学生国防教育活动常态化，培养学生爱国热情，强化国防意识。举行"平安南农"校园安全宣传月活动，通过国家安全教育宣传日蓝色巨型安全锤、安全教育展示"平安堡"等形式，增强师生安全防范意识，提高师生应对突发事件的避险自救能力。邀请顾伟、李兆良、韩旭东等名家进校开办国家安全和国防教育讲座。

军事技能训练。组织开展2019级共4 395名本科新生军训，东部战区临汾旅70多名官兵担任教官，各院系辅导员担任政治指导员。开展主题征文、摄影、板报比赛以及"安全宣传页"评比等内容丰富、形式多样的活动。积极响应教育部"消防安全进军训"号召，军训期间组织学生进行安全讲座、应急演练、灭火实战、应急救护、卫生防疫五大模块教育。

（撰稿：赵文婷　王　敏　翟元海　赵玲玲　徐东波　陈　哲　杨海莉
审稿：吴彦宁　林江辉　谭智赟　张　炜　张　禾　崔春红　杨　博
审核：黄　洋）

# [附录]

## 附录1　百场素质报告会一览表

| 序号 | 讲座主题 | 主讲人及简介 |
| --- | --- | --- |
| 1 | 作物学前沿讲堂 | 丁艳峰　教授，南京农业大学副校长<br>朱艳　教授，南京农业大学农学院院长 |
| 2 | 长江流域冬小麦化肥农药协同替代与减施增效技术研究（2018YFD0200503）试验示范观摩评议会 | 王源超　南京农业大学植物保护学院院长 |
| 3 | 人类常见性状和疾病的基因组学大数据分析 | 张俊杰　昆士兰大学教授<br>杨剑　昆士兰大学教授 |
| 4 | 土壤时空变化研究进展与展望 | 张甘霖　中国科学院南京地理与湖泊研究所教授 |
| 5 | 我的大学在这里 | 邹建文　南京农业大学资源与环境科学学院院长 |
| 6 | "把握机缘　创造幸福"心理讲座 | 王世伟　南京农业大学大学生心理健康教育中心主任 |
| 7 | 园企讲堂——现代园艺花卉产业用人标准 | 尹龙飞　缤纷园艺（中国）有限公司人力资源总监 |
| 8 | 园艺学院"春风花语润桃李"插花公开课 | 房伟民　南京农业大学园艺学院观赏茶学专业教师党支部成员、观赏园艺学教授 |
| 9 | "不忘初心、牢记使命"园艺专业学生党支部"以菊之名，党员引领南农品质"——菊花主题科普讲座 | 韩键　南京农业大学园艺学院党委书记 |
| 10 | "不忘初心、牢记使命"——助力美丽乡村建设 | 张清海　南京农业大学园艺学院副院长 |

（续）

| 序号 | 讲座主题 | 主讲人及简介 |
|---|---|---|
| 11 | 南京农业大学第二十一期"校友讲坛"——新时代中国果业的变革与实践 | 清扬 《中国果业信息》专栏作者、高级农艺师 |
| 12 | "园艺经典讲坛"（校友系列）2019年第一期——浙江大学周杰教授讲述"大学学习方法与经验" | 周杰 浙江大学园艺系教授 |
| 13 | 形势与政策公开课：葛笑如关于一国两制的讲座 | 葛笑如 南京农业大学马克思主义学院副教授 |
| 14 | "园艺八课"系列课程思政——品"药茗"、话"人参"顺利举行 | 唐晓清 南京农业大学园艺学院中药系主任 |
| 15 | 与"老党员面对面"——动科老人的实话实说 | 曹光辛 南京农业大学动物科技学院关工委副主任 |
| 16 | Precision feeding can significantly reduce protein utilization while reducing feed cost and nitrogen and phosphorous excretion in swine operations | Candido Pomar 加拿大农业和农业食品研究所博士 |
| 17 | 坚持以习近平新时代中国特色社会主义思想为指导引领，不忘初心、牢记使命，深入加强学院党建和思想政治工作实践 | 高峰 南京农业大学动物科技学院党委书记 |
| 18 | 全基因组选择在猪育种上的实施 | 苏国生 丹麦奥胡斯大学研究员兼博士生导师 |
| 19 | 植源多靶点低耐药新型替抗和饲药产品的研发与应用 | 邱声祥 中国科学院华南植物园研究员 |
| 20 | 我为什么信仰共产主义 | 沈晓海 南京师范大学地理科学学院辅导员 |
| 21 | 自闭症相关的细胞黏附分子调节突触发育与功能 | 谢维 东南大学生命科技学院院长 |
| 22 | Single cell RNA sequencing reveals a new population of muscle stem cells | 匡世焕 美国普渡大学终身讲座教授 |
| 23 | Central functions of amino acids and their metabolites on stress responses of chicks under acutely stressful conditions | 古濑充宏 九州大学农学研究院资源生物科学系教授 |
| 24 | 增值税调整对化肥价格的影响 | 于晓华 德国哥廷根大学教授 |
| 25 | Meeting consumer expectations：Traceability, biosecurity and preventive health management in Finnish pig farming | Jarkko Niemi 芬兰自然资源研究所教授 |
| 26 | 读懂中国·我与我的祖国 | 顾焕章 江苏省社科名家、院关工委常务副主任 |
| 27 | 响应"一带一路"建设号召 促进中安农业合作发展 | 朱晋林 江苏省江州农业科技发展有限公司董事长 |
| 28 | The climate change challenge economic studies supporting decision making | Bruce A. McCarl 诺贝尔和平奖得主、教授 |

（续）

| 序号 | 讲座主题 | 主讲人及简介 |
|---|---|---|
| 29 | Optimization as part of the applied economists tool box | Bruce A. McCarl 诺贝尔和平奖得主、教授 |
| 30 | 经济管理学院"钟山学者（新秀）"访谈 | 田旭 南京农业大学经贸系教授 |
| 31 | Understanding consumer responses to GMO information | 张宇 美国得州农工大学副教授 |
| 32 | 国际家禽业价值链变革与机遇 | 李丁丁 上海莱伽传媒创始人兼总经理 |
| 33 | Nutrition transition and health economics in developing countries | Satoru Shimokawa 早稻田大学副教授<br>Pierre Levasseur 波尔多大学副教授<br>Elodie Rossi 波尔多大学博士<br>Francesca Hansstein 西交利物浦大学博士<br>Matthieu Clément 法国国家环境与农业科技研究所博士<br>任彦军 德国中东欧农业发展研究所博士<br>何勤英 华南农业大学教授<br>田旭 南京农业大学经济管理学院教师<br>周德 南京农业大学经济管理学院教师 |
| 34 | 中国贫困地区学龄前儿童营养与发展——基于WFP湘西试点项目基线调查的分析与思考 | 陈志钢 浙江大学教授 |
| 35 | 消费心理与可持续发展市场分析 | Lain Black 斯特灵大学管理学院市场学系可持续消费观教授 |
| 36 | How to fight against southern pine beetle epidemics: an insurance approach | 陈轩 华中农业大学教授 |
| 37 | Recent advances and opportunities in sustainable food supply chain: a model—oriented review | 储诚斌 法国 Université Paris-Est 教授 |
| 38 | 农业经济的发展方向 | 樊胜根 国际食物政策研究所（IFPRI）所长 |
| 39 | Agricultural innovation and technology adoption: incentives for delay reconsidered | Robert Shupp 美国密歇根州立大学教授 |
| 40 | 延续工匠精神，传承兴农使命 | 顾焕章 江苏省社科名家、院关工委常务副主任 |
| 41 | Responsible innovation in industry | Vincent Blok 荷兰瓦格宁根大学教授 |
| 42 | The multilateral rules for agricultural trade: disputes and counter-notifications over domestic support by China and India | David Orden 弗吉尼亚理工大学教授 |
| 43 | Cotton revolution and window chastity in Ming and Qing China | 王晓兵 北京大学副教授 |
| 44 | Emerging research issues in food marketing and distribution: current research efforts and future areas of promising research | Dr. MiguelI. Gómez 美国康奈尔大学 Dyson 应用经济与管理学院副教授 |

（续）

| 序号 | 讲座主题 | 主讲人及简介 |
|------|----------|--------------|
| 45 | Optimization of closed-loop food supply chain with returnable transport items | Feng Chu　法国埃夫里大学教授 |
| 46 | 农业增长与生产率研究前沿 | 龚斌磊　浙江大学公共管理学院研究员、博士生导师 |
| 47 | 胃肠道研究进展及其与健康的关系 | Amasheh Aschsenbach　柏林自由大学教授 |
| 48 | "兽医开讲了"第二期——现代小动物临床学习成才的几个基本要点 | 茅继良　申普宠物医院技术总监 |
| 49 | 美国宠物食品系列讲座第三期"释疑营养神话——来自互联网和其他领域的事实与谬误" | Andrea J. Fascetti　加利福尼亚大学戴维斯分校大学教授 |
| 50 | 美国宠物食品系列讲座第四期"皮肤病的检查和食物过敏性皮炎" | 邓益锋　南京农业大学动物医学院临床兽医学教授 |
| 51 | "兽医开讲了"第三期——RNA解旋酶参与天然免疫的研究和慢病毒感染与免疫保护讲座 | 翁长江　中国农业科学院哈尔滨兽医研究所研究员 |
| 52 | 美国宠物食品系列讲座第五期"猫脂肪肝综合征" | 陈兴祥　南京农业大学动物医学院临床兽医学副教授 |
| 53 | 肠道外致病性大肠杆菌的独立调控研究"卓越人才培养系列讲座 | 李干武　美国艾奥瓦大学副教授 |
| 54 | 美国宠物食品系列讲座第七期——"宠物健康与营养" | 孙金娟　雀巢普瑞纳中国市场科学事务经理 |
| 55 | 美国宠物食品系列讲座第八期——"犬蛋白质丢失性肠病" | 陈兴祥　南京农业大学动物医学院临床兽医学副教授 |
| 56 | 第七期"罗清生大讲坛" | 夏咸柱　动物病毒学专家，中国工程院院士 |
| 57 | "医梦腾飞"系列讲座第一期 | 罗承栋　Mr. M工作室专业教师 |
| 58 | "医梦腾飞"系列讲座第二期 | 廖明　华南农业大学副校长 |
| 59 | 遇见Davis——食品科技学院赴加利福尼亚大学戴维斯分校访学分享会 | 罗承栋　加利福尼亚大学戴维斯分校WIFSS会服务部中国区负责人 |
| 60 | "科普食话说"——休闲食品感官评定科普 | 周辉　江苏南京雨润肉类产业集团技术部副总经理 |
| 61 | 保研、考研交流分享会 | 岳峥雪　中公教育考研金牌名师 |
| 62 | 学习党的十九届四中全会会议精神专题报告会 | 邵士昌　南京农业大学食品科技学院党委副书记 |
| 63 | "数字农业与发展趋势"学术报告讲座 | 向海涛　中国科学院南京土壤研究所研究员 |
| 64 | "计算机视觉技术与机器学习在农业领域的应用"学术报告讲座 | 程曦　南京理工大学博士<br>万升　南京理工大学博士 |
| 65 | "AI赋能，农业大数据助力中国农业产业升级"的学术报告讲座 | 顾竹　美国纽约州立大学博士 |
| 66 | 人工智能的应用及其发展趋势思考 | 杨吉江　清华大学信息技术研究院医疗健康工程研究中心主任 |

（续）

| 序号 | 讲座主题 | 主讲人及简介 |
|---|---|---|
| 67 | 读懂中国——牛又奇教授讲座 | 牛又奇　教授，南京农业大学信息科技学院退休教师，信息科技学院计算机系创始者之一 |
| 68 | "从数字图书馆走向智慧图书馆——图书馆行业创新与实践"报告讲座 | 邵波　南京大学教授 |
| 69 | "知识图谱——AI下一个风口"报告讲座 | 段宇锋　华东师范大学教授 |
| 70 | 从"学校人"到"社会人"实训讲座 | 仲老师　东软公司培训教师 |
| 71 | "Precision lettuce weeding using deep learning"报告讲座 | 刘博　加利福尼亚理工州立大学副教授 |
| 72 | 学术沙龙——3D multi-scale modeling of complex biological systems by integrating multiomics big data | 计智伟　美国得克萨斯大学生物医学信息学系助理教授 |
| 73 | 研究生学涯与职业发展分享讲座 | 王春伟　南京农业大学信息科技学院党委副书记 |
| 74 | 学术沙龙之物联网及其在智能农业中的应用 | Vicente　马德里理工大学副教授 |
| 75 | "Internet of things and robotics applications"报告讲座 | JOSé-FERNáN MARTíNEZ　马德里理工大学教授 |
| 76 | "面对未来农业的植物表型"报告讲座 | 韩志国　博士，慧诺瑞德科技有限公司创始人、总经理 |
| 77 | "Benchmarking and ranking"报告讲座 | Ronald Rousseau　比利时鲁汶大学教授 |
| 78 | "Serendipity"报告讲座 | Ronald Rousseau　比利时鲁汶大学教授 |
| 79 | 网络知识安全讲座 | 吕翌澍　安恒信息技术股份有限公司负责人<br>江东　赛尔网络有限公司负责人 |
| 80 | "在学习贯彻新思想中强化担当精神"主题报告 | 丁和平　江苏省委《群众》杂志社处长 |
| 81 | 党的十九届四中全会精神学习专题辅导报告 | 邵玮楠　南京农业大学马克思主义学院教师<br>王春伟　南京农业大学信息科技学院党委副书记 |
| 82 | 第十六届研究生神农科技文化节之"我与博士面对面" | 博士生周海晨、焦红、周长银、张亚南 |
| 83 | 国际比较视野下德国儿童福利和社会服务 | 刘涛　德国杜伊斯堡-埃森大学东亚学研究所和社会学研究所教授 |
| 84 | 研究生报告"生源背景、博士生培养与科研绩效——基于教育公平的视角" | 黄维海　高等教育研究所副教授 |
| 85 | 农户农地转出意愿与转出行为的差异分析 | 博士生邵子南、陈振 |
| 86 | 基于PVAR模型的不同类型土地财政收入与产业结构升级关系研究 | 张兰　南京农业大学土地资源管理讲师<br>博士生王春杰 |
| 87 | 社会舆论下的村干部 | 杜焱强　南京农业大学公共管理学院教师 |
| 88 | 乡村振兴的价值追求及其实现 | 李烊　复旦大学新农村发展研究院研究员博士 |
| 89 | 新时代国土空间规划展望 | 贾克敬　自然资源部中国国土勘测规划院土地规划所所长，中国土地学会规划分会副主任委员、秘书长 |

（续）

| 序号 | 讲座主题 | 主讲人及简介 |
|---|---|---|
| 90 | 公民治理的跨域分析 | 汪明生　台湾中山大学永久聘任教授 |
| 91 | 山东省城乡建设用地增减挂钩潜力研究、土地确权对农户土地流转行为的影响、金融可得性是否促进了农户土地租赁行为 | 饶芳萍　南京财经大学房地产系讲师 |
| 92 | 公共事务研究方法、判断决策与公共事务 | 汪明生　台湾中山大学永久聘任教授 |
| 93 | 土地制度改革的历史与现实价值再评析 | 石凤友　山东大学法学院、烟台大学法学院教授 |
| 94 | 人、城市空间与权利——城市政府治理的角度 | 唐兴霖　西南财经大学公共管理学院院长、教授 |
| 95 | Does widowhood affect cognitive function among Chinese older adults? | 张振梅　美国密歇根州立大学教授、博士生导师 |
| 96 | 乡村振兴的路径选择与农村土地制度改革 | 钱忠好　扬州大学管理学院副院长、博士生导师 |
| 97 | 水质协议与上级约束下流域生态补偿演化博弈研究、城市群空间结构对土地利用效率的影响研究 | 刘琼　南京农业大学公共管理学院土地资源管理系副教授<br>饶芳萍　南京财经大学房地产系讲师<br>黄维海　南京农业大学公共管理学院高等教育研究所副教授 |
| 98 | 关于政策评估的几个问题 | 李志军　管理世界杂志社社长、博士生导师 |
| 99 | 研究中国问题，讲好中国故事 | 李志军　管理世界杂志社社长、博士生导师 |
| 100 | 七十年农村基本制度变迁解析 | 温铁军　中国人民大学学术委员会副主任，中国人民大学农业与农村发展学院教授、博士生导师 |
| 101 | 作风建设的个案研究——以副省级市 N 市 L 区为例 | 姚志友　南京农业大学行政管理系教授<br>杨建国　南京农业大学行政管理系副教授<br>博士生姚瑞平 |
| 102 | 新中国 70 年江苏发展成就与未来展望 | 金世斌　江苏省政府研究室社会处处长、研究员、法学博士 |
| 103 | 主体功能区导向下的土地资源空间配置：对土地生长空间演进规律的理性思考等 | 王博　南京农业大学公共管理学院博士<br>周蕾　南京农业大学公共管理学院副教授 |
| 104 | 改革开放以来我国政府管理改革的逻辑进路与思考 | 孙萍　东北大学文法学院教授、博士生导师 |
| 105 | Responsible innovation, precaution and democratic governance | Bernard Reber　法国国家科学研究中心主任、斯特拉斯堡大学伦理学教授 |
| 106 | ACCESS≠SUCCESS——外语教育技术应用的冷菜热炒 | 董剑桥　江南大学教授 |
| 107 | 日本女性诗歌和时代关系 | 田原　旅日诗人 |
| 108 | 解读太宰治《人间失格》 | 田原　旅日诗人 |
| 109 | 日本现代诗起源 | 田原　旅日诗人 |
| 110 | 围绕中心，服务大局，全面提高新时代党支部建设教育 | 韩立新　南京农业大学外国语学院党委副书记 |

| 序号 | 讲座主题 | 主讲人及简介 |
|------|---------|-------------|
| 111 | 应用语言学研究方法 | Peter De Costa　美国密歇根州立大学 |
| 112 | 质性研究及其分析 | Peter De Costa　美国密歇根州立大学 |
| 113 | 案例分析 | Peter De Costa　美国密歇根州立大学 |
| 114 | 论文写作之"引言、文献综述、方法、结果" | Peter De Costa　美国密歇根州立大学 |
| 115 | 论文写作之"讨论、结论" | Peter De Costa　美国密歇根州立大学 |
| 116 | 牛津大学访学见闻 | 马秀鹏　南京农业大学外国语学院教授 |
| 117 | 公民与国家语言能力 | 李宇明　北京语言大学教授 |
| 118 | 我的大学我做主 | 曹璇　南京农业大学外国语学院辅导员 |
| 119 | 学术意识与选题申报 | 王克非　北京外国语大学教授 |
| 120 | 认识我的专业 | 曹新宇　南京农业大学外国语学院副院长<br>李平　南京农业大学英语系系主任 |
| 121 | 从戏剧电影看亚裔美国经历 | 卡勒斯·茂顿　美国加利福尼亚大学圣巴巴拉分校教授 |
| 122 | 新时代外语学习规划漫谈 | 沈骑　同济大学教授 |
| 123 | 不忘初心、牢记使命，融会贯通、学深悟透——学习和解读《习近平新时代中国特色社会主义思想学习纲要》 | 韩立新　南京农业大学外国语学院党委副书记 |
| 124 | 不忘初心、牢记使命，尊崇党章、严守党纪——新时代党章党规党纪学习与理解 | 梁立宽　校纪委办公室副主任、监察处副处长 |
| 125 | 上海中高级口译专题讲座 | 张英　金陵国际语言进修学院培训教师 |
| 126 | 大学生涯规划与指导 | 李欢　新东方南京地区人力总监 |
| 127 | 图说改革开放四十年 | 雷玲　南京农业大学工学院学工处副处长 |
| 128 | 论中美贸易战 | 屈勇　南京农业大学工学院基础课部主任 |
| 129 | 正确认识香港形势，坚定"一国两制" | 葛笑如　南京农业大学马克思主义学院教授 |
| 130 | 习近平用典翻译与质量评价 | 陈大亮　苏州大学教授 |
| 131 | 批评话语分析的理论原则和研究方法 | 田海龙　天津外国语大学教授 |
| 132 | 从中美贸易战说开去 | 姜姝　南京农业大学马克思主义学院老师 |
| 133 | Language policy & planning in universities: teaching, research and administration | Anthony J. Liddicoat　英国华威大学教授 |
| 134 | 构建和而不同的流域研究 | 田阡　西南大学历史文化学院教授 |
| 135 | 植物考古与农业起源研究 | 赵志军　中国社会科学院考古研究所研究员 |
| 136 | The current relevance of Latin American integration processes and role of the Federal University of Latin American Integration | 费尔南多　拉丁美洲一体化联邦大学高级教授<br>罗梅洛　拉丁美洲一体化联邦大学高级教授<br>莫维尔　拉丁美洲一体化联邦大学高级教授 |
| 137 | 国际视野下的旅游业全球挑战及发展趋势 | 威廉·戴维斯杰　美国俄克拉何马州立大学校董特聘终身教授、博士生导师 |

（续）

| 序号 | 讲座主题 | 主讲人及简介 |
|------|---------|-------------|
| 138 | 张举文教授谈"'过渡礼仪'及其应用分析" | 张举文　美国西部民俗学会会长、美国崴涞大学东亚系、北京师范大学社会学院教授 |
| 139 | 澳大利亚的旅游教育、旅游人才培养及对中国的借鉴 | 黄松山　澳大利亚埃迪斯科文大学教授 |
| 140 | Tourism Design & Tourism Analytics | Daniel Fesenmaier　国际旅游科学研究院院士、美国国家旅游与电子商务实验室主任 |
| 141 | 弱势青少年的复原力培育取向与实务操作案例分析 | 曾华源　台湾东海大学社会工作系教授 |
| 142 | 农业灾害史研究的三个维度 | 卜风贤　陕西师范大学教授 |
| 143 | 人文学院专业特色、师资力量、办学概况等方面发展历史与学科现状；爱尔兰国立科克大学的历史沿革、课程设置、专业分类情况 | James　博士、爱尔兰国立科克大学 |
| 144 | 我与博士面对面 | 郭云奇　南京农业大学人文与社会发展学院科技史专业博士生<br>周志强　南京农业大学人文与社会发展学院科技史专业博士生 |
| 145 | 事件与民俗——关于民俗研究的一种社会学思考 | 赵丙祥　中国政法大学社会学院院长 |
| 146 | 理论模型与案例研究的对话 | 刘世定　北京大学教授 |
| 147 | 秦及汉初的佃租征收方式 | 晋文　南京师范大学教授 |
| 148 | 关于在德国和欧洲的结构较弱的农村地区创建社会创新活动及各种研究项目的研究成果 | Gabriela Christmann　德国埃尔克内尔的布莱尼兹社会与空间研究所 |
| 149 | 巴西农业简史、大西洋世界早期的稻米与玉米生产 | Odemir Baeta Thiago Mota　巴西维索萨大学教授 |
| 150 | 江南地区传统节日与节俗——以常州民俗文化为例 | 季保全　中国民俗学会理事、江苏省民俗学会副会长、常州民俗学会会长 |
| 151 | "土著"之学：司义礼的中国民俗学研究 | 岳永逸　中国人民大学社会与人口学院教授 |
| 152 | 中国奇迹的社会学阐释 | 王春光　中国社会科学院院长 |
| 153 | 基于乡村价值的乡村振兴 | 朱启臻　中国农业大学农民问题研究所所长、农业文化研究中心主任 |
| 154 | 狄俄尼索斯和民俗——何为民俗学视角 | 岛村恭则　日本关西大学教授、博士生导师、世界民俗学研究中心主任 |
| 155 | 专题辅导会——让孩子获得幸福 | 王世伟　大学生心理健康教育中心主任 |
| 156 | How chemical reactions occur-pericyclic reaction dynamics in chemistry and biology | K. N. Houk　教授 |
| 157 | "使命在肩　初心远航"思政公开课 | 高翔　雨花台烈士纪念馆社会教育部<br>张语　雨花台烈士纪念馆社会教育部<br>江枫　雨花台烈士纪念馆社会教育部 |

（续）

| 序号 | 讲座主题 | 主讲人及简介 |
|------|---------|-------------|
| 158 | 秋冬传染病防治讲座 | 蔡元康　南京农业大学校医院医生 |
| 159 | "三明治"材料之太阳能催化应用 | 赵宇飞　北京化工大学教授 |
| 160 | 我和植物营养 | 马建锋　杰出校友、日本农学奖得主、日本冈山大学资源植物科学研究所教授 |
| 161 | CPISPR-Cas 技术的原理、发展与应用 | 杨荟　中国科学院上海生命科学学院生化与细胞研究所研究员 |
| 162 | 植物昆虫相互作用、植物离子组学 | 毛颖波　中国科学院上海生命科学研究院植物生理生态研究所研究员<br>晁代印　中国科学院上海生命科学研究院植物生理生态研究所研究员 |
| 163 | 神经环路的近况与展望、听觉发育与再生 | 徐华泰　中国科学院上海生命科学研究院神经科学研究所研究员<br>刘志勇　中国科学院上海生命科学研究院神经科学研究所研究员 |
| 164 | 细胞程序性死亡的分子机理、遗传变异与人类疾病 | 章海兵　中国科学院上海营养与健康研究所研究员<br>李昕　中国科学院上海营养与健康研究所研究员 |
| 165 | 玉米的胚乳发育和遗传改良、植物-微生物共生互作的研究进展 | 巫永睿　中国科学院分子植物科学卓越创新中心/植物生理生态研究所研究员<br>谢芳　中国科学院分子植物科学卓越创新中心/植物生理生态研究所研究员 |
| 166 | 实验室安全讲座 | 叶敏　南京农业大学实验室与设备管理处 |
| 167 | An introduction of cancer metastasis、癌症基因组时代的肿瘤研究与精准化治疗 | 胡国宏　中国科学院上海营养与健康研究所研究员<br>郎靖瑜　中国科学院上海营养与健康研究所研究员 |
| 168 | Athletes in boardrooms：evidence from the world | 董轶哲　英国爱丁堡大学副教授 |
| 169 | 财务报告质量评价及发展 | 王跃堂　南京大学管理学院院长、"长江学者"特聘教授 |
| 170 | ERP 模拟沙盘对抗赛参赛指导 | 刘军　南京农业大学经济管理综合实验中心副主任 |
| 171 | 聚焦的力量——案例开发和 SSCI 案例论文的实践 | 李纯青　西北大学企业发展与管理研究中心主任 |
| 172 | 农村普惠金融实践 | 彭博　蚂蚁金服农村金融事业部总经理 |
| 173 | Dynamic comovement among banks' returns and chargeoffs in the U. S. | 马俊　美国波士顿东北大学经济系终身教授 |
| 174 | 中国家庭金融数据库及中心研究介绍 | 吴雨　西南财经大学中国家庭金融调查与研究中心副主任 |
| 175 | 社会融资总量与国际金融统计 32D，影子银行的比较 | 沈中华　南京审计大学银行与货币研究院院长兼特聘教授 |
| 176 | 中国医疗改革中医疗筹资和支付改革的经济学思考 | 陈希　耶鲁大学博士 |

（续）

| 序号 | 讲座主题 | 主讲人及简介 |
|---|---|---|
| 177 | 信息干预与农村手机银行采用：来自随机实地实验的证据 | 李玲　英国剑桥大学博士 |
| 178 | Managerial foreign experience and corporate risk-taking：evidence from China | 迟晶　新西兰梅西大学副教授 |
| 179 | "互联网＋"创新创业大赛参赛指导讲座 | 陶慈　著名创业导师、天使投资人、"互联网＋"创新创业大赛省赛评委 |
| 180 | Behavioral research in accounting | 樊影菡　澳大利亚科廷大学教授 |
| 181 | 学术期刊主编座谈会 | 潘劲　《中国农村经济》《中国农村观察》编辑部主任<br>罗从清　《农村经济》编辑部主任<br>宋雪飞　《南京农业大学学报（社会科学版）》副主编 |
| 182 | P2P lending and market participation | 颜安　福特汉姆大学商学院教授 |
| 183 | 我国注册会计师行业变革与展望 | 袁远　江苏省注册会计师协会党委副书记 |
| 184 | Generating research ideas and reading literature | 张霆　美国代顿大学教授 |
| 185 | Quick introduction of of impact evaluation methods | 金松青　美国密歇根州立大学教授 |
| 186 | Connected advisors and M&A | 董铁哲　英国爱丁堡大学教授 |
| 187 | 学术论文的选题、结构与规范 | 吕新业　《农业经济问题》杂志社社长 |
| 188 | 聆听世界声音，传播草业精品 | 邵涛　南京农业大学草业学院教授、博士生导师<br>徐彬　副教授，南京农业大学草业学院副院长<br>张敬、张夏香　南京农业大学草业学院师资博士后 |
| 189 | 足球场规划设计培训 | 杨志民　南京农业大学草业学院教授、博士生导师，句容草坪研究院院长 |
| 190 | 牢记初心使命，潜心教书育人 | 王恬　"万人计划"教学名师 |
| 191 | 锁好象牙塔里的保险箱：政治纪律、学风校风与立德树人 | 梁立宽　校纪委办公室副主任、监察处副处长 |
| 192 | 从心出发，好好学习 | 高务龙　南京农业大学草业学院党总支副书记、副院长 |
| 193 | 1949 年以来中国政治制度的变迁 | 杜何琪　南京农业大学马克思主义学院教师 |
| 194 | 跳出温水，全力提升 | 高务龙　南京农业大学草业学院党总支副书记、副院长 |
| 195 | 坚定"制度自信"，夯实"中国之治" | 姜姝　南京农业大学马克思主义学院教师 |
| 196 | 草业科学发展前景 | 庄黎丽　南京农业大学草业学院老师 |
| 197 | 如何通过本科导师制提升自己 | 高务龙　南京农业大学草业学院党总支副书记、副院长 |
| 198 | 党的十九届四中全会精神 | 缪方明　南京农业大学马克思主义学院道德与法教研室主任 |

（续）

| 序号 | 讲座主题 | 主讲人及简介 |
|---|---|---|
| 199 | 电影《阳台上》创作分享 | 张猛　导演<br>王锵　主演 |
| 200 | "华"说西游 | 马德华　国家一级演员、86 版《西游记》"猪八戒"扮演者 |
| 201 | 安全管理和成本控制讲座 | 赵军　江苏省公安边防总队后勤部营建处处长 |
| 202 | 为梦起航，为爱绽放 | 王蕾蕾　中国第一盲人女模特 |
| 203 | "笔墨诉风华"张元书法作品展暨专题讲座 | 张元　著名书法家、书法教育家 |
| 204 | 考研指导讲座 | 李静　南京农业大学教授 |
| 205 | 一生有你，与水木年华相约大活 | 卢庚戌　著名华语乐队水木年华成员 |
| 206 | 轻松面对职场，梦想成就未来 | 王宵　前程无忧高校事业部高级经理 |
| 207 | 许你一场"盛世梨园梦" | 陈圣杰　言派老生京剧名角 |
| 208 | "Rhino6 虚拟辅助表现设计"工业设计专业讲座 | 沈应龙　卓尔漠科技有限公司设计总监 Autodesk Alias LV2 工程师、Solidthinking 大陆推广技术员 |
| 209 | 《大约在冬季》创作分享 | 饶雪漫、金马影后马思纯及编剧 |
| 210 | 《我的拳王男友》原创交流 | 《我的拳王男友》主创团队 |
| 211 | 《大冰的小屋》主创交流 | 民谣创作者、歌手 |
| 212 | "农业机械的发展与趋势"主题专业教育讲座 | 姬长英　南京农业大学农机系教授 |
| 213 | "学业·职业·事业"主题专业讲座 | 刘杨　南京农业大学信息科技学院副院长、交通运输专业负责人 |
| 214 | "青年创未来，青春更精彩"主题创业讲座 | 周建鹏　南京农业大学大学生就业指导与创业服务中心 |
| 215 | 玩转"南京有个号" | 吴杰　公众号主编 |
| 216 | "踏上征程，不负时代"专业教育讲座 | 任邱威　南京农业大学车辆工程教研室主任<br>於海明　南京农业大学农业机械教研室教师 |
| 217 | 当前国际安全战略与中国国家安全 | 刘强　中国维和部队原司令 |
| 218 | 智能制造与智能机器人关键技术与未来发展 | 骆敏舟　江苏省产业技术研究院智能制造技术研究所研究员 |
| 219 | 三种新型植物激素对水稻产量和品质的调控作用 | 杨建昌　教授、扬州大学博士生导师，国家"973"计划咨询专家、江苏省植物生理学会副理事长，中国植物生理与植物分子生物学学会第十一届理事会理事 |
| 220 | 水稻重要基因资源挖掘与应用 | 钱前　研究员、博士生导师，中国水稻研究所稻种资源研究领域首席科学家，水稻生物学国家重点实验室主任 |
| 221 | 小麦基因组测序与进化分析 | 凌宏清　博士生导师，中国科学院遗传与发育生物学研究所研究员 |

（续）

| 序号 | 讲座主题 | 主讲人及简介 |
| --- | --- | --- |
| 222 | 冬小麦一次性施肥研究与实践 | 刘兆辉　研究员、博士生导师，山东省农业科学院副院长，农业农村部黄淮海平原农业环境重点实验室主任 |
| 223 | 夏玉米增产增效技术途径分析 | 刘鹏　博士生导师，山东农业大学教授、农学院植物科学与信息系主任、农村农业部防灾减灾专家指导组成员 |
| 224 | 玉米-大豆带状复合种植技术的研究现状与展望 | 杨文钰　教授、博士生导师，四川农业大学教授、农业农村部西南作物生理生态与耕作学重点实验室主任，农业农村部产业体系岗位科学家 |
| 225 | 人工智能人才培养：南京大学的思考 | 黎铭　教授、博士生导师，南京大学教授、人工智能学院副院长、国家优秀青年科学基金获得者、教育部新世纪人才 |
| 226 | 组蛋白甲基化动态调控的分子机理研究 | 曹晓风　中国科学院院士，中国科学院遗传与发育生物学研究所研究员 |
| 227 | 植物基因编辑研究进展与展望 | 金双侠　教授、博士生导师，作物遗传改良国家重点实验室 PI |
| 228 | Non-coding RNAs and their regulatory roles | 黄俐　教授、美国蒙塔纳州立大学著名小麦遗传学家 |
| 229 | 田间作物表型监测平台 | 郭庆华　博士生导师，中国科学院植物研究所研究员，中国科学院大学岗位教授 |
| 230 | 在干旱条件下小麦碳水化合物向籽粒的转运 | 章静娟　博士生导师，Murdoch 大学兽医与生命科学学院研究员 |
| 231 | 纳米技术在小麦抗逆防护中的应用研究 | 吴丽芳　研究员、博士生导师，中国科学院合肥物质科学研究院技术生物与农业工程研究所副所长、中国科学技术大学双聘教授 |
| 232 | 植物线粒体蛋白质平衡与呼吸代谢的调控与能量生产 | 黄少白　博士生导师，西澳大利亚大学 ARC 植物能源生物学研究中心研究员 |
| 233 | 以地学视角研究多熟种植制度 | 吴文斌　研究员、农业农村部农业遥感重点实验室副主任、中国农业科学院智慧农业创新团队首席科学家 |
| 234 | 玉米转座子诱发的粗缩病抗性 | 徐明良　中国农业大学教授，国家玉米改良中心副主任，国家杰出青年科学基金获得者；新世纪百千万人才工程国家级人选；全国百篇优秀博士论文指导教师；科学技术部"十三五"七大作物育种重点专项首席科学家 |
| 235 | Modulation of host immunity in biotic interactions of maize | Gunther Döhlemann　教授，科隆大学植物研究所执行主任，中国农业科学院特聘教授 |
| 236 | 冬小麦-夏玉米轮作节水体系水氮利用研究 | 周顺利　教授，中国农业大学博士生导师，农业农村部防灾减灾专家指导组成员、国家玉米产业技术体系岗位专家 |

（续）

| 序号 | 讲座主题 | 主讲人及简介 |
|------|---------|-------------|
| 237 | 新型油菜细胞质雄性不育型 hau CMS 的研究与利用 | 沈金雄　教授，华中农业大学博士生导师，作物遗传改良国家重点实验室固定研究人员，《作物学报》编委 |
| 238 | Map-based cloning of two orthologous leaf rust resistance genes from cultivated and wild barley | Rients Niks　教授，荷兰瓦格宁根大学植物抗病虫育种领域著名研究学者 |
| 239 | 第三代水稻杂交育种技术体系的创立与应用 | 唐晓艳　中国科学基金海外杰出青年获得者、美国堪萨斯州立大学终身教授 |
| 240 | Interior circular RNA | Weixiong Zhang　美国华盛顿大学（圣路易斯）计算机系和遗传学系教授、人工智能和计算生物学两个领域的国际知名学者 |
| 241 | 与人工智能国际专家面对面 | Weixiong Zhang　美国华盛顿大学（圣路易斯）计算机系和遗传学系教授、人工智能和计算生物学两个领域的国际知名学者 |
| 242 | 作物拟态的基因组解析 | 樊龙江　浙江大学作物科学研究所教授，生物信息与大数据技术创新中心团队负责人，作物遗传育种专业博士生导师；浙江大学生物信息学研究所执行所长，生物信息学专业博士生导师 |
| 243 | 水稻基因组编辑及无融合生殖技术研究 | 王克剑　中国农业科学院博士生导师，中国水稻研究所研究员，水稻生物学国家重点实验室副主任，中国农业科学院科技创新工程水稻基因组编辑及无融合生殖创新团队首席科学家 |
| 244 | Organelle biogenesis and function in plants—an update | 姜里文　香港中文大学生命科学学院教授、细胞与发育生物学中心主任、植物分子生物学与农业生物技术中心主任（IPMBAB）、农业生物技术国家重点联合实验室香港中文大学伙伴实验室轮值主任、香港中文大学理学部副主任 |
| 245 | Clearing of heat-stress induced protein aggregates requires a functional TPLATE complex | Daniel Van Damme　教授，VIB 研究所副教授 |
| 246 | Organelle biogenesis and function in plants：advanced platforms and application | 姜里文　香港中文大学生命科学学院教授、细胞与发育生物学中心主任、植物分子生物学与农业生物技术中心主任（IPMBAB）、农业生物技术国家重点联合实验室香港中文大学伙伴实验室轮值主任、香港中文大学理学部副主任 |
| 247 | 实时荧光定量 PCR 原理、实验设计、注意事项和相关应用 | 顾晓璐　Thermo Fisher 基因分析业务部生命科学产品技术应用专家 |
| 248 | Whole-plant stress performance quantitative analysis：a new tool for comparative functional phenotyping of plants to support pre-breeding and stress physiology studies | 罗伯特·史密斯　耶路撒冷希伯来大学食品与环境学院作物与遗传研究所教授 |

（续）

| 序号 | 讲座主题 | 主讲人及简介 |
|---|---|---|
| 249 | 水稻驯化的故事 | 孙传清　中国农业大学教授，博士生导师，国家杰出青年科学基金获得者，教育部"长江学者"特聘教授，全国农业科研杰出人才，"百千万人才工程"国家级人才 |
| 250 | Combining targeted AP-MS with phosphopro-teome analysis maps the TOR/SnRK1signaling pathway in plants | Geert De Jaeger　比利时根特大学 VIB 研究所教授 |
| 251 | 大豆耐逆功能基因发掘及利用研究 | 向凤宁　山东大学生命科学学院教授、博士生导师 |
| 252 | Western Blot 及 IP 技术常见问题及优化方案 | 王娟　南京农业大学生命科学学院植物生物学系教授 |
| 253 | 基于高通量测序的基因组组装及关联分析方法学研究 | 甘祥超　德国马普植物育种研究所研究员 |
| 254 | Investigation of the genetic diversity during soy-bean domestication | 田志喜　博士生导师，中国科学院遗传与发育生物学研究所研究员，分子农业生物学研究中心和植物细胞与染色体工程国家重点实验室副主任，中国作物学会大豆专业委员会理事、中国遗传学会青年专业委员会委员、中国科学院青年联合会委员 |
| 255 | 玉米 C 型胞质雄性不育与恢复机理研究及应用 | 汤继华　河南农业大学农学院教授、博士生导师 |
| 256 | 植物发育与环境适应的细胞生物学基础 | 孔照胜　中国科学院微生物研究所研究员、研究室副主任，中国科学院微生物研究所学术委员会副主任，Faculty member of F1000 Prime。入选中国科学院"百人计划"，终期评估获"优秀"；获国家杰出青年科学基金资助 |
| 257 | 超越"绿色革命"的分子设计育种研究 | 傅向东　博士，中国科学院遗传与发育生物学研究所研究员、植物细胞与染色体工程国家重点实验室主任，中国科学院遗传与发育生物学研究所分子农业中心主任，中国科学院大学教授、博士生导师 |
| 258 | 全球农情监测云服务 | 吴炳方　博士，中国科学院空天信息创新研究院（AIR）遥感科学国家重点实验室研究员，中国科学院教育委员会委员，中国科学院中国农业政策中心副主任，GEOGLAM 旗舰计划共同主席，中国数字地球学会数字农业技术委员会主任，中国生态学会生态系统遥感技术委员会主任 |
| 259 | 基因组研究助力作物遗传改良 | 严建兵　华中农业大学植物科学技术学院教授，国家杰出青年科学基金获得者，兼任植物科学技术学院院长，作物遗传改良国家重点实验室副主任 |
| 260 | 水稻单片段代换系的构建和利用 | 王少奎　华南农业大学植物育种系教授、博士生导师，广东省植物植物分子育种重点实验室副主任 |
| 261 | 玉米抗盐 QTL 的鉴定和功能分析 | 蒋才富　教授、博士生导师，中国农业大学植物生理学与生物化学国家重点实验室课题组组长 |

（续）

| 序号 | 讲座主题 | 主讲人及简介 |
|---|---|---|
| 262 | Towards molecular mechanisms | 王永红　中国科学院遗传与发育生物学研究所研究员、博士生导师，中国科学院大学岗位教授，中国科学院"分子植物科学卓越创新中心"特聘研究员，植物基因组学国家重点实验室副主任，Faculty of 1 000，Faculty member，《中国科学：生命科学期刊》、*Plant Communication*、aBIOTECH 等杂志编委 |
| 263 | The role of olfaction in a foraging hawkmoth | Markus Knaden　博士，德国马普化学生态所研究员，进化神经行为学中心主任 |
| 264 | Manduca sexta senses repellent odors in feces from larvae via the dedicated ionotropic receptor IR8a | 张进　博士，德国马普化学生态研究所博士后 |
| 265 | 苏云金芽胞杆菌细胞分化与杀虫基因表达 | 宋福平　中国农业科学院植物保护研究所研究员 |
| 266 | Molecular mechanisms underlying seasonal regulation of insect physiology | Joanna C. Chiu　博士，美国加利福尼亚大学戴维斯分校昆虫学与线虫学系副教授 |
| 267 | 新时代、新姿态、新植保 | 陈剑平　院士，宁波大学植物病毒学研究所所长，植物病理学专家 |
| 268 | Selector genes and morphological diversification in planthoppers | 徐海君　浙江大学教授，国家优秀青年科学基金获得者 |
| 269 | 我国玉米害虫发生现状、趋势与防控对策 | 王振营　中国农业科学院植物保护研究所研究员，国际玉米螟及其他玉米害虫研究协作组共同召集人 |
| 270 | 植物保护前沿讲坛：MYC2/MED25 at the Nexus of Jasmonate Signaling | 李传友　中国科学院遗传与发育生物学研究所研究员 |
| 271 | 水稻广谱抗病 NLR 受体的功能与信号途径 | 何祖华　中国科学院分子植物科学卓越创新中心/上海植物生理生态研究所研究员，国家杰出青年科学基金获得者 |
| 272 | 棉花黄萎病和植物-真菌跨界抗病 RNAi | 郭惠珊　中国科学院微生物所研究员，国家杰出青年科学基金获得者 |
| 273 | Nematological research and activities at NIBIO, Norway | Ricardo Holgado　博士，挪威生物经济研究所研究员 |
| 274 | 农药对代谢综合征的影响及机制研究 | 王鹏　中国农业大学教授 |
| 275 | 两种铃夜蛾属昆虫对性信息素的嗅觉编码：从受体、脑到行为的比较研究 | 王琛柱　中国科学院动物研究所研究员，中国科学院大学教授，国家杰出青年科学基金获得者 |
| 276 | 脉翅总目昆虫整合分类学 | 刘星月　中国农业大学植物保护学院昆虫学系教授，国家优秀青年科学基金获得者 |
| 277 | Genome editing with programmable nucleases in crop plants | 高彩霞　中国科学院遗传与发育生物学研究所研究员 |

（续）

| 序号 | 讲座主题 | 主讲人及简介 |
|---|---|---|
| 278 | Cyclic di-nucleotide signaling and persistence mechanisms in microorganisms | Ute Romling  博士，瑞典卡罗林斯卡研究所微生物、肿瘤和细胞生物学系教授 |
| 279 | How the bacteria see the world | Michael Galperin  教授，美国国立生物技术信息中心（NCBI） |
| 280 | PilZ domains, canonical or non-canonical? | 周三和  台湾中兴大学生物化学研究所教授 |
| 281 | Export switching mechanism of the flagellar type Ⅲ protein export apparatus | Tohru Minamino  日本大阪大学生物前沿研究所教授 |
| 282 | Bacillus velezensis FZB42：a paradigm for plant-associated beneficial Bacilli | Rainer Borriss  教授 |
| 283 | 结构生物化学解析昆虫蜕皮之谜 | 杨青  大连理工大学教授，国家杰出青年科学基金获得者 |
| 284 | 植物布尼亚病毒与寄主免疫系统的攻防之战 | 陶小荣  南京农业大学 2010 年高层次引进人才，植物病理系教授，国家优秀青年科学基金获得者 |
| 285 | Reverse genetic studies of sonchus yellow net virus, a plant negative-strand RNA virus | Andrew O. Jackson  博士，加利福尼亚大学伯克利分校教授 |
| 286 | Discovery of natural and "unnatural" mosquitocides with novel modes of action | Peter Piermarini  博士，俄亥俄州立大学昆虫学系教授 |
| 287 | Mitochondrial genome structure and sequence analysis provides novel insights into the high-level phylogeny and classification of parasitic lice （order Phthiraptera） | 邵韧夫  博士，澳大利亚昆士兰州阳光海岸大学遗传与生态学研究中心及动物研究中心研究员 |
| 288 | Two complementary approaches to study the host-parasite interface in nematode-infected plants | Geert Smant  教授，荷兰瓦格宁根大学植物线虫实验室负责人 |
| 289 | The Yin Yang of a parasitic infection—from effectors suppressing host immunity to plant cell receptors perceiving damage induced by nematodes | Jose L. Lozano Torres  博士，荷兰瓦格宁根大学植物线虫实验室 |
| 290 | Deciphering signaling events downstream of the receptor FERONIA and the ligand RALF1 in *Arabidopsis thaliana* | Alexandra M. E. Jones  英国华威大学博士 |
| 291 | An unusual nucleotide as a switch for bacterial virulence and survival | 赵友福  美国伊利诺伊大学厄巴纳香槟分校教授 |
| 292 | Insect migration | Jason Chapman  博士，英国埃克塞特大学副教授 |
| 293 | Neurogenetic basis for Drosophila male courtship：from the gene to circuit | Daisuke Yamamoto  博士，日本东北大学神经遗传学教授 |
| 294 | 昆虫嗅觉和味觉机制研究 | 徐炜  博士，澳大利亚莫道克大学昆虫学高级讲师 |

（续）

| 序号 | 讲座主题 | 主讲人及简介 |
|------|---------|-------------|
| 295 | Circuit-specific versus orchestrating roles of neuropeptides in Drosophila | Dick R. Nässel 博士，瑞典斯德哥尔摩大学动物学系教授 |
| 296 | A vector switch by an aphid-borne polerovirus to a whitefly is caused by natural recombination | Murad Ghanim 博士，以色列国家农业研究中心教授，国际植物病毒流行委员会委员 |
| 297 | Issecting the molecular interplay between tospoviruses and thrips vectors | Anna Whitfield 博士，美国堪萨斯州立大学教授 |
| 298 | What's in a name? | Scott Adkins 博士，美国农业部农业工程应用技术研究所（USDA-ARS）研究员 |
| 299 | Factors influencing the movement strategies of a generalist seabird | Judy Shamoun-Baranes 博士，荷兰阿姆斯特丹大学副教授 |
| 300 | Tracking blackcap migration: novel strategies and anthropogenic influences | Benjamin van Doren 博士，英国牛津大学博士后 |
| 301 | Bright lights in the big cities: migratory birds' exposure to artificial light | Kyle Horton 博士，美国科罗拉多州立大学副教授，鸟类生态学家 |
| 302 | Migratory animals link communities worldwide | Silke Bauer 博士，瑞士鸟类研究中心研究员 |
| 303 | Recent study on insect migrations across Australia by using new heading-selection methods | 郝振华 博士，澳大利亚新南威尔士大学博士后 |
| 304 | Cotton integrated pest management in the United States: history, current progress, and lessons learned | Megha N. Parajulee 博士，美国得克萨斯农工大学教授 |
| 305 | RNA processing and epigenetic silencing | Zhang Xiuren 博士，美国得克萨斯农工大学生物化学与生物物理学系教授 |
| 306 | Structural biology of G protein-coupled receptor signaling | Edward Zhou 博士，美国温安诺研究所高级科学家 |
| 307 | From structure to function: understanding proinflammatory cytokine signaling | Deng Junpeng 博士，美国俄克拉荷马州立大学生物化学与分子生物学系教授 |
| 308 | The jasmonate signaling and beyond | Yao Jian 博士，美国西密歇根大学助理教授 |
| 309 | Genetic analysis of SA signaling | Zhang Yuelin 博士，加拿大英属哥伦比亚大学副教授 |
| 310 | Dissecting plant resistance protein mediated immunity using autoimmune models | Li Xin 博士，加拿大英属哥伦比亚大学副教授 |
| 311 | Functional genomics of cys-loop ligand-gated ion channels—a superfamily of insecticide targets | Andrew Ken Jones 博士，英国牛津布鲁克斯大学教授 |
| 312 | 扬长避短，推开科研之窗 | 吴俊 南京农业大学园艺学院教授、博士生导师，国家杰出青年科学基金获得者 |
| 313 | Nitrogen-phosphorus interplay: old story with molecular tale | 储成才 中国科学院遗传与发育生物学研究所研究员，博士生导师，国家杰出青年科学基金获得者 |

（续）

| 序号 | 讲座主题 | 主讲人及简介 |
|---|---|---|
| 314 | The interactions between plants and root micro-biome in *Arabidopsis* and rice | 白洋　中国科学院遗传与发育生物学所研究员，2017年入选中组部"青年千人计划" |
| 315 | 畅谈土壤学人生 | 张甘霖　研究员，博士生导师，国家杰出青年科学基金获得者，入选江苏省"333"人才第二层次培养对象，江苏省有突出贡献中青年专家 |
| 316 | 大陆风化与宜居地球 | 李高军　南京大学地球科学与工程学院教授，国家自然科学基金委员会优秀青年科学基金获得者 |
| 317 | 气候变暖下的植物入侵及其生物防治 | 丁建清　博士，教授，博士生导师，河南大学"攀登计划"第一层次特聘教授 |
| 318 | 转录因子 WRKY 和 STOP1 在营养逆境响应中的功能及其作用机制 | 郑绍建　浙江大学教授，博士生导师，国家杰出青年科学基金获得者、教育部"长江学者"特聘教授、教育部"植物营养生理与分子改良"创新团队带头人 |
| 319 | 亚热带稻田土壤长期固碳的关键过程机理研究 | 葛体达　博士，国家自然科学基金优秀青年科学基金项目、英国皇家学会"牛顿高级学者基金（Newton Advanced Fellowship）"获得者 |
| 320 | 水稻驯化的故事 | 孙传清　中国农业大学二级岗教授，博士生导师，国家杰出青年科学基金获得者，教育部"长江学者"特聘教授，全国农业科研杰出人才，"百千万人才工程"国家级人才 |
| 321 | Ethics and governance of climate change | Bernard Reber　教授，法国国家科学研究中心主任、法国索邦大学伦理学教授 |
| 322 | 绵羊种质资源与功能组学 | 李孟华　中国科学院动物研究所研究员 |
| 323 | 第五期"Peer talk｜朋辈领航说" | 何晓芳　金陵科技学院教师，南京农业大学优秀博士毕业生 |
| 324 | "兽医菁英训练营"开营仪式暨职业生涯规划——做自己的人生设计师 | 李鹏　新瑞鹏宠物医疗集团有限公司人力资源经理 |
| 325 | 理念创新与卓越兽医本科人才培养——读新时代兽医职业素质教育 | 孙永学　教授，华南农业大学动物医学院教学院长 |
| 326 | 非洲猪瘟对兽医行业的影响与思考 | 康笃利　普莱柯生物工程股份有限公司 |
| 327 | 赢在职场：大学生职业规划 | 曲向阳　动物医学院 2008 届校友、天邦食品股份有限公司副总裁、汉世伟食品集团总裁 |
| 328 | 犬蛋白质丢失性肠病 | 陈兴祥　南京农业大学动物医学院临床兽医系副教授、硕士生导师 |
| 329 | 宠物健康与营养 | 孙金娟　雀巢普瑞纳中国市场科学事务经理 |
| 330 | 经济全球化：中国从融入到引领 | 朱娅　副教授，南京农业大学马克思主义原理教研室主任 |

（续）

| 序号 | 讲座主题 | 主讲人及简介 |
|---|---|---|
| 331 | 猫脂肪肝综合征 | 陈兴祥　南京农业大学动物医学院临床兽医系副教授、硕士生导师 |
| 332 | 现代小动物临床学习成才的几个基本要点 | 茅继良　教授，申普宠物医院技术总监 |
| 333 | 遇见宠物医疗行业、预见美好未来 | 刘朗　博士，瑞鹏宠物医疗集团股份有限公司副董事长、第五届亚洲小动物兽医师协会联盟主席、中国兽医协会宠物诊疗分会副会长、北京小动物诊疗行业协会秘书长 |
| 334 | 青年思想汇——学习习近平新时代中国特色社会主义思想全面建设现代化强国 | 徐民华　教授，江苏省委二级教授、政治学学科带头人 |
| 335 | 学术沙龙之"完美伴侣追求记"科学午餐搭配 | 周玉林　南京农业大学食品科技学院副教授，江苏省营养学会常务理事 |
| 336 | 学术沙龙之"燃烧我的卡路里"揭开营养的迷雾 | 黎军胜　南京农业大学食品科技学院副教授，中国营养学会会员，营养师培训国家认证讲师 |
| 337 | 生物活性分子与生物能源绿色生物制造 | 周雍进　研究员，博士生导师，国家引进海外高层次人才，中国科学院"百人计划"入选者，中国科学院大连化学物理研究所合成生物学与生物催化课题组组长 |
| 338 | Food structure and digestion：effects on nutrient release and health outcomes | Peter Wilde　教授，英国 Quadram 生物科学研究所负责人 |
| 339 | Stress-induced biosynthesis of volatile compounds in tea leaves and rose flowers | Naoharu Watanabe　东京大学生物有机化学博士学位，静冈大学教授，日本开放大学及中国浙江大学客座教授 |
| 340 | Engineering food-grade pickering emulsions | Qingrong Huang　美国 Rutgers 新泽西州立大学食品科学系教授，美国化学会农业和食品化学分会 2016 年度学者，2017 年和 2018 年 Web of Science 农业科学高被引科学家 |
| 341 | Metabolic biomarkers for diseases and bioactivity of phytochemical metabolites | Chi-Tang Ho　美国 Rutgers 新泽西州立大学食品科学系杰出教授，《农业和食品化学杂志》副编辑，美国化学学会、皇家化学学会、国际食品科学与技术学院、食品技术研究所以及国际营养与功能食品学会会员 |
| 342 | 乙烯在果实成熟过程的作用机制讲座 | 刘明春　四川大学生命科学学院教授，博士生导师，四川省"千人计划"高层次人才入选者 |
| 343 | 果实采后品质维持机制前沿讲座 | 田世平　中国科学院植物研究所研究员，博士生导师，中国科学院"百人计划"学者，中国植物病理学会产后病理学专业委员会主任，采后领域国际期刊 Postharvest Biology and Technology 副主编 |
| 344 | Anti-oxidative and anti-inflammatory effects of phytochemicals | 刘尚喜　教授，博士生导师，加拿大曼尼托巴大学研究员，南方医科大学肾脏病研究所 |
| 345 | 未来供给——2050 年全球食物需求问题的探讨 | Phillips Perkins　博士，国际食品工程协会（IFT）会员 |

（续）

| 序号 | 讲座主题 | 主讲人及简介 |
|---|---|---|
| 346 | How to publish papers in Journal of Agricultural and Food Chemistry | Yoshinori Mine 加拿大圭尔夫大学食品科学系教授，*Journal of Agricultural and Food Chemistry*（ACS 出版物）的副主编，*Journal of Functional Foods*、*Food Bioscience* 等杂志的编委成员 |
| 347 | Detection of breast muscle myopathies in chicken breast meat | Bowker 博士，佐治亚州雅典市美国国家家禽研究中心质量与安全评估研究部（USDA-ARS）食品领域研究员 |
| 348 | 伊朗特色农产品加工综合利用 | Elham Azarpazhooh 博士，副教授，美国食品技术专家（IFT），加拿大食品技术专家（CIFST）组成员 |
| 349 | 食品安全工程用于芽菜的安全控制 | 杨宏顺 博士后，新加坡国立大学助理教授 |
| 350 | 第 16 届研究生神农科技文化节之我与博士面对面 | 侯芹 南京农业大学食品科技学院 2018 级食品科学与工程博士研究生<br>周丹丹、王莉 南京农业大学食品科技学院 2017 级食品科学与工程博士 |
| 351 | 中国社会保障的制度变迁：基于"冲击-回应"视角的研究 | 林闽钢 南京大学社会保障研究中心主任，南京大学政府管理学院教授，博士生导师 |
| 352 | 生源背景、博士生培养与科研绩效——基于教育公平的视角 | 博士生陈小满 |
| 353 | 社会舆论下的村干部：动机、风险与回应——基于桂南 S 村的调研分析 | 博士生张国磊 |
| 354 | 空间正义：乡村振兴的价值追求及其实现 | 博士生张诚 |
| 355 | 策略行动、草根失语与乡村柔性治理——基于江西 S 市绿色殡改中"棺材争夺战"的个案考察 | 博士生胡卫卫 |
| 356 | 公共事务研究方法 | 汪明生 台湾中山大学永久聘任教授、中华公共事务管理学会理事长、中华产学联盟协会秘书长、南台湾产学联盟协会理事长 |
| 357 | 判断决策与公共事务 | 汪明生 台湾中山大学永久聘任教授、中华公共事务管理学会理事长、中华产学联盟协会秘书长、南台湾产学联盟协会理事长 |
| 358 | 山东省城乡建设用地增减挂钩潜力研究 | 博士生李晓娜 |
| 359 | 土地确权对农户土地流转行为的影响：一个政治信任的视角 | 博士生王顺然 |
| 360 | 金融可得性是否促进了农户土地租赁行为——基于 CRHPS 的微观实证 | 博士生杨润慈 |
| 361 | Agriculture and development | Arie Kuyvenhoven 荷兰瓦格宁根大学发展经济学系荣誉退休教授 |

（续）

| 序号 | 讲座主题 | 主讲人及简介 |
|---|---|---|
| 362 | Agricultural development：Technology，policies and institutions | Arie Kuyvenhoven　荷兰瓦格宁根大学发展经济学系荣誉退休教授 |
| 363 | Agriculture for development | Arie Kuyvenhoven　荷兰瓦格宁根大学发展经济学系荣誉退休教授 |
| 364 | Agriculture for development and economics of farm households | Arie Kuyvenhoven　荷兰瓦格宁根大学发展经济学系荣誉退休教授 |
| 365 | Economics of farm households | Arie Kuyvenhoven　荷兰瓦格宁根大学发展经济学系荣誉退休教授 |
| 366 | China's agrarian development since the 1978 reforms | Arie Kuyvenhoven　荷兰瓦格宁根大学发展经济学系荣誉退休教授 |
| 367 | Recurrent dilemmas in China's transition | Arie Kuyvenhoven　荷兰瓦格宁根大学发展经济学系荣誉退休教授 |
| 368 | 以政府为本体的研究及其学术想象力 | 何艳玲　中山大学城市与地方治理研究中心主任、博士生导师，教育部新世纪优秀人才、广东省珠江学者特聘教授 |
| 369 | 城市空间与权利——城市政府治理的角度 | 唐兴霖　西南财经大学公共管理学院院长，中国行政管理学会教学研究会副秘书长、全国政策科学研究会常务理事、全国县级行政管理研究会理事 |
| 370 | 中国空间国土规划：目标、现状及其评价 | 丁成日　马里兰大学城市研究和规划系教授（终身）、城市理性增长国家中心研究员 |
| 371 | 中国社会科学研究和期刊的国际化 | 冯晓明　*China & World Economy* 执行主编 |
| 372 | 《中国与世界经济》刊物介绍与选题 | 张支南　*China & World Economy* 编辑部主任 |
| 373 | 高校教育行政教育管理中的法律问题 | 李友根　南京大学法学院教授、博士生导师 |
| 374 | 水质协议与上级约束下流域生态补偿演化博弈研究 | 博士生王雨蓉 |
| 375 | 城市群空间结构对土地利用效率的影响研究——基于集聚外部性的视角 | 博士生张雯熹 |
| 376 | 基于碳排放约束的中国土地利用生态效率及其收敛特征 | 博士生杨皓然 |
| 377 | 知识视域下的大学本科专业建设演变的三重逻辑 | 博士生梁琛琛 |
| 378 | 1. 关于政策评估的几个问题<br>2. 研究中国问题，讲好中国故事 | 李志军　研究员，管理世界杂志社社长，博士生导师 |
| 379 | 努力把握机会——我的研究生学习生涯体会 | 马贤磊　教授，博士生导师，经济学博士（荷兰瓦格宁根大学）和管理学博士（南京农业大学） |

（续）

| 序号 | 讲座主题 | 主讲人及简介 |
|---|---|---|
| 380 | 地方政府"土地生税"的证据——从工业用地角度分析 | 博士生李学增 |
| 381 | 土地资源禀赋、身份认知与新生代农民工迁移行为选择——基于 Heckman Probit 模型的实证分析 | 博士生林奕冉 |
| 382 | Graduate education in the U. S. | John S. Levin　美国加利福尼亚大学河滨分校杰出教授，美国高等教育研究领域资深专家 |
| 383 | Reform practices of doctoral training in the U. S. | John S. Levin　美国加利福尼亚大学河滨分校杰出教授，美国高等教育研究领域资深专家 |
| 384 | Introduction of qualitative research methodology | John S. Levin　美国加利福尼亚大学河滨分校杰出教授，美国高等教育研究领域资深专家 |
| 385 | Qualitative data collection | John S. Levin　美国加利福尼亚大学河滨分校杰出教授，美国高等教育研究领域资深专家 |
| 386 | Qualitative data analysis | John S. Levin　美国加利福尼亚大学河滨分校杰出教授，美国高等教育研究领域资深专家 |
| 387 | Management，evaluation，and development of public university faculty in the U. S. | John S. Levin　美国加利福尼亚大学河滨分校杰出教授，美国高等教育研究领域资深专家 |
| 388 | Faculty career development in U. S. research universities | John S. Levin　美国加利福尼亚大学河滨分校杰出教授，美国高等教育研究领域资深专家 |
| 389 | 国际学术期刊论文的发表与写作 | 龙花楼　中国科学院地理科学与资源研究所研究员、博士生导师、农业地理与乡村发展研究室主任，中国科学院精准扶贫评估研究中心副主任，中国科学院大学岗位教授 |
| 390 | 主体功能区导向下的土地资源空间配置：对土地生长空间演进规律的理性思考 | 博士生陈磊 |
| 391 | 基于 DEA-ESDA 的我国土地督察制度的耕地保护效率研究 | 博士生居祥 |
| 392 | 多支柱视角下农牧民养老保障发展的比较研究——基于新疆三个农村牧区的案例分析 | 博士生石岩 |
| 393 | 公共管理创新与国家治理现代化 | 朱春奎　复旦大学国际关系与公共事务学院教授、博士生导师，上海市科技创新与公共管理研究中心主任 |
| 394 | 地理空间数据共享、管理与挖掘 | 许金朵　中国科学院南京地理与湖泊研究所高级工程师 |
| 395 | 低效用地再开发与国土空间重塑 | 曹小曙　陕西师范大学自然资源与国土空间研究院院长，西北国土资源研究中心主任，西北城镇化与国土环境空间模拟重点实验室主任，土地系统动力学实验室主任 |

（续）

| 序号 | 讲座主题 | 主讲人及简介 |
|---|---|---|
| 396 | Responsible innovation，precaution and demo-cratic governance | Bernard Reber　法国国家科学研究中心主任、斯特拉斯堡大学伦理学教授 |
| 397 | 乡村生态振兴与农村产业发展问题 | 于法稳　中国社会科学院农村发展研究所研究员，农村环境与生态经济研究室主任；中国社会科学院生态环境经济研究中心主任；中国社会科学院研究生院教授、生态经济学方向博士生导师 |
| 398 | 城市高质量发展赋能中国经济 | 高波　博士，南京大学教授，博士生导师 |
| 399 | 面对面的交流，心与心的沟通 | 博士生王坤鹏、梁陞 |
| 400 | 学习四中全会精神　推动公共管理创新 | 曲福田　南京农业大学公共管理学院教授、博士生导师 |
| 401 | 澳大利亚的旅游教育、旅游人才培养及对中国的借鉴 | 黄松山　澳大利亚埃迪斯科文大学（Edith Cowan University）教授 |
| 402 | Designing event scapes | Graham Brown　南澳大利亚大学旅游管理系教授，南澳大利亚大学商学院旅游和休闲管理中心创始成员和主任 |
| 403 | 强迫交易罪公开宣判暨普法教育讲座 | 尤树林　南京市玄武区人民法院刑事审判庭长、案件主审法官、法律事务办公室主任 |
| 404 | "中国反垄断法的实施和修订"专题讲座 | 王晓晔　中国社会科学院法学研究所研究员、深圳大学特聘教授、博士生导师 |
| 405 | 法学研究的方法与法学论文写作 | 刘启川　法学博士、东南大学法学院副教授、硕士生导师 |
| 406 | 我与博士面对面 | 博士生周志强、郭云奇 |
| 407 | 中国现存西洋近代建筑：美学赏析精要与旅游活化利用 | 肖星　广州大学"广州学者特聘岗位教授"、旅游研究与规划策划中心主任 |
| 408 | 民俗学学位论文写作 | 徐赣丽　华东师范大学教授，华东师范大学社会发展学院民俗研究所所长，博士生导师 |
| 409 | 发展林业产业，建设美丽中国 | 杨加猛　博士、教授、博士生导师，教育部高等学校农业经济管理类专业教学指导委员会委员 |
| 410 | 系统工程与乡村规划讲座 | 黄炎焱　教授、博士生导师，江苏省系统工程学会秘书长，中国系统工程学会理事 |
| 411 | 中国反垄断法的实施和修订 | 王晓晔　中国社会科学院法学所研究员、深圳大学特聘教授、博士生导师。我国著名经济法学家，中国反垄断法的奠基人 |
| 412 | 群众文化活动策划与组织 | 黄颖　南京农业大学人文与社会发展学院旅游管理系教师，美国密歇根州立大学短期访问学者，江苏省休闲观光农业协会第二届理事会常务理事、副秘书长，江苏省旅游学会休闲农业与乡村旅游研究分会副秘书长，校友会旅游管理专业分会秘书长 |

（续）

| 序号 | 讲座主题 | 主讲人及简介 |
|------|----------|--------------|
| 413 | 秦及汉初的田租征收方式 | 晋文　本名张进，南京师范大学历史系教授、博士生导师 |
| 414 | 帕尔维兹（Parviz Koohafkan）博士讲座——农博馆系列讲座 | 帕尔维兹　联合国粮食及农业组织前司长，世界农业遗产基金会主席 |
| 415 | 明清时期的大运河与苏北生态变迁 | 马俊亚　历史学博士，南京大学教授、博士生导师。南京大学优秀中青年学科带头人（A类）以及南京大学重点学科专门史（区域史）带头人、抗日战争协同创新中心任首席教授 |
| 416 | 中古时期建业（康）诸政权所获陆海丝路盐及盐知识论述 | 王长命　复旦大学历史地理研究中心历史学博士，北京大学历史学系北京大学中古史中心博士后 |
| 417 | 德国乡村和小城市的发展——以巴伐利亚为例 | Marc Redepenning　班贝格大学（OFU）地理研究所教授，班贝格大学人文学院院长，德国高等教育机构地理学家协会会员，德国上、中弗兰科尼亚行政区农村地区发展研究所常务理事 |
| 418 | 美洲研究中心学术报告 | 保拉·费里南兹　巴西拉美一体化联邦大学教授 |
| 419 | 中国文化史上的礼俗问题 | 刘德增　齐鲁师范学院副校长、教授，中国民主促进会山东省委员会副主委，山东省政协常务委员，兼任山东省民俗学会副会长、中国民俗学会常务理事、中国秦汉史研究会常务理事 |
| 420 | 节日：探寻社会文化运行规律的窗口 | 李松　文化和旅游部民族民间文艺发展中心原主任、研究员，国家社会科学基金重大委托项目《中国节日志》编委会常务副主任，《中国史诗百部》编委会主任 |
| 421 | 叠数节庆与货郎经济 | 田兆元　华东师范大学民俗学研究所教授，非物质文化遗产传承与应用研究中心主任，华东师范大学社会学系兼职教授 |
| 422 | 中国辣椒文化漫谈 | Brian Dott　美国惠特曼学院（Whitman College）历史系教授 |
| 423 | 生物大分子定量构效关系 | 席真　教育部"长江学者奖励计划"特聘教授，南开大学化学学院教授、博士生导师 |
| 424 | 新型高效电化学储能材料及器件 | 夏晖　南京理工大学材料科学与工程学院教授、博士生导师，江苏省杰出青年科学基金获得者 |
| 425 | 配合物衍生高电化学活性材料研究 | 庞欢　扬州大学化学化工学院副院长、教授、特聘教授，博士生导师 |
| 426 | 碳硼烷的衍生化及应用潜能 | 燕红　南京大学配位化学国家重点实验室教授、博士生导师，国家杰出青年科学基金获得者，俄罗斯自然科学院外籍院士 |

（续）

| 序号 | 讲座主题 | 主讲人及简介 |
|------|----------|--------------|
| 427 | Surfactant-thermal method to prepare crystalline inorganic-organic hybrid materials | 张其春　美国加利福尼亚大学河滨分校无机化学专业博士，新加坡南洋理工大学材料科学与工程学院副教授 |
| 428 | 光子晶体的传播特性和新应用 | 方云团　江苏大学计算机科学与通信工程学院教授，博士生导师 |
| 429 | Approaches to investigate the engineered nano-materials（ENMs）in environment | 黄宇雄　清华大学-伯克利深圳学院（TBSI）助理教授、博士生导师 |
| 430 | Cobalt-catalyzed hydrofunctionalization of unsaturated hydrocarbons | 葛少中　新加坡国立大学教授 |
| 431 | 镍氢催化的远程官能团化反应 | 朱少林　南京大学化学化工学院教授、博士生导师 |
| 432 | Darboux transformations：classical，binary and supersymmetric | 刘青平　中国矿业大学理学院院长、教授、博士生导师，北京市教学名师，国务院政府特殊津贴获得者 |
| 433 | The peakon weak solutions for the rotation-two-component CH system | 范恩贵　博士，上海复旦大学数学科学学院教授 |
| 434 | Constructing 2-D optimal system of the group invariant solutions | 陈勇　博士，华东师范大学教授，上海市闵行区拔尖人才，卓越教授岗位 |
| 435 | Upgrading cross coupling for biaryl synthesis | 施章杰　复旦大学化学学院教授，博士生导师，教育部"长江学者"特聘教授 |
| 436 | How chemical reactions occur-pericyclic reaction dynamics in chemistry and biology | K. N. Houk　美国科学院院士，美国加利福尼亚大学洛杉矶分校（UCLA）教授 |
| 437 | A Hopf monadic approach to Hopf algebroids with an application to weak Hopf algebras | Gabriella Böhm　布达佩斯威格纳物理研究中心教授 |
| 438 | 从经典正交多项式和Aitken变换说起 | 胡星标　中国科学院数学与系统科学研究院研究员、博士生导师 |
| 439 | 核燃料循环关键放射性核素配位化学研究 | 王殳凹　苏州大学放射医学及交叉学科研究院院长助理、放射医学与辐射防护国家重点实验室核能环境化学研究中心主任、教育部"长江学者"特聘教授、国家杰出青年科学基金及国家优秀青年科学基金获得者、中组部青年千人计划入选者 |
| 440 | Synchronization of the cell cycle and the circadian clock：a modeling approach | Albert Goldbeter　布鲁塞尔自由大学（UniversitLibre de Bruxelles（ULB），Brussels，Belgium）教授 |
| 441 | 植物保护研究中的化学与生测 | 顾玉诚　博士，教授，英国皇家化学会会士，南京农业大学客座教授 |
| 442 | 新型多组分反应研究 | 胡文浩　中山大学教授、药学院院长。国家杰出青年科学基金获得者、教育部"长江学者"特聘教授 |
| 443 | Conversion of agricultural biomass into bio-based Checals chemicals and materials | 徐春保　教授，加拿大工程院院士、加拿大西安大略大学化工系终身教授 |

（续）

| 序号 | 讲座主题 | 主讲人及简介 |
|---|---|---|
| 444 | Green chemical processes for energy, food, chemicals and materials、离子液体催化生物质转化的机理研究 | Richard Lee. Smith Jr 教授，美国佐治亚理工学院化学工程学士、硕士和博士<br>郭海心 博士，日本东北大学环境科学学院超临界流体中心副教授 |
| 445 | 基于 3D 打印的软体机器人 | Xiaobo Tan 博士，密歇根州立大学（MSU）电子与计算机工程系和机械工程系教授 |
| 446 | 可再生能源技术介绍及其研究进展 | 方真 教授，博/硕士生导师，南京农业大学工学院生物质能组负责人和创始人 |
| 447 | Novelty of scientific research thought and innovation of research activities-based on the study of $A_2A$ adenosine receptor by $^{19}$th NMR spectroscopy | 叶立斌 美国南佛罗里达大学博士，美国 Moffitt 癌症研究中心助理教授 |
| 448 | 獲得か習得か：ある滞日児童の初級日本語学習の追跡調査 | 毋育新 西安外国语大学教授 |
| 449 | Language policy & planning in universities: teaching, research and administration | Anthony J. Liddicoat 英国华威大学教授 |
| 450 | 马克思主义魅力与信仰若干问题研究 | 黄明理 河海大学马克思主义学院教授、博士生导师，河海大学学报原副主编，江苏省马克思主义理论重点学科负责人，江苏省马克思主义理论研究会副会长，江苏省伦理学会副会长 |
| 451 | 马克思主义学院海外名家系列讲座——History, current situation and the future of agricultural ethics in European Union | Franck L. B. Meijboom 荷兰乌德勒支大学博士，荷兰乌德勒支大学应用伦理学院（人文学院）和动物医学院副教授 |
| 452 | 马克思主义学院海外名家系列讲座——How to educate agricultural ethics | Franck L. B. Meijboom 荷兰乌德勒支大学博士，荷兰乌德勒支大学应用伦理学院（人文学院）和动物医学院副教授 |
| 453 | 马克思主义学院海外名家系列讲座——Animal welfare in Netherlands | Franck L. B. Meijboom 荷兰乌德勒支大学博士，荷兰乌德勒支大学应用伦理学院（人文学院）和动物医学院副教授 |
| 454 | 马克思主义学院海外名家系列讲座——Animal welfare on farms and in firms | Franck L. B. Meijboom 荷兰乌德勒支大学博士，荷兰乌德勒支大学应用伦理学院（人文学院）和动物医学院副教授 |
| 455 | 马克思主义学院海外名家系列讲座——Responsible innovation, precaution and governance | Bernard Reber 法国国家科学研究中心主任，法国索邦大学伦理学教授 |
| 456 | 马克思主义学院海外名家系列讲座——Frontiers of technological ethics | Bernard Reber 法国国家科学研究中心主任，法国索邦大学伦理学教授 |

（续）

| 序号 | 讲座主题 | 主讲人及简介 |
|---|---|---|
| 457 | 马克思主义学院海外名家系列讲座——Ethics and governance of climate change | Bernard Reber　法国国家科学研究中心主任，法国索邦大学伦理学教授 |
| 458 | 马克思主义学院海外名家系列讲座——From ethical review to responsible innovation | Bernard Reber　法国国家科学研究中心主任，法国索邦大学伦理学教授 |
| 459 | 自然项目申请书准备与写作的个人体会 | 刘西川　浙江理工大学经济管理学院副教授 |
| 460 | 计算机视觉技术与机器学习在农业领域的应用 | 程曦　南京理工大学控制科学与工程专业博士研究生<br>万升　南京理工大学博士研究生<br>向海涛　中国科学院南京土壤研究所研究员、博士生导师 |
| 461 | AI赋能、农业大数据助力中国农业产业升级 | 顾竹　美国纽约州立大学博士，人工智能和大数据专家，前NASA深度学习研究员，北京佳格天地科技有限公司产品副总裁 |
| 462 | Precision lettuce weeding using deep learning | 刘博　副教授，美国密苏里大学农业工程博士，加州州立理工大学工学院生物资源与农业工程系副教授 |
| 463 | 3D multi-scale modeling of complex biological systems by integrating multi-omics big data | 计智伟　博士，美国得克萨斯大学生物医学信息学系助理教授 |
| 464 | Internet of things and robotics applications | JOSé-FERNÁN MARTíNEZ　西班牙马德里技术大学获得了电信工程博士<br>Vicente Hernandez Diazis　西班牙马德里理工大学副教授 |
| 465 | 面向未来农业的植物表型 | 韩志国　博士，慧诺瑞德（北京）科技有限公司创始人、总经理 |
| 466 | Benchmarking and ranking&serendipity | Ronald Rousseau　比利时鲁汶大学教授，南京农业大学信息管理系客座教授，国际著名信息计量学专家，科学计量学领域的国际最高荣誉——普赖斯奖获得者，比利时科学院奖得主 |
| 467 | Post-transcriptional gene regulation in plant | Wachter Andreas　教授（Johannes Gutenberg University Mainz） |
| 468 | Molecular and cellular methods in crop biology | Kim Henrik Hebelstrup　奥胡斯大学副教授 |
| 469 | Elucidating the activity of anaerobic dehalogenating bacteria：from marine sponges to contaminated sediments | Max M. Haggblom　美国罗格斯大学（Rutgers University）教授 |
| 470 | Meet the editor：get your work published（in FEMS microbiology ecology) | Max M. Haggblom　美国罗格斯大学（Rutgers University）教授 |
| 471 | Recruiting an ancient protein for vacuolar phosphate homeostasis（efflux）in plants | 易可可　研究员 |

（续）

| 序号 | 讲座主题 | 主讲人及简介 |
|------|----------|--------------|
| 472 | Forward and reverse genetic approaches to understanding the response to phosphate deficiency in plants | James Whelan 澳大利亚拉筹伯大学（La Trobe Univ.）教授 |
| 473 | 神经环路研究的近况与展望 | 徐华泰 中国科学院上海生命科学研究院神经科学研究所研究员、研究组组长 |
| 474 | 外周听觉系统发育再生的机制研究 | 刘志勇 中国科学院神经科学研究所研究员 |
| 475 | The tomato 2-oxoglutarate-dependent dioxygenase gene SlF3HL is critical for chilling stress tolerance. | 朱建华 美国马里兰大学帕克分校副教授 |
| 476 | 遗传变异与人类疾病 | 李昕 中国科学院上海营养与健康研究所 |
| 477 | 细胞程序性死亡的分子机理 | 章海兵 博士、研究员、研究组长、博士生导师、青年千人 |
| 478 | Hydrogen sulfide：not anymore a toxic molecule in science | Cecilia Gotor 西班牙国家研究委员会-植物生物化学与光合作用研究所资深研究科学家 |
| 479 | 钴胺素结构与生物功能：从人体健康到环境污染修复 | 严俊 中国科学院沈阳应用生态研究所研究员，中国科学院百人计划入选者 |
| 480 | Writing a research paper in English | Evan Evans 澳大利亚塔斯马尼亚大学（University of Tasmania）副教授 |
| 481 | The Triffid's cometh，or the dawn of a new era? A pragmatic perspective on the role for GM in plant breeding | Evan Evans 澳大利亚塔斯马尼亚大学（University of Tasmania）副教授 |
| 482 | Rhizosphere priming effect on soil organic matter under high $CO_2$ concentrations | 唐才贤（Tang Caixian） 澳大利亚拉筹伯大学（La Trobe Univ.）生命科学学院教授、博士生导师 |
| 483 | 假单胞菌分解代谢小分子化合物的基础研究 | 许平 上海交通大学教授 |
| 484 | 谷氨酸棒杆菌的基因组编辑与底盘化改造 | 王钰 中国科学院天津工业生物技术研究所副研究员 |
| 485 | 水果微生物组学研究及生物防治 | 刘嘉 重庆文理学院园林与生命科学学院院长，"巴渝学者"特聘教授，经济植物生物技术重庆市重点实验室主任 |
| 486 | Classification and modelling of non-extractable residues（NER）formation from pesticides in soil | Matthias Kästner 教授，Helmholtz Centre for Environmental Research-UFZ |
| 487 | Dimensions of complexity：gene expression through the lens of alternative splicing | Maria Kalyna 博士（Group Leader, Department of Applied Genetics and Cell Biology（DAGZ）, University of Natural Resources and Life Sciences（BOKU）, Vienna，Austria） |
| 488 | Role of the plant cell wall and metabolites from Colletotrichum higginsianum in a plant-pathogen arm raceconcentration | 王颖 博士，Institut Jean-Pierre Bourgin（IJPB），INRA，法国巴黎高科、巴黎十一大生物学博士 |

（续）

| 序号 | 讲座主题 | 主讲人及简介 |
|---|---|---|
| 489 | Nitrogenase，hydrogen and bacterial longevity | Caroline S. Harwood　美国华盛顿大学微生物系教授，美国科学院院士、美国国家科学咨询委员会理事、美国科学促进会会士、美国微生物科学院成员，现任 PNAS，mBio 等期刊编辑 |
| 490 | 非人灵长类遗传修饰技术及模型构建 | 刘真　中国科学院上海生命科学学院神经科学研究所研究员 |
| 491 | 学习与记忆的分子机制 | 竺淑佳　中国科学院上海生命科学学院神经科学研究所研究员 |
| 492 | Lessons from desert microbes how to grow crops in extreme environments | Heribert Hirt　沙特阿卜杜拉国王科技大学（Kim Abdullah University of Science and Technology）博士 |
| 493 | 金属铜离子介导的植物免疫反应 | 储昭辉　山东农业大学教授 |
| 494 | 水稻三萜代谢多样性及功能研究 | 漆小泉　教授，中国科学院植物研究所研究员 |
| 495 | 外生菌根真菌与植物共生互作研究 | Francis Martin　博士，法国国家农业科学研究院首席研究员、特聘研究主任<br>张凤　博士，兰州大学生态学创新研究院青年研究员 |
| 496 | 雌雄配子体发育的分子机理 | 张彦　山东农业大学教授 |
| 497 | An introduction of cancer metastasis | 胡国宏　中国科学院上海营养与健康研究所研究员、研究组长、博士生导师、所长助理 |
| 498 | 癌症基因时代的肿瘤研究与精准化治疗 | 郭靖瑜　中国科学院上海营养与健康研究所研究员、研究组长、博士生导师 |
| 499 | 组织器官再生的机制研究 | 曾安　中国科学院生物化学与细胞生物学研究所研究员 |
| 500 | 蛋白质生物合成的分子基础 | 周小龙　中国科学院生物化学与细胞生物学研究所研究组长、博士生导师 |
| 501 | Herbicide resistance gene discover：an update | 余勤　博士，澳大利亚西澳大学（University of Western Australia）首席研究员 |
| 502 | 玉米胚乳发育与遗传改良 | 巫永睿　中国科学院上海生命科学学院植物生理生态研究所研究员、博士生导师 |
| 503 | 植物-微生物共生互作 | 谢芳　中国科学院上海生命科学学院植物生理生态研究所研究员、课题组长 |
| 504 | "聆听世界声音 传播草业精品"——博导带你了解国外学术生活 | 邵涛　南京农业大学草业学院教授，南京农业大学饲草调制加工与储藏研究团队带头人 |
| 505 | "聆听世界声音 传播草业精品"——青年教授的国外奋斗历程 | 张夏香　南京农业大学草业学院讲师，美国罗格斯大学访问学者<br>张敬　南京农业大学草业学院讲师 |
| 506 | "聆听世界声音　传播草业精品"——走进草业学院博士后的求学生涯 | 徐彬　南京农业大学草业学院教授、副院长 |

（续）

| 序号 | 讲座主题 | 主讲人及简介 |
|---|---|---|
| 507 | 《形势与政策》讲座——1949年以来中国政治制度的变迁 | 杜何琪　南京农业大学马克思主义学院讲师 |
| 508 | 《形势与政策》讲座——坚定"制度自信"，夯实"中国之治" | 姜姝　南京农业大学马克思主义学院副教授 |
| 509 | "创新驱动草业与草原高质量发展"学术会议 | 徐彬　南京农业大学草业学院教授<br>杨志民　南京农业大学草业学院教授<br>沈益新　南京农业大学草业学院教授<br>张敬　南京农业大学草业学院讲师 |
| 510 | 就业创业交流 | 罗承栋　南京农业大学就业创业指导老师、美国西部食品安全中心高级翻译、会服部翻译部主管、南京麦叶教育科技有限公司CEO |
| 511 | 菊花种质创新与新品种培育 | 陈素梅　南京农业大学教授、博士生导师 |
| 512 | 果实芳香物质的代谢调控 | 张波　浙江大学教授 |
| 513 | 光受体UVR8调控植物生长发育的分子机理 | 尹若贺　上海交通大学副教授 |
| 514 | 用智慧和汗水浇灌科研之果满园飘香 | 吴俊　南京农业大学教授，国家杰出青年科学基金获得者，作物遗传与种质创新国家重点实验室副主任，国家梨产业技术体系育种岗位科学家，江苏省梨产业技术体系首席专家 |
| 515 | Genetic impacts on anthocyanin biosynthesis in grape skin | Akifumi azuma　博士，日本广岛国家农业与粮食研究组织、果树科学研究院、葡萄和柿子研究分部教授 |
| 516 | Grapevine responses to high temperature—towards adaptation to climate change | Fatma Lecourieux　法国国家科研中心研究科学家、法国农业科学院波尔多葡萄与葡萄酒研究院教授<br>David Lecourieux　法国波尔多大学副教授 |
| 517 | Grapevine breeding for pathogen resistance and berry quality：how molecular information can help | Claudio Moser　博士，意大利埃德蒙马赫基金会研究与创新中心教授 |
| 518 | Identification of a missense mutation in AGL11 as the cause of grape seedlessness. | Claudio Moser　博士，意大利埃德蒙马赫基金会研究与创新中心教授 |
| 519 | Genomic origin and molecular consequences of grape color variation in somatic variants | Pablo Carbonell-Bejerano　博士，西班牙葡萄和葡萄酒科学研究所（ICVV） |
| 520 | Optimizing grape breeding with marker-assisted selection | Chin-Feng Hwang　博士，美国环境植物科学与自然资源部部长，美国密苏里州立大学教授 |
| 521 | 新时代中国果业的变革与实践 | 王涛　《中国果业信息》专栏作者、高级农艺师 |
| 522 | 分子互作实验技术交流 | 周李杰　南京农业大学园艺学院讲师 |

（续）

| 序号 | 讲座主题 | 主讲人及简介 |
|---|---|---|
| 523 | 葡萄酒品质与风土 | 房玉林　教授、博士生导师，西北农林科技大学科学技术发展研究院院长 |
| 524 | 园艺疗法的功效与机理——绿色医学的提案 | 李树华　教授，清华大学建筑学院景观学系教授、博士生导师，建筑学院绿色疗法与康养景观研究中心主任 |
| 525 | 巧于因借——日本庭园中的借景 | 周建华　博士，副教授，西南大学园艺园林学院副院长，设计院常务副院长，日本千叶大学访问学者，重庆市城市管理委员会、建设委员会风景园林专家 |
| 526 | 菊花钩状花瓣形成的分子机制 | 丁莲　南京农业大学讲师 |
| 527 | 胡萝卜花青苷研究进展 | 徐志胜　南京农业大学副教授 |
| 528 | 园艺科技创新助力乡村振兴 | 吴巨友　南京农业大学教授、博士生导师 |
| 529 | 滚蛋吧肿瘤君 | 朱陵君　江苏省人民医院肿瘤科主任医师 |
| 530 | 梨等植物基因组中重复基因进化研究 | 乔鑫　南京农业大学副教授 |
| 531 | 睡莲基因组学和功能基因组学 | 陈飞　南京农业大学讲师 |
| 532 | 江苏省蔬菜产业绿色发展报告 | 顾鲁同　江苏省农业技术推广总站副站长 |
| 533 | 设施蔬菜病虫害绿色防控 | 李宝聚　中国农业科学院蔬菜花卉研究所研究员 |
| 534 | 生物有机肥与蔬菜绿色生产报告 | 沈其荣　教授、学术委员会主任 |
| 535 | 科研经验分享及科研进展 | 董莎萌　南京农业大学植物保护学院教授，青年教师发展委员会主任、国家优秀青年科学基金获得者 |

# 附录2　校园文化艺术活动一览表

| 序号 | 项目名称 | 承办单位 | 活动时间 |
|---|---|---|---|
| 1 | 2019年江苏寒假留校大学生节前慰问活动 | 团委 | 1月 |
| 2 | 青穗讲堂｜苑子豪：遇见你，温暖整个春天 | 青年传媒 | 3月 |
| 3 | 青穗讲堂｜撷芳主人：艺术从来都不是要与普罗大众隔离开的 | 青年传媒 | 3月 |
| 4 | 百团大绽 | 学生会 | 3月 |
| 5 | "绝世佳音——走进南京农业大学"高雅艺术进校园活动 | 学生会<br>大学生艺术团 | 4月 |
| 6 | "青春报告"南京农业大学纪念五四运动100周年主题团日活动 | 团委 | 4月 |
| 7 | 青穗讲堂｜星空下的梦想：王江月带你走进"星月对话"背后的故事 | 青年传媒 | 4月 |
| 8 | 青穗讲堂｜秦博：一只眼睛瞧黑，一只眼睛瞧亮 | 青年传媒 | 4月 |
| 9 | 大学生艺术团兰菊秀苑戏曲团戏曲艺术进社区 | 大学生艺术团 | 5月 |
| 10 | "High Time"大学生艺术团西洋乐团专场 | 大学生艺术团 | 5月 |

（续）

| 序号 | 项目名称 | 承办单位 | 活动时间 |
|------|---------|---------|---------|
| 11 | "Long for staying，不说再见"大学生艺术团 Rock.C 摇滚社专场 | 大学生艺术团 | 5 月 |
| 12 | 2019 年第 16 届"瑞华杯"江苏省课外学术科技作品竞赛暨"挑战杯"全国竞赛江苏省选拔赛决赛开幕式文艺演出 | 团委 | 5 月 |
| 13 | 2019 年第 16 届"瑞华杯"江苏省课外学术科技作品竞赛暨"挑战杯"全国竞赛江苏省选拔赛决赛闭幕式文艺演出 | 团委 | 5 月 |
| 14 | 高雅艺术进校园之苏剧《国鼎魂》 | 学生会<br>大学生艺术团 | 6 月 |
| 15 | 毕业季跳蚤市场 | 学生会 | 6 月 |
| 16 | "艺术点亮童心——大学生志愿者走进乡村学校少年宫"暑期社会实践活动 | 大学生艺术团 | 7 月 |
| 17 | "青春告白祖国"庆祝新中国成立 70 周年文艺汇演暨 2019 年迎新生联欢晚会 | 学生会<br>大学生艺术团 | 9 月 |
| 18 | "我和我的祖国"南京农业大学庆祝新中国成立 70 周年歌唱比赛 | 团委 | 9 月 |
| 19 | "爱心七公里，跑进新时代"公益跑 10 月 | 学生会 | 10 月 |
| 20 | 曲艺文化进校园活动 | 大学生艺术团博乐相声社 | 10 月 |
| 21 | "声逢四季邀明乐"大学生艺术团民乐团专场演出 | 大学生艺术团 | 10 月 |
| 22 | 青穗讲堂｜卢庚戌：可知一生有你我都陪在你身边 | 青年传媒 | 10 月 |
| 23 | 青穗讲堂｜饶雪漫：你来不是因为我，而是因为你自己 | 青年传媒 | 12 月 |
| 24 | "曲赋韶光"第 19 届在宁高校戏曲票友会 | 大学生艺术团 | 12 月 |
| 25 | "青春告白祖国"主题公开课——2019 年实践育人工作成果暨江苏省"诵读学传"活动 | 团委 | 12 月 |
| 26 | 纪念"一二·九"运动 84 周年火炬接力活动 | 学生会 | 12 月 |

# 本 科 生 教 育

【概况】学校贯彻全国教育大会精神，落实新时代全国高等学校本科教育工作会议各项要求，深刻学习领会习近平总书记给全国涉农高校书记校长和专家代表的回信精神，以立德树人为根本，以强农兴农为己任，继续深化教育教学改革，大力提升本科教学质量。学校积极参与新农科建设三部曲的策划，以及相关重要文本的研讨与起草工作。组织召开新农科建设协作组研讨会，对《安吉共识》的结构框架和基本内容达成共识，并形成了征求意见稿。全程参与了"三部曲"研讨会，为进一步落实新农科建设思想，组织召开新农科建设江苏行动研讨会，为学校新农科建设做好规划设计。

制订《南京农业大学关于加强一流本科教育的若干意见》（校教发〔2019〕232号），从人才培养总体思路、目标要求、主要任务与重点举措、保障机制4个方面，对学校的教育教学改革做了详细的规划，提出了二十条重点任务和具体举措。围绕"明确结果导向""强化分类培养""促进本研贯通""加强通识教育""推进双创教育""优化课程体系""改革教学模式""改进考核方式"8个基本原则，全面修订本科专业人才培养方案。并以此为契机，将优质科研资源与人才培养耦合形成协同效应，在分类培养基础上贯通本科生和研究生课程，形成从本科生至研究生有机衔接、层层递进的创新能力培养体系。成立金善宝书院，制订《南京农业大学金善宝书院建设方案》，以金善宝实验班和基地班为试点，对接五年制直博生计划，优化拔尖创新人才培养机制，推进本研衔接，为优秀本科生提供个性化的学习机会及跨学科的学习环境。

继续推进江苏省高校品牌专业建设工程一期项目的实施及期末验收工作，学校6个专业均顺利通过验收，其中3个专业验收结果为优秀；组织省级品牌专业学生赴荷兰瓦格宁根大学短期交流访学，这是瓦格宁根大学第一次与国内大学合作开展的本科生项目。立项资助基地班学生赴日本东京大学和新加坡国立大学交流访学。开展国家一流专业建设"双万计划"实施工作，遴选16个优势专业申报国家级一流本科专业。制订《南京农业大学基础学科拔尖学生培养计划2.0工作方案》，组织申报生物科学拔尖学生培养基地。积极开展专业认证，农学、植物保护两个专业通过农林专业类三级认证，有效期为6年；食品科学与工程本科专业顺利通过美国食品科学技术学会IFT食品专业国际认证，有效期5年，是国内首个通过IFT国际认证的专业。材料成型机控制工程专业接受专家现场考察。加强新专业建设，获批全国农林院校首个人工智能专业，并组织申报"数据科学与大数据技术"新专业。

组织召开课程思政建设研讨会，制订《南京农业大学"课程思政"教育教学工作实施方案》，有效推进学校"课程思政"工作深入开展，并启动了首批"课程思政"示范课程申报工作。制订《南京农业大学一流本科课程建设实施方案》（校教发〔2019〕593号），组织申报国家一流课程建设"双万计划"。推进在线开放课程建设与应用，已完成79门课程上线和正式开课；完成39门在线开放课程拍摄制作；积极组织申报2019年国家精品在线开放课程；获批省级在线开放课程14门；组织江苏省高等学校重点教材申报工作，学校申报的12部教材入选。学校承办2019年新时代高校生命科学教学改革与创新研讨会，牵头成立"江苏省涉农高校'课程与教材'共建共享联盟"，联合省内涉农院校，充分利用联盟平台，共享优质教学资源。

组织开展2017年省级和校级教改课题结题验收，9项省级课题均顺利完成结题工作。组织开展2019年省级和校级教改立项工作，学校共有7项课题获得省级教改立项建设，批准立项109个校级教改课题。继续做好实验课程、教学实习管理，提高实验教学质量。规范实验教学安全运行，加强对教学实验室安全隐患排查，堵塞安全漏洞，强化安全措施，制订完善安全事故应急预案。将实验安全教育纳入实验教学内容。修订《南京农业大学本科生毕业论文（设计）工作实施办法》的补充规定，对本科毕业论文选题、开题、中期检查、查重检测、答辩等环节，严格把关，保证质量。在江苏省普通高等学校2019届本科优秀毕业论文（设计）评选中，学校共获省一等奖1项、二等奖4项、三等奖9项、优秀团队奖2项。

学校共有1 330名学生参加了大类招生专业分流。开展与境外高校联合培养和交流学习活动，本年度共选派8名优秀本科生参加国家留学基金管理委员会"优秀本科生国际交流项目"，利用江苏省政府奖学金选派 40 名本科生暑假赴世界名校开展为期 4～5 周的课程学习。继续做好"四校联盟"计划，为新疆农业大学、塔里木大学、西北农林科技大学等国内高校在学校交流的学生提供选课等服务工作。

全员参与招生宣传，吸引优质生源。不断提升招生宣传材料设计与内涵，设计制作更具学校特色的录取通知书。试点拍摄专业宣传片、制作"一图看懂专业"，突出专业宣传。组织赴重点生源中学开展科普讲座、植物身份识别、大学生文化科技作品展演、江苏好大学联盟宣讲、农业重点高校联盟宣讲等常态化共建活动近 90 次，凸显学校人才培养特色和优势。高考志愿填报期间，组织 589 名师生赴全国 26 个省（自治区、直辖市）参加中学宣讲、高考咨询会 433 场，教职工参与人数较 2018 年增长 15.08%；利用寒假组织学校 17 个学院共计 2 078 名学生参加"寒假社会实践暨优秀学子回访母校"活动，回访 1 025 所高中母校；面向 1 188 所中学邮寄 2 390 份喜报。强化线上宣传，制作"楠小秋志愿填报"微信表情包、各学院楠小秋卡通形象，招生微信公众号开设"揽得钟山绿，播作神州春"等专题，关注用户达 1.7 万人，年阅读量累计达 32.8 万次，有效扩大学校的影响力和美誉度；召开全校招生就业工作会议、本科招生工作推进会；研究制订各类招生简章及工作方案，完成 2019 年普通本科招生录取分析报告。共计录取本科生 4 394 人，在全国 31 个省（自治区、直辖市）录取分数线超一本线平均值持续增长，文科达 44 分，理科达 65 分。22 个文科省份中 12 个省份分数超一本线 40 分以上，28 个理科省份中 25 个省份分数超一本线 40 分以上。江苏录取分数线再创新高，文理科均超一本线 26 分，高考改革省份浙江超一段线 39 分，上海超本科线 112 分。

优化发展型学生资助育人模式。紧扣"立德树人"根本任务和学生成长成才需求，进一步完善"一核四维"发展型资助育人模式。开展"2019 资助政策乡村行"家庭经济困难学生、资助类社团学生家访工作，保障资助工作精准化；全年累计发放各类资助 6 062.54 万元，100% 覆盖在校家庭经济困难学生，助力教育脱贫攻坚；开展国家奖学金获奖学生先进事迹宣传工作，充分发挥榜样示范作用；开展"资助宣传大使"评选、聘任工作，提升资助政策宣传成效；优化资助类社团育人项目，夯实社团育人载体。连续第八年获评江苏省高校学生资助绩效评价优秀。

完善"双促双融"少数民族学生教育管理服务体系。通过召开各年级座谈会、学业交流大会，建立成长手册，走访学生宿舍，一对一谈心谈话等掌握学生思想动态；树立榜样，以"南农夏木夏提工作室"公众号为平台推送系列优秀少数民族学生个人事迹。开展 16 周普通话、英语、无机化学等学业辅导班，单项进步奖普通话二级乙等以上获得者较 2018 年增加 75%；按照要求开展新疆、西藏籍少数民族学生学业进步奖评选工作，累计发放奖金 10 万余元。组织开展第四届"华夏山川，乡土喃哝"紫金文化节、"第三届少数民族学生演讲比赛"、第二届雪域情"我们在西藏陪你长大"爱心募捐等活动，促进少数民族学生交往、交流、交融。开展毕业生简历制作、面试技巧、公务员考试等培训，组织学生参加少数民族学生专场招聘会、"西部计划"面试等，精准做好就业服务。

强化就业市场建设，先后与农业农村部对外经济合作中心、江苏省高校招生就业指导服务中心联合举办"猎英行动计划——农业走出去企业校园招聘会"（春、秋两场）、"百校联动名校行暨南京农业大学 2020 届毕业生专场招聘会"，打造大学生高质量就业平台。全年累计接待进校招聘的用人单位 1 778 家，举办宣讲会 552 场、区域招聘会 18 场、行业专场招聘会 9 场。2019 届毕业生年终就业率达 96.15%，其中本科生就业率 96.34%、本科生深造率 39.74%。学校顺利通过指导教师参加创新创业内训，选送 19 人次参加大学生职业规划与就业指导 TTT1、TTT2 等各级各类专业化培训，推动就业指导师资队伍专业化建设。举办 3 期"优企 HR 进校园"活动，邀请杰出企业代表分享企业发展战略与愿景，提供人才培养需求与建议。以"'禾苗'生涯发展教育工作室"为平台，开展常态化个体咨询，连续第六年组织"大学生职业生涯规划季"20 多项系列活动。

提升辅导员职业能力，推进学工队伍发展工程。进一步健全专兼职辅导员选聘机制，招聘专职本科生辅导员 15 人、"2+3"模式辅导员 6 人、兼职辅导员 18 人。构建分层次、多形式的辅导员培训体系，先后举办学工干部培训暨学生工作创新论坛、新入职辅导员培训班，组织 24 名专职辅导员赴武汉大学教育部辅导员研修基地开展辅导员能力提升专题培训，选派 23 名辅导员参加全国各级辅导员骨干培训。举办第五届南京农业大学辅导员素质能力竞赛，打造辅导员"微课堂"，推进"一员一品"项目建设，进一步促进辅导员专业化、职业化发展。开展班主任队伍建设调研，进一步优化班主任队伍机制建设。获全国辅导员年度人物提名奖 1 人、江苏省辅导员年度人物入围奖 1 人。学工干部累计发表研究论文 27 篇，获教育部思想政治工作精品项目 1 项，获全国高校学生工作研究课题、江苏省辅导员工作研究会专项课题课题等省级及以上课题立项 4 项。相关研究成果获评全国高等农业院校学生工作研讨会优秀论文、江苏省高校辅导员工作优秀学术成果等省级以上荣誉 10 项，教育部高校辅导员工作精品项目结项评估优秀 1 项。

学校有本科专业 63 个，涵盖了农学、理学、管理学、工学、经济学、文学、法学、艺术学 8 个大学科门类。其中，农学类专业 13 个、理学类专业 8 个、管理学类专业 14 个、工学类专业 20 个、经济学类专业 3 个、文学类专业 2 个、法学类专业 2 个、艺术学类专业 1 个。在校生 17 143 人，2018 届应届生 4 242 人，毕业生 4 068 人，毕业率 95.90%；学位授予 4 066 人，学位授予率 95.85%。

**【教育部新农科建设协作组研讨会】** 4 月 13～14 日，教育部新农科建设协作组研讨会在南京农业大学学术交流中心召开。中国农业大学副校长王涛、西北农林科技大学副校长陈玉林、南京农业大学副校长董维春、东北林业大学校长助理宋文龙以及华中农业大学、北京林业大学等教育部 6 所部属农林大学的教务处负责人和高等教育研究中心专家近 20 人出席本次会议，共商新农科建设大计。与会专家认真研讨了"新时代呼唤新农科"的重要意义，分析了新农科的时代特征与培养路径，就《安吉共识》的结构框架和基本内容达成了共识，并初步形成了征求意见稿。《安吉共识》作为新时代中国高等农林教育改革的历史性文献之一，对加强高等农林教育人才培养供给侧改革，对接乡村振兴战略、生态文明建设和第四次产业革命，对接《卓越农林人才教育培养计划 2.0》，探索中国特色的高等农林教育新体系具有重要的历史意义。

**【与农业农村部对外经济合作中心联合举办"'猎英行动计划'2018—2019 毕业季农业走出去企业校园招聘会"】** 3 月 29 日，农业对外合作"猎英行动计划"——2018—2019 毕业季农业走出去企业校园招聘（总第六场）活动在南京农业大学体育馆举行，120 多家企事业单位携 6 000 余个岗位带来"猎英"盛宴，吸引了来自南京市内及周边高校 5 000 余名毕业生前来应聘。农业农村部国际合作司对外合作办副处长欧阳沙郴、农业农村部对外经济合作中心副处长秦路、江苏省农业农村厅对外交流合作处副处长潘刚、南京农业大学党委副书记刘营军、副校长胡锋等领导亲临现场指导。

# [附录]

## 附录 1　本科按专业招生情况

| 序号 | 录取专业 | 人数（人） |
|---|---|---|
| 1 | 农学 | 120 |
| 2 | 种子科学与工程 | 63 |
| 3 | 人工智能 | 30 |
| 4 | 植物保护 | 119 |
| 5 | 环境科学与工程类 | 190 |
| 6 | 园艺 | 118 |
| 7 | 园林 | 30 |
| 8 | 风景园林 | 60 |
| 9 | 中药学 | 55 |
| 10 | 设施农业科学与工程 | 32 |
| 11 | 茶学 | 29 |
| 12 | 动物科学 | 117 |
| 13 | 水产养殖学 | 57 |
| 14 | 国际经济与贸易 | 62 |
| 15 | 农林经济管理 | 90 |
| 16 | 工商管理类 | 91 |
| 17 | 动物医学 | 117 |
| 18 | 动物药学 | 29 |
| 19 | 食品科学与工程类 | 190 |
| 20 | 信息管理与信息系统 | 60 |
| 21 | 计算机科学与技术 | 59 |
| 22 | 网络工程 | 61 |
| 23 | 土地资源管理 | 83 |
| 24 | 人文地理与城乡规划 | 31 |
| 25 | 行政管理 | 32 |
| 26 | 人力资源管理 | 31 |
| 27 | 劳动与社会保障 | 31 |
| 28 | 英语 | 94 |
| 29 | 日语 | 89 |
| 30 | 社会学类 | 208 |
| 31 | 表演 | 40 |
| 32 | 信息与计算科学 | 55 |
| 33 | 应用化学 | 59 |
| 34 | 统计学 | 30 |
| 35 | 生命科学与技术基地班 | 50 |
| 36 | 生物学基地班 | 30 |

（续）

| 序号 | 录取专业 | 人数（人） |
|---|---|---|
| 37 | 生物科学 | 51 |
| 38 | 生物技术 | 50 |
| 39 | 金融学 | 93 |
| 40 | 会计学 | 81 |
| 41 | 投资学 | 30 |
| 42 | 草业科学 | 31 |
| 43 | 交通运输 | 59 |
| 44 | 机械类 | 657 |
| 45 | 农业电气化 | 92 |
| 46 | 自动化 | 150 |
| 47 | 电子信息科学与技术 | 120 |
| 48 | 工业工程 | 124 |
| 49 | 工程管理 | 120 |
| 50 | 物流工程 | 94 |
| 合计 | | 4 394 |

# 附录 2　本科专业设置

| 学　　院 | 专业名称 | 专业代码 | 学制 | 授予学位 | 设置时间（年） |
|---|---|---|---|---|---|
| 生命科学学院 | 生物技术 | 071002 | 四 | 理　学 | 1994 |
| | 生物科学 | 071001 | 四 | 理　学 | 1989 |
| 农学院 | 农学 | 090101 | 四 | 农　学 | 1949 |
| | 种子科学与工程 | 090105 | 四 | 农　学 | 2006 |
| | 人工智能 | 080717T | 四 | 工　学 | 2019 |
| 植物保护学院 | 植物保护 | 090103 | 四 | 农　学 | 1952 |
| 资源与环境科学学院 | 生态学 | 071004 | 四 | 理　学 | 2001 |
| | 农业资源与环境 | 090201 | 四 | 农　学 | 1952 |
| | 环境工程 | 082502 | 四 | 工　学 | 1993 |
| | 环境科学 | 082503 | 四 | 理　学 | 2001 |
| 园艺学院 | 园艺 | 090102 | 四 | 农　学 | 1974 |
| | 园林 | 090502 | 四 | 农　学 | 1983 |
| | 中药学 | 100801 | 四 | 理　学 | 1994 |
| | 设施农业科学与工程 | 090106 | 四 | 农　学 | 2004 |
| | 风景园林 | 082803 | 四 | 工　学 | 2010 |
| | 茶学 | 090107T | 四 | 农　学 | 2015 |

（续）

| 学　院 | 专业名称 | 专业代码 | 学制 | 授予学位 | 设置时间（年） |
|---|---|---|---|---|---|
| 动物科技学院 | 动物科学 | 090301 | 四 | 农　学 | 1921 |
| 无锡渔业学院 | 水产养殖学 | 090601 | 四 | 农　学 | 1986 |
| 经济管理学院 | 农林经济管理 | 120301 | 四 | 管理学 | 1920 |
|  | 国际经济与贸易 | 020401 | 四 | 经济学 | 1983 |
|  | 市场营销 | 120202 | 四 | 管理学 | 2002 |
|  | 电子商务 | 120801 | 四 | 管理学 | 2002 |
|  | 工商管理 | 120201K | 四 | 管理学 | 1992 |
| 动物医学院 | 动物医学 | 090401 | 五 | 农　学 | 1952 |
|  | 动物药学 | 090402 | 五 | 农　学 | 2004 |
| 食品科技学院 | 食品科学与工程 | 082701 | 四 | 工　学 | 1985 |
|  | 食品质量与安全 | 082702 | 四 | 工　学 | 2003 |
|  | 生物工程 | 083001 | 四 | 工　学 | 2000 |
| 信息科技学院 | 信息管理与信息系统 | 120102 | 四 | 管理学 | 1986 |
|  | 计算机科学与技术 | 080901 | 四 | 工　学 | 2000 |
|  | 网络工程 | 080903 | 四 | 工　学 | 2007 |
| 公共管理学院 | 土地资源管理 | 120404 | 四 | 管理学 | 1992 |
|  | 人文地理与城乡规划 | 070503 | 四 | 管理学 | 1997 |
|  | 行政管理 | 120402 | 四 | 管理学 | 2003 |
|  | 人力资源管理 | 120206 | 四 | 管理学 | 2000 |
|  | 劳动与社会保障 | 120403 | 四 | 管理学 | 2002 |
| 外国语学院 | 英语 | 050201 | 四 | 文　学 | 1993 |
|  | 日语 | 050207 | 四 | 文　学 | 1995 |
| 人文与社会发展学院 | 旅游管理 | 120901K | 四 | 管理学 | 1996 |
|  | 社会学 | 030301 | 四 | 法　学 | 1996 |
|  | 公共事业管理 | 120401 | 四 | 管理学 | 1998 |
|  | 农村区域发展 | 120302 | 四 | 管理学 | 2000 |
|  | 法学 | 030101K | 四 | 法　学 | 2002 |
|  | 表演 | 130301 | 四 | 艺术学 | 2008 |
| 理学院 | 信息与计算科学 | 070102 | 四 | 理　学 | 2002 |
|  | 统计学 | 071201 | 四 | 理　学 | 2002 |
|  | 应用化学 | 070302 | 四 | 理　学 | 2003 |
| 草业学院 | 草业科学 | 090701 | 四 | 农　学 | 2000 |
| 金融学院 | 金融学 | 020301K | 四 | 经济学 | 1984 |
|  | 会计学 | 120203K | 四 | 管理学 | 2000 |
|  | 投资学 | 020304 | 四 | 经济学 | 2014 |

（续）

| 学　　院 | 专业名称 | 专业代码 | 学制 | 授予学位 | 设置时间（年） |
|---|---|---|---|---|---|
| 工学院 | 机械设计制造及其自动化 | 080202 | 四 | 工　学 | 1993 |
| | 农业机械化及其自动化 | 082302 | 四 | 工　学 | 1958 |
| | 农业电气化 | 082303 | 四 | 工　学 | 2000 |
| | 自动化 | 080801 | 四 | 工　学 | 2001 |
| | 工业工程 | 120701 | 四 | 工　学 | 2002 |
| | 工业设计 | 080205 | 四 | 工　学 | 2002 |
| | 交通运输 | 081801 | 四 | 工　学 | 2003 |
| | 电子信息科学与技术 | 080714T | 四 | 工　学 | 2004 |
| | 物流工程 | 120602 | 四 | 工　学 | 2004 |
| | 材料成型及控制工程 | 080203 | 四 | 工　学 | 2005 |
| | 工程管理 | 120103 | 四 | 工　学 | 2006 |
| | 车辆工程 | 080207 | 四 | 工　学 | 2008 |

注：专业代码后加"T"为特设专业；专业代码后加"K"为国家控制布点专业。

# 附录3　本科生在校人数统计表

| 学院 | 专业名称 | 学生数 | 学生数合计（人） |
|---|---|---|---|
| 生命科学学院 | 生物技术 | 172 | 687 |
| | 生物技术（国家生命科学与技术基地） | 215 | |
| | 生物科学 | 181 | |
| | 生物科学（国家生物学理科基地） | 119 | |
| 农学院 | 农学 | 454 | 848 |
| | 农学（金善宝实验班） | 141 | |
| | 人工智能 | 29 | |
| | 种子科学与工程 | 224 | |
| 植物保护学院 | 植物保护 | 447 | 447 |
| 资源与环境科学学院 | 环境工程 | 101 | 772 |
| | 环境科学 | 192 | |
| | 环境科学与工程类 | 184 | |
| | 农业资源与环境 | 209 | |
| | 生态学 | 86 | |
| 园艺学院 | 茶学 | 90 | 1 232 |
| | 风景园林 | 261 | |
| | 设施农业科学与工程 | 111 | |
| | 园林 | 143 | |
| | 园艺 | 447 | |
| | 中药学 | 180 | |

（续）

| 学院 | 专业名称 | 学生数 | 学生数合计（人） |
|---|---|---|---|
| 动物科技学院 | 动物科学 | 364 | 386 |
| | 动物科学（卓越班） | 22 | |
| 无锡渔业学院 | 水产养殖学 | 118 | 118 |
| 经济管理学院 | 电子商务 | 63 | 1 122 |
| | 工商管理 | 93 | |
| | 工商管理类 | 193 | |
| | 国际经济与贸易 | 282 | |
| | 经济管理类（金善宝实验班） | 59 | |
| | 农林经济管理 | 318 | |
| | 农林经济管理（金善宝实验班） | 36 | |
| | 市场营销 | 55 | |
| | 土地资源管理（金善宝实验班） | 23 | |
| 动物医学院 | 动物科学（金善宝实验班） | 50 | 880 |
| | 动物药学 | 123 | |
| | 动物医学 | 614 | |
| | 动物医学（金善宝实验班） | 93 | |
| 食品科技学院 | 生物工程 | 86 | 731 |
| | 食品科学与工程 | 113 | |
| | 食品科学与工程（卓越班） | 45 | |
| | 食品科学与工程类 | 368 | |
| | 食品质量与安全 | 119 | |
| 信息科技学院 | 计算机科学与技术 | 273 | 771 |
| | 网络工程 | 249 | |
| | 信息管理与信息系统 | 249 | |
| 公共管理学院 | 行政管理 | 124 | 874 |
| | 劳动与社会保障 | 118 | |
| | 人力资源管理 | 162 | |
| | 人文地理与城乡规划 | 115 | |
| | 土地资源管理 | 355 | |
| 外国语学院 | 日语 | 314 | 669 |
| | 英语 | 355 | |
| 人文与社会发展学院 | 表演 | 159 | 893 |
| | 法学 | 195 | |
| | 公共事业管理 | 86 | |
| | 旅游管理 | 83 | |
| | 农村区域发展 | 78 | |
| | 社会学 | 88 | |
| | 社会学类 | 204 | |

（续）

| 学院 | 专业名称 | 学生数 | 学生数合计（人） |
|---|---|---|---|
| 理学院 | 统计学 | 145 | 577 |
| | 信息与计算科学 | 201 | |
| | 应用化学 | 231 | |
| 草业学院 | 草业科学 | 101 | 132 |
| | 草业科学（国际班） | 31 | |
| 金融学院 | 会计学 | 350 | 900 |
| | 金融学 | 423 | |
| | 投资学 | 127 | |
| 工学院 | 材料成型及控制工程 | 160 | 5 104 |
| | 车辆工程 | 387 | |
| | 电子信息科学与技术 | 495 | |
| | 工程管理 | 449 | |
| | 工业工程 | 434 | |
| | 工业设计 | 207 | |
| | 机械类 | 644 | |
| | 机械设计制造及其自动化 | 564 | |
| | 交通运输 | 294 | |
| | 农业电气化 | 316 | |
| | 农业机械化及其自动化 | 286 | |
| | 物流工程 | 337 | |
| | 自动化 | 531 | |
| 合计 | | | 17 143 |

# 附录4　本科生各类奖、助学金情况统计表

| 类别 | 级别 | 奖项 | 金额（元/人） | 总计 | |
|---|---|---|---|---|---|
| | | | | 总人数（次） | 总金额（元） |
| 奖学金 | 国家级 | 国家奖学金 | 8 000 | 158 | 1 264 000 |
| | | 国家励志奖学金 | 5 000 | 501 | 2 505 000 |
| | 校级 | 三好学生一等奖学金 | 1 000 | 921 | 921 000 |
| | | 三好学生二等奖学金 | 500 | 1 711 | 855 500 |
| | | 单项奖学金 | 200 | 1 928 | 385 600 |
| | | 金善宝奖学金 | 5 000 | 34 | 170 000 |
| | | 亚方奖学金 | 2 000 | 14 | 28 000 |
| | | 先正达奖学金 | 5 000 | 6 | 30 000 |
| | | 江苏山水集团奖学金 | 2 000 | 12 | 24 000 |

（续）

| 类别 | 级别 | 奖项 | 金额（元/人） | 总计 | |
|---|---|---|---|---|---|
| | | | | 总人数（次） | 总金额（元） |
| 奖学金 | 校级 | 恒天然奖学金 | 4 000 | 20 | 80 000 |
| | | 中化农业 MAP 奖学金 | 3 000 | 8 | 24 000 |
| | | 瑞华杯·最具影响力人物奖 | 10 000 | 7 | 70 000 |
| | | 瑞华杯·最具影响力人物提名奖 | 5 000 | 6 | 30 000 |
| | | 燕宝奖学金 | 4 000 | 61 | 244 000 |
| | | 唐仲英德育奖学金 * 4 | 4 000 | 122 | 488 000 |
| 助学金 | 国家级 | 国家助学金 | 4 400/3 300/2 200 | 4 175/3 730 | 13 043 250 |
| | 校级 | 学校助学金一等助学金 | 2 000 | 1 715 | 3 430 000 |
| | | 学校助学金二等助学金 | 400 | 15 433 | 6 173 200 |
| | | 西藏免费教育专业校助 | 3 000 | 60 | 180 000 |
| | | 姜波奖助学金 | 2 000 | 50 | 100 000 |
| | | 瑞华本科生助学金 | 5 000 | 180 | 900 000 |
| | | 香港思源奖助学金 * 4 | 4 000 | 15 | 60 000 |
| | | 伯藜助学金 * 4 | 5 000 | 199 | 995 000 |
| | | 吴毅文助学金 | 5 000 | 10 | 50 000 |
| | | 宜商奖助学金 | 5 000 | 6 | 30 000 |
| | | 圆梦助学券 | 5 000 | 5 | 25 000 |

# 附录 5　优秀本科生国际交流项目

### 表 1　CSC 优秀本科生国际交流项目

| 项目名称 | 留学国别 | 留学单位 | 选派人数（人） |
|---|---|---|---|
| 南京农业大学与美国加利福尼亚大学戴维斯分校本科生交流项目 | 美国 | 加利福尼亚大学戴维斯分校 | 3 |
| 南京农业大学与丹麦奥胡斯大学学生交换项目 | 丹麦 | 奥胡斯大学 | 1 |
| 南京农业大学与比利时根特大学学生交流项目 | 比利时 | 根特大学 | 2 |
| 南京农业大学与新西兰梅西大学学生交流项目 | 新西兰 | 梅西大学 | 2 |

### 表 2　江苏高校学生境外学习政府奖学金项目

| 项目单位 | 选派人数（人） |
|---|---|
| 爱丁堡大学 | 2 |
| 得克萨斯大学奥斯汀分校 | 1 |
| 杜克大学 | 1 |
| 多伦多大学 | 1 |

（续）

| 项目单位 | 选派人数（人） |
|---|---|
| 加利福尼亚大学洛杉矶分校 | 5 |
| 剑桥大学 | 4 |
| 伦敦大学国王学院 | 8 |
| 伦敦艺术大学 | 3 |
| 伦敦政治经济学院 | 2 |
| 麦克马斯特大学 | 1 |
| 曼彻斯特大学 | 2 |
| 墨尔本大学 | 1 |
| 台湾大学 | 4 |
| 西北大学 | 2 |
| 悉尼大学 | 1 |
| 香港大学 | 1 |
| 亚琛工业大学 | 1 |

# 附录6　学生出国（境）交流名单

## 表1　长期出国（境）交流名单

| 序号 | 学院 | 学号 | 姓名 | 项目类别 | 国别/地区 | 境外接收单位 | 境外交流期限（年月） |
|---|---|---|---|---|---|---|---|
| 1 | 外国语学院 | 21217302 | 印雯 | 访学项目 | 日本 | 早稻田大学 | 2019.9—2020.3 |
| 2 | 外国语学院 | 21217225 | 唐雨馨 | 访学项目 | 日本 | 早稻田大学 | 2019.9—2020.3 |
| 3 | 外国语学院 | 23116209 | 孙晨博 | 访学项目 | 日本 | 早稻田大学 | 2019.9—2020.3 |
| 4 | 外国语学院 | 21217325 | 熊玥 | 访学项目 | 日本 | 早稻田大学 | 2019.9—2020.9 |
| 5 | 动物医学院 | 17116421 | 陈璐 | 交换生项目 | 中国台湾 | 中兴大学 | 2019.9—2020.1 |
| 6 | 动物医学院 | 17116324 | 徐恭达 | 交换生项目 | 中国台湾 | 中兴大学 | 2019.9—2020.1 |
| 7 | 工学院 | 32317313 | 卢帆 | 交换生项目 | 中国台湾 | 中兴大学 | 2019.9—2020.1 |
| 8 | 公共管理学院 | 22216109 | 安晓婕 | 交换生项目 | 韩国 | 首尔大学 | 2019.8—2019.12 |
| 9 | 园艺学院 | 14816119 | 张雨娇 | 交换生项目 | 韩国 | 首尔大学 | 2019.8—2019.12 |
| 10 | 外国语学院 | 21216111 | 吴晓天 | 访学项目 | 日本 | 大和语言教育学院 | 2019.10—2020.6 |
| 11 | 外国语学院 | 31115402 | 王芮 | 访学项目 | 日本 | 大和语言教育学院 | 2019.10—2020.6 |
| 12 | 园艺学院 | 14116308 | 刘杰 | 交换生项目 | 中国台湾 | 台湾大学 | 2019.9—2020.1 |
| 13 | 工学院 | 3316217 | 陈凯玲 | 交换生项目 | 中国台湾 | 台湾大学 | 2019.9—2020.1 |
| 14 | 植物保护学院 | 12117212 | 刘海燕 | 交换生项目 | 韩国 | 庆北大学 | 2019.9—2019.12 |
| 15 | 外国语学院 | 21217311 | 李逸升 | 交换生项目 | 日本 | 千叶大学 | 2019.9—2020.2 |
| 16 | 外国语学院 | 21217113 | 杨佳琦 | 交换生项目 | 日本 | 千叶大学 | 2019.10—2020.8 |

（续）

| 序号 | 学院 | 学号 | 姓名 | 项目类别 | 国别/地区 | 境外接收单位 | 境外交流期限（年月） |
|---|---|---|---|---|---|---|---|
| 17 | 园艺学院 | 17116222 | 赵姝君 | 交换生项目 | 日本 | 千叶大学 | 2019.10—2020.2 |
| 18 | 外国语学院 | 21217318 | 张 晴 | 访学项目 | 日本 | 北陆大学 | 2019.9—2020.3 |
| 19 | 食品科技学院 | 18116229 | 蒋思睿 | 交换生项目 | 日本 | 茨城大学 | 2019.9—2020.2 |
| 20 | 外国语学院 | 21217314 | 肖沣芮 | 交换生项目 | 日本 | 鹿儿岛大学 | 2019.9—2020.2 |
| 21 | 外国语学院 | 21217223 | 俞 洁 | 交换生项目 | 日本 | 鹿儿岛大学 | 2019.9—2020.2 |
| 22 | 外国语学院 | 21217321 | 胡可越 | 交换生项目 | 日本 | 宫崎大学 | 2019.10—2020.3 |
| 23 | 外国语学院 | 14216122 | 金 瑛 | 交换生项目 | 日本 | 宫崎大学 | 2019.10—2020.3 |
| 24 | 外国语学院 | 21217301 | 王兴标 | 交换生项目 | 日本 | 宫崎大学 | 2019.10—2020.3 |
| 25 | 外国语学院 | 21216311 | 肖书彤 | 交换生项目 | 日本 | 宫崎大学 | 2019.3—2019.8 |
| 26 | 外国语学院 | 21216222 | 高 嘉 | 交换生项目 | 日本 | 鹿儿岛县立短期大学 | 2019.3—2019.8 |
| 27 | 外国语学院 | 21216110 | 李 娉 | 交换生项目 | 日本 | 鹿儿岛县立短期大学 | 2019.3—2019.8 |
| 28 | 外国语学院 | 21216320 | 桑瑞杰 | 交换生项目 | 日本 | 鹿儿岛县立短期大学 | 2019.3—2019.8 |
| 29 | 草业学院 | 31316307 | 卢泳仪 | 交换生项目 | 韩国 | 全北大学 | 2019.3—2019.6 |
| 30 | 园艺学院 | 33316105 | 兰云希 | 交换生项目 | 韩国 | 首尔大学 | 2019.3—2019.6 |
| 31 | 经济管理学院 | 31416423 | 欧阳文哲 | 交换生项目 | 中国台湾 | 台湾大学 | 2019.2—2019.6 |
| 32 | 植物保护学院 | 12116420 | 武思文 | 交换生项目 | 中国台湾 | 台湾大学 | 2019.2—2019.6 |
| 33 | 外国语学院 | 21216117 | 林彦初 | 访学项目 | 日本 | 早稻田大学 | 2019.4—2020.3 |
| 34 | 外国语学院 | 21217110 | 刘玉瑄 | 访学项目 | 日本 | 早稻田大学 | 2019.4—2020.3 |
| 35 | 外国语学院 | 21216107 | 孙 婉 | 访学项目 | 日本 | 早稻田大学 | 2019.4—2019.9 |
| 36 | 工学院 | 30215404 | 水冰雪 | 交换生项目 | 中国台湾 | 中兴大学 | 2019.2—2019.6 |
| 37 | 动物医学院 | 11216130 | 彭可欣 | 交换生项目 | 中国台湾 | 中兴大学 | 2019.2—2019.6 |
| 38 | 外国语学院 | 30116223 | 黄焕杰 | 访学项目 | 美国 | 宾夕法尼亚大学文理学院 | 2019.2—2019.6 |
| 39 | 金融学院 | 16316104 | 王子妍 | CSC优本项目 | 美国 | 加利福尼亚大学戴维斯分校 | 2019.3—2019.6 |
| 40 | 生命科学学院 | 11316201 | 丁相宜 | CSC优本项目 | 美国 | 加利福尼亚大学戴维斯分校 | 2019.3—2019.6 |
| 41 | 生命科学学院 | 10116211 | 陈 琛 | CSC优本项目 | 美国 | 加利福尼亚大学戴维斯分校 | 2019.3—2019.7 |
| 42 | 动物医学院 | 33116525 | 唐紫妍 | 海外学习 | 新西兰 | 梅西大学 | 2019.2—2019.6 |
| 43 | 食品科技学院 | 18216228 | 唐菡顾 | CSC优本项目 | 美国 | 佛罗里达大学 | 2019.1—2016.5 |
| 44 | 农学院 | 35116202 | 王志涵 | CSC优本项目 | 美国 | 佛罗里达大学 | 2019.1—2016.8 |
| 45 | 动物医学院 | 17116107 | 朱子瑄 | CSC优本项目 | 新西兰 | 梅西大学 | 2019.7—2019.11 |
| 46 | 食品科技学院 | 18216107 | 冯弋行 | CSC优本项目 | 新西兰 | 梅西大学 | 2019.7—2019.11 |
| 47 | 食品科技学院 | 12117120 | 宋加音 | 交换生项目 | 瑞典 | 哥德堡大学 | 2019.9—2020.1 |
| 48 | 资源与环境科学学院 | 15007228 | 谢 语 | 交换生项目 | 瑞典 | 哥德堡大学 | 2019.8—2020.1 |
| 49 | 食品科技学院 | 18116228 | 彭 璐 | 交换生项目 | 瑞典 | 哥德堡大学 | 2019.10—2020.1 |
| 50 | 经济管理学院 | 16117132 | 魏晨媛 | CSC优本项目 | 丹麦 | 奥胡斯大学 | 2019.9—2020.1 |

（续）

| 序号 | 学院 | 学号 | 姓名 | 项目类别 | 国别/地区 | 境外接收单位 | 境外交流期限（年月） |
|---|---|---|---|---|---|---|---|
| 51 | 食品科技学院 | 18416107 | 吕芳鑫 | CSC优本项目 | 比利时 | 根特大学 | 2019.9—2020.2 |
| 52 | 生命科学学院 | 10116201 | 韦思齐 | CSC优本项目 | 比利时 | 根特大学 | 2019.9—2020.2 |
| 53 | 经济管理学院 | 15517113 | 孙伟 | CSC优本项目 | 美国 | 加利福尼亚大学戴维斯分校 | 2019.9—2019.12 |
| 54 | 经济管理学院 | 16216114 | 李雪蓉 | CSC优本项目 | 美国 | 加利福尼亚大学戴维斯分校 | 2019.9—2019.12 |
| 55 | 植物保护学院 | 12116327 | 舒培涵 | CSC优本项目 | 美国 | 加利福尼亚大学戴维斯分校 | 2019.9—2019.12 |
| 56 | 动物医学院 | 15115117 | 陆涛涛 | 本硕联合培养项目 | 美国 | 加利福尼亚大学戴维斯分校 | 2019.9—2021.8 |
| 57 | 工学院 | 30116402 | 王子昂 | ENIM 3+1+2双学位项目 | 法国 | 法国梅斯国立工程师学院 | 2019.8—2020.7 |
| 58 | 工学院 | 33316423 | 倪存超 | ENIM 3+1+2双学位项目 | 法国 | 法国梅斯国立工程师学院 | 2019.8—2020.7 |
| 59 | 工学院 | 32216430 | 谢汶锦 | ENIM 3+1+2双学位项目 | 法国 | 法国梅斯国立工程师学院 | 2019.8—2020.7 |
| 60 | 工学院 | 32316103 | 王华瑞 | ENIM 3+1+2双学位项目 | 法国 | 法国梅斯国立工程师学院 | 2019.8—2020.7 |
| 61 | 工学院 | 9173011419 | 王心怡 | ENIM交换生项目 | 法国 | 法国梅斯国立工程师学院 | 2019.8—2020.1 |

### 表2　短期出国（境）交流名单

| 序号 | 学院 | 学号 | 姓名 | 项目类别 | 国别/地区 | 境外接收单位 | 境外交流期限（年月日） |
|---|---|---|---|---|---|---|---|
| 1 | 公共管理学院 | 16916217 | 杨鑫悦 | 国际比赛 | 日本 | 京都大学 | 2019.5.16—2019.5.20 |
| 2 | 工学院 | 33216122 | 林泓 | 国际比赛 | 日本 | 京都大学 | 2019.5.16—2019.5.20 |
| 3 | 工学院 | 33216125 | 郭珊 | 国际比赛 | 日本 | 京都大学 | 2019.5.16—2019.5.20 |
| 4 | 工学院 | 33116108 | 邓子昂 | 国际比赛 | 日本 | 京都大学 | 2019.5.16—2019.5.20 |
| 5 | 工学院 | 32216227 | 盛航 | 国际比赛 | 日本 | 京都大学 | 2019.5.16—2019.5.20 |
| 6 | 工学院 | 31416130 | 熊雨萱 | 国际比赛 | 日本 | 京都大学 | 2019.5.16—2019.5.20 |
| 7 | 园艺学院 | 14217115 | 陆书涵 | 暑期研修 | 日本 | 宫崎大学 | 2019.7.7—2019.7.30 |
| 8 | 外国语学院 | 21217108 | 任盈盈 | 暑期研修 | 日本 | 石川县 | 2019.7.28—2019.8.25 |
| 9 | 外国语学院 | 13415209 | 江添琦 | 暑期研修 | 日本 | 石川县 | 2019.7.28—2019.8.25 |
| 10 | 经济管理学院 | 16217215 | 李素莹 | 暑期研修 | 韩国 | 庆北大学 | 2019.8.4—2019.8.17 |
| 11 | 信息科学学院 | 19117203 | 王佩贝 | 暑期研修 | 韩国 | 庆北大学 | 2019.8.4—2019.8.17 |
| 12 | 外国语学院 | 30217127 | 许茹欣 | 暑期研修 | 韩国 | 庆北大学 | 2019.8.4—2019.8.17 |
| 13 | 理学院 | 23317107 | 毛翔 | 暑期研修 | 韩国 | 庆北大学 | 2019.8.4—2019.8.17 |
| 14 | 金融学院 | 9172210219 | 张娴 | 暑期研修 | 韩国 | 庆北大学 | 2019.8.4—2019.8.17 |
| 15 | 公共管理学院 | 16917132 | 龚雨欣 | 暑期研修 | 韩国 | 庆北大学 | 2019.8.4—2019.8.17 |
| 16 | 人文与社会发展学院 | 22816133 | 唐玉梓夷 | 暑期研修 | 韩国 | 庆北大学 | 2019.8.4—2019.8.17 |

（续）

| 序号 | 学院 | 学号 | 姓名 | 项目类别 | 国别/地区 | 境外接收单位 | 境外交流期限（年月日） |
|---|---|---|---|---|---|---|---|
| 17 | 人文与社会发展学院 | 22816119 | 应江宏 | 暑期研修 | 韩国 | 庆北大学 | 2019.8.4—2019.8.17 |
| 18 | 人文与社会发展学院 | 9172210611 | 苏婧 | 暑期研修 | 韩国 | 庆北大学 | 2019.8.4—2019.8.17 |
| 19 | 人文与社会发展学院 | 12117131 | 徐鑫玉 | 暑期研修 | 韩国 | 庆北大学 | 2019.8.4—2019.8.17 |
| 20 | 人文与社会发展学院 | 22818109 | 李梦宇 | 暑期研修 | 韩国 | 庆北大学 | 2019.8.4—2019.8.17 |
| 21 | 人文与社会发展学院 | 9182210105 | 史谦熠 | 暑期研修 | 韩国 | 庆北大学 | 2019.8.4—2019.8.17 |
| 22 | 人文与社会发展学院 | 9182210230 | 蔡铖 | 暑期研修 | 韩国 | 庆北大学 | 2019.8.4—2019.8.17 |
| 23 | 人文与社会发展学院 | 9182210407 | 齐畅 | 暑期研修 | 韩国 | 庆北大学 | 2019.8.4—2019.8.17 |
| 24 | 人文与社会发展学院 | 9182210615 | 李霄 | 暑期研修 | 韩国 | 庆北大学 | 2019.8.4—2019.8.17 |
| 25 | 人文与社会发展学院 | 9182210216 | 张睿溪 | 暑期研修 | 韩国 | 庆北大学 | 2019.8.4—2019.8.17 |
| 26 | 农学院 | 15517106 | 石姜懿 | 暑期研修 | 美国 | 加利福尼亚大学伯克利分校 | 2019.7.20—2019.8.10 |
| 27 | 理学院 | 23116107 | 朱丽雅 | 暑期研修 | 中国香港 | 香港信华教育集团 | 2019.7.14—2019.7.20 |
| 28 | 工学院 | 31417226 | 姚鑫炘 | 暑期研修 | 中国香港 | 香港信华教育集团 | 2019.8.4—2019.8.10 |
| 29 | 工学院 | 31417123 | 许亦凡 | 暑期研修 | 中国香港 | 香港信华教育集团 | 2019.8.4—2019.8.10 |
| 30 | 生命科学学院 | 13217109 | 邱东艺 | 暑期研修 | 中国香港 | 香港信华教育集团 | 2019.7.28—2019.8.3 |
| 31 | 公共管理学院 | 9173010409 | 刘诺佳 | 暑期研修 | 中国香港 | 香港信华教育集团 | 2019.8.11—2019.8.17 |
| 32 | 外国语学院 | 211117322 | 蔡洁 | 暑期研修 | 中国香港 | 香港信华教育集团 | 2019.7.2—2019.7.27 |
| 33 | 园艺学院 | 14117132 | 戴雨沁 | 暑期研修 | 日本 | 千叶大学 | 2019.7.14—2019.7.23 |
| 34 | 园艺学院 | 21217305 | 任欣琦 | 暑期研修 | 日本 | 千叶大学 | 2019.7.14—2019.7.23 |
| 35 | 园艺学院 | 14316102 | 王菁 | 暑期研修 | 日本 | 千叶大学 | 2019.7.14—2019.7.23 |
| 36 | 园艺学院 | 14117119 | 陈梦娇 | 暑期研修 | 日本 | 千叶大学 | 2019.7.14—2019.7.23 |
| 37 | 园艺学院 | 14117131 | 薄雨心 | 暑期研修 | 日本 | 千叶大学 | 2019.7.14—2019.7.23 |
| 38 | 园艺学院 | 14117112 | 谷昱 | 暑期研修 | 日本 | 千叶大学 | 2019.7.14—2019.7.23 |
| 39 | 园艺学院 | 14816124 | 季为 | 暑期研修 | 日本 | 千叶大学 | 2019.7.14—2019.7.23 |
| 40 | 园艺学院 | 14217114 | 张涵奕 | 暑期研修 | 日本 | 千叶大学 | 2019.7.14—2019.7.23 |
| 41 | 园艺学院 | 21217224 | 顾悠然 | 暑期研修 | 日本 | 千叶大学 | 2019.7.14—2019.7.23 |
| 42 | 园艺学院 | 14217112 | 张欣然 | 暑期研修 | 日本 | 千叶大学 | 2019.7.14—2019.7.23 |
| 43 | 园艺学院 | 14317131 | 瞿方茜 | 暑期研修 | 日本 | 千叶大学 | 2019.7.14—2019.7.23 |
| 44 | 园艺学院 | 14117111 | 杨熠路 | 暑期研修 | 日本 | 千叶大学 | 2019.7.14—2019.7.23 |
| 45 | 园艺学院 | 14317122 | 钟成希 | 暑期研修 | 日本 | 千叶大学 | 2019.7.14—2019.7.23 |
| 46 | 园艺学院 | 9171310215 | 张好雨 | 暑期研修 | 日本 | 千叶大学 | 2019.7.14—2019.7.23 |
| 47 | 园艺学院 | 14118410 | 李佳惠子 | 暑期研修 | 日本 | 千叶大学 | 2019.7.14—2019.7.23 |
| 48 | 园艺学院 | 14317116 | 张越 | 暑期研修 | 日本 | 千叶大学 | 2019.7.14—2019.7.23 |
| 49 | 园艺学院 | 14118329 | 戴锋 | 暑期研修 | 日本 | 千叶大学 | 2019.7.14—2019.7.23 |
| 50 | 园艺学院 | 14417121 | 韩佳沛 | 暑期研修 | 日本 | 千叶大学 | 2019.7.14—2019.7.23 |

（续）

| 序号 | 学院 | 学号 | 姓名 | 项目类别 | 国别/地区 | 境外接收单位 | 境外交流期限（年月日） |
|---|---|---|---|---|---|---|---|
| 51 | 园艺学院 | 14118423 | 赵瑜涵 | 暑期研修 | 日本 | 千叶大学 | 2019.7.14—2019.7.23 |
| 52 | 园艺学院 | 14316215 | 陈宇楠 | 暑期研修 | 日本 | 千叶大学 | 2019.7.14—2019.7.23 |
| 53 | 园艺学院 | 14417114 | 陈庆蓉 | 暑期研修 | 日本 | 千叶大学 | 2019.7.14—2019.7.23 |
| 54 | 公共管理学院 | 20217311 | 李嘉胤 | 暑期研修 | 中国香港 | 香港教育大学 | 2019.7.27—2019.8.2 |
| 55 | 公共管理学院 | 31417318 | 苏逸凡 | 暑期研修 | 中国香港 | 香港教育大学 | 2019.7.27—2019.8.2 |
| 56 | 公共管理学院 | 20217214 | 周倩雯 | 暑期研修 | 中国香港 | 香港教育大学 | 2019.7.27—2019.8.2 |
| 57 | 公共管理学院 | 20217324 | 韩丹妮 | 暑期研修 | 中国香港 | 香港教育大学 | 2019.7.27—2019.8.2 |
| 58 | 公共管理学院 | 20217318 | 孟春妍 | 暑期研修 | 中国香港 | 香港教育大学 | 2019.7.27—2019.8.2 |
| 59 | 公共管理学院 | 20217213 | 金善卿 | 暑期研修 | 中国香港 | 香港教育大学 | 2019.7.27—2019.8.2 |
| 60 | 公共管理学院 | 20216304 | 朱　彤 | 暑期研修 | 中国香港 | 香港教育大学 | 2019.7.27—2019.8.2 |
| 61 | 公共管理学院 | 20418126 | 傅梦静 | 暑期研修 | 中国香港 | 香港教育大学 | 2019.7.27—2019.8.2 |
| 62 | 公共管理学院 | 20417101 | 万　朵 | 暑期研修 | 中国香港 | 香港教育大学 | 2019.7.27—2019.8.2 |
| 63 | 公共管理学院 | 16918118 | 林　珑 | 暑期研修 | 中国香港 | 香港教育大学 | 2019.7.27—2019.8.2 |
| 64 | 公共管理学院 | 16916215 | 杨林凡 | 暑期研修 | 中国香港 | 香港教育大学 | 2019.7.27—2019.8.2 |
| 65 | 公共管理学院 | 22717119 | 贺丽群 | 暑期研修 | 中国香港 | 香港教育大学 | 2019.7.27—2019.8.2 |
| 66 | 资源与环境科学学院 | 12216130 | 蔡　畅 | 访学项目 One Health | 美国 | 加利福尼亚大学戴维斯分校 | 2019.1.27—2019.2.16 |
| 67 | 资源与环境科学学院 | 13616231 | 葛元瑗 | 访学项目 One Health | 美国 | 加利福尼亚大学戴维斯分校 | 2019.1.27—2019.2.16 |
| 68 | 资源与环境科学学院 | 13416214 | 张佳雯 | 访学项目 One Health | 美国 | 加利福尼亚大学戴维斯分校 | 2019.1.27—2019.2.16 |
| 69 | 资源与环境科学学院 | 13615132 | 逯婉纯 | 访学项目 One Health | 美国 | 加利福尼亚大学戴维斯分校 | 2019.1.27—2019.2.16 |
| 70 | 资源与环境科学学院 | 33315207 | 刘志颖 | 访学项目 One Health | 美国 | 加利福尼亚大学戴维斯分校 | 2019.1.27—2019.2.16 |
| 71 | 资源与环境科学学院 | 13416217 | 陈杨沁 | 访学项目 One Health | 美国 | 加利福尼亚大学戴维斯分校 | 2019.1.27—2019.2.16 |
| 72 | 资源与环境科学学院 | 13415103 | 毛　敏 | 访学项目 One Health | 美国 | 加利福尼亚大学戴维斯分校 | 2019.1.27—2019.2.16 |
| 73 | 资源与环境科学学院 | 13616211 | 许一飞 | 访学项目 One Health | 美国 | 加利福尼亚大学戴维斯分校 | 2019.1.27—2019.2.16 |
| 74 | 食品科技学院 | 18116216 | 陈莎男 | 访学项目 One Health | 美国 | 加利福尼亚大学戴维斯分校 | 2019.1.27—2019.2.16 |
| 75 | 食品科技学院 | 18216225 | 顾诗敏 | 访学项目 One Health | 美国 | 加利福尼亚大学戴维斯分校 | 2019.1.27—2019.2.16 |

（续）

| 序号 | 学院 | 学号 | 姓名 | 项目类别 | 国别/地区 | 境外接收单位 | 境外交流期限（年月日） |
|------|------|------|------|----------|-----------|--------------|------------------------|
| 76 | 食品科技学院 | 18416107 | 吕芳鑫 | 访学项目 One Health | 美国 | 加利福尼亚大学戴维斯分校 | 2019.1.27—2019.2.16 |
| 77 | 食品科技学院 | 18216125 | 秦 岳 | 访学项目 One Health | 美国 | 加利福尼亚大学戴维斯分校 | 2019.1.27—2019.2.16 |
| 78 | 食品科技学院 | 18216111 | 阮圣玥 | 访学项目 One Health | 美国 | 加利福尼亚大学戴维斯分校 | 2019.1.27—2019.2.16 |
| 79 | 食品科技学院 | 18116122 | 殷嘉乐 | 访学项目 One Health | 美国 | 加利福尼亚大学戴维斯分校 | 2019.1.27—2019.2.16 |
| 80 | 食品科技学院 | 18116120 | 周子文 | 访学项目 One Health | 美国 | 加利福尼亚大学戴维斯分校 | 2019.1.27—2019.2.16 |
| 81 | 植物保护学院 | 12116101 | 于盛杰 | 访学项目 One Health | 美国 | 加利福尼亚大学戴维斯分校 | 2019.1.27—2019.2.16 |
| 82 | 植物保护学院 | 12116412 | 孙文慧 | 访学项目 One Health | 美国 | 加利福尼亚大学戴维斯分校 | 2019.1.27—2019.2.16 |
| 83 | 植物保护学院 | 12116201 | 王姝瑜 | 访学项目 One Health | 美国 | 加利福尼亚大学戴维斯分校 | 2019.1.27—2019.2.16 |
| 84 | 植物保护学院 | 12116328 | 谢芷蘅 | 访学项目 One Health | 美国 | 加利福尼亚大学戴维斯分校 | 2019.1.27—2019.2.16 |
| 85 | 植物保护学院 | 12116305 | 王泓力 | 访学项目 One Health | 美国 | 加利福尼亚大学戴维斯分校 | 2019.1.27—2019.2.16 |
| 86 | 植物保护学院 | 12116403 | 马寅君 | 访学项目 One Health | 美国 | 加利福尼亚大学戴维斯分校 | 2019.1.27—2019.2.16 |
| 87 | 生命科学学院 | 10316108 | 朱 彧 | 访学项目 One Health | 美国 | 加利福尼亚大学戴维斯分校 | 2019.1.27—2019.2.16 |
| 88 | 生命科学学院 | 13216122 | 彭 程 | 访学项目 One Health | 美国 | 加利福尼亚大学戴维斯分校 | 2019.1.27—2019.2.16 |
| 89 | 生命科学学院 | 10316115 | 李晨昱 | 访学项目 One Health | 美国 | 加利福尼亚大学戴维斯分校 | 2019.1.27—2019.2.16 |
| 90 | 生命科学学院 | 10116103 | 勾润宇 | 访学项目 One Health | 美国 | 加利福尼亚大学戴维斯分校 | 2019.1.27—2019.2.16 |
| 91 | 动物医学院 | 17115215 | 罗瑞新 | 访学项目 One Health | 美国 | 加利福尼亚大学戴维斯分校 | 2019.1.27—2019.2.16 |
| 92 | 动物医学院 | 17115416 | 张 旗 | 访学项目 One Health | 美国 | 加利福尼亚大学戴维斯分校 | 2019.1.27—2019.2.16 |
| 93 | 动物医学院 | 15515126 | 徐彤彤 | 访学项目 One Health | 美国 | 加利福尼亚大学戴维斯分校 | 2019.1.27—2019.2.16 |

（续）

| 序号 | 学院 | 学号 | 姓名 | 项目类别 | 国别/地区 | 境外接收单位 | 境外交流期限（年月日） |
|---|---|---|---|---|---|---|---|
| 94 | 动物医学院 | 17115207 | 许秋华 | 访学项目 One Health | 美国 | 加利福尼亚大学戴维斯分校 | 2019.1.27—2019.2.16 |
| 95 | 园艺学院 | 14216112 | 杨映辉 | 访学项目 One Health | 美国 | 加利福尼亚大学戴维斯分校 | 2019.1.27—2019.2.16 |
| 96 | 园艺学院 | 14116316 | 张臻 | 访学项目 One Health | 美国 | 加利福尼亚大学戴维斯分校 | 2019.1.27—2019.2.16 |
| 97 | 园艺学院 | 14116210 | 李家曦 | 访学项目 One Health | 美国 | 加利福尼亚大学戴维斯分校 | 2019.1.27—2019.2.16 |
| 98 | 动物科技学院 | 15116121 | 赵艺 | 访学项目 One Health | 美国 | 加利福尼亚大学戴维斯分校 | 2019.1.27—2019.2.16 |
| 99 | 草业学院 | 31316307 | 卢泳仪 | 访学项目 One Health | 美国 | 加利福尼亚大学戴维斯分校 | 2019.1.27—2019.2.16 |
| 100 | 农学院 | 14115111 | 李晨 | 访学项目 | 美国 | 加利福尼亚大学戴维斯分校 | 2019.1.23—2019.2.14 |
| 101 | 农学院 | 12215119 | 赵子甄 | 访学项目 | 美国 | 加利福尼亚大学戴维斯分校 | 2019.1.23—2019.2.14 |
| 102 | 农学院 | 11115219 | 宋晓倩 | 访学项目 | 美国 | 加利福尼亚大学戴维斯分校 | 2019.1.23—2019.2.14 |
| 103 | 农学院 | 14115211 | 任秋韵 | 访学项目 | 美国 | 加利福尼亚大学戴维斯分校 | 2019.1.23—2019.2.14 |
| 104 | 农学院 | 12115328 | 顾君妍 | 访学项目 | 美国 | 加利福尼亚大学戴维斯分校 | 2019.1.23—2019.2.14 |
| 105 | 农学院 | 35115116 | 张婧宇 | 访学项目 | 美国 | 加利福尼亚大学戴维斯分校 | 2019.1.23—2019.2.14 |
| 106 | 农学院 | 18415230 | 谭洪刚 | 访学项目 | 美国 | 加利福尼亚大学戴维斯分校 | 2019.1.23—2019.2.14 |
| 107 | 农学院 | 11115201 | 马腾飞 | 访学项目 | 美国 | 加利福尼亚大学戴维斯分校 | 2019.1.23—2019.2.14 |
| 108 | 农学院 | 11115120 | 赵伟宁 | 访学项目 | 美国 | 加利福尼亚大学戴维斯分校 | 2019.1.23—2019.2.14 |
| 109 | 农学院 | 11115129 | 梅敏 | 访学项目 | 美国 | 加利福尼亚大学戴维斯分校 | 2019.1.23—2019.2.14 |
| 110 | 农学院 | 11115428 | 袁婷 | 访学项目 | 美国 | 加利福尼亚大学戴维斯分校 | 2019.1.23—2019.2.14 |
| 111 | 农学院 | 11115409 | 李怀民 | 访学项目 | 美国 | 加利福尼亚大学戴维斯分校 | 2019.1.23—2019.2.14 |

（续）

| 序号 | 学院 | 学号 | 姓名 | 项目类别 | 国别/地区 | 境外接收单位 | 境外交流期限（年月日） |
|---|---|---|---|---|---|---|---|
| 112 | 农学院 | 11115315 | 杨 菲 | 访学项目 | 美国 | 加利福尼亚大学戴维斯分校 | 2019.1.23—2019.2.14 |
| 113 | 农学院 | 11115314 | 李诗雨 | 访学项目 | 美国 | 加利福尼亚大学戴维斯分校 | 2019.1.23—2019.2.14 |
| 114 | 农学院 | 11115225 | 陈雅萍 | 访学项目 | 美国 | 加利福尼亚大学戴维斯分校 | 2019.1.23—2019.2.14 |
| 115 | 农学院 | 11115217 | 何明洁 | 访学项目 | 美国 | 加利福尼亚大学戴维斯分校 | 2019.1.23—2019.2.14 |
| 116 | 农学院 | 11115213 | 巫 月 | 访学项目 | 美国 | 加利福尼亚大学戴维斯分校 | 2019.1.23—2019.2.14 |
| 117 | 农学院 | 11115411 | 杨 宁 | 访学项目 | 美国 | 加利福尼亚大学戴维斯分校 | 2019.1.23—2019.2.14 |
| 118 | 农学院 | 11115412 | 杨濡菲 | 访学项目 | 美国 | 加利福尼亚大学戴维斯分校 | 2019.1.23—2019.2.14 |
| 119 | 农学院 | 31115219 | 陈怡名 | 访学项目 | 美国 | 加利福尼亚大学戴维斯分校 | 2019.1.23—2019.2.14 |
| 120 | 农学院 | 11215111 | 何晓娟 | 访学项目 | 美国 | 加利福尼亚大学戴维斯分校 | 2019.1.23—2019.2.14 |
| 121 | 动物医学院 | 30217316 | 连倩源 | 访学项目 | 美国 | 加利福尼亚大学戴维斯分校 | 2019.8.11—2019.8.31 |
| 122 | 动物医学院 | 17117113 | 李梦玥 | 访学项目 | 美国 | 加利福尼亚大学戴维斯分校 | 2019.8.11—2019.8.31 |
| 123 | 动物医学院 | 11317106 | 李姿萱 | 访学项目 | 美国 | 加利福尼亚大学戴维斯分校 | 2019.8.11—2019.8.31 |
| 124 | 动物医学院 | 17117322 | 俞思勇 | 访学项目 | 美国 | 加利福尼亚大学戴维斯分校 | 2019.8.11—2019.8.31 |
| 125 | 动物医学院 | 17117407 | 李南南 | 访学项目 | 美国 | 加利福尼亚大学戴维斯分校 | 2019.8.11—2019.8.31 |
| 126 | 动物医学院 | 17116117 | 张晓婷 | 访学项目 | 美国 | 加利福尼亚大学戴维斯分校 | 2019.8.11—2019.8.31 |
| 127 | 动物医学院 | 17116118 | 陆 露 | 访学项目 | 美国 | 加利福尼亚大学戴维斯分校 | 2019.8.11—2019.8.31 |
| 128 | 动物医学院 | 17116116 | 张凯铭 | 访学项目 | 美国 | 加利福尼亚大学戴维斯分校 | 2019.8.11—2019.8.31 |
| 129 | 动物医学院 | 17116205 | 邓世宇 | 访学项目 | 美国 | 加利福尼亚大学戴维斯分校 | 2019.8.11—2019.8.31 |

（续）

| 序号 | 学院 | 学号 | 姓名 | 项目类别 | 国别/地区 | 境外接收单位 | 境外交流期限（年月日） |
|---|---|---|---|---|---|---|---|
| 130 | 动物医学院 | 17116420 | 陈楷文 | 访学项目 | 美国 | 加利福尼亚大学戴维斯分校 | 2019.8.11—2019.8.31 |
| 131 | 动物医学院 | 17117424 | 郭佳仪 | 访学项目 | 美国 | 加利福尼亚大学戴维斯分校 | 2019.8.11—2019.8.31 |
| 132 | 动物医学院 | 17117412 | 余啸南 | 访学项目 | 美国 | 加利福尼亚大学戴维斯分校 | 2019.8.11—2019.8.31 |
| 133 | 动物医学院 | 17116128 | 董心仪 | 访学项目 | 美国 | 加利福尼亚大学戴维斯分校 | 2019.8.11—2019.8.31 |
| 134 | 动物医学院 | 17116312 | 初亚婕 | 访学项目 | 美国 | 加利福尼亚大学戴维斯分校 | 2019.8.11—2019.8.31 |
| 135 | 动物科技学院 | 15117225 | 黄子欣 | 访学项目 | 美国 | 加利福尼亚大学戴维斯分校 | 2019.8.11—2019.8.31 |
| 136 | 动物科技学院 | 15117310 | 李雅楠 | 访学项目 | 美国 | 加利福尼亚大学戴维斯分校 | 2019.8.11—2019.8.31 |
| 137 | 动物科技学院 | 15117210 | 余昊天 | 访学项目 | 美国 | 加利福尼亚大学戴维斯分校 | 2019.8.11—2019.8.31 |
| 138 | 动物科技学院 | 17417130 | 康露渊 | 访学项目 | 美国 | 加利福尼亚大学戴维斯分校 | 2019.8.11—2019.8.31 |
| 139 | 动物科技学院 | 15117427 | 傅予彤 | 访学项目 | 美国 | 加利福尼亚大学戴维斯分校 | 2019.8.11—2019.8.31 |
| 140 | 动物科技学院 | 15117109 | 刘　琛 | 访学项目 | 美国 | 加利福尼亚大学戴维斯分校 | 2019.8.11—2019.8.31 |
| 141 | 经济管理学院 | 16116114 | 杨　雪 | 访学项目 | 加拿大 | 英属哥伦比亚大学 | 2019.7.13—2019.8.13 |
| 142 | 理学院 | 23218124 | 陈祎阳 | 访学项目 | 加拿大 | 英属哥伦比亚大学 | 2019.7.13—2019.8.13 |
| 143 | 工学院 | 32217228 | 郑佳琦 | 访学项目 | 加拿大 | 英属哥伦比亚大学 | 2019.7.13—2019.8.13 |
| 144 | 外国语学院 | 21116319 | 范一菲 | 访学项目 | 澳大利亚 | 昆士兰大学 | 2019.7.15—2019.8.16 |
| 145 | 资源与环境科学学院 | 9171310603 | 王明辉 | 访学项目 | 美国 | 密歇根州立大学 | 2019.7.17—2019.8.6 |
| 146 | 经济管理学院 | 12117309 | 李　理 | 访学项目 | 美国 | 普渡大学 | 2019.8.18—2019.9.1 |
| 147 | 经济管理学院 | 9173011411 | 刘永恒 | 访学项目 | 美国 | 普渡大学 | 2019.8.18—2019.9.1 |
| 148 | 经济管理学院 | 16116232 | 雷馨圆 | 访学项目 | 美国 | 普渡大学 | 2019.8.18—2019.9.1 |
| 149 | 经济管理学院 | 12115421 | 袁　梦 | 访学项目 | 美国 | 普渡大学 | 2019.8.18—2019.9.1 |
| 150 | 经济管理学院 | 15117403 | 石玮怡 | 访学项目 | 美国 | 普渡大学 | 2019.8.18—2019.9.1 |
| 151 | 经济管理学院 | 9172210106 | 朱沐清 | 访学项目 | 美国 | 普渡大学 | 2019.8.18—2019.9.1 |
| 152 | 经济管理学院 | 16117203 | 王　勐 | 访学项目 | 美国 | 普渡大学 | 2019.8.18—2019.9.1 |
| 153 | 经济管理学院 | 16116114 | 杨　雪 | 访学项目 | 美国 | 普渡大学 | 2019.8.18—2019.9.1 |

（续）

| 序号 | 学院 | 学号 | 姓名 | 项目类别 | 国别/地区 | 境外接收单位 | 境外交流期限（年月日） |
|---|---|---|---|---|---|---|---|
| 154 | 经济管理学院 | 21217211 | 刘敏萱 | 访学项目 | 美国 | 普渡大学 | 2019.8.18—2019.9.1 |
| 155 | 经济管理学院 | 16117231 | 谢颖菲 | 访学项目 | 美国 | 普渡大学 | 2019.8.18—2019.9.1 |
| 156 | 经济管理学院 | 32217403 | 苟明睿 | 访学项目 | 美国 | 普渡大学 | 2019.8.18—2019.9.1 |
| 157 | 经济管理学院 | 11117228 | 徐依婷 | 访学项目 | 美国 | 普渡大学 | 2019.8.18—2019.9.1 |
| 158 | 经济管理学院 | 16115117 | 陈京 | 访学项目 | 美国 | 普渡大学 | 2019.8.18—2019.9.1 |
| 159 | 经济管理学院 | 11215226 | 崔鑫妍 | 访学项目 | 美国 | 普渡大学 | 2019.8.18—2019.9.1 |
| 160 | 经济管理学院 | 16215122 | 徐紫枫 | 访学项目 | 美国 | 普渡大学 | 2019.8.18—2019.9.1 |
| 161 | 经济管理学院 | 16115110 | 安宁 | 访学项目 | 美国 | 普渡大学 | 2019.8.18—2019.9.1 |
| 162 | 农学院 | 12117332 | 裴蕾 | 访学项目 | 加拿大 | 阿尔伯塔大学 | 2019.7.10—2019.8.9 |
| 163 | 农学院 | 14117207 | 王誉晓 | 访学项目 | 加拿大 | 阿尔伯塔大学 | 2019.7.10—2019.8.9 |
| 164 | 农学院 | 33316229 | 雷源 | 访学项目 | 加拿大 | 阿尔伯塔大学 | 2019.7.10—2019.8.9 |
| 165 | 农学院 | 11117126 | 常乐 | 访学项目 | 加拿大 | 阿尔伯塔大学 | 2019.7.10—2019.8.9 |
| 166 | 农学院 | 15117216 | 庞可心 | 访学项目 | 加拿大 | 阿尔伯塔大学 | 2019.7.10—2019.8.9 |
| 167 | 农学院 | 12117114 | 杨帆 | 访学项目 | 加拿大 | 阿尔伯塔大学 | 2019.7.10—2019.8.9 |
| 168 | 农学院 | 11216212 | 苏文欣 | 访学项目 | 加拿大 | 阿尔伯塔大学 | 2019.7.10—2019.8.9 |
| 169 | 农学院 | 11217222 | 贺子欣 | 访学项目 | 加拿大 | 阿尔伯塔大学 | 2019.7.10—2019.8.9 |
| 170 | 农学院 | 11117225 | 莫倩茹 | 访学项目 | 加拿大 | 阿尔伯塔大学 | 2019.7.10—2019.8.9 |
| 171 | 农学院 | 11217114 | 陈孟明 | 访学项目 | 加拿大 | 阿尔伯塔大学 | 2019.7.10—2019.8.9 |
| 172 | 农学院 | 11217227 | 高晗 | 访学项目 | 加拿大 | 阿尔伯塔大学 | 2019.7.10—2019.8.9 |
| 173 | 农学院 | 11116424 | 钱昊 | 访学项目 | 加拿大 | 阿尔伯塔大学 | 2019.7.10—2019.8.9 |
| 174 | 农学院 | 12117321 | 易诗淇 | 访学项目 | 加拿大 | 阿尔伯塔大学 | 2019.7.10—2019.8.9 |
| 175 | 农学院 | 11217224 | 夏萌霜 | 访学项目 | 加拿大 | 阿尔伯塔大学 | 2019.7.10—2019.8.9 |
| 176 | 农学院 | 11117207 | 刘冬 | 访学项目 | 加拿大 | 阿尔伯塔大学 | 2019.7.10—2019.8.9 |
| 177 | 农学院 | 11217121 | 胡楮元 | 访学项目 | 加拿大 | 阿尔伯塔大学 | 2019.7.10—2019.8.9 |
| 178 | 经济管理学院 | 32218117 | 漆家宏 | 暑期交流 | 加拿大 | 女王大学 | 2019.8.12—2019.8.30 |
| 179 | 人文与社会发展学院 | 9182210325 | 施敏娴 | 暑期交流 | 美国 | 波士顿大学 | 2019.7.18—2019.8.16 |
| 180 | 农学院 | 11217109 | 李珏 | 赴美暑期社会调研 | 美国 | 美国教育资源发展基金会 | 2019.7.16—2019.8.5 |
| 181 | 人文与社会发展学院 | 9182210205 | 尼见钦 | 赴美暑期社会调研 | 美国 | 美国教育资源发展基金会 | 2019.7.16—2019.8.5 |
| 182 | 公共管理学院 | 22717101 | 马思雨 | 赴美暑期社会调研 | 美国 | 美国教育资源发展基金会 | 2019.7.16—2019.8.5 |
| 183 | 生命科学学院 | 10317130 | 魏子洋 | 赴美暑期社会调研 | 美国 | 美国教育资源发展基金会 | 2019.7.16—2019.8.5 |
| 184 | 外国语学院 | 21118113 | 汤媛媛 | 赴美暑期社会调研 | 美国 | 美国教育资源发展基金会 | 2019.7.16—2019.8.5 |

（续）

| 序号 | 学院 | 学号 | 姓名 | 项目类别 | 国别/地区 | 境外接收单位 | 境外交流期限（年月日） |
|---|---|---|---|---|---|---|---|
| 185 | 农学院 | 11217230 | 韩节律 | 赴美暑期社会调研 | 美国 | 美国教育资源发展基金会 | 2019.7.16—2019.8.5 |
| 186 | 外国语学院 | 21118118 | 张仲男 | 赴美暑期社会调研 | 美国 | 美国教育资源发展基金会 | 2019.7.16—2019.8.5 |
| 187 | 金融学院 | 16317322 | 梁歆月 | 访学项目 | 英国 | 伦敦政治经济学院 | 2019.7.22—2019.8.17 |
| 188 | 金融学院 | 16317315 | 陈瑜 | 访学项目 | 英国 | 伦敦政治经济学院 | 2019.7.22—2019.8.17 |
| 189 | 金融学院 | 16817212 | 李元君 | 访学项目 | 英国 | 伦敦政治经济学院 | 2019.7.22—2019.8.17 |
| 190 | 金融学院 | 16217223 | 陈婧 | 访学项目 | 英国 | 伦敦政治经济学院 | 2019.7.22—2019.8.17 |
| 191 | 金融学院 | 16817126 | 陶然 | 访学项目 | 英国 | 伦敦政治经济学院 | 2019.7.22—2019.8.17 |
| 192 | 金融学院 | 23117116 | 郁文涛 | 访学项目 | 英国 | 伦敦政治经济学院 | 2019.7.22—2019.8.17 |
| 193 | 金融学院 | 16318313 | 周慧洋 | 访学项目 | 英国 | 伦敦政治经济学院 | 2019.7.22—2019.8.17 |
| 194 | 金融学院 | 16217125 | 席飞扬 | 访学项目 | 英国 | 伦敦政治经济学院 | 2019.7.22—2019.8.17 |
| 195 | 金融学院 | 16317108 | 汤悦坤 | 访学项目 | 英国 | 伦敦政治经济学院 | 2019.7.22—2019.8.17 |
| 196 | 食品科技学院 | 9171810201 | 王雪艳 | 访学项目 | 英国 | 雷丁大学 | 2019.7.22—2019.8.4 |
| 197 | 食品科技学院 | 9171810118 | 宋雅琪 | 访学项目 | 英国 | 雷丁大学 | 2019.7.22—2019.8.4 |
| 198 | 食品科技学院 | 18116118 | 陈奕凝 | 访学项目 | 英国 | 雷丁大学 | 2019.7.22—2019.8.4 |
| 199 | 食品科技学院 | 9181810305 | 方馨 | 访学项目 | 英国 | 雷丁大学 | 2019.7.22—2019.8.4 |
| 200 | 食品科技学院 | 9171810524 | 高倩妮 | 访学项目 | 英国 | 雷丁大学 | 2019.7.22—2019.8.4 |
| 201 | 食品科技学院 | 9171810304 | 付楚靖 | 访学项目 | 英国 | 雷丁大学 | 2019.7.22—2019.8.4 |
| 202 | 食品科技学院 | 9171810619 | 郑子萌 | 访学项目 | 英国 | 雷丁大学 | 2019.7.22—2019.8.4 |
| 203 | 食品科技学院 | 9171810214 | 陈晨 | 访学项目 | 英国 | 雷丁大学 | 2019.7.22—2019.8.4 |
| 204 | 食品科技学院 | 18116121 | 赵玉琪 | 访学项目 | 英国 | 雷丁大学 | 2019.7.22—2019.8.4 |
| 205 | 食品科技学院 | 9181810324 | 赵宇晴 | 访学项目 | 英国 | 雷丁大学 | 2019.7.22—2019.8.4 |
| 206 | 食品科技学院 | 9171810521 | 耿雅倩 | 访学项目 | 英国 | 雷丁大学 | 2019.7.22—2019.8.4 |
| 207 | 食品科技学院 | 9171810123 | 金璐 | 访学项目 | 英国 | 雷丁大学 | 2019.7.22—2019.8.4 |
| 208 | 食品科技学院 | 9171810417 | 张苍萍 | 访学项目 | 英国 | 雷丁大学 | 2019.7.22—2019.8.4 |
| 209 | 食品科技学院 | 9171810303 | 付雨萌 | 访学项目 | 英国 | 雷丁大学 | 2019.7.22—2019.8.4 |
| 210 | 食品科技学院 | 9171810202 | 闫丽华 | 访学项目 | 英国 | 雷丁大学 | 2019.7.22—2019.8.4 |
| 211 | 食品科技学院 | 9171810106 | 牛晓康 | 访学项目 | 英国 | 雷丁大学 | 2019.7.22—2019.8.4 |
| 212 | 食品科技学院 | 18216223 | 荀冉 | 访学项目 | 英国 | 雷丁大学 | 2019.7.22—2019.8.4 |
| 213 | 食品科技学院 | 9181810213 | 陈伊婷 | 访学项目 | 英国 | 雷丁大学 | 2019.7.22—2019.8.4 |
| 214 | 食品科技学院 | 9171810119 | 张顶 | 访学项目 | 英国 | 雷丁大学 | 2019.7.22—2019.8.4 |
| 215 | 食品科技学院 | 9171810315 | 张涵 | 访学项目 | 英国 | 雷丁大学 | 2019.7.22—2019.8.4 |
| 216 | 食品科技学院 | 9171810210 | 吴非正 | 访学项目 | 英国 | 雷丁大学 | 2019.7.22—2019.8.4 |
| 217 | 农学院 | 11216220 | 顾志伟 | 暑期毒理学夏令营 | 捷克 | 赫拉德茨-克拉洛韦大学 | 2019.7.24—2019.8.24 |

（续）

| 序号 | 学院 | 学号 | 姓名 | 项目类别 | 国别/地区 | 境外接收单位 | 境外交流期限（年月日） |
|---|---|---|---|---|---|---|---|
| 218 | 农学院 | 11316125 | 薛诗婳 | 暑期毒理学夏令营 | 捷克 | 赫拉德茨-克拉洛韦大学 | 2019.7.24—2019.8.24 |
| 219 | 农学院 | 11116115 | 李钰欣 | 暑期毒理学夏令营 | 捷克 | 赫拉德茨-克拉洛韦大学 | 2019.7.24—2019.8.24 |
| 220 | 食品科技学院 | 33316114 | 何淇会 | 暑期毒理学夏令营 | 捷克 | 赫拉德茨-克拉洛韦大学 | 2019.7.24—2019.8.24 |
| 221 | 食品科技学院 | 18216213 | 沙元栋 | 暑期毒理学夏令营 | 捷克 | 赫拉德茨-克拉洛韦大学 | 2019.7.24—2019.8.24 |
| 222 | 食品科技学院 | 18116229 | 蒋思睿 | 暑期毒理学夏令营 | 捷克 | 赫拉德茨-克拉洛韦大学 | 2019.7.24—2019.8.24 |
| 223 | 食品科技学院 | 18216204 | 仲安琪 | 暑期毒理学夏令营 | 捷克 | 赫拉德茨-克拉洛韦大学 | 2019.7.24—2019.8.24 |
| 224 | 食品科技学院 | 9171810529 | 蔡歆雅 | 暑期毒理学夏令营 | 捷克 | 赫拉德茨-克拉洛韦大学 | 2019.7.24—2019.8.24 |
| 225 | 食品科技学院 | 14117232 | 戴沛桢 | 暑期毒理学夏令营 | 捷克 | 赫拉德茨-克拉洛韦大学 | 2019.7.24—2019.8.24 |
| 226 | 植物保护学院 | 12117127 | 赵晗希 | 暑期毒理学夏令营 | 捷克 | 赫拉德茨-克拉洛韦大学 | 2019.7.24—2019.8.24 |
| 227 | 植物保护学院 | 12117123 | 陆潇楠 | 暑期毒理学夏令营 | 捷克 | 赫拉德茨-克拉洛韦大学 | 2019.7.24—2019.8.24 |
| 228 | 园艺学院 | 14116308 | 刘杰 | 暑期毒理学夏令营 | 捷克 | 赫拉德茨-克拉洛韦大学 | 2019.7.24—2019.8.24 |
| 229 | 动物科技学院 | 15117129 | 韩雨欣 | 暑期毒理学夏令营 | 捷克 | 赫拉德茨-克拉洛韦大学 | 2019.7.24—2019.8.24 |
| 230 | 动物科技学院 | 15117413 | 杨若凝 | 暑期毒理学夏令营 | 捷克 | 赫拉德茨-克拉洛韦大学 | 2019.7.24—2019.8.24 |
| 231 | 理学院 | 33116414 | 许倬俊 | 暑期毒理学夏令营 | 捷克 | 赫拉德茨-克拉洛韦大学 | 2019.7.24—2019.8.24 |
| 232 | 理学院 | 23216222 | 黄煜东 | 暑期毒理学夏令营 | 捷克 | 赫拉德茨-克拉洛韦大学 | 2019.7.24—2019.8.24 |
| 233 | 动物医学院 | 17116403 | 毛玎懿 | 暑期课程项目 | 美国 | 加利福尼亚大学戴维斯分校 | 2019.8.5—2019.9.13 |
| 234 | 经济管理学院 | 16217108 | 米雨昕 | 暑期课程项目 | 美国 | 加利福尼亚大学戴维斯分校 | 2019.8.5—2019.9.13 |
| 235 | 动物医学院 | 11116118 | 杨铭洋 | 暑期课程项目 | 美国 | 加利福尼亚大学戴维斯分校 | 2019.8.5—2019.9.13 |

（续）

| 序号 | 学院 | 学号 | 姓名 | 项目类别 | 国别/地区 | 境外接收单位 | 境外交流期限（年月日） |
|---|---|---|---|---|---|---|---|
| 236 | 园艺学院 | 31416229 | 黄瑞琳 | 暑期课程项目 | 美国 | 加利福尼亚大学戴维斯分校 | 2019.8.5—2019.9.13 |
| 237 | 经济管理学院 | 31417228 | 张雨薇 | 暑期课程项目 | 美国 | 加利福尼亚大学戴维斯分校 | 2019.8.5—2019.9.13 |
| 238 | 人文与社会发展学院 | 9182210620 | 张书宁 | 访学项目 | 美国 | 加利福尼亚大学戴维斯分校 | 2019.1.20—2019.2.3 |
| 239 | 人文与社会发展学院 | 9172210525 | 倪妍 | 访学项目 | 美国 | 加利福尼亚大学戴维斯分校 | 2019.1.20—2019.2.3 |
| 240 | 人文与社会发展学院 | 22616118 | 范罗雨 | 访学项目 | 美国 | 加利福尼亚大学戴维斯分校 | 2019.1.20—2019.2.3 |
| 241 | 人文与社会发展学院 | 9182210331 | 潘玥 | 访学项目 | 美国 | 加利福尼亚大学戴维斯分校 | 2019.1.20—2019.2.3 |
| 242 | 人文与社会发展学院 | 9182210520 | 沈嫣然 | 访学项目 | 美国 | 加利福尼亚大学戴维斯分校 | 2019.1.20—2019.2.3 |
| 243 | 园艺学院 | 9173011604 | 胡浩洋 | 访学项目 | 美国 | 加利福尼亚大学戴维斯分校 | 2019.1.20—2019.2.3 |
| 244 | 园艺学院 | 14316117 | 倪雨淳 | 访学项目 | 美国 | 加利福尼亚大学戴维斯分校 | 2019.1.20—2019.2.3 |
| 245 | 园艺学院 | 14316105 | 孙源 | 访学项目 | 美国 | 加利福尼亚大学戴维斯分校 | 2019.1.20—2019.2.3 |
| 246 | 园艺学院 | 14316210 | 芮雪 | 访学项目 | 美国 | 加利福尼亚大学戴维斯分校 | 2019.1.20—2019.2.3 |
| 247 | 园艺学院 | 14116204 | 王桦 | 访学项目 | 美国 | 加利福尼亚大学戴维斯分校 | 2019.1.20—2019.2.3 |
| 248 | 公共管理学院 | 20118111 | 李宝连 | 访学项目 | 美国 | 加利福尼亚大学戴维斯分校 | 2019.1.20—2019.2.3 |
| 249 | 公共管理学院 | 20117110 | 肖欣茹 | 访学项目 | 美国 | 加利福尼亚大学戴维斯分校 | 2019.1.20—2019.2.3 |
| 250 | 公共管理学院 | 22717122 | 倪淳 | 访学项目 | 美国 | 加利福尼亚大学戴维斯分校 | 2019.1.20—2019.2.3 |
| 251 | 公共管理学院 | 20216104 | 车序超 | 访学项目 | 美国 | 加利福尼亚大学戴维斯分校 | 2019.1.20—2019.2.3 |
| 252 | 公共管理学院 | 15116424 | 蒋希睿 | 访学项目 | 美国 | 加利福尼亚大学戴维斯分校 | 2019.1.20—2019.2.3 |
| 253 | 经济管理学院 | 16716129 | 谭鹏燕 | 文化研修 | 韩国 | 全北大学 | 2019.1.20—2019.2.2 |

（续）

| 序号 | 学院 | 学号 | 姓名 | 项目类别 | 国别/地区 | 境外接收单位 | 境外交流期限（年月日） |
|---|---|---|---|---|---|---|---|
| 254 | 经济管理学院 | 33216107 | 史怡芳 | 文化研修 | 韩国 | 全北大学 | 2019.1.20—2019.2.2 |
| 255 | 经济管理学院 | 16716110 | 刘恬恬 | 文化研修 | 韩国 | 全北大学 | 2019.1.20—2019.2.2 |
| 256 | 经济管理学院 | 16416127 | 姜雪 | 文化研修 | 韩国 | 全北大学 | 2019.1.20—2019.2.2 |
| 257 | 经济管理学院 | 9172210605 | 王雪晴 | 文化研修 | 韩国 | 全北大学 | 2019.1.20—2019.2.2 |
| 258 | 资源与环境科学学院 | 13316111 | 刘雅宣 | 文化研修 | 韩国 | 全北大学 | 2019.1.20—2019.2.2 |
| 259 | 人文与社会发展学院 | 9172210508 | 闫若瑾 | 文化研修 | 韩国 | 全北大学 | 2019.1.20—2019.2.2 |
| 260 | 人文与社会发展学院 | 22216122 | 张粟毓 | 文化研修 | 韩国 | 全北大学 | 2019.1.20—2019.2.2 |
| 261 | 公共管理学院 | 20216110 | 李晓璇 | 文化研修 | 韩国 | 全北大学 | 2019.1.20—2019.2.2 |
| 262 | 公共管理学院 | 20416128 | 曾国威 | 文化研修 | 韩国 | 全北大学 | 2019.1.20—2019.2.2 |
| 263 | 公共管理学院 | 16918103 | 冯一尘 | 文化研修 | 韩国 | 全北大学 | 2019.1.20—2019.2.2 |
| 264 | 动物科技学院 | 15116126 | 曾文珺 | 文化研修 | 韩国 | 全北大学 | 2019.1.20—2019.2.2 |
| 265 | 食品科技学院 | 18216209 | 李雪菲 | 文化研修 | 韩国 | 全北大学 | 2019.1.20—2019.2.2 |
| 266 | 农学院 | 11116424 | 钱昊 | 文化研修 | 韩国 | 全北大学 | 2019.1.20—2019.2.2 |
| 267 | 外国语学院 | 21217218 | 吴佳宇 | 文化研修 | 日本 | 宫崎大学 | 2019.1.19—2019.2.3 |
| 268 | 外国语学院 | 21217311 | 李逸升 | 文化研修 | 日本 | 宫崎大学 | 2019.1.19—2019.2.3 |
| 269 | 园艺学院 | 14316107 | 杨时宇 | 文化研修 | 日本 | 宫崎大学 | 2019.1.19—2019.2.3 |
| 270 | 工学院 | 9173010530 | 朱杰 | 文化研修 | 日本 | 宫崎大学 | 2019.1.19—2019.2.3 |
| 271 | 金融学院 | 21217220 | 郑子昕 | 文化研修 | 日本 | 宫崎大学 | 2019.1.19—2019.2.3 |
| 272 | 公共管理学院 | 22717101 | 马思雨 | 企业实习 | 中国香港 | 香港信华教育集团 | 2019.2.10—2019.2.16 |
| 273 | 金融学院 | 16816205 | 田旭林 | 企业实习 | 中国香港 | 香港信华教育集团 | 2019.1.20—2019.1.26 |
| 274 | 农学院 | 11218121 | 胡婷煊 | 企业实习 | 中国香港 | 香港信华教育集团 | 2019.1.27—2019.2.2 |
| 275 | 理学院 | 23116211 | 李雨帆 | 企业实习 | 中国香港 | 香港信华教育集团 | 2019.1.20—2019.1.26 |
| 276 | 资源与环境科学学院 | 15117215 | 林志鹏 | 短期访学项目 | 日本 | 日中文化交流中心 | 2019.1.21—2019.2.2 |
| 277 | 经济管理学院 | 16416129 | 钱佳苇 | 短期访学项目 | 日本 | 日中文化交流中心 | 2019.1.21—2019.2.2 |
| 278 | 资源与环境科学学院 | 13416226 | 谢文倩 | 短期访学项目 | 日本 | 日中文化交流中心 | 2019.1.21—2019.2.2 |
| 279 | 园艺学院 | 14216114 | 汪宇欣 | 短期访学项目 | 日本 | 日中文化交流中心 | 2019.1.21—2019.2.2 |
| 280 | 经济管理学院 | 14216117 | 陈孜荣 | 短期访学项目 | 美国 | 加利福尼亚大学伯克利分校 | 2019.1.20—2019.2.7 |
| 281 | 公共管理学院 | 22717116 | 周冰玉 | 短期访学项目 | 美国 | 加利福尼亚大学伯克利分校 | 2019.1.20—2019.2.7 |
| 282 | 经济管理学院 | 16117206 | 付王楠 | 短期学术交流 | 美国 | 加利福尼亚大学戴维斯分校 | 2019.1.20—2019.2.2 |
| 283 | 经济管理学院 | 9171310318 | 张未曦 | 短期学术交流 | 美国 | 加利福尼亚大学戴维斯分校 | 2019.1.20—2019.2.2 |

（续）

| 序号 | 学院 | 学号 | 姓名 | 项目类别 | 国别/地区 | 境外接收单位 | 境外交流期限（年月日） |
|---|---|---|---|---|---|---|---|
| 284 | 经济管理学院 | 31116415 | 张祖冲 | 短期学术交流 | 美国 | 加利福尼亚大学戴维斯分校 | 2019.1.20—2019.2.2 |
| 285 | 经济管理学院 | 9181610328 | 翟心悦 | 短期学术交流 | 美国 | 加利福尼亚大学戴维斯分校 | 2019.1.20—2019.2.2 |
| 286 | 经济管理学院 | 35117230 | 黄晓宇 | 短期学术交流 | 美国 | 加利福尼亚大学戴维斯分校 | 2019.1.20—2019.2.2 |
| 287 | 外国语学院 | 21116306 | 朱江霖 | 短期访学 | 英国 | 爱丁堡大学 | 暑期 |
| 288 | 外国语学院 | 21118226 | 鲍昕 | 短期访学 | 英国 | 爱丁堡大学 | 暑期 |
| 289 | 工学院 | 31317210 | 何文琪 | 短期访学 | 美国 | 得克萨斯大学奥斯汀分校 | 暑期 |
| 290 | 人文与社会发展学院 | 9182210524 | 陈扬 | 短期访学 | 美国 | 杜克大学 | 暑期 |
| 291 | 外国语学院 | 21117314 | 相榕 | 短期访学 | 加拿大 | 多伦多大学 | 暑期 |
| 292 | 工学院 | 31417408 | 徐宗瑜 | 短期访学 | 美国 | 加利福尼亚大学洛杉矶分校 | 暑期 |
| 293 | 信息科技学院 | 19316107 | 刘锦源 | 短期访学 | 美国 | 加利福尼亚大学洛杉矶分校 | 暑期 |
| 294 | 金融学院 | 11317121 | 高源 | 短期访学 | 美国 | 加利福尼亚大学洛杉矶分校 | 暑期 |
| 295 | 信息科技学院 | 19117104 | 伊凡 | 短期访学 | 美国 | 加利福尼亚大学洛杉矶分校 | 暑期 |
| 296 | 理学院 | 30217125 | 夏心语 | 短期访学 | 美国 | 加利福尼亚大学洛杉矶分校 | 暑期 |
| 297 | 工学院 | 32317221 | 吴婷晖 | 短期访学 | 英国 | 剑桥大学 | 暑期 |
| 298 | 资源与环境科学学院 | 30217427 | 薛思怡 | 短期访学 | 英国 | 剑桥大学 | 暑期 |
| 299 | 资源与环境科学学院 | 13616207 | 毛雪颖 | 短期访学 | 英国 | 剑桥大学 | 暑期 |
| 300 | 经济管理学院 | 13316108 | 朱海璐 | 短期访学 | 英国 | 剑桥大学 | 暑期 |
| 301 | 人文与社会发展学院 | 9172210422 | 周冠岚 | 短期访学 | 英国 | 伦敦大学 | 暑期 |
| 302 | 人文与社会发展学院 | 31117114 | 林悦凡 | 短期访学 | 英国 | 伦敦大学 | 暑期 |
| 303 | 外国语学院 | 32317214 | 蒲昱竹 | 短期访学 | 英国 | 伦敦大学 | 暑期 |
| 304 | 经济管理学院 | 9171810205 | 李雨晴 | 短期访学 | 英国 | 伦敦大学 | 暑期 |
| 305 | 金融学院 | 16217119 | 赵钰菡 | 短期访学 | 英国 | 伦敦大学 | 暑期 |
| 306 | 经济管理学院 | 22316113 | 陆瑾瑜 | 短期访学 | 英国 | 伦敦大学 | 暑期 |
| 307 | 园艺学院 | 13216110 | 张家维 | 短期访学 | 英国 | 伦敦艺术大学 | 暑期 |
| 308 | 园艺学院 | 14216101 | 王声涵 | 短期访学 | 英国 | 伦敦艺术大学 | 暑期 |
| 309 | 园艺学院 | 14317104 | 王贺 | 短期访学 | 英国 | 伦敦艺术大学 | 暑期 |

（续）

| 序号 | 学院 | 学号 | 姓名 | 项目类别 | 国别/地区 | 境外接收单位 | 境外交流期限（年月日） |
|---|---|---|---|---|---|---|---|
| 310 | 经济管理学院 | 16117102 | 马家瑶 | 短期访学 | 英国 | 伦敦政治经济学院 | 暑期 |
| 311 | 金融学院 | 32117116 | 刘馨忆 | 短期访学 | 英国 | 伦敦政治经济学院 | 暑期 |
| 312 | 生命科学学院 | 11318125 | 韩浣溪 | 短期访学 | 加拿大 | 麦克马斯特大学 | 暑期 |
| 313 | 人文与社会发展学院 | 9172210428 | 郭珂彤 | 短期访学 | 英国 | 曼彻斯特大学 | 暑期 |
| 314 | 金融学院 | 9173011811 | 刘辛锐 | 短期访学 | 英国 | 曼彻斯特大学 | 暑期 |
| 315 | 外国语学院 | 21117323 | 裴 杨 | 短期访学 | 澳大利亚 | 墨尔本大学 | 暑期 |
| 316 | 工学院 | 31417212 | 刘孟阳 | 短期访学 | 中国台湾 | 台湾大学 | 暑期 |
| 317 | 工学院 | 31416402 | 于银凤 | 短期访学 | 中国台湾 | 台湾大学 | 暑期 |
| 318 | 工学院 | 31417124 | 颜雅琦 | 短期访学 | 中国台湾 | 台湾大学 | 暑期 |
| 319 | 工学院 | 31417122 | 谢雨霏 | 短期访学 | 中国台湾 | 台湾大学 | 暑期 |
| 320 | 经济管理学院 | 30217304 | 杜淑敏 | 短期访学 | 美国 | 西北大学 | 暑期 |
| 321 | 经济管理学院 | 16716108 | 刘佳慧 | 短期访学 | 美国 | 西北大学 | 暑期 |
| 322 | 金融学院 | 31117306 | 耿一彪 | 短期访学 | 澳大利亚 | 悉尼大学 | 暑期 |
| 323 | 工学院 | 31416117 | 赵若冰 | 短期访学 | 中国香港 | 香港大学 | 暑期 |
| 324 | 工学院 | 33116205 | 石凌然 | 短期访学 | 德国 | 亚琛工业大学 | 暑期 |
| 325 | 信息科技学院 | 19117115 | 张逸勤 | 短期访学 | 英国 | 伦敦大学 | 暑期 |
| 326 | 信息科技学院 | 19117125 | 郭祥月 | 短期访学 | 英国 | 伦敦大学 | 暑期 |
| 327 | 工学院 | 33116108 | 邓子昂 | 短期访学 | 美国 | 美国麻省理工学院 | 2019.1.20—2019.2.4 |
| 328 | 工学院 | 32317221 | 吴婷晖 | 短期访学 | 美国 | 美国麻省理工学院 | 2019.1.20—2019.2.4 |
| 329 | 工学院 | 32216428 | 梅柏君 | 短期访学 | 美国 | 美国麻省理工学院 | 2019.1.20—2019.2.4 |
| 330 | 工学院 | 32316317 | 张朕鑫 | 短期访学 | 美国 | 加州州立理工大学 | 2019.1.20—2019.2.4 |
| 331 | 工学院 | 31416306 | 石沁宇 | 短期访学 | 美国 | 加州州立理工大学 | 2019.1.20—2019.2.4 |
| 332 | 工学院 | 31417321 | 王紫晗 | 短期访学 | 美国 | 加州州立理工大学 | 2019.1.20—2019.2.4 |
| 333 | 工学院 | 30218113 | 刘彦丹 | 短期访学 | 美国 | 加州州立理工大学 | 2019.1.20—2019.2.4 |
| 334 | 工学院 | 31416329 | 谭雨瞳 | 短期访学 | 美国 | 加州州立理工大学 | 2019.1.20—2019.2.4 |
| 335 | 工学院 | 31115124 | 赵威玮 | 短期访学 | 美国 | 加州州立理工大学 | 2019.1.20—2019.2.4 |
| 336 | 工学院 | 32315106 | 付 涵 | 短期访学 | 美国 | 加州州立理工大学 | 2019.1.20—2019.2.4 |
| 337 | 工学院 | 32217319 | 毛诗涵 | 短期访学 | 美国 | 加州州立理工大学 | 2019.1.20—2019.2.4 |
| 338 | 工学院 | 31116304 | 石展晴 | 短期访学 | 美国 | 加州州立理工大学 | 2019.1.20—2019.2.4 |
| 339 | 工学院 | 30315223 | 徐 梦 | 短期访学 | 美国 | 加州州立理工大学 | 2019.1.20—2019.2.4 |
| 340 | 工学院 | 30216229 | 崔思源 | 短期访学 | 美国 | 加州州立理工大学 | 2019.1.20—2019.2.4 |
| 341 | 工学院 | 30316422 | 陈达民 | 短期访学 | 美国 | 加州州立理工大学 | 2019.1.20—2019.2.4 |
| 342 | 工学院 | 31116410 | 那馨文 | 短期访学 | 美国 | 加州州立理工大学 | 2019.1.20—2019.2.4 |
| 343 | 工学院 | 31315321 | 周 璐 | 短期访学 | 美国 | 加州州立理工大学 | 2019.1.20—2019.2.4 |
| 344 | 工学院 | 30316230 | 雷雨鑫 | 短期访学 | 美国 | 加州州立理工大学 | 2019.1.20—2019.2.4 |

（续）

| 序号 | 学院 | 学号 | 姓名 | 项目类别 | 国别/地区 | 境外接收单位 | 境外交流期限（年月日） |
|---|---|---|---|---|---|---|---|
| 345 | 工学院 | 30215427 | 彭一博 | 短期访学 | 美国 | 加州州立理工大学 | 2019.1.20—2019.2.4 |
| 346 | 工学院 | 31116308 | 刘颖 | 短期访学 | 美国 | 加州州立理工大学 | 2019.1.20—2019.2.4 |
| 347 | 工学院 | 32218411 | 黎卓龙 | 短期访学 | 美国 | 加州州立理工大学 | 2019.1.20—2019.2.4 |
| 348 | 工学院 | 30216224 | 姚瑶 | 短期访学 | 美国 | 加州州立理工大学 | 2019.1.20—2019.2.4 |
| 349 | 工学院 | 30217412 | 郭云香 | 短期访学 | 美国 | 加利福尼亚大学戴维斯分校 | 2019.8.11—2019.8.31 |
| 350 | 工学院 | 32317421 | 谢袁欣 | 短期访学 | 美国 | 加利福尼亚大学戴维斯分校 | 2019.8.11—2019.8.31 |
| 351 | 工学院 | 9173011920 | 陶健 | 短期访学 | 美国 | 加利福尼亚大学戴维斯分校 | 2019.8.11—2019.8.31 |
| 352 | 工学院 | 9173011906 | 胡清元 | 短期访学 | 美国 | 加利福尼亚大学戴维斯分校 | 2019.8.11—2019.8.31 |
| 353 | 工学院 | 9173010710 | 李田 | 短期访学 | 法国 | 法国梅斯国立工程师学院 | 2019.7.14—2019.7.23 |
| 354 | 工学院 | 9173011014 | 刘欣然 | 短期访学 | 法国 | 法国梅斯国立工程师学院 | 2019.7.14—2019.7.23 |
| 355 | 工学院 | 31116221 | 张璐 | 短期访学 | 法国 | 法国梅斯国立工程师学院 | 2019.7.14—2019.7.23 |
| 356 | 工学院 | 32117215 | 王乐瑶 | 短期访学 | 法国 | 法国梅斯国立工程师学院 | 2019.7.14—2019.7.23 |
| 357 | 工学院 | 9183010627 | 张亚军 | 短期访学 | 法国 | 法国梅斯国立工程师学院 | 2019.7.14—2019.7.23 |
| 358 | 工学院 | 31317330 | 赵研 | 短期访学 | 法国 | 法国梅斯国立工程师学院 | 2019.7.14—2019.7.23 |
| 359 | 工学院 | 31416125 | 崔闻骅 | 短期访学 | 法国 | 法国梅斯国立工程师学院 | 2019.7.14—2019.7.23 |
| 360 | 工学院 | 30217223 | 唐旋 | 短期访学 | 法国 | 法国梅斯国立工程师学院 | 2019.7.14—2019.7.23 |
| 361 | 工学院 | 12117211 | 刘晓颖 | 短期访学 | 法国 | 法国梅斯国立工程师学院 | 2019.7.14—2019.7.23 |
| 362 | 工学院 | 30217228 | 张泽桦 | 短期访学 | 法国 | 法国梅斯国立工程师学院 | 2019.7.14—2019.7.23 |
| 363 | 理学院 | 23218131 | 樊爱宇 | 短期访学 | 美国 | 加州州立理工大学 | 2019.1.20—2019.2.4 |
| 364 | 理学院 | 23318124 | 陶妍洁 | 短期访学 | 美国 | 加州州立理工大学 | 2019.1.20—2019.2.4 |
| 365 | 理学院 | 23117115 | 张哲璁 | 短期访学 | 美国 | 加州州立理工大学 | 2019.1.20—2019.2.4 |

（续）

| 序号 | 学院 | 学号 | 姓名 | 项目类别 | 国别/地区 | 境外接收单位 | 境外交流期限（年月日） |
|---|---|---|---|---|---|---|---|
| 366 | 理学院 | 23117104 | 朱 可 | 短期访学 | 美国 | 加州州立理工大学 | 2019.1.20—2019.2.4 |
| 367 | 理学院 | 23117214 | 邹 萌 | 短期访学 | 美国 | 加州州立理工大学 | 2019.1.20—2019.2.4 |
| 368 | 理学院 | 23117206 | 左 思 | 短期访学 | 美国 | 加州州立理工大学 | 2019.1.20—2019.2.4 |
| 369 | 理学院 | 23217123 | 姜洪宇 | 短期访学 | 美国 | 加州州立理工大学 | 2019.1.20—2019.2.4 |
| 370 | 理学院 | 23317115 | 李 瑞 | 短期访学 | 美国 | 加州州立理工大学 | 2019.1.20—2019.2.4 |
| 371 | 理学院 | 23317104 | 王宇雪 | 短期访学 | 美国 | 加州州立理工大学 | 2019.1.20—2019.2.4 |
| 372 | 理学院 | 23116224 | 谢雨汐 | 短期访学 | 美国 | 加州州立理工大学 | 2019.1.20—2019.2.4 |
| 373 | 理学院 | 23216111 | 张辰风 | 短期访学 | 美国 | 加州州立理工大学 | 2019.1.20—2019.2.4 |
| 374 | 理学院 | 23216219 | 秦婉琦 | 短期访学 | 美国 | 加州州立理工大学 | 2019.1.20—2019.2.4 |
| 375 | 理学院 | 23216107 | 刘 敏 | 短期访学 | 美国 | 加州州立理工大学 | 2019.1.20—2019.2.4 |
| 376 | 理学院 | 23216114 | 陈佳琪 | 短期访学 | 美国 | 加州州立理工大学 | 2019.1.20—2019.2.4 |
| 377 | 理学院 | 23216122 | 秦本源 | 短期访学 | 美国 | 加州州立理工大学 | 2019.1.20—2019.2.4 |
| 378 | 理学院 | 23215220 | 郑 兴 | 短期访学 | 美国 | 加州州立理工大学 | 2019.1.20—2019.2.4 |
| 379 | 理学院 | 23215224 | 贾 楠 | 短期访学 | 美国 | 加州州立理工大学 | 2019.1.20—2019.2.4 |
| 380 | 园艺学院 | 14317101 | 万明暄 | 短期访学 | 美国 | 加州州立理工大学 | 2019.7.19—2019.8.9 |
| 381 | 园艺学院 | 14317109 | 孙祎涛 | 短期访学 | 美国 | 加州州立理工大学 | 2019.7.19—2019.8.9 |
| 382 | 园艺学院 | 14116109 | 严瑾瑄 | 短期访学 | 美国 | 加州州立理工大学 | 2019.7.19—2019.8.9 |
| 383 | 园艺学院 | 14416206 | 杨菁菁 | 短期访学 | 美国 | 加州州立理工大学 | 2019.7.19—2019.8.9 |
| 384 | 园艺学院 | 14117308 | 吴昌琦 | 短期访学 | 美国 | 加州州立理工大学 | 2019.7.19—2019.8.9 |
| 385 | 园艺学院 | 14317120 | 胡家祯 | 短期访学 | 美国 | 加州州立理工大学 | 2019.7.19—2019.8.9 |
| 386 | 园艺学院 | 14218128 | 陶祎敏 | 短期访学 | 美国 | 加州州立理工大学 | 2019.7.19—2019.8.9 |
| 387 | 园艺学院 | 14217130 | 彭馨墨 | 短期访学 | 美国 | 加州州立理工大学 | 2019.7.19—2019.8.9 |
| 388 | 园艺学院 | 14817126 | 韩庆远 | 短期访学 | 美国 | 加州州立理工大学 | 2019.7.19—2019.8.9 |
| 389 | 园艺学院 | 14116429 | 蔡漪铃 | 短期访学 | 美国 | 加州州立理工大学 | 2019.7.19—2019.8.9 |
| 390 | 外国语学院 | 21118225 | 蓝健闻 | 短期访学 | 美国 | 加州州立理工大学 | 2019.7.19—2019.8.9 |
| 391 | 外国语学院 | 21118227 | 解欣然 | 短期访学 | 美国 | 加州州立理工大学 | 2019.7.19—2019.8.9 |
| 392 | 外国语学院 | 21118317 | 张合澴 | 短期访学 | 美国 | 加州州立理工大学 | 2019.7.19—2019.8.9 |
| 393 | 外国语学院 | 21117310 | 沈凌霄 | 短期访学 | 美国 | 加州州立理工大学 | 2019.7.19—2019.8.9 |
| 394 | 外国语学院 | 21117313 | 建卓坤 | 短期访学 | 美国 | 加州州立理工大学 | 2019.7.19—2019.8.9 |
| 395 | 外国语学院 | 21117120 | 孟岚清 | 短期访学 | 美国 | 加州州立理工大学 | 2019.7.19—2019.8.9 |
| 396 | 外国语学院 | 31117428 | 张申申 | 短期访学 | 美国 | 加州州立理工大学 | 2019.7.19—2019.8.9 |
| 397 | 外国语学院 | 21117201 | 王清扬 | 短期访学 | 美国 | 加州州立理工大学 | 2019.7.19—2019.8.9 |
| 398 | 生命科学学院 | 10117104 | 兰泽君 | 参加比赛 | 美国 | 国际基因工程机械大赛 | 2019.10.30—2019.11.6 |

（续）

| 序号 | 学院 | 学号 | 姓名 | 项目类别 | 国别/地区 | 境外接收单位 | 境外交流期限（年月日） |
|---|---|---|---|---|---|---|---|
| 399 | 动物医学院 | 17116204 | 方成竹 | 参加比赛 | 美国 | 国际基因工程机械大赛 | 2019.10.30—2019.11.6 |
| 400 | 生命科学学院 | 10317125 | 曹臻 | 参加比赛 | 美国 | 国际基因工程机械大赛 | 2019.10.30—2019.11.6 |
| 401 | 理学院 | 23117211 | 杨力臻 | 参加比赛 | 美国 | 国际基因工程机械大赛 | 2019.10.30—2019.11.6 |
| 402 | 农学院 | 12117332 | 裴蕾 | 参加比赛 | 美国 | 国际基因工程机械大赛 | 2019.10.30—2019.11.6 |
| 403 | 生命科学学院 | 10316111 | 刘逸珩 | 参加比赛 | 美国 | 国际基因工程机械大赛 | 2019.10.30—2019.11.6 |
| 404 | 植物保护学院 | 12116123 | 荆诗韵 | 短期访学 | 荷兰 | 瓦格宁根大学 | 2019.7.27—2019.8.13 |
| 405 | 植物保护学院 | 12116306 | 王媛 | 短期访学 | 荷兰 | 瓦格宁根大学 | 2019.7.27—2019.8.13 |
| 406 | 植物保护学院 | 12117314 | 吴紫珊 | 短期访学 | 荷兰 | 瓦格宁根大学 | 2019.7.27—2019.8.13 |
| 407 | 植物保护学院 | 12116321 | 欧阳雪 | 短期访学 | 荷兰 | 瓦格宁根大学 | 2019.7.27—2019.8.13 |
| 408 | 植物保护学院 | 12117133 | 裘圆圆 | 短期访学 | 荷兰 | 瓦格宁根大学 | 2019.7.27—2019.8.13 |
| 409 | 植物保护学院 | 12116311 | 朱琳莉 | 短期访学 | 荷兰 | 瓦格宁根大学 | 2019.7.27—2019.8.13 |
| 410 | 资源与环境科学学院 | 9171310101 | 丁沐阳 | 短期访学 | 荷兰 | 瓦格宁根大学 | 2019.7.27—2019.8.13 |
| 411 | 资源与环境科学学院 | 14116303 | 王诗语 | 短期访学 | 荷兰 | 瓦格宁根大学 | 2019.7.27—2019.8.13 |
| 412 | 资源与环境科学学院 | 13616106 | 王艳妮 | 短期访学 | 荷兰 | 瓦格宁根大学 | 2019.7.27—2019.8.13 |
| 413 | 资源与环境科学学院 | 9171310324 | 周怡 | 短期访学 | 荷兰 | 瓦格宁根大学 | 2019.7.27—2019.8.13 |
| 414 | 资源与环境科学学院 | 13616135 | 解继驭 | 短期访学 | 荷兰 | 瓦格宁根大学 | 2019.7.27—2019.8.13 |
| 415 | 资源与环境科学学院 | 9171310430 | 窦雪丹 | 短期访学 | 荷兰 | 瓦格宁根大学 | 2019.7.27—2019.8.13 |
| 416 | 园艺学院 | 14116204 | 王桦 | 短期访学 | 荷兰 | 瓦格宁根大学 | 2019.7.27—2019.8.13 |
| 417 | 园艺学院 | 14116225 | 徐昇 | 短期访学 | 荷兰 | 瓦格宁根大学 | 2019.7.27—2019.8.13 |
| 418 | 园艺学院 | 14116418 | 张乃心 | 短期访学 | 荷兰 | 瓦格宁根大学 | 2019.7.27—2019.8.13 |
| 419 | 经济管理学院 | 33316416 | 张娴 | 短期访学 | 荷兰 | 瓦格宁根大学 | 2019.7.27—2019.8.13 |
| 420 | 经济管理学院 | 9171610117 | 陈欣媛 | 短期访学 | 荷兰 | 瓦格宁根大学 | 2019.7.27—2019.8.13 |
| 421 | 经济管理学院 | 20217118 | 赵文欣 | 短期访学 | 荷兰 | 瓦格宁根大学 | 2019.7.27—2019.8.13 |
| 422 | 公共管理学院 | 20217109 | 李可星 | 短期访学 | 荷兰 | 瓦格宁根大学 | 2019.7.27—2019.8.13 |
| 423 | 公共管理学院 | 15117115 | 张毓珊 | 短期访学 | 荷兰 | 瓦格宁根大学 | 2019.7.27—2019.8.13 |
| 424 | 公共管理学院 | 9172210411 | 杨庆礼 | 短期访学 | 荷兰 | 瓦格宁根大学 | 2019.7.27—2019.8.13 |
| 425 | 公共管理学院 | 20216104 | 车序超 | 短期访学 | 荷兰 | 瓦格宁根大学 | 2019.7.27—2019.8.13 |
| 426 | 公共管理学院 | 20216125 | 鲁毅 | 短期访学 | 荷兰 | 瓦格宁根大学 | 2019.7.27—2019.8.13 |
| 427 | 公共管理学院 | 20216311 | 邱和阳 | 短期访学 | 荷兰 | 瓦格宁根大学 | 2019.7.27—2019.8.13 |

# 附录7 学生工作表彰

**表1 2019年度优秀辅导员（校级）（按姓氏笔画排序）**

| 序　号 | 姓　名 | 学　院 |
|---|---|---|
| 1 | 王　彬 | 农学院 |
| 2 | 王雪飞 | 食品科技学院 |
| 3 | 王誉茜 | 人文与社会发展学院 |
| 4 | 芮伟康 | 园艺学院 |
| 5 | 李　鸣 | 资源与环境科学学院 |
| 6 | 李艳丹 | 植物保护学院 |
| 7 | 陈晓恋 | 工学院 |
| 8 | 武昕宇 | 草业学院 |
| 9 | 金洁南 | 动物医学院 |
| 10 | 郑冬冬 | 资源与环境科学学院 |
| 11 | 夏　丽 | 园艺学院 |
| 12 | 顾　潇 | 动物科技学院 |
| 13 | 曹夜景 | 公共管理学院 |
| 14 | 章　棋 | 工学院 |
| 15 | 董宝莹 | 草业学院 |
| 16 | 湛　斌 | 工学院 |

**表2 2019年度优秀学生教育管理工作者（校级）（按姓氏笔画排序）**

| 序号 | 姓名 | 序号 | 姓名 | 序号 | 姓名 | 序号 | 姓名 |
|---|---|---|---|---|---|---|---|
| 1 | 丁　群 | 11 | 李　扬 | 21 | 陈　宇 | 31 | 赵育卉 |
| 2 | 王　晨 | 12 | 李　娟 | 22 | 陈　晨 | 32 | 袁　阳 |
| 3 | 王　暄 | 13 | 李子成 | 23 | 陈宏强 | 33 | 盛天翔 |
| 4 | 方　淦 | 14 | 李阿特 | 24 | 邵　刚 | 34 | 葛继红 |
| 5 | 朱卢玺 | 15 | 李欣欣 | 25 | 罗远渊 | 35 | 甄亚乐 |
| 6 | 刘东阳 | 16 | 杨　波 | 26 | 金晓曦 | 36 | 窦　靓 |
| 7 | 刘传俊 | 17 | 杨　涛 | 27 | 周　萌 | 37 | 翟元海 |
| 8 | 闫相伟 | 18 | 迟英俊 | 28 | 赵　瑞 | 38 | 潘磊庆 |
| 9 | 孙国成 | 19 | 张兆同 | 29 | 赵月霞 | | |
| 10 | 杜　超 | 20 | 陆明洲 | 30 | 赵文婷 | | |

表3 2019年度学生工作先进单位（校级）

| 序　号 | 单　位 |
|---|---|
| 1 | 工学院 |
| 2 | 植物保护学院 |
| 3 | 动物医学院 |
| 4 | 园艺学院 |
| 5 | 食品科技学院 |
| 6 | 公共管理学院 |

表4 2019年度学生工作创新奖（校级）

| 序　号 | 单　位 |
|---|---|
| 1 | 动物医学院 |
| 2 | 资源与环境科学学院 |
| 3 | 工学院 |
| 4 | 植物保护学院 |
| 5 | 农学院 |
| 6 | 理学院 |

# 附录8　学生工作获奖情况

| 序号 | 项目名称 | 颁奖单位 | 获奖人 |
|---|---|---|---|
| 1 | 2019年度全国创新创业典型经验高校 | 教育部 | |
| 2 | "秾华课堂——基于专业特色的沉浸式大学生成长实践项目"入选教育部高校思想政治工作精品项目 | 教育部 | |
| 3 | "'胶囊十课'——基于体验式的新生成长互助项目"获教育部高校辅导员工作精品项目结项评估优秀 | 教育部 | |
| 4 | 第五届"助学·筑梦·铸人"主题宣传活动优秀组织奖 | 全国学生资助管理中心 | |
| 5 | 江苏省第五届学生资助成效汇报演出"表演金奖" | 江苏省教育厅 | |
| 6 | 江苏省第五届学生资助成效汇报演出"最佳组织奖" | 江苏省教育厅 | |
| 7 | 江苏省2011—2018年学生资助工作绩效评价优秀（连续第八年） | 江苏省学生资助管理中心 | |
| 8 | 江苏省2019年度"国家资助　助我飞翔"微电影评选特等奖 | 江苏省学生资助管理中心 | |
| 9 | 江苏省2019年伯藜创业计划大赛决赛一等奖 | 江苏省陶欣伯助学基金会 | |
| 10 | 2019年度江苏省研究生教育改革成果一等奖 | 江苏省学位委员会办公室 | 黄绍华 |
| 11 | 第十八次全国高等农业院校学生工作研讨会优秀论文评选一等奖 | 全国高等农业院校学生工作研究会 | 黄绍华 |

（续）

| 序号 | 项目名称 | 颁奖单位 | 获奖人 |
|---|---|---|---|
| 12 | 江苏省高等学校教学管理研究会实践教学工作委员会2018年实践年会优秀会议论文 | 江苏省高等学校教学管理研究会实践教学工作委员会 | 黄绍华 |
| 13 | 江苏省第五届学生资助成效汇演演出"最佳执行导演奖" | 江苏省教育厅 | 宫　佳 |
| 14 | 江苏陶欣伯助学基金会"发展型助学模式"理论与实践研究专题成果三等奖 | 江苏陶欣伯助学基金会 | 宫　佳 |
| 15 | 大学生心理健康教育工作优秀工作者 | 江苏省心理学会大学生心理专业委员会 | 王世伟 |
| 16 | 第十八次全国高等农业院校学生工作研讨会优秀论文评选三等奖 | 全国高等农业院校学生工作研究会 | 彭益全<br>吴彦宁<br>徐晓丽 |
| 17 | 江苏省第五届学生资助成效汇报演出"最佳指导奖" | 江苏省教育厅 | 肖伟华<br>杨思思 |
| 18 | 全国农科学子联合实践行动优秀指导教师 | 中国作物学会作物学人才培养与教育专业委员会 | 王　彬 |
| 19 | 江苏省辅导员年度人物入围奖 | 江苏省教育厅 | 李艳丹 |
| 20 | 第三届全国高校植物保护学院党建暨学生思想政治工作研讨会论文二等奖 | 全国高校植物保护学院党建暨学生思想政治工作会组委会 | 汪　越 |
| 21 | 江苏省就业创业授课教授技能大赛三等奖 | 江苏省高校招生就业指导服务中心 | 王未未 |
| 22 | 2019年中国环境科学协会大学生社会实践"优秀指导教师" | 中国环境科学学会 | 郑冬冬 |
| 23 | 2019年江苏省大中专学生志愿者暑期文化科技卫生"三下乡"社会实践活动"先进工作者" | 中共江苏省党委宣传部、江苏省文明办、江苏省教育厅、共青团江苏省委、江苏省学生联合会 | 郑冬冬 |
| 24 | 2019年江苏省环境科学学会大学生千乡万村环保科普行动"优秀指导教师" | 中国环境科学学会 | 郑冬冬 |
| 25 | 2019年第十六届江苏省美境行动STEM专项奖"优秀辅导教师" | 江苏省环保联合会 | 郑冬冬 |
| 26 | 全国高校思想政治工作队伍培训研修中心（江西师范大学）2019年度学术论坛论文评比"一等奖" | 全国高校思想政治工作队伍培训研修中心 | 赵　瑞 |
| 27 | "互联网＋"大学生创新创业大赛第五届"建行杯"国赛选拔赛暨第八届"花桥国际商务城杯"省赛优秀指导教师 | 江苏省教育厅 | 李　扬 |
| 28 | 全国辅导员年度人物提名奖 | 教育部 | 熊富强 |
| 29 | 全国高校网络教育优秀作品推选展示活动工作案例优秀奖 | 教育部思想政治工作司、中央网信办社会工作局 | 熊富强<br>金洁南<br>徐　刚 |

| 序号 | 项目名称 | 颁奖单位 | 获奖人 |
|---|---|---|---|
| 30 | 第四届全国大学生生命科学创新创业大赛优秀成果奖指导教师 | 教育部高等学校生物技术、生物工程类专业教学指导委员会等 | 陈宏强 |
| 31 | 江苏省英语口说大赛优秀指导教师 | 江苏省高等学校图书情报工作委员会 | 杨瑞萌 |
| 32 | 2019年度中国植物生理与植物分子生物学学会优秀科普活动优秀个人 | 中国植物生理与植物分子生物学学会 | 王　哲 |

## 附录9　2019届参加就业本科毕业生流向（按单位性质流向统计）

| 毕业去向 | 本　科 | |
|---|---|---|
| | 人数（人） | 比例（%） |
| 企业单位 | 2 073 | 89.66 |
| 机关事业单位 | 206 | 8.91 |
| 基层项目 | 23 | 0.99 |
| 部队 | 5 | 0.22 |
| 自主创业 | 5 | 0.22 |
| 总计 | 2 312 | 100.00 |

## 附录10　2019届本科毕业生就业流向（按地区统计）

| 毕业地域流向 | 合　计 | |
|---|---|---|
| | 人数（人） | 比例（%） |
| 北京市 | 64 | 2.77 |
| 天津市 | 38 | 1.64 |
| 河北省 | 50 | 2.16 |
| 山西省 | 16 | 0.69 |
| 内蒙古自治区 | 25 | 1.08 |
| 辽宁省 | 8 | 0.35 |
| 吉林省 | 5 | 0.22 |
| 黑龙江省 | 5 | 0.22 |
| 上海市 | 168 | 7.27 |
| 江苏省 | 1 178 | 50.94 |
| 浙江省 | 128 | 5.54 |
| 安徽省 | 50 | 2.16 |
| 福建省 | 37 | 1.60 |
| 江西省 | 5 | 0.22 |
| 山东省 | 61 | 2.64 |
| 河南省 | 28 | 1.21 |

（续）

| 毕业地域流向 | 合 计 | |
| --- | --- | --- |
| | 人数（人） | 比例（%） |
| 湖北省 | 26 | 1.12 |
| 湖南省 | 33 | 1.43 |
| 广东省 | 162 | 7.01 |
| 广西壮族自治区 | 22 | 0.95 |
| 海南省 | 1 | 0.04 |
| 重庆市 | 20 | 0.87 |
| 四川省 | 37 | 1.60 |
| 贵州省 | 23 | 0.99 |
| 云南省 | 29 | 1.25 |
| 西藏自治区 | 16 | 0.69 |
| 陕西省 | 16 | 0.69 |
| 甘肃省 | 9 | 0.39 |
| 青海省 | 14 | 0.61 |
| 宁夏回族自治区 | 11 | 0.48 |
| 新疆维吾尔自治区 | 27 | 1.17 |
| 合计 | 2 312 | 100.00 |

# 附录 11  2019 届优秀本科毕业生名单

## 农学院（72 人）

| | | | | | | | | |
| --- | --- | --- | --- | --- | --- | --- | --- | --- |
| 李 锥 | 聂 珩 | 陈本佳 | 李诗雨 | 唐 寅 | 张传维 | 陈思逸 | 何佳琦 | 徐睿含 |
| 彭新月 | 孙 婷 | 吴琼坤 | 施向能 | 侯金凤 | 李怡欣 | 庄宇萌 | 许静娴 | 巫 月 |
| 李俊儒 | 李帛树 | 陈雨虹 | 贺微华 | 宁思寒 | 顾君妍 | 赵伟宁 | 赵 然 | 孙树君 |
| 于永超 | 张 蕊 | 铁原毓 | 闫晓峰 | 沈小璐 | 付仙蓉 | 陈雅萍 | 田兴帅 | 汪泽民 |
| 袁苏凡 | 陈怡名 | 周艺梅 | 张笑凡 | 张俊豪 | 马腾飞 | 盛莉文 | 杨濡菲 | 袁 婷 |
| 聂 可 | 曹 雷 | 张涛荟 | 李宇飞 | 何明洁 | 杨 菲 | 肖丽玉 | 陈锦文 | 刘瑶丹 |
| 龚心如 | 宗 旨 | 梅 敏 | 穆晓瑞 | 薛博文 | 李怀民 | 杨梦想 | 蒋玉千 | 韩子旭 |
| 汤琳芮 | 闯 悦 | 张 鑫 | 王李春晓 | 司清新 | 何晓娟 | 林 蓉 | 任秋韵 | 熊江燕 |

## 植物保护学院（38 人）

| | | | | | | | | |
| --- | --- | --- | --- | --- | --- | --- | --- | --- |
| 王丹卉 | 郑文跃 | 赵日那 | 王 兰 | 郭多璟 | 胡 玥 | 曹宇薇 | 黄涛祥 | 王佳楠 |
| 曾梦竹 | 李 馨 | 杨麦伦 | 王高蓉 | 沈慧雯 | 崔馨方 | 张立颖 | 陈 凤 | 马若菲 |
| 张 璐 | 王 焱 | 张子涵 | 郭 奇 | 倪天泽 | 黄 鹏 | 刘一阳 | 方靖怡 | 何淑红 |
| 王铮琦 | 赵 燚 | 陈伟玮 | 青于蓝 | 徐原笛 | 胡夏雨 | 钟佳殷 | 杨绍英 | 张天一 |
| 张 越 | 李乐瑶 | | | | | | | |

**资源与环境科学学院**（68人）

| | | | | | | | | |
|---|---|---|---|---|---|---|---|---|
| 洪文丹 | 彭建邦 | 苗雅慧 | 庄　园 | 孙凤飞 | 刘志颖 | 陈思桥 | 徐　谞 | 杨梦影 |
| 李逸凡 | 冯雨若 | 陈雅文 | 张镜丹 | 张喆慧 | 林亿猛 | 杨舒植 | 郭辰萌 | 马骁楠 |
| 郑雯丹 | 焦晓楠 | 王玮蓉 | 柴以潇 | 徐琳雅 | 杨　素 | 郭洁芸 | 蒋　聪 | 沈　越 |
| 陈　迎 | 刘　畅 | 孙晓艺 | 吴晨媛 | 史可欣 | 田维韬 | 程婉清 | 甘淳丹 | 颜晗冰 |
| 李佳羽 | 逯婉纯 | 赖桢媛 | 王景梵 | 郑君仪 | 于　玲 | 沈　燕 | 赵　靓 | 林高哲 |
| 侯　滢 | 刘文心 | 许　航 | 吴袁依 | 徐　念 | 毛　敏 | 马璐雯 | 焦小轩 | 邓钰华 |
| 王　珍 | 邹文萱 | 邹　湘 | 盛小格 | 李家豪 | 段航宇 | 杨雅璇 | 石伟希 | 王　诺 |
| 宋　瑶 | 钱　旸 | 张学萌 | 宋明阳 | 乔亚莉 | | | | |

**园艺学院**（100人）

| | | | | | | | | |
|---|---|---|---|---|---|---|---|---|
| 陆　蓓 | 王迎港 | 李佳佳 | 洪　欢 | 徐鹤挺 | 钟筱悦 | 杨诗扬 | 蔡溧聪 | 周鹏羽 |
| 刘红燕 | 鲁雅楠 | 王　雯 | 张启茂 | 陆德华 | 金亚璐 | 王米雪 | 康美玲 | 李孟伟 |
| 肖佳美 | 程倩倩 | 耿红凯 | 武立伟 | 杨媛琴 | 宋俊龙 | 盛佳雯 | 苏冠清 | 章　回 |
| 曹妍彦 | 蔡馨诺 | 黄丽瑾 | 高洪幸 | 杨宇航 | 么梓鑫 | 朱奕凡 | 罗　娟 | 廖选松 |
| 邹天鸣 | 王　刚 | 黄思远 | 施峥嵘 | 李　好 | 王海希 | 金德康 | 吴　静 | 姚文培 |
| 唐楠煜 | 荣晗琳 | 陈婧朗 | 石倩蔚 | 林思思 | 潘尧铧 | 谢　楠 | 张美玲 | 赵永娟 |
| 支玮蓉 | 刘李聪慧 | 郭浩然 | 刘东让 | 李启明 | 杨吉贵 | 张艺璇 | 卢富华 | 李博鑫 |
| 赵颖婕 | 王　亮 | 郭晏汝 | 任　然 | 叶钰珊 | 袁銮柳 | 刘　慧 | 闫　瑾 | 郑琨鹏 |
| 白雪洺 | 马君怡 | 徐梦茜 | 夏兴莉 | 饶思敏 | 曾芝琳 | 马晓舟 | 张景旭 | 程海燕 |
| 郝晨宇 | 吕明哲 | 徐辰怡 | 韦　玉 | 刘小毓 | 李和圆 | 孟诗棋 | 孙云帆 | 李　星 |
| 蒋梦凡 | 高根红 | 周欣悦 | 赵晨晓 | 陈鹏旺 | 康志欣 | 袁华璐 | 马红娇 | 陈俊杰 |
| 朱　涛 | | | | | | | | |

**动物科技学院**（47人）

| | | | | | | | | |
|---|---|---|---|---|---|---|---|---|
| 刘佳倩 | 王　婷 | 吴一秀 | 翁雅婧 | 范丽洁 | 陆　逸 | 沈　奇 | 杨晓曦 | 袁　雨 |
| 程明会 | 谷　伟 | 牟天琪 | 徐　沁 | 史镜琪 | 邹　朋 | 张子威 | 孙小凡 | 刘　颖 |
| 王力仪 | 汪海东 | 高弋凡 | 凌德凤 | 魏思宇 | 张欣娅 | 贾　璐 | 万　珍 | 张浩琳 |
| 石　咏 | 徐春燕 | 陈　莹 | 陈晓琳 | 马俊蕾 | 单蒙蒙 | 王欣宇 | 吕　美 | 宫晨嘉 |
| 薛　瑛 | 崔雯雯 | 阮鉴鉴 | 李鸣霄 | 林　红 | 胡林桢 | 金宇月 | 刘淑雯 | 贠　阳 |
| 陈　岚 | 钱琳洁 | | | | | | | |

**经济管理学院**（72人）

| | | | | | | | | |
|---|---|---|---|---|---|---|---|---|
| 徐晓雨 | 崔鑫妍 | 李义猛 | 龙　昊 | 袁　媛 | 胡倩雯 | 钱一铭 | 马梦杰 | 殷柯涵 |
| 包佳怡 | 董超越 | 孙昕蕾 | 章　敏 | 赵鉴初 | 王小莉 | 谢旻琪 | 陈　京 | 武威彤 |
| 袁菱苒 | 顾子晨 | 王　微 | 朱安钦 | 孙翠翠 | 张雅楠 | 周书帆 | 史芳冰 | 刘禹彤 |
| 李欣媛 | 王珊珊 | 张　晖 | 吕金青 | 王喆琳 | 安　宁 | 周天昊 | 李轶玮 | 陈　菲 |
| 赵谦诚 | 顾晟景 | 梁慧妮 | 邓　超 | 时慧芸 | 段振坤 | 柳　晔 | 金　香 | 于诺贤 |

| 姚 爽 | 蔡晓贤 | 褚 佳 | 梁靖雯 | 何佳静 | 霍俊枫 | 傅 军 | 潘林键 | 王 帆 |
| 王 颖 | 顾天宇 | 叶海键 | 张诗桦 | 谢 磊 | 王茜懿 | 董文静 | 杜晨媛 | 吴冰洁 |
| 沈芳竹 | 崔英奇 | 童晓美 | 王钰雯 | 史晓琳 | 薛小辰 | 徐雅洁 | 金 宇 | 郑轶枫 |

## 动物医学院（63 人）

| 王 茜 | 张 微 | 薛 洋 | 朱 婧 | 卢辰赫 | 于秋辰 | 陈晓榕 | 华 莹 | 黄 晗 |
| 周宇杰 | 都 玉 | 刘欣媛 | 郑一青 | 马昌浩 | 姬姝婷 | 刘 畅 | 涂凯航 | 陈 欢 |
| 崇金星 | 刘 静 | 孙杨杨 | 胡雨晴 | 李金恬 | 隋 艺 | 王亚辰 | 焦晓宇 | 肖福川 |
| 泮欣铭 | 李科茫 | 屈岑佳 | 龚倩梅 | 王世祺 | 袁鹏焜 | 袁兰馨 | 梁 琬 | 王 锐 |
| 王 颖 | 孙乃岩 | 王来荣 | 潘 斌 | 高 帅 | 董芳芳 | 张 琪 | 李 帅 | 李剑男 |
| 申涵露 | 陈 卓 | 刘佳茜 | 殷唯佳 | 胡家欢 | 张怡昕 | 赵兴婷 | 周媛媛 | 霍晓丽 |
| 李松玲 | 程春雨 | 章诗韵 | 吕丽蕾 | 史嘉雯 | 颜霜静 | 马丽莹 | 李 青 | 于晓璇 |

## 食品科学技术学院（54 人）

| 黄 艺 | 马若云 | 戈永慧 | 青舒婷 | 刘旺鑫 | 史雪莹 | 高 攀 | 高晓格 | 王 群 |
| 陈 滢 | 梁丽姣 | 张明喆 | 余 茜 | 缪 婉 | 王 克 | 耿睿璇 | 张宇喆 | 李艾潼 |
| 范 青 | 蔡雨泽 | 刘倩倩 | 林恺铖 | 李丽君 | 胡落淳 | 赵君宇 | 邓 皓 | 刘梵铃 |
| 陈小静 | 刘 婷 | 贺彬彬 | 包佳钰 | 刘英娴 | 孙 贤 | 王雅楠 | 袁 雨 | 曾乐银 |
| 孟 潇 | 周 琳 | 胡欣瑞 | 李甜荣 | 方 莉 | 范丹君 | 顾佳仪 | 许可欣 | 舒 娜 |
| 陈 婉 | 刘晓凡 | 汤英杰 | 刘培鋆 | 李丽瀑 | 刘 婧 | 冯语嫣 | 苏宏萌 | 单嘉琪 |

## 信息科技学院（54 人）

| 梁子澄 | 胡昊天 | 高 莹 | 郎文溪 | 岳云鹏 | 虞春芳 | 杨 熠 | 李家封 | 宗思齐 |
| 刘建斌 | 王菲妍 | 王锦荟 | 舒靖云 | 林柳吟 | 张思阳 | 吴茂盛 | 胡曦月 | 廖佳伦 |
| 王 翠 | 吴 琪 | 王婧竹 | 朱 诚 | 赵玉娟 | 王雨琴 | 康欣宇 | 陆昊翔 | 董学倩 |
| 朱新凡 | 刘 畅 | 朱勇丞 | 孙云晓 | 申成吉 | 邢思思 | 王 蕾 | 展超凡 | 陆 敏 |
| 邵航宇 | 钱峥远 | 王 伟 | 李 畅 | 蒋 璐 | 白 晶 | 马玉涵 | 胡 玲 | 胡皓翔 |
| 朱 丹 | 季子寒 | 宋玉红 | 高瑞卿 | 洪 诚 | 张文轩 | 刘玉铠 | 沈锦慧 | 郝梦琪 |

## 公共管理学院（99 人）

| 时晶晶 | 张 晶 | 秦井井 | 迟 旭 | 卫思夷 | 韦晨光 | 倪 鲲 | 迟文玉 | 罗清然 |
| 杨 露 | 乐冰馨 | 赵 洋 | 陈盈蒙 | 孙 瑜 | 黄洁茹 | 须 畅 | 王哲茹 | 沈心语 |
| 廖映雁 | 卢 霞 | 门小雨 | 李 静 | 陈怡君 | 王子毅 | 胡蓓琳 | 吴 双 | 李嘉宝 |
| 马志远 | 陈乐宾 | 陈姝灵 | 苏思源 | 李彦兵 | 李润松 | 张 杨 | 李琬馨 | 李奈夏 |
| 戴成竹均 | 周玮群 | 杨 光 | 韩鸿娇 | 徐晓君 | 佟 欣 | 张 琳 | 梁佳慧 | 吴照清 |
| 王 润 | 严 超 | 陆靖雯 | 周小琛 | 李纬溢 | 牛坤在 | 张丹红 | 刘鹏程 | 费啸楠 |
| 朱雨婷 | 汪曼林 | 张宇琪 | 徐梦玲 | 徐庭轩 | 刘小莹 | 李丹阳 | 沈黎哲 | 杨 看 |
| 李冰砚 | 方莎莎 | 刘天聪 | 王可文 | 李念宸 | 郝焯楠 | 邹彤彤 | 何沈睿 | 张译之 |
| 张子昀 | 李宜可 | 周留栓 | 庄 静 | 刁文欣 | 秦 岭 | 张镡壬 | 王晨哲 | 柴 华 |

| | | | | | | | | |
|---|---|---|---|---|---|---|---|---|
| 马　祥 | 姚嘉坤 | 闫柏存 | 郭鹏程 | 张亚如 | 黄启威 | 潘美希 | 聂连颖 | 郑永怡 |
| 陈婧妍 | 朱玉蕾 | 魏秀宇 | 史敏琦 | 陶　蕊 | 李梦微 | 陈诗婷 | 徐潇然 | 王心柯 |

## 外国语学院（37 人）

| | | | | | | | | |
|---|---|---|---|---|---|---|---|---|
| 鲍雯露 | 赵佳冰 | 许若曦 | 何香红 | 吴伊娴 | 钟丹丹 | 李媛媛 | 李可君 | 周　洁 |
| 陈凡凡 | 孙邵安平 | 余童心 | 葛欣怡 | 张　耐 | 谢艳艳 | 刘艳秋 | 郭　敏 | 徐婷婷 |
| 李佳佳 | 严晨晖 | 宋虞德懿 | 刘秋爽 | 袁思纯 | 谈倪敏 | 林　楠 | 吴　靖 | 肖明慧 |
| 刘晨韵 | 汤智贤 | 沈冰颖 | 邓雪蓉 | 白　雪 | 戴　汀 | 万若舟 | 葛辰怡 | 王　茜 |
| 刘　欣 | | | | | | | | |

## 人文与社会发展学院（72 人）

| | | | | | | | | |
|---|---|---|---|---|---|---|---|---|
| 郑　怡 | 喻　瑶 | 李　姝 | 刘婷婷 | 李晓琼 | 王一多 | 纪迎晓 | 於　文 | 孙晓玲 |
| 付　金 | 王博杰 | 张　悦 | 于乐玮 | 杨　叶 | 苏智军 | 林晓虹 | 许雅婷 | 郭梦霞 |
| 莫若菲 | 方诗芳 | 高敏洁 | 高靖雅 | 薛　毓 | 高　月 | 白荣荣 | 元晋娟 | 刘　昊 |
| 伍婧芸 | 陈婧妮 | 孙　岩 | 田方艺 | 李欣怡 | 韩茜琳 | 韩　乐 | 曹新月 | 蓝　涛 |
| 韩　鋈 | 黄妮文 | 陈海鸿 | 王心璨 | 沈志月 | 仲翔宇 | 张明月 | 邓邦慧 | 杨　颖 |
| 杨　臻 | 吴露露 | 陈蕊尔 | 邹　露 | 董俊芳 | 朱晨怡 | 张亚娉 | 刘娇娇 | 佘语涵 |
| 黎子毅 | 王江义然 | 王祎璠 | 金　铃 | 蔡　博 | 舒馨月 | 孙束桧 | 姚佳婷 | 叶雅冰 |
| 许文杰 | 郭睿恬 | 黄新菊 | 潘　琳 | 任　聪 | 马莞尔 | 孙相宜 | 覃　诗 | 喻先萍 |

## 理学院（32 人）

| | | | | | | | | |
|---|---|---|---|---|---|---|---|---|
| 杜　悦 | 靳丰歌 | 李慧敏 | 李　歆 | 房　莹 | 林慧珊 | 田聪慧 | 李菊芳 | 陈嘉琪 |
| 陈　洧 | 宋莞平 | 关　朕 | 张　鑫 | 冼家慧 | 郑　兴 | 刘　畅 | 金如宾 | 李逸扬 |
| 陈正圆 | 李　萱 | 杨淋淇 | 郭　蕾 | 陈嘉琦 | 王琰瑜 | 陈　悦 | 芦雪琳 | 尹天乐 |
| 潘从阳 | 张　倩 | 施　展 | 闫天怡 | 贾　楠 | | | | |

## 生命科学学院（67 人）

| | | | | | | | | |
|---|---|---|---|---|---|---|---|---|
| 杨文涵 | 王俊杰 | 李必馨 | 张　涛 | 朱寿轩 | 陈芷茜 | 危　琳 | 李　萌 | 赵　宇 |
| 丁　宇 | 陈心泽 | 程　潼 | 刘晨楠 | 陈　典 | 徐婷婷 | 崔子龙 | 杨德航 | 成　灿 |
| 陈纹娟 | 李柳燕 | 徐　雷 | 范昌远 | 杨紫薇 | 程培卿 | 贾媛棋 | 袁雯婕 | 张　翼 |
| 王笑涵 | 王　维 | 詹洁辰 | 李志明 | 胡莎莎 | 何甬丑琳 | 钱其溧 | 由　巧 | 李玉轩 |
| 陈新宇 | 周露清 | 杨知昊 | 姜　曼 | 李月月 | 沈阁蓉 | 戎俊杰 | 上官姣蕾 | 李圣哲 |
| 方　静 | 吴志超 | 鄂唯高 | 王涵锐 | 朱俊樵 | 曹滢婷 | 陈　龙 | 黄娜君 | 姚珍梅 |
| 胡尚容 | 吴欣颖 | 王　琳 | 侯　佳 | 刘智超 | 马迩东 | 陆海涛 | 吴高月 | 侯　普 |
| 刘昭希 | 董鹏程 | 许颖雯 | 于　尹 | | | | | |

## 金融学院（62 人）

| | | | | | | | | |
|---|---|---|---|---|---|---|---|---|
| 朱玉如 | 苏欣宇 | 赵韵卿 | 张　楠 | 周　荔 | 拜　云 | 吴　琦 | 王利霞 | 孟亮靓 |
| 王佳艺 | 瞿昊宏 | 苏　洲 | 杨伊萍 | 胡舒雁 | 史晨宇 | 李浩云 | 葛云杰 | 王静文 |

| | | | | | | | | |
|---|---|---|---|---|---|---|---|---|
| 吕　悦 | 徐清妍 | 芮　菁 | 李正文 | 刘丽颖 | 于佳琪 | 董　雯 | 赵娇娇 | 王清云 |
| 陶文卿 | 范育玲 | 马悦凡 | 刘超男 | 张梓涵 | 师晓丹 | 李光健 | 管梦倩 | 王　璐 |
| 吴涵希 | 郑丹晨 | 吕娅妮 | 田颖楠 | 罗曼徐 | 王雅婧 | 刘雨双 | 王翠华 | 王开妍 |
| 黄　涵 | 陈　凤 | 蒲家灿 | 陈乾坤 | 刘　宽 | 杨肖力 | 王志远 | 王　喆 | 胡昕玥 |
| 吴志远 | 张家宁 | 史文怡 | 王希娴 | 周睿锜 | 高瑞英 | 杨紫蝶 | 赵香雪 | |

## 草业学院（12人）

| | | | | | | | | |
|---|---|---|---|---|---|---|---|---|
| 夏　菲 | 许伊蒙 | 陈　卓 | 吕守正 | 邓东上 | 陈奔新 | 王　孜 | 吴佳璇 | 李家新 |
| 徐锐真 | 顾慕荣 | 储　晨 | | | | | | |

## 工学院（331人）

| | | | | | | | | |
|---|---|---|---|---|---|---|---|---|
| 刘　浩 | 陈　孟 | 余　鑫 | 李光浩 | 蔡双泽 | 王承恩 | 许慧慧 | 张羽嘉 | 范　翠 |
| 黄芊芊 | 朱康瑞 | 张沁园 | 郑樾琳 | 侯　硕 | 陈漪晴 | 邢宸伊 | 何佳闻 | 徐吟雯 |
| 鲍雯妮 | 王一楠 | 吕明月 | 彭独清 | 张　洋 | 李泳霖 | 贾志鹏 | 于晶波 | 刘佳易 |
| 石鹏程 | 梅威达 | 赵丹妮 | 郑茗文 | 刘智琦 | 顾增道 | 王　莹 | 卞玉逸 | 崔　洁 |
| 刘　君 | 胡梦瑶 | 田　爽 | 张晨希 | 郭航言 | 初　晨 | 吴晓婷 | 王　亮 | 梁　静 |
| 景明明 | 赵威玮 | 郑海蕴 | 李福星 | 周诗依 | 徐　广 | 宋春池 | 徐文健 | 张健华 |
| 曾雨晴 | 林　乔 | 吴　若 | 焦俊玲 | 沈少庆 | 蹇欣澄 | 邹　玮 | 陈戴姣 | 李婷婷 |
| 陈建业 | 丁笑南 | 杨小梨 | 冯姚洁 | 缪　昊 | 祝　闯 | 林贤康 | 朱圣洁 | 张静仪 |
| 李　豪 | 杜　倩 | 王梦雨 | 陈睿浩 | 王裕业 | 赵致远 | 罗　彤 | 杨　瑞 | 郭　浩 |
| 徐　峰 | 张启航 | 张　宇 | 孙树林 | 陈卓怡 | 王银蒙 | 桂安登 | 明　丽 | 黄贵玲 |
| 叶　露 | 曾　祺 | 张伟杰 | 赵一名 | 陈　影 | 武梦凡 | 周　爽 | 朱玉杰 | 陈慈媛 |
| 李孟禹 | 左少华 | 罗　义 | 刘　佳 | 吴亚楠 | 张湘婕 | 王茜莹 | 区浩宇 | 黄冠英 |
| 虞佳雯 | 李婉茹 | 刘　婷 | 刘子薇 | 葛　通 | 梁孟娇 | 冯凯月 | 张　悦 | 尹婉婷 |
| 李欣阳 | 商　丹 | 褚阳阳 | 邓　凯 | 杜梦迪 | 刘雅如 | 余　琴 | 张　雪 | 程佳馨 |
| 刘怡欣 | 戴其宝 | 胡　楠 | 洪　霞 | 付　涵 | 许　通 | 宋雅婷 | 唐廷彩 | 沈思琪 |
| 贺泽佳 | 吴潇飔 | 唐嘉倪 | 王佳琦 | 陆秋羽 | 严　渠 | 宁亮丽 | 原　茜 | 吕路梅 |
| 岑　辉 | 袁嘉敏 | 郭宣辰 | 张心阳 | 王　钰 | 彭梓晗 | 申笑笑 | 杨　红 | 王　强 |
| 高　芹 | 王宇晴 | 郭哲涵 | 张誉瀚 | 张玲玉 | 李晨曦 | 金　穗 | 谢跃锋 | 苏琛洁 |
| 刘　莉 | 刘　妍 | 王懿平 | 陈　硕 | 张　琦 | 徐　梦 | 祁彦君 | 李梦蕾 | 赵思佳 |
| 高慧喆 | 杨玲凤 | 苏　娜 | 李佳美 | 黄哲科 | 杨亚坤 | 马　游 | 黄佳妮 | 封　筱 |
| 周子奇 | 薛　涵 | 梁佳妍 | 蒋玥凡 | 黄武斌 | 刘昱云 | 徐秀聪 | 沈思雨 | 曲　俊 |
| 吴静怡 | 吴　越 | 陈新博 | 傅文韬 | 翟玥婷 | 唐　辉 | 张玉媛 | 绳远远 | 祝君兰 |
| 张柳柳 | 王彦晓 | 陈　健 | 林　丹 | 余　晗 | 王忠杰 | 牟苓茜 | 石璐奇 | 陈　婷 |
| 朱　达 | 徐凡琳 | 周佳炜 | 王　阳 | 王　琳 | 王海宾 | 董晓琦 | 雷田田 | 杨　萌 |
| 张　震 | 汤　锦 | 纪顺发 | 景　圣 | 康煜欣 | 刘佳琦 | 闫　冉 | 黄乾明 | 郭宏阳 |
| 陈雪蕾 | 张　婷 | 贲金兰 | 陈婧文 | 梁靖茹 | 刘　威 | 谢晓东 | 张文涛 | 徐　伟 |
| 冯焱玲 | 朱红艳 | 高　燕 | 薛景文 | 周天与 | 洒西静 | 杜　默 | 李小娜 | 张珅睿 |
| 郭晏希 | 黄思睿 | 顾佳艺 | 周晓洁 | 何家敏 | 唐珺清 | 曹瑶佳 | 裴兴庭 | 孙婷婷 |

| 宋英杰 | 文　健 | 聂正科 | 王亦蓝 | 王金鹏 | 张丁也 | 张蕴琪 | 张　琪 | 孙亚萍 |
| 张　咪 | 赵静怡 | 孙泽良 | 康晶晶 | 刘克城 | 林彩鑫 | 钟思捷 | 张明月 | 徐倩旖 |
| 李笑千 | 段宇垚 | 徐文昌 | 蒋　丽 | 张夏夏 | 贺璐琦 | 纪利平 | 张双丹 | 苏倩怡 |
| 巢香云 | 姚万庆 | 张子晗 | 陈　佳 | 吴宝华 | 宋梓钰 | 刘　倩 | 张亦雷 | 张任旭 |
| 王子途 | 卓美珍 | 叶　丹 | 冉颖杭 | 赵玉婷 | 朱双双 | 刘庆庆 | 罗秋琦 | 温　帅 |
| 王晓戈 | 吴佳宁 | 郭雨柯 | 王　煜 | 戴丽艳 | 孙　越 | 夏　爽 | 郭　俊 | 王　悦 |
| 高竹轩 | 马贤武 | 钟陆杰 | 金小群 | 李迎静 | 王　敏 | 杨　恬 | 袁　婧 | 任乔牧 |
| 曾子健 | 魏光程 | 李　刚 | 胡旭辉 | 杨广志 | 张　冰 | 武善平 | 张小月 | 刘晓萌 |
| 杨瑞江 | 水冰雪 | 李　凡 | 魏旭超 | 顾瑶琼 | 张皙雅 | 张　雪 | | |

# 附录 12　2019 届本科毕业生名单

## 农学院（210 人）

| 王朝嘉 | 马　勇 | 王　袁 | 扎西央宗 | 邓雅玲 | 叶　凡 | 匡英铭 | 吕志伟 | 闯　悦 |
| 许静娴 | 李宇飞 | 李　锥 | 何雅男 | 汪晓东 | 张俊豪 | 陈　颖 | 付仙蓉 | 赵伟宁 |
| 胡泽宇 | 袁星晨 | 聂　珩 | 夏召汉 | 徐超凡 | 徐睿含 | 高俊文 | 旦增朗杰 | 彭新月 |
| 蔡永芳 | 蔡莘荻 | 孙展召 | 马腾飞 | 王佳晨 | 王雅嘉 | 韦璐阳 | 卢浩东 | 梅　敏 |
| 田　丁 | 丛小雨 | 孙　婷 | 巫　月 | 李俊儒 | 杨雪丹 | 邱九阳 | 何明洁 | 邹雪兰 |
| 张思维 | 王李春晓 | 陈本佳 | 陈思瑾 | 陈雅萍 | 赵婵艺 | 赵　然 | 赵瑞暄 | 夏真禹 |
| 穆晓瑞 | 魏思媛 | 瞿安伦 | 苗　奇 | 丁星忠 | 马丹青 | 张　鑫 | 田兴帅 | 匡前量 |
| 刘力菡 | 阮　开 | 孙榭君 | 李中华 | 李帛树 | 李诗雨 | 杨　菲 | 杨淑珂 | 吴琼坤 |
| 张珊珊 | 陈祥龙 | 林锦妙 | 倪佳朦 | 徐佳芸 | 殷泽宇 | 涂　画 | 盛莉文 | 梁　田 |
| 董　宁 | 蒋幸每 | 薛博文 | 吴丽娜 | 王　洋 | 田文锐 | 司清新 | 安永清 | 安　泰 |
| 苏圣博 | 李怀民 | 洛松拉姆 | 杨濡菲 | 肖丽玉 | 汪泽民 | 张　蕊 | 陈　玥 | 陈苗苗 |
| 陈雨虹 | 季艺玮 | 周文会 | 郝　晶 | 侯岩松 | 施向能 | 敖宸闻 | 袁苏凡 | 袁　婷 |
| 晏　霜 | 唐　寅 | 曾伟聪 | 于永超 | 王梓颖 | 翟元盈 | 马　昕 | 王艺锦 | 王　颖 |
| 石希安 | 白嘎力 | 李可蒙 | 李洪全 | 杨梦想 | 吴天昊 | 何晓娟 | 张传维 | 胡　释 |
| 侯金凤 | 饶国庆 | 杨　宁 | 曹　雷 | 聂　可 | 铁原毓 | 徐　渠 | 徐雅真 | 殷乾杰 |
| 高立君 | 席　璐 | 韩文钊 | 谢林芳 | 蒙亚娟 | 薛晓玮 | 陈锦文 | 陈怡名 | 马　玥 |
| 王　宇 | 王健铭 | 王　晶 | 史华玥 | 宁思寒 | 吕雅婷 | 张婧宇 | 刘　年 | 刘　硕 |
| 刘瑶丹 | 闫　青 | 闫晓峰 | 苏子愿 | 李怡欣 | 李秋梅 | 张　艺 | 陈思逸 | 苗春媛 |
| 林　蓉 | 郝宇鹏 | 蒋玉千 | 薛林芬 | 贺微华 | 魏　博 | 余榕婧 | 宋晓倩 | 王健康 |
| 韩　飞 | 周艺梅 | 龚心如 | 张涛荟 | 顾君妍 | 杨　鸣 | 沈小璐 | 赵子甦 | 李　晨 |
| 卢一帆 | 任秋韵 | 普布西洛 | 何佳琦 | 朱铭宇 | 吴　悠 | 谭洪刚 | 赖健韬 | 韩子旭 |
| 汪　涛 | 宗　旨 | 熊江燕 | 叶奇凯 | 张笑凡 | 汤琳芮 | 庄宇萌 | 王乔轲 | |

加力哈斯别克·艾克木汗　居苏普阿力·托力干　登孜依拉·革命

古丽扎热木·艾尔肯　古丽娜·艾吾巴克热　阿克木·毛拉吾提

阿迪力·吐尼亚孜　图尔迪古丽·麦麦提　玉苏瓦吉·吾买尔江

迪力亚尔·买买提　艾麦尔·艾散　阿依先古力·卡依尔

阿曼妮萨·麦麦提尼亚孜

## 植物保护学院（110 人）

| | | | | | | | | |
|---|---|---|---|---|---|---|---|---|
| 寸靖芳 | 马若菲 | 王丹卉 | 王佳楠 | 方宝耕 | 方紫薇 | 方靖怡 | 田峰奇 | 任鑫悦 |
| 刘一阳 | 刘习羽 | 刘家彤 | 孙 卓 | 李鑫洋 | 杨一童 | 陈 凤 | 沈方圆 | 张苉宸 |
| 刘华羽 | 孙玉佳 | 陈思杰 | 庞芯莹 | 郑文跃 | 郑明子 | 胡夏雨 | 聂婧源 | 高 萍 |
| 郭春辉 | 曾梦竹 | 王 兰 | 王 焱 | 韦应琛 | 方泽雨 | 卢国霞 | 史星星 | 尼 琼 |
| 麦莹芳 | 李诗菡 | 李 垦 | 李康平 | 李 馨 | 杨麦伦 | 杨金熹 | 何菁菁 | 何淑红 |
| 张 璐 | 陈铭轩 | 赵日那 | 钟佳殷 | 章梦璇 | 熊 丹 | 燕婧媛 | 杨绍英 | 丁浩毅 |
| 于小喻 | 王高蓉 | 王铮琦 | 王舒祺 | 王 豪 | 王 磊 | 吕 璇 | 向巴卓玛 | 吴昊雯 |
| 沈慧雯 | 张子涵 | 张天一 | 张 越 | 邵子恺 | 赵雪君 | 赵 燚 | 胡 玥 | 胡婷霞 |
| 郭 奇 | 郭多璟 | 颜卓铭 | 马驰斌 | 吕 柯 | 刘佳代 | 刘福宇 | 汤 宇 | 李乐瑶 |
| 李 楠 | 吴 欢 | 吴震宇 | 张立颖 | 张兴宇 | 陈伟玮 | 陈安忆 | 青于蓝 | 耿媛霄 |
| 倪天泽 | 徐原笛 | 高子淑 | 黄 鹏 | 曹宇薇 | 崔馨方 | 寇容川 | 谢 懿 | 谭诗语 |
| 黄涛祥 | 李 雪 | 吾尔尼沙汗·麦麦提 | | 阿热依古丽·木合亚提 | | 加德拉·达伊尔别克 | | |
| 吾哈力汗·阿布都沙地克 | | 阿布都拉·吐尼牙孜 | | 古丽扎提·达拉依汗 | | | | |
| 依斯马依力·米拉丁 | | 古丽西拉·叶尔肯 | | 买合甫孜·沙它尔 | | | | |

## 资源与环境科学学院（187 人）

| | | | | | | | | |
|---|---|---|---|---|---|---|---|---|
| 王叶榕 | 王志军 | 王海兵 | 卢垚琦 | 申林青 | 田维韬 | 印朝琴 | 李圆宾 | 李浩天 |
| 李嘉琪 | 杨梦影 | 吴 攸 | 吴袁依 | 邱镜宇 | 邹 湘 | 张玉璇 | 郑君仪 | 赵 迪 |
| 施亚文 | 洪文丹 | 郭辰萌 | 郭洁芸 | 张冠友 | 郭 睿 | 黄 颖 | 蒋 柳 | 韩怡然 |
| 赖盈盈 | 王 帆 | 于 玲 | 万鹏斌 | 马骁楠 | 王婷婷 | 付 琳 | 冯雨若 | 朱卉卉 |
| 李雨婷 | 李佳鑫 | 李 晖 | 李逸凡 | 李静远 | 吴云飞 | 吴明芳 | 陆翁昕 | 陈迪伟 |
| 陈 菁 | 苗雅慧 | 郑雯丹 | 莫祎豪 | 贾若尘 | 彭建邦 | 钱 旸 | 徐 念 | 盛小格 |
| 董芮安 | 董家裕 | 程婉清 | 蒋 聪 | 叶学沛 | 张学萌 | 王世源 | 王 莹 | 王嘉慧 |
| 毛 敏 | 任 航 | 刘露瑶 | 汤其阳 | 李旭东 | 李爱莲 | 李家豪 | 连 嘉 | 沈 越 |
| 沈 燕 | 宋明阳 | 张少逸 | 张思成 | 陆建明 | 陈 迎 | 陈雅文 | 赵 靓 | 胡灿民 |
| 徐潇潇 | 黄蓉慧 | 焦晓楠 | 颜晗冰 | 薛荣跃 | 尹 斌 | 王昕玥 | 庄 园 | 甘淳丹 |
| 马璐雯 | 王玮蓉 | 王荣江 | 王 硕 | 王紫辰 | 王富田 | 叶 仪 | 付忠瀛 | 冯俊楠 |
| 冯麟翔 | 吉钊锐 | 乔亚莉 | 刘 畅 | 孙凤飞 | 孙仕豪 | 李佳羽 | 杨雅璇 | 宋 瑶 |
| 张镜丹 | 陈家乐 | 邵彦川 | 邰梓洋 | 林高哲 | 柳 原 | 袁诚辉 | 彭瑾钰 | 曾 云 |
| 蔡润泽 | 燕 鸥 | 王一涵 | 刘树展 | 段航宇 | 焦小轩 | 谢宇昂 | 康志挺 | 王柱通 |
| 何向阳 | 王 港 | 邓钰华 | 石伟希 | 白 楠 | 冯 欢 | 刘 玮 | 刘 旺 | 孙晓艺 |
| 杨景清 | 吴晨媛 | 邹文萱 | 羌 顿 | 汪 镇 | 张喆慧 | 林亿猛 | 罗真真 | 段华泰 |
| 侯 滢 | 柴以潇 | 钱九盛 | 徐琳雅 | 徐 璐 | 黄 建 | 梁海峭 | 逯婉纯 | 斯天任 |
| 刘志颖 | 陈思桥 | 唐 硕 | 王 珍 | 王 诺 | 王逸风 | 王景梵 | 王 鑫 | 史可欣 |
| 任 鹏 | 刘文心 | 许 航 | 李惠润 | 杨 素 | 杨舒植 | 吴倩怡 | 宋瞰尘 | 张 博 |
| 张 璐 | 陈沿润 | 聂 宇 | 徐杰男 | 徐清风 | 徐 谞 | 曹双杰 | 崔梦圆 | 赖桢媛 |

蔡宇昊　夏晓茜　刘潇予　伊斯马伊力·伊力亚斯　古丽吉米拉·阿卜杜伊明
沙提别克·米兰别克　穆开热姆·胡杜木拜尔迪

## 园艺学院（329人）

| | | | | | | | | |
|---|---|---|---|---|---|---|---|---|
| 么梓鑫 | 马良驹 | 邓元杰 | 田思琳 | 冯安吉 | 乔婧雯 | 李　好 | 李晨曦 | 吴　悠 |
| 邱琳香 | 张　艳 | 陆　蓓 | 陈孝青 | 陈珏琦 | 周鹏羽 | 封杰铭 | 赵盈盈 | 段　希 |
| 秦梦雷 | 贾丽丽 | 倪清松 | 郭浩然 | 盛佳雯 | 康美玲 | 蒋佳颖 | 曾　杰 | 石倩蔚 |
| 肖婉莹 | 马吾丹 | 王迎港 | 王柯文 | 王　亮 | 巴桑片多 | 史佳欣 | 白雪洺 | 蔡溧聪 |
| 朱奕凡 | 刘红燕 | 雷　田 | 孙一迪 | 孙云帆 | 苏冠清 | 李孟伟 | 李溶荣 | 邹旸菲 |
| 邹宏宇 | 张文琪 | 陈　佩 | 戴宏钢 | 林立锟 | 段亚军 | 袁华璐 | 马君怡 | 黄　轲 |
| 程海燕 | 裴清圆 | 孔文翔 | 于　露 | 刘栖同 | 马红娇 | 徐博文 | 王海希 | 帅仕民 |
| 刘东让 | 李乐跞 | 李佳佳 | 李　星 | 肖佳美 | 吴雨璇 | 张岳阳 | 张夏衔 | 张喻乔 |
| 林思思 | 罗雨柔 | 罗　娟 | 罗鹤飞 | 周浩民 | 郝晨宇 | 唐　佳 | 黄宇翔 | 章　回 |
| 董林超 | 鲁雅楠 | 廖子含 | 德吉央宗 | 郭晏汝 | 马　林 | 王达辉 | 吕明哲 | 朱厚荣 |
| 延宸羽 | 任　然 | 李启明 | 李苓珊 | 李泽鑫 | 李曦阳 | 杨　昊 | 汪宽鸿 | 汪雯珺 |
| 沈亚楠 | 宋浩桐 | 张　玉 | 陈　玮 | 陈俊杰 | 金德康 | 徐梦茜 | 黄丹丹 | 黄　晨 |
| 蒋梦凡 | 游雨聪 | 潘尧铧 | 穆张磊 | 王　雯 | 卢金燕 | 叶钰珊 | 刘恩佳 | 杨吉贵 |
| 肖　健 | 吴月满 | 吴　静 | 张含蕾 | 岳　林 | 钟静娴 | 洪　欢 | 夏兴莉 | 高文轩 |
| 曹妍彦 | 迟秋雯 | 曹皓玮 | 梁满秋 | 梁潇艺 | 程倩倩 | 程珺磷 | 曾　策 | 谢　楠 |
| 廖选松 | 王　正 | 牛　苗 | 卢　咪 | 叶　胜 | 曲芷娇 | 朱　涛 | 朱晨毓 | 任雪松 |
| 刘啸东 | 杨　纤 | 吴予暄 | 邹天鸣 | 张艺璇 | 张少波 | 张志成 | 张启茂 | 张美玲 |
| 陈　铭 | 范宇骄 | 赵丹蕾 | 赵　妍 | 姚文培 | 耿红凯 | 夏　道 | 徐如意 | 徐辰怡 |
| 徐鹤挺 | 高　畅 | 高根红 | 唐秋来 | 诸鹏飞 | 蓝　令 | 蔡馨诺 | 韦　玉 | 玄　铁 |
| 刘　婧 | 许扬飞 | 严佳敏 | 李浩渺 | 杨凯祺 | 杨　燕 | 肖乃文 | 吴光炎 | 何凯乐 |
| 宋可心 | 陆德华 | 陈思锐 | 陈舒楚 | 武立伟 | 欧阳鹏飞 | 周欣悦 | 孟力为 | 赵宁馨 |
| 钟筱悦 | 饶思敏 | 袁銮柳 | 徐紫燕 | 康志欣 | 董小宁 | 韩慧杰 | 覃美景 | 杨玼婷 |
| 王　刚 | 王　羿 | 王　璐 | 卢富华 | 叶青霞 | 刘闪闪 | 刘　慧 | 孙克寒 | 麦雅文 |
| 李　惠 | 李瑞兰 | 何　叶 | 位珂珂 | 沈仲远 | 张凯瑞 | 张梦蕊 | 张　清 | 张琪绮 |
| 陈　曦 | 赵永娟 | 党仪泉 | 唐楠煜 | 黄丽瑾 | 董雨青 | 谢晓红 | 翟丹兰 | 马娜娜 |
| 王主率 | 王春旭 | 王琳琳 | 毛陈祺 | 申荆涵 | 付一鸣 | 朱芯彤 | 刘小毓 | 刘　双 |
| 李丝倩 | 李沛蔓 | 李宗贵 | 李思嘉 | 吴　巧 | 邵灵梅 | 林恬宇 | 金亚璐 | 金美延 |
| 周艺佳 | 孟诗棋 | 赵晨晓 | 高文静 | 高靖婷 | 黄心田 | 梅　婷 | 蒋彤颖 | 曾芝琳 |
| 廖丹瑞 | 潘真言 | 薛洋洋 | 杨诗扬 | 侯靖秋 | 袁上草 | 李雨欢 | 张　琦 | 宗　俏 |
| 王佳琦 | 王　茜 | 支玮蓉 | 邓　蓉 | 闫　瑾 | 杜庆尧 | 李和阗 | 李博鑫 | 杨媛琴 |
| 时瑄仪 | 吴雪菲 | 何莲莹 | 张欣然 | 张　晋 | 张祥洋 | 陈晟禹 | 陈海楠 | 陈慧娴 |
| 荣晗琳 | 袁乔星 | 徐　知 | 徐思慧 | 翁诗丹 | 高洪幸 | 唐　铖 | 黄思远 | 彭　璐 |
| 蒋慧慧 | 梁家新 | 马晓舟 | 陈晶阳 | 马加奇 | 马纪昆 | 王米雪 | 白玛龙增 | 白玛央金 |
| 吕祖森 | 刘李聪慧 | 刘国州 | 汤晓雪 | 许尚琳 | 杨宇航 | 何珈鸿 | 宋俊龙 | 翟鸿宇轩 |
| 张景旭 | 陈丽锦 | 陈婧朗 | 陈鹏旺 | 陈韵涵 | 罗曼莉 | 周语怡 | 郑琨鹏 | 赵培原 |

赵颖婕　施峥嵘　徐雅各　徐璟仪　唐凤仙　斯钰阳　张雨诗　仙依旦·克热木
肉孜宛古丽·吾斯曼　那孜纳姆·库尔班江　阿力别克·革命汗
古孜里亚·库尔曼艾力　阿依夏布比·阿不都热合曼　迪丽努尔·木沙

## 动物科技学院（105 人）

孙小凡　叶远维　刘佳倩　李　进　李嘉程　陈　果　武皓辰　林　红　单蒙蒙
赵小天　袁　雨　贾　璐　夏振海　韩瑜坤　陆　逸　孙冬晖　万　珍　王　婷
王　鑫　叶伦哲　冯露分　吕　美　刘　颖　谷　伟　张浩琳　张　敏　郑晓宇
秦海霞　徐念佳　黄鑫芸　盛志伟　梁乾妮　程明会　裴明财　潘　晨　周美慧
王力仪　王欣宇　吴一秀　胡林桢　石　咏　成　月　刘　烁　刘淑雯　充守花
孙　颖　牟天琪　汪海东　范丽洁　金宇月　郑临枫　姜可新　宫晨嘉　翁雅婧
黄嘉詠　刘叶凤秋　钟国安　陈佳翎　马亚男　马海燕　方煜萌　朱靖雅　贠　阳
杨　密　沃野千里　陈璟玥　周天赐　徐　沁　徐春燕　高弋凡　郭永翔　黄思宁
梅　原　蔡　洁　熊志诚　薛　瑛　胡　沁　陈　喜　甘山义　李亚南　别雅甜
沈　菲　凌德凤　雷础峤　韦顺丰　冯福航　来　征　邹　朋　张明钰　陈　莹
陈晓琳　陈　岚　周　爽　史镜琪　陈建勤　陈　琪　金豪杰　高　雪　崔雯雯
靳益熙　刘根盛　林柳彤　林　静　魏思宇　沈　奇

## 无锡渔业学院（27 人）

卢　奇　任若兰　阮鉴鉴　杨晓曦　杨愉芬　张子威　陈　遥　周春妙　钱琳洁
倪嘉诚　高迪伟　隗　阳　阚雪洋　马俊蕾　王子玥　邓鸿哲　安思宇　李子旭
李鸣霄　吴云鑫　张欣娅　陈　菲　罗宇婷　贺婉路　殷　翠　唐智慧　董美宏

## 经济管理学院（261 人）

康钰彤　刘苗苗　崔鑫妍　王昭月　李　畅　张　涵　高　鹏　梁靖雯　张　磊
杨　乐　丁乐怡　王芷宁　王　晨　王锐涵　仓　珍　叶海键　包佳怡　刘翔浩
刘嘉慧　安　宁　李　彬　时慧芸　吴　蓉　邱耀昕　张子欣　陈　京　邵慧洁
武威彤　林召陇　周书帆　周　乐　赵柏杨　姚子期　徐广远　徐晓雨　徐晓晴
殷柯涵　黄铧森　崔英奇　王婷奕　万文依　李义猛　尼　琼　边基伟　任洲洋
齐能信　许桢莹　李凯伦　李薛晨　肖雪薇　何佳静　张天姣　张晓宇　陈晶晶
周天昊　郑　云　郑晓威　赵雨竹　郝　悦　胡浚哲　段振坤　袁菱苒　顾佳林
钱　金　龚泽敏　逯佳琦　董超越　韩　旭　曾　博　赖晓敏　黎海波　李轶玮
张诗桦　童晓美　高启柯　刘禹彤　武靖雨　史芳冰　林湘慈　陈　菲　姜晓蕾
马宇馨　王今一　王英男　王钰雯　龙　昊　朱偌辉　刘　欣　闫子玉　孙昕蕾
李卓群　李欣媛　杨敏敏　张佩婷　张晓娜　金　香　郝秋娅　柳　晔　贾若雨
顾子晨　梁瑞珏　蒋恬钰　谢旻琪　傅　军　谢　磊　熊泽怡萱　霍俊枫　江浩铭
崔婧怡　王茜懿　杜华清　李　钰　杨明春　苏海韵　凌舒寒　荣　赟　姜　丰
罗　玲　李云帆　范宝琪　张　璐　卢音如　张泽文　刘子琦　冯　敏　于诺贤
王心明　王玉广　王珊珊　王晓晨　王雅婷　王　微　毛佳钰　史晓琳　冯绍桓

| 刘德宇 | 孙世儒 | 杜葱葱 | 李若兰 | 宋子煜 | 宋子豪 | 宋金波 | 张健梁 | 陈海伦 |
|---|---|---|---|---|---|---|---|---|
| 陈蓉姿 | 赵谦诚 | 袁媛 | 徐菁 | 徐婉婷 | 龚浩云 | 章敏 | 葛慧璐 | 魏瑶 |
| 彭思民 | 林婉婷 | 程梦迪 | 蔡进 | 左安琪 | 王俊 | 宋子扬 | 明子玉 | 马文沛 |
| 马亚蓉 | 王心茹 | 王菲 | 季平宇 | 方玲 | 白洁 | 刘泰生 | 孙荟能 | 李月华 |
| 马雪妮 | 李雨晨 | 李昂 | 李海瑛 | 肖筱默 | 何山艳 | 张禹威 | 张晖 | 张骑鹏 |
| 林麒 | 赵雯越 | 赵鉴初 | 胡沁 | 胡倩雯 | 禹雁瀚 | 姚爽 | 顾晟景 | 徐可赞 |
| 高胜怡 | 郭颖 | 彭芳 | 徐云超 | 王宝宗 | 薛小辰 | 麻雅欣 | 潘林键 | 董文静 |
| 朱安钦 | 王小莉 | 王天北 | 王帆 | 石小凡 | 吕金青 | 任彬彬 | 向子墨 | 孙叶雨 |
| 孙翠翠 | 杜晨媛 | 李方睿 | 李伟祥 | 李玥闻 | 李雨婷 | 李紫薇 | 何孝康 | 谷瑞晴 |
| 周茂维 | 周秋菊 | 赵剑侨 | 钱一铭 | 徐雅洁 | 黄秋莹 | 黄朝江 | 曹佳森 | 梁慧妮 |
| 普蕾儒 | 曾菀钰 | 谢壮壮 | 蔡晓贤 | 周希琳 | 许孙旭 | 徐文娟 | 李丹 | 袁梦 |
| 郑轶枫 | 金宇 | 杨敬茹 | 孙家浩 | 邓超 | 张雅楠 | 徐紫枫 | 吴冰洁 | 冯雨若 |
| 王颖 | 王喆琳 | 褚佳 | 刘育乐 | 孙硕 | 葛胤炜 | 顾天宇 | 马梦杰 | 张金流 |
| 陈慧琴 | 郑晓曼 | 沈欣言 | 朱羽洁 | 石益路 | 沈芳竹 | 刘渔阳 | 钟一鸣 | 魏政 |

## 动物医学院（172 人）

| 高帅 | 袁鹏焜 | 刘奕杉 | 王亚辰 | 王茜 | 方天 | 申坤 | 刘子瑜 | 李本睿 |
|---|---|---|---|---|---|---|---|---|
| 李梦琪 | 李路路 | 杨伏春 | 张岱融 | 张硕 | 张微 | 陈亚玲 | 陈秋阳 | 袁宸 |
| 袁缘 | 徐亚菲 | 徐思翔 | 殷唯佳 | 郭苓 | 郭嘉宁 | 涂凯航 | 黄晗 | 章诗韵 |
| 彭雪艳 | 覃琳淘 | 廖智 | 纪佳君 | 都玉 | 崇金星 | 王一铭 | 王红暖 | 王阿满 |
| 韦小屹 | 左昕怡 | 叶莉莎 | 叶晨枫 | 向佳胜 | 孙瑜 | 杜少娟 | 李官 | 杨升 |
| 肖福川 | 何思庭 | 冷允俊 | 张琪 | 周宇杰 | 胡家欢 | 袁兰馨 | 梁天飞 | 梁琬 |
| 董芳芳 | 焦晓宇 | 颜卓晖 | 薛洋 | 陈欢 | 吕丽蕾 | 郇春燕 | 梁政浩 | 丁佳卿 |
| 王健 | 王锐 | 韦庆旭 | 史嘉雯 | 朱婧 | 刘芷君 | 刘欣媛 | 刘柯言 | 刘静 |
| 孙亚琼 | 孙杨杨 | 李冉 | 吴顷新 | 何思琦 | 张怡昕 | 陈军见 | 林伯皇 | 郑一青 |
| 赵兴婷 | 钱金涵 | 龚德嘉 | 鲁天熠 | 颜霜静 | 瞿宇 | 李帅 | 赵倩 | 泮欣铭 |
| 卢辰赫 | 沈俨 | 邵淑怡 | 于秋辰 | 马丽莹 | 马苗苗 | 马昌浩 | 马森航 | 王颖 |
| 韦永柠 | 白莉 | 朱传宇 | 朱琳 | 刘子宁 | 芦月珂 | 苏君治 | 苏泽楠 | 李科茫 |
| 李剑男 | 吴云雨 | 张景文 | 周媛媛 | 屈岑佳 | 胡雨晴 | 施琦珺 | 高远之 | 黄昊 |
| 崔明慧 | 韩炜婷 | 谢佳欣 | 马慧 | 王冠楠 | 王馨儿 | 申涵露 | 付恒峰 | 仲焕香 |
| 刘爽 | 汤智辉 | 孙乃岩 | 李青 | 李金恬 | 张非 | 张祖龙 | 张晏丞 | 张媛媛 |
| 陈昊隽 | 陈晓榕 | 罗巧丽 | 赵丹钰 | 赵忆萌 | 姬姝婷 | 龚倩梅 | 韩金 | 霍晓丽 |
| 郑素雅 | 徐湛 | 陈睿 | 于晓璇 | 华莹 | 刘子峥 | 王来荣 | 徐桐 | 李松玲 |
| 陈卓 | 隋艺 | 王成 | 丁泽群 | 刘畅 | 潘苏蕾 | 童冉 | 刘佳茜 | 王世祺 |
| 袁旻 | 徐晨杰 | 赵月雷 | 徐冉 | 程春雨 | 潘斌 | 郝坤莹 | 徐尧 | 宋逸凡 |
| 陈炜 | | | | | | | | |

## 食品科技学院（192 人）

| 胡婷婷 | 王文君 | 王昊翔 | 王恺悦 | 王群 | 尹航 | 厉雪莹 | 朱锦璇 | 刘心桐 |
|---|---|---|---|---|---|---|---|---|

| | | | | | | | | |
|---|---|---|---|---|---|---|---|---|
| 刘培鋆 | 许　锐 | 杜逸聪 | 李梦钰 | 杨星宇 | 杨振儒 | 何　雨 | 沈典英 | 张宇喆 |
| 周　容 | 周　密 | 赵君宇 | 黄　艺 | 黄琰彬 | 龚茹怡 | 舒楠茜 | 滕文哲 | 方　莉 |
| 薛敏行 | 孙　贤 | 吕陨圣 | 张　妍 | 杨惠莹 | 江宇欢 | 林　丽 | 马若云 | 王雅楠 |
| 王　璐 | 水文浩 | 邓　皓 | 叶爱萍 | 田紫菡 | 冯　骁 | 冯婷婷 | 朱凯迪 | 刘　欣 |
| 刘雅夫 | 许　多 | 许征莉 | 李艾潼 | 李丽溪 | 李俊婕 | 杨定坤 | 吴紫薇 | 陈　玥 |
| 陈　滢 | 范丹君 | 欧阳晗颖 | 金　铸 | 周子钰 | 胡宇航 | 姜雨晴 | 梅　莹 | 储寒君 |
| 戈永慧 | 梁丽姣 | 王文锦 | 王米其 | 王智婷 | 毛靖一 | 吕重阳 | 刘　昊 | 刘梵铃 |
| 刘　婧 | 刘皓然 | 刘颖昊 | 严钟煜 | 李　芮 | 杨梦茜 | 张明喆 | 张　瑜 | 范　青 |
| 赵家放 | 赵鑫鑫 | 胡天朔 | 袁　雨 | 莫　莎 | 顾佳仪 | 徐　潼 | 殷天晨 | 程勃源 |
| 路　彤 | 青舒婷 | 王子悦 | 王佳薇 | 王洁琼 | 戈永杰 | 方　晗 | 冯语嫣 | 母国栋 |
| 刘旺鑫 | 刘　畅 | 刘倩倩 | 刘　婷 | 刘　颖 | 许可欣 | 李彦洁 | 杨忻瑞 | 杨　源 |
| 余劭伟 | 余　茜 | 沈芬芬 | 陈小静 | 周　文 | 居蒙琦 | 孟　潇 | 徐博涵 | 高　靖 |
| 唐蜀鹏 | 梁方维 | 曾乐银 | 蔡雨泽 | 潘朝影 | 白依璇 | 戴雨薇 | 王　硕 | 尤超群 |
| 史雪莹 | 付曦潮 | 朱晨阳 | 仲维双 | 关　月 | 许杨洁 | 苏宏萌 | 李则睿 | 李　洁 |
| 李浩坤 | 陈若璇 | 林祎晗 | 林恺铖 | 周　哲 | 周　琳 | 屈浩然 | 赵雨佳 | 贺彬彬 |
| 黄宇辰 | 曹　可 | 舒　娜 | 楼嘉盼 | 缪　婉 | 吴怡宁 | 王　克 | 王路遥 | 包佳钰 |
| 朱嘉盛 | 仲香香 | 汤海玲 | 芮孝瑜 | 李一铭 | 李丽君 | 吴　迪 | 余　婕 | 怀佳顺 |
| 张志飞 | 张　森 | 陈　婉 | 林颖颖 | 单嘉琪 | 胡欣瑞 | 胡　浩 | 殷振泽 | 高文斌 |
| 高　攀 | 崔丹阳 | 矫宏琳 | 谢　红 | 廖　伟 | 刘英娴 | 刘晓凡 | 杨志颖 | 张国伟 |
| 姜一斐 | 戴妍贤 | 邵靖萱 | 高晓格 | 汤英杰 | 吴中元 | 陈开业 | 胡落淳 | 李甜荣 |
| 耿睿璇 | 陈红蒲 | 施迎烜 | | | | | | |

## 信息科技学院（188 人）

| | | | | | | | | |
|---|---|---|---|---|---|---|---|---|
| 王子豪 | 王若稣 | 王　爽 | 叶冬婷 | 邢思思 | 吕　京 | 朱红宇 | 刘建斌 | 李志豪 |
| 吴　萌 | 陆昊翔 | 陈昱臻 | 罗明妮 | 宗思齐 | 孟明慧 | 赵新月 | 胡昊天 | 胡曦月 |
| 柯雪婷 | 贾云婷 | 高　正 | 高瑞卿 | 唐梦嘉 | 黄　珊 | 康欣宇 | 梁子澄 | 蒋　璐 |
| 廖佳伦 | 滕浩言 | 吕灵雪 | 蒋睿吟 | 冯欣悦 | 丁　可 | 马玉涵 | 王永清 | 王宗昊 |
| 王菲妍 | 王　翠 | 王　蕾 | 白　晶 | 吉晋锋 | 刘子合 | 刘子露 | 刘忠诚 | 汤梦婷 |
| 孙　婧 | 李定婷 | 杨　迪 | 吴敏琰 | 张荣强 | 邵子晴 | 苑汝阳 | 胡　乐 | 胡晓雪 |
| 姜慧敏 | 洪　诚 | 徐铭阳 | 高　莹 | 展超凡 | 梁　娜 | 董学倩 | 寇楚雄 | 娜　琳 |
| 侯　毅 | 王贝贝 | 王仁刚 | 王月丰 | 王锦荟 | 王　睿 | 田　辉 | 朱新凡 | 刘玉铠 |
| 孙　琪 | 苏天泽 | 杜明昊 | 吴　琪 | 邱　日 | 张义磊 | 张文轩 | 陆　敏 | 陈　尧 |
| 陈　驰 | 郎文溪 | 胡　玲 | 秦天涯 | 贾　强 | 徐友万 | 徐明月 | 徐　晴 | 韩卓芯 |
| 费伟伦 | 王　李 | 王学思 | 王婧竹 | 王　博 | 石　瑞 | 朱　诚 | 朱雅君 | 刘　畅 |
| 祁英涵 | 杨　鹏 | 沈盈希 | 张智昊 | 邵航宇 | 林柳吟 | 岳云鹏 | 周守康 | 周　宽 |
| 孟　妍 | 姜松宁 | 姚　娴 | 秦晓杰 | 顾　昊 | 徐昌港 | 郭丹宁 | 程　柯 | 舒靖云 |
| 虞春芳 | 颜　震 | 沈锦慧 | 季　冰 | 胡皓翔 | 金　玉 | 林宏藤 | 杨　熠 | 王昱程 |
| 王镒恒 | 边益旭 | 朱　丹 | 朱勇丞 | 刘　东 | 许继光 | 李普竞 | 何　清 | 余意聪 |
| 沈树豪 | 张玉杰 | 张汉杰 | 张思阳 | 陈汉文 | 赵玉娟 | 郝梦琪 | 施佳伟 | 钱峥远 |

| | | | | | | | |
|---|---|---|---|---|---|---|---|
| 徐梦琪 | 高镕波 | 郭震雨 | 葛帆 | 葛俊爽 | 曾志发 | 游梓瑶 | 谢露 | 管怀 |
| 冀锴铖 | 何兵华 | 岳琳茜 | 高翔 | 唐纬才 | 王伟 | 王妍妍 | 王雨琴 | 王欣然 |
| 龙永游 | 叶雨阳 | 申成吉 | 延悦帆 | 刘铭 | 刘葳铨 | 关晓虎 | 汤杰 | 孙云晓 |
| 杜瑾芮 | 李畅 | 李家封 | 李韵洁 | 杨沙 | 杨佳佳 | 吴茂盛 | 吴振勇 | 何艺 |
| 沐李亭 | 宋玉红 | 张宇彤 | 罗心宇 | 季子寒 | 夏蓉蓉 | 柴艺松 | 崔恩赫 | |

## 公共管理学院（272 人）

| | | | | | | | |
|---|---|---|---|---|---|---|---|
| 蒋统斌 | 王哲茹 | 云登加措 | 方莎莎 | 艾文雨 | 冯明垚 | 刘洁凡 | 许瑞阳 | 许馨匀 |
| 孙紫璇 | 李超 | 时晶晶 | 张子昀 | 张宇琪 | 张鲁美 | 陈昕雨 | 陈诗婷 | 罗清然 |
| 周小琛 | 胡蓓琳 | 聂连颖 | 柴华 | 倪双双 | 徐晓君 | 徐翔宇 | 高萱 | 黄炳清 |
| 黄梦娇 | 曹尉森 | 戢叶顶 | 朱颖 | 施雯 | 李润松 | 马祥 | 王奕萱 | 王夏涵 |
| 王爽 | 达丽雯 | 德青拉西 | 任奕儒 | 刘天聪 | 刘区馨 | 刘奕含 | 刘阔 | 刘睿良 |
| 许洁 | 李纬溢 | 索朗达古 | 李博通 | 杨荣山 | 杨薇 | 杨露 | 吴双 | 佟欣 |
| 沈心语 | 张杨 | 张晶 | 陈怡文 | 陈禹冰 | 范丹宁 | 徐梦玲 | 徐梓弋 | 黄婉秋 |
| 梁婕妤 | 李宜可 | 许皓玮 | 马亚军 | 马祥 | 王皓 | 田晓露 | 吕安丽 | 刘雅楠 |
| 苏翔 | 李曼 | 李嘉宝 | 应聪 | 冶荣芳 | 沈继爽 | 陈世豪 | 陈奕彤 | 周雪 |
| 周紫妍 | 郑永怡 | 孟广辉 | 胡鑫涛 | 秦井井 | 徐瑜雪 | 徐潇然 | 孔德音 | 童燕 |
| 廖映雁 | 黎艺星 | 戴国良 | 周玥杉 | 乐冰馨 | 马玉存 | 马西萍 | 王心柯 | 王可文 |
| 王志华 | 牛坤在 | 邓素萍 | 卢霞 | 许若瑶 | 许诺 | 李琬馨 | 杨肖 | 杨秋月 |
| 王迎双 | 吴慧慧 | 沈涵 | 迟旭 | 张欣远 | 张琳 | 陈婧妍 | 周留栓 | 赵洋 |
| 姚嘉坤 | 铁玮 | 徐庭轩 | 黄子豪 | 韩依宁 | 蔡柏成 | 卫思夷 | 汪翔 | 门小雨 |
| 马龙飞 | 方敏睿 | 黄何轩轩 | 卢烨 | 任奕霖 | 刘小莹 | 闫柏存 | 李奈夏 | 李波 |
| 李韫璐 | 肖梦竹 | 吴莫言 | 余晋进 | 余芳 | 张月茹 | 张繁艳 | 陈乐宾 | 李林可 |
| 贾敏芝 | 郭小豪 | 戴成竹均 | 葛嘉诚 | 张丹红 | 朱玉蕾 | 李梦微 | 庄静 | 马志远 |
| 陈盈蒙 | 李念宸 | 李媛 | 袁艾佳 | 徐正放 | 梁佳慧 | 马晶晶 | 马智楠 | 刘叶铮 |
| 刘鹏程 | 肖宇雄 | 吴博闻 | 吴照清 | 何彦北 | 陈诗 | 陈铸鸿 | 郝焯楠 | 高钰惠 |
| 郭鹏程 | 曹梦妍 | 常明 | 韩意 | 程诗杰 | 潘美希 | 魏秀宇 | 曹娟娟 | 刁文欣 |
| 李丹阳 | 丁韦 | 马新梅 | 张亚如 | 王捷凯 | 韦晨光 | 鲍健雄 | 孙敏惠 | 李静 |
| 肖昀廷 | 吴章立 | 吴鹏涛 | 邹彤彤 | 张圣浩 | 王畅琳子 | 张富丽 | 陈佳 | 陈姝灵 |
| 欧嘉欣 | 费啸楠 | 秦岭 | 王润 | 徐超美 | 张怡珲 | 沈黎哲 | 孙瑜 | 童勇琴 |
| 张镡壬 | 严超 | 王如月 | 周玮群 | 王晨哲 | 史敏琦 | 白玛 | 朱雨婷 | 刘忻 |
| 刘佳豪 | 刘颖 | 许怡雯 | 孙静怡 | 苏思源 | 杨光 | 杨畅 | 杨肴 | 杨雪 |
| 何沈睿 | 陈怡君 | 范伟玉 | 松吉 | 骆新燎 | 倪鲲 | 殷慧榆 | 黄启威 | 黄洁茹 |
| 韩孟玥 | 达娃次仁 | 王子毅 | 王树雨 | 李冰砚 | 李彦兵 | 杨鹏文 | 汪曼林 | 迟文玉 |
| 张译之 | 张雨童 | 张朝博 | 陆婧雯 | 邵滨升 | 苗晓雨 | 林晗 | 易素清 | 金媛婷 |
| 周千又 | 周刘健 | 郑家璇 | 孟强 | 项婷芳 | 须畅 | 俞欣悦 | 郭道欣 | 陶蕊 |
| 韩鸿娇 | 李嘉颂 | 韩红梅 | 李卓翔 | 周婉馨 | 张子行 | 买迪努尔·阿克木 | | |

塔依尔江·阿布来提　麦吾拉尼江·艾尼瓦尔　阿力木·阿卜力克木

迪力胡玛尔·普拉提

## 外国语学院（157 人）

| | | | | | | | | |
|---|---|---|---|---|---|---|---|---|
| 蔡艺新 | 杨润萱 | 曾 逸 | 孔阿昕 | 朱梦婷 | 刘昊琛 | 刘敏清 | 李晶晶 | 吴晓婷 |
| 吴 靖 | 邱 娟 | 张 越 | 陈凡凡 | 陈轶琳 | 林 楠 | 金科宏 | 周 一 | 周 洁 |
| 赵佳冰 | 姜 璇 | 秦 泓 | 徐婷婷 | 郭 敏 | 赖炫坤 | 鲍雯露 | 戴 汀 | 申萌萌 |
| 卜贝贝 | 万若舟 | 王宇佳 | 尹梦洁 | 叶雪莹 | 刘佳燕 | 刘玲利 | 刘思满 | 汤璟瑶 |
| 许若曦 | 孙邵安平 | 苏 芹 | 李佳佳 | 肖明慧 | 吴鸿艳 | 张 瑞 | 陈艺锋 | 赵 爽 |
| 赵勖修 | 曹 茜 | 葛辰怡 | 蒲柔穆 | 张思琪 | 吴芳芳 | 王 茜 | 王雁秋 | 车 唱 |
| 牛诗妍 | 邓 莹 | 刘晨韵 | 严晨晖 | 李 钊 | 李晓芳 | 吴伊娴 | 吴 琼 | 何香红 |
| 余童心 | 张沁玥 | 周嫣然 | 郑金萍 | 孟 怡 | 赵泽文 | 药文浩 | 郭欣怡 | 蒋雨伶 |
| 任 竹 | 王雨童 | 杨琦星 | 孙禾艺 | 曾雪婷 | 崔燕美 | 于玺滢 | 王励文 | 韦玉芬 |
| 刘 欣 | 汤智贤 | 李佳泽 | 李晨昕 | 杨济帆 | 吴可场 | 宋佳丽 | 宋虞德懿 | 张文珺 |
| 张 丞 | 张 耐 | 陈砚天 | 钟丹丹 | 贺 文 | 龚 静 | 葛欣怡 | 蒋宇杰 | 樊 梅 |
| 魏文雪 | 陈 诚 | 张乐铭 | 王一凡 | 路 霄 | 刘濛濛 | 岑晶晶 | 王若琳 | 王雪姝 |
| 石姚可依 | 卢 锐 | 白 雪 | 台 畅 | 朱强强 | 刘秋爽 | 孙悦怡 | 劳琪惠 | 李媛媛 |
| 吴丽莎 | 沈冰颖 | 张文轩 | 张慧琳 | 环晓宇 | 武子萱 | 周笑增 | 倪百媚 | 黄心怡 |
| 雷 伦 | 曹 倩 | 刁 驰 | 王可可 | 毛世华 | 方文涵 | 邓雪蓉 | 艾 洁 | 朱梦阳 |
| 刘艳秋 | 刘 萌 | 许 梦 | 孙寅昊 | 严紫修 | 李可君 | 李芷萱 | 李欣晔 | 怀盈盈 |
| 周婷婷 | 封利强 | 姚占稳 | 钱 丽 | 徐梦妮 | 谈倪敏 | 谢艳艳 | 叶佳玲 | 徐 杰 |
| 郭致远 | 袁思纯 | 居里都斯·阿依提哈力 | | 阿依提拉·阿不都肉苏力 | | | | |

## 人文与社会发展学院（242 人）

| | | | | | | | | |
|---|---|---|---|---|---|---|---|---|
| 王祎璠 | 方 涛 | 白荣荣 | 吕 强 | 许佳伟 | 许雅婷 | 孙晓玲 | 李议鹏 | 杨祯华 |
| 余梦雪 | 邹 露 | 沈志月 | 范雨璇 | 周子阳 | 周 妍 | 周舒怡 | 郑 怡 | 索 朗 |
| 徐静莹 | 徐瀚博 | 章 晴 | 韩茜琳 | 普 赤 | 楚泽坤 | 廖君琳 | 任亨通 | 管思佳 |
| 李 宁 | 丁 彤 | 王 玉 | 元晋娟 | 付 金 | 仲翔宇 | 刘振宇 | 孙 莉 | 李 姝 |
| 李雪洋 | 李蕙棠 | 杨曦琛 | 肖宽艺 | 陈子琪 | 林俊淞 | 季诗敏 | 金 铃 | 周易萱 |
| 施静雯 | 高竞天 | 郭梦霞 | 郭睿恬 | 黄新菊 | 董俊芳 | 韩 乐 | 喻 瑶 | 缪雯琪 |
| 魏洪凌 | 王帅辉 | 王博杰 | 文思杰 | 巴玥含 | 刘 昊 | 衣信羽 | 孙 宇 | 苏春梅 |
| 李 思 | 张明月 | 张竞怡 | 阿旺班措 | 范逸文 | 周建良 | 赵 瑞 | 莫若菲 | 徐爱苏 |
| 徐 萍 | 高诗萌 | 郭 颖 | 唐丁丁 | 曹新月 | 曾泰恒 | 谢佳沁 | 裴文洁 | 谭煊颖 |
| 梁 晨 | 李沁娱 | 从媛媛 | 达娃卓玛 | 邓邦慧 | 冯超前 | 方诗芳 | 师艺楠 | 朱晨怡 |
| 刘立萌 | 杜若男 | 张天根 | 张文凡 | 张亚娉 | 张 悦 | 张蓝月 | 陈文静 | 陈 磊 |
| 罗 园 | 周子翔 | 南王喆 | 袁 朵 | 徐依静 | 董一菲 | 舒馨月 | 蓝 涛 | 蔡 博 |
| 廖雪妃 | 潘 琳 | 伍婧芸 | 刘婷婷 | 于乐玮 | 王安琪 | 王嘉乔 | 任 龙 | 任 聪 |
| 刘 科 | 刘晓臣 | 汤文轩 | 玛合巴尔 | 李晓琼 | 杨 颖 | 吴嘉慧 | 沈天皓 | 沈晶晶 |
| 张 洋 | 陈婧妮 | 赵子锐 | 高敏洁 | 鹿 婷 | 韩 銮 | 徐 昊 | 杏 旺 | 张静雅 |
| 唐子豪 | 杨 晨 | 王一多 | 王若力 | 侯雨婷 | 马怡婷 | 马莞尔 | 王超前 | 刘娇娇 |
| 刘 璨 | 汤尚楠 | 汤 健 | 孙束桧 | 孙 岩 | 杜 雪 | 李牧州 | 李家仪 | 李逸康 |

杨　叶　杨　晴　杨　臻　佘语涵　张光举　周　瑞　施窈安　姚佳婷　聂增俊
原　佳　高雨薇　高靖雅　郭亚敏　黄妮文　黄　荆　逯　鹏　薛雁南　徐　凡
黄诚忞　张昊洋　马　颖　袁长梦云　叶雅冰　田方艺　宁　宁　张云飞　孙相宜
纪迎晓　苏智军　吴露露　次仁多杰　张丽娇　张佳昱　张　栖　陈海鸿　林君波
林晓虹　周　正　於　文　赵厶逸　赵苏琳　柯宙廷　段思敏　贺　婕　王　珩
索　珍　高　月　覃　诗　裴碧云　黎子毅　薛　毓　李　垚　马　蓉　马　震
王心璨　王　逸　王浩廷　王江义然　车国庆　朱子涵　任思烨　汤皓斐　许文杰
苏博超　李丹兰　李文静　李书媛　李伊婷　李　彤　李欣怡　李　惠　李惠玉
何　梦　张振宇　张梦媛　张婕琳　张紫雯　张　露　陈蕊尔　周　洁　周圆圆
胡　瑞　姜兆徽　彭志兵　喻先萍　鲁君娟　雍自蓉　缪心荷　戴书晴

## 理学院（102 人）

陈嘉琪　靳丰歌　于　跃　王　楠　方　岩　白　钰　关静雯　孙美迪　芦雪琳
杜　悦　李　奕　李浩宗　李逸扬　李慧敏　汪　达　宋莞平　张碧霖　陈　洧
陈　悦　陈　博　金如宾　周紫阳　胡泽琪　高乐刚　涂建新　黄泽艺　戚双娇
葛星宇　韩庭亮　谢菊花　王　琰　杨　晨　贾书琪　巨玉祥　尹天乐　吕　诚
吕晨杰　齐建慧　关　朕　孙浩天　李　萱　李　歆　杨淋淇　张　倩　张　磊
张　鑫　陈一凡　陈正圆　陈继凯　郑漠汶　房　莹　徐思泉　郭路明　席胜杰
黄浩源　黄　睿　潘从阳　魏常钰　温　涛　马维博　王泽铭　田聪慧　吕贵方
吕梓欣　李志文　李　强　肖　瑶　吴翊昕　陆歆彧　林慧珊　金友莲　冼家慧
赵敏言　胡箫笛　段若晨　侯郁洁　倪佳静　郭　蕾　董亚雯　范宝元　施　展
于慧慧　王琰瑜　司文婧　刘小香　刘　畅　刘梦涵　闫天怡　李菊芳　李　源
宋柯静　陈怡帆　陈嘉琦　罗　杨　郑　兴　柳晶鑫　侯　捷　贾　楠　曹昕睿
焦月娥　谢依婷　潘清艺

## 生命科学学院（180 人）

董鹏程　丁　宇　王艺霏　王安琦　王俊杰　王涵锐　王　琳　牛一攀　吕华君
刘长乐　孙家其　李邦泽　杨文涵　杨德航　何甬丑琳　张家鹏　张　笛　张　露
陈玉流　陈蒙蒙　赵　宇　袁雯婕　原　龙　钱其溧　阎俊元　蔡溯林　李月月
谈悠然　成　灿　贾媛棋　王兆祥　王宇飞　王语嫣　王浩东　田又天　由　巧
朱俊樵　刘笑天　孙瑞珠　李昊泽　杨静宜　沈阁蓉　张悦成　张逸凡　张　翼
陈纹娟　周　翀　侯　佳　顾冰玉　蒋逸文　韩宇星　许颖雯　戎俊杰　陈心泽
周佳欣　李必馨　于　尹　上官姣蕾　马迩东　马缨丹　王笑涵　朱寿轩　朱建龙
刘昭希　刘智超　孙晓丽　李玉轩　李建龙　李柳燕　杨先一　杨德华　吴亚轩
张　涛　张　涛　张德嵩　陈　龙　金钧妍　周晨诗　周颖晴　姜　琦　袁聪姗
徐如意　徐丽洁　浦子晔　曹硕文　曹滢婷　董　硕　韩　旭　程　潼　傅奕文
翟欣奕　陈新宇　于庆南　王　苗　王　维　孔　莹　刘天相　刘　宇　刘　泽
刘晨楠　李圣哲　李映璇　时意澜　吴欣颖　余卓蔚　张轶文　陆海涛　陈芷茜
陈　典　金志城　周　正　房湉靓　袁　甜　徐　雷　黄娜君　陈树英　王静雅

| 方　静 | 尹克奔 | 包恒亮 | 刘昭曦 | 刘祥健 | 孙明珠 | 李天杨 | 宋梦萦 | 张　馥 |
| 范昌远 | 罗凤盼 | 周露清 | 郝艺楠 | 胡达石 | 殷翔宇 | 韩美霞 | 詹洁辰 | 熊佳豪 |
| 薛　淏 | 韦秋爽 | 皮清霖 | 危　琳 | 刘蕊嘉 | 李志明 | 杨知昊 | 杨紫薇 | 吴志超 |
| 吴高月 | 沈沫源 | 张帅帅 | 张凯旋 | 陈　立 | 姚珍梅 | 徐婷婷 | 栾欣雨 | 曹福军 |
| 鄂唯高 | 傅泽轼 | 温嘉辉 | 缪宇恒 | 潘丽蓉 | 刘铭书 | 毛昊霆 | 刘文婷 | 李继科 |
| 李　萌 | 吴中豪 | 吴　程 | 张瀚超 | 胡尚容 | 胡莎莎 | 钟玲丽 | 侯　普 | 姜　曼 |
| 姚天怡 | 崔子龙 | 崔　勇 | 程培卿 | 谢子杰 | 齐竞泽 | 王　桢 | 明昊洋 | 钟灵毓 |

## 金融学院（199人）

| 葛云杰 | 董　雯 | 王　晶 | 石雪琳 | 田益宁 | 史文怡 | 冯新宇 | 师晓丹 | 吕　东 |
| 朱玉如 | 刘亦文 | 孙雨可 | 芮晨瑶 | 何子卿 | 张　全 | 陈乾坤 | 罗曼徐 | 孟亮靓 |
| 姜瑞云 | 胥秋彤 | 秦会男 | 徐友径 | 徐若湄 | 曹乐桐 | 魏宇昊 | 孙　彬 | 王雅婧 |
| 王希娴 | 王静文 | 孔　梁 | 朱建博 | 刘　凡 | 刘羽佳 | 刘　畅 | 刘佳莹 | 安星宇 |
| 孙嘉禾 | 苏欣宇 | 李光健 | 李宇航 | 吴雨霏 | 宋春霖 | 张　越 | 陈思宇 | 陈梓仟 |
| 於凤雅 | 赵娇娇 | 段雨森 | 钱志沛 | 郭露秋 | 刘　宽 | 王佳艺 | 赵桐庆 | 刘雅娉 |
| 周梦璐 | 黄庆捷 | 卜海峰 | 马诗琪 | 王晨与 | 王清云 | 王瑞雪 | 吕　悦 | 刘雨双 |
| 刘晓敏 | 刘　琦 | 孙子越 | 杨肖力 | 杨舒茗 | 张　宇 | 周睿锜 | 赵韵卿 | 袁振轩 |
| 梁　月 | 颜诗佳 | 虞楚楚 | 霍雅君 | 瞿昊宏 | 王莉玲 | 龚　雯 | 于　睿 | 王志远 |
| 管梦倩 | 王墨雪 | 王　璐 | 戎逸帆 | 刘思辰 | 刘敏佳 | 孙志豪 | 苏　洲 | 苏晨荻 |
| 李　金 | 吴孟奇 | 迟子凯 | 张　楠 | 陈芳圆 | 杭　天 | 庞　蕾 | 赵娅迪 | 徐清妍 |
| 高　展 | 高瑞英 | 陶文卿 | 鲁昕阳 | 王塱华 | 马悦凡 | 郑丹晨 | 于茗安 | 王开妍 |
| 王彦婷 | 王　喆 | 尹媛媛 | 任朕辉 | 孙凝逸 | 阳　霞 | 芮　菁 | 苏湘鹏 | 李梦诗 |
| 杨伊萍 | 杨茜潞 | 杨紫蝶 | 吴　林 | 吴涵希 | 余　佳 | 张园培 | 范育玲 | 周　荔 |
| 孟　圆 | 胡舒雁 | 钟雪婷 | 拜　云 | 夏洁琳 | 程　聪 | 谢俊豪 | 裘晨军 | 褚　林 |
| 蔚茹茹 | 李正文 | 黄　涵 | 丁　丑 | 王子钰 | 王予欣 | 史晨宇 | 付雨恬 | 付鼎蓉 |
| 吕娅妮 | 刘　阳 | 刘洪泽 | 刘超男 | 苏俊雅 | 李青桐 | 李晓祎 | 李浩达 | 肖　杰 |
| 吴　琦 | 沈伟枫 | 张旭璟 | 张钟元 | 张龄唯 | 陈　凤 | 周子纯 | 周逸豪 | 赵香雪 |
| 胡昕玥 | 徐悦子 | 郭雅倩 | 鲍楚楚 | 廖冬霞 | 黎　畅 | 刘丽颖 | 田颖楠 | 吴志远 |
| 于佳琪 | 王利霞 | 王　晨 | 龙　哲 | 卢鹏飞 | 吕文慧 | 刘小芃 | 芮炜杰 | 李浩云 |
| 李鑫林 | 张钊源 | 张家宁 | 张梓涵 | 张　婧 | 陈玉雯 | 陈梦涵 | 陈　逸 | 武敬轩 |
| 周凡靖 | 周子怡 | 赵彦卿 | 赵　震 | 袁　锐 | 徐泽浩 | 席东琳 | 蒋　露 | 蒲家灿 |
| 雷育松 |

## 草业学院（42人）

| 丁振宇 | 杨　雪 | 田媛萍 | 许伊蒙 | 许欢欢 | 许　涛 | 李积珍 | 李家新 | 杨之文 |
| 平措卓玛 | 吴勇勇 | 宋珂辰 | 张丽萍 | 张容乾 | 陈　卓 | 陈紫龄 | 陈渝文 | 赵鸿凯 |
| 洛松群措 | 夏　菲 | 倪成凤 | 徐锐真 | 黄玉丽 | 宿春伟 | 姜　珊 | 梅心怡 | 郭书宇 |
| 陈依群 | 于　晴 | 张　文 | 陈奔新 | 曹玉荣 | 王　孜 | 童成昊 | 顾慕荣 | 郭梓繁 |
| 佟月亮 | 储　晨 | 吕守正 | 邓东上 | 吴佳璇 | 龚晓雄 |

## 工学院（1 267人）

| | | | | | | | |
|---|---|---|---|---|---|---|---|
| 丁元庚 | 马贤武 | 王 凯 | 王晓俊 | 冉颖杭 | 刘孟航 | 闫 璟 | 严 锦 | 李世凤 |
| 李 珂 | 李 锐 | 杨颖洁 | 吴宝华 | 张一帆 | 张志强 | 张 琪 | 陈明明 | 林 静 |
| 周德才 | 郑雅丹 | 赵荣清 | 钟思捷 | 贺璐琦 | 徐 乾 | 郭雨柯 | 章益铭 | 董美含 |
| 谢天铧 | 潘鲁豫 | 丁鹏鹏 | 马森林 | 王 政 | 王梓蘅 | 方 可 | 白 杰 | 刘予成 |
| 刘晓萌 | 安家正 | 杜宇梦 | 李东阳 | 李 科 | 李 想 | 肖广晨 | 吴敏萱 | 何 琼 |
| 张林林 | 张 琛 | 陈家聿 | 忽俊杰 | 郑樾琳 | 赵 路 | 侯 旭 | 袁梓强 | 徐梓荃 |
| 郭睿鹏 | 曾子健 | 蔡双泽 | 魏旭超 | 王子健 | 王 艳 | 王 晶 | 邓成颖 | 吕明月 |
| 刘 君 | 刘雯珺 | 孙昊维 | 杜 鹏 | 李泽晟 | 李重达 | 吴玉升 | 岑贤丽 | 邹志成 |
| 张从洋 | 张忠国 | 陈家良 | 周立文 | 郑天尧 | 郎悦涵 | 赵鹏鹍 | 姜 政 | 徐文健 |
| 郭发光 | 梅威达 | 梁 静 | 温正优 | 廖 沁 | 马林鹏 | 王子超 | 王裕业 | 左少华 |
| 任自倩 | 刘忠明 | 刘紫薇 | 孙树林 | 李泽瑞 | 李 鑫 | 吴艾谕 | 何世玉 | 邹 玮 |
| 张伟杰 | 张 骁 | 张锦龙 | 陈 震 | 周福森 | 郑彭元 | 屈光雄 | 郝羽羲 | 祝 闯 |
| 徐能港 | 郭 阳 | 曹孝珍 | 巢凌云 | 温艳波 | 翟壮壮 | 才让拉毛 | 王 宇 | 王佳佳 |
| 毛诗瑜 | 孔令玉 | 宁亮丽 | 刘浠玥 | 任文轩 | 苏亚峰 | 李欣阳 | 李昶锡 | 李婉茹 |
| 沈刘翀 | 宋婷婷 | 张玲玉 | 张海龙 | 陈 思 | 罗 义 | 孟祥汇 | 侯钦文 | 莫浩彬 |
| 徐文博 | 唐廷彩 | 崔天昊 | 彭梓晗 | 程佳馨 | 谭 簧 | 魏筱萌 | 丰 豪 | 王泽灏 |
| 王瑜镶 | 文 坛 | 石璐奇 | 达娃平措 | 刘光胤 | 许晏丰 | 苏 娜 | 李泞伶 | 李 娇 |
| 李 鹤 | 吴静怡 | 张 凡 | 张 茜 | 陈 硕 | 封守义 | 祝君兰 | 曹 阳 | 董 兰 |
| 赖媛媛 | 薛 涵 | 瞿陈欧 | 王子璇 | 王枫雅 | 王 浩 | 王鑫钰 | 文 健 | 田 丹 |
| 刘佳琦 | 孙远东 | 杨 兰 | 何玉娇 | 张文涛 | 张 咪 | 陈子健 | 罗钰淇 | 周 殷 |
| 赵宇婷 | 顾佳艺 | 徐倩旖 | 戚学刚 | 梁靖茹 | 董晓琦 | 曾 颖 | 薛景文 | 王 敏 |
| 水冰雪 | 方 萍 | 冯泽宇 | 朱双双 | 刘 倩 | 贡觉斯达 | 李 刚 | 李春凤 | 李章骁 |
| 杨青琴 | 辛彦晖 | 张双丹 | 张 亮 | 陈正华 | 金小群 | 郑茜元 | 胡兴洲 | 姚鑫文 |
| 郭青青 | 龚正婷 | 彭一博 | 韩 苗 | 谢慧珺 | 谭云杰 | 戴丽艳 | 王有源 | 王江林 |
| 韦向前 | 石薪田 | 吉泽勇 | 刘子薇 | 刘 轶 | 孙家正 | 李思瑾 | 李馨瑶 | 杨 瑞 |
| 吴亚楠 | 何 琦 | 张 鹏 | 陈 凯 | 武梦凡 | 金家辉 | 赵书通 | 胡 昊 | 侯 哲 |
| 贺江丽 | 桂安登 | 高 航 | 黄薛凯 | 章 斌 | 彭永强 | 鲁思南 | 褚阳阳 | 穆青云 |
| 魏世可 | 黄明轩 | 马金龙 | 王杼荣 | 支亚西 | 田林杰 | 吕路梅 | 刘 轩 | 汤奇葆 |
| 阳江江 | 李鸿宇 | 杨 红 | 杨 颖 | 吴辛恺 | 宋晓力 | 张启霞 | 张嘉伟 | 陈泽源 |
| 范小迪 | 金 穗 | 赵 媛 | 昝睿华 | 贺泽佳 | 徐 梦 | 黄哲科 | 梁思瀚 | 蒋玥凡 |
| 温 涵 | 蔡乾睿 | 戴其宝 | 王代斌 | 王彦晓 | 邓 超 | 朱 达 | 孙向阳 | 李 婉 |
| 杨 萌 | 肖宝林 | 何 权 | 张予惟 | 张建豪 | 陈 宇 | 陈新博 | 范碧岑 | 郝 宸 |
| 段心彦 | 姜佳华 | 袁璐莹 | 徐维杰 | 黄乾明 | 崔 扬 | 谢晓东 | 谭芮庆 | 戴金翌 |
| 魏浩然 | 王亦蓝 | 王 滔 | 左金旺 | 代成浩 | 朱禹桦 | 孙泽良 | 李 凯 | 李 森 |
| 杨植琦 | 时 垚 | 何家敏 | 张任旭 | 张智硕 | 陈 沅 | 陈 巍 | 罗秋琦 | 练 睿 |
| 胡文也 | 段宇垚 | 洒西静 | 耿介然 | 翁彩凤 | 黄蕾澎 | 巢香云 | 焦晓文 | 路 冲 |
| 丁妍钘 | 王子怡 | 王梦璇 | 文欣雨 | 田 爽 | 吕一宁 | 刘延琪 | 刘海锋 | 许慧慧 |

| | | | | | | | | |
|---|---|---|---|---|---|---|---|---|
| 李光祥 | 李晓芳 | 李婷婷 | 杨博涵 | 吴超华 | 汪 为 | 宋 权 | 张 洋 | 张智淋 |
| 陈沛枫 | 陈漪晴 | 林雨茹 | 周 东 | 郑茗文 | 赵威玮 | 俞林枫 | 耿紫萱 | 郭兵兵 |
| 崔元雄 | 曾雨晴 | 潘粤琪 | 王均瑜 | 王银蒙 | 石 尧 | 代浩然 | 朱圣洁 | 刘 佳 |
| 刘 婷 | 李志伟 | 李 浩 | 杨宁丰 | 杨 瑞 | 邱剑玉 | 张 祥 | 张 睿 | 陈 影 |
| 罗 彤 | 周 宇 | 赵予康 | 胡佶哲 | 施 豪 | 贾宇晨 | 黄 露 | 商 丹 | 智威程 |
| 曾季帆 | 熊 蒋 | 马立博 | 王志琮 | 王 盟 | 申笑笑 | 白 鹰 | 刘怡欣 | 刘 颖 |
| 孙敏锐 | 李佳美 | 李晨曦 | 杨淏辰 | 吴沐原 | 何啟铭 | 沈思琪 | 张安星 | 张 琦 |
| 张 鑫 | 陈剑平 | 金星宇 | 赵佳艺 | 胡晓东 | 姚学仕 | 原 茜 | 曹阳杨 | 梁佳妍 |
| 程 丞 | 谢子豪 | 墨 涵 | 瞿诗怡 | 马 红 | 丁 沫 | 田 耕 | 邬雨航 | 刘 威 |
| 闫 冉 | 李奕鹏 | 李靓芬 | 杨超权 | 吴 越 | 邹嘉健 | 宋玉东 | 张柳柳 | 张超燕 |
| 阿 芸 | 陈 婷 | 林观林 | 周天与 | 周晓洁 | 赵欣然 | 段 正 | 姚智强 | 徐慧敏 |
| 曹 凯 | 梁 鑫 | 傅梦洁 | 雷田田 | 黎楚玮 | 于晶波 | 马海晨 | 马 慧 | 王昕哲 |
| 王 莹 | 韦星宇 | 刘茂源 | 杜欣培 | 杜琦琦 | 李成港 | 李雨萌 | 何 凤 | 汪姝含 |
| 初 晨 | 张 娟 | 张智尧 | 陈 慧 | 罗雨欣 | 单祯宇 | 施润宇 | 胥子林 | 秦雨虹 |
| 徐吟雯 | 高 浩 | 黄芊芊 | 董椿萱 | 曾若颖 | 黎以芳 | 马龙文 | 马渊明 | 王艺苗 |
| 王春梅 | 王慧珂 | 文格格 | 朱玉杰 | 阮东梅 | 杜 倩 | 李子成 | 李伯涵 | 杨小梨 |
| 何伟杰 | 宋宇辰 | 张元靖 | 张启亮 | 张琛昊 | 张瑞琦 | 陈俊龙 | 陈 震 | 周诗依 |
| 赵瑞婧 | 洪久旭 | 敖馨元 | 徐 峰 | 黄贵玲 | 阎 冰 | 焦俊玲 | 蔡信威 | 马远芳 |
| 马维增 | 王灵芝 | 王茜莹 | 王 鑫 | 石晓庆 | 刘 艺 | 苏琛洁 | 杜梦迪 | 李正伶 |
| 李松松 | 宋泽平 | 张丹丹 | 张诚彦 | 张紫轩 | 陈旭姣 | 陈逸宁 | 周 璐 | 郝 鑫 |
| 洪 霞 | 贺小嫒 | 袁嘉敏 | 高 芹 | 唐嘉倪 | 黄蕴真 | 梁孟娇 | 童科琦 | 沈宇婕 |
| 王一楠 | 王 亮 | 王毓谦 | 石鹏程 | 包小玉 | 朱志祥 | 向良材 | 贠晓云 | 李玥萌 |
| 李俊俊 | 吴一帆 | 宋春池 | 张永鑫 | 张 然 | 陈广宝 | 陈梦凡 | 陈睫妤 | 周美芸 |
| 郑亦欣 | 贺 帅 | 高广际 | 郭启迪 | 黄苏渝 | 崔 洁 | 傅势晖 | 解吉祥 | 熊 婕 |
| 戴云天 | 魏嘉璐 | 王亚娟 | 尤孟楠 | 申婷婷 | 邢茗睿 | 朱 斌 | 刘家宝 | 劳圆圆 |
| 李孟禹 | 李 脉 | 余荣乾 | 张小蓉 | 张 宇 | 张 蕊 | 陈梦琴 | 陈睿浩 | 周家辉 |
| 夏佳慧 | 高婧颖 | 郭亮杰 | 黄冠英 | 阎文劼 | 曾 祺 | 蔡 尧 | 缪 昊 | 戴鑫森 |
| 蹇欣澄 | 王 旭 | 王梦婷 | 孔誉婷 | 史 鹏 | 邢 爽 | 任飞扬 | 刘 妍 | 许 通 |
| 杜 晨 | 李倩倩 | 余 琴 | 张心阳 | 张 悦 | 陆秋羽 | 陈莹莹 | 陈 琪 | 周 楠 |
| 封 筱 | 顾璐辉 | 高慧喆 | 郭哲涵 | 黄 勤 | 彭芸蔓 | 蔡 薇 | 潘朱婧 | 魏 喆 |
| 王忠杰 | 王 琳 | 邓义芯 | 白 琴 | 朱红艳 | 向严雅 | 刘绍臣 | 孙婷婷 | 李文静 |
| 李思瞳 | 杨 海 | 沈思雨 | 张玉媛 | 张婕杉 | 陆梦曦 | 陈 通 | 陈 瑜 | 周雨杭 |
| 周 锴 | 贲金兰 | 徐茜雪 | 郭文山 | 郭晏希 | 崔后恩 | 景 圣 | 谢桂华 | 谭泊文 |
| 潘舒贤 | 魏湘湘 | 丁春雨 | 王承恩 | 王 煜 | 吕晓琳 | 刘锦程 | 孙诗琪 | 李 波 |
| 杨广志 | 杨瑞江 | 吴雪玥 | 张玉龙 | 张宇平 | 张 越 | 陈子琦 | 陈智勇 | 周 柯 |
| 孟江乙 | 赵 凡 | 赵玉婷 | 钟陆杰 | 侯宇钟 | 姜志豪 | 洪翼宇 | 郭建华 | 雷金鑫 |
| 曹艳飞 | 葛 恒 | 鲍诗颖 | 魏光程 | 于根尧 | 方 瑞 | 田 浩 | 任江丽 | 米长江 |
| 杜钦洋 | 杨佳铖 | 吴思远 | 何岳毅 | 张华希 | 张健华 | 陆诗怡 | 陈卓怡 | 陈戴姣 |
| 林贤康 | 周显达 | 赵一名 | 赵丹妮 | 赵致远 | 胡梦瑶 | 钟雨童 | 侯 硕 | 姜兵孟 |

| | | | | | | | | |
|---|---|---|---|---|---|---|---|---|
| 贾琪 | 姬世鹏 | 曹明正 | 彭独清 | 景明明 | 谢琨 | 廖凯 | 鲍雯妮 | 马维虎 |
| 王朴 | 王鹏 | 卞玉逸 | 田鑫 | 冯姚洁人 | 邢梦宇 | 刘亚楠 | 刘佳易 | 齐浩然 |
| 孙浩 | 李左翰 | 杨钧伟 | 吴晓婷 | 沈少庆 | 张宇超 | 张绍良 | 张潇芽 | 陈钰坚 |
| 武善平 | 罗贤杰 | 姜琪琪 | 徐广 | 郭凯 | 黄馨慧 | 梁思雨 | 彭静心 | 曾非凡 |
| 朱康瑞 | 张皙雅 | 马游 | 王旭东 | 王莉 | 王睿彬 | 尹林龙 | 冯雅 | 刘伟力 |
| 刘昱云 | 汤锦 | 孙源成 | 李帅 | 李梦蕾 | 杨媛名 | 宋雨航 | 张志强 | 张益祯 |
| 张熠 | 陈雪蕾 | 林丹 | 周佳炜 | 屈乐天 | 袁吉夫 | 徐伟 | 郭琳琳 | 梅钧益 |
| 绽洁 | 翟玥婷 | 余鑫 | 张丁也 | 王晓戈 | 王文丽 | 王宇超 | 王悦 | 韦加家 |
| 卢晨杰 | 付勇 | 冯耀辉 | 庄婉莹 | 刘克城 | 刘琪 | 孙世森 | 李天乐 | 李成 |
| 李唯铭 | 肖文献 | 张子晗 | 张芷帆 | 张通佑 | 陈武 | 陈棕鑫 | 卓美珍 | 周映荷 |
| 钟世语 | 袁婧 | 徐坷鑫 | 唐黎 | 曹瑶佳 | 彭财瑞 | 蒋丽 | 薛昊天 | 李小娜 |
| 马双福 | 王代鑫 | 王安邦 | 王梦雨 | 区浩宇 | 叶露 | 冯凯月 | 宁磊 | 刘文飞 |
| 刘林 | 刘雅如 | 孙永辉 | 李玉婷 | 李若兰 | 杨启航 | 吴洪 | 邹伟 | 张仲驰 |
| 张启航 | 张鹏程 | 陈若涵 | 陈慈媛 | 尚云青 | 郑焕林 | 侯海娟 | 贾豫霄 | 黄家麒 |
| 崔嘉林 | 彭佳佳 | 韩旭 | 魏泽烁 | 周兆明 | 丁豪 | 王宇晴 | 王佳琦 | 孔令帝 |
| 叶帅 | 付涵 | 任志强 | 刘羽翔 | 刘莉 | 孙宇楠 | 李玮恒 | 李培肇 | 杨磊 |
| 吴衷宇 | 张子瑜 | 张欣然 | 陈绍兵 | 季呈明 | 赵思佳 | 胡振兴 | 俞鑫 | 耿冉冉 |
| 徐秀聪 | 郭宣辰 | 黄佳妮 | 盛况 | 谢曹宇 | 詹璐 | 马舒豪 | 王阳 | 王斯尊 |
| 冯焱玲 | 朱凤霞 | 华中承 | 刘红刚 | 纪顺发 | 李金港 | 李煜伟 | 杨冀捷 | 余晗 |
| 张云徽 | 张坤睿 | 张婷 | 郑宇江 | 赵容基 | 胡家豪 | 姜立明 | 桂阳 | 徐坤 |
| 唐辉 | 黄俊达 | 康钦 | 雷旺 | 慎冲 | 潘阳 | 刘晓艳 | 王吉诚 | 王雨丹 |
| 龙灵 | 田星宇 | 司吉坤 | 刘泽宇 | 刘澍霖 | 杨英伟 | 沈烨 | 张永飞 | 张夏夏 |
| 张蕴琪 | 林彩鑫 | 赵宇 | 赵智杰 | 侯畅 | 姚长辉 | 凌亮 | 海凌风 | 黄景瑞 |
| 童哲君 | 雷遵艳 | 裴兴庭 | 王亚 | 卞坤 | 叶丹 | 史霆镕 | 皮力 | 任乔牧 |
| 刘壮 | 刘炫 | 许子轩 | 李光浩 | 李培洋 | 杨航 | 吴佳宁 | 张小月 | 张沁园 |
| 张雪 | 陈佳 | 罗聪明 | 赵旺斌 | 赵雷东 | 俞嗣俊 | 贺超 | 顾宇鹏 | 高竹轩 |
| 黄召 | 曹磊荣 | 温亚明 | 简立东 | 谭湘玉 | 邓岐 | 丁笑南 | 王少宸 | 王陟 |
| 王紫旭 | 邓艺琼 | 叶媛媛 | 朱家兴 | 刘丽莎 | 刘浩 | 安乐 | 严聪 | 李阳 |
| 李福星 | 吴若 | 何佳闻 | 沈楷 | 陈俊伟 | 范翠 | 周建红 | 郝昱达 | |
| 贾志鹏 | 顾增道 | 徐嘉伟 | 郭航言 | 张宇锋 | 彭杨 | 韩张杰 | 游亮 | 谭泽荣 |
| 陈小东 | 李诗吟 | 马钢 | 王兴旋 | 黄少俯 | 王紫祎 | 邓凯 | 申涛 | 乔博 |
| 刘松岩 | 刘浪 | 安海猛 | 杜闯 | 王钰程 | 杨浩 | 吴潇飚 | 张士镛 | 张钊 |
| 张湘婕 | 陈俊良 | 明丽 | 周爽 | 李豪 | 贾晨帆 | 柴超 | 高建宇 | 郭浩 |
| 黄忍 | 葛通 | 覃清远 | 谯亮 | 胡楠 | 王留兵 | 王强 | 古宇凡 | 田洪宽 |
| 乔磊 | 刘俊 | 刘锦翔 | 祁彦君 | 王枫云 | 李国超 | 杨亚坤 | 肖之宸 | 岑辉 |
| 何谨严 | 张天宇 | 张亨通 | 张鹏程 | 杜周磊 | 易伯阳 | 单路平 | 柳易辰 | 夏文俊 |
| 钱映甫 | 高跃文 | 郭赐东 | 黄武斌 | 陈哲卿 | 傅文韬 | 谢跃锋 | 潘丽霞 | 李超 |
| 李啸天 | 马焕臻 | 王金萍 | 王硕 | 董振 | 古羽娇 | 成露 | 任旭 | 刘俊杰 |
| 刘薇 | 许雷军 | 杜默 | 李洪飞 | 王嘉慧 | 肖舜仁 | 邱大滩 | 张文涛 | 张玥 |

| 张 震 | 陈 健 | 罗 俊 | 赵子祥 | 钟 威 | 夏 宜 | 徐凡琳 | 郭宏阳 | 唐大臣 |
|---|---|---|---|---|---|---|---|---|
| 黄建科 | 董家发 | 普 星 | 赖秋帆 | 王子途 | 王金鹏 | 王晨曦 | 韦经祥 | 龙本根 |
| 朱亚飞 | 刘 芊 | 刘前凯 | 闫诚诚 | 孙剑雄 | 李伦钊 | 杨庭彰 | 邱刘承 | 狄子龙 |
| 张永立 | 张 骁 | 陈 帅 | 陈骥志 | 姚万庆 | 顾宁冠 | 徐文昌 | 郭姗姗 | 唐珺清 |
| 康晶晶 | 蒋云龙 | 曾 港 | 詹树霞 | 秦亚涛 | 王艺霓 | 王奕钻 | 王清彬 | 方子健 |
| 卢开来 | 刘苏阳 | 刘 袁 | 江云鹏 | 孙 强 | 李 锐 | 杨 恬 | 吴文韬 | 何 伟 |
| 汪成成 | 张 冰 | 张艳程 | 陈 孟 | 周义聪 | 赵 哲 | 袁泽平 | 顾瑶琼 | 徐晓刚 |
| 郭 俊 | 涂德恩 | 寇子川 | 蒋倪鑫 | 温 帅 | 何柳山 | 蔡致成 | 王 灵 | 王宗海 |
| 王紫萱 | 王 鑫 | 卢秀萍 | 兰宵萌 | 朱柯霓 | 向佳雯 | 刘庆庆 | 齐帅兵 | 孙 越 |
| 苏倩怡 | 李 芳 | 李迎静 | 李笑千 | 吴宏雪 | 沈在垚 | 张亦雷 | 张晨阳 | 张 惠 |
| 张馨月 | 陈梦鹤 | 林逸娟 | 赵梓彤 | 赵静怡 | 魏榕慧 | 钟日升 | 聂正科 | 黄心蕊 |
| 黄心蕊 | 韩欣越 | 荆 晶 | 杨茹冰 | 宋幸蔚 | 王学年 | 王香港 | 王颖萍 | 石 林 |
| 冯嘉贤 | 邢宸伊 | 华 可 | 刘智琦 | 汤枥纬 | 苏 玥 | 李 凡 | 李岚潇 | 李泳霖 |
| 李 爽 | 汪书敏 | 沈 鋆 | 张羽嘉 | 张晨希 | 陈建业 | 张静仪 | 林 乔 | 郑海蕴 |
| 赵博文 | 胡旭辉 | 施 磊 | 夏 爽 | 董欣雨 | 蒙思岚 | 凡志强 | 王泽宇 | 王 鹏 |
| 尹婉婷 | 邓皓文 | 冯建伦 | 刘莫言 | 江 帆 | 孙宇超 | 严 渠 | 李亚男 | 李梓隆 |
| 杨 杜 | 何丽贤 | 宋雅婷 | 张 雪 | 陈 肯 | 赵 天 | 胡传涛 | 段峻涵 | 姜乔誉 |
| 钱 程 | 曹 瑞 | 蒋梦蕾 | 虞佳雯 | 戴灿星 | 马思捷 | 王 钰 | 王懿平 | 孔祥瑞 |
| 曲 俊 | 汤宏伟 | 孙金箫 | 杜玉喆 | 李亚莹 | 杨玲凤 | 吴锦标 | 谷梦晓 | 张 驰 |
| 张 昱 | 张誉瀚 | 周子奇 | 赵 渤 | 胡祖航 | 侯仪霖 | 姚铠辰 | 高伟铭 | 浦 金 |
| 崔冰清 | 绳远远 | 窦亚辉 | 王海宾 | 韦其贤 | 邓星晨 | 朱铜苇 | 刘 林 | 刘 璞 |
| 阮泽宏 | 牟苓茜 | 杜雪泽 | 李治朋 | 李 鋆 | 宋英杰 | 张 玗 | 陈婧文 | 周 军 |
| 赵 颖 | 俞龙杰 | 夏楚浩 | 高 燕 | 黄思睿 | 康煜欣 | 彭佳慧 | 戴 晖 | 王庆睿 |
| 王铭贵 | 计植耀 | 邓博元 | 刘国枢 | 齐冠程 | 孙亚萍 | 纪利平 | 李 颂 | 杨 安 |
| 吴小伟 | 宋梓钰 | 张明月 | 张 祥 | 陈林洲 | 陈 惠 | 郑占烨 | 段玉成 | 顾亚舟 |
| 郭胜利 | 黄舒伟 | 梁进林 | 蒋 旭 | 艾热肯·吐尔孙 | | 努尔麦麦提·阿卜杜米吉提 | | |
| 哈山·毛沙 | | | | | | | | |

## 附录 13　2019 届本科生毕业及学位授予情况统计表

| 学 院 | 应届人数<br>（人） | 毕业人数<br>（人） | 毕业率<br>（%） | 学位授予人数<br>（人） | 学位授予率<br>（%） |
|---|---|---|---|---|---|
| 生命科学学院 | 180 | 167 | 92.78 | 167 | 92.78 |
| 农学院 | 210 | 205 | 97.62 | 204 | 97.14 |
| 植物保护学院 | 110 | 104 | 94.55 | 104 | 94.55 |
| 资源与环境科学学院 | 187 | 180 | 96.26 | 180 | 96.26 |
| 园艺学院 | 329 | 322 | 97.87 | 322 | 97.87 |
| 动物科技学院（含无锡渔业学院） | 132 | 127 | 96.21 | 127 | 96.21 |
| 草业学院 | 42 | 42 | 100 | 42 | 100 |

（续）

| 学 院 | 应届人数<br>（人） | 毕业人数<br>（人） | 毕业率<br>（％） | 学位授予人数<br>（人） | 学位授予率<br>（％） |
|---|---|---|---|---|---|
| 经济管理学院 | 261 | 249 | 95.40 | 249 | 95.40 |
| 动物医学院 | 172 | 168 | 97.67 | 168 | 97.67 |
| 食品科技学院 | 192 | 181 | 95.31 | 181 | 95.31 |
| 信息科技学院 | 188 | 172 | 91.49 | 172 | 91.49 |
| 公共管理学院 | 272 | 271 | 99.63 | 271 | 99.63 |
| 外国语学院 | 157 | 152 | 97.45 | 151 | 96.82 |
| 人文与社会发展学院 | 242 | 232 | 95.87 | 232 | 95.87 |
| 理学院 | 102 | 98 | 96.08 | 98 | 96.08 |
| 金融学院 | 199 | 192 | 96.48 | 192 | 96.48 |
| 工学院 | 1 267 | 1 206 | 95.19 | 1 206 | 95.19 |
| 合计 | 4 242 | 4 068 | 95.90 | 4 066 | 95.85 |

注：食品科技学院 2 名学生参加学校与法国里尔大学的"2＋2"联合培养项目；外国语学院 1 名学生参加学校与日本北陆大学"2＋2"联合培养项目均不计入学院毕业率及学位授予率。

## 附录 14　2019 届本科毕业生大学外语四、六级通过情况统计表（含小语种）

| 学院 | | 毕业生人数<br>（人） | 四级通过<br>人数（人） | 四级通过<br>率（％） | 六级通过<br>人数（人） | 六级通过<br>率（％） |
|---|---|---|---|---|---|---|
| 生命科学学院 | | 180 | 175 | 97.22 | 121 | 67.22 |
| 农学院 | | 210 | 187 | 89.05 | 113 | 53.81 |
| 植物保护学院 | | 110 | 98 | 89.09 | 68 | 61.82 |
| 资源与环境科学学院 | | 187 | 177 | 94.65 | 125 | 66.84 |
| 园艺学院 | | 329 | 305 | 92.71 | 190 | 57.75 |
| 动物科技学院 | | 105 | 100 | 95.24 | 49 | 46.67 |
| 经济管理学院 | | 261 | 248 | 95.02 | 192 | 73.56 |
| 动物医学院 | | 172 | 164 | 95.35 | 98 | 56.98 |
| 食品科技学院 | | 192 | 188 | 97.92 | 130 | 67.71 |
| 信息科技学院 | | 188 | 183 | 97.34 | 118 | 62.77 |
| 公共管理学院 | | 272 | 247 | 90.81 | 170 | 62.50 |
| 外国语学院 | 英语专业 | 77 | 75 | 97.40 | 52 | 67.53 |
| | 日语专业 | 80 | 79 | 98.75 | 50 | 62.50 |
| 人文与社会发展学院 | | 242 | 196 | 80.99 | 127 | 52.48 |
| 理学院 | | 102 | 96 | 94.12 | 55 | 53.92 |
| 草业学院 | | 42 | 37 | 88.10 | 18 | 42.86 |
| 金融学院 | | 199 | 198 | 99.50 | 170 | 85.43 |
| 工学院 | | 1 267 | 1 174 | 92.66 | 639 | 50.43 |
| 无锡渔业学院 | | 27 | 27 | 100.00 | 11 | 40.74 |
| 总计 | | 4 242 | 3 954 | 93.21 | 2 496 | 58.84 |

## 附录 15　江苏省高等教育教改研究课题立项名单

| 所在单位 | 课题编号 | 课题名称 | 课题主持人 | 立项类别 |
|---|---|---|---|---|
| 工学院 | 2019JSJG036 | 新农科背景下机械类专业人才培养产教融合育人机制研究 | 汪小旵<br>肖茂华 | 重点课题 |
| 经济管理学院 | 2019JSJG047 | 乡村振兴背景下涉农高校经济管理专业创新实践能力培养体系改革研究 | 朱　晶<br>林光华 | 重点课题 |
| 教务处 | 2019JSJG056 | 新中国成立70周年高等教育教材建设回顾与展望的研究与实践 | 阎　燕<br>施佳欢 | 重点课题 |
| 公共管理学院 | 2019JSJG128 | 以学生发展为中心的新时代土地管理人才多元化培养体系研究 | 冯淑怡<br>郭　杰 | 一般课题 |
| 马克思主义学院 | 2019JSJG238 | "新农科"背景下课程思政与思政课程同向同行研究 | 付坚强<br>朱　娅 | 一般课题 |
| 园艺学院 | 2019JSJG278 | 卓越园艺人才培养课程体系中微课建设现状调查与教学效果评价体系研究 | 房经贵 | 一般课题 |
| 资源与环境科学学院 | 2019JSJG313 | 面向新农科建设的农业资源与环境专业新型人才分类培养模式的研究与实践 | 张旭辉<br>全思懋 | 一般课题 |
| 动物科技学院 | 2019JSJG330 | "基于MOOC资源的混合式金课"建设与实践——以动物繁殖学课程为例 | 王　锋<br>张艳丽 | 一般课题 |

## 附录 16　江苏省高等学校重点教材立项名单

| 序　号 | 学　　院 | 教材名称 | 主　编 |
|---|---|---|---|
| 1 | 生命科学学院 | 植物生理学 | 蔡庆生 |
| 2 | 农学院 | 种子学（第二版） | 张红生<br>胡　晋 |
| 3 | 资源与环境科学学院 | 植物营养学实验指导 | 朱毅勇<br>尹晓明<br>徐阳春 |
| 4 | 园学艺院 | 植物组织培养（第二版） | 陈劲枫 |
| 5 | | 葡萄科学与实践 | 房经贵<br>王　晨 |
| 6 | 动物科技学院 | 养牛学（第三版） | 韩兆玉<br>王根林 |
| 7 | 经济管理学院 | 农业经济学研究方法论 | 徐志刚 |
| 8 | 动物医学院 | 兽医生物制品（第三版） | 姜　平 |
| 9 | 食品科技学院 | 食品质量管理学（第二版） | 陆兆新 |
| 10 | 公共管理学院 | 不动产估价 | 吴　群 |
| 11 | 金融学院 | 现代农业保险学 | 林乐芬 |
| 12 | 工学院 | 农业机械学 | 汪小旵 |

## 附录 17 第八届"优秀教学奖"

农学院：黄 骥

植物保护学院：王翠花

资源与环境科学学院：刘满强

经济管理学院：何 军

动物医学院：庾庆华

食品科技学院：陈晓红

信息科技学院：赵 力

外国语学院：游衣明

人文与社会发展学院：朱利群

马克思主义学院：葛笑如

## 附录 18 2019 年度南京农业大学教学质量优秀奖获得者

生命科学学院：李新华

农学院：李刚华 邢光南

植物保护学院：孙长海

资源与环境科学学院：宗良纲 徐阳春

园艺学院：房婉萍 赵 爽

动物科技学院：张莉莉

经济管理学院：何 军 蔡忠州

动物医学院：沈向真

食品科技学院：辛志宏 芮 昕

信息科技学院：胡 滨

公共管理学院：郑永兰 郭贯成

外国语学院：贾 雯 张 萍

人文与社会发展学院：姚兆余 黄 颖 李 明

理学院：李国华 周小燕

草业学院：刘信宝

金融学院：曹 超

工学院：路 琴 吕成绪

（撰稿：赵玲玲 赵文婷 满萍萍 审稿：张 炜 吴彦宁 董红梅 审核：黄 洋）

# 研 究 生 教 育

【概况】研究生院（部）全面贯彻党的十九大、全国教育大会精神，以习近平新时代中国特色社会主义思想为指导，坚持立德树人根本任务，以"服务需求、提高质量"为工作主线，围绕学校"双一流"建设目标，构建"三全育人"格局，加强和改进研究生思想政治教育工作，深化研究生教育综合改革，提升培养质量。

全年录取博士生 586 人、硕士生 2 423 人，其中录取"推免生"446 人、"直博生"23 人、"硕博连读"173 人和"申请-审核"博士生 395 人。做好导师年度招生资格审定工作，审定博士生导师 459 人、硕士生导师 650 人。承担 2020 年全国硕士研究生报名考试考点工作，全面推进自命题科目改革，规范自命题工作流程，做好 2020 年全国硕士研究生招生南京农业大学考点相关工作，获"江苏省研究生优秀报考点"及"江苏省研究生招生管理工作先进单位"荣誉称号。

累计获得国家留学基金管理委员会资助公派出国 106 人，其中联合培养博士 76 人、直接攻读博士学位者 12 人、联合培养硕士 3 人、直接攻读硕士学位 2 人，博士生导师短期访学 13 人。资助 3～6 月的短期出国访学博士生 21 人，资助出国参加国际学术会议研究生 70 人，派出博士生海外访学团 90 人。学院、导师资助研究生赴外短期学术交流 22 人，参加国际会议 42 人，赴港澳台短期学术交流 16 人。

全年授予博士学位 387 人，其中兽医博士学位 3 人；授予硕士学位 2 328 人，其中专业学位 1 245 人。共评选校级优秀博士学位论文 40 篇，优秀学术型硕士学位论文 50 篇，专业学位硕士学位论文 50 篇。获评江苏省优秀博士学位论文 8 篇，优秀学术型硕士学位论文 5 篇，优秀专业学位硕士学位论文 6 篇。有 503 名博士参加博士资格考试，通过率达 95.8%。遴选 2019 年度博士学位论文创新工程项目，资助 II 类项目 5 个。

学校专项资助博士生学科前沿专题讲座课程 12 门，资助经费 27.7 万元；组织实施 2019 年研究生教育教学改革研究与实践项目立项工作（专业学位教育教学改革专项），共立项课题 22 项，其中委托课题 9 项，重点课题 5 项；校级研究生工作站总数达 53 家。

按照《南京农业大学全面落实研究生导师立德树人职责实施细则》要求，开展导师遴选工作，增列博士生导师 53 人，增列学术型硕士生导师 75 人，专业学位硕士生导师 34 人；组织完成 2019 年江苏省产业教授（兼职）岗位的需求备案和选聘工作，推荐 19 人，完成 35 位在岗产业教授的年报和考核工作。

2019 年江苏省研究生科研与实践创新计划立项 186 项，其中科研创新计划 114 项，实践创新计划 43 项，研究生教育教学改革课题立项 8 项，江苏省研究生教育教学改革成果奖 1 项，获批新设立江苏省研究生工作站 19 家，江苏省优秀研究生工作站 1 家。研究生获各类科技创新奖项 16 项。

暑期组织科技服务实践团 7 个、54 名硕博研究生前往多地开展社会实践活动。2 篇实践论文获共青团中央"青春与祖国同行"社会实践专项行动优秀实践成果奖二等奖，3 位师生获聘内蒙古自治区鄂尔多斯市东胜区"东胜智库"入库专家。整理汇编出版《中国老区农业调研——南京农业大学研究生社会实践调研成果汇编（2017—2018）》丛书。

以纪念五四运动 100 周年、学习习近平总书记给全国涉农高校校长书记及专家代表的回信、庆祝新中国成立 70 周年等重要事件节点为契机，开展思想教育和政治理论学习。在研究生中开展"青春告白祖国"系列活动，开展校园文化节，举办南农好声音歌唱大赛、神农节闭幕晚会、主持人大赛等 10 余项文化艺术类活动。开展网络文化节、社区文化节、体育文化节、研究生"文明宿舍"评比，参加"中国龙腾飞"研究生龙舟赛获二等奖。

8 479 人次获得各类研究生奖学金，总金额 7 714.86 万元，发放各类研究生助学金总金额 7 799.09 万元，发放助教岗位津贴 221.92 万元，发放助管岗位津贴 73.88 万元。服务研究生办理助学贷款工作，为 878 人办理国家助学贷款，发放助学贷款 925.35 万元。

**【研究生教育管理智能化建设】** 研究生院推进教育管理信息化建设工作，和图书与信息中心主要技术骨干联合成立专项工作组，立项建设 8 个信息化专项课题，全力推进新的研究生信息管理系统建设工作。通过调研和走访，形成了新研究生信息管理系统建设方案和详细的服务需求，获批学校专项预算 399 万元。在校内率先开发了基于 PAD 的在线查阅和投票系统，用于学位评定委员会等会议的评审和投票，引入研究生自助打印和查询系统，提高工作效率，减少铺张浪费。

**【全国兽医专业学位研究生教育指导委员会秘书处工作】** 召开全国兽医专业学位研究生教育第八次培养工作会议和全国兽医专业学位研究生教育指导委员会四届四次全会。开展兽医专业学位研究生教育发展状况调研，总结并上报《兽医专业学位发展报告》《兽医专业学位调研报告》。制订《兽医专业学位硕士、博士研究生指导性培养方案》，修订《兽医专业学位博士、硕士授权审核申请基本条件》。强化案例教学，开展中国专业学位教学案例中心案例征集评审工作。完成 2019 年兽医博士学位授权点合格评估抽评工作。

# ［附录］

## 附录 1  授予博士、硕士学位学科专业目录

表 1  学术型学位

| 学科门类 | 一级学科名称 | 二级学科（专业）名称 | 学科代码 | 授权级别 | 备　注 |
|---|---|---|---|---|---|
| 哲学 | 哲学 | 马克思主义哲学 | 010101 | 硕士 | 硕士学位授权一级学科 |
| | | 中国哲学 | 010102 | 硕士 | |
| | | 外国哲学 | 010103 | 硕士 | |
| | | 逻辑学 | 010104 | 硕士 | |
| | | 伦理学 | 010105 | 硕士 | |
| | | 美学 | 010106 | 硕士 | |
| | | 宗教学 | 010107 | 硕士 | |
| | | 科学技术哲学 | 010108 | 硕士 | |
| 经济学 | 应用经济学 | 国民经济学 | 020201 | 博士 | 博士学位授权一级学科 |
| | | 区域经济学 | 020202 | 博士 | |
| | | 财政学 | 020203 | 博士 | |
| | | 金融学 | 020204 | 博士 | |
| | | 产业经济学 | 020205 | 博士 | |
| | | 国际贸易学 | 020206 | 博士 | |
| | | 劳动经济学 | 020207 | 博士 | |
| | | 统计学 | 020208 | 博士 | |
| | | 数量经济学 | 020209 | 博士 | |
| | | 国防经济学 | 020210 | 博士 | |

（续）

| 学科门类 | 一级学科名称 | 二级学科（专业）名称 | 学科代码 | 授权级别 | 备 注 |
|---|---|---|---|---|---|
| | 法学 | 经济法学 | 030107 | 硕士 | |
| 法学 | 社会学 | 社会学 | 030301 | 硕士 | 硕士学位授权一级学科 |
| | | 人口学 | 030302 | 硕士 | |
| | | 人类学 | 030303 | 硕士 | |
| | | 民俗学（含：中国民间文学） | 030304 | 硕士 | |
| | 马克思主义理论 | 马克思主义基本原理 | 030501 | 硕士 | 硕士学位授权一级学科 |
| | | 思想政治教育 | 030505 | 硕士 | |
| 文学 | 外国语言文学 | 英语语言文学 | 050201 | 硕士 | 硕士学位授权一级学科 |
| | | 日语语言文学 | 050205 | 硕士 | |
| | | 俄语语言文学 | 050202 | 硕士 | |
| | | 法语语言文学 | 050203 | 硕士 | |
| | | 德语语言文学 | 050204 | 硕士 | |
| | | 印度语言文学 | 050206 | 硕士 | |
| | | 西班牙语语言文学 | 050207 | 硕士 | |
| | | 阿拉伯语语言文学 | 050208 | 硕士 | |
| | | 欧洲语言文学 | 050209 | 硕士 | |
| | | 亚非语言文学 | 050210 | 硕士 | |
| | | 外国语言学及应用语言学 | 050211 | 硕士 | |
| 理学 | 数学 | 应用数学 | 070104 | 硕士 | 硕士学位授权一级学科 |
| | | 基础数学 | 070101 | 硕士 | |
| | | 计算数学 | 070102 | 硕士 | |
| | | 概率论与数理统计 | 070103 | 硕士 | |
| | | 运筹学与控制论 | 070105 | 硕士 | |
| | 化学 | 无机化学 | 070301 | 硕士 | 硕士学位授权一级学科 |
| | | 分析化学 | 070302 | 硕士 | |
| | | 有机化学 | 070303 | 硕士 | |
| | | 物理化学（含：化学物理） | 070304 | 硕士 | |
| | | 高分子化学与物理 | 070305 | 硕士 | |
| | 生物学 | 植物学 | 071001 | 博士 | 博士学位授权一级学科 |
| | | 动物学 | 071002 | 博士 | |
| | | 生理学 | 071003 | 博士 | |
| | | 水生生物学 | 071004 | 博士 | |
| | | 微生物学 | 071005 | 博士 | |
| | | 神经生物学 | 071006 | 博士 | |
| | | 遗传学 | 071007 | 博士 | |
| | | 发育生物学 | 071008 | 博士 | |

（续）

| 学科门类 | 一级学科名称 | 二级学科（专业）名称 | 学科代码 | 授权级别 | 备 注 |
|---|---|---|---|---|---|
| 理学 | 生物学 | 细胞生物学 | 071009 | 博士 | 博士学位授权一级学科 |
| | | 生物化学与分子生物学 | 071010 | 博士 | |
| | | 生物物理学 | 071011 | 博士 | |
| | | 生物信息学 | 0710Z1 | 博士 | |
| | | 应用海洋生物学 | 0710Z2 | 博士 | |
| | | 天然产物化学 | 0710Z3 | 博士 | |
| | 科学技术史 | 不分设二级学科 | 071200 | 博士 | 博士学位授权一级学科，可授予理学、工学、农学、医学学位 |
| | 生态学 | | 0713 | 博士 | 博士学位授权一级学科 |
| 工学 | 机械工程 | 机械制造及其自动化 | 080201 | 硕士 | 硕士学位授权一级学科 |
| | | 机械电子工程 | 080202 | 硕士 | |
| | | 机械设计及理论 | 080203 | 硕士 | |
| | | 车辆工程 | 080204 | 硕士 | |
| | 计算机科学与技术 | 计算机应用技术 | 081203 | 硕士 | 硕士学位授权一级学科 |
| | | 计算机系统结构 | 081201 | 硕士 | |
| | | 计算机软件与理论 | 081202 | 硕士 | |
| | 农业工程 | 农业机械化工程 | 082801 | 博士 | 博士学位授权一级学科 |
| | | 农业水土工程 | 082802 | 博士 | |
| | | 农业生物环境与能源工程 | 082803 | 博士 | |
| | | 农业电气化与自动化 | 082804 | 博士 | |
| | | 环境污染控制工程 | 0828Z1 | 博士 | |
| | 环境科学与工程 | 环境科学 | 083001 | 硕士 | 硕士学位授权一级学科，可授予理学、工学、农学学位 |
| | | 环境工程 | 083002 | 硕士 | |
| | 食品科学与工程 | 食品科学 | 083201 | 博士 | 博士学位授权一级学科，可授予工学、农学学位 |
| | | 粮食、油脂及植物蛋白工程 | 083202 | 博士 | |
| | | 农产品加工及贮藏工程 | 083203 | 博士 | |
| | | 水产品加工及贮藏工程 | 083204 | 博士 | |
| | 风景园林学 | | 0834 | 硕士 | 硕士学位授权一级学科 |

（续）

| 学科门类 | 一级学科名称 | 二级学科（专业）名称 | 学科代码 | 授权级别 | 备 注 |
|---|---|---|---|---|---|
| 农学 | 作物学 | 作物栽培学与耕作学 | 090101 | 博士 | 博士学位授权一级学科 |
| | | 作物遗传育种 | 090102 | 博士 | |
| | | 农业信息学 | 0901Z1 | 博士 | |
| | | 种子科学与技术 | 0901Z2 | 博士 | |
| | 园艺学 | 果树学 | 090201 | 博士 | 博士学位授权一级学科 |
| | | 蔬菜学 | 090202 | 博士 | |
| | | 茶学 | 090203 | 博士 | |
| | | 观赏园艺学 | 0902Z1 | 博士 | |
| | | 药用植物学 | 0902Z2 | 博士 | |
| | | 设施园艺学 | 0902Z3 | 博士 | |
| | 农业资源与环境 | 土壤学 | 090301 | 博士 | 博士学位授权一级学科 |
| | | 植物营养学 | 090302 | 博士 | |
| | 植物保护 | 植物病理学 | 090401 | 博士 | 博士学位授权一级学科，农药学可授予理学、农学学位 |
| | | 农业昆虫与害虫防治 | 090402 | 博士 | |
| | | 农药学 | 090403 | 博士 | |
| | 畜牧学 | 动物遗传育种与繁殖 | 090501 | 博士 | 博士学位授权一级学科 |
| | | 动物营养与饲料科学 | 090502 | 博士 | |
| | | 动物生产学 | 0905Z1 | 博士 | |
| | | 动物生物工程 | 0905Z2 | 博士 | |
| | 兽医学 | 基础兽医学 | 090601 | 博士 | 博士学位授权一级学科 |
| | | 预防兽医学 | 090602 | 博士 | |
| | | 临床兽医学 | 090603 | 博士 | |
| | 水产 | 水产养殖 | 090801 | 博士 | 博士学位授权一级学科 |
| | | 捕捞学 | 090802 | 博士 | |
| | | 渔业资源 | 090803 | 博士 | |
| | 草学 | | 0909 | 博士 | 博士学位授权一级学科 |
| 医学 | 中药学 | 不分设二级学科 | 100800 | 硕士 | 硕士学位授权一级学科 |
| 管理学 | 管理科学与工程 | 不分设二级学科 | 1201 | 硕士 | 硕士学位授权一级学科 |
| | 工商管理 | 会计学 | 120201 | 硕士 | 硕士学位授权一级学科 |
| | | 企业管理 | 120202 | 硕士 | |
| | | 旅游管理 | 120203 | 硕士 | |
| | | 技术经济及管理 | 120204 | 硕士 | |

（续）

| 学科门类 | 一级学科名称 | 二级学科（专业）名称 | 学科代码 | 授权级别 | 备注 |
|---|---|---|---|---|---|
| 管理学 | 农林经济管理 | 农业经济管理 | 120301 | 博士 | 博士学位授权一级学科 |
| | | 林业经济管理 | 120302 | 博士 | |
| | | 农村与区域发展 | 1203Z1 | 博士 | |
| | | 农村金融 | 1203Z2 | 博士 | |
| | 公共管理 | 行政管理 | 120401 | 博士 | 博士学位授权一级学科，教育经济与管理可授予管理学、教育学学位 |
| | | 社会医学与卫生事业管理 | 120402 | 博士 | |
| | | 教育经济与管理 | 120403 | 博士 | |
| | | 社会保障 | 120404 | 博士 | |
| | | 土地资源管理 | 120405 | 博士 | |
| | 图书情报与档案管理 | 图书馆学 | 120501 | 博士 | 博士学位授权一级学科 |
| | | 情报学 | 120502 | 博士 | |
| | | 档案学 | 120502 | 博士 | |

## 表 2　专业学位

| 专业学位代码、名称 | 专业领域代码和名称 | 授权级别 | 备注 |
|---|---|---|---|
| 0854 电子信息 | | 硕士 | |
| 0855 机械 | | 硕士 | |
| 0856 材料与化工 | | 硕士 | |
| 0857 资源与环境 | | 硕士 | |
| 0860 生物与医药 | | 硕士 | |
| 1256 工程管理 | | 硕士 | |
| 0951 农业硕士 | 095131 农艺与种业 | 硕士 | 对应原领域：作物（095101）、园艺（095102）、草业（095106）、种业（095115） |
| | 095132 资源利用与植物保护 | 硕士 | 对应原领域：农业资源利用（095103）、植物保护（095104） |
| | 095133 畜牧 | 硕士 | 对应原领域：养殖（095105） |
| | 095134 渔业发展 | 硕士 | 对应原领域：渔业（095108） |

（续）

| 专业学位<br>代码、名称 | 专业领域<br>代码和名称 | 授权<br>级别 | 备 注 |
|---|---|---|---|
| 0951<br>农业硕士 | 095135 食品加工与安全 | 硕士 | 对应原领域：食品加工与安全（095113） |
| | 095136 农业工程与信息技术 | 硕士 | 对应原领域：农业机械化（095109）、农业信息化（095112）、设施农业（095114） |
| | 095137 农业管理 | 硕士 | 对应原领域：农村与区域发展（部分 095110）、农业科技组织与服务（095111） |
| | 095138 农村发展 | 硕士 | 对应原领域：农村与区域发展（部分 095110） |
| 0953<br>风景园林硕士 | | 硕士 | |
| 0952<br>兽医硕士 | | 硕士 | |
| 1252<br>公共管理硕士<br>（MPA） | | 硕士 | |
| 1251<br>工商管理硕士 | | 硕士 | |
| 0251<br>金融硕士 | | 硕士 | |
| 0254<br>国际商务硕士 | | 硕士 | |
| 0352<br>社会工作硕士 | | 硕士 | |
| 1253<br>会计硕士 | | 硕士 | |
| 0551<br>翻译硕士 | | 硕士 | |
| 1056<br>中药学硕士 | | 硕士 | |
| 0351<br>法律硕士 | | 硕士 | |
| 1255<br>图书情报硕士 | | 硕士 | |
| 兽医博士 | | 博士 | |

# 附录2 入选江苏省普通高校研究生科研创新计划项目名单

（省立校助 114 项）

| 编　　号 | 申请人 | 项目名称 | 项目类型 | 研究生层次 |
|---|---|---|---|---|
| KYCX19_0508 | 闫文凯 | 基于深度学习的植物转录因子结合位点预测 | 自然科学 | 博士 |
| KYCX19_0509 | 郑东洋 | 盐胁迫对水稻染色质状态影响 | 自然科学 | 博士 |
| KYCX19_0510 | 史金星 | 小麦抗赤霉病基因 Fhb1 在其他作物中的功能研究 | 自然科学 | 博士 |
| KYCX19_0511 | 黄振朴 | 簇毛麦 NLRs 抗病基因家族的鉴定和分析 | 自然科学 | 博士 |
| KYCX19_0512 | 孔可可 | 大豆短叶柄基因克隆与功能研究 | 自然科学 | 博士 |
| KYCX19_0513 | 刘慧敏 | CLKX 调节低温胁迫的遗传分子机制解析 | 自然科学 | 博士 |
| KYCX19_0514 | 崔永梅 | 水稻 CNGCb 和 CNGCc 调控高温胁迫反应的分子机制研究 | 自然科学 | 博士 |
| KYCX19_0515 | 余　耀 | 稻瘟病抗病新基因 Pb-jnw1 的定位与克隆 | 自然科学 | 博士 |
| KYCX19_0516 | 何　影 | 水稻种子活力相关 QTL qSV3 的精细定位与克隆 | 自然科学 | 博士 |
| KYCX19_0517 | 阮辛森 | 玉米对瘤黑粉菌免疫反应的调控因子鉴定和作用机制研究 | 自然科学 | 博士 |
| KYCX19_0518 | 邹　洁 | 水分胁迫影响棉花源能力与铃重形成的生理机制研究 | 自然科学 | 博士 |
| KYCX19_0519 | 胡　航 | 低氮营养下小麦幼苗根冠互作特征及氮素高效吸收机理 | 自然科学 | 博士 |
| KYCX19_0520 | 孙　颖 | 棉花内生菌中抗菌蛋白和代谢物抗棉花黄萎病的功能研究 | 自然科学 | 博士 |
| KYCX19_0521 | 孙睿东 | 大豆疫霉根腐病抗性基因定位及克隆 | 自然科学 | 博士 |
| KYCX19_0522 | 王　震 | 油菜素内酯-赤霉素互作调控水稻穗型发育的分子机制 | 自然科学 | 博士 |
| KYCX19_0523 | 米新月 | GhMPK9 调控棉花应答干旱的分子网络解析 | 自然科学 | 博士 |
| KYCX19_0524 | 李维希 | 水通道蛋白基因家族在棉花耐盐中的功能研究 | 自然科学 | 博士 |
| KYCX19_0525 | 王　巍 | 短期极端高温对水稻品质形成的影响及模拟模型研究 | 自然科学 | 博士 |
| KYCX19_0526 | 章建伟 | 养分管理方式对长江下游稻麦生产力的影响及机理 | 自然科学 | 博士 |
| KYCX19_0527 | 常忠原 | 水稻穗分化关键基因的发掘及其作用的分子机制 | 自然科学 | 博士 |
| KYCX19_0528 | 叶　紫 | 中国小麦主产区不同层次生产力预测及提升途径研究 | 自然科学 | 博士 |
| KYCX19_0529 | 司杰瑞 | 大豆疫霉 LRR-RLK 基因家族功能研究 | 自然科学 | 博士 |
| KYCX19_0530 | 贾忠强 | CRISPR/Cas9 介导的二化螟 GABA 受体功能研究 | 自然科学 | 博士 |
| KYCX19_0531 | 陈议亮 | 吩嗪-1-羧酸衍生物的设计、合成及生物活性研究 | 自然科学 | 博士 |
| KYCX19_0532 | 陈　静 | 番茄斑萎病毒（TSWV）无毒基因 NSs 与其抗性基因 TSW 识别机制探究 | 自然科学 | 博士 |
| KYCX19_0533 | 高博雅 | 迁飞昆虫共同定向环境信号的解析 | 自然科学 | 博士 |
| KYCX19_0534 | 周俶辛 | 氰烯菌酯与受体蛋白 myosin-5 互作的结构生物学研究 | 自然科学 | 博士 |
| KYCX19_0535 | 舒海东 | 马铃薯晚疫病菌重要组蛋白甲基化分布与功能研究 | 自然科学 | 博士 |

（续）

| 编　　号 | 申请人 | 项目名称 | 项目类型 | 研究生层次 |
|---|---|---|---|---|
| KYCX19_0536 | 康玮楠 | 马铃薯甲虫的防御物质及其合成路径 | 自然科学 | 博士 |
| KYCX19_0537 | 高贝贝 | 甲基异柳磷立体选择性环境行为与生物效应机理研究 | 自然科学 | 博士 |
| KYCX19_0538 | 周　扬 | BiP 基因负调控寄主抗性的机制 | 自然科学 | 博士 |
| KYCX19_0539 | 权澎琪 | 稻纵卷叶螟热适应的转录调控 | 自然科学 | 博士 |
| KYCX19_0540 | 黄镜梅 | 二化螟鱼尼丁受体突变对双酰胺类杀虫剂抗性贡献的研究 | 自然科学 | 博士 |
| KYCX19_0541 | 王大成 | 有益微生物生物膜形成诱导番茄抗旱机理研究 | 自然科学 | 博士 |
| KYCX19_0542 | 刘艳敏 | $CO_2$ 浓度倍增对 Bt 水稻外源基因表达及其抗虫性影响研究 | 自然科学 | 博士 |
| KYCX19_0543 | 罗功文 | 有机培肥下土壤有机磷转换的生物学过程 | 自然科学 | 博士 |
| KYCX19_0544 | 王双双 | 水稻硝酸盐转运蛋白 OsNPF4.5 响应丛枝菌根共生信号的分子机制及功能研究 | 自然科学 | 博士 |
| KYCX19_0545 | 陈宏坪 | 阻控水稻镉积累的农业与生物技术措施 | 自然科学 | 博士 |
| KYCX19_0546 | 范潇儒 | OsNAR2.1 可能参与的氮素表观遗传学初探 | 自然科学 | 博士 |
| KYCX19_0547 | 刘　款 | 生物质炭对土壤抗生素/重金属及 ARGs 协同阻抗机制研究 | 自然科学 | 博士 |
| KYCX19_0548 | 李舜尧 | 新鞘氨醇杆菌 ES2-1 对 17β-雌二醇的代谢途径解析 | 自然科学 | 博士 |
| KYCX19_0549 | 戴　军 | 水稻土壤-根系微环境中砷的生物地球化学过程 | 自然科学 | 博士 |
| KYCX19_0550 | 刘　超 | 有机肥矿化过程中的微生物种群演替规律 | 自然科学 | 博士 |
| KYCX19_0551 | 张前前 | 六年 Biochar 对土壤团聚体碳氮转化和固碳减排机理的研究 | 自然科学 | 博士 |
| KYCX19_0552 | 刘志伟 | 生物质炭表层施用下对水稻田深层土壤有机碳组分的影响 | 自然科学 | 博士 |
| KYCX19_0553 | 孔德雷 | 稻麦轮作农田碳氮气体排放及其微生物学机理研究 | 自然科学 | 博士 |
| KYCX19_0554 | 杨　菲 | 气候变化对青藏高原高寒草甸土壤氮循环的影响 | 自然科学 | 博士 |
| KYCX19_0555 | 万兵兵 | 有机物质量对农业土壤线虫群落的影响 | 自然科学 | 博士 |
| KYCX19_0556 | 杭新楠 | 生物有机肥构建高产设施黄瓜土壤微生物 | 自然科学 | 博士 |
| KYCX19_0557 | 侯华兰 | 不结球白菜株型相关基因鉴定与验证 | 自然科学 | 博士 |
| KYCX19_0558 | 胡月姮 | 菊花丝裂原活化激酶级联路径蛋白互作分析 | 自然科学 | 博士 |
| KYCX19_0559 | 张培安 | SnRK2.6 蛋白激酶参与果实成熟调控分子机理研究 | 自然科学 | 博士 |
| KYCX19_0560 | 黄　霄 | 基于基因组学分析梅演化与传播 | 自然科学 | 博士 |
| KYCX19_0561 | 张　一 | 菊花木质素合成关键基因 Cm4CL2 的功能鉴定及转录调控机制 | 自然科学 | 博士 |
| KYCX19_0562 | 王　凯 | 高温影响萝卜肉质根膨大形成的分子机制 | 自然科学 | 博士 |
| KYCX19_0563 | 宋蒙飞 | 基于 BSA-seq 定位黄瓜条纹果实基因及连锁标记的开发 | 自然科学 | 博士 |
| KYCX19_0564 | 王丽君 | CmBBX8 调控开花的分子机理研究 | 自然科学 | 博士 |

（续）

| 编　　号 | 申请人 | 项目名称 | 项目类型 | 研究生层次 |
|---|---|---|---|---|
| KYCX19_0565 | 周停停 | 湖北海棠 miR535 家族在苹果斑点落叶病抗性中的作用机制研究 | 自然科学 | 博士 |
| KYCX19_0566 | 文军琴 | QTL 定位结合转录组测序挖掘醋栗番茄热胁迫相应基因 | 自然科学 | 博士 |
| KYCX19_0567 | 郭长征 | 重度限饲影响妊娠后期湖羊糖稳态的机制及营养调控 | 自然科学 | 博士 |
| KYCX19_0568 | 蒋静乐 | 甜味受体参与调控假孕大鼠黄体功能的机制研究 | 自然科学 | 博士 |
| KYCX19_0569 | 李惠芳 | Ufm1 小蛋白修饰通过 TORC1 参与神经退行性疾病的机制研究 | 自然科学 | 博士 |
| KYCX19_0570 | 李琦琦 | E2 挽救氧化应激诱导的猪卵巢颗粒细胞凋亡的分子机制 | 自然科学 | 博士 |
| KYCX19_0571 | 沈　丹 | 肉鸡舍空气细颗粒物（PM2.5）诱导鸡肺炎症反应的机制研究 | 自然科学 | 博士 |
| KYCX19_0572 | 张　贺 | 饲喂频率影响猪脂肪代谢的机制研究 | 自然科学 | 博士 |
| KYCX19_0573 | 张民扬 | 纳米螯合锌在断奶仔猪上的应用及其对肠道屏障的保护机制研究 | 自然科学 | 博士 |
| KYCX19_0574 | 徐　磊 | 果农线上销售渠道拓展：内在机理与匹配效应——以桃为例 | 人文社科 | 博士 |
| KYCX19_0575 | 王善高 | 畜禽养殖污染物减排研究——以不同规模生猪养殖为例 | 人文社科 | 博士 |
| KYCX19_0576 | 王　莹 | 信息不对称视角下农户环境友好型生产技术采纳行为及激励机制研究 | 人文社科 | 博士 |
| KYCX19_0577 | 后丽丽 | 赭曲霉毒素 A 与环孢霉素 A 的联合肾毒性及其机制研究 | 自然科学 | 博士 |
| KYCX19_0578 | 谷鹏飞 | 聚乙烯亚胺修饰的当归多糖 PLGA 纳米粒佐剂活性的研究 | 自然科学 | 博士 |
| KYCX19_0579 | 高晓娜 | 白术多糖通过 NLRP3 炎性小体调控蛋鸡脂肪肝出血综合征的分子机制 | 自然科学 | 博士 |
| KYCX19_0580 | 马娜娜 | 丁酸钠通过自噬抑制牛乳腺上皮细胞炎症的机理研究 | 自然科学 | 博士 |
| KYCX19_0581 | 刘　锦 | 四膜虫捕食压力对嗜水气单胞菌毒力的影响及调控机制 | 自然科学 | 博士 |
| KYCX19_0582 | 李阳阳 | 基于单颗粒示踪技术的猪流行性腹泻病毒侵染机制研究 | 自然科学 | 博士 |
| KYCX19_0583 | 赵　雯 | circ-sd2 抑制 RABV 复制的机制研究 | 自然科学 | 博士 |
| KYCX19_0584 | 刘雪威 | 猪繁殖与呼吸综合征病毒天然拮抗药物的鉴定及分子机制研究 | 自然科学 | 博士 |
| KYCX19_0585 | 张　森 | 高脂高蛋白膳食对大鼠肠脑及代谢的影响机制研究 | 自然科学 | 博士 |
| KYCX19_0586 | 陈春旭 | 唾液酸化 IgG 对肠道微生物的调节作用及机理研究 | 自然科学 | 博士 |
| KYCX19_0587 | 周昌瑜 | 金华火腿的黏性和苦味形成机制的研究 | 自然科学 | 博士 |
| KYCX19_0588 | 朱　通 | 紫外、可见光照培养对花生芽莱芙类化合物富集机理研究 | 自然科学 | 博士 |
| KYCX19_0589 | 程轶群 | 天然多酚对烧鸡中杂环胺形成的抑制及作用机制研究 | 自然科学 | 博士 |
| KYCX19_0590 | 田娟娟 | 金蝉花多糖结构解析及其基于 TLR4-NF-κB 信号通路免疫机制研究 | 自然科学 | 博士 |

（续）

| 编　号 | 申请人 | 项目名称 | 项目类型 | 研究生层次 |
|---|---|---|---|---|
| KYCX19_0591 | 单长松 | 即食鲜面品质劣变规律及机制的研究 | 自然科学 | 博士 |
| KYCX19_0592 | 李雪辉 | 专业学位博士生教育质量评价指标体系构建及其实证研究——基于学生的视角 | 人文社科 | 博士 |
| KYCX19_0593 | 朱以财 | 高等教育管理与比较教育 | 人文社科 | 博士 |
| KYCX19_0594 | 唐　亮 | 农地产权治理、流转契约选择及其经济绩效——来自中国东部三省的经验证据 | 人文社科 | 博士 |
| KYCX19_0595 | 王　丹 | 乡村振兴中的技术治理研究 | 人文社科 | 博士 |
| KYCX19_0596 | 陈　磊 | 基于主体功能区的县域土地资源配置效率及驱动因素研究——以江苏省连云港市赣榆区为例 | 人文社科 | 博士 |
| KYCX19_0597 | 陈昌玲 | 乡村振兴视角下农村宅基地退出增值收益分享机制研究 | 人文社科 | 博士 |
| KYCX19_0598 | 肖善才 | 基于生态系统服务提升的国土空间格局优化研究——以南京市为例 | 人文社科 | 博士 |
| KYCX19_0599 | 姜　璐 | 我国一流本科人才培养模式优化研究——基于学生增值评价的视角 | 人文社科 | 博士 |
| KYCX19_0600 | 周红冰 | 近代江苏沂沭河流域农业发展研究 | 人文社科 | 博士 |
| KYCX19_0601 | 侯玉婷 | 清末民初西医东渐研究——以丁福保为中心的考察 | 人文社科 | 博士 |
| KYCX19_0602 | 王晓斌 | 喹唑啉酮酰肼类分子的修饰、抑菌活性及 3D‐QSAR 研究 | 自然科学 | 博士 |
| KYCX19_0603 | 李治宏 | 计算机辅助设计木聚糖酶的热稳定性改造 | 自然科学 | 博士 |
| KYCX19_0604 | 于　翔 | N‐S‐N 活性片段构建的方法学及其活性分子的合成与抗菌活性研究 | 自然科学 | 博士 |
| KYCX19_0605 | 唐　松 | 农作物秸秆浓醪发酵微生物油脂的关键技术 | 自然科学 | 博士 |
| KYCX19_0606 | 汪珍珍 | 电动拖拉机双电机耦合驱动系统构型设计方法 | 自然科学 | 博士 |
| KYCX19_0607 | 张　银 | 基于 BP 神经网络的疏水性镀层工艺——性能模型预测研究 | 自然科学 | 博士 |
| KYCX19_0608 | 季　珂 | 零鱼粉饲料中添加赖氨酸对鲫鱼幼鱼的影响 | 自然科学 | 博士 |
| KYCX19_0609 | 高　俊 | 渗透压对刀鲚眼径大小的调节机制 | 自然科学 | 博士 |
| KYCX19_0610 | 范文洁 | 基于社会网络分析的典籍知识挖掘研究 | 人文社科 | 博士 |
| KYCX19_0611 | 王　慧 | Rhodococcus sp. PCA‐1 降解吩嗪‐1‐羧酸的关键酶基因克隆 | 自然科学 | 博士 |
| KYCX19_0612 | 贾倩茹 | 拟南芥 NPC 调控生长素信号转导和应答高盐胁迫的分子机理 | 自然科学 | 博士 |
| KYCX19_0613 | 连玲丹 | 氨基酸饥饿下 GCN4 对灵芝三萜的调控机制探究 | 自然科学 | 博士 |
| KYCX19_0614 | 刘　询 | 大豆 CLC 基因上游转录因子鉴定及参与耐盐性功能研究 | 自然科学 | 博士 |
| KYCX19_0615 | 张　晶 | 硫化氢对 RbohD 巯基化修饰作用调控拟南芥气孔关闭的功能研究 | 自然科学 | 博士 |
| KYCX19_0616 | 韩　童 | mNAC84 在 ABA 诱导抗氧化防护中的分子机制研究 | 自然科学 | 博士 |
| KYCX19_0617 | 王　赫 | 基于天然产物链格孢菌毒素 TeA 的新型生物源除草剂的创制 | 自然科学 | 博士 |
| KYCX19_0618 | 彭媛媛 | 农民专业合作社对规模农户信贷可获性的影响机制分析——基于农业产业链视角 | 人文社科 | 博士 |

（续）

| 编　　号 | 申请人 | 项目名称 | 项目类型 | 研究生层次 |
|---|---|---|---|---|
| KYCX19_0619 | 陈　强 | 社会资本视角下农户产业链融资效率研究 | 人文社科 | 博士 |
| KYCX19_0620 | 赵　杰 | 青贮过程中农作物秸秆纤维降解机理的研究 | 自然科学 | 博士 |
| KYCX19_0621 | 孙启国 | 蒺藜苜蓿 MtCML42 的功能研究 | 自然科学 | 博士 |

# 附录3　入选江苏省普通高校研究生实践创新计划项目名单

（省立校助 43 项）

| 编　　号 | 申请人 | 项目名称 | 项目类型 | 研究生层次 |
|---|---|---|---|---|
| SJCX19_0116 | 宋有金 | 水稻柱头外露和颖花育性对高温的响应及其机理研究 | 自然科学 | 硕士 |
| SJCX19_0117 | 吴　皓 | 基于寡核苷酸探针 FISH 分析的小麦品种 DUS 检测 | 自然科学 | 硕士 |
| SJCX19_0118 | 韩晨阳 | 具有杀虫应用前景的褐飞虱神经肽的筛选 | 自然科学 | 硕士 |
| SJCX19_0119 | 魏三月 | Bacillamide 类似物的合成及抑菌构效关系研究 | 自然科学 | 硕士 |
| SJCX19_0120 | 赵娟娟 | 利用寄主性信息素调控赤眼蜂行为的可行性研究 | 自然科学 | 硕士 |
| SJCX19_0121 | 董青君 | 餐余废弃物的蚯蚓养殖及基质产品开发 | 自然科学 | 硕士 |
| SJCX19_0122 | 朱俊文 | 基于 GIS 的农村垃圾分类收集设计优化探究 | 自然科学 | 硕士 |
| SJCX19_0123 | 吴之恒 | 江苏沿海地区农牧结合型循环农业生产关键技术研究 | 自然科学 | 硕士 |
| SJCX19_0124 | 宿子文 | 葡萄雌能花最优分子标记的筛选及其在育种中的利用 | 自然科学 | 硕士 |
| SJCX19_0125 | 胡章涛 | 月季辐射育种技术研究 | 自然科学 | 硕士 |
| SJCX19_0126 | 周　杨 | 基于图像和叶色识别技术的切花菊氮素营养诊断系统的建立 | 自然科学 | 硕士 |
| SJCX19_0127 | 邱　易 | 模块化阳台植物景观营造技术研究 | 自然科学 | 硕士 |
| SJCX19_0128 | 汪家礼 | 小孢子培养技术在不结球白菜种质创新中的应用研究 | 自然科学 | 硕士 |
| SJCX19_0129 | 钟秋明 | 不同类型猪舍空气颗粒物 CFD 模型的建立与评估 | 自然科学 | 硕士 |
| SJCX19_0130 | 王子文 | 肉桂醛及复合菌制剂对肉鸡生产性能、胴体性状、免疫性能及消化性能的影响 | 自然科学 | 硕士 |
| SJCX19_0131 | 孔乐兰 | 新附加值视角下全球碳转移网络格局与中国中转地位研究 | 人文社科 | 硕士 |
| SJCX19_0132 | 王浩宇 | 徐州黎明食品公司对外投资战略研究 | 人文社科 | 硕士 |
| SJCX19_0133 | 孙嘉豪 | 防石添加剂对犬草酸钙结石的防控效果 | 自然科学 | 硕士 |
| SJCX19_0134 | 肖　恩 | 犬全身各部位 CT 扫查方法及技术参数研究 | 自然科学 | 硕士 |
| SJCX19_0135 | 王智颖 | 一种新型添加剂对猫肝脏脂质沉积综合征的影响 | 自然科学 | 硕士 |
| SJCX19_0136 | 张美红 | 豆腐生物缓释凝固剂的研制 | 自然科学 | 硕士 |
| SJCX19_0137 | 赵晓娟 | 基于乳酸菌发酵枸杞汁活性成分研究及其功能性产品开发 | 自然科学 | 硕士 |
| SJCX19_0138 | 仇晶晶 | 草莓品质等级评价数学模型及系统构建 | 自然科学 | 硕士 |
| SJCX19_0139 | 李逍然 | 家庭治疗介入儿童家暴问题的应用研究 | 人文社科 | 硕士 |
| SJCX19_0140 | 张超楠 | "他乡夕阳红"：随迁老人城市适应项目 | 人文社科 | 硕士 |
| SJCX19_0141 | 李开奇 | 南京市乡村旅游发展模式研究——以"不老村"为例 | 人文社科 | 硕士 |
| SJCX19_0142 | 褚　阳 | 基于含氮配体构筑金属-有机复合材料及应用 | 自然科学 | 硕士 |

（续）

| 编　号 | 申请人 | 项目名称 | 项目类型 | 研究生层次 |
|---|---|---|---|---|
| SJCX19_0143 | 杨传雷 | 基于液压控制的小麦播种施肥机播量检测装置的研发 | 自然科学 | 硕士 |
| SJCX19_0144 | 王项宇 | 电动化果园行株间机械除草机具 | 自然科学 | 硕士 |
| SJCX19_0145 | 王清清 | 激光熔覆电喷镀镀层工艺试验研究 | 自然科学 | 硕士 |
| SJCX19_0146 | 周　琪 | 基于利用行为的科学数据集推荐模型构建研究 | 人文社科 | 硕士 |
| SJCX19_0147 | 宋子阳 | 基于视频流的多角度奶牛个体识别研究 | 自然科学 | 硕士 |
| SJCX19_0148 | 徐　畅 | 习近平用典解读的翻译策略研究——以三潴正道译《平易近人——习近平的语言力量》为例 | 人文社科 | 硕士 |
| SJCX19_0149 | 周　游 | 政治语篇翻译的文化自信研究——以《十九大报告》英译为例 | 人文社科 | 硕士 |
| SJCX19_0150 | 李新臣 | 稻鸭共作＋杂草种子库快速耗竭措施对稻田杂草群落的影响 | 自然科学 | 硕士 |
| SJCX19_0151 | 张　帆 | 利用光合细菌对藻类的抑制作用治理水体富营养化 | 自然科学 | 硕士 |
| SJCX19_0152 | 齐瑞旗 | 基于资本来源视角的科技企业孵化器绩效影响研究 | 人文社科 | 硕士 |
| SJCX19_0153 | 宗嘉璐 | 中国家庭过度负债情况研究——基于CFPS调查数据 | 人文社科 | 硕士 |
| SJCX19_0154 | 熊　健 | 农商行"阳光信贷"运行机制研究 | 人文社科 | 硕士 |
| SJCX19_0155 | 韩璐垚 | 农村商业银行业务多元化对经营绩效和风险的影响 | 人文社科 | 硕士 |
| SJCX19_0156 | 陈思凡 | 农作物秸秆、农副产品饲料化技术研究 | 自然科学 | 硕士 |
| SJCX19_0157 | 葛　雷 | 高表达DON降解酶的新型富硒益生菌的创制与应用 | 自然科学 | 硕士 |
| SJCX19_0158 | 黎　明 | 乳腺上皮细胞和乳房链球菌之间的氨基酸代谢互作 | 自然科学 | 硕士 |

# 附录4　入选江苏省研究生教育教学改革研究与实践课题

表1　省立省助（3项）

| 序号 | 课题名称 | 主持人 | 备注 |
|---|---|---|---|
| JGZZ19_009 | 江苏省涉农学科研究生教育高质量发展政策研究 | 徐国华 罗英姿 | 省助 |
| JGZZ19_034 | 基于创新力提升视角深化江苏省博士研究生培养模式改革研究 | 李占华 黄维海 | 省助 |
| JGZZ19_035 | 基于新工科理念的非工科优势高校环境工程与科学大类研究生培养的研究与探索 | 周权锁 邹建文 | 省助 |

表2　省立校助（5项）

| 序号 | 课题名称 | 主持人 | 备注 |
|---|---|---|---|
| JGLX19_031 | 国际化建设提升研究生培养质量研究 | 冯淑怡 陈立根 | 校助 |
| JGLX19_032 | 兽医硕士专业学位研究生培养模式探索——突出应用　重在实践　细化分类 | 苗晋锋 | 校助 |

（续）

| 序号 | 课题名称 | 主持人 | 备注 |
|------|---------|--------|------|
| JGLX19_033 | "双一流"背景下食品学科研究生"产学研用"结合人才培养模式探索 | 李 伟<br>方 勇 | 校助 |
| JGLX19_034 | 南京市农村生态文明建设教学案例研究 | 孙 华 | 校助 |
| JGLX19_035 | 慕课式大型仪器在线开放课程在生命科学类研究生培养中的应用 | 钱 猛 | 校助 |

## 附录5　入选江苏省研究生工作站名单（19个）

| 序号 | 学院 | 企业名称 | 负责人 |
|------|------|---------|--------|
| 1 | 农学院 | 江苏省农垦农业发展股份有限公司现代农业研究院 | 刘小军 |
| 2 | 植物保护学院 | 江苏日升康环境科技有限公司 | 高学文 |
| 3 | 植物保护学院 | 江苏省农业科学院植物保护研究所 | 叶永浩 |
| 4 | 园艺学院 | 江苏苏港和顺生物科技有限公司 | 张昌伟 |
| 5 | 园艺学院 | 南京鹏岛现代农业发展有限公司 | 滕年军 |
| 6 | 园艺学院 | 南通御福源药业有限公司 | 唐晓清 |
| 7 | 园艺学院 | 江苏农牧科技职业学院江苏现代农业（特粮特经）科技综合示范基地 | 朱再标 |
| 8 | 动物科技学院 | 江苏波杜农牧股份有限公司 | 王 锋 |
| 9 | 动物医学院 | 江苏立华牧业股份有限公司 | 姜 平 |
| 10 | 动物医学院 | 江苏南农高科技股份有限公司 | 姜 平 |
| 11 | 食品科技学院 | 江苏佰澳达生物科技有限公司 | 李 伟 |
| 12 | 食品科技学院 | 南京粮食集团有限公司 | 韩永斌 |
| 13 | 食品科技学院 | 天邦食品股份有限公司 | 李春保 |
| 14 | 食品科技学院 | 扬州品胜食品有限公司 | 胡 冰 |
| 15 | 理学院 | 宇恒（南京）环保装备科技有限公司 | 张 帆 |
| 16 | 工学院 | 江苏集萃智能制造技术研究所有限公司 | 陈光明 |
| 17 | 工学院 | 苏州瑞得恩光能科技有限公司 | 沈明霞 |
| 18 | 无锡渔业学院 | 江苏诺亚方舟农业科技有限公司 | 徐钢春 |
| 19 | 科学研究院 | 上海乾菲诺农业科技有限公司 | 周 济 |

## 附录6　入选江苏省优秀研究生工作站名单（1个）

| 序号 | 学院 | 企业名称 | 负责人 |
|------|------|---------|--------|
| 1 | 动物医学院 | 江苏康乐农牧有限公司 | 黄瑞华 |

## 附录7 江苏省研究生教育教学改革成果奖获奖名单

| 序号 | 成果名称 | 获奖等级 | 获奖者 | 主办方 |
|---|---|---|---|---|
| 1 | 基于科研创新团队的卓越植物保护研究生培养的探索与实践 | 一等奖 | 王源超、黄绍华、叶永浩、吴益东、张正光、岳丽娜 | 江苏省教育厅 |

## 附录8 荣获江苏省优秀博士学位论文名单

| 序号 | 作者姓名 | 论文题目 | 所在学科 | 导师 | 学院 |
|---|---|---|---|---|---|
| 1 | 赵 汀 | 棉花多倍体化进程中非编码 RNA 的变化 | 作物遗传育种 | 周宝良 | 农学院 |
| 2 | 黄 杰 | 大豆疫霉无毒基因 PsAvr3c 的功能与作用机制研究 | 植物病理学 | 董莎萌 | 植物保护学院 |
| 3 | 肖正高 | 蚯蚓及其堆肥对番茄抗虫性的影响机理研究 | 生态学 | 胡 锋 | 资源与环境科学学院 |
| 4 | 薛 程 | PbrmiR397a 及 PbrMYB169 调控梨果实石细胞木质素合成的分子机制 | 果树学 | 吴 俊 | 园艺学院 |
| 5 | 张小宇 | 钙黏素 CDH22 调控雌性生殖干细胞自我更新机制的研究及褪黑素在生殖力维持中的应用 | 动物遗传育种与繁殖 | 邹 康 | 动物科技学院 |

（续）

| 序号 | 作者姓名 | 论文题目 | 所在学科 | 导师 | 学院 |
|---|---|---|---|---|---|
| 6 | 夏 璐 | TGEV 诱导肠上皮细胞间质化促进 ETEC K88 的黏附 | 预防兽医学 | 杨 倩 | 动物医院 |
| 7 | 周 帆 | 酿酒酵母 Vps21 模块蛋白与 ESCRT 复合体协作参与自噬前体封口的分子机制 | 微生物学 | 梁永恒 | 生命科学学院 |
| 8 | 李 娜 | 社会网络分析视角下方志古籍知识组织研究——以《方志物产》山西分卷为例 | 科学技术史 | 包 平 | 人文与社会发展学院 |

## 附录 9　荣获江苏省优秀硕士学位论文名单

| 序号 | 作者姓名 | 论文题目 | 所在学科 | 导师 | 学院 | 备注 |
|---|---|---|---|---|---|---|
| 1 | 徐晓青 | 利用无人机载多光谱相机监测水稻生长参数的研究 | 作物栽培学与耕作学 | 田永超 | 农学院 | 学硕 |
| 2 | 沈酊宇 | 长期氮磷添加对青藏高原高寒草甸土壤有机碳物理保护和化学稳定性的影响 | 生态学 | 刘满强 | 资源与环境科学学院 | 学硕 |
| 3 | 邵天韵 | 菊芋改良滨海盐碱土的生物学过程及其机制研究 | 海洋科学 | 隆小华 | 资源与环境科学学院 | 学硕 |
| 4 | 童 肖 | 民国时期国立中央大学农学家群体研究 | 科学技术史 | 夏如兵 | 人文与社会发展学院 | 学硕 |
| 5 | 师 慧 | 晚清民国江南宣卷的现代变迁——以苏、沪报刊为中心的考察 | 专门史 | 季中扬 | 人文与社会发展学院 | 学硕 |
| 6 | 苏 越 | 凹凸棒石玉米赤霉烯酮吸附剂在肉鸡和蛋鸡饲料中的应用研究 | 农业硕士 | 周岩民 | 动物科技学院 | 全日制专硕 |
| 7 | 张帅堂 | 基于机器学习和高光谱成像技术的茶叶病害识别研究 | 电子信息 | 邹修国 | 工学院 | 全日制专硕 |
| 8 | 范文静 | "政银担"农业信用担保贷款创新模式研究——以山东和安徽为例 | 金融硕士 | 黄惠春 | 金融学院 | 全日制专硕 |
| 9 | 尚 鼎 | 公司诉讼风险对审计决策的影响研究——基于异常审计费用和审计意见的证据 | 会计硕士 | 姜 涛 | 金融学院 | 全日制专硕 |
| 10 | 余 锦 | 社区矫正对象认知偏差的干预研究——以 Q 司法所社区矫正对象 L 为例 | 社会工作硕士 | 姚兆余 | 人文与社会发展学院 | 全日制专硕 |
| 11 | 王 敏 | 学科服务平台用户参与机制研究——以 LibGuides 平台为例 | 图书情报硕士 | 郑德俊 | 信息科技学院 | 全日制专硕 |

# 附录10　校级优秀博士学位论文名单

| 序号 | 学院 | 作者姓名 | 导师姓名 | 专业名称 | 论文题目 |
|---|---|---|---|---|---|
| 1 | 农学院 | 赵汀 | 周宝良 | 作物遗传育种 | 棉花多倍体化进程中非编码 RNA 的变化 |
| 2 | 农学院 | 郑恒彪 | 朱艳 | 作物栽培学与耕作学 | 水稻生育期及生长参数的近地面遥感监测研究 |
| 3 | 农学院 | 何永奇 | 张红生 | 种子科学与技术 | 两个水稻种子活力相关基因的克隆及功能分析 |
| 4 | 农学院 | 王丽梅 | 陈增建 | 作物遗传育种 | 水稻倍性间杂交导致种子异常发育的分子机制 |
| 5 | 农学院 | 徐君 | 郭旺珍 | 作物遗传育种 | 棉花几丁质相关基因与黄萎病菌 VdRGS1 的功能解析 |
| 6 | 植物保护学院 | 黄杰 | 董莎萌 | 植物病理学 | 大豆疫霉无毒基因 PsAvr3c 的功能与作用机制研究 |
| 7 | 植物保护学院 | 尹梓屹 | 张正光 | 植物病理学 | MAPK 蛋白激酶介导的细胞壁完整性通路协调 cAMP 途径与细胞自噬调控稻瘟病菌发育及致病力的机制研究 |
| 8 | 植物保护学院 | 杨波 | 王源超 | 植物病理学 | 大豆疫霉 RXLR 效应分子 Avh238 和 Avh241 的功能及作用机制研究 |
| 9 | 植物保护学院 | 潘浪 | 董立尧 | 农药学 | 麦田菵草对精噁唑禾草灵抗药性及其机理研究 |
| 10 | 植物保护学院 | 罗凯 | 吴磊 | 农药学 | 含氮杂环或砜基结构膦氧衍生物的绿色合成新方法与杀菌活性研究 |
| 11 | 资源与环境科学学院 | 王建青 | 李恋卿 | 土壤学 | 模拟大气 $CO_2$ 浓度升高和冠层增温条件下稻麦产量及品质、农田养分与水分利用的变化 |
| 12 | 资源与环境科学学院 | 范长华 | 熊正琴 | 土壤学 | 集约化菜地土壤活性气态氮排放强度及减缓措施研究 |
| 13 | 资源与环境科学学院 | 肖正高 | 胡锋 | 生态学 | 蚯蚓及其堆肥对番茄抗虫性的影响机理研究 |
| 14 | 园艺学院 | 薛程 | 吴俊 | 果树学 | PbrmiR397a 及 PbrMYB169 调控梨果实石细胞木质素合成的分子机制 |
| 15 | 园艺学院 | 黄莹 | 熊爱生 | 蔬菜学 | 番茄黄化曲叶病毒诱导番茄响应因子的表达及功能分析 |
| 16 | 园艺学院 | 刘志薇 | 庄静 | 茶学 | 茶树中 L-茶氨酸代谢途径的分子机制研究 |
| 17 | 动物科技学院 | 张小宇 | 邹康 | 动物遗传育种与繁殖 | 钙黏素 CDH22 调控雌性生殖干细胞自我更新机制的研究及褪黑素在生殖力维持中的应用 |
| 18 | 动物科技学院 | 苗义龙 | 熊波 | 动物遗传育种与繁殖 | 苯并芘及老化诱导氧化应激影响猪卵母细胞质量的机制研究 |
| 19 | 动物科技学院 | 杜星 | 李齐发 | 动物遗传育种与繁殖 | TGF-β/SMAD 信号通路与非编码 RNAs 互作调控猪卵泡颗粒细胞凋亡的分子机制 |
| 20 | 动物医学院 | 夏璐 | 杨倩 | 预防兽医学 | TGEV 诱导肠上皮细胞间质化促进 ETEC K88 的黏附 |
| 21 | 动物医学院 | 徐天乐 | 沈向真 | 临床兽医学 | SARA 和 E.coli 对荷斯坦奶牛肝脏炎症和 SCD 基因表达的影响及其表观遗传调控机制 |
| 22 | 动物医学院 | 陈曦 | 姜平 | 预防兽医学 | 猪繁殖与呼吸综合征病毒上调猪树突细胞 CD83 的表达及其分子机制 |

（续）

| 序号 | 学院 | 作者姓名 | 导师姓名 | 专业名称 | 论文题目 |
|---|---|---|---|---|---|
| 23 | 动物医学院 | 陶诗煜 | 倪迎冬 | 基础兽医学 | 高精料日粮对泌乳期奶山羊后段肠道上皮屏障的影响及其机制 |
| 24 | 食品科技学院 | 陈星 | 徐幸莲 | 食品科学与工程 | 高压均质实现骨骼肌肌原纤维蛋白的水溶解及其新型加工特性的探索 |
| 25 | 食品科技学院 | 邢通 | 徐幸莲 | 食品科学与工程 | 高温运输应激诱导类PSE鸡肉的形成机理研究 |
| 26 | 食品科技学院 | 陈贵杰 | 曾晓雄 | 食品科学与工程 | 茯砖茶及其多糖调节脂代谢及肠道微生物活性的研究 |
| 27 | 食品科技学院 | 刘瑞 | 张万刚 | 食品科学与工程 | 一氧化氮在猪肉成熟过程中的作用机理研究 |
| 28 | 生命科学学院 | 周帆 | 梁永恒 | 微生物学 | 酿酒酵母Vps21模块蛋白与ESCRT复合体协作参与自噬前体封口的分子机制 |
| 29 | 农学院 | 段二超 | 万建民 | 遗传学 | 水稻株型调控基因OsSHI1的图位克隆与功能分析 |
| 30 | 生命科学学院 | 刘勇男 | 赵明文 | 微生物学 | 细胞膜甘油磷脂在热胁迫诱导灵芝酸生物合成中的调控机制研究 |
| 31 | 生命科学学院 | 颜景畏 | 张阿英 | 细胞生物学 | 细胞壁基因GALS1、XTH30和PME31在拟南芥响应盐胁迫下的功能分析 |
| 32 | 资源与环境科学学院 | 沈羽 | 占新华 | 环境污染控制工程 | 小麦叶片响应多环芳烃（菲）积累的生物学机制及其调控研究 |
| 33 | 工学院 | 黄玉萍 | 陈坤杰 | 农业机械化工程 | 基于多通道高光谱成像系统的空间分辨光谱技术的研究及应用 |
| 34 | 无锡渔业学院 | 滕涛 | 徐跑 | 水产 | 团头鲂铁稳态调控及其对嗜水气单胞菌毒力的影响研究 |
| 35 | 经济管理学院 | 聂文静 | 李太平 | 农业经济管理 | 基于消费者视角的农产品质量分级研究 |
| 36 | 经济管理学院 | 杨泳冰 | 胡浩 | 农业经济管理 | 近地面臭氧污染对中国粮食生产的经济影响研究 |
| 37 | 经济管理学院 | 张燕媛 | 陈超 | 农业经济管理 | 生猪养殖户政策性保险的需求偏好与效果评估研究 |
| 38 | 公共管理学院 | 邹金浪 | 吴群 | 土地资源管理 | 耕地质量约束下生产要素对耕地产粮效率的影响研究 |
| 39 | 公共管理学院 | 沈费伟 | 刘祖云 | 行政管理 | 资源型村庄的"任务型治理"研究——基于浙北荻港村的个案考察 |
| 40 | 人文与社会发展学院 | 李娜 | 包平 | 科学技术史 | 社会网络分析视角下方志古籍知识组织研究——以《方志物产》山西分卷为例 |

# 附录11　校级优秀硕士学位论文名单

| 序号 | 学院 | 作者姓名 | 导师姓名 | 专业名称 | 论文题目 | 备注 |
|---|---|---|---|---|---|---|
| 1 | 农学院 | 徐晓青 | 田永超 | 作物栽培学与耕作学 | 利用无人机载多光谱相机监测水稻生长参数的研究 | 学硕 |
| 2 | 农学院 | 朱敏秋 | 亓增军 | 作物遗传育种 | 玉米、大麦和小麦荧光原位杂交寡核苷酸探针开发与应用 | 学硕 |

（续）

| 序号 | 学院 | 作者姓名 | 导师姓名 | 专业名称 | 论文题目 | 备注 |
|------|------|---------|---------|---------|---------|------|
| 3 | 农学院 | 徐心杰 | 程涛 | 作物栽培学与耕作学 | 基于单类支持向量机分类的水稻卫星遥感识别与种植面积测算研究 | 学硕 |
| 4 | 农学院 | 黄昕怡 | 亓增军 | 作物遗传育种 | 基于寡核苷酸探针套 FISH 的小麦染色体结构变异与多态性分析 | 学硕 |
| 5 | 农学院 | 陈鹏飞 | 丁艳锋 | 作物栽培学与耕作学 | 水稻缺铁长距离信号反馈调控机理研究 | 学硕 |
| 6 | 植物保护学院 | 翟燕 | 张春玲 | 农业昆虫与害虫防治 | 三种小麦 MYB 基因共同调控韧皮部防卫反应对麦长管蚜的抗性 | 学硕 |
| 7 | 植物保护学院 | 贾忠强 | 赵春青 | 农业昆虫与害虫防治 | RNAi 对二化螟 GABA 能神经通路基因的沉默 | 学硕 |
| 8 | 植物保护学院 | 宋泽华 | 李圣坤 | 农药学 | 新型噁唑啉类化合物的设计、合成及抑菌构效关系研究 | 学硕 |
| 9 | 植物保护学院 | 毛雪伟 | 侯毅平 | 农药学 | 三种杀菌剂对油菜菌核病菌（Sclerotinia sclerotiorum）的生物活性及抗性风险评估 | 学硕 |
| 10 | 资源与环境科学学院 | 蒋梦迪 | 陆隽鹤 | 环境工程 | 碳酸氢盐活化过硫酸盐转化对乙酰氨基酚和天然有机质 | 学硕 |
| 11 | 资源与环境科学学院 | 沈酊宇 | 刘满强 | 生态学 | 长期氮磷添加对青藏高原高寒草甸土壤有机碳物理保护和化学稳定性的影响 | 学硕 |
| 12 | 资源与环境科学学院 | 邵天韵 | 隆小华 | 海洋科学 | 菊芋改良滨海盐碱土的生物学过程及其机制研究 | 学硕 |
| 13 | 资源与环境科学学院 | 周涛 | 潘剑君 | 土壤学 | 基于 SAR 和光学遥感影像的土地利用/覆盖解译应用 | 学硕 |
| 14 | 资源与环境科学学院 | 韩召强 | 陈效民 | 土壤学 | 生物质炭施用对设施黄瓜连作土壤理化性状和酶活性的影响研究 | 学硕 |
| 15 | 资源与环境科学学院 | 李英瑞 | 郭世伟 | 农业资源与环境 | 氮素营养对水稻叶片光合作用及光呼吸的影响 | 学硕 |
| 16 | 园艺学院 | 白钰 | 唐晓清 | 中药学 | 菘蓝转录组分析及开花相关基因的克隆和研究 | 学硕 |
| 17 | 园艺学院 | 王颖 | 孙锦 | 设施园艺学 | 响应高温和外源亚精胺的黄瓜叶片 miR-NAs 鉴定及其表达模式 | 学硕 |
| 18 | 园艺学院 | 任艳 | 孙锦 | 设施园艺学 | 黄瓜/南瓜嫁接亲和性相关 miRNA 鉴定与 CmRNF5 和 CmNPH3L 基因的表达模式分析 | 学硕 |
| 19 | 园艺学院 | 潘俊廷 | 王玉花 | 茶学 | 一氧化氮（NO）参与低温抑制茶树花粉管生长的基因表达研究 | 学硕 |
| 20 | 园艺学院 | 王文丽 | 庄静 | 茶学 | 茶树类黄酮代谢相关的结构和调控基因克隆与功能初步研究 | 学硕 |

（续）

| 序号 | 学院 | 作者姓名 | 导师姓名 | 专业名称 | 论文题目 | 备注 |
|------|------|----------|----------|----------|----------|------|
| 21 | 动物科技学院 | 李晓艳 | 顾 玲 | 动物遗传育种与繁殖 | HDAC3 在哺乳动物卵母细胞成熟过程中的作用 | 学硕 |
| 22 | 动物科技学院 | 戴永军 | 刘文斌 | 动物营养与饲料科学 | 高脂日粮投喂模式对团头鲂脂肪代谢及炎性因子的影响 | 学硕 |
| 23 | 动物科技学院 | 杨 花 | 张艳丽 | 动物遗传育种与繁殖 | 湖羊性成熟前后睾丸发育差异 lncRNA 表达谱分析及高谷物日粮对睾丸差异 lncRNA 表达的影响 | 学硕 |
| 24 | 草业学院 | 刘沐含 | 肖 燕 | 草学 | 镉污染土壤中丛枝菌根真菌和磷肥对牧草产量和元素吸收的影响 | 学硕 |
| 25 | 动物医学院 | 侯起航 | 庾庆华 | 基础兽医学 | 罗伊氏乳杆菌促进 Lgr5＋肠道干细胞增殖以维护肠上皮屏障完整性的研究 | 学硕 |
| 26 | 动物医学院 | 龚亚彬 | 赵茹茜 | 基础兽医学 | GSK3α 在热应激诱导睾丸支持细胞代谢紊乱和精子活力下降中的作用及机制 | 学硕 |
| 27 | 动物医学院 | 后丽丽 | 黄克和 | 临床兽医学 | 硒和 N－乙酰半胱氨酸缓解 AFB1 和 OTA 对猪肺泡巨噬细胞联合毒性的研究 | 学硕 |
| 28 | 动物医学院 | 李 斌 | 苗晋锋 | 基础兽医学 | TLRs（TLR2/4）相关信号路在乳房链球菌诱发炎症中的调节作用 | 学硕 |
| 29 | 食品科技学院 | 邹云鹤 | 张万刚 | 食品科学与工程 | 超声波辅助煮制对酱卤牛肉品质的影响研究 | 学硕 |
| 30 | 食品科技学院 | 赵 颖 | 吴 涛 陈志刚 | 食品科学与工程 | 海藻酸钠冻融凝胶提高乳液冻融稳定性研究 | 学硕 |
| 31 | 食品科技学院 | 惠倩汝 | 顾振新 | 食品科学与工程 | 乳酸钙和赤霉素调控发芽大豆植酸降解的机理研究 | 学硕 |
| 32 | 食品科技学院 | 刘冬梅 | 黄 明 | 食品科学与工程 | 鸭肉成熟过程中抗氧化肽的形成及特性研究 | 学硕 |
| 33 | 理学院 | 张 玲 | 吴 磊 | 化学 | 膦氧联烯与苯磺酰腙或二硫醚的串联反应研究 | 学硕 |
| 34 | 生命科学学院 | 杨战功 | 洪 青 | 微生物学 | 异菌脲降解菌的分离、降解途径解析及水解酶基因的克隆和酶学特性研究 | 学硕 |
| 35 | 生命科学学院 | 吴陈高 | 赵明文 | 微生物 | 鸟氨酸脱羧酶及其介导产生的腐胺在调节灵芝生长和三萜生物合成中的作用 | 学硕 |
| 36 | 生命科学学院 | 丁学成 | 芮 琪 | 生物化学与分子生物学 | 表皮屏障功能性缺陷加剧氧化石墨烯在秀丽线虫体内的分布和毒性及其机制研究 | 学硕 |
| 37 | 生命科学学院 | 梅玉东 | 沈文飚 | 生物化学与分子生物学 | 硫化氢、过氧化氢和甲烷诱导侧根发生的机理及可能的互作机制 | 学硕 |

（续）

| 序号 | 学院 | 作者姓名 | 导师姓名 | 专业名称 | 论文题目 | 备注 |
|---|---|---|---|---|---|---|
| 38 | 工学院 | 黄帅婷 | 林相泽 | 农业电气化与自动化 | 输入延时系统有限时间稳定的理论研究 | 学硕 |
| 39 | 工学院 | 陶源栋 | 沈明霞 | 农业电气化与自动化 | 基于 Kinect 的母猪呼吸频率测定算法的研究 | 学硕 |
| 40 | 工学院 | 牛恒泰 | 康 敏 | 机械制造及其自动化 | 复杂曲面慢刀伺服车削刀具路径规划及测量技术研究 | 学硕 |
| 41 | 无锡渔业学院 | 包景文 | 徐 跑 | 水产养殖 | 高温应激对吉富罗非鱼代谢调控与免疫应激的影响 | 学硕 |
| 42 | 金融学院 | 王少楠 | 林乐芬 | 金融学 | 人民币与东亚货币汇率动态联动效应问题研究 | 学硕 |
| 43 | 金融学院 | 徐霁月 | 黄惠春 | 金融学 | 农业经济问题 | 学硕 |
| 44 | 经济管理学院 | 毕 颖 | 朱 晶 | 国际贸易学 | 贸易便利化对中国农产品出口深度和广度的影响——以"丝绸之路经济带"沿线国家为例 | 学硕 |
| 45 | 公共管理学院 | 王子坤 | 邹 伟 | 土地资源管理 | 农户参与宅基地退出的行为与意愿研究——以江苏省为例 | 学硕 |
| 46 | 公共管理学院 | 杜晓航 | 刘 琼 | 土地资源管理 | 基于阶段对比的人口城镇化与土地城镇化协调关系研究 | 学硕 |
| 47 | 人文与社会发展学院 | 童 肖 | 夏如兵 | 科学技术史 | 民国时期国立中央大学农学家群体研究 | 学硕 |
| 48 | 信息科技学院 | 叶文豪 | 王东波 | 情报学 | 学术文本引用行为中的情感特征抽取 | 学硕 |
| 49 | 信息科技学院 | 王姗姗 | 何 琳 王东波 | 图书馆学 | 《诗经》与其注疏文献的句子对齐研究 | 学硕 |
| 50 | 人文与社会发展学院 | 师 慧 | 季中扬 | 专门史 | 晚清民国江南宣卷的现代变迁——以苏、沪报刊为中心的考察 | 学硕 |
| 51 | 动物科技学院 | 苏 越 | 周岩民 | 养殖 | 凹凸棒石玉米赤霉烯酮吸附剂在肉鸡和蛋鸡饲料中的应用研究 | 全日制专硕 |
| 52 | 经济管理学院 | 颜 妮 | 纪月清 | 农村与区域发展 | 江苏中部稻农施肥行为调查研究 | 全日制专硕 |
| 53 | 植物保护学院 | 张 璐 | 李圣坤 | 植物保护 | 手性噁唑啉类扁桃酰胺的设计、合成及抑菌构效关系研究 | 全日制专硕 |
| 54 | 经济管理学院 | 王 莹 | 黄 武 | 农村与区域发展 | 蒜农市场风险管理研究——基于河南省中牟县的调查 | 全日制专硕 |
| 55 | 园艺学院 | 刘 月 | 黄小三 | 园艺 | 杜梨抗旱转录因子 PbrWRKY53 的克隆和功能鉴定 | 全日制专硕 |
| 56 | 经济管理学院 | 戴 婕 | 何 军 | 农村与区域发展 | 徐州市种植业与养殖业合作社的比较分析——基于农户参与行为的视角 | 全日制专硕 |

（续）

| 序号 | 学院 | 作者姓名 | 导师姓名 | 专业名称 | 论文题目 | 备注 |
|------|------|----------|----------|----------|----------|------|
| 57 | 农学院 | 左文君 | 曹卫星 | 作物 | 田间土壤水分观测数据多尺度转换的不确定性分析 | 全日制专硕 |
| 58 | 农学院 | 何荣川 | 李刚华 | 作物 | 缓控释肥对水稻氮素吸收利用、产量和品质形成的影响 | 全日制专硕 |
| 59 | 植物保护学院 | 程冰峰 | 王鸣华 | 植物保护 | 异菌脲环境行为及在油菜体系中的残留分布研究 | 全日制专硕 |
| 60 | 植物保护学院 | 张春艳 | 施海燕 | 植物保护 | 氟环唑对映体立体选择性生物活性与环境行为研究 | 全日制专硕 |
| 61 | 植物保护学院 | 李 剑 | 高聪芬 | 植物保护 | 褐飞虱硫激肽及其受体调节取食的功能性研究 | 全日制专硕 |
| 62 | 资源与环境科学学院 | 李 玲 | 凌 宁 | 农业资源利用 | 有机物料施用对土壤生态功能和作物产量影响的整合分析研究 | 全日制专硕 |
| 63 | 园艺学院 | 邵帅旭 | 刘同坤 | 园艺 | 不结球白菜四倍体"紫菜薹"的诱导鉴定 | 全日制专硕 |
| 64 | 园艺学院 | 蒋琴杰 | 陈发棣 | 园艺 | 叶用型食用菊品种筛选与远缘杂交初步研究 | 全日制专硕 |
| 65 | 食品科技学院 | 陈 唱 | 徐幸莲 | 食品加工与安全 | 鹅肝深加工产品的研制 | 全日制专硕 |
| 66 | 食品科技学院 | 张明凯 | 顾振新 | 食品加工与安全 | 高纤豆腐品质改良及其机制研究 | 全日制专硕 |
| 67 | 无锡渔业学院 | 季 珂 | 戈贤平 | 渔业 | 饲料色氨酸水平对团头鲂幼鱼的生长性能、糖代谢及抗氧化能力的影响 | 全日制专硕 |
| 68 | 无锡渔业学院 | 俞雅文 | 徐 跑 | 渔业 | 运用稳定同位素技术探究中华绒螯蟹的营养生态位 | 全日制专硕 |
| 69 | 信息科技学院 | 崔丙剑 | 梁敬东 | 农业信息化 | 水稻FAQ问答系统中句子相似度计算研究 | 全日制专硕 |
| 70 | 园艺学院 | 杨 雪 | 陈 宇 | 风景园林 | 基于休闲创意农业的植物景观配置方法技术研究与应用——以南京市为例 | 全日制专硕 |
| 71 | 园艺学院 | 宋娟平 | 李鹏宇 | 风景园林 | 江苏滨海特色田园综合体规划设计研究 | 全日制专硕 |
| 72 | 园艺学院 | 关佳莉 | 唐晓清 | 中药学 | 低氮营养对菘蓝生长及代谢的影响 | 全日制专硕 |
| 73 | 动物医学院 | 刘 超 | 周振雷 | 兽医 | 不同诱导方法对犬异氟烷麻醉效果和心电图的影响 | 全日制专硕 |
| 74 | 动物医学院 | 栗云云 | 庾庆华 | 兽医 | 猪白介素22的克隆表达、活性鉴定及对肠上皮功能的初步研究 | 全日制专硕 |

（续）

| 序号 | 学院 | 作者姓名 | 导师姓名 | 专业名称 | 论文题目 | 备注 |
|---|---|---|---|---|---|---|
| 75 | 动物医学院 | 胡建华 | 闫丽萍 | 兽医 | AIV、NDV 和 IBV 蛋白芯片抗体检测方法的建立 | 全日制专硕 |
| 76 | 动物医学院 | 邵漫雨 | 宋素泉 | 兽医 | 宠物饲料及其原料中霉菌毒素检测方法的建立 | 全日制专硕 |
| 77 | 动物医学院 | 景宇超 | 杨倩 | 兽医 | 肠道益生菌高密度发酵培养基优化及其初步应用的研究 | 全日制专硕 |
| 78 | 生命科学学院 | 张倩 | 强胜 | （原）生物工程 | 非天然异戊基甘氨酸合成工艺的建立及优化 | 全日制专硕 |
| 79 | 食品科技学院 | 曹念念 | 潘磊庆 | （原）食品工程 | 基于计算机视觉和可见/近红外光谱对黄桃脆片品质检测 | 全日制专硕 |
| 80 | 生命科学学院 | 王赫 | 陈世国 | （原）生物工程 | 生物源除草剂仲戊基 TeA 剂型研制及除草活性评估 | 全日制专硕 |
| 81 | 食品科技学院 | 张雪娇 | 屠康 | （原）食品工程 | 一种牛肉新鲜度指示卡的制作与应用研究 | 全日制专硕 |
| 82 | 理学院 | 高建波 | 董长勋 | （原）化学工程 | 重金属污染土壤淋洗-植物-微生物联合修复技术的开发与应用 | 全日制专硕 |
| 83 | 工学院 | 张帅堂 | 邹修国 | （原）农业工程 | 基于机器学习和高光谱成像技术的茶叶病害识别研究 | 全日制专硕 |
| 84 | 工学院 | 刘国强 | 傅秀清 | （原）机械工程 | 回转体表面喷射电沉积 $Ni-P-ZrO_2$ 复合镀层工艺及其性能研究 | 全日制专硕 |
| 85 | 工学院 | 张劲 | 郑恩来 | （原）机械工程 | 多连杆高速精密压力机热特性分析及误差补偿 | 全日制专硕 |
| 86 | 金融学院 | 范文静 | 黄惠春 | 金融 | "政银担"农业信用担保贷款创新模式研究——以山东和安徽为例 | 全日制专硕 |
| 87 | 金融学院 | 刘贺露 | 林乐芬 | 金融 | 规模养殖户购买生猪价格指数保险决策响应的因素分析 | 全日制专硕 |
| 88 | 金融学院 | 王翠玲 | 王翌秋 | 金融 | 金融知识对金融资产持有行为及投资获利的影响 | 全日制专硕 |
| 89 | 金融学院 | 张晔 | 董晓林 | 金融 | 中国小微企业的自我信贷配给及其影响因素研究 | 全日制专硕 |
| 90 | 经济管理学院 | 徐露露 | 应瑞瑶 | 国际商务 | 我国农业企业跨国并购风险评价——以大康农业并购巴西 Belagricola 为例 | 全日制专硕 |
| 91 | 经济管理学院 | 李炜 | 展进涛 | 国际商务 | 光明乳业海外并购 Synlait 协同效应研究 | 全日制专硕 |
| 92 | 经济管理学院 | 丁娜 | 王艳 | 国际商务 | 基于消费者偏好的母婴用品垂直跨境进口电商营销策略研究 | 全日制专硕 |

（续）

| 序号 | 学院 | 作者姓名 | 导师姓名 | 专业名称 | 论文题目 | 备注 |
|---|---|---|---|---|---|---|
| 93 | 金融学院 | 尚 鼎 | 姜 涛 | 会计 | 公司诉讼风险对审计决策的影响研究——基于异常审计费用和审计意见的证据 | 全日制专硕 |
| 94 | 金融学院 | 陈松萍 | 王翌秋 | 会计 | 我国钢铁行业僵尸企业识别及分类处置研究——以上市钢铁企业为例 | 全日制专硕 |
| 95 | 人文与社会发展学院 | 余 锦 | 姚兆余 | 社会工作 | 社区矫正对象认知偏差的干预研究——以Q司法所社区矫正对象L为例 | 全日制专硕 |
| 96 | 人文与社会发展学院 | 李晨晨 | 王小璐 | 社会工作 | 失智老人家庭照顾者压力疏导的实务研究——基于"让爱无负担"项目的分析 | 全日制专硕 |
| 97 | 外国语学院 | 周慕昱 | 李 红 | 翻译 | 关于《农业技术事典》的翻译实践报告 | 全日制专硕 |
| 98 | 外国语学院 | 马 玥 | 曹新宇 | 翻译 | 共选理论视域下的英汉短语对应研究——基于农业科技平行语料库 | 全日制专硕 |
| 99 | 信息科技学院 | 王 敏 | 郑德俊 | 图书情报 | 学科服务平台用户参与机制研究——以LibGuides平台为例 | 全日制专硕 |
| 100 | 信息科技学院 | 欧 洁 | 庄 倩 | 图书情报 | 多源异构数据的主题挖掘与信息推荐——以电线电缆行业为例 | 全日制专硕 |

# 附录 12　2019 级研究生分专业情况统计

## 表 1　全日制研究生分专业情况统计

| 学 院 | 学科专业 | 总计（人） | 录取数（人） | | | | | |
|---|---|---|---|---|---|---|---|---|
| | | | 硕士生 | | | 博士生 | | |
| | | | 合计 | 非定向 | 定向 | 合计 | 非定向 | 定向 |
| 南京农业大学 | 全小计 | 2 999 | 2 423 | 2 417 | 6 | 576 | 561 | 15 |
| 农学院（共332人，硕士生240人，博士生92人） | 遗传学 | 10 | 8 | 8 | 0 | 2 | 2 | 0 |
| | 作物栽培学与耕作学 | 81 | 53 | 53 | 0 | 28 | 28 | 0 |
| | 作物遗传育种 | 151 | 103 | 103 | 0 | 48 | 46 | 2 |
| | ★农业信息学 | 31 | 20 | 20 | 0 | 11 | 10 | 1 |
| | ★生物信息学 | 3 | 0 | 0 | 0 | 3 | 3 | 0 |
| | 农艺与种业 | 56 | 56 | 56 | 0 | 0 | 0 | 0 |
| 植物保护学院（共296人，硕士生231人，博士生65人） | 植物病理学 | 95 | 66 | 66 | 0 | 29 | 29 | 0 |
| | 农业昆虫与害虫防治 | 65 | 43 | 43 | 0 | 22 | 22 | 0 |
| | 农药学 | 45 | 31 | 31 | 0 | 14 | 14 | 0 |
| | 资源利用与植物保护 | 91 | 91 | 91 | 0 | 0 | 0 | 0 |

（续）

| 学　院 | 学科专业 | 总计（人） | 录取数（人） | | | | | |
|---|---|---|---|---|---|---|---|---|
| | | | 硕士生 | | | 博士生 | | |
| | | | 合计 | 非定向 | 定向 | 合计 | 非定向 | 定向 |
| 资源与环境科学学院（共 295 人，硕士生 223 人，博士生 72 人） | 生态学 | 37 | 28 | 28 | 0 | 9 | 9 | 0 |
| | ★环境污染控制工程 | 13 | 0 | 0 | 0 | 13 | 13 | 0 |
| | 环境科学 | 16 | 16 | 16 | 0 | 0 | 0 | 0 |
| | 环境工程 | 23 | 23 | 23 | 0 | 0 | 0 | 0 |
| | 环境工程 | 22 | 22 | 22 | 0 | 0 | 0 | 0 |
| | 农业资源与环境 | 50 | 0 | 0 | 0 | 50 | 50 | 0 |
| | 土壤学 | 23 | 23 | 22 | 1 | 0 | 0 | 0 |
| | 植物营养学 | 59 | 59 | 59 | 0 | 0 | 0 | 0 |
| | 资源利用与植物保护 | 52 | 52 | 50 | 2 | 0 | 0 | 0 |
| 园艺学院（共 325 人，硕士生 270 人，博士生 55 人） | 风景园林学 | 7 | 7 | 7 | 0 | 0 | 0 | 0 |
| | 果树学 | 56 | 37 | 36 | 1 | 19 | 19 | 0 |
| | 蔬菜学 | 52 | 33 | 33 | 0 | 19 | 19 | 0 |
| | 茶学 | 14 | 10 | 10 | 0 | 4 | 4 | 0 |
| | ★观赏园艺学 | 37 | 25 | 25 | 0 | 12 | 12 | 0 |
| | ★药用植物学 | 7 | 6 | 6 | 0 | 1 | 1 | 0 |
| | 农艺与种业 | 115 | 115 | 115 | 0 | 0 | 0 | 0 |
| | 风景园林 | 22 | 22 | 22 | 0 | 0 | 0 | 0 |
| | 中药学 | 6 | 6 | 6 | 0 | 0 | 0 | 0 |
| | 中药学 | 9 | 9 | 9 | 0 | 0 | 0 | 0 |
| 动物科技学院（共 159 人，硕士生 126 人，博士生 33 人） | 动物遗传育种与繁殖 | 58 | 42 | 42 | 0 | 16 | 16 | 0 |
| | 动物营养与饲料科学 | 56 | 40 | 40 | 0 | 16 | 16 | 0 |
| | 动物生产学 | 2 | 2 | 2 | 0 | 0 | 0 | 0 |
| | 动物生物工程 | 2 | 1 | 1 | 0 | 1 | 1 | 0 |
| | 畜牧 | 41 | 41 | 41 | 0 | 0 | 0 | 0 |
| 经济管理学院（共 149 人，硕士生 119 人，博士生 30 人） | 区域经济学 | 1 | 0 | 0 | 0 | 1 | 1 | 0 |
| | 产业经济学 | 16 | 13 | 13 | 0 | 3 | 2 | 1 |
| | 国际贸易学 | 14 | 13 | 13 | 0 | 1 | 1 | 0 |
| | 国际商务 | 20 | 20 | 20 | 0 | 0 | 0 | 0 |
| | 农业管理 | 29 | 29 | 29 | 0 | 0 | 0 | 0 |
| | 企业管理 | 11 | 11 | 11 | 0 | 0 | 0 | 0 |
| | 技术经济及管理 | 9 | 9 | 9 | 0 | 0 | 0 | 0 |
| | 农业经济管理 | 47 | 24 | 24 | 0 | 23 | 23 | 0 |
| | ★农村与区域发展 | 2 | 0 | 0 | 0 | 2 | 2 | 0 |

（续）

| 学　院 | 学科专业 | 总计（人） | 录取数（人） | | | | | |
|---|---|---|---|---|---|---|---|
| | | | 硕士生 | | | 博士生 | | |
| | | | 合计 | 非定向 | 定向 | 合计 | 非定向 | 定向 |
| 动物医学院（共250人，硕士生185人，博士生65人） | 基础兽医学 | 46 | 35 | 35 | 0 | 11 | 10 | 1 |
| | 预防兽医学 | 72 | 53 | 53 | 0 | 19 | 19 | 0 |
| | 临床兽医学 | 26 | 21 | 21 | 0 | 5 | 5 | 0 |
| | 兽医 | 106 | 76 | 76 | 0 | 30 | 28 | 2 |
| 食品科技学院（共190人，硕士生155人，博士生35人） | 食品科学与工程 | 116 | 81 | 81 | 0 | 35 | 34 | 1 |
| | 食品工程 | 44 | 44 | 44 | 0 | 0 | 0 | 0 |
| | 食品加工与安全 | 30 | 30 | 30 | 0 | 0 | 0 | 0 |
| 公共管理学院（共106人，硕士生77人，博士生29人） | 行政管理 | 18 | 14 | 14 | 0 | 4 | 4 | 0 |
| | 教育经济与管理 | 11 | 8 | 8 | 0 | 3 | 3 | 0 |
| | 社会保障 | 12 | 10 | 10 | 0 | 2 | 1 | 1 |
| | 土地资源管理 | 65 | 45 | 45 | 0 | 20 | 20 | 0 |
| 人文与社会发展学院（共104人，硕士生96人，博士生8人） | 经济法学 | 5 | 5 | 5 | 0 | 0 | 0 | 0 |
| | 社会学 | 7 | 7 | 7 | 0 | 0 | 0 | 0 |
| | 民俗学 | 5 | 5 | 5 | 0 | 0 | 0 | 0 |
| | 法律（非法学） | 12 | 12 | 12 | 0 | 0 | 0 | 0 |
| | 法律（法学） | 5 | 5 | 5 | 0 | 0 | 0 | 0 |
| | 社会工作 | 25 | 25 | 25 | 0 | 0 | 0 | 0 |
| | 科学技术史 | 18 | 10 | 10 | 0 | 8 | 7 | 1 |
| | 农村发展 | 27 | 27 | 26 | 1 | 0 | 0 | 0 |
| 理学院（共53人，硕士生45人，博士生8人） | 数学 | 6 | 6 | 6 | 0 | 0 | 0 | 0 |
| | 化学 | 18 | 18 | 18 | 0 | 0 | 0 | 0 |
| | 生物物理学 | 4 | 3 | 3 | 0 | 1 | 1 | 0 |
| | 天然产物化学 | 7 | 0 | 0 | 0 | 7 | 7 | 0 |
| | 化学工程 | 18 | 18 | 18 | 0 | 0 | 0 | 0 |
| 工学院（共154人，硕士生139人，博士生15人） | 机械制造及其自动化 | 2 | 2 | 2 | 0 | 0 | 0 | 0 |
| | 机械电子工程 | 2 | 2 | 2 | 0 | 0 | 0 | 0 |
| | 机械设计及理论 | 1 | 1 | 1 | 0 | 0 | 0 | 0 |
| | 车辆工程 | 5 | 5 | 5 | 0 | 0 | 0 | 0 |
| | 农业机械化工程 | 20 | 15 | 15 | 0 | 5 | 4 | 1 |
| | 农业生物环境与能源工程 | 4 | 2 | 2 | 0 | 2 | 1 | 1 |
| | 农业电气化与自动化 | 23 | 15 | 15 | 0 | 8 | 8 | 0 |
| | 机械工程 | 35 | 35 | 35 | 0 | 0 | 0 | 0 |
| | 农业工程 | 36 | 36 | 36 | 0 | 0 | 0 | 0 |
| | 物流工程 | 22 | 22 | 22 | 0 | 0 | 0 | 0 |
| | 农业工程与信息技术 | 1 | 1 | 1 | 0 | 0 | 0 | 0 |
| | 管理科学与工程 | 3 | 3 | 3 | 0 | 0 | 0 | 0 |

（续）

| 学　院 | 学科专业 | 总计（人） | 录取数（人） | | | | | |
|---|---|---|---|---|---|---|---|---|
| | | | 硕士生 | | | 博士生 | | |
| | | | 合计 | 非定向 | 定向 | 合计 | 非定向 | 定向 |
| 无锡渔业学院<br>（共 73 人，<br>硕士生 65 人，<br>博士生 8 人） | 水生生物学 | 1 | 0 | 0 | 0 | 1 | 1 | 0 |
| | 水产 | 7 | 0 | 0 | 0 | 7 | 7 | 0 |
| | 水产养殖 | 25 | 25 | 25 | 0 | 0 | 0 | 0 |
| | 渔业发展 | 40 | 40 | 39 | 1 | 0 | 0 | 0 |
| 信息科技学院<br>（共 64 人，<br>硕士生 57 人，<br>博士生 7 人） | 计算机科学与技术 | 6 | 6 | 6 | 0 | 0 | 0 | 0 |
| | 农业工程与信息技术 | 16 | 16 | 16 | 0 | 0 | 0 | 0 |
| | 图书情报与档案管理 | 7 | 0 | 0 | 0 | 7 | 6 | 1 |
| | 图书馆学 | 1 | 1 | 1 | 0 | 0 | 0 | 0 |
| | 情报学 | 11 | 11 | 11 | 0 | 0 | 0 | 0 |
| | 图书情报 | 23 | 23 | 23 | 0 | 0 | 0 | 0 |
| 外国语学院<br>（共 53 人，<br>硕士生 53 人，<br>博士生 0 人） | 外国语言文学 | 10 | 10 | 10 | 0 | 0 | 0 | 0 |
| | 翻译 | 43 | 43 | 43 | 0 | 0 | 0 | 0 |
| 生命科学学院<br>（共 789 人，<br>硕士生 150 人，<br>博士生 39 人） | 植物学 | 47 | 34 | 34 | 0 | 13 | 13 | 0 |
| | 动物学 | 4 | 4 | 4 | 0 | 0 | 0 | 0 |
| | 微生物学 | 52 | 40 | 40 | 0 | 12 | 11 | 1 |
| | 发育生物学 | 6 | 4 | 4 | 0 | 2 | 2 | 0 |
| | 细胞生物学 | 6 | 3 | 3 | 0 | 3 | 3 | 0 |
| | 生物化学与分子生物学 | 28 | 19 | 19 | 0 | 9 | 8 | 1 |
| | 生物工程 | 46 | 46 | 46 | 0 | 0 | 0 | 0 |
| 马克思主义学院<br>（共 13 人，<br>硕士生 13 人，<br>博士生 0 人） | 科学技术哲学 | 5 | 5 | 5 | 0 | 0 | 0 | 0 |
| | 马克思主义基本原理 | 4 | 4 | 4 | 0 | 0 | 0 | 0 |
| | 思想政治教育 | 4 | 4 | 4 | 0 | 0 | 0 | 0 |
| 金融学院<br>（共 151 人，<br>硕士生 143 人，<br>博士生 8 人） | 金融学 | 24 | 16 | 16 | 0 | 8 | 8 | 0 |
| | 金融 | 47 | 47 | 47 | 0 | 0 | 0 | 0 |
| | 会计学 | 9 | 9 | 9 | 0 | 0 | 0 | 0 |
| | 会计 | 71 | 71 | 71 | 0 | 0 | 0 | 0 |
| 草业学院<br>（共 43 人，<br>硕士生 36 人，<br>博士生 7 人） | 草学 | 23 | 16 | 16 | 0 | 7 | 7 | 0 |
| | 农艺与种业 | 20 | 20 | 20 | 0 | 0 | 0 | 0 |

注：带"★"者为学校自主设置的专业。

表2　非全日制研究生分专业情况统计

| 学　院 | 学科专业 | 总计（人） | 录取数（人） | | | | | |
|---|---|---|---|---|---|---|---|---|
| | | | 硕士生 | | | 博士生 | | |
| | | | 合计 | 非定向 | 定向 | 合计 | 非定向 | 定向 |
| 南京农业大学 | 全小计 | 382 | 372 | 0 | 372 | 10 | 6 | 4 |
| 经济管理学院 | 工商管理 | 150 | 150 | 0 | 150 | 0 | 0 | 0 |
| 动物医学院 | 兽医 | 27 | 17 | 0 | 17 | 10 | 6 | 4 |
| 公共管理学院 | 公共管理 | 155 | 155 | 0 | 155 | 0 | 0 | 0 |
| 金融学院 | 会计 | 50 | 50 | 0 | 50 | 0 | 0 | 0 |

# 附录13　国家建设高水平大学公派研究生项目派出人员一览表

## 表1　联合培养博士录取名单

| 序号 | 学院 | 学号 | 姓名 | 留学类别 | 国别 | 留学院校 |
|---|---|---|---|---|---|---|
| 1 | 农学院 | 2018201019 | 曹　楠 | 联合培养博士 | 澳大利亚 | 西澳大学 |
| 2 | 农学院 | 2017201051 | 詹成芳 | 联合培养博士 | 日本 | 北海道大学 |
| 3 | 农学院 | 2017201082 | 郭　泰 | 联合培养博士 | 英国 | 伦敦大学学院 |
| 4 | 农学院 | 2018201090 | 田　龙 | 联合培养博士 | 澳大利亚 | 墨尔本大学 |
| 5 | 农学院 | 2018201025 | 邹　洁 | 联合培养博士 | 美国 | 佐治亚大学 |
| 6 | 农学院 | 2017201025 | 常忠原 | 联合培养博士 | 美国 | 康奈尔大学 |
| 7 | 农学院 | 2017201083 | 姚立立 | 联合培养博士 | 荷兰 | 瓦格宁根大学 |
| 8 | 农学院 | 2016201019 | 鲁井山 | 联合培养博士 | 美国 | 内布拉斯加大学林肯分校 |
| 9 | 农学院 | 2017201074 | 王海棠 | 联合培养博士 | 美国 | 田纳西大学诺克斯维尔校区 |
| 10 | 农学院 | 2017201061 | 程燕好 | 联合培养博士 | 美国 | 马里兰大学帕克分校 |
| 11 | 农学院 | 2018201095 | 叶　紫 | 联合培养博士 | 美国 | 佛罗里达大学 |
| 12 | 农学院 | 2016201051 | 周雪松 | 联合培养博士 | 美国 | 康奈尔大学 |
| 13 | 农学院 | 2017201080 | 张　可 | 联合培养博士 | 澳大利亚 | 墨尔本大学 |
| 14 | 农学院 | 2017201032 | 赵方洲 | 联合培养博士 | 美国 | 北卡罗来纳州立大学 |
| 15 | 植物保护学院 | 2017202049 | 高贝贝 | 联合培养博士 | 比利时 | 安特卫普大学 |
| 16 | 植物保护学院 | 2015202015 | 张　奇 | 联合培养博士 | 德国 | 图宾根大学 |
| 17 | 植物保护学院 | 2015202008 | 盛　涛 | 联合培养博士 | 新加坡 | 新加坡国立大学 |
| 18 | 植物保护学院 | 2017202010 | 谢凯丽 | 联合培养博士 | 美国 | 得州农工农业生命研究院 |
| 19 | 植物保护学院 | 2017202055 | 赵双双 | 联合培养博士 | 美国 | 夏威夷大学马诺阿分校 |
| 20 | 植物保护学院 | 2017202048 | 周俞辛 | 联合培养博士 | 美国 | 温安诺研究所 |

（续）

| 序号 | 学院 | 学号 | 姓名 | 留学类别 | 国别 | 留学院校 |
|---|---|---|---|---|---|---|
| 21 | 植物保护学院 | 2017202039 | 秦春燕 | 联合培养博士 | 法国 | 法国国家农业和环境研究所 |
| 22 | 植物保护学院 | 2018202034 | 翟孟源 | 联合培养博士 | 美国 | 俄克拉荷马大学 |
| 23 | 植物保护学院 | 2018202048 | 殷 越 | 联合培养博士 | 加拿大 | 圭尔夫大学 |
| 24 | 植物保护学院 | 2014202047 | 周泽华 | 联合培养博士 | 美国 | 得州农工大学 |
| 25 | 植物保护学院 | 2017202029 | 丁银环 | 联合培养博士 | 英国 | 英国自然历史博物馆 |
| 26 | 植物保护学院 | 2017202042 | 李洪冉 | 联合培养博士 | 美国 | 肯塔基大学 |
| 27 | 植物保护学院 | 2017202026 | 马 健 | 联合培养博士 | 英国 | 埃克斯特大学 |
| 28 | 资源与环境科学学院 | 2017203029 | 张前前 | 联合培养博士 | 德国 | 哥廷根大学 |
| 29 | 资源与环境科学学院 | 2016203036 | 王 静 | 联合培养博士 | 瑞士 | 苏黎世联邦理工大学 |
| 30 | 资源与环境科学学院 | 2018203050 | 王佳宁 | 联合培养博士 | 英国 | 约克大学 |
| 31 | 资源与环境科学学院 | 2017203016 | 朱家辉 | 联合培养博士 | 美国 | 马萨诸塞大学阿默斯特分校 |
| 32 | 资源与环境科学学院 | 2017203054 | 孔德雷 | 联合培养博士 | 美国 | 康奈尔大学 |
| 33 | 资源与环境科学学院 | 2017203060 | 康文晶 | 联合培养博士 | 美国 | 康奈尔大学 |
| 34 | 资源与环境科学学院 | 2017203004 | 王 帅 | 联合培养博士 | 美国 | 明尼苏达大学双城校区 |
| 35 | 资源与环境科学学院 | 2017203038 | 吴书琦 | 联合培养博士 | 美国 | 新墨西哥大学 |
| 36 | 资源与环境科学学院 | 2016203048 | 杨 菲 | 联合培养博士 | 美国 | 亚利桑那大学 |
| 37 | 资源与环境科学学院 | 2017203003 | 张 琳 | 联合培养博士 | 英国 | 邓迪大学 |
| 38 | 资源与环境科学学院 | 2017203006 | 刘 款 | 联合培养博士 | 美国 | 莱斯大学 |
| 39 | 资源与环境科学学院 | 2017203021 | 孙新丽 | 联合培养博士 | 丹麦 | 丹麦技术大学 |
| 40 | 园艺学院 | 2017204015 | 王 武 | 联合培养博士 | 新西兰 | 新西兰皇家植物与食品研究所 |
| 41 | 园艺学院 | 2017204044 | 吴建强 | 联合培养博士 | 美国 | 加利福尼亚大学戴维斯分校 |
| 42 | 园艺学院 | 2017204013 | 倪晓鹏 | 联合培养博士 | 美国 | 加利福尼亚大学戴维斯分校 |
| 43 | 园艺学院 | 2017204023 | 汪 进 | 联合培养博士 | 美国 | 俄克拉荷马州立大学 |
| 44 | 园艺学院 | 2017204014 | 杜建科 | 联合培养博士 | 日本 | 千叶大学 |
| 45 | 园艺学院 | 2018204001 | 吕海萌 | 联合培养博士 | 美国 | 田纳西大学诺克斯维尔校区 |
| 46 | 动物科技学院 | 2016205011 | 胡 平 | 联合培养博士 | 美国 | 北卡罗来纳州立大学 |
| 47 | 动物科技学院 | 2017205003 | 邝美倩 | 联合培养博士 | 美国 | 马萨诸塞大学阿默斯特分校 |
| 48 | 动物科技学院 | 2017205015 | 王艺如 | 联合培养博士 | 加拿大 | 圭尔夫大学 |
| 49 | 经济管理学院 | 2017206011 | 方萍萍 | 联合培养博士 | 美国 | 宾夕法尼亚州立大学（帕克校区） |
| 50 | 经济管理学院 | 2017206021 | 李亚玲 | 联合培养博士 | 美国 | 得州农工大学 |
| 51 | 经济管理学院 | 2017206015 | 刘珍珍 | 联合培养博士 | 美国 | 佛罗里达大学 |

（续）

| 序号 | 学院 | 学号 | 姓名 | 留学类别 | 国别 | 留学院校 |
|---|---|---|---|---|---|---|
| 52 | 经济管理学院 | 2017206023 | 翟乾乾 | 联合培养博士 | 美国 | 佛罗里达大学 |
| 53 | 动物医学院 | 2017207021 | 张旭 | 联合培养博士 | 德国 | 柏林自由大学 |
| 54 | 动物医学院 | 2017207010 | 杨阳 | 联合培养博士 | 美国 | 加利福尼亚大学戴维斯分校 |
| 55 | 动物医学院 | 2017207037 | 明珂 | 联合培养博士 | 美国 | 耶鲁大学 |
| 56 | 动物医学院 | 2017207035 | 马娜娜 | 联合培养博士 | 美国 | 伊利诺伊大学香槟校区 |
| 57 | 食品科技学院 | 2017208021 | 仲磊 | 联合培养博士 | 美国 | 密歇根州立大学 |
| 58 | 食品科技学院 | 2017208025 | 周丹丹 | 联合培养博士 | 美国 | 美国农业部农业研究院 |
| 59 | 食品科技学院 | 2017208027 | 蔡洪芳 | 联合培养博士 | 新加坡 | 新加坡国立大学 |
| 60 | 公共管理学院 | 2016209008 | 曾庆敏 | 联合培养博士 | 加拿大 | 滑铁卢大学 |
| 61 | 公共管理学院 | 2017209011 | 唐亮 | 联合培养博士 | 荷兰 | 瓦格宁根大学 |
| 62 | 公共管理学院 | 2017209027 | 徐勤航 | 联合培养博士 | 美国 | 普渡大学 |
| 63 | 公共管理学院 | 2017209006 | 姜璐 | 联合培养博士 | 美国 | 加利福尼亚大学河滨分校 |
| 64 | 公共管理学院 | 2017209026 | 苏敏 | 联合培养博士 | 荷兰 | 瓦格宁根大学 |
| 65 | 公共管理学院 | 2016209011 | 侯大伟 | 联合培养博士 | 丹麦 | 哥本哈根大学 |
| 66 | 理学院 | 2017211002 | 于翔 | 联合培养博士 | 美国 | 新泽西州立罗格斯大学 |
| 67 | 工学院 | 2017212011 | 汪珍珍 | 联合培养博士 | 美国 | 俄亥俄州立大学 |
| 68 | 工学院 | 2016212009 | 李旭辉 | 联合培养博士 | 英国 | 约克大学 |
| 69 | 工学院 | 2015212007 | 黎宁慧 | 联合培养博士 | 英国 | 伦敦大学城市学院 |
| 70 | 无锡渔业学院 | 2017213006 | 罗明坤 | 联合培养博士 | 美国 | 内布拉斯加大学奥马哈分校 |
| 71 | 生命科学学院 | 2018216035 | 张晶 | 联合培养博士 | 西班牙 | 西班牙国家研究委员会植物生物化学与光合作用研究所 |
| 72 | 金融学院 | 2017218003 | 陈燕 | 联合培养博士 | 澳大利亚 | 昆士兰大学 |
| 73 | 金融学院 | 2017218005 | 徐章星 | 联合培养博士 | 德国 | 哥廷根大学 |
| 74 | 草业学院 | 2016220005 | 谢哲倪 | 联合培养博士 | 美国 | 普渡大学 |

### 表2 攻读博士学位人员录取名单

| 序号 | 学院 | 学号 | 姓名 | 留学类别 | 国别 | 留学院校 |
|---|---|---|---|---|---|---|
| 1 | 植物保护学院 | 2016102025 | 王珍 | 攻读博士学位 | 德国 | 基尔大学 |
| 2 | 资源与环境科学学院 | 2016103003 | 焦娇 | 攻读博士学位 | 比利时 | 荷语鲁汶大学 |
| 3 | 资源与环境科学学院 | 2018203017 | 韩书文 | 攻读博士学位 | 荷兰 | 荷兰生态研究院 |
| 4 | 园艺学院 | 2016104093 | 廖界仁 | 攻读博士学位 | 德国 | 慕尼黑工业大学 |
| 5 | 园艺学院 | 2016104100 | 王威姣 | 攻读博士学位 | 美国 | 田纳西大学 |
| 6 | 园艺学院 | 2017804163 | 肖琼 | 攻读博士学位 | 加拿大 | 阿尔伯塔大学 |

（续）

| 序号 | 学院 | 学号 | 姓名 | 留学类别 | 国别 | 留学院校 |
|---|---|---|---|---|---|---|
| 7 | 动物医学院 | 17115426 | 彭靖雯 | 攻读博士学位 | 美国 | 堪萨斯州立大学 |
| 8 | 动物医学院 | 2017807120 | 刘怡菲 | 攻读博士学位 | 意大利 | 都灵大学 |
| 9 | 食品科技学院 | 2015808094 | 翟 洋 | 攻读博士学位 | 日本 | 北海道大学 |
| 10 | 食品科技学院 | 2015108014 | 乔 颖 | 攻读博士学位 | 日本 | 京都大学 |
| 11 | 食品科技学院 | 2016108019 | 吴 越 | 攻读博士学位 | 澳大利亚 | 墨尔本大学 |
| 12 | 工学院 | 2016112039 | 何朋飞 | 攻读博士学位 | 法国 | 昂热大学 |

**表3　草地管理和草地植物育种研究生联合培养项目录取名单**

| 序号 | 学院 | 学号 | 姓名 | 留学类别 | 国别 | 留学院校 |
|---|---|---|---|---|---|---|
| 1 | 草业学院 | 2017220001 | 雷舒涵 | 联合培养博士 | 美国 | 罗格斯大学 |
| 2 | 草业学院 | 2017220002 | 陈 伟 | 联合培养博士 | 美国 | 罗格斯大学 |
| 3 | 草业学院 | 2017120002 | 孙灿灿 | 联合培养硕士 | 美国 | 罗格斯大学 |
| 4 | 草业学院 | 2017120003 | 陆佳馨 | 联合培养硕士 | 美国 | 罗格斯大学 |
| 5 | 草业学院 | 2018120011 | 罗思敏 | 联合培养硕士 | 美国 | 罗格斯大学 |

**表4　攻读硕士学位人员录取名单**

| 序号 | 学院 | 学号 | 姓名 | 留学类别 | 国别 | 留学院校 |
|---|---|---|---|---|---|---|
| 1 | 动物科技学院 | 15115418 | 高弋凡 | 攻读硕士学位 | 荷兰 | 瓦格宁根大学 |
| 2 | 公共管理学院 | 16915204 | 王 爽 | 攻读硕士学位 | 泰国 | 亚洲理工学院 |

**表5　博士生导师短期出国交流人员录取名单**

| 序号 | 学院 | 姓名 | 留学类别 | 国别 | 留学院校 |
|---|---|---|---|---|---|
| 1 | 植物保护学院 | 钱国良 | 高级研究学者 | 新加坡 | 新加坡南洋理工大学 |
| 2 | 植物保护学院 | 胡白石 | 高级研究学者 | 美国 | 伊利诺伊大学香槟校区 |
| 3 | 植物保护学院 | 王源超 | 高级研究学者 | 美国 | 加利福尼亚大学河滨分校 |
| 4 | 资源与环境科学学院 | 张亚丽 | 高级研究学者 | 荷兰 | 瓦格宁根大学 |
| 5 | 资源与环境科学学院 | 李福春 | 高级研究学者 | 美国 | 佛罗里达大学 |
| 6 | 资源与环境科学学院 | 刘满强 | 高级研究学者 | 美国 | 佐治亚理工学院 |
| 7 | 生命科学学院 | 沈文飚 | 高级研究学者 | 比利时 | 根特大学 |
| 8 | 动物医学院 | 沈向真 | 高级研究学者 | 美国 | 伊利诺伊大学香槟校区 |
| 9 | 动物医学院 | 钱莺娟 | 高级研究学者 | 美国 | 加利福尼亚大学戴维斯分校 |
| 10 | 金融学院 | 周月书 | 高级研究学者 | 美国 | 普渡大学 |
| 11 | 农学院 | 张红生 | 高级研究学者 | 美国 | 加利福尼亚大学伯克利分校 |
| 12 | 食品科技学院 | 董明盛 | 高级研究学者 | 意大利 | 那不勒斯费德里克二世大学 |
| 13 | 工学院 | 陈坤杰 | 高级研究学者 | 美国 | 佐治亚大学 |

## 附录 14　博士研究生国家奖学金获奖名单

| 序号 | 姓名 | 学院 | 序号 | 姓名 | 学院 |
|---|---|---|---|---|---|
| 1 | 王桂林 | 农学院 | 28 | 滕瑞敏 | 园艺学院 |
| 2 | 常芳国 | 农学院 | 29 | 周长银 | 动物科技学院 |
| 3 | 代渴丽 | 农学院 | 30 | 邓凯平 | 动物科技学院 |
| 4 | 杨　茂 | 农学院 | 31 | 王善高 | 经济管理学院 |
| 5 | 张　可 | 农学院 | 32 | 李亚玲 | 经济管理学院 |
| 6 | 赵健清 | 农学院 | 33 | 李灵芝 | 经济管理学院 |
| 7 | 郭　泰 | 农学院 | 34 | 蒋淑侠 | 动物医学院 |
| 8 | 胡德洲 | 农学院 | 35 | 王　彬 | 动物医学院 |
| 9 | 王　智 | 农学院 | 36 | 刘雪威 | 动物医学院 |
| 10 | 张召贤 | 植物保护学院 | 37 | 阿得力江·吾斯曼 | 动物医学院 |
| 11 | 丁　园 | 植物保护学院 | 38 | 谷鹏飞 | 动物医学院 |
| 12 | 陈　贺 | 植物保护学院 | 39 | 侯　芹 | 食品科技学院 |
| 13 | 王浩南 | 植物保护学院 | 40 | 周丹丹 | 食品科技学院 |
| 14 | 高贝贝 | 植物保护学院 | 41 | 王　莉 | 食品科技学院 |
| 15 | 李连山 | 植物保护学院 | 42 | 周佳宁 | 公共管理学院 |
| 16 | 刘晓龙 | 植物保护学院 | 43 | 赵晶晶 | 公共管理学院 |
| 17 | 李　梅 | 资源与环境科学学院 | 44 | 李雪辉 | 公共管理学院 |
| 18 | 陈　爽 | 资源与环境科学学院 | 45 | 周红冰 | 人文与社会发展学院 |
| 19 | 谢远明 | 资源与环境科学学院 | 46 | 夏运涛 | 理学院 |
| 20 | 徐向瑞 | 资源与环境科学学院 | 47 | 王　磊 | 工学院 |
| 21 | 陈宏坪 | 资源与环境科学学院 | 48 | 罗明坤 | 无锡渔业学院 |
| 22 | 陈旭文 | 资源与环境科学学院 | 49 | 李　鹏 | 生命科学学院 |
| 23 | 杨培增 | 资源与环境科学学院 | 50 | 苏久厂 | 生命科学学院 |
| 24 | 吴　潇 | 园艺学院 | 51 | 王　杰 | 生命科学学院 |
| 25 | 冯　凯 | 园艺学院 | 52 | 彭媛媛 | 金融学院 |
| 26 | 李　辉 | 园艺学院 | 53 | 赵　杰 | 草业学院 |
| 27 | 李　彤 | 园艺学院 | | | |

## 附录 15　硕士研究生国家奖学金获奖名单

| 序号 | 姓名 | 学院 | 序号 | 姓名 | 学院 |
|---|---|---|---|---|---|
| 1 | 李　伟 | 农学院 | 4 | 邓　垚 | 农学院 |
| 2 | 孙淑珍 | 农学院 | 5 | 黄彦郡 | 农学院 |
| 3 | 张嘉懿 | 农学院 | 6 | 张鹏越 | 农学院 |

（续）

| 序号 | 姓名 | 学院 | 序号 | 姓名 | 学院 |
|---|---|---|---|---|---|
| 7 | 陈健泳 | 农学院 | 43 | 陈书琳 | 园艺学院 |
| 8 | 李乐晨 | 农学院 | 44 | 董慧珍 | 园艺学院 |
| 9 | 廖锡良 | 农学院 | 45 | 陈健秋 | 园艺学院 |
| 10 | 李 强 | 农学院 | 46 | 李 林 | 园艺学院 |
| 11 | 黄建丽 | 农学院 | 47 | 杨青青 | 园艺学院 |
| 12 | 朱 泽 | 农学院 | 48 | 段奥其 | 园艺学院 |
| 13 | 宗亭轩 | 农学院 | 49 | 刘 昊 | 园艺学院 |
| 14 | 王 睿 | 农学院 | 50 | 曹艺雯 | 园艺学院 |
| 15 | 李艳慧 | 农学院 | 51 | 黄雨晴 | 园艺学院 |
| 16 | 黄秋堂 | 植物保护学院 | 52 | 何 俊 | 园艺学院 |
| 17 | 李伟宁 | 植物保护学院 | 53 | 杨一曼 | 园艺学院 |
| 18 | 颜伯俊 | 植物保护学院 | 54 | 王鸿雪 | 园艺学院 |
| 19 | 温 勇 | 植物保护学院 | 55 | 宿子文 | 园艺学院 |
| 20 | 武明飞 | 植物保护学院 | 56 | 王荔倩 | 园艺学院 |
| 21 | 杨 倩 | 植物保护学院 | 57 | 李 柯 | 园艺学院 |
| 22 | 贾亚龙 | 植物保护学院 | 58 | 施其成 | 动物科技学院 |
| 23 | 宋康丽 | 植物保护学院 | 59 | 甘振丁 | 动物科技学院 |
| 24 | 王雨音 | 植物保护学院 | 60 | 康瑞芬 | 动物科技学院 |
| 25 | 张 琪 | 植物保护学院 | 61 | 沈明明 | 动物科技学院 |
| 26 | 费世芳 | 植物保护学院 | 62 | 贺勇富 | 动物科技学院 |
| 27 | 陶 娴 | 植物保护学院 | 63 | 许 瑶 | 动物科技学院 |
| 28 | 修 倩 | 植物保护学院 | 64 | 曾洪波 | 动物科技学院 |
| 29 | 魏令令 | 植物保护学院 | 65 | 谢清心 | 经济管理学院 |
| 30 | 邵爱云 | 资源与环境科学学院 | 66 | 陈鹏程 | 经济管理学院 |
| 31 | 赵恒轩 | 资源与环境科学学院 | 67 | 高亚楠 | 经济管理学院 |
| 32 | 邬振江 | 资源与环境科学学院 | 68 | 周梦飞 | 经济管理学院 |
| 33 | 刘 巍 | 资源与环境科学学院 | 69 | 李倩玉 | 经济管理学院 |
| 34 | 晁会珍 | 资源与环境科学学院 | 70 | 周家俊 | 经济管理学院 |
| 35 | 宋燕凤 | 资源与环境科学学院 | 71 | 刘 静 | 经济管理学院 |
| 36 | 朱佳芯 | 资源与环境科学学院 | 72 | 刘晓燕 | 经济管理学院 |
| 37 | 秦如意 | 资源与环境科学学院 | 73 | 王梦莉 | 动物医学院 |
| 38 | 朱宇菲 | 资源与环境科学学院 | 74 | 张莉莉 | 动物医学院 |
| 39 | 唐凌逸 | 资源与环境科学学院 | 75 | 朱琳达 | 动物医学院 |
| 40 | 操一凡 | 资源与环境科学学院 | 76 | 张文艳 | 动物医学院 |
| 41 | 孟东东 | 资源与环境科学学院 | 77 | 张 睿 | 动物医学院 |
| 42 | 张 媛 | 资源与环境科学学院 | 78 | 苏佳芮 | 动物医学院 |

（续）

| 序号 | 姓名 | 学院 | 序号 | 姓名 | 学院 |
|---|---|---|---|---|---|
| 79 | 李 虎 | 动物医学院 | 108 | 王清清 | 工学院 |
| 80 | 王 晴 | 动物医学院 | 109 | 黄宇珂 | 工学院 |
| 81 | 强 悦 | 动物医学院 | 110 | 于 恒 | 无锡渔业学院 |
| 82 | 赵小惠 | 食品科技学院 | 111 | 林善婷 | 无锡渔业学院 |
| 83 | 汪明佳 | 食品科技学院 | 112 | 刘明阳 | 无锡渔业学院 |
| 84 | 施姿鹤 | 食品科技学院 | 113 | 刘国阳 | 信息科技学院 |
| 85 | 田筱娜 | 食品科技学院 | 114 | 朱子赫 | 信息科技学院 |
| 86 | 余 顿 | 食品科技学院 | 115 | 杨 宸 | 信息科技学院 |
| 87 | 董 薇 | 食品科技学院 | 116 | 于博川 | 外国语学院 |
| 88 | 曹 晔 | 食品科技学院 | 117 | 徐鹏浩 | 外国语学院 |
| 89 | 张玉梅 | 食品科技学院 | 118 | 张 杰 | 生命科学学院 |
| 90 | 王红梅 | 食品科技学院 | 119 | 赵莹莹 | 生命科学学院 |
| 91 | 张晓媛 | 公共管理学院 | 120 | 盛梦瑶 | 生命科学学院 |
| 92 | 陈 敏 | 公共管理学院 | 121 | 籍梦瑶 | 生命科学学院 |
| 93 | 崔益邻 | 公共管理学院 | 122 | 周希怡 | 生命科学学院 |
| 94 | 万洋波 | 公共管理学院 | 123 | 张 蕾 | 生命科学学院 |
| 95 | 王亚星 | 公共管理学院 | 124 | 沈 杰 | 生命科学学院 |
| 96 | 陈 倩 | 人文与社会发展学院 | 125 | 邢子瑜 | 生命科学学院 |
| 97 | 马海娅 | 人文与社会发展学院 | 126 | 王月荣 | 生命科学学院 |
| 98 | 高莉莉 | 人文与社会发展学院 | 127 | 李 创 | 马克思主义学院 |
| 99 | 石文倩 | 人文与社会发展学院 | 128 | 祝云逸 | 金融学院 |
| 100 | 李祥凝 | 人文与社会发展学院 | 129 | 彭新宇 | 金融学院 |
| 101 | 杨智宇 | 理学院 | 130 | 朱顾玥 | 金融学院 |
| 102 | 冯大力 | 理学院 | 131 | 陶 敏 | 金融学院 |
| 103 | 许建康 | 工学院 | 132 | 滕 菲 | 金融学院 |
| 104 | 朱赛华 | 工学院 | 133 | 王 霞 | 金融学院 |
| 105 | 张海林 | 工学院 | 134 | 张丽容 | 金融学院 |
| 106 | 沈莫奇 | 工学院 | 135 | 车叶叶 | 草业学院 |
| 107 | 太 猛 | 工学院 | 136 | 许茜茜 | 草业学院 |

## 附录 16　校长奖学金获奖名单

| 序号 | 姓名 | 学号 | 所在学院 | 获奖类别 |
|---|---|---|---|---|
| 1 | 刘 余 | 2016206005 | 经济管理学院 | 博士生校长奖学金 |
| 2 | 却 枫 | 2016204022 | 园艺学院 | 博士生校长奖学金 |
| 3 | 张冕群 | 2016205007 | 动物科技学院 | 博士生校长奖学金 |

（续）

| 序号 | 姓名 | 学号 | 所在学院 | 获奖类别 |
|---|---|---|---|---|
| 4 | 陈 汉 | 2014202014 | 植物保护学院 | 博士生校长奖学金 |
| 5 | 陈 明 | 2016210001 | 人文与社会发展学院 | 博士生校长奖学金 |
| 6 | 罗功文 | 2017203048 | 资源与环境科学学院 | 博士生校长奖学金 |
| 7 | 赵 干 | 2018216033 | 生命科学学院 | 博士生校长奖学金 |
| 8 | 赵 雪 | 2017208024 | 食品科技学院 | 博士生校长奖学金 |
| 9 | 唐 亮 | 2017209011 | 公共管理学院 | 博士生校长奖学金 |
| 10 | 任 杰 | 2017104119 | 园艺学院 | 硕士生校长奖学金 |
| 11 | 李 伟 | 2017102120 | 植物保护学院 | 硕士生校长奖学金 |
| 12 | 李 玮 | 2016108022 | 食品科技学院 | 硕士生校长奖学金 |
| 13 | 李 博 | 2016103026 | 资源与环境科学学院 | 硕士生校长奖学金 |
| 14 | 杨黎莉 | 2016120004 | 草业学院 | 硕士生校长奖学金 |
| 15 | 何婉婷 | 2018107065 | 动物医学院 | 硕士生校长奖学金 |
| 16 | 汪 明 | 2016103041 | 资源与环境科学学院 | 硕士生校长奖学金 |
| 17 | 张 玉 | 2017105032 | 动物科技学院 | 硕士生校长奖学金 |
| 18 | 张 健 | 2017811031 | 理学院 | 硕士生校长奖学金 |
| 19 | 周 俊 | 2016103089 | 资源与环境科学学院 | 硕士生校长奖学金 |
| 20 | 赵尹毓 | 2016108071 | 食品科技学院 | 硕士生校长奖学金 |
| 21 | 曹秀飞 | 2016105072 | 动物科技学院 | 硕士生校长奖学金 |
| 22 | 蒋旭敏 | 2016116111 | 生命科学学院 | 硕士生校长奖学金 |
| 23 | 程文静 | 2017111018 | 理学院 | 硕士生校长奖学金 |
| 24 | 鲁晨妮 | 2016103146 | 资源与环境科学学院 | 硕士生校长奖学金 |
| 25 | 蔡林林 | 2016108029 | 食品科技学院 | 硕士生校长奖学金 |
| 26 | 李博宇 | 2017812087 | 工学院 | 硕士生校长奖学金 |

# 附录17 研究生名人企业奖学金获奖名单

## 一、金善宝奖学金（19人）

马林杰 艾 干 吴 震 张 雪 郑肖川 徐 乔 马娜娜 蔡洪芳 胡卫卫
杨依卓 卢风帆 唐 松 轩中亚 李 杨 闻 婷 纪俊宾 刘 硕 王成琛
陈继辉

## 二、先正达奖学金（4人）

詹成芳 房加鹏 白梦娟 孔祥坤

## 三、大北农奖学金（21人）

丰柳春 姚立立 冯婉珍 丁银环 徐苏微 王 晋 徐荣莹 刘迎森 曲恒漫

陆晓溪　常长琳　苏玉鑫　郝珊珊　张　杰　李　亮　刘丹丹　朱　斌　汪　艳
殷浩然　刘　博　董媛媛

## 四、江苏山水集团奖学金（8人）

李伟　王利祥　孟晓青　李舜尧　逯星辉　何　兰　侯雅楠　赵晨晔

## 五、陈裕光奖学金（19人）

张佳琪　李袭杰　邵天韵　吴芯夷　徐诣轩　郑　建　陈雨晴　宋　丹　闫曼娇
黄　琍　严景华　于镇伟　姜冰洁　纪有书　李青青　赵　干　陈乙童　尹鸿飞
邢　静

## 六、中化农业 MAP 奖学金（8人）

唐春兰　孙传蛟　毛玉帅　彭长武　王　静　温　馨　蒋倩红　王春孟

## 七、吴毅文助学金（10人）

赵庆洲　韩桂馨　朱宗帅　陈景涵　杨承林　李梦瑶　陈明明　李茹茹
林文静　阿布都热合曼

# 附录 18　优秀毕业研究生名单

## 一、优秀博士毕业研究生（89人）

李　栋　黄晓敏　高敬文　张　贺　王沛然　张小利　朱小品　侯　森　车志军
曹鹏辉　郑　海　王　茜　黄颜众　费宇涵　汪　翔　陈文静　杨丽娜　郭宝佃
钱　斌　陈　汉　徐晴玉　盛成旺　李　冉　邓　盼　任维超　胡　波　葛新成
常明星　王孝芳　李卫红　陈　程　陈　川　张力浩　段鹏鹏　王　静　赵梦丽
罗冰冰　田　达　张克坤　董　超　孙敏涛　却　枫　马青平　王永鑫　苏江硕
钟　珉　徐　超　陆　壮　张冕群　姚晓磊　何晓芳　刘　余　董小菁　孙　杰
顾天竹　刘　畅　王　越　殷　超　李　林　张瑜娟　朱寅初　范文韬　伯若楠
杜红旭　薛思雯　邢路娟　王　冲　庄昕波　刘　强　李美琳　张国磊　王雪琪
陈　振　陈小满　吴一恒　许明军　陈　明　刘　腾　梁化亮　童万菊　吴　雪
杜灿伟　胡延如　陈　乐　肖腾伟　张毅华　张　雷　王思然　程　准

## 二、优秀硕士毕业研究生（453人）

李松阳　王永慈　田　龙　周玉玲　宋韵琳　姬旭升　周佳佳　陆宇阳　龙致炜
黄志午　刘文哲　马春晨　胡金玲　徐　霞　王　琪　陈莉芬　张思宇　黄　鹭
张　平　马　玲　张　旭　汪露瑶　姚若男　高　丽　李永清　纪琳珊　徐杰飞
雷　佳　李　媛　周　爽　游　佳　余钟毓　张莹莹　阮　慧　孙英伦　石妙妙
刘富杰　吴春华　孙莉洁　余　耀　魏小瑞　杨　锟　张佳琪　朱尚尚　董　昕
李　曦　栾　颖　王　珍　项　青　张婷婷　邹　芬　陶　袁　孙　婷　宁　扬

| | | | | | | | | | |
|---|---|---|---|---|---|---|---|---|---|
| 王智慧 | 庞　好 | 刘　迪 | 王　璐 | 徐西霞 | 王　慧 | 陈龙飞 | 刘　帅 | 胡燕利 | |
| 韩　琪 | 刘瑞莹 | 陆益佳 | 樊茹静 | 李美霞 | 曲香蒲 | 王国通 | 潘绪坤 | 谷晨光 | |
| 曾　彬 | 刘　健 | 陈书林 | 董文敏 | 焦亚丽 | 张圆圆 | 袁艳梅 | 黄　磊 | 符　蓉 | |
| 王　侠 | 孟　鸽 | 杨德坤 | 徐志坤 | 赵建京 | 王　春 | 张　宇 | 常海娜 | 赵远超 | |
| 程德义 | 盛　雪 | 吴　杰 | 张学良 | 胡　涛 | 王平妹 | 蒋和凯 | 曲成闯 | 杨之江 | |
| 张　欣 | 苏　慕 | 蒋凯霞 | 王　峻 | 周　俊 | 张旭辉 | 刘　成 | 崔苗苗 | 吕娜娜 | |
| 王韬略 | 杨清俊 | 杨　柳 | 鲁晨妮 | 高　帆 | 丁　明 | 曹晓萌 | 黄旭旦 | 冯　欢 | |
| 张　奇 | 吴义玲 | 梁嘉丽 | 赵彩衣 | 刘　畅 | 喻　明 | 彭田露 | 刘敏楠 | 王　茜 | |
| 朱　琳 | 蒋岳廷 | 童月霞 | 郭志华 | 张文颖 | 吕红梅 | 吕佳红 | 陈杨杨 | 沈建兰 | |
| 李　春 | 刘　唱 | 张　娅 | 吴小婷 | 朱姣姣 | 廖界仁 | 王威姣 | 徐素娟 | 付艳霞 | |
| 刘颖鑫 | 贺学英 | 丁安东 | 周　莹 | 缪雨静 | 王亚磊 | 王　丽 | 陈　政 | 李宸阳 | |
| 刘佩卓 | 杨雅兰 | 高浚芝 | 马琳琳 | 肖　琼 | 陈　丽 | 咸宏康 | 董雨薇 | 王　敏 | |
| 朱胜琪 | 仇　亮 | 史明伟 | 颜佳宁 | 马　敏 | 耿广宇 | 孙乐萌 | 张雅雯 | 吴　凯 | |
| 汪逸伦 | 王凯璇 | 王　帅 | 沙俊涛 | 施华娟 | 曹秀飞 | 高　敏 | 兰　梅 | 庞　静 | |
| 冉舒文 | 郑　健 | 胡　帆 | 刘理想 | 虞德夫 | 葛晓可 | 任　欣 | 任丽娜 | 万　向 | |
| 万佳佳 | 刘　烁 | 冯程程 | 杨方晓 | 曾涵芳 | 蔺春辉 | 程慧慧 | 黄　凯 | 令狐克川 | |
| 仲　漫 | 汪诗萍 | 刘　静 | 李佳睿 | 班洪赟 | 张淑雯 | 陈　旭 | 张武超 | 刘　萌 | |
| 居文静 | 柴　悦 | 孟　丹 | 侯梦婷 | 刘　萌 | 白　馨 | 王焱镁 | 王许沁 | 秦秋霞 | |
| 李美玲 | 肖　蓉 | 陈琦琦 | 徐钰娇 | 李静雯 | 许王芳 | 王春伟 | 章培星 | 管蕊蕊 | |
| 郭　冰 | 郭　荔 | 倪　涵 | 赵金龙 | 刘　洋 | 王佳璐 | 王永恒 | 吴海琴 | 王娟芳 | |
| 白艺兰 | 王强强 | 翟晓凤 | 刘　杰 | 万玉萌 | 张宇航 | 张云娜 | 华承薇 | 柴旭斓 | |
| 翟年惠 | 黄　杰 | 倪海钰 | 盛　琨 | 周程远 | 张　鹏 | 袁　征 | 姚　明 | 王石磊 | |
| 王睿杰 | 黄永娜 | 张云航 | 李　晖 | 马琳珊 | 梅晓婷 | 王　丹 | 赵尹毓 | 邹　敏 | |
| 吴　越 | 蔡林林 | 陈双阳 | 冯　芳 | 丁　宇 | 盛　洁 | 郑美霞 | 谢允婷 | 李雨枫 | |
| 汪雨晨 | 吴长玲 | 曹辰辰 | 刘可欣 | 魏康丽 | 黄　瑾 | 王惠源 | 李雨秋 | 丁珊珊 | |
| 韦　帆 | 蔡豪亮 | 崔　欣 | 涂明梅 | 倪　楠 | 韩芳蕊 | 潘　莹 | 周恒悦 | 刘　旺 | |
| 方艾虎 | 卢雨蓓 | 韩　欢 | 孔　岩 | 彭紫新 | 朱天琦 | 汤韵慈 | 汪　龙 | 吕悦风 | |
| 骆晓曦 | 宗晓菲 | 张瑞霞 | 戴芬园 | 倪　沁 | 盖琳琳 | 陈子庚 | 李晓月 | 刘雅美 | |
| 胡梦瑶 | 郝泽芸 | 焦　航 | 杜伟利 | 余燕文 | 王姝文 | 王　丹 | 严　昊 | 钱伶俐 | |
| 郭玉珠 | 刘红霞 | 马海珊 | 陈昱同 | 牧　宇 | 张逸娜 | 陆　冉 | 宋知远 | 史　航 | |
| 张逸鑫 | 李林涵 | 莫忆凡 | 唐小秀 | 汪　欣 | 王晓东 | 张　健 | 周玲玉 | 朱俊益 | |
| 张敬卫 | 张石云 | 苏艳莉 | 邱　晨 | 王晨赫 | 王　钦 | 安丰和 | 张成龙 | 董欣悦 | |
| 陈宇舒 | 钱　皓 | 韩　燕 | 陈雅玲 | 梁继文 | 于增源 | 吴粤敏 | 金　前 | 唐文靖 | |
| 马千里 | 刘鸣浩 | 李亦白 | 顾执伟 | 何　航 | 汪　念 | 卞　茜 | 蒋易珈 | 钱慧敏 | |
| 朱　云 | 郑联珠 | 冯春霖 | 刘思琪 | 朱正波 | 黄一凡 | 付晓谱 | 张　佳 | 杨蕊溪 | |
| 车本宁 | 张鹤平 | 曹鹏飞 | 刘静娴 | 徐润佳 | 田秋焕 | 朱秀秀 | 郑文文 | 张艳婷 | |
| 卢美玉 | 孙高杰 | 陈玲玲 | 杭　萍 | 蔡　娟 | 罗威威 | 赵雷真 | 田嘉龙 | 王胜利 | |
| 鲁笑笑 | 胡彦伟 | 魏　娟 | 董双双 | 于秀丽 | 聂　阳 | 蒋旭敏 | 韦俊宇 | 李祖潭 | |
| 何晓满 | 资佳晶 | 杨　浩 | 孙　楠 | 卢嘉成 | 何　婷 | 李远孝 | 杨　月 | 徐　婧 | |

| | | | | | | | | |
|---|---|---|---|---|---|---|---|---|
| 叶 淼 | 姜 珊 | 李 金 | 熊 健 | 陆佳瑶 | 马 玲 | 安玲玲 | 靖 钰 | 刘迪莎 |
| 朱 青 | 许 多 | 桑 叶 | 周 杰 | 邱 烨 | 钱 睿 | 张宇婷 | 刘文娟 | 昝咸枫 |
| 王思佳 | 刘云中 | 杨黎莉 | 李 扬 | 赵宇隆 | 季崇稳 | 还 静 | 万泽卿 | 何丽楠 |
| 李嘉位 | 施 宏 | 陈亮启 | 赵天才 | 陈冬梅 | 何灿隆 | 何朋飞 | 耿 晶 | 李 杨 |
| 李 娜 | 屈鹏程 | 沈小杰 | 张建凯 | 刘富玺 | 王炜翔 | 李成玉 | 杨 鑫 | 魏建胜 |
| 谭佳鑫 | 云苏乐 | 徐鑫洲 | | | | | | |

## 附录 19  优秀研究生干部名单

（159 人）

| | | | | | | | | |
|---|---|---|---|---|---|---|---|---|
| 代俊杰 | 常春义 | 凌 鑫 | 胡宇翔 | 李威岩 | 张 融 | 杨 娜 | 马芝凤 | 高杨明睿 |
| 杜 康 | 胡 洋 | 晁盛茜 | 宋有金 | 韩伟康 | 张 艳 | 马焕焕 | 于家荣 | 李明珠 |
| 贺 婵 | 徐 乐 | 孙 哲 | 司杰瑞 | 毛雪伟 | 曾 杰 | 李 颖 | 李 帅 | 黄玲杰 |
| 张荣民 | 卢晓丽 | 沈浩杰 | 张一荷 | 朱俊文 | 张岩行 | 张 媛 | 宣明刚 | 邹明之 |
| 刘雪寒 | 林 莹 | 张大燕 | 陶美奇 | 屈仁军 | 尹 桐 | 魏义凡 | 何 汐 | 周冉冉 |
| 李梦霏 | 黄学熹 | 冯炳杰 | 王红尧 | 李思勉 | 史志成 | 闫孟鹤 | 王新玲 | 冯 丹 |
| 张童桐 | 沈明明 | 韩桂馨 | 赵艺华 | 张 彤 | 刘贤石 | 许永钦 | 李文慧 | 韩德敏 |
| 姚 瑶 | 张秋婷 | 郝珊珊 | 延君芳 | 薛 娇 | 张静静 | 李俊硕 | 韩竞旭 | 李 鑫 |
| 林燕菲 | 韩 烁 | 田亚冉 | 刘梦婕 | 于诗婕 | 刘壮壮 | 姜怡航 | 徐 敏 | 王燕楠 |
| 曹伟情 | 周君颖 | 王恺溪 | 蒋乐畅 | 尤 峰 | 王新权 | 金家霖 | 聂克睿 | 王馨敏 |
| 程 彪 | 方恩泽 | 魏宇宁 | 刘景娜 | 纪玲玲 | 管清苗 | 郝婧媛 | 张 晓 | 艾毓茜 |
| 朱宇飞 | 闫明壮 | 贾 琼 | 李梦瑶 | 赵 敏 | 包义琼 | 任英男 | 钟欢欢 | 徐海倩 |
| 陆俞萍 | 杨蕃名 | 彭 乾 | 苏久厂 | 贺 扬 | 祝云逸 | 朱 璇 | 王译萱 | 杨 萱 |
| 滕 菲 | 关汉民 | 王怡超 | 高 幸 | 施心怡 | 张晟泽 | 闫 娇 | 王昭雅 | 张晓琪 |
| 张路捷 | 陈惠兵 | 马 萌 | 朱顾玥 | 方 婕 | 吕 图 | 汤家佳 | 孟 雅 | 易慧琳 |
| 王灵婧 | 肖宇屹 | 孙思远 | 刘琨莹 | 蔡懿慧 | 邹丹丹 | 王 鑫 | 孙 越 | 张子珩 |
| 谭 凯 | 张孜博 | 韩楚煜 | 郭 倩 | 李思妍 | 佟玥姗 | 张万里 | 侯荣鲜 | 张云龙 |
| 汪业强 | 赵亚南 | 高 娣 | 何 竹 | 刘大亮 | 王 瑶 | | | |

## 附录 20  毕业博士研究生名单

（合计 376 人，分 17 个学院）

# 一、农学院（61 人）

| | | | | | | | | |
|---|---|---|---|---|---|---|---|---|
| 李 炜 | 高桐梅 | 邓清燕 | 周继阳 | 柯小娟 | 袁 瑷 | 孙 挺 | 何立强 | 张红梅 |
| 石治强 | 陈莉莉 | 张志鹏 | 尤小满 | 唐伟杰 | 安洪周 | 梅高甫 | 刘美凤 | 郝媛媛 |
| 郭 华 | 翁 飞 | 王维领 | 张 燕 | 柏文婷 | 王 青 | 巫明明 | 肖晏嘉 | 肖世卓 |
| 孙昊杰 | 宋新颖 | 朱建平 | 卜远鹏 | 王 晴 | 蔡茂红 | 田 岳 | 孙永旺 | 俞浙萍 |
| 冯守礼 | 刘一江 | 肖浏骏 | 高敬文 | 胡晨曦 | 蒋 楠 | 张 贺 | 方 圣 | 徐文正 |

张　恒　车志军　尚　菲　杨宇明　张姗姗　王沛然　张小利　刘小林　朱小品
陈　明　杜文凯　曹鹏辉　杨　彬　G M Al Amin　Nour Ali
Dina Ameen Mohamed Abdu

## 二、植物保护学院（51 人）

亓兰达　杨保军　于　佳　王康旭　靳鹏宇　王慧东　李雁军　武　健　陈　汉
杨　瑾　田　甜　王　敬　魏亦云　林　龙　葛艺欣　张玉强　郭晓萌　王　朦
左亚运　左恺然　刘绍艳　张玉华　魏　琪　司伟杰　钱　新　陈　斌　郭宝佃
杨丽娜　张丽娜　王　宁　张合红　杨洪俊　钱　斌　郭嘉雯　盛成旺　陈　勇
邓　盼　李　冉　钱　蕾　王　龙　徐晴玉　苏湘宁　胡　波　黄立鑫　肖　勇
高　原　任维超　Hanif Alvina　Sylvans Ochieng Ochola
Alex Machio Kange　Ayaz Farzand

## 三、资源与环境科学学院（50 人）

张婷婷　潘　上　黄兆琴　王珮同　葛新成　叶成龙　肖　蕊　张娟娟　胡小婕
陆海飞　徐　玉　常明星　王孝芳　黎广祺　王伏伟　苏芳龙　刘　超　秦　超
王　建　闫佳莉　鲁　祎　靳德成　靳泽文　孙传亮　刘俊丽　谢凯柳　乔策策
方　遒　张　杨　欧燕楠　刘健健　邓旭辉　陶晋源　陈　杰　孙晟凯　费　聪
陈　程　马　钊　纪　程　陈　川　张凌霄　郭金两　张力浩　董小燕　杜海岩
段鹏鹏　罗冰冰　田　达　Misbah Naz　Muhammad Rahil Afzal

## 四、园艺学院（37 人）

徐　海　邓　英　胡　蝶　蒋　倩　李晓鹏　何美文　闫　超　韦艳萍　张兆和
郑　婷　吴欣欣　许延帅　陈国栋　李晓龙　汤　超　焦慧君　张开京　吕善武
石潇瀑　赵　楠　刘伟鑫　邢晓娟　张子昕　刘亚男　金　林　张克坤　郭绍雷
董　超　王　星　袁敬平　孙敏涛　却　枫　马青平　王永鑫　苏江硕　钟　珉
Githeng'u Stephen Kiro

## 五、动物科技学院（31 人）

王子玉　王　彬　周　荣　任才芳　牛　清　李新宇　宋伟翔　戴鹏远　夏斯蕾
王　珏　高　侃　皮　宇　厉成敏　姚晓磊　汪晶晶　张冕群　吴国云　马　翔
徐　超　张瑞强　何进田　何晓芳　李继伟　陆　壮　袁向阳　王洪晖
Hager Yonis Alhaag　Abd　Muhammad Faheem Akhtar
Aneela Perveen　Nahla Abdalla Hassan El　Wazha Mugabe

## 六、经济管理学院（14 人）

袁小慧　李显戈　黄冠军　夏　秋　侯　晶　常　雪　刘家成　刘　余　顾天竹
刘　畅　王　越　郭　阳　佟大建　Gichuki Castro Ngumbu

## 七、动物医学院（31 人）

吴雨龙　郭　俊　胡　云　冯旭飞　赵永祥　董雨豪　张　越　李佳容　陈　瑾
俞天奇　孙嘉瑞　殷　超　李　林　黄璐璐　陈　鸿　张瑜娟　宋中宝　李德志
朱寅初　毕振威　范文韬　王　洪　伯若楠　杜红旭　代宏宇
Animesh Chandra Roy　Sahito Benazir　Halima Salih Altaher Ab
Abdul Haseeb　Muhammad Shafiq　Shipra Roy

## 八、食品科技学院（27 人）

张　楠　祝长青　陈志杰　郭洁丽　孙　静　卢　静　刘世欣　黄明明　马　志
邢广良　马　燕　赵　凡　周思多　刘　强　罗　辑　马　萌　苏安祥　万　鹏
王　冲　武张飞　李美琳　庄昕波　孟凡强　邢路娟　王　梦　Iftikhar Ali Khan
Hafiz Muhammad Saleem A

## 九、公共管理学院（10 人）

赵　风　刘敬杰　张　建　朱高立　张国磊　张　诚　杨　洲　陈小满
Belew Bekele Demessie　Tayyaba Sultana

## 十、人文与社会发展学院（9 人）

亓军红　胡以涛　刘　畅　王洪伟　刘启振　何彦超　陈加晋　周杰灵　陈　明

## 十一、理学院（2 人）

谢　珣　刘　腾

## 十二、工学院（12 人）

刘奕贯　夏春华　叶长文　徐伟悦　张　波　闫婷婷　姜良朋　李恒征　吴明清
赵思琪　Shakeel Ahmed Soomro　Ameen Muhammad

## 十三、无锡渔业学院（8 人）

张武肖　宋长友　宋飞彪　骆仁军　张金勇　梁化亮　陶易凡　Kamira Barry

## 十四、信息科技学院（4 人）

胡曦玮　彭秋茹　李永明　黄思慧

## 十五、生命科学学院（22 人）

宋腾钊　李文钰　李秉宣　刘卫娟　陈　敏　赵沿海　程博幸　房亚群　叶现丰
周潮洋　刘　锐　周　恒　杜灿伟　胡延如　黄俊伟　李经俊　张毅华　苗　伟
李　云　刘雪松　Nahmina Begum　Irfan Ullah Khan

## 十六、金融学院（3）

张　雷　Rashid Latief　Ahmed Shafique Joyo

## 十七、草业学院（4）

孙果丽　王　剑　熊　雪　董志浩

# 附录 21　毕业硕士研究生名单

（合计 2 242 人，分 19 个学院）

## 一、农学院（162 人）

| | | | | | | | | |
|---|---|---|---|---|---|---|---|---|
| 郝永利 | 马宏珍 | 张　章 | 朱其岑 | 李松阳 | 龙致炜 | 宋广鹏 | 周佳佳 | 姬旭升 |
| 祝　庆 | 刘思汐 | 陆宇阳 | 万　书 | 张顺凯 | 刘凤刚 | 张　佳 | 张新宇 | 钟秋怡 |
| 张淋翔 | 梁　艳 | 周倩兰 | 丁云杰 | 付　琳 | 高吟思 | 罗　颖 | 李伟静 | 王　庆 |
| 张　妮 | 徐　霞 | 周玉玲 | 李江鹏 | 黄志午 | 刘红艳 | 马春晨 | 王　琪 | 马　伟 |
| 魏小瑞 | 付　洁 | 徐杰飞 | 周　爽 | 张林林 | 贾慧颖 | 马　亮 | 汪露瑶 | 李梦琳 |
| 路克宁 | 黄成威 | 孙莉洁 | 李　媛 | 李永清 | 胡肖肖 | 朱尚尚 | 许晨雨 | 申维娟 |
| 杨多凤 | 马玮域 | 李芳芳 | 袁海云 | 孔倩倩 | 张　平 | 毕梦蕾 | 才媛媛 | 赵然然 |
| 潘　婷 | 安晓晖 | 谷　晗 | 游　佳 | 纪琳珊 | 钱佩佩 | 赵潘婷 | 韩玉洲 | 王俊娟 |
| 张思宇 | 俞兰兰 | 孙英伦 | 雷　佳 | 张玉娥 | 杨　锟 | 陈露露 | 石妙妙 | 李梦利 |
| 成纡寒 | 杜溢墨 | 程佳文 | 田元春 | 冯贝贝 | 马　玲 | 黄　鹭 | 高　丽 | 罗　静 |
| 汪明璇 | 姜香婷 | 杨紫媛 | 阮　慧 | 金　玲 | 杜静怡 | 沈玲彤 | 孙大飞 | 姚若男 |
| 杜静静 | 陈莉芬 | 许佳欢 | 张莹莹 | 向文扬 | 方　飞 | 周晨辉 | 刘富杰 | 郭江涛 |
| 雷彦泓 | 林奕冬 | 徐晨哲 | 李梦雅 | 于羽嘉 | 薛梦瑶 | 余钟毓 | 徐润泽 | 万　倩 |
| 程　凯 | 杨佳宇 | 高晨曦 | 王永慈 | 万泽福 | 夏小云 | 郑博文 | 刘文哲 | 巨鹏飞 |
| 杨明达 | 王彦宇 | 郑梦影 | 史俊丽 | 黄丽英 | 田顺顺 | 查　理 | 袁华丽 | 刘　成 |
| 欧阳真 | 李　锦 | 孔佑平 | 宋融融 | 邵晶晶 | 马　利 | 李　欣 | 张智程 | 陈可毅 |
| 刘　玉 | 赵　凯 | 茹　媛 | 李亚丽 | 詹祥云 | 任艳华 | 靳　炜 | 程惠惠 | 赵海红 |
| 王秀成 | 王凯强 | 縻宇新 | 吕文焕 | Elidio David Cambula | | | | |

Nguvo Jessee Kilemi　Aga Guido Okwana Valerio　Sherzad Zabihullah
Moaz Salah Elkhader Ali

## 二、植物保护学院（165 人）

| | | | | | | | | |
|---|---|---|---|---|---|---|---|---|
| 赵　霞 | 庞　好 | 王稳占 | 陶　袁 | 李　希 | 邹　芬 | 陈　扬 | 周　敏 | 孙　肖 |
| 李　曦 | 马刘敏 | 张静薇 | 许径达 | 孙　婷 | 宁　扬 | 周家菊 | 王文豪 | 丁修恒 |
| 王　珍 | 朱润杰 | 李　烨 | 陈　瑜 | 李喻菲 | 张婷婷 | 项　青 | 王　圆 | 刘琳硕 |
| 宣铭润 | 万博闻 | 娄志英 | 董　昕 | 郭维文 | 邹　茜 | 栾　颖 | 陈　晨 | 王智慧 |
| 李雪娟 | 贺静澜 | 刘瑞莹 | 韩　琪 | 孙思捷 | 潘　磊 | 陈龙飞 | 谢　康 | 陆益佳 |

樊茹静　李　莎　杨志浩　王瑜琪　张欢欢　张　琼　李　昂　雷　淇　田新新
江翰奇　张　冰　徐西霞　沈煜洋　刘　燕　吴　聪　胡燕利　肖倩倩　王　璐
刘　帅　王　慧　王　婧　刘　庆　曹晓炜　潘文学　许艳君　翟呈磊　陈　辉
葛温伯　周　璇　姜玲玲　刘　迪　李美霞　曲香蒲　白从强　张　健　刘　健
曾　彬　李焦生　潘绪坤　王国通　江礼鹏　刘　微　黄　河　钮建国　薛　圆
邓嘉琪　陶哲轩　夏玮彤　谷晨光　李　科　王志阳　徐　超　陈东明　辛文静
孙春霞　王梦斐　肖子衿　焦亚丽　边慧杰　徐　丹　李江江　李柏桦　薛　雪
周兆伟　杨师颖　张彦超　赵思琪　黄国超　韩晓丽　侯森森　黄　磊　莫沛文
林世鹏　朱倩丽　王　艺　孟　鸽　王美娜　白兆君　高　歌　陶　蓓　王亚东
贾兆星　王　侠　张素丽　胡家萌　孙　帅　王世杰　李　栋　薛钊鸿　张金鑫
张瑾瑾　刘志伟　胡松竹　喻露莎　符　蓉　杨倩文　王倩倩　孙　亮　汪孝瑞
贾丹丹　袁艳梅　康　爽　魏振凯　郭雨欣　董文敏　刘宝慧　贺可钊　唐遥路
孔祥新　于兆梦　游一梅　邹逸宾　凌　汉　陈书林　张　倩　李　哲　张圆圆
李仲珂　王　琪　Korai Shakal Khan

## 三、资源与环境科学学院（182 人）

郜普源　于永健　张志明　杨德坤　王亚茹　董彬彬　焦　娇　王　吉　徐志坤
赵建京　顾传坤　王　春　许本超　李秋霞　兰汝佳　范翠枝　闻奋亮　王　莹
郑　熠　韦亚南　王震威　舒　梦　孙雨婷　季冠宁　赵　贺　张　宇　常海娜
周　阳　李　博　赵远超　徐源洲　袁一鸣　杜　超　程德义　洪　扬　盛　雪
李志琳　吴　杰　袁新杰　陈思宏　张学良　石胜男　汪　明　毛　凯　陈志高
胡　涛　左　旭　杨　颖　皮梓蕾　李欣红　杨　艳　顾　烨　孙秀玥　王平妹
姜　爽　肖一帆　蒋和凯　刘文韬　朱柏菁　靳苗苗　曲成闯　郭碧林　杨之江
张　欣　姚　波　李　镇　苏　慕　秦　文　高　飞　焦　敏　赵云青　郝　睿
蒋凯霞　周　星　钱　澍　夏　融　王　峻　张培育　谢龙涛　冯　练　李双双
周　俊　张旭辉　赵晨雨　刘　成　杜　健　赵熙君　李　磊　郭文杰　朱孟涛
崔苗苗　刘金会　刘慧冉　石晓倩　朱龙龙　戚田田　孙　博　李　论　杨常洪
浦晓薇　吕娜娜　王韬略　杨清俊　杨　晶　刘　璐　白云飞　孙　敏　夏雨微
汪　涛　荣　雄　宋彩虹　陈　兴　杨　柳　肖火军　陈小娟　漏佳婧　陈昕妮
鲁晨妮　高　帆　丁　明　刘　爽　陶梦婷　罗静怡　李文涛　胡　柯　马　越
洪亚军　张　宁　嵇泽平　王　鑫　周晓辉　杨艾嘉　曹晓萌　黄旭旦　冯　欢
张　聪　郑少睿　丁　颖　顾一凡　夏可心　刘庆峰　张　奇　王　迪　张世锋
江　辉　吴义玲　杜彭涛　梁嘉丽　刘旭川　方明星　赵彩衣　陈秋实　陈　雪
杨　慧　朱明珠　刘纯安　曾撑撑　李恺淞　薛文凤　陈苏娟　高红艳　唐　嫚
恽壮志　傅　威　赵伟栋　徐　昊　刘　畅　杨心怡　喻　明　彭田露　张令昕
屈晓晓　胡清宏　谢　映　王玲玲　李　赟　何　也　严　琪　高姗姗　张　洁
杨　坤　Temesgen Gebremeskel Gebreluel

## 四、园艺学院（230 人）

奚梦茜　任晓伟　刘敏楠　卫　笑　邵望舒　周格至　王　茜　李　京　朱　琳

| | | | | | | | | |
|---|---|---|---|---|---|---|---|---|
| 朱虹玉 | 蒋岳廷 | 童月霞 | 许瀛之 | 薛松 | 罗文杰 | 姚丹 | 郭志华 | 赵粱怡 |
| 丁云龙 | 陈莹 | 张燕 | 龚洪泳 | 蒋梦婷 | 王倩兰 | 魏玲玲 | 贡鑫 | 胡淑 |
| 蔡长玉 | 胡健 | 张文颖 | 何佑蕾 | 王丹琪 | 刘雪莹 | 张皓 | 吕红梅 | 章加应 |
| 冯汝超 | 吕佳红 | 陈杨杨 | 王影 | 余彩云 | 石苏利 | 朱早兵 | 赵艳青 | 袁高雅 |
| 李城城 | 沈建兰 | 张艺思 | 高璐 | 任海波 | 黄晓荣 | 李春 | 刘唱 | 张娅 |
| 吴小婷 | 曹阳 | 沈峰 | 毕云飞 | 朱拼玉 | 张根莲 | 周艳朝 | 李静文 | 王永竹 |
| 金兰 | 代瑞娟 | 高凡 | 李会娟 | 赵悦 | 张晓磊 | 张嗣凤 | 李嘉豪 | 朱姣姣 |
| 廖界仁 | 沈威 | 彭勃 | 王威姣 | 赵护生 | 于瑞宁 | 李媛媛 | 周敏 | 张嘉欣 |
| 李茜 | 王雪倩 | 徐素娟 | 任浩然 | 付艳霞 | 李延娜 | 张晓 | 牛叶青 | 奥妮 |
| 刘颖鑫 | 魏莹 | 贺学英 | 倪梦玮 | 卢盼玲 | 张亚静 | 丁安东 | 唐思琪 | 严晓芦 |
| 周莹 | 缪雨静 | 陈芙蓉 | 孙乐萌 | 江泾 | 王亚磊 | 钟声远 | 彭凌霄 | 石新月 |
| 许灿 | 陈益 | 王丽 | 戚建锋 | 陈政 | 任爽 | 张馨予 | 李宸阳 | 许竹溦 |
| 徐晓帆 | 刘康 | 刘佩卓 | 马婉茹 | 赵渴姣 | 蔡晓霖 | 张晓琳 | 杨雅兰 | 丁强 |
| 崔燕 | 高浚芝 | 徐欣怡 | 罗宇婷 | 王宇虹 | 任陪娣 | 赵涛 | 王堃 | 陈帅 |
| 钟廷龙 | 张黄伟 | 马琳琳 | 肖琼 | 张西林 | 陈丽 | 董俊辉 | 曹蕾 | 亓飞 |
| 任琴琴 | 柯思佳 | 王廷峰 | 李宝辉 | 王玮 | 王文晓 | 王战 | 孔镭 | 宫筱雯 |
| 夏垚 | 张齐彦 | 陈娟莉 | 张德花 | 张亚明 | 黄远博 | 王诗赞 | 李彦江 | 咸宏康 |
| 崔腾飞 | 劳晶 | 王珍 | 张雅文 | 张玲 | 荣志豪 | 张凯 | 农寿华 | 王敏 |
| 李胜男 | 张询 | 丁希政 | 陈昊煊 | 朱胜琪 | 仇亮 | 李小鹏 | 罗冬梅 | 赵亚文 |
| 史明伟 | 颜佳宁 | 周炜 | 许俊丽 | 林瑶 | 许可翠 | 薛欢欢 | 张鑫莉 | 张梅 |
| 张俊 | 石新杰 | 马敏 | 王梦谦 | 何小艳 | 耿广宇 | 王爽 | 曹心妍 | 杨清 |
| 潘自然 | 陈思佳 | 陈昕婷 | 马梦兰 | 吴易珉 | 张酌靖 | 王懿洁 | 罗雨薇 | 郑硕 |
| 邸聪 | 张雅雯 | 吴凯 | 李甜茹 | 陈国菲 | 国章慧 | 吕真 | 梁金鹏 | 曹丽娜 |
| 李竹君 | 汪逸伦 | 王凯璇 | 邬滨瑶 | 王蕊 | 芦鑫 | 王帅 | 沙俊涛 | 袁晓倩 |
| 易家宁 | 梁晖辉 | 马越 | 钟文华 | Nadeem Khan | | | | |

## 五、动物科技学院（109人）

| | | | | | | | | |
|---|---|---|---|---|---|---|---|---|
| 陈晓璐 | 王琴 | 高敏 | 李烨青 | 虞德夫 | 张倩 | 蒲广 | 胡辩红 | 曲啸 |
| 杨柳 | 高晓梦 | 王士维 | 张毛朵 | 郭天亚 | 陈亚 | 兰梅 | 万向 | 刘孜斐 |
| 吕成龙 | 杨方晓 | 董超 | 崔兆康 | 纪海静 | 司莉南 | 单保森 | 庞静 | 郑健 |
| 陈若男 | 孙若琳 | 任丽娜 | 余倩 | 任欣 | 赵靓瑜 | 何云侠 | 王学标 | 程慧慧 |
| 张铮 | 胡帆 | 刘理想 | 蔺春辉 | 万佳佳 | 常金金 | 史青 | 王斐 | 葛晓可 |
| 王安谙 | 冯程程 | 龚会单 | 邱静芸 | 阳晨 | 王中亮 | 袁瑶 | 刘杰 | 李册 |
| 李毅 | 王坤 | 程颖州 | 张夏薇 | 吕存 | 冉舒文 | 杨通 | 曹秀飞 | 施华娟 |
| 韩波 | 何青芬 | 邢恒涛 | 曾涵芳 | 康翠翠 | 刘烁 | 谢晓磊 | 沈春彦 | 邓维 |
| 王书晴 | 马腾月 | 冯小品 | 叶南伟 | 安东 | 王泽栋 | 范丽娟 | 高琛 | 单慧丽 |
| 黄凯 | 牛嘉 | 许晨远 | 段双丽 | 操勇清 | 宣海鹏 | 凌婵 | 赵贵杨 | 李明阳 |
| 刘家俊 | 游世秋 | 周闯 | 白阳 | 张玉莹 | 陈禹均 | 袁浩 | 王维 | 段文辉 |
| 刘梦杰 | 杨鹏程 | 韦文耀 | 张干 | 令狐克川 | 孙玉亭 | 孙艺卓 | | |

Wael Ziad Hasan Ennab　Ngekure Mbayoroka Xhata Kavita　Saif Ullah

## 六、经济管理学院（223 人）

| | | | | | | | | |
|---|---|---|---|---|---|---|---|---|
| 晏百荣 | 包小萍 | 陈钦潞 | 杜海宁 | 仲　漫 | 顾善莲 | 汪诗萍 | 陈　戈 | 李佳玉 |
| 李佳睿 | 班洪赟 | 张淑雯 | 陈　旭 | 沈文薏 | 郑清源 | 张武超 | 程圆圆 | 张心怡 |
| 刘　萌 | 居文静 | 王晓敏 | 柴　悦 | 孟　丹 | 朱序之 | 董丹丹 | 陈鑫霞 | 刘　鑫 |
| 徐　飘 | 侯梦婷 | 俞倩雯 | 赵　宁 | 杜梦媛 | 刘　萌 | 宋彬彬 | 刘　欣 | 程凤娇 |
| 白　馨 | 王亚南 | 路　明 | 王焱镤 | 李楠楠 | 张　冬 | 王许沁 | 唐炫玥 | 俞韦勤 |
| 彭元柳 | 秦秋霞 | 陆盈盈 | 何青青 | 李美玲 | 殷嘉怡 | 肖　蓉 | 陈琦琦 | 徐钰娇 |
| 王长琴 | 陈　伟 | 林　锐 | 郭子渝 | 黄雯琦 | 王　林 | 朱　敏 | 谷　梅 | 王沁甜 |
| 冯钟文 | 李梦琦 | 王　健 | 孙梓淇 | 张轶刚 | 彭贝贝 | 张　荻 | 张静宇 | 缪承霖 |
| 周　润 | 李国涛 | 杨　帆 | 陆　斐 | 卜婷婷 | 胡小满 | 马增娣 | 沈　超 | 史建琴 |
| 王　亮 | 刘　静 | 汪静波 | 陆田原 | 张培培 | 俞安琦 | 刘静烨 | 缪亚熙 | 单开明 |
| 王　冉 | 成　伟 | 王　磊 | 曹　蕾 | 陈慧玲 | 陈沛立 | 程剑东 | 方　昕 | 付　琳 |
| 郝晨光 | 霍永辉 | 姜倬雅 | 瞿芃芃 | 李国豪 | 李　曼 | 李文波 | 林　峰 | 卢浩然 |
| 吕　琳 | 吕晓栋 | 罗　鎏 | 孙　骁 | 汤路易 | 万燎原 | 王　静 | 王猛德 | 吴远远 |
| 武昀祥 | 席文娅 | 夏　云 | 尹　颖 | 张　迪 | 张秋彤 | 赵　喆 | 赵志军 | 郑仁培 |
| 周美玲 | 周宇悦 | 朱　昱 | 程　洪 | 王　皞 | 宣　婧 | 陈广荣 | 霍元辉 | 江逸伦 |
| 柯　妍 | 刘康军 | 刘　莹 | 马　飞 | 盛明伟 | 唐大俊 | 夏善乐 | 张　婧 | 张　磊 |
| 郑　瑜 | 朱梦珺 | 熊莉娟 | 张　春 | 张天怡 | 周　丽 | 孙薪晴 | 谢　青 | 张巧巧 |
| 倪　涛 | 吴泽瀛 | 金　静 | 郑中原 | 唐晓博 | 唐春蕾 | 陈　娟 | 刘　博 | 徐艺暄 |
| 张王滨 | 陈冬诱 | 汪　伟 | 王惠惠 | 朱腾飞 | 徐洪岩 | 高梦茹 | 陈　雅 | 李静雯 |
| 张国娟 | 陶　苹 | 张　蕾 | 张　园 | 苏宇佳 | 涂崇坤 | 徐家兴 | 付　悦 | 张细丹 |
| 江　铃 | 王欣然 | 翟广萌 | 金　晶 | 邹　璠 | 张吉冬 | 吴　妍 | 白宗丽 | 崔胜胜 |
| 安志杰 | 王　哲 | 严　婷 | 高　飞 | 刘梦婷 | 岳　洁 | 李少博 | 许王芳 | 马　田 |
| 张元朋 | 李　楠 | 王春伟 | 武城琛 | 王莉莉 | 吴　婧 | 丁　仲 | 章培星 | 潘乔乔 |
| 管蕊蕊 | 郭　冰 | 朱提庆 | 申乙婷 | 王　浩 | 安　康 | | | |

Cogbe Adzowa - Sika Emefa　Alavo Essiagnon John - Philippe
Faria Waseem　Eshetie Aseres Mamo　Gershom Endelani Mwalupaso
Korotoumou Mariko　Abdul Latif　Orkhan Guliyev
Mlambo Kudakwashe Gloria　Alshehri Sultan Mohammed A

## 七、动物医学院（167 人）

| | | | | | | | | |
|---|---|---|---|---|---|---|---|---|
| 郭　荔 | 霍苏馨 | 白雪兵 | 梁　玉 | 刘恩雪 | 马俊晓 | 倪　涵 | 李嘉豪 | 康文杰 |
| 陆明青 | 贺倩倩 | 李胜楠 | 赵金龙 | 严　凯 | 王正磊 | 牛立琼 | 李　俊 | 高　懿 |
| 刘　洋 | 张　茜 | 王佳璐 | 王永恒 | 栗艳飞 | 党晓博 | 李文洋 | 吴海琴 | 王　凯 |
| 刘　颖 | 邵营格 | 侯　祯 | 张志龙 | 巩慧颖 | 陈　新 | 叶跃天 | 张盼盼 | 牛季琛 |
| 王娟芳 | 熊甘爽 | 华承薇 | 于宁卫 | 白艺兰 | 郑　阳 | 于　洁 | 高　莹 | 周舟扬 |
| 王强强 | 李小雨 | 周妮妮 | 赵　丹 | 路佳兴 | 李文宇 | 翟晓凤 | 刘　杰 | 张日腾 |

| | | | | | | | | |
|---|---|---|---|---|---|---|---|---|
| 王 咪 | 刘 希 | 万玉萌 | 郭艳娜 | 姚 露 | 孙晓轲 | 黄 鑫 | 陈申申 | 余迮艳秋 |
| 高婷婷 | 张宇航 | 石冬琳 | 张云娜 | 肖 倩 | 丁颖楠 | 黄 童 | 彭曦冉 | 程 尧 |
| 焦少勇 | 柴旭斓 | 李 莹 | 张 宇 | 翟年惠 | 聂林峰 | 刘子萱 | 周 璇 | 林德凤 |
| 袁文娟 | 陈 颖 | 董 妍 | 刘 京 | 黄 杰 | 沈铜铜 | 吕亚楠 | 万 莹 | 倪海钰 |
| 徐书雯 | 衣 蕾 | 盛 琨 | 周程远 | 鲁 希 | 文依信 | 李苏皖 | 张 阔 | 潘进喆 |
| 孙 晨 | 王 茹 | 关如婷 | 黄 卉 | 刘怡菲 | 董萍萍 | 傅重阳 | 张 鹏 | 朱雯婧 |
| 陈长风 | 乔永峰 | 陆勤勤 | 田晓宁 | 凌 南 | 袁 征 | 周 志 | 杨 雪 | 王 媛 |
| 曹 伟 | 贾才闻 | 常天昊 | 蒋守川 | 李晓萱 | 朱 纯 | 任亚玲 | 徐 蓉 | 王梦瑶 |
| 李 品 | 范皓天 | 蔡 莹 | 解慧林 | 王春磊 | 席 瑞 | 王高杰 | 梁煜旋 | 姚 明 |
| 张 月 | 张婷钰 | 王石磊 | 张 骋 | 曹敬政 | 王睿杰 | 黄永娜 | 张 悦 | 孙俊杰 |
| 吴远昌 | 兰 敏 | 张云航 | 顾 娓 | 陈 浩 | 甘 蓉 | 李 晖 | 马琳珊 | 李彦林 |
| 陈 华 | 秦佳林 | 梅晓婷 | 王 丹 | 李晓辉 | 赵世义 | 魏 丹 | 高铭遥 | 邓康泥 |
| 黄媛琴 | 陈熊男 | 郜 航 | 刘 慧 | Yassin Abdulrahim Adam Ibrahim | | | | |

## 八、食品科技学院（136 人）

| | | | | | | | | |
|---|---|---|---|---|---|---|---|---|
| 黄 瑾 | 陆 洲 | 陈亚然 | 郭建平 | 张汝京 | 郑 凤 | 王一丹 | 常冰雪 | 冯 芳 |
| 詹玉婷 | 周 朋 | 胡文秀 | 赵陈阁 | 计青青 | 吴媛媛 | 刘可欣 | 任文芳 | 邹 敏 |
| 吴 越 | 汪雨晨 | 宋 妍 | 李 玮 | 常诗洁 | 郭宇辰 | 史彩月 | 薛莹莹 | 凌 晨 |
| 蔡林林 | 谢允婷 | 聂梅梅 | 郑沈丽 | 周 艳 | 盛 洁 | 蒋梦曦 | 翟瑶瑶 | 陈菊花 |
| 卢晓红 | 魏康丽 | 尹 敬 | 钱 烨 | 王 震 | 曹辰辰 | 鲜婷婷 | 李文婷 | 赵 楠 |
| 吴长玲 | 陈 玉 | 贾金霞 | 李 旻 | 窦国霞 | 南 放 | 姜俊伟 | 吴盛露 | 王晶晶 |
| 李雨枫 | 安昶亮 | 葛亚哲 | 宋佳玮 | 丁 宇 | 芮 瑛 | 郑美霞 | 赵尹毓 | 王 艳 |
| 王红霞 | 马良军 | 赵 媛 | 许苗苗 | 陈双阳 | 杨艺琳 | 陈 偲 | 张正敏 | 王惠源 |
| 刘聪聪 | 陈 欣 | 王 喆 | 管文强 | 罗佳琛 | 王新月 | 孙晓斌 | 顾里娟 | 骆思铭 |
| 邹 波 | 许慧卿 | 苗婉璐 | 羊欢欢 | 黄赛飞 | 李富阳 | 诸梦洁 | 何婷婷 | 钟同程 |
| 潘 莹 | 刘 旺 | 张裕仁 | 杜菲菲 | 方艾虎 | 谌思萌 | 林 峻 | 奚裕婷 | 余龙霞 |
| 丁珊珊 | 崔 欣 | 张 钰 | 谭瑞心 | 贺成虎 | 贾雯茹 | 赵紫迎 | 周恒悦 | 余秋地 |
| 曲 岩 | 王 敏 | 蔡豪亮 | 陈什康 | 李 颖 | 杨楠楠 | 张学亮 | 孙毛毛 | 张歆炎 |
| 李雨秋 | 韦 帆 | 侯雯诗 | 滑 怡 | 张 伟 | 倪 楠 | 任晓婕 | 韩芳蕊 | 董合磊 |
| 李 珊 | 乔贝贝 | 王安琪 | 成 英 | 涂明梅 | 吕 周 | 范海潇 | 仝 瑶 | 王婉君 |
| Muzahir Hussain | | | | | | | | |

## 九、公共管理学院（131 人）

| | | | | | | | | |
|---|---|---|---|---|---|---|---|---|
| 李馨儿 | 张惠子 | 黄振飞 | 谢玲玲 | 陈 松 | 陈静宇 | 沈金凤 | 邵春妍 | 衣 晨 |
| 石 岩 | 陈 硕 | 杨金松 | 卞中尉 | 闵 皓 | 高奇琦 | 邓 冰 | 傅小雨 | 霍嘉礼 |
| 王刘亭 | 李 英 | 王一忱 | 陈恣蕊 | 王汉奇 | 周志伟 | 刘雅美 | 刘 琳 | 顾艳阳 |
| 王 妍 | 郑先迪 | 张 振 | 刘 翠 | 梅昭容 | 田 雨 | 张 杨 | 吕悦风 | 吴佳栋 |
| 汪 龙 | 王 鑫 | 鲍思屹 | 王义焕 | 倪 沁 | 姚 宇 | 吴立文 | 刘学莎 | 康慧慧 |
| 李晓月 | 陈开亮 | 盖琳琳 | 李 玲 | 何 迪 | 陈子庚 | 高 飞 | 李佳露 | 戴芬园 |

| | | | | | | | | |
|---|---|---|---|---|---|---|---|---|
| 李婷威 | 易 楠 | 单笑笑 | 汤韵慈 | 郝 雪 | 蒋玲玲 | 赵杏娜 | 管真真 | 骆晓曦 |
| 朱梦琦 | 宗晓菲 | 张瑞霞 | 郑亚琳 | 王欣怡 | 王鹏飞 | 李林桐 | 沈奕成 | 陈家敏 |
| 孔 岩 | 彭紫新 | 朱天琦 | 陈日胜 | 张 婕 | 王梦思 | 职 朋 | 王 欢 | 徐 砾 |
| 李 昕 | 卢雨蓓 | 程继东 | 胡曙光 | 韩 欢 | 成文青 | 赵 蛟 | 朱 奎 | 黄 彤 |
| 徐 盼 | 胡晓霞 | 高守志 | 周晓婷 | 朱 斑 | 李妍晶 | 马丹霞 | 陈 晛 | 单延博 |
| 王玉晴 | 李 俊 | 王秀君 | 校 冬 | 凌凯楠 | 许婧媛 | 王 洁 | 郭贵宾 | 刘 燕 |
| 陈 栋 | 严正伟 | 陈柯爽 | 施昱冲 | 俞珊珊 | 周晓丽 | 倪良姣 | 李 超 | 张亚东 |
| 陈长彬 | 宋健飞 | 徐 蒙 | 王 骁 | 楼钰钟 | 崔嘉琳 | 朱志超 | 朱春芳 | 刘璐璐 |
| 陈园园 | 韩 俊 | 戴 婷 | 王 勇 | 陆佳琦 | | | | |

## 十、人文与社会发展学院（95 人）

| | | | | | | | | |
|---|---|---|---|---|---|---|---|---|
| 朱 明 | 赵逸秋 | 赵鹏飞 | 刘伟玮 | 王 丹 | 王泽宇 | 江碧川 | 孟 静 | 潘 荣 |
| 吕雯莉 | 严 昊 | 赵天羽 | 夏春晨 | 李嫣红 | 杨雨点 | 千继贤 | 杜伟利 | 佘燕文 |
| 王姝文 | 王新月 | 钱伶俐 | 马凤进 | 胡思婷 | 冯竹清 | 王 威 | 杨肖华 | 郝泽芸 |
| 焦 航 | 胡梦瑶 | 董凯杰 | 胡剑宏 | 张逸娜 | 孔李文 | 王 也 | 黄曦禾 | 田宇薇 |
| 牧 宇 | 潘志伟 | 王泺茜 | 杨玉群 | 戴坤轩 | 袁 梦 | 吴 玥 | 王楚淇 | 徐松乔 |
| 魏 玲 | 陶 茜 | 白晓梦 | 冯 洁 | 胡志红 | 雷 帆 | 刘香麟 | 路 行 | 黄 晔 |
| 杨 凯 | 郭玉珠 | 赵 丹 | 王梦宇 | 羊怡玲 | 张菁菁 | 刘红霞 | 刘凯丽 | 陈昱同 |
| 李 丹 | 王依涵 | 胡 旭 | 董国伟 | 马海珊 | 汪 涛 | 赵 杨 | 谢 浩 | 张为安 |
| 黄 颖 | 张逸鑫 | 徐 丰 | 陆 冉 | 周 馨 | 章 乔 | 周子雄 | 张 静 | 余加红 |
| 洪孟珍 | 邢友鑫 | 力世敏 | 宋 婧 | 马浩杰 | 范亚红 | 元 健 | 杜继贤 | 史 航 |
| 宋知远 | 王东朔 | 张娟玲 | 李曼雨 | 李 曦 | | | | |

## 十一、理学院（38 人）

| | | | | | | | | |
|---|---|---|---|---|---|---|---|---|
| 周玲玉 | 葛 欣 | 邹嫚嫚 | 刁栋旭 | 李林涵 | 李芳淑 | 刘任远 | 朱俊益 | 曹晓染 |
| 汪 欣 | 韦 凯 | 王晓东 | 王濛琪 | 周景华 | 谢 菲 | 梁潮根 | 温 雅 | 张晓帅 |
| 居 璐 | 陆慧琳 | 李建华 | 康 佳 | 朱 波 | 李东阳 | 石 莹 | 张 健 | 莫忆凡 |
| 张欣凯 | 张 丹 | 吴金金 | 金龙昇 | 徐 宁 | 王 安 | 余倩倩 | 陈 伟 | 唐小秀 |
| 滕 鹏 | 邱 彬 | | | | | | | |

## 十二、工学院（118 人）

| | | | | | | | | |
|---|---|---|---|---|---|---|---|---|
| 陈冬梅 | 朱春莹 | 李嘉位 | 陈兵兵 | 曹金凡 | 范小燕 | 陆 凯 | 闫 嘉 | 董淑娴 |
| 招晓荷 | 刘海涛 | 王新宇 | 何灿隆 | 施 宏 | 张 卓 | 赵 进 | 刘浩鲁 | 王 钰 |
| 李 杨 | 李海康 | 王文鑫 | 熊佳定 | 何丽楠 | 程 慧 | 宋 镇 | 姚 敏 | 骆光炬 |
| 毛家敏 | 王 哲 | 张 波 | 万泽卿 | 季方芳 | 赵天才 | 耿 晶 | 王 祥 | 杨 稷 |
| 姜 鑫 | 赵 璐 | 陈亮启 | 何朋飞 | 杨桂祥 | 董晓新 | 周保林 | 黄 旋 | 石珏杰 |
| 张 阳 | 刘永鑫 | 聂尊洋 | 杨 鑫 | 张 超 | 刘玉洁 | 张文庆 | 李成玉 | 沈小杰 |
| 温 凯 | 张凌峰 | 王炜翔 | 杨学斌 | 徐旭立 | 刘 鑫 | 陈 前 | 郭志敏 | 吴昊阳 |
| 储 磊 | 彭昭辉 | 王祥羽 | 宋 凯 | 沈高超 | 王耀羲 | 黄志康 | 徐佳琪 | 戚 超 |

刘富玺　张殿卿　张建凯　刘　宁　金敏峰　张乐瑶　魏孝捷　李存超　谭佳鑫
刘苏瑶　董子钰　李　超　李博宇　翟　雪　韩　飞　屈鹏程　郑浩楠　张　俊
潘　涛　朱建鹏　沈益阳　陈一傲　云苏乐　魏建胜　魏立群　凌　泷　严佳坤
王露露　薛青青　马贵徽　吴照娣　李晓岩　刘　璐　杨　洋　徐鑫洲　李　娜
陈　丽　吕　晶　石雪斌　吴正萍　游泽豪　彭益君　张小成　陈　超
Sar Dymang　Ireri David Muturi

## 十三、无锡渔业学院（70 人）

臧亚南　李　尧　刘　雨　张敬卫　张石云　方　敏　杨　杰　杨　明　苏艳莉
黄　鑫　徐　良　袁　威　单　凡　杨震飞　赵　欣　谭宏亮　陈德举　王　朋
季桓涛　邱　晨　王晨赫　王　钦　安丰和　张成龙　杨　帆　邹剑敏　董欣悦
张志超　卜弘毅　金　毅　钱　珺　杨　强　王经远　孙光兴　杨　倩　孙　博
熊　哲　黄鹏丹　黄东宇　陈宇舒　朱欣瑶　杜　艺　王　洋　钱　皓　张　丽
沈泽恩　钟纯怡　卢松涛　季　鹏　骆加伟　Farhan Aye Tahir
Gazahegn Wakjira Yadata　Dawit Adisu Tadese　Adugnaw Mengea Chekol
Rebecca Wangari Muritu　Gobeng Likambo Seme Mamuru　Agou Peter Garang
Fateh Benkhelifa　Raouf Bouzoualegh　Horace Mensah　Nicholas G Konway
James P Mulbah　Dominic C A Korheina　Atuganile Malambugi
Kassimu Hashim Ame　Khamis Rabii Salum　Ngoepe Tlou Kevin
Gyan Bahadur Jirel　Mohamed Semri　Momodou S Jallow

## 十四、信息科技学院（46 人）

李亦白　林　丽　袁　悦　韩　燕　梁继文　秦贺然　赵佳骏　李欣原　吴粤敏
高　帅　陈　姝　沈利言　杨　华　蔡娜娜　周正己　闫茹琪　金　前　于增源
刘悦怡　计辰玮　马千里　吴雁翔　胡雪娇　陈行健　张斌卿　王明星　郑　然
郭莉莉　李　阳　陈雅玲　李忠凯　王　欣　刘鸣浩　周　好　董　悦　叶雪洋
徐　雯　汪雨培　唐文靖　胡明霜　陈铭洁　仇之聪　王　凯　孙　蓉　徐雅宁
沈　瑶

## 十五、外国语学院（49 人）

王若诗　李　晶　顾执伟　蔡　慧　魏可晗　何　航　卞　茜　陈　凯　王伊宁
郑联珠　崔　洁　户子颖　汤慧如　王　蒙　徐荣嵘　潘　瑞　钱　晨　赵　娟
顾月华　蒋玲玉　李双双　汪　念　蒋易珈　刘思琪　赵玲玲　王思俊　胡妤萌
孟庆尉　武秋红　杨　吉　黄子豪　王永灿　于镁宁　祝　苗　钱慧敏　黄彩芹
陈　芬　古晶晶　刘　静　张　旺　杜欣怡　高雅靓　唐素洁　朱　云　范焱焱
冯春霖　李琨琨　张　都　郑建锋

## 十六、生命科学学院（156 人）

王潇潇　李雯婧　晁　婧　冯宏伟　庄家文　魏清鹏　王乐盛　王加慧　刘咏梅

| | | | | | | | | |
|---|---|---|---|---|---|---|---|---|
| 韩 苏 | 成 静 | 陈梦宇 | 杨 洋 | 孙媛媛 | 朱正波 | 黄一凡 | 莫抒达 | 刘雪霞 |
| 付晓谱 | 郭嘉诚 | 张 婷 | 曹青青 | 张 腾 | 郑 翔 | 薛丽芳 | 孟令超 | 郑 植 |
| 郭雅芳 | 王 敏 | 米萌萌 | 张 佳 | 侯梦姣 | 杨蕊溪 | 车本宁 | 吴晟嫣 | 黄 允 |
| 张鹤平 | 张红生 | 吴 琦 | 曹鹏飞 | 江梓晨 | 刘静娴 | 徐润佳 | 费朔晗 | 邵子城 |
| 陈林燕 | 胡 敏 | 田秋焕 | 李朋娅 | 马丽君 | 朱秀秀 | 曹 滢 | 张晨阳 | 陈 阳 |
| 段亚娟 | 郑文文 | 张艳婷 | 姚仕钢 | 葛占标 | 胡競文 | 崔梦迪 | 卢美玉 | 孙高杰 |
| 赵华祝 | 陈玲玲 | 杭 萍 | 赵 磊 | 张 奥 | 蔡 娟 | 李 雷 | 孙 悦 | 罗威威 |
| 胡 晓 | 王相洪 | 李海霞 | 储凤莲 | 杨保玲 | 赵雷真 | 田嘉龙 | 王胜利 | 孙泽华 |
| 鲁笑笑 | 朱娟娟 | 朱 丹 | 房行行 | 邢晓林 | 陈 曦 | 李新月 | 王 钰 | 王园园 |
| 周 欣 | 张梦瑶 | 韩高强 | 胡彦伟 | 丰 瑜 | 石 锐 | 魏 娟 | 冯爽爽 | 陶年娇 |
| 刘 帅 | 郑 璐 | 董双双 | 于秀丽 | 聂 阳 | 蒋旭敏 | 姚 萍 | 曾建国 | 管文学 |
| 周 灿 | 干敏杰 | 陈一鸣 | 孙加云 | 尤园园 | 张柏青 | 王宗秀 | 周雪丽 | 任凯迪 |
| 刘森林 | 雷珊珊 | 韦俊宇 | 李永凯 | 孟宏岗 | 曹 妍 | 韩灿灿 | 原乔慧 | 李晖斌 |
| 杨 涵 | 卢家森 | 李祖潭 | 陆伟彦 | 杨海峰 | 张 炯 | 计金稳 | 金欣欣 | 赵启明 |
| 程文超 | 朱秋莎 | 宋 扬 | 胡 超 | 张怀方 | 何晓满 | 范文越 | 张 雯 | 刘圆鑫 |
| 张 翔 | 赵林超 | 崔亚魁 | 徐 龙 | 于博涵 | 相里旭 | 吴楠楠 | 万 玥 | 周小耕 |
| 刘永志 | 何 培 | 马东燕 | | | | | | |

## 十七、马克思主义学院（11）

| | | | | | | | | |
|---|---|---|---|---|---|---|---|---|
| 曹 璇 | 姜辰凤 | 罗丽娜 | 资佳晶 | 宋 欣 | 韦艳顺 | 龚 宇 | 杨 浩 | 朱玉霞 |
| 董 英 | 温竹箐 | | | | | | | |

## 十八、金融学院（129 人）

| | | | | | | | | |
|---|---|---|---|---|---|---|---|---|
| 孙 楠 | 卢嘉成 | 戴 月 | 鲍海云 | 何 婷 | 李远孝 | 杨 月 | 孙 戈 | 徐 婧 |
| 陈 旭 | 宦先鹤 | 陈建升 | 徐登涛 | 徐曼曼 | 孙冰辰 | 王雨露 | 叶 淼 | 姜 珊 |
| 刘 锋 | 吴楚盈 | 王 乐 | 刘 奇 | 陶 茹 | 李 金 | 熊 健 | 孙义烨 | 蒋庆前 |
| 庞子立 | 秦 珂 | 张逸鹰 | 卜祥路 | 姬晓东 | 裴银风 | 方 锐 | 陆佳瑶 | 马 玲 |
| 魏 勇 | 陈 晨 | 陶海燕 | 张淑韵 | 安玲玲 | 靖 钰 | 贾祥坤 | 刘迪莎 | 俞海洋 |
| 张 茜 | 过 妍 | 周朝宁 | 朱 青 | 潘晓栋 | 余 青 | 沈晓萍 | 吴晓雯 | 张 瑜 |
| 刘 昊 | 陆 艳 | 李高磊 | 谢 璐 | 仇叶舟 | 王倩雯 | 王苗苗 | 周楚艺 | 许 多 |
| 梁 霄 | 杨秋焱 | 冒敏娇 | 宋慧敏 | 马 艳 | 施佳玲 | 徐 艺 | 丁兴辰 | 胡 敏 |
| 凡星楠 | 桑 叶 | 葛 晗 | 沙致君 | 张婧黎 | 夏 禹 | 赵雅斐 | 马钰婷 | 王 彬 |
| 程 晨 | 陈志远 | 纪莹莹 | 姜 怡 | 陶嘉琦 | 姚超宇 | 张欣妍 | 裴晶晶 | 何钰婷 |
| 姜 蓉 | 刘映伽 | 吴 鹍 | 冯 晨 | 潘碧莲 | 葛雨薇 | 谢 萌 | 施佳敏 | 洪 烨 |
| 周 杰 | 张晓涵 | 邱 烨 | 汪轩如 | 曹嘉宇 | 戴 希 | 钱 睿 | 郭诗琪 | 张 洋 |
| 张宇婷 | 周 廷 | 刘文娟 | 刘芳兵 | 陈 潇 | 昝咸枫 | 史 旻 | 王思佳 | 孙也婷 |
| 孙 然 | 顾 钰 | 郝雯雯 | 汤洁琼 | 盛 婧 | 刘媛琪 | 蔡 楠 | 奚语遥 | 黄文懿 |
| 叶 欣 | 刘云中 | 朱大伟 | | | | | | |

## 十九、草业学院（25）

邹　月　杨黎莉　陈　春　吴晓月　李　扬　卢奇宇　戈　滢　高　涛　牟林林
徐凯璐　赵宇隆　陈　洁　黄　迎　曹　哲　林　鹏　陶旭雄　季崇稳　苏　晶
田　倩　还　静　邓少军　郝欢欢　刘全伟　李　胜　魏林艳

（撰稿：张宇佳　审稿：孙国成　审核：王俊琴）

# 继 续 教 育

【概况】继续教育学院在学校党委和行政的领导下，以习近平新时代中国特色社会主义思想为指引，围绕立德树人根本任务，以成人高等学历教育教学改革和服务乡村振兴战略为抓手，推进学校继续教育事业行稳致远。在工作中严把学历生入学关和教学过程管理，不断提高学校继续教育毕业生质量；拓宽培训领域、创新培训方式；加强内部建设和函授站（点）管理，提高管理和办学水平。

录取函授、业余新生 7 168 人，累计在籍学生 21 420 人，毕业学生 5 774 人；录取二学历新生 233 人，累计在籍学生 625 人；专科接本科注册入学 976 人，累计在籍学生 1 590 人；新设中专接大专专业 4 个，招生 160 人。

组织二学历 1 929 门次的课程考试，毕业学生 142 人，其中 141 人获学士学位。

组织专接本 431 人的毕业论文指导和论文答辩，毕业学生 350 人，其中授予学位260 人。

经江苏省教育考试院批准，学院在 3 个中专校新招收 4 个中专接大专专业学生 160 人。

组织自学考试实践辅导及考核 16 场次，毕业 1 350 人。自学考试阅卷 16 672 份，命题37 门，集体备课 13 门。

完成函授和业余 739 个班级、5 912 门次课程的教学管理任务；完成 8 095 人省级类考试的报名、考务和成绩处理以及 519 人的学位申报工作；完成 7 637 人的毕业生资格审核及注册验印工作。

通过实践，完善以省统考、校统（抽）考、现场督导（听课、考勤）、问卷调查、师生座谈、电话抽查、过程资料档案管理为主要环节的函授站（点）质量控制体系。以校统（抽）考为重点监控措施，依据校统考课程目录或随机抽取课程进行考试，全年组织 45 018人次学生参加了 288 门次课程的校统考，通过率 98.56％（含免考）。根据考试通过率调整教学环节，保障教学效果。以档案资料与试卷抽查为落脚点，不定期对函授站（点）的教学过程资料进行检查梳理，全年现场督导（听课、考勤）171 人次，师生座谈 20 场次，抽查855 名毕业生 16 674 门次试卷，发放并回收有效"教学质量效果评价"及"满意度调查"问卷表 37 503 份，抽样整体评价为满意。

建立校统考、校抽考及校本部直属班的 1 170 套试卷题库资源，保障各类考试的实施。

聘请专、兼职师资授课，不定期组织部分师资进行培训与集体备课，与教师签订师德师风承诺书 5 912 人次。

学校成人高等教育 1 个重点专业、1 门精品资源共享课程通过江苏省验收，截至 2019 年共拥有 3 个重点专业、6 门精品资源共享课程。

进行成人高等教育考务系统的开发与试运行。

4 月 25～26 日，召开 2018 年函授站（点）工作总结会议暨 2019 年招生工作动员会议。

举办各类专题培训班 114 个，培训学员 10 940 人次。

【举办农业农村部"县级农业农村部门负责人村庄规划编制管理培训班"】11 月 18～24 日，农业农村部局长轮训"县级农业农村部门负责人村庄规划编制管理培训班"在学校举办，来自全国 31 个省份和新疆生产建设兵团的农业农村部门负责人 102 人参加了培训。农业农村部发展规划司司长魏百刚、副司长严东权，南京农业大学党委书记陈利根，农业农村部管理干部学院副院长毕建英参加开班典礼并作重要讲话。11 月 20 日，农业农村部副部长余欣荣来到培训班与学员座谈交流并作了辅导报告。培训班邀请国内相关领域的著名专家、学者讲课，通过辅导报告、专题讲座、现场观摩、案例教学、专题研讨、成果交流等方式开展培训。

【举办陕西省"抓党建促脱贫专题培训班"】9 月 1～7 日，受中共陕西省委组织部的委托，陕西省"抓党建促脱贫专题培训班"在学校举办。来自陕西省各市、县的村党支部书记、专业合作社负责人 100 人参加了培训。本次培训围绕党中央关于脱贫攻坚和乡村振兴重大战略部署，结合陕西省推进集体经济发展工作存在的问题和薄弱环节，突出基层党建工作业务和两个《条例》，夯实基层党建基础。邀请中共陕西省委组织部、南京农业大学、江苏省农业农村厅的教授、学者就中国经济发展新时代与精准扶贫、特色产业发展与区域品牌建设、现代农业园区及扶贫产业园建设、农村产权制度改革与创新以及乡村振兴战略及农业绿色可持续发展等内容进行专题培训。

# ［附录］

## 附录 1　成人高等教育本科专业设置

| 层次 | 专业名称 | 类别 | 学制 | 科类 | 上课站（点） |
|---|---|---|---|---|---|
| 高升本 | 会计学 | 函授、业余 | 5 年 | 文、理 | 南京农业大学卫岗校区、南通科技职业学院、盐城生物工程高等职业技术学校、淮安生物工程高等职业技术学校、高邮建筑学校 |
| | 国际经济与贸易 | 函授、业余 | 5 年 | 文、理 | 南京农业大学卫岗校区、南通科技职业学院、南京金陵中等专业学校 |
| | 电子商务 | 函授、业余 | 5 年 | 文、理 | 南京农业大学卫岗校区、南通科技职业学院 |
| | 物流管理 | 函授 | 5 年 | 文、理 | 南京农业大学卫岗校区、南通科技职业学院 |
| | 农学 | 函授 | 5 年 | 文、理 | 南京农业大学卫岗校区 |
| | 园艺 | 函授 | 5 年 | 文、理 | 南京农业大学卫岗校区、南通科技职业学院 |
| | 园林 | 函授 | 5 年 | 文、理 | 南京农业大学卫岗校区、盐城生物工程高等职业技术学校、淮安生物工程高等职业技术学校 |

（续）

| 层次 | 专业名称 | 类别 | 学制 | 科类 | 上课站（点） |
|---|---|---|---|---|---|
| 高升本 | 人力资源管理 | 函授 | 5 年 | 文、理 | 南京农业大学卫岗校区、常州市工会干部学校 |
| | 环境工程 | 函授 | 5 年 | 理 | 南京农业大学卫岗校区、南通科技职业学院 |
| | 机械设计制造及其自动化 | 函授 | 5 年 | 理 | 南京农业大学卫岗校区、南通科技职业学院、常州市工会干部学校 |
| | 计算机科学与技术 | 函授 | 5 年 | 理 | 南京农业大学卫岗校区、南通科技职业学院、盐城生物工程高等职业技术学校 |
| | 工程管理 | 函授 | 5 年 | 理 | 南京农业大学卫岗校区、高邮建筑学校 |
| | 动物医学 | 函授 | 5 年 | 理 | 南京农业大学卫岗校区、盐城生物工程高等职业技术学校、淮安生物工程高等职业技术学校、广西水产畜牧学校 |
| 专升本 | 工商管理 | 函授 | 3 年 | 经管 | 南京农业大学卫岗校区、南京农业大学工学院、常州市工会干部学校、苏州市农村干部学院 |
| | 会计学 | 函授、业余 | 3 年 | 经管 | 南京农业大学卫岗校区、南京农业大学工学院、常州市工会干部学校、淮安生物工程高等职业学校、江苏农牧科技职业学院、南京交通科技学校、苏州市农村干部学院、南通科技职业学院、盐城生物工程高等职业技术学校、无锡技师学院 |
| | 国际经济与贸易 | 函授、业余 | 3 年 | 经管 | 南京农业大学卫岗校区、南通科技职业学院、南京金陵中等专业学校 |
| | 电子商务 | 函授、业余 | 3 年 | 经管 | 南京农业大学卫岗校区、南通科技职业学院 |
| | 物流工程 | 函授 | 3 年 | 经管 | 南京交通科技学校、苏州市农村干部学院、南通科技职业学院、盐城生物工程高等职业技术学校 |
| | 市场营销 | 函授、业余 | 3 年 | 经管 | 南京农业大学卫岗校区、南通科技职业学院、苏州市农村干部学院 |
| | 行政管理 | 函授 | 3 年 | 经管 | 南京农业大学卫岗校区、南通科技职业学院 |
| | 土地资源管理 | 函授 | 3 年 | 经管 | 高邮建筑学校 |
| | 人力资源管理 | 函授 | 3 年 | 经管 | 南京农业大学卫岗校区、盐城生物工程高等职业技术学校、无锡渔业学院、苏州市农村干部学院、常州市工会干部学校 |
| | 园林 | 函授 | 3 年 | 农学 | 南京农业大学卫岗校区、淮安生物工程高等职业学校、常州市工会干部学校、苏州农业职业技术学院、南通科技职业学院、盐城生物工程高等职业技术学校、江苏农林职业技术学院、江苏农牧科技职业学院 |
| | 动物医学 | 函授 | 3 年 | 农学 | 南京农业大学卫岗校区、淮安生物工程高等职业学校、盐城生物工程高等职业技术学校、南通科技职业学院、江苏农牧科技职业学院、广西水产畜牧学校 |
| | 水产养殖学 | 函授 | 3 年 | 农学 | 江苏农牧科技职业学院、苏州市农村干部学院 |
| | 园艺 | 函授 | 3 年 | 农学 | 南京农业大学卫岗校区、淮安生物工程高等职业学校、南通科技职业学院 |

（续）

| 层次 | 专业名称 | 类别 | 学制 | 科类 | 上课站（点） |
|------|----------|------|------|------|--------------|
| 专升本 | 农学 | 函授 | 3年 | 农学 | 南京农业大学卫岗校区、南通科技职业学院、盐城生物工程高等职业技术学校 |
| | 植物保护 | 函授 | 3年 | 农学 | 南京农业大学卫岗校区、南通科技职业学院 |
| | 环境工程 | 函授 | 3年 | 理工 | 南通科技职业学院 |
| | 计算机科学与技术 | 函授 | 3年 | 理工 | 南通科技职业学院 |
| | 食品科学与工程 | 函授 | 3年 | 理工 | 南通科技职业学院 |
| | 机械工程及自动化 | 函授 | 3年 | 理工 | 南通科技职业学院、常州市工会干部学校、南京交通科技学校、盐城生物工程高等职业技术学校 |
| | 工程管理 | 函授 | 3年 | 理工 | 南京交通科技学校、南通科技职业学院、盐城生物工程高等职业技术学校、南京农业大学工学院 |
| | 农业机械化及其自动化 | 函授 | 3年 | 理工 | 南京农业大学卫岗校区 |

## 附录2  成人高等教育专科专业设置

| 专业名称 | 类别 | 学制 | 科类 | 上课站（点） |
|----------|------|------|------|--------------|
| 物流管理 | 函授 | 3年 | 文、理 | 南京交通科技学校、苏州市农村干部学院、盐城生物工程高等职业技术学校 |
| 人力资源管理 | 函授 | 3年 | 文、理 | 南京农业大学卫岗校区、常州市工会干部学校、南京农业大学工学院、南京交通科技学校、苏州市农村干部学院、盐城生物工程高等职业学校、高邮建筑学校、南京农业大学无锡渔业学院 |
| 机电一体化技术 | 函授 | 3年 | 理 | 盐城生物工程高等职业技术学校、南京交通科技学校、常州市工会干部学校、高邮建筑学校 |
| 汽车检测与维修技术 | 函授 | 3年 | 理 | 江苏省扬州技师学院、江苏省盐城技师学院 |
| 铁道交通运营管理 | 业余 | 3年 | 文、理 | 南京交通科技学校 |
| 农业经济管理 | 函授 | 3年 | 文、理 | 南京农业大学卫岗校区、淮安生物工程高等职业学校、苏州市农村干部学院、盐城生物工程高等职业技术学校 |

## 附录3  各类学生数一览表

| 学习形式 | 入学人数（人） | 在校生人数（人） | 毕业生人数（人） |
|----------|----------------|------------------|------------------|
| 成人教育 | 5 929 | 21 420 | 5 774 |
| 自考二学历 | 233 | 625 | 142 |
| 专科接本科 | 976 | 1 590 | 350 |
| 中接专 | 160 | 160 | |
| 总数 | 7 298 | 23 795 | 6 266 |

# 附录 4　培训情况一览表

| 序号 | 项目名称 | 委托单位 | 培训对象 | 培训人数（人） |
|---|---|---|---|---|
| 1 | 颍东区全国基层补助项目能力提升培训班 | 颍东区农业农村局 | 农技人员 | 80 |
| 2 | 江苏省级基层农技推广项目 | 江苏省农业农村厅 | 农技人员 | 303 |
| 3 | 兴化"乡村振兴发展战略"培训研修班 | 兴化市人民政府 | 机关干部 | 200 |
| 4 | 苏州干部学院教职工素质能力提升专题培训班 | 苏州市农村干部学院 | 教师培训 | 35 |
| 5 | 蒙城县"全国农技推广补助项目"农技人员能力提升培训班 | 蒙城县农委 | 农技人员 | 70 |
| 6 | 新型职业农民惠山家庭农场、仪征家庭农场 | 江苏省农业农村厅 | 职业农民 | 260 |
| 7 | 新型职业农民淮安区家庭农场 | 江苏省农业农村厅 | 职业农民 | 200 |
| 8 | 新型职业农民锡山区家庭农场主培训班 | 江苏省农业农村厅 | 职业农民 | 130 |
| 9 | 颍上基层农技推广培训第二期、第三期 | 颍上县农委 | 农技人员 | 200 |
| 10 | 诸城市畜牧兽医管理局培训班 | 诸城市畜牧兽医管理局 | 农业干部 | 80 |
| 11 | 新型职业农民惠山种养大户、惠山农合组织 | 江苏省农业农村厅 | 职业农民 | 140 |
| 12 | 昆山市新型职业农民培训班 | 苏州市农村干部学院 | 职业农民 | 37 |
| 13 | 新型职业农民淮安种养大户 | 江苏省农业农村厅 | 职业农民 | 100 |
| 14 | 新型职业农民职业经理人 | 江苏省农业农村厅 | 职业农民 | 150 |
| 15 | 常州武进区、新北区农技人员培训班 | 常州市农业农村局 | 农技人员 | 97 |
| 16 | 克州人才教育培训班 | 克州党委组织部 | 农业干部 | 15 |
| 17 | 克州教育系统培训班 | 克州党委组织部 | 农业干部 | 30 |
| 18 | 克州公安系统培训班 | 克州公安局 | 农业干部 | 50 |
| 19 | 金坛基层农技推广班 | 常州市金坛区农业农村局 | 农技人员 | 80 |
| 20 | 省级农业企业示范班 | 江苏省农业农村厅 | 职业农民 | 150 |
| 21 | 新型职业农民仪征农合组织、家庭农场 | 江苏省农业农村厅 | 职业农民 | 120 |
| 22 | 克州气象局专题培训 | 克州气象局 | 农业干部 | 15 |
| 23 | 新型职业农民锡山红豆集团培训班 | 江苏省农业农村厅 | 职业农民 | 200 |
| 24 | 威海文登区乳山市南海新区乡村振兴专题培训班 | 威海市农委 | 农业干部 | 80 |
| 25 | 克州乡镇长干部培训 | 克州党委组织部 | 农业干部 | 15 |
| 26 | 锡山家庭农场种养大户农合组织 130 人 | 江苏省农业农村厅 | 职业农民 | 130 |
| 27 | 2019 年濉溪县基层农技人员能力提升培训班 | 濉溪县农林水局 | 农技人员 | 45 |
| 28 | 2019 克州党委组织部大学生基层干部培训班 | 克州党委组织部 | 农业干部 | 48 |
| 29 | 威海环翠区荣成市经区临港区乡村振兴专题培训班 | 威海市农委 | 农业干部 | 80 |
| 30 | 克州农牧水系统培训班 | 克州水利局 | 农业干部 | 15 |
| 31 | 颍泉区全国基层补助项目能力提升培训班 | 阜阳市颍泉区农业农村局 | 农技人员 | 100 |
| 32 | 商洛市丹凤县村级集体经济专题 | 商洛市丹凤县委组织部 | 农业干部 | 70 |
| 33 | 宜兴市丁蜀镇乡村财会培 | 宜兴市丁蜀镇农村工作局 | 农业干部 | 52 |

（续）

| 序号 | 项目名称 | 委托单位 | 培训对象 | 培训人数（人） |
|------|---------|---------|---------|----------------|
| 34 | 克州安全局培训班 | 克州安全局 | 农业干部 | 25 |
| 35 | 拉萨扶贫干部专题培训 | 拉萨扶贫开发办公室 | 农业干部 | 30 |
| 36 | 昆山市张浦镇乡村振兴会计素能提升班 | 昆山市张浦镇财政资管局 | 农业干部 | 70 |
| 37 | 广西现代青年农场主创新研修班 | 广西大学农学院 | 职业农民 | 80 |
| 38 | 新型职业农民社会化服务 | 江苏省农业农村厅 | 职业农民 | 100 |
| 39 | 宁夏固原田间学校师资培训 | 宁夏固原市农业广播电视学校 | 职业农民 | 33 |
| 40 | 宁波农业农村局乡村振兴培训班 | 宁波市委组织部 | 农业干部 | 50 |
| 41 | 南京市处级干部土地流转增值与三产融合发展 | 南京市委组织部 | 农业干部 | 74 |
| 42 | 云南金平致富带头人培训 | 上海沃游商务咨询公司 | 职业农民 | 24 |
| 43 | 苏州高新区农产品质量安全监管暨第一期新型职业农民培训班 | 苏州高新区城乡发展局 | 职业农民 | 55 |
| 44 | 江西土壤污染调查与防治专题培训 | 江西省自然资源厅 | 农业干部 | 36 |
| 45 | 资阳市农产品质量安全培训班 | 资阳市农业农村局 | 农业干部 | 40 |
| 46 | 浙江嘉兴桐乡市农技人员培训 | 桐乡市农业农村局 | 农技人员 | 41 |
| 47 | 南京市处级干部班农业绿色可持续发展 | 南京市委组织部 | 农业干部 | 82 |
| 48 | 新型职业农民植保站 | 江苏省农业农村厅 | 职业农民 | 100 |
| 49 | 连云港市科协系统党性教育专题培训班 | 连云港市科协 | 农业干部 | 50 |
| 50 | 广西北海乡镇党政正职专题培训班 | 广西北海市委党校 | 农业干部 | 20 |
| 51 | 成都大学市级调训现场教学 | 成都市农林科学院成都成大教育培训中心 | 职业农民 | 80 |
| 52 | 农学植保认证交流班 | 师培联盟北京教育研究院 | 农业干部 | 30 |
| 53 | 山东梁山县发展壮大村级集体经济培训班 | 梁山县委组织部 | 农业干部 | 53 |
| 54 | 信阳市基层农技人员业务能力提升培训班 | 信阳市三区县农业农村局 | 农技人员 | 100 |
| 55 | 安徽省第三届农业职业经理人培训班现场教学 | 安徽工商管理学院 | 职业农民 | 65 |
| 56 | 息县基层农技人员业务能力提升培训班 | 息县农业农村局 | 农技人员 | 60 |
| 57 | 广西土地整治管理专题培训班 | 广西国土资源厅 | 农业干部 | 80 |
| 58 | 山东高唐农杜立芝科技服务团队培训班 | 高唐县委组织部 | 农业干部 | 50 |
| 59 | 冠县畜牧技术人员培训班 | 冠县农服中心 | 农技人员 | 36 |
| 60 | 沿海开发集团农业技术人员技能培训班 | 沿海开发集团 | 农技人员 | 40 |
| 61 | 沙县乡村振兴培训班 | 沙县委党校 | 农业干部 | 51 |
| 62 | 2019年商洛"农村致富带头人"培训班 | 商洛市委组织部 | 职业农民 | 60 |
| 63 | 商洛乡镇长班两期 | 商洛市委组织部 | 农业干部 | 120 |
| 64 | 重庆万州区乡镇街道人大主任能力提升专题培训班 | 南京市发展改革委 | 农业干部 | 50 |
| 65 | 六合区2018年基层农技人员县级培训班 | 六合农业农村局 | 农技人员 | 60 |

（续）

| 序号 | 项目名称 | 委托单位 | 培训对象 | 培训人数（人） |
|---|---|---|---|---|
| 66 | 海宁市基层食品安全工作培训班 | 海宁市市场监督管理局 | 农业干部 | 50 |
| 67 | 陕西抓党建促脱贫专题培训班 | 陕西省委组织部 | 农业干部 | 100 |
| 68 | 枣庄农机人员培训班 | 枣庄市台儿庄区农业农村局、枣庄市峄城区农业农村局 | 农技人员 | 35 |
| 69 | 新疆维吾尔自治区纪检监察干部能力提升江苏省援疆培训班 | 克州纪委、克州水利局 | 农业干部 | 50 |
| 70 | 重庆万州区大数据与政府治理专题培训班 | 南京市发展改革委 | 农业干部 | 50 |
| 71 | 济南市农业专业技术人员知识培训班 | 济南市农业广播电视学校 | 农技人员 | 100 |
| 72 | 砀山农技人员培训班 | 砀山县农业农村局 | 农技人员 | 50 |
| 73 | 2019年第二批"眉州田园名星"示范培训班 | 眉山市农业农村局 | 职业农民 | 69 |
| 74 | 济南市农村经营管理与产权制度改革培训班 | 济南市农业农村局 | 农业干部 | 62 |
| 75 | 发改委农业产业化与现代农业发展培训 | 南京市发展改革委 | 农业干部 | 80 |
| 76 | 上海农广校师资培训班 | 上海市农业广播电视学校 | 农业干部 | 50 |
| 77 | 南京市家庭农场主培训班 | 南京市农业农村局 | 职业农民 | 100 |
| 78 | 山东淄博农业基本建设项目管理暨现代农业发展培训班 | 淄博农业农村局 | 农业干部 | 60 |
| 79 | 山东省农业品牌建设和营销专题培训班 | 山东省农业农村厅 | 农业干部 | 165 |
| 80 | 宜宾市和泸州市农业职业经理人培训班 | 宜宾职业技术学院 | 职业农民 | 90 |
| 81 | 南京市农业龙头企业负责人培训班 | 南京市农业农村局 | 职业农民 | 120 |
| 82 | 南京市处级干部班农业绿色可持续发展 | 南京市委组织部 | 农业干部 | 47 |
| 83 | 中国建材集团定点帮扶安徽石台县农村三支队伍能力提升培训班 | 中国建材集团（中国志愿服务基金会） | 农业干部 | 85 |
| 84 | 任城区推进乡村振兴暨精准扶贫专题培训班 | 济宁市任城区委组织部 | 农业干部 | 56 |
| 85 | 繁昌县扶持壮大农村集体经济发展暨村集体经济组织财务规范化管理培训班 | 繁昌县农业农村局 | 农业干部 | 50 |
| 86 | 常州市基层农技推广人员培训班 | 常州市农业农村局 | 农技人员 | 35 |
| 87 | 审计监督检查干部综合素能提升专题培训 | 国电南京自动化股份有限公司 | 农业干部 | 35 |
| 88 | 农药经营人员培训 | 南京农业大学生命科学学院主办、继续教育学院协办 | 职业农民 | 45 |
| 89 | 衡阳科技创新与乡村振兴发展专题培训班 | 衡阳市农业科学研究所 | 农业干部 | 40 |
| 90 | 蚌埠市淮上区食品安全专题培训班 | 安徽华陇教育信息咨询公司 | 农业干部 | 50 |
| 91 | 农业农村部第七期县级农业农村部门负责人村庄规划编制管理培训班 | 农业农村部管理干部学院 | 农业干部 | 100 |
| 92 | 浙江温州园林景观专题培训班 | 平阳县综合行政执法局 | 农业干部 | 50 |
| 93 | 2019年江阴市信息进村入户培训班 | 江阴市农业农村局 | 农技人员 | 60 |

（续）

| 序号 | 项目名称 | 委托单位 | 培训对象 | 培训人数（人） |
|------|----------|----------|----------|----------------|
| 94 | 乡村振兴战略背景下农地流转增值与三产融合发展 | 南京市委组织部 | 农业干部 | 58 |
| 95 | 2019年河南省驻马店市基层农技人员能力提升培训班 | 驻马店市农业农村局 | 农技人员 | 140 |
| 96 | 苏州市农村干部学院科协两期培训班 | 苏州市农村干部学院 | 农业干部 | 60 |
| 97 | 2019年南京农业大学定点扶贫麻江县干部教育培训班 | 麻江县农业农村局 | 农业干部 | 63 |
| 98 | 马鞍山市大学生"村官"培训班 | 马鞍山市委组织部 | 职业农民 | 85 |
| 99 | 中国海监江苏省总队水产品质量安全执法暨水产苗种产地检疫培训 | 中国海监江苏总队 | 农业干部 | 120 |
| 100 | 部级项目服务型新型农业经营主体带头人培训 | 江苏省农业农村厅 | 职业农民 | 100 |
| 101 | 南通农业农村局合作社专题 | 南通市农业农村局 | 职业农民 | 100 |
| 102 | 中山市食品安全监管培训班 | 中山市市场监督管理局 | 农业干部 | 78 |
| 103 | 漯河市农技人员能力提升培训 | 漯河市农业农村局 | 农技人员 | 60 |
| 104 | 青年农场主培训第三期 | 江苏省农业农村厅 | 职业农民 | 100 |
| 105 | 省基层农技推广服务班 | 江苏省农业农村厅 | 农技人员 | 202 |
| 106 | 2019涉农大学生培训 | 江苏省农业农村厅 | 涉农大学生 | 2 200 |
| 107 | 克州审计系统培训班 | 克州审计局 | 农业干部 | 30 |
| 108 | 定远县基层农技人员培训 | 定远县农业农村局 | 农技人员 | 60 |
| 109 | 部级项目生产型新型农业经营主体带头人培训（仪征市） | 江苏省农业农村厅 | 职业农民 | 260 |
| 110 | 巴彦淖尔市基层农技推广人员培训骨干班 | 内蒙古农业广播电视学校巴彦淖尔市工作站 | 农技人员 | 65 |
| 111 | 富平县苏陕合作农业技术人员培训班 | 富平县农业农村厅 | 农技人员 | 50 |
| 112 | 部级项目生产型新型农业经营主体带头人培训 | 江苏省农业农村厅 | 职业农民 | 150 |
| 113 | 省基层农技推广服务班 | 江苏省农业农村厅 | 农技人员 | 100 |
| 114 | 河南省商丘市基层农技人员能力提升培训 | 河南省农业广播电视学校 | 农技人员 | 136 |

# 附录5  成人高等教育毕业生名单

【常熟市工会干部学校】2016级工商管理函授专升本科、会计函授专科、会计学函授专升本科、机械工程及自动化函授专升本科、建筑工程管理函授专科、经济管理函授专科、土木工程函授专升本科、物流管理函授专科、物流管理函授专升本科、园林函授专升本科、园林技术函授专科（194人）

王　华　周嘉诚　王　昱　金　胜　计正斌　曹晨伟　张晓星　赵志强　钱立忠
顾懑倩　刘友林　李　诚　钱敏姿　王舒贤　汤　芳　朱定宇　鲍逸飞　戴新怡
吴　瑛　金　洁　金裕恒　宋　怡　赵　燕　孙伟益　周　维　滕新亚　王晓磊
黄　怡　周纯婧　王　欢　季新华　周惠文　王玉萍　叶鸣洲　毛琼芳　张志贤
陈大鹏　金　叶　陶昳汀　姚　劼　王梦婷　凌　静　李　阳　周　婷　顾丽红
张宇进　陆梦洁　周信如　邓嘉虹　高鑫凤　穆晓丹　徐　胜　杨　琦　马　麟

| 鱼家麟 | 徐海涛 | 朱超君 | 钟春叶 | 魏　一 | 王晓宇 | 吴斌强 | 丁建军 | 张义兵 |
| 张　奇 | 于　浩 | 陆　飞 | 吴建强 | 侯殿龙 | 卢志鹏 | 黄桂池 | 钱　健 | 郭晓辰 |
| 徐　亨 | 马文俊 | 张本林 | 贾发年 | 曹　键 | 王开祥 | 黄　龙 | 李福添 | 曹　磊 |
| 朱泗彬 | 王向明 | 支　伟 | 李嘉煜 | 李俊德 | 周利东 | 曹俊华 | 季　红 | 王　丹 |
| 王丽萍 | 沈　莉 | 薛　慧 | 陆先垒 | 黄鹤林 | 蒋春华 | 戴嘉铭 | 陆　飞 | 陈　育 |
| 陈煜杰 | 张　凤 | 于　律 | 刘　军 | 陈嘉伟 | 潘　虹 | 赵菊芳 | 朱梦超 | 周　洁 |
| 唐晓燕 | 林德坤 | 陆芳芳 | 王爱云 | 闫佩佩 | 赵晓芳 | 刘　杰 | 陈　贵 | 王惠中 |
| 殷朝阳 | 顾春强 | 胡启明 | 黄秋月 | 沈珂成 | 周心梦 | 陆新燕 | 王小丽 | 陈卫青 |
| 周逢春 | 范春华 | 陈　江 | 吴　恒 | 蒋满玉 | 曾春兰 | 李金霞 | 江　喜 | 陶静燕 |
| 洪　飞 | 王　娜 | 吴静亚 | 钱志文 | 邹文英 | 王金波 | 李本勤 | 马鸣洲 | 杨园园 |
| 郭　娟 | 王　凡 | 陈　飚 | 李正兰 | 朱　琳 | 薛红芬 | 季海英 | 陆志红 | 王丽萍 |
| 汤志敏 | 汤晓宇 | 戈晓红 | 刘海波 | 汤慕梅 | 尤静洲 | 许　燕 | 陶胜健 | 顾鸣夏 |
| 王梦娇 | 缪宇杰 | 陆　益 | 周少华 | 何　燕 | 金佳柳 | 包秋琴 | 刘　阳 | 杨　丹 |
| 顾　宁 | 肖春梅 | 张　薇 | 周红芳 | 雷伦琴 | 宋　静 | 程艳萍 | 张起华 | 顾晓英 |
| 张晓梅 | 张　凯 | 刘　振 | 杨晓辰 | 吴佳骏 | 袁　珍 | 陆景德 | 吴正江 | 潘嘉恒 |
| 陈纪军 | 计　英 | 徐培良 | 徐正才 | 万秋强 | | | | |

【常州市工会干部学校】2014 级工商管理函授高升本科、2016 级会计学函授专升本科、2016 级机械工程及自动化函授专升本科、2014 级机械设计制造及其自动化函授高升本科、2016 级经济管理函授专科、2014 级人力资源管理函授高升本科、2016 级人力资源管理函授专科、2016 级人力资源管理函授专升本科、2016 级园林函授专升本科、2015 级园林函授专升本科、2016 级园林技术函授专科、2015 级园林技术函授专科（121 人）

| 邵　军 | 赵兴兰 | 于　伟 | 袁志刚 | 陆荠芳 | 郑　梁 | 陈　超 | 贺志坚 | 钱　雨 |
| 张华兵 | 熊江德 | 陶　陶 | 刘　毅 | 陈　鑫 | 蔡　菲 | 蒋　铭 | 申轩煜 | 夏敏捷 |
| 白俊枫 | 梅　盛 | 刘浩旻 | 耿　鑫 | 孙　磊 | 吴延琼 | 戴雪莲 | 李振宏 | 薛慧颖 |
| 何　彬 | 张　伟 | 查丽平 | 王福瑞 | 沈　晔 | 蒋涛涛 | 高海东 | 胡　兴 | 沈泽中 |
| 吴天意 | 马　苓 | 肖梅芝 | 吴科杰 | 刘志先 | 王　煜 | 高　阳 | 沈华军 | 秦菊娣 |
| 高　屾 | 张玉权 | 戚晓阳 | 卞锡萍 | 付　雪 | 徐　婷 | 俞艳侠 | 王卓君 | 居华英 |
| 王雨婷 | 陈　燕 | 董婉娴 | 尤彩萍 | 蒋加举 | 顾阳杰 | 蒋　波 | 丁晨赟 | 吕明睿 |
| 储旻辉 | 杨筱育 | 姚　满 | 倪明霞 | 唐丽芳 | 赵雅洁 | 姜　昊 | 吴一丹 | 陈　虹 |
| 程　玮 | 王　芬 | 谢　萍 | 褚凌云 | 莫艳俊 | 周美玉 | 夏　瑜 | 沈　凌 | 张亚丽 |
| 高常苏 | 蒋　舒 | 柳　楠 | 徐玲彦 | 王　益 | 范月娟 | 崔　玲 | 房亚强 | 肖伟东 |
| 吴　斌 | 谌　君 | 杨俊杰 | 张　昱 | 王骏亮 | 钱文珣 | 孙亦周 | 刘海林 | 史晨军 |
| 刘文超 | 奚乐轩 | 陈茜茹 | 史小兰 | 汪　洁 | 仲红琴 | 陈小亚 | 王春燕 | 马铭龙 |
| 王丽萍 | 俞　飞 | 姚孝辉 | 李　慧 | 储良英 | 陶腊军 | 李　红 | 史晨艳 | 顾和根 |
| 徐相红 | 董荣庆 | 农　伟 | 吴志军 | | | | | |

【常州机电学院】2016 级农业机械化及其自动化函授专升本科（13 人）

| 张　婕 | 张　琳 | 陈　骏 | 雷任雄 | 徐　伟 | 孙晓春 | 孙啸萍 | 杨浩勇 | 刘　颖 |
| 陈　伟 | 孙倩倩 | 徐　彤 | 王金余 | | | | | |

【高邮建筑学校】2014 级车辆工程函授高升本科、2016 级车辆工程函授专升本科高邮建筑学

2014级工商管理函授高升本科、2016级工商管理函授专升本科、2016级国土资源管理函授专科、2014级化学工程与工艺函授高升本科、2016级环境工程函授专升本科、2016级会计函授专科、2014级会计学函授高升本科、2016级会计学函授专升本科、2016级机电一体化技术函授专科、2016级机械工程及自动化函授专升本科、2014级机械设计制造及其自动化函授高升本科、2014级计算机科学与技术函授高升本科、2016级计算机科学与技术函授专升本科、2016级计算机信息管理函授专科、2016级建筑工程管理函授专科、2014级金融学函授高升本科、2016级金融学函授专升本科、2016级机电一体化技术函授专科、2016级机械工程及自动化函授专升本、2016级建筑工程管理函授专科、2016级人力资源管理函授专科、2016级农村行政与经济管理函授专科、2014级人力资源管理函授高升本科、2013级人力资源管理业余高升本科、2016级人力资源管理函授专科、2016级人力资源管理函授专升本科、2015级人力资源管理函授专升本科、2016级社区管理与服务函授专科、2014级数控技术函授专科、2014级土地资源管理函授高升本科、2016级土地资源管理函授专升本科、2014级土木工程函授高升本科、2016级土木工程函授专升本科、2016级土木工程检测技术函授专科、2014级网络工程函授高升本科、2014级物流管理函授高升本科、2012级物流管理函授高升本科、2016级物流管理函授专科、2016级物流管理函授专升本科、2014级信息管理与信息系统函授高升本科、2016级信息管理与信息系统函授专升本科、2016级园林函授专升本科、2016级园林技术函授专科（464人）

| | | | | | | | |
|---|---|---|---|---|---|---|---|
| 姚克飞 | 周 龙 | 杨 超 | 崔 顺 | 窦春鹏 | 鲍 亚 | 管丽娟 | 陈珊珊 | 杨明明 |
| 张 洋 | 丁若文 | 赵 娟 | 王维豪 | 王其东 | 丁 立 | 金 东 | 徐卫敏 | 吴亚林 |
| 王 敏 | 束朝飞 | 钱 进 | 赵宣委 | 王 洋 | 刘黎明 | 卢小春 | 杨海蓉 | 明红梅 |
| 张 丹 | 曹 莹 | 吴学梅 | 郭 琴 | 时金香 | 周国琴 | 方吉麟 | 周秋兰 | 王启英 |
| 晏 娟 | 周 洁 | 刘晶晶 | 高红兰 | 杨 婷 | 景 星 | 丁 娟 | 张海玉 | 李雪莉 |
| 王 玲 | 戴传伟 | 江晓芳 | 徐欢欢 | 陈 燕 | 金大梅 | 冯炫烨 | 梁 萍 | 郭 璇 |
| 项 前 | 姜建萍 | 姚和花 | 王宝坚 | 郑 莹 | 厉 娟 | 丁 玲 | 张玉梅 | 李 娟 |
| 李月美 | 陆 云 | 陈 琪 | 王 姣 | 董子瑜 | 韩茵茵 | 张 羽 | 陶晶晶 | 夏 鼎 |
| 孔令雯 | 张文杰 | 何梦雪 | 朱绮云 | 董欣妍 | 厉青扬 | 凌元花 | 丁 媛 | 王 林 |
| 陆荣誉 | 周 凤 | 王登霞 | 郭俊波 | 潘明田 | 李成梅 | 吴 崖 | 陈凤雏 | 沈祥锋 |
| 余在燕 | 唐来凤 | 耿倩倩 | 黄 芳 | 姜乃凤 | 高 莉 | 陈 玥 | 孙鹏飞 | 王梦雅 |
| 吕仁阳 | 杨婷婷 | 杨 阳 | 周兰红 | 施瑞勇 | 陈为勤 | 查 莹 | 范仁春 | 朱卫卫 |
| 唐 萍 | 何清清 | 阚文峰 | 孟潘潘 | 史银平 | 黄子仪 | 陈小兵 | 余小清 | 卢万余 |
| 乔修风 | 潘 飞 | 曹国平 | 陆宏中 | 张云平 | 王 念 | 段涛涛 | 沈 华 | 陈 捷 |
| 陈李渊 | 彭高相 | 鲁红丽 | 李 飞 | 张相同 | 陈珂珂 | 朱瑞霞 | 仇爱建 | 魏彦鹏 |
| 夏正祥 | 丁小明 | 潘 飞 | 陈 亚 | 张建如 | 华 勇 | 经名飞 | 刘 佳 | 刘静峰 |
| 张袁立 | 洪 超 | 吕兆安 | 刘兆君 | 秦海宇 | 陈金燕 | 吴海丹 | 黄军杰 | 施 晨 |
| 蔡承虎 | 赵万里 | 赵天浩 | 杨 微 | 王 川 | 李 鑫 | 李 珊 | 宋丽丽 | 戴庆健 |
| 张明强 | 沈冬凯 | 朱小清丽 | 李 园 | 张海霞 | 朱存兰 | 孙吉芳 | 陈 杰 | 王爱群 |
| 宁海芹 | 刘 媛 | 蒋 杨 | 方 芳 | 张寿波 | 刘 霞 | 熊正好 | 王正军 | 周 锋 |
| 马惠忠 | 解晓峰 | 吴苏仪 | 姚春云 | 柏忠凯 | 彭 建 | 田道明 | 谢礼静 | 韩 璐 |
| 李 亮 | 张 宇 | 王 兰 | 谈建林 | 李正祥 | 王 洋 | 邵国超 | 季幼伟 | 夏继峰 |

| 毛志祥 | 仇宝山 | 张曰金 | 陆兴华 | 陈志山 | 周大强 | 谭生虎 | 周友粉 | 柏文荣 |
|---|---|---|---|---|---|---|---|---|
| 史来兵 | 郭政霖 | 张 盛 | 李均阳 | 嵇小兵 | 颜 叶 | 陈向崇 | 孙 融 | 姜 霞 |
| 庄志健 | 李 斌 | 居 燕 | 周 明 | 刘华龙 | 常 红 | 谢燕清 | 戚洪钧 | 夏满娟 |
| 徐 航 | 陈 悦 | 李孝伟 | 黄 晨 | 郭有根 | 朱庆生 | 周 颖 | 吉 清 | 刘 甜 |
| 谢修文 | 张馨文 | 周露露 | 丁佩佩 | 孙 燕 | 夏士军 | 朱 敏 | 王 劲 | 薛 涛 |
| 苏 楠 | 王 红 | 陈 楠 | 姜 军 | 胡晓萍 | 张立新 | 朱 芳 | 胡永祥 | 刘亚茹 |
| 王立霞 | 王亚伟 | 陈 娟 | 陈一鸣 | 王 芳 | 王 妍 | 刘晓莲 | 范 林 | 刘 伟 |
| 赵艺涵 | 王树雪 | 潘芳芳 | 陈 静 | 刘龙定 | 孙 健 | 孙淑芸 | 蒋瑾瑜 | 朱 婕 |
| 王 芳 | 赵 恺 | 李 军 | 徐 达 | 刘春雷 | 刘 亚 | 邹 玉 | 陈元泽 | 王斯羽 |
| 周 倩 | 倪凌云 | 张 琪 | 颜秋月 | 丁 菁 | 仇 灿 | 徐文清 | 李步青 | 徐文姣 |
| 王 君 | 高倩雯 | 张 洁 | 秦 莉 | 张 颖 | 刘 浩 | 金恒俊 | 葛园园 | 李堉村 |
| 徐红婕 | 陈玲萍 | 徐 洋 | 王 峰 | 刘 翠 | 吴培培 | 刘 薇 | 唐春萍 | 项 洁 |
| 王洪宇 | 于 培 | 姚 丽 | 杨 磊 | 糜金晶 | 李 玲 | 曹明辉 | 赵 婧 | 陈欣怡 |
| 惠春东 | 梁 昶 | 王久春 | 李 军 | 罗富华 | 李清清 | 陶 红 | 高 旭 | 吴 晴 |
| 沈蓓蕾 | 张新桂 | 吴玉婷 | 唐 晨 | 陈 浩 | 钱 欢 | 万亚鑫 | 陈华凤 | 金如川 |
| 唐 茹 | 张 艳 | 陈 静 | 黄 骏 | 王颖臻 | 戴 娜 | 翟亚骅 | 朱 茵 | 刘海波 |
| 杨 华 | 陈丹萍 | 严兰华 | 陈 锋 | 刘 云 | 杨国辉 | 余云峰 | 张晓宇 | 朱 原 |
| 李宝枫 | 杜兴霖 | 王桢婷 | 王 森 | 杨 阳 | 黎 锋 | 张爱萍 | 管昕彤 | 李臣军 |
| 张学东 | 章 辉 | 查孝萍 | 胡兆宽 | 杨 楷 | 罗 杰 | 张 韬 | 高礼建 | 姜 涛 |
| 龚卫东 | 徐 鹏 | 汪礼智 | 施 露 | 王 健 | 陈静雯 | 马 娅 | 杜恒岳 | 周 斌 |
| 鲍红云 | 陈正兵 | 周 亮 | 豆 昊 | 周 伟 | 袁志峰 | 窦庭贤 | 任 倩 | 赵 云 |
| 张玉娟 | 张 黎 | 裔九芳 | 王 超 | 潘 莹 | 赵晋贤 | 刘秀娣 | 陈 超 | 陈永宝 |
| 黄 华 | 张园园 | 胡伟涛 | 刘钧益 | 俞 跃 | 查 理 | 陆元州 | 金 辉 | 闫承章 |
| 陈 健 | 陈 源 | 徐玉椿 | 束长江 | 蒋雪梅 | 谢中兴 | 吴彩虹 | 燕婷婷 | 蒋孝旺 |
| 翁卫国 | 朱文彬 | 冯宝金 | 李华俊 | 王信鹏 | 徐君峰 | 何成超 | 徐君达 | 滕勤凤 |
| 曹美蓉 | 陈庭山 | 周志燕 | 靳 俊 | 邵 祥 | 周红军 | 黄 华 | 乔继臣 | 朱鹤峰 |
| 陈少东 | 金元军 | 姚 宏 | 陈中月 | 李小亮 | 陈红鑫 | 李 红 | 万子豪 | 王丽峰 |
| 徐 欢 | 赵海光 | 詹龙金 | 王 静 | 陈蓓蕾 | 李 新 | 张 维 | 高 祥 | 颜 媛 |
| 花庆忠 | 徐 扬 | 张 莹 | 俞学平 | 盛明谷 | 项登飞 | 薛 勇 | 夏禄忠 | 何 磊 |
| 左 枫 | 李久春 | 瞿正林 | 赵海容 | 林 云 | 谢高杰 | | | |

**【南京农业大学工学院】** 2014 级国际经济与贸易业余高升本科、2016 级国际经济与贸易业余专科、2016 级国际经济与贸易函授专升本科、2016 级国际经济与贸易业余专升本科、2016 级会计函授专科、2016 级会计业余专科、2014 级会计学业余高升本科、2016 级会计学函授专升本科、2016 级会计学业余专升本科、2016 级机械工程及自动化函授专升本科、2014 级机械设计制造及其自动化业余高升本科、2014 级计算机科学与技术业余高升本科、2016 级计算机科学与技术函授专升本科、2016 级建筑工程管理函授专科、2016 级交通运营管理业余专科、2016 级旅游管理业余专科、2016 级人力资源管理函授专升本科、2016 级信息管理与信息系统业余专升本科、2016 级工程管理函授专科、2016 级交通运营管理业余专科（155 人）

| | | | | | | | | |
|---|---|---|---|---|---|---|---|---|
| 张　倩 | 毛庆庆 | 郭　浩 | 焦世帅 | 林佩佩 | 吕　杨 | 马海浪 | 顾　桐 | 徐梦梦 |
| 刘　令 | 朱年陶 | 褚雲翔 | 宋兰兰 | 陈小月 | 陈　静 | 马　超 | 宗宇佳 | 杨　明 |
| 徐如川 | 葛祈铄 | 王　飞 | 程　晨 | 金文婕 | 马逍遥 | 樊传晴 | 华汉玉 | 潘　静 |
| 刁降龙 | 端冰洁 | 陶　澍 | 赵芳兰 | 张海玲 | 陈美华 | 朱丹丹 | 马　星 | 董　倩 |
| 马文妮 | 樊钰莹 | 潘春香 | 曹中亮 | 徐鑫洋 | 孙琪琛 | 魏潇雨 | 方　颜 | 甘　露 |
| 陈　慧 | 汤　页 | 黄子墨 | 袁传旭 | 魏贤茹 | 谢　凡 | 周恒志 | 黄文珺 | 彭　芸 |
| 徐立花 | 蔡婷婷 | 朱晓媛 | 谢万青 | 许淑婷 | 杭　月 | 刘　鹏 | 李荣鑫 | 刘心愿 |
| 梅　丽 | 葛祥祥 | 杜翠翠 | 许　燕 | 马良松 | 王立群 | 尹伟娟 | 郭翠琴 | 曹征敏 |
| 谢　铭 | 王蔚然 | 翁南南 | 高晶晶 | 张　杰 | 黄钇兴 | 张金文 | 刘诗皓 | 李祥雨 |
| 范承鑫 | 徐云飞 | 赵　震 | 何世文 | 刘　杰 | 刘　静 | 叶海军 | 袁　猛 | 臧天成 |
| 仲梓豪 | 孙　刚 | 孙绍峰 | 桑子璇 | 蒋豪杰 | 朱殿晨 | 胡耘菲 | 吴九林 | 肖　剑 |
| 陈雨辉 | 付翔宇 | 钱承浩 | 谢沁怡 | 陈　康 | 王新宇 | 袁海涛 | 陆明宇 | 刘　峰 |
| 朱　颖 | 赵炎焱 | 周欣玥 | 车文轩 | 樊　鹏 | 艾　健 | 王肖婕 | 张逸菁 | 魏　嵘 |
| 王献敏 | 朱　力 | 苏　敏 | 徐　婧 | 李兆义 | 李　凯 | 陈艺文 | 陈熙雯 | 程　妍 |
| 陶泓全 | 章程程 | 吴　萍 | 荆　超 | 臧爱红 | 陶　文 | 张　超 | 王大鹏 | 魏诗丰 |
| 曹小燕 | 张　红 | 濮雄雄 | 王　笑 | 董　强 | 王亚莉 | 孙　昕 | 王明超 | 周　玥 |
| 杨　艳 | 唐未易 | 李　霞 | 许　扬 | 魏　来 | 赵　威 | 张红娟 | 张　磊 | 周兆兰 |
| 祁守莲 | 许　文 | | | | | | | |

**【广西水产畜牧学校】**2016级畜牧兽医函授专科、2016级动物医学函授专升本科（14人）

| | | | | | | | |
|---|---|---|---|---|---|---|---|
| 方步健 | 李俊英 | 覃柏坤 | 李桂清 | 黄朝成 | 苏福辉 | 陈成慧 | 黄华莉 | 黄　恒 |
| 赖佳思 | 袁　哲 | 李叶红 | 卢肇高 | 周　鹭 | | | |

**【淮安生物工程高等职业技术学校】**2016级畜牧兽医函授专科、2016级动物医学函授专升本科、2014级动物医学函授专升本科、2016级会计函授专科、2014级会计学函授高升本科、2016级会计学函授专升本科、2014级机械工程及自动化函授专科、2016级农学函授专升本科、2015级农业经济管理函授专科、2016级园林函授专升本科、2016级园林技术函授专科、2016级园艺函授专升本科、2016级园艺技术函授专科、2014级园艺技术函授专科（168人）

| | | | | | | | | |
|---|---|---|---|---|---|---|---|---|
| 姚　彬 | 徐　凤 | 马　莉 | 葛洪元 | 宋永昶 | 沈正球 | 韩　炜 | 张旭东 | 吴永成 |
| 刘二松 | 朱　静 | 王新云 | 杨广德 | 李　跃 | 徐寅武 | 朱加明 | 万红玉 | 支云辉 |
| 张钟文 | 陈蕾蕾 | 李　园 | 庄　亚 | 周桓宇 | 金佳德 | 陈　松 | 殷志成 | 卢晓刚 |
| 张　明 | 郭浩海 | 梁梓涵 | 王长青 | 王珊珊 | 张现厂 | 王　茜 | 陈崎凤 | 胡　浩 |
| 曹　欢 | 王淮南 | 陈雷鸣 | 马　健 | 姚　佩 | 吴　婷 | 陶宝娟 | 蒋宇忠 | 张　倩 |
| 尹桂杰 | 董加慧 | 鲍怀英 | 李　莹 | 杜　宇 | 刘　艳 | 卢文雨 | 胡　佳 | 鲍　杰 |
| 王　耀 | 储　肖 | 许荣梅 | 王　辉 | 时竹青 | 张梦婷 | 陶　慧 | 安　雯 | 张　璐 |
| 彭　蕾 | 何金香 | 任　靖 | 杨秀霞 | 姚雪成 | 罗梦雅 | 孟　敏 | 郑梅军 | 谢园园 |
| 陈　瑞 | 徐　蓉 | 谢　捷 | 蔡玲玲 | 赵　谦 | 何　笑 | 开　雷 | 刘　瑾 | 朱　玲 |
| 杨肖杰 | 乔　莉 | 羊　帆 | 李寅静 | 王桂香 | 卢娇娇 | 陈亚琼 | 王雪飞 | 丁　霞 |
| 刘志欣 | 赵黎红 | 帅　利 | 邱　慧 | 左　西 | 张　敏 | 周　毅 | 饶晓松 | 姜梦娟 |
| 任雷军 | 王　月 | 王　惠 | 朱晓庆 | 黄安君 | 韩静静 | 毛星月 | 史盼盼 | 张　玲 |

| | | | | | | | | |
|---|---|---|---|---|---|---|---|---|
| 谢 李 | 张 茹 | 唐艺菁 | 魏 宇 | 卢 康 | 白 艺 | 陈婷婷 | 陈 玉 | 刘 翔 |
| 甘青霞 | 夏正权 | 王丽华 | 沈 雨 | 徐俊杰 | 马乐飞 | 郑恒宇 | 沈 理 | 王亚娟 |
| 孙龙飞 | 朱 倩 | 马艳驰 | 汤 洁 | 侯雅坤 | 陈 婧 | 陆柯亚 | 陆 俊 | 陈海燕 |
| 郑 鑫 | 邵丽丽 | 李怀松 | 徐德方 | 胡晓文 | 姜二飞 | 陈双红 | 谢 洋 | 陈 琳 |
| 潘 颖 | 潘世奇 | 张 辉 | 顾颖娣 | 许景瑞 | 付媛媛 | 陈 韩 | 孙六生 | 罗园媛 |
| 王 欢 | 程 悦 | 金禹希 | 许 丹 | 张海昀 | 王谢宇 | 池丹丹 | 王 颖 | 韩 飞 |
| 王炳玉 | 徐长霞 | 赵 远 | 王 阳 | 周煜政 | 张 喜 | | | |

**【江苏农林职业技术学院】** 2016 级动物医学函授专升本科、2016 级园林函授专升本科、2016 级园艺函授专升本科、2016 级园林函授专升本（73 人）

| | | | | | | | | |
|---|---|---|---|---|---|---|---|---|
| 杜 星 | 周 祥 | 徐旺杰 | 张 涛 | 贾二龙 | 朱 伟 | 解晓伟 | 王旺望 | 朱莉萍 |
| 方一凌 | 陈 健 | 王 岩 | 邢子澍 | 王 裕 | 王 琴 | 张 鹏 | 路 璐 | 豆 凯 |
| 胡 悦 | 王 聪 | 李丹丹 | 季晓艳 | 刘 志 | 刘照丰 | 潘嘉昕 | 卞晓鸣 | 张忠彬 |
| 刘丽利 | 王大伟 | 周闻涛 | 刘平平 | 郭 芳 | 朱 敏 | 魏思亮 | 梅联平 | 周 瑾 |
| 李晓艳 | 侯计划 | 尚吉超 | 许 铖 | 陆丹萍 | 苏玲艳 | 吴 军 | 吴 迪 | 肖 莉 |
| 仇燕燕 | 徐兆丹 | 丁小路 | 夏士超 | 刘 圣 | 李 桑 | 王春丽 | 石晨辉 | 邹 畅 |
| 魏文强 | 任 浩 | 张 翔 | 郑涌波 | 万以勇 | 盛 强 | 闫昌德 | 孔瑞皓 | 戴 宁 |
| 陆 路 | 高晨曦 | 孙树高 | 尹晨荣 | 韦亚余 | 柯 亮 | 张书熠 | 王 璐 | 刘维杰 |
| 徐邦亭 | | | | | | | | |

**【江苏农牧科技职业学院】** 2016 级动物医学函授专升本科、2014 级动物医学函授专升本科、2015 级动物医学函授专升本科、2016 级工商管理函授专升本科、2014 级环境工程函授高升本科、2016 级会计学函授专升本科、2016 级机械工程及自动化函授专升本科、2014 级农学函授高升本科、2016 级农学函授专升本科、2016 级农业技术与管理函授专科、2016 级人力资源管理函授专升本科、2016 级水产养殖学函授专升本科、2016 级土木工程函授专升本科、2016 级园林函授专升本科、2016 级园艺函授专升本科、2013 级动物医学函授专升本科、2016 级园林函授专升本（321 人）

| | | | | | | | | |
|---|---|---|---|---|---|---|---|---|
| 奚茂荣 | 杨 宇 | 王 荣 | 王丽媛 | 卢 洋 | 戴正倩 | 顾高兰 | 许 坤 | 李 虹 |
| 刘 剑 | 乔 梁 | 周秋兰 | 陈嵘超 | 周茜晔 | 马 丹 | 柏小成 | 胡 璇 | 陈大伟 |
| 张建兵 | 谢 坤 | 陈长军 | 李秀平 | 朱金兰 | 黄 勇 | 张李华 | 谢 荣 | 殷中兰 |
| 戴 云 | 吴荣强 | 张小波 | 吴 斌 | 夏华芹 | 苗 颖 | 高 贺 | 韩 飞 | 孙 波 |
| 徐 曹 | 夏长宇 | 支如超 | 陈丽珠 | 王高兵 | 丁广文 | 何富红 | 汪爱霞 | 王国华 |
| 狄亚军 | 丁金伟 | 江 俊 | 穆传瑞 | 季珉珉 | 孟懂梁 | 周 岩 | 周 云 | 洪 杨 |
| 李单纯 | 刘文权 | 柏 伟 | 杨 琦 | 陆红霞 | 张 俊 | 周威威 | 张同刚 | 孔沙沙 |
| 李小勇 | 王 蓉 | 王 猛 | 宗晓斌 | 尹兴安 | 陆海翔 | 季鸿鸣 | 高 超 | 丁 丁 |
| 李海波 | 吴定榜 | 徐 维 | 何文波 | 苏培侠 | 时候亮 | 田爱萍 | 封 雷 | 李秀娟 |
| 陈红根 | 范玉霞 | 李家鸾 | 孟晨旭 | 魏 明 | 郭慧欣 | 成建市 | 汤先伟 | 汤先磊 |
| 徐泽宇 | 王 啸 | 宋亚林 | 张广峰 | 彭 鹏 | 陈家振 | 朱浩然 | 徐 涛 | 陈佳雯 |
| 薄元鹏 | 赵 洋 | 陈文臣 | 程贵芹 | 常桂林 | 吉立能 | 朱元元 | 徐 斌 | 夏 菲 |
| 陆 冶 | 成钱明 | 于海燕 | 黄清爽 | 潘梦琪 | 顾勇斌 | 周跃龙 | 刘 玥 | 孙海蓉 |
| 郭 燕 | 朱 航 | 王志立 | 金怡晴 | 徐桂佐 | 陈 娜 | 韩天航 | 卢芯睿 | 沈 玥 |

| | | | | | | | | |
|---|---|---|---|---|---|---|---|---|
| 丁继业 | 周炳元 | 张怀成 | 沈建伟 | 李 林 | 姜 铭 | 王习济 | 周 芹 | 王 森 |
| 严婷婷 | 高飞菲 | 曹庆亮 | 陈 云 | 王志春 | 李益春 | 王少利 | 朱家平 | 李 阳 |
| 张 倩 | 王荣芳 | 范建华 | 孙大茂 | 朱雨兵 | 巫 凯 | 邱海涛 | 孟凡荣 | 崔 军 |
| 何 斌 | 苏 勇 | 李 宇 | 王海云 | 郭十全 | 张宏杰 | 张家成 | 景广宇 | 王 兴 |
| 吴 飞 | 沈双华 | 王 卫 | 吉顺静 | 濮 军 | 赵善林 | 张飞龙 | 孙孟秋 | 郝世开 |
| 张 弓 | 尹 鑫 | 林香献 | 段赛赛 | 王亚男 | 丁萌萌 | 张 诚 | 刘小兵 | 夏国威 |
| 鲍阿庆 | 张晓林 | 郑 余 | 张 悦 | 季加俊 | 孙宏健 | 高 明 | 王卫荣 | 朱广富 |
| 王耀标 | 熊丽霞 | 冯 瑞 | 冯 娟 | 芮宁波 | 王歆奕 | 陆健峰 | 陈月兰 | 张梅花 |
| 徐姝文 | 陈琪璐 | 孙沙沙 | 陈煜燕 | 袁素芹 | 唐仕佳 | 李 萍 | 黄 冬 | 陈辉明 |
| 刘 凯 | 宋辉华 | 章 雷 | 马娅菁 | 陈 梅 | 吉 刚 | 何 宏 | 金延昊 | 张 勇 |
| 黄 瑞 | 徐 陈 | 李 松 | 吴怀军 | 王 铮 | 宋秋瑶 | 杨业宏 | 李文静 | 徐 华 | 燕勇飞 |
| 肖 飞 | 樊建伟 | 夏美华 | 张 雷 | 李 咏 | 季建文 | 候永玉 | 张 波 | 黄方跃 |
| 单森青 | 贺 兵 | 涂彩霞 | 肖 萍 | 孙存旭 | 邓加艳 | 朱 康 | 李德莹 | 朱晓龙 |
| 何海波 | 王建兵 | 唐媛媛 | 刘志兵 | 瞿青青 | 阮章波 | 孙亚洲 | 黄坤轩 | 毛 吉 |
| 滕子毓 | 陈 青 | 黄小云 | 李静峰 | 王 禹 | 王林浩 | 刘 军 | 陆益洲 | 刘 行 |
| 宋长坤 | 丁 辉 | 邵 鹏 | 陆雪梅 | 凌 慧 | 李 靖 | 韩国盛 | 陈 娟 | 王佳欣 |
| 洪庆祝 | 刘秋实 | 陶 剑 | 庞小芹 | 王于帅 | 沈宏权 | 程 俊 | 沈小洁 | 朱 斌 |
| 张庆怀 | 费尚洋 | 王新朋 | 杨卫东 | 刘雪锋 | 季建国 | 曹 君 | 吕烨玮 | 徐 胜 |
| 孙开凯 | 张 耀 | 韩淮林 | 王雪莲 | 崔小琴 | 张 军 | 田芝栋 | 张 婕 | 张秋燕 |
| 何冬益 | 帅 驰 | 帅宏进 | 王 慧 | 马 康 | 王胜凯 | 尤澍韬 | 樊杭声 | 董春艳 |
| 田亚诚 | 李 亮 | 郭家骏 | 王 佳 | 黄贤春 | 李振华 | 杨 然 | | |
| 徐进锦 | 王维珏 | | | | | | | |

**【金陵职教中心】**2014 级国际经济与贸易业余高升本科、2016 级国际经济与贸易业余专升本科、2014 级会计学业余高升本科、2016 级会计学业余专升本科、2016 级计算机信息管理业余专科、2014 级旅游管理业余高升本科、2014 级信息管理与信息系统业余高升本科、2014级电子商务业余高升本科、2014 级电子商务业余专科、2015 级电子商务业余专科、2015级旅游管理业余专科、2015 级烹饪工艺与营养业余专科（123 人）

| | | | | | | | | |
|---|---|---|---|---|---|---|---|---|
| 倪 艳 | 孙颖飞 | 徐 蕾 | 杨 婧 | 孙海婷 | 夏梦恬 | 王 琛 | 房雨洁 | 蔡俊昊 |
| 朱 琳 | 李晨丽 | 李 烨 | 陶 鑫 | 杨娇娇 | 张子豪 | 杨孝成 | 鲍婷婷 | 王倩倩 |
| 徐长吉 | 邢 睿 | 杨方玉 | 徐 瑶 | 张劲玲 | 王雅洁 | 冉 能 | 杨金鹏 | 孟 悦 |
| 李晨霞 | 余非凡 | 李俊俊 | 邱 越 | 魏文静 | 严昊婕 | 吴 琼 | 吴义琼 | 王 雪 |
| 赵庆雪 | 赵晶晶 | 贾乃洁 | 呼嫄嫄 | 侯 夏 | 易 梅 | 韦雨琦 | 王 妍 | 王雅娟 |
| 邢 亮 | 陈世杰 | 姚 杨 | 郭 欣 | 张 健 | 梁佳炜 | 唐 陆 | 刘晓焕 | 王 倩 |
| 张宋涵 | 邵国航 | 苍弘旻 | 刘叶萍 | 刘祎恋 | 许永强 | 李纯纯 | 赵延丽 | 孔昕怡 |
| 乐筱雯 | 黄 萍 | 胡 艳 | 陈瑶瑶 | 张 玲 | 张 艳 | 尹 琪 | 韦 鑫 | 马悦言 |
| 李广宁 | 詹雯婷 | 张伟超 | 林慧军 | 殷海涛 | 陈中田 | 刘司淇 | 孔 苗 | 朱 洁 |
| 褚泽超 | 孔玉梅 | 曹 原 | 邱月明 | 王紫月 | 王 倩 | 陈福艳 | 段修楚 | 柯 雪 |
| 徐冰洁 | 陶文娜 | 唐 森 | 康 雯 | 秦 倩 | 郁 洁 | 张莹莹 | 祁媛媛 | 马筱妍 |
| 许梦娟 | 苏 靓 | 曹昕萌 | 张子豪 | 王晓蓉 | 许 敏 | 周宇飞 | 魏晓春 | 聂海洋 |

沈嘉诚　沈育文　冯君毅　陈紫瑶　高　雅　陈　静　陈小贞　贡雅婷　陈　宁
何冠锋　尹　晨　杨斯媛　孔繁民　徐紫萱

**【溧阳人才中心】**2016级工商管理函授专升本科、2016级会计函授专科、2016级会计学函授专升本科、2016级机械工程及自动化函授专升本科、2016级建筑工程管理函授专科、2016级金融学函授专升本科、2016级经济管理函授专科、2016级人力资源管理函授专升本科、2016级社区管理与服务函授专科、2016级土木工程函授专升本科、2016级园艺函授专升本科、2016级园艺技术函授专科（48人）

赵　俊　李魏英子　黄　昕　陈链光　徐梦辰　林　楠　钟　科　闫娟娟　朱　晓
潘丽君　杨理雯　狄　媛　王　渊　刘　康　狄　援　朱　玲　解　祥　马　杰
李中华　史富强　陆锦伟　柏忠平　陈祉翰　汤　悦　何　晶　周文皇　李　莹
史颖琪　费国君　李　明　谢　媛　虞伟群　蔡　莹　王　丹　董凯伦　石　卉
姚琴芳　张苏妃　金彩萍　胡霖蛟　严樱花　朱春保　祁　胜　周　萍　李雪峰
余　萍　戌和仙　彭启明

**【连云港市委组织部】**2016级会计学函授专升本科、2016级农村行政与经济管理函授专科、2016级园林函授专升本科、2016级园林技术函授专科、2016级园艺函授专升本科（16人）

郭小猛　孙长周　陈广花　刘兴亚　郭　磊　张　魏　徐远亮　孙建波　孟德伦
晏常春　杨凤军　刘冬环　李　珊　陈大柱　朱　珠　臧寒梅

**【连云港职业技术学院】**2016级会计学函授专升本科、2016级农村行政与经济管理函授专科、2016级园林函授专升本科、2016级园林技术函授专科、2016级园艺函授专升本科（41人）

孙蒙雪　王一波　赵家海　张　恒　何建欣　吉海燕　高海建　黄晓钧　夏国秀
赵　晓　周　杰　金　杨　黄　成　孙家山　胡彬彬　张　峰　汪　旗　井润泽
王贵言　唐贝贝　张皓翔　王　强　张国权　孙　强　王雪琳　杨丰硕　时东飞
姚　娟　罗中平　潘　颖　高　旋　李杨杨　王远洋　毛小玲　贺晓飞　郑　烨
肖　遥

**【南京财经大学】**2014级会计函授专科、2015级人力资源管理函授专升本科（2人）

周园园　徐小雅

**【南京交通科技学校】**2016级电气设备应用与维护业余专科、2016级电子商务业余专科、2016级电子商务业余专升本科、2014级工商管理函授高升本科、2016级工商管理函授专升本科、2016级国际经济与贸易业余专升本科、2016级行政管理函授专升本科、2016级航海技术业余专科、2016级会计函授专科、2016级会计业余专科、2014级会计学业余高升本科、2016级会计学函授专升本科、2016级会计学业余专升本科、2016级机械工程及自动化函授专升本、2016级机电一体化技术函授专科、2016级机电一体化技术业余专科、2016级机械工程及自动化函授专升本科、2016级机械设计与制造函授专科、2016级机械设计与制造业余专科、2016级计算机科学与技术函授专升本科、2016级计算机信息管理函授专科、2016级计算机信息管理业余专科、2016级建筑工程管理函授专科、2016级交通运营管理业余专科、2016级金融学函授专升本科、2016级经济管理函授专科、2016级轮机工程技术业余专科、2016级农业机械应用技术函授专科、2016级烹饪工艺与营养业余专科、2016级人力资源管理函授专科、2016级人力资源管理函授专升本科、2016级社区管理与服务函授专科、2016 级市场营销函授专科、2016 级市场营销业余专升本科、2016 级铁道交通运营管理业余专科、2014 级土木工程函授高升本科、2016 级土木工程函授专升本科、2014 级物流管理业余高升本科、2016 级物流管理函授专科学籍、2016 级物流管理业余专科学籍、2016 级物流管理函授专升本科、2016 级物流管理业余专升本科（1 906 人）

| | | | | | | | | |
|---|---|---|---|---|---|---|---|---|
| 张浩然 | 石　惠 | 高　雨 | 盛怀志 | 杨　超 | 周智成 | 郭　净 | 张一帆 | 唐　凯 |
| 陈倩雯 | 刘　冬 | 方笃欣 | 王　杨 | 张纬嘉 | 范振斌 | 马旻珺 | 徐　玮 | 汪　涛 |
| 丁　炫 | 文　辉 | 刘　凡 | 居　辉 | 胡　琼 | 朱亚敏 | 陶　宇 | 朱萍萍 | 赵英迪 |
| 杨　杰 | 马　超 | 殷爱双 | 姜明章 | 于　凯 | 胡　玥 | 贾　莉 | 曹蓟钦 | 杨晨欣 |
| 孙　鑫 | 陶家娣 | 杨忠厚 | 张　磊 | 李　顺 | 钱　康 | 吕翼龙 | 黄河峰 | 许　磊 |
| 纪崔晔 | 潘智聪 | 王　鹏 | 张　增 | 陈振宇 | 施哲熠 | 陈奕池 | 黄天宇 | 印永德 |
| 朱文华 | 万本京 | 邢宇航 | 韩一鸣 | 吴天夏 | 成佳炜 | 赵　岩 | 朱　旭 | 刘　雷 |
| 黄浩华 | 丁子成 | 杨　康 | 陈晓炜 | 贡胜云 | 王志鹏 | 陈　洲 | 李广奇 | 沈冠军 |
| 刘亚东 | 高　翔 | 罗锦丰 | 廖恕啸 | 徐树庭 | 朱东健 | 李翟飞 | 董洪磊 | 蔡俊杰 |
| 刘博文 | 潘　磊 | 张雪兵 | 李元楷 | 刘裴羿 | 戴　风 | 孙　波 | 王　茜 | 张海娟 |
| 尤　欣 | 程　萍 | 李　娟 | 史董葛 | 周于淼 | 胡　练 | 陈安香 | 姚文娟 | 王　艳 |
| 刘红兰 | 王　燕 | 巴玉芳 | 闫文梅 | 夏冬梅 | 仇　楦 | 高　羽 | 张礼荣 | 张明珠 |
| 吴启凡 | 洪洋洋 | 王　晗 | 梁钰莲 | 潘　慧 | 徐雨晴 | 朱慧玲 | 曾凡敏 | 皇冬婷 |
| 刘　学 | 向仁杰 | 肖恒聪 | 周　祥 | 郑康宇 | 殷菲菲 | 周　蕾 | 王　焱 | 吴　娟 |
| 欧阳玉莹 | 成信露 | 潘　静 | 夏　乐 | 王心宇 | 成　瑶 | 周　雨 | 董佳慧 | 王奕茹 |
| 蔡超霞 | 杨晨晞 | 陈莹薇 | 吴慧娴 | 王　颖 | 陈芊伊 | 陈苏云 | 仇星馨 | 张晓凤 |
| 申海雯 | 孙笑敏 | 施玉洁 | 张梦娅 | 邹修榕 | 袁　梦 | 葛晓钰 | 何　娟 | 周　雪 |
| 史心怡 | 任晶晶 | 张晨慧 | 周梦伟 | 张　钰 | 朱　祥 | 樊　乐 | 陈宇琪 | 王　勇 |
| 顾　鹏 | 戴振宇 | 曹海生 | 孙浩然 | 叶　杰 | 董康虎 | 付江东 | 吴文建 | 董明杰 |
| 许谢东 | 魏　双 | 李　静 | 杨　煜 | 季刘根 | 孙康伟 | 周恺宣 | 丁元鹏 | 张　浩 |
| 钱仁耀 | 余昊洋 | 高超凡 | 张　波 | 成　鹏 | 陆星宇 | 孙文杰 | 张明辉 | 杨秀利 |
| 招启豪 | 吴文莉 | 叶茂青 | 高明明 | 陈　越 | 王　磊 | 周佳文 | 袁浩楠 | 邹静华 |
| 王晓杏 | 杜周合 | 孟凡一 | 许真成 | 王　丽 | 王　悦 | 颜壮壮 | 卜倩侠 | 王　宇 |
| 杨　超 | 赵　倩 | 董　露 | 周桂林 | 周　宵 | 张　政 | 刘　园 | 耿良书 | 李立凡 |
| 孙世文 | 陈彩芹 | 张文凯 | 强梦雪 | 朱袁圆 | 郭登立 | 李月瑶 | 吴冬冬 | 陶志文 |
| 李梦月 | 姚　秦 | 许静波 | 邓唯君 | 张　瑄 | 王泽慧 | 陆欣亚 | 杜杨倩 | 王　然 |
| 孙月琪 | 徐　懿 | 王秋生 | 刘　杰 | 陆从松 | 杨　丹 | 徐茹霞 | 汤楠楠 | 唐铭蔓 |
| 宋安奇 | 程　希 | 吕梦薇 | 郑　雨 | 闵　悦 | 张婧一 | 何静莉 | 杨　妍 | 袁　敏 |
| 周笑宇 | 高芙蓉 | 田晨阳 | 曹真玮 | 魏超红 | 徐　翠 | 陈先浩 | 梁天华 | 张正丽 |
| 许兆俊 | 林　珏 | 陈兰平 | 于明秋 | 蒋　娟 | 朱秀基 | 陈　康 | 黄　娟 | 陈晓倩 |
| 吕　倩 | 庆　祝 | 殷爱芳 | 朱范骏 | 曹付梅 | 侣庆爽 | 晏　洁 | 庆芳芳 | 吕品迎 |
| 聂　芳 | 何　芳 | 周珊娜 | 朱陈林 | 陈　磊 | 胡　伟 | 彭九融 | 李　俊 | 徐　涛 |
| 骆　健 | 田　磊 | 刘世成 | 吴金海 | 赵纪凯 | 祝培来 | 刘海江 | 黄新福 | 房钦久 |
| 高宏志 | 招　程 | 于晨阳 | 王　枫 | 冯是瑞 | 杨皖广 | 杨　光 | 陆瓯伟 | 徐　陵 |
| 龚铭宇 | 陈　磊 | 邱宇涛 | 戴昌杰 | 吴伶智 | 吴从彬 | 裘　晨 | 陶　宇 | 陈行吴 |

| | | | | | | | |
|---|---|---|---|---|---|---|---|
| 陈仁涛 | 刘放超 | 陈 刚 | 祁 远 | 史 科 | 王 蓓 | 徐圣杰 | 李彦涵 | 伏东升 |
| 孔荟明 | 吴 瑞 | 鲁德伟 | 张亮亮 | 邵 禹 | 李 欣 | 成 荣 | 余 飞 | 钟海斌 |
| 张学岭 | 袁 金 | 余少卫 | 颜博繁 | 王军平 | 胡 蓉 | 许晓明 | 陈 欣 | 刘正文 |
| 邬植诚 | 李 月 | 杨 蕴 | 杨勋亮 | 李忠琳 | 吕 玮 | 徐 明 | 金 胜 | 王玉峰 |
| 陈泽祥 | 叶鹏飞 | 杨 果 | 许小亮 | 刘 燕 | 吴 昊 | 蔡金果 | 徐晓虎 | 王 平 |
| 许加豪 | 张清如 | 徐 兵 | 吴新娟 | 陈春宏 | 陈柏宇 | 王家有 | 盛 健 | 张福东 |
| 金伟中 | 刘 成 | 严 辉 | 顾东恒 | 孙晓阳 | 焦 洁 | 鲁承伟 | 陈智慧 | 叶成虎 |
| 王静文 | 雷 敏 | 李定闻 | 高启铖 | 金正宇 | 刘 炜 | 祝华鑫 | 薛 洋 | 张南志 |
| 朱佳俊 | 王 龙 | 张绍帅 | 安鑫宇 | 张兴帅 | 高梦成 | 吉善金 | 武亦文 | 陆峻锋 |
| 陈国宇 | 朱佳豪 | 朱首俊 | 何思远 | 孙再冉 | 赵 建 | 陈子瑞 | 朱文建 | 周耀辉 |
| 戴 云 | 何 程 | 耿辰洁 | 鞠圣华 | 黄春晖 | 朱 陵 | 史 超 | 李岚欣 | 李 玮 |
| 秦 郭 | 朱剑鸣 | 王丽娜 | 黄菁菁 | 杨永强 | 顾春香 | 侯新芳 | 殷玲娣 | 刘仁生 |
| 干 路 | 唐乐康 | 林 健 | 薛 晨 | 汤家伟 | 陶刘歆 | 周益辉 | 张 虎 | 巫 威 |
| 王 鹏 | 王 杰 | 张恒源 | 薛沈科 | 朱 浩 | 何嘉濠 | 张浩岚 | 徐传旭 | 仝昊东 |
| 陈 伟 | 徐超超 | 周 康 | 彭福春 | 张志强 | 缪 浩 | 袁正宇 | 王 杰 | 张 伟 |
| 陈 鹏 | 王 鑫 | 张蒋超 | 王 澳 | 彭映松 | 陈晓龙 | 何佳炜 | 王 瀚 | 尹 航 |
| 卜凯露 | 张布雷 | 蒋 帅 | 高从跃 | 张 雨 | 陈伟博 | 李胜玥 | 王 莉 | 何莉莉 |
| 盛萍萍 | 张 静 | 王 娟 | 莫 莹 | 刘军丽 | 杨露茜 | 夏先玲 | 徐珊珊 | 陶 冬 |
| 潘 艳 | 王 琴 | 窦玉超 | 任庚成 | 陆金霞 | 邵兰萍 | 高 寒 | 王 满 | 李 雪 |
| 刘正波 | 刘 坤 | 陈 雨 | 陈玮宁 | 鲍苗苗 | 赵 杰 | 杨梦怡 | 顾晓丹 | 邬莉莉 |
| 王 钟 | 马家琛 | 张晓波 | 金浩宇 | 张 颖 | 向 雨 | 朱良杰 | 谢 榕 | 顾 玮 |
| 孙暄琳 | 宋 炜 | 蒋星驰 | 龙婷婷 | 俞 涛 | 管明康 | 陈 程 | 李新东 | 杨欣昕 |
| 孙尚键 | 蒯 笑 | 杨 莉 | 尹 俊 | 王 岩 | 黄存智 | 黄颖妍 | 岳 晨 | 杨正星 |
| 刘加亮 | 王 伟 | 周 强 | 戴 俊 | 刘 松 | 余 露 | 毛 宇 | 陆冬梅 | 吴进锋 |
| 杜昌玲 | 王秋菊 | 邵应权 | 谢丽娟 | 李佳蓬 | 于 桓 | 陈学双 | 徐秀丽 | 郭 荧 |
| 李 勇 | 陈九昊 | 王 胜 | 陈 锟 | 唐 俊 | 王耀东 | 白 强 | 王 娟 | 徐 京 |
| 王 艳 | 梁洪亮 | 蒋天宇 | 刘金娣 | 丁 宇 | 刘瑶珊 | 张雅文 | 郭艳花 | 张 硕 |
| 文 芳 | 罗宝杰 | 徐嘉臻 | 陆文龙 | 严小莉 | 夏林彬 | 蔡丽燕 | 林 俐 | 周石敏 |
| 殷雪莉 | 周 炎 | 冉 飞 | 王 想 | 徐 卿 | 杨 芸 | 叶小丽 | 解 蓉 | 周俊飞 |
| 朱超捷 | 赵 月 | 于芳妮 | 臧 帅 | 张 峰 | 许海波 | 徐 瑶 | 徐 苏 | 郭 萌 |
| 李艳红 | 尹霏洋 | 陆加宁 | 马澎澎 | 张荣珍 | 陈传灏 | 宋 羽 | 沈 康 | 王敬涛 |
| 倪明顺 | 聂福灵 | 徐 东 | 曹培利 | 刘奕源 | 张 珉 | 张警飞 | 罗志奇 | 陆艺轩 |
| 贾永鑫 | 王子豪 | 王 帅 | 宋 健 | 黄亦奇 | 张盛旺 | 钱有玉 | 马 健 | 夏 帅 |
| 梁石磊 | 刘 昱 | 胡世宇 | 柳旭帆 | 胡子安 | 丁传文 | 程 宇 | 余 斌 | 颜江鸿 |
| 周彬彬 | 何强强 | 郑诗林 | 张子延 | 李金龙 | 傅志刚 | 唐景淞 | 王强皓 | 武 易 |
| 戴相禹 | 沈 旭 | 林家新 | 钱 程 | 马天恩 | 孙 炼 | 沈哲平 | 李昊霖 | 许陈天昊 |
| 杜广浩 | 刘 睿 | 陈 旭 | 叶孝康 | 戴相军 | 杨 鑫 | 余晓俊 | 黄威宇 | 林 凯 |
| 赵斯栋 | 卢勇良 | 黄 涛 | 沈文轩 | 沈世豪 | 钱 俊 | 吴舜铭 | 付宁生 | 曹苏杭 |
| 黄金辉 | 王 煜 | 王啸宇 | 卞 权 | 李 涛 | 张如浩 | 陈顺星 | 张 杰 | 王 聪 |

| | | | | | | | | |
|---|---|---|---|---|---|---|---|---|
| 熊晋森 | 彭旸 | 张奉桂 | 卢影 | 凌志 | 涂陈杰 | 胡中健 | 刁德超 | 章鹏 |
| 孙孙心雨 | 耿宏强 | 杨凯 | 叶志成 | 戴治国 | 李杰 | 王剑耿 | 黄怡帆 | 戎嘉伟 |
| 严庞浩 | 刘昊 | 臧浩羽 | 张钰 | 杨成 | 孙志轩 | 李红续 | 张雨培 | 徐猛猛 |
| 施俊超 | 冯晨峰 | 左毅 | 王鹏 | 周楷航 | 袁瑞 | 孟聪 | 陈怀和 | 石建中 |
| 陶然 | 俞光豪 | 马浩杰 | 金琦聪 | 操文宇 | 胡爱民 | 包丰 | 张杰 | 徐尚 |
| 张诗帆 | 张子恒 | 滕汉浦 | 余其豪 | 肖文豪 | 李阳 | 王杰 | 田健伟 | 朱俊 |
| 牛超 | 李帆 | 胡久江 | 苗成方 | 薛童丹 | 钱永康 | 解俊辉 | 王永豪 | 鲁凡 |
| 王康 | 薛智毅 | 邓大芳 | 顾鑫 | 王淦 | 封宽 | 黄磊 | 黄澄 | 何骏 |
| 张振宇 | 杨超 | 李海鹏 | 曹晨 | 薛峰 | 徐剑 | 黄健 | 步鑫德 | 顾恒恺 |
| 梁果 | 徐铭卿 | 邢政 | 李多 | 顾永康 | 胡俊杰 | 陈翔 | 蒋程 | 蔡诚 |
| 尚建强 | 殷梦康 | 宋静 | 冯号芯 | 钱润智 | 贺建龙 | 王志考 | 陆加勇 | 陈施杰 |
| 王润 | 孙千鼎 | 刘廷乐 | 陆天锡 | 王杨和乐 | 陶亮宇 | 张卜文 | 蔡金池 | 邓金宝 |
| 樊建春 | 龚凡 | 尤子寒 | 解轩豪 | 胡军 | 宁宸 | 陈红永 | 刘浩 | 马明政 |
| 秦海曦 | 杨子航 | 王文杰 | 吕宏伟 | 濮亚民 | 杨德诚 | 余银伟 | 朱嘉祺 | 陈煜 |
| 陈一钧 | 仇鸾 | 仇露 | 周智哲 | 陈文彬 | 倪如江 | 高利志 | 沈金虎 | 丁日辉 |
| 杨启航 | 周天赐 | 皮亚鑫 | 黎康 | 刘佳杰 | 沈成龙 | 缪忠龙 | 周威 | 陈正林 |
| 许畅 | 吴家豪 | 任家桂 | 沈佳成 | 孙嘉浩 | 王昊 | 刘家硕 | 茆成强 | 徐晨翔 |
| 王佩文 | 王昊 | 钱坤 | 倪寅晗 | 于江 | 张晖 | 周瑞 | 杨丰源 | 周学祥 |
| 尹爱卿 | 张祎 | 章安旭 | 朱汪建 | 鲁壮壮 | 徐成 | 吴亿达 | 余金伟 | 邹晨 |
| 王一凡 | 朱炜炜 | 朱俊杰 | 渠梦强 | 林强 | 钱一凡 | 陆东洋 | 梁鹏 | 陈浩楠 |
| 孙荻阳 | 魏鑫 | 杨淦 | 常帅 | 王怀政 | 周文祥 | 徐浩 | 孙泽迎 | 孙达 |
| 岳晨辉 | 郑伟 | 沈炳元 | 杨东萌 | 陈玲磊 | 陈凡轩 | 顾毛凯 | 刘鑫 | 陶鑫 |
| 朱家民 | 蒋佳伟 | 杨乐 | 陈宗明 | 李明超 | 赵科瑜 | 陈星池 | 钱浩楠 | 井兴旺 |
| 黄政 | 崔厚民 | 宋复耀 | 钱钰 | 刘颖 | 赵勇强 | 祝明阳 | 徐兴伟 | 慕金键 |
| 姚魏欣 | 王梓超 | 柴晨洋 | 翁一铭 | 黄泽虎 | 肖峰 | 陈航 | 陈相飞 | 张勇 |
| 丁佳 | 窦云锋 | 宋茜男 | 凌常钦 | 赵伟 | 朱亮 | 张杰 | 武嘉伟 | 高恩宇 |
| 唐宾泉 | 张辰 | 朱志豪 | 张勇 | 尤天 | 孙瑞 | 李靖 | 滕浩 | 张琪烽 |
| 潘越 | 刘毅 | 刘承 | 王振伟 | 徐伟 | 曹楠 | 刘吉明 | 殷宇鑫 | 严培 |
| 杜示宇 | 周浩烨 | 谢东 | 孙振 | 林春 | 陈禹 | 徐义 | 林方逸 | 李世龙 |
| 孙浩博 | 赵子发 | 刘东 | 陈昕 | 朱岩 | 曹旭东 | 陈澳 | 卜安南 | 张苏文 |
| 许梓和 | 焦溹清 | 管狄 | 刘双 | 张世栋 | 徐同金 | 黄旭 | 管郡健 | 马靠山 |
| 董国庆 | 罗成 | 杨阳 | 严冲 | 蔡洋 | 邹健 | 沈磊 | 史天辰 | 刘鑫宇 |
| 张恒维 | 姜大建 | 王海东 | 张泽文 | 徐峰 | 赵刚 | 张轶博 | 何志淼 | 王旭 |
| 成乾 | 严子旭 | 陈皓 | 余俊成 | 席瑞 | 徐添 | 孙琪 | 张冲 | 李智轩 |
| 段福康 | 侍光洲 | 洪云进 | 浦彭伟 | 王涛 | 张浩宇 | 孙文涛 | 柏宇航 | 石小龙 |
| 张祥 | 朱文峰 | 姜昕 | 朱晓龙 | 王伟 | 王邯阳 | 周磊 | 吕清富 | 顾恩旭 |
| 高伟国 | 马楷权 | 朱明祥 | 吴振承 | 周佳文 | 叶威 | 杨康 | 陈宇轩 | 徐钰聪 |
| 黄帅 | 陈少柏 | 水碧清 | 桑涛涛 | 孙苑悦 | 王高峰 | 王继民 | 丁杰 | 王世民 |
| 崔阳 | 丁永胜 | 沙成宇 | 曹文杰 | 顾毅 | 倪聪 | 周逸飞 | | 刘正强 |

| | | | | | | | | |
|---|---|---|---|---|---|---|---|---|
| 李文卿 | 姜 龙 | 张俊杰 | 倪天宝 | 张 斌 | 洪文韬 | 邵 越 | 王山洪 | 王孝峰 |
| 张 奇 | 王晓东 | 张 润 | 陶书宇 | 郑维嘉 | 王苏杰 | 陈德瑞 | 王剑猛 | 陈 浩 |
| 闻 明 | 陈佳俊 | 杨 帅 | 蔡志远 | 吴 盟 | 耿卓凡 | 邵文欣 | 齐月超 | 郑 浩 |
| 彭继虎 | 张刘伟 | 潘徐伟 | 徐思寒 | 赵海潇 | 吴 昊 | 周 威 | 高 涛 | 朱俊嘉 |
| 马 柯 | 梁 琨 | 刘子琦 | 王 旋 | 刘 晗 | 许 康 | 曹 虎 | 郁京京 | 陆家福 |
| 刘希尧 | 吴 锐 | 黄理国 | 张天宇 | 江利铨 | 杨佳霖 | 刘世杰 | 张 航 | 张海翔 |
| 陈志轩 | 丁 磊 | 林树杰 | 刘星宇 | 管国威 | 韩雨辰 | 许 伟 | 陈金辉 | 黄 轶 |
| 董 飞 | 殷学明 | 曾 勇 | 王乐乐 | 陈福久 | 刘鹏程 | 赵宇豪 | 何高强 | 李文兴 |
| 朱昭震 | 彭 程 | 孙 铖 | 侍晓禹 | 曹 康 | 陈 成 | 祁智源 | 范世成 | 王 乐 |
| 孙翌轶 | 韩 昊 | 朱云波 | 杨鑫鑫 | 顾雪军 | 朱帅杰 | 黄许庆 | 董朋飞 | 陈 成 |
| 孙崇恒 | 于俊杰 | 薛卜瑞 | 陈壮壮 | 张 瑞 | 周万军 | 尤家瑞 | 吉鑫赟 | 陈冰冰 |
| 方 雪 | 赵欣雨 | 顾 佳 | 翟 蓉 | 张雪婷 | 徐 烨 | 邵怡婷 | 耿 惠 | 李 敏 |
| 彭丽萍 | 秦欣怡 | 宋丽萍 | 储彩芸 | 陈 艳 | 胡海玥 | 谢海荣 | 鲍颖文 | 陈钰炜 |
| 彭温琪 | 程东玲 | 张曼露 | 钱逸纯 | 仇玉婷 | 李静静 | 吴 镘 | 韩 倩 | 魏 玲 |
| 许婧雨 | 李 静 | 顾梦娟 | 詹 晨 | 杨 蕾 | 翟 雯 | 朱 茵 | 崔黄婷 | 周屹伶 |
| 俞鑫婷 | 凌 姚 | 殷思宇 | 曹婷婷 | 张杨娟 | 王子嫣 | 李 雯 | 吴静娴 | 丁蓉蓉 |
| 卜琳琳 | 徐安琪 | 王 倩 | 鞠 雯 | 周 婧 | 沈红蕾 | 彭雨晨 | 杨 洁 | 付 影 |
| 钟潞涵 | 王廉惠 | 赵 艳 | 唐文华 | 郭雨婷 | 于天娇 | 邱 悦 | 冯李媛 | 王美晨 |
| 黄湘芸 | 张宇樑 | 陈煜文 | 葛海舟 | 翟阳洁 | 陆美芳 | 程 虹 | 焦子涵 | 余悉尼 |
| 陈雨晴 | 柏 薇 | 宋咏昕 | 施风艳 | 马 燕 | 王珺瑶 | 王雨欣 | 刘 珍 | 邓 婕 |
| 管志婕 | 徐园婧 | 蒋修涵 | 曹珍瑜 | 朱 文 | 徐 倩 | 朱雨菁 | 付明珠 | 汤雯靖 |
| 鲁安然 | 陈 欢 | 姚婷婷 | 王艾君 | 张姝琳 | 李娇杨 | 王雅倩 | 葛明珠 | 王菁清 |
| 商家琪 | 王雯萱 | 卞维姣 | 孙 悦 | 王 娇 | 许 鑫 | 何 烨 | 金 玮 | 王晓雨 |
| 储 楚 | 郑崇惠 | 张 濛 | 鲁 颖 | 曹春燕 | 钱 慧 | 冯恺悦 | 施 雨 | 丁 倩 |
| 滕 珊 | 沈 睿 | 曹雨娟 | 常雨靖 | 潘 晨 | 董心怡 | 王 颖 | 乔叶健 | 尹玉茹 |
| 周天真 | 陈 莹 | 王丹玲 | 于美子 | 张 园 | 徐 婕 | 朱培欣 | 戴欣雨 | 许 童 |
| 许梦莹 | 沈茜婵 | 杨 娴 | 侍映含 | 王茹萱 | 应庭羽 | 孙婉璐 | 顾倩倩 | 夏 鑫 |
| 仲宇露 | 戴雨萌 | 张婷婷 | 刘雅雯 | 陈佳怡 | 刘 倩 | 尹若雪 | 焦慧婷 | 张馨茹 |
| 刘倩倩 | 王继蝶 | 王阳艳 | 杨金凤 | 张铃钰 | 许金雯 | 马 珊 | 王 婷 | 申 颖 |
| 张雪萌 | 王旋祥 | 赵梦琪 | 刘雨阳 | 刘 月 | 江 玥 | 黄 蓉 | 张佳惠 | 徐 新 |
| 戴志雯 | 李君雯 | 陶 颖 | 夏 天 | 彭川徽 | 殷 聪 | 余 洋 | 王梦园 | 周双寅 |
| 姚 红 | 陈施敏 | 殷 玥 | 张 艺 | 许馨悦 | 周君兰 | 徐雯璇 | 张 薇 | 王晓玉 |
| 严文伟 | 朱绘宇 | 刘金铭 | 张天然 | 蒋睿涓 | 陈宁馨 | 张保敏 | 范玲玲 | 黄淑雅 |
| 杨婷婷 | 周宇傲 | 陈昕瑶 | 孙德倩 | 王 昕 | 高李婧 | 田 馨 | 黄煜婷 | 雷 丽 |
| 唐 笑 | 梅 玥 | 李倩倩 | 李 冉 | 戴露露 | 孙裕雯 | 李雪芹 | 张 云 | 陈 茜 |
| 李 蕾 | 潘正玉 | 陈佳乐 | 尹嘉敏 | 束 嫣 | 巫晓萱 | 侯欣雨 | 肖 月 | 郑文慧 |
| 裴 镤 | 高 原 | 唐雅轩 | 陈晓雨 | 姜 文 | 孙玲璠 | 濮姗娜 | 付梦云 | 朱玉蓉 |
| 晁 雨 | 陈玉梅 | 丁秋霞 | 朱 倩 | 王一格 | 董馨忆 | 王珊珊 | 杨 妍 | 陈雪可 |
| 燕何霜 | 马媛媛 | 许文娣 | 张鑫鑫 | 闵晓雪 | 刘 晗 | 杨雨欣 | 侯雨露 | 戴天乐 |

| | | | | | | | | |
|---|---|---|---|---|---|---|---|---|
| 夏雨含 | 蓝雅婷 | 赵厚倩 | 李星鑫 | 王薇 | 徐红星 | 韩欢 | 常靖靖 | 朱彤彤 |
| 徐梦銮 | 张嘉楠 | 俞正媛 | 周国玲 | 傅杰 | 于倩倩 | 左梅 | 曾峥 | 赵雨涵 |
| 陈馨雨 | 陈雯婷 | 徐瑞 | 张曦文 | 张慧敏 | 王友缘 | 胡梦婷 | 赵玲 | 吴汶瑾 |
| 汤蓉蓉 | 陆雁焱 | 冯梦露 | 陆苏蕾 | 管彤 | 谢亚婷 | 吴天雪 | 陈心雨 | 黄逸楠 |
| 洪爱爱 | 王欢 | 许雨繁 | 杨明雪 | 章妍 | 李亚宁 | 李晓慧 | 杨璇 | 王文 |
| 李佳丽 | 樊馨蔓 | 范玮晴 | 沈慧颖 | 周婧 | 张子扬 | 孙启悦 | 张凤萍 | 王帆 |
| 丁蓉蓉 | 陈美 | 钱敏 | 尹飞雪 | 王磊 | 裴若男 | 许媛媛 | 周璟慧 | 张蓉 |
| 肖睿 | 董雨 | 吴青 | 杨鑫茹 | 景文宇 | 盛静 | 刘畅 | 居梦雨 | 吴常娥 |
| 王霄 | 成贤 | 孙敏 | 沈武莲 | 郑梦静 | 董迪 | 陈鑫 | 王文静 | 王金萍 |
| 简筱筱 | 丁晨 | 卞海菁 | 林如梦 | 戈海婷 | 周思思 | 吴佳昱 | 彭慧芳 | 杨欣欣 |
| 罗佳佳 | 颜续 | 陈慧娴 | 臧晨 | 翟晨静 | 徐可 | 李媛 | 李雅琦 | 周洁 |
| 苏世灵 | 赵小碟 | 蒋鑫 | 王雪 | 戴佳佳 | 袁祎 | 顾秀莲 | 孙文倩 | 韩彦萍 |
| 王欣 | 叶璇 | 彭丽娟 | 尹钰涵 | 江玉记 | 袁梦悦 | 王秋晴 | 王阮燕 | 岳文琪 |
| 王思雨 | 王恋佳 | 许慧萍 | 吴琼 | 王清怡 | 刘仁芝 | 高映娟 | 赵芸蔚 | 端萍 |
| 蒋华 | 傅宝宝 | 梁玉雅 | 刘晓妍 | 冯欣 | 夏丽娟 | 王从琳 | 解庆怡 | 董苏雅 |
| 王秋萍 | 陈桂年 | 匡红杉 | 邓玥 | 张星雨 | 李欢欢 | 吴琼 | 刘薇 | 刘婷 |
| 章雯 | 鲁富玲 | 刘鑫钰 | 王雪玲 | 冒淳萱 | 尚怡彤 | 丁晓颖 | 方青沁 | 赵亲花 |
| 刘学丽 | 杨影 | 徐雪 | 陈颖 | 魏海玉 | 王妍 | 王福嵘 | 陈慧 | 邹江风 |
| 李雯静 | 吴芹 | 徐王娟 | 汤帅萍 | 顾青青 | 杨晨盼 | 刘如意 | 王梦秋 | 黄倩 |
| 陈鑫烨 | 徐叶 | 余雅康 | 卜慧妮 | 周蒙蒙 | 王露 | 王婧 | 陈美琪 | 主颖 |
| 曹思敏 | 董晓雨 | 李清雨 | 浦吉如 | 臧丹丹 | 潘晨 | 冯洁 | 孙蓉蓉 | 张静 |
| 胡家程 | 王玉琴 | 李琴 | 杨乐 | 尤丹 | 蔡维菊 | 王丹 | 李雨梦 | 李梦雪 |
| 付成露 | 王曹君 | 邱子璇 | 李慧芳 | 佘明桐 | 陈嫣然 | 田兴旺 | 高程 | 刘洋 |
| 徐京 | 郑姚明 | 孙高 | 李梦远 | 匡玉安 | 卞杰 | 曾天阳 | 由恺 | 季曙炜 |
| 孙梓恒 | 张俊威 | 娄文喧 | 包蓉 | 秦艳 | 陈青 | 相敏 | 卫意娟 | 陶瑞琦 |
| 褚格格 | 陈安琪 | 丁彤丹 | 吴晨露 | 王仔 | 蒋俊杰 | 邱荣国 | 杨旭旺 | 吴鹏飞 |
| 周鼎策 | 于健 | 宋海航 | 钟鸣 | 喻皓 | 满文诚 | 张新旺 | 王庆坤 | 张秋晨 |
| 张维李 | 张南 | 江麒 | 吴晓彬 | 王志斌 | 汪航 | 于世辰 | 许泽旬 | 徐文强 |
| 陈启华 | 蔡春聪 | 贲沐伟 | 宋欣 | 彭延需 | 邬晨阳 | 方衍涛 | 计龙宇 | 朱俊宇 |
| 李朋 | 王帅 | 曹雨健 | 李闯 | 陈炜源 | 朱晶晶 | 姚晶晶 | 杨书蓉 | 蔡培琰 |
| 聂立钰 | 石小洁 | 柯思佳 | 江晓璇 | 许思琪 | 田思敏 | 郭新月 | 赵月 | 李悦 |
| 黄海兵 | 叶政权 | 陈伟龙 | 魏治国 | 王剑 | 李来鹏 | 高健 | 漆晶晶 | 陶明 |
| 仲维晨 | 许福 | 王家财 | 林娇 | 吴成 | 孙晓星 | 端和强 | 卜媛媛 | 叶明 |
| 王欣 | 牛俊杰 | 王志中 | 叶家宝 | 刘超 | 孙长凯 | 魏爱民 | 葛新 | 刘辉 |
| 顾晔 | 张小雷 | 张建平 | 江枫 | 刘建枢 | 严丽娜 | 李浩 | 郑少秋 | 郭自力 |
| 冯赛 | 孙浩 | 王康 | 李浩 | 郑少秋 | 郭自力 | 冯赛 | 孙浩 | 王康 |
| 陈宇 | 兰思远 | 朱周平 | 张涛 | 姜红梅 | 谢翠兰 | 李井 | 汤磊 | 张青 |
| 窦康平 | 侯鹏飞 | 宋宇庭 | 李晴睁 | 张龙 | 吕明 | 陶莹 | 郭雨晴 | 周静 |
| 方诚 | 林森 | 马忠东 | 莫淋铭 | 马艺博 | 汪洁 | 苏多祥 | 袁鹏桓 | 孙萍 |

| 张洪敏 | 王笑天 | 陈小平 | 潘道东 | 梁企业 | 郑　雷 | 周　亮 | 徐海文 | 孙　庆 |
| 许承慈 | 潘贵品 | 文　江 | 陈宝川 | 汪鹏飞 | 徐天鹏 | 周旻鸣 | 杜艳春 | 金　荟 |
| 张金凤 | 李明杰 | 高春瑾 | 刘　丹 | 顾彩红 | 孙伟雄 | 尚　昆 | 姜　涛 | 李　波 |
| 王俊玮 | 王　玉 | | | | | | | |

【南京农业大学继续教育学院】2016 级畜牧兽医函授专科、2014 级电子商务函授高升本科、2016 级电子商务函授专升本科、2016 级动物医学函授专升本科、2014 级国际经济与贸易函授高升本科、2016 级国际经济与贸易函授专升本科、2016 级会计函授专科、2012 级会计函授专科、2012 级会计学函授高升本科、2014 级会计学函授高升本科、2016 级会计学函授专升本科、2015 级会计学函授专升本科、2013 级会计学业余专升本科、2014 级金融学函授高升本科、2014 级酒店管理业余高升本科、2014 级农学函授高升本科、2016 级农学函授专升本科、2016 级农业技术与管理函授专科、2014 级农业经济管理函授专科、2014 级人力资源管理函授高升本科、2016 级人力资源管理函授专科、2016 级人力资源管理函授专升本科、2015 级人力资源管理函授专升本科、2016 级市场营销函授专升本科、2016 级土地资源管理函授专升本科、2014 级园林函授高升本科、2016 级园林函授专升本科、2016 级园林技术函授专科、2016 级园艺函授专升本科、2016 级园艺技术函授专科、2016 级植物保护函授专升本科、2016 级动物医学函授专升本、农村行政与经济管理函授专科、2014 级农业经济管理函授专科、2016 级人力资源管理函授专科、2016 级土地资源管理函授专升本、2013 级园林函授高本、2016 级园林函授专升本、2016 级园林技术函授专科（126 人）

| 夏斯胤 | 井　荣 | 税　丽 | 曾文滔 | 黄霄飞 | 权加富 | 魏　龙 | 张　凯 | 邹　敏 |
| 顾　建 | 颜素云 | 佘红雨 | 谢　俊 | 铁大鹏 | 陈　磊 | 董文杰 | 王晓敏 | 张玉凯 |
| 陈遇峰 | 袁　厅 | 宋　俊 | 胡　非 | 龙　海 | 吴　猛 | 王义亮 | 张晓栋 | 刘　佳 |
| 费梦颖 | 许　莹 | 刘　娜 | 王海虹 | 陈建洋 | 余永松 | 于世筛 | 邬金翔 | 陈　勇 |
| 薛　雨 | 周志华 | 梁　飞 | 相梦晗 | 张树婕 | 左珊珊 | 黄　荣 | 商　苏 | 侯亚芹 |
| 许恒凤 | 刘　莉 | 王东玲 | 李　阳 | 万　婷 | 梅　丹 | 彭　琛 | 成富双 | 朱　敏 |
| 周月婷 | 伍绍宁 | 徐　凉 | 王　颖 | 陶定飞 | 贺　静 | 黄智伟 | 焦莉莉 | 杨海萍 |
| 华文煊 | 彭　伟 | 田　可 | 何　鑫 | 夏　琳 | 陈　文 | 杜选勤 | 杜　萍 | 廉洪菲 |
| 董柏松 | 俞　帆 | 高青青 | 盛中楠 | 曹　雨 | 曹婉秋 | 雷　芳 | 黄森花 | 杜　军 |
| 王宏亮 | 邓海靖 | 王　琴 | 李　彬 | 杨　辉 | 王　磊 | 马计忠 | 李缓缓 | 马仁婷 |
| 李月红 | 陈晓凤 | 张佳妮 | 刘　丹 | 曾玉荣 | 程佑良 | 徐传龙 | 王泽萍 | 徐　欣 |
| 杨　婷 | 徐　阳 | 吴小梅 | 费志扬 | 陆巧珍 | 汪敏东 | 蒋　巍 | 殷　磊 | 夏香莉 |
| 褚新国 | 李江红 | 陈小刚 | 刘兰芳 | 张倩倩 | 何丽丽 | 曾朝琪 | 俞春萍 | 朱　滢 |
| 宋恒丹 | 张徐天宁 | 汤金鹤 | 汤荣君 | 陈　礴 | 董　龙 | 刘　燕 | 何　莉 | 巩向前 |

【南通科技职业学院】2016 级电子商务函授专升本科、2016 级动物医学函授专升本科、2016 级工商管理函授专升本科、2014 级国际经济与贸易函授高升本科、2014 级行政管理函授高升本科、2016 级行政管理函授专升本科、2016 级环境工程函授专升本科、2014 级会计学函授高升本科、2016 级会计学函授专升本科、2016 级机械工程及自动化函授专升本科、2016 级计算机科学与技术函授专升本科、2016 级农学函授专升本科、2014 级人力资源管理函授高升本科、2016 级食品科学与工程函授专升本科、2016 级市场营销函授专升本科、2016 级土木工程函授专升本科、2014 级物流管理函授高升本科、2016 级物流管理函授专升本科、2014 级

信息管理与信息系统函授高升本科、2014 级园林函授高升本科、2016 级园林函授专升本科、2014 级园艺函授高升本科、2016 级园艺函授专升本科、2016 级植物保护函授专升本科（229 人）

| | | | | | | | | |
|---|---|---|---|---|---|---|---|---|
| 曹秋玲 | 梅 华 | 刘星燕 | 沙晓佳 | 周 燕 | 徐维华 | 黄建忠 | 徐亚冬 | 陈亚均 |
| 刘宝华 | 曹建华 | 张 泉 | 吴拥军 | 田 锋 | 於小丽 | 王金冬 | 施海燕 | 朱 胤 |
| 姜云姗 | 凤建军 | 徐 凯 | 徐晓凤 | 张维维 | 黄东兴 | 陆 颖 | 陈 熔 | 朱东娟 |
| 鲁 娟 | 刘雯萱 | 陈舒翔 | 成群毅 | 韩露露 | 陈柯璇 | 黄笑笑 | 顾 英 | 缪晶晶 |
| 束方进 | 陈志华 | 张江华 | 姚 瑶 | 赵 渝 | 祁雯雯 | 黄永卫 | 王国彬 | 张 东 |
| 黄振宇 | 张 炜 | 蔡菊云 | 徐 鹏 | 阚文亭 | 杜金燚 | 糜寅年 | 曹 培 | 罗 强 |
| 方景贤 | 王 敏 | 周 凯 | 徐迅捷 | 庄依阳 | 邵天裕 | 龚陆昱 | 徐彬效 | 韩婷婷 |
| 吴陈洪 | 范安然 | 尹 徐 | 马振勇 | 祁爱丹 | 顾永萍 | 符 袁 | 尤相尧 | 吴佳栖 |
| 陈 莉 | 李 敏 | 陈 琳 | 陈 锐 | 张雅雯 | 顾雨杰 | 刘玉婷 | 吴 桐 | 张红兵 |
| 李 钰 | 颜彦楠 | 景晨阳 | 殷敏利 | 刘金金 | 陆嘉瑜 | 陆安琪 | 陆芳艳 | 陈金凤 |
| 殷愈勤 | 赵 晔 | 王 迎 | 王 静 | 易 娟 | 张思奇 | 魏俊峰 | 马慧娟 | 於维柔 |
| 严 颖 | 姬 玉 | 秦珍珍 | 冯旭霞 | 於 蓉 | 高菁菁 | 李秀秀 | 蔡加学 | 顾 燚 |
| 包伟诚 | 邱 澄 | 沈 瑶 | 赵天华 | 朱刘锐 | 蒋小虎 | 何宇星 | 王雨晴 | 徐志朋 |
| 王敏敏 | 王春红 | 刘小琴 | 黄 婷 | 徐晶晶 | 陆亚琴 | 陈奕霏 | 黄凯峰 | 孙 靖 |
| 陆 勋 | 张如宏 | 李 响 | 刘小波 | 唐安年 | 王娜娜 | 王逸晗 | 金 宇 | 戴建清 |
| 王晓梅 | 张 佩 | 刘加波 | 王 瑾 | 姜建春 | 薛天毅 | 沈红芳 | 张 慧 | 吴冬青 |
| 袁磊明 | 龚培军 | 李 东 | 李 杨 | 徐煜楠 | 殷 威 | 杨志渠 | 吴 鼎 | 朱连朋 |
| 苏 馨 | 李赵勇 | 吴魏禾 | 胡胤胤 | 解晓艳 | 吴进飞 | 陈永红 | 王 帅 | 姚晓东 |
| 李建东 | 何亮亮 | 袁 文 | 孙 帆 | 孙晓君 | 郜佳倩 | 吴红雷 | 王雯雯 | 陈 新 |
| 王 鹏 | 保 天 | 柏 杨 | 于 涛 | 林 露 | 孟春晨 | 吴鹏程 | 肖二帮 | 汤 浩 |
| 刘玉栋 | 戴晶晶 | 魏凡凡 | 吴保喜 | 高修尚 | 吴 昊 | 沈 丽 | 孙向荣 | 陆琴琴 |
| 夏梓琪 | 陆陈刚 | 李美玉 | 李红美 | 徐 燕 | 刘 晗 | 赵 越 | 刘 琳 | 杨嘉庆 |
| 周 效 | 方 兴 | 梁 超 | 龚 理 | 王 伟 | 王晓煜 | 於素玉 | 许 良 | 孙晶晶 |
| 杨钧宇 | 宋庆涛 | 施忠华 | 孙巍巍 | 陈 俞 | 朱洪军 | 徐天乙 | 黄倩影 | 施春晓 |
| 姚 瑶 | 王 锦 | 葛 琨 | 徐 静 | 陈 雪 | 陈乃吉 | 陈金凰 | 吴海伟 | 刘 杰 |
| 钱 伟 | 张 晟 | 江丽娟 | 陆湘云 | | | | | |

**【苏州农村干部学院】** 2014 级工商管理函授高升本科、2016 级工商管理函授专升本科、2016 级会计学函授专升本科、2016 级经济管理函授专科、2016 级人力资源管理函授专升本科、2016 级社会学函授专升本科、2016 级社区管理与服务函授专科、2016 级水产养殖技术函授专科、2016 级水产养殖学函授专升本科、2016 级物流管理函授专科、2015 级物流管理函授专科、2016 级物流管理函授专升本科、2016 级工商管理函授专升本（49 人）

| | | | | | | | | |
|---|---|---|---|---|---|---|---|---|
| 吴晓婧 | 张晶珍 | 范寅平 | 周方宏 | 张 琴 | 秦芳芳 | 陈 苗 | 浦 阳 | 王 林 |
| 崔 雄 | 宋玉美 | 张卉卉 | 鲍阿玲 | 毛永清 | 严 虹 | 易明鑫 | 赵莉萍 | 马丹丹 |
| 金徐迟 | 张士谦 | 缪 松 | 沈梦成 | 李建伟 | 陆晓佳 | 张利德 | 徐 明 | 邹雪峰 |
| 陆建平 | 梁恒洁 | 陆俊峰 | 姚文清 | 俞 凯 | 沈文新 | 张 铖 | 李时平 | 王 薇 |
| 顾纪林 | 顾广明 | 顾 斌 | 姚成龙 | 杨 杰 | 戈国强 | 马 丽 | 朱晓娟 | 严新洲 |
| 武志明 | 韩永恒 | 仇小梅 | 韦文凯 | | | | | |

**【苏州农业职业技术学院】**2016 级工商管理函授专升本科、2016 级园林函授专升本科（29 人）

| | | | | | | | | |
|---|---|---|---|---|---|---|---|---|
| 刘丽娟 | 张泽臣 | 王晓斌 | 蒋东杰 | 熊 璠 | 陶吉晶 | 夏爱丽 | 杨 凯 | 陈志杰 |
| 张跃锋 | 江志弘 | 陈秋婧 | 马小杰 | 周 君 | 朱开勋 | 钟 立 | 常传伟 | 吕 娜 |
| 姚银杰 | 孔 林 | 张 强 | 薛 彬 | 李 震 | 朱陈婷 | 吉 祥 | 万艳玲 | 贾瑞贤 |
| 熊正锋 | 刘刚 | | | | | | | |

**【无锡技师学院】**2016 级会计业余专科、2014 级会计学函授高升本科、2016 级会计学函授专升本科、2016 级机电一体化技术函授专科、2014 级旅游管理业余高升本科、2016 级机电一体化技术函授专科（171 人）

| | | | | | | | | |
|---|---|---|---|---|---|---|---|---|
| 顾 翔 | 沈亚萍 | 姚姝倩 | 顾承洋 | 王倩倩 | 许晨晓 | 柳宜均 | 林 芳 | 吴 烨 |
| 夏菊萍 | 陆 娴 | 陆 叶 | 叶馨媛 | 吴佳家 | 顾燕萍 | 胡 芳 | 王昱昊 | 徐 静 |
| 孙紫钰 | 韦莹灵 | 庄 婷 | 陈 旷 | 姚仁杰 | 许凝雪 | 钱 晓 | 张念念 | 朱程超 |
| 曹宇雯 | 陆晓静 | 袁铭铭 | 张冰清 | 陆成晨 | 陶 琦 | 华敏敏 | 华 怡 | 顾 增 |
| 陆铧超 | 朱小丽 | 周 雯 | 王晶晶 | 范钰羚 | 滕心悦 | 蒋可婷 | 沙一丹 | 季佳玲 |
| 刘淑美 | 代义花 | 杨 娟 | 戴撼洲 | 诸秋艳 | 惠华锋 | 沈嘉麒 | 章 婷 | 郁邹城 |
| 黄紫嫣 | 张兆怡 | 徐寒梦 | 王 珏 | 邹鹤鸣 | 倪 敏 | 周晓娜 | 邬颖樱 | 惠 晓 |
| 万嘉雯 | 楚心妮 | 陈珊珊 | 王超群 | 王奕慧 | 张楚虹 | 杨锦华 | 韩珊珊 | 王铃旖 |
| 李亦笭 | 冯宝玲 | 沈怡璇 | 章 妍 | 袁 薇 | 包梦娇 | 朱培红 | 惠 钰 | 方 晨 |
| 骆梦露 | 苏钰洁 | 俞玎琳 | 顾 婷 | 浦伟国 | 陈烁烁 | 张 红 | 徐晓蕊 | 王梦梦 |
| 沈 翠 | 孙钰莹 | 沈玉君 | 袁纪宇 | 吴一森 | 陆玲玲 | 朱佳琳 | 胡景芬 | 钱筱玲 |
| 赵志博 | 陈明凤 | 洪晓婷 | 周文倩 | 王 松 | 俞倩雯 | 王佳雯 | 许嘉辰 | 王 慧 |
| 赵乾丞 | 戴 磊 | 吴 纯 | 田云云 | 叶 炘 | 林爱平 | 蔡 灵 | 侯栋婷 | 惠霜霓 |
| 吴楚楚 | 顾 香 | 孙 逸 | 王 露 | 华 晨 | 郑思婷 | 童 斌 | 惠樱子 | 夏 婷 |
| 胡 妍 | 贾 琦 | 余纪娟 | 李琳祎 | 张 慧 | 孙文萃 | 黄晓杰 | 朱莹洁 | 章莹芸 |
| 钱梦洁 | 周雨昕 | 金丽萍 | 王 辰 | 孟羽圩 | 陈蒙铃 | 刘玉成 | 曹 丹 | 钱志鹏 |
| 周 文 | 顾佳玮 | 周 磊 | 王勇穆 | 陆永健 | 盛 华 | 顾一帆 | 王 波 | 李太平 |
| 钱佳森 | 郑 庆 | 陈勇伟 | 李翊文 | 褚 威 | 黄一峰 | 周 庆 | 钱浩钦 | 彭 飞 |
| 李伟航 | 郝磊军 | 高嘉媛 | 邹 琴 | 陈柔含 | 邵盈盈 | 惠怡临 | 廉美丽 | 计 可 |

**【无锡现代远程教育】**2014 级国际经济与贸易业余高升本科、2016 级国际经济与贸易业余专科、2016 级会计函授专科、2016 级会计业余专科、2014 级会计学函授高升本科、2016 级会计学函授专升本科、2016 级会计学业余专升本科、2016 级社会学函授专升本科、2016 级社区管理与服务函授专科（39 人）

| | | | | | | | | |
|---|---|---|---|---|---|---|---|---|
| 华 莹 | 钱君铭 | 李 琳 | 汪 斌 | 浦文俊 | 项偲依 | 刘明涛 | 朱秋豪 | 刘 莹 |
| 李 翔 | 徐承毅 | 姚 凤 | 孙丽丽 | 朱坚清 | 顾富君 | 王 俐 | 陈瑛瑛 | 张愉雪 |
| 朱懿萍 | 周怡雯 | 郎佳绮 | 顾 佳 | 胡 婷 | 朱旦钧 | 华 宁 | 宋其霖 | 周易轩 |
| 诸 炜 | 薛文龙 | 蒋庆怡 | 宋 晨 | 华倩蓉 | 王志安 | 胥洋华 | 张佳良 | 张佳玲 |
| 钱菊丹 | 诸云燕 | 韩笑笑 | | | | | | |

**【南京农业大学无锡渔业学院】**2014 级工商管理函授高升本科、2014 级化学工程与工艺函授高升本科、2016 级会计函授专科、2014 级会计学函授高升本科、2016 级会计学函授专升本科、2014 级机械设计制造及其自动化函授高升本科、2014 级计算机科学与技术函授高升本

科、2014 级农学函授高升本科、2014 级农业水利工程函授高升本科、2015 级农业水利工程函授专升本科、2014 级人力资源管理函授高升本科、2016 级人力资源管理函授专科、2016 级人力资源管理函授专升本科、2015 级食品科学与工程函授专升本科、2016 级水产养殖学函授专升本科、2014 级土木工程函授高升本科、2016 级土木工程函授专升本科、2015 级土木工程函授专升本科、2016 级物流管理函授专科、2014 级信息管理与信息系统函授高升本科（93 人）

苏文静　肖海萍　顾利利　唐会娟　晏　芳　宋　芳　王春英　邵成华　万夕东
万玲玲　钱　晨　陈莉莉　凌　玲　李　琴　吴长娟　吴　霞　徐　东　姚兰平
吕　霞　张　建　沈　璇　储　倩　钱　娟　沈　雷　顾凯仁　李　悦　高　中
刘小强　刘　佳　韩加军　钱　楠　姜　伶　戴峰睿　严文龙　尹　辉　韦　平
夏　云　俞　晖　徐子春　潘品翠　丁　毅　杨春柳　殷　俊　顾小平　张青春
潘长峰　胡莎莎　张志洁　刘乔龙　钱　芹　周　谷　党同友　许如奎　陈　虹
张正荣　徐　玥　贺晓冬　徐　扬　陈　静　周国勤　边　靖　徐　杰　周晓波
曹　瑞　常耀华　吴唐杰　龙　伟　王志成　柴明亮　杨智宇　刘新生　李海棠
奚倩茹　叶　霞　叶　飞　于国文　周爱国　潘　磊　张智林　许如霞　徐忠俊
徐永康　蒋宝英　潘　飞　徐　进　王　飞　黄　露　仇绍飞　周　勇　王　亚
周　扬　杨　钰　戴文伟

【响水电视大学】2015 级动物医学函授专升本科、2014 级农学函授高升本科（3 人）

薄学军　张剑桥　苗其军

【江苏农民培训学院】2016 级畜牧兽医函授专科、2016 级工商管理函授专升本科、2016 级会计函授专科、2014 级农学函授高升本科、2016 级农学函授专升本科、2016 级农业技术与管理函授专科、2016 级园林函授专升本科、2016 级园林技术函授专科、2016 级农业技术与管理函授专科（50 人）

闫守玲　董叶海　马玉林　韩　玲　郭朝鑫　宋明星　黄　靖　陈　晨　曹冬云
葛　毅　汪　伟　陆　倩　李　婷　王　娟　杨素珍　张冰玉　于爱平　仲伟伟
朱小凤　曹　勇　杨佳洲　刘　青　丁尧鑫　胡亚伟　丁　威　吕先锋　薛　赛
叶敬佰　王　建　潘如磊　陆敬金　陈　彬　刘　磊　张　俭　朱　丽　徐　勇
陈　进　武秀伟　朱　斌　张　雯　冯鹏程　许春雁　陆　健　徐　越　刘莉莉
张琳琳　孔娟娟　霍　余　叶胜德　何　猛

【徐州市农业干部中等专业学校】2016 级会计函授专科、2016 级会计学函授专升本科、2016 级园林函授专升本科（17 人）

王　静　张宇歌　盛宁宁　刘　丹　刘　鹏　马光辉　路　艳　李　军　董英姿
王维彪　冯遵亚　梁合群　吴　锡　周雪玲　康　力　腾　飞　邵允品

【江苏省盐城技师学院】2016 级化学工程函授专科、2014 级化学工程与工艺函授高升本科、2016 级会计函授专科、2016 级机电一体化技术函授专科、2016 级机械设计与制造函授专科、2014 级机械设计制造及其自动化函授高升本科、2016 级计算机信息管理函授专科、2016 级建筑工程管理函授专科、2015 级建筑工程管理函授专科、2015 级数控技术函授专科、2014 级土木工程函授高升本科、2016 级园林技术函授专科、2014 级/2015 级建筑工程管理函授专科、2015 级数控技术函授专科（527 人）

许　青　吴春林　陈志宇　姜　磊　张宇杰　崔陈翔　王思源　伍荣荣　王慧颖

| | | | | | | | | |
|---|---|---|---|---|---|---|---|---|
| 张敏 | 姜露 | 吴红梅 | 郜清玲 | 谷玉婷 | 胡倩倩 | 何雨晴 | 朱生芳 | 王俐俐 |
| 王智瑶 | 潘兰兰 | 唐玮 | 明仁昊 | 陈晨 | 刘靖君 | 王静 | 沈蒙 | 高露 |
| 高晶 | 高亚 | 沈玲 | 吴志钢 | 陈微 | 万建 | 崔雨 | 马骁 | 凌恺 |
| 戴岭 | 姜明 | 高颖 | 何永欣 | 崔慧琴 | 况婷 | 温园园 | 卞丽敏 | 严越 |
| 陈晶晶 | 徐楠楠 | 宋水清 | 孙慧娟 | 李青霞 | 张霞 | 夏宇 | 王众海 | 王泽俊荣 |
| 孙佳豪 | 孙冬 | 王昌礼 | 吉中群 | 徐凡 | 夏则京 | 王成成 | 周涛 | 吕金虎 |
| 王乾 | 唐磊 | 陈健 | 顾阳 | 成峥嵘 | 钱加俊 | 陈胜强 | 邹振华 | 许超 |
| 段红生 | 成国祥 | 杨凯 | 宋吉荣 | 江涛 | 卞东坤 | 吉翔翔 | 吕寿虎 | 赵家乐 |
| 仓明 | 韩正太 | 孙松 | 张瑞宇 | 沈冰冰 | 徐杰 | 万晋谷 | 沈伟成 | 李冬昊 |
| 倪新顺 | 王金铭 | 卢炳云 | 宋瑞康 | 程铭 | 刘长磊 | 陈英杰 | 施银剑 | 乔冬橙 |
| 季桦 | 严明珠 | 戴云鹏 | 蒋伟国 | 江云 | 陈伟佳 | 马天伟 | 王远鹏 | 何云飞 |
| 陈思井 | 景小虎 | 钱海林 | 朱伟康 | 洪春虎 | 姜海 | 陈乾晖 | 徐磊 | 汤善武 |
| 单忠园 | 陈鹏 | 周丰 | 吕斌 | 闫伟伟 | 田正军 | 王荥 | 王瑞宇 | 何维海 |
| 杜功浪 | 王斌 | 许毅 | 肖扬 | 黄镇 | 陈健 | 毛赛 | 孙浩 | 杨朋 |
| 陈西宁 | 郑鹏 | 凌威 | 颜鑫煜 | 嵇想 | 王远寅 | 裔春杨 | 王杰 | 徐浩 |
| 林大苇 | 刘登军 | 金华庭 | 陆德炳 | 张伟 | 郁红盛 | 杨连俊 | 严亚军 | 张仁坤 |
| 熊利国 | 严铭鑫 | 王红俊 | 张鹏程 | 周效刚 | 仇江东 | 王许 | 朱祥胜 | 蔡奇洋 |
| 邓明鑫 | 徐钲凯 | 盛伟 | 滕寨平 | 朱广文 | 王荣健 | 秦健 | 付启鹏 | 陆建斌 |
| 沈俊峰 | 宗蔚 | 仇金洋 | 蔡慎静 | 张寅良 | 王豪杰 | 闻聪 | 钮晖 | 张家楠 |
| 卞光绪 | 陈鹏 | 郑阳 | 曾轶 | 柏益琳 | 王智贤 | 徐菁菁 | 梁立坤 | 刘家城 |
| 陈思禹 | 葛扣生 | 宋波 | 张佳玮 | 陈港 | 杭朋 | 徐梦倩 | 李婷 | 王成铃 |
| 杨云霞 | 吴志倩 | 杨帆 | 吉丹丹 | 刘贵东 | 仇维祥 | 韩浩杰 | 邵世杰 | 衡祥 |
| 茅利新 | 唐晨 | 苏维浩 | 徐成 | 张磊 | 张玮杰 | 徐旺旺 | 李真伟 | 花文杰 |
| 田野 | 鲁以成 | 魏明书 | 焦帅 | 杨天雨 | 陈安东 | 胡德鸿 | 孙泽尉 | 单浩 |
| 陈宇宙 | 蔡旭康 | 于建强 | 马凯 | 骆正强 | 孙怡然 | 蔡国键 | 江洋 | 金秀凯 |
| 唐阳洋 | 胥浩杰 | 吴懿 | 朱思铭 | 梅瀚 | 吴旭楠 | 王伟业 | 马志源 | 范德余 |
| 陈彪 | 陈鑫 | 许昊 | 王一帆 | 薛项成 | 解浩东 | 张海洋 | 孙浩 | |
| 丁苏民 | 魏兆辉 | 徐海华 | 孙存权 | 肖孟 | 陈思伟 | 孙正成 | 卞中良 | 胡萍 |
| 张成 | 周海龙 | 孙桥 | 唐大伟 | 王振亚 | 戴广亮 | 陈尚前 | 刘锐杰 | 魏宇 |
| 盛锦湘 | 王洋 | 陈庆伟 | 袁烨君 | 黄晶晶 | 王旭光 | 韩政理 | 吴易宸 | 梁会娇 |
| 卞文卿 | 徐家辉 | 王吉盈 | 陈达 | 顾锦玲 | 葛苏华 | 周雄烽 | 陈嘉豪 | 仇娟娟 |
| 孙佳联 | 邵玲 | 孙琪俊 | 王均连 | 许杰 | 胡志鹏 | 周晶晶 | 王鑫 | 孙磊 |
| 管中喜 | 陈墨 | 李德洲 | 王志坚 | 单玥 | 李晓楠 | 徐金鑫 | 宋雯雯 | 杨晨 |
| 陈杰 | 倪天宝 | 史佳伟 | 徐鑫 | 董悦 | 薛正鹏 | 周明杰 | 蔡俊 | 韦珏 |
| 季杨 | 徐新栋 | 孙旺 | 祖旗 | 张景阳 | 李猛 | 陈哲夫 | 张磊 | 陈炎 |
| 崔俊 | 王惠 | 董梅 | 项成 | 桑雨毫 | 陈愉文 | 张磊 | 王浩 | 韦智泷 |
| 邓寅虎 | 张玉成 | 祁凯 | 铁凡 | 王程 | 孟子熙 | 林亚明 | 刘海龙 | 丁双峰 |
| 杨晨 | 顾兰兰 | 徐迪 | 余淑文 | 刘洋 | 杨雷 | 熊亚君 | 柏国梁 | 李想想 |
| 朱明威 | 肖雄 | 单程 | 孙福鑫 | 赵冠华 | 徐海涛 | 邱少龙 | 孙怡 | 张敏 |

| | | | | | | | | |
|---|---|---|---|---|---|---|---|---|
| 邵　洁 | 黄益飞 | 江伟杰 | 陈　浩 | 张天宇 | 张　辉 | 王兆程 | 李秉泽 | 单泽天 |
| 乔　伟 | 金　辉 | 陈宇轩 | 沈　春 | 管如伟 | 王　晨 | 陆开林 | 李运旭 | 孙　源 |
| 张嘉明 | 郑一凡 | 张　亮 | 包发森 | 许长发 | 王　海 | 胡哲钦 | 蔡爱旺 | 朱鹏程 |
| 黄嘉梁 | 李鑫祥 | 张　浩 | 杨　琪 | 陈思涵 | 施风章 | 徐　薇 | 孟　让 | 梁佳豪 |
| 宋德富 | 吴　昊 | 张国鑫 | 徐　宇 | 戴国清 | 茆　健 | 王　坤 | 魏忠浩 | 陆国峰 |
| 张兴龙 | 董玉铖 | 荀咸丰 | 李　杰 | 王新晔 | 龚　帅 | 张　棋 | 张　晨 | 周　巡 |
| 刘　浩 | 赵隆坤 | 商再炜 | 李　勋 | 沈　颖 | 薛　莲 | 马　晟 | 蒋孟华 | 王瀚增 |
| 郑留龙 | 吴昊天 | 周　育 | 窦正法 | 李昊林 | 李　容 | 臧仕成 | 颜正兴 | 严　臣 |
| 温晓慧 | 陈永恒 | 苗沂澄 | 苏　琪 | 陈玉莹 | 陈　鑫 | 施　星 | 刘　雨 | 孙睿泽 |
| 费荣成 | 郝达宽 | 王　震 | 陈浩然 | 戴建晟 | 张笑雨 | 陈　辉 | 孙红刚 | 盛　越 |
| 孙文钰 | 吴子健 | 陈菁菁 | 林王军 | 沈　娅 | 徐国峰 | 顾广津 | 何正露 | 陈宏飞 |
| 井　霞 | 李南竹 | 黄加荣 | 唐　鹏 | 史文琴 | 陈　沛 | 熊正宏 | 周　杰 | 洪　涛 |
| 王守将 | 刘　浩 | 张善亮 | 颜　童 | 陈　瀚 | 刘庭旭 | 陈伟伟 | 王汇之 | 张益晨 |
| 徐慧霖 | 臧　露 | 陈　峰 | 王满誉 | 王凯飞 | 蔡亚明 | 邵鹏飞 | 徐俊阳 | 汤彬彬 |
| 唐祥通 | 黄　亮 | 王长昊 | 于莹莹 | 胡小健 | 张来宾 | 孙金鑫 | 樊青山 | 刘　彬 |
| 张　傲 | 徐瑞甫 | 丁霄剑 | 王　赵 | 施晓峰 | 蔡玲玲 | 王　焱 | 孙海丽 | 张资昊 |
| 徐林桥 | 王璐璐 | 陈　华 | 戚慧敏 | 钱中云 | 徐浩亚 | 刘彩霞 | 商兆春 | 杨　旭 |
| 朱少辰 | 郑　沂 | 倪海舟 | 周杉杉 | 李温仪 | 孙　超 | 田　慧 | 曹雯琪 | 吴　丽 |
| 黄　翮 | 陈星宇 | 李家俊 | 徐　萍 | 王志超 | | | | |

**【盐城生物工程高等职业技术学校】**2014 级车辆工程函授高升本科、2016 级畜牧兽医函授专科、2015 级畜牧兽医函授专科、2014 级畜牧兽医函授专科、2014 级电子商务函授高升本科、2016 级电子商务函授专科、2016 级动物医学函授专升本科、2014 级工商管理函授高升本科、2016 级工商管理函授专升本科、2016 级环境工程函授专升本科、2016 级会计函授专科、2014 级会计学函授高升本科、2010 级会计学函授高升本科、2016 级会计学函授专升本科、2016 级机电一体化技术函授专科、2014 级机械设计制造及其自动化函授高升本科、2008 级计算机信息管理函授专科、2016 级计算机信息管理函授专科、2016 级计算机应用技术函授专科、2012 级计算机应用技术函授专科、2013 级建筑工程管理函授专科、2016 级建筑工程管理函授专科、2013 级畜牧兽医函授专科、2016 级电子商务函授专科、2013 级电子信息工程技术函授专科、2016 级会计函授专科、2016 级机电一体化技术函授专科、2016 级建筑工程管理函授专科、2016 级农村行政与经济管理函授专科、2016 级农业机械应用技术函授专科、2016 级农业经济管理函授专科、2015 级/2016 级汽车运用与维修函授专科、2014 级数控技术函授专科（515 人）

| | | | | | | | | |
|---|---|---|---|---|---|---|---|---|
| 李　瑾 | 路光耀 | 顾　军 | 孙成城 | 刘建城 | 杨振华 | 张　媛 | 王正群 | 张　溢 |
| 吴永号 | 王　彬 | 张君路 | 许　岩 | 石小倩 | 杨春惠 | 何先明 | 吕　叶 | 顾亚曦 |
| 崔　琳 | 张　昊 | 王　洁 | 杨里雯 | 孙振宇 | 刘海尧 | 张兆连 | 郑安娟 | 霍云霞 |
| 陈元江 | 王　丽 | 袁　驰 | 蔡岚岚 | 蔡　萍 | 冯彩娟 | 翟嘉敏 | 顾玉林 | 周湘闰 |
| 伏婉雪 | 杨紫荣 | 姚淑雯 | 王　妍 | 房佳佳 | 刘长珍 | 黄　燕 | 夏　洁 | 孟　梦 |
| 葛　平 | 陈海蕊 | 朱　云 | 徐存香 | 徐广珍 | 张玉红 | 吉兰英 | 李增旺 | 李梦莹 |
| 谢碧玉 | 耿　悦 | 郑　云 | 路　丹 | 唐明艳 | 沈宏巧 | 雷永川 | 高志婷 | 李红刚 |

| | | | | | | | | |
|---|---|---|---|---|---|---|---|---|
| 夏根雯 | 洪明明 | 李 燕 | 刘洋利 | 魏 晋 | 张曼曼 | 印学唤 | 李 宁 | 许丽燕 |
| 许 诚 | 张 静 | 顾东鸣 | 黄 进 | 蔡 亚 | 房 丹 | 潘燕燕 | 潘冬霞 | 邵小兰 |
| 马星星 | 董 良 | 沈 慧 | 仲霞娟 | 仲 宇 | 詹建华 | 孙海妍 | 彭 跃 | 王晨懿 |
| 袁 晨 | 周姗姗 | 陈梦婕 | 胡佳佳 | 涂月红 | 严 静 | 杨 越 | 祁 艳 | 徐仁标 |
| 于正勇 | 曹恒坤 | 苏步青 | 胡 勇 | 单国来 | 陈天鹏 | 孙 昊 | 董 雷 | 黄双祥 |
| 刘立涛 | 李光亮 | 陈 虎 | 严卫清 | 甘浩男 | 兰鹏程 | 徐 浩 | 李政宏 | 张腾飞 |
| 杨 环 | 梁成志 | 孔 亮 | 宋成云 | 董春华 | 马如意 | 徐 杨 | 马 勇 | 刘晓坤 |
| 凌 志 | 刘 森 | 鱼兆良 | 田 来 | 李云淇 | 徐 磊 | 李昕忆 | 徐荣旺 | 孙 晨 |
| 刘 娜 | 纪韩瑞 | 曾文辉 | 吴家贤 | 李家乾 | 顾国桐 | 陈云静 | 张 苏 | 宋国婷 |
| 张杨洋 | 刘 伟 | 张季婷 | 王珍玮 | 朱庆雯 | 牛 影 | 陈 馨 | 王 岚 | 王 培 |
| 谢业繁 | 魏铖润 | 杨新阜 | 陈慧明 | 李玉京 | 韦 磊 | 翟浩哲 | 王 春 | 王佳伟 |
| 卜良雨 | 张 展 | 胡 威 | 潘东升 | 戴茂彬 | 王延林 | 陈 龙 | 陆国杰 | 冯 健 |
| 黄春鹏 | 林方璐 | 陈 星 | 徐 程 | 辛 峰 | 李清霖 | 胡海楠 | 孙玉成 | 王瑞冬 |
| 王海光 | 苏国循 | 周云峰 | 高 翔 | 徐 益 | 王 勇 | 陈 军 | 沈桂霞 | 韦玉华 |
| 蔡 猛 | 张 娟 | 朱华阳 | 梅一鸣 | 刘 伟 | 李 杰 | 高 峰 | 吕玉浩 | 王 运 |
| 孙德宇 | 张国川 | 房浩轩 | 杜心如 | 王 利 | 徐 娟 | 黄 彩 | 朱婉丽 | 索露露 |
| 周天甲 | 陈信杉 | 许 冬 | 王 喆 | 李 震 | 唐明明 | 白朝波 | 刘海芳 | 胡世迈 |
| 陈 行 | 宁天龙 | 高留洋 | 殷清华 | 宋 越 | 冯 欣 | 蔡浩洋 | 石成冲 | 王中俊 |
| 吴井华 | 谢 亮 | 周浩浩 | 盛世威 | 周博文 | 田 磊 | 彭 亮 | 杨 林 | 时连明 |
| 王 玲 | 严书军 | 蒋 仁 | 漆 奎 | 谷宏先 | 张国华 | 董 伟 | 孙清如 | 董 湖 |
| 彭明亮 | 郭伯奂 | 傅秀才 | 耿加友 | 江 锋 | 滕野川 | 缪旺旺 | 王飞亮 | 李夏雨 |
| 曹 策 | 肖永鑫 | 夏益飞 | 智通耘 | 冯宏伟 | 李昌杰 | 林忠民 | 杨昌峰 | 张进萍 |
| 董伟慧 | 王书云 | 陈滨滨 | 陈 鑫 | 成 涛 | 黄晶晶 | 吴诺轩 | 周小媛 | 徐 倩 |
| 刘 许 | 陈国旺 | 黄 锋 | 刘 畅 | 王 开 | 马 浩 | 侯清洁 | 许 波 | 陈海艳 |
| 孙海年 | 邵 群 | 季鹏飞 | 徐 华 | 柏 萍 | 唐 军 | 仇春辉 | 顾善华 | 侍听春 |
| 张登文 | 卞庆元 | 陈春生 | 杨俊生 | 王永超 | 葛 翔 | 吴方勤 | 何为昊 | 宋大烨 |
| 华亮亮 | 季春晓 | 杨家富 | 林汉治 | 洪晨铭 | 王 林 | 钱吉亮 | 卢 超 | 程亚林 |
| 李华磊 | 周智勇 | 邱士民 | 王炳华 | 黄治富 | 姜龙兵 | 钟椋成 | 顾 译 | 李 超 |
| 薛志刚 | 罗贤金 | 康得波 | 孙长峰 | 王跃峰 | 崇 浩 | 李 纲 | 陈绕干 | 李 徽 |
| 李 霞 | 郑腊梅 | 李 凡 | 尹势尧 | 吴帮娟 | 蔡旭权 | 朱中文 | 孙 炜 | 张 旭 |
| 刘苏海 | 陆国强 | 陈佳峰 | 于济杭 | 张明鑫 | 张 洋 | 杨鑫炎 | 周庆祝 | 孙伟强 |
| 颜浩涛 | 夏斯杰 | 丁晓杰 | 吴龙兴 | 张智鹏 | 秦华侨 | 钱一波 | 钱冬梅 | 杜 峰 |
| 陈云秋 | 薛 冬 | 彭海州 | 蔡 娅 | 施春燕 | 王 斌 | 梁 建 | 张文婷 | 陈 昊 |
| 王传慧 | 储瑞东 | 陈 磊 | 朱 灿 | 张 鑫 | 蒋子健 | 卓新沅 | 潘 政 | 周玉龙 |
| 沈彩红 | 王霆霆 | 戴万秋 | 雍亚洲 | 祖腾飞 | 李大奇 | 陈永旺 | 潘陈成 | 高 文 |
| 吴其龙 | 严明敏 | 孙 旭 | 赵 振 | 谢兆军 | 任 兵 | 方子超 | 蒋大军 | 陈飞达 |
| 宋长吴 | 岳彩祥 | 武 帅 | 戚 亮 | 王 全 | 程 尖 | 薛飞龙 | 胡东阳 | 孙 婧 |
| 陆星星 | 房 瑗 | 白冬文 | 邹青龙 | 顾晨晖 | 安学斌 | 陈 湘 | 成 实 | 周灶铭 |
| 陈赛勇 | 翟钧杰 | 李毅静 | 王 冲 | 王 照 | 潘闻杰 | 陆 洋 | 朱杰斌 | 刘一辰 |

| | | | | | | | |
|---|---|---|---|---|---|---|---|
| 陈　超 | 邵风钢 | 李　飞 | 丁祝春 | 张祥得 | 孙文林 | 左　云 | 周旺旺 | 周立涛 |
| 王冬洋 | 高建京 | 孙小福 | 夏浩峰 | 郭　宇 | 张璐璐 | 罗得斌 | 史益松 | 刘柏均 |
| 张　俭 | 郭　康 | 王跃文 | 孙　彪 | 姚玲玲 | 张慧超 | 陈　迪 | 江伟伟 | 李基跃 |
| 李　堃 | 苏　倩 | 王　丹 | 王立立 | 许媛媛 | 卢　群 | 张　琳 | 高小梅 | 钱　飞 |
| 刘伟伟 | 王敏君 | 魏　魁 | 蔡亚芹 | 赵玉佩 | 祖文静 | 朱　枫 | 王燕娜 | 刘　璐 |
| 蔡蕾蕾 | 朱志豪 | 孙德坤 | 刘　艺 | 范新华 | 杨　静 | 张雅静 | 江思霖 | 陈志红 |
| 蒯立红 | 吕维超 | 费迎文 | 付秀梅 | 王燕秋 | 唐育树 | 金奕明 | 何易凯 | 刘　宇 |
| 肖　融 | 乐月淦 | 倪正兰 | 陈明峰 | 谢　岭 | 唐亮亮 | 严良善 | 王　猛 | 陈　连 |
| 朱向阳 | 顾阳春 | 周　欣 | 李　维 | 王　皓 | 孟娱吉 | 顾华生 | 陈芳玲 | 衡亚飞 |
| 杨汉祥 | 孙　宇 | 徐丰友 | 孙书林 | 陈显著 | 周倩楠 | 董学平 | 张　悦 | 韩旭戈 |
| 张　恺 | 张长杰 | 郭留扣 | 陈雪阳 | 靳　军 | 侍荣荣 | 吴　昊 | 蔡长森 | 何　海 |
| 胡玉振 | 周　琦 | | | | | | | |

**【扬州技师学院】**2014级车辆工程函授高升本科、2014级电子商务函授高升本科、2016级电子商务函授专科、2016级动漫设计与制作函授专科、2016级工程造价函授专科、2016级机械设计与制造函授专科、2014级计算机科学与技术函授高升本科、2016级计算机网络技术函授专科、2016级建筑工程管理函授专科、2014级建筑工程管理函授专科、2015级建筑工程管理函授专科、2016级汽车检测与维修技术函授专科、2012级数控技术函授专科、2012级数控技术函授专科、2016级图形图像制作函授专科、2014级土木工程函授高升本科、2014级网络工程函授高升本科、2012级网络工程函授高升本科、2016级物流管理函授专科、2016级物流管理函授专科（435人）

| | | | | | | | |
|---|---|---|---|---|---|---|---|
| 陈　峰 | 谢小雷 | 许明珠 | 范庆伟 | 房立华 | 邢长健 | 刘　帅 | 王　林 | 张洪瑞 |
| 孙安康 | 田　政 | 谈　勇 | 绪连杰 | 王金龙 | 沈　通 | 夏日旭 | 申能智 | 任云杰 |
| 路中原 | 陈　伟 | 谷元闯 | 盛　芮 | 陆健云 | 卢旭生 | 孙壮志 | 陈　鹏 | 斗格才让 |
| 冶福海 | 孙振宇 | 刘　颖 | 王　悦 | 陈钰琦 | 朱　昊 | 薛世炜 | 刘婷婷 | 姚心雨 |
| 郭　月 | 马　聪 | 庞璐瑶 | 丁紫威 | 李　敏 | 晏　雯 | 张　郑 | 刘　颖 | 杨锦波 |
| 张洪源 | 张登武 | 金长熔 | 侯雅倩 | 徐　燕 | 潘晓颖 | 江文文 | 郑　格 | 樊洛瑜 |
| 施　亮 | 周华健 | 孟　宇 | 曹　寅 | 汪昊宇 | 刘耀泽 | 施嘉诚 | 刘鲁杰 | 杨　瑞 |
| 黄勇吉 | 卓　昭 | 吴绍坤 | 朱　磊 | 杨文龙 | 邵梦玲 | 韩宇峰 | 陈　奎 | 徐浩岚 |
| 沈　莹 | 杨　阳 | 王　勇 | 钮　健 | 王松浦 | 吴　克 | 刘瑞星 | 梁　旭 | 夏　晋 |
| 王　宇 | 陈　奇 | 许世杰 | 潘陈逸文 | 陈志鹏 | 钱　诚 | 王　健 | 朱　行 | 韩君豪 |
| 卞志恒 | 于　欢 | 蒋　云 | 陈震东 | 马慧婧 | 闵　浩 | 章星宇 | 周　慧 | 李正国 |
| 叶　聪 | 潘帝文 | 罗　俊 | 王　杰 | 佘园园 | 吴　洁 | 孔晶晶 | 闵　雪 | 何建霖 |
| 蔡俊杰 | 徐　虔 | 缪　顺 | 鲁　悦 | 黄　榕 | 顾　鑫 | 刘　城 | 郑子安 | 仇　鑫 |
| 高欣怡 | 曹劲鹏 | 胡雨生 | 李伟杰 | 张　浩 | 李　炎 | 高佳伟 | 胡伟辰 | 许冬宇 |
| 李　威 | 庞　宇 | 李小康 | 陈梦鑫 | 巫家伟 | 朱　飞 | 李　璇 | 鲍永胜 | 张伟东 |
| 韩　帅 | 冯明付 | 朱珉皓 | 成　健 | 朱珉皓 | 成　健 | 瞿　幸 | 卢伟杰 | 孔　超 |
| 刘　凯 | 张思晟 | 许彦南 | 韩亦蓉 | 许　丹 | 周　鑫 | 王新雨 | 李俊杰 | 后春雨 |
| 孙　豪 | 胡　彪 | 孔德智 | 汤鹤翔 | 石明欣 | 张时轩 | 倪　康 | 吴耀祖 | 黄　文 |
| 张　杰 | 赵　杰 | 茆　宇 | 李洪洋 | 孙玉勇 | 花振洋 | 李新康 | 朱寿泳 | 常庆圆 |

| | | | | | | | | |
|---|---|---|---|---|---|---|---|---|
| 周 翔 | 姜 涛 | 李金鹏 | 宋玉灿 | 程司凡 | 李新宇 | 余文藻 | 杨 帆 | 徐 健 |
| 范宏亮 | 邵国帅 | 帅 靖 | 唐传雨 | 黄 楠 | 唐成臣 | 管 政 | 佘世才 | 王子涵 |
| 郭子裕 | 张友旺 | 冀 洁 | 陈 寅 | 王俊伟 | 葛轶鸣 | 乔秀峰 | 黄 俊 | 汪 杰 |
| 钱施远 | 马凯悦 | 曹永康 | 徐梓峰 | 周 磊 | 洪 宇 | 俞海冬 | 邰 杰 | 于 跃 |
| 姜 涛 | 侍殿苏 | 王楚宇 | 许 童 | 程校斌 | 王 政 | 王 涛 | 陈金鑫 | 陈立夫 |
| 高 航 | 汤 健 | 孟 涛 | 孙海建 | 陶 煜 | 王 鹏 | 俞添琦 | 夷 春 | 张 辉 |
| 马梓健 | 方 瑜 | 顾瑞寅 | 仲连志 | 程谦宇 | 高新宇 | 杭义银 | 陈钰洋 | 王世超 |
| 朱 勇 | 刘 彬 | 邵星雨 | 杨 澄 | 黄淦岭 | 高远航 | 周振之 | 马沈晨 | 吴 帅 |
| 卢 琛 | 徐金波 | 梅施凯 | 刘 玉 | 高 宇 | 姜 楠 | 刘朱祥 | 宋 浩 | 闵 吉 |
| 刘 威 | 杨 锐 | 赵轶凡 | 撒惟峰 | 周 进 | 刘益飞 | 梅宏华 | 张浩鹏 | 薛 存 |
| 王钱峰 | 卜 宇 | 曹 陈 | 钱永清 | 沈 阳 | 陆其童 | 成一帆 | 陆 旭 | 王 超 |
| 王龙强 | 戚呈啸 | 朱晓辉 | 陈 辉 | 王逸群 | 谢孟晖 | 刘 威 | 陈家鹏 | 郁 轩 |
| 朱 航 | 薛金安 | 陆鑫宇 | 陈阳洋 | 刘 鹏 | 徐 希 | 沈 浩 | 茆文箭 | 杨 帅 |
| 徐 寅 | 朱永庆 | 丁 浩 | 沈天宇 | 陈佳楠 | 陈瑞琪 | 秦海燕 | 高慧玲 | 鲍志宇 |
| 高凌岳 | 梁明月 | 刘海韵 | 薛雯婷 | 周文雅 | 储金金 | 徐梁玉 | 姚心雨 | 陈媛媛 |
| 圣 诚 | 仇菁菁 | 陈雅茹 | 田明坤 | 孙 飞 | 王 旭 | 蔡兴旺 | 张 冯 | 单宇成 |
| 鲍 璟 | 曹海涛 | 于 鑫 | 王德鑫 | 关淋元 | 孟 杨 | 张子星 | 秦美玲 | 刘智超 |
| 王鑫琰 | 陈思思 | 徐佳丽 | 李湘杰 | 孙明强 | 王 涛 | 刘晨晖 | 王 栋 | 陈定凯 |
| 刘 鑫 | 张 栋 | 陈 曦 | 汤 波 | 吴晓颖 | 潘丽燕 | 戴玲慧 | 徐 瑶 | 朱梦露 |
| 姜雨梦 | 曹靓雯 | 颜智卿 | 屠艳艳 | 钱振月 | 颜恬静 | 顾心怡 | 刘 越 | 袁 鸣 |
| 王 梅 | 陈金秋 | 次正西日 | 吴子璇 | 胡 玉 | 王善鹏 | 孙 彬 | 姜笃奎 | 潘振扬 |
| 丁泽鹏 | 管 晨 | 华 康 | 肖洛阳 | 李 超 | 黄青云 | 顾威鑫 | 杨 鹏 | 姜玉晨 |
| 沈永胜 | 丁川剑 | 杨步武 | 朱晓港 | 郭 航 | 何 晨 | 陈金动 | 汤 煜 | 王肖庆 |
| 孙麒栋 | 于婷婷 | 姚文思 | 徐 宇 | 沈 洁 | 沈佳璐 | 晏一菲 | 吴千涛 | 孙泽阳 |
| 李 浩 | 武传超 | 王连杰 | 李子豪 | 戴 星 | 李 浩 | 王 勇 | 董 瑞 | 何 颐 |
| 张意文 | 俞婷婷 | 李 磐 | 花开胜 | 朱庆志 | 张永佳 | 华志强 | 芦载昆 | 李铭成 |
| 杨 磊 | 刘金煜 | 张 胜 | 张玉鹏 | 郭碧莹 | 鲍威权 | 钱 星 | 朱 成 | 李子培 |
| 程世超 | 屠清云 | 戚 晶 | 周倩男 | 付苗苗 | 鲍婷婷 | 王 萌 | 嵇 缘 | 陈晓莹 |
| 吴清雯 | 张 东 | 陆 瑶 | 汤英健 | 丁秦雯 | 龚新童 | 卢梦月 | 王镐鑫 | 胡佳佳 |
| 花 卉 | 缪 倩 | 祝颖悦 | 朱嘉诚 | 钱文涛 | 李 澳 | | | |

（撰稿：董志昕　汤亚芬　孟凡美　梁　晓

审稿：李友生　毛卫华　於朝梅　肖俊荣　审核：王俊琴）

# 国 际 学 生 教 育

【概况】学校长短期国际学生 1 108 人，其中国际学历生 508 人（本科生 65 人、硕士生 170

人、博士生 273 人），国际非学历生 600 人（长期国际生 34 人、短期国际生 566 人），来自亚洲、非洲、欧洲、美洲和大洋洲的 99 个国家。国际学历生来自 72 个国家，其中"一带一路"沿线 40 个国家的国际学历生占比 55.5%。国际学历生中以研究生为主，占比 87.2%，其中博士生占研究生学历生 61.6%。毕业生 86 人（博士生 33 人、硕士生 45 人、本科生 8 人），国际学生发表 SCI 研究论文 95 篇。

国际学生所学专业分布于 17 个学院，学科专业主要为农业科学、植物与动物科学、环境生态学、生物与生物化学、工程学、微生物学、分子生物与遗传学、管理学、经济学等重点优势学科。

优化招生工作。完善"资格审查，专业审核，综合考核"——"三审"选拔录取机制，提高招生效率和生源质量。加强对奖学金体系的统筹管理，综合发挥奖学金对优秀生源的吸引力。设立来自国家部省市校、国际非政府组织、外国高校和外国政府的 10 个奖学金项目，奖学金生占比达 99.45%。

推进国际学生教育质量建设。建立"趋同化管理"和"个别辅导"相结合的培养机制，继续推进全英文授课课程建设。面向国际研究生建设全英文授课课程 16 门。截至 2019 年底，面向国际学生全英语授课课程共计 176 门，其中研究生专业课程 93 门、本科专业课程 83 门。

加强制度建设。制订和完善《南京农业大学国际学生学费、住宿费收缴管理办法》（校外发〔2019〕30 号）、《南京农业大学国际学生公寓管理办法》（校外发〔2019〕67 号）、《南京农业大学国际学生手册》（2019 版）、《南京农业大学国际学生招生宣传手册》（2019 版）和《南京农业大学国际学生突发事件应急处置预案》等管理规定。

强化日常管理和服务。加强学生团队建设，提高国际学生自我组织和自我管理的意识及能力。加强第二课堂和第一课堂的融合，引导国际学生"知华、友华、爱华、亲华"。组织国际学生参加第 47 届校运动会、"庆祝新中国成立 70 周年在苏留学生图文、视频征集"活动，以及"2019 感知中国——魅力苏中"和"看四十年乡村巨变，溯农村改革之源——走进安徽小岗村"等系列主题教育。

**【江苏省来华留学生教育先进集体】** 南京农业大学围绕来华留学生教育的初心，以来华留学生教育"提质增效"为核心使命，完善国际学生教育管理体制机制，加强国际人才管理队伍建设，坚持立德树人，开展国际学生育人教育系列活动，来华留学各项事业发展态势良好，荣获 2019 年度"江苏省来华留学生教育先进集体"。

**【动物生物技术等 3 门课程入选"2019 年江苏高校省级英文授课培育课程"】** 石放雄负责的动物生物技术、夏爱负责的昆虫分子生物学和吴未负责的科学论文写作方法 3 门课程入选"2019 年江苏高校省级英文授课培育课程"。

**【1 名国际学生通过遴选成为 2019 年第二届"学在中国"来华留学博士生论坛发言报告人】**
10 月 31 日至 11 月 1 日，由中国高等教育学会外国留学生教育管理分会主办的第二届"学在中国"来华留学博士生论坛在南京举行。经个人申请、学校推荐、学会审核，主办方从来自包括清华大学、上海交通大学等 62 所学校的 118 名国际学生中遴选出 38 名优秀国际博士生代表发言，学校肯尼亚籍国际博士生麦克（Waigi Michael Gatheru）以优异成绩和学术成果通过遴选成为来华留学博士生论坛发言报告人，并获荣誉证书。

# [附录]

## 附录 1　国际学生人数统计表（按学院）

单位：人

| 学部 | 院系 | 博士研究生 | 硕士研究生 | 本科生 | 进修生 | 合计 |
|---|---|---|---|---|---|---|
| 动物科学学部 | 动物科技学院 | 24 | 5 | 4 | 2 | 35 |
|  | 动物医学院 | 34 | 4 | 20 | 6 | 64 |
|  | 草业学院 | 2 | 0 | 0 | 0 | 2 |
|  | 无锡渔业学院 | 2 | 63 | 0 | 0 | 65 |
| 动物科学学部小计 |  | 62 | 72 | 24 | 8 | 166 |
| 食品与工程学部 | 工学院 | 18 | 10 | 0 | 1 | 29 |
|  | 食品科技学院 | 22 | 6 | 4 | 3 | 35 |
|  | 信息科技学院 | 0 | 0 | 0 | 0 | 0 |
| 食品与工程学部小计 |  | 40 | 16 | 4 | 4 | 64 |
| 人文社会科学学部 | 公共管理学院 | 26 | 10 | 3 | 0 | 39 |
|  | 经济管理学院 | 22 | 38 | 6 | 4 | 70 |
|  | 金融学院 | 4 | 0 | 1 | 0 | 5 |
|  | 外国语学院 | 0 | 1 | 0 | 0 | 1 |
|  | 人文与社会发展学院 | 1 | 0 | 0 | 1 | 2 |
| 人文社会科学学部小计 |  | 53 | 49 | 10 | 5 | 117 |
| 生物与环境学部 | 生命科学学院 | 9 | 4 | 5 | 1 | 19 |
|  | 资源与环境科学学院 | 15 | 4 | 6 | 3 | 28 |
| 生物与环境学部小计 |  | 24 | 8 | 11 | 4 | 47 |
| 植物科学学部 | 农学院 | 50 | 8 | 15 | 2 | 75 |
|  | 园艺学院 | 22 | 6 | 1 | 1 | 30 |
|  | 植物保护学院 | 22 | 11 | 0 | 0 | 33 |
| 植物科学学部小计 |  | 94 | 25 | 16 | 3 | 138 |
| 国际教育学院 |  |  |  |  | 10 | 10 |
| 合计 |  | 273 | 170 | 65 | 34 | 542 |

## 附录 2　国际学生人数统计表（按国别）

单位：人

| 国家 | 人数 | 国家 | 人数 | 国家 | 人数 |
|---|---|---|---|---|---|
| 中非 | 1 | 塔吉克斯坦 | 2 | 瓦努阿图 | 1 |
| 乌干达 | 5 | 塞内加尔 | 2 | 科特迪瓦 | 1 |
| 也门 | 1 | 塞舌尔 | 1 | 约旦 | 2 |

（续）

| 国家 | 人数 | 国家 | 人数 | 国家 | 人数 |
|---|---|---|---|---|---|
| 伊拉克 | 1 | 多哥 | 5 | 纳米比亚 | 1 |
| 伊朗 | 4 | 委内瑞拉 | 1 | 美国 | 2 |
| 佛得角 | 1 | 孟加拉国 | 10 | 老挝 | 13 |
| 克罗地亚 | 1 | 安哥拉 | 1 | 肯尼亚 | 57 |
| 冈比亚 | 4 | 密克罗尼西亚 | 1 | 苏丹 | 15 |
| 几内亚 | 1 | 尼日利亚 | 8 | 苏里南 | 1 |
| 利比里亚 | 7 | 尼泊尔 | 5 | 荷兰 | 1 |
| 加纳 | 16 | 巴基斯坦 | 160 | 莫桑比克 | 4 |
| 南苏丹 | 8 | 摩洛哥 | 2 | 蒙古 | 1 |
| 南非 | 23 | 斐济 | 2 | 西班牙 | 1 |
| 博茨瓦纳 | 4 | 斯里兰卡 | 1 | 贝宁 | 3 |
| 卢旺达 | 4 | 日本 | 4 | 赞比亚 | 8 |
| 印度 | 1 | 柬埔寨 | 4 | 赤道几内亚 | 1 |
| 厄立特里亚 | 3 | 格林纳达 | 1 | 越南 | 5 |
| 叙利亚 | 2 | 沙特阿拉伯 | 3 | 阿塞拜疆 | 4 |
| 古巴 | 1 | 法国 | 3 | 阿富汗 | 11 |
| 哈萨克斯坦 | 7 | 波兰 | 1 | 阿尔及利亚 | 4 |
| 喀麦隆 | 2 | 波斯尼亚和黑塞哥维那 | 6 | 阿根廷 | 1 |
| 土库曼斯坦 | 2 | 泰国 | 1 | 韩国 | 9 |
| 坦桑尼亚 | 11 | 津巴布韦 | 2 | 马拉维 | 2 |
| 埃及 | 23 | 澳大利亚 | 1 | 马来西亚 | 12 |
| 埃塞俄比亚 | 19 | 牙买加 | 1 | 马里 | 2 |

## 附录 3　国际学生人数统计表（分大洲）

单位：人

| 亚洲 | 非洲 | 大洋洲 | 美洲 | 欧洲 |
|---|---|---|---|---|
| 260 | 256 | 5 | 8 | 13 |

## 附录 4　国际学生经费来源人数统计

单位：人

| 中国政府奖学金 | 中非"20＋20"高校项目奖学金 | 江苏省优才计划（TSP）项目 | 江苏省政府外国留学生奖学金 | 南京农业大学校级全额奖学金 | 南京市政府奖学金 | 南京市政府和南农联合奖学金 | 外国政府奖学金 | 世界银行项目进修生 | 校际交流 | 自费 | 合计 |
|---|---|---|---|---|---|---|---|---|---|---|---|
| 400 | 20 | 17 | 12 | 2 | 5 | 25 | 31 | 10 | 17 | 3 | 542 |

# 附录 5 毕业国际学生人数统计表

单位：人

| 博士研究生 | 硕士研究生 | 本科生 | 合计 |
|---|---|---|---|
| 33 | 45 | 8 | 86 |

# 附录 6 毕业国际学生情况表

| 序号 | 学院 | 毕业生人数（人） | 国籍 | 类别 |
|---|---|---|---|---|
| 1 | 动物医学院 | 7 | 巴基斯坦、孟加拉国、苏丹 | 博士生 6 人，硕士生 1 人 |
| 2 | 动物科技学院 | 8 | 巴基斯坦、苏丹、博茨瓦纳、纳米比亚、约旦 | 博士生 5 人，硕士生 3 人 |
| 3 | 资源与环境科学学院 | 3 | 巴基斯坦、南非 | 博士生 2 人，本科生 1 人 |
| 4 | 农学院 | 8 | 埃及、阿富汗、肯尼亚、孟加拉国、莫桑比克、南苏丹、叙利亚 | 博士生 3 人，硕士生 5 人 |
| 5 | 经济管理学院 | 11 | 巴基斯坦、多哥、阿塞拜疆、埃塞俄比亚、津巴布韦、肯尼亚、马里、沙特阿拉伯、赞比亚 | 博士生 1 人，硕士生 10 人 |
| 6 | 植物保护学院 | 5 | 肯尼亚、巴基斯坦 | 博士生 4 人，硕士生 1 人 |
| 7 | 食品科技学院 | 5 | 巴基斯坦、南非 | 博士生 2 人，硕士生 1 人，本科生 2 人 |
| 8 | 园艺学院 | 3 | 肯尼亚、巴基斯坦 | 博士生 1 人，硕士生 1 人，本科生 1 人 |
| 9 | 公共管理学院 | 3 | 埃塞俄比亚、巴基斯坦、马来西亚 | 博士生 2 人，本科生 1 人 |
| 10 | 工学院 | 4 | 巴基斯坦、柬埔寨、肯尼亚 | 博士生 2 人，硕士生 2 人 |
| 11 | 金融学院 | 2 | 巴基斯坦 | 博士生 2 人 |
| 12 | 生命科学学院 | 5 | 孟加拉国、巴基斯坦、南非 | 博士生 2 人，本科生 3 人 |
| 13 | 无锡渔业学院 | 22 | 埃塞俄比亚、利比里亚、坦桑尼亚、阿尔及利亚、南苏丹、厄立特里亚、冈比亚、加纳、肯尼亚、摩洛哥、南非、尼泊尔、乌干达 | 博士生 1 人，硕士生 21 人 |

# 附录 7 毕业国际学生名单

## 博士研究生

### 农学院

马钢 G M Alamin（孟加拉国）

蒂娜阿 Dina Ameen Mohamed Abdulmajid（埃及）

李诺 Nour Ali（叙利亚）

### 动物科技学院

哈歌 Hager Yonis Alhaag Abdallaa（苏丹）

莫加比 Wazha Mugabe（博茨瓦纳）

裴云 Aneela Perveen（巴基斯坦）

马西 Muhammad Faheem Akhtar（巴基斯坦）

娜拉阿布达拉 Nahla Abdalla Hassan Elsheikh（苏丹）

### 动物医学院

德拉 Animesh Chandra Roy（孟加拉国）

贝纳 Sahito Benazir（巴基斯坦）

李麦 Halima Salih Altaher Abobaker（苏丹）

阿卜杜希 Abdul Haseeb（巴基斯坦）

沙菲克德 Muhammad Shafiq（巴基斯坦）

希布拉 Shipra Roy（孟加拉国）

### 工学院

苏莫罗 Shakeel Ahmed Soomro（巴基斯坦）

穆阿明 Ameen Muhammad（巴基斯坦）

### 公共管理学院

迪西 Belew Bekele Demessie（埃塞俄比亚）

苏丹娜 Tayyaba Sultana（巴基斯坦）

### 经济管理学院

智齐 Gichuki Castro Ngumbu（肯尼亚）

### 无锡渔业学院

巴里米拉 Kamira Barry（乌干达）

### 食品科技学院

萨里 Hafiz Muhammad Saleem Akhtar（巴基斯坦）

李瀚 Iftikhar Ali Khan（巴基斯坦）

### 园艺学院

克莱 Githeng'U Stephen Kironji（肯尼亚）

### 生命科学学院

那米娜 Nahmina Begum（孟加拉国）

伊尔凡 Irfan Ullah Khan（巴基斯坦）

### 植物保护学院

魏娜 Hanif Alvina（巴基斯坦）

肯家福 Alex Machio Kange（肯尼亚）

奥切恩格 Sylvans Ochieng Ochola（肯尼亚）

阿亚兹 Ayaz Farzand（巴基斯坦）

### 资源与环境科学学院

拉法 Muhammad Rahil Afzal（巴基斯坦）

米莱 Misbah Naz（巴基斯坦）

## 金融学院

拉蒂夫 Rashid Latief（巴基斯坦）

卓越 Ahmed Shafique Joyo（巴基斯坦）

# 硕士研究生

## 动物医学院

伊布辛 Yassin Abdularahim Adam Ibrahim（苏丹）

## 动物科技学院

恩那布 Wael Ziad Hasan Ennab（约旦）

卡维塔 Ngekure Mbayoroka Xhata Kavita（纳米比亚）

罗德尼 Saif Ullah（巴基斯坦）

## 食品科技学院

穆扎赫 Muzahir Hussain（巴基斯坦）

## 无锡渔业学院

万继拉 Gazahegn Wakjira Yadata（埃塞俄比亚）

阿杜那 Adugnaw Mengea Chekol（埃塞俄比亚）

拉比 Khamis Rabii Salum（坦桑尼亚）

阿图干 Atuganile Malambugi（坦桑尼亚）

卡斯木 Kassimu Hashimu Ame（坦桑尼亚）

季瑞尔 Gyan Bahadur Jirel（尼泊尔）

马穆 Gobeng Likambo Seme Mamuru（南苏丹）

提楼 Ngoepe Tlou Kevin（南非）

塞米立 Mohamed Semri（摩洛哥）

詹姆斯 James Pewukowa Mulbah（利比里亚）

尼古拉 Nicholas Garmondyu Konway（利比里亚）

多米尼 Dominic K A Korheina（利比里亚）

瑞贝卡 Rebecca Wangari Muritu（肯尼亚）

门萨 Horace Mensah（加纳）

贾洛 Momodou S Jallow（冈比亚）

塔希尔 Farhan Aye Tahir（埃塞俄比亚）

达文 Dawit Adisu Tadese（埃塞俄比亚）

特姆根 Temesgen Gebremeskel Gebreluel（厄立特里亚）

嘎朗 Agou Peter Garang（南苏丹）

法特 Fateh Benkhelifa（阿尔及利亚）

罗浮 Raouf Bouzoualegh（阿尔及利亚）

## 园艺学院

纳迪姆 Nadeem Khan（巴基斯坦）

工学院

　　萨德芒 Sar Dymang（柬埔寨）

　　慕吐里 Ireri David Muturi（肯尼亚）

农学院

　　卡布 Elidio David Cambula（莫桑比克）

　　瓦莱利奥 Aga Guido Okwana Valerio（南苏丹）

　　莫亚兹 Moaz Salah Elkhader Ali（埃及）

　　比瓦法 Sherzad Zabihullah（阿富汗）

　　勒杰茜 Nguvo Jessee Kilemi（肯尼亚）

植物保护学院

　　肯高来 Korai Shakal Khan（巴基斯坦）

经济管理学院

　　谢芳 Cogbe Adzowa-Sika Emefa（多哥）

　　古里耶夫 Orkhan Guliyev（阿塞拜疆）

　　玛丽可 Korotoumou Mariko（马里）

　　拉提夫 Abdul Latif（巴基斯坦）

　　革舜母 Gershom Endelani Mwalupaso（赞比亚）

　　阿拉瓦图 Alavo Essiagnon John-Philippe（多哥）

　　法瑞尔曼 Faria Waseem（巴基斯坦）

　　马斯里 Esetie Aseres Mamo（埃塞俄比亚）

　　米兰波 Mlambo Kudakwashe Gloria（津巴布韦）

　　阿希力 Alshehri Sultan Mohammed A（沙特阿拉伯）

## 本科

食品科技学院

　　陶思 Oupa Petros Tsotetsi（南非）

　　李达 Sabata Gabriel Nthaba（南非）

生命科学学院

　　高斯 Kgosi Veronica Tshogofatso（南非）

　　艾米 Moeketsi Emily Kolojane（南非）

　　李爱 Shibane Nolithando Yvonne（南非）

公共管理学院

　　黄嘉文 Wong Jia Wen（马来西亚）

资源与环境科学学院

　　尚波 Kakalatsa Sonwabo Sylvester（南非）

园艺学院

　　穆婉晴 Mwangi Faith Njeri（肯尼亚）

（撰稿：程伟华　王英爽　芮祥为　审稿：童　敏　韩纪琴　审核：王俊琴）

# 创 新 创 业 教 育

【概况】贯彻落实《国务院办公厅关于深化高等学校创新创业教育改革的实施意见》（国办发〔2015〕36 号）与《江苏省深化高等学校创新创业教育改革实施方案》（苏政办发〔2015〕137 号）要求，深化创新创业教育改革。推荐国家级大学生创新创业训练计划项目 100 项、江苏省大学生创新创业训练计划项目 101 项，批准"校级大学生创新训练计划"立项项目 476 项、"校级大学生创业训练计划"立项项目 3 项、"大学生创新创业训练专项计划"立项项目 40 项。

开展"大学生创新创业启蒙训练营""创业门诊""大学生科技创业训练营""大学生创业文化节"等"三创"学堂活动 14 项，参与学生 3 000 余人次。举办"科技报国，筑梦创新"科技文化节、科创博览会等活动，引导全校开展科技创新活动，吸引全校 5 500 余名学生参与。围绕学生专业核心技能培养和第一课堂教学，立项支持 27 项本科生学科专业竞赛，吸引全校近 5 000 名学生参与。修订《南京农业大学大学生创客空间团队考核管理办法》等管理制度 3 项，提升创客空间管理服务水平。出台《南京农业大学-南京紫金科技创业投资有限公司大学生科技创业平行基金管理办法》并组织首次评审，两个驻园团队项目分获 50 万元和 30 万元投资。邀请知名专家、创业导师、成功企业家为学生普及创新创业知识，完成 5 位创新创业导师聘任工作。8 月，学校获评"2019 年度全国创新创业典型经验高校"。大学生创客空间累计孵化 80 个创业团队，各团队共获得国内外创业竞赛荣誉 37 项、奖金 120 余万元、国家发明专利 5 项、实用新型专利 14 项、软件著作权 62 项；全年实现营业收入近 3 400 万元，利润近 730 万元。

继续开展"新农菁英"培育发展计划，作为江苏省大学生涉农创业校地合作联盟秘书处单位，与继续教育学院合作，完成对校内 2 326 名学生的涉农创业训练营培训工作。举办江苏省乡村振兴"新农菁英"训练营（第三期），通过专家授课、座谈交流、参观实训等环节，吸引全省涉农青年代表和涉农专业大学生代表 300 余人参加。开展"新农菁英"就业见习计划，在江苏省范围内共招募涉农见习岗位 3 601 个，吸引 1 181 名青年赴岗参与就业见习活动。首批开发 100 节"新农菁英"标准课程及组建 3 000 人"新农菁英"人才库，在 10 家农业龙头企业设立省级"新农菁英"实训基地，组建"农业科技社会化服务联合体""邮寄蔬菜创新战略产业联合体"等 6 家一体化农业经营组织联盟。

学校通过丰富课程、创新教法、打造师资、强化实践，提高学生的综合素质、国际视野、科学精神和创业意识、创新能力。学校获国际基因工程机械设计大赛（简称"iGEM"）金牌、国际商业管理与商业案例分析竞赛（IFAMA）一等奖 1 项、日本京都大学生国际创业大赛一等奖 1 项。在第五届江苏省"互联网＋"大学生创新创业大赛中，学校团队共获得一等奖 2 项（主赛道 1 项、红旅赛道 1 项）、二等奖 3 项、三等奖 5 项，取得学校历史最好成绩。其中，"渔管家：全国领先的水产养殖一站式服务商"（高教主赛道）、"小农人，大情怀：以高品质绿色蔬果助力皋兰脱贫"（红旅赛道）获得江苏省一等奖，"棚友科技：打造温室'智库'服务系统"（红旅赛道）、"智农云芯：农业大数据解决方案供应商"（高教主赛道）、"欧贝威：汇聚草本精华，护航宠物健康"（高教主赛道）获得江苏省二等奖。此外，学校荣获高教主赛道"优秀组织奖"以及青年红色筑梦之旅赛道"优秀组织奖"。在"挑战杯"全国大学生课外学术科技作品竞赛中，工学院推报项目"气流环绕型药液回收式果园风送喷雾机"与动物医学院推报项目"新发 D 型流感病毒的病原学与流行病学研究"获二等奖，动物医学院推报项目"污染饲料中 HT－2 毒素对早期胚胎的毒性影响及应对策略"以及经济管理学院推报项目"互适与撬动：产业扶贫如何有效带动民族地区走出贫困陷阱？——基于凉山、楚雄两个彝族自治州的调查"获三等奖。

**【第 16 届江苏省大学生课外学术科技作品竞赛暨"挑战杯"全国竞赛江苏省选拔赛决赛】** 5月 25～26 日，第 16 届"瑞华杯"江苏省课外学术科技作品竞赛暨"挑战杯"全国竞赛江苏省选拔赛决赛在南京农业大学举行。此次大赛以"青春迎挑战，建功高质量"为主题，邀请45 名专家学者，服务 2 000 余名参赛师生，全省 125 所高校的 640 件作品参赛，通过初赛网评的选拔，最终 98 所高校的 321 件作品入围决赛。参赛作品涵盖机械与控制、信息数理、生命科学、能源化工、哲学与社会科学等多个领域，组织动员的广度及参赛作品的深度较往届都有显著提升。经过激烈的角逐，大赛最终评选出特等奖作品 67 件、一等奖作品 116 件，其中 73 件作品被推送参加全国比赛。40 所高校被评为优秀组织奖。

**【第五届江苏省"互联网＋"大学生创新创业大赛"青年红色筑梦之旅"启动仪式】** 为贯彻落实习近平总书记给第三届中国"互联网＋"大学生创新创业大赛"青年红色筑梦之旅"大学生重要回信精神，鼓励大学生用创新创业成果服务乡村振兴战略、助力精准扶贫、扎根中国大地书写人生华章，6 月 1 日，第五届江苏"互联网＋"大学生创新创业大赛"青年红色筑梦之旅"活动在南京雨花台烈士陵园举行。全省 110 余所高校 800 余名师生共同参加启动仪式。启动仪式结束后，江苏大学生"青年红色筑梦之旅"联盟成立仪式、乡村振兴与精准扶贫项目对接签约、大学生优秀红旅和涉农创新创业项目路演、主旨论坛等系列活动在南京农业大学举行。江苏"青年红色筑梦之旅"活动自 2018 年启动以来，吸引了全省 91 所高校4 万余名师生先后深入淮安、徐州、盐城等革命老区，用创新创业成果服务乡村振兴、助力精准扶贫，在大学生群体中打造了规模最大、最生动的思政课堂。

**【"2018—2019 年江苏省高等学校现代农业大学生万人计划学术冬令营"活动】** 为贯彻《中共中央办公厅国务院办公厅关于深化教育体制机制改革的意见》精神，服务国家创新驱动发展战略，落实立德树人根本任务，1 月 20～28 日，学校举办"2018—2019 年江苏省高等学校现代农业大学生万人计划学术冬令营"活动，来自全国 7 所高校 110 名本科生参加此次活动。冬令营围绕"现代农业"的新理论、新技术和新装备，依托南京农业大学农学、植物保护、园艺、农业资源与环境 4 个江苏省品牌专业，突出生物技术与信息技术在农业生产中的应用，激发学生对现代农业科技的兴趣，强化学生对最新农业技术前沿的认识和了解，推进一流现代农业人才的培养，助力国家乡村振兴战略。

**【"农业与生命科学大学生创新创业实践教育中心"获批为江苏省大学生创新创业实践教育中心建设点】** 建设省级创新创业实践教育中心，是江苏高校深化创新创业教育改革、培养高素质创新创业人才的重要举措。该项目建设周期为两年，通过建设将健全学校大学生创新创业教育生态体系，提升双创教育师资队伍建设水平，加深优质双创教育资源共享程度，完善协同育人工作机制，形成"专业教育＋双创教育"深度融合的人才培养新局面，提高学校创新创业教育和创新创业人才培养水平。

# ［附录］

## 附录1　国家级大学生创新创业训练计划立项项目一览表

| 学院 | 项目编号 | 项目类型 | 项目名称 | 主持人 | 指导教师 |
|---|---|---|---|---|---|
| 园艺学院 | 201910307091K | 创业实践 | 南京朴侬生态农产品服务平台 | 刘奂岑 | 陈宇、周建鹏 |
| | 201910307092K | 创业实践 | 彩叶白菜新品种开发创业实践 | 韩庆远 | 胡春梅、侯喜林 |
| 植物保护学院 | 201910307093K | 创业实践 | 蝶梦金陵——中华虎凤蝶生态保护公益创业项目 | 崔亦杰 | 王备新 |
| 公共管理学院 | 201910307094K | 创业实践 | 农产品共享零售新模式——篮农云超市 | 马赞宇 | 宋俊峰 |
| 经济管理学院 | 201910307095K | 创业实践 | 南京渔管家物联网科技有限公司 | 沈子怡 | 谭智赟、李扬 |
| 信息科技学院 | 201910307096K | 创业实践 | 超客三维智能云平台 | 丛天时 | 郑德俊、周建鹏、张健全 |
| 工学院 | 201910307097K | 创业实践 | 基于计算机视觉识别的温室智能分拣小车 | 门彦宁 | 汪小旵 |
| | 201910307098K | 创业实践 | 基于物联网技术的太阳能杀虫灯 | 王彦飞 | 舒磊 |
| | 201910307099K | 创业实践 | 基于机器视觉和深度学习的大气能见度解析仪 | 吴佳鸿 | 邹修国 |
| 金融学院 | 201910307100K | 创业实践 | 甘肃小农人农业发展有限责任公司 | 徐昂 | 管月泉、严超 |
| 农学院 | 201910307001Z | 创新训练 | 花后高温干旱对小麦光和特性的研究 | 石姜懿 | 朱艳 |
| | 201910307002Z | 创新训练 | 小麦胚乳氨基酸输入途径的探究 | 王誉晓 | 姜东 |
| | 201910307003Z | 创新训练 | 棉花花药发育不同阶段干旱敏感性及敏感机制探究 | 沈袁媛 | 周治国 |
| | 201910307004Z | 创新训练 | 水稻 OsLRR1 通过油菜素甾醇信号途径影响揭 OsLRR1 在 BR 途经中的调控机制 | 高凡淇 | 黄骥 |
| | 201910307005Z | 创新训练 | 水稻籼粳间杂种不育基因 S29 的精细定位 | 常乐 | 赵志刚 |
| | 201910307006Z | 创新训练 | 小麦抗条锈病基因 Yr26 候选基因的筛选和克隆 | 陈子燕 | 曹爱忠 |
| | 201910307007Z | 创新训练 | 簇毛麦 MIEL－Ⅴ蛋白家族基因的克隆与分析 | 周泽妍 | 王秀娥 |
| 植物保护学院 | 201910307008Z | 创新训练 | 叶螨总科螨类线粒体基因组学研究 | 郜玮楠 | 薛晓峰 |
| | 201910307009Z | 创新训练 | 番茄斑萎病毒抑制介体昆虫诱导的 PTI 对其介体传播的生物学意义研究 | 张文瑶 | 朱敏 |
| | 201910307010Z | 创新训练 | 禾谷镰刀菌诱导植物免疫候选蛋白的功能分析 | 刘叶乔 | 王源超 |
| 园艺学院 | 201910307011Z | 创新训练 | 菊花萜烯合成关键基因 CmTPS2 的克隆及功能鉴定 | 董涵筠 | 陈素梅 |
| | 201910307012Z | 创新训练 | 湖北海棠 miR827 在苹果斑点落叶病抗性中的功能研究 | 舒秀 | 渠慎春 |

（续）

| 学院 | 项目编号 | 项目类型 | 项目名称 | 主持人 | 指导教师 |
|------|---------|---------|---------|--------|---------|
| 园艺学院 | 201910307013Z | 创新训练 | 葡萄品种资源果穗形状形成过程的观察与分析 | 孙艳艳 | 房经贵 |
| | 201910307014Z | 创新训练 | 苏皖地区野生多花黄精生境调查及质量分析 | 杨凯琳 | 王康才 |
| | 201910307015Z | 创新训练 | 设施土壤障碍基质调理剂优化及使用效果 | 鲁凡 | 郭世荣 |
| | 201910307016Z | 创新训练 | 氮素和生长素对茶树侧根形成的转录组学分析 | 张咪 | 黎星辉 |
| | 201910307017Z | 创新训练 | 基于景观都市主义的城市棕地改造研究 | 吴玉婷 | 丁绍刚 |
| 动物医学院 | 201910307018Z | 创新训练 | 前噬菌体对无乳链球菌毒力和环境适应性的功能研究 | 王炜 | 刘永杰 |
| | 201910307019Z | 创新训练 | 基因多态性对磷脂酰丝氨酸受体蛋白介导日本脑炎病毒感染细胞的影响 | 张惠茹 | 曹瑞兵 |
| | 201910307020Z | 创新训练 | 胚蛋注射甜菜碱对新生雏鸡肠道微生物及脑中 GR 蛋白表达的影响 | 康露渊 | 赵茹茜 |
| | 201910307021Z | 创新训练 | 猪病毒性腹泻多价重组乳酸杆菌载体疫苗研制 | 黄嘉 | 范红结 |
| | 201910307022Z | 创新训练 | 葡萄籽原花青素对伏马毒素 B1 致猪卵母细胞损伤的保护作用 | 赵红宇 | 剧世强 |
| | 201910307023Z | 创新训练 | 二花脸猪肠道黏膜免疫和微生物对日粮麸皮替代水平的响应 | 付金剑 | 黄瑞华 |
| | 201910307024Z | 创新训练 | 禽流感 H5、H7 和 H9 亚型三重实时荧光定量 PCR 试剂盒条件优化 | 谭立恒 | 宋素泉 |
| | 201910307025Z | 创新训练 | LexA 家族蛋白 HdiR－like 的表达纯化及体外功能验证 | 刘书慈 | 王丽平 |
| 动物科技学院 | 201910307026Z | 创新训练 | 竹叶提取物对肉鸡肠道形态、抗氧化和免疫功能的影响 | 谢泽晨 | 张莉莉 |
| | 201910307027Z | 创新训练 | 二甲双胍对山羊精液冷冻保存及精液品质的影响研究 | 汪长建 | 张艳丽 |
| | 201910307028Z | 创新训练 | 酵母酶解产物对中华绒螯蟹抗氧化和免疫调节作用的研究 | 任晓亮 | 刘文斌 |
| | 201910307029Z | 创新训练 | 甜味受体激动剂对肉鸡生长发育及空肠功能的影响 | 刘思懿 | 石放雄 |
| 生命科学学院 | 201910307030Z | 创新训练 | 西维因降解菌的筛选及其降解相关基因的克隆 | 叶航婷 | 洪青 |
| | 201910307031Z | 创新训练 | 国家级保护动物大鲵（Andrias）和棘胸蛙（Paaspinosa David）的基因条形码筛选与评价 | 黄金 | 张克云 |

（续）

| 学院 | 项目编号 | 项目类型 | 项目名称 | 主持人 | 指导教师 |
|---|---|---|---|---|---|
| 生命科学学院 | 201910307032Z | 创新训练 | 伯克霍尔德氏菌 BV6 中抗真菌活性代谢产物的鉴定和抗菌性质的研究 | 兰泽君 | 崔中利 |
| | 201910307033Z | 创新训练 | 菌株 *Sphingobium sp.* C3 降解 2−萘酚的代谢途径及其分子机制 | 滕信悦 | 陈凯 |
| | 201910307034Z | 创新训练 | 沙雷氏菌 FS14 的灵菌红素 MAP 合成途径中 PigE 的功能鉴定及其与 PigD 和 PigB 相互关系的研究 | 何诗雨 | 冉婷婷 |
| | 201910307035Z | 创新训练 | 紫花苜蓿 NRAMP1 基因启动子克隆及功能分析 | 孙禄加 | 崔为体 |
| | 201910307036Z | 创新训练 | 谷草转氨酶对灵芝分泌的纤维素酶和漆酶的影响 | 李 晨 | 赵明文 |
| | 201910307037Z | 创新训练 | *Burkholderia sp.* BV6 对稻瘟病菌的生防潜能研究 | 谢心宇 | 黄彦 |
| | 201910307038Z | 创新训练 | Cd 胁迫环境下小白菜根系分泌物对枯草芽孢杆菌生物膜形成的调控 | 唐 璜 | 何琳燕 |
| 资源与环境科学学院 | 201910307039Z | 创新训练 | 生物有机肥驱动的高产设施黄瓜根际微生物区系形成及调控机制研究 | 王定一 | 李荣 |
| | 201910307040Z | 创新训练 | MOFs 及其功能化改性材料对 PFOS 的吸附性能研究 | 窦雪丹 | 宋昕、骆乐 |
| | 201910307041Z | 创新训练 | 不同水肥处理下绿肥翻压对土壤有机碳形态结构和微生物性质的影响 | 裴荣华 | 焦加国、胡锋 |
| | 201910307042Z | 创新训练 | 改性生物质炭对环境中 eDNA 吸附行为研究 | 高钲媛 | 孙明明 |
| | 201910307043Z | 创新训练 | 高级氧化过程中的硝化和硝基副产物的生成机制 | 柴光远 | 陆隽鹤 |
| | 201910307044Z | 创新训练 | 木霉菌耐盐基因 tmk 功能研究及其生物有机肥的应用双线示范推广 | 吕冰薇 | 陈巍、李玉清 |
| 食品科技学院 | 201910307045Z | 创新训练 | 阿魏酸酯酶的筛选与克隆表达研究 | 蒋飞燕 | 辛志宏 |
| | 201910307046Z | 创新训练 | 高压电场等离子体冷杀菌对生鲜牛肉杀菌效能及脂质氧化的调控机制研究 | 宁珍珍 | 章建浩 |
| | 201910307047Z | 创新训练 | 链霉菌漆酶催化制备壳聚糖/果胶可降解复合膜的研究 | 牛晓康 | 张充 |
| | 201910307048Z | 创新训练 | 父代不同膳食对后代代谢能力的影响 | 石家萌 | 李春保 |

（续）

| 学院 | 项目编号 | 项目类型 | 项目名称 | 主持人 | 指导教师 |
|---|---|---|---|---|---|
| 公共管理学院 | 201910307049Z | 创新训练 | PPP模式下农村环境治理的驱动力及其可持续性分析——以江苏若干农村生活污水处理PPP项目为例 | 莫　逸 | 杜焱强、于水 |
| | 201910307050Z | 创新训练 | 教育政策对本科生人力资本积累的影响——基于江苏省卓越农林人才培养试点高校的调研 | 武宇涵 | 刘晓光 |
| | 201910307051Z | 创新训练 | 基于博弈论的MAS模型在国家级新区土地利用变化预测中的应用——以南京江北新区为例 | 周倩雯 | 石志宽 |
| | 201910307052Z | 创新训练 | 苏南地区外来农民工精准教育扶贫需求及模式的调查研究 | 王森钰 | 黄维海 |
| | 201910307053Z | 创新训练 | 城乡建设用地增减挂钩指标市场化改革政策研究：制度变迁、绩效评估与改进机制 | 余　欢 | 冯淑怡 |
| | 201910307054Z | 创新训练 | 基于小农行为理论的承包地"三十年不变"政策偏好影响因素及其机制研究 | 孟春妍 | 吴群 |
| | 201910307055Z | 创新训练 | "河长制"施行后河流湖泊的现状与问题研究——以江苏省为例 | 尹文静 | 郑永兰 |
| 经济管理学院 | 201910307056Z | 创新训练 | 易地扶贫搬迁对农户生计策略的影响及政策社会评价——基于山西大同市云州区的实证分析 | 石钰炜 | 刘华 |
| | 201910307057Z | 创新训练 | 寒门再难出贵子？基于教育代际流动的视角 | 刘　月 | 严斌剑 |
| | 201910307058Z | 创新训练 | 现代电商对农业规模经济的影响及作用机制探究——以脐橙种植为例 | 梁怀文 | 徐志刚 |
| | 201910307059Z | 创新训练 | 产业进驻对乡村减贫的带动效应研究——以安徽省裕安县丁集镇村、户两级数据的研究为例 | 刘江南 | 周宏 |
| | 201910307060Z | 创新训练 | 非洲猪瘟对消费者猪肉购买行为的影响 | 金　钊 | 应瑞瑶 |
| | 201910307061Z | 创新训练 | 价格效应、品质效应对城乡居民肉鸡消费的异质性分析——一项基于苏、川、冀三省的实证研究 | 张雨薇 | 何军 |
| | 201910307062Z | 创新训练 | 国家质量声誉对农产品贸易的影响——基于出口质量选择的研究 | 崔蓉蓉 | 王学君 |
| | 201910307063Z | 创新训练 | 代际差异视角下土地流转与合约选择 | 姜　波 | 苗齐 |

（续）

| 学院 | 项目编号 | 项目类型 | 项目名称 | 主持人 | 指导教师 |
|---|---|---|---|---|---|
| 人文与社会发展学院 | 201910307064Z | 创新训练 | 基于韧性视角的发达地区传统村落文化空间再生产研究 | 倪　妍 | 郭文 |
| | 201910307065Z | 创新训练 | 空间社会学视阈下保障房社区的治理研究 | 郭珂彤 | 戚晓明 |
| | 201910307066Z | 创新训练 | 宅基地"三权分置"的法律内涵与实现路径研究——以常州市武进区为例 | 宗　天 | 付坚强 |
| | 201910307067Z | 创新训练 | 在互联网背景下农民专业合作社内利益分配的稳定性影响研究——以南京市种植合作社为例 | 王　莹 | 余德贵 |
| 理学院 | 201910307068Z | 创新训练 | 基于网络分析识别与乳腺癌相关的通路 | 朱　可 | 陈园园 |
| | 201910307069Z | 创新训练 | 新型多取代［3］dendralenes 选择性合成 | 刘雨薇 | 吴磊 |
| | 201910307070Z | 创新训练 | 含烃基醚基团的 tetramic acid 衍生物的合成及除草活性研究 | 余永凯 | 杨春龙 |
| 信息科技学院 | 201910307071Z | 创新训练 | 基于高光谱数据的水稻细菌性条斑病识别 | 毛亚琛 | 徐焕良 |
| | 201910307072Z | 创新训练 | 基于光场相机的绿萝叶片生长测量 | 卢文颖 | 王浩云 |
| | 201910307073Z | 创新训练 | 基于 Multi-Scale AlexNet 的番茄叶部病害识别系统 | 龚曦明 | 舒欣、郭小清 |
| 外国语学院 | 201910307074Z | 创新训练 | "一带一路"背景下中国大学生英语发音的国际可理解性研究 | 宋丽鋆 | 裴正薇 |
| 工学院 | 201910307075Z | 创新训练 | 中药渣与农业废弃物制备复合生物炭及其吸附特性研究 | 林　军 | 丁为民 |
| | 201910307076Z | 创新训练 | 高频电刀表面仿生微结构的激光加工及黏附行为研究 | 周彩莹 | 王兴盛 |
| | 201910307077Z | 创新训练 | 基于液压承力元件和称重传感器的小麦播种施肥机播量检测装置的研发 | 王凌飞 | 丁永前 |
| | 201910307078Z | 创新训练 | 空气能热泵粮食烘干机控制系统及移动终端的设计与实现 | 阴宇宁 | 刘德营 |
| | 201910307079Z | 创新训练 | 电喷镀 Ni-Mn-SiC 复合镀层的制备及其性能研究 | 师晓欣 | 康敏 |
| | 201910307080Z | 创新训练 | 有关校园垃圾混合厌氧发酵产气潜力的探究及回收处理体系设计 | 郑　可 | 方真 |
| | 201910307081Z | 创新训练 | 基于结构多光谱的谷物种子质量检测技术研究 | 蔡苗苗 | 卢伟 |
| | 201910307082Z | 创新训练 | 基于多传感器信息融合播种施肥作业速度同步控制 | 薛雅丹 | 薛金林 |
| | 201910307083Z | 创新训练 | 蔬菜实时全自动捆扎装置的研究 | 刘　慧 | 姬长英 |
| | 201910307084Z | 创新训练 | 基于火灾情况下高层建筑物人员疏散问题的分析 | 邓超伟 | 赵吉坤 |

（续）

| 学院 | 项目编号 | 项目类型 | 项目名称 | 主持人 | 指导教师 |
|---|---|---|---|---|---|
| 金融学院 | 201910307085Z | 创新训练 | 合作社带动型产业链融资对农户收入的影响——以江苏省苏南县域为例 | 陈 婧 | 周月书 |
| | 201910307086Z | 创新训练 | 预期损失模型对中国农业银行金融资产减值准备的影响——基于金融工具会计准则变迁的视角 | 余王蕾 | 吴虹雁 |
| | 201910307087Z | 创新训练 | 数字农贷对农户信贷需求影响研究——以江苏沭阳数字化"阳光信贷"为例 | 白子玉 | 张龙耀 |
| | 201910307088Z | 创新训练 | 贷款保证保险促进农户选择正规金融了吗？ | 牛晓睿 | 董晓林 |
| | 201910307089Z | 创新训练 | 基于农业细分产业视角的新型职业农民融资方式选择偏好研究——以泰州市种植业、农产品深加工业为例 | 汤悦坤 | 王翌秋 |
| | 201910307090Z | 创新训练 | 政府宣传、农户禀赋对巨灾保险需求的影响研究——基于苏北地区四县市的实证分析 | 刘静如 | 汤颖梅 |

## 附录2　江苏省大学生创新创业训练计划立项项目一览表

| 学院 | 项目编号 | 项目类型 | 项目名称 | 主持人 | 指导教师 |
|---|---|---|---|---|---|
| 农学院 | 201910307001Y | 创新训练 | 低氮营养下小麦幼苗根冠互作提高氮素吸收的生理机制 | 高 晗 | 戴廷波 |
| | 201910307002Y | 创新训练 | 小麦冠层含水量高光谱反演 | 莫倩茹 | 程涛 |
| | 201910307003Y | 创新训练 | 棉花种皮基因合成关键基因的鉴定 | 张金鹏 | 刘康 |
| | 201910307004Y | 创新训练 | 环介导等温扩增技术检测水稻种子白叶枯菌方法的建立 | 祝翠晶 | 鲍永美 |
| | 201910307005Y | 创新训练 | 大豆株型性状的关联分析与基因定位 | 赵立民 | 黄方 |
| | 201910307006Y | 创新训练 | 棉花耐盐基因的功能鉴定 | 庞可心 | 蔡彩平 |
| 植物保护学院 | 201910307007Y | 创新训练 | 捕食性异色瓢虫与其他瓢虫的互作生态学研究 | 陈 雪 | 李保平、孟玲 |
| | 201910307008Y | 创新训练 | 小麦赤霉病菌（Fusariumgraminearum）对戊菌唑抗性风险评估 | 蔡小威 | 侯毅平 |
| | 201910307009Y | 创新训练 | 两种近缘啮小蜂对寄主（体型大小、龄期）的寄生选择 | 万晓霖 | 费明慧 |
| 园艺学院 | 201910307010Y | 创新训练 | 菊花茎腐病发病机制与防控机制研究 | 李炘烨 | 房伟民 |
| | 201910307011Y | 创新训练 | 不同光强对野菊花药效的影响 | 陈庆蓉 | 王长林 |
| | 201910307012Y | 创新训练 | 生态智慧视野下的圩田景观资源再利用——以浦口区为例 | 唐梦婷 | 魏家星 |

（续）

| 学院 | 项目编号 | 项目类型 | 项目名称 | 主持人 | 指导教师 |
|---|---|---|---|---|---|
| 园艺学院 | 201910307013Y | 创新训练 | 蒿属植物抗蚜与抑菌性鉴定及关键抗蚜与抑菌性成分分析 | 周灿彧 | 陈素梅 |
| | 201910307014Y | 创新训练 | 国家级抗日战争纪念馆构成特征量化研究 | 万明暄 | 张清海 |
| 动物医学院 | 201910307015Y | 创新训练 | 不同植物提取物对氧化应激小鼠肝脏线粒体功能的影响 | 刘俊杰 | 王恬 |
| | 201910307016Y | 创新训练 | 月桂酸对小鼠生长及肠道菌群的作用及机制 | 王奕青 | 杨晓静 |
| | 201910307017Y | 创新训练 | 华东地区奶牛乳房炎金黄色葡萄球菌和链球菌分离鉴定与耐药性调查 | 杨洪飞 | 黄金虎 |
| | 201910307018Y | 创新训练 | A 型流感病毒 NS1 蛋白调控病毒复制的机制研究 | 刘元上 | 平继辉 |
| 动物科技学院 | 201910307019Y | 创新训练 | 乳酸杆菌与纤维素酶协同发酵改善菜籽粕营养特性的研究 | 李东颖 | 杭苏琴 |
| | 201910307020Y | 创新训练 | 冰鲜鱼和饲料投喂下，中华绒螯蟹肌肉品质的比较 | 华皓坤 | 蒋广震 |
| | 201910307021Y | 创新训练 | 转基因小鼠的卵母细胞在减数分裂初始阶段 AR 特异性过表达对卵母细胞发育的影响 | 尹畅 | 邹康、李书杰 |
| | 201910307022Y | 创新训练 | RNA m6A 修饰及相关修饰酶与山羊肌肉发育相关性研究 | 陈施培 | 王锋 |
| 生命科学学院 | 201910307023Y | 创新训练 | 硫氢化钠 NaHS 对香菇体内香菇精生物合成的影响 | 郭嘉欣 | 于汉寿 |
| | 201910307024Y | 创新训练 | 利用大肠杆菌 Nissle 1917 与 MG1655 探究肠道菌群与肠炎的关系 | 江雯逸 | 钟增涛 |
| | 201910307025Y | 创新训练 | 微枝杆菌来源的淀粉脱支酶表达纯化及应用性评估 | 宋怡杰 | 顾向阳 |
| | 201910307026Y | 创新训练 | 碳源对灵芝三萜合成的影响 | 李冰玉 | 师亮 |
| | 201910307027Y | 创新训练 | 链格孢菌毒素 TeA 诱导植物病害过程中单线态氧与过氧化氢的交叉对话机制初步研究 | 章雨婷 | 陈世国 |
| 资源与环境科学学院 | 201910307028Y | 创新训练 | 江苏省盐渍化中低产田有机-缓控无机联合培肥技术研究 | 陆晔宇 | 赵耕毛 |
| | 201910307029Y | 创新训练 | 长江下游水旱轮作种植体系磷肥减施增效的调查与研究 | 李震宇 | 朱毅勇、凌宁 |
| | 201910307030Y | 创新训练 | 茶园酸性土壤 $N_2O$ 排放的原位观测和机理研究 | 胡玉洁 | 邹建文 |
| | 201910307031Y | 创新训练 | 基于无人机影像的农村环境地表特征分析 | 钱浩 | 李兆富 |

（续）

| 学院 | 项目编号 | 项目类型 | 项目名称 | 主持人 | 指导教师 |
|---|---|---|---|---|---|
| 食品科技学院 | 201910307032Y | 创新训练 | 气调包装对烧鸡品质和货架期的影响研究 | 相奕利 | 黄明 |
| | 201910307033Y | 创新训练 | 羊肚菌酶解液美拉德增香技术研究 | 杜佳馨 | 安辛欣 |
| 公共管理学院 | 201910307034Y | 创新训练 | 基于深度学习的矿山废弃地再开发适宜性评价——以南京市六合区矿山废弃地为例 | 姜一鸣 | 石志宽 |
| | 201910307035Y | 创新训练 | 土地承包期延长三十年的农村效果研究——基于苏南-苏中-苏北的调查 | 吴格格 | 诸培新 |
| | 201910307036Y | 创新训练 | 企业预付卡消费制度的成因与规则政策研究——以理发与美容行业为例 | 张洁文 | 陆万军 |
| | 201910307037Y | 创新训练 | 百强县县长任用规律：从"十七大"到"十九大"——基于江苏省相关数据的分析 | 刘芳汝 | 杨建国 |
| 经济管理学院 | 201910307038Y | 创新训练 | "互联网＋"背景下休闲农业整合营销模式的接受意愿研究——基于江苏省的调查 | 叶淑蕾 | 胡家香 |
| | 201910307039Y | 创新训练 | 农户政策性蔬菜保险参保行为及政策评价研究——基于安徽省芜湖市的实证研究 | 马家瑶 | 林光华 |
| | 201910307040Y | 创新训练 | 政府干预土地连片流转福利效应和"成功"条件——基于利益相关者视角的分析 | 陈欣媛 | 纪月清 |
| | 201910307041Y | 创新训练 | 基于文化碰撞视角短视频平台对城乡人口流动的影响分析——以阜阳、南京两地区为例 | 王润营 | 易福金 |
| | 201910307042Y | 创新训练 | 不同旅游运营模式对村民参与行为及收入的影响——基于对江浙古镇的调查 | 王雪晴 | 徐志刚 |
| | 201910307043Y | 创新训练 | 民宿体验对消费者服务感知评价的影响研究——以传统酒店为比较 | 李雨晴 | 张兵兵 |
| 人文与社会发展学院 | 201910307044Y | 创新训练 | 违法占用耕地的法律问题及对策研究——以浙江省临海市为例 | 宋赛男 | 曾玉珊 |
| | 201910307045Y | 创新训练 | 乡贤参事会：新乡贤参与乡村治理路径研究——以浙江柯桥区为例 | 臧静 | 季中扬 |
| | 201910307046Y | 创新训练 | 乡村振兴视野下泰兴银杏农业文化遗产价值挖掘与利用研究 | 宋铁 | 李明 |
| | 201910307047Y | 创新训练 | 宅基地"三权分置"利益平衡机制研究——以南京市栖霞区八卦洲街道为例 | 周冠岚 | 周櫸平 |
| | 201910307048Y | 创新训练 | 高校支教生的教师角色冲突与调适研究——以南京市五所高校为例 | 蒋师 | 张春兰 |
| 理学院 | 201910307049Y | 创新训练 | 低维 Rota-Baxter 余代数的构造 | 谷泊延 | 张良云 |
| | 201910307050Y | 创新训练 | 基于香豆素的比率型荧光探针构建方法研究与离子识别应用 | 曹芝瑗 | 丁煜宾 |
| | 201910307051Y | 创新训练 | 基于时间序列分析的粮食供需平衡的预测研究 | 王振乾 | 李强 |

（续）

| 学院 | 项目编号 | 项目类型 | 项目名称 | 主持人 | 指导教师 |
|---|---|---|---|---|---|
| 信息科技学院 | 201910307052Y | 创新训练 | 基于脉冲神经元的脉冲深度神经网络结构设计与研究 | 范子尧 | 徐彦、谢元澄 |
| | 201910307053Y | 创新训练 | 程序设计及算法学习的可视化素材库建设 | 梁叶剑 | 赵力 |
| | 201910307054Y | 创新训练 | 面向时间管理的微信小程序"IMS番茄钟"的设计与开发研究 | 杨盛琪 | 桂思思、屈卫群 |
| | 201910307055Y | 创新训练 | 基于卷积神经网络的杂草图像语义分割 | 朱林刚 | 伍艳莲 |
| 外国语学院 | 201910307056Y | 创新训练 | 莎士比亚喜剧《仲夏夜之梦》中人与自然的关系研究 | 蒲昱竹 | 曹新宇 |
| | 201910307057Y | 创新训练 | "一带一路"背景下中国农业文化在非洲的传播——以农谚的传播为例 | 黄弋珍 | 董红梅、王菊芳 |
| 工学院 | 201910307058Y | 创新训练 | 基于生物数学理论的水蜜桃成熟度建模与生鲜配送联合优化研究 | 韦文鑫 | 江亿平 |
| | 201910307059Y | 创新训练 | 便利店配送中的异步车辆路径问题研究 | 尹佳月 | 李建 |
| | 201910307060Y | 创新训练 | 木塑复合缓冲包装材料的制备与研究 | 张薇 | 路琴 |
| | 201910307061Y | 创新训练 | 基于模型预测控制的单点交叉口交通流预测研究 | 丁菲 | 赵国柱 |
| | 201910307062Y | 创新训练 | 果蔬采摘仿生气动软体机械手爪材料制备及其特性研究 | 李孟朔 | 何春霞 |
| | 201910307063Y | 创新训练 | 基于ORB-SLAM的非结构化农业环境轨迹地图创建与定位研究 | 丁海舟 | 张保华 |
| | 201910307064Y | 创新训练 | 柔索并联机器人运动性能优化 | 刘明嘉 | 史立新 |
| | 201910307065Y | 创新训练 | 基于指纹特征和近红外光谱技术的多品种蓝莓糖度含量的无损检测 | 杨希 | 罗慧 |
| | 201910307066Y | 创新训练 | 关键链项目管理和最后计划者系统协同机理、模式及应用研究 | 李雪娟 | 韩美贵 |
| | 201910307067Y | 创新训练 | 电子商务背景下好评率对商品销量的影响研究 | 张静怡 | 李静 |
| | 201910307068Y | 创新训练 | 基于实测高光谱的土壤含水量反演模型研究 | 吴婷晖 | 陆静霞 |
| | 201910307069Y | 创新训练 | 基于肉鸡群体活动量的健康识别方法研究 | 张政 | 沈明霞 |
| | 201910307070Y | 创新训练 | 基于空间多路光纤光谱的鸡蛋表型快速无损检测技术及机理研究 | 江涛 | 蹇兴亮 |
| | 201910307071Y | 创新训练 | 基于ASEB栅格分析的南京乡村民宿发展模式研究 | 王瑞涛 | 唐学玉 |
| 草业学院 | 201910307072Y | 创新训练 | 蒺藜苜蓿基因PEAMT和PLMT在不同环境下的表达特性分析 | 陈思如 | 沈益新、迟英俊 |

（续）

| 学院 | 项目编号 | 项目类型 | 项目名称 | 主持人 | 指导教师 |
|---|---|---|---|---|---|
| 金融学院 | 201910307073Y | 创新训练 | 数字金融发展对农户创业选择行为的影响研究——以江苏省宿迁市为例 | 陈　瑜 | 刘丹 |
| | 201910307074Y | 创新训练 | 小微企业转贷需求及其转贷可获得性的影响因素分析 | 张子芊 | 林乐芬 |
| | 201910307075Y | 创新训练 | 家庭农场利用互联网平台融资情况及意愿分析——以山东省高密市和昌邑市为例 | 张东旭 | 程晓陵 |
| | 201910307076Y | 创新训练 | 农机手对农机互助保险的需求区域特征及其影响因素研究——基于试点和非试点地区的比较 | 席飞扬 | 刘晓玲 |
| | 201910307077Y | 创新训练 | 制造业上市公司债务重组损益对企业盈余质量的影响——基于会计准则变迁的视角 | 张　旭 | 吴虹雁 |
| 植物保护学院 | 201910307078T | 创业训练 | 南京农业大学植物医院病虫草害数据库建设 | 杨正义 | 叶永浩、邵刚、张聪 |
| 园艺学院 | 201910307079T | 创业训练 | 特色五彩芹菜的"互联网＋"销售模式 | 杨　玥 | 熊爱生 |
| | 201910307080T | 创业训练 | 新型茶叶树脂标本开发 | 衷　青 | 陈暄 |
| 食品科技学院 | 201910307081T | 创业训练 | 苏之酪的创新开发与推广 | 付楚靖 | 李伟 |
| 理学院 | 201910307082T | 创业训练 | 重金属污染农田土壤修复技术产品的商业化开发 | 向　靓 | 董长勋 |
| 信息科技学院 | 201910307083T | 创业训练 | 基于机器视觉的羊只外形特征精确感知系统 | 赵亚东 | 任守纲、尤佩华 |
| | 201910307084T | 创业训练 | 高血压临床用药数据库与辅助决策系统开发 | 吴婉芳 | 朱毅华 |
| 工学院 | 201910307085T | 创业训练 | 基于服务器和嵌入式技术的便携式农业气象仪 | 李明远 | 刘璎瑛 |
| 草业学院 | 201910307086T | 创业训练 | 草坪草病害快速诊断方法的建立与应用 | 耿加美 | 胡健 |
| 农学院 | 201910307087P | 创业实践 | 智农农业科普视频 | 徐明睿 | 蔡剑、金梅 |
| 园艺学院 | 201910307088P | 创业实践 | 葡萄酒堡品鉴实验室室内设计与初步运营 | 常庆宇 | 管乐、上官凌飞 |
| | 201910307089P | 创业实践 | 系列梅酒特色饮品研发与创业 | 陈慧颖 | 高志红 |
| 资源与环境科学学院 | 201910307090P | 创业实践 | 益流生物科技有限公司 | 王梦晓 | 李真 |
| 食品科技学院 | 201910307091P | 创业实践 | 酸豆乳的创新开发与商业推广 | 张　涵 | 姜梅、朱筱玉 |
| 经济管理学院 | 201910307092P | 创业实践 | 风船云聚　聚力未来 | 侯曼健 | 韩喜秋、胡家香 |
| 人文与社会发展学院 | 201910307093P | 创业实践 | 基于新型农业经营主体社交网络需求的农业技术综合服务平台——农益答 | 陶嘉诚 | 郑华伟、雷颖 |
| 理学院 | 201910307094P | 创业实践 | 晶态与微晶态 MOFs 材料研发与清洁能源应用 | 汪雨蝶 | 吴华、张凯 |

（续）

| 学院 | 项目编号 | 项目类型 | 项目名称 | 主持人 | 指导教师 |
|---|---|---|---|---|---|
| 信息科技学院 | 201910307095P | 创业实践 | 基于区块链的食品安全电子追溯平台开发与推广 | 黄姮祎 | 车建华、沈毅、李新福 |
| | 201910307096P | 创业实践 | 涉农企业知识图谱构建研究 | 顾　妍 | 胡滨、钱国强 |
| 工学院 | 201910307097P | 创业实践 | 基于视觉技术和机器学习的闪电定位仪 | 陆军雄 | 钱燕 |
| | 201910307098P | 创业实践 | 蘑菇采摘机器人视觉与测控系统 | 文成军 | 王玲 |
| | 201910307099P | 创业实践 | 基于 MATLAB 和 Android 平台的水稻病害检测系统 | 万福健 | 肖茂华 |
| | 201910307100P | 创业实践 | 基于 BP 算法的机械故障检测系统的开发 | 廖亚兵 | 耿国盛 |
| 草业学院 | 201910307101P | 创业实践 | 牛至草优异品系的生产与推广实践 | 杨朋三 | 刘信宝 |

# 附录 3　大学生创客空间在园创业项目一览表

| 序号 | 项目名称 | 项目类别 | 入驻地点 | 负责人 | 专业 | 学历 |
|---|---|---|---|---|---|---|
| 1 | 微山湖生态缸 | 农林、畜牧相关＋文化创意 | 牌楼基地大学生创客空间 | 李积珍 | 草业 | 2019 届本科 |
| 2 | 微生物设备及技术应用 | 生物医药及环境科学 | 牌楼基地大学生创客空间 | 叶现丰 | 微生物学 | 2016 级博士 |
| 3 | 欣家名宿 | 服务类＋文化创意 | 牌楼基地大学生创客空间 | 张宇欣 | 数学 | 2018 级硕士 |
| 4 | 宠物第三方检测服务 | 生物医药及环境科学 | 牌楼基地大学生创客空间 | 寇程坤 | 生物工程 | 2015 届硕士 |
| 5 | 牛至草精油提取及微肥等副产品加工项目 | 农林、畜牧相关 | 牌楼基地大学生创客空间 | 王怡超 | 农艺与种业 | 2018 级硕士 |
| 6 | 农业生物技术网络平台 | 生物医药及环境科学 | 牌楼基地大学生创客空间 | 许　磊 | 草学 | 2015 级博士 |
| 7 | 南农文创 | 文化创意 | 牌楼基地大学生创客空间 | 沈昊天 | 风景园林 | 2018 级硕士 |
| 8 | 南京草馨香禾豆生物科技有限公司 | 农林、畜牧相关 | 牌楼基地大学生创客空间 | 刘　芳 | 草学 | 2017 级硕士 |
| 9 | 贝利宠物内容电商平台 | 服务类 | 牌楼基地大学生创客空间 | 胡俊发 | 临床兽医学 | 2016 届硕士 |
| 10 | 微型耐阴荷花产品与服务的商业推广 | 农林、畜牧相关 | 牌楼基地大学生创客空间 | 张少波 | 园林 | 2015 级本科 |

（续）

| 序号 | 项目名称 | 项目类别 | 入驻地点 | 负责人 | 专业 | 学历 |
|---|---|---|---|---|---|---|
| 11 | 中药类宠物医药保健品 | 生物医药及环境科学 | 牌楼基地大学生创客空间 | 朱少武 | 兽医学 | 2015级博士 |
| 12 | 保鲜花 | 农林、畜牧相关 | 牌楼基地大学生创客空间 | 杨洲 | 教育经济与管理 | 2019届博士 |
| 13 | 南农易农 | 服务类 | 牌楼基地大学生创客空间 | 王宇 | 种子科学与工程 | 2015级本科 |
| 14 | 篮农云柜 | 服务类＋互联网 | 牌楼基地大学生创客空间 | 马赞宇 | 人力资源管理 | 2017级本科 |
| 15 | Mr.M实用英语 | 服务类 | 牌楼基地大学生创客空间 | 罗丞栋 | 农业推广 | 2015届硕士 |
| 16 | 基于移动互联网的"无人农场"解决方案 | 农林、畜牧相关 | 牌楼基地大学生创客空间 | 朱建祥 | 农业机械化 | 2017届硕士 |
| 17 | 水质生物检测和健康评价 | 生物医药及环境科学 | 牌楼基地大学生创客空间 | 秦春燕 | 农业昆虫与害虫防治 | 2017级博士 |
| 18 | 儿童自然科普兴趣班 | 服务类 | 牌楼基地大学生创客空间 | 何燕飞 | 资源利用与植物保护 | 2018级硕士 |
| 19 | 豆子校园 | 服务类 | 牌楼基地大学生创客空间 | 张涛 | 生物科学 | 2015级本科 |
| 20 | 优园美地有限责任公司 | 农林、畜牧相关 | 卫岗校区大学生创客空间 | 韩庆远 | 设施农业科学与工程 | 2017级本科 |
| 21 | 梅之青语 | 食品 | 卫岗校区大学生创客空间 | 段诚睿 | 园艺 | 2020届本科 |
| 22 | 风味甜瓜 | 农林、畜牧相关 | 卫岗校区大学生创客空间 | 曾丽红 | 园艺 | 2018级本科 |
| 23 | 富硒功能性甜瓜 | 农林、畜牧相关 | 卫岗校区大学生创客空间 | 曹钰鑫 | 园艺 | 2020届本科 |
| 24 | 蝶梦金陵 | 文化创意 | 卫岗校区大学生创客空间 | 严雅文 | 植物保护 | 2017级本科 |
| 25 | Eco-BAp | 生物医药及环境科学 | 卫岗校区大学生创客空间 | 张帆 | 生态学 | 2018级硕士 |
| 26 | 导电金刚石薄膜净水项目 | 新材料 | 卫岗校区大学生创客空间 | 李沛锴 | 信息与计算科学 | 2017级本科 |
| 27 | "龟梦想"爬宠乐园 | 农林、畜牧相关 | 卫岗校区大学生创客空间 | 崔雷鸿 | 动物科学 | 2020届本科 |
| 28 | 南农信语文创工作室 | 文化创意 | 卫岗校区大学生创客空间 | 高钲媛 | 农业资源与环境 | 2017级本科 |
| 29 | 道纪若水经济规划咨询工作室 | 服务类 | 卫岗校区大学生创客空间 | 李玲秀 | 农业经济管理 | 2014级博士 |
| 30 | 朴麦文化 | 文化创意 | 卫岗校区大学生创客空间 | 陈翔宇 | 金融学 | 2020届本科 |
| 31 | 南京朴侬生态产品服务平台 | 服务类 | 卫岗校区大学生创客空间 | 刘奂岺 | 园林 | 2017级本科 |

（续）

| 序号 | 项目名称 | 项目类别 | 入驻地点 | 负责人 | 专业 | 学历 |
|---|---|---|---|---|---|---|
| 32 | 棚友科技 | 农林、畜牧相关 | 卫岗校区大学生创客空间 | 林 泓 | 工业设计 | 2020 届本科 |
| 33 | 校内 e 健通高校服务平台 | 服务类 | 卫岗校区大学生创客空间 | 杨盛琪 | 信息管理与信息系统 | 2017 级本科 |
| 34 | 高校智慧垃圾分类 | 服务类＋互联网 | 卫岗校区大学生创客空间 | 赵恒轩 | 环境工程 | 2020 届硕士 |
| 35 | 超客三维工作室 | 新材料 | 卫岗校区大学生创客空间 | 徐 美 | 社会学 | 2020 届本科 |
| 36 | 艺考生 PLUS 艺考生一站式交流服务平台 | 服务类 | 卫岗校区大学生创客空间 | 李 全 | 表演 | 2018 届本科 |

## 附录 4  大学生创客空间创新创业导师库名单一览表

| 序号 | 姓名 | 所在单位 | 职务 | 校内/校外 |
|---|---|---|---|---|
| 1 | 王中有 | 南京全给净化股份有限公司 | 总经理 | 校外 |
| 2 | 卞旭东 | 江苏省高投（毅达资本） | 投资总监 | 校外 |
| 3 | 石风春 | 南京艾贝尔宠物有限公司 | 经理 | 校外 |
| 4 | 刘士坤 | 江苏天哲律师事务所 | 合伙人 | 校外 |
| 5 | 刘国宁 | 南京大学智能制造软件新技术研究院 | 运营总监 | 校外 |
| 6 | 刘海萍 | 江苏品舟资产管理有限公司 | 总经理 | 校外 |
| 7 | 许 朗 | 南京农业大学经管学院 | 教授 | 校内 |
| 8 | 许明丰 | 无锡好时来果品科技有限公司 | 总经理 | 校外 |
| 9 | 许超逸 | 深圳市小牛投资管理有限公司 | 总经理 | 校外 |
| 10 | 孙仁和 | 华普亿方集团圆桌企管 | 总经理 | 校外 |
| 11 | 吴思雨 | 南京昌麟资产管理管理有限公司 | 董事长 | 校外 |
| 12 | 吴培均 | 北京科为博生物集团 | 董事长 | 校外 |
| 13 | 何卫星 | 靖江蜂芸蜜蜂饲料股份有限公司 | 总经理 | 校外 |
| 14 | 余德贵 | 南京农业大学人文与社会发展学院 | 副研究员 | 校内 |
| 15 | 张庆波 | 南京微届分水生物技术有限公司 | 董事长 | 校外 |
| 16 | 张健权 | 南京方途企业管理咨询有限公司 | 总经理 | 校外 |
| 17 | 陈军华 | 上海闽泰环境卫生服务有限公司 | 总经理 | 校外 |
| 18 | 周应堂 | 南京农业大学发展规划处 | 副处长 | 校内 |
| 19 | 胡亚军 | 南京乐咨企业管理咨询有限公司 | 总经理 | 校外 |
| 20 | 徐善金 | 南京东晨鸽业股份有限公司 | 总经理 | 校外 |
| 21 | 高海东 | 南京集思慧远生物科技有限公司 | 总经理 | 校外 |
| 22 | 黄乃泰 | 安徽省连丰种业有限责任公司 | 总经理 | 校外 |

（续）

| 序号 | 姓名 | 所在单位 | 职务 | 校内/校外 |
|---|---|---|---|---|
| 23 | 曹林 | 南京诺唯赞生物技术有限公司 | 董事长 | 校外 |
| 24 | 葛胜 | 南京大士茶亭总经理 | 总经理 | 校外 |
| 25 | 葛磊 | 上海合汇合管理咨询有限公司 | 副总经理 | 校外 |
| 26 | 童楚格 | 南京美狐家网络科技有限公司 | 总经理 | 校外 |
| 27 | 缪丹 | 康柏思企业管理咨询（上海）有限公司 | 创始合伙人、高级培训师 | 校外 |
| 28 | 吴玉峰 | 南京农业大学农学院 | 教师 | 校内 |
| 29 | 徐晓杰 | 江苏（武进）水稻研究所 | 所长 | 校外 |
| 30 | 郭坚华 | 南京农业大学植物保护学院 | 教师 | 校内 |
| 31 | 杨兴明 | 南京农业大学资源与环境科学学院 | 推广研究员 | 校内 |
| 32 | 钱春桃 | 南京农业大学常熟新农村发展研究院 | 研究员、常务副院长、总经理 | 校内 |
| 33 | 王储 | 南京青藤农业科技有限公司 | 总经理 | 校外 |
| 34 | 黄瑞华 | 南京农业大学动物科技学院 | 淮安研究院院长 | 校内 |
| 35 | 张创贵 | 上海禾丰饲料有限公司 | 总经理 | 校外 |
| 36 | 张利德 | 苏州市未来水产养殖场 | 场长 | 校外 |
| 37 | 刘国锋 | 中国水产科学研究院淡水渔业研究中心暨南京农业大学无锡渔业学院 | 副研究员 | 校外 |
| 38 | 黄明 | 南京农业大学食品科技学院 | 教师 | 校内 |
| 39 | 李祥全 | 深圳市蓝凌软件股份有限公司 | 副总经理 | 校外 |
| 40 | 任妮 | 江苏省农业科学院 | 信息服务中心副主任 | 校外 |
| 41 | 马贤磊 | 南京农业大学公共管理学院 | 教师 | 校内 |
| 42 | 刘吉军 | 江苏省东图城乡规划设计有限公司 | 董事长 | 校外 |
| 43 | 李德臣 | 南京市秦淮区朝天宫办事处 | 市民服务中心副主任 | 校外 |
| 44 | 吴磊 | 南京农业大学理学院 | 副院长 | 校内 |
| 45 | 周永清 | 南京农业大学工学院 | 教师 | 校内 |
| 46 | 曾凡功 | 南京风船云聚信息技术有限公司 | 总经理 | 校外 |
| 47 | 单杰 | 江苏省舜禹信息技术有限公司 | 总经理 | 校外 |
| 48 | 王璟 | 南京青创联合会 | 副会长 | 校外 |
| 49 | 丁玉娟 | 南京咕咚信息科技有限公司 | 会计主管 | 校外 |
| 50 | 姜鹏飞 | 南京紫金科技创业投资有限公司 | 投资总监 | 校外 |
| 51 | 韩晗 | 南京大学商学院创新创业协会 | 秘书长 | 校外 |
| 52 | 任德箴 | 南京市鼓楼区科技创业服务中心 | 顾问 | 校外 |
| 53 | 刘轶 | 中国策划研究院南京中心 | 策划总监 | 校外 |
| 54 | 黄轩 | 南京欣木防水工程有限公司 | 创始人 | 校外 |
| 55 | 黄海 | 服务于百事可乐、摩托罗拉等公司 | 生涯规划师（CCP） | 校外 |

# 附录 5 "三创"学堂活动一览表

| 序号 | 主　题 | 主讲嘉宾 | 嘉宾简介 |
|---|---|---|---|
| 1 | 创新创业教育 | 谢　强 | 曾任教北京高校 10 余年，后辞职创业 20 年，近 10 年专注大学生创新创业教育。创智汇德（北京）科技发展有限公司创始人、董事长，德威乐普企业管理顾问有限公司合伙人 |
| 2 | "赢在南京"大赛宣讲暨南京市创业政策培训 | 陈妙珍 | 南京市就业劳动服务中心科员 |
| 3 | 南京经济开发区和南京农业大学共建系列活动之创业分享会 | 陆超平 袁　飞 冯　飞 | 陆超平，南京渔管家物联网科技有限公司创始人，分享"农业创业不易，情怀与商业逻辑缺一不可"；袁飞，南京蓝湖信息技术有限公司创始人，分享"从零开始，技术宅如何改变世界"；冯飞，南京乐乐飞电子科技有限公司创始人，分享"农业植保无人机项目创业经历" |
| 4 | 秦淮区人社局创业政策介绍 | 张　云 | 南京市秦淮区人社局科员 |
| 5 | 南京农业大学"正大杯"2019 年大学生双创营销大赛 | 张明莹 | 正大集团人力资源总监 |
| 6 | 营销策划案的设计 | 丁祥群 仲　潇 | 丁祥群，正大食品（徐州）有限公司市场总监；仲潇，正大食品（徐州）有限公司销售经理 |
| 7 | 高校创业孵化园参访 | 周建鹏 宫　佳 许　磊 | 周建鹏，大学生就业指导与服务中心教师；宫佳，学生事务管理中心教师；许磊，南京栢特隆生物技术有限公司创始人 |
| 8 | 创新创业专题报告 | 陈　静 尚蓬勃 | 陈静，2019 年第三批全国女性创业就业导师，中国高校创新创业孵化器联盟秘书长兼副理事长联合创始人等；尚蓬勃，米有校园联合创始人中国教育创新校企联盟副秘书长等 |
| 9 | 南京农业大学 2019 年大学生科技创业训练营暨空间入驻路演活动 | 樊国民等 | 英泰力资本创始人樊国民、江苏创业者服务集团董事长连文杰、南京市鼓楼区科技中心副主任任德箴、南京能创企业孵化器公司总经理文能、南京农业大学经济管理学院教授许朗、南京农业大学工学院培训部主任周应堂 |
| 10 | 大学生创客空间 2019 年新团队入园教育 | 刘海燕 周莉莉 吴彦宁 | 南京农业大学学生工作处创业工作相关教师 |
| 11 | 南京农业大学第三期创新创业启蒙训练营 | 张秋林等 | 南京农业大学经济管理学院副教授张秋林、南京农业大学人文与社会发展学院副教授余德贵、南京农业大学大学生就业指导中心副主任周莉莉、南京泉汇教育科技有限公司创始人胡亚军、南京番茄娱乐传媒联合创始人张晓丽、华普亿方集团江浙沪培训总监谈双才、南京农业大学白马教学科研基地建设办公室综合科主任董淑凯、懒猴洗衣联合创始人曾凡功、渔管家物联网科技创始人陆超平、MR. M 实用英语创始人罗承栋 |

（续）

| 序号 | 主　题 | 主讲嘉宾 | 嘉宾简介 |
|---|---|---|---|
| 12 | "三创学堂"第一期创业门诊主题活动 | 王　璟 丁玉娟 | 王璟，高瞻咨询董事长、教育部首批入库导师、管理会计师、南京青创联合会副会长、九段会计创始人；丁玉娟，先后担任南京咕咚信息科技有限公司会计主管、南京中青汇企业管理有限公司担任会计经理 |
| 13 | "三创学堂"第二期创业门诊主题活动 | 姜鹏飞 韩　晗 | 姜鹏飞，南京紫金科技创业投资有限公司投资总监，主要负责大学生创业项目的投资和管理工作，先后完成630个天使项目的投资，总投资金额超过8 000万元；韩晗，南京大学商学院创新创业协会秘书长、南京市大学生创业导师库导师，多次参加政府、创业园投资项目评审工作，完成近百个初创型企业投资 |
| 14 | "南农大-紫金创投"大学生科技创业平行基金路演评审 | 常　锋 姜鹏飞 张　狄 卞旭东 吴彦宁 康　勇 | 常锋，南京市人力资源和社会保障局就业管理中心副主任；姜鹏飞，南京紫金科技创业投资有限公司投资总监；张狄，投资经理；卞旭东，毅达资本投资总监；吴彦宁，南京农业大学学生工作处副处长；康勇，南京农业大学资产经营公司副总经理 |
| 15 | "三创学堂"第三期创业门诊主题活动 | 任德箴 刘　轶 | 任德箴，南京市鼓楼区科技创业服务中心顾问、教育部全国万名优秀创业导师，专职从事创业服务工作，擅长领域涵盖市场推广、产品设计、商业模式设计等方面；刘轶，先后担任凤凰网江苏站策划总监、中国策划研究院南京中心策划总监。担任2018年、2019年"赢在南京"青年大学生创业大赛评委、2019年第13届iCAN国际创新创业大赛中国总决赛评委 |
| 16 | "三创学堂"第四期创业门诊主题活动 | 黄　轩 黄　海 | 黄轩，南京欣木防水工程有限公司创始人、江苏省防水行业十大新锐人物；黄海，人社部认证生涯规划师（CCP），曾服务于百事可乐、摩托罗拉等上市公司 |

## 附录6　创新创业获奖统计（省部级以上）

| 序号 | 竞赛名称 | 奖项 | 级别 | 获奖人员 | 颁奖单位 |
|---|---|---|---|---|---|
| 1 | 国际基因工程机械设计大赛（iGEM） | 金奖 | 国际级 | 刘逸珩 | 美国麻省理工学院 |
| 2 | IFAMA国际学生案例竞赛 | 冠军 | 国际级 | 王喆琳　石　颖 冯　颖　曹嘉彦 | 国际食品与农业企业管理协会 |
| 3 | 第三届京都大学生国际创业大赛 | 一等奖 | 国际级 | 林　泓　邓子昂 熊雨萱　杨鑫悦 郭　珊　盛　航 | 大学生国际创业大赛执行委员会 |
| 4 | 第20届"认证杯"数学中国数学建模网络挑战赛 | 特等奖 | 国家级 | 陈天一 | 内蒙古自治区数学学会、中国运筹学会计算系统生物学分会 |

（续）

| 序号 | 竞赛名称 | 奖项 | 级别 | 获奖人员 | 颁奖单位 |
|---|---|---|---|---|---|
| 5 | 第16届"挑战杯"全国大学生课外学术科技作品竞赛 | 二等奖 | 国家级 | 孙玉慧　廖洋洋　陈　上　张　博　刘银冬　姚新月　李　超　欧阳思莹　王　慧 | 共青团中央、中国科协、教育部、中国社会科学院、全国学联、北京市人民政府 |
| 6 | 第16届"挑战杯"全国大学生课外学术科技作品竞赛 | 二等奖 | 国家级 | 许秋华　张乐天　王聪聪　文柏清　赵　晋　管海飞　郑宇娜　鄢梓晴 | 共青团中央、中国科协、教育部、中国社会科学院、全国学联、北京市人民政府 |
| 7 | 第16届"挑战杯"全国大学生课外学术科技作品竞赛 | 三等奖 | 国家级 | 李力枢　张丽萍　方成竹　徐　楚　赵梓君　徐　洁 | 共青团中央、中国科协、教育部、中国社会科学院、全国学联、北京市人民政府 |
| 8 | 第16届"挑战杯"全国大学生课外学术科技作品竞赛 | 三等奖 | 国家级 | 李　璇　马伊卓　贺笃志　石钰炜　尚泽慧　殷　玥 | 共青团中央、中国科协、教育部、中国社会科学院、全国学联、北京市人民政府 |
| 9 | 2019年全国大学生英语竞赛 | 特等奖 | 国家级 | 沈凌霄 | 高等学校大学外语教学指导委员会、高等学校大学外语教学研究会 |
| 10 | 2019年全国大学生英语竞赛 | 特等奖 | 国家级 | 李　乐 | 高等学校大学外语教学指导委员会、高等学校大学外语教学研究会 |
| 11 | 2019年全国大学生英语竞赛 | 二等奖 | 国家级 | 孟祥菲 | 高等学校大学外语教学指导委员会、高等学校大学外语教学研究会 |
| 12 | 2019年全国大学生英语竞赛 | 二等奖 | 国家级 | 陈天一 | 高等学校大学外语教学指导委员会、高等学校大学外语教学研究会 |
| 13 | 2019年全国大学生英语竞赛 | 二等奖 | 国家级 | 李雨浓 | 高等学校大学外语教学指导委员会、高等学校大学外语教学研究会 |
| 14 | 2019年全国大学生英语竞赛 | 二等奖 | 国家级 | 王　月 | 高等学校大学外语教学指导委员会、高等学校大学外语教学研究会 |
| 15 | 2019年全国大学生英语竞赛 | 二等奖 | 国家级 | 蔡　恒 | 高等学校大学外语教学指导委员会、高等学校大学外语教学研究会 |
| 16 | 2019年全国大学生英语竞赛 | 二等奖 | 国家级 | 刘　卿 | 高等学校大学外语教学指导委员会、高等学校大学外语教学研究会 |
| 17 | 2019年全国大学生英语竞赛 | 二等奖 | 国家级 | 朱丽琪 | 高等学校大学外语教学指导委员会、高等学校大学外语教学研究会 |
| 18 | 2019年全国大学生英语竞赛 | 二等奖 | 国家级 | 何文琪 | 高等学校大学外语教学指导委员会、高等学校大学外语教学研究会 |
| 19 | 2019年全国大学生英语竞赛 | 二等奖 | 国家级 | 宋丽鋆 | 高等学校大学外语教学指导委员会、高等学校大学外语教学研究会 |

（续）

| 序号 | 竞赛名称 | 奖项 | 级别 | 获奖人员 | 颁奖单位 |
|------|---------|------|------|---------|---------|
| 20 | 2019年全国大学生英语竞赛 | 三等奖 | 国家级 | 张　涵 | 高等学校大学外语教学指导委员会、高等学校大学外语教学研究会 |
| 21 | 2019年全国大学生英语竞赛 | 三等奖 | 国家级 | 陈　晨 | 高等学校大学外语教学指导委员会、高等学校大学外语教学研究会 |
| 22 | 2019年全国大学生英语竞赛 | 三等奖 | 国家级 | 朱　婷 | 高等学校大学外语教学指导委员会、高等学校大学外语教学研究会 |
| 23 | 2019年全国大学生英语竞赛 | 三等奖 | 国家级 | 谢　燃 | 高等学校大学外语教学指导委员会、高等学校大学外语教学研究会 |
| 24 | 2019年全国大学生英语竞赛 | 三等奖 | 国家级 | 沈涓榕 | 高等学校大学外语教学指导委员会、高等学校大学外语教学研究会 |
| 25 | 2019年全国大学生英语竞赛 | 三等奖 | 国家级 | 龙秋利 | 高等学校大学外语教学指导委员会、高等学校大学外语教学研究会 |
| 26 | 2019年全国大学生英语竞赛 | 三等奖 | 国家级 | 陈诗佳 | 高等学校大学外语教学指导委员会、高等学校大学外语教学研究会 |
| 27 | 2019年全国大学生英语竞赛 | 三等奖 | 国家级 | 宋　轶 | 高等学校大学外语教学指导委员会、高等学校大学外语教学研究会 |
| 28 | 2019年全国大学生英语竞赛 | 三等奖 | 国家级 | 林栩敏 | 高等学校大学外语教学指导委员会、高等学校大学外语教学研究会 |
| 29 | "中联重科"杯第五届全国大学生智能农业装备创新大赛 | 特等奖 | 国家级 | 罗　星 | 中国农业机械学会、中国农业工程学会、教育部高等学校农业工程类专业教学指导委员会 |
| 30 | "中联重科"杯第五届全国大学生智能农业装备创新大赛A组 | 一等奖 | 国家级 | 江　涛 | 中国农业机械学会、中国农业工程学会、教育部高等学校农业工程类专业教学指导委员会 |
| 31 | "中联重科"杯第五届全国大学生智能农业装备创新大赛 | 一等奖 | 国家级 | 韩雯宇晴 | 中国农业机械学会、中国农业工程学会、教育部高等学校农业工程类专业教学指导委员会 |
| 32 | "中联重科"杯第五届全国大学生智能农业装备创新大赛 | 一等奖 | 国家级 | 冯　浩 | 中国农业机械学会、中国农业工程学会、教育部高等学校农业工程类专业教学指导委员会 |
| 33 | "中联重科"杯第五届全国大学生智能农业装备创新大赛 | 一等奖 | 国家级 | 胡庆迎 | 中国农业机械学会、中国农业工程学会、教育部高等学校农业工程类专业教学指导委员会 |
| 34 | "中联重科"杯第五届全国大学生智能农业装备创新大赛 | 一等奖 | 国家级 | 徐志全 | 中国农业机械学会、中国农业工程学会、教育部高等学校农业工程类专业教学指导委员会 |

（续）

| 序号 | 竞赛名称 | 奖项 | 级别 | 获奖人员 | 颁奖单位 |
|------|---------|------|------|---------|---------|
| 35 | "中联重科"杯第五届全国大学生智能农业装备创新大赛 | 一等奖 | 国家级 | 林　宇 | 中国农业机械学会、中国农业工程学会、教育部高等学校农业工程类专业教学指导委员会 |
| 36 | "中联重科"杯第五届全国大学生智能农业装备创新大赛 | 一等奖 | 国家级 | 张孜谙 | 中国农业机械学会、中国农业工程学会、教育部高等学校农业工程类专业教学指导委员会 |
| 37 | "中联重科"杯第五届全国大学生智能农业装备创新大赛 | 二等奖 | 国家级 | 魏煜宁 | 中国农业机械学会、中国农业工程学会、教育部高等学校农业工程类专业教学指导委员会 |
| 38 | "中联重科"杯第五届全国大学生智能农业装备创新大赛 | 二等奖 | 国家级 | 李文举 | 中国农业机械学会、中国农业工程学会、教育部高等学校农业工程类专业教学指导委员会 |
| 39 | "中联重科"杯第五届全国大学生智能农业装备创新大赛 | 二等奖 | 国家级 | 欧阳思莹 | 中国农业机械学会、中国农业工程学会、教育部高等学校农业工程类专业教学指导委员会 |
| 40 | "中联重科"杯第五届智能农业装备创新大赛C类（企业出题类） | 二等奖 | 国家级 | 魏煜宁 | 中国农业机械学会、中国农业工程学会、教育部高等学校农业工程类专业教学指导委员会 |
| 41 | "中联重科"杯第五届全国大学生智能农业装备创新大赛 | 二等奖 | 国家级 | 刘肖强 | 中国农业机械学会、中国农业工程学会、教育部高等学校农业工程类专业教学指导委员会 |
| 42 | "中联重科"杯第五届全国大学生智能农业装备创新大赛 | 二等奖 | 国家级 | 谢　珂 | 中国农业机械学会、中国农业工程学会、教育部高等学校农业工程类专业教学指导委员会 |
| 43 | "中联重科"杯第五届全国大学生智能农业装备创新大赛 | 二等奖 | 国家级 | 王　帅 | 中国农业机械学会、中国农业工程学会、教育部高等学校农业工程类专业教学指导委员会 |
| 44 | "中联重科"杯第五届全国大学生智能农业装备创新大赛 | 二等奖 | 国家级 | 胡佳豪 | 中国农业机械学会、中国农业工程学会、教育部高等学校农业工程类专业教学指导委员会 |
| 45 | "中联重科"杯第五届全国大学生智能农业装备创新大赛 | 二等奖 | 国家级 | 嘉央华茂 | 中国农业机械学会、中国农业工程学会、教育部高等学校农业工程类专业教学指导委员会 |
| 46 | "中联重科"杯第五届全国大学生智能农业装备创新大赛 | 二等奖 | 国家级 | 胡佳豪 | 中国农业机械学会、中国农业工程学会、教育部高等学校农业工程类专业教学指导委员会 |

（续）

| 序号 | 竞赛名称 | 奖项 | 级别 | 获奖人员 | 颁奖单位 |
|------|----------|------|------|----------|----------|
| 47 | "中联重科"杯第五届全国大学生智能农业装备创新大赛 | 二等奖 | 国家级 | 田佳运 | 中国农业机械学会、中国农业工程学会、教育部高等学校农业工程类专业教学指导委员会 |
| 48 | "中联重科"杯第五届全国大学生智能农业装备创新大赛 | 二等奖 | 国家级 | 潘中伟 | 中国农业机械学会、中国农业工程学会、教育部高等学校农业工程类专业教学指导委员会 |
| 49 | "中联重科"杯第五届全国大学生智能农业装备创新大赛 | 二等奖 | 国家级 | 门彦宁 | 中国农业机械学会、中国农业工程学会、教育部高等学校农业工程类专业教学指导委员会 |
| 50 | "中联重科"杯第五届全国大学生智能农业装备创新大赛 | 二等奖 | 国家级 | 赵　俊 | 中国农业机械学会、中国农业工程学会、教育部高等学校农业工程类专业教学指导委员会 |
| 51 | "中联重科"杯第五届全国大学生智能农业装备创新大赛 | 二等奖 | 国家级 | 王禹博 | 中国农业机械学会、中国农业工程学会、教育部高等学校农业工程类专业教学指导委员会 |
| 52 | "中联重科"杯第五届全国大学生智能农业装备创新大赛 | 三等奖 | 国家级 | 纪伟茜 | 中国农业机械学会、中国农业工程学会、教育部高等学校农业工程类专业教学指导委员会 |
| 53 | "遨博·海康杯"全国大学生智能互联创新应用设计大赛 | 一等奖 | 国家级 | 陈　涛 | 教育部高等学校计算机类专业教学指导委员会、全国机械职业教育教学指导委员会、全国高等学校计算机教育研究会、中国电子学会 |
| 54 | "遨博·海康杯"全国大学生智能互联创新应用设计大赛 | 一等奖 | 国家级 | 殷正凌 | 教育部高等学校计算机类专业教学指导委员会、全国机械职业教育教学指导委员会、全国高等学校计算机教育研究会、中国电子学会 |
| 55 | "遨博·海康杯"全国大学生智能互联创新应用设计大赛 | 三等奖 | 国家级 | 张　妮 | 教育部高等学校计算机类专业教学指导委员会、全国机械职业教育教学指导委员会、全国高等学校计算机教育研究会、中国电子学会 |
| 56 | 亚太杯全国大学生数学建模比赛 | 二等奖 | 国家级 | 钟佳晨 | 北京图像图形学学会、亚太地区大学生数学建模竞赛组委会 |
| 57 | 亚太杯全国大学生数学建模比赛 | 三等奖 | 国家级 | 李嘉巍 | 北京图像图形学学会、亚太地区大学生数学建模竞赛组委会 |
| 58 | 亚太杯全国大学生数学建模比赛 | 三等奖 | 国家级 | 黄彦祚 | 北京图像图形学学会、亚太地区大学生数学建模竞赛组委会 |

（续）

| 序号 | 竞赛名称 | 奖项 | 级别 | 获奖人员 | 颁奖单位 |
|---|---|---|---|---|---|
| 59 | 第13届 iCAN 国际创新创业大赛 | 一等奖 | 省级 | 胡庆迎 | 国际 iCAN 联盟、全球华人微纳米分子系统学会、教育部创新方法教学指导分委员会 |
| 60 | 第13届 iCAN 国际创新创业大赛 | 一等奖 | 省级 | 徐志全 | 国际 iCAN 联盟、全球华人微纳米分子系统学会、教育部创新方法教学指导分委员会 |
| 61 | 第13届 iCAN 国际创新创业大赛 | 一等奖 | 省级 | 林 宇 | 国际 iCAN 联盟、全球华人微纳米分子系统学会、教育部创新方法教学指导分委员会 |
| 62 | 第13届 iCAN 国际创新创业大赛 | 二等奖 | 省级 | 郝睿忆 | 国际 iCAN 联盟、全球华人微纳米分子系统学会、教育部创新方法教学指导分委员会 |
| 63 | 第13届 iCAN 国际创新创业大赛 | 二等奖 | 省级 | 潘中伟 | 国际 iCAN 联盟、全球华人微纳米分子系统学会、教育部创新方法教学指导分委员会 |
| 64 | 第13届 iCAN 国际创新创业大赛 | 二等奖 | 省级 | 门彦宁 | 国际 iCAN 联盟、全球华人微纳米分子系统学会、教育部创新方法教学指导分委员会 |
| 65 | 第13届 iCAN 国际创新创业大赛 | 二等奖 | 省级 | 赵 俊 | 国际 iCAN 联盟、全球华人微纳米分子系统学会、教育部创新方法教学指导分委员会 |
| 66 | 第13届 iCAN 国际创新创业大赛 | 三等奖 | 省级 | 陈 涛 | 国际 iCAN 联盟、全球华人微纳米分子系统学会、教育部创新方法教学指导分委员会 |
| 67 | 第13届 iCAN 国际创新创业大赛 | 三等奖 | 省级 | 陈小平 | 国际 iCAN 联盟、全球华人微纳米分子系统学会、教育部创新方法教学指导分委员会 |
| 68 | 第13届 iCAN 国际创新创业大赛 | 三等奖 | 省级 | 袁朴冰 | 国际 iCAN 联盟、全球华人微纳米分子系统学会、教育部创新方法教学指导分委员会 |
| 69 | 第13届 iCAN 国际创新创业大赛 | 三等奖 | 省级 | 陈 爽 | 国际 iCAN 联盟、全球华人微纳米分子系统学会、教育部创新方法教学指导分委员会 |
| 70 | 江苏省第五届"互联网＋"大学生创新创业大赛 | 一等奖 | 省级 | 陆超平　冯　静　李若萱　雷馨圆　张雨薇　石　颖　许永钦 | 江苏省教育厅、江苏省委网信办、江苏省发展改革委、江苏省科技厅、江苏省经信委、江苏省人社厅、江苏省商务厅、江苏省环保厅、江苏省农委、江苏省扶贫办、共青团江苏省委 |

（续）

| 序号 | 竞赛名称 | 奖项 | 级别 | 获奖人员 | 颁奖单位 |
|---|---|---|---|---|---|
| 71 | 江苏省第五届"互联网＋"大学生创新创业大赛（青年红色筑梦之旅赛道） | 一等奖 | 省级 | 张志良 蒋晓妍 李可星 徐 昂 叶竹西 李泽楷 张宗程 殷 玥 尚泽慧 | 江苏省教育厅、江苏省委网信办、江苏省发展改革委、江苏省科技厅、江苏省经信委、江苏省人社厅、江苏省商务厅、江苏省环保厅、江苏省农委、江苏省扶贫办、共青团江苏省委 |
| 72 | 江苏省第五届"互联网＋"大学生创新创业大赛（青年红色筑梦之旅赛道） | 二等奖 | 省级 | 林 泓 郭 珊 盛 航 熊雨萱 杨鑫悦 邓子昂 张天一 伍新月 朱耀文 杨寅初 | 江苏省教育厅、江苏省委网信办、江苏省发展改革委、江苏省科技厅、江苏省经信委、江苏省人社厅、江苏省商务厅、江苏省环保厅、江苏省农委、江苏省扶贫办、共青团江苏省委 |
| 73 | 江苏省第五届"互联网＋"大学生创新创业大赛 | 二等奖 | 省级 | 刘振广 朱少武 谷云菲 范 茹 于 琳 曹一丁 段琪武 赵梦迪 | 江苏省教育厅、江苏省委网信办、江苏省发展改革委、江苏省科技厅、江苏省经信委、江苏省人社厅、江苏省商务厅、江苏省环保厅、江苏省农委、江苏省扶贫办、共青团江苏省委 |
| 74 | 江苏省第五届"互联网＋"大学生创新创业大赛 | 二等奖 | 省级 | 卢 纯 施羽乐 付泳易 金凯迪 罗朝旭 周 婷 周飞瑶 崔志勇 顾家明 王 潽 | 江苏省教育厅、江苏省委网信办、江苏省发展改革委、江苏省科技厅、江苏省经信委、江苏省人社厅、江苏省商务厅、江苏省环保厅、江苏省农委、江苏省扶贫办、共青团江苏省委 |
| 75 | 江苏省第五届"互联网＋"大学生创新创业大赛 | 三等奖 | 省级 | 陶嘉诚 马行聪 吕冰薇 刘宇冉 马 尧 许雪纯 周祉祺 任平芳 王 宇 谢沐希 | 江苏省教育厅、江苏省委网信办、江苏省发展改革委、江苏省科技厅、江苏省经信委、江苏省人社厅、江苏省商务厅、江苏省环保厅、江苏省农委、江苏省扶贫办、共青团江苏省委 |
| 76 | 江苏省第五届"互联网＋"大学生创新创业大赛 | 三等奖 | 省级 | 康 敏 王国庆 王雪平 徐浩森 王 楠 李思祺 张东旭 刘奂岑 钱 昊 | 江苏省教育厅、江苏省委网信办、江苏省发展改革委、江苏省科技厅、江苏省经信委、江苏省人社厅、江苏省商务厅、江苏省环保厅、江苏省农委、江苏省扶贫办、共青团江苏省委 |

（续）

| 序号 | 竞赛名称 | 奖项 | 级别 | 获奖人员 | 颁奖单位 |
|------|---------|------|------|---------|---------|
| 77 | 江苏省第五届"互联网＋"大学生创新创业大赛 | 三等奖 | 省级 | 强天宇　马赞宇<br>谭冬玥　孙梦雪<br>吴清林　史诗怡 | 江苏省教育厅、江苏省委网信办、江苏省发展改革委、江苏省科技厅、江苏省经信委、江苏省人社厅、江苏省商务厅、江苏省环保厅、江苏省农委、江苏省扶贫办、共青团江苏省委 |
| 78 | 江苏省第五届"互联网＋"大学生创新创业大赛（青年红色筑梦之旅赛道） | 三等奖 | 省级 | 严雅文　高梓航<br>金臣太　李钰欣<br>揭婉蓉　高　源 | 江苏省教育厅、江苏省委网信办、江苏省发展改革委、江苏省科技厅、江苏省经信委、江苏省人社厅、江苏省商务厅、江苏省环保厅、江苏省农委、江苏省扶贫办、共青团江苏省委 |
| 79 | 江苏省第五届"互联网＋"大学生创新创业大赛 | 三等奖 | 省级 | 曾凡功　刘佳慧<br>汤悦坤　周雨晴<br>甘　露 | 江苏省教育厅、江苏省委网信办、江苏省发展改革委、江苏省科技厅、江苏省经信委、江苏省人社厅、江苏省商务厅、江苏省环保厅、江苏省农委、江苏省扶贫办、共青团江苏省委 |
| 80 | 江苏省第16届"挑战杯"大学生课外学术科技作品竞赛 | 特等奖 | 省级 | 孙玉慧　廖洋洋<br>陈　上　张　博<br>刘银冬　姚新月<br>李　超　欧阳思莹<br>王　慧 | 共青团江苏省委、江苏省科学技术协会、江苏省教育厅、江苏省学生联合会 |
| 81 | 江苏省第16届"挑战杯"大学生课外学术科技作品竞赛 | 一等奖 | 省级 | 李　璇　马伊卓<br>贺笃志　石钰炜<br>尚泽慧　殷　玥 | 共青团江苏省委、江苏省科学技术协会、江苏省教育厅、江苏省学生联合会 |
| 82 | 江苏省第16届"挑战杯"大学生课外学术科技作品竞赛 | 一等奖 | 省级 | 许秋华　张乐天<br>王聪聪　文柏清<br>赵　晋　管海飞<br>郑宇娜　鄢梓晴 | 共青团江苏省委、江苏省科学技术协会、江苏省教育厅、江苏省学生联合会 |
| 83 | 江苏省第16届"挑战杯"大学生课外学术科技作品竞赛 | 一等奖 | 省级 | 李力枢　张丽萍<br>方成竹　徐　楚<br>赵梓君　徐　洁 | 共青团江苏省委、江苏省科学技术协会、江苏省教育厅、江苏省学生联合会 |
| 84 | 江苏省第16届"挑战杯"大学生课外学术科技作品竞赛 | 一等奖 | 省级 | 陈琳琳　杨时玲<br>李秦玲　邓世宇<br>欧宇达　李盛敏<br>关皓元 | 共青团江苏省委、江苏省科学技术协会、江苏省教育厅、江苏省学生联合会 |

（续）

| 序号 | 竞赛名称 | 奖项 | 级别 | 获奖人员 | 颁奖单位 |
|------|----------|------|------|----------|----------|
| 85 | 江苏省第16届"挑战杯"大学生课外学术科技作品竞赛 | 二等奖 | 省级 | 林泽崑　顾冰洁　陈梦娇　戴雨沁　黄　轲 | 共青团江苏省委、江苏省科学技术协会、江苏省教育厅、江苏省学生联合会 |
| 86 | 江苏省第16届"挑战杯"大学生课外学术科技作品竞赛 | 二等奖 | 省级 | 卫丹璇　孔　蕾　高艺鑫 | 共青团江苏省委、江苏省科学技术协会、江苏省教育厅、江苏省学生联合会 |
| 87 | 江苏省第16届"挑战杯"大学生课外学术科技作品竞赛 | 二等奖 | 省级 | 王赛尔　陈佳琪　魏湖滨　周玲玉　陈永琳　褚　阳　王泽铭　汪雨蝶 | 共青团江苏省委、江苏省科学技术协会、江苏省教育厅、江苏省学生联合会 |
| 88 | 江苏省高等学校第16届高等数学竞赛 | 一等奖 | 省级 | 陈天一 | 江苏省高等学校数学教学研究会 |
| 89 | 江苏省高等学校第16届高等数学竞赛 | 一等奖 | 省级 | 忻启谱 | 江苏省高等学校数学教学研究会 |
| 90 | 江苏省高等学校第16届高等数学竞赛 | 一等奖 | 省级 | 钟佳晨 | 江苏省高等学校数学教学研究会 |
| 91 | 江苏省高等学校第16届高等数学竞赛 | 二等奖 | 省级 | 熊辰崟 | 江苏省高等学校数学教学研究会 |
| 92 | 江苏省高等学校第16届高等数学竞赛 | 二等奖 | 省级 | 李　佳 | 江苏省高等学校数学教学研究会 |
| 93 | 江苏省高等学校第16届高等数学竞赛 | 二等奖 | 省级 | 黎　凯 | 江苏省高等学校数学教学研究会 |
| 94 | 江苏省高等学校第16届高等数学竞赛 | 二等奖 | 省级 | 胡佳豪 | 江苏省高等学校数学教学研究会 |
| 95 | 江苏省高等学校第16届高等数学竞赛 | 二等奖 | 省级 | 何旭晖 | 江苏省高等学校数学教学研究会 |
| 96 | 江苏省高等学校第16届高等数学竞赛 | 二等奖 | 省级 | 陈伟叶 | 江苏省高等学校数学教学研究会 |
| 97 | 江苏省高等学校第16届高等数学竞赛 | 二等奖 | 省级 | 唐　琦 | 江苏省高等学校数学教学研究会 |
| 98 | 江苏省高等学校第16届高等数学竞赛 | 二等奖 | 省级 | 朱嘉程 | 江苏省高等学校数学教学研究会 |
| 99 | 江苏省高等学校第16届高等数学竞赛 | 二等奖 | 省级 | 张　妮 | 江苏省高等学校数学教学研究会 |
| 100 | 江苏省高等学校第16届高等数学竞赛 | 二等奖 | 省级 | 李璋洵 | 江苏省高等学校数学教学研究会 |

（续）

| 序号 | 竞赛名称 | 奖项 | 级别 | 获奖人员 | 颁奖单位 |
|------|---------|------|------|---------|---------|
| 101 | 江苏省高等学校第 16 届高等数学竞赛 | 二等奖 | 省级 | 李世韬 | 江苏省高等学校数学教学研究会 |
| 102 | 江苏省高等学校第 16 届高等数学竞赛 | 三等奖 | 省级 | 奚 特 | 江苏省高等学校数学教学研究会 |
| 103 | 江苏省高等学校第 16 届高等数学竞赛 | 三等奖 | 省级 | 郭至鑫 | 江苏省高等学校数学教学研究会 |
| 104 | 江苏省高等学校第 16 届高等数学竞赛 | 三等奖 | 省级 | 黄恺真 | 江苏省高等学校数学教学研究会 |
| 105 | 江苏省高等学校第 16 届高等数学竞赛 | 三等奖 | 省级 | 黄毓杰 | 江苏省高等学校数学教学研究会 |
| 106 | 江苏省高等学校第 16 届高等数学竞赛 | 三等奖 | 省级 | 冒魏佳 | 江苏省高等学校数学教学研究会 |
| 107 | 江苏省高等学校第 16 届高等数学竞赛 | 三等奖 | 省级 | 卢一平 | 江苏省高等学校数学教学研究会 |
| 108 | 江苏省高等学校第 16 届高等数学竞赛 | 三等奖 | 省级 | 王宇旸 | 江苏省高等学校数学教学研究会 |
| 109 | 江苏省高等学校第 16 届高等数学竞赛 | 三等奖 | 省级 | 张叶菲 | 江苏省高等学校数学教学研究会 |
| 110 | 江苏省高等学校第 16 届高等数学竞赛 | 三等奖 | 省级 | 王 栋 | 江苏省高等学校数学教学研究会 |
| 111 | 江苏省高等学校第 16 届高等数学竞赛 | 三等奖 | 省级 | 陈 艺 | 江苏省高等学校数学教学研究会 |
| 112 | 江苏省高等学校第 16 届高等数学竞赛 | 三等奖 | 省级 | 刘 政 | 江苏省高等学校数学教学研究会 |
| 113 | 江苏省高等学校第 16 届高等数学竞赛 | 三等奖 | 省级 | 李雪立 | 江苏省高等学校数学教学研究会 |
| 114 | 江苏省高等学校第 16 届高等数学竞赛 | 三等奖 | 省级 | 李 文 | 江苏省高等学校数学教学研究会 |
| 115 | 全国三维数字化创新设计大赛 | 特等奖 | 省级 | 吴雯珺 | 全国三维数字化创新设计大赛组委会、国家制造业信息化培训中心、中国图学学会、全国 3D 技术推广服务与教育培训联盟、北京光华设计发展基金会 |
| 116 | 全国三维数字化创新设计大赛 | 特等奖 | 省级 | 姚新月 | 全国三维数字化创新设计大赛组委会、国家制造业信息化培训中心、中国图学学会、全国 3D 技术推广服务与教育培训联盟、北京光华设计发展基金会 |

（续）

| 序号 | 竞赛名称 | 奖项 | 级别 | 获奖人员 | 颁奖单位 |
|---|---|---|---|---|---|
| 117 | 全国三维数字化创新设计大赛 | 特等奖 | 省级 | 奚　特 | 全国三维数字化创新设计大赛组委会、国家制造业信息化培训中心、中国图学学会、全国3D技术推广服务与教育培训联盟、北京光华设计发展基金会 |
| 118 | 全国三维数字化创新设计大赛 | 一等奖 | 省级 | 刘　奇 | 全国三维数字化创新设计大赛组委会、国家制造业信息化培训中心、中国图学学会、全国3D技术推广服务与教育培训联盟、北京光华设计发展基金会 |
| 119 | 全国三维数字化创新设计大赛 | 一等奖 | 省级 | 蒋雪飞 | 全国三维数字化创新设计大赛组委会、国家制造业信息化培训中心、中国图学学会、全国3D技术推广服务与教育培训联盟、北京光华设计发展基金会 |
| 120 | 全国三维数字化创新设计大赛 | 一等奖 | 省级 | 陈玉华 | 全国三维数字化创新设计大赛组委会、国家制造业信息化培训中心、中国图学学会、全国3D技术推广服务与教育培训联盟、北京光华设计发展基金会 |
| 121 | 全国三维数字化创新设计大赛 | 一等奖 | 省级 | 赵　敏 | 全国三维数字化创新设计大赛组委会、国家制造业信息化培训中心、中国图学学会、全国3D技术推广服务与教育培训联盟、北京光华设计发展基金会 |
| 122 | 全国三维数字化创新设计大赛 | 一等奖 | 省级 | 姜紫薇 | 全国三维数字化创新设计大赛组委会、国家制造业信息化培训中心、中国图学学会、全国3D技术推广服务与教育培训联盟、北京光华设计发展基金会 |
| 123 | 全国三维数字化创新设计大赛 | 一等奖 | 省级 | 周　辉 | 全国三维数字化创新设计大赛组委会、国家制造业信息化培训中心、中国图学学会、全国3D技术推广服务与教育培训联盟、北京光华设计发展基金会 |
| 124 | 全国三维数字化创新设计大赛 | 一等奖 | 省级 | 田露旭 | 全国三维数字化创新设计大赛组委会、国家制造业信息化培训中心、中国图学学会、全国3D技术推广服务与教育培训联盟、北京光华设计发展基金会 |

（续）

| 序号 | 竞赛名称 | 奖项 | 级别 | 获奖人员 | 颁奖单位 |
|------|----------|------|------|----------|----------|
| 125 | 全国三维数字化创新设计大赛 | 一等奖 | 省级 | 万福健 | 全国三维数字化创新设计大赛组委会、国家制造业信息化培训中心、中国图学学会、全国3D技术推广服务与教育培训联盟、北京光华设计发展基金会 |
| 126 | 全国三维数字化创新设计大赛 | 一等奖 | 省级 | 李亦哲 | 全国三维数字化创新设计大赛组委会、国家制造业信息化培训中心、中国图学学会、全国3D技术推广服务与教育培训联盟、北京光华设计发展基金会 |
| 127 | 全国三维数字化创新设计大赛 | 一等奖 | 省级 | 夏 劼 | 全国三维数字化创新设计大赛组委会、国家制造业信息化培训中心、中国图学学会、全国3D技术推广服务与教育培训联盟、北京光华设计发展基金会 |
| 128 | 全国三维数字化创新设计大赛 | 二等奖 | 省级 | 陈诗佳 | 全国三维数字化创新设计大赛组委会、国家制造业信息化培训中心、中国图学学会、全国3D技术推广服务与教育培训联盟、北京光华设计发展基金会 |
| 129 | 全国三维数字化创新设计大赛 | 二等奖 | 省级 | 蒋民杰 | 全国三维数字化创新设计大赛组委会、国家制造业信息化培训中心、中国图学学会、全国3D技术推广服务与教育培训联盟、北京光华设计发展基金会 |
| 130 | 全国三维数字化创新设计大赛 | 三等奖 | 省级 | 林 宇 | 全国三维数字化创新设计大赛组委会、国家制造业信息化培训中心、中国图学学会、全国3D技术推广服务与教育培训联盟、北京光华设计发展基金会 |
| 131 | 全国三维数字化创新设计大赛 | 三等奖 | 省级 | 徐志全 | 全国三维数字化创新设计大赛组委会、国家制造业信息化培训中心、中国图学学会、全国3D技术推广服务与教育培训联盟、北京光华设计发展基金会 |
| 132 | 全国大学生电子设计竞赛江苏赛区 | 二等奖 | 省级 | 谢 珂 | 教育部高等教育司、工业和信息化部人事教育司、全国大学生电子设计竞赛江苏赛区组委会 |

（续）

| 序号 | 竞赛名称 | 奖项 | 级别 | 获奖人员 | 颁奖单位 |
|------|---------|------|------|---------|---------|
| 133 | 全国大学生电子设计竞赛江苏赛区 | 二等奖 | 省级 | 祝忠钲 | 教育部高等教育司、工业和信息化部人事教育司、全国大学生电子设计竞赛江苏赛区组委会 |
| 134 | 全国大学生电子设计竞赛江苏赛区 | 二等奖 | 省级 | 白嘉豪 | 教育部高等教育司、工业和信息化部人事教育司、全国大学生电子设计竞赛江苏赛区组委会 |
| 135 | 第十五届江苏省"新道杯"沙盘模拟经营大赛 | 一等奖 | 省级 | 马 尧 | 中国商业联合会、中国职业技术教育学会商科专业委员会 |
| 136 | 第十五届江苏省"新道杯"沙盘模拟经营大赛 | 一等奖 | 省级 | 刘新君 | 中国商业联合会、中国职业技术教育学会商科专业委员会 |
| 137 | 全国大学生数学建模竞赛江苏省决赛 | 一等奖 | 省级 | 斛如晗 | 全国大学生数学建模竞赛江苏赛区组委会 |
| 138 | 全国大学生数学建模竞赛江苏省决赛 | 二等奖 | 省级 | 朱安琪 | 全国大学生数学建模竞赛江苏赛区组委会 |
| 139 | 全国大学生数学建模竞赛江苏省决赛 | 三等奖 | 省级 | 江 涛 | 全国大学生数学建模竞赛江苏赛区组委会 |
| 140 | 全国大学生数学建模竞赛江苏省决赛 | 三等奖 | 省级 | 王宇涛 | 全国大学生数学建模竞赛江苏赛区组委会 |
| 141 | 全国大学生数学建模竞赛江苏省决赛 | 三等奖 | 省级 | 陈天一 | 全国大学生数学建模竞赛江苏赛区组委会 |
| 142 | 全国大学生数学建模竞赛江苏省决赛 | 一等奖 | 省级 | 郝文俊 | 全国大学生数学建模竞赛江苏赛区组委会 |
| 143 | 第八届数学中国数学建模国际赛 | 二等奖 | 省级 | 陈 艺 | 内蒙古自治区数学学会、中国运筹学会计算系统生物学分会、全球数学建模能力认证中心 |
| 144 | 第八届数学中国数学建模国际赛 | 二等奖 | 省级 | 曹柏源 | 内蒙古自治区数学学会、中国运筹学会计算系统生物学分会、全球数学建模能力认证中心 |
| 145 | 全国高校计算机挑战赛大数据算法赛 | 三等奖 | 省级 | 王振乾 | 全国高等学校计算机教育研究会 |
| 146 | 第九届华东区大学生CAD应用技能竞赛 | 二等奖 | 省级 | 刘 奇 | 江苏省工程图学学会 |
| 147 | 第九届华东区大学生CAD应用技能竞赛 | 二等奖 | 省级 | 夏 硕 | 江苏省工程图学学会 |
| 148 | 第九届华东区大学生CAD应用技能竞赛 | 一等奖 | 省级 | 方伟健 | 江苏省工程图学学会 |

（续）

| 序号 | 竞赛名称 | 奖项 | 级别 | 获奖人员 | 颁奖单位 |
|---|---|---|---|---|---|
| 149 | 第四届江苏省科协青年会员创新创业大赛 | 三等奖 | 省级 | 曾美媛 | 江苏省科学技术学会 |
| 150 | 第四届江苏省科协青年会员创新创业比赛 | 二等奖 | 省级 | 陈怡霏 | 江苏省科学技术学会 |
| 151 | 第四届江苏省科协青年会员创新创业比赛 | 三等奖 | 省级 | 吴佳美 | 江苏省科学技术学会 |
| 152 | 第四届江苏省科协青年会员创新创业大赛 | 一等奖 | 省级 | 张昊真 | 江苏省科学技术学会 |
| 153 | 第四届江苏省科协青年会员创新创业大赛 | 三等奖 | 省级 | 周　净 | 江苏省科学技术学会 |
| 154 | 第四届江苏省科协青年会员创新创业大赛 | 一等奖 | 省级 | 耿雅倩 | 江苏省科学技术学会 |
| 155 | 中国大学生机械创新创业大赛——2019年智能制造大赛 | 三等奖 | 省级 | 姜紫薇 | 中国机械工程学会、教育部高等学校机械类专业教学指导委员会、教育部高等学校材料类专业教学指导委员会、教育部高等学校工业工程类专业教学指导委员会 |
| 156 | 国家农科学子创新创业大赛农业微课程比赛 | 三等奖 | 省级 | 陈子燕 | 中国作物学会 |
| 157 | 国家农科学子创新创业大赛农业微课程比赛 | 三等奖 | 省级 | 邓　倩 | 中国作物学会 |
| 158 | 国家农科学子创新创业大赛农业微课程比赛 | 三等奖 | 省级 | 高凡淇 | 中国作物学会 |
| 159 | 国家农科学子创新创业大赛农业微课程比赛 | 三等奖 | 省级 | 黄　蓉 | 中国作物学会 |
| 160 | 国家农科学子创新创业大赛农业微课程比赛 | 三等奖 | 省级 | 史茗钰 | 中国作物学会 |
| 161 | 国家农科学子创新创业大赛农业微课程比赛 | 三等奖 | 省级 | 王馨雪 | 中国作物学会 |
| 162 | "温氏杯"全国大学生创新创业大赛 | 三等奖 | 省级 | 徐　晨 | 中国畜产品加工研究会 |
| 163 | 重庆市第七届大学生创新创业大赛 | 三等奖 | 省级 | 吴钰楠 | 重庆市教育委员会、重庆市科学技术局、重庆广播电视集团（总台）、重庆市经济和信息化委员会、重庆市人力资源和社会保障局、重庆市市场监督管理局、国家税务总局重庆市税务局、沙坪坝区人民政府 |

（续）

| 序号 | 竞赛名称 | 奖项 | 级别 | 获奖人员 | 颁奖单位 |
|---|---|---|---|---|---|
| 164 | 正大杯大学生创新创业大赛 | 三等奖 | 省级 | 李嘉胤 | 中国青年创业就业基金会、正大集团 |
| 165 | 第10届江苏省大学生机器人大赛 | 二等奖 | 省级 | 夏　硕 | 江苏省教育厅、江苏省科学技术学会、江苏省自动化学会 |
| 166 | 第10届江苏省大学生机器人大赛 | 二等奖 | 省级 | 刘　浩 | 江苏省教育厅、江苏省科学技术学会、江苏省自动化学会 |
| 167 | 第10届江苏省大学生机器人大赛 | 二等奖 | 省级 | 黄永祺 | 江苏省教育厅、江苏省科学技术学会、江苏省自动化学会 |
| 168 | 软银机器人杯中国机器人技能大赛 | 二等奖 | 省级 | 黄永祺 | 中国人工智能学会 |
| 169 | 江苏省机器人大赛足球项目 | 一等奖 | 省级 | 祝忠钲 | 江苏省教育厅、江苏省科学技术学会、江苏省自动化学会 |
| 170 | 江苏省机器人大赛探险巡航Ⅰ型 | 二等奖 | 省级 | 祝忠钲 | 江苏省教育厅、江苏省科学技术学会、江苏省自动化学会 |
| 171 | 江苏省机器人大赛探险巡航Ⅱ型 | 二等奖 | 省级 | 祝忠钲 | 江苏省教育厅、江苏省科学技术学会、江苏省自动化学会 |
| 172 | 江苏省机器人大赛足球项目 | 亚军 | 省级 | 秦　祺 | 江苏省教育厅、江苏省科学技术学会、江苏省自动化学会 |
| 173 | 江苏省机器人大赛探险项目 | 二等奖 | 省级 | 秦　祺 | 江苏省教育厅、江苏省科学技术学会、江苏省自动化学会 |
| 174 | 江苏省大学生机器人大赛 | 三等奖 | 省级 | 陈　涛 | 江苏省教育厅、江苏省科学技术学会、江苏省自动化学会 |
| 175 | 浙江省机器人竞赛寻宝游 | 二等奖 | 省级 | 周贤君 | 江苏省教育厅、江苏省科学技术学会、江苏省自动化学会 |
| 176 | 浙江省机器人竞赛探险游 | 二等奖 | 省级 | 周贤君 | 江苏省教育厅、江苏省科学技术学会、江苏省自动化学会 |
| 177 | 第11届江苏省大学生力学竞赛 | 二等奖 | 省级 | 闫新如 | 江苏省大学生力学竞赛组委会、江苏省力学学会、江苏省高等学校力学土建类教学指导委员会 |
| 178 | 第11届江苏省大学生力学竞赛 | 二等奖 | 省级 | 赵操玺 | 江苏省大学生力学竞赛组委会、江苏省力学学会、江苏省高等学校力学土建类教学指导委员会 |
| 179 | 第11届江苏省大学生力学竞赛 | 二等奖 | 省级 | 黄丽锦 | 江苏省大学生力学竞赛组委会、江苏省力学学会、江苏省高等学校力学土建类教学指导委员会 |

（续）

| 序号 | 竞赛名称 | 奖项 | 级别 | 获奖人员 | 颁奖单位 |
|------|----------|------|------|----------|----------|
| 180 | 第11届江苏省大学生力学竞赛 | 二等奖 | 省级 | 夏 硕 | 江苏省大学生力学竞赛组委会、江苏省力学学会、江苏省高等学校力学土建类教学指导委员会 |
| 181 | 第11届江苏省大学生力学竞赛 | 二等奖 | 省级 | 龙胜文 | 江苏省大学生力学竞赛组委会、江苏省力学学会、江苏省高等学校力学土建类教学指导委员会 |
| 182 | 第11届江苏省大学生力学竞赛 | 二等奖 | 省级 | 方伟健 | 江苏省大学生力学竞赛组委会、江苏省力学学会、江苏省高等学校力学土建类教学指导委员会 |
| 183 | 第11届江苏省大学生力学竞赛 | 二等奖 | 省级 | 师晓欣 | 江苏省大学生力学竞赛组委会、江苏省力学学会、江苏省高等学校力学土建类教学指导委员会 |
| 184 | 第11届江苏省大学生力学竞赛 | 二等奖 | 省级 | 黎 凯 | 江苏省大学生力学竞赛组委会、江苏省力学学会、江苏省高等学校力学土建类教学指导委员会 |
| 185 | "丁香-创咖杯"节能环保双创竞赛 | 三等奖 | 省级 | 刘 洋 | 江苏省科学技术学会、江苏省能源研究会 |
| 186 | "丁香-创咖杯"节能环保双创竞赛 | 三等奖 | 省级 | 陈诗佳 | 江苏省科学技术学会、江苏省能源研究会 |
| 187 | "丁香-创咖杯"节能环保双创竞赛 | 三等奖 | 省级 | 朱 磊 | 江苏省科学技术学会、江苏省能源研究会 |
| 188 | "丁香-创咖杯"节能环保双创竞赛 | 三等奖 | 省级 | 张维劲 | 江苏省科学技术学会、江苏省能源研究会 |
| 189 | "丁香-创咖杯"节能环保双创竞赛 | 三等奖 | 省级 | 郭至鑫 | 江苏省科学技术学会、江苏省能源研究会 |
| 190 | "丁香-创咖杯"节能环保双创竞赛 | 三等奖 | 省级 | 张 圆 | 江苏省科学技术学会、江苏省能源研究会 |
| 191 | "丁香-创咖杯"节能环保双创竞赛 | 三等奖 | 省级 | 史陈晨 | 江苏省科学技术学会、江苏省能源研究会 |
| 192 | 江苏省农学会第三届"创星杯"创新创业大赛 | 三等奖 | 省级 | 马 尧 | 江苏省农学会 |
| 193 | 江苏省农学会第三届"创星杯"创新创业大赛 | 一等奖 | 省级 | 卯倩倩 | 江苏省农学会 |
| 194 | 江苏省农学会第三届"创星杯"创新创业大赛 | 二等奖 | 省级 | 佟科践 | 江苏省农学会 |

（续）

| 序号 | 竞赛名称 | 奖项 | 级别 | 获奖人员 | 颁奖单位 |
|---|---|---|---|---|---|
| 195 | 江苏省农学会第三届"创星杯"创新创业大赛 | 二等奖 | 省级 | 耿雅倩 | 江苏省农学会 |
| 196 | 江苏省农学会第三届"创星杯"创新创业大赛 | 一等奖 | 省级 | 徐　晨 | 江苏省农学会 |
| 197 | 江苏省农学会第三届"创星杯"创新创业大赛 | 三等奖 | 省级 | 罗瑞祺 | 江苏省农学会 |
| 198 | 江苏省农学会第三届"创星杯"创新创业大赛 | 三等奖 | 省级 | 魏泽昊 | 江苏省农学会 |

（撰稿：赵玲玲　赵文婷　翟元海　审稿：张　炜　吴彦宁　谭智赟　审核：王俊琴）

# 公 共 艺 术 教 育

【概况】公共艺术教育中心开设艺术导论、音乐鉴赏、美术鉴赏、影视鉴赏、戏剧鉴赏、舞蹈鉴赏、书法鉴赏、戏曲鉴赏等 20 余门公共艺术选修课；建立学校公共艺术教育师生考核制度，实现系统化、专业化、科学化教育；开展相关艺术学科理论研究，策划组织高质量、高水平的艺术文化活动，提升学生的艺术素养、审美能力，增强学生的社会竞争力。结合学校"不忘初心、牢记使命"主题教育工作，举办普通话推广主题活动暨经典诵读大赛。通过打造"青春告白祖国"迎新生晚会、"我和我的祖国"合唱比赛、高雅艺术进校园等一系列思想性文化符号，厚植爱校荣校情怀。

【举办江苏省 2019 年高雅艺术进校园活动拓展项目】4 月 24 日，江苏省 2019 年高雅艺术进校园活动拓展项目"古韵流传"戏曲名家名段赏析南京农业大学专场在大学生活动中心成功举办。学校"兰菊秀苑"戏曲团的学生与戏曲名家同台献艺，近距离感受中国戏曲文化的魅力，增进青年学生对中华民族传统文化的认同感和自豪感，激发青年学生对优秀传统文化的浓厚兴趣。

【举办江苏省高校公共艺术教育教学专家研讨会】5 月 29 日，公共艺术教育中心承办江苏省高校公共艺术教育教学专家研讨会。专家围绕美育工作理念、存在的问题和解决措施等进行广泛的研讨，对《江苏省高校公共艺术教育教学调研方案》与《江苏省高校公共艺术课程巡展方案》进行充分的论证，达成共识。本次研讨会的召开，体现省教育厅对公共艺术教育教学的高度重视，是对教育部关于切实加强新时代高等学校美育工作意见的有力落实，具有重要的意义。

【举办 2019 年江苏省高校公共艺术教育师资培训班】10 月 14～18 日，公共艺术教育中心承办 2019 年江苏省高校公共艺术教育师资培训班。培训包括开班仪式、专家讲座、观摩公共艺术教育精品课程、互动交流等环节。通过为期 5 天的学习与交流，学员们在艺术氛围中碰撞思想，提升公共艺术课程的教学技能和教学水平，为公共艺术教育课程的发展和创新提供了经验与灵感。

（撰稿：翟元海　审稿：谭智赟　审核：王俊琴）

# 九、科学研究与社会服务

## 科 学 研 究

【概况】2019 年度，学校到位科研总经费 9.10 亿元，其中，纵向经费 7.55 亿元、横向经费 1.55 亿元。

国家自然科学基金获批 214 项，立项经费 17 095 万元，其中，国家杰出青年科学基金项目 2 项、优秀青年科学基金项目 2 项。新增江苏省自然科学基金项目 63 项，立项经费 1 450 万元，其中，杰出青年科学基金 3 项、优秀青年科学基金 2 项。签订各类横向合作项目 715 项，合同金额 2.99 亿元。

国家重点研发计划牵头项目 4 项，立项经费 9 963 万元，获课题 6 项，立项经费 4 014 万元；新增国家现代农业产业技术体系岗位专家 2 位、江苏省重点研发项目 11 项、江苏省农业科技自主创新资金项目 26 项、江苏省国际科技合作项目 2 项。

新增人文社科类纵向科研项目 185 项，其中，国家社会科学项目 14 项、教育部人文社科一般项目 8 项、农业农村部软科学项目 2 项、江苏省社会科学基金项目 6 项。纵向项目立项经费 3 467.6 万元，到账经费 3 184.9 万元。

以南京农业大学为第一完成单位获省部级以上奖励 17 项，其中，国家科学技术进步奖 1 项，省部级一等奖 4 项，中华农业科技奖优秀创新团队 2 个，全国农牧渔业突出贡献奖 1 项，首次荣获江苏省国际科学技术合作奖 1 项。

人文社科类新获"2019 年度江苏省社科应用研究精品工程奖"8 项，其中，一等奖 3 项、二等奖 5 项。

朱艳获教育部特聘专家；高彦征获百千万人才工程；陶小荣、高彦征获国家杰出青年科学基金；韦中、粟硕获国家优秀青年科学基金资助；王燕、张群、钱国良获江苏省杰出青年科学基金资助；宋爱萍、林健获江苏省优秀青年科学基金资助；马贤磊、吴磊、张群入选江苏省"青蓝工程"中青年学术带头人；吴俊俊、安红利、郑冠宇入选江苏省"青蓝工程"优秀青年骨干教师；宋庆鑫、徐益峰入选江苏省特聘教授；张正光、张峰、粟硕、侯毅平入选江苏省"六大人才高峰"高层次人才培养对象；李欣、刘金彤、杨天杰、王浩浩、郑焕、张楠、高振博、杜焱强获江苏省"双创计划"双创博士；郭世荣获全国农牧渔业丰收奖；邹伟获江苏省社科英才奖；王东波、刘馨秋、孙琳、张龙耀获江苏省社会科学优秀青年科学基金资助。

以南京农业大学为通讯作者单位被 SCI 收录论文 2 094 篇，同比增长 13.62%。以第一作者单位（共同）或通讯作者单位（共同）在影响因子大于 9 的期刊上发表论文 61 篇，较同期增长 103.33%，其中，*Nature Biotechnology* 1 篇、*Nature Genetics* 2 篇。9 位教授入选爱思唯尔（Elsevier）公布的"高被引学者"榜单；4位教授入选科睿唯安（Clarivate Analytics）公布的"高被引科学家"榜单。授权专利265件，其中，国际专利5件（美国专利2件、欧洲专利1件、加拿大专利1件、印度尼西亚专利1件）；获植物新品种权19件，行业标准1项，省级地方标准3项，审定品种8个，登记非主要农作物10个。登记软件著作权78件。获江苏省高价值专利培育项目1项。被SSCI收录学术论文43篇，被CSSCI收录论文203篇。

南京农业大学科协再次获江苏省"示范高校科协"一等奖、"2019年全国科技活动周暨江苏省第31届科普宣传周优秀组织单位"称号。通过科协渠道，5人入选省科协"青年人才托举工程"，7人入选省科协第四批首席科技传播专家。荣获省双创大赛一等奖1项、省农学会双创大赛一等奖1项，同时科协获得"优秀组织单位"称号；中华农业文明博物馆获"江苏省优秀科普基地"称号。承办了第56期、第59期江苏省青年科学家科技沙龙，申办了江苏科技论坛"智能农机装备助推乡村振兴"分论坛。在校学术委员会的领导下，配合调查处理涉嫌学术不端事件4件；组织全校师生观看教育部组织的全国科学道德和学风建设宣讲教育报告会2次。

作物表型组学研究重大科技基础设施继获省部共建支持后，又获批高校"十四五"重大科技基础设施培育项目。举办国际植物表型大会，扩大了南京农业大学作物表型组学研究的全球影响力，绘就了全球作物表型研究"中国方案"。与荷兰瓦格宁根大学签署合作框架协议，成立中荷植物表型组学联合研究中心。发起成立长江经济带农业人工智能科技创新与人才培养合作联盟。成为中国生物物理学会表型组分会副会长单位。与上海市农业生物基因中心签署合作协议。完成设施主体"硕果"的外观设计，顺利完成田间移动智能表型舱、人工智能气候舱和根系观察室的构建，研发多台根系表型、立体表型舱等预研设施设备。作物表型组学交叉研究中心聘任客座教授2人，招收研究生21人（其中博士生5人），获国家基金2项、省级项目3项，申请专利24项。开设作物表型组学全英文系列课程5门，组织了首期国际植物表型青年学者培训班。

新增1个国家级平台——中国-肯尼亚作物分子生物学"一带一路"联合实验室；3个部级平台——智慧农业教育部工程研究中心、南京水稻种质资源教育部野外科学观测研究站、国家作物种质资源南京观测实验站；1个省级平台——江苏省梨工程研究中心。统筹校内外资源，全面推进作物免疫学国家重点实验室筹建工作。2个农业农村部重点实验室建设项目通过绩效考核，2个通过竣工验收。白马农业转基因生物安全基地一期建设项目竣工验收。卫岗校区智能温室试运行。新增南京农业大学湖羊研究院等7个校级科研机构。

积极落实科研"放管服"改革要求，牵头启动学校科研管理信息化平台项目建设，目前已完成需求对接，进入招标阶段。立足"破五唯"，超前谋划科研绩效奖励修订方案，为学校实施科研绩效改革奠定基础。着眼科技前沿，营造创新氛围，牵头组织了"5G产业及其在农业领域的应用与展望"和"人工智能创新思维发展"等多场高水平学术报告。主办5期科研管理工作例会，切实加强部门与学院的交流，提升科研服务质量与水平。编制《科技工作年报》《科技工作要览》等材料，为全校师生提供科研数据支持。

【荣获省部级以上奖励17项】以南京农业大学为第一完成单位获省部级以上奖励17项，较上年同期增长70%。其中，国家科学技术进步奖1项、省部级一等奖4项。

【科研获批项目首次突破200项】国家自然科学基金实现重大突破，获批214项，首次突破

200 项，立项经费 17 095 万元。

**【深化国际交流合作，打造精品国际期刊】**《园艺研究》入选"中国科技期刊卓越行动计划"领军期刊类项目，获 1 500 万元立项支持，是农业高校也是江苏省唯一的领军类期刊。《植物表型组学》于 2019 年 1 月正式上线，目前已被 DOAJ 数据库收录。与 Science 合作创办《生物设计研究》（*BioDesign Research*）于 2019 年 11 月正式上线，并接受投稿，国际编委比例高达 92％。

**【社科重大项目】**王思明教授的"大运河文化建设研究"和周力教授的"新时代我国农村贫困性质变化及 2020 年后反贫困政策研究"获批 2019 年度国家社会科学基金重大项目。截至2019 年，南京农业大学共有 16 项国家社会科学基金重大项目获批，数量居全国农林高校之首。

**【咨政成果批示】**7 篇咨询报告获省部级以上领导批示或采纳。汪鹏教授、赵方杰教授撰写的调研报告，经民盟中央专家领导撰写为《关于防范农田土壤污染诱发人体健康公害事件的建议》并提交，获中央领导同志重要批示。

**【发展报告发布】**2020 年 1 月 14 日，《江苏农村发展报告 2019》发布会暨乡村振兴论坛在南京农业大学召开。《农民日报》《新华日报》、江苏电视台等多家媒体对此次发布会进行了关注报道。

（撰稿：姚雪霞　毛竹　审稿：俞建飞　马海田　陶书田　周国栋
陈　俐　黄水清　卢　勇　宋华明　审核：童云娟）

# ［附录］

## 附录 1　2019 年度纵向到位科研经费汇总表

| 序号 | 项目类别 | 经费（万元） |
|---|---|---|
| 1 | 国家自然科学基金 | 12 351（直接经费） |
| 2 | 国家重点研发计划 | 15 417 |
| 3 | 转基因生物新品种培育国家科技重大专项 | 3 618 |
| 4 | 科学技术部其他计划 | 473 |
| 5 | 现代农业产业技术体系 | 2 410 |
| 6 | 教育部项目 | 150 |
| 7 | 其他部委项目 | 142 |
| 8 | 江苏省重点研发计划 | 1 603 |
| 9 | 江苏省自然科学基金 | 1 450 |
| 10 | 江苏省科技厅其他项目 | 1 453 |
| 11 | 江苏省农业农村厅项目 | 2 940 |
| 12 | 江苏省其他项目 | 4 277 |
| 13 | 其他省市项目 | 848 |
| 14 | 国家社会科学基金 | 319 |

（续）

| 序号 | 项目类别 | 经费（万元） |
|---|---|---|
| 15 | 国家重点实验室 | 7 816 |
| 16 | 中央高校基本科研业务费 | 3 500 |
| 17 | 南京市科技项目 | 1 010 |
| 18 | 其他项目 | 15 697 |
| 合 计 | | 75 474 |

注：此表除包含科研院管理的纵向科研经费外，还包含国际合作交流处管理的国际合作项目经费、人事处管理的引进人才经费。

## 附录 2　2019 年度各学院纵向到位科研经费统计表（理科类）

| 序号 | 学院 | 到位经费（万元） |
|---|---|---|
| 1 | 农学院 | 13 539.2 |
| 2 | 资源与环境科学学院 | 7 609.3 |
| 3 | 植物保护学院 | 5 961.4 |
| 4 | 园艺学院 | 5 439.0 |
| 5 | 动物医学院 | 2 744.9 |
| 6 | 食品科技学院 | 3 034.4 |
| 7 | 动物科技学院 | 3 415.2 |
| 8 | 生命科学学院 | 2 469.9 |
| 9 | 工学院 | 1 708 |
| 10 | 理学院 | 547.4 |
| 11 | 草业学院 | 672 |
| 12 | 其他* | 3 050.6 |
| 合 计 | | 50 191.3 |

\* 指行政职能部门纵向到位科研经费，不含国家重点实验室、教育部"111"引智基地及无锡渔业学院等到位经费。

## 附录 3　2019 年度各学院纵向到位科研经费统计表（文科类）

| 序号 | 学 院 | 到位经费（万元） |
|---|---|---|
| 1 | 经济管理学院 | 916.5 |
| 2 | 公共管理学院 | 1 361.1 |
| 3 | 信息科技学院 | 192.6 |
| 4 | 人文与社会发展学院 | 411.5 |
| 5 | 金融学院 | 193.3 |
| 6 | 外国语学院 | 18.6 |
| 7 | 马克思主义学院 | 82 |
| 8 | 体育部 | 9.3 |
| 合 计 | | 3 184.9 |

# 附录 4　2019 年度结题项目汇总表

| 序号 | 项目类别 | 应结题项目数 | 结题项目数 |
|---|---|---|---|
| 1 | 国家自然科学基金 | 148 | 148 |
| 2 | 国家社会科学基金 | 10 | 10 |
| 3 | 国家重点研发计划课题 | 1 | 1 |
| 4 | "973" 计划 | 3 | 3 |
| 5 | 公益性行业（农业）科研专项 | 4 | 4 |
| 6 | 教育部人文社科项目 | 3 | 3 |
| 7 | 江苏省自然科学基金项目 | 56 | 55 |
| 8 | 江苏省社会科学基金项目 | 16 | 16 |
| 9 | 江苏省重点研发计划 | 12 | 11 |
| 10 | 江苏省自主创新项目 | 8 | 7 |
| 11 | 江苏省农业三项项目 | 29 | 25 |
| 12 | 江苏省软科学计划 | 2 | 2 |
| 13 | 江苏省教育厅高校哲学社会科学项目 | 31 | 31 |
| 14 | 人文社会科学项目 | 22 | 22 |
| 15 | 校青年基金项目 | 51 | 51 |
| 16 | 校自主创新重点项目 | 58 | 58 |
| 17 | 校人文社会科学基金 | 82 | 69 |
| | 合计 | 536 | 516 |

# 附录 5　各学院发表学术论文统计表

| 序号 | 学院 | 论　文 | | |
|---|---|---|---|---|
| | | SCI | SSCI | CSSCI |
| 1 | 农学院 | 206 | 1 | |
| 2 | 工学院 | 136 | | 2 |
| 3 | 植物保护学院 | 226 | | |
| 4 | 资源与环境科学学院 | 232 | | |
| 5 | 园艺学院 | 209 | | |
| 6 | 动物科技学院 | 261 | | |
| 7 | 动物医学院 | 218 | | |
| 8 | 食品科技学院 | 218 | | |
| 9 | 理学院 | 84 | | |
| 10 | 生命科学学院 | 155 | | |
| 11 | 信息科技学院 | 9 | 1 | 19 |

（续）

| 序号 | 学院 | 论 文 | | |
| --- | --- | --- | --- | --- |
| | | SCI | SSCI | CSSCI |
| 12 | 草业学院 | 44 | | |
| 13 | 无锡渔业学院 | 43 | | |
| 14 | 公共管理学院 | 18 | 15 | 70 |
| 15 | 经济管理学院 | 24 | 17 | 38 |
| 16 | 金融学院 | 4 | 6 | 26 |
| 17 | 人文与社会发展学院 | 4 | 2 | 31 |
| 18 | 外国语学院 | | | 1 |
| 19 | 马克思主义学院 | | | 12 |
| 20 | 体育部 | | | |
| 21 | 其他 | 3 | 1 | 4 |
| | 合计 | 2 094 | 43 | 203 |

## 附录6　各学院专利授权和申请情况一览表

| 学院 | 授权专利 | | | | 申请专利 | | | |
| --- | --- | --- | --- | --- | --- | --- | --- | --- |
| | 2019 年 | | 2018 年 | | 2019 年 | | 2018 年 | |
| | 件 | 其中：发明/实用新型/外观设计 | 件 | 其中：发明/实用新型/外观设计 | 件 | 其中：发明/实用新型/外观设计 | 件 | 其中：发明/实用新型/外观设计 |
| 农学院 | 35 | 32/3/0 | 23 | 20/3/0（1件美国发明） | 55 | 51/4/0（1件PCT） | 46 | 46/0/0 |
| 植物保护学院 | 19 | 17/2/0（1件加拿大发明） | 28 | 23/5/0（美国、英国、澳大利亚发明各1件） | 21 | 20/1/0（1件PCT） | 32 | 29/3/0 |
| 资源与环境科学学院 | 27 | 24/3/0（美国、欧洲、印尼发明各1件） | 18 | 17/1/0 | 57 | 53/4/0 | 51 | 49/2/0 |
| 园艺学院 | 21 | 11/9/1 | 13 | 8/5/0 | 82 | 71/10/1（1件PCT） | 66 | 59/7/0 |
| 动物科技学院 | 8 | 6/2/0 | 16 | 10/6/0 | 31 | 27/4/0 | 27 | 27/0/0 |
| 动物医学院 | 14 | 11/3/0 | 11 | 10/1/0 | 32 | 27/5/0 | 18 | 16/2/0 |
| 食品科技学院 | 30 | 24/6/0（1件美国发明） | 30 | 26/1/3 | 62 | 54/8/0（2件PCT） | 71 | 67/4/0（4件PCT） |
| 生命科学学院 | 19 | 15/4/0 | 12 | 11/1/0（美国、欧洲发明各1件） | 23 | 22/1/0 | 25 | 23/2/0（1件PCT） |
| 理学院 | 1 | 1/0/0 | 2 | 2/0/0 | 16 | 16/0/0 | 10 | 10/0/0 |

（续）

| 学院 | 授权专利 | | | | 申请专利 | | | |
|------|------|------|------|------|------|------|------|------|
| | 2019 年 | | 2018 年 | | 2019 年 | | 2018 年 | |
| | 件 | 其中：发明/实用新型/外观设计 | 件 | 其中：发明/实用新型/外观设计 | 件 | 其中：发明/实用新型/外观设计 | 件 | 其中：发明/实用新型/外观设计 |
| 工学院 | 83 | 12/71/0 | 136 | 21/114/1（1 件美国发明） | 216 | 66/150/0（1 件 PCT） | 173 | 56/117/0 |
| 信息科技学院 | 2 | 2/0/0 | 4 | 4/0/0 | 9 | 9/0/0 | 9 | 9/0/0 |
| 经济管理学院 | | | 1 | 0/1/0 | | | | |
| 人文与社会发展学院 | | | 1 | 0/1/0 | | | 1 | 0/1/0 |
| 草业学院 | 4 | 4/0/0 | | // | | | 4 | 4/0/0 |
| 无锡渔业学院 | 1 | 0/1/0 | | // | | | | // |
| 合计 | 264 | 159/104/1 | 295 | 152/139/4 | 604 | 416/187/1 | 533 | 395/138/0 |

## 附录 7  新增省部级科研平台一览表

| 级别 | 机构名称 | 批准部门 | 批准时间 | 依托学院 | 负责人 |
|------|----------|----------|----------|----------|--------|
| 国家级 | 中国-肯尼亚作物分子生物学"一带一路"联合实验室 | 科学技术部 | 2019 | 农学院 | 王秀娥 |
| 省部级 | 智慧农业教育部工程研究中心 | 教育部 | 2019 | 农学院 | 朱 艳 |
| 省部级 | 南京水稻种质资源教育部野外科学观测研究站 | 教育部 | 2019 | 农学院 | 王益华 |
| 省部级 | 国家作物种质资源南京观测实验站 | 农业农村部 | 2019 | 农学院 | 丁艳锋 |
| 省部级 | 江苏省梨工程研究中心 | 江苏省发展改革委 | 2019 | 园艺学院 | 张绍铃 |

## 附录 8  主办期刊

**《南京农业大学学报》**（自然科学版）

共收到稿件 690 篇，退稿 491 篇，退稿率为 71%。刊出论文 147 篇，其中，特约综述 12 篇、研究论文 134 篇、研究简报 1 篇。平均发表周期 9 个月。每期邮局发行 105 册，国内交换 486 册，国外发行 2 册。学报影响因子为 1.441，影响因子排名 6/100；期刊影响力指数（CI）排名 7/100；WEB 下载量为 8.99 万次。在科学技术部中国信息研究所评价的 2 049 种中国科技核心期刊中排 170 位。根据《世界学术期刊学术影响力指数（WAJCI）年报》，学报在全球 107 种综合性农业科学期刊中排第 45 名，位于 Q2 区。

学报于 2019 年 7 月 11 日被 Scopus 数据库收录，目前收录学报的国外数据库有 8 个。学报在 2019—2020 年再次被中国科学引文数据库（CSCD）核心库收录。学报荣获"庆祝中华人民共和国成立 70 周年精品期刊"；学报微信公众号被江苏省高校学报研究会评为"十佳微信公众号"。

数字化建设具体工作包括：①录用的论文在定稿后即时在学报网站上网；②论文在线优先出版；③论文的 HTML 网页制作；④论文 DOI 号的注册和解析链接；⑤电子邮件推送最新出版论文的目次；⑥通过微信公众平台发布学报动态和优质内容；⑦与超星合作，进行论文的域出版。

## 《南京农业大学学报》（社会科学版）

共收到来稿 1 841 篇，其中，校内来稿 36 篇。刊用稿 94 篇（约稿 19 篇），用稿率为 5.11％（除去约稿，用稿率为 4.07％）。其中，刊用校内稿件 15 篇、校外稿件 79 篇，校内用稿占比 15.96％。省部级基金资助论文 72 篇，基金论文比达 76.60％。青年学者（博士、讲师及副教授）论文 54 篇，占比 57.45％。用稿周期约 316 天。

中国学术期刊影响因子年报（人文社会科学）（2019 版），学报复合影响因子 4.72，期刊综合影响因子 3.21，影响力指数在综合性经济科学期刊中排名第 5。2019 年学报刊发论文被转摘 27 篇次，转摘率 28.72％。其中，人大复印报刊资料 13 篇、《高等学校文科学术文摘》9 篇、《新华文摘》3 篇、《中国社会科学文摘》1 篇、《社会科学文摘》1 篇，转摘量在农业经济分类期刊中排第二位。学报入选中国科学文献计量评价中心《世界学术期刊学术影响力指数（WAJCI）年报》的农业经济 Q2 区；连续入选"复印报刊资料重要转载来源期刊"；被国家哲学社会科学文献中心、中国社会科学院图书馆评为"综合性人文社会科学学科最受欢迎期刊"；被全国高等学校社科期刊研究会评为"全国高校社科名刊"；被江苏省委宣传部评为"江苏省优秀社科理论期刊"，并获得资助。

## 《园艺研究》

《园艺研究》（*Horticulture Research*）共收到 1 159 篇投稿，较 2018 年增长了 177.3％。共上线 134 篇，同比 2018 年涨幅 78.7％，组织了《园艺植物基因组》专刊。现编委会有副主编 34 人、顾问委员 18 人，副主编来自于 12 个国家的 40 个科研单位，均为活跃于科研一线的优秀科学家以及高被引作者。2019 年 JCR 影响因子 3.640，位于园艺一区（第 3/36 名）、植物科学一区（第 32/228 名）。为园艺领域唯一的一区中国 SCI 期刊。2019 年中国科学院期刊分区（基础版）影响因子 3.640，3 年平均影响因子 3.854。位于园艺领域一区（第 2/34 名）；植物科学一区（第 15/228 名）；农林科学一区（第 22/601 名），被评为 TOP 期刊。7 月，正式获批 CN 号。11 月入选中国科技期刊卓越行动计划领军类期刊项目，是江苏和农业高校唯一的领军类期刊。第六届国际园艺研究大会于 9 月 30 日至 10 月 5 日成功在意大利威尼斯召开，会议由 *Horticulture Research* 主办，意大利农业研究和农业经济分析委员会承办。本次大会共有美国、英国、意大利、法国、中国等 15 个国家、70 所研究机构的约 150 名专家、学者与会。大会组织特邀报告 15 个、大会报告 37 个、墙报 50 个。

## 《中国农业教育》

共收到来稿 379 篇。其中，校外稿件 324 篇、校内稿件 55 篇。全年刊用稿件 80 篇，用稿率约为 21％。其中，刊用校内稿件 24 篇，刊用率为 44％；校外稿件 56 篇，刊用率为 17％，校内外用稿占比 1∶2.3；基金论文比约为 80％。用稿周期约为 60 天。编辑部通过参加各种学术会议等途径向农林高校党政主要领导约稿 19 篇，通过学术会议等途径组稿 8 篇，约稿及组稿占总发文量约 34％。

全年共组织 6 期"特稿"专栏，约请西北农林科技大学、河北农业大学、江西农业大学、华南农业大学、山西农业大学、云南农业大学以及山东农业大学等农林高校主要党政领导稿件 19 篇。不定期组织"高等农业教育""高教纵横""新型职业农民培育""创新创业教育""人才培养"等专栏、专题。其中,"学习习近平给涉农高校的书记校长和专家学者回信精神（笔会）"专栏,有 11 位农林高校主要领导撰稿支持（其中有 2 位院士）。2019 年度第五期配合华南农业大学 110 周年校庆,在封二、封三予以宣传,样刊被作为华南农业大学 110 周年校庆赠品广泛赠送。

《中国农业教育》影响因子由 2018 年的 0.446 提升为 2019 年的 0.522。有 4 篇次论文被《高等学校文科学术文摘》论点摘编。编辑部同时作为中国农学会教育专业委员会秘书处,6 月 29 日受邀在中国农学会分支机构座谈会上作典型工作交流。

**《植物表型组学》**

《植物表型组学》(*Plant Phenomics*) 1 月上线创刊词,3 月起正式出版论文。2019 年期刊共收到来自 14 个国家的 48 篇投稿,刊发了来自 10 个国家的植物表型领域知名科研院所的 20 篇文章。其中,原创性论文 18 篇、观点 1 篇、社论 1 篇,接收率 36.4%。组织了 3 个专刊已收到 10 篇高质量的投稿。编委会由 3 名主编以及 22 名副主编组成,他们分别来自 8 个国家的 19 所大学或科研机构,均为活跃在科研一线的研究人员。国际编委占 91%。2019 年 2 月,招聘并入职编辑 1 名。经学校学术委员会八届五次全会审议,同意将《植物表型组学》视为 SCI 相关领域前 10%～20% 期刊。期刊被 CABI、CNKI 和 DOAJ 数据库收录。

**《生物设计研究》**

6 月,组织召开《生物设计研究》(*BioDesign Research*) 期刊创办论证会。经校长办公会同意,9 月与 Science 签订出版合同,当月网站正式上线,同时开通投审稿系统并开始接受投稿,11 月 22 日正式上线发刊词。完成首批高质量文章的约请与催投。共收到稿件 2 篇,接收 2 篇。已邀请到来自英国华威大学、美国斯坦福大学和美国能源部的三大联合主编,组建了 25 位来自美、英、德、比、意等 9 个国家 25 个科研单位的顶尖编委团队,国际编委比例高达 92%。

**《中国农史》**

共收到来稿 566 篇,刊用稿件 67 篇,用稿率为 11.84%。其中,刊用校内稿件 11 篇、校外稿件 56 篇,校内用稿占比 16.42%。国家社会科学基金资助论文 36 篇,国家自然科学基金资助论文 2 篇,省部级基金资助论文 16 篇,其他基金资助论文 6 篇,基金论文占比 89.55%。持续被北京大学《中文核心期刊要目总览》收录,也继续被中国人文社会科学引文数据库收录为入库期刊,始终是中文社会科学引文索引（CSSCI）来源期刊。

全年有 7 篇论文被转摘,其中,《人大复印资料》5 篇、《新华文摘》1 篇、《文摘报》1 篇,转摘率为 10.45%。

## 附表 9　南京农业大学教师担任国际期刊编委一览表

| 序号 | 学院 | 姓名 | 编辑委员会 | | | 刊名全称 | ISSN 号 | 出版国别 |
|------|------|------|------|------|------|----------|---------|----------|
| | | | 主编 | 副主编 | 编委 | | | |
| 1 | 农学院 | 万建民 | √ | | | *The Crop Journal* | 2095－5421 | 中国 |
| 2 | 农学院 | 万建民 | √ | | | *Journal of Integrative Agriculture* | 2095－3119 | 中国 |
| 3 | 农学院 | 黄骥 | | √ | | *Acta Physiologiae Plantarum* | 0137－5881 | 德国 |

（续）

| 序号 | 学院 | 姓名 | 主编 | 副主编 | 编委 | 刊名全称 | ISSN 号 | 出版国别 |
|---|---|---|---|---|---|---|---|---|
| 4 | 农学院 | 陈增建 | | | √ | *Genome Biology* | 1474 - 760X | 美国 |
| 5 | 农学院 | 陈增建 | √ | | | *BMC Plant Biology* | 1471 - 2229 | 英国 |
| 6 | 农学院 | 王秀娥 | | | √ | *Plant Growth Regulation* | 0167 - 6903 | 荷兰 |
| 7 | 农学院 | 陈增建 | | | √ | *Frontiers in Plant Genetics and Genomics* | 1664 - 462X | 瑞士 |
| 8 | 农学院 | 陈增建 | | | √ | *Genes* | 2073 - 4425 | 西班牙 |
| 9 | 农学院 | 罗卫红 | | | √ | *Agricultural and Forest Meteorology* | 0168 - 1923 | 荷兰 |
| 10 | 农学院 | 罗卫红 | | | √ | *Agricultural Systems* | 0308 - 521X | 荷兰 |
| 11 | 农学院 | 罗卫红 | | √ | | *Frontiers in Plant Science - Crop and Product Physiology* | 1664 - 462X | 瑞士 |
| 12 | 农学院 | 罗卫红 | | √ | | *The Crop Journal* | 2095 - 5421 | 中国 |
| 13 | 农学院 | 汤 亮 | | √ | | *Field Crops Research* | 0378 - 4290 | 荷兰 |
| 14 | 农学院 | 姚 霞 | | | √ | *Remote sensing* | 2072 - 4292 | 瑞士 |
| 15 | 农学院 | 程 涛 | | | √ | *ISPRS International Journal of Geo - Information* | 2220 - 9964 | 瑞士 |
| 16 | 农学院 | 朱 艳 | | | √ | *Journal of Integrative Agriculture* | 2095 - 3119 | 中国 |
| 17 | 工学院 | 方 真 | √ | | | *Springer Book Series - Biofuels and Biorefineries* | 2214 - 1537 | 德国 |
| 18 | 工学院 | 方 真 | √ | | | *Bentham Science：Current Chinese Science，Section Energy* | 2210 - 2981 | 阿联酋 |
| 19 | 工学院 | 方 真 | | √ | | *The Journal of Supercritical Fluids* | 0896 - 8446 | 荷兰 |
| 20 | 工学院 | 方 真 | | √ | | *Biotechnology for Biofuels* | 1754 - 6834 | 德国 |
| 21 | 工学院 | 方 真 | | √ | | *Tech Science：Journal of Renewable Materials* | 2164 - 6325 | 美国 |
| 22 | 工学院 | 方 真 | | | √ | *Taylor&Francis：Energy and Policy Research* | 2381 - 5639 | 英国 |
| 23 | 工学院 | 方 真 | | | √ | *Green and Sustainable Chemistry* | 2160 - 6951 | 美国 |
| 24 | 工学院 | 方 真 | | | √ | *Energy and Power Engineering* | 1949 - 243X | 美国 |
| 25 | 工学院 | 方 真 | | | √ | *Advances in Chemical Engineering and Science* | 2160 - 0392 | 美国 |
| 26 | 工学院 | 方 真 | | | √ | *Energy Science and Technology* | 1923 - 8460 | 加拿大 |
| 27 | 工学院 | 方 真 | | | √ | *Journal of Sustainable Bioenergy Systems* | 2165 - 400X | 美国 |

（续）

| 序号 | 学院 | 姓名 | 编辑委员会 主编 | 编辑委员会 副主编 | 编辑委员会 编委 | 刊名全称 | ISSN 号 | 出版国别 |
|---|---|---|---|---|---|---|---|---|
| 28 | 工学院 | 方 真 | | | √ | *ISRN Chemical Engineering* | 2090 - 861X | 美国 |
| 29 | 工学院 | 方 真 | | | √ | *Journal of Biomass to Biofuel* | 2368 - 5964 | 加拿大 |
| 30 | 工学院 | 方 真 | | | √ | *The Journal of Supercritical Fluids* | 0896 - 8446 | 荷兰 |
| 31 | 工学院 | 张保华 | √ | | | *Artificial Intelligence in Agriculture* | 2589 - 7217 | 荷兰 & 中国 |
| 32 | 工学院 | 周 俊 | | √ | | *Artificial Intelligence in Agriculture* | 2589 - 7217 | 荷兰 & 中国 |
| 33 | 工学院 | 舒 磊 | | | √ | *IEEE Network Magazine* | 0890 - 8044 | 美国 |
| 34 | 工学院 | 舒 磊 | | | √ | *IEEE Journal of Automatica Sinica* | 1424 - 8220 | 瑞士 |
| 35 | 工学院 | 舒 磊 | | | √ | *IEEE Transactions on Industrial Informatics* | 2192 - 1962 | 荷兰 |
| 36 | 工学院 | 舒 磊 | | | √ | *IEEE Communication Magazine* | 0163 - 6804 | 美国 |
| 37 | 工学院 | 舒 磊 | | | √ | *Sensors* | 1424 - 8220 | 瑞士 |
| 38 | 工学院 | 舒 磊 | | | √ | *Springer Human - centric Computing and Information Science* | 2192 - 1962 | 荷兰 |
| 39 | 工学院 | 舒 磊 | | | √ | *Springer Telecommunication Systems* | 1018 - 4864 | 荷兰 |
| 40 | 工学院 | 舒 磊 | | | √ | *IEEE System Journal* | 1932 - 8184 | 美国 |
| 41 | 工学院 | 舒 磊 | | | √ | *IEEE Access* | 2169 - 3536 | 美国 |
| 42 | 工学院 | 舒 磊 | | | √ | *Springer Intelligent Industrial Systems* | 2363 - 6912 | 荷兰 |
| 43 | 工学院 | 舒 磊 | | | √ | *Heliyon* | 2405 - 8440 | 英国 |
| 44 | 植物保护学院 | 吴益东 | | √ | | *Pest Management Science* | 1526 - 498X | 美国 |
| 45 | 植物保护学院 | 吴益东 | | | √ | *Insect Science* | 1672 - 9609 | 中国 |
| 46 | 植物保护学院 | 张正光 | | | √ | *Current Genetics* | 0172 - 8083 | 美国 |
| 47 | 植物保护学院 | 张正光 | | | √ | *Physiological and Molecular Plant Pathology* | 0885 - 5765 | 英国 |
| 48 | 植物保护学院 | 张正光 | | | √ | *PLoS One* | 1932 - 6203 | 美国 |
| 49 | 植物保护学院 | 董莎萌 | | | √ | *Molecular Plant - Microbe Interaction* | 0894 - 0282 | 美国 |
| 50 | 植物保护学院 | 董莎萌 | | | √ | *Journal of Integrative Plant Biology* | 1672 - 9072 | 中国 |
| 51 | 植物保护学院 | 董莎萌 | | | √ | *Journal of Cotton Research* | 2096 - 5044 | 中国 |
| 52 | 植物保护学院 | 洪晓月 | | √ | | *Systematic & Applied Acarology* | 1362 - 1971 | 英国 |

（续）

| 序号 | 学院 | 姓名 | 编辑委员会 | | | 刊名全称 | ISSN 号 | 出版国别 |
|---|---|---|---|---|---|---|---|---|
| | | | 主编 | 副主编 | 编委 | | | |
| 53 | 植物保护学院 | 洪晓月 | | | √ | *Bulletin of Entomological Research* | 0007 – 4853 | 英国 |
| 54 | 植物保护学院 | 洪晓月 | | | √ | *Applied Entomology and Zoology* | 0003 – 6862 | 日本 |
| 55 | 植物保护学院 | 洪晓月 | | | √ | *International Journal of Acarology* | 0164 – 7954 | 美国 |
| 56 | 植物保护学院 | 洪晓月 | | | √ | *Acarologia* | 0044 – 586X | 法国 |
| 57 | 植物保护学院 | 洪晓月 | | | √ | *Scientific Reports* | 2045 – 2322 | 英国 |
| 58 | 植物保护学院 | 洪晓月 | | | √ | *PLoS One* | 1932 – 6203 | 美国 |
| 59 | 植物保护学院 | 洪晓月 | | | √ | *Frontiers in Physiology* | 1664 – 042X | 瑞士 |
| 60 | 植物保护学院 | 洪晓月 | | | √ | *Japanese Journal of Applied Entomology and Zoology* | 0021 – 4914 | 日本 |
| 61 | 植物保护学院 | 王源超 | | | √ | *Molecular Plant Pathology* | 1364 – 3703 | 英国 |
| 62 | 植物保护学院 | 王源超 | | | √ | *Molecular Plant – microbe Interaction* | 1943 – 7706 | 美国 |
| 63 | 植物保护学院 | 王源超 | | | √ | *Phytopathology Research* | 2524 – 4167 | 中国 |
| 64 | 植物保护学院 | 王源超 | | | √ | *PLoS Pathogens* | 1553 – 7366 | 美国 |
| 65 | 资源与环境科学学院 | Drosos Marios | | √ | | *Chemical and Biological Technologies in Agriculture* | 2196 – 5641 | 英国 |
| 66 | 资源与环境科学学院 | Irina Druzhinina | | | √ | *Fungal Biology and Biotechnology* | 2054 – 3085 | 英国 |
| 67 | 资源与环境科学学院 | Irina Druzhinina | | | √ | *Journal of Zhejiang University SCIENCE B* | 1673 – 1581 | 中国 |
| 68 | 资源与环境科学学院 | 潘根兴 | | | √ | *Chemical and Biological Technologies in Agriculture* | 2196 – 5641 | 英国 |
| 69 | 资源与环境科学学院 | 潘根兴 | | | √ | *Journal of Integrated Agriculture* | 2095 – 3119 | 中国 |
| 70 | 资源与环境科学学院 | 赵方杰 | | √ | | *European Journal of Soil Science* | 1351 – 0754 | 美国 |
| 71 | 资源与环境科学学院 | 赵方杰 | | √ | | *Plant and Soil* | 0032 – 079X | 德国 |
| 72 | 资源与环境科学学院 | 赵方杰 | | | √ | *Environmental Pollution* | 0269 – 7491 | 荷兰 |
| 73 | 资源与环境科学学院 | 赵方杰 | | | √ | *Functional Plant Biology* | 1445 – 4408 | 澳大利亚 |
| 74 | 资源与环境科学学院 | 胡水金 | | | √ | *PloS One* | 1932 – 6203 | 美国 |

（续）

| 序号 | 学院 | 姓名 | 编辑委员会 | | | 刊名全称 | ISSN 号 | 出版国别 |
|---|---|---|---|---|---|---|---|---|
| | | | 主编 | 副主编 | 编委 | | | |
| 75 | 资源与环境科学学院 | 胡水金 | | | √ | *Journal of Plant Ecology* | 1752 - 9921 | 英国 |
| 76 | 资源与环境科学学院 | 郭世伟 | | | √ | *Journal of Agricultural Science* | 0021 - 8596 | 美国 |
| 77 | 资源与环境科学学院 | 汪 鹏 | | | √ | *Plant and Soil* | 0032 - 079X | 德国 |
| 78 | 资源与环境科学学院 | 汪 鹏 | | | √ | *Journal of Chemistry* | 2090 - 9063 | 英国 |
| 79 | 资源与环境科学学院 | 刘满强 | | | √ | *Applied Soil Ecology* | 0929 - 1393 | 荷兰 |
| 80 | 资源与环境科学学院 | 刘满强 | | | √ | *Rhizosphere* | 2452 - 2198 | 荷兰 |
| 81 | 资源与环境科学学院 | 刘满强 | | | √ | *Biology and Fertility of Soils* | 0178 - 2762 | 德国 |
| 82 | 资源与环境科学学院 | 刘满强 | | | √ | *European Journal of Soil Biology* | 1164 - 5563 | 法国 |
| 83 | 资源与环境科学学院 | 刘满强 | | | √ | *Soil Ecology Letters* | 2662 - 2289 | 中国 |
| 84 | 资源与环境科学学院 | 高彦征 | | | √ | *Scientific Reports* | 2045 - 2322 | 英国 |
| 85 | 资源与环境科学学院 | 高彦征 | | | √ | *Environment International* | 0160 - 4120 | 英国 |
| 86 | 资源与环境科学学院 | 高彦征 | | | √ | *Chemosphere* | 0045 - 6535 | 英国 |
| 87 | 资源与环境科学学院 | 高彦征 | | | √ | *Journal of Soils and Sediments* | 1439 - 0108 | 德国 |
| 88 | 资源与环境科学学院 | 郭世伟 | | | √ | *Journal of Agricultural Science* | 0021 - 8596 | 美国 |
| 89 | 资源与环境科学学院 | 胡 锋 | | | √ | *Pedosphere* | 1002 - 0160 | 中国 |
| 90 | 资源与环境科学学院 | 郑冠宇 | | | √ | *Environmental Technology* | 0959 - 3330 | 英国 |
| 91 | 资源与环境科学学院 | 李 真 | | | √ | *Scientific Reports* | 2045 - 2322 | 英国 |
| 92 | 资源与环境科学学院 | 张亚丽 | | | √ | *Scientific Reports* | 2045 - 2322 | 英国 |
| 93 | 资源与环境科学学院 | 邹建文 | | | √ | *Heliyon* | 2405 - 8440 | 英国 |

（续）

| 序号 | 学院 | 姓名 | 编辑委员会 主编 | 编辑委员会 副主编 | 编辑委员会 编委 | 刊名全称 | ISSN 号 | 出版国别 |
|---|---|---|---|---|---|---|---|---|
| 94 | 资源与环境科学学院 | 邹建文 | | | √ | *Scientific Reports* | 2045 – 2322 | 英国 |
| 95 | 资源与环境科学学院 | 邹建文 | | | √ | *Environmental Development* | 2211 – 4645 | 美国 |
| 96 | 资源与环境科学学院 | 徐国华 | | | √ | *Chemical and Biological Technologies in Agriculture* | 2196 – 5641 | 英国 |
| 97 | 资源与环境科学学院 | 徐国华 | | | √ | *Scientific Reports* | 2045 – 2322 | 英国 |
| 98 | 资源与环境科学学院 | 徐国华 | | | √ | *Frontiers in Plant Science* | 1664 – 462X | 瑞士 |
| 99 | 资源与环境科学学院 | 沈其荣 | | | √ | *Biology and Fertility of Soils* | 0178 – 2762 | 德国 |
| 100 | 资源与环境科学学院 | 沈其荣 | | √ | | *Pedosphere* | 1002 – 0160 | 中国 |
| 101 | 资源与环境科学学院 | 张瑞福 | | | √ | *International Biodeterioration & Biodegradation* | 0964 – 8305 | 美国 |
| 102 | 资源与环境科学学院 | 张瑞福 | | | √ | *Journal of Integrative Agriculture* | 2095 – 3119 | 中国 |
| 103 | 资源与环境科学学院 | 凌　宁 | | | √ | *European Journal of Soil Biology* | 1164 – 5563 | 法国 |
| 104 | 资源与环境科学学院 | 王金阳 | | | √ | *European Journal of Soil Biology* | 1164 – 5563 | 法国 |
| 105 | 资源与环境科学学院 | 孙明明 | | | √ | *Applied Soil Ecology* | 0929 – 1393 | 荷兰 |
| 106 | 资源与环境科学学院 | 孙明明 | | | √ | *Journal of Hazardous Materials* | 1873 – 3336 | 荷兰 |
| 107 | 园艺学院 | 陈发棣 | | √ | | *Phyton – International Journal of Experimental Botany* | 1851 – 5657 | 阿根廷 |
| 108 | 园艺学院 | 陈发棣 | | √ | | *Horticulture Research* | 2052 – 7276 | 中国 |
| 109 | 园艺学院 | 陈发棣 | | | √ | *Horticultural Plant Journal* | 2095 – 9885 | 中国 |
| 110 | 园艺学院 | 陈　峰 | | √ | | *BMC Plant Biology* | 1471 – 2229 | 英国 |
| 111 | 园艺学院 | 陈　峰 | | √ | | *Plant Direct* | 2475 – 4455 | 美国 |
| 112 | 园艺学院 | 陈　峰 | | √ | | *The Crop Journal* | 2095 – 5421 | 中国 |
| 113 | 园艺学院 | 陈劲枫 | | √ | | *Horticulture Plant Journal* | 2095 – 9885 | 中国 |
| 114 | 园艺学院 | 陈劲枫 | | √ | | *Horticulture Research* | 2052 – 7276 | 中国 |

（续）

| 序号 | 学院 | 姓名 | 编辑委员会 主编 | 编辑委员会 副主编 | 编辑委员会 编委 | 刊名全称 | ISSN 号 | 出版国别 |
|---|---|---|---|---|---|---|---|---|
| 115 | 园艺学院 | 程宗明 | √ | | | *Hoticultural Research* | 2052 – 7276 | 中国 |
| 116 | 园艺学院 | 程宗明 | √ | | | *Plant Phenomics* | 2643 – 6515 | 中国 |
| 117 | 园艺学院 | 程宗明 | √ | | | *BioDesign Research* | 2693 – 1257 | 中国 |
| 118 | 园艺学院 | 侯喜林 | | | √ | *Journal of Integrative Agriculture* | 2095 – 3119 | 荷兰 |
| 119 | 园艺学院 | 侯喜林 | | √ | | *Horticulture Research* | 2052 – 7276 | 中国 |
| 120 | 园艺学院 | 李 义 | | √ | | *Horticulture Research* | 2052 – 7276 | 中国 |
| 121 | 园艺学院 | 李 义 | | √ | | *Plant，Cell，Tissue and Organ Culture* | 0167 – 6857 | 荷兰 |
| 122 | 园艺学院 | 李 义 | | | √ | *Frontiers in Plant Science* | 1664 – 462X | 瑞士 |
| 123 | 园艺学院 | 柳李旺 | | | √ | *Frontiers in Plant Science* | 1664 – 462X | 瑞士 |
| 124 | 园艺学院 | 汪良驹 | | | √ | *Horticultural Plant Journal* | 2095 – 9885 | 中国 |
| 125 | 园艺学院 | 吴巨友 | | | √ | *Molecular Breeding* | 1369 – 5266 | 荷兰 |
| 126 | 园艺学院 | 吴 俊 | | | √ | *Journal of Integrative Agriculture* | 2095 – 3119 | 荷兰 |
| 127 | 园艺学院 | 吴 俊 | √ | | | *Horticultural Plant Journal* | 2095 – 9885 | 中国 |
| 128 | 园艺学院 | 张绍铃 | | | √ | *Frontiers in Plant Science* | 1664 – 462X | 瑞士 |
| 129 | 动物科技学院 | 王 恬 | | | √ | *Journal of Animal Science and Biotechnology* | 1674 – 9782 | 中国 |
| 130 | 动物科技学院 | 孙少琛 | | | √ | *Scientific Reports* | 2045 – 2322 | 英国 |
| 131 | 动物科技学院 | 孙少琛 | | | √ | *PLoS One* | 1932 – 6203 | 美国 |
| 132 | 动物科技学院 | 孙少琛 | | | √ | *PeerJ* | 2167 – 8359 | 美国 |
| 133 | 动物科技学院 | 孙少琛 | | | √ | *Journal of Animal Science and Biotechnology* | 1674 – 9782 | 中国 |
| 134 | 动物科技学院 | 朱伟云 | | | √ | *The Journal of Nutritional Biochemistry* | 0955 – 2863 | 美国 |
| 135 | 动物科技学院 | 朱伟云 | | | √ | *Asian – Autralasian Journal of Animal Sciences* | 1011 – 2367 | 韩国 |
| 136 | 动物科技学院 | 朱伟云 | | | √ | *Journal of Animal Science and Biotechnology* | 1674 – 9782 | 中国 |
| 137 | 动物科技学院 | 石放雄 | | | √ | *Asian Pacific Journal of Reproduction* | 2305 – 0500 | 中国 |
| 138 | 动物科技学院 | 石放雄 | | | √ | *The Open Reproductive Science Journal* | 1874 – 2556 | 加拿大 |
| 139 | 动物科技学院 | 石放雄 | | | √ | *Journal of Animal Science Advances* | 2251 – 7219 | 美国 |
| 140 | 动物科技学院 | 成艳芬 | | √ | | *Microbiome* | 2049 – 2618 | 英国 |

（续）

| 序号 | 学院 | 姓名 | 主编 | 副主编 | 编委 | 刊名全称 | ISSN 号 | 出版国别 |
|---|---|---|---|---|---|---|---|---|
| 141 | 动物科技学院 | 成艳芬 | | √ | | *Animal Microbiome* | 2524 – 4671 | 英国 |
| 142 | 动物医学院 | 鲍恩东 | | | √ | *Agriculture* | 1580 – 8432 | 斯洛文尼亚 |
| 143 | 动物医学院 | 李祥瑞 | | | √ | 亚洲兽医病例研究 | 2169 – 8880 | 美国 |
| 144 | 动物医学院 | 严若峰 | | | √ | *Journal of Equine Veterinary Science* | 0737 – 0806 | 美国 |
| 145 | 动物医学院 | 范红结 | | | √ | *Journal of Integrative Agriculture* | 2095 – 3119 | 中国 |
| 146 | 动物医学院 | 吴文达 | | | √ | *Food and Chemical Toxicology* | 0278 – 6915 | 英国 |
| 147 | 动物医学院 | 赵茹茜 | | | √ | *General and Comparative Endocrinology* | 0016 – 6480 | 美国 |
| 148 | 动物医学院 | 赵茹茜 | | | √ | *Journal of Animal Science and Biotechnology* | 2049 – 1891 | 中国 |
| 149 | 食品科技学院 | 李春保 | | √ | | *Asian – Australasian Journal of Animal Sciences* | 1011 – 2367 | 韩国 |
| 150 | 食品科技学院 | 陆兆新 | | | √ | *Food Science & Nutrition* | 2048 – 7177 | 美国 |
| 151 | 食品科技学院 | 曾晓雄 | | √ | | *International Journal of Biological Macromolecules* | 0141 – 8130 | 荷兰 |
| 152 | 食品科技学院 | 曾晓雄 | | | √ | *Journal of Functional Foods* | 1756 – 4646 | 荷兰 |
| 153 | 食品科技学院 | Josef Voglmeir | | √ | | *Carbohydrate Research* | 0008 – 6215 | 荷兰 |
| 154 | 食品科技学院 | Josef Voglmeir | | | √ | *Carbohydrate Research* | 0008 – 6215 | 荷兰 |
| 155 | 食品科技学院 | 张万刚 | | √ | | *Meat Science* | 0309 – 1740 | 美国 |
| 156 | 生命科学学院 | 蒋建东 | | √ | | *International Biodeterioration & Biodegradation* | 0964 – 8305 | 英国 |
| 157 | 生命科学学院 | 蒋建东 | | | √ | *Applied and Environmental Microbiology* | 0099 – 2240 | 美国 |
| 158 | 生命科学学院 | 蒋建东 | | | √ | *Frontiers in MicroBioTechnology, Ecotoxicology & Bioremediation* | 1664 – 302X | 瑞士 |
| 159 | 生命科学学院 | 章文华 | | | √ | *Frontiers in Plant Science* | 1664 – 462X | 瑞士 |
| 160 | 生命科学学院 | 章文华 | | | √ | *New Phytologist* （board of advisors） | 0028 – 646X | 美国 |
| 161 | 生命科学学院 | 杨志敏 | | | √ | *Gene* | 03781119 | 荷兰 |
| 162 | 生命科学学院 | 杨志敏 | | | √ | *Plant Gene* | 1479 – 2621 | 美国 |
| 163 | 生命科学学院 | 杨志敏 | | | √ | *Plos One* | 1932 – 6203 | 美国 |
| 164 | 生命科学学院 | 强　胜 | | | √ | *Pesticide Biochemistry and Physiology* | 0048 – 3575 | 美国 |

（续）

| 序号 | 学院 | 姓名 | 编辑委员会 | | | 刊名全称 | ISSN 号 | 出版国别 |
|---|---|---|---|---|---|---|---|---|
| | | | 主编 | 副主编 | 编委 | | | |
| 165 | 生命科学学院 | 强 胜 | | | √ | *Journal of Integrative Agriculture* | 2095 – 3119 | 英国 |
| 166 | 生命科学学院 | 蒋明义 | | | √ | *Frontiers in Plant Science* | 1664 – 462X | 瑞士 |
| 167 | 生命科学学院 | 蒋明义 | | | √ | *Frontiers in Physiology* | 1664 – 042X | 瑞士 |
| 168 | 生命科学学院 | 腊红桂 | | | √ | *Frontiers in Plant science* | 1664 – 462X | 瑞士 |
| 169 | 生命科学学院 | 鲍依群 | | | √ | *Plant Science* | 0168 – 9452 | 爱尔兰 |
| 170 | 生命科学学院 | 朱 军 | | | √ | *Molecular Microbiology* | 1365 – 2958 | 英国 |
| 171 | 生命科学学院 | 朱 军 | | | √ | *Journal of Bacteriology* | 0021 – 9193 | 英国 |
| 172 | 生命科学学院 | 朱 军 | | | √ | *Infection and Immunity* | 0019 – 9567 | 美国 |
| 173 | 生命科学学院 | 朱 军 | | | √ | *Frontiers in Cellular and Infection Microbiology* | 2235 – 2988 | 瑞士 |
| 174 | 草业学院 | 郭振飞 | | √ | | *Frontiers in Plant Science* | 1664 – 462X | 瑞士 |
| 175 | 草业学院 | 郭振飞 | | √ | | *The Plant Genome* | 1940 – 3372 | 美国 |
| 176 | 草业学院 | 张英俊 | | √ | | *Grass and Forage Science* | 0142 – 5242 | 英国 |
| 177 | 草业学院 | 黄炳茹 | | √ | | *Horticulture Research* | 2052 – 7276 | 英国 |
| 178 | 草业学院 | 黄炳茹 | | | √ | *Environmental and Experimental Botany* | 0098 – 8472 | 英国 |
| 179 | 草业学院 | 徐 彬 | | √ | | *Grass and Forage Science* | 0142 – 5242 | 欧盟 |
| 180 | 理学院 | 张明智 | | | √ | *International Journal of Clinical Microbiology and Biochemical Technology* | 2581 – 527X | 美国 |
| | 合计 | | 10 | 36 | 134 | | | |

# 社 会 服 务

【概况】学校各类科技服务合同稳定增长。截至 12 月 31 日，学校共签订各类横向合作项目 715 项，合同额 2.99 亿元，到位 1.55 亿元。

成立南京农业大学伙伴企业俱乐部，首批成员单位共计 157 家。"猪重要传染病免疫防控技术及新型疫苗的创制与开发"获中国高校产学研合作十大案例，并入选中国高等教育博览会"校企合作双百计划"典型案例；获第 21 届中国国际工业博览会高校展区优秀展品奖。组织校内科技成果展，展出实物成果 45 个大类、102 个品种。出台修订《南京农业大学横向项目及经费管理办法》《南京农业大学技术合同管理办法》《南京农业大学科技成果转移转化管理办法》（校社合发〔2019〕417 号）、《南京农业大学科技成果资产评估项目备案工作实施细则》《南京农业大学对外科技服务项目投标管理办法》（校社合发〔2019〕432 号）。

助推学校"双一流"和新农科建设。新建 9 个新农村服务基地，截至 12 月 31 日，共计准入建设基地 32 个。基地在学校"双一流"和新农科建设中发挥着助推器作用：基地充分发挥学校学科、人才和科技资源，积极开展科研与示范推广、技术培训、成果转化和人才培养，共计 106 个专业团队、近 500 个专家服务基地工作；基地承担项目 150 余项，项目经费 7 000 余万元（横向项目 60 项，经费近 2 000 万元）；基地逐渐成为培养科技服务人才的"田间学校"，培养青年教师 70 余人，培养研究生近 300 人，本科生实习达 1 000 余人次；拓展学校办公、实验、实习实践空间 3 万余平方米，提供试验示范基地 1 万余亩。

各类推广项目有序开展。全年共承担各类农技推广项目 4 项，总金额达 1 400 万元。其中，新增"农业重大技术协同推广计划试点项目" 2 项，总经费 600 万元。农业重大技术协同推广项目共对接服务睢宁、盱眙等 12 个县（市、区）的 4 大主导产业，标准化建设 7 个区域示范基地、16 个基层推广站（专家工作室）、7 个协同推广联盟；完成 2018 年度挂县强农项目验收与 2017 年度中央财政农技推广项目验收。举办协同推广现场观摩会，全国 10 个科研院所等 100 余人参会。学校获科学技术部"优秀科技特派员组织实施单位"（全国十家高校之一）。

深化"两地一站一体"农技推广模式内涵，加速推进模式标准化实施。持续建设科研试验基地、区域示范推广基地和基层农技推广站点。"线下"建立新型农业经营主体联盟，且新增新型农业经营主体联盟 10 家，累计联盟成员 2 700 余人；"线上"推广"南农易农" APP，注册用户 6 700 多人，在线专家 116 人，发布 9 个产业 105 个视频微课约 1 400 分钟，各类农业资讯浏览量超 26 万次。4 个创新创业类项目获立项，获 2019 年"互联网＋"大学生创业大赛三等奖。

积极服务乡村振兴战略。组织召开共建协议和联盟筹建方案论证会，与南京国家现代农业产业科技创新示范园区深入对接，共建"南京农业大学长三角乡村振兴战略研究院"，携手上海交通大学、浙江大学、安徽农业大学等 12 家高校与机构共同成立"长三角乡村振兴研究院（联盟）"。研究院（联盟）实施《长三角农村土地市场发展观察》《长三角乡村产业发展观察》《长三角试点地区的农村宅基地制度改革比较研究》《农村集体资产产权的开放性及其实现路径研究》等发展观察和咨询项目 12 项，资助总经费达 230 万元，围绕乡村产业发展、土地市场、农村金融、基层党建、社区建设和农业经营主体等乡村振兴发展的热点、难点及焦点问题，持续为乡村振兴提供智力支撑。

截至 12 月 31 日，纳入集中统一监管的所属企业共有 31 家，包括全资企业 13 家、控股企业 3 家、参股企业 15 家。资产经营公司注册资本 14 609.234 8 万元。11 月，与南京新农发展集团有限责任公司、南京联合产权（科技）交易所有限责任公司、南京市供销投资发展有限公司等共同组建南京长三角农村产权服务有限公司，12 月成立南京农大生物科技有限公司。

**【长三角乡村振兴战略研究院（联盟）成立】** 7 月 29 日，南京农业大学和南京国家现代农业产业科技创新示范园区携手上海交通大学、浙江大学、安徽农业大学等 12 家高校与机构共同成立长三角乡村振兴战略研究院（联盟）。研究院（联盟）充分发挥科技和人才优势，探索建立以政府为主导、以高校为依托、以企业发展和市场需求为导向、政产学研用相结合的校地企服务乡村振兴战略的新模式与新机制，推进重大科技成果转移转化，打造乡村振兴典型示范村镇和样板间。

**【南京农业大学伙伴企业俱乐部成立】** 10 月 20 日，学校成立南京农业大学伙伴企业俱乐部，袁隆平农业高科技股份有限公司当选为首届理事长单位，华为技术有限公司、中牧实业股份有限公司等 11 家企业为副理事长单位，南京农业大学为秘书长单位，天邦食品股份有限公司、江苏南农高科技股份有限公司、安徽中粮油脂有限公司、江苏省食品集团有限公司等 11 家企业为副秘书长单位，65 家企业为理事单位，69 家企业为会员单位。高校成立伙伴企业俱乐部系江苏首次，俱乐部加强企业与南京农业大学对接，降低技术转移交易成本，实现技术服务、成果转化等校企技术合作常态化。

**【调整学校科技成果转移转化领导小组】** 5 月 6 日，学校发布《南京农业大学关于调整科技成果转移转化领导小组的通知》（校社合发〔2019〕188 号），对学校科技成果转移转化领导小组进行调整。领导小组设组长和副组长，丁艳锋为组长，闫祥林为副组长。领导小组下设办公室，办公室设在社会合作处（新农村发展研究院办公室），负责日常工作。办公室主任由社会合作处领导担任，办公室成员单位包括社会合作处（新农村发展研究院办公室）、科学研究院、人文社科处、法律事务办公室、计财处、资产管理与后勤保障处、审计处、资产经营公司、工学院。

**【调整"南京农业大学技术转移中心"挂靠部门】** 4 月 25 日，学校发布《关于调整"南京农业大学技术转移中心"挂靠部门的通知》（校社合发〔2019〕183 号），将原挂靠在科学研究院产学研合作处的"南京农业大学技术转移中心"，现调整挂靠到社会合作处（新农村发展研究院办公室）。

**【南京农业大学六合乡村振兴研究院挂牌】** 10 月 26 日，南京农业大学与江苏省南京市六合区人民政府共建"南京农业大学六合乡村振兴研究院"，在南京市六合区"茉莉六合"农产品区域公用品牌发布暨 2019 年农业嘉年华六合农民丰收节开幕式上揭牌。

**【南京农业大学蚌埠花生产业研究院落户安徽蚌埠】** 7 月 16 日，南京农业大学与固镇县人民政府、蚌埠干部学校共建南京农业大学蚌埠花生产业研究院签约暨揭牌仪式在蚌埠干部学校举行。南京农业大学蚌埠花生产业研究院目标建设成为区域特色明显、创新创业能力突出、示范带头作用较强的综合性研究院。依托研究院，着力推动花生产业发展，做好科技创新和文化创新，实现"科创"加"文创"共同发展。

**【南京农业大学新沂葡萄产业研究院成立】** 7 月 19～20 日，南京农业大学新沂葡萄产业研究院成立大会暨首届阿湖葡萄文化节在新沂市阿湖镇召开。南京农业大学副校长丁艳锋、社会合作处处长陈巍等参加新沂市葡萄产业研究院成立大会。研究院主要围绕产业技术研发、公共技术服务、人才队伍建设和科技成果转化四大功能定位，推进新沂优势特色产业发展，打造有品质、有影响的农产品品牌提供重要的技术和人才支持。

**【南京农业大学如皋长寿特色农产品研究院落户南通如皋】** 10 月 28 日，学校与如皋市人民政府共建的南京农业大学如皋长寿特色农产品研究院在 2019 年如皋科技人才洽谈会上签约揭牌。研究院依托学校科技队伍和研发能力，以"如皋黑塌菜"带动如皋其他特色农产品产业化发展，如"如皋黄鸡""如皋白萝卜""香堂芋""白蒲黄芽菜"等，形成"组合拳"。充分发挥特色农产品品牌化对整合旅游资源的推动作用，将特色农产品产业化发展与美丽乡村建设结合起来。

**【成功组织申报"农业重大技术协同推广计划试点项目"】** 成功组织申报江苏省"农业重大技术协同推广计划试点项目"2 项（稻米、梨）并获得立项，总经费 600 万元。2018 年度农业重大技术协同推广计划试点项目实施成效显著，共建溧水、宿迁、昆山蔬菜绿色生产重大技术协同推广联盟及射阳、泰兴生猪绿色高效安全技术协同推广联盟。

**【长三角乡村振兴战略研究院成立】** 3月21日，南京农业大学和南京国家现代农业产业科技创新示范园区签订南京农业大学长三角乡村振兴战略研究院共建协议。研究院积极响应长三角区域一体化发展的国家战略，进一步提升高等教育服务"三农"的能力和水平，助推长三角地区乡村振兴和农业农村现代化。

**【"长三角乡村振兴发展观察和咨询"系列项目启动实施】** 为进一步贯彻落实乡村振兴战略和长三角区域一体化国家战略，加快构建开放式创新型智库平台，长三角乡村振兴战略研究院设立"长三角乡村振兴发展观察和咨询"系列项目。根据《南京农业大学人文社科基金管理办法》，经社会合作处受理、审查和人文社科处审核等立项程序，7月30日，12项"长三角乡村振兴发展观察和咨询"项目获批立项、实施。

**【资产经营】** 强化内部管理。制订《南京农业大学资产经营有限公司党政联席会议事规则》。实施所属企业财务人员统一管理与岗位绩效改革。进行员工内部培训工作，组织开展规章制度、行为规范、公关礼仪等专题培训活动。开通运行资产经营公司OA办公系统。

推进所属企业体制改革。根据《教育部 财政部关于加快推进高校所属企业体制改革工作的通知》（教财函〔2019〕18号）文件要求，完成《南京农业大学企业摸底工作报告》《南京农业大学所属"僵尸企业"处置情况摸底调查工作报告》。稳妥推进企业清理关闭和企业划转工作。组织完成南京农大技术服务公司的划转及交接工作。启动学校所属企业的市场化处置脱钩剥离工作，清理关闭南京农业大学微生物实验工厂、南京农业大学教学仪器修理厂、南京农大印刷厂、江苏农大芳华园艺中心、江苏环宇科教器材公司、江苏省晶灵植物基因工程技术研究中心、南京农大北苑招待所、南京农业大学饲料添加剂厂8家企业。

创新工作思路。开展政府项目推进与实施，抢抓乡村振兴战略、"一带一路"倡议等带来的产业发展机遇，整合学校、校友资源和相关企业资源，积极开拓产业领域和项目。10月，"常熟菊花世界"正式开园。积极尝试与专业化、规模化品牌企业的商业合作，与中节能大地（杭州）环境修复有限公司签订战略合作框架协议。积极探索与社会优质企业、各学院优势学科平台的合作模式，成功参展"2019年第四届中国（南京）国际智慧农业博览会"。

（撰稿：陈荣荣　王克其　王惠萍　邵存林　蒋大华　徐敏轮　孙俊超　傅　珊
审稿：陈　巍　严　瑾　许　泉　夏拥军　吴　强　康　勇　审核：童云娟）

# ［附录］

## 附录1　学校横向合作到位经费情况一览表

| 序号 | 学院或单位 | 到位经费（万元） |
|:---:|:---:|:---:|
| 1 | 农学院 | 1 034 |
| 2 | 植物保护学院 | 1 989 |
| 3 | 资源与环境科学学院 | 936 |

（续）

| 序号 | 学院或单位 | 到位经费（万元） |
|---|---|---|
| 4 | 园艺学院 | 1 129 |
| 5 | 动物科技学院 | 647 |
| 6 | 动物医学院 | 972 |
| 7 | 食品科技学院 | 625 |
| 8 | 生命科学学院 | 359 |
| 9 | 理学院 | 131 |
| 10 | 工学院 | 616 |
| 11 | 信息科技学院 | 187 |
| 12 | 公共管理学院 | 577 |
| 13 | 经济管理学院 | 471 |
| 14 | 人文与社会发展学院 | 636 |
| 15 | 外国语学院 | 5 |
| 16 | 金融学院 | 117 |
| 17 | 草业学院 | 47 |
| 18 | 其他（无锡渔业学院、资产经营公司、独立法人研究院、其他机关部处等） | 4 981 |
| | 合计 | 15 459 |

## 附录 2　学校社会服务获奖情况一览表

| 时间 | 获奖名称 | 获奖个人/单位 | 颁奖单位 |
|---|---|---|---|
| 5 月 | 第一届新农村发展研究院脱贫攻坚典型案例 | 南京农业大学 | 高等学校新农村发展研究院协同创新战略联盟 |
| 8 月 | 苏台农业农村创新创业大赛 | 南京农业大学常熟新农村发展研究院 | 江苏省农村农业技术协会 |
| 8 月 | 山东滨州现代农业"智库"专家 | 姜小三 | 山东省滨州市人民政府 |
| 8 月 | 盱眙县好市民 | 宋长年 | 盱眙县人民政府 |
| 9 月 | 宿迁市优秀产业技术研究院 | 宿迁市设施园艺研究院 | 宿迁市政府 |
| 9 月 | 第 21 届工博会高校展区优秀展品奖 | 姜平 | 教育部科技发展中心、上海市教委 |
| 9 月 | 第四届教育部直属高校精准扶贫精准脱贫十大典型项目 | 南京农业大学 | 教育部发展规划司 |
| 10 月 | 全国科技特派员组织实施优秀单位 | 南京农业大学 | 科学技术部 |
| 10 月 | 全国示范农民田间学校 | 昆山市城区农副产品实业有限公司 | 中央农业广播电视学校 |

（续）

| 时间 | 获奖名称 | 获奖个人/单位 | 颁奖单位 |
|---|---|---|---|
| 11月 | "菊花优异种质资源挖掘与种质创新及综合推广利用"获得"十大技术转移优秀案例" | 陈发棣教授团队 | 江苏省技术转移联盟 |
| 11月 | 中国产学研合作创新奖 | 麻浩、倪军 | 中国产学研合作创新与促进奖评奖办公室 |
| 12月 | "生猪高效生态健康养殖关键技术集成与推广"获全国农牧渔业丰收奖 | 黄瑞华、李平华、牛培培、张总平等 | 农业农村部 |
| 12月 | 产学研促进合作创新奖个人奖 | 蒋建东 | 中国产学研促进会 |
| 12月 | 2019年中国产学研合作创新奖 | 倪军、麻浩 | 中国产学研合作促进会 |
| 12月 | 2019年江苏省大中专学生志愿者暑期科技文化卫生"三下乡"社会实践活动先进单位 | 南京农业大学团委 | 中共江苏省委宣传部、江苏省文明办、江苏省教育厅、共青团江苏省委、江苏省学生联合会 |
| 12月 | 2019年江苏省大中专学生志愿者暑期科技文化卫生"三下乡"社会实践活动优秀团队 | 南京农业大学"爱国知农，青年力量"农科学子暑期社会实践服务团、南京农业大学"科普惠民，践行金融"服务队、南京农业大学"寻革命足迹，焕时代精神"实践团、"走进生态治理，筑梦'美丽中国'环保科普行动"南京农业大学赴内蒙古暑期实践团、南京农业大学020"黔"心助农——特色农产品营销实践团、南京农业大学筑梦灌云——留守儿童语言学习调研与帮扶计划实践团 | 中共江苏省委宣传部、江苏省文明办、江苏省教育厅、共青团江苏省委、江苏省学生联合会 |
| 12月 | 2019年江苏省大中专学生志愿者暑期科技文化卫生"三下乡"社会实践活动先进工作者 | 曾沛莹、何军、施雪钢、王誉茜、徐冰慧、郑冬冬 | 中共江苏省委宣传部、江苏省文明办、江苏省教育厅、共青团江苏省委、江苏省学生联合会 |
| 12月 | 2019年江苏省大中专学生志愿者暑期科技文化卫生"三下乡"社会实践活动先进个人 | 陈佳颖、李敖、王硕、吴德婧、徐浩然、杨培萱、庄宇辰 | 中共江苏省委宣传部、江苏省文明办、江苏省教育厅、共青团江苏省委、江苏省学生联合会 |

（续）

| 时间 | 获奖名称 | 获奖个人/单位 | 颁奖单位 |
|---|---|---|---|
| 12 月 | 2019 年江苏省大中专学生志愿者暑期科技文化卫生"三下乡"社会实践活动优秀社会实践基地 | 南京农业大学常熟新农村发展研究院 | 中共江苏省委宣传部、江苏省文明办、江苏省教育厅、共青团江苏省委、江苏省学生联合会 |
| 12 月 | 2019 年江苏省大中专学生志愿者暑期科技文化卫生"三下乡"社会实践活动优秀调研报告 | 南京农业大学《江苏省新型农业经营主体社会化服务体系与互联网服务模式研究报告》、南京农业大学《科普生态种草，实践绿色支农》 | 中共江苏省委宣传部、江苏省文明办、江苏省教育厅、共青团江苏省委、江苏省学生联合会 |
| 12 月 | "乡村振兴科技在行动——科技富民故事"征文二等奖《科技扶"苹"果农富》 | 王荣辕、孙俊超 | 江苏省农业农村厅 |
| 12 月 | "乡村振兴科技在行动——科技富民故事"征文优秀奖《走出象牙塔，跳进泥巴地》 | 白璨 | 江苏省农业农村厅 |
| 12 月 | "乡村振兴科技在行动——科技富民故事"征文优秀奖《扎根苏南大地服务乡村振兴》 | 倪维成、孙俊超 | 江苏省农业农村厅 |
| 12 月 | "乡村振兴科技在行动——科技富民故事"征文优秀奖《科学养猪"剩"者为王》 | 周五朵、王克其、汪秀菊 | 江苏省农业农村厅 |
| 12 月 | "乡村振兴科技在行动——科技富民故事"征文优秀奖《协同创新农技推广》 | 张营营、孙锦、郭世荣 | 江苏省农业农村厅 |
| 12 月 | "乡村振兴科技在行动——科技富民故事"征文优秀奖《挂县专家护航生猪养殖》 | 周五朵、王克其、葛恒德 | 江苏省农业农村厅 |
| 12 月 | "乡村振兴科技在行动——科技富民故事"征文优秀奖《科技护航遇难不惊》 | 周五朵、王寿禹、王克其 | 江苏省农业农村厅 |

# 附录 3　学校新农村服务基地一览表

| 序号 | 名称 | 基地类型 | 合作单位 | 所在地 | 服务领域 |
|---|---|---|---|---|---|
| 1 | 南京农业大学现代农业研究院 | 综合示范基地 | 南京农业大学（自建） | 江苏省南京市 | — |
| 2 | 淮安研究院 | 综合示范基地 | 淮安市人民政府 | 江苏省淮安市 | 畜牧业、渔业、种植业、城乡规划、食品、园艺等 |
| 3 | 连云港新农村发展研究院 | 综合示范基地 | 连云港市科技局 | 江苏省连云港市 | 蔬菜、畜禽等 |

（续）

| 序号 | 名称 | 基地类型 | 合作单位 | 所在地 | 服务领域 |
|------|------|----------|----------|--------|----------|
| 4 | 泰州研究院 | 综合示范基地 | 泰州市人民政府 | 江苏省泰州市 | 废弃物处理、稻麦、食品加工、中药材、兽药、人文科学等 |
| 5 | 六合乡村振兴研究院 | 综合示范基地 | 南京市六合区人民政府 | 江苏省南京市 | 稻米、生物质炭、蔬菜、食品加工等 |
| 6 | 宿迁设施园艺研究院 | 特色产业基地 | 宿迁市人民政府 | 江苏省宿迁市 | 果蔬、花卉、中草药、农业信息化、农业工程等 |
| 7 | 昆山蔬菜产业研究院 | 特色产业基地 | 昆山市城区农副产品实业有限公司 | 江苏省苏州市 | 蔬菜、食品、农经等 |
| 8 | 溧水肉制品加工产业创新研究院 | 特色产业基地 | 南农大肉类食品有限公司 | 江苏省南京市 | 食品、食安、生工等 |
| 9 | 句容草坪研究院 | 特色产业基地 | 句容市后白镇人民政府 | 江苏省句容市 | 草业等 |
| 10 | 建平炭基生态农业产业研究院 | 特色产业基地 | 朝阳市建平县人民政府 | 辽宁省朝阳市 | 农业资源与环境等 |
| 11 | 蚌埠花生产业研究院 | 特色产业基地 | 蚌埠市固镇县人民政府、蚌埠干部学校 | 安徽省蚌埠市 | 农技培训、品牌规划、平台建设等 |
| 12 | 新沂葡萄产业研究院 | 特色产业基地 | 新沂市人民政府 | 江苏省徐州市 | 葡萄品牌建设、平台建设等 |
| 13 | 如皋长寿特色农产品研究院 | 特色产业基地 | 如皋市人民政府 | 江苏省南通市 | 蔬菜、食品肥料等 |
| 14 | 云南水稻专家工作站 | 分布式服务站 | 云南省农业科学院粮食作物研究所 | 云南省昆明市 | 农学、育种等 |
| 15 | 如皋信息农业专家工作站 | 分布式服务站 | 如皋市农业技术推广中心 | 江苏省南通市 | 农学、农业工程、信息等 |
| 16 | 海安雅周农业园区专家工作站 | 分布式服务站 | 江苏丰海农业发展有限公司 | 江苏省南通市 | 果树、蔬菜、农学等 |
| 17 | 丹阳食用菌专家工作站 | 分布式服务站 | 江苏江南生物科技有限公司 | 江苏省镇江市 | 食用菌、食品、饲料、肥料等 |
| 18 | 大丰大桥果树专家工作站 | 分布式服务站 | 江苏盐丰现代农业发展有限公司 | 江苏省盐城市 | 果树、生态农业等 |
| 19 | 南京湖熟菊花专家工作站 | 分布式服务站 | 南京农业大学（自建） | 江苏省南京市 | 花卉、园艺、休闲农业等 |
| 20 | 山东临沂园艺专家工作站 | 分布式服务站 | 临沂市莒南县朱芦镇人民政府 | 山东省临沂市 | 果树、设施等 |

（续）

| 序号 | 名称 | 基地类型 | 合作单位 | 所在地 | 服务领域 |
|---|---|---|---|---|---|
| 21 | 常州礼嘉葡萄产业专家工作站 | 分布式服务站 | 常州市礼嘉镇人民政府 | 江苏省常州市 | 葡萄、农学等 |
| 22 | 盐城大丰盐土农业专家工作站 | 分布式服务站 | 江苏盐城国家农业科技园区 | 江苏省盐城市 | 盐土农业等 |
| 23 | 丁庄葡萄研究所 | 分布式服务站 | 句容市茅山镇人民政府 | 江苏省镇江市 | 葡萄等 |
| 24 | 龙潭荷花专家工作站 | 分布式服务站 | 南京市龙潭街道办事处 | 江苏省南京市 | 荷花等 |
| 25 | 东海专家工作站 | 分布式服务站 | 连云港市东海县人民政府 | 江苏省连云港市 | 果树、蔬菜、花卉等 |
| 26 | 盱眙专家工作站 | 分布式服务站 | 淮安市盱眙县穆店镇人民政府 | 江苏省淮安市 | 果树、蔬菜等 |
| 27 | 南京云几茶叶专家工作站 | 分布式服务站 | 南京云几文化产业发展有限公司 | 江苏省南京市 | 茶叶等 |
| 28 | 溧水林果提质增效专家工作站 | 分布式服务站 | 南京市溧水区和凤镇 | 江苏省南京市 | 林果等 |
| 29 | 盘城葡萄专家工作站 | 分布式服务站 | 南京市盘城街道办事处 | 江苏省南京市 | 葡萄等 |
| 30 | 凤凰农谷专家工作站 | 分布式服务站 | 江苏凤谷现代农业科技发展有限公司 | 江苏省盐城市 | 蔬菜等 |
| 31 | 江阴益生菌专家工作站 | 分布式服务站 | 江苏佰奥达生物科技有限公司 | 江苏省无锡市 | 益生菌等 |
| 32 | 吴江（骏瑞）蔬菜产业专家工作站 | 分布式服务站 | 江苏骏瑞食品配送有限公司 | 江苏省苏州市 | 蔬菜、果树等 |

# 附录 4　学校科技成果转移转化基地一览表

| 序号 | 基地名称 | 合作单位 | 服务地区 |
|---|---|---|---|
| 1 | 南京农业大学-康奈尔大学国际技术转移中心 | 康奈尔大学 | 国内外 |
| 2 | 南京农业大学技术转移中心吴江分中心 | 江苏省吴江现代农业产业园区管理委员会 | 江苏省苏州市吴江区 |
| 3 | 南京农业大学技术转移中心高邮分中心 | 高邮市人民政府/扬州高邮国家农业科技园区管理委员会 | 江苏省扬州市高邮市 |
| 4 | 南京农业大学技术转移中心苏南分中心 | 常州市科技局 | 江苏省常州市 |
| 5 | 南京农业大学技术转移中心苏北分中心 | 宿迁市科技局 | 江苏省宿迁市 |
| 6 | 南京农业大学技术转移中心萧山分中心 | 杭州市萧山区农业和农村工作办公室 | 江苏省杭州市萧山区 |

（续）

| 序号 | 基地名称 | 合作单位 | 服务地区 |
|---|---|---|---|
| 7 | 南京农业大学技术转移中心如皋分中心 | 南通市如皋市科技局 | 江苏省南通市如皋市 |
| 8 | 南京农业大学技术转移中心丰县分中心 | 徐州市丰县人民政府 | 江苏省徐州市丰县 |
| 9 | 南京农业大学技术转移中心武进分中心 | 武进区科技成果转移中心 | 江苏省常州市武进区 |
| 10 | 南京农业大学技术转移中心大丰分中心 | 盐城市大丰科技局 | 江苏省盐城市大丰区 |
| 11 | 南京农业大学技术转移中心盐都分中心 | 盐城市盐都区科技局 | 江苏省盐城市盐都区 |
| 12 | 南京农业大学技术转移中心栖霞分中心 | 南京市栖霞区科技局 | 江苏省南京市栖霞区 |
| 13 | 南京农业大学技术转移中心八卦洲分中心 | 江苏省栖霞现代农业产业园 | 江苏省南京市八卦洲街道办事处 |
| 14 | 南京农业大学技术转移中心高淳分中心 | 南京市高淳县人民政府 | 江苏省南京市高淳县 |
| 15 | 南京农业大学技术转移中心溧水分中心 | 南京白马国家农业科技园科技人才局 | 江苏省南京市溧水区 |

## 附录5　学校公益性农业科技推广项目一览表

| 执行年度 | 项目类型 | 主管部门 | 产业方向与实施区域 | | 经费（万元） |
|---|---|---|---|---|---|
| 2017—2019年 | 科研院所农技推广服务试点项目 | 江苏省财政厅 | 蔬菜 | 吴江、如皋、大丰 | 250 |
| | | | 花卉 | 新沂、东海、金湖 | 200 |
| | | | 肉鸡 | 金坛、海安、宿豫 | 270 |
| | | | 盐土农业 | 赣榆、大丰、东台 | 280 |
| 2018—2019年 | 挂县强农富民工程项目 | 江苏省农业农村厅 | 果树 | 张家港 | 40 |
| | | | 蔬菜 | | |
| | | | 生猪 | 涟水 | 40 |
| | | | 蔬菜 | | |
| | | | 蛋鸡 | 射阳 | 40 |
| | | | 菊花 | | |
| | | | 葡萄 | 灌南 | 40 |
| | | | 立体种养 | | |
| | | | 蔬菜 | 泗洪 | 40 |
| | | | 稻麦 | | |
| 2018—2020年 | 农业重大技术协同推广计划 | 江苏省农业农村厅 | 蔬菜 | 溧水、昆山、宿城、泰兴 | 800 |
| | | | 生猪 | 泰兴、射阳、涟水 | |
| 2019—2021年 | 农业重大技术协同推广计划 | 江苏省农业农村厅 | 稻米 | 睢宁、盱眙、金坛、张家港 | 600 |
| | | | 梨 | 睢宁、丰县、天宁 | |
| 总计 | | | | | 2 600 |

## 附录6 学校新型农业经营主体联盟建设一览表

| 序号 | 联盟名称 | 户数 | 理事长 | 成立时间 |
|---|---|---|---|---|
| 1 | 昆山市蔬菜绿色生产重大技术协同推广联盟 | 69 | 陈 颖 | 1月23日 |
| 2 | 溧水区蔬菜绿色生产重大技术协同推广联盟 | 20 | 路晓华 | 3月26日 |
| 3 | 宿迁蔬菜全程绿色生产技术协同推广联盟 | 38 | 何井瑞 | 3月28日 |
| 4 | 麻江县稻米产业新型农业经营主体联盟 | 52 | 麻江县富锌硒农业发展有限责任公司 | 4月25日 |
| 5 | 射阳县生猪绿色高效安全技术协同推广联盟 | 108 | 秦 飞 | 6月5日 |
| 6 | 生猪健康养殖暨废弃物利用技术推广 | 96 | 唐红建 | 7月10日 |
| 7 | 蔬菜产业新型经营主体产业联盟 | 26 | 唐红建 | 7月10日 |
| 8 | 麻江县"黔货出山"农村电商经营主体联盟 | 42 | 麻江县新合作电子商务有限责任公司 | 7月22日 |
| 9 | 麻江县家禽产业新型农业经营主体联盟 | 80 | 贵州正源农业发展科技有限公司 | 11月2日 |
| 10 | 金坛区优质稻米高校生产技术协同推广联盟 | 24 | 严 俊 | 12月17日 |

## 附录7 长三角乡村振兴发展观察委托项目

| 序号 | 项目名称 | 负责人 | 单 位 | 资助额（万元） |
|---|---|---|---|---|
| 1 | 长三角乡村振兴发展观察协调项目 | 刘祖云 | 公共管理学院 | 30 |
| 2 | 长三角农村土地市场发展观察 | 吴群 | 公共管理学院 | 20 |
| 3 | 长三角乡村产业发展观察 | 陈超 | 经济管理学院 | 20 |
| 4 | 长三角普惠金融发展观察 | 董晓林 张龙耀 | 金融学院 | 20 |
| 5 | 长三角农村基层党建发展观察 | 葛笑如 王 燕 | 马克思主义学院 | 20 |
| 6 | 长三角农村社区建设发展观察 | 姚兆余 | 人文与社会发展学院 | 20 |
| 7 | 长三角新型农业经营主体发展观察 | 何 军 | 经济管理学院 | 20 |

## 附录8 长三角乡村振兴发展咨询委托项目

| 序号 | 项目名称 | 负责人 | 单位 | 资助额（万元） |
|---|---|---|---|---|
| 1 | 长三角试点地区的农村宅基地制度改革比较研究 | 陈利根 | 公共管理学院 | 20 |
| 2 | 南京市浦口区美丽乡村示范区建设模式与经验研究 | 郭忠兴 | 公共管理学院 | 15 |
| 3 | 农村集体资产产权的开放性及其实现路径研究 | 应瑞瑶 | 经济管理学院 | 15 |
| 4 | 长三角一体化进程中的乡村价值发现的典型路径研究 | 徐志刚 | 经济管理学院 | 15 |
| 5 | 长三角地区生态补偿实践比较与政策创新 | 龙开胜 | 公共管理学院 | 15 |

# 扶 贫 开 发

【概况】认真贯彻习近平总书记关于扶贫工作的重要论述和党中央脱贫攻坚决策部署，全力做好中央单位定点扶贫贵州省麻江县与江苏省"五方挂钩"帮扶徐州市睢宁县的工作任务，充分发挥学校科技、人才等资源优势，统筹推进精准扶贫与乡村振兴有效衔接。

中央单位定点扶贫。严格落实定点扶贫工作责任书，向麻江县投入帮扶资金 270 万元，引进帮扶资金 500 万元，培训基层干部 487 人次，培训技术人员 906 人次，购买麻江县农产品 241 万元，帮助销售麻江县农特产品 277 万元，超额完成责任书目标任务。调整"南京农业大学扶贫开发工作领导小组"，由学校党委书记和校长任"双组长"，将 10 个学院和 20 个职能部门纳入成员单位，明确职责。创新实施"南农麻江 10＋10 行动"计划，发动 10 个学院结对帮扶 10 个贫困村，学院党政负责人赴贫困村调研指导与开展活动 22 场次，签订教师党支部与贫困村党支部共建协议 5 个，发动多种形式捐赠共计 60 余万元（含物资），有力帮扶结对村党组织建设与经济发展。帮助 10 村制订乡村振兴产业发展总体规划，指导帮助麻江县成功申报国家现代农业产业园。多次开办麻江县干部人才培训班，加强党建与乡村振兴业务培训。精准把脉产业需求，组建跨学院专家团队 9 支，指导服务产业 11 个，扶持龙头企业和农村合作社 14 家，共建锌硒米、家禽和农村电商新型农业经营主体发展联盟 3 个。帮助引进智能蜂业企业 1 家，落实投资额 500 万元。选派 4 名优秀研究生支教龙山中学，持续开展"禾苗学子"助学成长计划、优秀学子实践游学活动等，服务覆盖龙山小学、河坝小学、谷硐中心学校等乡村学校，300 多人次学生接受捐助。全年募捐各类资金物资共计 11.6 万元。连续 5 年开展"禾苗助学成长计划"，累计资助"禾苗"75 人。连续 2 年组织麻江优秀学子到江苏实践游学。设立南京农业大学奖助学金，首批奖助 60 名麻江学生。积极帮扶农业产业发展项目，带动建档立卡贫困人口 226 人，帮助贫困人口转移就业 42 人，开展就业与务工调研。校医院专家赴麻江开展健康扶贫，共诊治群众 100 余人，健康知识讲座惠及群众 300 余人，发放药品价值 2 000 余元。参加"老年节"文艺汇演 1 场，开展非物质文化遗产调研 1 次，开展麻江县文旅项目招商推介 1 场，共建农村社会工作教育实训实习基地 1

个。组织发展中国家农业信息技术应用培训班赴麻江参观。全年直接服务与带动农户 4 997 户，服务与带动建档立卡贫困人口 10 459 人，帮助实现 2019 年脱贫清零 268 户、626 人。4 月 24 日，贵州省人民政府正式批准麻江县退出贫困县序列，精准帮扶麻江县如期实现脱贫"摘帽"精彩出列。

江苏省"五方挂钩"结对帮扶。2018 年 4 月至 2019 年度，学校共组织实施帮扶项目 11 个，直接拨付帮扶资金 40 万元，项目落地资金 80 万元，协调其他各类帮扶资金 320 万元，总计投入 440 万元。共派 110 多人次的领导、专家教授、大学生志愿者到睢宁县王集镇、魏集镇、姚集镇、邱集镇、庆安镇、双沟镇等省定经济薄弱村考察帮扶，落实帮扶责任，提供产业规划，对接帮扶项目，进行技术指导，开展培训授课，举办帮扶活动等。协调上级党组织项目经费对南许村党建宣传和远程培训教室进行了出新；协调交通银行无锡支行向南许村捐赠价值 2 万元的新桌椅、复印机、格子间等；协调省发展改革委 35 万元建成南许村文化广场和文体活动室；学校向王集镇和邱集镇的 5 个深度贫困村捐赠农业物资 2 万元。在扶贫日、新年等重大节日期间，共发放慰问现金物品 1.2 万元，将温暖送入 30 余户贫困家庭。截至 2019 年底，学校对接帮扶的睢宁县王集镇南许村 94 户建档立卡贫困户全部实现脱贫，贫困户家庭年人均收入超过 0.9 万元；南许村村集体 2018 年、2019 年分别实现可持续性经营性收入 25.5 万元和 40.1 万元，超过省定标准（每年 18 万元）7.5 万元和 22.1 万元，顺利打赢脱贫攻坚战，如期实现脱贫"摘帽"目标任务。

**【入选教育部第四届直属高校精准扶贫精准脱贫十大典型项目】** 9 月 20 日，报送的"'南农麻江 10＋10 行动'计划 探索精准扶贫乡村振兴新路径"定点扶贫项目，经过现场汇报和投票推选，从教育部 58 所直属高校申报的 63 个项目中脱颖而出，成功入选教育部第四届直属高校精准扶贫精准脱贫十大典型项目。这是学校连续第三届入选，是对学校创新性组织 10 个学院结对帮扶麻江县 10 个贫困村脱贫攻坚、乡村振兴，多措并举激发学院积极性、主动性和创造性的高度肯定。

**【入选第一届新农村发展研究院脱贫攻坚典型案例】** 6 月 13～14 日，第一届高等学校新农村发展研究院乡村振兴暨脱贫攻坚典型案例交流会在陕西延安举行，全国 37 家高等学校新农村发展研究院围绕乡村振兴和脱贫攻坚，深入交流开展的工作以及取得的成效和经验。南京农业大学定点扶贫麻江案例入选并在会上作案例交流。

**【荣获 2019 年贵州省脱贫攻坚先进集体】** 11 月，中共贵州省委书记孙志刚、贵州省省长谌贻琴联合签发《贵州省扶贫开发领导小组关于表彰 2019 年全省脱贫攻坚先进集体和先进个人的决定》，授予南京农业大学"贵州省脱贫攻坚先进集体"称号。南京农业大学是获得"集体表彰"的 3 所高校之一，是唯一一所教育部直属高校。

**【荣获江苏省帮扶工作年度考核"优秀"等次】** 委派社会合作处（扶贫开发工作领导小组办公室）科技骨干挂职睢宁县王集镇南许村第一书记。对接帮扶以来，累计协调各类帮扶资金 320 万元，帮助建粮仓、机械库和晒场各 1 座，共 6 000 多平方米，协助村集体成立农机合作社，为村集体购置各类大型农机 17 台，组织学校专家赴睢宁县开展各类考察指导活动 10 余次。2019 年获评江苏省委扶贫办工作考核"优秀"等次。

（撰稿：蒋大华　徐敏轮　傅　珊　审稿：陈　巍　严　瑾　审核：童云娟）

# ［附录］

## 附录 1　扶贫开发工作大事记

1 月 29 日，南京农业大学召开 2018 年度外派挂职干部座谈会，校党委书记陈利根，党委副书记、纪委书记盛邦跃，党委常委、副校长闫祥林出席，听取了定点扶贫麻江县挂职干部的工作汇报。

1 月 30 日，中共贵州省委书记孙志刚、省长谌贻琴联合署名向南京农业大学发来感谢信，充分肯定定点扶贫麻江县各项工作。

3 月 8 日，南京农业大学校党委常委会、校长办公会专题听取《南京农业大学 2018 年定点扶贫工作总结》和《南京农业大学 2019 年定点扶贫工作要点》。

3 月 12～13 日，南京农业大学与睢宁县"五方挂钩"扶贫对接活动在睢宁开展。校党委常委、副校长丁艳锋，睢宁县县委副书记王敏，县委副书记、省委驻睢宁县帮扶工作队队长李钦参加活动。

3 月 20 日，南京农业大学召开扶贫开发领导小组第一次工作会议，全面部署 2019 年定点扶贫工作。

4 月 8 日，南京农业大学召开扶贫开发领导小组第二次工作会议暨"南农麻江 10＋10 行动"工作推进会议。

4 月 25～26 日，南京农业大学校长陈发棣带队赴麻江开展定点扶贫工作调研，召开"南农麻江 10＋10 行动"对接活动座谈会。

6 月 4 日，2019 年度睢宁县"五方挂钩"帮扶协调小组工作会议在南京召开。时任南京农业大学党委副书记、纪委书记盛邦跃代表学校出席会议，并代表参与睢宁"五方挂钩"帮扶的 5 所高校单位作工作交流。

6 月 6 日，南京农业大学召开扶贫开发领导小组第三次工作会议暨"南农麻江 10＋10 行动"产业专家专题座谈会。

6 月 12 日，教育部科学技术与信息化司解读《高等学校乡村振兴科技创新行动计划（2018—2022 年）》，以翔实数据肯定南京农业大学定点扶贫工作。

6 月 13～14 日，南京农业大学定点扶贫麻江案例入选第一届新农村发展研究院脱贫攻坚典型案例。社会合作处副处长严瑾代表学校作《"用金牌、助招牌、造品牌"，铸就精准脱贫持久内生动力》案例交流。

7 月 30 日，教育部发展规划司司长刘昌亚一行考察贵州，首站选择麻江，给予南京农业大学定点扶贫工作高度肯定。

8 月 19 日，中共贵州省黔东南苗族侗族自治州委员会、贵州省黔东南苗族侗族自治州人民政府向南京农业大学发来感谢信，感谢学校在贵州省麻江县所做的定点扶贫工作。

9 月 20 日，"'南农麻江 10＋10 行动'计划　探索精准扶贫乡村振兴新路径"入选第四届教育部直属高校精准扶贫精准脱贫十大典型项目。

10 月 21～25 日，江苏省委驻睢帮扶工作队队长、县委副书记李钦率队赴南京农业大学定点帮扶的贵州省麻江县调研脱贫攻坚工作。

10 月 24 日，南京农业大学召开扶贫开发领导小组第四次工作会议暨定点扶贫工作推进会，校党委书记、扶贫开发工作领导小组组长陈利根专题听取"南农麻江10＋10行动"实施情况的阶段性汇报，并对下一阶段学校定点扶贫工作提出指导意见。

10月29日，南京农业大学校领导班子举行"不忘初心、牢记使命"主题教育集中学习研讨会，专题学习习近平总书记关于扶贫工作的重要论述。

10月31日至11月2日，南京农业大学校党委书记陈利根带队赴麻江开展定点扶贫工作调研，召开2019年定点扶贫调研座谈会，校党委常委、副校长闫祥林等陪同调研。

10月，南京农业大学扶贫开发工作领导小组办公室荣获"2019年贵州省脱贫攻坚先进集体"表彰。

11月13日，南京农业大学校党委常委会、校长办公会专题听取定点扶贫工作初步总结汇报。

12月13日，南京农业大学校长陈发棣在华东地区农林水高校第二十七次校（院）长协作会就学校定点扶贫案例作主题交流。

## 附录2 "南农麻江10＋10行动"帮扶对接一览表

| 扶贫项目 | 南京农业大学 | 麻江县 |
|---|---|---|
| "南农麻江10＋10行动"<br>10个学院结对帮扶10个贫困村 | 农学院 | 咸宁村 |
| | 植物保护学院 | 水城村 |
| | 资源与环境科学学院 | 新场村 |
| | 园艺学院 | 谷羊村 |
| | 动物科技学院 | 河坝村 |
| | 动物医学院 | 乐坪村 |
| | 食品科技学院 | 兰山村 |
| | 经济管理学院 | 黄泥村 |
| | 人文与社会发展学院 | 卡乌村 |
| | 生命科学学院 | 仙坝村 |

## 附录3 学校扶贫开发获奖情况一览表

| 时间 | 获奖名称 | 获奖个人/单位 | 颁奖单位 |
|---|---|---|---|
| 1月 | 江苏省帮扶工作年度考核"优秀"等次 | 王明峰 | 江苏省委组织部、江苏省扶贫办 |
| 5月 | 第一届新农村发展研究院脱贫攻坚典型案例 | 南京农业大学 | 高等学校新农村发展研究院协同创新战略联盟 |
| 6月 | "全县脱贫攻坚优秀共产党员""全省万名农业专家服务'三农'行动"优秀专家 | 汪浩 | 中共麻江县委员会、贵州省农业农村厅 |
| 9月 | 第四届教育部直属高校精准扶贫精准脱贫十大典型项目 | 南京农业大学 | 教育部发展规划司 |
| 10月 | 黔东南州2019年脱贫攻坚优秀援黔东南干部 | 李玉清、汪浩 | 中共黔东南州委、黔东南州人民政府 |
| 10月 | 2019年贵州省脱贫攻坚先进集体 | 校扶贫开发工作领导小组办公室 | 贵州省扶贫开发领导小组 |
| 10月 | "习近平总书记关于扶贫工作的重要论述"主题征文优秀论文 | 李玉清 | 全国扶贫宣传教育中心 |

## 附录 4  学校扶贫开发项目一览表

| 执行年度 | 委托单位 | 帮扶县市 | 项目名称 | 经费（万元） | 出资单位 |
|---|---|---|---|---|---|
| 2019 年 | 教育部 | 贵州省麻江县 | 特色花卉新品种繁育与推广应用 | 10 | 南京农业大学 |
| | | | 锌硒米优质栽培技术示范与推广应用 | 5 | |
| | | | 蔬菜品种技术引进推广及示范基地建设 | 5 | |
| | | | 草莓新品种引进及示范基地建设 | 5 | |
| | | | 稻渔共作技术示范与推广应用 | 5 | |
| | | | 果蔬加工技术咨询与指导 | 5 | |
| | | | 肉鸡健康养殖技术示范与推广应用 | 5 | |
| | | | 油菜新品种引进与新技术示范推广 | 5 | |
| | | | 农产品电子商务产业指导与培训 | 5 | |
| | | | 第三届直属高校精准扶贫精准脱贫十大典型项目 | 20 | 教育部 |
| 2018—2019 年 | 江苏省 | 徐州市睢宁县 | "五方挂钩"帮扶资金 | 40 | 南京农业大学 |
| | | | 果树新品种新技术推广示范项目 | 80 | 南京农业大学 |
| | | | 农业综合服务中心项目（含粮仓、机械库、农机、晒场、土地流转、合作社成立 6 个子项目） | 320 | 南京农业大学、江苏省委驻睢宁县帮扶工作队、江苏省财政厅、睢宁县扶贫办 |
| | | | 梁集镇大棚入股增收项目 | 20.6 | 南京农业大学、江苏省委驻睢宁县帮扶工作队 |
| | | | 庆安镇厂房入股增收项目 | 35 | 南京农业大学、江苏省委驻睢宁县帮扶工作队 |
| | | | 南许村太阳能路灯民生工程项目 | 5 | 江苏省委驻睢宁县帮扶工作队 |
| | | | 南许村惠民生文化设施改造项目 | 30 | 江苏省发展改革委 |

## 附录 5  学校定点扶贫责任书情况统计表

| | 指　标 | 单　位 | 计划数 | 完成数 |
|---|---|---|---|---|
| 1 | 对定点扶贫县投入帮扶资金 | 万元 | 260 | 270 |
| 2 | 为定点扶贫县引进帮扶资金 | 万元 | 300 | 500 |
| 3 | 培训基层干部人数 | 名 | 400 | 487 |
| 4 | 培训技术人员人数 | 名 | 300 | 906 |
| 5 | 购买贫困地区农产品 | 万元 | 240 | 241 |

（续）

| | 指　标 | 单　位 | 计划数 | 完成数 |
|---|---|---|---|---|
| 6 | 帮助销售贫困地区农产品 | 万元 | 240 | 277 |
| 7 | 其他可量化指标 | | | |
| | 捐赠"移动党支部"设备 | 套 | | 13（价值60万元） |
| | 捐赠计算机 | 台 | | 30 |
| | 教育扶贫公益募捐 | 万元 | | 11.6 |
| | 帮扶引进企业投资额 | 万元 | | 500 |

指标解释：1. 投入帮扶资金，指中央单位系统内筹措用于支持定点扶贫县脱贫攻坚的无偿帮扶资金。2. 引进帮扶资金，指中央单位通过各种渠道引进用于支持定点扶贫县脱贫攻坚的无偿帮扶资金。3. 培训基层干部，指培训县乡村三级干部人数。4. 培训技术人员，指培训教育、卫生、农业科技等方面的人数。5. 购买贫困地区农产品，指中央单位购买832个国家级贫困县农产品的金额。6. 帮助销售贫困地区农产品，指中央单位帮助销售832个国家级贫困县农产品的金额。

# 附录6　学校定点扶贫工作情况统计表

| | 指　标 | 单位 | 贵州省麻江县 | 总计 |
|---|---|---|---|---|
| 1 | 组织领导 | | | |
| 1.1 | 赴定点扶贫县考察调研人次 | 人次 | 73 | 73 |
| 1.2 | 其中：主要负责同志 | 人次 | 2 | 2 |
| 1.3 | 班子其他成员 | 人次 | 1 | 1 |
| 1.4 | 是否制订本单位定点扶贫工作年度计划 | 是/否 | 是 | 是 |
| 1.5 | 是否形成本单位定点扶贫工作年终总结 | 是/否 | 是 | 是 |
| 1.6 | 是否成立定点扶贫工作机构 | 是/否 | 是 | 是 |
| 1.7 | 召开定点扶贫专题工作会次数 | 次 | 10 | 10 |
| 1.8 | 召开定点扶贫专题工作会时间 | 年/月/日 | 2019/1/29<br>2019/3/8<br>2019/3/8<br>2019/3/20<br>2019/4/8<br>2019/6/6<br>2019/10/24<br>2019/10/29<br>2019/11/13<br>2019/11/13 | 2019/1/29<br>2019/3/8<br>2019/3/8<br>2019/3/20<br>2019/4/8<br>2019/6/6<br>2019/10/24<br>2019/10/29<br>2019/11/13<br>2019/11/13 |
| 2 | 选派干部 | | | |
| | 挂职干部 | | | |
| 2.1 | 挂职干部人数 | 人 | 1 | 1 |

（续）

| | 指　标 | 单位 | 贵州省麻江县 | 总计 |
|---|---|---|---|---|
| 2.2 | 其中：司局级 | 人 | 0 | 0 |
| 2.3 | 　　　处级 | 人 | 1 | 1 |
| 2.4 | 　　　科级 | 人 | | |
| 2.5 | 挂职年限 | 年 | 2 | 2 |
| 2.6 | 挂任县委或县政府副职人数 | 人 | 1 | 1 |
| 2.7 | 分管或协助分管扶贫工作人数 | 人 | 1 | 1 |
| | 第一书记 | | | |
| 2.8 | 第一书记人数 | 人 | 2 | 2 |
| 2.9 | 第一书记挂职年限 | 年 | 2 | 2 |
| 3 | 督促指导 | | | |
| 3.1 | 督促指导次数 | 次 | 3 | 3 |
| 3.2 | 形成督促指导报告个数 | 份 | 2 | 2 |
| 3.3 | 发现的主要问题 | 个 | 7 | 7 |
| 4 | 工作创新 | | | |
| | 产业扶贫 | | | |
| 4.1 | 帮助引进企业数 | 家 | 1 | 1 |
| 4.2 | 企业实际投资额 | 万元 | 500 | 500 |
| 4.3 | 扶持定点扶贫县龙头企业和农村合作社 | 家 | 14 | 14 |
| 4.4 | 带动建档立卡贫困人口脱贫人数 | 人 | 226 | 226 |
| | 就业扶贫 | | | |
| 4.5 | 帮助贫困人口实现转移就业人数 | 人 | 42 | 42 |
| 4.6 | 本单位招用贫困家庭人口数 | 人 | | |
| 4.7 | 贫困人口就业技能培训人数 | 人 | | |
| | 抓党建促扶贫 | | | |
| 4.8 | 参与结对共建党支部数 | 个 | 10 | 10 |
| 4.9 | 参与结对共建贫困村数 | 个 | 5 | 5 |
| | 党员干部捐款捐物 | 万元 | 2.68 | 2.68 |
| 4.10 | 贫困村"两委"班子成员培训 | 人次 | 65 | 65 |
| 4.11 | 贫困村创业致富带头人培训人数 | 人 | | |
| | "两不愁三保障" | | | |
| 4.12 | 义务教育投入资金数 | 万元 | 41.6 | 41.6 |
| 4.13 | 义务教育帮助困难人口数 | 人 | ＞300 | ＞300 |
| 4.14 | 基本医疗投入资金数 | 万元 | 0.2 | 0.2 |
| 4.15 | 基本医疗帮助贫困人口数 | 人 | ＞300 | ＞300 |
| 4.16 | 住房安全投入资金数 | | | |
| 4.17 | 住房安全帮助贫困人口数 | | | |

（续）

| | 指标 | 单位 | 贵州省麻江县 | 总计 |
|---|---|---|---|---|
| 4.18 | 饮水安全投入资金数 | | | |
| 4.19 | 饮水安全帮助贫困人口数 | | | |
| 5 | 工作机构 | | | |
| 5.1 | 是否成立定点扶贫工作机构 | 是/否 | 是 | 是 |
| 5.2 | 定点扶贫工作机构名称 | | 南京农业大学扶贫开发工作领导小组（办公室挂靠社会合作处） | 南京农业大学扶贫开发工作领导小组（办公室挂靠社会合作处） |
| 5.3 | 定点扶贫领导小组组长 | 姓名/职务 | 陈利根/党委书记 陈发棣/校长 | 陈利根/党委书记 陈发棣/校长 |
| 5.4 | 定点扶贫办公室主任 | 姓名 | 主任：陈巍 副主任：严瑾 | 主任：陈巍 副主任：严瑾 |
| 5.5 | 定点扶贫工作联络员 | 姓名 | 徐敏轮 | 徐敏轮 |

# 十、对外合作与交流

## 国际合作与交流

【概况】全年接待境外高校和政府代表团组 59 批 271 人次，其中，校长代表团 11 批、政府代表团 2 批；接待外宾总数 1 300 多人次。全年新签和续签 35 项校际合作协议，包括 28 个校/院际合作协议和 7 个学生培养项目协议。

全年获得国家各类聘请外国文教专家项目经费 1 044 万元，完成"111 计划""高端外国专家引进计划项目"等 60 个项目的申报、实施、总结工作，聘请境外专家 1 100 余人次，作学术报告 600 多场，听众约 17 000 人次。"农业生物灾害科学学科创新引智基地"通过 10 年建设评估，进入 2.0 计划。组织动物医学院和经济管理学院新增"111 基地"的申报答辩工作，协助完成资源与环境科学学院"农业资源与环境学科生物学研究创新引智基地"5 年验收总结工作和农学院"作物遗传与种质创新学科创新引智基地"10 年建设期评估考核答辩工作。聘任澳大利亚科学院院士、拉筹伯大学詹姆斯（James Whelan）教授为学校名誉教授，聘请法国国家农业科学研究院研究员帕斯卡（Pascal Neveu）博士等 6 名外国专家为学校客座教授。组织外国专家 11 人赴北京出席新中国成立 70 周年相关庆祝活动。新增 2019 年度"王宽诚教育基金会"资助项目（第 15 届微量元素生物地球化学国际会议），促进与加拿大、澳大利亚、新西兰及拉美地区科研合作与高层次人才培养项目各 1 项。协助学院组织召开了"第 15 届微量元素生物地球化学国际大会""第六届国际植物表型大会""第四届国际植物氮素大会""2019 年亚洲'水-能源-食物'系统创新论坛"等 18 个国际会议，会议总规模 4 039 人，其中参会外宾人数达 640 人次。

全年选派教师出国（境）访问交流、参加学术会议和合作研究等共计 500 人次，3 个月以上长期出国交流人员 41 人次（含国家和省公派教师出国交流人员 27 人次）。派遣学生出国参加国际会议、短期交流学习、合作研究和攻读博士学位等 905 人次。其中，选派本科生出国短期交流学习和交换学生 505 人次，选派研究生出国参加高水平国际会议、长短期访学 400 人次。

【教育部授予学校一定的外事审批权】10 月，教育部正式发文授予学校一定的外事审批权，学校可自行审批除党委书记和校长以外的因公临时出国和邀请外国相应人员来华事项。为落实外事审批权，学校成立南京农业大学外事与港澳台工作领导小组，制订出台了《南京农业大学因公出国（境）管理暂行办法》。

【"南京农业大学密歇根学院"获教育部批准】5 月，教育部发文正式批准学校与美国密歇根州立大学合作设立非独立法人中外合作办学机构，即"南京农业大学密歇根学院"，学校中外合作办学实现突破。学校成立密歇根学院筹备工作组，在招生计划、课程教学、师资安排、设施保障等方面推进和落实密歇根学院的相关筹备工作。

【优化"一带一路"合作布局，搭建亚洲地区合作网络】学校进一步优化在"一带一路"沿线国家的合作布局，携手美国密歇根州立大学分别与越南芹苴大学、老挝国立大学等 17 家东南亚高校和科研院所签署三方合作协议书，共同参与亚洲农业研究中心的合作。在"2019亚洲'食物-土地-能源-水'系统创新论坛"上，学校发出成立"亚洲农业创新联盟"（Consortium for Agricultural Innovation in Asia）的倡议。

【世界农业遗产基金会主席帕尔维兹·库哈弗坎博士受聘为学校讲座教授】帕尔维兹·库哈弗坎（Parviz Koohafkan）博士是当代伊朗著名的农业生态学专家和全球重要农业文化遗产（GIAHS）事业的创始人与奠基人，曾就职于联合国粮食及农业组织（FAO），提出全球重要农业文化遗产的概念与保护理念。南京农业大学传统农业文化遗产研究底蕴深厚、国际合作广泛，双方开展科研合作与学术交流对推动学校积极开展与国际组织的合作、参与全球重要农业文化遗产事业具有重要意义。

【举办第七届世界农业奖颁奖典礼暨第十届 GCHERA 世界大会】10 月 28～29 日，第七届GCHERA 世界农业奖颁奖典礼在南京农业大学举行，来自美国、加拿大、南非等 15 个国家的 100 多位涉农高校和科研院所的专家学者参加了系列活动。来自智利天主教大学的何塞·米格尔·阿奎莱拉（José Miguel Aguilera）凭借其在食品工程科学领域的突出贡献获此殊荣。同时举办的第十届 GCHERA 世界大会以"全球高等教育转型"为主题，围绕高等教育转型案例、大学教育最佳实践、高等教育转型项目实施、高等教育创新障碍以及建立高等教育转型全球网络 5 个分主题开展交流、互动和讨论。

【"农业生物灾害科学学科创新引智基地"通过建设期评估进入 2.0 计划】由植物保护学院郑小波教授负责的"农业生物灾害科学学科创新引智基地"项目获国家外国专家局和教育部批准立项。这是自 2006 年教育部、国家外国专家局启动"高等学校学科创新引智计划"（简称"111 计划"）以来学校获批的第七个学科创新引智基地。

## ［附录］

## 附录 1　签署的国际交流与合作双边协议一览表

| 序号 | 国家 | 院校名称（中英文） | 合作协议名称 | 签署日期 |
|---|---|---|---|---|
| 1 | 日本 | 筑波大学<br>University of Tsukuba | 学术交流合作协议书 | 2 月 1 日 |
| 2 | | 奈良先端科学技术大学<br>Nara Institute of Science and Technology | 研究生短期交流项目协议 | 9 月 25 日 |
| 3 | | 北海道大学<br>Hokkaido University | 学生交流备忘录 | 12 月 19 日 |
| 4 | | | 学术交流协定书 | 12 月 19 日 |
| 5 | 肯尼亚 | 埃格顿大学<br>Egerton University | 谅解备忘录 | 3 月 15 日 |
| 6 | | 国际家畜研究所<br>International Livestock Research Institute（ILRI） | 谅解备忘录 | 10 月 30 日 |
| 7 | 捷克 | 赫拉德茨-克拉洛韦大学<br>University of Hradec Králové | 谅解备忘录 | 4 月 2 日 |

（续）

| 序号 | 国家 | 院校名称（中英文） | 合作协议名称 | 签署日期 |
|---|---|---|---|---|
| 8 | 法国 | 高等农业工程师学院联合会<br>France Agro³ | 合作备忘录 | 5 月 21 日 |
| 9 | 荷兰 | 瓦格宁根大学<br>Wageningen University | 谅解备忘录 | 5 月 23 日 |
| 10 | | 格罗宁根大学<br>University of Groningen | 谅解备忘录 | 11 月 8 日 |
| 11 | | | 学生交换协议 | 11 月 8 日 |
| 12 | 澳大利亚 | 西澳大利亚大学<br>University of Western Australia | "3＋2" 本硕联合培养项目协议 | 6 月 5 日 |
| 13 | | | 谅解备忘录 | 6 月 5 日 |
| 14 | | | 学生海外留学项目协议书 | 6 月 19 日 |
| 15 | 新西兰 | 梅西大学<br>Massey University | 商学硕士联合培养项目协议 | 6 月 19 日 |
| 16 | 比利时 | 根特大学<br>Ghent University | 合作协议书 | 12 月 3 日 |
| 17 | | | 博士联合培养协议 | 12 月 9 日 |
| 18 | 美国 | 加利福尼亚大学河滨分校<br>University of California，Riverside | 谅解备忘录 | 12 月 16 日 |

# 附录 2　学校与美国密歇根州立大学及第三方合作伙伴签署的多边协议一览表

| 序号 | 国家 | 第三方合作伙伴名称（中英文） | 合作协议名称 | 签署日期 |
|---|---|---|---|---|
| 1 | 柬埔寨 | 柬埔寨城市发展研究所<br>Cambodian Institute for Urban Studies | 谅解备忘录 | 5 月 24 日 |
| 2 | 泰国 | 孔敬大学<br>Khon Kaen University | 谅解备忘录 | 5 月 24 日 |
| 3 | | 泰国土地发展部<br>The Land Development Department | 谅解备忘录 | 5 月 24 日 |
| 4 | | 玛希隆大学<br>Mahidol University | 谅解备忘录 | 5 月 24 日 |
| 5 | | 泰国农业大学<br>Kasetsart University | 谅解备忘录 | 5 月 24 日 |
| 6 | | 泰国皇太后大学<br>Mae Fah Luang University | 谅解备忘录 | 5 月 24 日 |
| 7 | | 泰国国王科技大学<br>King Mongkut's University of Technology Thonburi | 谅解备忘录 | 5 月 24 日 |
| 8 | | 清迈大学<br>Chiang Mai University | 谅解备忘录 | 5 月 24 日 |
| 9 | | 那空帕农大学<br>Nakhon Phanom University | 谅解备忘录 | 5 月 24 日 |

（续）

| 序号 | 国家 | 第三方合作伙伴名称（中英文） | 合作协议名称 | 签署日期 |
|---|---|---|---|---|
| 10 | | 芹苴大学<br>Can Tho University | 谅解备忘录 | 5 月 24 日 |
| 11 | 越南 | 北方山地农林科学研究所<br>Northern Mountainous Agriculture and Forestry<br>Science Institute | 谅解备忘录 | 5 月 24 日 |
| 12 | | 塔什干农业水利机械工程学院<br>Tashkent Institute of Irrigation and Agricultural<br>Mechanization Engineering | 谅解备忘录 | 5 月 24 日 |
| 13 | 乌兹别克斯坦 | 中亚及南高加索地区农业大学联盟<br>Central Asia and South Caucasus Consortium of<br>Agricultural Universities for Development | 谅解备忘录 | 5 月 24 日 |
| 14 | 中国 | 首都师范大学<br>Capital Normal University | 谅解备忘录 | 5 月 24 日 |
| 15 | 缅甸 | 曼德勒科技研究所<br>Mandalay Technology | 谅解备忘录 | 5 月 24 日 |
| 16 | | 哈萨克斯坦农业技术中心<br>Agritech Hub Kazakhstan | 谅解备忘录 | 5 月 24 日 |
| 17 | 哈萨克斯坦 | 赛富林农业科技大学<br>S. Selfullin Kazakh Agro Technical University | 谅解备忘录 | 5 月 24 日 |

# 附录 3  全年接待重要访问团组和外国专家一览表

| 序号 | 代表团名称 | 来访目的 | 来访时间 |
|---|---|---|---|
| 1 | 江苏外专百人计划专家（短期）、英国埃克塞特大学杰森（Jason Wayne Chapman）副教授 | 合作研究 | 2 月、4 月、6 月、9 月、10 月 |
| 2 | 肯尼亚埃格顿大学代表团 | 校际交流 | 3 月 |
| 3 | 英国诺丁汉大学代表团 | 校际交流 | 3 月 |
| 4 | 荷兰瓦格宁根大学代表团 | 校际交流、学术交流 | 3 月 |
| 5 | 捷克赫拉德茨·克拉洛韦大学代表团 | 校际交流 | 3 月 |
| 6 | CIRP 国际生产工程科学院院士、比利时鲁汶大学让·皮埃尔（Jean-Pierre Georges H. Kruth）教授 | 合作研究 | 3 月 |
| 7 | 江苏友谊奖获得者、英国约翰英纳斯中心托尼安东尼（Anthony John Miller）研究员 | 合作研究 | 3 月 |
| 8 | 江苏外专百人计划专家、澳大利亚新南威尔士大学史提芬（Stephen David Joseph）教授 | 合作研究 | 3 月 |

（续）

| 序号 | 代表团名称 | 来访目的 | 来访时间 |
|---|---|---|---|
| 9 | 德国波恩大学代表团 | 参观作物表型组学交叉研究中心 | 4月 |
| 10 | 世界农业遗产基金会代表团 | 学术交流 | 4月 |
| 11 | 中日文化经济交流协议代表团 | 探讨农业人才定向培养和日本就业机会等合作事宜 | 4月 |
| 12 | "111"项目海外学术大师、英国东吉利大学迈克尔·穆勒（Michael Muller）教授 | 合作研究 | 4月 |
| 13 | 尼日利亚大学代表团 | 校际交流 | 5月 |
| 14 | 埃塞俄比亚哈瓦萨大学代表团 | 校际交流、参加"一带一路"畜牧业科技创新与教育培训中非合作论坛 | 5月 |
| 15 | 美国密歇根州立大学代表团 | 参加2019亚洲"食物-土地-能源-水"系统创新论坛 | 5月 |
| 16 | 越南芹苴大学代表团 | 参加2019亚洲"食物-土地-能源-水"系统创新论坛 | 5月 |
| 17 | 哈萨克斯坦国立农业大学代表团 | 参加2019亚洲"食物-土地-能源-水"系统创新论坛 | 5月 |
| 18 | 加拿大皇家科学院院士、加拿大阿尔伯塔大学克里斯（Chris X. Le）教授 | 国际会议、合作研究 | 5月 |
| 19 | 诺贝尔和平奖获得者、美国得州农工大学布鲁斯（Bruce Alan McCarl）教授 | 合作研究 | 5月 |
| 20 | 澳大利亚科学院院士、澳大利亚拉筹伯大学詹姆斯（James Whelan）教授 | 合作研究 | 5月、12月 |
| 21 | 国家友谊奖获得者、"111"项目海外学术骨干、荷兰瓦格宁根大学尼可（Nicolaas Heerink）教授 | 合作研究 | 5月 |
| 22 | 新西兰梅西大学代表团 | 校际交流 | 6月 |
| 23 | 美国得州理工大学 | 校际交流 | 6月 |
| 24 | 美国科学院院士、"千人计划"外专项目（短期）专家、墨西哥生物多样性基因组学国家实验室路易斯（Luis R. Herrera-Estrella）教授 | 合作研究、国际会议 | 6～8月、9月 |
| 25 | 加拿大皇家科学院院士、阿尔伯塔大学朗尼（Lorne A. Babiuk）教授 | 合作研究、国际会议 | 6、12月 |
| 26 | 加拿大健康科学院院士、阿尔伯塔大学安德鲁（Andrew A. Potter）教授 | 合作研究 | 6月 |
| 27 | "111"项目海外学术大师、国家友谊奖获得者、江苏友谊奖获得者、江苏省国际合作贡献奖获得者、美国俄勒冈州立大学布雷特（Brett Merrick Tyler）教授 | 合作研究、国际会议 | 6、9月 |

| 序号 | 代表团名称 | 来访目的 | 来访时间 |
|---|---|---|---|
| 28 | 国际家畜研究所代表团 | 校际交流 | 7月 |
| 29 | 日本东京大学代表团 | 校际交流 | 7月 |
| 30 | 国际水稻研究所代表团 | 校际交流 | 7月 |
| 31 | 比利时皇家科学院院士、比利时根特大学伊夫（Yves Van de Peer）教授 | 合作研究 | 8月 |
| 32 | 英国爱丁堡大学代表团 | 校际交流 | 9月 |
| 33 | 美国密歇根州立大学代表团 | 校际交流 | 9月 |
| 34 | 巴西维索萨联邦大学代表团 | 校际交流 | 9月 |
| 35 | 澳大利亚阿德莱德大学代表团 | 校际交流 | 9月 |
| 36 | 美国科学院院士、国际量子分子科学院院士、加利福尼亚大学洛杉矶分校肯德尔（Kendall Newcomb Houk）教授 | 合作研究 | 9月 |
| 37 | 比利时皇家科学院院士、布鲁塞尔自由大学阿尔伯特（Albert Goldbeter）教授 | 合作研究 | 9月 |
| 38 | 英国皇家学会院士、英国阿伯丁大学詹姆斯（James Prosser）教授 | 合作研究 | 9月 |
| 39 | 客座教授、法国国家农业科学研究院托马斯（Thomas Pommier）研究员 | 合作研究 | 9月 |
| 40 | 国际家畜研究所代表团 | 参加国际家畜研究所董事局会议与世界农业奖颁奖典礼 | 10月 |
| 41 | 美国普渡大学代表团 | 校际交流 | 10月 |
| 42 | 美国科学院院士、华盛顿大学卡罗琳（Caroline S. Harwood）教授 | 合作研究 | 10月 |
| 43 | 澳大利亚科学院院士、西澳大利亚大学史提芬（Stephen Powles）教授 | 合作研究 | 10月 |
| 44 | 客座教授、英国纽卡斯尔大学凯文（Kevin Waldron）研究员 | 合作研究 | 10月 |
| 45 | 客座教授、法国国家农业科学研究院帕斯卡（Pascal Neveu）研究员 | 合作研究、国际会议 | 10月 |
| 46 | 客座教授、澳大利亚联邦科学与工业研究组织斯科特（Scott Chapman）高级首席科学家 | 合作研究、国际会议 | 10月 |
| 47 | 荷兰北布拉邦省政府代表团 | 校际交流 | 11月 |
| 48 | 荷兰瓦格宁根大学代表团 | 校际交流 | 11月 |
| 49 | 比利时根特大学代表团 | 校际交流 | 11月 |
| 50 | 英国东安格利亚大学代表团 | 校际交流 | 11月 |
| 51 | 美国艺术与科学院院士、挪威科学与文学院外籍院士、加拿大英属哥伦比亚大学劳伦（Loren Henry Rieseberg）教授 | 合作研究 | 11月 |

| 序号 | 代表团名称 | 来访目的 | 来访时间 |
|---|---|---|---|
| 52 | 美国加利福尼亚大学戴维斯分校代表团 | 参加"动物健康与食品安全"国际合作联合实验室 2019 年学术委员会 | 12 月 |
| 53 | 澳大利亚科学院院士、墨尔本大学艾里（Ary Anthony Hoffmann）教授 | 合作研究 | 12 月 |

## 附录4　学校重要出国（境）访问团组一览表

| 序号 | 团组名称 | 访问单位 | 访问时间 | 访问目的 |
|---|---|---|---|---|
| 1 | 丁艳锋 2 人赴法国、德国团 | 法国国家农业科学研究院、德国尤利希研究中心 | 7 月 3～10 日 | 学术交流 |
| 2 | 胡锋 5 人赴美国团 | 加利福尼亚大学戴维斯分校、加州州立理工大学 | 5 月 26～30 日 | 校际交流 |
| 3 | 胡锋 2 人赴肯尼亚团 | 肯尼亚埃格顿大学 | 9 月 5～12 日 | 访问交流 |
| 4 | 胡锋 1 人赴日本团 | 东京大学 | 7 月 8～12 日 | 学术交流 |
| 5 | 王春春 3 人赴法国、荷兰、比利时团 | 教育部留学展 | 11 月 17～27 日 | 校际交流 |

## 附录5　全年举办国际学术会议一览表

| 序号 | 时　间 | 会议名称（中英文） | 负责学院/系 |
|---|---|---|---|
| 1 | 5 月 5～9 日 | 第 15 届微量元素生物地球化学国际大会<br>The 15th International Conference on the Biogeochemistry of Trace Elements | 资源与环境科学学院 |
| 2 | 5 月 22～24 日 | "一带一路"畜牧业科技创新与教育培训中非合作论坛<br>China-Africa Cooperation Forum on Technological Innovation and Education Training in Animal Production | 动物科技学院 |
| 3 | 5 月 24～26 日 | "中国与美洲农业的交流：历史、现状与展望"国际会议<br>International Conference on "Agricultural Interaction between China and the Americas：History，Current Situation and Prospects" | 人文与社会发展学院 |
| 4 | 5 月 27～29 日 | 2019 年亚洲"水-能源-食物"系统创新论坛<br>2019 International forum on innovations in water-energy-food systems in Asia | 农学院 |
| 5 | 6 月 4～6 日 | 生物质炭与绿色发展国际专家研讨会<br>An Expert Workshop on Biochar for Green Development（B4GD） | 资源与环境科学学院 |
| 6 | 6 月 24～26 日 | 植物免疫国际研讨会<br>International symposium on plant immunity | 植物保护学院 |

| 序号 | 时　　间 | 会议名称（中英文） | 负责学院/系 |
|---|---|---|---|
| 7 | 9 月 21～25 日 | 第四届国际植物氮素大会<br>The Fourth International Symposium on the<br>Nitrogen Nutrition of Plants | 资源与环境科学学院 |
| 8 | 9 月 27～29 日 | 葡萄遗传育种学术研讨会<br>Conference on Grape Genetics and Breeding | 园艺学院 |
| 9 | 10 月 12～15 日 | 农业环境有机污染与控制国际学术研讨会<br>International Workshop on Organic Pollutants in Agro-environment | 资源与环境科学学院 |
| 10 | 10 月 18～20 日 | 第 17 届中国肉类科技大会暨第一届亚洲肉类科技大会<br>2019 Asia-Pacific Congress of Meat Science and Technology & the<br>17th Chinese Congress of Meat Science and Technology | 食品科技学院 |
| 11 | 10 月 22～26 日 | 第六届国际植物表型大会<br>The 6th International Plant Phenotyping Symposium | 科学研究院 |
| 12 | 10 月 23～26 日 | 第 12 届中日韩瘤胃代谢与生理国际研讨会<br>The 12th Joint Symposium of China-Japan-Korea on Rumen<br>Metabolism and Physiology | 动物科技学院 |
| 13 | 10 月 27～29 日 | 第 10 届 GCHERA 世界大会<br>The 10th GCHERA World Conference | 国际教育学院 |
| 14 | 10 月 29 日至 11 月 1 日 | 南京农业大学 2019 年研究生国际学术会议<br>2019 International Academic Conference for Graduate Students | 研究生院 |
| 15 | 11 月 10～13 日 | 全球化十字路口的小农户发展前景国际会议<br>International Conference on Smallholder Farmers at<br>the Crossroad of Globalization | 经济管理学院 |
| 16 | 12 月 4～6 日 | 2019 动物疫病防控和食品安全国际学术研讨会<br>2019 International Symposium on Animal Disease<br>Prevention and Control & Food Safety | 农学院 |
| 17 | 12 月 5～8 日 | 2019 遗传学和基因组学前沿国际会议<br>2019 International Symposium on Frontiers of<br>Genetics and Genomics | 动物医学院 |
| 18 | 12 月 15～18 日 | 中德农畜生物学与健康研讨会<br>The Sino-German Workshop on Farm Animal<br>Biology and Health | 动物医学院 |

# 附录 6　学校新增国家重点聘请外国文教专家项目一览表

| 序号 | 项目名称 | 项目编号 | 项目负责人 |
|---|---|---|---|
| 1 | 农业生物灾害科学学科创新引智基地 2.0 计划 | BP0719029 | 王源超 |
| 2 | 农业人工智能领域高端外国专家引进计划 | G20190010121 | 朱　艳 |
| 3 | 农业有害生物抗药性发生的基础理论及治理技术创新研究 | G20190010111 | 周明国 |
| 4 | 猪健康生产与精准育种技术集成与创新 | G20190010109 | 黄瑞华 |
| 5 | 环境应激因素对动物生长与繁殖的影响及其机制研究 | G20190010110 | 李春梅 |

（续）

| 序号 | 项目名称 | 项目编号 | 项目负责人 |
|---|---|---|---|
| 6 | 改善动物消化道健康及其营养物质利用效率的微生物学机制 | G20190010105 | 朱伟云 |
| 7 | 动物疾病精准诊疗理论与实践国际合作项目 | G20190010116 | 曹瑞兵 |
| 8 | 畜禽健康养殖的生物学基础 | G20190010117 | 赵茹茜 |
| 9 | 畜禽群发性普通病防控技术研究 | G20190010115 | 黄克和 |
| 10 | 重要跨境动物疾病防控理论和技术国际合作研究 | G20190010107 | 钱莺娟 |
| 11 | 畜禽重要疫病防控与食品安全理论和技术国际合作项目 | G20190010106 | 姜 平 |
| 12 | 食品质量安全无损评价先进技术研究进展 | G20190010108 | 潘磊庆 |
| 13 | 中拉论坛中的农业问题研究 | G20190010112 | 王思明 |
| 14 | 乡村振兴的的德国经验及对中国的启示 | G20190010114 | 王思明 |
| 15 | 杂草生物学及其可持续治理新技术 | G20190010118 | 强 胜 |
| 16 | "双一流"建设背景下高等农林院校外语教师发展计划 | G20190010120 | 曹新宇 |
| 17 | 高复杂性结构零件增减材制造平台构建与性能调控 | G20190010113 | 仲高艳 |
| 18 | 国际农业伦理前沿问题研究 | G20190010119 | 姜 萍 |
| 19 | 作物表型分析前沿技术 | G20190010122 | 姜 东 |
| 20 | 生防溶杆菌来源的新型农用生物杀真菌剂 HSAF 创制的理论与应用研究 | BG20190010014 | 钱国良 |
| 21 | 养分高效绿色品种培育引智基地 | BG20190010015 | 徐国华 |

# 附录7　年度国际合作培育项目立项一览表

| 序号 | 项目编号 | 项目名称 | 所属专项 | 学校专项经费资助金额（万元） | 项目负责人 |
|---|---|---|---|---|---|
| 1 | 2019－AH－01 | "水-能-粮-田"系统耦合创新性研究 | Asia Hub 联合研究项目（第三期） | 30 | 齐家国 |
| 2 | 2019－PF－02 | 农业生物灾害科学学科创新引智基地 2.0 | | 20 | 王源超 |
| 3 | 2019－PF－03 | 作物遗传与种质创新学科创新引智基地 | | 20 | 盖钧镒 |
| 4 | 2019－PF－04 | 农业资源与环境学科生物学研究创新引智基地 | 一流学科建设国际合作交流专项 | 20 | 沈其荣 |
| 5 | 2019－PF－05 | 肉类食品质量安全控制及营养学创新引智基地 | | 20 | 周光宏 |
| 6 | 2019－PF－06 | 作物生产精确管理研究创新引智基地 | | 20 | 丁艳锋 |
| 7 | 2019－PF－07 | 农村土地资源多功能利用研究创新引智基地 | | 20 | 石晓平 |

（续）

| 序号 | 项目编号 | 项目名称 | 所属专项 | 学校专项经费资助金额（万元） | 项目负责人 |
|---|---|---|---|---|---|
| 8 | 2019 - PF - 08 | 特色园艺作物育种与品质调控研究创新引智基地 | 一流学科建设国际合作交流专项 | 20 | 吴巨友 |
| 9 | 2019 - PF - 09 | 基于乡村振兴战略的农业竞争力提升创新研究基地（培育） | | 15 | 朱 晶 |
| 10 | 2019 - PF - 10 | 农业有害生物抗药性发生的基础理论及治理技术创新研究基地（培育） | 一流学科建设国际合作交流专项 | 15 | 周明国 |
| 11 | 2019 - PF - 11 | 动物消化道营养国际联合研究中心（科学技术部） | | 15 | 朱伟云 |
| 12 | 2019 - PF - 12 | 动物健康与食品安全国际联合实验室（教育部） | | 15 | 姜 平 |
| 13 | 2019 - PF - 13 | 重要跨境动物疫病防控理论和技术国际合作研究（全球健康联合研究中心） | | 15 | 钱莺娟 |
| 14 | 2019 - BR - 14 | 葡萄抗灰霉病 miRNA 的挖掘及其介导的抗病网络解析 | "一带一路"合作交流专项 | 3 | 王 晨 |
| 15 | 2019 - BR - 15 | 蛹虫草 SN - 18 降解鹰嘴豆蛋白的结构定位及对致敏性的影响机制 | | 3 | 芮 昕 |
| 16 | 2019 - BR - 16 | 中拉论坛中的农业问题研究 | | 3 | 王思明 |
| 17 | 2019 - BR - 17 | 中泰两国土壤重金属污染对农业发展影响的异同 | | 3 | 李 真 |
| 18 | 2019 - BR - 18 | 氮高效水稻种质创制 | | 3 | 范晓荣 |
| 19 | 2019 - BR - 19 | 丛枝菌根真菌分泌球囊霉素对土壤中 PAHs 植物可利用性的影响 | | 3 | 高彦征 |
| 20 | 2019 - BR - 20 | 智能电动拖拉机关键技术研究及应用 | | 3 | 肖茂华 |
| 21 | 2019 - BR - 21 | 非常规饲料资源及其在反刍动物中的利用 | | 3 | 成艳芬 |
| 22 | 2019 - BR - 22 | "一带一路"沿线中东欧国家国际合作战略分析 | | 3 | 魏 薇 |
| 23 | 2019 - DE - 23 | 水稻 OsSRT2 去乙酰化修饰组学及其修饰靶标蛋白生物学功能 | 中德合作交流专项 | 3 | 谢彦杰 |
| 24 | 2019 - DE - 24 | D 性流感病毒表面糖蛋白 HEF 的结构生物学研究 | | 3 | 粟 硕 |
| 25 | 2019 - DE - 25 | 畜禽健康养殖的生物学基础 | | 10 | 赵茹茜 |

## 附录8 学校新增荣誉教授一览表

| 序号 | 姓名 | 所在单位、职务职称 | 聘任身份 |
|---|---|---|---|
| 1 | James Michael Whela | 澳大利亚科学院院士、拉筹伯大学生命科学学院教授 | 客座教授 |
| 2 | Kamil Kuca | 捷克赫拉德茨-克拉洛韦大学校长、教授 | 客座教授 |
| 3 | Kevin Waldron | 英国纽卡斯尔大学研究员 | 客座教授 |
| 4 | Pascal Neveu | 法国国家农业科学研究院研究员 | 客座教授 |
| 5 | Scott Chapman | 澳大利亚联邦科学与工业研究组织（CSIRO）高级首席科学家 | 客座教授 |
| 6 | Thomas Pommier | 法国国家农业科学研究院（INRA）研究员 | 客座教授 |

（撰稿：魏 薇 董红梅 丰 蓉 陈月红 苏 怡 刘坤丽

审稿：陈 杰 审核：童云娟）

# 教育援外与培训

【概况】共举办农业技术、农业管理、中国语言文化等各类短期研修项目 26 期（含无锡渔业学院），60 个国家的 558 名学员参加研修。项目通过专题讲座、学术研讨、专业考察等形式，向学员介绍中国农业技术、管理经验和语言文化，促进中外农业合作与人文交流。

以"教育援外基地"为依托向教育部申报并获批 2019—2020 学年"中非友谊"中国政府奖学金进修生培训项目"畜牧养殖与兽医技术"和"农业机械应用技术"。项目将为肯尼亚、埃塞俄比亚等非洲国家培养 27 名农业应用技术人才。

（撰稿：姚 红 审稿：李 远 韩纪琴 审核：童云娟）

# 孔 子 学 院

【概况】发挥学校与埃格顿大学校际交流平台作用，组织实施埃格顿大学可持续农业与农业商务管理卓越中心人才培养专项、中国-肯尼亚农业科技园区等校际合作项目。

作为非洲孔子学院农业职业技术培训联盟的发起单位，在肯尼亚和赤道几内亚举办"温带水果种植技术""天然植物和食品安全""蔬菜生产技术培训"3 期农业技术培训班，探索孔子学院"中文＋职业技能"发展模式，推动建设特色孔子学院，提升其在非洲的影响力。

【获批科学技术部首批"一带一路"联合实验室】6 月，南京农业大学与埃格顿大学合作共建的"中-肯作物分子生物学实验室"被科学技术部认定为首批"一带一路"联合实验室。

实验室旨在通过中肯双方科学家的务实合作，为推进"一带一路"创新之路建设提供有力的科技支撑。

（撰稿：姚　红　审稿：李　远　韩纪琴　审核：童云娟）

# 中外合作办学

【概况】根据《教育部关于同意设立南京农业大学密歇根学院的函》（教外函〔2019〕39号），教育部同意设立南京农业大学密歇根学院，学院为不具有法人资格的中外合作办学机构，英文译名为 MSU Institute，Nanjing Agricultural University。密歇根学院将开展本科、硕士学历教育，开设环境工程和食品科学与工程 2 个本科专业，每年各招收 20 人；开设食品科学与工程、农业经济管理、植物病理学和农业信息学 4 个硕士专业，每年各招生 10 人。办学总规模为 280 人。

（撰稿：王　琳　审稿：李　远　韩纪琴　审核：童云娟）

# 港澳台工作

【概况】全年共接待港澳台专家、学者 6 批 12 人次，派遣师生前往港澳台地区交流 31 人次，录取台湾籍本科生 1 人。组织台生参加江苏省台湾同胞联谊会组织的"2019 年'江苏，你好'台生活动日"、教育部"同心共筑中国梦"港澳台学生主题征文等活动；协助中共南京市委台湾工作办公室招募 9 名台湾大学生暑期来宁参加实习交流活动；协助学生工作处开展港澳台学生的录取及奖学金评定工作；与国际教育学院、公共管理学院共同举办"两岸大学生新农村建设研习营"，有来自嘉义大学和台湾大学等 6 所台湾高校的 29 名师生以及国际教育学院、公共管理学院的 20 余名师生参与了此项活动；新增 2019 年度王宽诚教育基金会资助项目 1 项，获得资助 6 万元。

（撰稿：郭丽娟　丰　蓉　审稿：陈　杰　审核：童云娟）

## [附录]

### 我国港澳台地区主要来宾一览表

| 序号 | 代表团名称 | 来访目的 | 来访时间 |
| --- | --- | --- | --- |
| 1 | 台湾大学代表团 | 校际交流 | 5 月 |

# 十一、发展委员会

## 校 友 会

【概况】学校新建 8 个地方及行业校友分会，完成 2 个地方校友会的换届工作。举办 2019 年校友代表大会暨校友企业建设与发展论坛，策划组织第二届"校友返校日"系列活动，聘任 208 名 2019 届校友联络大使。

地方校友会（分会）和学院校友分会精心组织各类活动。例如，厦门校友会 2019 年联谊大会、上海校友会 2019 年"校友杯"足球友谊赛、资源与环境科学学院土化 85 级校友毕业 30 周年聚会活动等；组织走访北京、上海、深圳、美国等地方校友会；组织在校生暑期回访涵盖全国 14 个省份的 15 名知名校友，为学校第 35 个教师节颁奖典礼等重大活动录制校友祝福视频等。

维护"校友服务系统"网络数据平台，收集完善校友信息；运营"南京农业大学校友之家"网站与"南京农业大学校友会"微信公众平台，自微信公众平台开通运营以来，累计发文 800 余篇，关注粉丝 10 000 余人，阅读量累计突破 90 000 多次，在校友会官方网站发布各类活动新闻及公告 80 余条，全方位、多角度通报学校动态，介绍校友工作进展，宣传校友先进事迹。

编印《南农校友》杂志 4 期（春卷、夏卷、秋卷、冬卷），向校友邮寄《南农校友》及校报 16 000 余份。邀请 6 位校友回母校做客"校友讲坛"，分享个人成长故事、创业历程和就业经验。策划制作"南京农业大学 2019 年校友返校日暨建校 117 周年纪念"视频及纪念视频的二维码，为广大校友留下返校聚会珍贵的图文资料。

累计接待 60 余批次返校聚会校友团体（包括毕业 10 年、20 年、30 年返校聚会的校友），为校友返校提供校园参观志愿者、横幅制作及悬挂、食堂用餐等服务。日常帮助查询校友、接受校友委托协助调档、接受校友各类来电来访等 200 余次。

校友馆全年接待参观团体及个人 4 400 余人次，包括江苏省委副书记任振鹤、西北农林科技大学党委书记李兴旺、黑龙江省农业科学院院长李文华、江苏省侨联副主席陈锋、尼日利亚大学校长 Benjamin Chukwuma Ozumba 等。

校友总会北京秘书处先后安排学校 10 名教师入住南京农业大学北京立恒名苑 1－1005 室公寓，为他们做好服务和后勤保障工作。他们分别被借调到教育部、科学技术部、中国教育发展基金会等国家部委工作。

【地方及行业校友分会成立、换届】1 月 8 日，宠物行业校友分会成立大会在金陵研究院三楼会议室举行，副校长胡锋、中国牧工商集团总经理薛廷伍等出席会议。1 月 19 日，学校第三届江苏泰州校友会理事会换届大会在泰州举行，副校长董维春、总会副会长王耀南（原副校长）等 60 余人出席大会。4 月 21 日，山东潍坊校友分会成立大会在山东召开。原副校长、校友总会副会长王耀南和孙健以及来自山东潍坊各地的校友代表 50 余人参加成立大会。6 月 29 日，陕西校友会成立大会暨第一届陕西校友代表大会在西安举办，副校长胡锋、校友总会副会长王耀南（原副校长）以及来自陕西各地 60 多名校友参会。7 月 14 日，日本校友会成立大会在日本东京大学召开，副校长胡锋、台湾校友会副会长朱玉、南京企业界校友分会会长王中有以及日本各地校友代表近 50 人出席成立大会。12 月 21 日，园林行业校友分会成立大会在金陵研究院三楼报告厅举行，副校长胡锋及园林行业校友和教师代表 100 余人出席大会。

**【2019 年校友代表大会暨校友企业建设与发展论坛成功召开】** 5 月 10～12 日，2019 年校友代表大会暨校友企业建设与发展论坛在山东泰安召开。党委书记陈利根、副校长胡锋、山东农业大学党委副书记杨天梅、山东省供销总社副主任王立来（85 级农经硕士）以及来自全国各地校友（分）会的代表 190 多人参加会议。杨天梅代表山东农业大学为大会致辞。陈利根代表南京农业大学发表讲话。王立来代表山东校友会致辞。学校发展委员会办公室主任、校友总会副会长兼秘书长张红生作《南京农业大学 2018 年度校友会工作报告》，学校发展委员会办公室副主任狄传华宣读《南京农业大学第五届校友会理事会调整名单》，与会代表审议并通过了工作报告和理事会名单的调整。特邀嘉宾南京大学校友总会王俊、山东财经大学王培志教授（92 级农经管理专业校友）分别作题为《大学与校友之间的资源枢纽站——现代大学校友会的功能开发》《中美贸易战进展与企业发展对策》的专题报告。与会地方校友会、行业校友分会和学院校友分会的代表交流了校友工作经验。会议期间，校友总会举办了校友企业建设与发展论坛，论坛设立了学校产业项目介绍、地方政府招商引资项目介绍和校友企业家创业经验交流等议程。

**【陈利根为 2019 年校友联络大使颁发聘书】** 6 月 20 日，学校举行 2019 届本科生毕业典礼暨学位授予仪式。校党委书记陈利根，校长陈发棣，党委副书记、纪委书记盛邦跃，党委副书记刘营军，副校长胡锋、闫祥林，校长助理冯家勋，各相关职能部门负责人，各学院负责人、部分教师、全体毕业生以及校友代表出席毕业典礼。会上，陈利根分别为 2019 届优秀毕业生代表、2019 年校友联络大使代表颁发证书、聘书。

**【2019 年校友返校日暨建校 117 周年校庆日系列活动】** 10 月 19～20 日，南京农业大学 2019 年校友返校日暨建校 117 周年校庆日系列活动在卫岗校区举行。来自全国各地校友代表、学院校友分会代表等 600 多人参加返校活动。开幕式由校友总会秘书长张红生主持。副校长胡锋在开幕式上致辞。

72 级农学专业校友王红谊（全国农业展览馆原党委书记）和 82 级农经干部班校友胡聿南（原吴江农工部副部长）分别向学校捐赠书籍《秋山唱晚》和《吴江区乡村振兴实践与探索》。78 级植保专业校友吴国强（上海市敦煌市政工程建设有限公司总经理、南京农业大学校友会武协分会会长）向学校捐赠个人书法作品《以农为本，抱朴归真》，表达对母校 117 周年的祝福。84 级植保系昆虫专业校友姚锁平、86 级蔬菜专业校友叶刚分别与南京农业大学教育发展基金会签订"江苏山水集团"奖学金和"园艺学院学生国际交流基金"。王恬、汪小囯分别代表学校教师和学院校友分会代表发言。69 届农机化专业毕业生丁年祥、89 届土壤农业化学专业毕业生张耀明分别代表校友发言。10 月 18 日，学校举行金融校友分会成立仪式。10月20日，在金陵研究院成立了南京农业大学伙伴企业俱乐部。10月20日，学校举行"武林"碑文揭幕仪式。返校日期间，上海校友足球队、南京校友足球队与南农教工足球队举行了"校友杯"足球友谊赛，南京农业大学副校长胡锋为足球比赛开球。校友羽毛球爱好者开展了"校友杯"羽毛球友谊赛，南京农业大学党委副书记刘营军为羽毛球比赛开球。

**【举办校友讲坛】**2019年，先后邀请2005级预防兽医学硕士曲向阳、2006级园艺硕士王涛等校友回到母校参与校友讲坛作报告，与在校生分享个人成长、就业、创业经验。

**【杰出校友动态】**6月，在第19届中国世纪大采风年度人物总结表彰大会上，学校78级农学专业校友、医学科学家钱勇博士创建的美迪克（上海）医学研究有限公司获"中国当代最具社会责任奖"，钱勇博士本人获得"中国当代医学创新人物"称号。9月，河北省十三届人大常委会第十二次会议表决通过，决定任命学校农业经济管理专业校友葛海蛟为河北省副省长。2019年11月，中国工程院公布新增院士名单，学校3位校友当选，分别是78级土化专业本科生张佳宝、83级植物生理学专业硕士李培武、99级植物遗传育种专业博士胡培松。

# 教育发展基金会

**【概况】**2019年，基金会新签订捐赠协议53项，协议金额1 735.95万元。截至12月底，基金会到账资金为1 368.61万元。实现了教育发展基金会推动学校教育事业发展、多渠道筹措办学资金的宗旨和目标。

教育发展基金会通过举办樊庆笙奖学金、伯藜助学金、旭尊农业奖学（教）金等捐赠仪式；在校庆日，分别与校友周炳高、姚锁平、叶刚签订了周炳高奖学金、江苏山水奖学金、园艺学院国际交流基金等，充分发挥了捐赠单位及个人"榜样示范""舆论引导"的作用，凝心聚力营造良好的捐赠氛围。通过与财务处共同起草《南京农业大学捐赠工作奖励实施细则》，旨在激励各学院、各单位和更多教师参与到筹资工作中来，促使更多的社会力量参与到学校建设中来。

教育发展基金会与学校社会合作处、学生工作处以及相关学院配合，积极走访唐仲英基金会、瑞华慈善基金会、山东京博控股集团有限公司等单位，为募集资金奠定良好基础。同时，利用学校自有优势资源为唐仲英基金会、瑞华控股集团等项目合作单位做好服务工作，推介学校科研成果，拓展合作空间。5月，与计财处合作，共同承办了中央高校捐赠配比专项管理和教育部直属高校财务处长培训会议，接待了来自教育部经费监管中心、财政部科教司、教育部财务司、中国教育发展基金会以及中央高校基金会和教育部直属高校财务处领导共计230余人。

为拓宽学生国际化视野，培养具有国际竞争力的拔尖创新人才，基金会制订并通过《南京农业大学教育发展基金会学生国际交流配套资助办法》，每年配套资助经费预算总额不超过300万元。基金会继续向学校定点扶贫地区麻江县龙山中学捐赠30万元，开展第二期"图南"公益游学项目、设立南京农业大学奖助学金。

教育发展基金会重视各类捐赠项目的跟踪管理，对于专项基金，逐一制订管理、评选办法，成立了由捐赠人、学校和第三方组成的基金管理委员会与评审委员会，对资金的使用和项目执行进行监督、管理和评审，保障各类资金规范使用。

2019 年，教育发展基金会召开第三届理事会第十次会议，通过了年度财务预算、大额资金使用以及相关规章制度等议题；通过网站、微信平台等多层面宣传公益事业，加强对年度工作报告、审计报告等信息的披露工作；完成基金会年检、财务年度审核等。

**【唐仲英基金会捐赠南京农业大学 500 万元仪式举行】** 1 月 18 日，唐仲英基金会捐赠南京农业大学 500 万元仪式在吴江唐仲英基金中心举行。唐仲英基金会执行董事梁为功、副校长、教育发展基金会理事长胡锋，中国工程院院士盖钧镒等出席了捐赠仪式。唐仲英基金会项目总监朱莉与学校发展委员会办公室主任张红生共同主持了签约仪式。会上，胡锋与梁为功分别代表双方签署《仲英种业创新中心捐赠协议》和《仲英草业科学中心捐赠协议》。

**【"吴毅文在南农"座谈会在学校召开】** 1 月 19 日，"吴毅文在南农"座谈会在金陵研究院二楼会议室举行。副校长、教育发展基金会理事长胡锋，雨花台区政协副主席、区红十字会常务副会长孙红霞，南京市慈善总会副秘书长章小怡，吴毅文生前同事、好友、学生等 30 余人参加了座谈会。吴毅文老师毕业于学校土壤化学专业，并留校任教 20 余年。她于 2017 年 1 月辞世，遵其遗愿，她一生积蓄及投资收益 900 余万元全部捐出设立公益基金，吴毅文慈善信托是江苏省第一单以慈善组织作为独立受托人的慈善信托计划。

**【教育发展基金会召开第三届理事会第十次会议】** 4 月 28 日，南京农业大学教育发展基金会第三届理事会第十次会议在行政楼 A613 召开。校党委副书记、教育发展基金会监事会主席盛邦跃，副校长、教育发展基金会理事长胡锋，副校长闫祥林，以及教育发展基金会全体理事、监事和相关职能部门负责人参加了会议。会议由胡锋主持。与会人员认真听取了第三届理事会理事、监事调整方案，教育发展基金会 2018 年工作报告和财务工作报告；审议了 2019 年教育发展基金会支出预算、慈善活动方案、拟委托投资方案等。2019 年的支出预算包括各类奖助学金、学生国际交流基金、"瑞华杯"江苏省挑战杯经费、仲英创新中心和草业科学中心第一期费用、支持学校建设与发展、行政管理费以及世界农业奖费用等。各位理事经过认真讨论，通过了各项议题。

**【中央高校捐赠配比专项管理和教育部直属高校财务处长培训班在学校举办】** 5 月 14～17 日，中央高校捐赠配比专项管理和教育部直属高校财务处长培训班在南京农业大学举办。教育部财务司副司长赵建军、教育部经费监管事务中心副主任李大光、教育部财务司预算处处长陈淑梅、教育部经费监管中心处长朱明、财政部科教司教育二处处长李剑、中国教育发展基金会副秘书长成梁、南京农业大学副校长胡锋、闫祥林以及来自全国各地 108 所高校的计财处处长、捐赠工作负责人等共 230 多人参加培训班。培训班由教育部财务司和教育部经费监管事务中心主办，南京农业大学教育发展基金会、计财处共同承办。来自清华大学、北京大学、浙江大学、北京师范大学、中国农业大学等高校代表分享了各自在捐赠配比工作中好的经验和做法。各高校结合自身实际情况，围绕高校信息化建设、科研经费报销问题、"放管服"政策落实情况、智能财务服务平台建设、线上线下一体化科研服务体系建设等核心问题进行了分享交流。

**【2019 年度"伯藜助学金"签约仪式举行】** 5 月 14 日，江苏陶欣伯助学基金会——南京农业大学 2019 年度"伯藜助学金"签约仪式在学校行政楼 A613 会议室举行。江苏陶欣伯助学

基金会理事长李建伟，南京农业大学党委书记陈利根、副校长胡锋，江苏陶欣伯助学基金会秘书长张利伟、行政总监贡国芳等参加签约仪式，签约仪式由胡锋主持。仪式上，陈利根向李建伟颁发捐赠证书、赠送纪念牌。李建伟、胡锋、教育发展基金会秘书长张红生分别代表三方签署捐赠协议。江苏陶欣伯助学基金会为获得"伯藜之星"的学生颁奖。

**【学校举行樊庆笙奖学金（增资）签约仪式】** 5 月 22 日，南京农业大学樊庆笙奖学金（增资）签约仪式在行政楼 A412 举行。沃德绿世界集团董事长、总裁李德明（77 级土化专业校友）、副总裁李红宾，樊庆笙子女代表樊政中，南京农业大学党委书记陈利根、副校长胡锋、原副校长黄为一等出席签约仪式。签约仪式由胡锋主持。李德明与教育发展基金会秘书长张红生分别代表南京宝生源食品有限公司和南京农业大学教育发展基金会签署了捐赠协议。陈利根向李德明颁发了捐赠证书。

**【校友叶刚捐赠设立"学生国际交流基金"】** 10 月 19 日，86 级蔬菜专业校友叶刚代表浙江美道城乡建设股份有限公司向学校教育发展基金会捐赠 100 万元，设立"园艺学院学生国际交流基金"，资助园艺学院优秀本科生短期出国交流学习，拓展国际化视野。

**【周炳高向学校捐赠 200 万元设立"炳高奖助学金"】** 10 月 20 日，南京农业大学"炳高奖助学金"捐赠签约仪式在行政楼 A613 会议室举行。南通三建控股有限公司董事局副主席、总裁周炳高、学校党委书记陈利根、副校长胡锋等出席捐赠仪式。"炳高奖助学金"为周炳高以个人名义在南京农业大学设立，主要用于奖励品学兼优以及家庭经济困难的大学生。捐赠总金额为 200 万元，本金用于投资，每年使用利息或投资收益发放奖助学金。

（撰稿：吴　玥　审核：张红生　审稿：黄　洋）

# 十二、办学条件与公共服务

## 基　本　建　设

【概况】学校全年完成基建总投资 1.21 亿元，其中，国拨资金 1.15 亿元全部执行完毕。为学校新增办学用房 1.13 万平方米，改造出新办学用房约 4 万平方米，新建温网室 3.12 万平方米、围栏 1.12 万米、道路 2 600 米、灌排沟渠 3 500 米、灌溉管网 2 200 米、疏浚河道 2 000 米、高标准实验田 11 公顷，改善了学校基本办学条件。

申报获批教育部基建国拨建设项目 1 项、自筹资金建设项目 1 项，其中卫岗校区牌楼学生公寓 1 号楼、2 号楼项目批复总建筑面积 21 820 平方米，总投资 11 325 万元，所需建设资金由学校申请中央预算内投资和自筹解决；（淮安盱眙）现代农业试验示范基地一期项目批复总建筑面积 6 340 平方米，总投资 2 999 万元，所需建设资金由学校自筹解决。申报获批农业农村部农业建设项目 3 项，获批中央预算内投资总资金 4 188 万元，其中农业农村部农作物系统分析与决策重点实验室建设项目获批 1 478 万元、国家作物种质资源南京观测实验站建设项目获批 1 190 万元、农业农村部景观农业重点实验室建设项目获批 1 520 万元。

在建工程 7 项，其中卫岗校区 3 项、白马园区 2 项、土桥基地 1 项、（淮安盱眙）现代农业试验示范基地 1 项，各项工程有序推进。其中，第三实验楼二期大楼土建已完成，幕墙、纯水、智能化、室外管网各专项已进场施工；第三实验楼三期启动并完成了施工图设计、建筑方案审查；作物表型组学研发中心、植物生产综合实验中心两个项目启动并完成施工图设计及审查、施工总承包招标，于 12 月正式开工建设；土桥水稻实验站实验楼项目启动并完成施工图设计、施工总承包招标，于 12 月正式开工建设；牌楼学生公寓 1 号楼、2 号楼项目完成教育部立项，启动方案和施工图设计及温室拆除、土方转运等"三通一平"工作；（淮安盱眙）现代农业试验示范基地一期项目完成教育部备案立项，启动了方案和施工图设计及报批等工作。

年度承担 30 万元以上维修改造任务 32 项，其中，卫岗校区 18 项、白马园区 14 项，累计完成总投资 5 490 余万元，其中国拨改善基本办学条件资金 5 400 万元。主要建设内容为旧房改造出新、新建温网室、围栏、道路、灌排沟渠、灌溉管网，疏浚河道，修建高标准实验田等，所有项目于年底前竣工交付。

多措并举，不断提高基本建设管理水平。学校成立了基本建设工作领导小组，由校长陈发棣任组长、副校长闫祥林任副组长，成员单位包括计财处、招投标办公室、审计处、基本建设处等，完善了学校基本建设工作辅助咨询决策机制，更加科学规范地推进基建项目实施；先后修、制订《南京农业大学基本建设管理办法》《南京农业大学基本建设工程施工管理细则》《南京农业大学基本建设工程变更管理办法（2019 年修订）》《南京农业大学30 万元以上修缮工程管理办法（2019 年修订）》《南京农业大学基本建设工程投资控制管理办法（2019 年修订）》《南京农业大学基本建设工程档案管理办法》等规章制度 6 项；针对新建项目，确定项目组专门负责制，并联合校内相关职能部门共同管理；针对维修改造项目成立了工程质量巡查小组，对工程建设予以指导和督查。基建管理规范化水平显著提升。

**【学校承办教育部直属高校 2018 年基建财务决算及 2019 年基建投资计划会审工作会】** 3 月，受教育部委托，学校成功承办直属高校 2018 年基建财务决算及 2019 年基建投资计划会审工作会，接待参会高校 75 所，参会高校领导和工作人员 300 余人，得到教育部领导以及高校同行的充分肯定。

**【科学技术部副部长徐南平调研学校作物表型组学研究设施建设情况】** 4 月 3 日，科学技术部副部长徐南平到白马园区调研，学校党委书记陈利根、校长陈发棣、副校长丁艳锋接待了徐南平一行。徐南平对学校作物表型组学研究设施建设成效给予肯定，希望学校加快推进建设进度，建成后积极承担国家重大科技任务，全面提升农业科技原始创新能力，促进科技成果转化落地，充分发挥设施在创新型国家建设中的重要作用。南京市委副书记、市长蓝绍敏，江苏省科技厅厅长王秦等陪同考察。

**【教育部专家组调研学校白马园区】** 5 月 30 日，教育部专家组调研学校白马园区，本次工作调研专家组由对外经济贸易大学原党委书记王玲任组长，成员有西南民族大学校长曾明、安徽省教育厅就业指导中心干部崔松革。学校校长陈发棣、党委副书记刘营军接待了专家组一行。此次调研是对学校创新创业工作的系统考察和全面指导，双方就园区"双新双创"工作实施的空间和计划展开深入交流。专家组实地查看了作物表型组学国家重大基础设施、国家梨改良中心南京分中心、国家果梅杨梅种质资源圃、动物实验基地、智能实验温室、各学院实践教学基地、高标准实验田等建设和管理运行情况，重点考察了白马园区 2019 "双新双创——智慧渔业"新建示范项目。

**【全国农业高校教科基地协作会筹备会在学校顺利召开】** 7 月 15 日，全国农业高校教科基地协作会筹备会在学校白马园区召开，来自中国农业大学、西北农林科技大学、华中农业大学、西南大学、华南农业大学、沈阳农业大学、南京农业大学 7 所高校教科基地（场站）负责人出席会议。会议旨在共商如何搭建协作平台、促进相互交流、积极推进农业高校教科基地建设。会议分别由中国农业大学涿州教学实验场党委书记李克江、西北农林科技大学场站管理中心党委书记刘有全主持，学校白马教学科研基地建设办公室主任陈礼柱致欢迎辞，并就筹备会的前期准备情况作了说明。中国农业大学上庄实验站站长肖杰就协作会章程（草案）、教科基地实践指南大纲的编写作了说明。与会代表围绕协作会名称、功能、会费、入会程序与退出机制、运行方式等问题展开讨论，并就教科基地实践指南编写献计献策，形成诸多宝贵意见。

# [附录]

## 附录 1　南京农业大学 2019 年度主要在建工程项目基本情况

| 序号 | 项目名称 | 建设规模（平方米） | 总投资（万元） | 建设进展 |
|---|---|---|---|---|
| 1 | 第三实验楼（二期） | 16 813 | 7 000 | 完成了土建施工、电缆、智能水电表及采集系统、幕墙、纯水系统、智能化系统、实验废水净化处理系统、室外管网等各专项设计、招标工作，现正推进 1 层、2 层装修以及各专项施工，计划于 2020 年 10 月整体交付使用 |
| 2 | 第三实验楼（三期） | 17 497 | 6 918 | 完成了建筑方案设计、日照分析、规划方案批前公示，现正推进建设工程规划许可证办理、施工图设计，计划于 2021 年 7 月竣工交付 |
| 3 | 作物表型组学研发中心 | 22 745 | 14 365 | 完成了地方立项、地质勘察及报审、建筑方案设计及报审、施工图设计及图审、施工总承包单位及监理单位招标、临时施工许可办理等工作，土建已进场施工，计划于 2021 年上半年完成施工建设 |
| 4 | 植物生产综合实验中心 | 13 884 | 6 741 | 完成了地方立项、地质勘察及报审、建筑方案设计及报审、施工图设计及图审、施工总承包单位及监理单位招标、临时施工许可办理等工作，土建已进场施工，计划于 2021 年上半年完成施工建设 |
| 5 | 土桥基地水稻实验站实验楼工程 | 2 200 | 960 | 完成了校内立项、方案及施工图设计、施工总承包和监理单位招标等工作，土建已进场施工，计划于 2020 年 6 月竣工交付 |
| 6 | 牌楼学生公寓 1 号楼、2 号楼 | 21 820 | 11 325 | 完成了教育部立项，启动了方案和施工图设计、现场"三通一平"、原温室拆除及现有土方转运等工作，计划于 2021 年 10 月竣工交付 |
| 7 | （淮安盱眙）现代农业试验示范基地一期 | 6 340 | 2 999 | 完成了教育部立项，启动了方案和施工图设计及报批，计划于 2021 年底竣工交付 |

## 附录 2　南京农业大学 2019 年度维修改造项目基本情况

| 序号 | 项目名称 | 建设内容 | 进展 |
|---|---|---|---|
| 1 | 第四教学楼舞蹈教室 | 520 平方米舞蹈教室内墙及吊顶改造出新、门窗更换、地板及地胶重做，新增空调 2 套 | 已竣工 |
| 2 | 教四楼屋面维修及外墙改造工程 | 外墙立面、瓦屋面、门头重做，空调冷凝水管梳理，消防水管保温重做，局部内墙饰面检修出新 | 已竣工 |
| 3 | 实验动物中心维修改造工程 | 面积 535 平方米，其中增加面积 160 平方米。改造内容包括重新分隔部分房间、铺贴墙面瓷砖、新做排水沟槽、室内吊顶、增加室外雨棚房间、增加净化空调与新风系统、铺设室外雨污水管网等 | 已竣工 |

（续）

| 序号 | 项目名称 | 建设内容 | 进展 |
|---|---|---|---|
| 4 | 动物医学院GLP/GCP研究平台工程 | 室内装修、会议室铺设木地板、公共区域新做PVC地坪及墙面粉刷 | 已竣工 |
| 5 | 北苑八舍 | 宿舍墙面铲除出新、窗帘清洗、更换纱窗、宿舍门出新、家具检修、灯具检修、部分卫生间改造等 | 已竣工 |
| 6 | 南苑九舍 | 宿舍墙面铲除出新、窗帘清洗、更换纱窗、宿舍门出新、家具检修、灯具检修、地面维修、部分卫生间改造等 | 已竣工 |
| 7 | 南苑十三舍 | 宿舍墙面铲除出新、窗帘清洗、更换纱窗、宿舍门出新、家具检修、灯具检修等 | 已竣工 |
| 8 | 南苑十九舍 | 宿舍墙面铲除出新、窗帘清洗、更换纱窗、宿舍门出新、家具检修、灯具检修、屋面维修等 | 已竣工 |
| 9 | 南苑二十舍 | 宿舍墙面铲除出新、窗帘清洗、更换纱窗、宿舍门出新、家具检修、灯具检修、屋面维修等 | 已竣工 |
| 10 | 北苑研究生宿舍 | 宿舍墙面铲除出新、窗帘清洗、更换纱窗、宿舍门出新、家具检修、灯具检修等 | 已竣工 |
| 11 | 教工食堂改造工程 | 热力、弱电、燃气改造和室内装饰层拆除改造 | 已竣工 |
| 12 | 第三食堂改造工程标段1 | 热力、弱电、后厨改造和室内装饰层拆除改造 | 已竣工 |
| 13 | 第三食堂改造工程标段2 | 后场装修、新做局部墙地砖 | 已竣工 |
| 14 | 大学生社团活动中心维修改造工程 | 面积490平方米；增加玻璃隔断、地板、镜子、隔音、储物橱柜等，加装空调系统，更换维修顶面漏水的彩钢板等 | 已竣工 |
| 15 | 体育场地附属设施改造工程 | 36米高杆照明灯灯杆基础浇注、灯杆安装、12套照明灯安装、电缆敷设等 | 已竣工 |
| 16 | 体育场地附属设施改造工程（二期） | 24套高杆灯具安装、调试 | 已竣工 |
| 17 | 体育中心消防维修 | 消防水、喷淋水管维修；火灾报警系统检修 | 已竣工 |
| 18 | 资源与环境科学学院牌楼西网室改造 | 1 200平方米网室、600平方米水泥池 | 已竣工 |
| 19 | 白马资源与环境科学学院试验基地保障建设项目土建工程 | 940根柱基土方挖、运、填，柱基浇注；垃圾土换、填、平 | 已竣工 |
| 20 | 白马资源与环境科学学院试验基地保障建设项目安装工程 | 10栋防鸟网室，建设面积17 000平方米 | 已竣工 |
| 21 | 白马基地实验网室修建工程 | 建筑面积12 457.6平方米，8座防虫网室及周边道路、晒场 | 已竣工 |
| 22 | 动物实物基地粪污处理中心建设土建、安装工程 | 996.8平方米框排架结构厂房 | 已竣工 |
| 23 | 动物实物基地粪污处理中心建设室外工程 | 粪污中心周边管网及监控系统 | 已竣工 |

| 序号 | 项目名称 | 建设内容 | 进展 |
|---|---|---|---|
| 24 | 动物实物基地粪污处理中心建设污水处理工程 | 粪污处理中心内部污水处理设备及安装 | 已竣工 |
| 25 | 白马基地安全防护设施维修工程（一期）标段 1 | 9 500 米围栏基础及安装 | 已竣工 |
| 26 | 白马基地安全防护设施维修工程（一期）标段 2 | 围栏，热镀锌弯头栏杆、全铝花热镀锌钢管栅栏、围网等采购 | 已竣工 |
| 27 | 白马基地表型设施 39 号地的土地平整及田间配套工程 | 精细化平整土地 6.67 公顷 | 已竣工 |
| 28 | 园艺学院梨中心白马基地房屋室内外修缮工程 | 室内装修建筑面积 970 平方米，新增混凝土道路 800 平方米 | 已竣工 |
| 29 | 白马农业转基因生物安全试验基地建设（一期）一标段 | 新建田间道路 1 800 米，新挖水塘 1 个 | 已竣工 |
| 30 | 白马农业转基因生物安全试验基地建设（一期）二标段 | 新建灌排沟渠 3 500 米、低压管道灌溉管网 2 200 米、围护设施 1 300 米，土地平整约 4.38 公顷 | 已竣工 |
| 31 | 白马基地园艺试验站基础建设改造 | 新增水肥一体化滴灌系统一套，覆盖面积 4 公顷；新增 500 平方米薄膜温室一栋；疏浚河道 2 000 平方米；围护设施 370 米；新增过路桥 2 座、拦水坝 4 座 | 已竣工 |
| 32 | 白马基地护坡工程 | 去除杂草、刷坡造型、铺设中华结缕草以及施工养护等 | 已竣工 |

（撰稿：华巧银　祁子煜　审稿：桑玉昆　陈礼柱　审核：代秀娟）

# 新 校 区 建 设

【概况】2019 年，新校区建设指挥部、江浦实验农场紧紧围绕新校区建设总体目标，牢牢把握"高起点规划、高标准设计、高质量建设"总体要求，推进新校区规划设计、征地拆迁、报建报批等工作取得新进展。

统筹推进新校区规划设计。协调设计单位完成新校区总体规划优化调整和 76 万平方米各类单体的方案设计，同步完成市政方案设计、智慧校园规划、综合能源规划，启动临时用电设计、正式用电可研编制等工作。同时，系统推进各专项设计成果的有效衔接，启动单体建筑初步设计工作。

优化新校区建设合作机制。经反复研究和多轮会商，进一步明确了学校、江北新区、城建集团三方的合作机制和职责边界，明确了新校区建设模式和资金渠道，保障了学校在新校区建设过程中的主导权，投资风险防控力度大大增强。

全力做好新校区开工准备。协调省市区各级政府和有关部门，推进新校区一期征地报批工作取得实质性进展，相关报批材料于年底前上报省政府，并完成了约133公顷土地的青苗补偿。完成新校区部分临时围墙搭建以及大地块120万立方米土方回填和场地平整。完成地质勘察，推进文物勘察和水土保持、交通影响、环境影响、安全稳定等专项评估。完成市政一标段施工、监理、跟踪审计招标工作。

　　稳妥推进农场拆迁安置与管理。经调查、评估和审计，学校就农场房屋、设备、附属物和青苗补偿与江北新区签订协议，协议补偿金额2.82亿元。农场加强土地管理巡查和土地管护，依法处置违法占用农场土地行为。积极维护农场职工拆迁安置合理诉求，努力争取提高职工安置过渡费标准，并妥善推进职工自建房拆迁补偿工作，保障了农场整体和谐稳定。

**【完成新校区总体规划优化和一期工程单体方案设计】** 经充分论证，对新校区总体规划进行优化调整，进一步完善了空间布局、交通流线和校园形象。统筹各学院和相关单位力量，在深入调研基础上，综合考虑功能、形象、环保、交通、安全、耐久、经济等多方面因素，完成新校区一期40余栋单体76万平方米的方案设计工作，并于11月21日获得政府规划部门出具的新校区一期工程项目模拟方案技术审查规划意见函。

**【新校区首批用地审批取得实质性进展】** 经多方协调，通过江苏省重大项目投资计划有关政策，解决了新校区首批约60公顷土地征地转用过程中建设用地计划指标瓶颈问题。在完成一系列指标配置和前置手续基础上，学校配合江北新区有关部门组件南京市2019年度农用地转用和土地征收第二批次实施方案，完成征地报批材料，经江北新区管理委员会、南京市政府逐级审核后，于12月31日上报江苏省政府审批。

**【新校区一期工程列入江苏省重大项目投资计划】** 2月2日，江苏省发展改革委印发《关于下达江苏省2019年重大项目投资计划的通知》（苏发改重大发〔2019〕142号），南京农业大学江北新校区作为新建项目列入江苏省2019年重大项目投资计划重大民生工程板块，载明了建设规模、投资计划、建设周期等，明确南京市政府为服务推进责任单位，并落实了地方政府具体监管责任人，为新校区加快建设提供有力支撑。

# ［附录］

## 南京农业大学江北新校区一期工程单体方案设计总体指标

| 项目名称 | | 建筑面积（平方米） | 地上建筑面积（平方米） | 地下建筑面积（平方米） | 人防面积（平方米） | 层数 | 建筑规划高度（米） | 绿建等级 |
|---|---|---|---|---|---|---|---|---|
| 理学院 | | 12 309.91 | 12 309.91 | | | 4 | 24.0 | 二星 |
| 生物与环境学部楼 | 生命科学学院 | 39 104.18 | 20 665.68 | 18 438.5 | 14 900 | 5/1D | 33.0 | 二星 |
| | 资源与环境科学学院 | | | | | | | |
| 动物科学学部楼 | 动物医学院 | 20 667.7 | 20 667.7 | | | 5/1D | 33.0 | 二星 |
| | 动物科技学院 | | | | | | | |
| 食品科技学院 | | 12 376.17 | 12 376.17 | | | 4 | 24.0 | 二星 |
| 园艺学院 | | 13 968.76 | 13 968.76 | | | 4 | 24.0 | 二星 |

（续）

| 项目名称 | | 建筑面积（平方米） | 地上建筑面积（平方米） | 地下建筑面积（平方米） | 人防面积（平方米） | 层数 | 建筑规划高度（米） | 绿建等级 |
|---|---|---|---|---|---|---|---|---|
| 植物保护学院 | | 32 452.1 | 14 180.07 | | | 4/1D | 24.0 | 二星 |
| 农学院 | | 13 236.97 | 13 236.97 | 18 272.03 | 15 900 | 4/1D | 24.0 | 二星 |
| 交叉学科中心 | | 41 619.99 | 41 619.99 | | | 15/1D | 59.9 | 三星 |
| 社科大楼 | 公共管理学院 | 29 522.3 | 29 522.3 | | | 5 | 25.2 | 二星 |
| | 经济管理学院 | | | | | | | |
| | 金融学院 | | | | | | | |
| 人文大楼 | 信息科技学院 | 27 378.05 | 27 378.05 | | | 6 | 22.8 | 二星 |
| | 人文与社会发展学院 | | | | | | | |
| | 外国语学院 | | | | | | | |
| | 马克思主义学院 | | | | | | | |
| 食品与工程学部楼 | 工学院 | 54 463.88 | 41 352.9 | 13 110.98 | 11 200 | 8/1D | 38.7 | 二星 |
| 行政楼 | | 40 552.92 | 31 352.4 | 9 200.52 | 8 500 | 5/1D | 26.5 | 二星 |
| 会议中心 | | | | | | 2 | 13.8 | 二星 |
| 图书馆 | | 48 763.97 | 46 109.68 | 2 654.29 | | 7/1D | 38.8 | 三星 |
| 公共教学楼 | | 57 813.9 | 57 813.9 | | | 5 | 26.5 | 三星 |
| 大学生活动中心 | | 16 240.59 | 15 990.29 | 250.3 | | 2 | 24.0 | 二星 |
| 体育馆 | | 24 086.91 | 23 126.07 | 960.84 | | 3/1D | 25.0 | 二星 |
| 主运动场看台 | | 4 291.6 | 4 291.6 | | | 2 | 18.9 | 一星 |
| 校医院 | | 4 920.41 | 4 920.41 | | | 3 | 15.9 | 二星 |
| 展览馆 | | 4 633.55 | 4 633.55 | | | 3 | 16.70 | 二星 |
| 校史馆 | | 9 400.03 | 9 400.03 | | | 1 | 6.95 | 一星 |
| 档案馆 | | | | | | 1 | 6.95 | 一星 |
| 校友之家 | | 1 149.98 | 1 149.98 | | | 2 | 21.0 | 一星 |
| 学生第一食堂 | | 16 223.77 | 16 223.77 | | | 3 | 17.6 | 二星 |
| 南区学生公寓 | 南区学生公寓（一） | 21 682.16 | 21 682.16 | | | 6 | 25.5 | 二星 |
| | 南区学生公寓（二） | 22 153.97 | 22 153.97 | | | 6 | 25.5 | 二星 |
| | 南区学生公寓（三） | 21 926.11 | 21 926.11 | | | 6 | 25.5 | 二星 |
| | 南区学生公寓（四、五） | 22 036.23 | 22 036.23 | | | 10 | 34.8 | 二星 |
| | 南区学生生活服务中心 | 附建于学生宿舍 | | | | 1 | | 二星 |
| 学生第二食堂 | | 11 558.94 | 11 558.94 | | | 3 | 17.6 | 二星 |
| 北区学生公寓 | 北区学生公寓（一） | 22 418.52 | 22 418.52 | | | 6 | 25.5 | 二星 |
| | 北区学生公寓（二） | 22 346.54 | 22 346.54 | | | 6 | 25.5 | 二星 |
| | 北区学生公寓（三） | 14 583.19 | 14 583.19 | | | 6 | 25.5 | 二星 |
| | 北区学生公寓（四） | 14 621.56 | 14 621.56 | | | 6 | 25.5 | 二星 |
| | 北区学生生活服务中心 | 附建于学生宿舍 | | | | 1 | | 二星 |

（续）

| 项目名称 | 建筑面积（平方米） | 地上建筑面积（平方米） | 地下建筑面积（平方米） | 人防面积（平方米） | 层数 | 建筑规划高度（米） | 绿建等级 |
|---|---|---|---|---|---|---|---|
| 留学生公寓 | 13 079.19 | 13 079.19 | | | 8 | 28.4 | 二星 |
| 北区博士生公寓 | 40 505.77 | 33 500.72 | 7 005.05 | 3 500 | 14/1D | 60.0 | 二星 |
| 后勤服务中心 | | | | | 4 | 16.8 | 二星 |
| 工程训练中心 | 6 071.08 | 6 071.08 | | | 2 | 11.0 | 二星 |
| 垃圾房北 | 100.8 | 100.8 | | | 1 | | 一星 |
| 垃圾房南 | 配建于一食堂 | | | | 1 | | |
| 变电站 | 1 999.2 | 1 999.2 | | | 2 | | |
| 危险品仓库 | 1 668.28 | 1 668.28 | | | 2 | | |
| 合计 | 761 929.18 | 692 036.67 | 69 892.51 | 54 000 | | | |

（撰稿：张亮亮　审稿：夏镇波　倪　浩　乔玉山　审核：代秀娟）

# 财　　务

【概况】2019 年计财处围绕学校工作重心，全面实施政府会计制度改革，积极建章立制、规范管理，加快推进财务管理信息化、制度化和规范化建设，强化预决算管理，业财融合，全面提升财务管理水平和服务效能。全校各项收入总计 22.99 亿元，各项支出总计 27.26 亿元。

拓宽资金来源渠道，为教学科研提供财力基础。2019 年改善办学条件专项资金 10 040 万元，中央高校基本科研业务费 3 500 万元，中央高校教育教学改革专项 1 630 万元，中央高校管理改革等绩效专项 1 811 万元，"双一流"引导专项 8 500 万元，教育部国家重点实验室专项经费 5 106 万元，捐赠配比资金 162 万元，各类奖助学金 10 926.96 万元。

科学编制年度预算，加强预决算管理。完成 2018 年财务决算工作，形成决算分析报告，完成决算编制；科学编制 2019 年校内收支年度预算和 2020 年部门一上预算，做好学校重点工程和日常开支相应预算。严格执行预算，加强预算执行监管，增加预算刚性，充分发挥资金的使用效益，全年预算的总体执行情况良好。

2019 年是政府会计实施开局之年，完成系统升级开账工作，积极推进科研、资产系统升级换代工作。实施网上报账后，制单量较 2018 年同期大幅增加，2019 年编制会计凭证 14.21 万份，比 2018 年增长 10.67%；录入笔数 72.24 万条，比 2018 年同期增长 105.23%；原始票据 102.98 万张，比 2018 年同期增长 7.35%。全年接受医药费报销约 6 200 人次，报销单据 44 000 多张，金额超过 1 400 万元。

加强税费收缴管理，按时申报纳税，税务发票的管理和使用规范、合法。完成收费项目变更备案和收费年检及非税收入上缴财政专户工作，上缴非税收入 22 380 万元。制定新生收费标准，完成全校本科生学费、住宿费、卧具费、医保费、教材费等费用的收缴工作。2019 年发放本科生各类奖勤助贷金 50 余项，共计 2 901.49 万元、7 万人次；发放研究生助学金 6 900 万元，学业奖学金、国家及其他奖学金 8 700 万元，助学贷款等 900 万元。完成学校 2018 年度所得税汇算清缴、税务风险评估工作；完成国产设备退税工作，累计退税金额 268.27 万元。做好"关、停、并、转"，协助学校资产经营公司完成 7 家长期未经营的校办企业的注销工作。完成学校技术服务公司审计，并移交资产经营公司管理工作。

做好校园卡一卡通常规管理，完成 2019 级全日制研究生、专业学位、本科生、留学生及继续教育学院干部培训人员的信息核对、卡片制作、照片打印、校园卡现场发放工作。全年共计发放校园卡 14 912 张，销户退卡（含培训、进修等）13 413 张。校园卡圈存 72 万人次，合计 8 267 万元。全年接待现金充值人数 3 万人次，金额 618 万元。全年经过一卡通系统的资金量 9 000 万元，通过一卡通结算的商户资金 9 068 万元。完善校园一卡通信息化建设，持续加大校园卡支付能力，完成一卡通校医院挂号缴费 82 952 人次，收缴医疗费 134万多元；完成一卡通宿舍电费缴纳 5.6 万人次，收缴电费 209 万元；完成一卡通网费缴纳 13 万人次，收缴网费 116 万元。

**【结合"放管服"健全财务管理制度】** 根据国务院、教育部有关赋予科研管理更大自主权的实施要求，进一步把"简政放权，放管结合，优化服务"落实到财务管理具体工作中，制订出台《南京农业大学大额资金使用管理办法》《南京农业大学培训费管理暂行办法》《南京农业大学差旅费管理暂行办法》《南京农业大学会议费管理暂行办法》《南京农业大学科研经费管理办法》5 项管理制度。简化科研经费使用流程，积极发挥二级监督管理职能，在充分信任科研人员的基础上，落实项目负责人负责制，逐步放宽经费审核额度限制，减少审核部门数量，做到"能放尽放，可简尽简"。

**【推进财务信息化建设】** 全面打造线上服务平台，逐步完善财务平台建设。做好财务综合服务平台的升级工作，完成工资系统运行调试、个税系统升级换代、酬金网上申报系统个性化定制升级等。加快推进"聚合支付"平台建设，创立校园聚合支付平台，建设虚拟校园卡系统，积极打造校园无卡化生活。完善"试剂采购互联网＋"平台，优化试剂供货与资金支付流程，打造安全高效的采购环境。引进"商旅平台"，推进差旅票据与报销环节的无缝对接。推进"凭证影像化"查询平台建设，实现票据电子存档，方便查阅永久留痕，为师生员工提供便捷服务，提升管理效率。

**【规范财政资金管理】** 深入贯彻国家决策部署，全校范围内开展盘活财政存量资金工作任务。构建以科学合理的滚动规划为牵引，以规范的项目库管理为基础，以预算评审和绩效管理为支撑，以资源合理配置与高效利用为目的，以有效的激励约束机制为保障，重点突出、管理规范、运转高效的项目支出预算管理新模式。继续加强专项资金统筹使用力度，强化项目预算执行管理，用好增量资金，盘活财政存量资金，建立结转结余资金定期清理机制，严格按照预算、用款计划、项目进度、有关合同和规定程序及时办理资金支付。

**【开拓财务政策多渠道宣传工作】** 在部门网站和微信公众号创新推出财务客服机器人"300 问"服务，通过移动终端自助查询财务常规业务，实时回复。更新部门网站"政策法规""办事流程"，方便师生了解政策规定，提高办事效率。走进学院、部门，宣讲财务制度与业务办理流程，现场答疑解惑。召开全校财务大会，贯彻落实国家财政政策，宣讲学校财务规章制度，凝心聚力，积极推进预算绩效管理改革，加强经费统筹管理，做到集中财力办大事。

【加强人员队伍建设打造优质服务团队】以"不忘初心、牢记使命"主题教育为主线，在政府会计制度全面实施背景下，组织开展学习教育活动，政治学习与业务培训相结合，集中学习与自我提升相交替，问题查摆与整改落实相衔接，切实有效提升全员服务水平和服务效能。本年度被江苏省教育会计学会授予"2015—2019 年度江苏省教育会计学会工作先进单位"，被中国教育会计学会农业院校分会授予"全国农业院校财务管理工作先进集体"。

# ［附录］

## 教育事业经费收支情况

南京农业大学 2019 年总收入为 22.99 亿元，比 2018 年增长 14 456.72 万元，增加 6.71％。其中，教育拨款预算收入增长 5.77％，科研拨款预算收入增加 6.89％，其他拨款预算收入增加 34.10％，教育事业收入增长 10.60％，科研事业收入减少 0.35％，经营收入减少 5.67％，非同级财政拨款预算收入减少 17.90％，其他收入增长 2 304.35％。

表 1 　2018—2019 年收入变动情况表

| 经费项目 | 2018 年（万元） | 2019 年（万元） | 增减额（万元） | 增减率（％） |
|---|---|---|---|---|
| 一、财政补助收入 | 108 921.04 | 116 433.55 | 7 512.51 | 6.90 |
| （一）教育拨款预算收入 | 99 984.21 | 105 756.72 | 5 772.51 | 5.77 |
| 1. 基本支出 | 68 445.37 | 73 770.35 | 5 324.98 | 7.78 |
| 2. 项目支出 | 31 538.84 | 31 986.37 | 447.53 | 1.42 |
| （二）科研拨款预算收入 | 4 805.00 | 5 136.00 | 331.00 | 6.89 |
| 1. 基本支出 | 30.00 | 30.00 | 0.00 | 0.00 |
| 2. 项目支出 | 4 775.00 | 5 106.00 | 331.00 | 6.93 |
| （三）其他拨款预算收入 | 4 131.83 | 5 540.83 | 1 409.00 | 34.10 |
| 1. 基本支出 | 4 056.83 | 5 465.83 | 1 409.00 | 34.73 |
| 2. 项目支出 | 75.00 | 75.00 | 0.00 | 0.00 |
| 二、事业收入 | 92 104.75 | 94 491.50 | 2 386.75 | 2.59 |
| （一）教育事业预算收入 | 24 764.25 | 27 389.26 | 2 625.01 | 10.60 |
| （二）科研事业预算收入 | 67 340.50 | 67 102.24 | −238.26 | −0.35 |
| 三、经营收入 | 1 118.64 | 1 055.20 | −63.44 | −5.67 |
| 四、非同级财政拨款预算收入 | 13 649.85 | 11 206.78 | −2 443.07 | −17.90 |
| 五、其他预算收入 | −306.55 | 6 757.42 | 7 063.97 | 2 304.35 |
| 1. 捐赠预算收入 | 425.41 | 1 128.57 | 703.16 | 165.29 |
| 2. 利息预算收入 | 862.61 | 3 926.31 | 3 063.70 | 355.17 |
| 3. 后勤保障单位净预算收入 | −2 856.08 | −525.88 | 2 330.20 | 81.59 |
| 4. 其他 | 1 261.51 | 2 228.42 | 966.91 | 76.65 |
| 总计 | 215 487.73 | 229 944.45 | 14 456.72 | 6.71 |

数据来源：2018 年、2019 年报财政部的部门决算报表口径。

2019 年,南京农业大学总支出为 27.26 亿元,比 2018 年增加 39 818.13 万元,同比增长 17.11%。其中,教育事业支出增长 20.15%,科研事业支出增加 14.95%,行政管理支出增加 68.52%,后勤保障支出增加 159.41%,离退休人员保障支出减少 58.41%。

**表 2　2018—2019 年支出变动情况表**

| 经费项目 | 2018 年（万元） | 2019 年（万元） | 增减额（万元） | 增减率（%） |
|---|---|---|---|---|
| 一、财政拨款支出 | 108 937.36 | 118 593.06 | 9 655.70 | 8.86 |
| （一）教育事业支出 | 84 864.89 | 89 925.55 | 5 060.66 | 5.96 |
| （二）科研事业支出 | 10 893.74 | 14 910.07 | 4 016.33 | 36.87 |
| （三）行政管理支出 | 8 714.99 | 6 675.20 | −2 039.79 | −23.41 |
| （四）后勤保障支出 | 1 388.12 | 1 499.02 | 110.90 | 7.99 |
| （五）离退休支出 | 3 075.62 | 5 583.22 | 2 507.60 | 81.53 |
| 二、非财政补助支出 | 122 444.99 | 152 272.16 | 29 827.17 | 24.36 |
| （一）教育事业支出 | 43 979.44 | 64 878.81 | 20 899.37 | 47.52 |
| （二）科研事业支出 | 56 976.69 | 63 107.71 | 6 131.02 | 10.76 |
| （三）行政管理支出 | 4 613.68 | 15 787.94 | 11 174.26 | 242.20 |
| （四）后勤保障支出 | 1 690.35 | 6 486.89 | 4 796.54 | 283.76 |
| （五）离退休支出 | 15 184.83 | 2 010.81 | −13 174.02 | −86.76 |
| 三、经营支出 | 1 371.48 | 1 706.74 | 335.26 | 24.44 |
| 总支出 | 232 753.83 | 272 571.96 | 39 818.13 | 17.11 |

数据来源:2018 年、2019 年报财政部的部门决算报表口径。

2019 年学校总资产约为 31.4 亿元,比 2018 年减少 3.67%。其中,固定资产净值增长 1.31%,流动资产减少 21.7%。净资产约为 23.43 亿元,比 2018 年减少 22.69%。

**表 3　2018—2019 年资产、负债和净资产变动情况表**

| 项　目 | 2018 年（万元） | 2019 年（万元） | 增减额（万元） | 增减率（%） |
|---|---|---|---|---|
| 一、资产总额 | 325 911.57 | 313 956.87 | −11 954.7 | −3.67 |
| 其中: | | | | |
| （一）固定资产净值 | 117 019.33 | 118 557.94 | 1 538.61 | 1.31 |
| （二）流动资产 | 134 682.56 | 105 454.29 | −29 228.27 | −21.70 |
| 二、负债总额 | 22 925.05 | 79 703.25 | 56 778.20 | 247.67 |
| 三、净资产总额 | 302 986.51 | 234 253.62 | −68 732.89 | −22.69 |

数据来源:2018 年、2019 年报财政部的部门决算报表口径。

（撰稿:李　佳　审稿:杨恒雷　审核:代秀娟）

# 国 有 资 产 管 理

【概况】截至 12 月 31 日,南京农业大学国有资产总额 48.34 亿元,其中固定资产约为 28.80 亿元,无形资产约为 0.77 亿元(见附录 1)。土地面积 896.67 公顷(见附录 2),校舍面积约为 64.49 万平方米(见附录 3)。相比 2019 年初,学校资产总额减少 0.07%,固定资产总额增长 4.78%。2019 年学校固定资产(原值)本年增加约 1.90 亿元,本年减少约 0.59 亿元(见附录 4)。

学校资产实行"统一领导、归口管理、分级负责、责任到人"的管理体制,同时接受上级主管部门的监管,建立"校长办公会(党委常委会)-学校国有资产管理委员会(以下简称校国资委)-校国资委办公室-归口管理部门-二级单位(学院、机关部处)-资产管理员-使用人"的国有资产管理体系。

【资产信息化建设】完成行政事业单位资产管理信息系统(三期)的部署与实施;基本完成资产系统新数据交互接口的开发和对账功能的改造。认真梳理优化资产管理各类业务流程,调研国内成熟、通用的资产管理软件,做好新一期资产信息管理系统建设前期准备工作,新系统将以服务为导向,方便各级用户参与资产管理工作,降低工作量、提高效率。实现采购申请-资产验收建账-财务报销的全流程信息化,让信息多跑路,让师生少跑腿,为师生提供一站式服务。

【固定资产建账流程优化】为进一步落实"放管服"改革要求,优化固定资产登记报账工作流程,调整资产登记当面审核环节,同时取消"低值易耗品"的审核。解决了师生登记报账时排队等候问题。

【资产管理制度修订】根据《教育部关于直属高校直属单位实施政府会计制度的意见》(教财〔2018〕6 号)、《关于印发〈南京农业大学国有资产管理办法〉(2018 年修订)和〈南京农业大学国有资产处置管理细则〉(2018 年修订)的通知》(校资发〔2018〕372 号)等相关政策文件的规定,起草《南京农业大学无形资产管理办法(试行)》。同时,修改制订《南京农业大学科技成果资产评估项目备案工作实施细则》。

【资产使用和处置管理】按照国有资产管理规定和工作流程开展资产使用与处置管理工作。全年常规调拨设备 593 批次、家具 284 批次。严格执行《关于规范岗位变动人员(校内调动、退休、离职)固定资产移交手续工作程序的通知》,资产领用和调拨应经各学院(单位)主管领导批准,所有资产责任到人,离岗必须移交资产,并对资产丢失、毁损等情况实行责任追究制度。全年完成离职人员资产移交审核 101 人次。

严格按照财政部、教育部相关规定进行固定资产报废处置工作。召开校国资委会议 1 次,开展贵重仪器设备专家技术鉴定 23 台件,组织报废资产回收招标 15 次,资产处置收益合计 192 216 元。

# ［附录］

## 附录 1  南京农业大学国有资产总额构成情况

| 序　号 | 项　　目 | 金额（元） | 备　　注 |
|---|---|---|---|
| 1 | 流动资产 | 1 054 542 918.70 | |
| | 其中：银行存款及库存现金 | 815 108 203.02 | |
| | 　　　应收、预付账款及其他应收款 | 197 502 773.72 | |
| | 　　　财政应返还额度 | 26 386 331.79 | |
| | 　　　存货 | 15 545 610.17 | |
| 2 | 固定资产 | 2 748 496 648.17 | |
| | 其中：土地 | | |
| | 　　　房屋 | 962 138 358.61 | |
| | 　　　构筑物 | 19 051 863.00 | |
| | 　　　车辆 | 15 367 228.20 | |
| | 　　　其他通用设备 | 1 352 906 716.14 | |
| | 　　　专用设备 | 245 932 138.15 | |
| | 　　　文物、陈列品 | 4 577 254.78 | |
| | 　　　图书档案 | 134 874 178.13 | |
| | 　　　家具用具装具 | 145 077 678.66 | |
| 3 | 对外投资 | 124 670 538.00 | |
| 4 | 在建工程 | 690 393 810.90 | |
| 5 | 无形资产 | 77 396 115.58 | |
| | 其中：土地使用权 | 4 247 626.00 | |
| | 　　　商标 | 174 300.00 | |
| | 　　　著作软件 | 72 974 189.58 | |
| 6 | 待处置资产损溢 | 96 188.00 | |
| | 资产总额 | 4 833 914 740.03 | |

数据来源：2019 年中央行政事业单位国有资产决算报表。

## 附录 2  南京农业大学土地资源情况

| 校区<br>（基地） | 卫岗校区 | 浦口校区<br>（工学院） | 珠江校区（江<br>浦实验农场） | 白马教学科<br>研实验基地 | 牌楼<br>实验基地 | 江宁<br>实验基地 | 合计 |
|---|---|---|---|---|---|---|---|
| 占地面积<br>（公顷） | 52.32 | 47.52 | 451.20 | 336.67 | 8.71 | 0.25 | 896.67 |

数据来源：2019 年高等教育事业基层统计报表。

## 附录3 南京农业大学校舍情况

| 序 号 | 项 目 | 建筑面积（平方米） |
|---|---|---|
| 1 | 教学科研及辅助用房 | 329 583.49 |
| | 其中：教室 | 59 369.70 |
| | 图书馆 | 32 451.03 |
| | 实验室、实习场所 | 131 620.17 |
| | 专用科研用房 | 103 711.59 |
| | 体育馆 | 2 431.00 |
| | 会堂 | |
| 2 | 行政办公用房 | 35 524.20 |
| 3 | 生活用房 | 279 799.58 |
| | 其中：学生宿舍（公寓） | 195 344.93 |
| | 学生食堂 | 20 543.50 |
| | 教工宿舍（公寓） | 26 607.24 |
| | 教工食堂 | 3 624.00 |
| | 生活福利及附属用房 | 33 679.91 |
| 4 | 教工住宅 | 0.00 |
| 5 | 其他用房 | 0.00 |
| | 总计 | 644 907.27 |

数据来源：2019年高等教育事业基层统计报表。

## 附录4 南京农业大学国有资产增减变动情况

| 项目 | 年初价值数（元） | 本年价值增加数（元） | 本年价值减少数（元） | 年末价值数（元） | 增长率（%） |
|---|---|---|---|---|---|
| 资产总计 | 4 837 419 026.72 | — | — | 4 833 914 740.03 | −0.07 |
| 1. 流动资产 | 1 346 825 553.68 | — | — | 1 054 542 918.70 | −21.70 |
| 2. 固定资产（原值） | 2 748 496 648.17 | 190 131 618.62 | 58 702 851.12 | 2 879 925 415.67 | 4.78 |
| （1）土地 | | | | | |
| （2）房屋 | 962 138 358.61 | | | 962 138 358.61 | 0.00 |
| （3）车辆 | 15 205 228.20 | 162 000.00 | | 15 367 228.20 | 1.07 |
| （4）通用办公设备 | 126 986 712.43 | 11 227 809.20 | 9 334 004.00 | 128 880 517.63 | 1.49 |
| （5）通用办公家具 | 39 999 074.37 | 2 838 569.79 | | 42 837 644.16 | 7.10 |
| （6）其他 | 1 604 167 274.56 | 175 903 239.63 | 49 368 847.12 | 1 730 701 667.07 | 7.89 |
| 3. 对外投资 | 124 670 538.00 | — | — | 124 670 538.00 | 0.00 |
| 4. 无形资产 | 67 943 088.49 | | | 77 396 115.58 | 13.91 |
| 5. 在建工程 | 544 289 584.95 | | | 690 393 810.90 | 26.84 |
| 6. 其他资产 | 5 193 613.43 | | | 6 985 941.18 | 34.51 |

数据来源：2019年中央行政事业单位国有资产决算报表。

## 附录5　南京农业大学国有资产处置上报备案情况

| 批次 | 上报时间 | 处置金额（万元） | 处置方式 | 批准单位 | 上报文号 |
|------|----------|------------------|----------|----------|----------|
| 1 | 2019年7月 | 5 870.29 | 报废 | 南京农业大学 | 校资发〔2019〕394号 |

（撰稿：史秋峰　陈　畅　审稿：周激扬　审核：代秀娟）

# 招　投　标

【概况】招投标办公室紧紧围绕学校中心工作，按照"12345"招标采购工作思路，秉承"以服务求支持、以贡献谋发展"工作理念，践行"廉洁规范、提质增效"工作原则，认真做好招投标与政府采购各项工作。

据统计，招投标办公室共完成货物、服务类采购项目350余项，成交金额2.2亿元；完成工程类项目80余项，中标金额3亿元；全年通过公开、公平、公正等良性价格竞争，为学校节约资金7 500万元，较好地维护了学校利益。

2019年，招投标办公室部门及工作人员被中国教育会计学会高校政府采购分会评为2019年度"全国高校政府采购十佳集体"和"高校政府采购优秀业务标兵"荣誉称号，标志着学校招标采购工作已走在全国高校前列。

【完善制度建设，保障招标采购工作有规可依、有章可循】制订印发《南京农业大学招标与采购领导小组议事规则》。会同实验室与设备管理处印发《南京农业大学科研急需设备采购管理实施细则》等规章制度，明晰业务办理流程，细化管理服务内容，学校招标采购管理制度体系日趋健全。

【推进信息化建设，促进招标采购活动阳光廉洁、便捷高效】完善项目评标专家库建设，实现工程项目评标专家在线随机抽取与语音自动通知；以"互联网＋采购"为目标，牵头完成电商直采平台开发部署、联调测试与正式运行，解决零星设备物资采购繁、发票签字繁、合同盖章繁、建固报销繁等问题，实现与财务系统、资产系统、OA系统以及采招系统互联互通。

【彰显担当作为，倡议成立江苏高校采购联盟扩大学校影响】联合南京大学共同发起倡议成立江苏高校采购联盟，顺利组织召开联盟成立大会和第一次会员代表大会，全省近40所高校、100名代表参加会议。进一步加强了与教育部政府采购中心、中国教育会计学会高校政府采购分会、江苏省招标投标协会及省内兄弟高校同行联系，受到了新华社、《现代快报》《中国政府采购报》等媒体热议报道。

【规范行为管理，推进招标采购科学化管理水平不断提升】一是加强招标代理管理，始终将对招标代理机构的服务管理和绩效考核作为招标采购工作的重要抓手常抓不懈，通过定期召开招标代理工作例会和廉政谈话机制，确保招标代理服务依法依规进行，严防出现工作态度懈怠、服务不到位等问题。二是建立预选入围库。通过公开招标方式，完成新一轮"小型工程施工单位""招标代理""工程造价咨询、设计、监理""低值易耗品、办公用品服务供应商""白马基地农业作业服务单位"等服务单位遴选，进一步规范采购方式和简化采购程序，极大地提高服务效能和资金使用效益。三是完善"评标专家库"和"供应商库"，完善专家库人员专业结构，加强专家信息维护与管理。公开征集"网上采购平台供应商"遴选与考核工作，建立供应商诚信档案，加强供应商考核管理，营造供应商良性竞争氛围。四是完善"工程招标文件、合同管理系统"审批程序，规范合同审核与登记盖章流程，有效地防范合同法律风险。同时，配合法律事务办公室做好非招标合同审核盖章职能移交工作。完成招标采购项目合同审核盖章 430 余项，非招标合同审核登记和盖章 3 140 余项、12 500 余份。五是规范招标采购项目档案立卷归档，对 2011—2015 年项目档案进行梳理分类整理，完成 120 余项政府采购项目档案立卷后移交档案馆。同时，明确专人负责档案管理，规范档案查档与借阅使用。

**【强化队伍建设，着力提升工作人员业务素质和服务水平】**一是加强招标采购政策学习和宣传，先后邀请教育部政府采购中心、中国教育会计学会高校政府采购分会和南京市建委建设工程招投标监管处领导来校作专题辅导报告，增强教职员工廉洁自律和依法依规采购意识，提高采购老师专业知识和业务水平，为严格执行和落实招标采购制度要求，遵照规范程序和工程流程按章办事奠定了基础；二是加强纪律意识和廉政意识，加强自身学习，经常开展廉洁教育，联合校纪委监察处、基本建设处、新校区建设指挥部、计财处组织开展新入围招标代理集体谈话会，不断规范招标代理廉洁从业行为，逐步提升招标采购服务水平，切实有效维护学校权益；三是较好地处理采购人和投标人的问讯、异议及要求，协助纪委监督部门处理质疑投诉事项，一年来未发生重大招标采购事项的质疑和投诉。

（撰稿：于　春　审稿：胡　健　审核：代秀娟）

# 审　　计

**【概况】**审计处紧紧围绕学校中心工作，积极开展各类审计，为学校事业发展提供审计监督、管理和咨询服务。共完成各类审计 243 项，审计金额 27.79 亿元。其中，工程审计 155 项，审计金额 0.83 亿元，核减建设资金 750.78 万元，核减率为 8.99%；财务审计 88 项，审计金额 26.96 亿元。

全面开展审计工作。开展经济责任审计。完成 30 名离任中层干部经济责任审计，审计金额达 19.53 亿元。开展财务收支审计。完成南京农业大学资产经营有限公司（合并）财务报表审计、教育发展基金会财务报表审计等财务收支审计 9 项，审计金额达 3.81 亿元。开展科研经费审计与审签。完成国家社会科学基金、省重点研发项目等各类科研经费审计 10 项，审计金额共计 300 万元。完成科研审签 36 项，审签总金额达 791.20 万元。开展基建维修工程审计。完成基建、维修结算审计项目 155 项，送审金额 8 347.34 万元，审减金额 750.78 万元，核减率 8.99%。

规范全过程跟踪审计管理。本年度对校内 36 项工程项目实施全过程跟踪审计,工程合同总金额 20 799.16 万元。配合新校区指挥部参加新校区前期建设相关会议,协调工程审计相关事务,并对新校区一期工程市政工程(一标段)进行清单、控制价、招标文件进行审核。

专项审计调查。完成了学校教学、科研类 40 万元以上大型仪器设备专项审计调查,调查金额 2.96 亿元。对学校顶层设计、制度建设、分工协调、平台后续建设与管理、维修资金保障等方面提出了审计建议。

其他审计事项。本年度对学校实践和创业指导中心工程项目竣工财务决算进行了审计,审计金额 5 420.00 万元。完成发展基金会项目验收审计,总经费 100 万元。

**【发挥内部审计监督管理职能,为学校管理提供服务】**将"2018 年教育部对直属高校经济责任审计"情况通报,在全校范围内调研,查找学校存在的问题、提出整改建议、制订整改方案,协调相关职能部门进行整改。

**【审计工作创新】**试行新建工程"清标"审核,将建设工程的审计监督"关口"前移。本年度对学校白马基地即将开工建设的作物表型组学研发中心、植物生产综合实验中心等新建工程项目进行了工程"清标"审核,合理控制工程造价。

**【加强与职能部门协调沟通,提升学校管理能力】**对审计中发现的学校管理问题,与相关部门反馈、沟通,分析问题产生原因,提出审计建议,提升学校管理水平。

**【加强审计队伍建设,提升内审工作水平】**本年度,组织审计人员参加教育部、中国教育审计学会举办的各类学习培训班 13 人次;组织审计人员赴兄弟高校开展审计公开、审计结果运用、审计信息化等方面的调研;对校内后勤集团、基本建设处、资产管理与后勤保障处、白马教学科研基地建设办公室等部门进行调研交流,征询各部门对审计工作的需求和意见,使审计工作开展更有针对性、更加高效。

本年度,审计人员公开发表论文 3 篇,获得"高校内部审计监督方法的创新和思考"校级人文课题立项 1 项,1 人获得学校"优秀管理工作者"表彰,2 人获得国家注册一级造价师证书。

(撰稿:杨雅斯　审稿:顾义军　审核:代秀娟)

# 实验室安全设备管理

**【概况】**实验室与设备管理处在学校党政领导的正确领导下,紧紧围绕实验室安全和教学科研仪器设备管理职能精心谋划,扎实工作,各项工作取得显著成效。

全面加强支部建设,深入开展主题教育。根据学校"不忘初心、牢记使命"主题教育领导小组文件精神,结合本部门实际,深入开展"基于信息化的实验室安全检查'双效'提升"和"关于教学科研设备物资采购效率提升"的专题调研活动,形成丰富的调研报告并应用于工作实际。

不断丰富安全教育内容和形式,推进安全教育进课堂。从 2019 年起,大学生安全教育作为素质拓展必修课被纳入本科生培养方案。组织开展 2 期实验动物操作技能培训与考试，380 人通过考试，通过率达 87％；开展 1 期特种设备操作人员上岗培训与考试，培训 148 名教职工，通过率达 100％。

强化主体责任，狠抓实验室安全检查与整改闭环管理。组织学校党政一把手与学院主要负责人签订《南京农业大学实验室安全责任书》，压实学校、学院、实验室各级安全主体责任。出台《南京农业大学实验室安全责任追究办法》，形成校、院、实验室及督导的多层安全检查-整改落实的闭环工作模式，2019 年度未发生实验室安全事故。

首次开展危险化学品专项整治工作。采取实验室自查与专家普查相结合的方式，对每个实验室进行地毯式排查，效果显著，共清查出剧毒化学品汞化物、氰化物、叠氮化钠等 18 千克，民用爆炸品硝酸铵 140 千克，并已妥善处置。学校被评为 2019 年度南京市剧毒易制爆管理先进单位。

深入开展压力容器专项整治工作。完成对全校老压力容器的定检及年检、新压力容器的使用登记及备案。聘请第三方有资质专业机构对全校 300 多个气瓶全面检测核查，判废或更换了一批不合规气瓶；同时，统一扎口实验用气管理，减少了学校压力容器的安全隐患。

加强实验室环保工作，全面实行实验室废弃物上门收集。共处置固体废弃物 238 吨、液体废弃物 120 吨；不断完善北门废弃物暂存库相关设施与管理，实行仓库内分区分类存放，及时处理库存，并安排专职工作人员 24 小时驻点值守；实施全校实验室废气排放净化工程，显著提高了学校实验室废弃物处置能力和水平。

简化采购报销流程，落实"放管服"精神，提高采购自主权。启用询价采购平台，实现采购全流程线上操作、过程留痕、动态查询。制订了《南京农业大学科研设备采购限时办结实施细则》和《南京农业大学科研急需设备采购实施细则》，规范外贸代理流程，采购实施限时办结，科研急需设备招标限额提高到 30 万元。

推进开放共享，提高仪器设备使用效能。制订《南京农业大学大型仪器设备开放共享管理办法》，调整开放共享服务收入分配比例，30％用于人员劳务、加班补贴或奖励费用，15％纳入学校共享平台统一管理及调剂使用；制订《南京农业大学大型仪器设备使用绩效考核实施细则》《南京农业大学教学仪器设备管理工作考核实施细则》，首次对学校 40 万元（含）以上大型仪器设备开放共享绩效、教学科研仪器设备管理单位进行考核。

实验室管理信息化水平不断提升。搭建了实验室安防平台，一期对全校 67 个实验室 121 个点位实现温度、烟感的全方位智能监控；完善学校 10 万元以下教学科研设备采购平台及功能，实现采购线上全流程办结；稳步推进实验室管理系统和安全检查系统的建设；全面升级校级仪器设备开放共享平台功能。

【举办南京农业大学首届实验室安全月活动】安全月主题为"生命至上 安全发展"，目的在于加强安全教育，强化安全意识，完善责任体系，推进准入制度，提升实验室安全风险防控与应急能力；明确安全规范，强化管理标准，推动科学管理、规范管理和高效管理，全面提升实验室安全管理水平。通过开展系列专题讲座、安全知识巡展、安全知识竞赛、征文比赛、应急演练等活动，活动参与师生覆盖率超过 70％，显著提升了师生安全意识。制作教育宣传微视频《实验室危险化学品安全管理》和《实验室气瓶安全管理》；印制并发放实验室安全手册等学习宣传资料 1 000 余份。学校党委书记陈利根参加开幕式，校长陈发棣参加闭幕式暨实验室安全责任书签订仪式并作重要讲话。

**【江苏省实验室安全检查】** 4 月 16 日，江苏省教育厅实验室安全检查专家组一行 5 人到学校开展了实验室安全专项检查。专家组由南京大学国资处处长华子春、扬州大学实验室环保与智能装备研究所所长周骥平、南京医科大学资产和产业管理处处长俞宝龙、苏州大学药学院实验室主任金雪明和南京中医药大学祖强组成。专家组听取了学校实验室安全工作汇报，对生科楼、资环楼、逸夫楼、理科楼实验室进行了现场检查，并对学校实验室安全管理相关资料档案进行了集中查阅，反馈了此次专项检查意见。现场检查中，发现责任追究制度缺乏、隐患整改不到位等 11 类问题。

**【举行"农业转基因生物安全科普进校园"活动】** 12 月 7 日，学校在图书馆报告厅举行"农业转基因生物安全科普进校园"活动。农业农村部科技发展中心转基因生物安全管理处主任孙卓婧、南京农业大学实验室与设备管理处处长钱德洲、农学院副院长曹爱忠、实验室管理科工作人员、农学院教师代表及 200 名左右师生参加了此次活动。

（撰稿：马红梅　审稿：田永超　审核：代秀娟）

# 图 书 情 报

**【概况】** 本年度文献资源建设总经费达 2 088.68 万元。全年新增馆藏中文纸本图书 66 104 册、外文纸本图书 884 册，生均拥有纸本文献 60 册；审核读者自购科研纸本图书 19 162 册，合计 86.75 万元；新增馆藏研究生学位论文 2 326 册、制作发布研究生电子学位论文 4 450 册；新增中外文数据库 11 个，全馆购买的数据库总数达 129 个。全年图书借还总量 358 765 册，其中，借阅量 179 513 册、还书上架量 179 252 册。

聚焦新校区图书馆规划设计。经过广泛调研和科学论证，围绕新校区图书馆建设提供了详细的单体设计需求书，并积极配合新校区指挥部，为新校区智慧校园规划提供智慧图书馆建设方案等相关支持，为新校区建设发展贡献图书馆人的聪明才智。

优化馆藏布局，创新服务模式。秉承"读者第一、服务至上"的服务理念，从科学馆藏管理、优化阅读环境、提升馆员服务 3 个工作目标出发，针对馆藏空间资源不足现状，多方探索解决对策，完成《纸质文献馆藏分布现状及今后五年馆藏空间设想报告》，并将各借阅室 2015—2017 年的 10.7 万余册图书调拨到总书库，保证了卫岗校区未来两年的新书入藏空间需求。努力构建高效的学生馆员运行机制，组织志愿者服务团队参与图书馆日常阅读管理与服务。继续完善基于"侬小图在学院"QQ 群的辅导馆员工作模式，不断提高读者满意度。

围绕学科发展，拓展咨询服务。本年度完成科技查新服务 235 项，其中，国内查新 199 项、国内外查新 36 项，国内外占比 15.3%；完成查收查引 266 项；为校内师生传递论文 1 990 篇，其中，NSTL、CASHL、CALIS、国家图书馆各平台共传递文献 875 篇，通过学科服务 QQ 群共计 1 115 篇；此外，通过江苏工程文献中心文献传递平台向校外传递文献 59 957 篇。

探索知识产权等深层次信息服务。本年度依托南京农业大学知识产权信息服务中心组织知识产权相关培训 4 期，协同资源与环境科学学院沈其荣教授团队成功申报江苏省高价值专利培育项目，完成南京农业大学近 20 年专利分析、猪屠宰方向专利分析以及学校较活跃的知识产权情况梳理等工作。并基于数据挖掘和数据分析技术，完成学科态势分析、学科前沿预测和相关学科领军人物识别、学者绩效评价等 12 项深层次情报分析服务。

深入开展阅读推广文化育人。上半年认真组织开展第 11 届"腹有诗书气自华"读书月暨第二届"楠小秾"读书嘉年华活动；下半年精心策划开展第二届"菊韵秋华 书墨萦香"校园菊展活动，均取得了良好的文化育人效应与社会反响。增设 2 台朗读亭等阅读推广设施，于 2019 年 7 月 5 日启用上线运行，全年"楠小秾"朗读亭总用户数 1 150 个，总朗读数 11 895 个，举办活动 2 次，用户参与中文测评 949 次，参与英文测评 382 次。

以党建带群团创建和谐氛围。完成二级党组织换届和学校第十二次党代会代表选举，进一步推进二级党组织巡察整改工作。牵头组织 8 个单位联合参加学校庆祝新中国成立 70 周年大合唱比赛，取得二等奖的好成绩。组织开展 2019 年图书馆大楼消防疏散演练、大学生国庆庆典现场直播、国家网络安全宣传、红色文化基地学习等最佳党日活动，以及赴雨花台烈士陵园、梅园新村纪念馆、新四军江南指挥部纪念馆、红色李巷等地开展新党员入党宣誓、老党员重温誓词党员教育活动。完成部门工会委员会换届工作，持续开展"月月有活动、人人能参与"有益员工身心健康的各项活动，为相互帮扶、凝聚人心、创建和谐发挥了积极作用。关心支持离退休老同志工作，为老同志身体健康、开展活动创造条件。

常抓不懈扎实做好其他工作，推进日常读者借阅服务、新生入馆培训、毕业生离校等常规服务工作；积极做好馆员大学堂、馆员大讲堂、馆际交流与合作等。完成江苏省高等学校图书情报工作委员会读者服务与阅读推广专业委员会主任单位的相关工作，先后组织筹办 2019 年专业委员会学术年会、专业委员会主任会议、专业委员会委员天津高校调研等活动。

**【文献资源保障能力建设取得新突破】**本年度文献资源购置经费首次突破了 2 000 万元，新增了 Wiley 重点学科方向电子图书 3 377 种，以及 IEL 数据库全库、中国历史文献《申报库》等 11 个中外文数据库，完成馆藏数字本地化建设的中文电子图书超过 130 万种，累计购买 Elsevier 等优质外文电子图书达 36 000 多种，处于国内农业大学此类文献保障的最好水平。本校 ESI 重点学科期刊平均保障率达到 75.88%，已略高于国内原 33 所"985"高校平均数（73.88%）。教育部"农学"学科下各一级学科核心期刊整体保障率超过 80%，达 80.57%。

**【阅读推广等文化育人活动取得新成效】**以"辉煌七十载 耕读新时代"为主题开展的第 11 届"腹有诗书气自华"读书月暨第二届"楠小秾"读书嘉年华活动，成功组织了琴瑟书香浓郁的开幕式表演，并设计了"阅读打开智慧之门"的彩虹桥 & 小红书创意造型，活动共持续 45 天，组织了名家讲坛、摄影大赛等 6 大系列活动，吸引了南京广播电视台、网易新闻等多家媒体关注报道，直接参与人数超过 5 000 人次。第二届"菊韵秋华 书墨萦香"校园菊展活动组织了"菊花搭台 阅读唱戏"6 项主题活动，接待校内师生 2 万多人次，接待社会各界人士 3 000 人次，取得了良好的社会效益。此外，还通过开展"钓鱼岛的历史与主权主题展览""宋代美学文化艺术展""庆祝新中国成立70周年主题邮票展""穿越历史　共读南京十朝历史文化巡展"和组织全体新生参观单人耘诗书画展等活动，不断发挥图书馆以文育人、以文化人的作用。

# ［附录］

## 附录1　图书馆利用情况

| | | | |
|---|---|---|---|
| 入馆人次 | 1 764 346 | 图书借还总量 | 35.876 5 万册 |
| 通借通还总量 | 1 042 册 | 电子资源点击率 | 450 万次 |

## 附录2　资源购置情况

| | | | |
|---|---|---|---|
| 纸本图书总量 | 263.31 万册 | 纸本图书增量 | 66 988 册 |
| 纸本期刊总量 | 248 278 册 | 纸本期刊增量 | 3 975 册 |
| 纸本学位论文总量 | 32 912 册 | 纸本学位论文增量 | 2 326 册 |
| 电子数据库总量 | 129 个 | 中文数据库总量 | 47 个 |
| 外文数据库总量 | 82 个 | 中文电子期刊总量 | 633 261 册 |
| 外文电子期刊总量 | 538 793 册 | 中文电子图书总量 | 13 820 422 册 |
| 外文电子图书总量 | 2 260 423 册 | 新增数据库或平台 | 11 个 |

# 档　　案

【概况】档案馆负责学校党群、行政、人事、教学、科研、基本建设、外事、财会等档案的收集、整理、保管、利用、服务，以及《南京农业大学年鉴》编撰出版工作。档案利用服务方面，本年度共接待综合档案类查档约300人次，查阅案卷1 600卷；教工人事档案查询209人次共1 098卷；学生档案查询213人次共1 885卷和政审233人次（研究生184人，本科生49人）；学籍档案查询914人次共1 283卷，处理学历学位认证149人次247卷。本年度继续开展部分存量档案扫描工作，共扫描完成文书档案716卷、70 847页，成绩档案1 058卷。组织开展2018年度学校档案工作先进集体、先进个人的评选表彰，研究生院等5个单位被评为档案工作先进集体，尤兰芳等10位同志被评为档案工作先进个人。

综合档案。根据江苏省档案局文件，对归档细则作了新的调整。完成全校50个归档单位2018年度文件材料立卷归档工作，接收整理档案4 468件、4 787卷，照片1 689张。其中，行政类1 742件，教学类696件，党群类535件，基建类34件，科研类697件，外事类

554 件，出版类 53 件，学院类 157 件，财会类 2 177 卷，学籍档案立卷 2 610 卷。截至 12 月 31 日，馆藏 72 340 卷、11 301 件（不含人事档案）。

实物档案与人物档案。为推动实物档案资源的保护和利用管理，档案馆起草并发布了《南京农业大学实物档案管理办法》。收集 5 件曾用于教学的实物档案（德国显微镜）。征集到中国早期农业高等教育的奠基人、东南大学农科系主任邹秉文手稿、著作和其悼念文章等 8 份，照片 85 张，紫砂壶 1 把；金陵大学农经系主任孙文郁照片 8 张，著作和传记等 4 份；金陵大学校友通讯录 28 本。协助金善宝教授的女儿完成金善宝传记、证书、信件、手稿、著作、报道、照片等 1 600 余份重要珍贵档案资料的整理。

人事档案。整理档案 306 卷（其中新进人员档案 66 卷，退休人员 42 卷，去世人员档案 16 卷，新一轮换届聘任中层干部人事档案 182 卷）；整理零散材料 3 524 份；接收江浦农场工人档案 606 卷、零散材料 164 份；转递人事档案 7 卷。截至 12 月 31 日，库存人事档案 4 326 卷。

全年接收并整理入库 2019 级本科新生人事档案 2 990 卷，研究生新生人事档案 3 227 卷，接收并整理本科生、研究生毕业材料 11 684 卷，转递学生档案 4 243 卷。截至 12 月 31 日，库藏学生人事档案 32 160 卷。

年鉴编写出版。4 月，组织启动《南京农业大学年鉴 2018》编撰工作，召开年鉴编撰和培训会议，经过校对、统稿、封面设计等流程后，完成《南京农业大学年鉴 2018》出版工作。

档案宣传、培训。2019 年 6 月 9 日的"国际档案日"，宣传主题是"新中国的记忆"。结合馆藏档案及校史资料，从新中国成立后的校园风貌变化角度，梳理制作《新中国的记忆——南京农业大学校园风貌档案图片展》。参与教育部关于开展"档案故事：见证新中国高等教育 70 年"征集活动，共上报 3 篇征文故事，其中《用青春填满粮仓》被《中国教育报》全文刊登；组织参加江苏省高校档案研究会的"档案教育故事"征文活动，共上报 5 篇征文，其中《用青春填满粮仓》和《中国青霉素之父——樊庆笙》等档案故事被江苏教育厅官方微信全文刊登。在《南京农业大学校报》设"南农档案"专栏，刊登 3 篇档案文章。活动当天，为使毕业生了解档案转递流程，安排学生档案知识咨询服务，促进师生对个人档案存和用的重视。

开展全校专兼职档案员系列业务讲座、实地考察学习等，对立卷归档和档案管理系统的使用进行了培训。档案馆工作人员分别到南京大学、东南大学、浙江大学、南京理工大学和华东师范大学等校开展档案信息化调研，并完成调研报告。为适应未来智慧校园建设的需要，邀请相关档案信息技术研究单位的技术人员等来馆进行档案信息化建设交流，并开展技术研讨和咨询。

**【承办"邹秉文农科教结合办学思想 100 周年研讨会"】** 10 月 16 日，学校隆重召开纪念邹秉文农科教结合办学思想 100 周年研讨会，档案馆参与承办。出席研讨会的嘉宾有邹秉文亲属、学校党委书记陈利根、副校长董维春、离退休教师以及来自校内院系机关的 100 多名师生。邹秉文亲属代表邹幼兰女士围绕邹秉文从始至终的爱国主义思想发表讲话。邹秉文亲属代表邹虹先生向南京农业大学捐赠有关邹秉文先生的实物档案。副校长董维春教授、档案馆馆长朱世桂研究员等分别作了邹秉文农科教结合办学思想的有关专题报告。

# ［附录］

## 附录 1　2019 年档案馆基本情况

（截至 2019 年 12 月 31 日）

| 面积（平方米） | | 主要设备（台） | | | | | | | | | 人员（编制 11 人） | | | |
|---|---|---|---|---|---|---|---|---|---|---|---|---|---|---|
| 总面积 | 其中库房面积 | 计算机 | 扫描仪 | 复印机 | 打印机 | 空调 | 去湿机 | 防磁柜 | 消毒机 | 馆长 | 副馆长 | 综合档案部 | 人事档案部 | 档案信息部 |
| 1 000 | 750 | 16 | 3 | 5 | 13 | 18 | 1 | 1 | 1 | 1 | 1 | 3 | 3 | 3 |

## 附录 2　2019 年档案进馆情况

（截至 2019 年 12 月 31 日）

| 类目 | 行政类 | 教学类 | 党群类 | 基建类 | 科研类 | 外事类 | 出版类 | 学院类 | 学籍类 | 财会类 | 总计 |
|---|---|---|---|---|---|---|---|---|---|---|---|
| 数量（件、卷） | 1 742 | 696 | 535 | 34 | 697 | 554 | 53 | 157 | 2 610 卷 | 2 177 卷 | 4 468（4 787 卷） |

（撰稿：高　俊　审稿：朱世桂　审核：代秀娟）

# 信 息 化 建 设

【概况】2019 年以来，在学校信息化建设领导小组和网络信息安全领导小组的指导下，图书与信息中心不断加强自身队伍建设，提升信息化建设能力，完善各项规章制度并积极落实，稳步开展教学科研网络基础条件的改善及信息化应用项目建设，积极构建数据和基础平台的管理规范，提升数据资产的价值挖掘能力。在为全校师生用户提供优质稳健的信息化服务的基础上，致力于以更全面、高效的信息化手段在提升教学教研成效、办事办公效率、行政管理效力及领导决策力等方面提供有力支撑。在这一年中，围绕上述内容，学校信息化各项工作均取得了显著成效。

新校区信息化顶层设计与规划。完成江北新校区智慧校园规划设计工作，确定了新校区"2＋N＋3"整体规划，即实现两大统一：统一基础设施和统一支撑平台；N 大整合：校园服务管理大整合；三大融合：多校区融合、内部机制融合和校园城市融合。

校园网建设。为贯彻落实党中央、国务院关于建设网络强国的战略部署，加快推进基于互联网协议第六版（IPV6）的下一代互联网在学校部署使用，学校与中国教育科研计算机网华东北地区网络中心合作，在卫岗校区理科楼数据中心建立城东 IPV6 分中心，实现与华东北地区网络中心 IPV6 出口线路 100 Gbps。同时，学校积极与运营商合作，建立了电信 IPV6 出口线路，新增 IPV6 地址段 240e:6a0:30::/48，在全国高校首家建立多个运营商 IPV6 出口，为学校下一代互联网应用研究提供良好的基础。在 IPV6 安全管理基础上，学校建设了 IPV6 出口防火墙和 IPV6 上网认证系统，实现 IPV6 用户认证管理和安全防护。

校园网信息安全管理与宣传。为落实信息安全管理责任，学校调整了信息安全领导小组成员，同时召开信息安全领导小组会议，明确安全责任分工，落实网络信息安全具体管理措施。为进一步增强信息安全意识，9 月 27 日，学校组织网络安全保障工作专题培训会，对来自 19 个学院、35 个部门单位分管网络安全的负责人、安全员进行安全培训，进一步落实了信息安全责任。此外，根据实际情况，重新梳理和调整现有信息系统等级，确定了 2 个三级系统和 4 个二级系统，完成二级以上信息系统公安备案和信息系统等保测评项目的招标采购。同时，为进一步加强校园网络安全管理制度建设，不断完善网络安全应急机制，按照教育部、省教育厅相关文件精神编制发布《南京农业大学网络安全事件应急预案》

在网络安全宣传工作方面，9 月 17 日，结合第六届国家网络安全宣传周，开展了主题为"共建网络安全，共享网络文明"的校园网络安全宣传月活动。安置大型航架展板，内容包括警惕身边的网络安全陷阱、如何保护个人信息、校园正版软件使用推广等内容；在移动液晶电视大屏循环播放网络安全小知识等短视频；在信息中心网站推出校园网络安全专题宣传图文及视频短片；通过微信公众号推送网络安全宣传周专版活动集锦；开展现场咨询宣传活动，发放网络安全警示与校园网安全使用须知宣传彩页、网络安全意识普及宣传漫画手册，邀请学生参与网络安全知多少微信扫码有奖互动答题等，引导学生提高网络安全意识，防范网络诈骗，推广使用校园正版应用软件和计算机防病毒软件。

信息化专项建设。组织各部门申报信息化应用专项建设，申报总金额达 2 000 多万元，经过项目专家评审和遴选，共立 21 个信息化专项；积极与国内大型企业合作，与中国银行合作为学校争取信息化建设资金 1.1 亿元（从 2019 年开始每年投入 2 000 多万元，连续 5 年），并与华为公司签订战略合作协议，为学校信息化基础设施、大数据分析等智慧校园项目建设提供大力支持。

建设校级私有云平台。为解决学校各单位部门的信息化硬件资源不足问题，兼顾原有虚拟化体系架构已经不能满足学校数据中心高速发展和变化需求的现实情况，以部门使用的虚机为切入点，专门建立基于 openstack 的私有云平台。对私有云的运行环境进行规划，将部门使用的虚拟机迁移至私有云内，实现资源的按需分配、虚拟机的科学管控，保障数据的安全可靠，稳步提升对信息化建设的支撑能力。

**【规范校园信息化数据管理及应用接入流程】** 为提升学校信息化数据服务质量，规范数据管理办法，从数据梳理入手，积极开展数据治理工作，对学校主数据库的 583 张数据表进行梳理与修正，具体工作包含：梳理 372 个 ODI 集成接口，停用无用接口；梳理 252 个 API 开放接口，完善所有已封装的 API 接口的信息，特别是出入参字段信息。此外，进一步完善数据开放共享与回流的方案，规范信息化数据的管理，已在学工系统、人事系统、绩效系统、公务接待等系统进行实施，达到预期效果。

2019 年，师生综合服务平台用户访问量达 502 万人次。为促进第三方应用在师生综合服务平台的健康运营，提高用户对应用的满意度，方便第三方应用的快速接入，推进第三方持续优化，在梳理第三方接入应用的同时，完善统一身份认证系统、主数据系统、数据开放能力平台的相关功能，优化应用接入的规范化流程，进一步提升信息化基础平台的技术支撑能力。

**【全面支撑教学科研工作及办事管理流程】** 为提高教育教学及管理工作效率，积极推进信息化与教育教学管理融合，完成教师工作量核算系统建设，组织教务处、研究生院、19 个学院共 50 余名教师参与到教师教学工作量核算系统的推广培训中，11 月底正式全校推广运行；完成科研成果中心（一期）项目建设，对学校科研成果数据字段与内容进行确认，初步搭建科研成果数据中心应用，为学校教师科研成果的数据填报与管理提供有力支撑。伴随日益扩大的师生业务办理需求，在逐步完善线上服务的同时，建设校园百事通项目，就线下事务缺乏明确流程、办事指南无统一管理、办事指南缺乏高效的触达通道、线上服务查找困难这四方面的问题，予以逐步改变和提升。

（撰稿：王露阳　审稿：查贵庭　审核：代秀娟）

# 后勤服务与管理

**【概况】** 2019 年，卫岗校区共 7 个学生食堂、1 个美食餐厅、1 个教工餐厅，服务学生公寓 31 栋、教学办公楼宇 26 栋，建筑面积达 42.88 万平方米。浦口校区共 4 个学生食堂、1 个教工餐厅，服务学生公寓 13 栋、教学办公楼宇 6 栋，建筑面积达 5.54 万平方米。后勤服务社会化进一步深化，社会企业监管制度逐步完善，能源管理和节能成效逐步彰显，后勤基础设施条件和服务质量不断提升，2019 年各项后勤服务师生满意度平均为 92.5%。

加强党建群团建设。开展"不忘初心、牢记使命"主题教育活动，统筹推进学习教育、调查研究、检视问题、整改落实工作，组织召开专题民主生活会和组织生活会，开展党员民主评议，在卫岗校区后勤 48 名在职党员中，15 名党员评定为"优秀"，33 名党员评定为"合格"。2019 年，2 名职工提交入党申请书，培养 1 名积极分子，1 名积极分子转为预备党员。组织后勤集团公司第三届四次职工代表大会，做好 2019 年困难职工慰问、大病医疗互助以及老龄工作。

开展服务育人工作。全面落实学校"三全育人"工作，牵头完成《南京农业大学关于加强服务育人的实施细则》，围绕学校立德树人根本任务和人才培养目标，从安全防控、服务升级、活动开展、引导教育、环境优化等方面确保服务育人各项措施落地生根，努力打通服务育人工作"最后一公里"。

加强安全生产保障。层层签订《安全工作责任书》，加大安全生产宣传教育力度，开展各类安全应急演练，加强消防、食品、电梯、锅炉、员工宿舍等专项检查，坚持安全月报制度，全年安全生产无事故。组织"防风险保平安迎大庆"等专项安全检查，确保新中国成立 70 周年庆典校园安全稳定。

推进后勤服务社会化。完成新一轮在校服务社会企业公开招标，修订完善社会企业质量监管考核制度，建立了系统、全面的监管体系及检查考核流程，加强日常监督检查和评价，提升社会企业服务质量和水平。2019 年，后勤社会化服务比例整体达到 60%，社会餐饮企业年营业收入 6 000 余万元，超过饮食服务中心总营业收入的 80%。

提升基础服务条件。完成学生三食堂及教工食堂改造，安装电梯第三方对讲无线报警通话系统，升级浴室刷卡门禁视频监控系统，建设牌楼创业中心电动车智能充电桩，更新 2 台纯水设备，添置 1 台装卸式垃圾车，购置幼儿教学一体机、空气消毒机、垃圾点分类垃圾桶 292 个、不锈钢分类垃圾桶 47 只等。家属区安装 137 套单元防盗门及门禁系统，主要道路安装监控系统。

饮食服务。加强食堂日常安全监管和食品加工流程管控，开展安全培训、知识考试、安全检查工作讲评，严把食品加工关。创新丰富菜肴品种，提升饭菜质量。完成 40 余项团体供餐服务。积极与服务对象互动交流，举办"第 15 届校园美食文化节"等活动。卫岗校区饮食服务中心 2019 年营业收入 7 350 万元。

物业服务。卫岗校区物业管理服务中心开展电梯救援演练，完成电梯年检报修 115 起。组织学生宿舍空调和教室空调清洗保养，以及门禁系统、电开水炉、直饮水机等设备维护、报修，做好楼宇门卫、道路、楼宇保洁。完成教工食堂东侧池塘清淤、学生宿舍零星维修 1 457 项、门禁授权 9 067 人次，承接会议 504 场，服务重大活动 34 场。完成校园绿化养护 33 项，全年养护管理费 48 万元。全年垃圾可回收物 23 吨，其他垃圾 4 000 余吨，同比减少 500 吨，垃圾分类初见成效。浦口校区制订并实施《学生公寓楼管员量化考核奖惩办法》，推进学生公寓管理科学化、标准化、规范化建设，做好保洁、绿化、楼宇、维修等外包物业服务的监管工作。

能源管理。保障学校水电基础设施安全运行，卫岗校区全年保电近 30 次，完成水电工程立项和审批 66 项，预算金额 462.5 万元；审核 1 万元以下维修任务单 264 项，审定金额 36.43 万元。卫岗校区全年供电 4 727.54 万度，供水 175.97 万吨。启动校园路灯改造工作，完善校园路灯布局，绘制路灯分布图，悬挂标示牌，做好日常路灯巡检及维修工作。做好蓄水池及水箱清洗、消毒、检测工作。参与新校区综合能源规划、供配电规划、给排水规划等项目论证，为新校区供配电规划建设提供数据支撑。申请校内专项经费 35.62 万元，完成教学楼宇"教室空调节能控制系统"建设项目。加强水电设施监测管控，开展供水管网专项检漏工作，2019 年卫岗校区检测修复漏水点 20 处，同比 2018 年节水 50.99 万吨，用水年度增长率为 −22.47%，节约水费支出约 162.17 万元。在新建建筑、用能设备及人员大幅增加的情况下，用电年度增长率由 2018 年的 10.41% 下降到 7.34%。浦口校区同比 2018 年节水 16.87 万吨，用水年度增长率为 −37.16%，节约水费支出约 61.88 万元；用电年度增长率 5.60%。

维修服务。继续履行"24 小时维修热线"服务承诺，规范小型维修审核和入库单位管理考核，做好工程质量和进度监管、验收送审和结算等工作。卫岗校区全年完成零星维修 2 450 项，2 000～1 万元工程审计 60 项，30 万元以下立项维修项目 206 项，预算总金额 700 万元。浦口校区完成零星维修 878 项，立项维修项目 61 项，预算总金额 560 万元。

幼教服务。幼儿园加强学前"十三五"课题研究。聘请法制园长，组建家长护学岗，打造阳光食堂。顺利通过卫生合格证验收。开设家长工作坊和新父母课堂，实现家园共育。做好幼儿保健等工作，组织"我要上六一""我在国旗下成长"、第五届植物博览会等活动。

队伍建设。新招聘非编人事代理 2 人、学校租赁 3 人、后勤租赁 4 人。提高租赁职工薪酬待遇，劳务派遣员工缴存住房公积金，13 人通过职称评聘，3 人通过技师、高级技师考评。开展新员工入职、安全、技能等培训，举办厨师烹饪、窗口服务技能、物业管理技能笔试和现场实操等比赛，开展日常工作质量考核，提升员工服务技能和业务水平。10 人分别获全国、江苏省、行业协会、学校先进个人，1 篇论文获南京市三等奖，1 篇征文获玄武区一等奖、2 篇获二等奖、5 篇论文公开发表。2019 年，学校被玄武区评为"2018 年度垃圾分类工作先进单位"，物业管理服务中心被江苏省高校学生公寓与物业管理专业委员会评为"服务育人先进集体"，车辆管理服务中心获江苏省高校后勤协会运专会"十佳"单位称号。

社区工作。本科生社区，共有 14 幢本科宿舍楼，其中男生宿舍楼 6 幢、女生宿舍楼 8 幢，可用床位数为 11 976 个。住宿学生为 11 679 人，其中男生 4 429 人、女生 7 250 人，配备宿舍管理员 14 人。本科生社区进一步完善了学生宿舍通宵供电、安全巡查、管理员周例会等管理制度，健全学生社区自管体制，充分发挥学生组织在学生社区的"三自"功能。加强管理队伍和辅导员工作站建设，2019 年辅导员社区工作站约谈、接待来访学生 3 000 余人次。加大对文明宿舍评比宣传力度，共评选出 2018—2019 学年度校级文明宿舍 220 个、卫生"免检宿舍"569 个。大力建设社区学生文化，举办春、秋两季"社区文化节"，开展预防春季传染病宣传、摄影、捐衣、征文等活动，提供展示宿舍风采和个人才华的平台，营造"家"的温馨。研究生社区，共有 16 幢宿舍楼，其中男生宿舍楼 6 幢、女生宿舍楼 9 幢、男女混合楼宇 1 幢。可用床位 7 133 个，住宿学生 6 812 人，其中男生 2 792 人、女生 4 020 人，配备宿舍管理员 15 人。研究生社区坚持辅导员每周下宿舍、社区协查员每日社区巡查及安全信息周报制度，每周开展研究生咨询和帮扶工作。每学期开展一次研究生"文明宿舍"评比活动，制作和张贴各类宿舍文化海报，开展"女生节""中医中药高校行"等主题活动。家属社区，定期组织社区文化活动，丰富居民文娱生活，全面加强治安志愿者队伍建设。开展计划生育、劳动保障及民政工作，协助业主委员会工作开展，加强对南京苹湖物业有限公司监管。制订地下停车场固定车位管理办法，确定车位管理费收费标准等工作，解决了多年来小区停车混乱的问题。协助处理住宅加装电梯扫尾工作，竣工投入使用 28 部。

【应对伙食原料价格上涨】应对伙食原料价格上涨，坚决贯彻执行教育部关于稳定学生食堂饭菜价格的文件精神，出台《南京农业大学学生食堂饭菜价格平抑基金管理办法》，对伙食原料价格上涨进行补贴，党政联席会议研究伙食原料价格调整事宜，同时采取内部挖潜、节能降耗、提高劳动生产率等措施，切实稳定学生食堂菜品价格。

【公务用车改革】落实公务用车改革方案，组建车辆管理服务中心，负责全校 32 辆公车管理。对部分车辆按照规定程序进行拍卖处置，共计处置 20 辆机动车，其中 17 台车辆有使用价值，经评估后予以拍卖，评估价合计 77.1 万元，收益合计 87.8 万元，溢价率达 14%；其余 3 辆车因无修复价值且不能满足环保要求，作报废处置。

【共建食品营养与安全监测中心】11 月 16 日，学校农业农村部肉及肉品质量监督检验测试中心（南京）与饮食服务中心举办"食品营养与安全监测中心"项目签约揭牌仪式。这是全国首例高等院校与部级产品质量监督检验测试中心联合共建的高校食品安全监测平台项目，监测中心从管理、技术、市场实现食品安全资源共享，在食品安全检测、食品安全风险评价、食品安全风险预警、环境卫生监测等多领域展开深入合作。

【建设有机物循环利用中心】投资 200 万元，建设有机物循环利用中心，6 月 4 日正式投入使用。学校有机物循环利用中心是南京市自建大型餐厨垃圾就地无公害处理设施较早的几家单位之一，该设备能耗较低，具备杂物自动筛选功能，其产生的有机肥、油脂、废水、废气、噪声等能够基本达到环保指标要求。

# [附录]

## 附录 1　2019 年后勤主要在校服务社会企业一览表

| 校　　区 | 类　　别 | 企业名称 |
|---|---|---|
| 卫岗 | 餐饮服务 | 南京派亿送餐饮服务有限公司 |
| | | 宁夏明瑞苑餐饮管理股份有限公司 |
| | | 江苏哲铭峥餐饮管理有限公司 |
| | | 南京巨百餐饮管理有限公司 |
| | | 南京琅仁餐饮管理有限公司 |
| | | 南京梅花餐饮管理有限公司 |
| | | 苏州君创餐饮管理有限公司 |
| | 物业服务 | 深圳市莲花物业管理有限公司 |
| | | 山东明德物业管理集团有限公司 |
| | | 江苏盛邦建设有限公司 |
| | | 南京绿景园林开发有限公司 |
| | | 南京诚善科技有限公司 |
| | 维修工程 | 江苏大都建设工程有限公司 |
| | | 南京海峻建筑安装工程有限公司 |
| | | 南京永腾建设集团有限公司 |
| | | 江苏冠亚建设工程有限公司 |
| | | 南京市栖霞建筑安装工程有限公司 |
| | 医药 | 江苏九州通医药有限公司 |
| | | 南京药业股份有限公司 |
| | | 江苏陵通医药有限公司 |
| | | 南京筑康医药有限公司 |
| | | 江苏鸿霖医药有限公司 |
| | | 国药控股江苏有限公司 |
| | | 南京成雄医疗器械有限公司 |
| | | 南京医药医疗药品有限公司 |
| | | 南京克远生物科技有限公司 |
| | | 南京新亚医疗器械有限公司 |
| | | 南京临床核医学中心 |
| | | 鹤龄药事服务有限公司 |
| | | 南京天泽气体有限公司 |
| | 洗浴 | 江苏恒信诺金科技股份有限公司 |
| | 洗衣 | 江苏西度资产管理有限公司 |

（续）

| 校　区 | 类　别 | 企业名称 |
|---|---|---|
| 浦口 | 餐饮服务 | 南京巨百餐饮管理有限公司 |
| | | 南京琅仁餐饮管理有限公司 |
| | | 武汉华工后勤管理有限公司 |
| | 物业服务 | 珠海市丹田物业管理股份有限公司 |
| | 维修工程 | 南通十建集团有限公司 |
| | | 南京三达建设工程有限公司 |
| | 洗浴 | 淮安恒信水务科技有限公司 |
| | 超市 | 好又多超市连锁有限公司 |
| | | 南京购好百货超市有限公司 |

## 附录 2　2019 年后勤主要基础设施建设项目一览表

| 校区 | 项目名称 | 投入金额（万元） | 合计（万元） |
|---|---|---|---|
| 卫岗 | 纯水设备等采购与建设项目 | 102.45 | 1 107.15 |
| | 卫岗校区食堂基础设施维修改造工程 | 896.90 | |
| | 南苑食堂蔬菜清洗间改造扩容工程 | 8.07 | |
| | 饮食服务中心餐厨垃圾处理站建设工程 | 9.88 | |
| | 新增牌楼自行车车棚工程 | 16.13 | |
| | 食堂餐厨垃圾处理站线路改造工程 | 4.90 | |
| | 13 舍二楼平台漏水维修工程 | 24.97 | |
| | 教工食堂进线电缆改造工程 | 23.07 | |
| | 北苑学生宿舍洗漱台维修工程 | 5.56 | |
| | 改造学生宿舍区电吹风机线路工程 | 4.04 | |
| | 食堂、洗衣房更换蒸汽设备土建改造工程 | 11.18 | |
| 浦口 | 篮球场灯光架设 | 5.98 | 504.65 |
| | 汇贤楼配电柜改造 | 7.34 | |
| | 图书馆静电地板更换 | 8.22 | |
| | 33 幢家属楼供电总线路铺设及进户线路改造 | 8.77 | |
| | 雨污管网局部改造 | 8.79 | |
| | 足球场人造草坪维修 | 9.31 | |
| | 配电设施预防性试验 | 10.45 | |
| | 教室维修改造工程 | 22.81 | |
| | 学生宿舍维修改造工程二标段 | 191.39 | |
| | 学生宿舍维修改造工程一标段 | 231.59 | |
| 总计 | | | 1 611.80 |

（撰稿：钟玲玲　周建鹏　袁兴亚　审稿：刘玉宝　李献斌　林江辉　审核：代秀娟）

# 医 疗 保 健

**【概况】** 认真贯彻执行卫生主管部门的工作部署，在开拓创新的道路上，抓机遇，谋发展，努力打造"服务贴心、技术优良、管理科学"的基层医院，推动医院科学发展。

基层党建。成立医院第一届直属支部委员会，完成以"建立健全基层党组织，增强党支部凝聚力"为主要目标的"书记项目"，创建党员活动室 1 间，支部委员上党课 4 次，主题教育 15 次，大讨论、大交流 5 次，开展外出调研 7 次，党员外出主题活动 5 次。制订《南京农业大学医院章程》，完善《南京农业大学医院主要职能》，"三重一大"民主决策，认真贯彻党风廉政建设责任制。医院派出杨桂芹、耿宁果、徐礼勇 3 位医生组成专家组，于 2019 年 7 月，赴贵州省麻江县开展扶贫义诊活动，以精湛的医疗技术和良好的医德医风，对危重及疑难的住院病人进行全方位会诊、开展讲座，受到了当地干部群众的高度称赞。

浦口校区卫生所设置党员示范岗，充分发挥党员先锋模范作用。开展慢性病定期随访，对于年纪较大出行不便的教工定期上门随访，并进行用药及科学健康的生活方式指导。

基本医疗。2019 年医院在人员减少的情况下，医院员工为师生着想，砥砺奋进，门急诊量近 10 万人次，接诊人次较 2018 年同期增加 9.4%，再创历史新高。与南京鹤龄医药公司合作，调配中药方 6 692 人次，累计金额 161 万元；与南京临床核医学中心合作，外检690 人次，项目 4 110 项，累计金额 19 余万元。

浦口校区卫生所 2019 年日常门诊接诊 1.5 万人次，较 2018 年同期就诊增长 20.97%。

传染病防控。2019 年学校先后确诊 16 例肺结核（是往年的 4～5 倍）、1 例登革热、2例艾滋病、3 例传染性肝炎。医院认真落实《南京农业大学传染病防控三级联动方案》，筛查密切接触者 1 426 人次，对登革热密切接触者 28 人进行医学观察 25 天。指导疫区消毒 70余起，对重点区域 24 台空调深度清洗、消毒，确保了校园的平安。

浦口校区卫生所在参加 2019 年全省高校艾滋病防治知识传播校园行项目申报活动中，成为江北新区入选的 9 所高校之一，期间开展 3 次大型现场防艾滋病知识宣传活动；6 月确诊 3 例肺结核，在区疾控中心指导下及时采取了隔离、治疗，并对密切接触者及时开展PPD、胸片检查。

公共卫生。与社会体检机构合作，改革新生体检模式，保质保量完成 5 000 多人次的新生体检及学生健康档案管理和网上查询工作。线上线下广泛征求意见，走访调研多家医院，分析教职工重点关注的体检地点、体检医院、体检项目等 10 个问题，完成"南京农业大学教职工体检新方案"论证，为 2020 年学校教职工体检方案的制订提供了可靠依据。医院顺利完成江苏省标准化预防接种门诊的改造工程。

浦口校区卫生所于上半年顺利完成新生入学体检部分项目的招标及教工体检的招标工作，9 月 16～20 日完成 1 900 人的新生入学体检工作及学生健康档案管理工作；9 月 23～27日完成浦口校区 500 余名教职工的健康体检工作，并针对体检中的异常指标邀请院外专家现场答疑解惑，受到教职工的一致好评。

健康教育。成立了以骨干医务人员为主的卫生健康教育宣讲团，全年宣讲 10 余场次。在防控结核病日、国际护士节、"12·1 艾滋病宣传日"，医院派出骨干医生到居民区、学生社区开展义诊和健康宣传活动。通过微信、网站多种形式宣传健康卫生知识，发放健康教育宣传册 12 500 份，开设大学生健康教育选修、选读课共 500 余人次，深受师生欢迎。

浦口校区卫生所开展健康教育讲座，受益人数约 2 000 人次；开设大学生安全教育课程；制订《工学院应急救护培训策划书》，全年面向学生举办急救培训 6 场，近 2 000 人参加，面向宿管人员培训 3 场，全面普及急救知识。

管理创新。与南京市中西医结合医院、东部战区空军医院签订医联体共建协议。"基层首诊，双向转诊"、专家进校医院等工作有新的突破。召开"军民融合、院企联手、共促发展"推进会，推进与东部战区空军医院、南京沃成科技有限公司、南京乐达信息技术有限公司的深度合作。现代化的信息技术帮助健康体检、健康管理及数字化管理等方面得到全面提升。医院主动与信息科技学院联合，自主研发识别电子发票程序软件，有效识别发票重复报销问题。2019 年共审核票据 46 603 张，报销金额 1 469 万元。

队伍建设。顺利完成第三批医疗专项课题研究结题工作。医护人员发表论文 10 余篇；选派 3 名医护人员到南京市中西医结合医院和南京市第一医院进修；5 位同志分别通过卫生系列副高级和中级职称评审；护理组新进 1 名护士。

文化建设。参观溧水红色李巷村、白马科技园、茅山新四军纪念馆、中国革命圣地延安和习总书记曾经工作过的梁家河、南京雨花台烈士陵园；工会组织校医院第一届羽毛球赛，校医院首次独立组队参加校运动会，取得了良好的成绩。

计划生育工作。2019 年出生人口 74 人，计划生育符合率达 100%；避孕节育措施落实率 100%；开展"青春同伴教育"活动 30 余场，举办青春期生殖健康培训人数达 3 000 余人次。

浦口校区 2019 年出生人口 5 人，计划生育符合率达 100%；避孕节育措施落实率 100%；成功参与了由中国计划生育协会组织的关于"青春与健康"项目申报。

大学生医保。2019 年参保人数共计 18 680 余人，新参保 5 800 人，办理转专业学生参保手续 468 人，参保率达 99%。

浦口校区卫生所 2019 年学生参保人数共计 6 189 人，入学新生参保率达 100%。

# [附录]

## 附录 1　医院 2019 年与 2018 年门诊人数、医药费统计表

| 年份 | 就医和报销人次 | | | 报销费和门诊费 | | | | 总医疗费支出 |
|---|---|---|---|---|---|---|---|---|
| | 总人次 | 接诊人次 | 报销人次 | 报销金额（万元） | 药品支出（万元） | 卫材支出（万元） | 平均处方（万元） | 合计（万元） |
| 2019 | 106 346 | 99 716 | 6 630 | 1 469.02 | 813.17 | 8.1 | 86.9 | 2 336.09 |
| 2018 | 96 642 | 91 110 | 5 532 | 1 292.59 | 763.18 | 6.9 | 99 | 2 062.72 |
| 增长幅度（%） | 10.0↑ | 9.4↑ | 19.8↑ | 13.6↑ | 6.5↑ | 17.4↑ | 12.2↓ | 13.3↑ |

## 附录 2　浦口校区卫生所 2019 年与 2018 年门诊人数、医药费统计表

| 年份 | 就医和报销人次 | | | 报销费和门诊费 | | | | 总医疗支出 |
|---|---|---|---|---|---|---|---|---|
| | 总人次 | 接诊人次 | 报销人次 | 报销金额（万元） | 药品支出（万元） | 卫材支出（万元） | 平均处方（万元） | 合计（万元） |
| 2019 | 198 59 | 15 753 | 4 106 | 596.8 | 207.34 | 0.83 | 147.81 | 804.97 |
| 2018 | 16 950 | 13 022 | 3 928 | 508.1 | 154.58 | 1.98 | 134.54 | 664.66 |
| 增长幅度（%） | 17.2↑ | 20.97↑ | 4.5↑ | 17.5↑ | 34.1↑ | 58.1↓ | 9.9↑ | 21.1↑ |

（撰稿：贺亚玲　审稿：刘玉宝　杨桂芹　审核：代秀娟）

# 十三、学术委员会

【概况】2019 年，第八届学术委员会扎实推进"教授治学"进程，通过召开学术委会全体委员会议、完成学术委员会各级学术组织换届、开展学术诚信教育等活动，进一步营造了"教授治学"的良好氛围，充分保障了学术权力有效运行。

【召开学术委员会全体委员会议】学术委员会分别于 1 月 11 日、6 月 10 日召开南京农业大学学术委员会第八届三次、四次全体委员会议，审议并通过了学术委员会各专门委员会、学部、学术分委员会换届建议名单和学科点负责人换届建议名单；同意增列陈利根、周光宏教授为南京农业大学第八届学术委员会委员。审议《南京农业大学思想政治教育系列高级专业技术职务申报条件》，讨论《南京农业大学清理"五唯"专项工作自查报告》，研究了落实《教育部办公厅关于开展清理"唯论文、唯帽子、唯职称、唯学历、唯奖项"专项行动的通知》文件要求的措施等。

【受理学术不端行为投诉】学术委员会秘书处共受理 2 起学术不端行为的投诉，授权学术规范委员会根据相关法律法规以及学校规定，实事求是，查明真相，调查和认定相关责任后，由学术委员会提出鉴定意见。

【完成学术委员会各级学术组织换届】根据《南京农业大学学术委员会章程（试行）》和学术委员会专门委员会、学术分委员会实际情况，完成第八届学术委员会学术规范委员会、教育教学指导委员会、教师学术评价委员会 3 个专门委员会和 5 个学部分委员会及各学院学术委员会换届工作。

【开展学术诚信教育】开展关于学校师生对学术诚信认知的调研工作，完成学校学术诚信文件汇编，制作《南京农业大学学术规范指导手册》等。

（撰稿：李　伟　审核：李占华　审核：代秀娟）

# 十四、学院

## 植物科学学部

### 农学院

【概况】学院设有农学系、作物遗传育种系、种业科学系、智慧农业系。现拥有作物遗传与种质创新国家重点实验室、国家大豆改良中心、国家信息农业工程技术中心3个国家级平台、1个国家级野外科学观测研究站、1个科学技术部"一带一路"联合实验室、8个省部级重点实验室、10个省部级研究中心。作物学入选国家"双一流"建设学科，并在第四轮全国一级学科评估中获评 A$^+$。农业信息学和生物信息学入选江苏省重点交叉学科，为学校"农业科学""植物与动物科学"两个学科进入 ESI 全球前 1‰作出了重大贡献。设有3个本科专业和1个金善宝实验班，6个硕士专业、6个博士专业、1个博士后流动站。

现有教职工 210 人，其中专任教师 137 人，教授 74 人，副教授 45 人。本年度，引进高层次人才 5 人，其中 1 名全职外籍教师。新增教师 4 人、师资博士后 3 人。学院拥有中国工程院院士 2 人、"长江学者"特聘教授 3 人、国家杰出青年科学基金获得者 4 人、"千人计划"专家 3 人、"万人计划"领军人才 8 人、中国青年女科学家 2 人、中华农业英才奖 1 人、农业农村部科研杰出人才 5 人、农业产业体系岗位专家 7 人、江苏省"333 工程"人才第一、二层次 8 人、国家顶尖青年人才 7 人、江苏省顶尖青年人才 15 人等。现有 1 个教育部创新团体、1 个科学技术部重点领域创新团队、4 个农业农村部创新团队、1 个省级创新团队。

全日制在校本科生 863 人（留学生 15 人）、硕士生 643 人、博士生 476 人（留学生 32 人）。招收本科生 256 人（留学生 6 人）、硕士生 240 人、博士生 92 人、留学生 5 人。毕业本科生 199 人、硕士生 218 人、博士生 95 人。本科毕业生年终就业率 96.7%，升学率 54.0%；研究生年终就业率 91.8%。

农学专业先后入选国家首批品牌专业、教育部卓越农林人才培养改革试点项目和江苏省品牌专业建设项目，并且通过专业认证（第三级）。新增人工智能本科专业（全国首批、农业类高校唯一获批），农学专业及种子科学与工程专业入选国家一流本科专业建设点和江苏省品牌专业建设二期项目，江苏省品牌专业建设项目一期结题考核优秀。学院获学校教学管理先进单位、教学工作创新奖。省教改重点项目 1 项、校级教改项目 5 项顺利结题；新增校级教改项目 6 项，发表教改论文 7 篇。新增省级精品在线开放课程 1 门、校级精品在线开放课程 2 门、校级虚拟仿真项目 3 项。获得省级高校微课比赛二等奖 1 项、三等奖 1 项，

《种子学》入选江苏省重点教材，新出版《种子加工贮藏与检验实验教程》实验教材。农学专业参加了教育部"六卓越一拔尖"计划 2.0 启动大会中的新农科展览（全国高校唯一新农科代表）。

获江苏省优秀硕士学位论文 1 篇、优秀博士学位论文 2 篇，立项江苏省研究生创新计划 22 项。举办 17 期钟山农耕论坛，邀请国内外知名学者作报告，其中院士 1 人、国家杰出青年科学基金获得者 10 人、"长江学者"特聘教授 1 人、"万人计划" 4 人。承办第二届江苏省研究生智慧农业科研创新实践大赛，举办第 11 届农学论坛，参加第 12 届长三角作物学博士论坛、首届四校作物学科博士生论坛。研究生以第一作者发表影响因子大于 9 的 SCI 论文 14 篇。2 位优秀校友入选中国工程院院士。

2019 年获得科研立项 84 项，其中国家自然科学基金 23 项（面上 14 项，青年 5 项，重点项目 1 项，国际（地区）合作与交流项目 1 项，联合基金 2 项）；到账纵向经费 1.24 亿元，到账横向经费 974.1 万元。发表 SCI 收录论文 213 篇，其中一区论文 131 篇，影响因子 9 以上的 18 篇。授权国家发明专利 26 项，登记国家计算机软件著作权 6 项，获得植物新品种权 3 项，审定作物品种 10 个。"宁粳 8 号"大米助推贵州麻江脱贫，连续 3 年入选教育部直属高校精准扶贫脱贫十大典型；教授麻浩、倪军荣获本年度中国产学研合作创新奖；"宁香粳 11"转让给安徽隆平高科种业有限公司，按销售额 10％提成。

2 个"111 引智基地"实施顺利，1 个基地 10 年评估优秀，进入教育部 2.0 计划。邀请 36 名外国专家来访。继续推进与密歇根州立大学的研究生合作办学工作，牵头组建的中国-肯尼亚作物分子生物学"一带一路"联合实验室获科学技术部批准建设（全校首个），"亚洲典型流域'水-能-粮-田'系统耦合机理与生态安全研究"入选江苏省首批"中外合作办学平台联合科研项目"，承办了 2019 亚洲"食物-土地-能源-水"系统创新论坛。2 名青年教师国外进修一年以上，20 名博士生获国家留学基金管理委员会联合培养资助，5 名研究生获学院联合资助一年以上访学。24 名学生参加 UC-Davis 寒假交流项目、16 名学生参加新启动的加拿大阿尔伯塔暑期交流专项。

本年度，学院党委顺利换届，从党的建设、学科发展、师资队伍、人才培养、科学研究、社会服务、国际合作及群团工作等方面全面回顾和总结了过去 5 年的工作，今后学院将以一流学科建设为目标，以新农科人才培养为核心，以提升高端师资队伍、科研创新能力、服务社会水平为重点，以改革创新为动力，不断增强内在凝聚力、核心竞争力和社会影响力，着力推进学院高质量内涵发展，加快将作物学学科建成世界一流学科，为建设世界一流农业大学贡献力量。上一届任期内，学院荣获江苏省党建工作创新二等奖（本年度全校唯一），植物实验党支部获评"全国党建工作样板支部"；荣获江苏省先进班集体 1 个、"活力团支部"1 个。获校学生工作创新奖、五四红旗团委、年度创业指导先进单位、职业生涯规划季最佳组织奖，连续第七年获体育工作先进单位。学生个人先后获国家级表彰 17 项、省市级表彰 20 项、校级表彰 430 余人次。

**【克隆抵抗小麦"癌症"的关键基因 Fhb1】** 赤霉病是小麦生产上最具毁灭性的病害，被称为小麦的"癌症"。发掘抗赤霉病基因对防治赤霉病至关重要。教授马正强团队在国际上克隆了小麦中首个高抗赤霉病基因 Fhb1（世界首个高抗赤霉病基因资源），相关研究成果发表在 *NATURE GENETICS*（5 年影响因子为 31.007）。Fhb1 基因的克隆大大提高了小麦抗赤霉病育种的效率，为我国和世界小麦生产与食品安全提供保障，并为进一步揭示小麦抗赤霉病的分子机制奠定了重要基础。

**【"北斗导航支持下的智慧麦作技术"入选全国十大引领性农业技术】** 南京农业大学智慧农业研究院研发的"北斗导航支持下的智慧麦作技术"经农业农村部评选，入选全国十大引领性农业技术，并获批技术示范经费 100 万元。该技术针对小麦全程智慧化作业需求，通过麦田信息感知、麦作处方设计、作业路径规划、智能导航和无人作业的有效集成与无缝衔接，实现小麦播种、施肥、喷药、灌溉、收获等关键作业环节的定量化和智能化，有效推动了小麦生产管理从粗放到精确、从有人到无人的方式转变。该技术体系的转化推广为发展现代农业和保障国家粮食安全等提供现代化技术引领和示范。

**【获神农中华农业科技奖一等奖】** 南京农业大学棉花生理生态与栽培管理创新团队协同扬州大学、江苏省农业科学院、江苏省农业技术推广总站等 10 多家单位，经 10 多年潜心研究，创新形成了棉花量质协同理论，创立了长江流域棉区常规棉"健壮个体＋温光高能群体"指标体系、麦（油）后棉"紧凑个体＋高光效群体"指标体系，建立了基于棉花量质协同养分调控、化学调控和生育调控等关键模式的优质高产高效栽培技术体系。该理论和技术体系提升了棉花栽培理论研究的水平，引领了棉花优质高产高效和绿色可持续生产的发展，在长江流域棉区得到大面积应用，该成果获神农中华农业科技奖一等奖。

**【条件建设持续优化，新增部级平台 3 个】** 新增智慧农业教育部工程研究中心、农业农村部国家作物种质资源南京观测实验站、南京水稻种质资源教育部国家野外科学观测研究站 3 个部级平台。

**【领军人才实现新突破】** 教授朱艳入选"长江学者"特聘教授；教授赵志刚入选"万人计划"领军人才；教授宋庆鑫入选江苏省特聘教授；院士盖钧镒以及教授陆作楣、陈佩度、高瓈、曹卫星、万建民、丁艳锋、朱艳、王秀娥、赵志刚荣获"庆祝中华人民共和国成立 70 周年"纪念奖章。

（撰稿：解学芬　审稿：戴廷波　审核：孙海燕）

## 植物保护学院

**【概况】** 学院设有植物病理学系、昆虫学系、农药科学系和农业气象教研室 4 个教学单位，建有绿色农药创制与应用技术国家地方联合工程研究中心、农作物生物灾害综合治理教育部重点实验室、农业农村部华东作物有害生物综合治理重点实验室、江苏省农药学重点实验室、江苏省生物源农药工程中心 5 个国家和省部级科研平台，以及农业农村部全国作物病虫测报培训中心、农业农村部全国作物病虫抗药性监测培训中心 2 个部属培训中心。

学院拥有植物保护国家一级重点学科，在第四轮学科评估中获评 A+。拥有植物病理学、农业昆虫与害虫防治、农药学 3 个国家二级重点学科。学院设有植物保护一级学科博士后流动站、3 个博士学位专业授权点、3 个硕士学位专业授权点和 1 个本科专业。

有正式教职工 117 人（新增 9 人），其中，教授 46 人（新增 5 人）、副教授 33 人（新增 3 人）、讲师 27 人（新增 1 人）。学院现有博士生导师 52 人（校内 45 人，校外 7 人），硕士生导师 51 人（校内 31 人，校外 20 人）。学院拥有国家特聘专家 1 人、"长江学者" 3 人、国家杰出青年科学基金获得者 4 人、"万人计划"领军人才入选者 4 人、"973 项目"首席科学家 1 人、全国模范教师 1 人、国务院学科评议组成员 1 人、国家优秀青年科学基金获得者

4人、青年"千人计划"入选者1人、青年"拔尖人才"入选者3人、江苏省教学名师2人、江苏省特聘教授5人、江苏省杰出青年科学基金获得者3人。学院现有国家留学基金管理委员会创新研究群体1个、科学技术部重点领域创新团队1个、农业农村部农业科研杰出人才及其创新团队2个、江苏省高校优秀科技创新团队4个。

学院招收博士生66人（含外国留学生1人）、硕士生143人（含外国留学生3人）、本科生111人；毕业博士生68人、硕士生195人（含外国留学生5人）、本科生114人（含延期毕业）。共有在校生1 215人，其中，博士生193人、硕士生572人、本科生450人。

立项国家级在线开放课程1门、省级在线开放课程2门、省级虚拟仿真项目1项；"草地贪夜蛾的迁飞扩散及其监控、防控"入选教育部专业学位视频案例，昆虫分子生物学入选江苏省高校留学生英语授课培育课程。新开设5门全英文课程。获江苏省优秀本科毕业论文三等奖1篇，获江苏省优秀博士学位论文1篇。学院获批研究生培养创新工程项目17项，其中科研创新项目14项、实践计划3项，申请国际学术交流基金11人，13人获批公派到得州农工大学等高校进行联合培养。

以注重习惯养成的学风建设和一二课堂协同的专业教育为抓手，依托本科生"一对一"导师制、研究生"两沙龙一论坛"，狠抓学风建设、营造学术氛围；依托学科优势，打造"四三一"育人平台，大学生植物医院项目成功入选全国青年志愿服务优秀项目库，并获大学生志愿服务社区示范项目，学院荣获2018年度江苏省青年志愿服务行动组织奖。

承担国家重点研发计划、国家自然科学基金、转基因重大专项及省部级项目114项。新增国家自然科学基金30项，到账经费共6 654万元。发表SCI收录论文248篇，其中影响因子5以上的论文35篇，影响因子9以上的论文14篇。申请、授权国家发明专利13项。洪晓月教授团队获得教育部科技进步奖二等奖。

国家"111计划"引智基地继续滚动升级，担任重要国际学术职务人员21人次，国内外重要学术会议上报告20次，邀请境外专家讲座报告31人次，招收国际留学生4人。主办第二届南京植物免疫学国际研讨会，国内外专家学者近500人参加会议，显著提升我国在该领域的国际影响。学院参与申报的南京农业大学密歇根学院正式获得教育部批准建设。

**【学院党委获评江苏省高校先进基层党组织】** 召开学院党代会，完成领导班子换届。开展支部活力提升工程，组织党支部书记培训。深入实施"双带头人"培育工程，完成昆虫学系教师党支部"双带头人"工作室标准化建设。结合新中国成立70周年，举办"青年与国"微观创意摄影大赛，让镜头下的植物病原菌花式"告白祖国"，作品获第四届"全国大学生网络文化节"一等奖，活动获人民日报官方微博、团中央官方微博、《新华日报》等媒体报道。

**【高水平人才梯队建设再获突破】** 植物病理学系教授陶小荣获国家杰出青年科学基金资助，农药系教授张峰入选国家"万人计划"青年拔尖人才，植物病理学系教授钱国良和副教授王燕获江苏省杰出青年科学基金资助。

**【专业建设不断加强】** 植物保护专业入选国家一流本科专业，江苏省品牌专业一期工程验收获评优秀，"基于科研创新团队的卓越植物保护研究生培养的探索与实践"获江苏省研究生教育改革成果奖一等奖。

**【社会服务持续深入】** 横向经费到账1 989万元，创学院历史新高。学院植保应用技术中心获得农业农村部农药登记田间药效试验单位和农药登记残留试验单位两项资质，完成重要农作物病虫草害抗药性检测及农药残留检验23批次。教授郭坚华牵头成立"江苏省有机农产品种植产业技术创新战略联盟"，入选国家中药材产业技术体系病虫害绿色防控岗位专家。学院定点扶贫贵州麻江水城村，组织专家现场指导病虫害防治、制订绿色防控方案，赠送太阳能防虫灯等植保设备。

（撰稿：张　岩　审稿：邵　刚　审核：孙海燕）

## 园艺学院

【概况】园艺学院是中国最早设立的高级园艺人才培养机构，其历史可追溯到国立中央大学园艺系（1921）和金陵大学园艺系（1927）。学院现有园艺、园林、风景园林、中药学、设施农业科学与工程、茶学 6 个本科专业，园艺专业为国家特色专业建设点和江苏省重点专业。学院现有 1 个园艺学博士后流动站、6 个博士学位授权点（果树学、蔬菜学、茶学、观赏园艺学、药用植物学、设施园艺）、7 个硕士学位授权点（果树、蔬菜、园林植物与观赏园艺、风景园林学、茶学、中药学、设施园艺学）和 3 个专业学位硕士授权点（农业推广、风景园林、中药学）；园艺学一级学科为江苏省国家重点学科培育建设点，"园艺科学与应用"在"211 工程"三期进行重点建设；"园艺学"在全国第四轮学科评估中位列 A 类，入选江苏省优势学科 A 类建设。蔬菜学为国家重点学科，果树学为江苏省重点学科；建有农业农村部"华东地区园艺作物生物学与种质创制重点实验室"和教育部"园艺作物种质创新与利用工程研究中心"等省部级科研平台 7 个。

学院现有教职工 168 人，专任教师 129 人，其中教授 44 人、副教授 51 人，高级职称教师占 78.2%，具有博士学位教师占 90.17%，具有海外一年以上学术经历的教师占 47.6%；1 人入选国家"万人计划"科技创新领军人才；1 人入选青海省"千人计划"拔尖人才，1 人入选省"优青"，1 人获学校"最美教师"荣誉。2 人获中国博士后科学基金第 65 批面上资助；3 人入选学校第四批"钟山学术新秀"培养计划。4 人晋升正高级职称，3 人晋升副高级职称；新聘专任教师 4 人，其中引进高层次人才 2 人。

学院全日制在校学生 2 086 人，其中，本科生 1 274 人、硕士生 678 人、博士生 134 人；毕业全日制学生 566 人，其中，本科生 327 人、研究生 239 人；本科生就业率为 97.87%，本科学位授予率为 97.5%，研究生就业率为 100%；招收全日制学生 688 人，其中，本科生 356 人、研究生 332 人。

学院党委入选学校党建工作标杆院系创建单位；建成品"药茗"话"人参"、"春风花语润桃李"和"尚茶"等 4 项课程思政品牌活动，被学习强国平台推送，受到教育部官方网站、《中国教育报》、新华社等主流媒体报道；1 人获"江苏省高校优秀共产党员"荣誉称号；成功召开第四次党代会，顺利完成党委换届工作；组织、实施"不忘初心、牢记使命"主题教育，深入学习习近平总书记给全国涉农高校回信精神；自觉肩负扶贫助困重任，落实学校党委麻江扶贫"10＋10 行动"计划，发动专家教授、校友等多方力量进行帮扶。全年发展学生党员 85 人，教师党员 1 人；从软硬件两方面做好"双带"工作室建设，带动学院各党支部积极开展既彰显"党"味，又体现专业特色的富有成效的党日活动。学院党委入选学校党建工作标杆院系，观赏茶学教师党支部入选学校样板支部。实施学院领导联系各系、党支部、本科班级制度和"八位一体"的班级导师计划，发挥学院领导、知名专家的育人作用；成立园林行业校友分会；邀请知名教授、杰出校友举办精艺讲堂、园艺经典讲堂。举办校园菊花展、百合展、兰花展等，弘扬园艺文化，推进科研反哺育人。

学院有1门课程通过国家精品在线开放课程认证，2门课程获批江苏省在线开放课程立项，2本教材获批江苏省高等学校重点教材立项建设，5本主编教材正式出版发行；获江苏省高校微课教学比赛一等奖1项、二等奖2项。1项江苏省教改项目获得立项，5项学校教改项目获得立项，SRT项目获国家级立项资助、省级立项资助各9项，8篇毕业论文（设计）获学校优秀。在全国高等学校观赏园艺技能竞赛中，获特等奖2项、一等奖1项、团体二等奖3项、三等奖2项、最佳组织奖1项。1名教师获优秀指导教师奖。园艺专业入选国家级一流本科专业建设点。1人获2017—2019学年度"优秀教师"，1人获2017—2019学年度"优秀教育管理工作者"。获江苏省优秀博士学位论文1篇；获江苏省研究生培养创新工程项目10项；举办首届《园艺研究》长三角研究生学术论坛。获批国家农业教学指导委员会研究生课题2项，其中重点项目1项。

到账科研总经费7 458.09万元，其中纵向经费5 438.99万元、横向经费1 129.1万元、期刊建设经费300万元、优势学科建设经费590万元。新增科研项目（课题）92项，包括新增国家重点研发项目1项，立项经费2 415万元，实现了学院主持重点研发类大项目零的突破；国家自然科学基金23项，立项经费1 218万元，含重点项目1项、面上项目12项、青年项目9项和新疆联合项目1项；省部级项目22项，立项经费1 075万元；横向项目49项，立项经费2 144万元。共发表SCI论文192篇，同期增长4.92%，篇均影响因子3.36，其中影响因子9以上的3篇，影响因子5以上的14篇；最高影响因子16.497。获国家发明专利授权11项、实用新型专利9项、外观专利1项。制定地方标准1项。获植物新品种权19个，审定（登记）农作物新品种8个。以第一完成单位获农业农村部神农中华农业科技奖优秀创新团队奖2项，农业农村部神农中华农业科技奖二等奖1项，教育部科学技术进步奖二等奖1项。7人获国家颁发的"庆祝中华人民共和国成立70周年"纪念章。获得本年度"科研管理工作先进单位"。

学院共参加中学专场咨询会、中学大学节等近40场，持续推进生源基地中学共建，与两所优质生源基地中学签约并授牌，在宿迁优质生源基地中学招生51人，比2018年增加21人；继续举办全国优秀大学生创新论坛；走访多家知名企事业单位，邀请优秀校友开展讲座；获江苏省"挑战杯"大学生课外学术科技作品竞赛二等奖，学院获得"优秀组织奖"；创新性地开展社会实践与志愿服务，1项志愿服务项目获得江苏省志愿服务展示交流会银奖；发挥资助育人实效，施峥嵘获得"第14届中国大学生年度人物入围奖"，王储获得"全国农村青年致富带头人"。荣获新生杯足球赛冠军、院系杯羽毛球赛冠军；学院获2017—2019年度"田径男子团体"特色文化奖和体育工作先进单位。

学院依托特色园艺作物育种与品质调控研究学科创新引智基地，邀请加拿大Loren H. Rieseberg院士、比利时Yves Eddy P Van de Peer院士等外国专家36人次来学院举办学术讲座35场次；合作编写英文书籍1本；《园艺研究》入选"卓越计划"领军类期刊，是江苏和农业高校唯一的领军类期刊，获批1 500万元期刊建设经费；《园艺研究》连续3年进入中国科学院农林大区和园艺领域一区；共建的科学技术部"中国-肯尼亚作物分子生物学'一带一路'联合实验室"获批；学院教师参加"非洲孔子学院农业职业技术培训联盟"在赤道几内亚举办"汉语＋"农业生产技术培训班讲学；继续举办暑期千叶大学访学活动，新增美国加利福尼亚州立理工大学和荷兰瓦格宁根大学访学项目；22名学生被荷兰瓦格宁根大学、康奈尔大学等名校录取。

**【2 项成果获 2018 年度国家科学技术奖】** 1 月 8 日，2018 年度国家科学技术奖励大会在人民大会堂隆重举行，学院有 2 项成果获奖，教授陈发棣团队的"菊花优异种质创制与新品种培育"获国家技术发明奖二等奖，教授张绍铃团队的"梨优质早、中熟新品种选育与高效育种技术创新"获国家科学技术进步奖二等奖。

**【陈发棣受邀参加国家杰出青年科学基金 25 周年座谈会】** 9 月 4 日是国家杰出青年科学基金设立 25 周年，9 月 2 日，中共中央政治局常委、国务院总理李克强主持召开国家杰出青年科学基金工作座谈会，80 位杰出青年代表受邀参加。学院陈发棣教授在受邀之列，菊花相关成果入选国家杰出青年科学基金 25 周年成果展。

**【7 位教授荣获"庆祝中华人民共和国成立 70 周年"纪念章】** 中华人民共和国成立 70 周年之际，中共中央、国务院、中央军委颁发"庆祝中华人民共和国成立 70 周年"纪念章。学院陈发棣、房伟民、侯喜林、黄保健、李式军、刘惠吉、张绍铃 7 位教授荣获该奖章。学校党委书记陈利根，党委副书记、纪委书记盛邦跃向获得纪念章的教师表示祝贺和慰问，感谢他们为祖国和学校作出的贡献。

**【农业农村部景观设计重点实验室创新中心揭牌活动顺利举行】** 8 月中下旬，农业农村部景观设计重点实验室滨江创新中心、百绿创新中心先后在滨江公园公司和江苏百绿园林景观工程有限公司挂牌成立，南京农业大学校长、农业农村部景观设计重点实验室主任陈发棣出席相关活动。学院党委书记韩键、院长吴巨友、副院长张清海、风景园林系主任魏家星共同参加了相关授牌活动。

**【学校培育的菊花品种在世界园艺博览会国际竞赛中摘两项金奖】** 9 月 20 日，北京世界园艺博览会菊花国际竞赛颁奖典礼在园区隆重举行，菊花国际竞赛是北京世园会国际竞赛的收官赛事，来自国内外 104 家单位或个人（其中包括 12 家国外企业和组织）选送的 1 500 多件参赛作品精彩亮相，竞赛设新品种培育、栽培技术、室内景观布置、插花花艺、衍生品等项目。学校菊花课题组选送的成果共获得 8 项奖励，其中切花菊和盆栽小菊新品种摘得 2 项金奖，充分展示了学校菊花育种与栽培技术水平。

**【学院茶学专业获批学士学位授权】** 5 月 27 日，江苏省学位委员会、江苏省教育厅印发了《省学位委员会省教育厅关于公布 2019 年学士学位授权审核结果的通知》（苏学位字〔2019〕5 号）文件，经学校申报和专家评审，省学位委员会、省教育厅批准南京农业大学茶学专业增列为学士学位授权专业。

**【成立南京农业大学校友会园林行业分会】** 12 月 21 日，南京农业大学校友会园林行业分会成立大会在金陵研究院三楼报告厅举行。副校长、校友总会副会长胡锋，校友总会秘书长张红生，学校资产经营公司董事长许泉、研究生院副院长张阿英、教务处副处长吴震、社会合作处副处长严瑾及来自各地的学校园林行业校友和教师代表 100 余人出席大会。

**【吴俊入选国家"万人计划"科技创新领军人才】** 2 月 3 日，中组部正式下发通知，公布第四批国家"万人计划"入选人员名单。全校 6 人获选，教授吴俊入选国家"万人计划"科技创新领军人才。

**【陈素梅获评"江苏省高校优秀共产党员"】** 中共江苏省委教育工委对近年来在深入学习贯彻习近平新时代中国特色社会主义思想和党的十九大精神，认真落实全面从严治党要求，扎实推进"两学一做"学习教育常态化、制度化，推进全省高校教育事业改革发展中涌现出来的先进集体和个人进行表彰。学院副院长、观赏茶学专业教师党支部书记陈素梅教授获评"2019 年度全省高校优秀共产党员",并在全省高校庆祝建党 98 周年暨"两优一先"表彰座谈会上作为优秀共产党员代表作经验交流。

（撰稿：张金平　审稿：张清海　审核：孙海燕）

# 动 物 科 学 学 部

## 动物医学院

【概况】学院有基础兽医学、预防兽医学、临床兽医学 3 个系,建有江苏省动物医学实践教育中心,与动物科技学院共建国家级动物科学类实验教学中心、农业农村部生理生化重点实验室、农业农村部细菌学重点实验室、OIE 猪链球菌参考实验室、教育部"动物健康与食品安全"国际联合实验室、江苏省动物免疫工程实验室等省级教学科研平台,拥有教学动物医院、实验动物中心、《畜牧与兽医》编辑部、畜牧兽医分馆、动物药厂等机构及 50 余个校外教学实习基地。新成立南京农业大学兽药研究评价中心、南京农业大学马科学研究中心。

现有教职工 131 人,其中,专任教师 85 人（教授 44 人、副教授等高级职称 31 人）。高级职称占专任教师比例为 88.2%,具有博士学位教师占比 97.6% 以上,博士生导师 41 人,硕士生导师 29 人。拥有农业科研杰出人才 3 人,江苏省特聘教授 2 人,"四青"优秀人才 3 人,4 人享受国务院政府特殊津贴,省部级突出贡献专家 1 人,教育部新世纪优秀人才支持计划 6 人,江苏省"333 工程"培养对象 8 人,江苏省"青蓝工程"中青年学术带头人 3 人及优秀青年骨干教师 4 人,江苏省"博士聚集计划"1 人,教授粟硕获江苏省"六大人才高峰"称号。南京农业大学钟山首席教授 2 人,南京农业大学"钟山学术新秀"6 人。本年度,庾庆华晋升教授,唐姝、甘芳晋升副教授;新进教职员工 9 人,其中 3 人具有海外背景。

全日制在读学生 1 532 人,其中,本科生 893 人（含留学生 19 人）、全日制硕士生 454 人（含留学生 3 人）、博士生 185 人（含留学生 23 人）。授予学位 373 人,其中,研究生 205 人（博士研究生 37 人、硕士研究生 168 人）,本科生 168 人。招生 453 人,其中研究生 282 人（博士生 78 人、硕士生 204 人）,本科生 171 人。动物医学专业志愿率为 92.31%,动物药学专业志愿率为 78.95%。本科生就业率为 98.11%,研究生就业率为 98.07%。

学院新增兽医内科学（宠物专题）、兽医临床诊断学、动物生物化学（双语）和动物生物化学实验 4 门校级在线开放课程;全面推进教育部复合应用型动物医学专业卓越人才培养改革试点项目、动物医学专业校级品牌专业建设。实施校级教育教学改革研究项目 7 项,发表教改论文 3 篇。开设国际联合开放课程 1 门,教授开放课程 9 门,"牛结核病检疫与净化""'跛行诊断'虚拟仿真实验"项目获批校级项目,出版教材 2 本（《动物组织胚胎学》《兽医内科学》）。《兽医生物制品学》获批省重点,《动物解剖学》入选第二批农业农村部"十三五"规划教材,组织学生参加第五届全国"雄鹰杯"小动物医师技能大赛获特等奖,3 名学生获中国兽医新星奖。荣获"挑战杯"全国大学生课外学术科技作品竞赛二等奖 1 项、三等奖 1 项，3 个项目获江苏省选拔赛一等奖；1 项创业项目获第五届江苏省"互联网＋"大学生创新创业大赛二等奖。学生累计获各类国家级奖项 80 余人次、省部级奖项 50 余人次。全年发放学生各级奖助学金 821.3 万元，学院名人及企业奖学金数达 15 项，年度金额达 34.4 万元。

学院共获得国家、省部级等各类科研项目资助 33 项（其中国家自然科学基金 15 项），国家自然科学基金项目立项经费达 1 024 万元，占兽医口项目总数的 10％。签订各类技术合作、成果转化等项目合同 30 项。总立项经费 4 373.99 万元，到位 3 746.38 万元（其中，纵向到位科研经费 2 767.37 万元，横向到位经费 979.01 万元）。共发表 SCI 论文 202 篇，创历史新高，篇均影响因子 3.00。影响因子 8.0 以上 3 篇，影响因子 5.0 以上 25 篇，影响因子 3.0 以上 101 篇，最高影响因子 9.95。授权发明专利 19 项。教授杨倩团队"灭活禽流感病毒实现黏膜免疫的重大创新"、教授赵茹茜团队"猪糖皮质激素受体功能与应激调控技术研究"获江苏省科学技术奖二等奖，教授黄克和团队"几种畜禽非传染性群发疾病的防控关键技术研究与应用"获江苏省科学技术奖三等奖。

申请并获批 2020 年动物解剖教学实验中心修购计划 245 万元。成立了"南京农业大学兽药研究评价中心"；基本完成免疫工程研究所的调整工作；动物传染病实验室获得江苏省非洲猪瘟检测实验室资质认可。实验动物中心受理实验动物福利和伦理管理项目 1 000 多项。

成功举办动物健康与食品安全国际联合实验室学术研讨会和中德农畜生物学与健康研讨会。申报"111 高等学校学科创新引智计划项目"获教育部和国家外国专家局批准立项。6 位教授牵头申请的 2019 年度"高端外国专家引进计划"获得立项并顺利组织实施，邀请国外专家 21 人次来校开展教学和科研合作交流；学院全年接待以色列希伯来大学、英国爱丁堡大学、德国柏林自由大学、澳大利亚墨尔本大学、美国加利福尼亚州立大学博纳分校、比利时根特大学、肯尼亚埃格顿大学、国际家畜研究所、美国兽医协会等国外高校机构 20 余次。4 名教授出席在 UC Davis 召开的"One health"中心国际学术研讨会。学院当年教师因公短期出国交流 20 余人次。举办了第九期国际高端兽医继续教育课程，继续推进艾奥瓦州立大学兽医学院"4＋2"联合培养项目，组织优秀本科生赴 UC Davis 开展暑期访学。

落实"南农麻江 10＋10 行动"计划，学院和盐都区潘黄街道旭日居委会等一行代表赴贵州省麻江县坝芒乡乐坪村开展"10＋10"对口帮扶，举行了三方共建协议签约仪式，现场向乐坪村捐赠帮扶资金 2 万元整。先后组织专家赴麻江县乐坪村，举办非洲猪瘟防控培训班和动物疫病防控专题报告，现场辅导养殖户，提高养殖户风险防控意识。助力南京农业大学伙伴企业家俱乐部，共推荐 11 家优秀企业，其中秘书长企业 1 家、副秘书长企业 1 家。猪重要传染病防控技术及新型疫苗创制和应用成果入选教育部中国高校产学研合作十大案例。

学院全年召开党政联席会议 23 次、专题会议 11 次、教职工大会 10 次、其他交流会议 30 余次。制修订各类办法文件 12 项。成功举办了 2019 南农国际猪业高峰论坛、青年学术论坛 11 期、国际联合实验室系列报告 6 期、罗清生大讲坛 1 期、其他学术报告 30 余场次。举办"动物健康与食品安全"国际联合实验室学位委员会和国际学术研讨会。开展"不忘初心、牢记使命"主题教育，积极开展课堂思政建设，开展师德师风专题教育活动，出台《动物医学院师德师风建设实施方案》。副书记熊富强获校最美教师，教授芮荣获校优秀教师，教授庾庆华获校级优秀教学奖。学院百人大合唱《万泉河水》获校一等奖。选举 9 名党代表参加学校第十二次党代会。积极开展"双带头人"培育工程，选优配强党支部书记。全年发展党员 63 人，转正党员 59 人。

（撰稿：江海宁　审稿：姜　岩　审核：孙海燕）

## 动物科技学院

【概况】学院设有动物遗传育种与繁殖系、动物营养与饲料科学系、特种经济动物与水产系。建有动物科学类国家级实验教学示范中心、国家动物消化道营养国际联合研究中心、农业农村部牛冷冻精液质量监督检验测试中心（南京）、农业农村部动物生理生化重点实验室（共建）、江苏省消化道营养与动物健康重点实验室、江苏省动物源食品生产与安全保障重点实验室、江苏省水产动物营养重点实验室、江苏省家畜胚胎工程实验室、江苏省奶牛生产性能测定中心。

新发展学生党员 44 人。开展"不忘初心、牢记使命"主题教育活动，进行立德树人根本任务"大学习、大讨论、大落实"专题学习，在革命圣地延安开展主题培训教育。本科生第一党支部获评"教育部思政司第二批新时代高校党建双创样板支部"。组织师生多次赴贵州省麻江县河坝村开展定点扶贫工作。

学院教职工 132 人（含专任教师 83 人，其中教授 35 人、副教授 30 人、讲师 18 人；师资博士后 12 人）。其中新进教师 2 人（含引进人才 1 人），新进师资博士后 2 人、博士后 1 人。博士生导师 32 人、硕士生导师 59 人；享受国务院政府特殊津贴 2 人；国家自然科学基金杰出青年科学基金 1 人、优秀青年科学基金 2 人；"973"首席科学家 1 人；国家"万人计划"教学名师 1 人；现代农业产业技术体系岗位科学家 2 人；教育部新世纪人才 1 人、青年骨干教师 3 人；江苏现代农业产业技术体系首席专家 2 人、岗位专家 7 人；江苏省"六大高峰人才" 2 人、"333 高层次人才工程"培养对象 5 人、"青蓝工程"中青年学术带头人 2 人、骨干教师培养计划 2 人、教学名师 1 人、"双创博士" 1 人；南京农业大学"钟山学者"计划首席教授 4 人、学术骨干 7 人、"钟山学术新秀" 9 人，"新中国 60 年畜牧兽医科技贡献奖（杰出人物）" 1 人。教授王恬荣获"庆祝中华人民共和国成立 70 周年"纪念章。

拥有畜牧学学科博士点和 1 个博士后流动站、4 个二级博士点、4 个二级硕士点，畜牧学为江苏省"十三五"重点学科和优势学科。本科设有动物科学、水产养殖、金善宝实验班（动物生产类）、卓越农林复合应用人才班。动物科学为国家级一流本科专业，开设国家级精品课程 2 门、视频公开课 1 门、资源共享课 2 门、省级精品在线开放课程 3 门。《养牛学》获 2019 年江苏省高等学校重点教材立项建设，动物繁殖学认定为国家级精品在线开放课程。学院教师主编《饲料加工工艺学》，获批省级教改项目 1 项、校级教改项目 3 项、校级虚拟仿真实验教学项目 1 项。

招收本科生 173 人，毕业本科生 132 人，授予学士学位 127 人；招收硕士生 128 人、博士生 42 人，毕业硕士生 110 人、博士生 32 人，授予硕士学位 109 人、博士学位 29 人，入选江苏省优秀博士学位论文和优秀专业学位硕士学位论文各 1 篇。学生获校级及以上奖助学金 913 人次，获第三届大学生动物科学专业技能大赛一等奖；入选江苏省研究生科研与实践创新计划 9 项，大学生研究训练计划国家级和省级各 4 项。

新增到账纵向经费 3 415.24 万元，横向经费 646.84 万元。新增科研项目纵向 37 项

（省部级及以上 34 项）、横向 34 项。发表 SCI 论文 261 篇，居全校首位。毛胜勇主持的"反刍动物消化道微生物功能及营养调控"获 2019 年度高等学校科学研究优秀成果奖（科学技术）自然科学奖二等奖。黄瑞华主持的"生猪高效生态健康养殖关键技术集成与推广"获 2016—2018 年度全国农牧渔业丰收奖一等奖。完成动物实验中心改造，推进白马动物实验基地第三期建设。成立"南京农业大学反刍动物营养与饲料工程技术研究中心""南京农业大学湖羊研究院"。

学院邀请国内外专家报告 23 场，先后主办或承办中国畜牧兽医学会动物营养学分会第十届第四次常务理事会等国内外重要会议以及首届长三角反刍动物营养青年学者论坛等。消化道营养国际联合研究中心先后与伊朗德黑兰大学农业和自然资源学院、坦桑尼亚索科尼农业大学农学院、肯尼亚内罗毕大学动物生产系签署国际合作交流双边合作协议，举办"一带一路"畜牧业科技创新与教育培训中非反刍动物技术培训班。学院与广西大学动物科学技术学院签署对口合作协议，双方在党建创新、科技攻关、师生交流等方面确定全方位合作。

**【学院成立新一届领导班子】**4 月，经民主推荐、考察，校党委常委会研究决定成立动物科技学院新一届领导班子，高峰任院党委书记，毛胜勇任院党委副书记、院长，吴峰任院党委副书记，张艳丽、孙少琛、蒋广震任副院长。

**【工会委员会换届】**6 月 12 日，动物科技学院工会委员会换届选举大会召开，选举孙展英、汪薇、李青芳、苗婧、金巍、周建国、袁丽霞为新一届工会委员。新一届委员会召开第一次全体会议，选举苗婧为工会主席、周建国为副主席。

**【入选一流本科专业】**12 月 24 日，教育部发布《教育部办公厅关于公布 2019 年度国家级和省级一流本科专业建设点名单的通知》（教高厅函〔2019〕46 号），南京农业大学动物科学获批国家级一流本科专业建设点，水产养殖学获批省级一流本科专业建设点。

**【主办"一带一路"畜牧业科技创新与教育培训中非合作论坛】**5 月 22~25 日，由南京农业大学国家动物消化道营养国际联合研究中心主办的"一带一路"畜牧业科技创新与教育培训中非合作论坛在南京召开。来自联合国粮食及农业组织、非洲国家高校和科研院所专家代表、国内涉农高校代表等 80 人出席。论坛围绕"饲料资源高效利用与畜牧业可持续发展"主题展开讨论。与会代表就饲喂模式与效率、饲料资源开发、饲草资源的利用、畜牧行业的机遇和挑战等热点问题进行专题演讲，并重点研究中非高校在师生学习交流和培训等方面的事宜。

**【主办第 12 届中日韩瘤胃代谢与生理国际研讨会】**10 月 24~26 日，由南京农业大学国家动物消化道营养国际联合研究中心主办的第 12 届中日韩瘤胃代谢与生理国际研讨会在南京召开。该会议是瘤胃代谢与生理领域最高级别的国际学术会议，共有来自中国、日本、韩国等数十所高校 260 人参会。会议围绕反刍动物瘤胃代谢功能、反刍动物营养调控、温室气体减排以及瘤胃微生物生态与功能四大主题进行交流与讨论，邀请到美国、加拿大、英国、德国、澳大利亚、荷兰和比利时 7 个国家的专家作专题报告，25 名研究生汇报研究进展，58 名研究生展示壁报。

（撰稿：苗　婧　审稿：高　峰　审核：孙海燕）

## 草业学院

**【概况】**学院现有牧草学、饲草调制加工与高效利用、草类生理与分子生物学、草地生态与草地管理、草业生物技术育种 5 个研究团队。学院重点建设有 5 个科研实验室：牧草学实验室（牧草资源和栽培）、饲草调制加工与贮藏实验室、草类逆境生理与分子生物学实验室、草地微生态与植被修复和草业生物技术与育种实验室。草种质资源创新与利用实验室为江苏省高校重点实验室建设项目。学院下设南方草业研究所、饲草调制加工与贮藏研究所、草坪研究与开发工程技术中心、西藏高原草业工程技术研究中心南京研发基地、蒙草-南京农业大学草业科研技术创新基地、中国草学会王栋奖学金管理委员会秘书处、南京农业大学句容草坪研究院。草学学科为"十三五"期间江苏省重点学科，现有草学博士后流动站、草学一级学科博士授权点、农业硕士（草业）两个学位授权点，草业科学本科专业，同时设有独立的草业科学国际班。

本年招收本科生 34 人（含草业国际班 8 人）、硕士生 35 人、博士生 7 人。毕业本科生 42 人、硕士生 27 人、博士生 4 人。授予学士学位 42 人、硕士学位 24 人、博士学位 3 人。毕业本科生学位授予率 100%、毕业率 100%、年终就业率 97.62%、升学率 52.37%。

现有在职教职工 41 人（新增 6 人），其中教学科研人员 33 人（专任教师 26 人），专任管理人员 8 人，教授 6 人（其中 1 人兼职）、副教授 12 人（新增 1 人）、讲师 7 人、师资博士后 6 人、博士后 1 人。新增教职工 2 人（管理人员）。有博士生导师 7 人（含 1 名兼职导师）、硕士生导师 23 人（含 5 名校外兼职导师）。

有国家"千人计划"讲座教授 1 人，"长江学者" 1 人，"新世纪百千万人才工程"国家级人选 1 人，农业农村部现代农业产业技术体系岗位科学家 2 人，江苏省"六大人才高峰" 1 人，江苏省"双创"团队 1 个和"双创"人才 1 人，江苏省高校"青蓝工程"优秀青年骨干教师培养对象 1 人，中国草学会第九届理事会副理事长 1 人，中国草学会第九届理事会秘书长 1 人，中国草学会草坪专业委员会副秘书长 1 人、常务理事 1 人，南京农业大学首批"钟山学者"首席教授 1 人、"钟山学术新秀" 1 人，南京农业大学"133 人才工程"优秀学术带头人 1 人。国际镁营养研究所（International Magnesium Institute）核心成员 1 人，国家林业和草原局第一届草品种审定委员会副主任 1 人，中国草学会运动场场地专业委员会副主任 1 人、副秘书长 1 人、常务理事 1 人、理事 5 人，中国草学会会员 1 人。

教师发表科研论文 48 篇，其中 SCI 论文 46 篇，SCI 影响因子 5 以上论文 3 篇，影响因子 4 以上论文 21 篇，平均影响因子 3.075 2。学院各团队在科研上均有新进展：草坪团队在植物胁迫记忆研究中取得新进展；牦牛瘤胃兼性厌氧纤维降解菌的筛选及在青贮中的应用；农作物秸秆青贮过程中结构性碳水化合物降解规律研究取得新进展；纤维素酶基因工程乳酸菌在高水分苜蓿青贮研究中取得新进展。

学院新立项科研课题 25 项，其中国家自然科学基金项目 8 项、江苏省自然科学基金项目 2 项、横向项目 4 项。本年度国家自然科学基金立项数较 2018 年度增长了 100%。新立项合同经费 1 156.6 万元（包含基金会项目 500 万元），其中纵向经费 1 041 万元、横向经费 115.6 万元。本年度到位经费 691.8 万元（纵向 645 万元），人均到位经费 21.62 万元。

教师发表教育教学研究论文 1 篇，在研主持校级教育教学改革研究项目 3 项。学院编写教材 3 本（副主编 2 本、参编 1 本），发明专利 4 项。

本科生主持"大学生创新创业训练计划"项目 13 项，分别是省级 3 项、校级 5 项、院级 5 项；结题 11 项，分别是国家级 1 项、省级 1 项、校级 3 项、院级 6 项。

全年共有教师 43 人次参加国内外各类学术交流大会，其中作大会报告者 13 人次；共有研究生 23 人次参加国内外各类学术交流大会，其中大会作报告者 1 人次、海报展示 1 次；邀请美国克莱姆森大学（Clemson University）遗传及生物化学系终身教授罗宏（Luo Hong）等共举办学术报告 12 场，举办研究生学术论坛报告 3 次，营造了良好的学术氛围。

教师在国内学术组织或刊物兼职 52 人次，其中，2019 年度新增 2 人次；在国际组织或刊物任职 11 人次，其中，2019 年度新增 1 人次；2019 年教师和团体获各级各类奖项 42 个，其中国家级 7 个、省级 3 个、校级 32 个。

学生获各级、各类奖项 170 人次，其中本科生和研究生共有 116 人次获得各类奖学金，4 人次获省级表彰，"2019 届本科优秀毕业论文（设计）" 1 人；学院暑期内蒙古社会实践团获 "三下乡" 社会实践活动省级优秀团队。

学院拥有 2 个校内实践教学基地：白马教学科研基地 100 亩＋草坪团队、牌楼温室和控温温室。建有 8 个校外实践教学基地：南京农业大学句容草坪研究院、蒙草集团草业科研技术创新基地、呼伦贝尔共建草地农业生态系统试验站、日喀则饲草生产与加工基地，与湖南南山牧草共建科研基地，开展南方草地畜牧业与生态研究，与江苏省农业科学院、上海鼎瀛农业有限公司、江苏琵琶景观有限公司等单位都签有实践教学基地协议。

发展党员 13 人，其中本科生党员 6 人、研究生党员 7 人。全院共有教师党员 29 人，学生党员 52 人。

**【学院总支部委员会换届选举】** 4 月 26 日，学院总支部委员会换届选举党员大会在教四楼报告厅举行。学校党委常委、副校长董维春莅会指导，学院院长郭振飞、副院长徐彬应邀列席会议，学院党总支书记李俊龙出席会议，学院教职工、学生党员 57 人参会。会议由党总支副书记、副院长高务龙主持。董维春代表学校党委对大会的召开表示热烈祝贺，他充分肯定了近年来草业学院在学科建设、人才培养、科学研究等方面取得的显著成绩，并对学院发展提出三点希望。学院党总支书记李俊龙代表上一届党总支作题为《凝心聚力，争创特色，全面推进学院事业发展》的工作报告。大会审议通过了胡健代表学院委员会作的党费收缴报告。大会选举产生学院总支部新一届委员会成员：李俊龙、迟英俊、邵涛、胡健、高务龙（按姓氏笔画排序），以及中共南京农业大学第十二次代表大会代表：王茜、李俊龙、邵涛（按姓氏笔画排序）。在随后召开的新一届党总支委员会第一次全体会议上，选举李俊龙为学院党总支书记、高务龙为党总支副书记。

**【联合承办第七届中国林业学术大会草原分会】** 11 月 8～9 日，由学院与国家林业和草原局草原研究中心等国内涉草教学科研单位共同承办的第七届中国林业学术大会草原分会学术会议在南京成功举行。国家林业和草原局草原研究中心主任孙振元研究员、江苏省中国科学院植物研究所草业中心主任刘建秀研究员以及学院院长郭振飞为会议主席，来自国内 100 余名领导、专家出席会议。本次会议主题为 "创新驱动草业与草原高质量发展"。国家林业和草原局草原管理司副司长刘加文、中国农业大学副校长王涛教授等专家应邀作了大会报告。学院教授沈益新、杨志民和副教授徐彬分别作了题为《冬闲田紫花苜蓿栽培技术体系》《华东地区草种质资源收集与利用》《抑制黑麦草叶片衰老的遗传因子探秘》的学术报告。会议期间，副司长刘加文和多名专家应邀来学院及南京农业大学句容草坪研究院进行了实地考察，为学院和学科发展提出了宝贵意见。

**【召开草学专业人才培养工作推进会】** 7 月 14 日，学院在学校白马教学科研基地召开新农科建设背景下草学专业教育及人才培养工作研讨会，会议由党总支书记李俊龙主持，学校教务处处长张炜出席会议并作专题报告，学院领导郭振飞、高务龙、徐彬以及全院教职工参加此次研讨会。会上，教授沈益新、副院长徐彬、院长郭振飞分别作了报告，副书记高务龙传达了学校安全、师德师风有关文件精神。全院教师就课程（群）教学团队建设情况开展了讨论。此外，任课教师结合草学教学指导委员会要求，还就《草业科学 2019 版本科专业人才培养方案》进行讨论，对比兰州大学、中国农业大学等高校的培养方案提出了修改意见。

（撰稿：张义东　武昕宇　姚　慧　审稿：李俊龙　郭振飞

高务龙　徐　彬　审核：孙海燕）

## 无锡渔业学院

【概况】学院有水产一级学科博士学位授权点和水生生物学二级学科博士学位授权点各 1 个，全日制水产养殖、水生生物学硕士学位授权点各 1 个，专业学位渔业发展领域硕士学位授权点 1 个，水产博士后科研流动站 1 个。设有全日制水产养殖学本科专业 1 个，另设有包括水产养殖学专升本在内的各类成人高等教育专业。在 2017 年教育部组织的第四轮学科评估中，水产一级学科评估结果为 B$^-$，全国排名第六。

学院依托中国水产科学研究院淡水渔业研究中心（以下简称淡水中心）建有农业农村部淡水渔业与种质资源利用重点实验室、农业农村部水产品质量安全环境因子风险评估实验室（无锡）等 15 个国家及省部级创新平台；是农业农村部淡水渔业与种质资源利用学科群建设技术依托单位，以及国家大宗淡水鱼、特色淡水鱼两大产业技术研发中心。

新进教职员工 6 人，其中博士 4 人、硕士 2 人。现有在职教职工 197 人，其中教授 26 人、副教授 34 人，博士生导师 9 人，硕士生导师 33 人；有国家、省有突出贡献中青年专家及享受国务院特殊津贴专家 5 人，国家百千万人才 1 人，全国农业科研杰出人才及其创新团队 3 个，国家现代农业产业技术体系首席科学家 2 人、岗位科学家 10 人，中国水产科学研究院（以下简称水科院）首席科学家 4 人。积极推荐申报各类人才计划，董在杰入选无锡市百名科技之星，刘波入选江苏省“六大人才高峰”高层次人才，徐钢春入选水科院“杰出青年”，1 名青年教师赴美国访问留学。选拔聘任 7 名中层干部和 4 名部门助理，选派 2 名青年教职工干部到上级机关挂职锻炼。

招收全日制本科生 57 人、硕士生 65 人、博士生 8 人、专业学位硕士留学生 24 人，4 名博士进入博士后科研流动站工作。截至年底，学院共有在读全日制学生 316 人，其中本科生 107 人、硕士生 139 人、博士生 27 人、硕士留学生 43 人。毕业学生 106 人，其中本科生 27 人、渔业专业硕士 26 人、学术型硕士 24 人、博士生 8 人、硕士留学生 20 人、博士留学生 1 人。本科生中，5 人被评为校级优秀毕业生，1 人获国家奖学金，2 人获“大北农”奖学金，2 人获无锡市优秀学生干部，1 篇毕业论文荣获江苏省优秀毕业论文。研究生中，2 人获校级优秀毕业研究生，4 人获国家奖学金，1 人荣获金善宝奖学金，1 人荣获陈裕光奖学金，3 人荣获“大北农”奖学金，2 人被评为校级优秀研究生干部，1 篇硕士毕业论文荣获江苏省优秀硕士学位论文。

开展国家级一流本科专业建设点的申报工作，完成 2019 版本科培养方案的修订，落实国内教育工作的标准化、文件化管理，确保大学生实践创新训练计划项目教育效果和质量。强化本硕博学生培养过程管理，加强素质建设，提升育人水平。学院 3 名本科生获第一届全国大学生水产技能大赛一等奖，1 人获得二等奖；在"光合杯"第一届全国研究生渔菁英挑战赛中，学院团队分别荣获团体二等奖和优秀奖，2 人分别获得个人综合素质二等奖和三等奖。

教学条件保障能力进一步提升。"一带一路"国际水产养殖试验基地建设项目建安工程基本完成，水生动物疫病专业实验室建设项目初步设计得到批复，国家渔业资源环境滨湖观测实验站和国家数字渔业淡水养殖创新分中心建设项目拟批复立项已公示，淮河流域（蚌埠）渔政基地已投入使用，申请项目竣工验收。"青虾良种场基础设施改造"等 7 项修缮购置项目通过竣工验收。靖江科研试验基地建设持续推进。

以学科为引领，优化科研布局，努力争取重大科研项目立项。新上项目 191 项，其中国家级 7 项、省部级 96 项，新上项目合同经费 8 383.4 万元、到位经费 6 034.6 万元。在研项目取得重要进展：淡水石首鱼人工繁育关键技术首获突破；小龙虾受精卵离体培育成功实现；淡水珍珠蚌遗传育种和紫黑珍珠培育取得重要阶段性成果；新型药物与制剂研发建立以中草药提取物为主的生态防控技术；长江江豚保护研究建立了国内首个海洋馆人工繁殖群体。获科技成果奖励 7 项，其中，参加完成的"草鱼健康养殖营养技术创新与应用"成果获国家科技进步奖二等奖。此外，主持获得范蠡科学技术奖一等奖 1 项、水科院科技进步奖一等奖 1 项、神农中华农业科技奖三等奖 1 项，参与获得江西科学技术进步奖一等奖 1 项，广西科技进步奖二、三等奖各 1 项。发表学术论文 172 篇，其中 SCI 或 EI 收录 77 篇；出版专著 3 部；获国家授权专利 35 项，其中发明专利 18 项；获软件著作权 2 项。

多渠道争取国内中短期培训项目，举办了江苏省基层农技推广体系改革与建设项目农技推广人才培训班等培训班 11 期，培训学员 714 人。国际培训工作再创佳绩，圆满完成 22 期境内外援外培训项目，培训了来自 49 个国家的 544 名高级渔业技术和管理官员。持续推进国际交流与合作，牵头承担和推进农业农村部"一带一路"热带国家国际交流合作项目，湄公河（柬埔寨上丁-桔井段）湄公江豚科学考察项目等 6 个项目，签订了 4 项国际合作谅解备忘录；接待 6 批 41 人次国际专家学者、研究人员及官员到学院参观、交流或访问；派出 13 批 56 人次赴乌干达、柬埔寨、缅甸、越南、美国等国家进行访学、参加国际学术会议、开展合作研究和境外技术指导。

深入推进全面从严治党和精神文明建设。坚持以党的政治建设为统领，深入学习贯彻党的十九大、十九届四中全会等精神，切实落实全面从严治党要求，教育引导党员干部树牢"四个意识"，坚定"四个自信"，坚决做到"两个维护"。深入开展"不忘初心、牢记使命"主题教育，推进学习贯彻习近平新时代中国特色社会主义思想走深走心走实。

【再获国家科学技术进步奖二等奖】院党委书记戈贤平教授作为重要完成人之一的"草鱼健康养殖营养技术创新与应用"成果，荣获国家科技进步奖二等奖。该成果瞄准我国草鱼养殖中存在发病率高和肉质下降的产业难点问题，围绕增强草鱼"器官健康"、改善"鱼肉品质"的营养和饲料调控理论与技术研究并应用，取得了系列创新性成果。

【哈尼梯田稻渔综合种养及冬闲田生态养殖技术模式成功构建】研发并完善了梯田"稻鳅共作"综合种养模式，健全了"稻鲤"综合种养大规格（50 克/尾）鱼种放养模式，创建了梯田冬闲田蓄水生态养殖福瑞鲤增效技术，助推脱贫攻坚、哈尼梯田可持续保护。

【成功培育水产新品种暗纹东方鲀"中洋 1 号"】由江苏中洋集团股份有限公司、学院依托单位淡水中心及南京师范大学联合培育的水产养殖新品种暗纹东方鲀"中洋 1 号"通过全国水产原种和良种审定委员会审定，品种登记号为 GS-01-003-2018。

**【淡水大黄鱼人工繁育关键技术首获突破】**由院长徐跑教授领衔的科研团队成功繁育出世界首例淡水大黄鱼，并在人工催产方式、苗种孵化和苗种开口饵料等方面破解多项技术难关，相关研究领域处于国际领先技术水平，为中国淡水大黄鱼进一步实现苗种规模化繁育和养殖产业化发展奠定了重要基础。

（撰稿：张　霖　审稿：胡海彦　审核：孙海燕）

# 生物与环境学部

## 资源与环境科学学院

**【概况】**学院现有教职工 188 人，其中正高级职称 62 人、副高级职称 55 人。拥有首届全国创新争先奖和中华农业英才奖获得者、国家特聘专家、国家"千人计划"专家、国家杰出青年科学基金获得者、国家"万人计划"领军人才、国家教学名师、国务院学位委员会学科（农业资源与环境）评议组召集人等。有多人入选"千人计划"青年人才等国家"四青"人才。拥有国家级教学团队 2 个、教育部科技创新发展团队 1 个、农业农村部和江苏省科研创新团队 4 个、江苏省高校优秀学科梯队 1 个。

党建思政工作方面。深入开展"不忘初心、牢记使命"主题教育活动。通过到红色基地参观学习、专题报告会、"我爱你中国"主题宣传、观看"新中国成立 70 周年大阅兵"等形式进一步激发全院师生的爱国热情，在"我和我的祖国"全校合唱比赛中获得一等奖及最佳组织奖。教授刘德辉微视频《我和我的祖国》获校关工委"读懂中国"微视频比赛一等奖称号。完成学院党委换届。制订《资环学院关于加强一流本科教育的实施办法》，建立学科-系-党支部-本科专业的一体化人才培养架构，将本科人才培养成效纳入学科建设的绩效考核和经费分配体系。启动《黄瑞采传》等的研究编写，加强"资环先贤"事迹宣传。开展学院年度优秀人物和杰出校友评选表彰，凝练宣传新时代资环人"诚信、包容、竞争、共生"的团队文化和"奋斗成就梦想"的学院精神。制订资环学院《师德师风公约》和《实验室安全公约》，守牢学院发展底线。

学科、平台和人才队伍建设方面。农业资源与环境一级学科顺利通过国家"双一流"学科建设中期评估。农业资源与环境学科获得江苏省优势学科配套"双一流"学科建设项目资助，2018—2019 年到账经费合计 1 000 万元。教授高彦征入选"国家百千万人才工程"和"有突出贡献中青年专家"。海外引进于振中、王金阳、赵迪等教授、副教授。新增教师和工作人员 23 人，其中高层次人才 1 人、海外高层次 2 人、师资博士后考核入编 4 人、公开招聘进编 1 人、调入辅导员 1 人、师资博士后 8 人、统招统分博士 2 人、租赁人员 4 人。2 名青年教师入选国家级"四青"人才项目，新晋升正高级职称 6 人、副高级职称 10 人；新增博士生导师 16 人、硕士生导师 14 人（其中 5 人是专业硕士生校外导师）。

科学研究与社会服务方面。新增各类国家、省部级及其他项目或课题共计 65 项，其中获批国家自然科学基金项目 37 项。年度到位纵向科研经费 7 609.3 万元、横向经费 796.0 万元。以学院为通讯或第一作者单位被 SCI 收录论文 231 篇，SCI 论文平均单篇影响因子 5.44，位列全校各学院之首。其中，影响因子 10 以上的论文 13 篇、5 以上的论文 112 篇，分别占全校的 25％和 29％。教授沈其荣团队成果在国际顶级刊物 *Nature Biotechnology* 发表。

国际交流与合作方面。56 人次国外专家教授来学院短期访问，进行学术合作与交流；成功举办第 15 届微量元素生物地球化学国际会议、第四届植物氮素营养国际学术会议，有力提升学院国际影响力。全年共 16 名本科生、17 名研究生出国学习交流，稳定学生出国交流渠道，提升学生的国际视野；3 名教师国外访学，58 人次教师出国或出境进行访问交流，增进与全球高校及科研机构的合作。

教学质量管理方面。农业资源与环境江苏省品牌专业一期建设项目结题，并申报国家"双一流"专业。立项省级研究生和本科教育教学研究项目各 1 项。新增省级在线开放课程 1 门，申报国家级虚拟仿真实验教学项目 1 项。本科生以第一作者发表核心期刊论文 6 篇，获省优秀本科论文 2 篇，优秀博士研究生学位论文 1 篇，省博士研究生科研创新计划 14 项、硕士研究生计划 3 项。引进 2 位国外教授为本科生授课，选派 26 名本科生（拟）赴荷兰、日本、美国等高校寒暑假访学项目。

学生教育方面。深入实施思想引领计划、学风提振计划、能力提升计划、重点关怀计划、名师育人计划、管理协同计划"六大工作计划"，学院学生管理工作取得了显著成效。本科生升学、出国率为 49％，一批学生到英国帝国理工大学、美国马里兰大学和北京大学、清华大学等世界名校继续深造。1 名学生荣获"江苏省优秀学生干部"；20 余人（团队）在省级及以上竞赛中获得佳绩，其中 1 人获美国数学建模比赛二等奖、1 人获"认证杯"全国数学建模比赛特等奖、1 支团队获全国"发现杯"互联网＋大赛三等奖。

【专业建设新突破】农业资源与环境专业获批国家级一流本科专业建设点。年末，教育部办公厅发文公布了 2019 年度国家级和省级一流本科专业建设点名单，农业资源与环境专业获批国家级一流本科专业建设点。

【省部级奖项新成绩】教授邹建文团队"稻田温室气体排放与生物质炭减排潜力"获教育部自然科学奖一等奖；教授沈其荣团队"经济作物抑病型土壤微生物区系调控技术创建与应用"获农业农村部神农中华农业科技奖一等奖。环境科学 162 班荣获"江苏省先进班集体"称号；"秦淮环保行"项目获第九届全国保护母亲河奖（全省仅 1 项）等。

【科研实力创新高】沈其荣、潘根兴、赵方杰、徐国华 4 名教授入选 2019 年度科睿唯安全球"高被引科学家"。教授高彦征获国家杰出青年科学基金资助；教授韦中获国家优秀青年科学基金资助。学院 37 项国家自然科学基金获批。其中，1 项为杰出青年科学基金项目、2 项为科学基金重点项目、1 项为优秀青年科学基金项目、1 项为国际（地区）合作与交流项目，面上和青年基金资助率达 50％～55％。全年签订 5 项专利转让开发合同，科技成果转化社会服务合同金额 5 000 余万元。教授周立祥团队与宜兴市欧亚华都环境工程有限公司签订的"生物聚沉氧化专利许可及产学研共同开发项目"合同经费达 3 000 万元，创历史新高。

（撰稿：巢　玲　审稿：仝思懋　审核：孙海燕）

# 生命科学学院

**【概况】** 学院下设生物化学与分子生物学系、微生物学系、植物学系、植物生物学系、动物生物学系、生命科学实验中心。植物学和微生物学为农业农村部重点学科，生物学一级学科是江苏省优势学科和"双一流"建设学科的组成学科。学院现拥有国家级农业生物学虚拟仿真实验教学中心、农业农村部农业环境微生物重点实验室、江苏省农业环境微生物修复与利用工程技术研究中心和江苏省杂草防治工程技术研究中心等教学与科研平台。现有生物学一级学科博士、硕士学位授权点，包含植物学、微生物学、生物化学与分子生物学、动物学、细胞生物学、发育生物学和生物工程 7 个二级学科点。拥有国家理科基础科学研究与教学人才培养基地（生物学专业点）和国家生命科学与技术人才培养基地、生物科学（国家特色专业）和生物技术（江苏省品牌专业）4 个本科专业。

现有教职工 129 人，专任教师 97 人，其中教授 46 人、副教授 42 人。新引进高层次人才 7 人（教授 4 人、副教授 3 人），学院 8 人晋升高一级职称（正高级 3 人、副高级 5 人）；新入职年青教师 3 人，进站博士后 6 人。教授徐益峰入选江苏省特聘教授，教授陈亚华获聘现代农业产业技术体系岗位科学家，教授张群、副教授林建分别获得省杰出青年科学基金、省优秀青年科学基金项目资助。此外，学院还聘请澳大利亚科学院院士 James Whelan 等为学院名誉教授。

共招收博士生 39 人（含直博生 3 人）、硕士生 150 人；接收"211"高校优质生源推免生 9 人。招收本科生 181 人。毕业本科生 180 人、研究生 197 人。本科毕业生年终就业率为 90.06％，研究生年终就业率为 94.92％。

学院加强论文质量控制，自筹经费，将学术型硕士和专业型硕士论文盲审比例提高至 50％以上。学院研究生以第一作者发表 4 篇影响因子 9 以上的高水平 SCI 论文，9 个项目入选江苏省研究生创新工程项目立项，1 篇论文获江苏省优秀博士学位论文，1 人获"瑞华杯"南京农业大学最具影响力提名，接收研究生教育教改论文 1 篇，结题大学生教学管理课题 1 项，校重大委托课题结题 2 项。学院获得本年度研究生教学管理先进单位称号。

学院到账科研经费 2 436 余万元，新增立项经费 1 200 余万元，较 2018 年分别增加 33.8％、52.1％。新增国家自然科学基金面上项目 13 项、青年基金项目 6 项，中以国际合作项目 1 项，重大研究计划培育项目 1 项，总立项数超过 20 项，居全校前列。此外，获省杰出青年科学基金、省优秀青年科学基金、面上及青年基金共 6 项。学院发表 SCI 论文 140 余篇，其中影响因子 5 以上的论文 16 篇，在 *Nature Plants*、*Autophagy*、*Journal of Cell Biology*、*The ISME Journal*、*The Plant Cell* 等发表标志性论文 7 篇。此外，学院还获得授权专利 17 项，与 10 家单位签订合作合同，推动科研成果转化为现实生产力。教授强胜团队成果"外来入侵杂草风险评估、检疫及综合防治技术"获教育部科学技术进步奖二等奖。教授沈文飚团队提出"氢农业"方案获法国"液化空气科学奖"，赢取 50 万欧元共享研发基金。举办了第一届植物逆境生物学钟山论坛、江苏省植物生理学会第十次会员代表大会暨学会成立 40 周年学术交流会等学术会议，组织高水平学术报告 80 余场，共计 4 000 人次参与。

加强"生物科学与技术菁英班"和"未来生物学家计划"的内涵建设，邀请朱健康、马建锋教授等 22 人次科学家来校作学术报告和交流，开阔学生视野，激发学生兴趣。"生物科学与技术菁英班"94％的学生到国内一流大学（清华大学、北京大学、浙江大学等）或中国科学院攻读研究生，13％的学生出国深造，其中原龙同学进入哈佛医学院深造；"未来生物学家计划"100％的学生到国内一流大学或中国科学院攻读研究生，20％的学生出国深造，获省级优秀本科毕业（设计）论文三等奖1项。

与新加坡国立大学和日本奈良大学正式签署人才培养合作协议；组织选拔优秀本科生赴美国UC Davis、比利时根特大学、日本东京大学、新加坡国立大学等著名大学交流访学；研究生出国进行国际学术交流7人，CSC公派联合培养博士生1人；选派青年教师、学术带头人等20多人次赴国外高水平大学、机构访学交流。

强化学院领导班子和师德师风建设，坚持每周例会制度、"三重一大"决策、党务公开等管理制度。修订《本科学生综合测评办法》《生命科学学院保研加分细则》等规章制度。

依托分党校开展党团员队伍建设，培训学员676人；共开展理论学习42次，举行报告10场，"先进党支部培育工程"立项活动、党的十九大精神学习交流会等学习实践活动26次，组织近百人次参加廉洁文化建设等校级活动。"微课堂、大成长"主题党日活动探索其在学业辅导中发挥的作用，加强了学院学风建设和党员队伍建设，同时获评"最佳党日活动"。

组建13支社会实践及志愿服务团队，荣获国家级荣誉2项、省级荣誉2项，获得中青网、团学苏刊、荔枝新闻、《现代快报》等主流媒体报道11篇。

组织开展班级特色活动立项28项；组织"信仰公开课""四进四信"主题班会，编写《新生》专刊、学生工作简报；班级团支部获省级奖励2项、校级奖励1项。学院获"南京农业大学五四红旗团委""创新先进单位"。

（撰稿：赵　静　审稿：李阿特　审核：孙海燕）

## 理学院

【概况】学院现设数学系、物理系、化学系和物理教学实验中心、化学教学实验中心，两中心均为江苏省基础课实验教学示范中心。现有信息与计算科学、应用化学、统计学3个本科专业；数学、化学2个硕士学位一级授权点，生物物理、材料与化工2个二级硕士学位授权点；天然产物化学和生物物理学2个博士学位授权点。下设6个基础研究与技术平台，分别为农药学实验室、理化分析中心、农产品安全检测中心、农药创制中心、应用化学研究所和同位素科学研究平台。农药学实验室（与植物保护学院共建）为江苏省高校重点实验室，化学学科为江苏省重点（培育）学科。

学院共招聘教师4人，包括高层次引进人才2人。新增专业学位硕士生导师2人，学术型硕士生导师1人，博士生导师2人。现有教职工124人，专职教师90人，其中教授15人，兼职教授7名（聘自国内外著名大学），副教授44人。具有博士学位的教师58人，在读博士5人，学历层次、职称结构及年龄结构较为合理。目前在校生共719人，其中本科生577人、研究生142人。学院现有各类实验室3 000多平方米，万元以上仪器设备百余套，总价值数千万元。另设有专业资料室、计算机房等。

2019年招收本科生147人，硕士生45人，博士生8人。共有本科毕业生103人，年终就业率90.29％，其中应用化学专业为90.48％，信息与计算科学专业为90.16％。本科毕业生46人升学（含出国读研12人），升学率为44.66％；硕士生毕业19人，年终就业率

97.44％；博士生毕业 1 人，天然产物化学专业首次有博士生毕业。

科研经费到账 525.6 万元，新增国家自然科学基金项目 7 个、江苏省自然科学基金项目 8 个；2019 年发表 SCI 收录论文 79 篇，其中影响因子 5 以上的论文 25 篇、影响因子 10 以上的论文 2 篇。

学院加强学术交流与合作，共举办学术报告 10 余次，邀请包括美国科学院院士 K. N. Houk 教授在内的国内外专家来校进行学术交流 20 余人次，学院教师参加国际性学术交流 20 余人次，参加国内学术、教研会议 100 余人次。与先正达公司达成联合培养博士生项目协议，戴朋、焦健两位博士生进入该项目，为期 3 年。新增 1 家江苏省研究生工作站。

学院持续深化教育教学改革，建设优质教学资源，提升教材建设质量，注重内涵式发展。教授兰叶青主编的农业农村部"十三五"规划教材《无机及分析化学》第三版出版；副教授李强主编的农业农村部"十三五"规划教材《线性代数》第二版出版；教授杨宏伟主编的农业农村部"十三五"规划教材《物理学》第四版出版；有机化学、线性代数、物理学、无机及分析化学等 7 门校级在线开放课程上线运行；物理化学与胶体化学、实验化学Ⅱ 2 门校级在线开放课程获得批准；副教授陶亚奇的物理化学与胶体化学获 2018—2019 年江苏省高校在线开放课程立项建设。

杨红荣获南京农业大学"师德标兵"称号；吕波荣获 2017—2019 年度"优秀教师"称号；陈丹荣获 2017—2019 年度"优秀教育管理工作者"称号、2019 年度教学先进个人；吴华获得南京农业大学第 16 届"挑战杯"大学生课外活动科技竞赛优秀指导教师奖；李强获得江苏省高等学校第 16 届高等数学建模竞赛优秀指导教师；夏青获得第三届赵善欢奖学奖教基金优秀青年奖；王筱霏、徐江艳获实验教学建设与管理先进个人；李国华、周小燕获校教学质量优秀奖；陶亚奇、魏良淑、周小燕获 2018—2019 年度理学院"教学创新奖"，侯丽英、国静、朱钟湖获 2018—2019 年度学院"教学进步奖"。

召开党员大会。教职工、学生及离退休党员 152 人参会，完成党委委员会的换届选举工作，推选出新一任委员会书记、副书记。举行工会换届选举大会，学院党政领导、全体工会会员参会，大会选举产生了理学院新一届工会委员会。在第 47 届南京农业大学教职工运动会中取得总成绩全校第四名的成绩，创历史新高。

认真落实"三会一课"制度，深入实施"双带头人"培育工程建设，深入推进党风廉政建设工作，切实履行"两个责任"，坚持学院党政联席会议制度，落实民主集中制和"三重一大"制度。强化党员队伍建设，发展党员 33 人，其中高级职称教师 1 人、研究生党员 6 人。全院现有党员 208 人，其中正式党员 175 人、预备党员 33 人；在职教职工党员 81 人，占在职教职工的比例为 65.3％。学生党员 80 人，其中研究生党员 32 人，占研究生的比例为 22.5％；本科生党员 48 人，占本科生的比例为 8.32％。

指导学生参加各类竞赛。杨力臻获国际基因工程机械设计大赛特等奖；丁杰获全国数学建模竞赛一等奖，是学校卫岗校区首次获得全国一等奖；陈敏获全国大学生数学建模竞赛三等奖；孙少锋获中国大学生计算机设计大赛一等奖、"华教杯"全国大学生数学竞赛（研本组）决赛三等奖；魏琉琼、陈雅琪分别获"中青杯"大学生数学建模竞赛一等奖、二等奖；史宇杰获第三届"普译奖"全国大学生翻译比赛（汉译英）决赛二等奖；陶妍洁获全国大学生英语竞赛二等奖；宋子龙获 2019 全国高校创新英语挑战赛（本科生及研究生组）优秀奖；姜胜获第二届全国大学生数学竞赛三等奖、全国高校英语挑战赛初赛优秀奖；组队参加美国

（国际）大学生数学建模竞赛，获一等奖 1 人次、三等奖 3 人次；组队参加第三届"数维杯"大学生数学建模竞赛，获三等奖 2 人次；李嘉巍获第二届"华教杯"全国大学生数学竞赛初赛三等奖；毛翔获江苏省第十届大学生知识竞赛（理工科组）二等奖；李海龙、李春雨分别获第 16 届高等数学竞赛一等奖、二等奖，陈雅琪获第 16 届五一数学建模竞赛三等奖；组队参加"泰迪杯"数据挖掘挑战赛，孙少锋、陈雅琪分别获三等奖、优秀奖；俞雪纯获"认证杯"数学建模网络挑战赛三等奖；夏心语获数学中国数学建模国际赛（小美赛）二等奖；程佩文获"外研社"杯英语阅读比赛三等奖；魏琉琼获"电工杯"电工数学建模竞赛二等奖；组队参加 Mathorcup 高校数学建模挑战赛，获三等奖 3 人次；组队参加第 12 届"认证杯"数学中国数学建模网络挑战赛，获第一阶段三等奖 1 人次、优秀奖 2 人次；王赛尔等 8 位学生获第 16 届"瑞华杯"江苏省大学生课外学术科技作品竞赛暨"挑战杯"全国竞赛江苏省选拔赛决赛二等奖；金凯迪、王琪瑄获江苏省大学生健美操、啦啦操比赛一等奖；刘子涵获雨花台红色故事宣讲员大赛二等奖；郭舒柯获南京市第 11 届金陵合唱节三等奖。

根据学生实际需求，依托党建班、就业培训、新生入学教育、毕业生文明离校等活动载体，学院共举办素质教育类讲座 40 余场，涵盖理想信念、生涯规划、心理调适、出国交流、就业提升、安全知识、新闻写作、图片拍摄、海报设计等方面。

**【主办"第五届全国农林院校基础理学学科发展论坛"】** 7 月 13 日，"第五届全国农林院校基础理学学科发展论坛"在南京农业大学举行，来自中国农业大学、华中农业大学、西北农林科技大学、东北农业大学、北京林业大学、南京林业大学等 20 所农林院校的 60 多位专家学者参加了此次论坛，共同研讨"双一流建设"大背景下农林院校基础理学学科建设与发展。

**【举办首届全国优秀大学生夏令营】** 8 月 31 日，学院首届全国优秀大学生夏令营开营仪式在理学院报告厅顺利举行。来自江苏师范大学、安徽农业大学、青岛农业大学、湖南农业大学等国内多所高校的 20 余名优秀学子齐聚一堂。本次夏令营按专业分为化学、数学两个分营，分别进行名师讲堂、专业综合能力测试以及师生互动交流等考察环节，评选出董孟园等 13 名优秀营员。

（撰稿：魏倩倩　审稿：程正芳　审核：孙海燕）

# 食品与工程学部

## 食品科技学院

**【概况】** 学院下设食品科学与工程、生物工程、食品质量与安全 3 个系。目前拥有博士学位食品科学与工程一级学科授予权，1 个博士后流动站，1 个国家重点（培育）学科，1 个江苏省一级重点学科，1 个江苏省优势学科，4 个博士点，4 个硕士点，2 个专业学位授权点。建有 1 个国家工程技术研究中心，1 个中美联合研究中心，1 个教育部重点实验室，1 个农业农村部重点实验室，1 个农业农村部农产品风险评估实验室，1 个农业农村部检测中心，1 个江苏省工程技术中心，1 个江苏省协同创新中心，8 个校级研究室。拥有 1 个省级实验教学示范中心，2个校级教学实验中心（包括8个基础实验室和3个食品加工中试工厂）。设有食品科学与工程、生物工程、食品质量与安全3个本科专业，其中食品科学与工程为国家级特色专业，生物工程和食品质量与安全为江苏省特色专业。国家一级学会"中国畜产品加工研究会"挂靠学院。

学院现有教职工111人，专任教师71人，其中教授31人，副教授26人，博士生导师32人，硕士生导师53人。新增教授3人，博士生导师3人。教授周光宏获得"庆祝中华人民共和国成立70周年"纪念章，教授李春保获国家"万人计划"科技创新领军人才，副教授吴俊俊入选江苏高校"青蓝工程"优秀青年骨干教师培养对象，王沛获江苏省科学技术协会青年科技人才托举工程资助培养对象、国家粮食和物资储备粮食科技人才特派员，教授曾晓雄应邀担任 *International Journal of Biological Macromolecules* 副主编。在学校新一轮"钟山学者"计划中，学院获聘特聘教授1人，首席教授（B岗）4人、学术骨干（A岗）1人、学术骨干（B岗）5人、"钟山学者"计划学术新秀4人。

食品科学与工程专业被教育部认定为首批国家级一流本科专业建设点；该专业同时顺利通过IFT（Institute of Food Technologists，美国食品科学技术学会）食品专业国际认证评审和中国教育部高等教育教学评估中心工程教育认证，在全国同行中处于前列。教育部正式批复学校与美国密歇根州立大学的合作办学，食品科学与工程专业作为重要支撑专业，每年可招收本科及硕士学生30人。"乳化肠规模化生产的虚拟仿真"项目获得教育部立项建设；食品安全控制课程获批江苏省教育厅2018—2019年高等学校在线开放课程立项，承担本科生教改项目4项，3部教材入选农业农村部"十三五"第二批规划教材，《食品质量管理学》（第二版）荣获"十三五"江苏省重点教材。承担江苏省普通高校研究生科研创新计划7项，专业学位研究生科研实践计划3项，省级和校级研究生教改项目各1项。

本年度招收博士生35人、全日制硕士生155人、留学生6人，招收食品科学与工程类专业本科生177人。授予博士学位29人（含留学生2人），授予工学硕士学位74人（含留学生1人），授予农业硕士学位33人，授予工程硕士学位38人，授予学士学位181人。成功举办首届食品类研究生国际学术会议，来自国内外14个国家60所高水平涉农大学的500余位研究生参加了会议。举办"温氏杯"全国大学生畜产品创新创业大赛、第三届江苏省大学生食品科技创新创业大赛、"食尚精英"全国食品生物类优秀大学生夏令营等系列活动，极大地激发了学生的创新创业热情。先后获国家自强之星1人，国家奖学金18人，省三好学生2人，校长奖学金4人，"瑞华杯"南京农业大学最具影响力"科研之星"1人，第三届江苏省大学生农业科技创新创业领域组一等奖，全国畜产品创新创业大赛银奖，其他省级以上奖励50余项。获校级优秀博士论文4篇，校级优秀硕士论文8篇，7人获得江苏省科研创新计划项目，3人获得江苏省科研实践计划项目。学院获学校教学管理先进单位、研究生教育先进单位、学生工作先进单位、招生工作先进单位。

学院新增纵向科研项目40项、横向技术合作（服务）项目20项，到位经费累计3 650万元。在国内外学术期刊上发表论文300余篇，SCI收录204篇（其中影响因子5.0以上，35篇；影响因子10.0以上，1篇），授权专利34项。"低温肉制品质量控制关键技术及装备研发与产业化应用"科技成果荣膺南京市十大重大原创成果，以第二单位获得省部级科技成果奖一等奖1项、三等奖1项。先后与温氏食品、天邦食品、华测检测等一批产业龙头企业联合组建研发中心以及研究生工作站。组织召开第八届中国乳业科技大会、第15届中国禽蛋产业科技大会暨 2019 蛋业博览会，联合主办了 2019 中国调料行业大会，学院在行业内的影响力得到了显著提升。由教授周光宏领衔、ISO/TC34/SC6 牵头组织的 8 项国际标准项目建议同时通过成员国的投票，获得立项建设。ISO/TC34/SC6 成员国由 21 个增加到 29 个，观察员国由 23 个增加到 33 个；OIE、AOAC 等国际组织也主动联络，要求建立合作关系，有效地提升了学院的国际影响力和话语权。组团参加了 2019 美国 IFT 食品科技展览会、第 65 届国际肉类科技大会、第五届国际培养肉大会等国际学术会议。先后邀请外国知名专家 40 余人来访交流，举行学术报告 50 余场次，参加国际学术会议等出访交流活动 60 余人次。积极参与"三州三区"科技扶贫，通过技术培训、项目合作、远程教学、技术服务等多种形式，定点对接西藏林芝和贵州麻江，积极推进了藏猪加工、蓝莓加工、蕨菜加工、家禽屠宰等技术的落地转化和产业延伸。学院获学校社会合作管理先进单位。

学院坚持以习近平新时代中国特色社会主义思想为指导，增强"四个意识"、坚定"四个自信"、落实"两个维护"，加强政治理论学习，切实提高师生党员理论素养。累计开展专题学习会、心得交流会 60 场，开展主题党日活动 20 余次。发展学生党员 54 人，其中博士生 6 人，考察期间累计扩展谈话超 250 人次。获评校"读懂中国""祖国万岁""祖国是我家"主题征文大赛一等奖 3 项，学院团委获评校五四红旗团委称号。获评学生工作先进单位、研究生教育管理工作先进单位，1 人获评"最美教师"称号，3 人获评优秀教师、优秀教学奖、超大奖教金，3 人获评优秀教育管理工作者。

**【周光宏、徐幸莲团队研究成果荣获国家科技进步奖二等奖】**教授周光宏、徐幸莲团队研究成果"肉品风味与凝胶品质控制关键技术研发及产业化应用"荣获国家科技进步奖二等奖。该成果揭示了中式传统腌腊肉制品风味形成机理，研发出"低温腌制-中温风干-高温成熟"关键技术，解决了西式低温肉制品质地差、出水出油严重等技术难题；构建了以腐败菌控制为核心的肉品全程质量控制技术体系，使低温肉制品的货架期显著延长，保障了产品质量安全。

**【入选国家"双万计划"，通过国际、教育部"双论证"】**食品科学与工程专业被教育部认定为首批国家级一流本科专业建设点，成功进入一流专业建设"双万计划"；该专业同时顺利通过 IFT（Institute of Food Technologists，美国食品科学技术学会）食品专业国际认证评审和中国教育部高等教育教学评估中心工程教育认证。"双认证"是食品科学与工程专业高等教育的国际化突破，标志着南京农业大学食品科学与工程高等教育达到国际先进水平，在全国同行中处于前列。

**【"细胞培养肉"技术获得重大突破】**"利用动物肌肉干细胞生产培养肉关键技术"成果通过了中国农学会组织的专家组鉴定和技术评价，研发出中国第一块肌肉干细胞培养肉产品，该成果使中国进入国际同类研究的前沿，整体技术处于国际先进水平，其中猪和牛肌肉干细胞的分离纯化与干性维持技术处于国际领先。

**【入选教育部国家虚拟仿真实验教学项目】**3 月，根据《教育部关于公布 2018 年度国家虚拟仿真实验教学项目认定结果的通知》（教高函〔2019〕6 号），食品科技学院"乳化肠规模化生产虚拟仿真实验"虚拟仿真实验教学项目，在学校、江苏省教育厅审核、评选、推荐的基础上，经教育部综合评议和公示，被认定为国家虚拟仿真实验教学项目。

**【主办"2019 亚太肉类科技大会暨第 17 届中国肉类科技大会"】**10 月，成功主办"2019 亚太肉类科技大会暨第 17 届中国肉类科技大会",这是亚太地区首次举行的肉类科技大会,来自中国、美国、澳大利亚、日本、韩国、西班牙等 700 余名中外学者参加会议。本次大会加强了亚太地区肉类研究的交流与合作,促进了肉类加工的新技术转化与应用,为中国及亚太地区肉类产业的升级与发展提供了良好科研交流平台。

**【承办南京农业大学研究生国际学术会议】** 10 月,学院承办南京农业大学 2019 年研究生国际学术会议。来自国内外 14 个国家 60 所高水平涉农大学的 500 余名研究生参加会议。会议以"食品安全、营养与人类健康"为主题,围绕"食品加工新技术"和"食品营养、生化及前沿技术"两个主要议题,分别开展 4 场分会场主题报告。

(撰稿:钱 金 李晓晖 审稿:孙 健 审核:孙海燕)

## 工学院

**【概况】** 工学院位于国家级南京江北新区,占地面积 47.52 公顷,校舍总面积 16.42 万平方米。仪器设备共 15 556 台(件)、14 422.9 万元。图书馆建筑面积 1.13 万平方米,馆藏 42.66 万册。设有学院办公室、人事处(人才办)、纪委办公室(监察室)、工会、计划财务处(招标办)、教务处、科技与研究生处、学生工作处(团委)、图书馆(图书与信息中心)、总务处、农业机械化系、交通与车辆工程系、机械工程系、电气工程系、管理工程系、基础课部和培训部。

学院具有博士后、博士、硕士、本科等多层次多规格人才培养体系。设有农业工程博士后流动站,农业工程一级学科博士学位授权点,农业机械化工程、农业生物环境和能源工程、农业电气化与自动化 3 个二级学科博士学位授权点,农业工程、机械工程、管理科学与工程 3 个一级学科硕士学位授权点,农业机械化工程、农业生物环境和能源工程、农业电气化与自动化、机械制造及其自动化、机械设计及理论、机械电子、车辆工程 7 个二级硕士学位授权点以及工程硕士(电子信息类、机械类和工程管理类)和农业硕士(农业工程与信息技术领域)专业学位授权点。设有农业机械化及其自动化、交通运输、车辆工程、机械设计制造及其自动化、材料成型及控制工程、工业设计、自动化、电子信息科学与技术、农业电气化、工程管理、工业工程、物流工程 12 个本科专业,一个大类专业。

在编教职工 360 人,其中专任教师 236 人(不含辅导员),其中教授 23 人(二级教授 2 人、三级教授 4 人),副教授 82 人,高级职务教师占比 44.6%,具有博士学位教师占比 52.12%,学缘外教师占比 66.5%。具有一年及以上海外经历的教师 62 人,占全院专任教师的 26.27%。5 位教师晋升高一级职称,1 名工人获聘技师岗位。编制外用工(不含非编人事代理)152 人,其中租赁 47 人、劳务合同工 30 人。离退休人员 319 人,其中离休 4 人、退休 313 人、家属工 2 人。

拥有原中国科学院"百人计划"1 人、比利时鲁汶大学兼职教授 1 人、国务院农业工程学科评议组成员 1 人、省"333 人才工程"第三层培养对象 2 人、"钟山学者"计划 8 人、"青蓝工程"培养对象 13 人、"六大人才高峰"资助者 2 人、"江苏省青年科技人才托举工程"1 人、江苏省"双创博士"2 人。农业工程博士后流动站新进 10 人,共有在站博士后 19 人,在站博士后发表 SCI 论文 19 篇(总影响因子 81.475,单篇最高影响因子 11.878),国际发明专利 1 项,获国家博士后特别资助 1 项、博士后面上基金二等 3 项、国家青年基金

5 项、省级项目 4 项、中央高校基本业务费专项基金项目 1 项。

全日制在校本科生 5 505 人，全日制硕士生 322 人（其中外国留学生 22 人），专业学位研究生 236 人，博士生 103 人（其中外国留学生 11 人）。2019 年，招生 1 577 人（其中本科生 1 416 人、硕士生 140 人、博士生 21 人），毕业学生 1 417 人（其中本科生 1 274 人、硕士生 128 人、博士生 15 人），本科生就业率 98.74%（保研 84 人、考研录取 229 人、就业 867 人、出国 78 人），培训部在籍学生 719 人（成教生 667 人、网教生 52 人），成教招生 233 人，毕业学生 149 人。预科生 58 人，2018 级预科生结业 55 人。全年共培训农机人才 577 人。

获得科研经费 2 444 万元，其中纵向项目 1 846 万元，国家自然科学基金项目 196.8 万元，国家重点研发项目 467 万元，江苏省自然科学基金项目 28.7 万元，江苏省重点研发计划项目 267 万元，江苏省农业科技自主创新资金项目 501 万元，江苏省"双创计划"科技副总类项目 5 万元，江苏省农机新装备新技术推广项目 22.9 万元；横向项目 598 万元。其中，"畜禽精准养殖信息感知关键技术与智慧管理大数据平台研究与示范"项目获得江苏省重点研发计划现代农业重点项目立项。

专利授权 97 项，其中发明专利 12 项、实用新型专利 63 项、软件著作权 22 项；出版科普教材 4 部；发表学术论文 277 篇，其中南京农业大学自然类中文核心期刊、南京农业大学人文类中文核心期刊及以上 219 篇，SCI/EI/ISTP/SSCI 等收录 184 篇（其中 SCI 论文 138 篇）。

农业工程学科入选江苏省优势学科建设项目，机械工程学科入选江苏省优势学科建设培育项目。学院牵头组建江苏省拖拉机创业技术创新战略联盟。依托江苏省智能化农业装备重点实验室、江苏省现代设施农业技术与装备工程实验室、灌云现代化农业装备研究院等满足研究生教学科研以及实践的需要，成功申报江苏高中压阀门有限公司等 12 个企业研究生工作站，为专业学位研究生的培养提供了实践保障。

机械设计制造及其自动化和车辆工程专业再次获得 2020 年工程教育专业认证受理资格。新设立 5 个"金课"系列课程群建设项目（共计 30 门课程），9 门课程申报审批校级"金课"建设项目，2 门课程入选国家级"金课"申报候选名单。学院在线开放课程目前已认定为国家级 1 门，入选省级建设 3 门，校级建设 5 门。2019 年学院共有 1 项省教改重点项目、8 项校级教改项目、9 项校级"卓越教学"课堂教学改革项目通过结题验收。新编教材 4 本，其中农业农村部"十三五"规划教材 1 本。做好两校区协同管理模式下的教学运行管理工作，保障人文与社会发展学院和外国语学院 2019 级新生教学正常开展，按照"大类招生、按类培养、专业分流、专业培养"的人才培养机制，完成对 2018 级机械大类专业学生的专业分流工作。全年共投入 145 万元用于改善本科教学实验室条件。

设立《"三全育人"专项建设课题项目》27 项，赴华东师范大学参加经验交流并作为试点学院代表发言——《新工科背景下以活动为载体的立德树人工作实践》。"三创空间"共接待参观 84 次，参与科技创新竞赛 66 项，获得省级以上创新创业奖项 115 项。唯佳环保创业工作室、棚友智慧农业创业工作室通过"三创空间"孵化，成功申领营业执照。立项国家及省部级课外科技竞赛 31 项，省级及以上获奖 936 人次，其中全国特等奖 37 人次、全国一等奖 236 人次。获"挑战杯"全国大学生课外学术科技作品竞赛二等奖（省赛特等奖）、第五届全国大学生智能农业装备大赛特等奖、宁远车队获 2019 第十届中国大学生方程式汽车大赛一等奖、中国服务机器人大赛一等奖、全国大学生嵌入式物联网大赛一等奖等。学院获校

"挑战杯优秀组织单位"、校"互联网优秀组织单位"。社会实践立项 17 支团队，其中获评全国高等农业院校大学生服务乡村振兴战略联盟立项团队 1 支。立项 12 个具有工科特色的志愿服务项目，全年累计组织志愿活动超过 100 次，累计工时超 17 000 小时。打造文化育人品牌"汇贤大讲堂"，共举办高水平讲座 8 场，参与学生 6 600 多人次。2019 年"工学 e 家"微信公众号关注数 15 004，全年发布信息 378 条，阅读量 30 万余次；"椅子山研究生"微信公众号共发布推文 117 篇，累计阅读量达 23 112 次。学院研究生会获校 2018—2019 学年"优秀研分会"。

学院 1 个党支部获批校级"双带头人"党支部，1 个党支部获批样板党支部，1 项"党日活动"获得校党委"七一"表彰。全年入党启蒙教育 1 091 人，培训积极分子 512 人，发展对象 277 人，发展党员 269 人（教职工党员 6 人），转出党员 235 人。编印《学习参考资料》2 册、《学院简讯》8 期，发布网络新闻 500 多篇，向学校门户网站投稿 200 多篇。4 月 12～13 日，学院举办第 30 届田径运动会。

学院与荷兰萨克逊应用科技大学达成合作办学意向。积极推动与德国柏林工业大学的"3＋1＋2"本硕双学位项目以及与荷兰萨克逊应用科技大学本科联合培养项目的设计和实施。有中法班学员 4 人赴法国继续攻读工程师文凭，2 名学生被美国伊利诺伊大学香槟分校"3.5＋1.5"硕士学位项目录取。获批 2 项引智项目。聘请外国专家 10 人来学院访问交流，共接待境外高级专家来访 10 批次 30 余人。全年共有 20 批次 57 人参加各类国际交流项目。2019 届毕业生中有 53 人有在校期间参加国际交流项目的经历。

完成 2019 届校友联络大使选拔，落实校友工作院系两级管理体制，组建南京农业大学浦口校区校友分会校友工作分管领导及联络员，畅通联络渠道。校友及校友企业设立 9 项奖学（教）金，校友刘旸、诸葛平夫妇捐资设立"国机励志奖学金"。奖励教师 11 人、学生 140 人。

登记入库设备、家具 2 036 台件，合计金额 900 多万元，登记报废设备及家具 667 万元。做好水电工程及维修相关项目申报、施工、验收、送审、结算等 29 项，总经费 81.7 万元，其中办理送校部审计 14 项、院内审计 10 项。全年共完成水电维修 5 000 余次（处），敷设、改造线路 15 000 余米。完成教育部 2019 修购专项申报入库，并获批 4 项，经费 1 820 万元。完成学生宿舍、教室维修改造工程等 10 万元以上项目 3 个，总计 470.20 万元，3 万元以上维修项目 9 个（造价 54.91 万元），1 万元以上维修项目 20 个（造价 34.16 万元），零星派工单 878 张。设立学生食堂专项工作小组，设置意见箱，认真执行采购制度，审核供应商资格，严格招投标环节、考核与评定供应商，严控食材采购进料关。经与政府相关部门沟通，家属区全部出新，为学院节约经费近百万元。完成天然气接入工程，方便了居住人员生活，为学院食堂使用天然气奠定基础。全年日常门诊接待就诊 15 400 余次。开展专题培训，制订《工学院应急救护培训策划书》，做好传染病防控工作和大学生城镇居民医疗保险工作，参保学生 5 770 人，医保报销 38 份，累计金额 50 多万元。加强车队管理，做好自备车辆的维护保养，基本满足通勤、新生接待、外出实习等用车需求，保障教学、行政、科研日常用车。做好学院重要活动协调保障，落实"校园消防安全管理规定"，加强消防安全检查，提升安全防范能力。协调保洁、绿化、楼宇、维修等外包物业服务的监管工作，配合街道做好常规工作。

**【为"5G 应用创新暨客户体验发布会"提供重要的技术保障】**5 月 15 日，江苏电信公司召开"5G应用创新暨客户体验发布会"。发布会上，学院机器人传感与控制技术实验室卢伟副教授团队研制的远程绘画虚拟现实系统为三城共绘《江南好》提供了重要的技术保障。

**【召开共青团南京农业大学工学院第六次代表大会】**12月21日，学院召开共青团南京农业大学工学院第六次代表大会。施雪钢、丁群、赵育卉、章棋、张祎、程彪、林军当选共青团南京农业大学工学院第六届委员会委员。丁宇、王文静、王怡、占彩霞、田楠等58名代表当选共青团南京农业大学第十四次代表大会代表。

（撰稿：陈海林　审稿：孙小伍　审核：高　俊）

# 信息科技学院

**【概况】**学院设有2个系、2个研究机构、1个省级教学实验中心。拥有1个图书情报与档案管理学科一级学科博士点、2个一级学科硕士学位授权点（计算机科学与技术、图书情报与档案管理）。2个硕士专业学位授权点（农业工程与信息技术、图书情报）。3个本科专业（计算机科学与技术、网络工程、信息管理与信息系统）。图书情报与档案管理学科获批一级学科博士点。二级学科情报学硕士点为校级重点建设学科。信息管理与信息系统本科专业为省级特色专业，计算机科学与技术本科专业为校级特色专业，同时为江苏省卓越工程师培养计划专业。2019年成功申报"数据科学与大数据技术"专业。

学院现有在职教职工59人，其中专任教师44人、师资博士后2人、管理人员6人、实验技术人员7人。在专任教师中，有教授9人、副教授24人、讲师10人。博士生导师8人、硕士生导师29人。2019年入选江苏省社科优青1人，入选"钟山学者"计划首席教授1人。1人参加了第一届青年骨干教师海外教学研修项目。2位企业导师入选全国万名优秀创新创业导师人才库，1人评为江苏高校"青蓝工程"优秀青年骨干教师。新招聘博士5人，引进高层次人才1人，1名教师晋级教授。

邀请比利时鲁汶大学 Ronald Rousseau 教授、西班牙马德里 JOSÉ - FERNÁN MARTÍNEZ 教授与 Vicente Hernández Díaz 副教授以及英国克兰菲尔德大学袁惠得教授来学校交流。选派2人分别到美国密歇根州立大学、芬兰奥兰大学进行访问交流。黄水清、王东波等赴意大利参加2019年国际科学计量学和信息计量学大会（2019 ISSI），王东波赴澳大利亚参加美国信息科学与技术协会年会（ASIST 2019），提交参会的论文10篇。承办了第九届全国情报学博士生学术论坛。

学院共招生242人，其中，博士生7人、硕士生55人、本科生180人。全日制在校学生911人，其中，博士生7人、硕士生138人、本科生766人。本科毕业生190人、硕士毕业生56人。本科生总就业率95.79%，研究生总就业率92.86%。

2019年度申报课题24项：国家自然科学基金项目1项，国家社会科学基金项目2项，国家社会科学基金重大项目子课题项目1项，教育部人文社科研究项目1项，江苏省社会科学项目1项，国家重点实验室开放课题3项，江苏省农业农村厅项目2项，中央高校基本科研业务费5项，横向项目8项。在研国家社会科学基金6项，结题1项。在研国家自然科学基金4项，结项1项。发表核心期刊第一作者或通讯作者论文共计53篇，其中SSCI 3篇、SCI 11篇、EI 1篇、CSSCI 1篇、人文社科一类核心刊物论文9篇、人文社科二类核心期刊论文5篇、人文社科三类核心期刊论文4篇、自然一类核心期刊论文13篇、自然二类核心期刊论文1篇、自然三类核心期刊论文2篇、教育类三类核心期刊论文3篇。获发明专利3项，软件著作权35项。出版专著1部。黄水清教授团队构建了"新时代人民日报语料库"，受到新华社等多家媒体报道。

成功申报"数据科学与大数据技术"专业，筹备"计算机科学与技术"专业工程教育认证工作。开展2019版人才培养方案制订工作。新增文献检索、计算机组成原理与系统结构实践2门在线开放课程。出版农业农村部"十三五"规划教材3本，修订出版农林院校"十三五"规划教材1本，农业农村部"十三五"规划教材在编1本，组织申报农业农村部"十三五"规划教材第二批2本。5项校级教学改革项目顺利结题，获得批准2019年度校级虚拟仿真实验教学项目1项，新增校级教育教学改革项目3项，其中重点项目1项。发表教改论文4篇，其中核心期刊论文3篇。2018年39项SRT计划项目顺利结项，2019年成功申报国家级项目4项、省级项目8项、校级创新项目25项、院级创新项目7项、大学生创新创业训练专项计划项目2项。2019年度学院获校第八届"优秀教学奖"1人，被评为2017—2019年度"优秀教师"1人，获"最美教师"称号1人，荣获2017—2019学年度优秀教育管理工作者1人。

2019年度本科生获得省级竞赛表彰41人，获得国家级荣誉45人。信息162班获江苏省先进班集体，信息171班团支部获校十佳团支部，1人获江苏省三好学生。组织开展十佳歌手暨艺术团展演、趣味运动会、班级杯辩论赛、风筝节等多项文体活动40余场。开展"青春心向党，建功新时代"520特别活动、"信有您息，邮寄秋忆"等活动，并取得羽毛球院系杯亚军、乒乓球院系杯第四名、啦啦操比赛二等奖及"啦啦之星"争霸赛三等奖、排球新生杯季军等荣誉。

学院认真学习贯彻党的十九大精神与习近平总书记系列重要讲话，组织党员开展"不忘初心、牢记使命"主题教育活动。

**【成功申报"数据科学与大数据技术"专业】**《教育部关于公布2019年度普通高等学校本科专业备案和审批结果的通知》（教高函〔2020〕2号）文件，南京农业大学信息科技学院"数据科学与大数据技术"专业获批为2019年度普通高等学校新增备案本科专业，计划自2020年开始招生。运用"新农科＋新工科""新农科＋新文科"建设新专业、改造老专业，是学校立金专、强金课、建高地，不断提高人才培养质量的重要组成部分。该专业强调面向新农科和新工科，对标卓越农林人才培养，强化数理知识，夯实计算机技术，突出计算与学习，凸显行业和领域应用，着力培养具有良好的科学素养，系统掌握数据科学与大数据技术的基本理论和方法，熟悉农业、农村及生态等领域相关知识，具备大数据管理、分析和处理基本技能的高级工程技术专业人才。

**【承办第九届全国情报学博士生学术论坛】** 4月27日，由南京农业大学信息科技学院主办的第九届全国情报学博士生学术论坛在学校学术交流中心开幕。论坛主题为"智能、智慧、智库——新时代的情报学发展"。共计260余名图书情报与档案管理学科博士生、博士生导师及行业代表参会。围绕会议主题，论坛向各培养单位的情报学及相关学科博士生征集稿件，经过评审委员会的两轮评审，最终从征集论文中评选出优秀论文，部分优秀论文还被推荐到本届论坛的支持媒体上发表。

（撰稿：单晓红　审稿：徐焕良　审核：高　俊　陈海林）

# 人文社会科学学部

## 经济管理学院

【概况】经济管理学院拥有农业经济学系、经济贸易系、管理学系 3 个系，农林经济管理博士后流动站，农林经济管理、应用经济学 2 个一级学科博士学位授权点，农林经济管理、工商管理、应用经济学 3 个一级学科硕士学位授权点，农业管理、国际商务、工商管理 3 个专业学位硕士点，农林经济管理、国际经济与贸易、工商管理、电子商务、市场营销 5 个本科专业，其中农业经济管理是国家重点学科、农林经济管理是江苏省一级重点学科、江苏省优势学科、全国第四轮学科评估 A$^+$ 学科，农村发展是江苏省重点学科。

学院现有教职员工 87 人，其中教授 31 人、副教授 22 人、讲师 16 人，博士生导师 26 人、硕士生导师 21 人。朱晶教授担任国务院学位委员会农林经济管理学科评议组召集人，朱晶教授、徐志刚教授入选国家特聘专家，朱晶教授入选国家文化名家暨"四个一批"人才，朱晶教授、易福金教授入选国家"万人计划"人才，顾焕章教授、钟甫宁教授荣获江苏省十大社科名家，常向阳教授、纪月清教授荣获全国百篇优秀博士学位论文，朱晶教授担任教育部教学指导委员会副主任委员。拥有教育部新世纪优秀人才 3 人，江苏省"333"工程培养对象 10 人，江苏省"青蓝工程"培养对象 11 人，农业农村部产业体系岗位科学家 3 人，南京农业大学"钟山学者"系列人才 12 人，享受政府特殊津贴专家 7 人。本年度，从德国洪堡大学、中国社会科学院、南京大学引进优秀人才 3 人，2 人入选"盛泉学者"高层次人才计划，4 人晋升高级职称。

学院现有在校本科生 1 125 人，博士生 90 人，学术型硕士生 206 人，各类专业学位研究生 391 人，留学生 23 人。2019 年，本科生年终就业率 97.32%，研究生年终就业率 97.11%。

加强党的基层组织建设，突出党建思政的引领作用。建立党委委员联系党支部工作机制，强化学院党委统一领导。在制度和机制上强化学院党委的领导决策权力，涉及学院发展的重大事项均由学院党委民主决策，强化党支部书记培训管理，推进党支部规范管理。"不忘初心、牢记使命"主题教育扎实推进，召开全院党员大会，增补党委委员、选举党代表。通过考察调研、专家讲座、实地调查、捐款捐物等形式，深入开展南农麻江扶贫共建活动。完善制度建设，制订《经济管理学院党员发展细则》《经济管理学院领导干部深入基层联系学生工作的实施方案》《经济管理学院委员会联系党支部工作办法》。本年度，涌现出一批立德树人先进典型，钟甫宁教授荣获立德树人楷模，蔡忠州教授荣获最美教师，周力教授荣获优秀教师，展进涛教授荣获孙颔农业教育奖，何军教授荣获优秀教学奖，夏德峰荣获优秀教育管理工作者。

科研创新与社会服务能力进一步增强。2019 年，新增国家级科研项目 9 项，其中国家社会科学基金重大项目"新时代我国农村贫困性质变化及 2020 年后反贫困政策研究"1 项，国家社会科学基金重点项目"非洲猪瘟疫情冲击下生猪产业链优化与支持政策研究""我国农业保险高质量发展研究" 2 项，国家自然科学基金重点项目"我国粮食供需格局演变与开放条件下的粮食安全政策研究" 1 项，自然科学基金面上/青年项目等 5 项，选题围绕粮食安全、农村贫困、非洲猪瘟、农业保险等国家重大战略需求，国家级重大重点项目新增立项数量居于国内同行领先地位。以南京农业大学为第一作者单位或通讯作者单位发表核心期刊研究论文 104 篇，其中 SSCI/SCI 收录的高水平论文 44 篇（SSCI 论文 36 篇），7 篇发表在农业经济管理学科国际一流期刊 *Australian Journal of Agricultural and Resource Economics*、*Food Policy*、*Canadian Journal of Agricultural Economics*，人文社科核心一类 18 篇、二类 29 篇。1 项研究成果荣获江苏省软科学研究优秀成果奖。先后向上级政府部门提交咨询报告近 10 份，2 份报告获部省级领导批示或机构采纳，建议被相关部门应用，服务"三农"发展。出版专著 3 部。

深入开展专业内涵建设，人才培养成效显著。农林经济管理专业首批入选国家一流本科专业立项建设。获江苏省优秀本科优秀论文 2 篇，其中一等奖 1 篇、三等奖 1 篇，校级优秀本科毕业论文特等奖 2 篇、一等奖 2 篇、二等奖 3 篇。获第 29 届 IFAMA 国际案例大赛冠军、江苏省"互联网＋"大学生创新创业大赛一等奖、全球品牌策划大赛（中文组）亚军、"挑战杯"全国大学生课外学术科技作品竞赛国赛三等奖等荣誉。新增江苏省普通高校研究生科研创新计划 5 项、大学生创新训练项目 45 项，其中，国家级 9 项、省级 7 项、校级 29 项。本年度共招收 10 名留学生来校攻读学位，其中博士生 5 人，派出 40 余名学生赴国外访学或交流学习。学院获 2019 年学校本科教学管理先进单位、学位与研究生教育管理先进单位。

深化国际国内合作与交流，不断提升农经学科影响力。11 月 11～13 日，与国际农业经济学会（IAAE）共同主办"小农如何融入大市场？——基于中国和东南亚的经验"国际研讨会"农业转型期国家食物安全研究学科创新引智基地"成功申报教育部高等学校学科创新引智基地，举办"卜凯讲堂：青年学者农林经济研究方法论培训"，完成并向国务院学位委员会办公室提交《农林经济管理学科研究生核心课程指南》和《农林经济管理学科发展报告》。

【IFAMA 国际案例竞赛】国际食品与农业企业管理协会（International Food and Agribusiness Association，简称 IFAMA）第 29 届年度论坛与研讨会于 6 月 22～26 日在中国杭州举行。在 2019 年的国际学生案例竞赛中，学院派出由蔡忠州教授和朱战国教授指导并带队的 12 位学生共 3 支队伍参赛。其中，王喆琳、石颖、冯颖、曹嘉彦组成的代表队，与来自普渡大学、密歇根州立大学等国际知名高校的 21 支代表队同场竞技，勇夺研究生组冠军。这是继 2012 年夺冠后，南农经管学子时隔 7 年再次登上最高领奖台。

【农林经济管理入选国家级一流本科专业建设点】12 月 24 日，农林经济管理成功入选国家级一流本科专业建设点，学校将进一步完善整体专业建设规划，对首批入选的专业建设点在课程建设、实践教学、教学方法、师生发展等方面加大建设力度。

【获批教育部学科创新引智基地】12 月 31 日，"农业转型期国家食物安全研究学科创新引智基地"获批教育部高等学校学科创新引智基地，依托该基地，基于原有合作基础，学科将进一步深化与国际食物政策研究所、哥廷根大学、普渡大学、阿肯色大学、高丽大学、密歇根州立大学、宾夕法尼亚州立大学等国外高校和研究机构的合作内容，形成以科研合作和人才培养为纽带、发展经验共享为目标的国际合作网络，推动学科的国内外合作交流，进一步提升学科成果的显示度和国际影响力。

**【联合主办国际学术会议】**11 月 11～13 日，由国际农业经济学会（IAAE）和南京农业大学经济管理学院共同主办的"小农如何融入大市场？——基于中国和东南亚的经验"国际研讨会在学校召开。这是 21 世纪以来，IAAE 年会首次在国内召开，会议邀请了 IAAE 前任主席、国际食物政策研究所 Will Martin 研究员，IAAE 继任主席、德里经济增长研究所 Uma Lele 教授，IAAE 执委、德国哥廷根大学 Stephan 教授，亚洲农经学会主席、北京大学黄季焜教授，韩国农经学会主席、高丽大学 Doo Bong Han 教授等 10 多位国内外农经领域重量级专家出席，来自中国、美国、日本、韩国、德国、印度、南非、尼日利亚等 20 多个国家100 余位国内外专家学者及师生代表参加会议。与会专家学者及师生代表聚焦农业转型，开展学术讨论和交流、提供对策意见，有力提升了学校农经学科的国际影响力。

（撰稿：夏德峰　审稿：宋俊峰　审核：高　俊　陈海林）

## 公共管理学院

**【概况】**学院设有土地资源管理、资源环境与城乡规划、行政管理、人力资源与社会保障 4个系，土地资源管理、行政管理、人文地理与城乡规划管理、人力资源管理、劳动与社会保障 5 个本科专业。设有公共管理一级学科博士学位授权点，设有土地资源管理、行政管理、教育经济与管理、社会保障 4 个二级学科博士、硕士学位授权点，以及公共管理专业硕士学位点（MPA）。土地资源管理为国家重点学科和国家特色专业。

学院设有农村土地资源利用与整治国家地方联合工程研究中心、中国土地问题研究中心·智库、自然资源与国家发展研究院·智库、金善宝农业现代化发展研究院·智库、中荷土地规划与地籍发展中心、公共政策研究所、统筹城乡发展与土地管理创新研究基地等研究机构和基地，并与经济管理学院共建江苏省农村发展与土地政策重点研究基地。

学院现有在职教职工 92 人，专任教师 78 人，其中教授 33 人、副教授 27 人、讲师 12人、师资博士后 6 人，博士生导师 30 人、硕士生导师 55 人。学院拥有一支来自国内外知名大学和研究机构以及行业部门的 26 人兼职（荣誉）教授队伍。学院继续推进"公共管理学院访问学者计划"，2 名外籍教授受聘来院开展教学和科研活动。陈利根教授再次当选为江苏省土地学会副理事长，冯淑怡教授当选为江苏省房地产经济学会副会长。刘志民教授当选为全球农业与生命科学教育协会高等教育联盟（GCHERA）执委会委员，并再次当选中国教育学会教育经济学分会副理事长。2019 年入选江苏省"青蓝工程"优秀团队 1 个（冯淑怡），入选江苏省"青蓝工程"优秀学术带头人 1 个（马贤磊），入选江苏省"双创博士"2人（李欣、杜焱强），邹伟教授获评"江苏省社科英才"。郭忠兴教授获评 2019 年校"优秀教育管理工作者"，陆万军副教授获评校"优秀教师"。

学院举办教育教学改革论坛，申报省级、校级各类教学研究与改革项目 19 项，省级教改立项 1 项，校级教改立项 7 项。国家一流课程申报 6 门，"卓越教学"项目申报 8 项，"课程思政"项目申报 3 项。发表教改论文 12 篇，获省微课比赛三等奖 1 项。为提高青年教师授课质量，加强对青年教师教学能力的培养，全面淘汰"水课"，打造"金课"，学院举办青年教师授课比赛教学基本功集中展示暨在职督导观摩课活动。土地经济学、资源与环境经济学被认定为国家精品在线开放课程，劳动经济学被认定为江苏省精品在线开放课程。不动产估价、行政管理学、土地利用规划学课程获得校级在线开放课程立项建设。《不动产估价》

获江苏省高等学校重点教材立项。学院开设公共管理学、城市土地利用规划原理、社会科学研究方法论、科学论文写作方法4门全英文研究生课程，为培养学生外语应用能力、树立全球视野等奠定了良好的基础。土地资源管理专业入选2019年国家级一流本科专业建设点名单，完成省品牌专业各项建设任务并顺利通过结题验收，新建校外教学科研实践基地4个。学院进一步加强实验教学中心与实践基地建设，先后投入资金10万元，更换多台投影等教学设备，新购公共管理学互动教学平台、公共政策分析互动教学平台教学软件，提高课程信息化水平。

学院创新学风建设新模式，激发学生作为学习主体的内在动力。组织开展人力资源与社会保障知识竞赛等专业特色学科知识竞赛，创建优良学风，提高学生的专业知识。深化公共管理拔尖人才平台建设，打造"一平台三建设"学术创新机制：一个平台即公共管理拔尖人才平台，三建设即建设本科生的"钟鼎学术沙龙"、研究生的"行知学术论坛"和MPA的"公共管理讲坛"。2019年共举办各类讲座活动70余场，举办全国优秀大学生夏令营、江苏省研究生行知学术创新论坛"公共治理与土地政策"。学院本科生及研究生发表论文200余篇，其中核心期刊60余篇，在学校各学院中名列前茅。本科生获江苏省普通高校本科优秀毕业设计（论文）二等奖1篇、三等奖1篇，研究生获江苏省研究生培养创新工程项目8项，获校优秀博士论文2篇、校优秀硕士论文2篇。博士生张浩的论文入选"清华农村研究博士论文奖学金"。

学院积极响应国家对于大学生暑期"三下乡"的号召，组织成立省级重点团队1支、校级重点团队2支，通过支教、社区服务、专项调研等多种方式促进师生锻炼实践能力；朝天宫街道劳动和社会保障所获2019年社会实践优秀基地。学院再次荣获校级社会实践先进单位，安徽郎溪支教团被评为校级优秀实践团队，学生社会实践事迹获得新华社、中国新闻网、《南京日报》等多家省市级媒体宣传报道，累计阅读量达50万余次，获得良好的社会反响。

学院注重大学生科研能力的培养和塑造，在江苏省"互联网＋"大学生创新创业大赛中荣获一等奖、二等奖各1项；本年度学院共有53项SRT项目获得立项，其中有8支国家级SRT团队、4支省级团队。学院学生在校内外各类学科知识竞赛、文化艺术赛事中获得省、市、校级奖励234项；获得国家级以及省市级奖励20余项，其中包括国家级奖励10余项、省级奖励10余项。学院研究生魏铭参加第九届全国高校"模拟市长"大赛，所在"银杏助力队"获一等奖。车序超作为学校唯一大学生代表参加第12届全国大学生创新创业年会，董丽芳等参加中国土地学会第一届全国大学生土地国情大赛荣获二等奖。

学院以案例建设与实践教学为抓手，完善MPA培养支撑体系，着重提升MPA培养质量内涵。学院参加第三届中国研究生公共管理案例大赛（全国"双创"大赛赛事之一），案例团队获1项"优秀奖"；案例团队参加江苏省高校公共管理案例大赛，获2项三等奖；学院2篇MPA论文在第九届江苏省MPA论坛中分获一等奖、二等奖。另受全国MPA教育指导委员会委托，学院组织承办全国MPA学位论文分类与写作研讨会暨第八届优秀论文经验分享会。来自全国152所高校的330余名教师参会，扩大了学校的影响力。

2019年科研项目立项数量质量、年到账科研经费、年均发表论文均呈现稳步增长的态势。新增项目77项，其中国家自然科学基金6项、国家社会科学基金3项、教育部后期资助1项。2019年教师（含师资博士后）发表论文共计188篇，其中一类27篇、二类53篇、三类11篇，外文论文34篇，其中SSCI 25篇、SCI 9篇；论文发表于国内外权威期刊《教育研究》、*Land Use Policy* 等；到账经费 1 600 余万元，其中纵向经费 1 361 万元、横向经费 276 万元。咨询报告 10 篇，其中国家级 1 篇、省部级 8 篇、厅局级 1 篇。学院新出专著 5 部，共 212 万字。学院共获江苏省社科应用研究精品工程奖 4 项。其中，于水教授等的成果"中国民生发展指数研究（江苏，2017）"获一等奖；龙开胜、石晓平教授的成果"土地出让配置效率与收益分配公平的理论逻辑及改革路径"，刘志民教授、杨洲的成果"'一带一路'沿线国家来华留学生对我国经济增长的空间溢出效应"，以及张新文教授、张国磊的成果"社会主要矛盾转化、乡村治理转型与乡村振兴"分获二等奖。此外，于水教授的研究成果"2018 年江苏民生问题入户调查总报告"获江苏省智库研究与决策咨询优秀成果奖一等奖。

学院与《管理世界》智库主办"中国土地制度改革 70 年"研讨会，300 多位兄弟高校的专家学者参加了会议，会议推动了专家学者及学科间的交流，为促进土地制度改革、推进乡村振兴战略实施、助力美丽中国建设提供了很好的平台。另外，学院与《中国土地科学》编辑部、中国土地学会规划分会联合主办了"国土空间规划历史使命与治理路径"研讨会。会议探讨了国家空间规划体系构建、多目标协同与分区治理、统筹协调国土空间规划与管制等重大问题，研讨会成果将在《中国土地科学》以"国土空间规划与管制"专刊形式出版，对服务国家生态文明与乡村振兴战略、促进我国国土空间规划工作有序开展具有重要意义。

学院有 9 位教师、16 位研究生和 34 位本科生出国学习交流、进修或赴境外参加国际学术会议。2019 年实际派出 CSC 项目资助联合培养博士生 1 人，动员申报公派出国学生 11 人。1 人获得研究生国际交流资金资助赴日本访学 3 个月。学院专项资助 6 名研究生参加在境内外举行的高水平会议。2019 年本科生出国出境升学 34 人，出国率达 12.50%，全校排名第三。学院通过"农村土地资源多功能利用研究学科创新引智基地"项目（"111"项目）引进 18 位国外专家开展授课和讲座。在学院的大力促进下，学校与荷兰格罗宁根大学签署了正式的合作谅解备忘录，达成学生交流协议，提高学校人才培养质量及学科建设水平，促进学校国际化进程。

教育经济与管理学科点董维春教授团队全面参与全国"新农科"建设规划工作，在"新农科"建设三部曲策划、相关重要文件起草等方面发挥了积极作用。行政管理学科点于水教授团队等积极参与智库研究，服务政策咨询和决策，研究成果获得中共中央、国务院、有关部委和江苏省主要领导同志重要批示。学院积极参与精准扶贫、服务乡村振兴，汪浩老师获贵州省"万名农业专家服务'三农'行动"优秀科技特派员等省级以上荣誉 3 项，受到贵州省委、省政府感谢信的肯定。优秀毕业生小索顿获"中国青年创业奖"脱贫攻坚特别奖、"十大中国农民丰收节使者"。

**【召开"粮食与食品双安全战略下的自然资源持续利用与环境治理"国际会议】** 2019 年 5 月，国家重点研发计划政府间国际科技创新合作重点专项"粮食与食品双安全战略下的自然资源持续利用与环境治理"（简称 SURE＋项目）国际学术会议在北京顺利召开，会议由学院主办，中国农业大学和荷兰瓦格宁根大学协办，参与单位包括中国人民大学、清华大学、中国科学院遗传与发育生物学研究所农业资源研究中心、浙江大学等国内外高等科研院校。会议就融合多学科多领域的分析方法开展项目研究进行深刻讨论和交流，为促进跨学科、跨国界的综合科技合作研究提供了重要参考。

（撰稿：聂小艳　审阅：刘晓光　审核：高　俊）

# 人文与社会发展学院

【概况】人文与社会发展学院设有社会学、旅游管理、公共事业管理、农村区域发展、法学、表演 6 个本科专业，拥有 1 个博士学位授权一级学科（科学技术史）、2 个硕士学位授权一级学科（科学技术史、社会学）、2 个硕士学位授权二级学科（经济法、旅游管理）。2019 年，全院教职员工 113 人，其中专任教师 77 人。具有博士学位专任教师 57 人，占专任教师总数的 74.02%；具有高级职称的专任教师 44 人，占专任教师总数的 57.14%；45 周岁以下的中青年专任教师共有 50 人，占专任教师总数的 64.94%。在南京农业大学"钟山学者"计划中，王思明、包平入选首席教授，路璐、卢勇入选学术骨干。姚兆余获得南京农业大学超大奖教金，朱利群获得南京农业大学优秀教师和优秀教学奖，黄颖教学团队在第四届西浦全国大学教学创新大赛中获得一等奖，朱志平在江苏省高校微课教学比赛中获得二等奖。

2019 年，全院全日制在校生总人数 1 192 人，其中本科生 933 人、硕士生 235 人、博士生 24 人。招收本科生 244 人。其中，社会学大类录取分数线高出江苏省本一分数线 26 分，高出其他主要生源省份本一分数线 56 分以上。在河北、河南、安徽、山东、湖南等省份的录取平均分数，均高出当地本一分数线 50～70 分。在安徽和河北，更是分别高出理科本一分数线 92.93 分、95.10 分。表演专业招生 40 人，参加专业考试报名学生达到 1 012 人。

2019 年社会学专业获批国家级一流本科专业建设点。修订了 2019 版本科专业人才培养方案。对 2018 级 183 名学生顺利开展了大类分流。完成学校教育教学改革研究项目 8 项，新增 4 项；完成学校"卓越教学"课堂教学改革实践项目 9 项，其中 2 项获得优秀，新增 4 项；完成学校研究生教改项目 7 项，新增 1 项。"模拟导游虚拟仿真实训实验室"项目获得学校立项。新增 5 个实习和实践基地，农村发展规划教学实验室正式建成使用。新开设 5 门通识核心课程（世界农业文明史、中文写作、古典诗词鉴赏、中国简史、音乐鉴赏），承担了全校共 43 个教学班 5 526 名选课学生的教学任务，落实 34 名教师授课，授课教师占全院专任教师的 44.2%。

加强学科建设，理顺研究生培养机制。完成学院学科点负责人的调整和聘任工作；推进法学硕士授权一级学科增列工作，同时针对法律硕士学科点存在的问题进行整改，召开法律硕士学科点整改会议。与经济管理学院多次协商，将旅游管理硕士授权二级学科调整到人文与社会发展学院，并拟于 2020 年开始招生。召开科学技术史学科发展研讨会，确定科学技术史的研究方向和研究团队。

成功申报国家社会科学基金重大项目 1 个、国家社会科学基金项目 2 个、国家自然科学基金 2 个、教育部人文社会科学研究项目 2 个、中国博士后基金项目 4 个、江苏省社会科学基金项目 2 个，新增横向课题 53 个，立项经费共计 1 568 万元。共发表学术论文 94 篇，其中 SCI 论文 2 篇、SSCI 论文 5 篇、CSSCI 论文 50 篇，出版学术专著 15 部。获得各类科研成果奖 13 个，包括费孝通田野调查奖 1 个、江苏省"社科应用研究精品工程"优秀成果奖一等奖 1 个和二等奖 1 个。

主办"同乡同业"专题学术研讨会、"转型中国与农业社会学：理论·议题·实践"研讨会、"我们的节日·南京"首届高端论坛、江苏省农史研究会第四次会员代表大会、江苏省农业农村法制研究会 2019 年学术年会等大型学术会议 5 场。结合学院的学科和专业特色，邀请北京大学、中国社会科学院、台湾东海大学等高校和科研机构专家学者来学院作学术报告或学术讲座 73 场。学院教师参加国内学术会议 31 人次，支持研究生参加国内会议 40 人次。

完成国家大学生创新创业训练计划项目 3 项、国家大学生创业实践项目 1 项、江苏省大学生创新创业训练计划立项项目 3 项、校级 SRT 计划 22 项。成功申报 2019 年国家大学生创新创业训练计划项目 4 项、江苏省大学生创新创业训练计划项目 5 项、江苏省大学生创业实践项目 1 项、校级 SRT 计划 21 项、校级备案 SRT 计划 9 项、校级 SRT 专项 2 项，总共有 147 名学生参加创新创业项目训练，覆盖面达 67.1%。

本科生发表论文 21 篇。5 篇毕业论文被评为南京农业大学本科生优秀毕业论文，其中特等奖 1 篇、一等奖 1 篇、二等奖 3 篇。研究生发表论文 71 篇。5 篇研究生毕业论文获得校级优秀学位论文。1 篇论文获得江苏省优秀博士学位论文、2 篇论文获得江苏省优秀学术型硕士学位论文、1 篇论文获得江苏省优秀专业学位型硕士学位论文，获得省优论文数量占学校总数 19 项的 1/5。1 名博士生获得研究生校长奖学金。研究生获得中国社会工作教育协会苏皖片区年会优秀论文三等奖 3 个，江苏省研究生老龄论坛优秀论文二等奖 1 个、三等奖 1 个，城乡社区治理研讨会优秀论文二等奖 1 个、三等奖 2 个，中国农业史青年论坛优秀论文一等奖 3 个、二等奖 2 个、三等奖 1 个，"三农"法治论坛优秀论文二等奖 2 个、三等奖 2 个，中国林业学术大会优秀论文二等奖 1 个、三等奖 1 个。

在南京农业大学第 16 届"挑战杯"大学生课外学术科技作品竞赛中，获一等奖 1 个、二等奖 1 个、三等奖 1 个。卫丹璇、孔蕾、高艺馨获 2019 年江苏省第 16 届"挑战杯"大学生课外学术科技作品竞赛二等奖，陶嘉诚、许雪纯获 2019 年江苏省第五届"互联网＋"大学生创新创业大赛三等奖，冯雨婷获江苏省"国家资助，助我飞翔"微电影大赛特等奖，黄馨仪获中国大学生计算机设计大赛二等奖，王泓宇获江苏省第 11 届大学生知识竞赛一等奖。

新建就业实习基地 3 个，聘请就业创业兼职导师 12 人。学院年终就业率为 97.98%，位于全校第五。其中，本科生年终就业率为 98.35%，居全校第二；研究生就业率为 97.09%，居全校第八。有 19 名学生前往国外高校攻读研究生。

社会服务助力乡村振兴。贯彻实施"南农麻江 10＋10 行动"计划，与贵州省麻江县卡乌村建立对口开展扶贫工作。与安徽蚌埠市固镇县联合成立蚌埠花生产业研究院。承担 25 项农业园区规划和乡村旅游规划，构建"互联网＋特色产业＋精准服务＋共享市场"的农村科技服务新模式。学院教师发挥社会工作专业优势，为南京市江宁区麒麟门街道、东山街道、秣陵街道的青少年成长提供专业服务。

邀请国外专家举办讲座 13 场。1 名教师出国访学，14 名学生前往美国、英国、韩国和越南短期研学。承办中韩文化研修班，40 余名中韩学生参加活动。美国俄克拉荷马州立大学、美国西部民俗学会、美国中西部中国协会、捷克赫拉德茨-克拉洛韦大学、澳大利亚埃迪斯科文大学、爱尔兰科克大学、日本北海道大学专家学者，以及世界农业遗产基金会主席帕尔维兹前来学院开展交流。

通过压缩和整合学院现有空间，腾出 300 多平方米办公用房，用于教师办公和研究生学习。通过各种渠道拓展社会资源，新增"中博教育奖学金"和"环球雅思奖学金"共 20 万元的企业奖教学金，使学院名人企业奖学金数额增至 60 万元，排在全校前 3 名。蚌埠市政府为蚌埠花生产业研究院提供 50 万元的日常运行经费和 200 平方米的研发与办公空间、150 平方米的生活用房,每年 2 个 50 万元专项项目。

学院党委换届,新一届党委第一次全体委员会议选举姚科艳为党委书记、冯绪猛为党委副书记。党委组织开展了"不忘初心、牢记使命"主题教育活动。学院领导班子开展学习党章、习近平新时代中国特色社会主义思想、党的十九届四中全会精神等专题学习 7 次,领导班子成员和基层党支部书记讲授专题党课 19 次,组织全体党员干部观看《我和我的祖国》等教育类电影和宣传片 15 次,赴渡江战役纪念馆、梅园新村纪念馆等现场教学 5 次,组织主题教育学习交流会 29 次。开展"红船"初心讲堂、"红旗"示范支部、"红星"经典剧场、"红心"文化作坊等红色党建示范活动,在南京农业大学庆祝新中国成立 70 周年合唱比赛中荣获特等奖。艺术系师生与马克思主义学院教师一起,共同编创话剧《红船》并在学校公开演出,有效地整合"第一课堂"和"第二课堂"资源,探索理论教学与实践教学协同育人的新方法。全年共完成 58 名新学生党员发展和 38 名预备党员转正工作,新增 114 名入党积极分子。1 个班级获得江苏省魅力团支部,1 个班级获得江苏省先进班集体,1 个班级获南京农业大学杰出先锋团支部,7 个班级获南京农业大学优秀先锋团支部,学院研究生分会荣获南京农业大学优秀研究生分会。

完成《人文与社会发展学院学生工作制度汇编》,实现学生管理工作制度化和规范化。弘扬传统文化,创建具有人文特色的中国传统文化工作坊,联合宣传部、学生工作处、民俗博物馆等单位,面向全校师生开展中国传统文化节系列活动。先后组织传统工艺进校园、民族文化风情展览会、第四届"华夏中国,乡约南农"民族民俗风采演艺大赛、汉字听写大赛等活动,丰富学生的文化生活,加深学生对中国传统文化的认知和了解。

**【社会学专业入选国家一流本科专业建设点】** 根据《教育部办公厅关于实施一流本科专业建设"双万计划"的通知》的要求,对标"六卓越一拔尖"计划 2.0 系列文件要求,经学校评审推荐、教育部高等学校教学指导委员会评议和投票,南京农业大学共有 16 个本科专业入选国家级首批一流本科专业建设点,其中人文与社会发展学院的社会学专业名列榜单。

**【成立大运河文化带建设研究院农业文明分院】** 为了推动大运河文化带建设,学院整合相关科研资源,与大运河文化带建设研究院合作建立大运河文化带建设研究院农业文明分院,开展大运河沿岸农业文化历史遗产的调查和考证,深入挖掘大运河农业文明的内涵,为高质量建设大运河文化带提供思想支撑、智力支撑和理论支撑。

**【与安徽省蚌埠市固镇县联合成立蚌埠花生研究院】** 在学校领导的关心和支持下,学院与固镇县人民政府、蚌埠干部学校共建南京农业大学蚌埠花生产业研究院,杨旺生教授担任研究院院长。研究院通过开展前瞻性技术研究、主导产业关键共性技术攻关、重大科技成果转移转化和示范推广等活动,全力助推蚌埠农业现代化和乡村全面振兴,实现共赢发展。

**【学院教师获西浦全国大学教学创新大赛一等奖】** 5 月 17 日,在江苏苏州举行的第四届西浦全国大学教学创新大赛中,旅游管理系黄颖教学团队(黄颖、崔峰、刘庆友、尹燕),凭借旅游策划学课程的"三心三创"教学改革实践,以优异成绩夺得了大赛一等奖。该团队通过 5 年多的教学实践,强调以实践平台、政策支持、效果评估为保障体系,致力于构建以学生为中心、以课程设计为重心、以实战考核为核心的校内课堂,致力于搭建以旅游为主心的创意、创新、创业校外平台，把微观课程打造成了一个全方位的三创育人平台，在教学过程中注重多学科交叉融合，关注学生的全员参与，教学效果获得多方好评。

（撰稿：胡必强 肖 阳 林延胜 王誉茜 刘婷婷
审稿：姚科艳 审核：高 俊 陈海林）

## 外国语学院

【概况】学院设英语语言文学系、日语语言文学系和公共外语教学部等，设英语和日语2个本科专业，有英语语言文化研究所、日语语言文化研究所、中外语言比较中心和典籍翻译与海外汉学研究中心4个研究机构以及校级教学研究机构"英语写作教学与研究中心"。拥有外国语言文学一级学科硕士点，下设英语语言文学、日语语言文学2个二级学科硕士点，有英语笔译和日语笔译2个方向的翻译硕士学位点（MTI）。

全院有教职工85人，其中教授6人、副教授24人，聘用英语外教2人、日语外教3人。新增教职工3人（其中教师、辅导员、行政管理人员各1人）。现有全日制在校生794人，其中硕士生116人、本科生678人。2019年毕业206人，其中硕士生49人、本科生157人。2019年招生236人，其中本科生183人、硕士生53人（含学术型硕士生10人）。2019届本科生升学率24.21%，其中出国攻读硕士学位人数占8.92%。

本科生获得大学生SRT项目立项36项，其中国家级1项、省级2项，发表学术论文3篇，获校级本科优秀论文4篇，其中特等奖1篇。研究生获省级奖项18人次，立项省创新实践项目2项，获校级优秀硕士学位论文2篇。完成对中山陵景区英文译写情况的调查和调研报告；完成2019南京创新周会议手册翻译。主办"江苏省翻译技术教学学术沙龙暨南京农业大学2019语言服务与现代社会生活沙龙"，承办第14届江苏高校外语专业研究生学术论坛。

教师指导学生在省级及以上学科竞赛中获奖41项，获批校教学教改项目4项，其中重点项目1项，获校研究生教改项目2项。获批农业农村部重点教材1部，出版教材1部、教学练习册1部。英语专业被遴选为江苏省一流本科专业建设点。完成2019版英语、日语2个专业培养方案和大学外语教学培养方案的修订，增设非语言专业第二外语课程多门。

全年新增科研项目11项，其中江苏省教育厅高校哲学社会科学项目4项。第一作者发表学术论文14篇，其中CSSCI论文3篇。出版专著1部、译著2部。

以"双一流"建设和"新文科"建设为契机，加强学科发展顶层设计，邀请国内外知名专家学者10多人来院讲学，指导项目申报。派出教师参加各类学术会议41人次，7名教师于暑期赴美国佐治亚州立大学开展"写作教学与写作中心管理培训"，出国进修半年及以上3人次。邀请来自美国、英国、澳大利亚和日本等国的7位外国专家开展短期讲学，邀请学校特聘教授、澳门大学李德凤教授团队举办"2019暑期语料库翻译学工作坊"。举办"公共外交与对外话语体系构建研究专题研讨会暨智库建设专家咨询会"等各类学术会议5场。

坚持开放办学，加强中外教学与科研合作。继续推进与雷丁大学亨利商学院的"4+1"合作项目，继续与利物浦约翰莫斯大学共建本科生"商务谈判"课程。举办日本高校中国语言文化短期研修班 2 期，接待师生 30 人。新增研究生 2 人前往孔子学院担任国际汉语教师。48 名学生前往日本早稻田大学、美国加利福尼亚州立理工大学、澳大利亚昆士兰大学等国外高校开展交换留学和短期访学。

加强思想引领，做好师生思想政治教育工作。围绕庆祝新中国成立 70 周年和"不忘初心、牢记使命"主题教育，开展各类活动 35 次。开展党的十九届四中全会精神学习、党课和形势与政策等教育 21 次。获"我和我的祖国"合唱比赛二等奖、"读懂中国"微视频和征文征集活动优秀组织奖、校史校情知识竞赛优秀组织奖。开设"榜样先锋""国奖风采""梦想公开课"等网站栏目树立模范典型，李羽鹏荣获"瑞华杯"最有影响力人物。游衣明荣获优秀教学奖，卢冬丽荣获"最美教师"，胡苑艳获优秀教师。

充分发挥学科特色，为学校部门、社会机构积极提供翻译、校正、讲解、接待等语言服务。为世界智能制造大会等国际赛会输送语言服务志愿者 94 人次，研究生连续第四年在国家公祭日期间服务中外人士。积极促进南京大屠杀史实的国际化传播，1 名教授翻译相关资料累计 50 万字，获得学习强国 APP 关注和报道，并受邀前往丹麦参加由南京市人民政府和哥本哈根中国文化中心联名赠送的辛德贝格雕像揭幕仪式。连续第五年获评江苏省暑期社会实践优秀团队（"筑梦灌云"实践团队）。英语写作中心开始正常运行，托福考点已完成软硬件建设并取得考场号，各有一位青年教师借调至科学技术部、教育部工作。

**【选派学生赴美国加利福尼亚州立理工大学开展暑期研学】**7 月 21 日至 8 月 9 日，选派 13 名学生前往美国加利福尼亚州立理工大学波莫纳分校（California State Polytechnic University，Pomona，以下简称 CalPoly Ponoma）参加大学生创业创业领导力项目（STUDENT INNOVATION，ENTREPRENEURSHIP & LEADERSHIP PROGRAM，以下简称 SIELP)，开展了为其 3 周的暑期研学。研学内容主要分为课堂学习、实践参观和创业计划展示 3 个方面。课堂学习中，研修团既体验了美国文化和跨文化交际的文化课堂，又系统学习了初创企业的资金来源、营销策略与电子商务等创新创业内容，还从企业家精神、公共演讲、模拟辩论方面了解了领导力。实践参观中，研学团参观了洛杉矶市区和圣地亚哥市区，感受当地文化氛围；探访了南加利福尼亚大学（USC）和加利福尼亚大学洛杉矶分校（UCLA），品味多彩校园文化；考察了 CalPoly Ponoma 农场温室和 ILAB 创新实验室，体验先进技术与创意。创业计划展示中，7 所高校的 60 余名学生共分成 10 组，运用课堂所学的知识从创意来源、优劣势、市场前景、营销策略等方面全英文进行了创业展示。

**【召开公共外交与对外话语体系构建研究专题研讨会】**9 月 22～23 日，由江苏省翻译协会对外传播话语研究专业委员会主办、南京农业大学外国语学院和南京农业大学典籍翻译与海外汉学研究中心承办的公共外交与对外话语体系构建研究专题研讨会暨智库建设专家咨询会在南京农业大学举行。来自省内外的 50 余位专家围绕公共外交与国际话语权、国家对外话语能力与智库建设等议题各抒己见，展开了精彩纷呈的思想交锋和学术探讨。

会议分为大会发言、智库建设和交流发言两个阶段。在大会发言环节，中国人民大学国际关系学院李庆四教授、上海市社会科学院国际问题研究所刘锦前博士、南京师范大学外国语学院姚君伟教授等 9 人，分别就各自研究的侧重点，围绕如何塑造中国国际形象和更好服务中国外交战略目标构建融通中外的话语权等话题作了深度阐析。智库建设和交流发言阶段，安徽宿州市赛珍珠研究会会长居永立就卜凯和赛珍珠夫妇与宿州之间的渊源作了详细的介绍，王银泉结合学科建设战略，依据卜凯创建中国第一个农业经济学科的背景，提出以卜凯和赛珍珠夫妇作为推动中外人文交流和公共外交研究的标签、抓手和品牌，开创外语学科的科学研究和学科建设的转型升级，提升南京农业大学在全球相关学术界和文化界的影响力、领导力和软实力。

（撰稿：桂雨薇　审稿：朱筱玉　审核：高　俊　陈海林）

## 金融学院

【概况】学院设有金融学、会计学和投资学 3 个本科专业。其中，金融学和会计学均是"十二五"江苏省重点建设专业。2019 年，金融学专业入选首批国家级一流本科专业建设点，获批江苏高校品牌专业建设工程二期项目立项。学院拥有金融学博士、金融学硕士、会计学硕士、金融硕士（MF）、会计硕士（MPAcc）构成的研究生培养体系。拥有江苏省省级实验中心——金融学科综合训练中心，江苏省哲学社会科学重点研究基地——江苏省农村金融发展研究中心；3 个校级研究中心——区域经济与金融研究中心、财政金融研究中心和农业保险研究所。

学院现有教职员工 46 人。专任教师 33 人，其中教授 12 人、副教授 12 人、讲师 9 人；博士生导师 10 人，新增 1 人；硕士生导师 26 人，新增 5 人。专业硕士的培养管理实行"双导师"制，共有 72 位金融和会计行业的企业家、专家担任校外导师，新聘任第四批校外导师共 8 人。学院加快人才引进，新增教师 4 人，其中，新进 35 周岁以下青年教师 2 人，引进教授 1 人、副教授 1 人，4 位新增教师均来自"985"高校和知名财经类高校。学院 35 周岁以下青年教师占比为 42.42%，外校学缘教师占比提升至 34%。高级职称教师占比达 72.73%。张龙耀获"江苏社科优青"称号。

在校学生 1 319 人。本科生 899 人，硕士生 393 人，博士生 27 人。2019 届毕业学生共计 336 人，其中，本科毕业生 198 人，年终就业率 88.38%；硕士毕业生 135 人，年终就业率 95.4%；博士毕业生 3 人，年终就业率 100%。毕业生主要进入银行、保险、证券、税务局、会计师事务所等金融机构及政府机关，呈现出就业率高、专业对口率高、就业质量高的"三高"态势。

获立项科研经费 310.3 万元。新增纵向和横向科研项目共 27 项，其中，国家自然科学基金项目 1 项，国家社会科学基金后期资助项目 1 项，教育部人文社会科学研究项目、农业农村部软科学研究项目等省部级项目 5 项。教师共出版专著 4 部，发表论文 57 篇，其中，SCI 论文 4 篇、SSCI 论文 6 篇、CSSCI 核心期刊论文 34 篇，1 篇 SSCI 论文发表于一区的 *Land Use Policy*。

完成金融学、会计学、投资学 3 个专业的本科人才培养方案修订，撰写教学大纲 63 个。农村金融学、国际金融获批校级在线开放课程立项，加强金融学、基础会计学、财务管理、保险学在线开放课程建设。《现代农业保险学》获江苏省"十三五"高等学校重点教材立项，《农村金融学》获得农业农村部"十三五"规划教材立项，《中级财务会计》已应用于南京农业大学课程教学。新增教学改革与教学研究课题校级 2 项、院级 1 项；申报"卓越教学"课堂教学改革实践项目校级 1 项，发表教学研究论文 2 篇。金融学科综合训练中心通过省级实验教学与实践教育中心建设点验收。累计完成 50 万元的仪器设备采购，新增 CHFS 数据库。学院与中国农业银行江苏省分行、北京银行南京分行、广州银行南京分行和南京彤天基金管理有限公司签订了教学科研实践基地合作协议。

4月21日，中共南京农业大学金融学院委员会换届选举党员大会召开，大会选举产生了中共南京农业大学金融学院新一届委员会。选举刘兆磊为党委书记，周月书为党委副书记，李日葵为党委副书记、纪委委员，张龙耀为统战委员，王翌秋为组织委员，潘军昌为宣传委员，程晓陵为群工委员。学院共有学生党员198人，教工党员38人，新发展党员58人。开展中心组理论学习9次，讲授主题党课5次，师生集体座谈7次，调研成果交流会2次，深入基层参加支部主题党日活动3次，组织生活会和民主评议党员工作2次。基层党支部联合分党校开展"三会"129次、党课42次，组织生活会暨民主评议党员工作23次、专题党日活动16次。

开展学术交流活动。依托"农村金融"精品学术创新论坛和"新常态下的商业模式探索与创新"沙龙，邀请国内外专家学者作各类学术报告16场，吸引3 000余人次参与，引领师生紧跟国内外研究前沿，加快合作研究。学院教师开展学术交流49次，研究生受邀出席国内外学术会议并作报告27人次。举办学术期刊主编座谈会，邀请《中国农村经济》《中国农村观察》《农村经济》《南京农业大学学报（社会科学版）》等期刊主编来院与教师座谈交流。

深化第二课堂。依托校人文社科基金重大招标项目成立"江苏普惠金融发展报告"调研团，组织学生深入江苏省各地开展调研活动并形成研究报告。深入南京市各大社区开展金融安全宣传教育活动，"科普惠民，践行金融"实践团获评为省级优秀实践团队，相关活动在中新网、紫金山新闻、荔枝网等媒体广泛报道近10次。学生荣获各类省级及以上荣誉42项。获第九届IMA校园管理会计案例大赛全国一等奖，获第15届"新道杯"沙盘模拟运营赛全国三等奖，江苏省金奖、一等奖。新增国家大学生创新性实验计划项目6项、江苏省大学生实践创新训练计划项目5项、校院级SRT项目27项。学生获省级优秀本科毕业论文二等奖1篇，获校级优秀本科毕业论文5篇，通过参加SRT项目并发表论文13篇。

推进国际合作。推动学校与英国伦敦政治经济学院签订合作备忘录，拓展与美国加利福尼亚大学河滨分校、新西兰梅西大学、美国福特汉姆大学、美国加利福尼亚州立理工大学、美国宾夕法尼亚大学、美国约翰霍普金斯大学等国外高校的合作。4名骨干教师受国家留学基金管理委员会资助前往普渡大学、罗格斯大学、华威大学、阿肯色大学访问交流。以学校特色聘专项目为依托，邀请剑桥大学、耶鲁大学、密歇根州立大学、福特汉姆大学等世界知名高校教授为青年教师开设专题讲座，开展学术交流。选派9名优秀本科生暑期前往英国伦敦政治经济学院开展为期4周的学习交流。16名学生赴境外短期交流，2名学生赴境外长期交流，其中4名学生获得江苏高校学生境外学习政府奖学金资助。2019届本科毕业生出国率为20.20%，位列全校第一。

**【第九届IMA校园管理会计案例大赛全国一等奖】**5月，金融学院学生获第九届IMA校园管理会计案例大赛全国一等奖，受邀前往美国参加IMA百年年会。

**【1例教学案例入选中国工商管理国际案例库】**6月，教学案例《开心麻花的战略抉择：独立上市or背靠金主?》入选中国工商管理国际案例库。

**【成立南京农业大学校友会金融分会】**10月19日，南京农业大学校友会金融分会成立，并产生了首届理事会。

**【金融学专业入选首批国家级一流本科专业建设点】** 12月，教育部办公厅发布《教育部办公厅关于公布 2019 年度国家级和省级一流本科专业建设点名单的通知》（教高厅函〔2019〕46号），金融学专业入选首批国家级一流本科专业建设点。

（撰稿：赵梅娟　审稿：李日葵　审核：高　俊）

## 马克思主义学院（政治学院）

**【概况】** 学院设有马克思主义原理、中国特色社会主义理论、近现代史、道德与法、研究生政治理论课 5 个教研室。现有哲学、马克思主义理论 2 个一级学科硕士学位授权点，设有马克思主义理论研究中心、科学与社会发展研究所 2 个校级研究机构和农村政治文明院级研究中心。

现有教职工 32 人，其中专任教师 28 人，含教授 4 人、副教授 11 人、讲师 13 人。2019 年退休教师 1 人。

党建工作。5 月 8 日，召开全体党员大会，选举王建光、付坚强、杨博、姜萍、葛笑如为党总支委员，付坚强为党总支书记，杨博为党总支副书记，确定"全面建设优势突出、特色鲜明、影响广泛的高水平马克思主义学院"目标。开展"不忘初心、牢记使命"主题教育，邀请校外专家作报告、组织高淳"红色堡垒"西舍自然村学习参观、参加南京电视台《思想的力量》节目录制等高质量教育活动近 60 次。

师资队伍建设。组织 2 场招聘面试，面试应届博士毕业生 10 人次，完成 1 名副教授和 2 名应届博士的引进。以形势与政策课程改革为契机，成立思政课兼职教师库，优化师资队伍结构；起草《南京农业大学面向校内选聘专职思政课教师的工作方案》，遴选相关学科教师及党政管理干部转任为专职思政课教师。1 人获学校"最美教师"称号。

思政课教学。面向本科生开设 5 门必修课、4 门公选课、5 门选读课，面向全校研究生开设 3 门公共课，院内开设 20 门专业课。改革形势与政策课程方案，保证 8 个学期开课不断线。组织举办第七届"思·正"杯"中国梦·新征程"暨庆祝中华人民共和国成立 70 周年主题演讲比赛、第九届"思·正"杯纪念"五四运动 100 周年"历史知识演讲比赛。立项教学改革与研究项目 7 项，获批江苏省高等教育教改研究课题 1 项。组织教师到南京大学、南京航空航天大学、南京林业大学等高校马克思主义学院进行交流研讨。

科学研究。发表论文 53 篇，出版专著 3 部；课题立项 31 项，到账总经费 101.3 万元。其中，国家社会科学基金 2 项、省部级项目 3 项、省级教改项目 1 项、江苏省社会科学联思政专项 1 项、江苏省教育厅高校哲学社会科学项目 3 项、南京市社会科学基金思政专项 1 项、中央高校基本科研业务费育才项目 3 项、校级社科优助项目 2 项；获第 12 届全国农林高校思政课研究会年会论文二等奖等奖励 4 项、"江苏社科优青"称号 1 项。

研究生培养。坚持以党建带团建，将积极分子纳入支部管理，举办第一次学院全体团员大会，"青年大学习"连续 7 次排名第一；调整学生工作委员会，全面修订党员发展、奖学金评审等若干细则，发展学生党员 9 人，研究生党支部入选学校党建工作样板支部；鼓励学生扎根基层开展党建调研，全年累计调研时间 100 余小时；举办"思政大讲堂""思·正沙龙"26 场、海外知名专家系列讲座 19 场；组织公务员培训和面试技巧培训，1 名研究生到西藏就业；解困率为 100%；就业率为 90.1%；发表论文共 48 篇，14 人参与教育部或学校科研项目。

校内外影响力。吴国清副教授通过江苏省委书记信箱提交《关于进一步推动"涉农村庄"人才振兴的建议报告》，得到省委书记娄勤俭批示；选派朱娅副教授到西藏农牧学院对口支教 3 个月以及为期 6 个月的农业农村部借调；葛笑如教授团队扎根农村基层，为江苏省 10 余个基层党组织提供政策建议，参与《江苏省农村发展报告 2018》蓝皮书发布会；与泰兴市新时代文明实践中心结对共建；推荐 2 家单位参加学校伙伴企业家俱乐部，其中上海市协力（南京）律师事务所被推荐为副秘书长单位。

亮点和特色。遴选 15 位骨干教师成立党的十九届四中全会宣讲团，为各部门各学院进行 23 场宣讲，直接覆盖面达 4 000 人，切实发挥理论宣讲职能，推进主题教育"往实里走、往深里走、往心里走"。排演 7 场原创红色话剧《红船》，观众近 4 000 人，被人民网、新华社等 20 家媒体报道；通过学院和教师公众号推送学生实践教学体会 80 余篇，阅读量达 30 万次以上。

打造农村基层党建工作品牌，开展长三角农村基层党建田野调查，深入走访 10 余个城乡社区，访谈基层干部、村"两委"干部、党员和群众 200 余人；新建溧阳南渡镇、徐州马庄村 2 个农村基层党建调研基地、学生社会实践基地，将党建研究成果与基层实际工作相结合，促进基层党建调研工作上水平。

**【召开全校思想政治理论课教师座谈会】**3 月 21 日，在学院会议室召开全校思想政治理论课教师座谈会，校党委书记陈利根出席会议并讲话，校党委副书记、纪委书记盛邦跃主持会议。党委办公室、党委组织部、党委宣传部、人事处、教务处、研究生院、人文社科处 7 个职能部门的主要负责人及马克思主义学院全体干部教师参加座谈会。出台《南京农业大学关于深化思想政治理论课改革创新、加强马克思主义学院建设的实施方案》（党发〔2019〕99号），为学院高质量快速发展奠定坚实的基础。

**【举办"马克思主义·青年说"马庄专场活动】**7 月 12 日，第三届"马克思主义·青年说"之"我读马列经典"南京农业大学专场活动在江苏省徐州市贾汪区马庄村举行。活动由南京农业大学师生和马庄村村民携手合作，以"芳华颂初心，秣马担使命"为主题，通过红歌、朗诵、讲演、对话等形式，展现"追寻足迹""讲述奋斗""扎根实践""对话传承"四大篇章的内容，活动获江苏省优秀组织奖。

（撰稿：杨海莉　审稿：杨　博　审核：高　俊　陈海林）

# 体 育 部

**【概况】**下设办公室、教学与科研教研室、群众体育教研室、运动竞赛教研室、军事理论教研室和体育与健康研究所。现有教职工 41 人，其中，专任教师 34 人（副教授 15 人、讲师 16 人、助教 3 人）、外聘教师 1 人、行政管理及教辅 6 人。

党总支选举出新一届党总支委员会委员；开展"不忘初心、牢记使命"主题教育活动。组织党员到井冈山开展主题教育实践活动；在庆祝中华人民共和国成立 70 周年"我和我的祖国"合唱比赛中，与图书馆等 8 家单位组队献唱的《不忘初心》获得二等奖。

承担全校学生的体育教学、师生群众体育活动和本科生体质健康测试等工作。开设网球、篮球、瑜伽等 20 门体育专项课。建立"一体化、三结合"教育模式，打造"奋进、健康、合作、快乐"校园体育文化氛围；进一步加强学生体质测试工作，将体测成绩比例嵌入体育课成绩中。为了协调两校区管理，安排 12 位教师到浦口校区对人文与社会发展学院、外国语学院的学生进行体育Ⅰ的授课。组织 2 名教师外出业务进修。鼓励青年教师外出参赛，卢茂春获得"首届全国高校体育教师校园足球教学与指导技能大赛"二等奖，白茂强和赵朦分获"江苏省首届高校体育教师教学技能竞赛"武术和羽毛球组的一、三等奖，徐东波获"江苏省高校教师微课教学竞赛"三等奖。以"互联网＋体育教育"模式为核心，完善体育教学云平台建设。配备先进的"记圈计时"电子感应设备，极大地提高了测试效率和测试的严谨度，让每一名学生能在同一测试环境下公平、公正、准确地进行测试。

2019 年，申报了 5 个教学科研项目并都得到了立项，其中江苏省社会科学基金 1 项；发表体育教育教学类论文 15 篇，其中 4 篇在江苏省高校体育科报会上获奖。

卫岗校区 2018 级和 2019 级约 6 000 名学生使用阳光长跑 APP、各学院运动队和体育社团组织集中训练等形式进行课外锻炼。举办第 47 届运动会，组织 6 200 多人次参加排球、篮球（男、女生组）、啦啦操、田径、男子足球、乒乓球等常规项目比赛。另外，举办女子足球、羽毛球、气排球以及第 14 届体育文化节等项目的比赛和活动。

强化教练员队伍建设，实施科学训练，增强教练员责任意识；鼓励各队教练员相互学习、相互鼓励，建设一个拥有积极向上的高水平教练员团队；建设好普通生运动队和做好学生体育俱乐部工作，给在校大学生创建一个良好的参赛交流平台。

开展军事理论精品在线开放课程建设，校内点击量超 460 万人次。继续开设现代战争与谋略选修课程。协同制作的军事与传媒课程继续在军队职业教育在线平台开设，供广大官兵学习。参与《普通高等学校军事课建设标准》制定，并拟定校本标准。聚焦防务与安全，邀请外校学者举办相关讲座 4 场。

完成在体育中心举办的开学典礼、毕业典礼和学生技能大赛等 5 场大型活动，承办校工会举行的职工乒乓球、羽毛球比赛任务，完成校游泳池对校内师生员工开放工作。为进一步延长师生锻炼时间，学校运动场馆对全体师生开放，并修建室外灯光运动场。

**【承办华东区高等农业院校体育理事会年会暨体育教师网球比赛】**12 月 28～30 日，承办华东区高等农业院校体育理事会年会暨体育教师网球比赛。来自华东区 16 所涉农高校百余名代表参加了年会，就未来几年华东区体育工作和各单项比赛进行了研讨与安排。会议邀请了南京理工大学动商研究中心主任王宗平教授和原南京体育学院副校长王正伦教授作专题学术报告。在体育教师网球比赛中，学校代表队和江西农业大学并列获一等奖。

（撰稿：于阳露　耿文光　陆春红　徐东波　王庆安　陈　雷
审稿：许再银　审核：高　俊　陈海林）

# [附录]

## 附录 1  2019 年高水平运动队成绩

| 序号 | 队伍 | 项目 | 比赛时间 | 地点 | 比赛成绩 | 比赛名称 | 教练员 |
|---|---|---|---|---|---|---|---|
| 1 | 网球队 | 女子团体 | 2019 年 4 月 | 浙江台州 | 第四名 | 2019 年中国大学生网球锦标赛华东分区赛 | 王 帅 杨宪民 |
| | | 男子团体 | | | 亚军 | | |
| | | 男子单打 | 2019 年 5 月 | 江苏南京 | 冠军、第五名 | 2019 年江苏省高校高水平网球单项赛 | |
| | | 男子双打 | | | 冠军、季军 | | |
| | | 女子单打 | | | 冠军、亚军、季军 | | |
| | | 女子双打 | | | 冠军 | | |
| | | 混合双打 | | | 冠军、亚军、季军、第四名 | | |
| | | 男子团体（乙组） | 2019 年 7 月 | 重庆 | 第五名 | 2019 年中国大学生网球锦标赛总决赛 | |
| 2 | 排球队 | 女子排球 | 2019 年 3 月 | 浙江杭州 | 第十二名 | 全国大学生排球联赛（总决赛） | 徐 野 |
| | | 女子组 | 2019 年 6 月 | 东南大学 | 第四名 | 2019 年江苏省大学生沙滩排球选拔赛 | |
| | | 女子组 | 2019 年 6 月 | 南京大学 | 第二名 | 2019 年江苏省大学生比赛（高水平组第二次选拔赛） | |
| | | 女子排球 | 2019 年 9 月 | 内蒙古呼和浩特 | 第四名 | 第二届女排精英赛 | |
| | | 女子排球 | 2019 年 11 月 | 四川宜宾 | 第六名 | 2019 年全国大学生排球联赛南方赛区 | |
| 3 | 武术队 | 男子团体 | 2019 年 7 月 | 湖南 | 总分冠军 | 2019 年中国大学生武术套路锦标赛 | 白茂强 |
| | | 女子团体 | | | 总分第四 | | |
| | | 拳术 | | | 第四名 | | |
| | | 长拳 | | | 第三名（女子）、第六名（男子） | | |
| | | 刀术 | | | 第一名（女子）、第六名（男子） | | |
| | | 棍术 | | | 第二名（男子）、第四名（女子） | | |
| | | 南拳 | | | 第一名（男子）、第五名（女子）、第八名（女子） | | |
| | | 软器械 | | | 第四名 | | |

（续）

| 序号 | 队伍 | 项目 | 比赛时间 | 地点 | 比赛成绩 | 比赛名称 | 教练员 |
|---|---|---|---|---|---|---|---|
| 3 | 武术队 | 自选太极拳 | 2019 年 7 月 | 湖南 | 第八名（女子）、第六名（男子） | 2019 年中国大学生武术套路锦标赛 | 白茂强 |
| | | 杨氏太极拳 | | | 第一名（男子） | | |
| | | 太极剑 | | | 第一名（男子） | | |
| | | 枪术 | | | 第一名（女子）、第六名（男子） | | |
| | | 南棍 | | | 第二名（女子）、第四名（女子）、第二名（男子） | | |
| | | 南刀 | | | 第一名（男子）、第一名（女子）、第六名（女子） | | |
| | | 剑术 | | | 第二名（女子）、第二名（女子）、第八名（男子） | | |
| | | 少林拳 | | | 第四名（女子） | | |
| | | 长拳 | | | 第二名（女子）、第八名（男子） | | |
| | | 劈挂拳 | | | 第三名（女子） | | |

# 附录 2　2019 年普通生运动队成绩

| 序号 | 项目 | 比赛时间 | 比赛名称 | 地点 | 比赛项目 | 成绩 | 教练员 |
|---|---|---|---|---|---|---|---|
| 1 | 舞龙舞狮 | 2019 年 6 月 | 江苏省第十届大学生舞龙舞狮精英赛 | 江苏扬州 | 自选舞龙 | 第二名 | 孙　建 |
| | | | | | 竞速舞龙 | 第三名 | |
| | | | | | 规定舞龙 | 第五名 | |
| 2 | 田径 | 2019 年 5 月 | 2019 年南京市高校普通大学生田径比赛 | 南京信息职业技术学院 | 三级跳（男子组、女子组） | 第四、六、七、八名 | 管月泉 孙雅薇 |
| | | | | | 跳高（男子组、女子组） | 第六、八名 | |
| | | | | | 跳远（男子组、女子组） | 第七、八名 | |
| | | | | | 400 米男子组 | 第八名 | |
| | | | | | 400 米栏男子组 | 第六名 | |
| | | | | | 1 500 米男子组 | 第四名 | |

（续）

| 序号 | 项目 | 比赛时间 | 比赛名称 | 地点 | 比赛项目 | 成绩 | 教练员 |
|---|---|---|---|---|---|---|---|
| 2 | 田径 | 2019 年 5 月 | 2019 年南京市高校普通大学生田径比赛 | 南京信息职业技术学院 | 3 000 米女子组 | 第七名 | 管月泉孙雅薇 |
| | | | | | 5 000 米女子组 | 第五名 | |
| | | | | | 标枪女子组 | 第八名 | |
| | | | | | 铅球男子组 | 第八名 | |
| | | | | | 4×100（男子组） | 第八名 | |
| 3 | 排球 | 2019 年 5 月 | 2019 年南京市高校普通大学生排球比赛（女子组） | 南京医科大学 | 女子组 | 亚军 | 陆春红 |
| 4 | 篮球 | 2019 年 11 月 | 南京市大学生篮球联赛 | 南京财经大学 | 女子组 | 冠军 | 杨春莉 |
| | | | | | 男子组 | 冠军 | 段海庆 |
| | | 2019 年 12 月 | 江苏省大学生篮球联赛 | 南京邮电大学 | 女子组 | 亚军 | 杨春莉 |
| | | | | | 男子组 | 第六名 | 段海庆 |
| 5 | 气排球 | 2019 年 12 月 | 2019 年江苏省首届大学生气排球锦标赛 | 南京信息职业技术学院 | 本科组 | 第七名 | 林　军 |

图书在版编目（CIP）数据

南京农业大学年鉴. 2019 / 南京农业大学档案馆编
. —北京：中国农业出版社，2021.7
　　ISBN 978 - 7 - 109 - 28044 - 1

　　Ⅰ.①南… Ⅱ.①南… Ⅲ.①南京农业大学－2019－
年鉴　Ⅳ.①S-40

中国版本图书馆 CIP 数据核字（2021）第 048194 号

中国农业出版社出版

地址：北京市朝阳区麦子店街 18 号楼
邮编：100125
责任编辑：冀　刚
版式设计：杜　然　责任校对：周丽芳
印刷：北京通州皇家印刷厂
版次：2021 年 7 月第 1 版
印次：2021 年 7 月北京第 1 次印刷
发行：新华书店北京发行所
开本：787mm×1092mm　1/16
印张：33.25　插页：6
字数：850 千字
定价：180.00 元